PEARL RIVER
PIANO
珠江钢琴
Kayserburg
恺撒堡
自主研发弦槌
国创突破之傲一锤定音
锲而不舍 矢志创新 忠于初心
——恺撒堡钢琴PR2.0弦槌

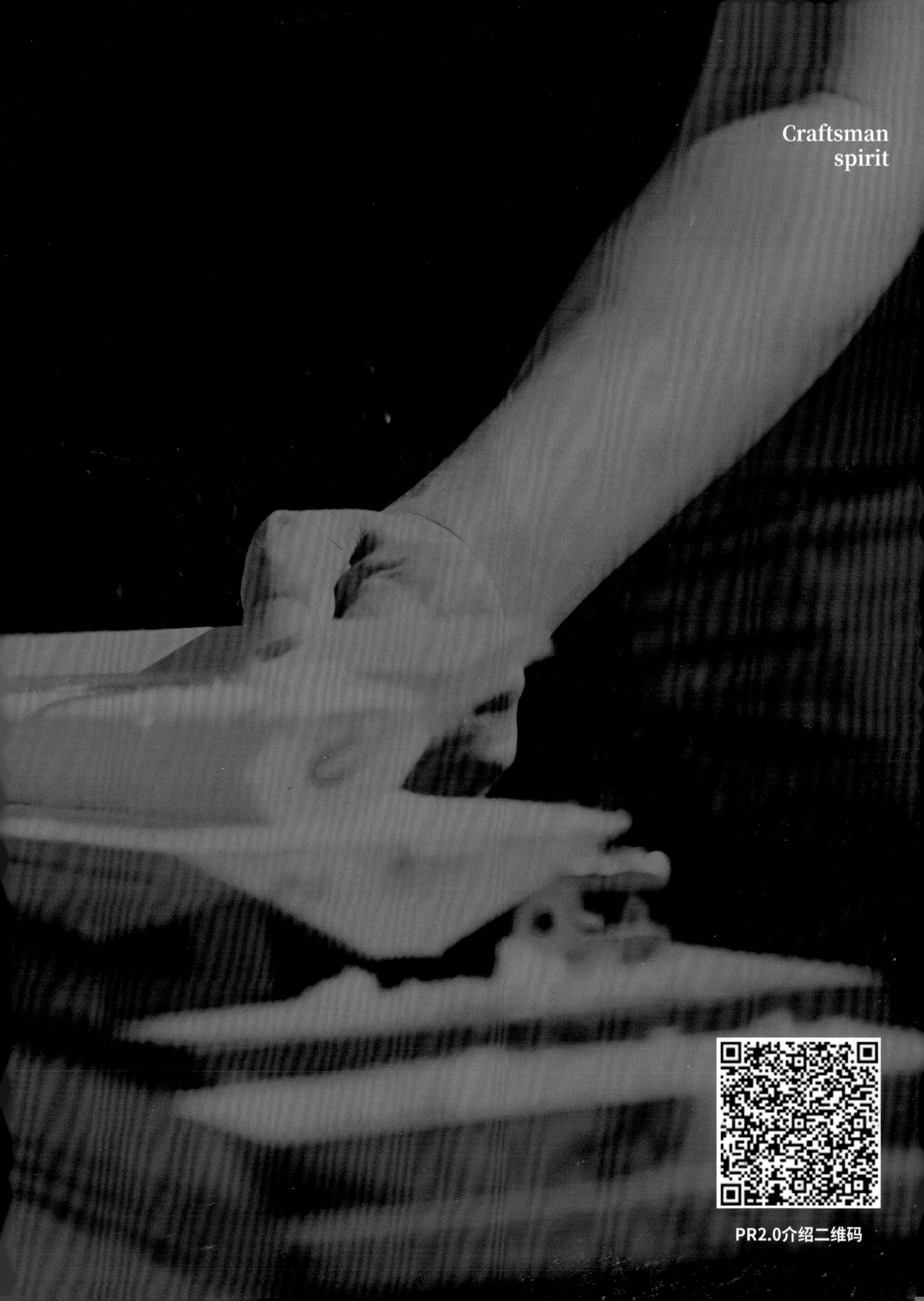


PR2.0介绍二维码

PEARL RIVER

# Pearl River Violin

# 珠江·提琴

不朽的经典与美妙，将记录在

这一篇章

—

珠江提琴官网

## 上海民族乐器一厂有限公司揭牌成立庆典大会隆重举行

2021年6月28日上午，上海民族乐器一厂有限公司揭牌成立庆典大会在虹桥迎宾馆隆重举行！为了进一步推动企业实现高质量发展，上海民族乐器一厂经过公司制改革，正式变更为“上海民族乐器一厂有限公司”，开启了全新的发展征程。

1958年至2021年，63年虽历经沧桑、却依旧风华正茂，“敦煌”将从这一刻起，启航新征程、攀登新高峰、创造新辉煌！

上海民族乐器一厂有限公司是中国民族乐器制造行业的骨干企业，其前身为成立于1958年的上海民族乐器一厂。企业旗下拥有中华老字号、上海品牌“敦煌牌”，主要生产古筝、琵琶、二胡、柳琴、扬琴、月琴、阮、笛、箫等民族乐器，产品销往全国各个省市、自治区及香港、澳门、台湾地区，并远销日本、美国、加拿大、新加坡、马来西亚等国家。

2021年7月1日，正值中国共产党百年华诞，上海民族乐器一厂有限公司特意创作了“从石库门到天安门”“光辉岁月”“百年征程”等新产品，向建党百年献礼！

敦煌牌
上海民族乐器一厂
上海民族樂器一廠有限公司
Shanghai No.1 National Musical Instrument Co.,Ltd.
光辉
Guang Hui
限量版
百年征程·光辉古筝
“上海品牌”认证
中国非物质文化遗产
中华老字号
Bilibili
抖音
敦煌国乐网
敦煌牌民族乐器
联系地址：上海市闵行区七宝镇联明路400号　服务热线：400-1518-400
敦煌国乐网：http://www.dunhuangguoyue.com
敦煌乐器旗舰店（天猫）：https://dunhuang.tmall.com
敦煌牌乐器官方旗舰店（京东）：https://dunhuangguoyue.jd.com

# 柏斯音樂 PARSONS MUSIC

35th ANNIVERSARY 周年 Music is life

音樂就是生活
Music is life

## 文化 Culture

推广音乐文化 培育音乐人才

## 制造 Manufacture

承百年经典 创世纪辉煌

## 教育 Education

弘扬琴艺 推崇琴学

1.5~3岁和
3~4岁幼儿音乐
培训教育试验

培训学生
数量达:
35,000人

每年为国内
50所高校
颁发100万奖学金

## 销售 Retail Service

百店连锁 全国联保

110家门店 500+经销商

《Music Trades》全球乐器零售商排名第7位

柏斯音乐集团官方微信

長江
Yangtze River
“柴可夫斯基国际音乐比赛”指定用琴
第16届柴可夫斯基国际音乐比赛：
THE XVI INTERNATIONAL TCHAIKOVSKY COMPETITION
ПРАВИТЕЛЬСТВО РОССИЙСКОЙ ФЕДЕРАЦИИ
РОСКОНЦЕРТ
『因优秀品质 入选国际名赛
以非凡表现 助力全球琴英
为中国制造 赢得国际喝彩
在国际舞台 奏响辉煌之声』
长江钢琴官方微信
柏斯音乐官方微信

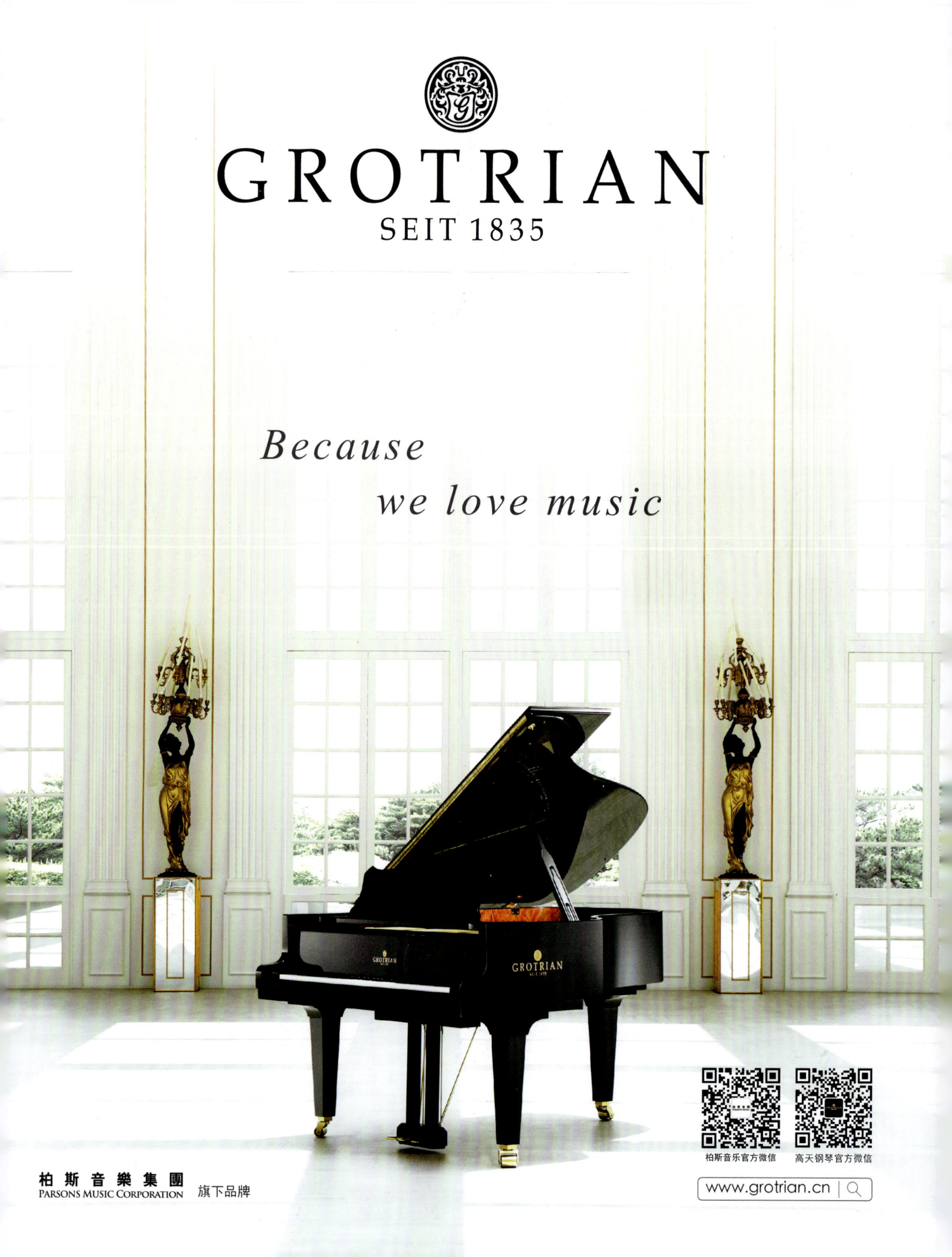
GROTRIAN
SEIT 1835
Because
we love music
GROTRIAN
柏斯音乐官方微信
高天钢琴官方微信
柏斯音樂集團
PARSONS MUSIC CORPORATION
旗下品牌
www.grotrian.cn

HAILUN
AY6
创业35周年纪念版钢琴

# 世界提琴

# 鳳靈

## 中国提琴产业之都

6.21凤灵会场

6.21国际乐器演奏日

党员活动

德国法兰克福展

李书为世界提琴制作比赛金将获得者颁奖

庆新中国成立70周年活动

提琴制作修光技能大赛

上海国际乐器展

**Gio Batta Morassi 大师**

1934年7月2日乔·巴塔·莫拉西大师出生于意大利Udine省的Arta Terme镇。祖父是当地木材厂的建设者，父亲是一名工长，常年往来于南斯拉夫、法国、德国等地。家族里不乏能工巧匠，他的叔叔曾自学制作过一把小提琴，对他成年后的发展应该不无影响。1942年由于战争和经济原因，莫拉西一家搬到了Tarvisio镇附近的 Camporosso。那里有着全意大利最为广袤的森林，年幼的莫拉西深深地爱上了大自然，幼小的心灵受到了滋养。当时正在上小学的莫拉西非常喜欢在大森林里散步，此外，课余时间也常常在木材厂给家人帮忙。这些经历使他在很小的时候就接触到大量的木材，对松树、杉树、榉树产生了浓厚的兴趣，并且认识到了这里蕴藏着巨大的可用来制琴的上好的面板材料。

在衰落了一百二十多年以后，1937年克雷莫纳市隆重纪念Stradivari 逝世200周年，为了重塑Stradivari制琴之荣光，决定建立一所国际提琴制作学校。次年意大利国家领袖亲自宣布了克雷莫纳国际提琴制作学校成立。莫拉西在克雷莫纳的求学时代，正处于克雷莫纳提琴制作复兴之路的开端。

**与老师 Tatàr**

1958年，服完兵役后的莫拉西回到克雷莫纳国际提琴制作学校，接替他已移民美国的老师，成为一名实用技术教师。在一次学校举办的全国提琴制作比赛中，莫拉西获得了第三名（Giuseppe Lucci 获第一名，Pietro Sgarabotto 获第二名）。凭借这个奖项，莫拉西被学校聘为助理制琴师。

1962年在Cremona与P. Sgarabotto, F. Garimberti

1962年在Cremona提琴制作学校与 G. Ornati, P. Sgarabotto

在提琴制作学校刚刚成
间，克雷莫纳除了Tatr之外
制琴师，直到20世纪60年
尖制琴大师Giuseppe Orn
do Garimberti、Simone F
coni在此举办大师课，克
的伟大崛起才就此到来。

**1968年与F.Sac**

Giuseppe Ornati、Fe
rimberti 等两位大师分别在
1963–1966在克雷莫纳国
任教，莫拉西在他们的指
多优秀作品。由于天赋异禀
自20世纪60年代起，莫拉
个又一个国内以及国际提
项，所获金奖涵盖了小提
提琴。此时的他行走于世
提琴制作文化，不断受邀
座，并频繁出任国内及国
赛的评委及评委会主席。

# 文化博览馆

# 集团

## 世界提琴产业之城

凤灵足球队风采

提琴标准工作组成立大会

### 媒体报道

的最初二十年
没有专业的
三位世纪顶
、Ferdinan-
nando Sac-
纳制琴学派

ni
nando Ga-
63-1965和
琴制作学校
，创作了众
常年积累，
开始赢得一
作比赛的奖
中提琴、大
各地，传播
展览和讲
琴制作大

这时的莫拉西迎来了人生中最为辉煌的阶段，作品门类丰富，除了小提琴、中提琴、大提琴之外，还创作有吉他、Viola d' amore、Viola d' gamba、Violone、Pochette以及巴洛克提琴。他的作品被世界各地的演奏家、收藏家、博物馆争相拥有和珍藏，而终为一代大师。

时至今日，Ornati, Garimberti, 以及莫拉西的“琴型样板”仍然被学生们广泛使用。莫拉西作为提琴制作大师，从1971年任教至1983年，培养了众多行业精英，并使得克雷莫纳学派不断巩固、发展壮大，且广为流传。1979年莫拉西大师参与创建了意大利提琴制作协会A.L.I.。直至今日A.L.I.仍然在国际提琴制作领域发挥着举足轻重的作用。莫拉西桃李天下，他的学生遍布世界各地，例如：

RiccardoBergonzi、Stefano Conia、Nicola Lazzari、Primo Pistoni、Massimo Negroni、Giorgio Scolari、Bruce Car-lson、Simeone Morassi、Gianni Morassi、郑荃、高彤彤、逯翔等。克雷莫纳的制琴技艺以及精神得以传承发扬、开枝散叶。

2018年2月27日，意大利当代著名制琴大师乔·巴塔·莫拉西(Gio Batta Morassi)走完了辉煌的一生，病逝于克雷莫纳(Cremona)，享年84岁。做为克雷莫纳当代制琴学派的先驱及创建者之一，莫拉西大师在当今国际制琴业界有着举足轻重的地位，影响深远。中央音乐学院提琴制作研究中心的两代系领导均先后师从于莫拉西大师；制琴教学流派亦多秉承于大师。克雷莫纳学派的制琴技艺通过提琴制作研究中心三十多年来的教学和传播，已在中国开花结果、流传广远。我们深深地怀念大师。

JINBAO

乐海乐器
THE OCEAN OF MUSIC
海之尊
乐动华夏　海纳百川
乐海签约艺术家
中央音乐学院教授
周望
宠辱不惊，闲看庭前花开花落
去留无意，漫随天外云卷云舒
雲和
网址：www.hbyhyq.com
联系电话：0317-7990088
地址：河北省沧州市肃宁县肃尚路西侧，星海路北侧

EFNOTE

EFNOTE

RDEC
罗兰数字音乐教育
十年专注
音视网一体化教学
抢注蓝海
筑梦事业
稳步营收
加盟品牌 / 成就事业 / 选择品牌 / 成就一生
电爵士鼓
数码钢琴
智能吉他
智能声乐
智能乐队
古筝学堂
音乐启蒙
4007-888-010
www.rdec.com.cn
北京罗兰盛世音乐教育科技有限公司
Beijing RDEC Music Education Technology Co.,Ltd.
RDEC官方订阅号

百年一生琴
YISHENG
BAINIAN
QIN
STRAUSS
SINCE 1895
STRAUSS
施特劳斯
中华老字号
China Time-honored Brand

# 承载一代人的记忆

SHANGHAI

JINY

M

*JINYIN MUS*

# 河北金

金音集团创始于1989年，

金音借中国改革开放的春风，

从大到强。迅速发展成为中国

四大系列六百多个品种的西洋乐

乐器年产量超过80万件，乐器

△烟台博斯纳钢琴制造有限公司厂区一角

△博斯纳立式钢琴总装车间

△博斯纳三角钢琴总装车间

↑GBS122BB立式钢琴

↑博斯纳217大型专业演奏级三角钢琴

217cm

# 天津鹦鹉乐器有限公司

Tianjin Yingwu Musical Instrument Co., Ltd

天津鹦鹉乐器有限公司是国内外驰名的鹦鹉手风琴生产基地，在手风琴等多种乐器制作方面凝聚着厚重的历史和文化底蕴。公司坐落在天津市静海县经济技术开发区旭华道和中旺镇工业园区。随着国有企业改革转制的不断深化，于2004年经天津市人民政府批准，由天津华韵乐器有限公司组建了天津鹦鹉乐器有限公司，企业性质为民营企业，注册资金3100万元，建筑面积3.6万平方米，现有员工660人。近年来相继引进了国际先进设备与技术，改进了生产工艺，研发新产品，扩大生产规模，企业发展成就显著，先后获得25项发明专利。现已形成了以生产鹦鹉牌手风琴为主导，大力发展“雅乐”牌脚踏风琴、爵士鼓、大小军鼓、古筝及少数民族乐器等多品种系列化产品。

2004年，本公司被国家教委列为中国教学仪器设备协会常务理事单位和推荐产品，并被中国乐器协会评为常务理事单位。2006年8月和2010年8月，中国手风琴学会先后两次授予本公司生产的手风琴“北京-手风琴全国展演大赛金奖”。

2008年1月，被中国教学仪器设备行业协会评选为第四届理事会理事单位、常务理事单位。2010年，被中国乐器协会评为“乐器行业50强”，2011年8月、2012年7月，被中国轻工联合会、中国乐器协会评为“中国轻工精品展精品奖”，大大提高了这一品牌在国内外市场的知名度、信誉度和美誉度，使产品供不应求，企业实现产销两旺，经济效益逐年增长。

2018年3月，本公司对意大利百年手风琴品牌布格里和07顺利完成海外并购，并获得两品牌全部国外专利，成为国内实现收购国外经典乐器品牌的乐器企业。

ZERO SETTE

MAYORA

41键

120贝斯

ZERO SETTE

RONNIE

Ronnie

72贝斯
电子琴

76键

R O N N I E

YINGWU

MINI9968

41键
120贝斯

Y I N G W U

BUGARI ARMANDO

BUGARI

BAYAN
OMNIA

120键
120贝斯

B U G A R I

accordion

YW672 YW827 YW823 YW871 YW663

ORIGINALITY
艺不从古 匠心独运
时代 锤炼匠心 匠心 塑造时代
匠心
用品质铸就未来！

1849
SEILER
— Flügel und Pianos —
德国赛乐尔·专注品牌172年
德国正统钢琴，展现德国大师级工艺魅力
The spirit of German craftsmen, continues the century-old piano essence.
Let the temperature of love spread, in every corner of the home.
SEILER
德国工匠精神,延续百年制琴精髓
赛乐尔用心对待每一位用户,让爱的温度蔓延在家的每一个角落
www.seiler-pianos.net

SAMICK

Cnorch.com 中国管弦网

oves

HOOTERSMAE BRASS -SINCE 2000-

# 中国管弦网签约艺术家团队与奥维斯乐器强强联手

## 铸新时代匠人匠心之使命，创新格局新发展之精品

调性：Bb调
活塞：三立键加一侧立键
管径：15-16.8mm
喇叭口：310mm（全新卷边工艺）
外观处理：喷漆和镀银可选择
音程补偿系统：8521G带有音程补偿系统，确保使用第四活塞的低音音程关系的准确。
主调音管扳机：8521G特有的主调音管扳机，可以随时修正上低音号普遍偏高的音准。

**Key:** Bb
**Valves:** 4 compensating valves (3+1) in stainless steel
**Bore:** 15-16.8mm
**Bell:** 310mm
**Color Choose:** Clear lacquer finish & Silver-plated finish
**Compensating System**
**Main tuning slide trigger**

## HEP-8521G
### 上低音号
### EUPHONIUM

活塞设计：专门设计的轻量化按键，手感舒适，回弹反馈灵敏，新的活塞静音系统与静音弹簧设计，确保使用过程中活塞的安静。

声音振动导向贴片：经过多次试验及声音反馈，声音振动导向贴片可以更快的传递振动点，从而提高声音反馈的灵敏度，尤其是泛音的反馈非常灵敏。

第四活塞加重下盖：8521G特有的第四活塞加重下盖可以增加声音的稳定性，加深声音的穿透性

**Valves design:** Specially designed lightweight key, comfortable feeling, sensitive response feedback, the new valves and spings silent system, to guaranteed the quietness when playing.

**Sound vibration guided patch:** After many tests and sound feedback, the sound vibration guided patch can transmit vibration faster, so as to improve the sensitivity of sound feedback, especially when play flexibilities.

**Fourth valve heavy caps:** The unique fourth valve heavy cap increase the sound stability and giving more penetration of instrument.

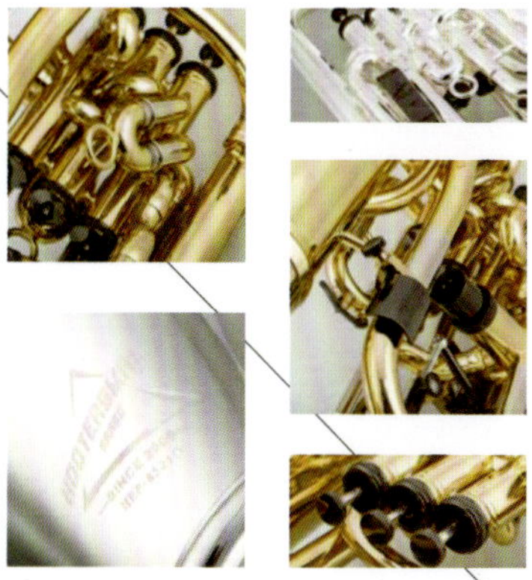

## HEP-7521G
### 上低音号
### EUPHONIUM

调性：Bb调
活塞：三立键加一侧立键
管径：15-16.8mm
喇叭口：300mm（全新卷边工艺）
外观处理：喷漆和镀银可选择
音程补偿系统：7521G带有音程补偿系统，确保使用第四活塞的低音音程关系的准确。

**Key:** Bb
**Valves:** 4 compensating valves (3+1) in stainless steel
**Bore:** 15-16.8mm
**Bell:** 300mm
**Color Choose:** Clear lacquer finish & Silver-plated finish
**Compensating System**

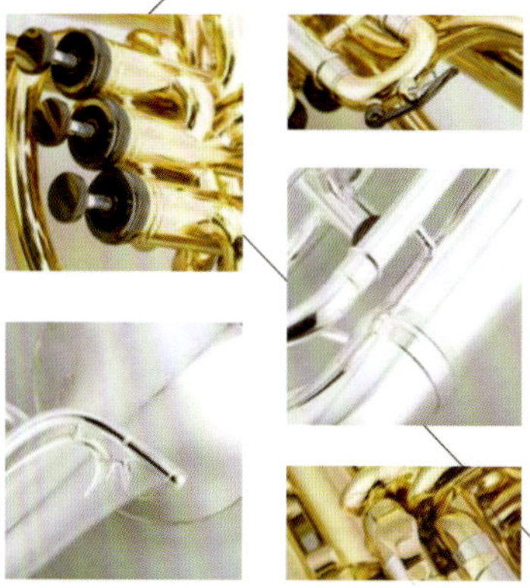

活塞设计：专门设计的轻量化按键，手感舒适，回弹反馈灵敏，新的活塞静音系统与静音弹簧设计，确保使用过程中活塞的安静。

声音振动导向贴片：经过多次试验及声音反馈，声音振动导向贴片可以更快的传递振动点，从而提高声音反馈的灵敏度，尤其是泛音的反馈非常灵敏。

**Valves design:** Specially designed lightweight key, comfortable feeling, sensitive response feedback, the new valves and spings silent system, to guaranteed the quietness when playing.

**Sound vibration guided patch:** After many tests and sound feedback, the sound vibration guided patch can transmit vibration faster, so as to improve the sensitivity of sound feedback, especially when play flexibilities.

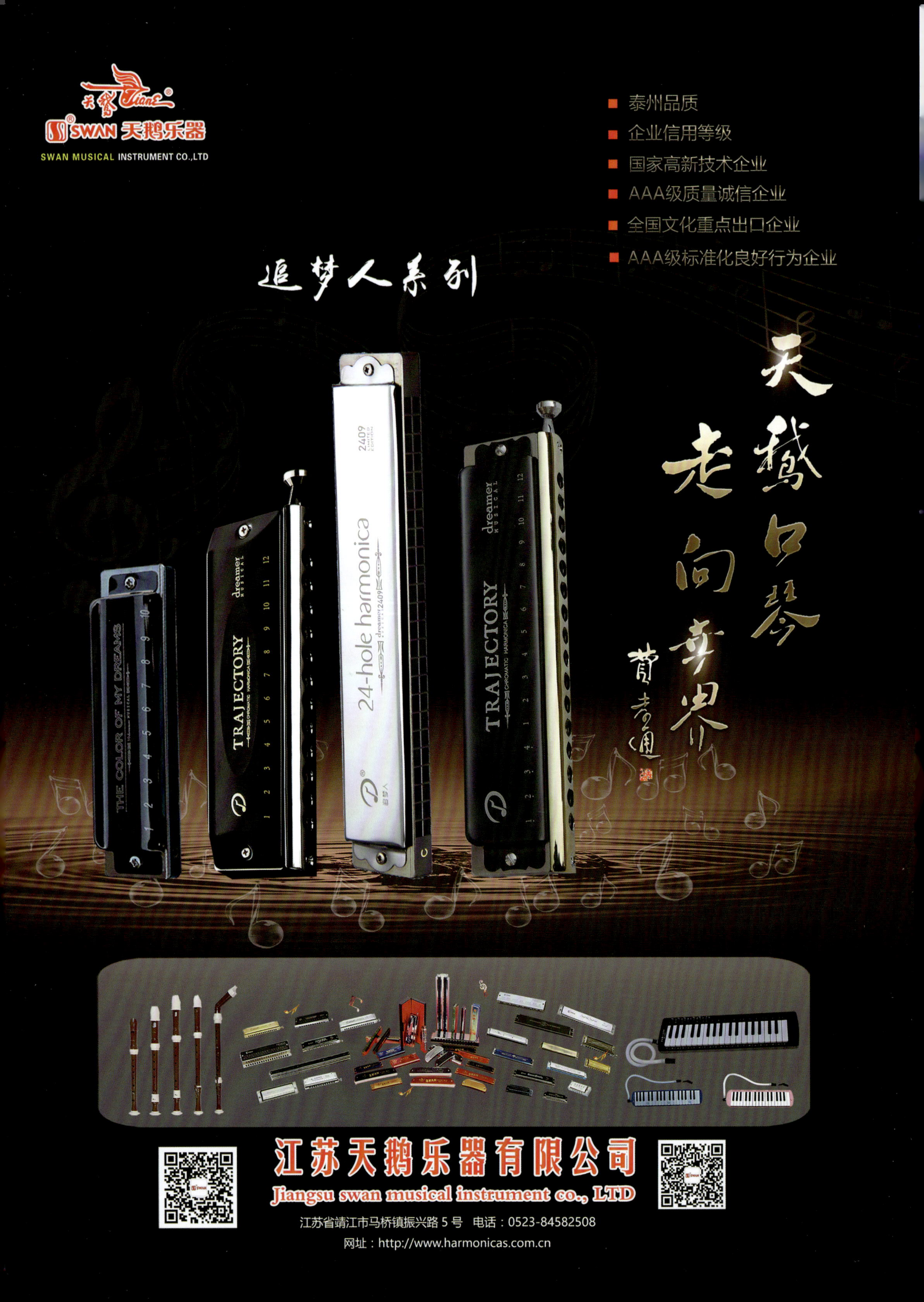

天鹅
SWAN 天鹅乐器
SWAN MUSICAL INSTRUMENT CO.,LTD
泰州品质
企业信用等级
国家高新技术企业
AAA级质量诚信企业
全国文化重点出口企业
AAA级标准化良好行为企业
追梦人系列
天鹅口琴
走向世界
THE COLOR OF MY DREAMS
TRAJECTORY
dreamer MUSICAL
CHROMATIC HARMONICA
24-hole harmonica
2409
LIMITED EDITION
江苏天鹅乐器有限公司
Jiangsu swan musical instrument co., LTD
江苏省靖江市马桥镇振兴路 5 号 电话：0523-84582508
网址：http://www.harmonicas.com.cn

Blüthner
GROUP
您也可以拥有的
——德国国宝
Blüthner
GROUP
Blüthner
CARL RÖNISCH
Blüthner

皇室御用乐器
兰斯勒钢琴
MADE IN GERMANY
BUNDESVERBAND
KLAVIER e.V.
CERTIFICATE
Blüthner
Haessler
Irmler
HUPFELD
SCHILLER

# 中国乐器

# 年鉴

## —— 2021 ——

中国乐器协会　编

CHINA MUSICAL
INSTRUMENT YEARBOOK

中国轻工业出版社

# 中国乐器年鉴（2021）
CHINA MUSICAL INSTRUMENT YEARBOOK

**主办单位：中国乐器协会**

**协办单位：广州珠江钢琴集团股份有限公司**

**支持单位：** 上海民族乐器一厂
海伦钢琴股份有限公司
天津市津宝乐器有限公司
北京罗兰盛世音乐教育科技有限公司
烟台博斯纳钢琴制造有限公司
天津华韵乐器有限公司
赛乐尔三益乐器（上海）有限公司
江苏天鹅乐器有限公司
柏斯音乐集团
江苏凤灵乐器集团
乐海乐器有限公司
上海施特劳斯钢琴公司
河北金音乐器集团有限公司
河北华声乐器制造有限公司
天津奥维斯乐器有限公司
德国博兰斯勒钢琴（中国）有限公司

地　　址：北京市丰台区顺三条 21 号嘉业大厦二期 1 号楼 706 室
电　　话：010-67665718
传　　真：010-67666220
邮　　编：100079
网　　址：www.cmia.com.cn
电子邮箱：zgyq@vip.sina.com

# 《中国乐器年鉴》编辑委员会

# 编 辑 说 明

一、《中国乐器年鉴》由中国乐器协会主办，中国乐器协会信息部编撰的综合性、公报性年刊，每年出版 1 卷。本书以汇总乐器行业年度经济运行主要指标数据、发展特点、大事记及趋势预测为主，囊括当年度全行业管理、生产、经营、进出口等主要方面发展的基本情况，国内各省市乐器制造业及市场信息、国外乐器发展动态等重要内容，翔实、全面、系统地反映上年度我国乐器行业的发展脉络，是一本为乐器行业及社会相关部门和单位提供最新资讯服务的大型权威性行业工具书。

《中国乐器年鉴》（2021）版是继《中国乐器年鉴》（2020）版之后第十五次出版发行。年鉴编辑部以乐器行业发展为主线，按时间顺序，力求客观真实记载展现年度乐器行业发展脉络和特点，为配合方便查阅的分类设置，尽可能用详尽的数据图表展示，希望能在编辑的内容和形式上有所突破，突出特色，编出新意，以更好地满足读者不断提升的要求。

二、《中国乐器年鉴》（2021）在内容框架方面不断完善，设有“行业篇”“指标数据篇”“协会工作篇”“科技篇”“职业技能篇”“音乐教育篇”“海外资讯篇”7 个栏目，各篇框架体系逐步充实。

三、2020 年是国家“十三五规划”的收官之年，更是全民抗击疫情、复工达产，加快形成以国内大循环为主体、国内国际双循环相互促进新发展格局的攻坚之年。后疫情时期，新冠疫情引发世界经济秩序新变局，党中央坚强领导、精准施策，行业同仁积极作为，化解疫情的产业结构性影响，创新布局乐器制造产业链、供应链，推动乐器全产业链拥抱数字智能新经济，创新移动互联消费新业态，明确“刚需、标配”目标，推动乐器“三进工程”，助力学校美育教育，全年有序推动乐器产业高质量转型升级。在年鉴编辑工作中，鉴于时间仓促、能力所限，将乐器行业年度重要新闻事件和相关资讯收录本集确有难度。今后，我们将持续加强信息汇集工作，不断提高年鉴编辑质量和水平。我们真诚希望社会各界同仁继续关心和支持年鉴的编辑出版工作，针对内容编撰的不足之处，敬请提出批评和修订意见，使之日臻完善。

四、《中国乐器年鉴》（2021）在组稿、编辑、出版过程中得到乐器生产企业、经营单位、音乐艺术教育单位以及我国台湾、香港、澳门地区的同仁、朋友们的大力支持和帮助，在此谨表示衷心感谢！

《中国乐器年鉴》编辑部

2021 年 7 月

# 目录

## 行业篇


**新闻综述**

2020年度中国乐器行业新闻综述 ……………………………………………………………………………（2）

**年度报告**

2020年中国乐器行业年度报告 ……………………………………………………………………………（7）

**专题**

收官“十三五” 趋向中高端——2020年乐器行业产研结构透视分析 ……………………………（24）

中国乐器行业在行动 奏响战“疫”胜利乐章……………………………………………………………（28）

后疫情时期 乐器产业“智造”未来………………………………………………………………………（35）

提振信心 疫后重生——探析中国乐器行业“势与市” …………………………………………………（38）

赋能美育教育新政 推进“乐器三进工程” ………………………………………………………………（40）

音乐进入社区 乐器融入家庭——2020年国民音乐教育大会推进乐器三进工程 ……………………（43）

科技创新蓄势加码 乐器制造誓取高端……………………………………………………………………（45）

跨界融合科创年 专家解读“好声音”——2020年中国乐器协会科技大会专家论坛综述 ……………（46）

开局“十四五” 迈进科创年 ……………………………………………………………………………（50）

**名企对话**

提质增效 科研创新 推动乐器文化“双主业” ………………………………………………李建宁（54）

文化营销 艺术驱动 深挖品牌文化价值……………………………………………………………王国振（55）

中国琴 中国心 跨界互联推动产业升级……………………………………………………………陈海伦（56）

固本强基 改革创新 新措施、新科技、新效率……………………………………………………李 书（57）

传递大爱 传播文化 推动钢琴艺术教育前行………………………………………………………吴天延（58）

开拓渠道 诚信为基 推动管理科技创新战略………………………………………………………陈学孔（59）

迎难而上 开拓创新 谋求制造、商业新格局………………………………………………………刘运斌（60）

创新求变 逆势而上 开拓双循环市场格局…………………………………………………………顾冰峰（61）

抓两头 带中间 优化生产与市场布局………………………………………………………………时建明（62）

不忘初心 闯关突围 推动乐器三进工程……………………………………………………………黄茂强（63）

诚信坚韧 创新共赢 捕捉后疫情时代“宅经济” …………………………………………………朱文玉（64）

高端定位 环保升级 推动企业产品双高战略………………………………………………………孙 强（65）

好声音 好钢琴 推动材料新科技创新发展…………………………………………………………张华君（66）

内外发力 科研创新 工匠精神照亮未来……………………………………………………………宋从甲（67）

科技创新　软硬兼施　开启数字建模新征程…… 赵　哲（68）
逆境突围　品牌创新　产学研演跨界融合…… 范廷国（69）
深化服务　开拓电商　推动融合品牌发展战略…… 张　琳（70）
校企合作　跨界互联　探研吉他艺术教育新模式…… 黄志康（71）
培训赋能　人才战略　推动艺术教育体系全新升级…… 秦　川（72）
抗疫维稳　自主创新　构建互联双师云课堂…… 程建铜（73）
以商养学　以学促商　于变局中开新局…… 刘为明（74）
智能智造　产品升级　推动线上线下双轨运营机制…… 张　敏（75）
苦练内功　创新机遇　做世界一流的口琴…… 孔文忠（76）
品牌创新　品质升级　创造有色彩的钢琴声音…… 张绪斌（76）
跑赢市场　逆势增长　创造有情怀的钢琴品牌…… 陈莲琴（77）
老品牌　新理念　浙沪产业资源强强联合…… 金文英（78）
转危为机　逆势突围　推动钢琴文化传播云模式…… 方　阳（79）
抗击疫情　公益直播　助力内地钢琴文化新发展…… 李炯国（80）
着眼未来　前瞻布局　打造施坦威钢琴艺术之家…… 位　炜（81）

**年度评选**

中乐协〔2020〕24号　关于继续在上海乐器展期间开展2020全球业界新品首发活动的通知 ……（82）
附件1　2020全球业界新品首发活动最佳新品名单（以下所有产品按展位号排序）……（84）
附件2　2020全球业界新品首发活动入围产品名单（以下所有产品按展位号排序）……（85）
中乐协〔2020〕60号　表彰决定 ……（87）
附件1　中国轻工业联合会科学技术奖等相关表彰名单 ……（88）
附件2　2020年中国乐器行业创新产品奖等相关表彰名单 ……（89）
中乐协〔2020〕59号　关于表彰2020年度乐器行业“科技之星”的决定 ……（91）
附件　2020年度中国乐器行业“科技之星”名单（以姓氏笔画为序）……（92）

**乐器展览**

2020中国（上海）国际乐器展览会总结报告 …… 中国（上海）国际乐器展览会组委会（93）
2020年世界乐器展览会回顾 ……（95）

**名牌产品**

乐器产品获中国驰名商标，国家、省（市）级名牌产品、著名商标、老字号品牌名录……（97）

## 指标数据篇

“重启”一年　乐器行业又见彩虹——2020年中国乐器行业经济运行报告 ……（103）
2020年乐器行业规模以上企业主要经济指标完成情况（按产品类别划分）……（111）
2020年1~6月中国乐器海关出口量值……（113）
2020年1~6月中国乐器出口国家和地区（按出口金额排序）……（114）
2020年1~6月中国乐器各省市海关出口情况……（120）
2020年1~6月立式钢琴出口国家和地区（按出口金额排序）……（121）

2020年1~6月三角钢琴出口国家和地区（按出口金额排序）……（123）
2020年1~6月主要乐器出口额前10位国家和地区（按出口金额排序）……（124）
2020年1~6月中国乐器海关进口量值……（131）
2020年1~6月中国乐器进口国家和地区（按进口金额排序）……（132）
2020年1~6月中国乐器各省市海关进口情况……（134）
2020年1~6月立式钢琴进口国家和地区（按进口金额排序）……（135）
2020年1~6月三角钢琴进口国家和地区（按进口金额排序）……（136）
2020年1~6月主要乐器进口额前10位国家和地区（按进口金额排序）……（137）

## 协会工作篇

### 工作要点

2020年中国乐器协会工作要点 ……（144）
2020年中国乐器协会工作总结 ……（146）
坚守创新　携手共进　继往开来　再创辉煌——中国乐器协会第八次会员代表大会暨八届一次理事会工作报告
…… 中国乐器协会理事长王世成（2020年8月28日·北京）（152）

### 协会活动

中国乐器协会领导赴天津“华夏未来”考察会谈……（161）
中国乐器协会与中轻联综合业务部举行工作对接座谈会……（161）
中国乐器协会党支部组织学习“两会”精神……（161）
共建肃宁乐器产业集群工作沟通会在协会召开……（162）
中国乐器协会第八次会员代表大会在京隆重举行……（162）
中国乐器协会首个职业培训中心在津成立……（162）
中国乐器协会助力央音向河北两县捐赠乐器……（163）
王世成理事长会见武强县委领导班子……（163）
王世成理事长一行调研留念工作室、罗兰数字音乐教育……（163）
中国乐器协会党支部在周邓纪念馆开展主题党日活动……（164）
中国乐器协会与海关总署税收征管局（上海）在上海签署合作备忘录……（164）
中国乐器协会八届一次常务理事（扩大）会议暨2020年行业科技大会在京成功召开 ……（164）
王世成理事长与肃宁县委颜世东书记一行举行座谈……（165）

### 分支机构

2020年中国乐器协会分支机构工作总结 ……（166）
奇美金音联袂推动音乐启蒙教育……（185）
上海市乐器行业协会五届三次理事会顺利召开……（186）
中国乐器协会钢琴分会会长工作会在京举行……（186）
中国乐器协会吉他分会换届会在京举行……（186）
2020全国行业职业技能竞赛轻工大赛动员大会成功举办 ……（187）
全国乐器标准化技术委员会标准审定会在京召开……（187）

苏家裕：在背着光的舞台，守好一颗纯粹初心（广州珠江钢琴集团钢琴调律技师、第三届全国钢琴调律职业技能竞赛季军）……（253）
宋恩辉：三十年铸一剑，钟情于民族乐器研发的匠人（乐海乐器有限公司研发总监兼研发技术一部经理）……（255）
宋少康："择一事终一生，不为繁华易匠心"（乐海乐器有限公司技术研发二部、生产部经理）……（257）
**新产品**
2020年乐器行业新品纵览 ……（260）
**乐器标准**
2020年全国乐器标准化技术委员会工作报告 ……（271）
创新思路 协同发力 进一步加强乐器行业标准化工作——王会长在乐标委行标审定会上的讲话（2020年9月7日）……（277）
《国家标准、行业标准（轻工）目录》（乐器部分）……（279）
**乐器专利**
2020年乐器专利发布分析 ……（282）
2020年度乐器专利发布目录 ……（283）

## 职业技能篇

**职业技能竞赛**
中国轻工业联合会 中国乐器协会 中国就业培训技术指导中心 中国财贸轻纺烟草工会全国委员会 中轻联工艺〔2020〕245号 关于举办2020年全国行业职业技能竞赛——第三届全国钢琴调律职业技能竞赛的通知 ……（342）
中乐协〔2020〕30号 关于转发"关于举办2020年全国行业职业技能竞赛——第三届全国钢琴调律职业技能竞赛的通知"的通知……（344）
关于2020年全国行业职业技能竞赛——第三届全国钢琴调律职业技能竞赛参赛选手奖励的通知 ……（346）
2020年全国行业职业技能竞赛——第三届全国钢琴调律职业技能竞赛总结 ……（348）
2020年全国行业职业技能竞赛——第三届全国钢琴调律职业技能竞赛决赛（第1~25名）名单 ……（350）
**职业技能考核**
2020年中国钢琴调律师行业概况 ……（351）
2020年全国钢琴调律师考核鉴定情况统计表 ……（351）
取得钢琴调律标准联盟认证高级技师名单……（352）
取得钢琴调律标准联盟认证技师名单……（353）
2020年通过钢琴调律师国际职业资格考核鉴定名单 ……（354）

中国乐器协会民族乐器分会换届会在上海召开……（188）
中国乐器协会提琴分会第四次会员代表大会在黄桥召开……（188）
中国乐器协会提琴制作师分会换届会在上海召开……（188）
中国乐器协会钢琴分会第五届会员大会在京成功召开……（189）
王世成理事长参加电鸣乐器分会换届会并在珠海调研……（189）
2020中国乐器协会提琴制作师（北京）分会年会成功举办……（190）

国际交流

2020年中国乐器协会国际交流与合作……（191）

会员名录

中国乐器协会团体会员名录……（193）

## 科技篇

科技工作报告

产学研用跨界融合　推动行业高质量发展——中国乐器协会八届一次常务理事（扩大）会议暨2020年行业科技大会在京成功召开……（223）
2020年度行业科技工作报告……（225）
以科技创新引领乐器行业高质量发展——王世成理事长在2020年乐器行业科技大会上的讲话（2020年12月22日）……（228）

品牌年

关于在全行业开展“品牌年”活动的通知……（233）
“品牌年”活动助推行业高质量发展……（233）
关于表彰中国乐器行业“品牌年”活动先进企业的决定……（234）
附件　中国乐器行业“品牌年”活动先进企业名单……（235）

三级科技项目

关于开展“三级科技项目”第二批申报工作的通知……（236）
关于乐器行业“三级科技项目”进展情况的通报……（238）
附件1　2019年度“三级科技项目”分类汇总表……（239）
附件2　2020年度“三级科技项目”分类汇总表……（240）

乐器检测

2020年国家轻工业乐器质量监督检测中心工作总结……（242）

行业工匠

陈德然：传承工匠精神，助力中国“匠”造（广州珠江钢琴集团钢琴调修高级技师）……（244）
李素芳：妙手调得金声来（上海民族乐器一厂古筝制作技师、调律师和质量总监）……（245）
张建平：“将门虎子”再续“琴”缘（上海民族乐器一厂拉弦、弹拨乐器制作高级技师）……（247）
蓝文兵：这方水土这方人（广州珠江钢琴集团钢琴调律技师、第三届全国钢琴调律职业技能竞赛冠军）……（249）
黄靖：闪着泪光的职业（广州珠江钢琴集团钢琴调律技师、第三届全国钢琴调律职业技能竞赛亚军）……（251）

## 音乐教育篇

音教大会

2020年国民音乐教育大会总结报告 …………………………………………………………（375）

社会音教培训

2020年中国乐器协会社会音乐教师技能培训取得证书名单 ……………………………………（378）

## 海外资讯篇

2019年度全球乐器与音响制品行业225强综述……………………………………………………（399）

2019年度全球乐器与音响制品225强榜单…………………………………………………………（400）

2019年度全球乐器市场评估报告 …………………………………………………………………（408）

2019年全球主要国家和地区乐器市场份额排名 ……………………………………………………（411）

2020美国乐器市场零售概况——新冠疫情对市场造成不均衡影响 ………………………………（412）

2020年美国乐器市场零售概览 ……………………………………………………………………（417）

2020年各国乐器市场概述

日本……………………………………………………………………………………………………（426）

德国……………………………………………………………………………………………………（433）

加拿大…………………………………………………………………………………………………（436）

澳大利亚………………………………………………………………………………………………（443）

法国……………………………………………………………………………………………………（447）

英国……………………………………………………………………………………………………（451）

韩国……………………………………………………………………………………………………（457）

意大利…………………………………………………………………………………………………（460）

印度……………………………………………………………………………………………………（465）

俄罗斯…………………………………………………………………………………………………（468）

巴西……………………………………………………………………………………………………（472）

# Contents

## Industry

**News Events**

News Summary of the Chinese Musical Instruments Industry in 2020 ........ (2)

**Annual Reports**

2020 Annual Report of the Chinese Musical Instrument Industry ........ (7)

**Featured Events**

Progressing to the middle and high end: an analysis of 2020 musical instrument industry structure ........ (24)

Industry united action to combat and triumph over COVID ........ (28)

To create an "intelligent" music manufacturing future in post COVID era ........ (35)

Lift up confidence and recover from COVID: an analysis of "trend and market" of Chinese musical instrument industry ........ (38)

New art education policy benefits the projects of "musical instruments into communities, schools and families" ... (40)

2020 National Music Education Conference helps benefit music project ........ (43)

Science and technology helps boost music manufacturing to a high level. ........ (45)

A comprehensive review of CMIA Science and Technology Expert Panel ........ (46)

Marching toward the Year of Science and Technology ........ (50)

**Dialogue with leading music companies**

Li Jianning, President of Guangzhou Pearl River Piano Group Ltd. ........ (54)

Wang Guozhen, President of Shanghai No.1 National Musical Instrument Co.,Ltd. ........ (55)

Chen Hailun, President of Hailun Piano Co.,Ltd. ........ (56)

Li Shu, President of Fengling Musical Instrument Co.,Ltd. ........ (57)

Wu Tianyan, President of Parsons Music ........ (58)

Chen Xuekong, President of Hebei Jinyin Musical Instruments Co.,Ltd. ........ (59)

Liu Yunbin, General Manager of Tianjin Jinbao Musical Instruments Manufacture Co.,Ltd. ........ (60)

Gu Bingfeng, Medeli Zhuhai Musical Instruments Co.,Ltd. ........ (61)

Shi Jianming, Jiangyin Golden Cup Angels Musical Instruments Co.,Ltd. ........ (62)

Huang Maoqiang, General Manager of Sichuan Shengyin Music ........ (63)

Zhu Wenyu, President of Shanghai Best Friend Music ........ (64)

Sun Qiang, President of Yantai Perzina Piano Manufacturing Co.,Ltd. ........ (65)

Zhang Huajun, President of Chengdu Chuanya Wood Industry Co.,Ltd. ........ (66)

Song Congjia, President of Hebei Yuehai Musical Instruments Co.,Ltd. ........ (67)

Zhao Zhe, President of Cherub Technology Co.,Ltd. ........ (68)

Fan Tingguo, General Manager of Ringway Tech(Jiangsu) Co.,Ltd. ........ (69)

Zhang Lin, General Manager of Wuhan Eleca Electronics Co.,Ltd. ........ (70)

Huang Zhikang, General Manager of Guangdong Shengkai Musical Instruments Co.,Ltd. ........ (71)

Qin chuan, President of Hebei Qinchuan Music ........ (72)

Cheng Jiantong, President of Roland Digital Education Co.,Ltd. ............ (73)
Liu Weiming, President of Zhejiang Tianmu Music ............ (74)
Zhang Min, General Manager of Jiangsu QiMei Instruments Co.,Ltd. ............ (75)
Kong Wenzhong, President of Jiangsu East Musical Instruments Co.,Ltd. ............ (76)
Zhang Xubin, General Manager of Yantai Kingsburg Piano Co.,Ltd. ............ (76)
Chen Lianqin, General Manager of Hangzhou Goodway Piano Co.,Ltd. ............ (77)
Jin Wenying, President of Shanghai Strauss Piano Co.,Ltd. ............ (78)
Fang Yang, General Manager of Blüthner Piano (China) Limited. ............ (79)
Li Jiongguo, President of Seiler Samick Musical Instrument (Shanghai) Co., Ltd. Weiwei, President of Steinway Piano (Shanghai) Co., Ltd. ............ (80)
Wei Wei, General Manager of Steinway China ............ (81)

**Annual Award**

Notice of Organizing 2020 New Product Global Launch at Music China ............ (82)
Best Products of 2020 New Product Global Launch ............ (84)
Products list of 2020 New Product Global Launch ............ (85)
Awarding Decision ............ (87)
Relevant awarding list by China National Light Industry Council ............ (88)
List of Musical Innovation Product ............ (89)
Decision on awarding 2020 industry Tech Stars ............ (91)
List of 2020 Chinese Musical Instrument Industry Tech Stars ............ (92)

**Musical Instrument Exhibitions**

Summary Report on Music China in 2020 ............ (93)
Review on 2020 world music exhibitions ............ (95)

**Brand Products**

Top Brand Musical Instrument Products that are awarded the Title of State and Provincial Level and Famous Trademarks ............ (97)

## Statistical Data

Report on the economic performance of 2020 Chinese musical instrument industry ............ (103)
2020 Major Economic Indicator Performance of Industrial Enterprises above Designated Size in the Musical Instrument Industry ............ (111)
China Musical Instrument Export Unit and Value in the first half of 2020 ............ (113)
Basic Information on Export of Chinese Musical Instruments to All Continents in the first half of 2020 ............ (114)
Basic Information on Export of Chinese Musical Instruments to Trade Organizations in the first half of 2020 ............ (120)
Export Destinations of Upright Pianos ............ (121)
Export Destinations of Grand Pianos in the first half of 2020 ............ (123)
Top 10 Countries and Regions by Export Values on Major Musical Instruments in the first half of 2020 ............ (124)
Major Musical Instruments Import Quantities and Values by Customs ............ (131)
Basic Information on Import of Chinese Musical Instruments from All Continents in the first half of 2020 ............ (132)
Basic Information on Import of Chinese Musical Instruments from Trade Organizations in the first half of 2020 ............ (134)
Import Sources of Upright Pianos in the first half of 2020 ............ (135)
Import Sources of Grand Pianos in the first half of 2020 ............ (136)
Top 10 Countries and Regions by Import Values on Major Musical Instruments in the first half of 2020 ............ (137)

## Tasks of Association


**Work Minutes**

Work summary of the CMIA in 2020 ........ (144)

The First plenary of the Eighth CMIA Council Meeting and The Eighth CMIA Member Representative Meeting takes place in Beijing ........ (152)

**Activities of CMIA**

CMIA leadership pays a visit to Cathysia Future ........ (161)

CMIA holds meeting with Comprehensive Business Department of China National Light Industry Council ........ (161)

CMIA Party Branch learns the work report of the National People's Congress (NPC) and the Chinese People’s Political Consultative Conference (CPPCC) ........ (161)

Work meeting on the joint construction of Suning County Music Instrument Cluster takes place at CMIA ........ (162)

The Eighth CMIA Member Representative Meeting solemnly takes place in Beijing ........ (162)

CMIA establishes its first Vocational Training Center in Tianjin ........ (162)

CMIA assists Central Conservatory of Music to donate musical instrument to two counties in Hebei Province ........ (163)

CMIA President Wang Shicheng meets with Wuqiang County leadership ........ (163)

Wang Shicheng visits Bian Liunian Studio and Roland Digital Music ........ (163)

CMIA Party Branch visits Zhou Enlai and Deng Yingchao Museum ........ (164)

CMIA signs memorandum in Shanghai with Department of Tariff collection (Shanghai), General Administration of Customs ........ (164)

The First Plenary of the Eighth CMIA Executive Council Meeting and 2020 CMIA Science and Technology Meeting takes place in Beijing. ........ (164)

CMIA President Wang Shicheng meets with Yan Shidong, Party Secretary of Suning County ........ (165)

**CMIA branch activities**

Work Summary of CMIA branches 2020 ........ (166)

Qimei Music and Jinyin Music develop elementary music education ........ (185)

The Third plenary of the Fifth Council meeting of Shanghai Musical Instrument Association convened. ........ (186)

CMIA Piano Subcommittee takes place in Beijing ........ (186)

CMIA Guitar Subcommittee takes place in Beijing ........ (186)

Initiating Conference of 2020 National Vocational Training Competition of Light Industry successfully convened ........ (187)

Standard Review Meeting of National Musical Instrument Standardization Committee convened in Beijing ........ (187)

Leadership transition meeting of CMIA National Musical Instrument Subcommittee convened in Shanghai ........ (188)

The fourth member meeting of CMIA Violin Subcommittee takes place in Huangqiao ........ (188)

Leadership transition meeting of CMIA Violin Maker Subcommittee convened in Shanghai ........ (188)

The fifth member meeting of CMIA Piano Subcommittee convened in Beijing ........ (189)

Wang Shicheng attends leadership transition meeting of CMIA Electric Subcommittee and visits member companies in Zhuhai. ........ (189)

Annual meeting of 2020 CMIA Violin Maker Subcommittee (Beijing Branch) convened. ........ (190)

**International Communications**

CMIA International Communications and Cooperation in 2020 ........ (191)

**List of Members**

List of Corporate Members of CMIA ........ (193)

## Science & Technology


**Working report of Science &Technology**

The First Plenary of the Eighth CMIA Executive Council Meeting and CMIA Science &Technology Meeting takes place in Beijing. ......(223)

2020 CMIA Science &Technology working report ......(225)

Innovation drives music industry high quality development — remarks by CMIA President Wang Shicheng at CMIA industry science & technology meeting......(228)

**Brand Year**

Notice on the launch of "Brand Year" in the music industry ......(233)

Brand Year events help boost industry high quality development......(233)

Decision on awarding active enterprises in Brand Year events ......(234)

List of active enterprises for the Brand Year in China musical instrument industry ......(235)

**Science &Technology Programs of Three Levels**

Notice on the second application of "Science &Technology Programs of Three Levels" ......(236)

Update of "Science &Technology Programs of Three Levels" in musical instrument industry ......(238)

List of 2019 "Science &Technology Programs of Three Levels" ......(239)

List of 2020 "Science &Technology Programs of Three Levels" ......(240)

**Musical Instrument Inspection**

Work Report of National Light Industry Musical Instrument Quality, Supervision and Inspection Center (2020) ...(242)

**Industry Craftsman**

Chen Deran ......(244)

Li Sufang......(245)

Zhang Jianping ......(247)

Lan Wenbing ......(249)

Huang Jing ......(251)

Su Jiayu ......(253)

Song Enhui ......(255)

Song Shaokang ......(257)

**New Products**

2020 New Products in musical instrument industry ......(260)

**Musical Instrument Standards**

2020 Work Report at National Musical Instrument Standardization Committee ......(271)

Remarks of CMIA President Wang Shicheng at National Musical Instrument Standardization Committee......(277)

List of National Standards and Professional Industry Standards of China Musical Instruments ......(279)

**Patents**

2020 Analysis of Musical Instrument Patents Issued in China ......(282)

2020 Catalog of Musical Instrument Patents Issued in China ......(283)


## Vocational Skills


**Vocational Skills Competition**

Notice on organizing 2020 National Industry Vocational Skills Competition — the third National Piano Tuning Vocational

Skills Competition ...... (342)
Notice on awarding contestants of 2020 National Industry Vocational Skills Competition — the third National Piano Tuning Vocational Skills Competition ...... (346)
Summary of 2020 National Industry Vocational Skills Competition — the third National Piano Tuning Vocational Skills Competition...... (348)
List of the first to 25th contestants of finals of 2020 National Industry Vocational Skills Competition — the third National Piano Tuning Vocational Skills Competition ...... (350)

**Professional and Technical Ability Appraisal**

General Situation of Chinese Piano tuners and technicians in 2020 ...... (351)
Statistics on National Piano Tuners and Technicians Evaluation and Appraisal in 2020 ...... (351)
List of Piano-tuners of Passing the Evaluation and Appraisal of National Vocational Qualifications in 2020 ...... (352)
List of "advanced piano-tuners and technicians" within Piano Tuners Alliance in 2020 ...... (353)
List of "piano-tuners and technicians" within Piano Tuners Alliance Appraisal in 2020 ...... (354)

**Music Education**

**National Music Education Conference**

Summary Report of 2020 National Music Education Conference ...... (375)

**Social Music Education Training**

List of CMIA social music educators who obtained professional training certificate in 2020 ...... (378)

**Overseas Information**

The Global Top 225 on Musical Instrument and Pro-audio Products in 2019 ...... (399)
List of the Global Top 225 on Musical Instrument and Pro-audio Products in 2019 ...... (400)
The Global Market Review on Musical Instrument and Pro-audio Products in 2019 ...... (408)
Music market share of Major countries and regions in 2019 ...... (411)
COVID Impact on US Musical Instrument Retail Market ...... (412)
2020 US Musical Instrument Market Survey ...... (417)

**Overseas Information Chapter 4: Musical Instrument Markets of All Countries**

Japan ...... (426)
Germany ...... (433)
Canada...... (436)
Australia ...... (443)
France ...... (447)
United Kingdom ...... (451)
South Korea ...... (457)
Italy ...... (460)
India ...... (465)
Russia ...... (468)
Brazil ...... (472)

# 中国乐器

# 年鉴

## —— 2021 ——

CHINA MUSICAL
INSTRUMENT YEARBOOK


行业篇 1

指标数据篇 102

协会工作篇 143

科技篇 222

职业技能篇 341

音乐教育篇 374

海外资讯篇 398

## 新闻综述

# 2020年度中国乐器行业新闻综述

### 1月

1月4日，由中国乐器协会音乐教育专业委员会主办，江苏奇美和河北金音共同承办的“河北武强县音乐启蒙教育”骨干教师培训班在金音音乐教育公司礼堂隆重开班。来自武强全县各幼儿园选派的180多名音乐老师参加了培训。

1月16日，中国乐器协会秘书长陈晋武带队参观NAMM乐器展，并参加国际乐器行业联盟会议，围绕国际濒危物种保护公约、2020年度6·21国际乐器演奏日活动筹备、当前国际乐器贸易热点和发展形势进行充分研讨。

1月16日至19日，为期四天的美国NAMM国际乐器展在加州阿纳海姆会展中心举办。展会吸引参展展商2000余家，展示各类乐器、音响品牌7000个。据美国国际音乐制品协会发布最新数据，本届NAMM展参观观众共计115888名，其中国际参会人员同比增长近20%。

### 2月

2月3日，中国乐器协会向全行业发出倡议。号召会员企业认真落实国家和地方政府抗击疫情防御指示，按照属地政府要求，严格落实相关措施，认真做好企业和员工安全防护工作。

### 4月

4月11日，我国著名的琵琶演奏家、教育家、作曲家，一代宗师刘德海先生与世长辞。先生一生敬琵琶、爱琵琶，艺术足迹遍及世界各地，为我国琵琶艺术事业的发展作出了卓越贡献。

4月28日至5月10日，商务部和工信部组织开展主题为“品牌品质惠享生活”的第二届“双品网购节”促销活动。其中乐器行业19家“带货”到“双品网购节”，通过线上消费新业态激活内需。

### 5月

5月19日至23日，推动复工达产，提振市场信心，中国乐器协会组织“后疫情时期乐器行业闯关突围线上论坛及行动计划”。论坛以网络专文为主，专家“云对话”为辅。重点针对近期企业面临的主要困难和问题，研判形势、提振信心，整合资源、积极行动，加强合作、共渡难关。

### 6月

6月4日，中国轻工业联合会党委副书记、中国乐器协会理事长王世成带队到浙江宁波乐器企业调研。调研组走访了海伦钢琴、森鹤乐器、四海琴业、北仑乐器配件等公司。在座谈中，王理事长与企业家认真分析1至5月生产经营数据，研究乐器市场走势，研判企业面对的主要困难和问题，获得了浙江乐器企业的第一手资料。

6月，2020年中国“6·21国际乐器演奏日”成功举办。共有170座城市的827家单位参与，演出场次为2200多场，直接参与人数约为21万。此外，今年还推出了“6·21抖音乐器演奏挑战赛”，共有3338家单位（包括个人）参与，收到参赛作品5132个，观看数量达1.08亿人次。

### 7月

7月15日，中国轻工业乐器行业十强企业评价结果公告，广州珠江钢琴、上海民族一厂、柏斯琴行、河北金音、天津津宝、江苏凤灵、吟飞科技、海伦钢琴、得理乐器以及蔚科电子10家企业入选。

7月，由中国乐器协会、上海国展展览中心有限公司和法兰克福展览（香港）有限公司共同主办的中国（上海）国际乐器展览会成功入选“2020年世界商展100大排行榜”，位列榜单第88位。“世界商展100大排行榜”从2008年始，每年推出一次榜单，以世界范围内的展览为选拔对象，以展览面积、国际化程度为主要排行数据。入选的展会不仅是本行业商贸对接的高效平台和全球发展引擎，也是在世界范围内树立标杆性的品牌展。

7月25日，由中国乐器协会、中央音乐学院、意大利芬奇市政府联合主办的“音”为有你中意（国际）公益云音乐会活动隆重上线播出。中国乐器协会理事长王世成，中央音乐学院院长俞峰，意大利芬奇市市长Giuseppe Torchia分别致辞。对疫情下两国的友谊历久弥坚，对两国文化的交流表示赞赏，对艺术家们的倾情奉献表示感谢，同时对医护人员的无私忘我付出表示敬佩，也衷心希望全球抗疫早日取得最终胜利。

## 8月

8月，中国乐器协会发布“2015—2019年中国乐器行业发展20大要闻”。五年间，乐器行业落实中央要求，从行业发展实际出发，明确提出并大力推进全行业向中高端迈进，实施高质量发展战略目标，围绕落实行业“十三五规划”“专项行动计划”和技术路线图等，科技引领，创新发展，不断提升行业运行质量，提高产品品种、品质和品牌效应，强化研发，突破重点技术限制，全行业整体制造装备水平、技术工艺水平、中高端产品占比、优秀民族乐器品牌影响力等均得到大幅提升。

8月27日，中国乐器协会吉他分会换届大会在京举行。红棉乐器、江苏凤灵、声凯乐器等十余家吉他乐器企业负责人出席会议。换届大会经过提名和选举产生了新一届吉他分会领导班子成员，广州红棉乐器总经理余一佳任会长，黄志康、徐宝华、李晓凌任副会长，何海平为秘书长。

8月28日，中国乐器协会第八次会员代表大会在京举行。中国轻工业联合会党委书记、会长张崇和，中国轻工业联合会党委副书记、中国乐器协会理事长王世成出席会议，共180多位代表参加了会议。大会审议通过理事会工作报告、财务报告、章程修改草案，以及关于数据直报系统等6项提案；表彰了乐器行业50强和分支机构先进集体；选举产生了八届理事会领导班子。大会还分别以《消费新趋势下乐器品牌的塑造与传播》《疏通、提振市场，闯关、突围发展》《强化品牌，创新发展》为主题，举办了主题报告、经验分享、现场交流等多种形式的论坛活动。

8月28日，中国乐器协会按照中国乐器协会按照“中国乐器行业50强和先进集体”评选办法，根据指标测评和广泛征求意见，决定授予：广州珠江钢琴集团股份有限公司等50家单位“2019年度中国乐器行业50强”称号，授予中国乐器协会电鸣分会等3家单位“2019年度中国乐器行业先进集体”称号。

## 9月

9月7日至10日，全国乐器标准化技术委员会三届二次工作会议暨标准审定会议在京召开50多名标委会委员出席会议。王世成以《创新思路协同发力——进一步加强乐器行业标准化工作》为题做重要讲话。本次会议共审定14项行业标准，其中：《乐句循环录音类音效器通用技术条件》《组合式效果通用技术条件》为新制定，《口琴》《民族弦鸣乐器通用技术条件》及10项民族弦鸣乐器产品标准为修订。14项行业标准全部审定通过。

9月25日，中国乐器协会职业培训中心（天津）签约揭牌仪式在天津举行。天津市委常委、市委宣传部部长陈浙闽，天津市关工委主任、天津华夏未来文化艺术基金会理事长、原政协主席邢元敏，中国轻工业联合会党委副书记、中国乐器协会理事长王世成，天津市原市委常委、市委统战部部长、华夏未来文化艺术基金会顾问刘长喜，原天津市副市长张俊芳，原人民音乐出版社社长、音乐教育家吴斌等领导和嘉宾出席仪式并为培训中心揭牌。

9月，2020年度轻工现代企管创新成果发布，其中，上海民族乐器一厂《以“文化”为魂，推动老字号企业发展》、柏斯琴行（中国）有限公司《民族品牌“长江”的创新与发展》、海伦钢琴股份有限公司《探索与转型，品牌引领战略发展》三篇企业管理创新成果论文获奖。

9月28日，中国轻工业联合会党委副书记、中国乐器协会理事长王世成一行三人，赴留念工作室和罗兰数字音乐教育进行调研和慰问。王世成对卞留念先生数年来在民乐中国风、电声化、完善化、高端化等方面的贡献，给予充分肯定，并表示在民族乐器电声化进程中的声音库的建立和标准化建设等方面，都可以加大合作力度，加快合作进度，共同为推进乐器产业发展发力。

## 10月

10月14日，中国轻工业联合会党委副书记、中国乐器协会理事长王世成在京会见了武强县委书记侯桂宁、县长张双翼一行，并就“十四五”时期武强县乐器产业高质量发展等事项进行交流。还就年底在武强举办“中国管乐产业发展高峰论坛”以及中国乐器协会管乐专业委员会成立大会、全国乐器行业品牌产品音乐会、行进乐师资培训班等系列工作具体事项做了研究。

10月26日，中国乐器协会提琴分会第四次会员代表大会暨四届一次工作会议在“中国提琴产业之都”黄桥隆重召开。来自全国各地的近80家提琴分会会员企业的代表参加了会议。大会选举产生了提琴分会第四届领导班子成员。江苏凤灵乐器集团董事长李书当选中国乐器协会提琴分会会长。

10月28日，中国乐器协会提琴制作师分会换届会在上海召开。有来自全国的72位提琴制作师代表参加了会议。会议总结了分会5年来所做的主要工作，选举产生了第四届分会领导班子：张安为会长，胡雪平、王志明、华天礽、陈龙根、陈钊明、伊颖为副会长，王建华为秘书长。郑荃为分会名誉会长。

10月28日，中国（上海）国际乐器展览会隆重举办。来自15个国家及地区1106家展商携创意新品汇聚，主办单位定向邀约线下40余个经销商、VIP专业采购院团，促成10个国家和地区买家完成近20余场“在线对接会”。四天展期，线下观展人群达到97593人次，逾162万人次通过展会自媒体平台及合作媒体矩阵线上观展。

10月28日，全球业界新品首发活动隆重启幕。专家评审委员会从创新理念、工艺质量、产品设计、市场预期、环保健康五大维度进行评审。在近百个申报产品中评选出了79个获奖产品，其中包括具有创新型、实用性和时代感的53个“入围新品”和26个脱颖而出的“最佳新品”。施坦威·皇冠珠宝20周年系列钢琴、珠江·恺撒堡·KX2T立式钢琴、Gibson Masterbilt J-200电吉他、敦煌·玫瑰檀木“美好生活”古筝、布菲·利米特单簧管、海伦·A126钢琴、长江·TCH-9X钢琴等26个产品入选“最佳新品”。

10月29日至30日，由中央音乐学院、中国乐器协会、上海国展展览中心有限公司、全国音乐教育服务联盟合作平台联合主办的“2020年国民音乐教育大会”在上海新国际博览中心举行。在2天的会议中，共有近70位主讲嘉宾在大会上登场亮相，为来自全国各地近500位参会代表分享了近70场精彩的内容。国际音乐教育学会（ISME）主席、肯尼亚大学音乐教授艾米莉·阿库诺通过视频向大会发来了祝贺致辞。

10月28日，2020NAMM CMIA行业高端论坛在上海国际乐器展期间成功举办。中美两大行业协会合力打造高端行业论坛，汇聚全球业界领袖，纵论行业发展格局，共同聚焦疫情下市场变化与发展趋势。论坛安排主题演讲、嘉宾论坛、科技展示等三大环节，与观众共享业内专家智慧。美国国际音乐制品协会总裁兼首席执行官拉蒙德通过视频连线为广大企业剖析未来行业走向。

10月29日，中国乐器协会民族乐器分会换届会在上海召开，近20家民族乐器骨干企业参加了会议。会议选举产生了新一届领导班子：上海民族乐器一厂王国振厂长任会长，乐海乐器宋从甲董事长、苏州民族乐器一厂张礼东总经理、扬州金韵乐器御工坊熊立群总经理为副会长；聘任上海民族乐器一厂周力副厂长为秘书长。

10月30日，2020年度MIDI技术发展论坛暨国际电子音乐大赛颁奖典礼在上海举行。本届活动主题是“走进乐器、音乐新时代——MIDI2.0技术应用展望”，着力聚焦新形势下MIDI2.0的技术应用场景，致力于引领MIDI技术持续发展，促进中国MIDI产业和MIDI产品与国际MIDI最新潮流深度融合，不断向专业化和市场化方向发展。

## 11月

11月20日，中国乐器协会理事长王世成一行前往珠海进行调研，先后走访了得理乐器和蔚科科技公司，并与企业负责人进行座谈，听取了企业领导和专业人员的介绍，深入探讨电鸣乐器“昨天、今天、明天”发展脉络与主要趋势。

11月21日，中国乐器协会电鸣乐器分会换届会在珠海召开。会议选举产生新一届分会领导班子，顾冰峰任会长，范廷国、张小川、张琳、赵哲、柯应岳、刘春清任副会长，秘书长由李健担任，聘请盛子斐为电鸣乐器分会名誉会长。

11月23日至24日，2020年第三届全国钢琴调律职业技能竞赛决赛在宜昌市进行。竞赛由中国轻工业联合会、中国乐器协会、中国就业培训技术指导中心和中国财贸轻纺烟草工会全国委员会共同联合举办，是钢琴调律行业规格最高、最具权威、最具影响力的全国二类职业技能竞赛。赛事覆盖全国27个省、市（自治区）14个赛区，402名调律选手历时三个月技术比武，共有60位复赛选手进入决赛。广州珠江钢琴集团股份有限公司的蓝文兵获得决赛第一名。

11月24日，中国乐器协会理事长王世成一行，前往湖北宜昌，对柏斯音乐集团旗下长江三角钢琴生产基地和立式钢琴生产基地进行集中考察调研。王世成理事长对长江钢琴的“高起点、高标准、高质量”，以及从木材到成品的完整产业链发展理念表示认同。

## 12月

12月14日，中国乐器协会理事长王世成在京与到访的肃宁县委颜世东书记、王志乾县长等举行座谈会，交流肃宁县在乐器产业发展和规划方面的一些工作和思考。肃宁县依托民乐产业发展基础，结合原有产业园区规划和招商进度，进一步完善了“乐器文化产业园”规划，将音乐教育、文化旅游、设计研发等与生产融为一体，致力于打造文旅产业聚集群，并写入县“十四五”发展规划纲要中，作为重点项目培育发展。

12月14日，为进一步推动中国乐器行业科技创新工作，落实乐器行业《技术路线图》，促进行业科技创新与科技进步，推动行业人才战略，中国乐器协会在行业内开展年度“科技之星”推荐学习活动，依据评选条件，经个人申报、单位推荐、专家组审核、征求相关分支机构意见和网上公示，决定对王建明等荣获2020年度乐器行业“科技之星”称号的29名同志予以表彰。

12月15日，为全面落实国家“高质量发展”总要求和乐器行业“十四五发展规划”，认真贯彻国务院《深化标准化工作改革方案》，经中国乐器协会理事长办公会研究决定，成立“全国乐器行业团体标准工作委员会”。“团标委”将依据国家标准委、民政部下发的《团体标准管理办法》，在中国轻工业联合会相关业务部门指导下开展有关工作。

12月15日，为积极践行新发展理念，持续推动乐器行业高质量发展，强化创新驱动，补足技术短板，助力产品中高端和音乐人口扩大，更好地突出产学研用联动，经中国乐器协会八届一次理事会审议通过，成立“全国乐器行业专家委员会”。中国乐器协会理事长王世成任专家委主任，于海、卞留念、李建宁、李妲娜、吴斌、金纪广、周海宏、郑荃、王国振、谢嘉幸等任专家顾问。

12月18日，中国轻工业联合会与中国财贸轻纺烟草工会在全国轻工行业开展第二届轻工“大国工匠”推荐学习活动。经过本人申请、行业协会推荐、地方产业工会审核、专家评选、领导小组审定、网上公示等程序，中国轻工业联合会和中国财贸轻纺烟草工会决定命名60名同志为轻工“大国工匠”，乐器行业中，广州珠江钢琴集团股份有限公司总经理助理，北京珠江钢琴文化艺术有限公司总经理陈德然获此称号。

12月21日，中国乐器协会钢琴分会第五届会员大会在京召开。钢琴骨干企业领导近30名代表参加了会议。与会代表选举产生第五届钢琴分会领导班子，李建宁继任钢琴分会会长，并与到会代表讨论研究了新一届分会工作计划。

12月22日，中国乐器协会八届一次常务理事（扩大）会议暨2020年行业科技大会在北京召开。近130位会员代表参会并交流。大会审议通过中国乐器行业《十四五发展规划》和“2020年度科技工作报告”，发布《乐器行业高质量发展白皮书》，成立全国乐器行业专家委员会、团标工作委员会，并表彰中国轻工联科学技术、企管创新、升级和创新消费品评比获奖单位，以及乐器行业科研创新、专利发布先进企业和“科技之星”技术人才。

年度报告

# 2020年中国乐器行业年度报告

## 综述篇

2020年是国家“十三五规划”的收官之年，更是全民抗击疫情、复工达产，加快形成以国内大循环为主体、国内国际双循环相互促进新发展格局的攻坚之年。后疫情时期，新冠疫情引发世界经济秩序新变局，党中央坚强领导、精准施策，行业同仁积极作为，化解疫情的产业结构性影响，创新布局乐器制造产业链、供应链，推动乐器全产业链拥抱数字智能新经济，创新移动互联消费新业态，明确“刚需、标配”目标，推动乐器“三进工程”，助力学校美育教育，全年有序推动乐器产业高质量转型升级。

### 一、2020年度乐器产业运行数据分析

2020年，中国乐器行业现有乐器制造企业6000余家，产业结构中小企业占比居多，琴行25000家以上，互联网注册音乐培训机构65万家。从主要乐器产品产能看，中国生产的钢琴、西管乐器、提琴、打击乐器、吉他、电声乐器等均占世界产能的50%~65%，中国已成为世界乐器的制造和消费大国。

综观全年经济运行数据，受新冠疫情的经济制约，全行业212家规上企业累计完成营业收入221.54亿元，同比下降16.16%；营业成本181.21亿元，同比下降15.77%；实现利润14.07亿元，同比降低26.39%，利润增速较营收增速低10.23%；营业收入利润率为6.35%；全年出口交货值39.67亿元，同比下降21.28%；行业累计亏损面达17.45%。进入后疫情时期，乐器行业经济运行止跌回暖，乐器行业营收、利润以及出口交货值呈现环比高位增长，行业运行质量明显提升，外贸主体活力回稳，骨干企业经济效益明显改善。其中，乐器行业下半年完成营收130.48亿元，占全年58.90%，环比上半年增长43.30%；实现利润9.91亿元，占全年70.44%，环比增长138.29%；利润率为7.6%；出口交货值为23.85亿元，占全年60.11%，环比上半年增长50.69%。

透视细分行业运行质量，电子乐器营收、利润增速均高于乐器行业平均水平，全年累计完成出口交货值14.72亿元，同比增长10.75%，下半年完成9.49亿元，环比上半年增长81.43%；中西乐器营收增速较低，但利润实现较快增长；其他乐器及零件行业营收、利润增速低于乐器行业平均水平。综观全年各分支行业发展，电子乐器行业依托移动互联创新科技，迅速捕捉“宅经济”消费窗口期，在内外销市场逆势创造消费增量；其次，当疫情进入常态化防控期，随着地面艺术培训市场和零售店面的解禁，诱发中西乐器后半年的消费指数反弹；再者，从零配件行业运行质量看，受疫情防控、物流、用工、材料成本多重因素影响，对乐器产业链上游影响因素较为明显，随着后半年乐器消费潜力的逐步释放，产业链上游运营水平逐步恢复常态化。

### 二、2020年度乐器产业经济运行特点

#### （一）抗疫复工，消费升级，践行高质量发展理念

**1．抗疫复工，乐器经济闯关突围**

2020年，新冠疫情突袭全球乐器制造业，冲击乐器全产业链和供应链。从2月3日开始，协会党支部先后2次向全行业发出倡议书，号召广大企业确保安全防护、有效复工复产，恢复补损、闯关突围。同时，利用各种宣传平台及时发布及转载最新疫情动态，科普防疫措施，组织“后疫情时期乐器行业闯关突围线上论坛及行动计划”，提振行业发展信心。为获得一手行业抗疫资料，中国乐器协会理事

长王世成带队赴浙江宁波、广东珠海、湖北宜昌，对行业骨干企业进行集中调研。在调研和问卷调查基础上，综合分析行业形势、研究应对举措和建议，认真撰写调研报告，先后提出并上报20多条诉求建议，帮助企业对冲疫情影响。

同时，协会党支部认真领会中央关于“六稳”“六保”“双循环”精神，坚决落实中央国务院指示精神，以提振产业与市场信心的政治高度，发动企业参加2020上海国际乐器展，全面打造全球化、数字化、多元化不断升级的综合性展会，赋能双循环。后疫情时代，在党中央复工达产政策号召下，国内乐器骨干企业积极作为，依托移动互联智能办公调度内部生产与海外订单业务，在线直播音乐课堂，跨境电子商务、直播带货、在线服务咨询协同作战，主动实施战“疫”突围，取得积极的市场成果和社会业绩。

### 2．助力乐器消费升级，基层组织建设务实创新

2020年，我国乐器行业经济总量保持高位运行已接近18年，随着国家对文化创意产业的政策扶持，消费需求升级反向助推乐器产业转型升级，民众乐器品质需求带动素质教育和文化演艺市场的繁荣发展，市场需求从普及型产品趋向专业化、多元化发展。为探研乐器行业高质量转型升级，8月28日，中国乐器协会第八次会员代表大会在京举行，大会以《消费新趋势下乐器品牌的塑造与传播》《疏通、提振市场，闯关、突围发展》《强化品牌，创新发展》为主题，探研后疫情时代产业发展未来导向；其次，中国乐器协会年终科技大会审议通过中国乐器行业《十四五发展规划》和“2020年度科技工作报告”，发布《乐器行业高质量发展白皮书》，盘点全年行业科研成果，梳理未来科研攻关方向。

过去一年来，分支机构、产业集群、地方协会基层行业组织，紧紧围绕“提供服务、反映诉求、规范行为”的基本功能，务实搭建平台、积极建言献策，不断强化主动意识和融合思路，促进了行业的高质量发展。如钢琴分会团结协作、骨干带头作用明显，每年年会认真策划组织，实行骨干企业轮流主办、友情交接，营造行业团结协作的良好氛围，专题研讨活动促成比学赶帮、互促共进；电鸣乐器分会领导班子勤奋务实，注重产业链建设，重视技术标准工作，坚持行业自律，拓宽行业发展的国际化视野；琴行分会加大各地音乐联盟组建力度，有效推进琴行商学院和“社会音乐教师专业技能培训”项目。

### 3．打造行业“品牌年”，探索乐器新零售

2020年，是中国乐器行业“品牌年”。按照国办《关于开展消费品工业“三品”专项行动营造良好市场环境的若干意见》中“编制升级和创新消费品指南”的工作部署和要求，中国乐器协会组织行业骨干企业申报10项升级和创新消费乐器产品，主动衔接推荐19家乐器品牌企业产品，参与工信部、商务部的“双品网购节”，积极对接京东、阿里等105家电子商务企业，对市场销售产生一定的积极效果。

为提升企业品牌价值和市场适应性，珠江钢琴“恺撒堡PR2.0专用弦槌”面世，打破高端定位钢琴弦槌国外企业生产格局。面对品牌创新文化营销，上海民族乐器一厂迅速在B站、淘宝直播、抖音、微信、微博等多个平台“上新”，通过自媒体账号发布云表演、云课堂、乐器文化直播内容，中华老字号“敦煌”化身“国潮”，创新收获粉丝经济。依托技改驱动，津宝乐器每年投入2500余万元，通过引进自动化流水线、数控机床、机械人等先进装备，结合现代化网络技术，逐步实现乐器制造的智慧化，有效推动全员管理数字化管理水平。为加强在线教育用户黏度，推动乐器进社区、进课堂，“珠江钢琴云音乐汇”云课系列、柏斯音乐集团的大师公益课堂、江苏东方乐器有限公司的口琴网络音乐会等各类公益器乐直播活动异彩纷呈，成为疫情下品牌文化创新的典型案例。

## （二）科技创新提升行业生产力水平

### 1．行业科研取得阶段性成果

2020年，科技作为第一生产力要素，继续推动乐器产业规模化发展由量向质锐意转型。随着人工智能技术的沉降，乐器工业快速步入人工智能和信息化时代，三级科技项目为中国乐器行业高质量发展起到积极示范与引领作用，科技铸就生产力的理

念深入人心。盘点行业全年科研建设成果，乐器行业现有国家级企业技术中心1个，轻工工程技术研究中心3个，乐器行业科研基地4个，各省（市）级工程技术研究中心和企业技术中心14个。为突出科技引领，中国乐器协会积极推荐会员企业参加工信部、中国轻工联组织的各类科技创新项目评审活动，工信部“十四五”重大技改工程入库项目有5个；轻工业科学技术奖5项获奖；轻工业升级创新消费品入选6项；三级科技项目进展顺利，目前已达51项；全行业申报专利7504项，5年累计发明专利达2350个，占比专利总量为31.3%；评选轻工业大国工匠两位、行业工匠27位、科技之星92位，引领效果不断显现，集中展现乐器行业科研创新阶段性成果。

**2．行业标准质量工作规范发展**

9月7日，全国乐器标准化技术委员会三届二次工作会议暨标准审定会议在京召开，王世成理事长以《创新思路协同发力——进一步加强乐器行业标准化工作》为题做重要讲话。虽然2020年情况比较特殊，但标准的制修订工作仍然完成显著，全年完成国家标准2项、行业标准共14项，国家标准外文版3项（两个语种）。截止到2020年，全行业已完成标准发布115项（国标20项、行标94项、团标1项），其中基础通用标准占28%，产品标准占68%，方法标准占4%，已发布的现行标准涉及技术评价、产品质量、绿色、节能、回收利用、安全等多个领域，为推动我国乐器事业的健康发展作出了积极贡献。

10月30日，2020年度MIDI技术发展论坛暨国际电子音乐大赛颁奖典礼在上海举行。本届活动主题是“走进乐器、音乐新时代——MIDI 2.0技术应用展望”，着力聚焦新形势下MIDI 2.0的技术应用场景，致力于引领MIDI技术持续发展，促进中国MIDI产业和MIDI产品与国际MIDI最新潮流深度融合，不断向专业化和市场化方向发展。

**（三）“三品战略”助力产品结构升级转型**

**1．“业界新品首发”促产品中高端转型**

10月28日，中国（上海）国际乐器展览会隆重举办，来自15个国家及地区1106多家展商携创意新品汇聚，主办单位定向邀约线下40余个经销商、VIP专业采购院团，促成10个国家和地区买家完成近20余场“在线对接会”。四天展期，线下观展人群达到97593人次，逾162万人次通过展会自媒体平台及合作媒体矩阵线上观展。展会同期，全球业界新品首发活动隆重启幕。专家评审委员会从创新理念、工艺质量、产品设计、市场预期、环保健康五大维度进行评审。在近百个申报产品中评选出了79个获奖产品，其中包括具有创新型、实用性和时代感的53个“入围新品”和26个脱颖而出的“最佳新品”。施坦威·皇冠珠宝20周年系列钢琴、珠江·恺撒堡·KX2T立式钢琴、Gibson Masterbilt J-200电吉他、敦煌·玫瑰檀木“美好生活”古筝、布菲·利米特单簧管、海伦·A126钢琴、长江·TCH-9X钢琴等26个产品入选“最佳新品”。

**2．强化人才强国战略，弘扬行业工匠精神**

2020年，为不断推出技能型人才，大力弘扬工匠精神。中国乐器协会积极推动中高端人才队伍建设步伐：一是持续不断地在行业内开展“科技之星”推荐学习活动；二是协会积极参与中国轻工业联合会和中国财贸轻纺烟草工会在全国轻工行业开展的第二届轻工“大国工匠”的推荐学习活动，广州珠江钢琴集团股份有限公司陈德然荣获第二届轻工“大国工匠”称号；三是与中国轻工业联合会、中国就业培训技术指导中心和中国财贸轻纺烟草工会全国委员会共同联合举办了第三届全国钢琴调律职业技能竞赛活动。赛事覆盖全国27个省、市（自治区）14个赛区，402名调律选手历时三个月技术比武，共有60位复赛选手进入决赛。广州珠江钢琴集团股份有限公司的蓝文兵获得决赛第一名。

为加强培训工作，提升行业职工技能。在中国轻工业联合会指导下，协会继续开展钢琴调律师培训鉴定行业认证工作，2020年完成钢琴调律师职业技能培训与鉴定580人次，其中技师40人和高级技师8人。乐器行业自2002年以来，共培训鉴定钢琴调律师9074人次。有力推进行业技能人才队伍建设，增强技能人才、职业荣誉感、自豪感、获得感。

**（四）产业集群推动区域经济发展**

2020年，以黄桥提琴、扬州琴筝为代表的8个产业集群，分布在京津冀苏浙鲁等区域，集群内现有乐器企业1200多家，从业人数超过10万人，销售收入89.83亿元，在行业发展中占有重要位置。梳理乐器行业产业集群的运行发展，呈现如下特点：一是多数产业集群的经济规模逐步扩大；二是区域品牌成为产业集群发展的新方向；三是集群内主导优势企业持续成长；四是产业结构呈现逐步升级趋势；五是科技创新形成新动力的认识逐渐清晰，且开始投入人力物力财力；六是搭载互联网技术，利用集群效应拓展市场成为一种新的销售模式；七是融通产业、文化与教育的全产业链条意识增强，并在局部进行了积极探索；八是吸收了大量的农村劳动力，提高了本地居民的就业水平，促进地区城市化发展，也带动了地方经济的强劲增长。

综观全年产业集群创建工作，还存在如下不足与困难：一是多数企业处于产业链低端，依靠低要素成本获得竞争优势；二是缺乏自主创新能力；三是各区域支持力度呈现差异化不平衡；四是绝大多数集群地处农村或城乡结合部；五是绝大多数产业集群尚未形成完整的产业链。企业之间形成扎堆却缺少联系，竞争大于合作，按产业链配置资源和社会化分工协作水平还不高，导致集群效应不显著。

**（五）助力美育教育，扩大乐器消费人口**

**1．国民音乐教育大会、6·21国际乐器演奏日成果显著**

2020年6月，中国“6·21国际乐器演奏日”在京成功举办。共有170座城市的827家单位参与，演出场次为2200多场，直接参与人数约为21万。此外，今年还推出了“6·21抖音乐器演奏挑战赛”，共有3338家单位（包括个人）参与，收到参赛作品5132个，观看数量为1.08亿人次。

10月29日至30日，由中央音乐学院、中国乐器协会、上海国展展览中心有限公司、全国音乐教育服务联盟合作平台联合主办的“2020年国民音乐教育大会”在上海新国际博览中心举行。在2天的会议中，共有近70位主讲嘉宾在大会上登场亮相，为来自全国各地的近500位参会代表分享了近70场精彩的内容。国际音乐教育学会（ISME）主席、肯尼亚大学音乐教授艾米莉·阿库诺通过视频向大会发来了祝贺致辞。

**2．助力美育教育，推进“乐器三进工程”**

回望2020，中共中央办公厅、国务院办公厅联合发布改进新时代美育工作意见，为乐器进校园进行了顶层设计铺垫，为乐器行业发展创造全新机遇。王世成理事长指出，协会基本思路是：服务国家战略，助力美育教育，强化服务功能，推动乐器进校园。

为适应乐器行业发展需要，乐器协会在培训1500多名社会音乐教师基础上，持续加强社会音乐教师职业技能标准认定工作，推动社会音乐教育行业规范化发展，为“乐器三进工程”积极储备艺术人才。2020年，有878人取得了“中国乐器协会社会音乐教师专业技能培训证书”，专业涉及吉他、打击乐、竹笛、葫芦丝、古琴、钢琴、手风琴、口琴等。

其次，我国特色乐器产业聚集区校园乐器普及工作取得长足进展。其中，中轻联与泰兴黄桥共建的提琴产业之都，在短短几年内便实现中小学乐器普及率100%，校内乐器培训普及率超过75%；提琴分会与江苏省乐器协会共同扶持的江苏省盐城市阜宁县校园音乐教育项目成绩斐然，项目涵盖小学三年级至初中一年级在校学生。为支持地方美育教育发展，乐器协会针对边疆贫困地区展开对口支援爱心公益活动，组织会员企业与专业器乐教师对新疆乌鲁木齐、河北平乡、江苏阜宁、黑龙江齐齐哈尔等地开展特色器乐文化支教服务，以及乐器扶贫和乐器捐赠等活动，以落地公益活动扎实推进乐器进校园各项工作。同时，为进一步配合推进“乐器进校园”工作，应教育部教育装备研究与发展中心邀请，2020年中国乐器协会协助该中心进行了面向乐器行业的音乐教学器材调查工作，有140家企业、96个品种500多个型号的乐器参与。为教育部制定乐器进校园的相应政策提供了详尽、有效的参考资料。

## 三、2021年乐器产业展望

展望2021年，是“十四五”开局之年，更是乐器行业推进产学研用跨界融合，推动乐器行业“十四五”

科技创新纵深发展的一年。中国乐器协会倡议的“两翼发力”“六轮驱动”战略与中央“十四五”战略规划高度契合。新的一年，我国乐器行业将以习近平新时代中国特色社会主义思想为指导，深入贯彻中央五中全会、中央经济工作会议和全国两会精神，按照国资委党委和中国轻工联党委部署安排，立足新发展阶段，贯彻新发展理念，构建新发展格局，以高质量发展为主题，以不断扩大音乐人口为目的，以中央、国务院有关美育教育工作意见的实施为契机，着眼于乐器“进校园、进社区、进家庭”，大力推动科技创新，落实“六稳”“六保”任务要求，为确保“十四五”开好局、起好步作出贡献，以优异成绩迎接建党一百周年。

## 钢琴篇

2020年，新冠肺炎疫情肆虐全球，国际金融市场持续波动，世界经济增速乏力，国内经济进入新常态。鉴于国际政治经济形势错综复杂，中美贸易摩擦加剧，全球工业生产和贸易疲软。在国内钢琴制造企业成本不断攀升，国际强势品牌竞争加剧，进口二手钢琴冲击国内市场的形势下，中国钢琴产业走过创新与维稳、机遇与挑战并存的转型年。依托国家文化产业创新发展利好政策，钢琴行业坚持以创新为驱动，推动供给侧结构性改革，转变经营策略，扩容提质钢琴及音乐教育市场，调整产品结构，行业发展趋向稳中向好、运行质量与创新能力协同发展的健康格局。

### 一、2020年我国钢琴行业运行数据分析

据我国轻工业经济运行及预测预警系统显示，2020年，全球钢琴产销量为42万架，中国钢琴产销量为31.46万架，全球钢琴市场占有率为74.9%。我国依旧是全球钢琴制造大国和国际钢琴消费主要市场。

综观全年经济运行数据，受新冠疫情的经济制约，全行业212家规上企业累计完成营业收入221.54亿元，同比下降16.16%；营业成本181.21亿元，同比下降15.77%；实现利润14.07亿元，同比降低26.39%，利润增速较营收增速低10.23%；营业收入利润率为6.35%；全年出口交货值39.67亿元，同比下降21.28%；行业累计亏损面达17.45%。

进入后疫情时期，乐器行业经济运行止跌回暖，乐器行业营收、利润以及出口交货值呈现环比高位增长，行业运行质量明显提升，外贸主体活力回稳，骨干企业经济效益明显改善。据中国乐器协会行业直报数据显示，71家行业骨干企业2020年累计完成营业收入154.23亿元（占规上乐器企业69.62%），同比下降7.47%，其中下半年完成营业收入97.40亿，同比环比双增长，分别增长8.14%和73.16%，一半以上的骨干企业同比转正，92%实现环比高位增长，反映出行业骨干企业的市场抗压指数和风险防控能力。

综观2020年钢琴产业发展，我国钢琴产能保持30万架以上高位运行已近18年。随着国民生活水平提升，以及国家对文化创意产业的政策扶持，消费需求升级反向助推乐器产业转型升级；其次，民众乐器品质需求带动素质教育和文化演艺市场繁荣发展，促进产业链上下游协同发展，产业经济从产品经济向音乐教育和文化产业延伸拓展；第三，产品需求从普及型趋向专业化、多元化发展，全产业链各要素互动协同，成为钢琴产业发展主要特征。

2020年，钢琴制造业发展的主要问题是：一，先进乐器制造设备批量进驻工业流水线，但与先进设备匹配的产业工人素质亟待提升；二，从业者对乐器声学品质和材料特性的认知水平，影响到中高端钢琴制造的个性化发展；三，从全球经济环境看，新冠疫情引发出口物流与营运成本提升，乐器原料价格同步攀升，引发企业运营成本增长，企业亟待提升劳动生产力，化解生产运营压力。

### 二、2020年度钢琴产业经济运行特点

#### （一）抗疫维稳，内练队伍建设

2020年，是我国脱贫攻坚决胜小康社会的收官之年，更是钢琴行业投身疫情防控大局的一年。行业同仁众志成城，共同战“疫”，强力推动复工复产，奋力闯关突围，提振消费市场。从生产、用工、市场等方面制定应对措施，努力将疫情损失降到最低。多家钢琴企业捐献医用口罩、手套、防护镜、医用消毒液、红外线测温器等医疗防疫物资，全力支持

奋战在疫情一线的广大医务工作者。同时，疫情之下，珠江钢琴、柏斯音乐集团、海伦艺术教育等骨干企业积极开展各种类型的线上教学服务活动，助力琴童停课不停学。

后疫情时期，国内钢琴企业生产进度放缓，骨干企业利用疫情时间加强员工队伍培训，邀请管理、技术专家对员工展开管理与技能培训，为复市进行战略技术储备，通过“钉钉”等网络会议系统推行远程办公，在项目小组之间、企业之间展开跨地域协作，建立零接触式“面对面”沟通机制，有效地解决技术、信息互通障碍。为提升企业品牌价值和市场适应性，4月27日，“恺撒堡PR2.0专用弦槌”面世，打破高端钢琴弦槌国外企业垄断格局，创新技术给企业和经销商注入强心剂。

回首2020年初，新冠疫情发生后，美国、欧盟、法国、德国、捷克、韩国等各主要国家乐器行业同行在第一时间通过不同渠道和方式向中国乐器协会表示有力支援和慰问。法国和捷克协会主要负责人专门录制视频，向中国乐器行业表达支持。雅马哈中国、韩国英昌钢琴等在华外资乐器公司也向中国捐款百万元人民币，支持中国抗击新冠疫情。

**（二）反映诉求，强化分支机构建设**

2020年，钢琴分会组织会员单位进行调研，撰写专题调研报告，一方面及时向中国乐器协会、中国轻工联等有关部门反映行业情况，另一方面向行业进行政策宣传。6月4日，中国乐器协会理事长王世成带队调研走访海伦钢琴、森鹤乐器、四海琴业、北仑乐器配件等公司，与企业家认真分析1至5月生产经营数据，研究乐器市场走势，研判企业主要困难和存在问题。11月24日，王世成理事长一行前往湖北宜昌，对柏斯音乐集团旗下长江三角钢琴生产基地和立式钢琴生产基地进行集中考察调研。12月21日，中国乐器协会钢琴分会第五届会员大会在京召开并顺利完成换届工作，李建宁继任钢琴分会会长，与会代表讨论研究新一届分会工作计划，推动行业健康有序发展。

2020年，钢琴分会团结协作、骨干带头作用明显，专题研讨活动促成比学赶帮、互促共进。基层行业组织结构不断完善，产业链条特征清晰，分会坚持依法办会从业规范，坚持融合发展创新理念，有效促进钢琴行业高质量发展。针对二手钢琴对国内钢琴行业造成的冲击、影响市场秩序、消费者利益等问题，分会积极配合中国乐器协会工作，向政府有关部门反映情况，多方争取尽快调整进口钢琴有关政策，纳入有关标准范围进行规范监管。

**（三）资本布局，优化产业结构**

2020年，新冠肺炎疫情抑制钢琴行业运营与发展，骨干企业产销规模波动较大。随着海外品牌进驻内地市场，数码智能键盘技术日新月异，互联网跨界企业引发钢琴制造产业链的变革。过去一年来，多家钢琴企业通过产业基地扩建实现产品结构、技术创新、品牌文化转型升级，如珠江钢琴国家级文化产业示范基地，星海钢琴建设肃宁生产基地，博兰斯勒钢琴打造衡水武强乐器产业园，海伦钢琴东北基地项目正式落户营口，烟台博纳斯钢琴和韩国赛乐尔三益钢琴实现环保升级改造等，骨干企业规模拓展见证钢琴产业的中高端升级转型。

同年，钢琴行业强化资本运作策略，珠江钢琴对德国舒密尔钢琴进行股权收购，柏斯音乐集团和普雷耶中国收购或控股欧洲名牌钢琴，骨干企业积极吸纳国际品牌成熟运营机制，反哺自主品牌的运营和声学品质提升。在加速外资品牌收购的基础上，国内钢琴企业采取走出国门战略，在国外设立公司，创建国际化品牌，开启钢琴制造企业品牌战略新征程。依托资本市场创新驱动力，珠江旗下子公司艾茉森数码乐器、和声钢琴股份公司成功挂牌新三板，海伦艺术教育投资对川音大地部分股权收购。资本运作的内外布局，促成内地钢琴市场竞争的国际化游戏规则逐步完善成熟，品牌并购背后的技术与文化融合，成为我国钢琴企业纵深发展的促进剂。

**（四）品牌运营，提高产品辨识度**

2020年，我国钢琴企业借势国家文化产业发展政策，积极主动创意布局内地钢琴文化市场，依托杯赛、大师班、艺术节、各类钢琴文化创意活动，不断提升自主品牌的辨识度和文化影响力。通过全行业持续发力，钢琴产品质量和品牌意识不断增强，珠江钢琴被工信部授予“中国制造业单项冠军示范企业”，海伦公司荣获宁波市政府市长质量奖，恺撒堡钢琴亮相庆祝新中国成立70周年晚会、成功入围中国轻工联消费升级十大重点产品之一，北京星海70周年人民大会堂纪念款登陆MUSIC CHINA，长江钢琴作为柴可夫斯基国际音乐比赛钢琴组指定用琴，另有多家产品分别入选春晚舞台、央视网络春晚、克里姆林宫大剧院、国家大剧院等大型演出，彰显民族钢琴的品牌魅力。珠江·恺撒堡国际青少年钢琴大赛和全国老年钢琴大赛，“星海杯”全国钢琴比赛，柏斯音乐集团长江钢琴音乐节、“长江钢琴杯”青少年音乐比赛，海伦钢琴的“海伦杯”中国钢琴公开赛，以及珠江·恺撒堡·KX2T立式钢琴、海伦·A126钢琴、长江·TCH-9X钢琴等26个产品入选上海国际乐器展全球业界新品首发平台“最佳新品”骨干企业各项品牌文化创建业绩，助推我国钢琴有效提升品牌知名度和影响力。

**（五）科技创新，产业结构趋向中高端**

2020年，随着国家经济改革和工业革命深入，钢琴行业投资环境、市场环境、技术装备基础和政策环境都发生重大变化。为争取国家对乐器工业项目支持，中国乐器协会按照国内乐器产业聚集区发展现状，共计申报五项轻工业“十四五”重大工程项目，项目涵盖广州珠江钢琴集团文化产业创新创业孵化园立项，宜昌音乐小镇—乐器制造旅游工厂立项，宜昌金宝乐器夷陵生产基地立项，海伦钢琴及外壳生产项目（含年产钢琴15000架、钢琴外壳40000套）乐器行业申报项目总投资达到8.4亿元。

2020年，乐器协会注重发挥科研基地，推动骨干企业与专业院校、业界专家合作，推进钢琴关键技术攻关项目，取得突破性成果。各钢琴制造企业加大科研力度和专利申请，加强乐器声学品质测评技术，声学材料选择、加工及新材料替代，乐器表面喷涂工艺及新涂料研发及应用，有效促进钢琴新产品开发与推广，钢琴制造企业推进精益化生产和个性化定制，产品不断丰富。在全国乐器标委会的带领下，钢琴分会骨干企业参与《乐器有害物质限量》《钢琴质量等级划定与判定》等6项国家标准、9项行业标准、4项团体标准制定和修订，其中已发布12项，为乐器行业技术、质量标准领域等打下扎实基础。同年，钢琴行业积极支持行业开展创优评选活动，会员单位中有12家企业被推荐为乐器行业中的50强企业；涌现一批科技创新领域的先进人物和优秀产品、科研项目获得表彰，见证钢琴行业科研技术人才队伍建设成果。

**（六）人才战略，提升行业核心竞争力**

2020年，为强化人才强国战略，弘扬行业工匠精神，钢琴行业一是积极响应乐器协会“科技之星”推荐学习活动；二是积极参与中国轻工业联合会和中国财贸轻纺烟草工会在全国轻工行业开展的第二届轻工“大国工匠”的推荐学习活动，广州珠江钢琴集团股份有限公司陈德然荣获第二届轻工“大国工匠”称号；三是与中国轻工业联合会、中国就业培训技术指导中心和中国财贸轻纺烟草工会全国委员会共同联合举办了第三届全国钢琴调律职业技能竞赛活动。

为加强培训工作，提升行业职工技能，在中国轻工业联合会指导下，协会继续开展钢琴调律师培训鉴定行业认证工作，2020年完成钢琴调律师职业技能培训与鉴定580人次，其中技师40人和高级技师8人（待审核）。乐器行业自2002年以来，共培训鉴定钢琴调律师9074人次。有力推进行业技能人才队伍建设，增强技能人才、职业荣誉感、自豪感、获得感。

**（七）跨界互联，延伸教育产业链条**

2020年，钢琴制造企业依托互联网思维，积极探索智能营销、智能制造，挖掘网络销售市场潜力，开发终端消费者私人定制型号产品；运用互联网思维，在声学钢琴上加载数码软件模块，研制智能钢琴产品，运用电子、网络、人工智能高新技术，促进传统钢琴产业改造和升级，数码钢琴成为拉动企业销售增长的重要力量。受疫情影响，大量音乐培训机构迁至线上，为稳健品牌流通渠道，提升在线教育用户黏度，国内骨干企业展开线上救市举措，推动乐器进社区、进课堂。如“珠江钢琴云音乐汇”云课系列、柏斯音乐集团的大师公益课堂等各类公益器乐直播活动异彩纷呈。

为提振民众乐器消费信心，中国乐器协会强势启动6·21国际乐器演奏日在全国各地的传播与推广活动，有70多家联合主办方积极响应协会号召，数百家音乐机构参与活动其中。为强化网络平台传播效应，活动主办方联合天猫平台，进行在线的活动展演活动，提振消费信心，助力市场恢复消费温度。为乐器行业的发展铺路筑基，骨干企业积极支持下游渠道展开音乐教育培训，多样化的钢琴培训、钢琴赛事，使钢琴文化贴近消费终端，激发消费者的钢琴学习热情。钢琴骨干企业持续投资音乐文化教育产业，依托移动互联技术开发数字化音乐艺术课程，促成社会音乐教育培训产业成为产业发展新生力量，推动音乐教育趋向规模化、标准化、数字化、网络化、高效化、连锁品牌化发展。

### 三、2021年钢琴行业展望

回首2020年，网络数控等高新技术为传统钢琴产业改造和升级提供技术支持，积极推进钢琴行业开展关键技术研发、关键零部件攻关、高端专用设备技术改造、节能减排，以及新产品、新工艺、新装备、新材料等项目，不断提升行业技术实力，实现高端突破和行业的高质量发展。

展望2021年，钢琴钢业亟待进一步加强二手琴市场及知识产权保护，营造公平规范的市场环境，落实行业人才发展战略，增强可持续发展能力。王世成理事长强调，行业发展仍需坚持目标结果导向，加强内外科技协同，努力打造品牌高地。深耕新品首发、品牌赛事、音乐文化推广和技术服务等重点项目，提升民族品牌科技、文化含量，落实扩大内需战略，加速开发满足消费需求的新产品，拓展新渠道，积极打造“乐器进校园、进社区、进家庭”优秀项目。同时，认真分析国际市场需求，努力提高出口钢琴质量，用更好的性价比和服务抢占8万-10万架的国际市场份额。

## 民族乐器篇

2020年是极不平凡的一年，民族乐器产业是中国音乐产业重要组成部分，疫情发生的前一年，2019年中国音乐产业总规模达3950.96亿元，同比增长5.42%，增速有所回落，发展态势稳中有进，数字音乐为主的核心层产业保持了8%以上的高速增长；关联层、拓展层产业则增速明显下滑。随着新冠疫情给全球经济运行带来更多不确定因素，中国音乐产业需要的是提升发展质量，通过原创内容、科技应用、商业模式、新兴业态和消费场景的全方位创新，推动持续高速增长模式转向新一轮高质量发展模式。

### 一、2020年度民族乐器产业经济运行特点

2020年，在这一特殊的时期里，我国民族乐器产业基本状况表现在以下几方面。

**（一）上半年断崖式下跌，下半年止跌回升高位增长**

据国家统计局公布的2020年乐器行业规模以上生产企业主要经济指标完成情况，乐器行业规模以上企业共计212家，民族乐器行业规模以上企业29家，占13.66%。2020年民族乐器产业主营业务收入20.64亿元，同比下降21.37%，上半年完成8.89亿元，下半年完成11.76亿元，下半年比上半年增长32.28%；实现利润2.25亿元，同比下降17.58%，上半年完成7354万元，下半年完成1.55亿元，下半年比上半年增长了1.1倍；出口6349万元，同比下降64.72%，上半年出口2195万元，下半年出口4154万元，下半年比上半年出口增长89.24%。

这些数据表明，2020年民族乐器产业在上半年由于受到疫情的影响，比2019年有大幅度的下滑，下半年经过各方面的努力，民族乐器产业开始呈现恢复性增长，逐步回暖。

上海民族乐器一厂常务副厂长周力表示，2020年上半年由于经济形势受疫情笼罩，乐器销售、培训企业复工复产困难重重，大量线下门店的销售业务几乎停摆，音乐培训机构的线下课程同样难以进行。此次疫情，原本扮演辅助角色的在线教育日前逐渐成为舞台的主角。在新形势下，必须要加快线上和线下资源的整合，填补自身的空缺和短板。企业积极与优质的电商平台合作，加速扩大网络销售、器乐培训覆盖面，进行内容与形式的创新发展，积极开展教学内容的改革和教学模式与方法的创新，

跨界整合文化演艺与音乐教育资源。除开展网络销售与线上教育等举措，网络品牌文化营销同样重要。企业亟待更好地利用网络技术宣传、策划、运作自主品牌，提升自身软实力。

乐海乐器有限公司运营副总经理宋营彬表示，过去一年民族乐器产业虽然受到来自疫情方面的压力，但是也有令人欣喜的消息，那就是国家从下半年出台加强和改进美育教育政策，中小学全面实施国乐进校园开始凸显，2020年下半年学校对民族乐器需求量不断加大，特别是电商复苏，使企业获得了较多的订单，企业的生产经营活动有所恢复。总的来说，过去的一年，对于企业来说是一次严峻考验，企业的生存和发展处于极度困难之中，但对于企业也是一件好事，加快了企业对产品质量和经营方式调整速度，这是一次很好的练兵机会，使我们能够适应未来更加严峻的考验。

**（二）民族乐器专利放量剧增，表现出强劲创新势头**

2020年，新冠肺炎给民族乐器产业带来巨大的冲击，却迎来民族乐器专利历年来的最高值，充分说明民族乐器产业面对困难的弹性效应和创造力。国家知识产权局专利资料显示，2020年民族乐器专利发布共计958项，同比增长64.32%，其中，发明专利145项，同比增长46.46%，占全部专利的15.13 %；实用新型专利395项，同比增长81.19%，占全部专利41.23%；外观设计专利418项，同比增长57.14%，占全部专利的43.63%。

按民族乐器各类别划分，吹管乐器专利200项，95项，同比增长110.52%，其中，巴乌8项，笛子55项，葫芦丝37项，笙9项，唢呐15项，陶笛21项，箫39项，埙16项；弹拨乐器专利598项，同比增长62.05%，其中，古筝363项，琵琶51项，阮13项，扬琴35项、古琴103项，箜篌24项、柳琴4项，月琴3项；拉弦乐器专利145项，同比增长33.02%，其中，二胡120项，马头琴21项，京胡3项；打击乐器15项，比去年增长50%，其中，编钟2项，排鼓5项。弹拨乐器专利发布数量列居首位，单件乐器，古筝专利数量最多。

按地区划分：2020年民族乐器专利发布来自国内30个省市地区及1个外国（德国），其中：江苏（32）172、河南（41）88、上海（31）74、广东（44）60、山东（37）58、浙江（33）53、北京（11）51、河北（13）42、福建（35）38、陕西（61）38、湖南（43）36、甘肃（62）24、辽宁（21）24、四川（51）22、湖北（42）21、云南（53）21、贵州（52）19、江西（36）19、天津（12）19、黑龙江（23）17、安徽（34）16、内蒙古（15）13、山西（14）11、吉林（22）6、重庆（50）4、中国台湾（71）4、广西（45）3、新疆（65）2、海南（46）1、中国香港（81）1。德国（DE）1。（括号内为省市代码）

按申请人类型划分，共有488家企业、个人、院校申报民乐专利，比上年增长60%。个人有286位发布专利，比上年增长81.01%。企业有123家企业发布专利，比上年增长57.69%。院校有89个单位发布专利，比上年增长28.98%。

**（三）民族乐器产业集体巡礼2020上海乐器展览会**

2020中国（上海）国际展览会作为疫情之年全世界唯一举办的乐器展览会，民族乐器成为上海国际乐器展的重要展出类别，民乐馆位于E5馆和E6馆两个馆，展览总面积达到17250平方米，比上届下降1.4%；参展商数量309家，虽然同比下降26.4%，但是民族乐器参展商数量占全总参展商比例从17.39%提升到27.9%。说明国内乐器市场影响相对较小。

按产品分类划分，这届展会，有138家弹拨乐器企业参展，拉弦乐器74家，吹管乐器49家，打击乐器4家，民乐配件26家，民族乐器经营单位18家。按参展商来自国家和地区划分，来自中国台湾3家，中国香港1家，其他为中国内地的305家参展商。305家国内参展商，分别来自国内18个省和直辖市，比上年少了6个省（云南、贵州、吉林、内蒙古、安徽、山西），占全国所有省市的58%。民乐馆参展商最多的地区是江苏、河北、河南、浙江。河南兰考（12家）、河北饶阳（18家）、江苏无锡（18家），江苏扬州（18家）分别以展团形式参展。

2020上海乐器展览会继2018年后，第三次举行全球业界新品首发活动，在近百个申报产品中有79个产品入围，其中26个被评选为“最佳新品”，民族乐器产品有6个被评为“最佳新品”，13个被评为“入围新品”。

**（四）抗疫复工，提升民族乐器品牌文化附加值**

2020年初，新冠肺炎突然爆发，整个社会经济活动按下了暂停键，经历短暂的冷静思考后，民族音乐家们和制作师们，立即投入到这场没有硝烟的战斗之中，著名作曲家刘锡津携手词作家朱小松，共同创作了《没有硝烟的战争》，歌曲《战疫之歌》由著名琵琶演奏家吴玉霞作曲，书法家赵学敏作词、东方演艺集团青年歌唱家金莹演唱，这些都激励了人们抗击疫情的决心和信心，极大地鼓舞了士气。2020年初，新冠肺炎首先从武汉爆发，著名作曲家谭盾写出“武汉十二锣”交响曲，以此献给正在和病毒作斗争的武汉人民。中国民族管弦乐学会在原有系统的基础上开发出线上视频考级系统、线上展演平台、线上师资培训平台，基于互联网技术服务平台，立足疫情防控常态化，不断打造民乐互联网基础设施。

在新冠疫情期间，上海民族乐器一厂文化服务不断档，以图文、短视频分享、直播等方式“带文化”，在B站、淘宝直播、抖音、微信、微博等多个平台上发布云表演、云课堂、云讲座等项目，点击量屡攀新高。2020年，企业在B站上线视频40余个，内容涉及乐器制作、华乐故事、抗击疫情、创新改编、节日庆祝等，引发社会热议，其中《权御天下》在B站获得了26万的播放量，《礼物》获得第六届“根亲中国”微电影大赛优秀作品殊荣。

2020年9月，乐海乐器有限公司积极支持中央音乐学院开展的《音乐教育帮扶项目》，捐助古筝产品50台，助力河北省青龙县、威县音乐教育。同月，乐海乐器倾力打造乐海博物馆、乐海琴坊、国乐教室、国乐工坊、乐海直播间等项目作为游学点助力淘宝第八届淘宝村高峰论坛，乐海签约艺术家中国音乐学院张尊连教授、杨靖教授在晚会上携“紫云君”琵琶、“钧和”二胡倾情献艺。11月杨靖教授携紫云君琵琶献艺国家大剧院“中国音乐学院国乐专场会——中华情怀，民乐名家”专场音乐会。同月杨靖教授携紫云君琵琶亮相中山公园音乐堂大舞台。另外，乐海乐器有限公司在河南师范大学设立的“乐海奖学金”颁奖典礼盛大举行。并且开展了六届“乐海杯”乐器制作比赛，由琵琶排品粘品工序制作比赛、二胡制作比赛、扬琴成活工序制作比赛、古筝油漆打磨工序制作比赛、琵琶后活工序制作比赛等，对提升员工制作技能起到了显著作用。

2020年，苏州民族乐器一厂以民族乐器博物馆为依托，与社区共建了民族乐器传习基地，充分发挥企业小乐队的作用，为区域内200余名中小学生举办免费的民族音乐欣赏会，介绍中国的民族乐器和优秀民族乐曲，收到了良好效果。年内企业还和深圳宝安区新安街道共建“岭南胡琴艺术馆”和苏州民族乐器制作技艺“岭南传承基地”。对于提升具有岭南特色民族乐器制作，具有积极的现实意义和深远的历史意义。

扬州民族乐器研制厂在2020年抓紧时机对企业管理、产品进行调整升级，全面推行网格化、标准化、优质化管理，坚持探讨乐器+文创+科创的发展之路，琴筝产品不断创新，加强新品研发推出多项发明和创新，琴筝制作试音器、高音筝、低音筝、低音古琴、古瑟、双弧三腔古琴等申报了十多项实用新型和发明专利。

**（五）校企合作，科研创新促产业趋向中高端**

盘点2020年民族乐器骨干企业科研创新成果，上海民族乐器一厂一是以艺术驱动创新设计，嫁接玛戈隆特骨瓷、施华洛世奇水晶等工艺，在上海国际乐器展上推出了锦绣中华系列、紫禁城之回响系列、大盛敦煌系列、日月星辰系列等百余件新品乐器，得到十余家媒体的竞相报道。其中，“美好生活”古筝获得了2020 Music China全球业界新品首发“最佳新品”荣誉；“限量版雪之舞”琵琶、“繁星闪烁”古筝、“紫禁印记”二胡分别获得2020尚博荟“最具美感设计奖”“引领潮流时尚奖”“独具匠心研发奖”殊荣；二是企业继续加强与名家学者、科研机构的交流合作，提高乐器的声学品质。与中央音乐学院李萌教授合作改良后的多声弦制筝，腔体更薄，低音音频更厚实，声音表现力更强；与古筝演奏家、教育家高武钢合作还原的1958年版16弦钢丝筝，手感与音色都十分接近，左手按弦可以达到大三度以上，余音缭绕；与上海交通大学高级工程师姚卫平合作推出的印象之音古筝，改善了古筝箱体结构的高频响应性能、面板应力强度和分布状况，缩短了箱体出声与琴弦出声之间的时间差，从而使古筝声音传导更集中；与北京研究所彭丽颖合作复原的轧筝，达到了对古代乐器轧筝的型制、音色、演奏等复原技术的科研要求，已通过专家鉴定会的评审。

2020年，乐海乐器有限公司再次获得河北省知名文化企业30强和十佳文化企业家，实现三连冠。“海之尊系列均和二胡”产品在上海国际乐器展览会组委会举办的“2020全球业界新品首发活动”中，荣获“最佳新品”称号。公司研发设计中心被河北省工信厅认定为“河北省民族乐器工业设计中心”。河南中州民族乐器有限公司在郑州成立的中州民族乐体验中心，继续强化中州民乐的品牌运营，活动的组织策划，网络的推广和销售。

扬州市玉振古筝有限公司非遗大漆款古筝产品江山如画，荣获2020年第十一届中国工艺美术博览会“飞花奖”金奖。扬州市龙啸琴筝有限公司龙啸古筝2020年再次荣获具有CMA/CNAS双重资质的“国家轻工业乐器质量监督检测中心认证”证书。古筝的制作在实现自动化、智能化、标准化的前提下，又向前迈向一个新的台阶，为古筝“好声音”的研发奠定坚实基础。

## 二、2021年民族乐器行业展望

2021年是十四五开局年，面对严峻复杂的国际疫情和世界经济形势，民族乐器产业或将继续加速产品结构调整，扩大中高端产品的比重，在持续增强科技创新能力的前提下，加大民族乐器音质、音色、材料声学和乐器外观形制的综合创新步伐。同时，依托互联网、大数据、人工智能与乐器制造深度融合，以智能制造为发展方向，大力提升标准化、数字化、智能化水平，推动乐器生产流水线技术改造，提高精细化生产布局。为提升民族乐器产业内生动力，民族乐器企业亟待与科研院所展开深度合作，努力在危机中育新机、于变局中开新局，推动企业高质量发展的步伐，让中国的民族乐器屹立于世界的舞台上，展现中华民族音乐的风采，让世界听见中国民族乐器的好声音。

# 西管打击乐器篇

## 一、2020年西管打击乐器产业运行特征

### （一）2020年西管打击乐器行业概述

2020年，我国西管打击乐器行业发展机遇和挑战并存，机遇主要是随着消费者收入水平的提高，消费终端对乐器在音质、音色等品质方面有了更高的要求，对于中高端管乐器需求旺盛，刺激了中高端乐器消费市场，利好乐器进校园、进家庭、进社区的“三进”发展和高品质管乐器进、出口。

面临的挑战主要体现在中美贸易战下美国单方对华加征关税，导致我国西管乐器受到打压，行业出口利润缩水。国内西乐器行业内部也存有产业相对大而不强，产品档次多在中档以下；产品数量、品质和技术含量以及品牌影响力等亟待提升或提高；产业链主要环节的配套水平较低；企业技术研发中心实力偏弱，缺乏对行业产品顶尖核心技术的突破和掌握；技术人才特别是高级技术人才还比较缺乏等问题。

2020年，面对新冠疫情的不利影响，西管打击乐器骨干企业抓紧复工复产并加快研发，尤其是天津津宝、河北金音以及功学社三家龙头管乐企业，着力进行软实力建设，创新文化营销方式，培育挖掘乐器潜在市场，主要经济指标均环比回正，主营业务收入同环比齐涨，大大降低了疫情造成的负面影响。

### （二）新冠疫情抑制外贸市场

2020年，受新冠疫情影响，全球乐器经济跌宕起伏，来自美国为首的经济体继续遏制中国外贸经济发展，促使国际经济环境明显趋紧，外贸、外资市场直接受到冲击，国内经济下行压力加大，进一步传导到供应链、产业链、创新链，使制造业压力持续加大，市场拓展难度进一步加大。2020年，在党的十九大精神鼓舞下，西乐器行业适应国家大力发展文化相关产业的政策导向，发展迅猛，行业规模持续扩大。目前，中国主要西管乐器产能配比依次为小号、长笛、中低音号、萨克斯、单簧管。从西管乐器出口来看，根据海关数据，2015年—2019年

我国铜管乐器出口持续攀升，其他管乐器出现小幅收缩。2020年受疫情影响，我国铜管乐器出口量（额）有所回落。从出口目的地来看，我国铜管乐器主要出口至美、德、法、英等地，其中出口至韩国、中国台湾、美国、德国、法国等地的铜管乐器单价较高，属于高值产品。总之，2015—2020年，西乐器行业科技创新成效显著。落实乐器行业技术路线图，推动行业科技合作和关键技术攻关，不断取得阶段性成果。品牌建设成绩非凡。产业集聚效应明显。国际交流成果丰硕。行业跨国重组与品牌合作不断增多，体现出西乐器行业的国际化视野与高超的品牌整合能力。

### （三）设备升级，产学研要素跨界联动

2020年初爆发的新冠疫情使全球经济下行压力持续增强，作为以出口为主要渠道的西洋乐器制造企业受冲击最为明显。金音乐器集团积极与行业协会及政府主管部门沟通协调，推动企业构建内循环为主，内外循环互相促进的新格局。在营销创新方面，金音集团积极与艺术高校开展产、学、研合作，将公司作为学生的实习基地，加强金音品牌在用户心中的认知感，带动校园消费，使之成为乐器进校园的又一驱动力。

在市场遭受打击情况下，天津津宝乐器依然以技改创新和新产品开发为工作重点，年内投入技改资金920余万元，企业数字化智能化制造能力建设进一步提高。在中国乐器协会关于深入开展“三品”工作倡导下，津宝乐器在新产品开发方面投入了570余万元，年内新增产品专利67项，同时代表天津地方工业产品，参加了中国工业设计领域唯一经中央批准设立的国家政府奖项——2020中国工业设计奖，取得了晋级入围复评的较好成绩。

### （四）科技创新，提升产业发展内生动力

2020年，西管打击乐器制造企业成本持续攀升，环境治理投入和能源、物流成本上涨继续倒逼产业绿色转型。搭建多维立体的合作平台。召开分会年度会议。组织分会企业会员参加行业活动-行业理事会、科技大会、专题论坛和交流会。积极参与产品标准的制修订工作。组织交流学习活动。对接行业技术发展路线图，强化科研项目体系建设。推荐学习“行业工匠”和“科技之星”，激发了行业创新发展的内生动力。骨干企业环保升级，产品更新换代速度加快，中高端产品比重不断提高。同时，骨干企业与教育产业紧密结合，组织师资培训、文化展演、管乐艺术节，创建特色音乐小镇，推动区域产业集群建设，助力乐器行业高质量转型升级。

西管打击乐器会长单位100多家会员企业，带领企业带乐器产品参加管乐协会组织的专家评审会，与专家现场互动，反响强烈，成效显著。同时，西管打击乐器会长单位带头组建和指导各地建立西乐器产业技术研究院，以发挥科技支撑作用，促进西乐器产业发展，实施技术创新工程，引导产业技术创新工作，加快建立以企业为主体，市场为导向，产学研相结合的区域技术创新体系，共同突破产业发展的技术瓶颈，进一步提高我国西乐器产业技术的创新能力，为我国西乐器产业提供有力的技术支撑。

### （五）品牌创新，助力乐器“三进”工程

2020年，西管打击乐器分会会长单位积极引导企业重视品牌，全面推进品牌战略，努力打造优秀国产乐器品牌集团军，骨干企业主流品牌影响力不断扩大，助力乐器制造业及相关产业的品牌培育尤其是名牌的扩展效应。同时，西管打击乐器企业依托“全球业界新品首发”平台，推介创新乐器技术产品，促进全球资源对接。为带动乐器产业链消费，西管打击乐器企业跨界组建音教服务联盟，举行“6·21”国际乐器演奏日活动，共建音教服务示范基地，合作开展社会音乐师资格培训，产业链不断完善，有力挖掘了潜在的乐器消费需求。

为助力全面建成小康社会，音乐界、文化界、演艺界、音教界与西管乐器专业委员会的互动频繁，以“标配”“刚需”的目标定位，推动西乐器进校园、进家庭、进社区的“三进”步伐，金音乐器集团组建了金音萨克斯公社和乐团，津宝乐器举办了管乐艺术节、打击乐器艺术节活动，受到市场好评和积极评价，使西乐器销售借助政策发力和社会音教产业快速发展的东风获得源源不断的增长新动能。

### 二、2021年西管打击乐器行业展望

展望2021年，随着新一届管乐专委会的成立，西管打击乐器行业分支机构会将紧密联系配合会员企业，献计献策共同依靠科技创新改革，服务音乐教育，扩容提质乐器质量，开拓需求市场；其次，协助厂商借鉴学习欧美国家乐器制造行业的长处，加强投入科研创新经费力度，从技术标准、技术专利上取得新的进展。

为促进西管打击乐器行业长足发展，王世成理事长强调，新的一年，西管打击乐器行业需坚持品质为基，强化全员精益管理；坚持品牌为要，强化国际对标对表；坚持研演为径，强化产学研用结合；坚持人才为本，强化培育引进互动，提高运行效率；规范行业管理，务实推进工作，齐心协力、拼搏进取、勇于创新，携手打造中国西管打击乐器创新高地，以实际成果迎接建党百年华诞。

## 电鸣乐器篇

2020年受新冠肺炎疫情袭来，电鸣分会各企业在保证自身正常运转同时向国内外捐款捐物，积极为疫情防控贡献力量。受疫情影响，线下活动受到冲击，在线媒体资源、数字营销逆势增长。各企业能够审时度势，积极面对，迅速转变思维，布局线上营销及线上渠道转化，带来良好市场反应。

随着国民消费水平的提高以及对文化生活的不断追求，用户对各类乐器的需求量与质量要求也越来越高。进入“十四五”时期，以5G网络、人工智能等为主的新型基础设施建设，或将促进消费新业态、新模式、新场景的普及应用，激发新消费需求。面对大趋势，各企业应进一步贯彻落实科技、音教双轮驱动战略，推动行业核心技术自主化，增加产品的市场竞争力，从而推动产业向中高端转型发展。

### 一、2020年电鸣乐器产业运行特征

#### （一）2020年电鸣乐器行业发展概述

根据中国乐器行业经济运行报告显示，2020年我国乐器行业规模以上企业（调整后）212家，其中西乐器116家，占乐器行业的54.72%；中乐器29家，占13.68%；电子乐器21家，占9.91%；其他及零配件46家，占21.7%。乐器行业规上企业累计完成营业收入221.54亿元，同比下降16.16%，其中，下半年完成130.48亿元，占全年58.90%，环比上半年增长43.30%。子行业中，电子乐器率先驶入快车道。21家电子乐器企业全年累计完成营业收入55.65亿元，同比增长7.9%，下半年完成36.43亿元，同比增长21.67%，环比上半年增长89.55%。

2020年受新冠疫情影响，国内乐器行业按下暂停键。3月初，部分企业陆续复工复产，但线下门店和教育机构依旧停摆。进入下半年，电鸣乐器行业开始复苏，骨干企业紧追上半年经济损失。受人民币兑美元汇率影响，企业出口产品的利润大幅度下降和压缩。大宗原材料大幅度波动，压缩了大部分企业的利润空间。

外部消费市场方面，受全球新冠疫情影响，各国相继采取封城隔离举措，由于专业音乐人员和玩家居家办公，促成家庭音乐制作高端MIDI控制器和合成器需求也大幅增长，海外市场订单需求上升。全年累计完成出口交货值14.72亿元，同比增长10.75%，下半年完成9.49亿元，环比上半年增长81.43%。另外，从2020年开始，集成电路遭受大面积缺货影响，供需关系失衡导致集成电路价格普遍上涨，导致无法生产，几乎波及所有行业，电鸣乐器行业也受影响。

#### （二）搭建技术交流平台，促进企业创新发展

在认真落实“六稳”“六保”，加快形成国内大循环为主、国内外双循环相互促进的发展新格局背景下，为进一步发挥骨干企业示范引领作用，促进行业竞争力水平提升。7月15日，中国轻工业行业十强企业评价结果公告，其中电鸣分会骨干企业吟飞科技、得理乐器、蔚科电子入选“2019年度中国轻工业乐器行业十强企业”；8月28日，中国乐器协会按照“中国乐器行业50强和先进集体”评选办法，授予中国乐器协会电鸣分会等3家单位“2019年度中国乐器行业先进集体”称号。

为着力聚焦新形势下MIDI2.0的技术应用场景，致力于引领MIDI技术持续发展，促进中国MIDI产业和MIDI产品与国际MIDI最新潮流深度融合。2020

年度MIDI技术发展论坛在上海国际乐器展期间举办。本届活动主题是“走进乐器、音乐新时代——MIDI2.0技术应用展望”，围绕MIDI2.0技术应用前景，市场展望，挑战机遇与会嘉宾展开深入探讨。此外，上海国际乐器展主办方和上海计算机音乐协会联合举办的“2020国际电子音乐大赛（IEMC）”颁奖仪式也在现场隆重举行。

数字技术突飞猛进的发展给传统音乐带来了前所未有的挑战与机遇，也带来了更多的创新和商机。11月21日，来自全国各地的电鸣乐器会员单位领导和专家齐聚珠海。按照协会《章程》，分会班子做了充分准备，总结五年工作，并采取无记名投票形式，产生新一届分会领导班子。会议还结合行业发展趋势及热点问题组织了相关专题讲座。

**（三）齐心抗疫，电鸣乐器行业在行动**

在抗击新冠疫情中，中国乐器协会电鸣分会许多企业如得理、吟飞、艾茉森、蔚科、艾立卡等多家公司多措并举，成效显著。通过网络会议系统推行远程办公，建立零接触式“面对面”的沟通，有效地解决了技术、信息互通。通过龙头企业带动，产业链上下游、大中小企业协同复工复产，建立“一对一”和“一对多”联络保障机制。着力打通产业链、供应链的堵点，实现了良性互动。坚持一手抓防疫不放松，一手抓复产不动摇，确保在复产复工中防控工作万无一失，生产制造有条不紊。

电鸣分会各企业在保障自身防护物资充足的情况下，也积极向国内外捐款捐物或提供服务。得理乐器向湖北红十字会捐赠100万元，用于疫情防治。蔚科科技向全球近30个国家邮寄口罩，位居武汉重灾区的艾立卡公司也积极为一线工作者捐赠防疫防护及消毒用品共计上万件。珠江艾茉森参与湖北疫区医院援助，与音乐家联合举办直播音乐会，让一线医务工作者讲述自己的故事，弘扬他们的英雄事迹和精神。吟飞艺术中心的老师们在疫情期间积极开展在线公益课堂讲座，与学员面对面交流指导。

**（四）企业数字化转型迎接“新常态”**

一场突如其来的疫情改变了全球的经济形势，亦对企业的运营模式及业务发展造成冲击。越来越多的企业开始思考如何利用新技术来确保业务的可持续发展，以数字化转型积极引领运营模式升级，促进业务增长，全面迎接“新常态”。电鸣乐器行业依托移动互联创新科技，迅速捕捉“宅经济”消费窗口期，在内外销市场逆势创造消费增量。得理乐器为突破疫情封锁，解决客户无法到现场参加新产品评审和试产的情况，企业在最短时间内提供实时交互视频，为客户参与新产品评审、试产等提供方便，保证了ODM/OEM新品顺利投放市场。

珠江艾茉森发起致敬“白衣战士”活动，用音乐彰显大爱情怀，奋战在疫情一线的医护工作者致敬。另外，珠江艾茉森通过产业的全面调整与升级，借助线上课程、电商平台、直播带货等平台，实力圈粉。

蔚科科技利用网络媒体进行品牌建设，将活动移到了线上。期间由蔚科旗下艺人组成宣传矩阵在各大线上平台进行宣传。疫情期间组织并发起了“抗击疫情，NUX与你同在”公益活动。后期更是有旗下艺人潘高峰进行了NUX公益街头巡演活动。

在疫情特殊时刻，当乐器全产业链运营暂时中断，移动互联智能办公，在线直播音乐课堂，线上乐器销售与服务咨询协同作战，网络科技促成乐器人在线抗疫的创新力量。吟飞艺术中心公众号特设“抗击疫情”系列和“宅家练琴”系列，实时跟踪疫情动态推出演奏曲目，给学员输出大量学习资源。举办第七届国际电子管风琴大赛，为疫情不能参与活动的音乐爱好者提供了一个强大的活动舞台，得到学生、家长、老师的赞誉。

武汉作为国内疫情重灾区，遭受的冲击是最大的。艾立卡公司作为武汉本土企业，经历了物流受阻、各地元器件无法及时供应，企业订单无法按合同要求按时交付等一系列困难。在特殊时期，艾立卡应对消费者个性化、多样化和专业化的不同需求，积极开发和调整新产品。

**（五）首发平台聚焦产品增长力，关注新技术赋能**

电子乐器作为乐器产业家族中发展最快的行业，集乐器、科技与信息化为一体，始终保持强劲的发展势头。在“后疫情时代”，乐器企业着眼于构建双循环、积极开辟内需大市场、以科技创新赋能“双循环”，以新产品拓展新市场，推动行业向产业链和价值链高端跃升。在此背景下，一批具有创新型、实用性和时代感的乐器新品出现在2020Music China全球业界新品首发活动上，受到了行业的广泛关注。

纵观2020年全球业界新品首发活动的获奖产品，电鸣乐器可谓百花齐放。越来越多的企业将各种新技术融入到电鸣乐器中，扎根自主研发、注重核心技术研发的企业优势尽显。其中，一批兼具产品创新性和技术领先性的钢琴新品涌现，美得理电子（深圳）有限公司的A2000电子琴、广州珠江艾茉森数码乐器股份有限公司的S3电钢琴、海伦钢琴股份有限公司的A126钢琴、河合贸易（上海）有限公司的CA99数码钢琴、卡西欧（中国）贸易有限公司的CT-S200联名款电子琴以及广州市笛美音响设备有限公司的Foldable Piano 88电子钢琴。这些创意新品钢琴将科技和乐器紧密融合，也彰显了电鸣乐器深耕产品创新与技术进步。

受疫情影响，“宅生活”带动了“宅经济”快速发展。近年来电子鼓的热度持续升温，因其不扰民的特点，与接近鼓的演奏手感和音色以及丰富的练习功能和娱乐性，都让电鼓成为家庭练习用鼓的首选。全球业界新品首发活动的获奖产品中，吟飞科技（江苏）有限公司的EFNOTE5电子鼓、美得理电子（深圳）有限公司的MZ528电子鼓与北京罗兰盛世音乐教育科技有限公司的DR-50电鼓。或从音源改进出发、或从材料选择、结构设计提升出发，再辅以最尖端的科技，从用户应用场景出发，满足新手到职业鼓手的多种需求。

随着互联网技术的发展，电鸣乐器的种类呈快速递增的总趋势。全球业界新品首发活动的获奖产品中的金韵电筝，其将中国民乐元素和现代电子乐队有机融合，为扬州金韵乐器御工坊有限公司耗时三年自主研发的匠心之作；其他新品诸如深圳市蔚科电子科技开发有限公司的MG-300数字综合效果器、北京中音中音科技有限公司的WIDI Master无线蓝牙MIDI接口、长沙幻音电子科技有限公司的Ampero Stomp效果器、深圳市伊诺乐器有限公司的精鸿节拍器EJ-M1等新品，为电鸣乐器注入了新鲜血液！

### 二、2021年电鸣乐器行业展望

2020年，新冠疫情突袭全球产业链，面对中美贸易战等不确定因素，世界格局或将深刻调整。后疫情时期，产业“危”“机”并存，科技革命推动产业升级。自2020年年底开始，全球多家车企受到芯片短缺影响纷纷减产。从2021年开始，芯片短缺问题已从汽车领域蔓延至其他领域。可见自主研发和掌握核心技术是企业必须要去做的一件事。乐器制造业的高质量发展，需要提高自主创新能力，要从关键零部件、关键材料的研发和关键技术的攻关，以及技艺人才和工匠精神的培养做起。

近年来在互联网技术飞速发展的推动下，电子乐器可接入互联网、连接智能终端、PC与云端数据库的优势逐步显现，由此衍生出的多样新兴销售方式与盈利模式正在改变商家只能一次性销售商品、售后无法与用户互动的旧模式。未来随着移动终端的普及，音乐互动市场想象空间巨大。音乐、科技和产业应用三者的跨界融合和共赢互动，将为乐器行业的未来发展增添无穷的动力。

## 手风琴篇

2020年突如其来的新冠肺炎疫情，对中国乃至世界经济产生了重大影响，手风琴制造行业亦未能幸免，整个行业在做好防疫抗疫的背景下，艰难地复工达产。纵观2020年手风琴行业的发展态势呈“V”字型走势。一季度下降，二季度触底，三季度开始回升，四季度上升速度加快。

2020年7月，中国宣布开启以经济内循环为主、外循环相互促进的发展新格局。中国之所以开启经济内循环，一方面是国际形势的影响，外需市场已经见顶，这使得外需已经无法驱动我国经济增长；另一方面，中国经济发展到了这个阶段，中国消费能力大幅提升，使得14亿人的市场成了我国经济可持续发展的最重要驱动力，在这种情况下，我国转变发展方式以内需为主。2020年国内对手风琴的需求有较大幅度的增长，意味着中国市场将大量消耗中国制造，我国经济的内循环会把我国创造的经济利益留在国内。

## 一、2020年手风琴行业运行特征

2020年我国手风琴制造业界所面临的环境：外销市场疲软，出口增幅下降，原材料价格上涨，人工工资快速提升，上游零配件供应价格急剧上升，手风琴制造商从未感受到2020年的生存压力有如此之大。2020年手风琴制造企业在如此艰难的生存环境中能“生存下来”，实属不易。

### （一）原材料、劳动力成本上升推高产品成本增加

2020年手风琴行业基本现状是“稳中持平”。由于原材料涨价，上游产业链配套的零部件和劳动用工价格抬升，推高生产成本，“三高”直接造成手风琴成品制造企业盈利能力下降。

### （二）中低端市场竞争激烈

目前我国手风琴行业中的规上骨干企业，虽然能生产部分高档演奏用琴，如金杯的GH-5050回声琴、C11-5072自由低音、120贝司四排簧自由低音，佰笛的120BS四排簧自由低音、C11-5096自由低音等，但总的来说，规上企业也好，小微企业也好，仍然以生产练习琴、教学用琴等低端琴为主。究其原因，一是生产高档演奏琴的技术尚不能和欧洲著名手风琴企业相提并论；二是消费者对洋品牌的迷信崇拜。内销高端琴主要是“性价比”的优势，无奈在这个购琴者“不差钱”的年代，“性价比”的优势几乎被购琴者忽略。

在国内销售主渠道中又主要集中在练习琴和教学用琴领域，呈现“粥多僧少”状况，企业要生存，压价竞争成为必然选择。然而，手风琴的生产和所有商品一样，必须有一定的利润，才能进行再生产，低于正常价格的销售，势必带来偷工减料，降低产品品质的后果，而品质低劣的产品必然扰乱市场秩序，坑害消费者。

中国手风琴产业要想长盛不衰，走高端发展路线势在必然。既需要满足市场对中低端琴的需要，更要用国产的高端琴，如回声琴、自由低音等来占领市场，获取高附加值，走上良性循环的道路。

### （三）科技创新有突破

2020年，手风琴行业骨干企业，都能在创新发展上加大投入力度，新品开发、品质提高、工艺改进、新材料应用等都取得了显著成就。江阴金杯安琪乐器有限公司的C1196自由低音手风琴、H2017HTC-4高端四排簧演奏用琴、JH1753高端演奏用琴；天津华韵乐器有限公司的“罗尼”系列高端手风琴；天津佰笛乐器有限公司的桃源型四排簧键盘手风琴系列、简雅型四排簧键盘手风琴系列，香河天音乐器的合奏琴系列等，提升了国产手风琴的品质，扩大了高档手风琴的市场占有份额，为消费者提供了多种选择。

江阴金杯安琪乐器有限公司研发生产了一台巨型手风琴——“金杯之星”。这台手风琴安装了可调控的智能设备装置，同时也可以进行手动弹奏，以发挥更好的现场展示与参与者的互动体验的功能。其外观由黑、白、红、黄四色组成，其中巨大的风箱为红色，加以白色点缀，键钮为白色，7个黄色的键钮变音器成竖直排列。它在风箱闭合状态下，包含座高达3.06米，长2.4米，宽1.15米，打开时长度增加至2.8米。闭合状态下，琴高2.68米，长2.2米，宽1.15米。这架巨型手风琴在形制、结构上将普通传统手风琴放大了十几倍，可供数人同时进行表演，演奏者需要借助工具站在高处进行弹奏，其演奏功能与音响性能同传统手风琴，但巨大的键盘、键钮、风箱、共鸣箱变声器等构件更加清晰明了，人们能够更加直观地看到并了解手风琴的构造，增强了观赏性、可玩性。这台手风琴，它的设计与生产技术达到了手风琴行业前所未有的一个高度，是目前为止世界最大的巨型手风琴。它的亮相，将成为我国手风琴设计制造上的一个重要的里程碑，将为我国的手风琴音乐教育事业、文化旅游事业发展助一臂之力。

### （四）跨界发展、培育市场

各骨干企业都加入了“音教联盟”，采取多种形式培育做大手风琴音乐教育市场，如江阴金杯安琪乐器有限公司、天津华韵乐器有限公司、天津佰笛乐器有限公司、香河爱迪乐器有限公司、沧州金狮乐器有限公司都创办了以自主品牌命名的手风琴艺术节及各类手风琴作曲、表演比赛，资助各地手风

琴音乐节等。扩大了手风琴受众人口，增强了手风琴的影响力。江阴金杯安琪乐器有限公司通过捐赠老少边穷地区手风琴，并为这些地区义务培训手风琴教师的方法，把手风琴音乐文化的星星之火播向广大的欠发达地区。江阴金杯安琪乐器有限公司、天津佰笛乐器有限公司、天津华韵乐器有限公司都拥有企业的手风琴乐团，江阴金杯安琪乐器有限公司设有艺术培训中心，多渠道多举措培养手风琴市场，扩大手风琴受众。

**（五）校企合作，培养手风琴修造专业技术技能型人才**

江阴金杯安琪乐器有限公司与江苏省连云港艺术学校合作办学。在学校设置乐器修造专业，校企双方共同制定培养计划，共同招生，共同实施培养。公司在校内设置实习基地，在公司设置校外实习基地，学生在校学习期间，通过校内、校外两个实习基地，完成认识实习和教学实习，在公司顶岗实习期间，完成毕业实习，顶岗实习采用现代学徒制模式。

经过三年的探索实践，2018级手风琴修造专业的毕业生在2021年7月全部进入公司工作，为公司增添了新的发展动能。

**（六）产学研合作，提升研发水平**

手风琴企业体量总体都偏小，单纯依靠自身的力量进行研发，显得势单力薄，困难较大。骨干企业走产学研合作之路，借智发力，大大推动了手风琴研发水平的提升。江阴金杯安琪乐器有限公司与南京艺术学院乐器研究所联合设立“无锡市高档乐器研发中心”，天津华韵乐器有限公司与天津音乐学院合作、天津佰笛乐器有限公司与中国音乐学院合作，对手风琴制造所涉及到的声学、材料学、工艺学等方面联合攻关研究，取得了较大的研究成果，大大提升了国产手风琴的质量。目前部分产品已经可以与欧洲顶尖手风琴产品的质量相媲美。

## 二、2021年手风琴行业展望

**（一）向科技要生产力**

手风琴制造行业是一个传统行业，再加上行业总体规模小，在其他行业自动化、数字化、物联网都搞得风生水起的时候，手风琴制造行业大部分的生产过程仍然停留在手工操作的水平上，严重阻碍了劳动生产率的提高，阻碍品质的提升。依靠科技寻求发展是手风琴企业的生存与发展唯一道路。2020年江阴金杯安琪乐器有限公司与科研院所、大专院校联合攻关，研制成功自动抛光机、自动烫籽机、自动贝司机、滚丝轴自动折弯机。虽然投入较大，但生产效率成倍提高，不仅解决了“企业用工难”的问题，而且有效地保证了产品生产加工的精准度，提高了产品质量。

**（二）传承工匠精神、提升产品质量**

中国手风琴之所以处于低附加值区域，手风琴品牌的含金量是一个因素，也与我们企业主、员工队伍缺乏工匠精神不无关系。所谓工匠精神，不是固执的守旧，而是与时俱进的接地气的脚踏实地，是传承与创新的有机融合。中国手风琴制造行业只有具备了一支有工匠精神的队伍，才能支撑起中国手风琴质量的大厦，完成由低中端市场向中高端市场的跨越升级。

综上所述，2020年手风琴行业在国内外残酷经济形势和激烈的市场竞争中，艰难前行。转型升级已初露端倪，绿色发展的要求促使企业技术改造步伐加快，科技含量增加，质量的提高增强了产品的竞争力，为产业的可持续发展奠定了坚实的基础。

专 题

# 收官“十三五” 趋向中高端
# ——2020年乐器行业产研结构透视分析

2020年，中央经济工作会议明确提出促进产业和消费“双升级”，充分挖掘国内超大规模市场优势，发挥消费和投资关键作用，依托内需拉动制造业转型升级。探研2020年制造业前景，有经济学家预判GDP增速放缓至6%，经济下行压力持续加大，中美贸易战促成乐器出口增速滞缓，资本热钱进驻制造实体和素质教育培训市场，电商分流传统乐器流通渠道，乐器行业面临转型升级。在信息化时代，乐器产业如何科学调整中高端产品结构，创新布局线上线下商品流通渠道，引导资本与创业者理性进驻教育培训市场，依托信息化平台精准对接消费终端多元化需求，成为新年乐器产业创新升级的热点议题。

## 一、行业宏观：收官“十三五”产品消费双向升级

2020年是“十三五” 规划收官之年，也是国家全面建成小康社会的决胜之年。回望乐器产业新世纪发展轨迹，遵循中央经济工作会议的精神导向，我国乐器行业经济总量保持高位运行已接近18年，成为全球乐器制造与消费大国。随着国民生活水平提升，以及国家对文化创意产业的政策扶持，消费需求升级反向助推乐器产业转型升级；其次，民众的乐器品质需求带动素质教育和文化演艺市场的繁荣发展，促进产业链上下游协同发展，产业经济从产品经济向音乐教育和文化产业延伸拓展；第三，市场需求从普及型产品趋向专业化、多元化发展，产业链各要素互动协同，成为乐器产业当前发展的主要特征。

中国乐器协会常务副理事长曾泽民认为，在科技要素拉动下，行业发展涉及产品设计、装备、材料和人才储备多元要素。首先，环保整改继续促进产业结构调整，绿色循环经济模式促成乐器制造业产业结构调整与疏解，产业集群协同效应凸显，行业骨干企业依托资本运作，在投资结构上进行创新调整；第二，从制造业角度看，大量中小企业面临品牌建设，以及市场和产品结构调整，高品牌附加值产品销售持续上升，以仿造、定制为主的低附加值产品销售压力加大；第三，2020年，国内乐器产业总体规模稳中有升，部分小微企业无法适应成本上涨压力，无论在制造业，还是在琴行销售系统，出现一些关停并转现象，部分中小企业市场淘汰率加速增高。从市场层面看，部分区域琴行反映主要产品市场销售下滑，大量培训机构分流传统琴行产品销售，电子商务市场对传统渠道造成冲击，市场结构、服务和用户需求都发生新的变化。可以说，总体经济环境特征也在印证市场趋势的变化，促成市场与制造业双向升级的宏观趋向。

再看乐器进出口市场，鉴于中美贸易摩擦和中东乐器消费市场的不稳定因素，以及国内在教学装备项目投资的收缩，影响乐器整体销售利润。中国乐器协会打击乐器分会会长、津宝乐器总经理刘运斌反馈，2019年外销出口主要体现美国出口市场降幅明显，美国单方对华加征关税，导致美国乐器采购商借机打压我国乐器出口价格，导致国内乐器出口利润缩水。“尽管如此，津宝乐器全年的乐器出口仅下降1.14%，市场运营基本平稳”，刘运斌说。据记者调研，尽管国内乐器出口业务滞缓，但国内中小学课堂教学乐器却呈现出发展活力。2019年，黄桥乐器产业集群产值增长24.57%，江苏地区的口琴、口风琴、琴筝各类企业，产值增幅都超过20%。总体而言，在2019年乐器产业发展的基础上，2020年国内乐器经济总体形势依旧维稳前行。

## 二、转型升级：科学布局产业结构 强化校企资源协同

2020年，有经济学家认为，我国经济进入高质量发展阶段，GDP增速减缓，民众消费需求增速超过制造产业结构调整增速，国内乐器普及品虽然产能过剩，中高端消费市场仍有待开发，产业结构调整已成定局。曾泽民认为，当前，国内中高端乐器消费有固定的消费群体，且群体规模和外延在逐步扩大。首先，学校乐团和专业院团，包括国家重点音乐高校和近千家二级音乐学院，中高端产品需求明显增加。国内庞大的音乐教育体系和地方院团促成中高端产品需求逐年扩容；其次，随着家庭收入水平的提升，乐器品质需求不同以往，促成中高端产品市场扩容，经济和教育的持续发展，将刺激中高端乐器消费市场快速成长。

"在多年的OEM定牌跟跑模式中，不少企业已形成惯性思维。企业自身缺乏深入市场调研机制，对市场需求的反应不敏感，甚至有滞后现象，造成企业对中高端发展战略的认识和规划存在一定的盲目性。"曾泽民认为，市场究竟需要什么样的中高端产品，哪些品类乐器需要中高端产品，哪些普及乐器产品市场需求依然旺盛，需要企业深入研究、精准对接消费需求；其次，企业中高端产品研发人员与院校群体的衔接对话不畅，院校中高端定制市场没有形成，企业发展主观性要素居多，客观市场需求认知不足。反观国外知名企业，面对中高端乐器的研发与推广，与院校建立紧密的对话机制，企业有专门车间和员工专项研发院校定制产品，而国内企业的中高端发展尚停留在口号和品牌建设阶段，当前企业在中高端产品建设上缺乏精准对接和细化管理。

当前，电子乐器芯片技术成为制约产业中高端转型升级的瓶颈，关于技术突破是走企业自主科研建设模式，还是借力社会科研院所力量。得理乐器（珠海）有限公司总经理顾冰峰认为，得理乐器是20世纪90年代最早涉及芯片研发，与上海集成电路研究所、上海复旦大学微电子研究所展开科技项目合作，初期集成电路研发不尽如人意，倒逼企业走自主研发立项之路，采取企业主导，社会科研院所协同的联合攻关模式，历时5年研发成功。"搞科研，要耐得住寂寞，吃得起辛苦，我们需要一份职业耐心和恒心。"顾冰峰强调，乐器科研的成功，需要企业高度重视，科研领军人物的职业坚守，创新团队矢志不渝，社会科研院所的资源协同，如此才能突破产业核心技术瓶颈。

"总体而言，当前行业高质量发展，要视野开阔，解放发展思维，强化不同分支行业的合作协同。"中国乐器协会电鸣乐器分会会长盛子斐表示，分析电鸣乐器行业发展，扩大MIDI技术产品应用范围，不能仅局限于乐器领域，同样可应用到音响行业、游戏制作、数字音乐创作等跨界行业。在此基础上，中国乐器行业分会的会员范畴可扩展至产学研各个单位，吸纳大学和科研院所的专业资源，加强国际行业的交流合作，如此方能提升电鸣乐器行业的核心竞争力，提升国产乐器在国际乐器市场的话语权。

## 三、流通渠道：乐器电商渠道分流 线上线下趋向协同

2020年，消费群体和消费行为的变化，促成产品流通渠道的变局。当前，乐器消费渠道从传统琴行的批发、零售渠道，扩容为社会音乐培训的产品导流渠道，以及网络电子商务并行的产品流通格局。目前，乐器电子商务消费群主要为4岁至24岁的消费群体，教师和家长在消费中起到主导作用。市场需求目标用户群体仍以儿童和中老年人群为主体，但乐器销售模式出现新变化。随着网络销售的便捷性，乐器的消费主体也从60后70后转向80后、90后和00后。按照专业人士分析，新生电商网购消费人群总量达到近4亿人，考虑网购的时间与交通成本优势，促成电商市场的大幅增长，用户消费习惯不同于以往。当前琴行需要细化用户消费群体，认真研究用户消费行为和习惯变化，由此找到用户需求的精准对接点，从而拿出行之有效的市场策略。

从美国和日本乐器市场的发展看，电商的比重日益增加，且呈现专业化的发展趋向，线上线下的服务和体验日臻成熟和完善。如德国托曼琴行线下体验店达5万平方米，且电商后台具有强大的推广和售后服务体系，市场销量占比欧洲市场50%的份额。综观国内乐器消费市场，也呈现出网店与线下实体

店的完善互补、协同发展的市场格局，传统琴行和社会音乐培训结构也面临着细化服务、精准对接消费需求的现实转型问题。

分析电商与乐器实体店等乐器流通渠道的市场波动，有业内人士认为，传统琴行面对消费终端实行高利润值的商业模式，大型琴行占据城市繁华地段，聘用优质员工，管理运营成本高必然水涨船高。但当前消费者通过网络渠道知道乐器商品真实价值后，这也是导致用户选择网络电商的现实诱因。反而是不占据地理优势的小琴行，采用商学互动模式，以学带商，化解成本，薄利多销，分羹大型琴行的市场利润。面对乐器电商的冲击，大型琴行的营销思路应该向体验式营销转型，创新体现乐器产品的品质和文化概念，另外可将过去的仓储变为产品展示中心。其次，大型琴行要从早前的高利润营销模式转变为顾问式的营销模式，根据顾客的经济水平和文化素养，进行个性化的产品推介和定制营销。总体而言，尽管电商降低了时间和交通成本，但线下实体店的乐器体验过程和心理满足，并非电商可以取代，线上导流，线下体验的协同发展模式依然将是未来乐器消费渠道的主流。

中国乐器协会琴行分会会长黄茂强表示，从产品结构角度看，乐器电商对线下业务的冲击不能一概而论，主要体现在电钢琴、吉他、电子鼓等电子类乐器产品受冲击程度较大，最突出的问题是电钢琴。当前，在福州、泉州、晋江等地出现大量电钢琴生产组装企业，传统钢琴依靠线下流通渠道，网络渠道则是电钢琴为主导，产品价格从1000~3000元为主流消费价格区间，像价格低于千元的电钢琴，对传统企业的市场份额形成冲击。电鸣乐器分会会长盛子斐认为，低价行销电钢琴的中小企业环保不达标，雇用临时工，企业没有正规缴税，产品缺乏标准化的系统3C认证，给行业和市场带来的消极因素是：一是给消费者形成产品价格低廉的普遍消费观念，以低质乐音产品伤害消费者利益；二是损害电鸣乐器应有的社会形象，误导消费者，产品蕴含的科技元素被破坏；三是对冲国内正规企业中高端转型升级，影响电鸣乐器行业整体良性发展。面对区域乐器产业集群的良性引导与规范发展，需要依靠地方政府、行业协会、骨干企业的协同效应，政府能站在特色区域乐器产业集群发展视角，进行科学规划和产业布局，行业协会也要与地方政府开启对话沟通机制，解决信息认知不对位的市场现实，增强消费群体品质乐器的认知水平，强化电子乐器产品的3C质量认证，有效解决行业发展中的恶性竞争因素，促成行业的良性长效发展。

## 四、资本要素：热钱进驻培训市场 产业亟须良性疏导

近年来，资本要素频繁进驻乐器制造和社会音乐培训产业，引发社会投资热点。曾泽民认为，迄今，乐器行业已出现两次资本运作浪潮。首先，以珠江钢琴、海伦钢琴、知音琴行为主体的骨干企业，其投融资行为至今已近5年，依托资本优势，并购国外品牌，推动产业规模化发展步伐；其次，当前社会资本的投放热点转向社会音乐教育培训市场。国内大量音乐培训机构和品牌创始人以投融资作为创业基础，资本要素促成社会音乐教育市场出现百花齐放的繁荣景象，拉动全民音乐教育产业的规模。2020年，资本要素延伸至音乐文化消费领域，如音乐创作和文化演艺领域，但市场风险也在同步加大，需要投资者保持理性。资本运作的灵魂是追逐利益最大化，但制造业的资本投入产出相对较慢，在当前大众创业、万众创新时代，资本进驻制造业目前不会是主流趋向，文化产业和音乐教育依然是资本要素的投融资热点，但产业不会出现爆发性的增长和断崖式的下滑，所以，需要投资者保持相应理性，全产业链是一个平稳发展，循序渐进的过程。

顾冰峰表示，近年来，社会资本进驻社会音乐教育产业，但是在其中还没有找到合理的商业赢利模式。但凡资本投入都在追寻短期回报，投资者一般以3~5年为周期，但社会音乐教育配套产业的赢利周期要远超这个时间，音乐教育产业目前不会出现爆发式的增长，导致项目持续性不断受到市场挑战、音教产业投资项目的快出快进现象。但从未来发展看，中国音乐教育的市场规模增长趋势已成共识。首先，居民收入水平超过以往，其次是家庭高度重视儿童教育投入。资本进驻机会尚存，但投资仍需理性和耐心。

中国乐器协会琴行分会会长黄茂强认为，当前琴行销售出现的困惑如下：一、企业运营压力增强，为强化资金回流，厂家直营店直接沉降三四线城市，促使产品流通渠道出现变局；二、社会音乐培训机构快速扩张，市场运营机制缺乏规范，迫切逐利短线商业行为无异饮鸩止渴，缺乏长效良性发展视野。当前，琴行流通渠道缺的不是资金，缺的是高素质管理与音乐教育人才，教育理念亟须正本清源，引领产业进入良性科学发展轨道。当前的社会音乐教育产业如同围城，城外风投资本找不到合理商业模式，城内找不到科学的管理和教育推广模式。面对热钱和大量音乐教育毕业人才的涌入，产业需要两个层级的疏导：一是引导风投资本正确认知音乐教育产业的运营规律，二是帮扶年轻创业者驾驭科学的管理和教育模式，做好资本与人才的双向疏导，才能最终导引社会音乐教育产业走向良性发展轨道。

在记者市场调研中，也有业内人士谏言，金融投资看重高利润、高回报的行业，乐器产业的投资回报周期长，高附加值产品比例低，是社会资本投资热度不高的现实问题；其次，乐器产业中小企业体量高，不具备上市融资的资质。面对未来发展，需要扶持具有发展潜力的创新企业，在新三板创建具有创新能力的中小型上市乐器企业；其次，整合优质的社会音乐教育项目，吸引中小投融资市场的关注。

## 五、信息平台：强化信息量化评估 精准对接终端需求

随着5G时代的到来，信息化浪潮对传统乐器产业的科技应用和品牌推广产生影响。乐器行业从传统行业发展至今，由于信息化程度重视不够，科技、商贸、服务各类信息缺乏完善体系，企业内部也未形成高度重视。曾泽民认为，信息化成为行业当前转型升级的重要环节，从行业到地方企业，乃至区域产业集群，都应高度重视信息化体系建设。对外而言，可精准对接市场，对内而言，可以精准布局产、供、销、人、财、物，信息化建设在当前行业发展尤为突出；其次，在产业科技化发展中，智能化概念不是作秀，而要扎实地研究乐器产品的核心技术与应用，乐器的声学品质和演奏体验没有质的飞跃，智能化的概念也无从谈起。行业转型发展依旧要围绕信息化和科技创新为重点，有序布局与拓展，并在此基础上，去探寻智能化产品和设备的研发与应用。

乐器的零部件和材料加工自动化水平较高，但成品的组装、声音调整依旧需要人工要素的参与，乐器产业的自动化首先要强调产品加工的标准化，而产品标准化更为强调的是普及型产品的标准化程度，而非高端产品的标准化。所以，自动化、标准化解决乐器的零部件和粗加工，稳定行业发展、提高加工效率的基础，但面对高附加值产品的研发，必须注重专业技术人才的培养，包括乐器音色、音质的调整，演奏性能结构的调整，国产乐器若进驻中高端市场，设备投入与人才培训，这些要素缺一不可，由此才能有赶超国际先进水平的可能。

在打击乐和管乐制造领域，刘运斌告诉记者，当前企业的乐器制造全程采用ERP管理软件，近10年投资超过千万。软件可以根据不同市场订单进行自动化科学排产，下放到不同工艺环节，最后所有配件集中体现在组装车间，这种制造工艺的信息化是中小企业不具备的优势。尽管中美贸易战制约国产乐器出口，但国内乐器企业经过近20年的OEM出口和原始资本积累，中国乐器制造产业的集群配套优势已形成，这是发达国家和其他欠发达经济体所不具备的产业优势，面对未来发展，中国乐器同仁应该以自身创业智慧谋取国产乐器品牌的强企发展之路。

在电声乐器领域，顾冰峰认为，行业的科技化、智能化建设意义攸关企业发展，要紧跟全球科技发展潮流，才能不被市场淘汰。在传统乐器领域，一是要学习欧洲和日本小而精的工匠精神，满足用户个性化、差异化的高端产品需求；二是大规模生产的传统乐器要与智能网路终端设备进行连接，如传统吉他通过音频设备联网录音和才艺展示，以及传统爵士鼓等制造企业，要加强与智能化设备的强强联合，以迎合当前年轻人的文化消费习惯，走出科研创新的发展模式。

纵览行业全局信息化建设，曾泽民强调，中国乐器协会为行业搭建了上海国际乐器展的商贸平台、

科技大会的科研创新推广平台，以及北京国民音乐教育大会的社会音乐教育项目推广平台，立足商贸、科技、音教三驾马车，驱动全产业链要素协同创新发展。发展定位准确，但需要行业同仁保持理性和耐心，扎实做好基础工作的布局与建设，在阶段性的历史突破中，将跨界产业要素融合创新，谋求乐器产业的创新发展，抓住行业短板，进行重点突破，提升产业发展的综合能力。值得强调的是，乐器信息化建设方向要突破行业思维瓶颈，建立与终端客户对接的信息化建设平台；其次，立足行业信息平台，解析全球的乐器行业信息，引导会员企业科学调整进出口贸易平台；第三，立足市场大局观，无论是电商平台，抑或是制造企业，在大数据的信息应用上，都需要突破本位主义，找到合理可行的数据分享机制，并不简单依据经销商团队的信息反馈进行市场决策，依托商业大数据共同科学量化评估终端需求，带动市场的良性长效发展机制。

2020年，机遇与挑战依然共存，乐器行业面临“稀有材料、制造成本、环境治理、贸易壁垒和人才紧缺”五大挑战。在中国乐器行业“十四五”计划启动之际，我们相信行业同仁在“高质量发展和品牌建设”理念引领下，行业有识之士必将昂首扬鬃腾浩气，奋蹄踏雪展春风，谱写新春行业转型升级的壮阔乐章。

# 中国乐器行业在行动　奏响战“疫”胜利乐章

**编者按：2020年春分时节，我国新冠肺炎疫情终于渡过了最艰难的黑暗时刻，伴随着湖北武汉大学樱花的盛开，我国乐器制造业正式迈开阳春复工复产步伐。当我们站在各地疫情清零的时间节点，再度回望这场不见硝烟的抗疫战争，一线白衣天使感天动地的生命守护，爱心企业驰援抗“疫”的公益善举，5G网络云端音乐课堂的暖心乐章，所有关乎人间大爱的旋律音符，让乐器人凝心聚力，共同谱写抗“疫”时代交响。**

当乐器全产业链运营暂时中断，移动互联智能办公，在线直播音乐课堂，线上乐器销售与服务咨询协同作战，网络科技促成乐器人在线抗疫的创新力量。在党中央国务院号召下，线下企业一手抓疫情防控，一手抓复工复产，有效实施战“疫”复工双轮驱动战略，稳健资金链条，重启中国制造。当前，新冠疫情全球蔓延引发经济消费蝴蝶效应，全球乐器消费市场不确定性增强。但我们坚信，疫情终将过去，发展是永恒的主题，乐器行业已吹响抗“疫”复工集结号角。本刊特别策划中国乐器行业抗疫专题，立足行业爱心公益、网络抗疫、复工复产、政策诉求四大行业视角，见证我国乐器行业在疫情中破冰前行的创业壮举。

## 一、爱心公益 众志成城 构筑产业命运共同体

新冠疫情发生以来，以习近平同志为核心的党中央决策部署，全国各地各部门协调联动，按照属地管理原则，精准施策，发挥“集中力量办大事”的社会主义制度优势，全面打响防控疫情人民战争。按照中轻联党委统一部署，中国乐器协会积极行动，发倡议，做调查，摸情况，引领乐器行业全力以赴落实党中央、国务院疫情防控工作要求，立足本职工作，担当社会责任，与全国人民勠力同心，共同打响疫情防控阻击战。

### （一）倡议部署奏响行业战“疫”集结号

2月3日，中国乐器协会向全行业发出倡议。号召会员企业认真落实国家和地方政府抗击疫情防御指示，按照属地政府要求，严格落实相关措施，认真做好企业和员工安全防护工作。当新冠疫情蔓延，直接冲击乐器产业物流供应链时，为了解疫情背后乐器产业的生存业态，中国乐器协会于2月10日在会员单位范围内迅速展开《中国乐器行业新冠肺炎疫情影响情况调查问卷》。遵循实事求是、认真负责原则，分析研究调研数据，向上级有关部门提交调查报告，积极争取国家商务部和海关总署的政策扶持。

在接到《关于对重点行业协会会员企业开工复产情况进行动态监测的通知》后，中国乐器协会及时与钢琴、提琴、电鸣、音教等15个分会（专委会）展开网络和电话动态调研，针对企业员工返岗、疫情防控、产能恢复、畅通物流、出口贸易各项数据进行动态统计分析，分享骨干企业成功经验，引领全乐器行业有序复工复产。

疫情发生以来，中国乐器协会高度关注疫情动态，坚持正确舆论导向，及时发布疫情讯息，科普防疫措施，宣传解读阶段性普惠政策，传播抗疫正能量。依托协会网站、官微新媒体平台，发布《乐器行业在行动，奏响战“疫”的胜利乐章》系列主题文章，以及乐器企业抗击疫情最新信息，强化协会服务，坚定会员战“疫”信心，引导企业闯关突围。中国乐器行业全员发动，奏响坚强战“疫”乐章。

**（二）公益善举 乐器企业大爱驰援抗“疫”**

当国家下达疫情防控通知后，珠江钢琴集团党委严格落实省市政府疫情防控工作要求，集团公司党委书记、董事长李建宁、党委副书记黄贤兴高度重视，对内强化集团疫情防控，同时心系帮扶贫困村，亲自安排部署驻村工作队防疫工作，出资捐赠10万余元，用于购买医用口罩、医用消毒液、红外线测温器、雾化器防疫物资，解决帮扶村疫情防控燃眉之急。柏斯音乐集团旗下企业位处湖北疫区，集团除捐款100万元外，集团内部同样发动员工捐款，所捐款项专项用于疫区一线医疗物资采购，全力支持疫情一线的医务工作者。疫情特殊时期，柏斯音乐集团特别策划“陪你战‘疫’”在线课堂，12国15位钢琴大师免费在线视频授课，让琴童足不出户，感受音乐爱的力量。

饮水思源，不忘初心！为助力天津市宝坻区抗击疫情，津宝乐器公司特向天津市宝坻区慈善协会捐款100万元，以实际行动践行企业责任与担当，与宝坻区人民一道携手同心抗疫。“疫情就是命令、抗击就是责任”！珠海得理乐器党支部主动请战，在岗党员和志愿者服务义不容辞，投身地区防疫一线。为发扬中华民族优良传统，得理乐器向珠海市红十字会捐赠人民币100万元，以实际行动致敬一线医护人员。

从中国乐器协会发出倡议书后，爱心在全行业不断传递汇聚。2月6日，卡西欧电子乐器向中国红十字基金会捐款100万元，致敬一线生命守护天使。家国有难，位卑不敢忘忧国，河北乐海乐器向肃宁县红十字会捐款10万元，用于肃宁抗击疫情支出。同时，河北华声乐器也向衡水市前磨头镇捐款5万元，总经理张立根捐款1万元。武汉新冠疫情爆发后，众多乐器企业慷慨解囊，以爱心善举抗击疫情，全行业捐款捐物超千万元，会员骨干企业发扬无私奉献精神，全面助力祖国人民打赢疫情防控阻击战。

**（三）国际同声 全球乐人构筑产业战“疫”共同体**

2001年加入世贸组织至今，中国作为世界工厂和贸易出口国，导致全球乐器市场对我国乐器制造产业链形成高度依赖。以中国为中心，加上日本和韩国，在中国周边形成了相当成熟且完备的乐器产业链集群。在新冠疫情发生后，美国、法国、德国、捷克、韩国等各主要国家乐器行业同行第一时间通过不同渠道和方式向中国乐器协会表示有力支援和慰问。法国和捷克协会主要负责人还专门录制视频，向中国乐器行业表达支持。美国国际音乐制品、美国音乐救助基金会已与协会商得一致，决定向湖北武汉捐赠价值数万美元的乐器。雅马哈中国、韩国英昌等在华外资乐器公司也向中国捐款百万元人民币，支持中国抗击新冠疫情。

山川异域，风月同天。投桃报李，同声战“疫”。当前新冠疫情全球蔓延，意大利成为欧洲疫情的重灾区。中国乐器协会提琴制作师分会会长郑荃表示，提琴故乡意大利克莱蒙娜，正遭受着病魔的蹂躏，医院里人满为患，缺乏医疗物资和设备。多年来，意大利提琴制作界与中国提琴制作界结下了深厚友谊，中国提琴今天取得的进步离不开意大利朋友的帮助。3月18日，中国乐器协会提琴制作师分会发起倡议，号召中国提琴制作师们为意大利提琴制作师奉献爱心捐赠口罩。有100人响应号召，捐款总额达10万元。首批1万只口罩已于近日发往提琴圣地克莱蒙娜。面对韩国、意大利、德国出现的疫情快速恶化，江阴金杯安琪乐器有限公司公司董事长、总经理时建明表示，中韩两国是一衣带水，隔海相望的友好邻邦，中欧之间在“一带一路”同呼吸共命运，经济往来频繁。3月16日，江阴金杯安琪乐器援助韩国、意大利、德国抗疫物资启程，国际同声抗疫，助力韩国、意大利、德国乐器企业共克时艰。

2020年初春，突如其来的疫情，让华夏儿女众志成城，百城民众紧紧相拥。2020年必将成为中华民族发展历史中不平凡的一年，正如小说家莫言所言：庚子事多变，鼠年开局惊。虽无刀剑影，却有死生情。众志驱瘟鬼，同心筑卫城。与子同袍，与子同裳，当全国人民凝心聚力，当全球行业同仁心手相连，我们必将以爱博“疫”，战胜疫情，迎来乐器行业的春日暖阳。

## 二、线上抗“疫”5G云端科技突围疫情重压

2020年初，新冠疫情席卷全球，制约我国乐器制造业全产业链业务运营。疫情背后，中国乐器协会在会员单位范围内展开线上业务拓展问卷调查。调研数据显示，受疫情影响，阿里钉钉等网络办公和视频会议软件，5G云端音乐会和音乐直播大师课，移动App在线音乐社区市场活跃度显著提升，众多网络管理软件与在线音视频直播技术创新协同，助力乐器企业和社会音乐培训机构线上突破疫情封锁，展开品牌文化与渠道创新拓展，助力线下实体实现有序复工复产。

### （一）网络办公推动企业远程智能管理进程

疫情当前，新冠病毒对劳动密集型产业的复工复产构成重压，线下门店的销售业务几乎停滞，社会音乐培训机构的线下授课业务同样告急。参与问卷调查的240家乐器企业中，有122家属于纯线下经营，占比50.80%；有114家乐器企业属于线下线上混合经营，占比47.50%；纯线上经营企业仅有4家，占比1.70%。数据显示，我国乐器企业目前仍以线下经营和线下线上混合经营为主导。

在疫情防控进入攻坚阶段，柏斯音乐集团、吟飞科技、天津功学社、星海钢琴、凤灵乐器、奇美乐器、天鹅乐器，上海欧贸乐器、广州珠江艾茉森数码乐器、上海知音文化，四川盛音乐器、河北秦川乐器，烟台金斯博格钢琴、武汉艾立卡电子等近120多家行业骨干企业响应政府号召，积极实施智能办公、远程办公、自动化生产，加快新产品、新服务开发，以加班形式弥补停产停业损失，灵活用工，依托线上提供信息、服务创造产值。

根据调研，面对疫情对劳动密集型企业的生产管理、市场销售、品牌推广的抑制作用，有超过50%的行业骨干企业已通过远程智能办公，积极组织生产调度，有序复工复产。随着像阿里钉钉网络办公系统的渗透应用，或推进企业进驻高效移动办公时代，跨地区、多部门的在线会议、计划定制、项目报表审批或将实现网络跨区同步，无缝随时沟通，“管理高效，流程统一，权责分明”远程跨区办公模式或将在生产调度和渠道管理中体现出创新科技优势。

### （二）钢琴免租救市 地方协会线上公益助力复工复产

2020年初，新冠病毒疫情冲击线下琴行乐器零售和培训业务。为抗击疫情，国内部分骨干企业迅速展开钢琴免租救市善举，为线下钢琴培训机构雪中送炭。为致敬白衣天使，北京乐界乐科技有限公司免费提供500台（价值45万元）的智能乐伴，以解决一线医务工作者家庭中琴童的练琴问题。同时，长沙欧韵乐器、欧贸乐器（上海）、延安鲁艺琴行针对区域琴行门店展开钢琴免租服务业务，助力线下琴行实体门店渡过疫情时艰。值得一提的是，门德尔松钢琴公司德国总部接到武汉封城消息后，立即指示亚太地区总裁致电了解武汉及湖北经销商情况，德国总部批准线下门店疫期一年免费租琴方案，解决封城后琴童疫期练琴问题，并通过远程线上召集全国经销商培训非常时期琴行管理课程。

“疫情无情人有情”——辽宁省钢琴调律师协会在全省发出倡议，策划并启动两个阶段的线上线下调律师为“抗疫白衣战士”提供钢琴专业技术服务的公益服务计划。协会下属的14个市级钢琴调律师积极开展线上钢琴选购、保养、维护服务，协会会员通过抖音直播等多种平台，向消费者推介钢琴常见问题处理办法，有效解决疫情期间钢琴用户的调律技术困惑。同时，协会依托线上直播平台，为全国热爱钢琴调律师行业的钢琴调律爱好者，讲解钢琴调律师行业鉴定标准、鉴定考试要求以及钢琴调

律入门相关知识，介绍钢琴调律师职业发展状况，助力中国钢琴调律师行业的发展。截至今日，辽宁省钢琴调律师协会共为百余家庭提供钢琴调律技术服务及在线咨询服务，全面助力辽宁省钢琴调律师行业疫情防控期间复工复产的全面工作。

### （三）公益音乐会5G云端技术传递抗疫爱心力量

新冠疫情发生以来，乐器制造企业、经销商、社会培训机构和各专业人士，马上行动起来，利用企业自媒体、单位网络体系、朋友圈和网络媒体等，满怀正能量的抗疫公益歌曲和线上直播音乐会，感人肺腑，振奋全国人民的抗疫精神。同舟共济，“琴”系武汉，“声”援湖北，成为抗疫公益音乐会的主旋律。国家一级作曲家兼演奏家卞留念倾情作曲并演唱的声援抗“疫”歌曲《英雄中国》，旋律及演唱大气豪迈、温暖动情，歌声中仿佛出现无数白衣天使、人民子弟兵、以及为拯救生命的战士们冲锋陷阵的身影。柏斯音乐原创发布《我们在一起》，用音乐传递爱的力量，还有更多企业、个人投入资金助力创作、传播优质抗击疫情公益歌曲，传播抗疫爱心能量。

随着5G音视频直播技术的成熟应用，有力推动音乐在线传播的规模与速度。疫情期间，由中国大众音乐协会口琴专业委员会主办，东方乐器发起并联合第十三届亚太口琴节组委会共同举办的“同舟共济‘琴’系武汉”大型口琴音乐会在腾讯视频进行网络直播，全国各地琴友用口琴音乐文化抗“疫”，凝聚成一股战胜疫情的磅礴力量。为给战疫打气，上海民族乐器一厂特别策划国乐云剧场，依托5G音视频技术，上海敦煌馨忆民族室内乐团多人远程云端合奏《将军令》，为抗疫一线斗士加油，创造音乐文化热点。可以说，面对疫情封锁，云技术、5G音视频直播技术成熟应用，充分激发国内乐器企业的品牌创新思维。新技术下的创新业态，将更亲民，更接地气，更展现出行业同仁抗击疫情的创新智慧。

### （四）在线课堂App音教社区拓展音乐消费人口

为维稳经销商渠道，持续培育音乐消费人口。国内乐器厂商和培训机构紧跟教育部“停课不停教学”文件精神，积极开展教学内容改革和教学模式与方法创新。跨界整合文化演艺与音乐教育资源，珠江钢琴、柏斯音乐集团策划钢琴名家直播课，九拍教育集团在线打击乐直播课程观众达70万人次，山东临沂宗沛斋意大利大师陶笛入门视频教学等各类特色网络直播公益课程异彩纷呈。面对疫情冲击影响，海伦艺术教育、罗兰数字音乐教育、四川盛音乐器、晨语古筝、睿卡艺术教育、帮你教等行业骨干企业勇于创新，一面奋力复工复产，一面依托直播平台培育音乐人口，以战疫旋律抚慰民心，谱写出乐器人抗击疫情的暖心乐章。

为减少疫情对琴童学琴的影响，人民音乐出版社第一时间推出音乐教材免费下载平台，全力为义务教育阶段以及高中阶段音乐教师疫情期间的“停课不停学”提供支持。面对线下培训活动暂停，珠江钢琴携手琴趣科技，免费向全国所有钢琴教师和琴童开放“钢琴云学堂APP学习平台”，帮助钢琴学习者在线学琴练琴，并向注册用户免费提供“基础练习”“考级专攻”“世界名曲” 等近6000首练习曲目进行弹奏练习。同时向湖北地区钢琴师生捐赠价值1098元/套的钢琴云学堂（摄像头）设备2000套，免费赠送给湖北热爱钢琴的琴童及老师使用，使他们能够足不出户就能实现钢琴线上课堂学习，做到“停课不停学”。

柏斯音乐集团策划推出在线课堂，精心呈献了12国15位钢琴大师珍贵授课视频，让更多的孩子在家领略大师风采，学习钢琴知识。让名师传道解惑，用音乐传递爱。星海钢琴公益活动“战疫与你同行《音乐的力量》”中，有8000余人次观看了直播，4000余人参与评论互动。罗兰数字音乐教育积极响应国家号召，特别策划开展多彩线上音乐教学课程，开播首日单场课程同时在线人数达到19.2万，单场累计观看量高达208.1万。河北秦川乐器的公益直播课程，涵盖钢琴、古筝、吉他、声乐、美术、舞蹈等课程。名师指导，由浅入深，有效丰富了孩子们的假期学习生活。

2020年，当举全国之力声援湖北抗疫战争即将告捷之时，乐器企业作为劳动密集型企业，一面要严防厂区内疫情风险，一面要尽快复工复产。在疫情封锁倒逼背后，移动互联科技技术的普及渗透，或将引发现代乐器企业管理、品牌文化营销，以及社会音乐消费人口培育的模式和思维创新。如何充分发挥网络、电商和电教优势，培育壮大消费新业态，推动“乐器进校园、进社区乡镇、进家庭”，或将成为疫情过后产业发展的创新课题。

## 三、战“疫”复工科学统筹双轮驱动

近日，为学习贯彻习近平总书记关于坚决打赢新冠肺炎疫情阻击战和安全生产工作重要指示精神，国家安全生产应急救援中心在京召开救援工作视频会议，要求在做好疫情防控前提下，有序推动各类生产企业复工复产，努力实现全年经济社会发展目标。会议强调，要指导企业制订复工复产方案和应急预案，落实疫情防控主体责任和各项措施，为劳动密集型企业做好复工复产安全保障服务工作，助力企业渡过难关。

中国轻工业联合会坚决贯彻党中央国务院部署，在抗击新冠疫情、稳定经济运行总体战、阻击战中，号召轻工各行业党组织和党员干部不忘初心、牢记使命，冲锋在前，勇抗疫情，全力推动轻工企业复工复产。中国乐器协会党支部坚持党建引领，积极联动会员企业，挖掘复工复产典型案例，旨在疫情当下推广科学经验，助力乐器行业经济维稳运行。

### （一）响应号召未雨绸缪

为落实党中央国务院决策部署，抗击疫情，在国家发布新冠状疫情防控通知后，广州珠江钢琴集团党委迅速成立疫情防控领导小组，并设立领导小组办公室、安全维稳组、防治组、后勤保障组、生产防控组、宣传组、舆情及信息技术组七个工作小组，制定部署包括《广州珠江钢琴集团股份有限公司新型冠状病毒防控工作操作指引》《防控工作通知》《岗位防疫承诺书》《员工健康状况监测表》《复工复产安全培训通知》等10余项工作要求，层层压实责任，全面动员部署、全面加强工作。同时，珠江钢琴集团严格执行省外返穗员工居家隔离7天、省内返穗员工居家隔离5天、自驾车返穗员工居家隔离3天的规定，始终把职工生命安全和身体健康放在首位，未雨绸缪，牢固把握疫情防控主动权。

“守住自己的门，看好自己的人”。江阴金杯安琪乐器有限公司主动挑起防控主体责任，把预警防控和企业复工生产统一起来。在确保疫情防控的基础上，统筹协调有序组织复工生产。真正做到“防控机制，员工排查、隔离设施、防护措施、内部管理”五到位。公司成立以总经理时建明为组长的疫情防控领导小组，科学制定《江阴金杯安琪乐器有限公司新冠病毒肺炎应急预案》《新馆病毒肺炎防控实施细则》《新冠病毒肺炎防控岗位职责》，印发《告员工书》，制定了《节后复工方案》。开始筹划节后复工复产工作，在确保疫情防控措施到位的基础上具体实施复工复产。

### （二）科学统筹严把关口

为打好复工复产抗疫阻击战，珠江钢琴集团组建20支疫情防控党员突击队，承担企业复工后员工返厂上岗安全检疫和员工就餐秩序维持等疫情防控值班任务，细化门卫防控，班车防控，餐厅就餐防控，员工、职场防控，医疗防控，保洁防控等管理，对职工生产经营各个环节做精做细做实，努力为复工复产做准备。同时，公司对生产用工合理配置，人员返岗严格检验，员工在岗实时防护，办公作业分界划线，采取乘坐班车及进入厂区前进行体温检测、佩戴口罩工作、就餐多时段分餐制、设置留观室等措施，保证企业内部防控不留死角，结合公司生产经营缓急情况，实行分阶段复工复产。2月10日，广州珠江钢琴集团迎来节后复工的第一天，返岗员工已超30%。“我们相信国家、相信党，抗疫一定会取得胜利。困难是暂时的，等到战‘疫’胜利后，珠江钢琴人会把生产追上来！”珠江钢琴集团党委书记、董事长李建宁表示。

为抗击疫情，保证生产，烟台金斯波格钢琴公司迅速成立“工厂新型冠状病毒防控小组”，组织制定工厂具体防控措施，负责接口政府机构沟通联络，积极调配防疫应急物资，细化复工前期准备工作。首先，建立《复工人员调查表》，详细记录员工的身体状况和行动轨迹，并对节后外地返回人员进行7~14天自行隔离，各车间负责人须将居家观察人员情况及时上报公司综合部，登记造册，做到可追溯、可排查；其次，进行防控疫情教育培训，面向职工广泛宣传疫情防控知识，在车间、班组疫情防控知识做到宣讲到位；第三，建立防疫情措施方案及防疫情应急预案，设立专职卫生管理员，出现情况及时与当地疾控中心联络；第四，严格实行全封闭门禁制度，门岗配备电子体温测量设备和消杀器具、药品，坚持每日对进入企业的车辆和人员进行登记，对厂区、车间、设备、办公室等工作场所消杀防疫，对所有进入企业人员要逐一进行体温测量，并做好登记，人员进入厂区一律佩戴口罩。

**（三）两手紧抓复工复产**

据记者调研，作为乐器产业链上游加工制造企业，成都川雅木业产能已恢复至80%，员工上岗率达到80%。川雅木业董事长张华君表示，由于公司员工有长期佩戴3M牌N95口罩的习惯，公司配置非常方便的洗手设施，且工厂主要车间有吸尘系统，每小时达几万立方米的换气量，能够使车间更换数次新鲜空气，而且负压吸气能使车间空间均匀、高效换气。同时，公司地势空旷开阔，比城区和小区、社区人员稀少、单纯，对供餐膳食（含饮水）卫生和防疫做了周到细致安排，最大限度地为员工提供更安全，更放心的工作环境。

面对企业的复工复产，烟台金斯波格钢琴总经理张绪斌表示，公司复工复产后，在疫情结束前，不召开员工大会，不办聚会聚餐，不搞集体活动，最大限度减少人员聚集，推行“网上办公”和“视频会议”。内部员工限定工作区域，不得相互串岗、互访。避免集中就餐，职工就餐实施按班组错峰间隔就餐。高度重视安全生产，在落实疫情防控工作的同时，要强化安全生产管理，切实做到安全生产工作基础不动摇、标准不降低、管理不放松。确保防疫期间不发生安全事故和产品质量事故。在记者发稿前，烟台金斯波格钢琴公司已得到上级政府认可并通过“企业生产复工审批”，目前实现80%产能，上岗人数为224人，上岗率达到70%，全公司上下通过有效疫情防控措施，集中力量坚决打赢疫情防控阻击战。

**（四）渠道出口共渡难关**

2月15日，为确保做好疫情防控工作，加快打工企业复工卡点堵点，浙江省委副书记、宁波市委书记郑栅洁赴北仑区指导督查海伦钢琴等企业复工工作。据悉，在宁波市北仑区疫情得到有效控制情况下，海伦钢琴积极为员工配备疫情防护用品，并及时通过电话、微信等联系员工，切实做好疫情防控期间对员工的人文关怀。郑栅洁强调，在这场疫情阻击战中，企业要积极作为，通过调整布局，发挥海外渠道优势，全面稳定重点市场，积极拓宽发展空间，在严峻的战“疫”中，展现全体海伦人的责任与担当。

2020年初，面对新冠病毒疫情的封闭隔离，我国乐器出口与内销市场同样遭遇倒春寒，为抗击疫情，恢复生产。广东声凯乐器公司取得复工复产许可后，公司全力准备防疫物资，部署复工复产流程。公司通过省际包车将47名外地返工人员顺利接回，接受登记和检查后入厂，此复工事件获得主流媒体的赞誉报道。据声凯乐器公司董事长黄志康介绍，公司生产专业级吉他，出口欧美国家，目前已经挤压了大量订单，现有物资还可以持续3个月生产。随着部分外地员工到岗，目前公司员工复工率已经达到70%，接下来便是接通上游供货商以及储备一批口罩等防疫物资。此外，广东和江浙等地的供货商已经复工复产，生产物资正在陆续发出，预计3月初可以满负荷生产。

新冠病毒，无疑成为2020庚子年开局的关键词。疫情全球蔓延所产生的经济冲击效应，对我国的制造业经济，乃至每个社会家庭的生活带来影响。所有乐器行业企业面临复工复产，维稳企业运营经济“大考”之时。如何化解疫情全球蔓延经济次生灾害，无疑在考验着乐器企业的危机化解与生存智慧。以史为鉴，我国轻工行业经历过2003年非典疫情的洗礼，面对疫情对社会经济发展的抑制，以及疫情后期行业经济的反弹回暖，乐器行业同仁至今感同身受。疫情是短暂的，发展是必然的。我们相信，以党政先进集体为先导，坚持科学统筹规划，强化疫情防控，强化复工复产安全保障要素，我国乐器行业必将在“疫情防控”和“经济发展”大考中递交合格答卷。

## 四、政策诉求维稳资金链条重启中国制造

2020年初，突如其来的新冠疫情，直接冲击我国乐器制造业，乐器全产业链的物资供应、物流交

通、外贸出口、内销渠道各环节立时遭受重压。当前，我国抗击疫情进入关键时期，2月26日，中共中央政治局常务委员会召开会议，习近平总书记强调，全面打赢疫情阻击战要有责任担当之勇、科学防控之智、统筹兼顾之谋、组织实施之能，善于“十个指头弹钢琴”，统筹推进新冠肺炎疫情防控和经济社会协同发展。面对疫情千钧重压，乐器企业如何稳健资金链条，分羹金融普惠政策，有序复工复产，重启中国乐器制造发展引擎，成为行业疫情后期发展的关键节点。

**（一）减租贴息金融普惠稳健资金链**

2020年初至今，受新冠病毒疫情的冲击，我国多数乐器企业反馈经营出现困难，疫情导致企业生产进度拖延，年度销售计划难以落实。珠江钢琴、海伦钢琴、星海钢琴等众多骨干企业表示，企业积极响应国家号召，尽所能实现疫后经济复苏增长，希望国家针对劳动密集型乐器制造企业，能够阶段性降低企业增值税、所得税等税率，阶段性减免社保费，提供房租、水电费等补贴，对现有贷款展期，提供贷款贴息，依托金融普惠政策稳健乐器企业资金链。

据悉，中国人民银行近期增加再贷款再贴现专用额度5000亿元，为企业有序复工复产提供低成本、普惠性资金支持，切实解决企业复工复产面临的债务偿还、资金周转和扩大融资等迫切问题。本刊截稿前，据大连福音乐器有限公司信息反馈，地方政府已针对国资二级地产实施“一免两减”政策，协调弥补企业防疫期间的物业租金、物业费，降低员工保险缴费比例，减免企业税费，提供稳岗补贴。烟台金斯波格钢琴同样表示，烟台市政府对企业从财政、金融、税收、社保四个方面出台十二条举措，助力企业经营。随着各地政府减租贴息、金融普惠政策的出台，或将释放中小型乐器企业成本压力，稳健企业资金链，助力企业攻克时艰。

**（二）物流复工抑制产业链互动协同**

据调研，乐器企业若有序复工，不仅要化解成本与资金风险，还将面临人员复工、物料供应难题。江阴金杯安琪乐器有限公司信息反馈，受疫情影响，由于供应商未全开工，导致产业链下游物料短缺，仓库员工不足，地方物流站未正常运营，导致发货困难，交货延期，面临违约风险。企业处于怠速运转，年中、年底加速追赶的生存业态。深圳伊诺乐器、河北金音乐器集团、蔚科科技等企业同样表示，受物流交通和员工复工因素影响，企业当前损失尚在评估阶段。

在国家复工复产政策推动下，行业骨干企业希望国家和地方政府适时调整产业链上游物料运输管控政策，帮助企业协调原辅材料和产品发货运输问题，打通乐器全产业链上下游各环节，重启中国乐器工业发展引擎；其次，乐器产业作为劳动密集型产业，乐器企业外地人员复工难，企业无法完全组织调度生产，希望国家和地方政府对外地员工复岗给予更多关注和帮助，帮助企业尽快恢复生产，将生产经营损失降至最低。

**（三）扶持出口构建防疫检疫绿色通道**

从我国加入世贸组织至今，OEM代工、外贸出口成为乐器企业主要赢利模式。宜昌金宝乐器表示，企业当前进出口业务全面暂停，预计影响企业营业收入10%~30%。南京爱韵乐器同样表示，企业上半年销售或将受疫情影响，下半年要看订单情况和国际市场对中国乐器出口的信心。据记者调研，当前国内钢琴企业在中高端原料进口受阻，原有订单难以履约，产品处于无法正常出货状态。

“疫情当下，订单累积，采购空窗，生产和物流需要缓冲时间。面临法兰克福参展，当前物流无法运输，看解禁后是否可以空运缩减运程，但运输费必将增加。”浙江乐韵钢琴表示。

可以说，面对疫情特殊时期的出口业务，优化乐器出口防疫检疫程序，提高出口货物退税率，构建疫情乐器出口绿色通道，成为出口型乐器企业的迫切诉求。在本刊截稿前，记者获悉国家海关总署已出台10条措施，内容覆盖简化企业注册登记或备案手续，加快验放进口生产设备和原材料，简化加工贸易延期办理手续，加强国外限制性贸易分析研判，及时发布预警信息，多项举措支持外贸企业复工生产。中国乐器协会建议，当前企业既要强化实施抗疫复工双轮驱动战略，又要时刻关注海关出口普惠政策，搭载政策快车，保证疫情乐器出口绿色通道的顺畅运行。

**（四）化解风险构建安全防疫生产体系**

当前，为保证疫情防控和社会经济发展，党中央国务院号召各地按照疫情风险级别有序复工。作为劳动密集型产业，乐器企业的生产车间、行政办公多为人员密集区域，企业的防疫安全生产压力不可小觑。

柏斯音乐集团信息反馈，集团旗下工厂身处湖北宜昌，也有门店处在疫区武汉，企业严格遵从政府防控指引，保障防控物资供应和员工健康，安全复工复产，集团5000多名员工目前未出现疑似病例。珠江钢琴集团接到疫情通报后，迅速成立防疫领导小组，统筹安排工作，购买防护用品，定期消毒，确保企业生产环境健康有序。宁波四海琴业表示，面对疫情，企业对疫情严重区域员工进行劝导，组织部分员工参与当地社区疫情防控，利用企业微信群对居家观察返程员工进行心理疏导，减轻员工焦虑情绪。综观国内乐器企业，安全复产复工工作正在积极推进。

综观乐器企业建议，严控企业内部发生疫情，构建科学安全防控生产体系，成为当前乐器企业的迫切诉求。众多乐器企业迫切希望获得卫生防疫专业指导，指导企业科学安全复苏产能，促进恢复市场信心；其次，针对疫情创新监管、安全标准，帮助企业调配口罩、酒精等复工所需防疫物资，化解企业内部疫情传播风险，以科学、安全、精准的疫情防控举措，最大限度保证员工健康，保障企业安全生产、长效运营。

疫情伊始，中国乐器协会秉承实事求是、认真服务的工作原则，通过汇总240家乐器企业的疫情调查问卷，迅速向国家商务部、海关总署和中轻联党委递交行业疫情专项调研报告，积极反馈乐器企业政策建议诉求。内容涵盖：①减税降费，保障乐器企业生存性经营；②建立出口绿色通道，加大鼓励乐器出口退税政策力度，将所有乐器出口退税从13%提高到17%（目前只有钢琴出口退税是17%）；③加快恢复物流通畅，推动产业链协调发展。建议调整修改美国进口乐器用原木加征20%关税措施，加快调整乐器用进口钢丝归口税号，将进口钢丝税率从现行8%降至5%；④拉动内需乐器消费，建议国家对校园及社区乐器招投标项目进行补贴，同时设立二手钢琴单独税号，杜绝境外收购和进口翻新乐器冲击内销市场；⑤统一协调，保障疫情防控物资；⑥协助乐器企业组织招工和开展员工职业技术培训，展开人力资源培训服务，全力支持乐器企业有序复工复产。

当前，新冠疫情在全球蔓延，全球乐器经济同步进入抗击疫情攻坚时段，统筹推进疫情防控和经济社会发展工作，国家号召制造企业既要有统筹兼顾之谋、又要有组织实施之能，防止经济运行滑出合理区间，防止短期冲击演变成趋势性变化。我们相信，根据疫情风险分级防控措施的贯彻实施，我国乐器企业在驾驭疫情阶段性政策快车的同时，在抗疫复工战役中展现行业智慧，创意弹好乐器行业疫情防控的协奏乐章。

# 后疫情时期　乐器产业“智造”未来

2020年初，新冠肺炎疫情瞬间打破制造业产业链和音乐生态链的魔方，当前新冠疫情由高峰期转入控制期，中国迎来“后疫情时期”，乐器行业面临复工复产和市场启动的双重考验。当前，乐器经济的恢复期面临三个主要问题：一是市场流动性与抗击疫情相对封闭性的矛盾；二是国家政策阶段性扶持和行业、企业内生动力重组问题；三是抗击疫情常态化与音乐教育、大众音乐消费生态再造问题。面对后疫情时期的产业经济和音乐生态恢复和构建，中国乐器协会在22家副理事长单位范围内展开后疫情时期集中调研，受访企业普遍预期，当前国际疫情肆虐，未来市场不确定性增强，乐器出口贸易受阻，疫情倒逼产业加快新旧动能转换，行业亟须经济政策刺激消费、提振内需市场，推动中国制造向中国“智”造迈进，构建后疫情时期音乐消费新生态链。

## 一、后疫情时期乐器产业生存业态

武汉新冠疫情爆发后，乐器行业积极响应党和国家号召，中国乐器协会按照中轻联党委统一部署，发动全行业捐款捐物超千万元。在党中央国务院号召下，国内乐器企业依托移动互联智能办公，在线直播音乐课堂，线上乐器销售与服务咨询协同作战，有效实施战“疫”复工双轮驱动战略。然而，处于经济恢复期的乐器企业仍要面对供应链、外贸出口、刺激内需消费的阶段性发展难题。

### （一）企业复工复产提速，产能有待持续恢复

3月27日，中央政治局会议指出，“要在疫情防控常态化条件下加快恢复生产生活秩序”，伴随政策红利不断释放，全国各地乐器企业复工复产步伐正在提速。调研显示，22家行业骨干企业均已复工，其中有20家企业复工率及职工到岗率达80%以上。由于用工、运输、原材料采购、防护物资保障等多方面问题需要逐步解决，企业产能恢复不足，仍有9家企业达产率低于50%。疫情当前，由于产业链上游物料供应滞后，乐器企业生产、销售严重阻断，企业复工复产、运营成本大幅增加。鉴于国内与外贸出口订单出现双降现象，订单不足、资金链束缚规模以上企业经营发展，超过50%受访企业反馈，一季度企业主营业务收入和利润下降已成定势。

当前疫情在全球蔓延，为遏制疫情扩散，政府不得已采取封闭限制措施。我国官方制造业数据显示，疫情后期中国经济供给能力正在迅速恢复，3月制造业生产指数回升23.5个百分点至54.1%，采购量回升23.4个百分点至52.7%，意味着一半以上企业生产经营情况比上月有所改善。由于中国疫情得到有效控制，以及复工复产相关政策效果释放的共同作用，中国制造业明显带动亚洲制造业同步回升，但经济回暖趋向尚不明确。

### （二）中短期经济指标受抑，内需乐器消费乏力

第一季度，新冠肺炎疫情对我国乐器行业经济运行造成较大冲击，有18家骨干企业表示1季度主营业务收入同比下降30%以上，占比达80%；利润下降50%以上，占比70%（如扣除翘尾因素，利润下降比例还会增加）。有企业表示，随着国内疫情形势趋缓，音乐文化消费需求有望得到回补和释放；另一方面，中央各部门及各地方政府相继出台系列促消费举措，预计3月社会消费品零售总额同比下降5.5%，但较1至2月回升15个百分点。尽管有企业家表示市场预期有所转好，但鉴于乐器行业当前发展现状，仍有18家龙头企业预计未来半年至一年主营业务收入同比下降超20%，一半以上企业认为全年利润亏损难以扭转。

受疫情影响，当前学校及社会团体复工延期，导致乐器内销市场订单短缺，线下经销商业务停摆，市场无法正常开启。进入二季度，随着国内疫情得到有效控制，社会秩序逐步恢复，国内各地琴行陆续复市，但由于各省市疫情程度与防疫措施不一，仍有部分企业反映下游客户（琴行、学校、培训机构）复工时间尚未明确，线下琴行店面人流虽有所好转，但消费者购买欲不强，乐器内销亟待文化政策扶持。同时，尽管电商已基本复工，但线上市场消费能力明显下降，整个行业在电商平台乐器销量同比下降50%。

### （三）外贸订单波动，海外出口不确定性增强

当前，全球疫情快速扩散蔓延，对全球乐器贸易和产业链布局影响持续发酵。20家调研乐器企业表示，第一季度乐器出口受到重创，出口下降超过20%，企业订单或取消或延迟，影响工厂生产节奏。受国际疫情蔓延影响，海外采购商陆续取消已购订单，国际取单、延单时有发生，后续订单不明朗，甚至已运出货物无法靠港，外贸出口下降70%以上；其次，由于国外疫情严重，有部分客户因为当地疫情原因，导致需要推迟出货，加之海外出口物流不通畅，发货非常不及时，整体外贸出口情况不乐观，国际乐器出口不确定性明显增强。

海关总署数据显示，2020年前两个月，我国外贸出口2.04万亿元，下降15.9%；进口2.08万亿元，

下降2.4%。从全球产业链来看，当前中国经济总量占全球比重超过16%，全球制造业的零部件和中间品有20%左右来自中国，一旦中国供应链中断，全球制造业都将面临无米下锅的困境。有经济学家呼吁，鉴于当前海外局势，制造业从外贸转向内销市场，或将成为企业度过经济寒潮的现实举措。

## 二、普惠政策提振乐器市场消费信心

### （一）减税降费，制定阶段性产业普惠政策

疫情冲击下，中小微乐器企业饱受资金短缺困扰。加大金融支持力度，扩大信贷投放、贷款展期、降低贷款利率，对企业停工停产期间贷款利息建立分担机制，妥善处置因疫情造成的不良资产，成为中小微企业的迫切诉求。

疫情后产业恢复困难期，希望各地政府能继续减免厂房房产税和土地使用费，降低贷款利率，降低增值税利率，免征企业各专项资金所得税。特别是乐器产业中小型企业体量大，建议减免民营中小乐器企业疫情期间水、电、煤气等相关费用，支持中小企业保生存、保就业。同时，针对音乐文化制品市场投放乐器消费券，推出阶段性产业经济刺激政策，出台鼓励乐器行业技术创新补贴政策，对申报政府补助企业给予政策倾斜，中国乐器协会信息资源平台也会助力企业品牌宣传和市场销售，帮助企业度过寒冬。

### （二）拉动内需消费，建立出口绿色通道

后疫情时期，对内刺激内销市场活力，对外保障贸易出口，成为乐器产业经济恢复的重中之重。为提振内销市场，建议政府对校园、乐团以及社区等乐器招投标进行相应补贴，通过乐器进校园、进家庭等普惠政策，增加市场有效需求，扩大音乐人口，刺激乐器消费信心。疫情期间，呼吁行业组织实施拓展有关市场项目，举办线上资源整合，线下引流活动，促进内需乐器消费力度。

为保障中国乐器企业的出口，协会继续向国家商务部和海关总署争取提高乐器出口退税，将所有乐器出口退税从13%提高到17%；继续建议调整修改对产自美国的进口乐器用原木加征20%关税措施，从《对美加征关税商品清单》中排除；继续建议加快调整乐器用进口钢丝归口税号，将乐器生产用进口钢丝归类为“铁丝或非合金类钢丝（其他）”，并将进口钢丝税率从现行8%降至5%。

### （三）加快恢复物流通畅，保持原材料物价稳定

在确保抗击疫情运输保障同时，企业建议出台扶持政策和特殊措施，发挥行业协会等专业机构作用，强化原材料供应、物流运输等业务对接，加快恢复物流通畅和制造业产业链协调发展。同时，建议国家有关部门统一协调，协助复工复产企业储备防控物资，解决企业急需的口罩、消杀用品、测温仪等防控物资购置问题，保证员工健康安全。因上游企业产能不足、进口困难、物流涨价等因素，木材等乐器生产原材料价格呈阶段性涨价，对已经复工复产的企业来说无疑是雪上加霜。协会建议进一步出台相关政策，加强原材料的价格调控，保持正常的经济运行秩序。

## 三、后疫情时期乐器产业如何布局未来

爆发于2020年初的新型冠状病毒，迄今仍在全球蔓延，疫情衍生出的人员流动停滞、供应链部分中断、消费需求锐减等，仍在持续发酵中。面对危机，虽然各地政府陆续出台许多金融财政政策帮助企业渡过难关，但企业不能“坐等危机过去”。唯有积极自救、苦练内功，企业才能度过危机，历久弥坚。

后疫情时期，乐器产业要想恢复制造经济常态，实现产业、市场和经济社会的良性循环，重点在于打通产、学、研、用产业生态链。为助力乐器产业突围疫情困局，中国乐器协会号召企业全力恢复乐器产业链，全力打通生产、销售和团体、个人乐器消费生态链，建议骨干企业依托原经销商体系、网络电商体系组织厂商联盟特色行动。为强化产业合作、校企合作，激活音乐教育和音乐消费生态圈。协会继续发起推动“6・21国际乐器演奏日”活动，上海国际乐器展暨国民音乐教育大会，行业科技大会等重大事件，拉动乐器内销市场，提振乐器终端的消费信心。同时，为恢复和拓展国际市场，中国乐器协会将继续加强国际同业交流与合作，与美国

国际音乐制品协会、欧洲音乐产业联盟及多国乐器协会和知名企业合作，助力企业海外市场渠道拓展。

展望二季度以后的中国经济，历经禁足后的内需市场，或将迎来音乐文化消费市场潜力的持续释放。3月份消费市场数据同样证明，CPI居民消费价格指数上涨约4.10个百分点，其中，其他用品和服务、教育文化和娱乐价格分别上涨5.3%和2.5%。有经济学家认为，当前，就应对外部冲击而言，必须要依靠强大的国内市场，内需政策极为关键，积极财政与稳健偏宽松货币的政策需要保持力度。乐器企业更要学会在危机中转换发展思维，快速跟进新商业机会与模式，更加务实地推动智能制造，更加主动地拥抱数字化转型。

第二季度是抗击疫情的关键阶段，习近平总书记在反复强调，同时间赛跑，与病魔较量，“把失去的时间夺回来”。行业同仁始终要有一种“等不起”的紧迫感和“慢不得”的危机感，抢时间、赶进度、补损失，把疫情造成的损失夺回来。我们相信，经过乐器行业同仁的共同努力，预期现半年和年底市场和行业发展预期会发生重大变化。希望年内实现行业亏损面大幅减少或稳中有升，运行质量和环境由较大改善。在全球制造业产业生态、产业链和供应链恢复稳定中，展现出中国乐器产业的“效率担当”“质量担当”“速度担当”“产能担当”。

# 提振信心　疫后重生
## ——探析中国乐器行业“势与市”

2020年是国家全面建成小康社会的决战之年，是“十三五规划”的收官之年，也是贯彻落实中央“六稳”“六保”决策部署，加快形成国内大循环为主体、国内国际双循环相互促进的新发展格局的攻坚之年。在后疫情时期，如何搭载国家提振经济政策快车，突围疫情地面经济封锁，以创新发展理念稳步推进乐器行业转型升级，成为乐器行业可持续发展的关键议题。本刊从中国乐器协会第八届会员代表大会的品牌论坛中甄选典型案例，旨在激发行业同仁乐器产业经济发展的创新思考。

近期中国乐器行业半年经济运行分析表明，受到新冠肺炎疫情影响，中国乐器行业经济运行呈现波动式上升趋势。3月强势复工复产，4月结构失衡受挫，5月缓慢复苏回暖，6月局部反弹放缓，7月8月市场弹性舒展。概观经济运行趋势，关键不在“产”，而在于“市”，(这里指的是“市场”的“市”)。全球突如其来的疫情，一下子打乱了人们生活和经济运行正常规律。订单取消延期、终端休市停摆、成本负债高企、资金紧张断流等各种困难接二连三向我们砸来！企业面临意想不到的无奈和困扰。党和国家果断决策，措施得力，很快遏制住疫情蔓延，全力推动复工复产复市。在艰难曲折的“抗击疫情、闯关突围”历程中，中国乐器行业全体同仁体现了坚韧不拔的毅力和聪明才智，以事实为证。

### 一、一呼百应，合作启市

珠江钢琴集团3月28日召开主要经销商洽谈会，沟通情况，厂商联手，强势启动市场。各企业克服困难，走访客户，组织网络会议，推出网络音乐教育课程。为了保证复工复产，广东声凯等租专车从外地接回员工。材料配件企业与主厂商议供应链协同配合。协会发出加强全产业链合作互助倡议，并与各分支机构联合组织“抗击疫情、闯关突围”主题论坛系列活动，王世成理事长主旨发言，美国国际音乐制品协会总裁拉蒙德、著名音乐教育家周海宏等主题发言，专家致辞、专题论文、主题对话，为提振市场信心加油鼓劲。近日琴行分会商学院组织管理培训、品牌活动和琴行联合行动，吸引数百琴行经营者参加，提振大家市场信心，积极探讨快速恢复市场活力。

## 二、教育引领，文化扩市

疫情期间的“6・21”国际乐器演奏日线上线下结合，组委会与天猫科技合作，在网络平台精彩呈现几千个演出节目，受众达1.08亿人次。上海民乐一厂与上海民族乐团联合主办公益品牌项目“敦煌国乐・海上乐谈”强势启动，王国振厂长为获奖选手颁发“最高人气奖”。第19届“星海杯”全国钢琴比赛拉开帷幕，仅保定赛区就有352名选手激烈角逐，60名选手进入选拔赛决赛。协会与中央音乐学院、意大利达芬奇市政府联合主办“音为有你”中意（国际）公益云音乐会，组织了数十位著名艺术家友情参演。沂蒙泥哨走进兰州校园，为61所学校音乐教师进行意大利教学体系培训，推广“七声部”表演教学法。海伦钢琴“音才奖”国际钢琴邀请赛，佛山赛区50多家琴行参加选拔赛。中昊乐器启动“千台古筝、百万扶持唤醒教培计划”。音乐窝与长城乐器战略合作签约。阿波罗艺术中心董事长姚远为家乡作词《东台我美丽的家园》等举不胜举。

## 三、区域振兴，脱贫稳市

国内各大乐器产业聚集区在地方政府支持下，抓住机遇，打造地方特色品牌，已经确定组团参加上海国际乐器展的有：黄桥、正安、扬州、兰考、饶阳、武强等。贵州正安吉他产业成为省级脱贫攻坚重点项目。河北嘉华乐器坚持科技创新，扶贫车间先后带动260多人脱贫。新疆新和县加依村正以悠久民族特色手工乐器吸引越来越多游客，村里326户村民，近三分之一以乐器制作为业，新和县推广“产业+合作社+贫困户”，践行乐器制作助力脱贫攻坚。

## 四、逆势出击，投资造市

面对疫情影响，乐器企业没有被困难吓倒，纷纷推动科技项目、技术改造、品牌创新等项目。有十余个科技创新项目申报、多个技术工程中心、品牌创新论文等在有条不紊地推进之中。一百多家校园乐器重点企业，正在完善标准化规范管理，对接教育装备服务平台。星海钢琴（肃宁）产业园发扬2003年非典疫情通州产业园破土动工的精神，一期已经投产，二期完成验收，实现边建设、边培训、边投产的新速度。河北“雅之声乐器科技园”近日开工，并与捷克阿玛蒂管乐牵手战略合作。东方口琴博物馆投资500万，馆藏3500余件藏品高光亮相。武强周窝音乐小镇打造音乐文化休闲旅游品牌，多功能乐器博物馆作为大众乐器体验中心对外开放，推出“政府主导+市场运作”模式。

## 五、创新运作，展会扩市

疫情迫使全球陡然进入短期封闭，2020年1至6月所有展会或取消或推迟。随着国内疫情得到控制，8月21日广州乐器展率先启动，中国国际服务贸易展、中国（上海）进口博览会等国际大规模展会将陆续展开。以2019年展会骄人业绩闯入世界展会100强的上海国际乐器展，得益于中国市场的成长，已经成为全球业界风向标。展会主办方针对疫情影响国际展商参展和社会音乐教育启动滞后等情况，正在积极搭建线上线下结合的展示交易平台，整合各国行业协会、著名企业和各国展团资源，对接市场需求，落实实施方案。同时将国民音乐教育大会作为展会重点配套活动移师上海，并与《中国音乐教育》杂志社合作，联合组织“万叶杯”音乐教育论文征集评选活动，目前已有近200篇论文投稿，相信展会同期的音乐教育大会，一定会有更多精彩内容向业界和社会呈现。虽然疫情造成美国、巴西、俄罗斯等国不能组团参展，但是中国与世界乐器重点生产消费国家和地区密切合作的纽带不会因疫情而中断，行业、企业的努力和国际伙伴的合作，将以创新形式和诸多途径展开。

## 六、时运造势，事在人为

宏观看时运，成事靠人为。在全球遭遇百年不遇的疫情面前，确实出现了意想不到的网格封闭与市场受阻，且时间之长让人难以忍受。我们习惯了30年的持续快跑，一个急刹车造成心惊胆颤也属正常。我们不能逆来顺受、怨天尤人，只能提振信心，勇敢面对，积极行动。况且中国抗击疫情、恢复经济无疑是全球的典范，时运已经逆转，是马上行动的时候了！

再看以下事实：为了减少疫情影响，国家出台一系列减税降费政策扶持企业；为了提振经济，国家投入巨资，确保“六稳”；虽然今后一段仍处于疫情防御常态化时期，但全国各地学校陆续复课，消费市场复苏，社会培训即将启动，机会的大门已经打开。

由于美国疫情仍然比较严重，美国国际音乐制品协会近期审时度势地宣布，将2021年1月NAMM SHOW改为在线音乐周，并正积极筹备全球业界研讨会，搭建国际合作网络平台。他们没有放弃，坚信“疫情之后世界更需要音乐”。再看乐器行业蓄势待发的科技创新、新产品研发和市场合作项目，上海国际乐器展业界新品首发平台已有几十家企业在精心准备；乐器行业“品牌年”活动启动在即；全国钢琴调律师职业技能大赛拉开序幕；“乐器进校园、进社区、进家庭”战略工程，正在行业和社会各界通力合作下全力推进……

困难是现实的，问题是无穷的，进退取决于我们的意志和心态。危难当显本色，时势造就英雄，时代召唤着我们乐器同仁披荆斩棘、携手同进。

# 赋能美育教育新政　推进“乐器三进工程”

为贯彻落实全国“两会精神”与“十四五”规划部署，统筹推进乐器产业高质量发展，推进“乐器三进工程”，中国乐器协会理事长王世成一行赴河北肃宁针对产业集群共建，以及“国乐进校园”项目展开专题调研；与此同时，为进一步贯彻和落实中共中央办公厅、国务院办公厅联合印发的《关于全面加强和改进新时代学校美育工作的意见》，驱动行业中高端发展引擎，中乐协第五届管乐专委会诚邀制造企业、高校院团教育家、演奏家创意重组分会组织架构，推动“产学研演”跨界融合，并依托“2021国民音乐教育大会”校企合作综合服务平台，锐意探索乐器全产业链紧密合作、创新发展新路径。迈进“十四五”，综观中国乐器行业转型升级创意组合拳，赋能美育教育新政，推进“乐器三进工程”，扩大音乐消费人口，创造乐器消费增量，成为中国乐器行业发展的主旋律。

2021年，全国“两会精神”与“十四五”规划部署提振乐器产业发展信心，激发产业高质量发展创新活力。回望2020年，中共中央办公厅、国务院办公厅联合发布改进新时代美育工作意见，为乐器进校园进行了顶层设计铺垫，为乐器行业发展创造全新机遇。当前，国家教育部在美育教育“十四五”发展规划中，动员地方教育系统推动美育进校园三年行动计划，围绕中央、地方教育系统和乐器行业的发展定位，中国乐器协会在立足国民音乐教育大会、“6·21国际乐器演奏日”社会大众音乐文化活动，积极配合国家美育教育总体行动，发挥乐器行业的积极社会作用。

## 一、“器乐进课堂”历史溯源

王世成理事长表示，中国改革开放四十余年，我国乐器制造、艺术教育和器乐文化普及发生翻天覆地的变化。以西管行业发展为例，管乐生产从20世纪70年代年产十几万支增长到一百万支以上，我国西管乐器制造企业从技术创新、工艺改革到与国际知名品牌的技术合作中，实现量变和品质的飞跃；同时，校园管乐团、民间管乐队和个人爱好者如雨后春笋蓬勃发展，“上海国际管乐艺术节”“青岛管乐高峰论坛及展演”“6·21国际乐器演奏日”等规模化活动极大地推动管乐普及市场纵深发展。多年来，行业各分支机构有利推动区域科技创新、音乐教育普及、产业集群建设。骨干企业环保升级，产品更新换代速度加快，中高端产品比重不断提高；同时，骨干企业与教育产业紧密结合，组织师资培训、文化展演、管乐艺术节，创建特色音乐小镇，推动区域产业集群建设，助力乐器行业高质量转型升级。

"20世纪80年代末期，国家教育部提出'器乐进课堂'概念。1992年，中小学音乐教学现状以唱歌、乐理为主导。1993年，国家开始实施9年义务教育，教育部首次将器乐纳入中小学教育课程体系。"著名音乐教育家吴斌认为，器乐的概念属于集合思维，系多种乐器集合演奏形式和体裁形式。更确切地说，"器乐进课堂"的概念主要是指以合奏为基础的器乐基础教学，教学用具的特点是简单易学、有固定音高、适合集体教学。改革开放后，口琴、竖笛、口风琴相继进入中小学课堂，随后电子琴、陶笛、葫芦丝也成为器乐教学用具。据悉，我国乐器教学用竖笛消费总量最高曾达到4000万支。借助国家教育政策推动，与课堂乐器相关的乐器企业得到长足进步与发展。

"音乐教育和音乐普及在国家艺术教育部署中占有相应比重，尤其是大中小学交响乐和管乐队在世界范围的影响下飞速发展。可以说，我国用40年时间完成了欧洲几百年才完成音乐产业链的改革与发展成型过程。"中央音乐学院管乐教授赵瑞林表示，经过连续18年高速发展，我国已成为全球第一大乐器制造国、出口国和第二大乐器消费市场。行业规模持续扩大、科技改革创新、品牌业绩逐渐成熟。改革开放以来，我国管乐制造专业和音乐表演专业进入快车道，分别在各自专业领域为我国社会主义现代化建设做出了应有贡献。随着我国各项事业的飞速发展，不同行业的跨界联合已成为发展的大趋势。

近年来，管乐制造者、院校团体管理者、管乐教育家和演奏家强强联合，国民教育大会和6·21国际乐器演奏日活动创建，社会业绩显著，为推进乐器"产学研演"跨界融合带来创新启示。新一届管乐专业委员会组织架构，会聚管乐制造精英、院校专家、管乐表演大咖，此举必将为推进"乐器三进工程"，发挥全链条功能创造良好契机。新一届管乐专委会创新领导集体将积极探索工作新思路，加快乐器进校园、进家庭、进社区的"三进"步伐，努力为中国管乐事业发展和乐器行业"十四五"规划做出贡献。

## 二、"乐器进校园"需突破错位瓶颈

当前，中国乐器协会提出的"乐器三进工程"与传统"乐器进课堂"理念有了拓展与外延。当前，我国作为全球乐器生产大国，国内乐器消费市场不存在设备保障问题，乐器进校园的首要难点是二三线城市师资匮乏制约课程拓展的现实问题。乐器进校园试验区向二三线城市的沉降，面临如何调动各地琴行、培训机构、厂商、文艺团体资源，强化地方师资培训与队伍建设的瓶颈问题。

据调研，国家当前倡导传统音乐的继承和发扬，为国乐进课堂创造了新的政策窗口期，国乐进课堂的目的在于通过传统器乐的学习，培养儿童的民族音乐文化自信和爱国情怀。肃宁乐海乐器集团同样希冀在地方政府的助力下，依托京津地区演艺专家和科研院所资源，打造北方特色国乐小镇和民族音乐教育基地，落实中央美育教育指导意见，跨界融合文旅、文创、音乐教育产业，定位乐器行业为特色产业，促进肃宁乐器全产业链协同良性发展。

值得一提的是，后疫情时期，当地面艺术培训机构哀鸿遍野之时，互联网艺术教学成为音教行业创新黑马。据悉，北京罗兰数字音乐教育依托音视频一体化创新技术，打造寓教于乐少儿电子鼓、电钢琴在线培训课程，解决了在线器乐教学的标准化问题，降低了教师的依附度，赋予琴童寓教于乐的教学模式。公司旗下加盟店已达到500多家，后台显示在校学生近12万人，直营学校数据显示，在校学生的乐器购买率超过80%，寓教于乐教学模式有效带动乐器销售。当前，罗兰数字音乐教育电子鼓教程已完成6年的教材设计，电子古筝已完成3年的教材编制工作，在乐器进校园层面，进行了有益的尝试。

"从教育宏观格局看，美育教育政策的提出应该是有史以来政府主导的力度最大的一次政策导向文件。美育教育失衡，在校学生审美素养缺失的问题，已经提升到高度重视的级别。"中央音乐学院教授周海宏表示，尽管政策形势利好，但作为教育工作者应当在宏观层面和教育系统层面保持理性思考。首先，教育者对国民层面的审美教育概念和教学目标要具备清晰的认知；其次，我国高等师范院校的人才培养目标亟待调整。师范院校若仿照音乐学院开

设演艺专业，一方面是社会院校音乐教育师资匮乏，另一方面是师范院校在校生毕业即失业，即使师范学校毕业生走上教育工作岗位，但依旧存在教学职业技能缺失的现实问题。我国基础教育中，语文和数学都找到了相应的教学建构路径，唯独音乐一直没有找到相应的建构路径，这也是全球性音乐教育面临的共同问题。当前，乐器进校园存在的难点是，一是学校重视程度不够，二是学校经费限制问题，三是师资的限制，师资培训会耗费大量的时间与精力，亟待进行培训机制的突破。如何将教师的演奏能力转化为教学能力，需要整体规划、科学有序的教材编制。当前，器乐教育面临的问题是教材专业化与课堂普及教学需求的错位，专业化教材无法适应课堂教学，包括考级教材并不适应琴童的器乐教学要求。若突破这些瓶颈，或将会打开相应的乐器消费市场。

## 三、“乐器三进工程”创新发展路径

近年来，在中国轻工联党委领导下，中国乐器协会坚持为行业和企业发展服务的宗旨，以“让乐器成为家庭的标配、让音乐成为生活的刚需”为工作目标，依托行业专家资源，凝聚行业共识，努力推进“乐器进校园、进家庭、进社区”三进工程，满足广大中小学校提升美育教育，特别是提升音乐和器乐文化教育水平的需求，支持国产品牌乐器进校园，推进乐器行业持续转型升级。

2019年，中国乐器协会先后两次向国家有关部委提出乐器进校园工程，以“乐器三进工程”引领、引导产业向音乐教育市场扩延，指导企业用活、用足国家美育教育政策杠杆，开发适宜校园定制乐器，全方位推广乐器进校园解决方案。乐器协会号召骨干企业与地方教育部门、对口院校跨界合作，有效解决地方学校教材少、师资少的现实问题，为推进“乐器三进工程”提供有力保障。

盘点“乐器进校园”推进成果，由中国乐器协会、中央音乐学院、上海国展展览有限公司联合主办的国民音乐教育大会已有三届，大会汇聚11个国家和地区，200多名专家，100多场主题发言和圆桌论坛，以及器乐大师课和音乐教育工作坊。参会代表近千人，首创学校与社会音乐教育产业发展新模式，从课程、课件、教法等多个维度贯彻落实“乐器三进工程”计划；其次，由中国乐器协会引进的“6·21国际乐器演奏日”活动，得到国内各地厂家、琴行、社会音乐教育机构，以及学校、社区广大音乐爱好者的强烈反应和积极参与。目前，活动联合主办单位已发展为79家，覆盖200余座城市，3000余场大众音乐演出，参演人员近30万人，受众人口超过300万人，为音乐文化普及和“乐器三进工程”增色添彩，注入生机活力。为适应乐器行业发展需要，乐器协会在培训1500多名社会音乐教师基础上，持续加强社会音乐教师职业技能标准认定工作，推动社会音乐教育行业规范化发展，为“乐器三进工程”积极储备艺术人才。

在我国乐器产业聚集区，中国乐器协会与地方政府展开特色产业集群共建，推动区域校园乐器普及。其中，中轻联与泰兴黄桥共建的提琴产业之都，在短短几年内便实现中小学乐器普及率100%，校内乐器培训普及率超过75%；提琴分会与江苏省乐器协会共同扶持的江苏省盐城市阜宁县校园音乐教育项目成绩斐然，项目涵盖小学三年级至初中一年级在校学生。为支持地方美育教育发展，乐器协会针对边疆贫困地区展开对口支援爱心公益活动，组织会员企业与专业器乐教师对新疆乌鲁木齐、河北平乡、江苏阜宁、黑龙江齐齐哈尔等地开展特色器乐文化支教服务，以及乐器扶贫和乐器捐赠等活动，在基层教学单位营造乐器进校园良好氛围，以落地公益活动扎实推进乐器进校园各项工作。

目前，国内乐器企业都将乐器进校园作为履行企业社会责任，助推当地社会音教事业发展和全民音乐文化素养提高，部分企业在相关政策支持下，开启校企合作模式，为乐器进校园提供配套乐器和专业教室，包括教材、教案、师资培训等音乐教学体系，加速地方“乐器三进工程”的推进速度。

中国乐器协会理事长王世成表示，当前，乐器行业发展采取双轨机制，一面抓制造业高质量转型升级，另一面通过强化美育教育，提升音乐消费人口的比重，提升社会人群对乐器演奏的喜爱，最终实现乐器硬件和国民音乐素养的双向提升。采用倒逼机制推动乐器提档升级和进校园，服务国家战略，助力美育教育，强化服务功能，推动乐器进校园，

借助国民音乐教育大会和“6·21国际乐器演奏日”平台，乐器消费的受众人口在不断增加，实现路径有如下几条：（1）坚持品质为基，强化全员精益管理；（2）坚持品牌为要，强化国际对标对表；（3）坚持研演为径，强化产学研用结合；（4）坚持人才为本，强化培育引进互动。

遵循上述四项工作路径，积极主动配合教育主管部门，落实中央两办美育工作意见。中国乐器协会也会按照国家美育政策，因需而动，因需决策。首先，遵循标准化工作路径，提升国产乐器的质量和售后服务，实现乐器进校园标准的界定，实现工作推进的有的放矢；第二，在推进工程中，实现点、线、面的结合，以重点企业为点，如泰兴黄桥、肃宁乐海等重点企业，在当地学校都创立了乐器进校园的成功示范点；第三，通过国民音乐教育大会、6·21国际乐器演奏日创建乐器进校园的线，以二三线城市为突破面，乐器协会旗下管乐分支机构首次与院校专家合作，建立产学研演机制的分支机构，用音乐家和演奏家助力企业中高端转型发展。

王世成理事长最后表示，2021年10月，中国（上海）国际乐器展览会将迎来创办20周年庆典，第四届国民音乐教育大会也将于7月在天津举行。作为国内最重要的乐器产业和音乐教育盛会，建议国内乐器骨干企业和区域乐器产业集群借助上述两个平台，强化跨界源合作协同，以展团形式集中展示区域乐器产业经济和文化名片，推动美育素质教育，扩大音乐消费人口。

# 音乐进入社区　乐器融入家庭
# ——2020年国民音乐教育大会推进乐器三进工程

作为目前国内规格最高、规模最大的综合性音乐教育类活动，2020年国民音乐教育大会于10月29日—30日在上海新国际博览中心隆重开幕。大会由中央音乐学院、中国乐器协会、上海国展展览中心有限公司、全国音乐教育服务联盟合作平台联合主办，中国轻工业联合会党委副书记、中国乐器协会理事长王世成，中央音乐学院党委书记赵旻，天津市原市委常委、统战部部长刘长喜，天津市原副市长、华夏未来文化艺术基金会顾问张俊芳等参加开幕仪式，开幕式由中央音乐学院教授周海宏主持，国际音乐教育学会（ISME）主席、肯尼亚大学音乐教授艾米莉·阿库诺通过视频向大会发来了祝贺致辞，来自各地近500名音乐教育从业者参会以及70多位音乐教育专家莅临到会分享真知灼见。

## 一、推进三进工程，助力国民艺术教育

大会组委会主席、中国乐器协会理事长王世成开幕致辞中提到：本次大会主题为“音乐进入社区，乐器融入家庭”，这源于乐器协会提出的长期目标：“让音乐成为生活的刚需、让乐器成为家庭的标配”和努力推动“乐器进校园、进社区、进家庭”三进行动计划，让每个人一生学会一件乐器、每个家庭一年看一场音乐会积极倡议的持续助力。“举办国民音乐教育大会，就是要联合各方力量、整合社会资源，共同推动音教事业发展，扩大音乐人口，引导乐器消费，助力全面小康、提高全民艺术素质，共同唱响‘音乐让生活更美好’的时代主题曲。”王世成理事长称，中央、国务院刚刚发布的《深化新时代教育评价改革总体方案》和《关于全面加强和改进新时代学校美育工作的意见》为音教大会和系列活动指明了方向，送来了强大的推动力，让业界状态空前、信心倍增。

“国民音乐教育是提高国人文化素养的重要途径，能够促进智育的发展。资料显示2019年全国音乐教育培训市场规模达920亿。”中央音乐学院党委书记赵旻在致辞中表示，“音乐教育意义如此重大，需要国民音乐教育大会这样一种形式，联合各方力

量、搭建交流平台，助推音乐教育事业发展、助推音乐人口扩大、助力全民艺术素质提高。”

天津华夏未来艺术基金会顾问、原天津师范大学校长靳润成在主题发言中表示，器乐为国民艺术教育插上翅膀，天津华夏未来文化艺术基金会用了25年完成了华夏未来的“环球之旅”，先后访演了129个国家和地区的600多个城市。在“环球之旅”访演过程中发现，在所有表演形式中，最受欢迎的是器乐演奏，孩子们累计演奏了百余首器乐作品，几乎都曾得到过当地媒体的赞誉。“这就引起了我们的思考，器乐演奏为何能产生那么大的共鸣？经过我们对多国的所见所闻和老师们平时的教学体会，深深感到器乐是提高国民艺术素养的一条重要路径。”靳润成在发言中称。

## 二、注重需求导向，精准对接教育需求

本次大会在内容设计上，更加注重需求导向和精准对接，减少了场次数量，增加了单场时间，每个板块分别针对各自领域受众进行了精心设计，内容更加深入、实用，受到了广大音乐教育工作者的欢迎。大会共设立了7个分会场，分别是学校音乐教育、幼儿音乐启蒙、民族乐队、钢琴、竹笛葫芦丝、陶笛、艺培机构发展，各个板块定位明确，针对各自领域中的问题和痛点，邀请各自领域的优秀专家，设计课程和组织观众。

中国音乐教育学院谢嘉幸教授在题为《信息化背景下音乐教育的发展趋势》讲座中表示，线上线下的课程综合、新文科的提出、核心素养的目标、弘扬优秀传统文化和改进美育教学，而同时又对教师提出了三大要求：“双专”多能、“多角色”在场和把握美育的三个层次。在主题为“乐器走进社区、学校，音乐融入家庭、生活”专家对话与交流环节，由著名音乐教育家吴斌主持，参与交流的嘉宾包括上海师范大学音乐学院器乐系副主任、上海音协手风琴专业委员会会长王从余、首都师范大学音乐学院教授郑莉、天津华夏未来艺术教育集团董事长赵骞、音乐教育家、四元综合乐教体系创始人朱则平、华中师范大学教师、自由音乐教学法倡导者赵洪啸。不同于以往的那种正襟危坐的论坛，对话与交流环节更加开放、随机、与观众的互动性和交流性更强，会场气氛十分热烈。

## 三、探研素质教育理论，推进教学改革创新

作为本届国民音乐教育大会的重点内容之一，组委会与《中国音乐教育》杂志社共同主办了“万叶杯”论文征集与评选活动。活动通知一经发出，立刻引起音乐教育界的广泛关注和积极参与，共收到论文与教案近1800篇，是近年来国内规模最大的音乐教育论文征集活动，成为本届大会探研素质教育理论、推进教育教学改革创新的亮点。本次论文征集共设立4个组别，11个主题方向，经过分组初评和专家集中复评，按照30%的比例评选出一、二、三等奖。并从中选取了10篇具有代表性的论文在大会上进行现场分享，周海宏、谢嘉幸、郑莉3位专家进行了现场点评。在论文比赛的颁奖仪式中，部分一等奖获得者到现场领取了获奖证书。

## 四、打造品牌宣传新平台，2021年天津再见！

大会为广大乐器企业打造了一个良好的品牌推广平台。本次大会，共有广州珠江钢琴集团股份有限公司、德国博兰斯勒钢琴（中国）有限公司、天津市津宝乐器有限公司、河北金音乐器集团有限公司、乐海乐器有限公司、江苏凤灵乐器集团、天津华韵乐器有限公司、江苏东方乐器有限公司、卡西欧（中国）贸易有限公司、广州珠江艾茉森数码乐器股份有限公司共10家企业成为大会的合作伙伴。

其中珠江钢琴为大会开幕式、钢琴分会场李民大师班和幼儿音乐教育分会场提供了赞助用琴、德国博兰斯勒钢琴（中国）有限公司提供了钢琴分会场解静娴大师班和学校音乐教育分会场的赞助用琴，两家企业优质的产品在大会授课过程中受到了讲课嘉宾和参会代表的一致好评。其他几家赞助单位，也通过大会的会刊、胸牌、会议材料包袋、讲课嘉宾证书以及观众证书等宣传载体实现了不同程度的品牌传播，收到了良好的效果。

在大会的闭幕式上，中国乐器协会理事长王世成和上海国展展览中心有限公司总经理吴江红分别

向大会的赞助商代表颁发赞助证书。并且各个分会场的协办单位代表及讲课嘉宾代表颁发了证书。大会同期举行2021年国民音乐教育大会的授旗仪式，中国乐器协会理事长王世成代表大会组委会向天津市原市委常委、统战部部长、华夏未来文化艺术基金会顾问刘长喜进行了会旗交接，标志着2021年国民音乐教育大会正式落户天津。

# 科技创新蓄势加码 乐器制造暂取高端

以一曲昂扬向上的乐章为序，中国乐器行业叩响了“十四五”的大门。克服国际贸易摩擦和全球新冠疫情的冲击，行业难能可贵地保持了逆势成长的态势，在大变局中兀自精彩。持续稳步增长18年的优美弧线，清晰记录了行业遵循“创新、协调、绿色、开放、共享”的发展理念、优化产业结构布局、推动两化深度融合、激发乐器消费增量空间、促进高质量转型发展所取得的阶段性成果。

“以科技创新为抓手，围绕产业链部署创新链、围绕创新链布局产业链，努力增强产业链供应链自主可控能力，深入探索乐器行业可持续发展的新路径，为高质量发展开启了全新征程。”中国乐器协会理事长王世成认为，科技是产业运行发展中的一抹亮色，并支撑行业在逆境中坚韧地跑出了“加速度”。

## 一、“高效奔跑”与“高端突破”

中国乐器行业的“高效奔跑”，是与其“高端突破”的轨迹并肩推进的。一段时期以来，低端产能过剩、高端产业薄弱等问题是乐器行业面前一道亟待迈过的坎。如何突破一批重点领域关键共性技术，促进行业制造数字化、网络化、智能化发展，成为行业行稳致远的核心所在。

“我们摸索出这样一条路子，即以智能制造为主攻方向，推进生产过程机械化、自动化向数控化、网络化、智能化方向发展，加速产品设计智能化、关键工序智能化、供应链优化管控，推进智能生产线、智能生产车间和智能工厂的建设。”中国乐器协会秘书长刘勇表示，从绿色智能扣题，行业得以优化产业布局、提升集群水平，并在促进国际分工的过程中疏导良性资本。

“十三五”期间，乐器行业培育共建8个产业集群，引导企业走“专精特新”之路，夯实了传统产业集群加快向自主设计加工、自主品牌生产的转变。与此相协调，“蟒蛇人工养殖及膜鸣乐器材料研发基地”“手风琴簧片研发基地”“乐器声学木材研发基地”“全国吉他通用技术研究及产业化应用研发基地”等相继涌现，为整体的技术协同攻关奠定了坚实基础。

在此基础上，行业还积极引导企业发展在投资并购的同时，加大技术升级、产业升级和商业模式创新升级的力度，使骨干企业得以重新构建企业核心竞争力，并由此积蓄了行业未来长远发展的无限潜能。

数据显示，今年三季度行业20家骨干企业主营业务收入同比环比齐升，得理、艾立卡、艾克斯尔、上民一、森鹤、吟飞、金杯安琪等呈现快速反弹；前三季度累计完成主营业务收入52.55亿元，同比增长17.57%；实现利润2.19亿元，环比二季度增长近三倍。

科技催生的不仅仅是报表上亮丽的业绩，还有现实中“怒放”的成果。今年10月底，一架奇幻又满带科技感的3D打印钢琴震撼业界。由珠江钢琴打造的“太空漫步”光影叠色3D打印钢琴，是恺撒堡制造技术和现代科技的有机结合，在传统钢琴的基础上结合3D打印“少量、个性化定制”的特点，突破传统束缚，让“不可思议”成为现实，诠释了科技的伟大力量。

## 二、“科技创新年”的底色和“十四五”的亮色

“欲流之远者，必浚其源泉。我们比任何时候都更加需要强大技术的加持，更加需要科技创新的力量。”中国乐器协会专职副理事长陈晋武毫不掩饰协会对于“科技”二字的推崇。他认为，国家层面多

次强调的“基础理论研究和应用技术研究”是创新驱动的关键，直接关系到行业发展的深度和广度，实现乐器行业的高质量发展，必须实现依靠创新驱动的内涵式增长，大力提升自主创新能力，尽快突破关键核心技术。比如，琴钢丝、合成鼓皮、高端音源芯片、压电薄膜等技术的基础理论研究还存在短板，如何重点布局、梯次冲击亦是行业大考。

“集中力量在两三个领域集中发力，做到极致，争取实现关键技术的突破。”陈晋武认为，这是解决上述问题的必然途径，没有捷径可走。近年来，中国乐器协会坚持科技创新引领发展，坚持产业链联动融合发展。尤其在科技创新方面，协会与企业共同发力，着力拓展市场载体与渠道，搭建与创新服务平台，并紧密对接中国轻工联和国家相关部委科技工作平台，致力于产业的高质量发展。

依循这一理念，中国乐器行业形成了一张清晰的“科技路线图”，坚持科技创新引领发展，坚持产业链联动融合发展，稳步推进“三级科技项目”，把提高乐器中高端产品比重作为重点工作，咬定了五年提升8%~10%的目标。与此同时，行业积极完善产学研用创新体系，紧密对接中国轻工联和国家相关部委科技工作平台，注重技能培养充实人才梯队，狠抓标准专利保障科创发展，夯实品牌活动延展科创效益。

“跳出乐器看乐器、跳出矛盾解矛盾”的思维，让乐器行业摸索出不一样的解题技巧。为进一步推进科技创新体系化，行业将2021年定为“科技创新年”，希冀用科技的力量赋予行业更加灵动的未来。

如果说“科技创新年”确定了行业未来一年发展主基调的话，那么《十四五发展规划》则为其未来五年谋划了更精致的蓝图。“音乐成为生活的刚需、乐器成为家庭的标配”的美好愿景和实现“世界乐器强国”目标。

“历时七个月，经过多次修改、反复打磨，这份规划铿锵有力地回答了我们‘为什么坚定干、干什么和怎么干’的问题。行业要准确识变、科学应变、主动求变，善于在危机中育先机、变局中开新局。”中国乐器协会专职副理事长孙瑞勇表示，接下来行业将聚焦重点、精准发力，继续完善科技发展路线图，落实攻关重点项目，搭建产学研用合作平台，加快技术标准制定推广，加强国际区域间合作，多元化推介科研成果和创新产品。

从“两翼发力、六轮驱动”上寻求突破，是业内的共识之一。分解来看，要为技术和产品研发设置红线，着力加大功能新材料和替代材料的研发、坚定、推广力度，使科技创新走上一条可持续发展之路。同时加速5G与AI技术应用。据悉，乐器行业中的电鸣行业已经开始在5G与AI技术应用领域快速推进。随着技术发展，其在乐器制造全产业链上的作用势必凸显。此外，还要针对行业普遍存在的技术难点对症下药、按穴施针。

针对融合创新的痛点，规划建议要找准定位，通过产业政策、政府扶持等途径消化部分科技投入压力，积极支持领军企业携手高校和科研院所组建创新联合体，并加强声学品质、音源材料等应用研究，确保科技创新上台阶、成体系、出效益。

# 跨界融合科创年　专家解读“好声音”
# ——2020年中国乐器协会科技大会专家论坛综述

2020年岁末，正值十三届全国人大四次会议和全国政协十三届四次会议圆满完成各项议程，在北京胜利闭幕之际，我国乐器行业在岁末盘点全年科技创新工作，全面部署“科技创新年”工作，统筹推进“四个一”工程，完善科研工作体系，立足产业环境和5G、AI技术应用，推动产学研用跨界融合，

"两翼发力、六轮驱动"成为乐器"科技创新年"工作的行动坐标。围绕民族、西洋、电鸣等六大品类乐器声学品质技术攻关，以及乐器音色的开发与市场应用前景，本刊特别甄选2020中国乐器协会科技大会专家论坛观点，旨在激发行业同仁共同探讨乐器声学品质提升，行业高质量发展创新路径。

## 一、科技创新引领乐器工业发展

纵览改革开放40多年来，我国乐器行业制造装备改造升级的历史进程，科技作为第一生产力要素，推动乐器产业在规模化发展中由量向质有序转型。

改革开放中期，车、铣、冲、刨等原始机械加工在乐器工业占据主导，工厂按照订单需求，设立工装夹具研发小组，进行产品工艺改造升级。可以说，工装夹具时代推动我国乐器工业迈出标准化进程的第一步；进入新世纪，随着我国加入世贸，国内乐器企业依托OEM外贸订单，逐步完成原始资本积累，CNC数控机床大批量进驻乐器生产流水线，工厂内部各生产要素高效联动，促使企业产能与装配水平显著提升。CNC数控机床成为我国乐器工业进入规模化发展的推进剂；迄今，全球乐器工业进入人工智能和信息化时代，随着人工智能技术的渗透沉降，我国乐器工业流水线中也逐步引入AI技术，产品加工精度提升，连续作业模式最大限度化解材料和人工成本压力。

从历史发展视角看我国乐器工业发展，以手工操作为主体的劳动密集型加工产业模式已成历史过往，信息化、数字化科学技术的介入，促成各分支乐器行业的技术装备向前迈进。但不可否认，我国局部乐器产品面对国际乐器工艺标准，在产品工艺设计、使用功能、音色、音质上，与国际品牌差距尚存。

当前，面对疫情影响和国际经济形势的不确定性，今年乐器行业推动"科技创新年"工作，各项举措在科学决断基础上有的放矢。当然，在具体实施过程中，协会副秘书长兼业务部主任钱富民认为，全行业还需要充分正视三个层面的问题：（1）先进乐器制造设备已经进驻乐器工业流水线，但与先进设备相匹配的产业工人素质是否匹配？这是发展的核心动力问题；（2）面对乐器制造，从业者对乐器声学品质和材料特性的客观认知是否足具。无论是钢琴、提琴、吉他、管乐器，个性化材料与技师的技能水平是否匹配，这涉及到中高端专业乐器制作的个性化问题；（3）从全球经济环境看，新冠疫情带来市场不畅，出口物流与营运成本提升，乐器原料价格同步攀升，经济环境引发企业运营成本增长。企业若不依靠科技创新，增强企业内升动力，提升劳动生产力，将无法化解生产运营压力。

可以说，市场推着产品走、产品推着企业走。不可否认，在发展前景不明朗的前提下，局部中小企业存在驻足观望的惯性思维。这一系列问题的存在，更加说明"科技创新年"工作的必要性和紧迫性。

## 二、新品研发透视科技创新观念

透过近年来乐器行业理事会、科技大会、国民音乐教育大会和中国（上海）国际乐器展览会，国内行业同仁在品牌建设和科技创新中，持续更新运营思维，找到适合自身的生存路径。透过跨界融合举措，乐器产业的触角延伸至社会音乐教育领域，深度推进"让乐器成为家庭的标配，让音乐成为生活的刚需"的行业发展理念，三级科技项目为乐器行业高质量发展起到积极示范与引领作用，科技铸就生产力的理念深入人心。

在2020年中国乐器协会科技大会产品对话环节，珠江钢琴首创3D打印技术在钢琴制造领域的实践，"太空漫步"3D打印钢琴采用一体成型技术，减少设计环节和加工成本，造型独特，色彩炫酷。珠江钢琴集团总经理肖巍表示，科研人员要对新的科技知识具有强烈好奇心，以跨界融合思维推动行业技术进步。面对新品工艺设计、材料开发与应用，企业要给予科技人员相应容错空间，鼓励科研人员发挥自身才智，突破行业思维的局限性。同时，在行业外新技术引进中，企业要具备相应技术资源和研发强度，由此才能具备技术选择权和驾驭能力。未来，产学研发展方向是科研创新主流趋向，乐器制造是企业的主业，但对新材料的开发与应用，企业不具备相应研发实力，而这恰恰是高校和科研院所的强项，企业需要借助外力实现替代材料的技术突破。

得理A2000民族乐器音色采样高端电子琴，作为国内入门级别的音序器和编曲机，迈出构建国产自主知识产权数字音频工作站的关键一步。中音公司总经理赵易天表示，国内电子乐器企业开始关注音频软件和民族乐器音色的开发与应用，而非硬件技术上的追赶，这是行业科研技术发展到相应高度的具体表现。早前，国内音乐人只能使用日本的音源产品，而今可以比较自由地使用国内音源产品，助力音乐人编曲音色的表现，科技推动生产力水平向前发展；其次，乐器音色与音乐表现是两个不同层级的概念，音乐工程师负责音色的开发，而演奏家利用产品的音色传达音乐情感，音色向音乐表现层级的延展，实质上就是要强化工程师与演奏家之间的对话与合作。

著名音乐家卞留念表示，当今乐器工业时代，确实需要既懂技术，又懂音乐的复合创新型人才。面对音色的模拟开发，不仅要与传统民族乐器音色接近，更要在乐器的不同演奏法，如弦乐器的空弦音、无头音、断奏、泛音等演奏技法的细化模拟，企业科研人员要进行深层的采样与开发，最大限度地满足演奏家的音色表现需求。只有如此，才能在专业应用市场求得立足之地。卞留念同样表示，民族乐器电声化是国内民族乐器制造企业的使命担当，对于民族音乐的乐器制作、演奏应用与作品创作，中华器乐文明延续千年，与新世纪高新科技跨界融合，其意义深远。后续市场开发与作品创作，特别是创作百姓喜闻乐见的音乐作品，从传统音乐向现代音乐思维转换，国人要有这样的文化自信和音乐自信，让优质电声化产品惠及社会家庭，如此才能走出民族器乐电声化的创新路径。

## 三、专家解读“好音色”标准与应用

前瞻乐器行业“十四五”科技创新规划，提升乐器声学品质和消费者听觉审美体验，成为乐器科技创新的重要靶向。面对乐器声学品质的提升与音色的开发与应用，卞留念表示，乐器音色涵盖民族乐器、西洋乐器和数码乐器音色，音乐创作覆盖高中低频配器音色。当前，乐器编曲音色的选择性较为宽泛，但也存在不同程度的音色滥用现象，导致乐器编配声部的浑浊和缺乏层次性。关于乐器音色的创作应用，最终还是要回归大道至简的创作方向，由此才能体现出音乐创作的艺术风骨。

“乐器声音的产生、传播、接触物质，以及和人体间的相互作用关系，同样涉及材料与环境温湿度等因素。”中国科学院声学研究所副所长杨军表示，在乐器工业领域，声学研究所尚未出台乐器声学品质鉴定的统一标准。当前，数字音乐融合人工智能技术，利用大数据对音色库乐音进行频谱分析，将会科学引导乐器声学研发的新方向。

“乐音在不同音乐审美素养的听众中，所获得的听觉审美体验是不同的，小提琴演奏家与听众对音色的敏感度和要求必然不同。”国际提琴制作大师郑荃教授表示，枫木和云杉是小提琴制作的主要材料，风干后的材料声学品质更具优势。原因在于木材经过长期风干后，内部细胞壁的结晶区增加，导致木材吸收空气中水分能力的降低所致。郑荃表示，乐器工业批量化生产模式，面对木材的大批量使用，自然风干配料模式显然无法适应企业产能拓展需求，只能采用人工老化技术改变材料声学特性。木材人工风干技术已有百年历史，涵盖木材加热、酸处理等各项技术。中央音乐学院提琴教研室也曾与声学研究所合作，研究改善木材声学特性的科学方法与路径。当前，纳米技术应用成为最前沿的声学改良技术，钢琴的音板、民族乐器面板、木管乐器的管体材料等，都亟待新的材料声学科技介入，从而有效提升乐器自身的声学品质。

立足声音开发，行业发展亟待强化技术应用与市场需求的结合，强化产学研用的跨界融合。乐器行业市场由应用需求带动，只有扩大科技应用范畴，才会有更多现实需求倒推到学术研究层面。赵易天表示，原声乐器的终极目标提升声学品质，原声乐器的未来服务对象是演奏大师和专业院校用户群体；另外一条研发线路是电声数码乐器，其服务对象是大众消费领域。当今时代，民众接受音乐传播方式是多元化的。早前，音乐传播的途径是现场演绎，现代传播的渠道呈现数字化音乐多元化传播趋向。从科技创新跨界融合层面看，希望无论从行业导向、企业研发，再到用户应用，产生推动行业发展的创新技术，真正推动行业纵深发展。总体而言，乐器是为音乐服务的，只有音乐市场活跃度提升，乐器消费市场才会有广阔的前景，这早已是行业发展共识，也是乐器科研的本质和现实意义。

## 四、科技提升定位高质量发展

环顾全球乐器市场的金字塔结构，高端定制乐器市场依旧由欧美老牌乐器企业盘踞，中高端市场由以日韩规模化乐器工业模式占据主导。随着国民经济发展持续向好，全球乐器消费热点转向中国，我国乐器工业如何在高端定制和规模化工业拓展模式中分羹立足，市场环境和乐器工业环境都在考验着从业者的创业智慧。

有行业人士表示，所谓存在即合理，国内提琴制造企业的规模化生产，符合国内外普及器乐教育市场的需求，而由中国提琴制作师研发拓展的高端手工提琴市场，沿袭的是欧洲高端提琴制作生存模式，面向的消费群体不存在冲突和矛盾的，普及市场和专业消费市场的用户容量都有相应的匹配和均衡结构，中高端市场的转型既要尊重行业发展现实，又不能以惯性思维驻足观望。

对于我国乐器制造企业而言，如何从量的积累实现质的飞跃，涉及两方面的问题：一是市场倒逼企业提档升级，二是行业引导市场向前迈进。中小企业按照市场需求进行创新，属于市场倒逼机制，大型企业具备科技研发实力，采取主动引导市场需求举措向前走。协会业务部钱富民表示，2021年，中国乐器协会面向全行业提出“科技创新年”工作，核心要素即是围绕“科技装配高端化，工艺水平标准化，产业工人专业化，产品品质全球化”，瞄准行业发展的核心技术攻关，以龙头企业的科研攻关带动行业发展，推动在行业内部构件科技创新工作体系：

首先，建立协会与会员企业科创年工作联络员制度，形成全行业“科技创新年”工作沟通机制。并在此基础上，依据行业科技评审项目，依据中国乐器协会专家委员会的资源优势，对全年行业科技创新项目进行前期指导和后期评审。创建科技工作体系旨在强化专家委员会与企业科研部门的信息对接，指导企业科技创新的中高端转型。推动、落实“科技创新年”工作计划。

其次，共建行业技术研发平台。由于地方企业和科研机构技术研发实力具有局限性，科技研发成果只限于企业和地方内部环境流通。目前，协会前几年认定的四大乐器科研基地尚未形成结题科技成果，研发基地的科研成果在行业内部公布与推广上尚未取得实质性推进。另外，从行业内省、市级技术中心（工程中心），以及行业四大乐器基地和三个工程技术研究中心的运行看，这些科研机构只是分布在不同行业的企业中，对推动全行业科技创新发展存在局限性。当前行业发展，需要企业立足行业发展视野，以龙头企业为首，带动全行业技术攻关，促使乐器行业摆脱低水平循环。企业科研技术中心、科研院所各方资源可创建科技创新联盟，建立健全知识产权保护机制，带动全产业链科研水平实现质的提升。中国乐器协会拟成立“乐器行业技术中心联盟”，建立联盟合作机制。

再次，集中推动和评价一批优秀科技项目。甄选具有行业推广价值的科研立项成果，建立行业优秀项目库，并在条件许可情况下，申报各类科技奖项，最后结合国民音乐教育大会和全球首发乐器平台，对行业科研创新成果进行集中推介与展示。全方位服务科技创新，逐条逐点细化科技服务工作各项要求。

推进产学研用跨界融合，推动乐器行业“十四五”科技创新年纵深发展。中国乐器协会理事长王世成强调，要充分发挥分支机构的行业导向作用，科技创新要提升企业的自主创新能力，中国乐器协会倡议的“两翼发力”“六轮驱动”战略与中央“十四五”战略规划高度契合。近年来，乐器行业在高质量转型工作上主抓科技创新和跨界融合，透过国民音乐教育大会和6·21国际乐器演奏日，乐器行业更加有机地融入乐器演艺和教育行业中，演奏者在其中得到熏陶和培养，对于优质乐器的声学品质具备正确和理性的认知，各项跨界融合、延伸乐器全产业链举措，倒逼乐器行业的科技创新前进步伐。“十四五”期间，乐器行业将面临构建全面高质量发展架构的艰巨任务和新的考验。只要我们团结协作、勇于创新，运用科学的方法和集体的智慧，一定能够战胜困难，携手迈向更加美好的明天。

# 开局“十四五” 迈进科创年

2020年，党的十九届五中全会审议通过《中共中央关于制定国民经济和社会发展第十四个五年规划和二〇三五年远景目标的建议》，会议公报明确提出，坚持创新在我国现代化建设全局中的核心地位，把科技自立自强作为国家发展的战略支撑。《轻工业“十四五”高质量发展指导意见》指出，未来乐器产业或将呈现结构优化、跨界融合发展特质，产业拓展与布局趋向集群化，中西乐器产品标准化、专业化、精细化水平持续提升，乐器科技趋向智能化、自动化、集成化，材料声学、产品音色、音质研究成为乐器声学的攻关靶向。

“十四五”时期，是我国由全面建设小康社会向基本实现社会主义现代化迈进的关键期，更是乐器产业高质量发展，开启科技创新年引擎的战略节点。进入“十四五”高质量发展快车道，乐器行业将深化供给侧结构性改革，以满足人民对美好生活需要为根本目的，强化科技创新为支撑，以“三品”战略、智能智造、产业集群、人才培训、开放合作、跨界融合为手段，实现5年上台阶、10年大跨越，推动乐器制造大国向强国转化，将中高端产品比重提高50%。加快形成“双循环”新发展格局，努力实现乐器制造强国目标。新年伊始，本刊立足中国乐器行业《十四五发展规划》《中国乐器行业高质量发展白皮书》，跳出行业思维看行业发展，分析制造业宏观产研环境，探研乐器产业“十四五”转型升级、高质量发展创新路径。

## 一、收官“十三五”推动供给侧结构改革

“十三五”期间，乐器行业深入贯彻落实党的“十八大”、五中全会精神，按照《轻工业技术进步“十三五”发展指导意见》，推动行业改革与创新；遵循“创新、协调、绿色、开放、共享”发展理念，启动互联网+“中国制造2025”发展引擎。全行业立足科技创新，推动供给侧结构改革；以智能制造为突破口，推动两化深度融合；产业结构得到优化，产业形态迈向中高端。综观乐器行业“十三五”发展，总体形势稳中有升，行业运行质量、科研创新成果呈现如下特质。

### （一）产业布局优化，品牌建设升级

“十三五”期间，乐器行业培育共建8个产业集群，分布在广东、江浙、京津冀、上海、山东、河南、辽宁、福建等11个省市，集群内现有乐器生产企业902家，从业人数超过10万人，销售收入63.5亿元，占行业主营业务收入15.8%。“十三五”期间，乐器行业实施产业集群提升工程，引导中小企业走“专、精、特、新”发展道路，促进传统产业集群加快向自主设计加工、自主品牌生产转变。目前，全行业拥有省市级著名品牌90余个，高新技术企业20余家，“中华老字号”和“中国驰名商标”20余个。有20余家企业成功与国际一线品牌实现跨国重组。

### （二）构建科研体系，完善科研工程

“十三五”以来，乐器行业参与工信部、中轻联及协会组织的科技评奖项目显著提升，“十四五”重大工程项目入库有5个，升级创新消费品入选达6项。同时，中国乐器协会组建乐器行业三级科技项目体系，经过系统规划，行业三级科技项目工作已形成体系化，近两年来申报和储备的项目已达51项。

2016—2020年有12个创新项目获轻工行业科技奖。按照国内乐器产业聚集区发展现状，乐器行业有国家级企业技术中心1个，轻工工程技术研究中心3个，乐器行业科研基地4个，各地省（市）级工程技术研究中心和企业技术中心14个。2020年，中国乐器协会共计申报五项轻工业“十四五”重大工程项目。

### （三）推动标准建设，专利成果显著

“十三五”期间，乐器行业对接轻工行业绿色环保和智能制造发展要求，加快相关产品品类国家标准、行业标准及团体标准制修订工作。2015-2019年

间，乐器行业共发布27项新的国家和行业标准；同时，行业技术标准、技术专利有新的进展，乐标委累计完成112项国标、行标制修订。据统计，2015年至2019年全行业申报专利7504项，其中发明专利发布数逐年递增，5年累计达2350个，占专利总量的31.3%，年平均增幅12%，比国内发明专利授权年平均增幅高出2.6%。

## 二、开局“十四五”产业变革宏观环境分析

### （一）加快发展现代产业体系，推动经济体系优化升级

综观当前全球科技创新版图，国家科技部科技成果评估中心战略研究部部长施筱勇表示，未来欧美发达国家主导的全球创新局面仍将持续，2020年全球创新指数排名前10的国家中，欧美国家占8席，但优势正逐渐缩小，中国、印度等新兴经济体已成为科技创新的活跃地带。有数据显示，过去5年，我国全球创新指数排名从第29位跃升至第14位，全社会研发经费支出从1.42万亿元增长到2.21万亿元，研发投入强度从2.06%增长到2.23%。国内高新区生产总值从8.1万亿元增长到12.2万亿元。

进入“十四五”，内需增长潜力充分发挥，经济结构更加优化，加大重要产品和关键核心技术攻关力度，推动互联网、大数据、人工智能等同各产业深度融合，以创新驱动、高质量供给引领和创造新需求，推动企业设备更新和技术改造，提升大数据等现代技术手段辅助治理能力，或将成为现代制造业的发展主流。同时，新技术加速导入，先进结构与复合材料、新型功能与智能材料、新型电子材料、先进基础材料等成为材料技术变革新方向；远程科研合作开发与共享、在线科技人才培训培养、在线技术资料传输日益成为不可或缺的合作方式。企业通过网络吸取全球智慧获取技术解决方案，企业将用户纳入从研发设计到创新全过程。

### （二）数字技术催生“三新”，全球产业链加速调整转型

2020年，新冠疫情突袭全球产业链，世界格局或将深刻调整。后疫情时期，产业“危”“机”并存，科技革命推动轻工业产业升级，中等收入群体兴起促进消费市场提质升级扩容，人口形态变化蕴藏新的需求潜力。有数据显示，我国新产业、新业态、新商业模式经济增加值稳步提升。2019年，“三新”经济第一产业增加值为6685亿元（占GDP的比重为0.7%），第二产业增加值为70443亿元（占比7.1%），第三产业增加值为84799亿元（占比8.6%）。数字技术促进行业发展模式发生变革，呈现自动化、无接触、远程化、智能化、柔性化叠加趋势，人机协作重塑业务模式加速部分行业自动化转型。“无接触化”服务得到大规模应用，远程办公、远程社交、远程购物、远程教育等场景构成工作与生活新形态。

同时，全球产业链供应链向智能化、平台化、生态化发展，数字化、智能化技术与供应链日益深度融合，智能的供应链网络布局与优化、智能生产、智能物流、智能风险防控等水平不断提高，供应链全过程全场景可视、可控、可溯程度不断增加。全球供应链的组织形式正在从以跨国公司主导逐步向大型数字平台主导转化，引发全球产业组织和资源配置方式的重构。制造业与服务化融合趋势明显，制造业服务化通过上、中、下游的价值链延伸，增加服务中间投入品的种类，降低企业生产管理成本，提高企业研发与自主创新能力。

### （三）迈进“十四五”，制造业面临挑战要素

进入“十四五”，技术成为全球产业链供应链布局的主要因素，依靠低成本劳动要素参与全球价值链的国家受到冲击，施筱勇部长表示，我国正处在由初级制造业提供者向先进制造业和服务业提供者转型阶段，关键核心技术受制于人的局面没有根本扭转。2018年工信部调研显示，32%的关键材料在中国仍为空白，52%依赖进口，装备制造领域的关键件精加工生产线上逾95%制造及检测设备依赖进口。2019年，我国芯片的进口金额为3040亿美元，自给率仅为30%左右。

其次，我国制造业发展所需的高层次人才不足，我国企业研究人员占比仅为61%，远低于韩国（81%）、日本（74%）、美国（71%）等国家；第三，新冠疫情给全球经济造成灾难性的打击，OECD预计，2020年全球GDP下降4.2%，中国很可能是唯一一

个经济正增长的主要经济体（1.8%），其他发达国家和地区经济都将萎缩（美国，−3.7%；欧元区，−7.5%；日本，−5.3%；英国，−11.2%）。WTO预测，2020年全球贸易将下降9.2%；第四，非经济因素推动供应链回迁和区域化，民粹主义、保护主义、反全球化、反对自由贸易浪潮泛起，美国采用“全政府模式”遏制我高科技产业发展，主导推动全球供应链“去中国化”，或将抑制我国制造业高质量转型升级步伐。

## 三、塑造产业新优势 科创年战略新思考

### （一）赋能双循环，开发超大规模市场优势

进入“十四五”，五中全会公报明确提出大力发展民生科技，推动传统产业转型升级，积极布局新兴产业，加快以5G网络、人工智能等为主的新型基础设施建设，促进消费新业态、新模式、新场景的普及应用，激发新消费需求。有数据评估，发达国家消费的全球占比将从2017年的62%下降到2030年的49%，发展中国家将从38%上升到51%，其中中国将从10%增加到16%，相关音乐教育市场规模超过乐器市场规模两倍，接近1000亿元人民币。

以世界钢琴产业发展为切入点，中国轻工业联合会党委副书记、中国乐器协会理事长王世成认为，从市场容量分析，美国日本钢琴消费高峰，正是经济发展工业革命高潮时期，美、日1亿~3亿人口，钢琴拥有量超千万架。中国改革开放40余年，中等收入人口近5亿人，钢琴保有量近900万架，百户城镇家庭钢琴拥有量6.8架。如按百户家庭10架测算，中国钢琴保有量最少也在1370万架。从消费结构分析，中国年新增人口1500万人以上，新生儿童有300万人会接受音乐艺术类教育，按150万人4~12岁接受音乐培训的青少年30%学钢琴计算，每年新增琴童数量应在45万左右。

加上30多年，中国培养了1000多万钢琴爱好者步入成年，同时中老年为健康与娱乐学钢琴人数年年上升，还有数以万计的琴行培训机构钢琴采购量也十分可观。从国家发展战略分析，国家推动社会主义文化繁荣和软实力提升，全面小康贫困线全部摘帽及消费能力增强，近期大力推进学校美育教育和提高全民艺术素养，出台了一系列政策措施，将更有力地推进“乐器进校园、进社区、进家庭”。为此，中国钢琴市场不是差不多了，而是还有很长的发展和提升过程，市场潜力巨大、前景可期。

### （二）展“十四五”宏图，探研产业发展新路径

展望“十四五”，全球经济贸易增速放缓，各类矛盾交织关联，外部不稳定、不确定因素增加，特别是后疫情市场恢复和贸易摩擦，值得业界同仁高度关注和动态研判；我国经济发展有巨大的潜力和独特优势，但周期性问题与结构性矛盾叠加，经济运行风险挑战不容小视。未来乐器产业发展或将呈现如下创新路径。

#### 1．加快数字化转型

加强制造企业与信息技术企业合作，深化工业互联网、工业软件、人工智能、增强现实/虚拟现实等新技术应用，推广协同研发、无人生产、远程运营、在线服务等。

#### 2．推动以龙头企业为核心构建产业生态

以核心技术、标准制定、知识产权共享、营销网络为依托，增强对供应链上下游资源的整合能力，形成以龙头企业为主体的基础技术产品供给平台，解决关键共性技术问题。完善产业创新生态体系，推动产业链上中下游、大中小企业融通创新。

#### 3．建立政府主导制定的标准与市场自主制定的标准协同发展、协调配套的新型标准体系

制定团体标准聚焦新技术、新产业、新业态和新模式，填补标准空白，鼓励行业制定高于推荐性标准的团体标准；鼓励制定具有国际领先的团体标准。此举旨在保障标准有效供给，加快创新创业进程，促进行业高质量发展。

中国乐器协会理事长王世成研判，未来乐器制造业将呈现八个发展趋势：即稳规模、增效益是行业发展的主基调；数字经济推动自主创新能力提升；高品质成就产品竞争力；家庭乐器拥有量出现重大突破；中高端品牌乐器优质优价成常态；新消费模式引领未来乐器市场；契合资本市场做大做优产业；产业链深度融合助推乐器强国。为此，乐器行业必

须发挥“内循环”创新动力，坚持“双循环”发展战略。在产业和消费发展新环境下，勇敢面对新的机遇和挑战。

## 四、结束语

新春启程，乐器行业开启“十四五”新征程。面对复杂变化发展环境，王世成理事长号召行业同仁团结一心、锐意进取，以科技成果推进高质量发展。在加快形成国内大循环为主体，国内国际双循环相互促进的新发展格局的大趋势下，全面落实新发展理念，向着“音乐成为生活的刚需、乐器成为家庭的标配”的美好愿景和实现“世界乐器强国”目标而不懈奋斗！

## 名企对话

# 提质增效　科研创新　推动乐器文化“双主业”

李建宁

（中国乐器协会副理事长、钢琴分会会长、广州珠江钢琴集团股份有限公司党委书记、董事长）

2020年是国家全面建成小康社会的决战之年，也是“十三五规划”的收官之年，面对疫情叠加下的历史大考，珠江钢琴集团坚持以党的十九大精神、十九届五中全会和习近平新时代中国特色社会主义思想为指导，坚持创新驱动发展战略，在低迷的经济环境中逆流而上，难中求稳，以“提质、增效、降耗”为总基调，以钢琴发展为主力，主动作为，在科技创新、品牌建设、人才培育等方面交出了出彩的答卷，为“十三五”收官画上圆满的句号。2020年我司先后荣获“2020中国轻工业二百强企业”“2020中国轻工业科技百强企业”“2020中国轻工业乐器行业十强企业”、卫冕“制造业单项冠军示范企业”“2020广东企业500强”“国家知识产权优势企业”等多个荣誉。在2020中国品牌价值评估结果中，珠江钢琴品牌强度893，品牌价值50.14亿元。

2020年，面对突如其来的新冠肺炎疫情，珠江钢琴贯彻落实党中央、省委、市委关于疫情防控有关部署，从1月25日起采取最有力有效的措施，为保障职工健康和顺利复工复产，国内外采购防疫物资，在2月10日率先强力推进复工复产，统筹做好疫情防控常态化各项工作，认真落实国有企业社会责任，统筹兼顾，扎实推进六稳六保工作。

这一年，珠江钢琴持续推进自主技术创新，以技改技革促企业高质量发展。成功研制PR2.0弦槌技术并面向市场，打破高端定位钢琴弦槌主要来自国外企业生产这一局面，为民族品牌钢琴核心零部件的品质飞跃提供有力支撑，实现民族品牌的品质跨越。在今年不同寻常的上海国际乐器展上，珠江钢琴对外展示全新视觉体验形象和系列具有创新黑科技产品，体现了龙头企业对行业发展的信心和当前市场环境下应有的担当。推出科技创新理念的3D打印钢琴以及系列外型独特和通过拼接色彩绚丽的木纹技术设计的钢琴产品，成为粉丝和各媒体聚焦的中心。新推出的年度系列产品恺撒堡KX2T钢琴凭借独特的外观和珠江钢琴最新自主研发的PR2.0弦槌技术，以及家居型S3电钢琴产品在乐器展全球业界新品首发活动中获评为“最佳新品”。

面对市场、疫情的变化和影响，珠江钢琴针对性地有序推出了与市场环境相对应的营销政策，帮助经销商树立销售信心，引导经销商开辟新的渠道。在教育停课、市场环境影响之下，线上线下双管齐下，采用可视化、视频类等新媒体宣传方式，开展各类终端促销活动，做好市场培育。线上线下同步开展品牌活动，成功主办2020年“珠江·恺撒堡”全国老年钢琴大赛、“未来音乐家”全国才艺大赛、“恺撒堡奖学金”“名师公开课”“大师班”等活动，在培育人才、提高艺术文化素质的同时，进一步打造乐器文化名牌。

2020年，珠江钢琴大力弘扬工匠精神，培育优秀人才，涌现了一批技艺精湛、业绩突出、敬业担当的工匠。高级调律师陈德然成为中国乐器行业唯一被命名的中国轻工“大国工匠”；在全国行业职业技能竞赛第三届全国钢琴调律职业技能竞赛，参赛选手包揽冠亚季军，获得前十名揽括50%、前二十名揽括45%的优异成绩，蓝文兵、黄靖、苏家裕等获评“全国技术能手”。

大道至简，实干为要。展望2021年，珠江钢琴将继续秉承初心，以集团“十四五”规划为蓝本，聚焦乐器和文化产业“双主业”，以科技赋能主业，以人才保障创新，以创新驱动发展，力争企业经营业绩再上新台阶，以优异的成绩迎接建党100周年！

# 文化营销　艺术驱动　深挖品牌文化价值

王国振

（中国乐器协会副理事长、民族乐器分会会长、上海民族乐器一厂厂长）

2020年，面对新冠疫情的严峻挑战，上海民族乐器一厂继续推进以文化为主线，以品牌运作和创新驱动为两翼的发展战略，以提高文化软实力对冲硬实力损伤，努力保持稳中向好的发展趋势。

## 一、以内容为驱动推广乐器文化，提升品牌影响力

新冠疫情期间，企业文化服务不断档，以图文、短视频分享、直播等方式“带文化”，在B站、淘宝直播、抖音、微信、微博等多个平台上发布云表演、云课堂、云讲座等项目，点击量屡攀新高。2020年，企业在B站上线视频40余个，引发社会热议，其中《权御天下》在B站获得了26万的播放量，《礼物》获得第六届“根亲中国”微电影大赛优秀作品殊荣。

## 二、线上线下齐发力，持续扩大“敦煌”系列品牌活动的覆盖面

后疫情时期，企业着力跟进新的消费需求，继续与优秀的民乐演奏家、民乐团体，以及第三方文化单位等寻求合作，以线上线下相结合的方式开展“敦煌杯”“敦煌国乐”“敦煌之夜”等系列品牌活动。其中，第四届“敦煌杯”中国琵琶艺术菁英展演以线上形式开展，近3000人报名参赛，再创新高。赛事同步推出敦煌云讲堂、展播音乐会等22场不同形式的主题活动，延展了赛事平台的宽度与深度。同时，企业联动国内100家经销商开展了“黄丝带”公益行动，并上线由古筝演奏家苏畅出演的公益微电影《忘不了的爱》，呼吁社会关爱阿尔兹海默症老人，社会反响热烈。

## 三、以艺术驱动产品创新，跨界合作换新颜

2020年，企业以艺术驱动创新设计，嫁接玛戈隆特骨瓷、施华洛世奇水晶等工艺，在上海国际乐器展上推出了锦绣中华系列、紫禁城之回响系列、大盛敦煌系列、日月星辰系列等百余件新品乐器，获得了2020Music China全球业界新品首发“最佳新品”、2020尚博荟“最具美感设计奖”“引领潮流时尚奖”“独具匠心研发奖”等殊荣；在疫情期间创作的“心守相依”古筝赠予了上海儿童医学中心，向医务工作者表达敬意；嫁接云南绣娘刺绣工艺的“敦煌飞天”福袋，用以购代捐的方式，为助力本市对口支援地区决胜脱贫攻坚作出了积极努力。2020年，企业获得53项专利授权。

## 四、以产学研推进实用新型项目研发，提升创新能力

2020年，企业继续加强与名家学者、科研机构的交流合作，提高乐器的声学品质。与中央音乐学院李萌教授合作改良后的多声弦制筝，腔体更薄，低音音频更厚实，声音表现力更强；与古筝演奏家、教育家高武钢合作还原的1958年版16弦钢丝筝，手感与音色都十分接近，左手按弦可以达到大三度以上，余音缭绕；与上海交通大学高级工程师姚卫平合作推出的印象之音古筝，改善了古筝箱体结构的高频响应性能、面板应力强度和分布状况，缩短了箱体出声与琴弦出声之间的时间差，从而使古筝声音传导更集中；与北京研究所彭丽颖合作复原的轧筝，即可弹奏又可用弓进行拉奏，该项目已通过专家鉴定会评审。

## 五、加强技术培训，练好内功为发展蓄能

2020年企业着重加强人才队伍建设，健全关键人才队伍能力。一方面，开展名家授课式培训，邀请著名琵琶演奏家吴玉霞带来“敦煌名家讲堂”第一课；另一方面，开展问题导向式培训，组织质量总监等为各领域的员工开展了近十场专项制作技能培训。此外，企业以考促学，组织员工开展了高级工技能等级培训；以赛促能，组织开展了第123届、124届、125届“敦煌杯”系列二胡、琵琶、古筝交流评审会，继续邀请民乐名家点评乐器、提出改进方向和改良建议。

2021是“十四五”开局年，面对严峻复杂的国际疫情和世界经济形势，我们要坚持底线思维，做好较长时间应对外部环境变化的思想准备和工作准备，在适应“以国内大循环为主体、国内国际双循环相互促进的新发展格局”中，抓住以内需为主导的经济发展模式的机遇，围绕“文化营销平台”“测试鉴定研发平台”“非遗传习平台”“国际民乐交流平台”四个平台建设，努力在危机中育新机、于变局中开新局，推动企业高质量发展的步伐。

# 中国琴　中国心　跨界互联推动产业升级

**陈海伦**

**（中国乐器协会副理事长、钢琴分会副会长、海伦钢琴股份有限公司董事长）**

“庚子鼠年，攻坚克难，疫情来袭，全民抗战”，2020年，新冠疫情冲击乐器制造产业链和供应链，也给企业带来前所未有的挑战，海伦钢琴积极抗疫，有序复工。受全球新冠疫情影响，以及中美贸易摩擦持续升级，国内外钢琴销售市场受到严重冲击，终端消费需求呈现阶段性下降，多地延迟或暂停开学，艺术教育培训市场业务的阶段性停滞，给海伦钢琴的生产、销售，以及艺术教育培训业务均带来不同程度的影响，2020年企业总体营业收入同比略有下降。

面对疫情进入常态化防控，海伦钢琴着重提升产品质量，不断改进产品性能，着力开发新产品，以适应多元化市场消费需求。公司立足自有品牌“海伦”“文德隆”推广，并与百年捷克钢琴品牌“佩卓夫”“罗瑟”品牌，德国钢琴制造商贝希斯坦旗下“齐默曼”品牌，以及“弗尔里希”优质钢琴品牌展开合作，谋求共赢。另外，海伦钢琴与迪士尼公司率先展开跨界合作，引入迪士尼米奇、米妮、大白动漫形象，创意产品外观设计，塑造产品鲜活造型。

在智能钢琴项目拓展上，海伦钢琴在保留传统钢琴音乐特性和演奏功能基础上，引入现代计算机和互联网技术，搭载智能硬件、静音系统、专用APP，发展形成全新一代智能化钢琴。同时，海伦钢琴高度重视培育琴童音乐素养，公司研制“6+1”智能钢琴教室，以智能化教育模式、多样化教学方法、趣味化教材搭建互动钢琴艺术教学平台，受到市场青睐。公司与中央音乐学院合作开发和推广“央音继教·海伦智能钢琴实验课室”项目，依托中央音乐学院优质教学资源，结合以人工智能技术为核心的海伦智能钢琴教室，为艺术教育培训提供创新教学平台。在产品结构拓宽延展上，公司立足传统制琴工艺，结合中西方经典文化元素，推出了多款海伦品牌手工木吉他。同时，海伦品牌尤克里里、电爵士鼓产品也已成功推向市场，吸引大批年轻音乐爱好者的关注。2020年，海伦将“制造”与“智造”有机结合，传统工艺与新兴技术的碰撞，奏响新时代乐章。

面对品牌文化拓展，海伦钢琴主办第三届音才奖中国钢琴邀请赛，赛事规模覆盖全国大部分地区，累计近3万人次参赛选手，总决赛参赛人数为300多人，赛事评委会吸引世界国际音乐比赛联盟副主席、俄罗斯柴可夫斯基音乐学院钢琴家彼得·保罗·凯

拉夫，中国著名钢琴教育家李民，上海师范大学音乐学院钢琴系主任谢哲邦等众多名家加盟助阵，有效助力全国钢琴音乐事业发展。2020年，海伦钢琴参与中央电视台少儿频道扶贫节目《大手牵小手——牵手喜德小朋友》录制并捐赠钢琴、电钢琴，为扶贫事业贡献力量。

为突围疫情封锁，适应新媒体销售，海伦钢琴积极开发线上营销渠道，联合线下经销商，通过抖音、天猫等平台进行直播销售。2020年8月8日，“海伦钢琴创始人驾到”直播活动在海伦钢琴天猫旗舰店等平台同步上线，陈海伦董事长与曾艾老师、子乔共同开启网络直播首秀，累计观看量达到18.61万人，店铺当日实现销售收入超1000万元。海伦乐器旗舰店直播也首次以乐器钢琴品类，一度冲上品牌数码品类第三名好成绩。

2020年，海伦钢琴以“中国琴、中国心”为口号，以“成为全球一流的钢琴制造企业”为愿景，践行乐器行业高质量发展理念，推动钢琴行业健康持续发展。作为年产销量位居世界前列，集欧美多项大奖加身的钢琴制造商，海伦钢琴新一年的战略规划将立足主业，继续积极开展多元化经营。公司力求逐渐形成“传统钢琴生产与销售”“智能钢琴研发”“其他乐器类开发”“艺术教育”等多头并进的发展方向，未来的海伦钢琴，更会以匠人精神为引领，再创辉煌，让中国制造的钢琴及其他类乐器走进千家万户。

# 固本强基　改革创新　新措施、新科技、新效率

李　书

（中国乐器协会副理事长、提琴分会会长、江苏凤灵乐器集团董事长）

2020年，因一场疫情，充满挑战。尤其是对制造企业来说，尤为艰难！我深知，唯有同心共进，才能克难攻坚！在解决和克服这场疫情时期，我们始终牢记习主席在企业家座谈会上提到的“危中有机，唯创新者胜”！不断推动管理创新、技术创新、市场创新，有效调动员工创造力，努力把企业打造成强大的创新主体，在困境中实现凤凰涅槃、浴火重生。

通过这次的疫情，我们发现当今社会已经彻底变革互联网时代，线上行业呈现百花齐放之态，直播带货、在线办公、云旅游等新业态新消费蓬勃生长，线上教育行业发展势头大好，凤灵集团作为文化产品的制造者，扩大线上销售不失为企业的新出路！2020年，公司加大对电子商务的投入，通过天猫旗舰店、淘宝专营店、京东一号店、微店、凤灵网、阿里巴巴等平台，全面推广凤灵产品，开通淘宝、抖音直播间，参与政府组织的特色产品网上推介活动，进行线上直播直销，让企业直面终端顾客，全面拓展国内市场！2020年，公司电子商务销售占到主营收入的18.68%，与2019年同期比上涨26.66%。

因国际形势日益严峻，对出口占比吉他98%、提琴80%以上的凤灵来说，加快出口转内销，迅速抢占国内市场，获得国内客户的认可是首要纾困之道。①树立品牌意识，创新营销思路，加大营销力度是凤灵今年改革的主旋律。我们深入挖掘工艺、品质、历史等方面的文化底蕴，系统梳理、长远规划，打造独具特色的凤灵文化品牌。②加强营销队伍建设，打造了一支专业性强、责任心强、综合素质高的营销队伍。公司派遣销售经理深入当地，设立临时办事处，确保与客户正常沟通。③在公司内部树立全员营销理念，以“一切为了客户，为了一切客户，为了客户一切”为宗旨，生产、服务围绕客户需求。客户的要求必须两小时内答复、解决！在高质量、强服务的双重推动下，虽然今年公司出口整体下降近30%，但是新增国内经销商30多个，形成新的销售达1866万元。

固本强基，改革创新。新时代、新时期、新思想提出了新目标，新措施、新科技、新效率形成了

新效益。为推动企业科学、可持续发展，确保全年各项任务目标的全面完成，加快企业转型，公司任命行业工匠、江苏省名匠、凤灵集团首席技师徐小峰为领头人，带领一批技术好、能力强的骨干，建立专业的中、高档提琴生产线，从事高档提琴生产、研究及提琴标准的提高与改进，确保公司生产品质超过行业标准，赶超国际标准。因出口需求的下降，公司今年普档琴产量下降20.73%，而中高档提琴的产量增加了9.75%。另一方面，公司在信息化建设上力求突破，建设数据中心，对生产、销售、财务等用数据进行管理，建立健全公司数字化信息平台，提升了经营效率；加大人事、行政管理的改革力度，建立管理规范、执行高效、机制灵活的工作体系；新增购机械臂、数控机械，让人工智能为实体经济、传统产业赋能，提高生产效率，解决人员缺口问题，在困境中逆势生长。

目前，全球疫情形势仍然严峻，我们坚决做好防疫工作，公司免费为员工提供口罩、消毒液等防疫物品，为留企员工提供免费住宿、工作餐，时刻做好员工监督管理工作，确保公司员工行动无隐瞒，防疫均靠实。面对社会群众，公司采取捐款、捐赠等公益性行动，真正做到与国家、与民众成为命运共同体！

我们始终相信在党和国家的英明领导下，通过大家的共同努力与付出，不断创新、不断改进、不断提高，一定能够为“十四五”开好鸿运头！我们将全面用好现代化经营管理，运用大数据、云计算、人工智能等新一代数字技术，为企业插上“数字翅膀”，以内促外，内外并举，确保抓好两个经济大循环，确保企业高质量、稳定发展，为全国普及艺术教育，实现快乐生活作出更大贡献！

# 传递大爱　传播文化　推动钢琴艺术教育前行

**吴天延**

**（中国乐器协会副理事长、钢琴分会副会长、柏斯音乐集团总裁）**

日月其迈，岁律更新。当新年的阳光普照大地，我们告别了2020，迎来了2021。回首来时之路，世纪疫情和百年变局交织，严峻挑战和重大困难并存，这一年极不平凡，这一年刻骨铭心。

面对时代的挑战，惟有努力与奋进，惟有团结与共鸣，才能突破困境。2020年，从疫情爆发到疫情防控常态化，柏斯音乐集团在风雨中前行，在困境中破局：抗击疫情、传递大爱、复工复产、提振市场……回望中，那一个个难忘的日日夜夜，那一幕幕动人的画面，仿佛就在昨天，让人百感交集。

这一年，柏斯音乐集团以中国企业的责任和担当，积极投身疫情防控的大局：从海外采购价值百万元的防控物资驰援抗疫一线，联袂中外钢琴艺术家发布“抗疫视频”，创作、发布抗疫歌曲《我们在一起》，组织承办“不向命运低头”贝多芬钢琴作品网络展演公益活动……柏斯音乐集团以身作则，用真情点燃希望，为打赢疫情防控阻击战贡献着力量。

这一年，柏斯音乐集团用旋律传播美好，用音乐汇聚力量。柏斯音乐·钢琴名家公益直播课、全国柏斯琴行联动呈献百场在线公益课堂，为困境中渴望求知的学子拨雾传音；“荣耀长江”公益慈善云音乐会、全国柏斯琴行近百场直播音乐会，为浓云笼罩的日子增添色彩和美好；第七届“长江钢琴杯”青少年音乐比赛、第六届KAWAI亚洲钢琴大赛、第三届李斯特国际青少年钢琴大赛，为逆境中砥砺成才的学子搭桥竖梯。

这一年，柏斯音乐集团捐资助教，用大爱回应每一份对音乐的热爱。携手民进中央社会服务部走进贵州省安龙县，捐赠柏斯信息化音乐教育设备，助力国家攻坚脱贫；向中国青少年发展基金会捐赠柏斯信息化音乐教学设备，建设“柏斯音乐集团·希望工程快乐音乐教室”；参与筑梦“同心彩虹”音乐教师培训千人计划，提升中小学音乐教学水平。

这一年，柏斯音乐集团栉风沐雨，在磨砺中收获。签约11位GROTRIAN（高天）钢琴艺术家和1位长江钢琴艺术家，为繁荣中国音乐文化而努力；长江钢琴“鲁宾斯坦”系列新品、“长江”牌古筝震撼发布，长江“柴赛”典藏系列TCH-9X和GROTRIAN路易十五皇家风钢琴当选2020年全球业界“最佳新品”，为中国乐器市场再添臻品；柏斯音乐集团及旗下乐器制造企业分别荣获“中国轻工业百强企业”“中国轻工业乐器行业十强企业”“中国乐器行业50强”“2020年度中国乐器行业科技创新活动组织奖”、中国乐器行业“十三五”专利二等奖等诸多奖项，树中国乐器企业之典范。

2020年很难，2020年也很暖。然，凡是过往，皆为序章。当历史落笔新的一年，我们便站在新的征途之上。2021年是中国共产党成立100周年，也是“十四五”规划的开局之年。中国将开启全面建设社会主义现代化国家新征程，向第二个百年奋斗目标阔步前进。我们也要努力前行，努力奋斗，为实现所有美好而远大的目标，不遗余力！

# 开拓渠道　诚信为基　推动管理科技创新战略


## 陈学孔

### （中国乐器协会副理事长、西管乐器专业委员会会长、河北金音乐器集团董事长）


2020年，河北金音乐器集团有限公司狠抓“创新、提质、增效、降耗”活动，积极开展新工艺、新产品的研发，大力推动产品提质提档，优化产品结构，拓展销售渠道，助力行业国际和国内双循环相互促进、协同发展的良好格局。经过全体员工的共同努力，金音乐器集团克服疫情不利影响，实现产能和销量不降低，圆满完成2020年的运营计划。

2020年初爆发的新冠疫情使全球经济下行压力持续增强，作为以出口为主要渠道的西洋乐器制造企业受冲击最为明显。金音乐器集团积极与行业协会及政府主管部门沟通协调，推动企业构建内循环为主，内外循环互相促进的新格局。为响应政府稳就业、复工达产的政策，春节过后，公司立即安排生产一线职工复工生产；为了应对疫情，公司加大线上销售力度，销售、采购等部门积极利用电商渠道，采用网上销售、采购。同时，向客户免费赠送乐器教学视频、学习资料，以应对人们居家自学乐器的需求；面对外贸出口，针对疫情期间乐器电商业务的急速增长，公司积极利用外销客户资源，开发国外网上销售客户，在外贸线下销售萎缩的形势下，拓展外贸线上销售客户，保证公司销售业务的增长；为加快乐器进校园、进社区、进家庭的步伐，公司组织专人跟踪乐器招标项目，积极参加国内教育文化类展会，加大适宜招标类产品的库存，使中标效率有效增加。

在创新方面，公司结合传统乐器制造业机械化程度低、环境差的特点，改造加工工艺，实现用机械取代人工，用数控提升加工过程的自动化水平。此举既改善了劳动强度，也提高了产品质量，使质量的统一性有了保证，同时有效降低人员成本。针对不同客户群体和2020年上海国际乐器展，公司开发和升级了数十个新产品，获得客户好评和称赞，其中，部分参展产品在2020Music China全球业界新品首发活动中获“入围新品”奖项。在营销创新方面，公司积极与艺术高校开展产、学、研合作，将公司作为学生的实习基地，加强金音品牌在用户心中的认知感，带动校园消费，使之成为乐器进校园的又一驱动力。

诚信是衡量企业品牌的重要因素，与客户保持长期互惠互利合作关系，是企业品牌建设长效发展的基石。公司从创立之初，一直对客户承诺不满意免费退换，产品保修等条款，诚信之举为公司拓展客户群体构筑强大动力。在品牌建设方面，公司坚持以质量为核心，以诚信为基础狠抓产品质量，提升品牌美誉度。同时，公司不断完善质量管理体系，配备专业人员和检验设备，从车间班组到公司，从原料进厂、生产过程到成品出厂，生产全程实行质量监控和可追溯，把质量责任分解到各生产工序和岗位，确保质量稳定提高。

2020年，公司持续的科技创新和管理投入，不仅战胜了新冠疫情的影响，而且使公司的各项工作有了明显发展和进步：获得河北省科技厅颁发的“河北省科技型中小企业”证书；中国乐器协会颁发的“专利工作三等奖”荣誉证书和中国轻工业乐器行业十强企业称号；中国轻工业联合会“中国轻工业科技百强企业”称号。2021年，河北金音乐器集团有限公司将继续坚持创新驱动发展战略，深化企业改革，推进品牌建设和市场占有率，不断提升公司在国际市场上的影响力。

# 迎难而上　开拓创新　谋求制造、商业新格局

**刘运斌**

**（中国乐器协会副理事长、打击乐器专业委员会会长、天津津宝乐器有限公司总经理）**

2020年突如其来的新冠疫情，重创了国际供应链、产业链、创新链的发展，作为文化制造领域的乐器产业无一幸免地被抛进了重灾区。来自外部的困难不由我们选择，脚下的路要由我们开拓。一年来，津宝团队在党和国家统筹推进疫情防控和经济社会发展的正确决策引领下，迎难而上，开拓创新，努力推进复工复产，落实稳岗就业，积极拓展市场恢复业务，公司全年主营业务销售3.34亿元，上缴国家税金3180万元。在这个不寻常的年份，我们依然取得了令人鼓舞的业绩，锤炼了战胜困难的决心与能力。

面对年初宝坻区疫情形势，我们积极组织了100万元抗疫捐款与家乡人民共克时艰。年内我们还向河北、甘肃、新疆等地捐款物23万元，为贫困地区送去“津宝”的温暖。在市场遭受打击情况下，公司的技改创新和新产品开发依然是我们工作的重点，年内投入技改资金920余万元，企业数字化智能化制造能力建设进一步提高。在中国乐器协会关于深入开展“三品”工作倡导下，我们在新产品开发方面投入了570余万元，年内新增产品专利67项，我们还代表天津地方工业产品，参加了中国工业设计领域唯一经中央批准设立的国家政府奖项——2020年中国工业设计奖，取得了晋级入围复评的较好成绩。

面对2021年的工作，我们根据当前国际疫情形势及政治、经济形势进行研判，把年度总体经营目标定位在基本恢复到2019年度销售水平，即完成总体销售5亿元。新的一年，面对困难与阻力，我们将努力谋求制造模式与商业模式的协同创新与变革，全面提升企业的服务能力。一是要强化创新能力建设，加大新产品开发、新材料应用、新工艺改进、新装备研制等方面投入，筑牢企业发展的基石。二是要以提升品牌价值为核心，积极开展品牌主题宣传、广告媒体投放、整合营销传播等品牌创建活动，大力推进品牌文化建设与发展。三是要发挥文化产业基地作用，以津宝音乐节为载体，推动以乐器为主题的国内外文化交流，促进产业发展，宣传国家建设成就，带动区域经济建设。四是要主动压实企业自身安全生产及环境保护责任，推动企业安全保障措施与污染防治设施的能效升级工作，构建乐器制造的安全工厂、绿色工厂。

2021年是开启“十四五”规划，踏入新征程的一年，也是众志成城、汇聚磅礴力量的一年，让我们共同昂扬奋斗奋进的决心，激发创新创造的伟力，朝着高质量发展的目标冲刺！

# 创新求变　逆势而上　开拓双循环市场格局

顾冰峰

（中国乐器协会副理事长、电鸣分会会长、得理乐器（珠海）有限公司总经理）

2020年是极不平凡的一年，受新冠疫情影响，国内乐器行业按下暂停键。3月初，部分企业陆续复工复产，但线下门店和教育机构依旧停摆。进入下半年，电鸣乐器行业开始复苏，骨干企业紧追上半年经济损失，内销为主电声企业销售同比做到上半年80%以上；再看外部消费市场，受全球新冠疫情影响，各国相继采取封城隔离举措，由于专业音乐人员和玩家居家办公，促成家庭音乐制作高端MIDI控制器和合成器需求也大幅增长。随着3月份国内乐器企业复工复产，海外市场订单从4月份开始回升，6月份之后订单开始爆增，便携价廉电声乐器受到广泛青睐，中低端电子琴、便携电钢琴和电子鼓外销大幅增长。但由于受到运输行业限制，体积较大的立式电钢琴增长乏力。

作为电鸣乐器行业会长单位，得理乐器敢于创新求变，逆势而上，实现2020年度得理集团销售额增长超过36%，海外销售爆增超过60%，业绩再创历史新高，提前2年完成集团5年战略目标。2020年，得理乐器科研创新成果丰硕，高端电子琴A2000融合中国民乐元素，主打入门级中国民乐合成器，在国内上市获得成功，订单销量超预期；得理自有品牌ASM系列专业合成器新品在国际市场也大获成功，年销量突破3000万元。为突破疫情封锁，客户无法到现场参加新产品评审和试产，企业在最短时间内提供实时交互视频，为客户参与新产品评审、试产等提供方便，保证了ODM/OEM新品顺利投放市场。在订单爆增的情况下，公司产能与客户订单需求之间存在较大缺口，得理生产制造在招聘、培训、设备购置安装调试等多方面同时推进，在短短30多天内，将整个供应链产能扩充提升了50%以上，很大程度上满足了海外客户订单爆增的需求。这也得益于得理多年来构建的精益生产体系，厚积薄发。2020年，得理荣获了广东省政府质量奖。

2020年，盘点企业面临的问题与困境，人民币兑美元汇率从最高点到年底，升值幅度达到10%，出口产品的利润大幅度下降和压缩，这也是出口企业面临的共同问题；其次，2020年大宗原材料大幅度波动，例如：塑料原料ABS年初11000元/吨，上涨到最高点22000元/吨，而且供应紧缺。波动较大的还有钢材、铝合金、锌合金铜等有色金属，特别是9月份之后价格的普遍上涨，压缩了大部分企业的利润空间；第三，集成电路遭受大面积缺货影响，美国打压华为，华为囤货集成电路造成行业产能紧张，但是10月份之后，因需求增长，集成电路行业从Wafer到封装测试产能紧缺趋势更为严重，供需关系失衡导致集成电路价格普遍上涨，几乎波及所有行业，电声乐器行业也不例外。一方面订单猛增，另一方面因为集成电路缺货，导致无法生产和交货，而且利润空间也收到挤压。9月份之后，各行各业出口订单普遍回暖，但是海运费用开始暴涨，出现了“一柜难求”的现象，出口欧洲一个40尺标准货柜从1500美元上涨到1万多美元，有些企业面临订单猛增，但是由于人民币升值以及海运费用涨价，导致做一单亏一单的情况，企业面临两难局面：做还是不做？

展望2021年，全球疫情依然严峻，欧美面临第3波疫情，国内也出现零星疫情案例，随着疫苗的普及，预计下半年疫情会得到有效控制，全球经济将会逐渐回暖。我们对2021年市场预测如下：（1）2021年出口增长趋势还将延续至少半年，下半年逐渐恢复正常；（2）国内市场持续复苏，预计今年的市场需求将会超过疫情前的2019年。随着国内市场双循环的推进，以及国际市场逐渐回暖，我们需要把握机会，苦练内功、创新求变，我们相信乐器行业的明天会更加美好。

# 抓两头　带中间　优化生产与市场布局

时建明

（中国乐器协会副理事长、手风琴专业委员会会长、
江阴金杯安琪乐器有限公司董事长）

2020年在历史发展长河中是非常不平凡的一年，它既是我国“十三五”的收官之年，又是全民抗击新冠肺炎并取得重大成果的一年，也是江阴金杯安琪乐器有限公司化危为机，逆势而上，各项工作取得丰硕成果的一年。

过去的一年，江阴金杯安琪乐器有限公司积极开展新工艺、新产品的研发，紧盯市场需求采用“抓两头，带中间”的经营策略，大力推动入门级别手风琴和高端手风琴的研发生产，优化市场布局和生产布局。全年经营状况全年呈现出一季度下滑，二季度持平，三、四季度增长“V”字形过程。生产、销售完成全年计划的111%，利润完成全年计划的百分之110%，呈现良好发展趋势。

2020年年初，突如其来的新冠疫情严重干扰了公司的正常生产经营，“人进不来，货出不去”。在地方政府的统一部署下，公司全员投入到抗击疫情的战斗中去，严格按照防疫工作的要求，做好厂区环境、员工的防疫工作，经政府有关部门验收，公司于2月8日在本地区第一批正式复工复产。与此同时，公司捐资十万元支持公司所在地街道的抗疫工作，捐助防疫物资一批给一衣带水的韩国友好企业和守望相助的意大利友好企业，共同抗击疫情。公司利用这个时机，开展了职工全员培训，提高员工的思想认识水平和技能技术水平，经过培训考级，全公司技师、高级工、中级工占比分别达到了7.3%、21.3%、56.8%。员工个体素质和整体素质都得到了较大的提升，为公司新产品的研发、创新管理提供了基础保障。

创新是企业发展不竭的源头动力。2020年公司紧盯市场需求，研发出多款适应市场需求的手风琴新品，GH5296巴扬琴、CH96贝斯穿键回声琴、CH120贝斯穿键回声琴、C11-72贝司自由低音手风琴、喷漆系列手风琴等系列新品，深受到市场欢迎。加大与科研院所的产学研合作，成功研发了皮雕手风琴，增加了手风琴的艺术含量，将皮雕优秀的工艺美术文化嫁接到手风琴当中，合力打造出了具有影响力的文化新产品，形成了手风琴的实用性与艺术审美的完美统一。

2020年金杯儿童系列手风琴入选《中国轻工联合会升级和创新消费品指南》名录，坤式手风琴获2020年“中国乐器行业创新产品奖（业界新品首发）”，金杯乐器有限公司获“2020年度中国乐器行业科技创新活动组织奖”，公司2020年共申报并获批国家专利26项，创历史最高水平。标准化建设进一步加强。2020年由江阴金杯安琪乐器有限公司主持起草的《手风琴规格划分及命名方法》《手风琴零部件名称》两项行业标准已由工信部颁布并开始实施，《手风琴通用技术条件》行业标准修订工作，也由工信部立项，修订工作正在进行中。

校企合作培养技术技能型人才工作结出硕果。2017年江阴金杯安琪乐器有限公司与江苏省连云港艺术学校合作培养的首批“乐器修造（手风琴）方向专业”学生于2020年毕业，所有毕业生都进入金杯乐器公司工作，这批技术技能型人才的加入，给公司带来了新的活力。校企合作培养技术技能型人才的模式，为企业特别是传统乐器企业如何解决劳动用工难题，提升员工素质，作出了有益的探索。

2021年，金杯安琪乐器有限公司将继续坚持创新驱动的发展战略，在“两个大循环”的经济运行模式下，持续推进品牌建设，不断提升金杯乐器在手风琴市场的影响力。

# 不忘初心　闯关突围　推动乐器三进工程

**黄茂强**

**（中国乐器协会副理事长、琴行分会会长、四川盛音乐器有限公司董事长）**

刚刚过去的2020年，挥之不去的是全球新冠疫情的肆虐。疫情导致成都琴行所有门店关停三个多月，音乐培训关停达七月之久。武汉疫情的突然爆发，加速了危机骤然降临，面对危局，四川盛音乐器按照各级政府和行业要求，关门停工做好防疫抗疫工作，保证所有员工的正常收入和生活保障，做好持久战准备，同时将工作重心转向移动互联网，通过设置网络课程，短视频、公众号、利用各种新媒体关心帮助处于停业的与我们合作的艺术培训机构，以及新老客户。

面对危机，四川盛音乐器作为中国乐器协会琴行分会会长单位，企业除了自救外，我们第一时间同全国同行主办线上公益讲座。一月底，二月初先后推出钢琴家江帆、王春、凌远、赵聆等的“琴系武汉线上公益钢琴讲座”，使蜗居在家的数十万人线上踊跃参与。从四月到年底，从郎朗汶川震区映秀中学的公益乐器捐助，到李云迪、孔祥东、吴驰、田佳鑫等钢琴家的合作；从德国、以色列等领事馆的新年活动到奔驰品牌、汽车博物馆、宽窄巷子、假日酒店、蔚兰卡地亚、麓湖游艇会等的跨界音乐会；从钢琴家的大师课“钢琴家进课堂、进社区”活动到甄选百名优秀教师音乐会；我们全年主办了上百场不同规模和形式的音乐会，承接各类音乐比赛十余场，危难中更能彰显企业文化、创新精神和品牌力量。

面对疫情封锁，公司积极开发一对一在线教学模式，通过不同软件平台及收音设备的优化，保证在线课程的品质。为积极响应“6·21国际乐器演奏日”，6月我们组织了木笛、管乐、弦乐、打击乐等不同主题的多场大中型专场音乐会；还在成都远郊安仁喜来登酒店成功举办了为期八天的“管乐、木笛夏令营”，参与人数200余人。

盘点2020年，四川盛音乐器及其所属机构的所有员工，坚定战胜疫情的必胜信念，全年总体销售收入较2019年增长20%以上。为2021年的发展打下了坚实的基础。我们要感恩国家使我们在全球疫情肆虐时独善其身，感恩行业在危难中有中国乐器协会的引领，今年协会领导对疫情下行业大形势的深入剖析和应对路径、方法都使我们在具体工作中获益匪浅。

2021年是中国“十四五”规划的第一年，也是中国乐器行业疏通提振市场，创新、闯关、突围，从乐器大国向乐器强国高质量发展进军的一年。我们琴行业也要坚定信念，不忘初心，众志成城，排除万难，坚持不懈地培育音乐土壤，扩大音乐人口，把琴行打造成各地社会音乐教育的平台，大力推动乐器进校园、进社区、进家庭，努力让“音乐成为人们的刚需，乐器成为家庭的标配”这一目标得以实现。

# 诚信坚韧 创新共赢 捕捉后疫情时代“宅经济”

## 朱文玉

### （中国乐器协会副理事长、琴行分会副会长、上海知音音乐文化股份有限公司董事长）

辞别庚子鼠，迎来辛丑牛。回想去年年初，新冠疫情来势汹汹，让社会一度停摆的记忆还历历可数。知音琴行与知音艺校的线下店铺从不久前的门庭若市降到无人来访的冰点，经历了最初的恐惧、迷茫、慌乱后，面对历史的机遇与挑战，认为抗疫时间正是检视企业不足、弥补企业短板的最好时刻。

疫情之下，“宅经济”催生消费热点，深刻地改变着人们的工作、生活、消费、学习方式。2020年上半年，面对教育机构无法开课，零售门店客流骤减，知音文化不忘初心，坚持“诚信坚韧、沟通担当、自驱高效、创新共赢”的价值观，通过音乐科技、商业模式和消费场景的全方位创新，深切践行科技、音教双轮驱动战略，拓展行销渠道，推进品牌建设。为了提升客户服务与体验，疫情期间，知音文化分别完成了4家线下零售店面的门店拓展，店铺形象升级。经历一系列措施改革后，知音文化年底交出了一份令人满意的答卷。

## 一、提高员工队伍整体素质、提升员工业务技能

自疫情期间开始至今，知音文化组织开展内、外部线上平台的培训学习始终未停歇，帮助员工科学面对疫情，建立互联网思维，提升用户服务能力。针对不同员工积累不同的技能知识，话题涵盖产品知识、销售案例、线上教学技巧等方方面面。

## 二、科技创新带动产业发展

充分利用现代信息技术，知音文化近4年来自主研发的绿叶帮SaaS系统，可作为琴行、艺校、客户管理、运营营销的工具，打通零售、艺校与售后服务端，通过数字化管理、数据化运营、数字化营销，赋能员工改变、创新工作习惯，实现自身的价值。为了满足特殊时期“停课不停学”的需求，实现“线上-线下”教学模式，知音自主研发的绿叶帮系统开设音乐教育线上教学平台，可提供远程教学、在线陪练等服务。

## 三、坚持音乐推广，扩大音乐人口

疫情期间，知音文化在各类平台上举办了钢琴名家公益讲座、成人钢琴弹唱课等各类形式的直播课程共计50余次；发起“每日练琴打卡”活动，鼓励学生加入打卡行列并通过图文、视频等多种形式晒出自己的练琴成绩，活动累计2000多名师生参与，共发布20000多条打卡视频；开设抖音、bilibili等官方账号，投放录制音乐普及知识、钢琴演奏教学、琴童家长课堂等类型短视频近千条，力求全方位多维度做好音乐教学服务持续扩大品牌的影响力、专业度与口碑美誉度。

## 四、公益活动，传播音乐文化

尽管2020年实属不易，知音文化依然坚守“让音乐走进每个家庭”的使命，情系公益活动。11月17日，知音文化携手上海第一财经公益基金会“米高童年计划”，将“知音宝贝”幼儿音乐启蒙课程带到云南怒江贫困山区；12月12日，知音文化参加“情系复大，爱筑公益”活动，为四川凉山地区孩子捐款，用于改善他们的物质和精神文化生活；同年，

知音文化多次向上海老年大学捐赠电钢琴，进一步推进“快乐养老、文化养老”，以丰富老年人精神文化生活。可以说，知音文化经受住历史性的考验与挑战，得益于坚持做音乐推广，提升知名度与美誉度提升；得益于规范管理运营，知音文化长期以来坚持每一笔销售、每一项收入均开票入账、规范操作，实现数据化运营；得益于24年来品牌与服务的沉淀，注重诚信、尊重教育、不挣快钱；得益于努力进步、不断升华的创新精神。

或许2021年音乐教育行业将继续洗牌，但无论是线下零售年代，抑或是“互联网+”“大数据”时代，一个品牌从建立到高质量发展，都基于品牌与服务的沉淀。2021年，知音将持续为客户提供优质的服务与产品，关注客户需求，加大科技创新带动音乐教育创新的改革力度，推进品牌建设，坚守“让音乐走进每个家庭”的使命砥砺前行，初心致远。

# 高端定位　环保升级　推动企业产品双高战略

孙　强

（中国乐器协会副理事长、钢琴分会副会长、烟台博斯纳钢琴制造有限公司总裁）

2020年是极其不平凡的一年，但“惟其艰难，方显勇毅；惟其笃行，弥足珍贵”。回望这充满挑战和魔幻的2020年，烟台博斯纳钢琴制造有限公司首先衷心感谢长期以来关心、爱护、支持博斯纳的中国乐器协会各位领导，感谢国内外著名钢琴家、广大业界同仁、广大用户等社会各界人士，并致以崇高的敬意和祝福!

2020年，在复杂多变的国际局势和新冠肺炎疫情的双重影响下，国内外市场陷入严重的萎缩与下滑之中，企业生产经营以及产品出口形势极其严峻。在困难重重、压力巨大的情况下，烟台博斯纳钢琴制造有限公司变压力为动力，逆势而上，国内加强市场开发，苦练企业内功，提升产品技术内涵档次；国外加强合作，尤其是与世界一流的钢琴制造公司的合作稳步增长，构建企业内循环为主，内外循环互促并进的新格局，钢琴的质量大幅提升，产量、市场销量均趋稳向好。

2020年，烟台博斯纳立式钢琴在原有的基础上，又对更符合专业性需求、演奏性能卓越的S系列立式钢琴进行了更深层次的技术提升，并增加专供商学院系列钢琴。其卓越优良的声学品质，灵敏舒适的键盘触感，大气高雅的外观造型，一流技术、大众消费的性价比，获得了国内外专家的高度评价与认可，现在已经开始进行批量生产投放市场。

博斯纳三角钢琴，由于设计先进，制造技术精良专业，从而使三角钢琴的音质音色更加优美动听，尤其是中低音浑厚雄壮、激昂有力、延音绵长，高音清澈悦耳、穿透力强；键盘触感舒适，操纵自如、得心应手；乐曲表现力层次丰富、风格多样，既能演奏古典音乐，又能表达爵士乐等现代音乐，受到了国内外众多钢琴演奏家、音乐教育家和广大钢琴爱好者的高度赞扬与青睐。特别是GBT217型演奏级大型三角钢琴，更是获得了国内外著名钢琴家的高度评价和喜爱，完全可以与世界一流的钢琴相媲美，且性价比更高。

2020年，在疫情防控、环保整治、安全生产等工作中，不断强化内向管理，严格地执行国家有关规定，确保安全生产与环保达标。为确保疫情防控，始终坚持防控常态化，筑牢防线不放松。以对企业和社会的高度责任心，创建“美丽厂区”，致力环境整治，对环保的重要性，认识到位、响应到位、整改到位，通过了环保部门的各项检查，获得了环保部门颁发的“排污许可证”。

牢固树立安全第一的观念，公司继续强化、完善风险分级管控和隐患排查治理的双体系建设，定期检查厂区各车间的生产环境、劳保用品，排查安全隐患，及时发现，及时整改，从根本上消除事故隐患，遏制重特大安全生产事故的发生。

2020年，烟台博斯纳钢琴制造有限公司多次参与、助力社会各界的音乐公益活动，助力烟台市2021年新年交响音乐会，积极推动钢琴文化艺术事业的发展。

2020年，烟台博斯纳钢琴制造有限公司再次当选“中国乐器协会副理事长单位”，并荣获中国乐器协会颁发的2020年度“科技创新活动组织奖”。

2020年是烟台博斯纳面临危机、抓住机遇、砥砺前行的一年。2021年，仍然是充满不确定性的一年。面对激烈挑战和历史机遇，烟台博斯纳钢琴制造有限公司必将不负使命、上下同心，不断着力提升产品质量和品牌价值，苦练内功，锐意进取，坚定不移地为实现公司既定的“创建世界钢琴王国里一流的高端企业，制造世界钢琴行业里一流的高端产品”的“双高”目标，为生产出更多更好的品质卓越、性价比高的博斯纳钢琴，为中国钢琴的民族制造，为实现“两个一百年的中国梦”而砥砺前行，拼搏奋进。

# 好声音　好钢琴　推动材料新科技创新发展


## 张华君

（中国乐器协会常务理事、材料配件专业委员会副会长、川雅木业有限公司总裁）


在刚刚过去的2020年，全球经济衰退、中美贸易摩擦不断，新冠疫情的横空出世更是雪上加霜，中国企业面临更加严峻的社会和经济危机。

2020年初的新冠疫情让繁忙的工厂瞬间慢了下来，面对突如其来的变化，川雅木业并未束手无措，在放缓生产节奏、稳定传统产品经营的同时静下心来，认真思考、潜心研究，一面抓员工稳定和成本控制，一面抓科学试验和产品开发，在产品布局和企业管理上下真功夫。随着全国疫情的好转，经济的复苏，川雅木业迅速恢复生产的同时，加速镇江新工厂建设和新产品投产达产，顺利走出困境。

2020年，川雅木业在江苏镇江新民洲（位于扬州市南郊）的国际乐器木材产业基地项目的顺利投产，建成厂房近20000平方米，可加工云杉Spruce、枫木Hard maple、榉木Beech等乐器用高等级原木约40000立方米/年。在建设专业化乐器木材生产线过程中，公司着力提升加工技术水平，在原木制材锯切工艺上破旧立新、大胆改革，狠抓木材物理保护、原木下锯法、板材取料图和木材综合利用，实现了可持续稳定满足全行业高档吉他实木单板、钢琴实木音板及优质刨切木皮材料需求。

2020年公司在继续巩固传统钢琴实木复合音板产品业务同时，加大实木音板生产线的投入，加强对奥地利、阿拉斯加区域的材料合作供应，优化传统工艺措施，强化员工技能培训，全年的实木音板产量同比增长110%。

川雅木业始终秉持“好声音才是好钢琴”的理念，充分发挥全国声学木材研发基地的作用，在理解什么是好声音、好钢琴的基础上，将声学木材进行系统分类为：共振材料、传音材料、调音材料、力学结构材料四类，通过深入研究，逐步形成了实现钢琴声学品质的原理、原则和基本理论；在具体应用实践转化方面，我们将最初的一块木材到一张音板Soundboard，从一套音棒Sound rib（肋木）、一个传音码Sound bridge（弦码）、一块调音板Tuning pin block（弦轴板）、一套琴背结构Backpost（背柱），总装集成为共鸣盘总成Resonance tray（码克木制共鸣组件总成）。我们的目的是让用户有条件获得“最好的共鸣体”，从而加速推动乐器产品声学品质进步。

大家都知道，钢琴共鸣系统是钢琴的声学核心组件，但共鸣系统的音质取决于单一零件质量和系统集成条件，共鸣系统的每一个零件都参与了形成声音的力学、振动和传播，而其中每一个零件所起到的功能作用又各不相同。如何保证每一个配件的性能和质量，如何减小每一个配件对振动的不良影响，从而服务于产品整体的听觉美、视觉美，进而推导到材料科学、设计科学、工艺科学、配件性能、装配技术、环境技术、测试技术等等，一直是我们对共鸣盘研究与制作的主攻点。2020年我们在继续完善共鸣盘的设计、材料、制造、检测等产业化技术基础上，对设计出不同风格和款型的共鸣盘进行反复推演、反复试验和测试，在木材利用上精挑细选，工艺制作上精益求精，力求达到让美妙悦耳的声音感动用户。

2021年已然来临，全球经济尚未复苏、中美贸易摩擦常态化、新冠疫情仍然在全球肆虐，传统制造业依然举步维艰。面对复杂的外部环境，我们将更加紧密关注行业人的心声，加强木材供应，加大科技投入，加强人才建设；为行业谋粮草、储资源，为乐器整机生产企业提供更加成熟完美的配件，为追求乐器“好声音”、乐器强国梦而不断突破和超越自我。

# 内外发力　科研创新　工匠精神照亮未来

**宋从甲**

**（中国乐器协会副理事长、民族乐器分会副会长、乐海乐器有限公司董事长）**

2020年是极其不平凡的一年，新冠疫情全球爆发，风霜雨雪，百业俱艰，我国在党和国家的正确领导下，领先全球走出阴霾，可喜可贺。疫情期间，乐海乐器内部积极采取防疫措施，在疫情下切实保障员工健康安全，同时积极发挥企业社会责任，向肃宁县红十字会捐款10万元，助力全国抗疫战役；为感恩全国医务工作者，乐海乐器于2020年3月品牌日推出500万“感恩回馈全国医务工作者”活动，致敬医者仁心、褒扬人间大爱。

2020年对乐海乐器来说也是极为重要的一年，必将在乐海发展史上留下浓墨重彩的一笔。乐海乐器整体搬迁至集乐器研发、生产、文化旅游为一体的乐器产业园区，自动化加工中心、自动化喷涂车间、恒温恒湿库房、智能装配车间相继投入使用，传承匠艺和自动化设备互补将民族乐器制造推向了一个新的高度，成为我国北方最大的民族乐器产业基地。园区建设的乐海传统乐器博物馆，以古今不同时期、不同地区出现的乐器案例，展现中国传统乐器的发展历史与演变过程，传承民族乐器文化精髓。并作为游学点助力第八届淘宝村高峰论坛，为来自全国各地的一千多名嘉宾展示我国传统国乐文化。

2020年乐海乐器内外发力，培育行业技术骨干，开发专用设备，传统和科技结合，以标准化、自动化、数据化贯穿产品生产制造全过程。同时通过持续举办扬琴、古筝、琵琶、阮、二胡等制作技能比赛及声学品质研讨会，吸收国内音乐学院、演奏团体教育、演奏专家需求和建议，内外结合，持续提升公司各类产品声学品质，推出符合市场需求的古筝、扬琴、琵琶、二胡等新品近百款。2020年乐海乐器有限公司工业设计中心作为沧州市唯一一家入选河北省工业设计中心首批名单。在2020年上海国际乐器展览会组委会举办的全球业界首发活动上，海之尊“钧和”二胡获“最佳新品”殊荣，海之尊“紫云君”琵琶获“入围新品”奖。2020年11月乐海董事长宋从甲先生作为文化企业代表参与了《星耀河北》的节目录制，并被评选为河北省十佳文化企业家，乐海乐器公司被评为河北省文化企业三十强。

百业俱艰之际，乐海乐器以兼济天下的精神组织了京津冀、西安、沈阳、上海论道会议，向全国经销商推出乐海琴坊、国乐进校园等项目支持及大力度产品回馈，全方位支持合作伙伴共克时艰，风雨中携手开启新征程，成效卓著，2020年产销逆势取得全面增长。乐海乐器作为传统文化的传播者与弘扬者，一直致力于弘扬国家传统文化，在河南师范大学设立“乐海奖学金”，并于2020年11月20日在河南师范大学盛大举行颁奖典礼。

回首昨日艰辛，展望明日未来，今天的乐海乐器已站在一个新的起点，乐海人将一如既往地和乐器界朋友携手并进，朝着新的目标开启新的征程，乐海琴坊、乐海维修中心、乐海租赁中心、国乐进校园等项目发力推动多元化突破，乐动华夏，海纳百川，誓做行业领军者，用新时代的工匠精神照亮未来，传承和弘扬民族文化，为促进我国文化事业的繁荣和发展发挥更大的力量。

# 科技创新　软硬兼施　开启数字建模新征程

赵　哲

（中国乐器协会副理事长、电鸣乐器分会副会长、蔚科电子科技有限公司董事长）

2020年，疫情对于每个行业来讲都是一次严峻的考验，生产、研发、销售等环节都受到了影响。作为数字乐器设备制造商、销售商的蔚科科技，在3月积极复工复产后，一直积极地拓宽海外销售渠道、深耕后疫情时代国内市场需求，仍然实现了20%的同比增长。2020年蔚科科技持续在研发方面增大投入，目前在主营业务收入中比重已达到6%。企业响应国家十九届五中全会“把科技创新中自立自强作为国家战略支撑”的号召，蔚科也在不断地网罗人才，尽全力扩大研发队伍和自主研发深度、广度。目前推出的TS/AC-HD建模技术、新一代超低延迟的无线传输方案、全网面电子鼓等各项专利、设计也都是这些年不断增加研发投入绽放出的科技花朵。

由于疫情原因，蔚科科技2020年主要利用网络媒体进行品牌建设，将活动移到了线上。期间由蔚科旗下艺人组成宣传矩阵在各大线上平台进行宣传。疫情期间组织并发起了“抗击疫情，NUX与你同在”公益活动。后期更是有旗下艺人潘高峰进行了NUX公益街头巡演活动。由于今年发布的几款搭载全新自主建模技术的产品对模拟设备音色还原度较好，海外网络媒体平台上大量的艺人和用户们对NUX这个中国自主的数码产品品牌展开了广泛的讨论和关注，NUX正在努力成为靠技术和产品赢得世界关注的中国自主科技型品牌。

后疫情时代，用户对产品的需求也产生了新的改变。户外活动的减少意味着产品的使用场景变更为家庭演奏和分享交流，产品从体积、音量、功能到针对网络媒体平台的技术支持方面，都成为后疫情时代蔚科科技产品研发的重点。

数字效果器方面，蔚科科技推出搭载全新自主TS/AC-HD建模技术的综合效果器—MG-300，更清晰、更逼真的建模方案让这款效果器在国内和海外都受到好评；无线产品方面，蔚科自带麦克风的B-6SAX萨克斯风2.4GHz无线传输系统、新一代的吉他2.4GHz无线传输系统B-1Lite及B-3PLUS麦克风2.4GHz无线传输系统，沿用蔚科科技一直以来低于5ms的超低延迟高清方案，革新了更窄带宽占用量的全新算法。2021年开始，蔚科的无线产品除保留之前高清、低延迟特征以外，稳定程度更是得到了大幅提升。

后疫情时代，有更多的音乐交流都是在网络上完成，弹唱更是诸多音乐人分享作品的重点，音箱产品正式上市无线立体声mini音箱MIGHTY AIR，推出录音、路演更专业的原声吉他音箱STAGEMAN II。MIGHTY AIR搭载自主的TS/AC-HD建模技术，同时内置NUX的无线技术，支持作为声卡进行电脑录音，这款产品在国内和海外均收获了不少赞誉。而STAGEMAN II更倾向于在家中录制木吉他及弹唱音频，锂电池也让外出路演更加方便。这款产品能够更加方便、快速的帮助用户录制出专业的声音。自媒体遍地开花，而这两款音箱产品也是顺应后疫情时代，突破了传统音箱的功能而推出的全新产品。在音频产品方面，蔚科科技推出集声卡功能于一体的吉他贝斯无线耳放MIGHTY PLUG，产品具有便携功能，解决在家弹琴时音量过大，录制音频、视频时设备繁多的困扰。电鼓方面则推出了更亲民的网面电鼓DM-200。此次推出的DM-200仍然沿用了之前的全网面设计，缩小了部分体积，更新了新的自主音源。后疫情时代，体积更小、功能更全、接口更丰富的产品应运而生。

回望2020年，疫情给行业里留下了些许遗憾，也书写了很多新的机会，顺应市场的变化，才能走向更好的明天。蔚科科技2020年心怀感恩，在这个寒冷的冬天努力地成为一个靠科技能力发热的品牌。2021年的春天已经临近，愿2021年，大家团结一心，扬帆起航，努力为中国乐器行业共绘蓝图！

# 逆境突围　品牌创新　产学研演跨界融合


## 范廷国

## （中国乐器协会副理事长、电鸣乐器分会副会长、吟飞科技（江苏）有限公司总经理）


2020年，是极度不平凡的一年，新冠病毒席卷全球，国内外环境面临严峻挑战，让深耕乐器行业多年的吟飞科技面临前所未有的考验。在逆境中突围、成长，用坚实羽翼护卫企业可持续发展，发挥民族企业的责任意识和担当，为乐器行业发展燃点一臂之力，这是吟飞科技在困境中始终坚守的目标。围绕这一目标，公司积极布局灵活的战略方针，抓大放小，以防控为主，随时调整生产布局和产能任务；继续高标准执行6S管理方针，将体系落到细处、实处；牢抓产品品质和质量把控，积极研发、推行新品；利用互联网优势，加强品牌建设和品牌宣传，扩大品牌认知度和知名度。

通过全体员工一年来的协力合作和勤奋努力，生产规模和生产品质稳步提升，品牌实力和影响力也逐渐提升。2020年初，在疫情爆发最为严重的困难时刻，面对国内外复杂多变的环境，对于以制造为主、国内外双市场运营的吟飞，如何在确保安全的前提下快速恢复生产，实现自救？这也是整个行业普遍面临的难题和考验。吟飞始终坚守“防控就是命令，防控就是责任”的政策号召，以人为本，采取“联防联控”措施，成立专门的防疫小组统一部署防疫工作，实施严格的消杀措施和检查监督，布局规范可行的工作流程和工作方案，积极争取员工的快速到岗到位，对部分特殊岗位员工实行远程办公，在疫情向好发展的第一时间确保复工顺利展开。二月中旬全体员工基本到位，公司进入井然有序的生产状态。基于疫情的反复爆发，防疫控疫工作被置于2020年度重点工作之首，防疫工作实施、防疫知识宣传等部署，贯穿全年始末，丝毫未有懈怠。一年来，企业总体运营平稳。

科学技术永远是第一生产力。面对疫情的困阻，吟飞没有放弃对科研创新产品的研发和投入，利用蓄积多年的资源，积极整合国内外资源和技术优势，推出创新品牌和创新产品。2020年推出了吟飞新品牌EFNOTE电子鼓。它突破传统限制，以“唯美·匠心·原生”为设计理念，以内外兼修的实力一跃成为2020年度电子乐器精品，并入选2020Music China全球业界首发新品，荣获最佳新品奖。

在乐器和音乐融合的产业界，需要产、学、研、展、演、销相结合，在市场流通渠道变局和消费群体多元化需求的当下，企业要持续扩展产品品类和品质，提升竞争优势。基于稳固的电鸣乐器行业优势和成熟的核心技术沉淀，吟飞将科技、音乐与民族器乐相融合，积极探寻新民乐的发展，并集结行业专家——国家一级作曲家、演奏家、北京奥运会闭幕式音乐总设计卞留念先生和CME公司创始人、CEO、中国第一代数码乐器市场开拓者赵易天先生进军民乐。在上海（国际）乐器展上，吟飞首次举办“新民乐在云端”活动，让观众见识了电二胡的魅力；在展会首日的NAMM CMIA行业论坛上，向国内外专家展开题为《中国民族乐器数字化重大意义和展望》的专题讲座，赢得一致好评。2020年吟飞荣获中国轻工科技成果一等奖。

2020年的危机中也蕴藏着强烈的品牌化竞争。吟飞从产品入手，继续推进“三品”战略，提升产品品质，拓展多元化的产品品类，增强消费者对产品的认知度和满意度，为品牌建设奠定了基础。深挖音乐文化聚力与影响力，塑民族品牌形象。吟飞继续实施以乐器研发制造为主导，音乐创编为辅助，教育培训和各类音乐活动为补充的业务框架，积极推动我国音乐教育普及事业与音乐文化事业的发展。特别在抗疫期间，充分发挥音乐作为武器在精神层面的影响，吟飞艺术中心公众号特设“抗击疫情”系列和“宅家练琴”系列，实时跟踪疫情动态推出演奏曲目，给学员输出大量学习资源。依托线上传播的优势，吟飞还通过自创的各大自媒体平台和视频平台多层面、多角度地进行产品、活动、品牌等方面的宣传，打造良好的品牌形象和企业形象。2020年吟飞第七届国际电子管风琴大赛，为疫情不能参与活动的音乐爱好者提供了一个强大的活动舞台，得到学生、家长、老师的赞誉。

逆境能打败弱者而造就强者。历经2020年的突破与成长，吟飞的步伐将更加稳健！

# 深化服务　开拓电商　推动融合品牌发展战略

张　琳

（中国乐器协会副理事长、电鸣分会副会长、武汉艾立卡电子有限公司总经理）

2020年，突如其来的新冠疫情对乐器企业产生了前所未有的冲击。武汉作为国内疫情重灾区，遭受的冲击是最大的。艾立卡公司作为武汉本土企业，经历了物流受阻、各地元器件无法及时供应，企业订单无法按合同要求按时交付等一系列困难。

我司主要客户分布在欧美国家，3月份以来海外疫情恶化，国际经贸活动受到严重影响，使企业遇到成立至今25年来最严峻的生存危机。自4月1日复工后，艾立卡公司在保障防控物资供应和员工健康的情况下，积极应对、毫不退缩，上下一心、联防联控、倾情服务客户、借助政策工具有效应对困局，实现了企业的自救与发展双轮驱动。

在特殊时期，艾立卡应对消费者个性化、多样化和专业化的不同需求，积极开发和调整新产品，完成了一百多个研发项目，新产品投产的数量、完成样品的及时率、一次合格率，达到市场创新经营目标，科技新品开发取得积极进展。同时，利用率先创立的全球性的专业乐器在线跨境营销平台——“东方音韵”，为中国乐器企业创造更多的进出口贸易机会。带动中国乐器、材料、产品、标准、技术、品牌、服务“走出去”，构建通往跨境电商的复兴路。未来艾立卡还将致力于打造中国最大的乐器跨境电商平台，让我国的优质乐器产品销往全世界。

在2020年疫情期间，艾立卡创新文化营销方式，在抖音、微信、淘宝、ebay等多个平台，为消费者提供各类咨询服务、挖掘潜在市场。

同年，企业与湖北工程技术学校、武汉音乐学院合作，成立“艺术培训学校”，联合开展音乐教育项目，认同“刚需、标配”目标，让乐器进校园、进家庭、进社区，组织学校一线在职高级教授、教师共同推进乐器“三进工程”，帮助武汉市中小学校提高学生的整体音乐素质，扩大音乐人口，促进艾立卡及区域文化乐器行业转型升级。艺术教育培育业务已为公司的发展插上一对“翅膀”，有效地带动了公司产品营销额的增长。

企业还先后荣获“国家文化出口重点企业”“国家文化产业示范基地”“湖北省高新技术企业”“湖北省名牌产品”“科技创新型企业”“技术先进型服务企业”等荣誉称号。艾立卡公司作为武汉市爱心企业，在疫情汹涌、物资紧缺的关键时刻，企业自发加入战“疫”，踊跃捐款捐物，向武汉当地政府、医务民警及社区工作人员捐款、捐赠口罩、消毒液、测温枪等紧缺防疫物资累计金额百万元，用行动温暖家乡， 也展现出了乐器企业的大爱无疆和奉献担当。

2021年，艾立卡公司将继续加大科技创新投入，加快转型升级，坚持新发展理念和直播领域的交流合作，深化融合“乐器+服务+教育+电商”的特色产业活动，实施品牌战略，提升企业的国内国际竞争实力。

传承华夏千年古韵，弘扬大国工匠精神。中国乐协授业传道、匠心激韵，在协会的密切关注和大力支持下，艾立卡不断积累经验、摸索前进，取得了现在的成绩。艾立卡在今后的发展道路上也定不负众望，一如既往地与广大业界同仁携手同行、砥砺奋进，积极为中国乐器行业的发展贡献自己的一份力量。

# 校企合作　跨界互联　探研吉他艺术教育新模式

**黄志康**

**（中国乐器协会副理事长、吉他专业委员会副会长、广东声凯乐器有限公司总经理）**

2020年，是充满挑战和机遇的一年。疫情的出现令传统音乐教培行业举步维艰，大批琴行纷纷倒闭或力求从线上寻得转机，开创新的运营模式，但生源流失、师资缺乏、业务运营无方及线上教学经验不足始终是传统教培机构转型的绊脚石。

2017年，广东声凯乐器有限公司提出了打造一个集乐器生产、贸易、音乐教育的生态圈的发展理念，尤其是音乐教育方面由音乐窝主导并专注现代流行音乐教育，积累了丰富的线上教学经验，在2020年的机遇下充分将优势发挥至最大化，为传统乐器销售和传统的教学模式的改革创新建立了模范榜样。

2020年，声凯乐器在音乐培训方面的成果尤为显著，音乐窝团队自主研发了集互联网科技+创新教学于一体的教学产品：音乐窝教学端App、智能互动教学机、智能课件，三者的结合无缝连接了课前、课中、课后各个教学过程，使教学工作更精准高效，形成立体式循环课堂，让教学标准化、高效化、智能化，切实解决传统教学模式“教”与“学”两方人群的难点。

此外，音乐窝在技术上进行了全面的升级：音乐窝App、OSO智能管理系统及小程序全面打通，建立融合教学及门店管理的云平台；App直播功能升级，在互动传输实时性及流畅度都得到了提升，2020年开展的一对一直播精品课，帮助机构通过线上授课消课及增加线上创收机会；比赛模块功能升级，为合作机构提供专属的音乐类赛事平台，2020年在音乐窝平台举办了“职协杯”全国鼓手大赛、肇庆职工吉他弹唱大赛、第六届星臣杯全国吉他弹唱大赛，比赛的功能体验及效果均得到了主办方们、合作品牌及媒体的一致好评与认可。音乐窝基于丰富的音乐教育产品研发实战经验优势，于2月与中山大学附属第三医院合力打造推出“方舱之声”在线音乐治疗小程序，为医护人员、确诊病患、隔离者和忧心的家属减缓疫情带来的焦虑情绪。

在门店经营服务上，音乐窝2020年创立了“新门店运营模式”，强势打造音乐教育机构的线上+线下全场景、垂直化教学经营新模式—音乐窝·新教育PRO。加入音乐窝云平台的机构，可享受门店线上展示、教学支撑、教务管理、开支营收核算分析等功能，音乐窝还为加盟店提供全加盟体系的配套服务，包括硬件设备、招生方案、人才资源，以及师资培训、演出资源等方面的全方位支持，帮助加盟门店线上线下双向升级，解决音乐教育的上课、互动、管理、教学、教务、招生、运营等关键难点。

在教学资源上，音乐窝在与华语乐坛编曲大师江建民、香港著名职业吉他手、狮子LION团长&吉他手力Q等知名音乐大师强力合作后，2020年签约了国内才华吉他手&编曲师毕赫宸、独立音乐人&职业吉他手SAGY等音乐人，并在音乐窝APP上推出《演唱会吉他手的实战“毕”学》《R&B风格吉他教学》等经典课程，为学员提供更多高质量的拓展性学习资源。此外，2020年音乐窝基于七大课程体系研发了《电声乐队教程》，为学员提供了更丰富的学习方式及团队协作能力的拓展培养。

在品牌发展上，“强强联合”是可持续发展的极佳战略。音乐窝与长城乐器达成了战略合作，并在11月联合推出“TAMA明日星鼓教室”项目，结合智能化硬件设备+系统的教学体系+TAMA三大优势的创新教学模式，推动音乐教育市场的改革发展，希望帮助更多音乐机构摆脱市场现状存在的困境。

2020年，声凯乐器将坚定的走品牌建设的道路，为广大吉他爱好者奉献更优秀的乐器产品，音乐窝也将会积极研发更优质更丰富的教学产品及教学资源，在功能技术及服务体验上全面优化升级，提供更适合发展的教学运营体系及经营模式，让更多音乐教培机构得以在多元化的音乐教育市场中破局而出。

2021年，音乐窝将继续立足于创新教学模式的升级与发掘，举办更多如江建民经典歌曲电吉他翻弹大赛等赛事，为广大音乐爱好者提供更多展示的舞台与机会，积极开发更多资源，进一步推动吉他音乐教育市场的改革发展。

# 培训赋能　人才战略<br>推动艺术教育体系全新升级

秦　川

（中国乐器协会常务理事、琴行分会副会长、河北秦川文体乐器有限公司董事长）

2020年是艰难的一年，也是展现中国人不屈不挠、坚忍不拔精神的一年！自古“多难兴邦”，在疫情这场“战争”面前，我国人民自强不息的民族精神，令世人赞叹！大到一个国家，小到一个企业，2020年都在攻坚克难。身处疫情重灾区的音教行业，秦川乐器过去的一年可以用9个字概括：迎变局、守初心、勇突围。

疫情导致我们从2月到9月中旬，长达7个月时间停摆。但我们没有倒下，而是快速反应，资源整合，寻求出路活下去：联合全国乐器行业有影响力的琴行与培训机构，团结协作，共同推出线上艺术名家公益直播课堂10余场，与广大音乐爱好者们一起，以“乐”抗“疫”；直播平台推出“战疫不出门，学习不掉队”为主题的公益教学课程，累积超200场次；选用“一起练琴”App，延续收费课堂，学员复课率达80%；利用有赞商城开展线上购琴。

对外勇突围，对内练内功。疫情期间秦川乐器开展员工“培训赋能”与“有效激励”：线上培训10周，岗位涉及销售、教务、店校长、片区经理及教师，营造活跃企业氛围；连续两月实施“每日一单背水一战”员工激励政策，激发全员干劲。一系列内外措施的实施，使我们在疫情肆虐之时依然取得骄人业绩，获客10000余人，通过半年的跟进转化，招收新学员2000余人，销售钢琴169台。

疫情常态化之后，秦川乐器逆势出击，从产品、人才、品牌方面进行变革升级。2020年秦川艺术教育发展研究院精心打磨，课程体系全新升级，推出“FA未来力赋能体系”。其核心在于基础艺术课程的标准化，配套音乐理论、教学实践和音乐欣赏课程，给予学员全面的艺术修养；实施员工股权激励方案，使核心人才与企业共同成长壮大，合作共赢；重磅升级秦川乐器旗舰店，以钢琴为支点，普及音乐文化，打造集展示、交流、学习、演艺为一体的多功能艺术圣地，为河北省音乐文化事业的繁荣，增添有力一笔。同时，与施坦威钢琴集团强强联合，建成河北省首家、最具规模的施坦威钢琴旗舰店，提升品牌地区影响力。秦川乐器以内外兼修之姿，用优质的服务输出，让音乐艺术真正做到擢升大众生活品质。

除此之外，秦川乐器积极拥抱互联网大数据，利用“鲸果”互联八通的强大管理信息系统，为乐器销售、艺术教育提供全面管理数据化解决方案，将人力资源的应用最大化；在OMO线上线下双结合授课模式上投入人力和财力成本进行重点研发。

艰难方显勇毅，磨砺始得玉成。2021年开端，河北地区又迎来一轮严峻的疫情考验，线下再次停摆。但我们秦川人自信自强、充满韧性，必将再一次取得战疫的胜利。春暖花开之时，就是秦川乐器与行业同仁朋友、广大爱乐人欢聚的时刻，我们翘首以盼！

# 抗疫维稳　自主创新　构建互联双师云课堂

**程建铜**

**（中国乐器协会副理事长、罗兰数字音乐教育集团董事长）**

进入2020年以来，一场突如其来的新冠疫情席卷全球，对全世界的宏观经济及各大行业均产生了较大冲击，乐器制造业也陷入发展滞缓困境。2020年正值罗兰数字音乐教育成立十周年，面对新冠肺炎疫情对经营带来的影响，罗兰数字音乐教育逆势而上，做到抗疫情、稳经营两不误，在确保员工生命健康的同时，集团及校区上下同心、共同努力，取得了不少阶段性成果。

疫情防控期间，罗兰数字音乐教育积极响应国家停课不停学号召，通过努力践行“变、干、实”的工作总要求，深挖内潜、变革创新，开展了“罗兰线上双师课堂”。罗兰名师线上直播授课，同时班级群内有专业教学老师在线答疑、指导，内容涵盖“鼓、吉他、钢琴、音基”等各项科目，解决孩子在家中“学”和“练”所遇到的所有难点与要点，平均单课程浏览量超22万人次，总观看量远超千万人次，大受学员及家长好评，社会各界反响强烈。除此之外，为了感谢每一个“留家中，勤练习”的学员，罗兰数字音乐教育推出“罗兰家庭端线上挑战赛”活动，利用罗兰家庭端平台特有优势，让线上赛制更加精彩，激发孩子练习音乐的积极性与趣味性。同时，凭借线上课程的超强口碑，以及企业强大的品牌效应，罗兰数字音乐教育以及猿辅导等知名机构得到河南省教育厅的高度认可，并以基本乐科考级课程入驻大象辅导平台，提升品牌影响力。特别值得一提的是，在疫情期间，《人民日报》对罗兰数字音乐教育进行了专访报道，以公正的视角和行业高度向全社会、全国人民展示了罗兰数字音乐教育在“线上云课堂”多个教学领域的成就和地位。另外，中国乐器协会第八次会员代表大会暨八届一次理事会议顺利召开，北京罗兰盛世音乐教育科技有限公司因2019年度的出色表现，获得2019年度中国乐器行业50强。能够获得行业内部的信赖，是大家对于罗兰数字音乐教育品牌的认可。同时，这些荣誉也极大鼓舞激励了我们不忘初心，继续奋斗，再创辉煌的信心和干劲。

自主核心技术是企业生命力的保障，2020年，罗兰数字音乐教育围绕增品种、提品质、创品牌的重点工作，潜心研发专业乐器产品，用科技创新来拉动产品升级、品牌升级和质量服务升级。在2020年上海国际乐器展览会上，RDEC专为罗兰数字音乐教育系统设计的专业型电鼓DR-50，经专家评委会评选，荣获2020Music China全球业界新品首发活动入围新品奖。以创新之力研发的专业乐器产品将为更多音乐学习者带来先进的现代数字音乐学习体验。

十年经验的累积、文化底蕴的沉淀、创新技术的优势，造就了罗兰数字音乐教育在此次战“疫”中临危不乱，从容应对。十年磨一剑，从创新引领到厚积薄发，在收获众多认可的同时，罗兰已经进入跨越式、高质量的发展阶段。未来，罗兰也将继续发挥品牌优势，不断提升、不断创新，为中国乐器行业发展添砖加瓦！

# 以商养学　以学促商　于变局中开新局


## 刘为明

### （中国乐器协会琴行分会副会长兼秘书长、钢琴调律师分会副会长、浙江天目琴行有限公司董事长）


岁首牛哞，日新月异。音乐点亮梦想，激情创造辉煌。2020年，在新冠病毒疫情的影响下，全球陷入了前所未见的巨大危机之中。回首这段不平凡的时光，天目琴行迎难而上、主动作为、精准施策，全力以赴稳增长、谋发展。

2020年，凭借优秀的品牌影响力，天目琴行先后荣获“抗疫先锋单位”“中国乐器行业50强”“中国乐器协会第八届理事会常务理事单位”“中国乐器行业先进集体单位”“2020年度杭州最具品质体验点”、2020年“珠江·恺撒堡”全国老年钢琴大赛优秀组织单位、“拱墅区爱心捐助企业”等荣誉称号。

2020年，自疫情爆发以来，天目琴行充分履行社会责任，发挥优势，服务大局，积极防疫防控，全力做好乐器售前售后服务保障。为保障广大客户利益，积极提供定期维保期限延长服务；与厂家联合推出免费调律服务升级活动，致敬抗疫一线人员；并为艺考生们免费提供录制场地及原装进口三角钢琴，暖心助力“疫”考。

一座城市的音乐现象，是历史文明和传统的延续。在杭城孕育而生的天目琴行，风雨同舟近30年，早已把乐符洒向街巷，让杭城更为灵动。企业始终秉承着“以商养学、以学促商、以赏兴业”的经营理念，不遗余力地促进杭城音乐教育事业的发展。2020年，天目琴行积极开拓布局，努力让更多专业的据点生长，天目琴行分店珠江钢琴专卖店在杭州市滨江区盛大启航！2020年，天目琴行推出的长期音乐公益活动项目“天目乐器博物馆”，与市民零距离互动，备受广大音乐爱好者好评。在疫情防控常态化中，天目琴行也一直致力于音乐文化事业的推广，积极开展普及音乐艺术活动。“6·21国际乐器演奏日”，积极组织业内活动，跨界融合，团结琴行，培训机构等从事音乐或音乐教育的人士，促进全民乐器演奏和音乐文化普及。上海国际乐器展，天目琴行每年积极响应助力参与，在2020年10月上海国际乐器展中，董事长刘为明先生受邀出席乐器展的NAMA CMIA行业论坛，引领业界人士在变局当中寻求新机，为后疫情乐器行业的发展提供了新思路。2020年，企业线下成功举办“2020年第三届全国钢琴调律师职业技能竞赛初赛（浙江）赛区比赛”“2020年珠江·恺撒堡全国老年钢琴大赛杭州初赛”等重大赛事活动；线上成功召开“中国乐器协会琴行分会2020年会暨第三届换届大会”“浙江省音乐家协会钢琴调律分会理事扩大会议”等重大会议；郎朗首次在千年石窟演奏，天目琴行提供钢琴助力“琴韵朗音”郎朗专场音乐会完美呈现；同时，天目琴行积极开展“音乐惠民”系列公益演出活动走进社区，让音乐真正走入社区，走入人心，丰富社区居民文化生活，培养社区居民艺术审美情趣，助推地区精神文明建设新发展。

组建的校室内乐团积极参加各类弦乐交流活动，进一步促进了中外音乐文化事业的交流与传播。深耕乐器行业近三十载，企业一直热衷于慈善事业，现已回报社会数千万元。2020年，天目琴行不忘初心，积极履行社会责任，助力爱心“墅”慈善信托项目，为杭州拱墅区养老慈善事业发展贡献力量。

新的征程已经展开，天目琴行将继续努力，“在危机中育新机、于变局中开新局”，用赤诚的火焰在行业高质量发展的征程中砥砺前行，为扩大音乐人口、为实现“音乐成为生活的刚需、乐器成为家庭的标配”目标不懈努力！

# 智能智造　产品升级
# 推动线上线下双轨运营机制

**张　敏**

**（中国乐器协会口琴专业委员会副会长、江苏奇美乐器有限公司总经理）**

2020年，对全球来说都注定是一个不平凡的一年，突如其来的新冠疫情和复杂多变的国际形势，各行各业都陷入了非正常状态。奇美公司在中国乐器协会正确指导下、在当地党委和政府的大力支持下，积极采取有效措施，边防控、边复工，按照“一防、二保、三稳定”的工作思路，把“防疫情、保市场、保生产、稳定员工收入、稳定企业效益、稳定企业发展”统筹规划、同步实施。第一季度虽然受疫情防控工作量大，对生产有所影响，但二季度迅速恢复了正常生产，三、四季度通过全体员工的共同努力，2020年圆满的实现了内、外贸销售同比稳步微增的好成绩。

2020年，我们更注重线上市场的发展，通过淘宝、天猫、京东、拼多多及抖音和快手平台的合作，使奇美品牌传播速度更快，销售途径更广，牢牢确定奇美品牌的市场影响力，奇美竖笛、口琴、口风琴线上市场占有率名列前茅，保障全年市场的稳定增长。不仅如此，我们在确保了国外所有外贸订单的正常生产和按时交货的同时，在国内市场疫情防控比较好的省市积极举办奇美竖笛、口琴、口风琴培训班，培训音乐教师近万人，既推广宣传了品牌，又为乐器进课堂师资教学提供了保证，并且是公益性培训，体现了公司的社会责任和担当，使奇美牌系列产品成为我国中小学生课堂乐器的首选产品，奇美品牌深入人心。

虽然受新冠疫情防控对生产和各方面的影响，但奇美公司始终把企业高质量发展作为企业发展的主要方向，依托产品创新，质量创新，管理创新，智能智造，自动化设备改造升级，促使公司加快了产品进步的脚步，大大提高了产品质量，增强了产品在国内外市场的竞争力，2020年的技改投入比2019年增长了10%以上。

我们对知识产权的工作也高度重视，2020年度先后申报并通过了九项专利，其中大部分专利产品是销往德国的产品，目前德国、日本及欧洲其他国家中小学生开始普及奇美公司生产的具有自主知识产权的木质竖笛系列乐器产品，公司既高度重视国内品牌市场，也兼顾欧美和日本等发达国家市场的需求，确保国内及外贸市场兼顾，互相补充，为公司稳步提升及发展创造条件。

2020年是江苏奇美乐器有限公司发展史上不平凡的一年，也是收获满满的一年，企业先后被中宣部、文化部、商务部、财务部、新闻出版广电总局五部委联合授予国家文化出口重点企业，中国乐器行业50强、行业科技创新活动组织奖、行业科技之星、行业科技进步提名奖、泰州市十佳劳动关系和谐企业等多项荣誉，取得了在竖笛、口琴、口风琴行业开票销售第一的佳绩。

展望2021年，我们信心满怀，我们坚信在中国乐器协会和当地党委和政府的领导下，奇美公司各方面工作围绕高质量发展为主线，注重线下线上市场培育，注重内贸市场为主和外贸市场补充，加大创新和技改的投入，我们坚信2021年奇美公司一定会再创新的辉煌！

# 苦练内功　创新机遇　做世界一流的口琴

孔文忠

（中国乐器协会口琴专业委员会秘书长、江苏东方乐器有限公司董事长）

在2020年初爆发的新冠疫情面前，东方乐器敏锐抓住“危机”当中的机遇。口琴的心脏-音簧、半音阶口琴膜片等关键零部件虽经连续多年攻关，但未有质的突破。在生产速度放慢的情况下，我司果断成立音簧和口琴膜片攻关小组。攻关小组成员不再参与一线生产，专项进行音簧与口琴膜片的技术攻关。经过上万次分析和试验，9月份，音簧新材料和加工工艺这个全行业的难题终于被攻关成功；11月份，半音阶口琴膜片攻关组宣告全面突破口琴膜片加工瓶颈，促成半音阶口琴质量真正做到与国际接轨，完全可以媲美进口琴。

创新是企业的命脉，为了产品更贴近西方国家用户，2020年东方乐器在美国、德国、英国分别聘请专业人士成立的专家组对高档产品的设计进行全面更新和提档升级，产品于11月投放国际市场，让欧美口琴家大为惊讶，认为新产品已经不输给发达国家的产品。

文化产品不能缺少文化内涵，东方乐器在多年前就意识到员工和口琴的对话是公司发展的短板，但公司的生产一直以来都非常紧张，没有办法让员工脱产学习口琴演奏。2020年在生产速度放慢的机会面前，东方乐器安排了由管理层和一线员工近50人的口琴学习班，并组建了30余人的口琴乐团，由国内知名口琴专家进行强化辅导，每天训练1.5小时，推出各种激励机制，提高学员积极性，星光不负赶路人，口琴乐团8月份在我公司举办的中国大众音乐协会口琴专业委员会理事大会上初次亮相就受到全国口琴家的一致好评。并多次受到当地政府邀请参加各种大型活动演出。同样，一线员工由于熟练掌握口琴演奏技巧，对产品性能的提升有了更加充分的保障！

让人们了解口琴，让口琴人了解历史！2020年8月，东方乐器梦想成真，建成全世界规模最大、藏品最多、资料最丰富的口琴博物馆。东方口琴博物馆充分发挥了文化载体作用，为全世界琴友和广大乐迷深度了解口琴的沿革变迁、保护传承口琴文化提供学习和交流的平台。同时也将为推动地方文明实践、打造优质文化品牌、开展对外文化交流起到积极推动作用。

一分付出一分收获！在“危机”面前，在当地几乎所有人都转型生产防疫物资超乎想象的利润诱惑面前，东方乐器人坚守初心，苦练“内功”。东方乐器自6月份起就进入满负荷生产模式，到10月止，已完成了2019年全年经营业绩。

做世界一流的口琴、做百年乐器品牌！新的一年，东方乐器将加强口琴文化的发展，口琴教师的培训、口琴考级的落地、中国口琴夏令营基地的成立。雄关漫道真如铁，而今迈步从头越，东方乐器将继续逐梦前行。

# 品牌创新　品质升级　创造有色彩的钢琴声音

张绪斌

（中国乐器协会理事、烟台金斯波格钢琴有限公司总经理）

回顾2020年，新冠疫情突袭全球，打乱了人们的正常生活，企业生产经营受阻。在中国乐器协会的引导及合作伙伴的共同努力下、抗击疫情，恢复生产。以强化管理、技术创新、加强质量控制、品牌推广、拓展市场、调整产品结构、节能降耗等措施，应对当前整体经济低迷等复杂多变的市场环境，取得了可喜的佳绩，连续荣获“中国乐器五十强企业”称号。

过去的一年对于金斯波格钢琴来说是极具挑战的一年。在企业管理上，我们提出向管理要效益，开展节能降耗、清洁生产等措施，顺利完成公司新旧动能的转换；在人才培养上，我们始终秉承“以人为本”的企业文化理念，招纳高水平人员，不断加强人才的培养；在设备引进上，配备全套键盘、击弦机、音源数控加工设备，半成品生产过程采用恒温恒湿设备，有效的保证了产品的精确性和高质量的产品品质要求；在产品上创新了高端精品“克劳斯·芬纳”系列产品结构，并研发出KINGSBURG.KF126高档精品立式琴及KLAUS.FENNER品牌的K280大型演奏型三角琴产品，在中国（上海）国际乐器展览会组委会举办的2020Music China全球业界新品首发活动中，荣获“入围新品”。年内获新型实用专利3项、外观专利2项。

为实现企业产品结构的转型升级，我公司将产品进行合理分级，创新推出KS、KH、KW系列产品，以K系列精品钢琴为制造目标，用先进的技术结合传统工艺，采用数控化、自动化的最新设备，结合传统的德国工艺，传承德国钢琴设计大师的设计精髓，有效提高产品制造工艺精度，学习施坦威百年钢琴制造经验，保留高技能人才手工工艺技术，如手工弦槌整音、击弦机零件手工组装、坚持传统自然干燥的色木陈木选材工艺等；同时生产高档系列钢琴，满足各阶层的学习、演奏需要，丰富产品品种。

2020年对于金斯波格来说也是钢琴质量、品牌飞跃发展的一年。产品质量较以往有了很大提升，在上海乐器展上更是受到专家、钢琴演奏家、国际国内知名钢琴企业的认可和赞许。在品牌宣传方面，2020年举办了第二届金斯波格青少年钢琴线上比赛，取得优异的市场效果。同时我们积极与国内外多所知名院校合作，组织钢琴比赛、音乐会、艺术沙龙等多种宣传活动，拓展了乐器消费群体和潜在需求。

2021年正值乐器行业进入“十四五” 高质量发展轨道，乐器产业迎战创新“品牌年”。新的一年昭示着新的希望，挑战与机遇并存。当前，新冠肺炎疫情防控工作又进入关键时期，在继续做好科学防控的同时，有序做好企业经营生产工作。让我们携起手来，积极进取，金斯波格继续秉承“质量求生存、诚信待客户”的经营理念，以更加饱满的热情、更加科学的理念、更加务实的态度，继续谱写金斯波格发展的新篇章，继续创新当代金斯波格“有色彩的音色”钢琴品牌。

# 跑赢市场　逆势增长　创造有情怀的钢琴品牌

**陈莲琴**

**（中国乐器协会理事、杭州嘉德威钢琴有限公司总经理）**

回首2020年，是嘉德威钢琴不断创新的一年，公司在特殊时期依旧保持着业绩稳步增长，也找到了许多新的突破口。公司加大品牌宣传力度，同时更加重视网络平台广告投放，百度推广以及抖音、今日头条、快手、直播等年轻人关注的新媒体，倾情赞助网红剧，各类音乐会等。2020年嘉德威的重头戏当属新品发布秀，发布会尽显格调与梦幻品位，惊艳全场。创意举措助力嘉德威品牌钢琴跑赢市场，呈现逆势增长的好态势。

过去的一年，疫情影响各行各业。嘉德威钢琴从初期的积极抗疫、远程办公，再到之后的逐步复工，一直在用自己的力量为战疫发光发热。嘉德威钢琴在这特殊时期逆风前行，找到了新的方向，在逐渐复工复产之后，销量也有了明显的提升，在收获的同时不忘初心，为消费者们提供更优质的服务。

嘉德威钢琴的每一款钢琴都蕴含着丰富的情感，

特殊的意义。嘉德威钢琴新款世界名画系列——日出印象、世界名画系列——睡莲1：1还原至钢琴上，将名画的色彩、光与影完美结合呈现；小天使经典复刻钢琴，是嘉德威采用洛可可风格的创意之作；嘉德威海德堡钢琴采用珠光镭射精雕铸造技术，独特的堡浮雕式设计，彰显其精湛工艺；同时，孔雀女王钢琴、天鹅之恋钢琴、国泰郁金香钢琴等，拥有浓厚主题设计思想，在体现嘉德威钢琴特色的同时，又满足了消费者对高端奢华钢琴的追求。

众所周知，嘉德威的定位是世界高端钢琴领袖品牌，是《钢琴》国家标准制定单位以及《钢琴弦轴板》国家标准制定单位。我们的优势是有一流的美学视觉，有国际性的时尚设计，有最大牌的跨界资源，在行业内一直是创意领先者，理念先行者。从最早的概念钢琴，水立方、海豚公主，到后来的孔雀公主、天鹅之恋、伊丽莎白、海德堡以及2020年的新品世界名画——睡莲、世界名画——日出印象等，一直引领着潮流。嘉德威钢琴作为世界高端钢琴领袖品牌，一直以前沿的设计，高端的技术而被消费者认可，这说明嘉德威的设计是标杆的，嘉德威的产品是卓越的。

嘉德威钢琴一直致力于品牌文化的输出，让嘉德威钢琴成为高端钢琴的时尚潮流引领者。针对消费者，嘉德威钢琴一直倡导人文情怀，为消费者提供舒适美好、高品质的购琴体验。嘉德威钢琴是有理想的、有人文情怀的、有温度的、有品位的、精致的、创新的钢琴品牌。嘉德威钢琴的愿景是以音乐启迪人类智慧，核心价值观是诚实正直、求实创新！嘉德威所有产品都会有浓浓的品牌印记，独特的文化印记恰恰是钢琴行业所没有的。这些愿景，核心价值观以及嘉德威钢琴品牌精神都足以成就我们的目标。

嘉德威钢琴始终围绕用户需求为导向，在如今数字化经济的大背景下，更是利用智能化大数据等方式分析客户需求，不断完善钢琴的技术与品质，将嘉德威的专注与温情带给每一位热爱音乐的人！

2021年，嘉德威钢琴将以崭新的方式，全新的思维，坚守新时代，实现新突破，以领先技术、完美质量和优质服务，不断满足广大消费者对美好音乐的向往。

# 老品牌　新理念　浙沪产业资源强强联合

**金文英**

**（上海施特劳斯钢琴有限公司董事长）**

2020年是全新的施特劳斯有限公司成立的第一年，也是老字号钢琴品牌开启品牌重塑、结构升级、复兴发展的创新年。企业全年达成品牌年轻化、产品系列化、工艺现代化、生产规范化的战略目标。

上半年，施特劳斯研发团队倾心打造3大系列25台新品钢琴，实现从入门教学琴到高端演奏琴的全覆盖。在上海国际乐器展上，“施特劳斯125周年纪念款”钢琴以及全新推出的“上海牌”钢琴大放异彩。产品吸引多家媒体争相报道，各地订单纷至沓来。经过一年的布局，施特劳斯品牌专卖店、店中店的数量总计达到了80余家，施特劳斯与众多合作伙伴达成战略协议。

施特劳斯钢琴品牌作为长三角一体化区域合作典范，2019年9月，经由沪浙两地政府部门牵线搭桥，施特劳斯与浙江乐韵联合成立上海施特劳斯钢琴有限公司，负责百年老字号的重振。一年多来，新施特劳斯积极参与两地合作交流，向更多人展现了“上海品牌”与“浙江制造”强强联手的丰硕成果。作为沪浙两地唯一实现真正合资的企业，施特劳斯的成长得到了两地市政府领导的殷切关心和大力扶持，沪浙两地领导多次来到施特劳斯研发生产基地进行视察，并对施特劳斯创新基层社会治理的做法，以及盘活生态资源、实现生态价值转化等方面的做法及成效表示肯定。

2020年下半年，施特劳斯恢复钢琴出口业务，与俄罗斯、泰国、法国等多个国家签订出口协议，出口量占钢琴总生产量比例逐月提升。9月初，施特劳斯钢琴出口法国，《学习强国》《解放日报》《文汇报》《杭州日报》等主流媒体，“老字号”出口海外做了大篇幅报道，见证上海老字号品牌与浙江制造在长三角“跨省合资合营”的新成果；另一方面，通过公开、公平的招标，施特劳斯以卓越的品质，专业的服务和良好的品牌形象，在众多竞争品牌中脱颖而出，成功进入国内多家知名院校。2020年度，施特劳斯中标教学用琴数量接近千台。

在品牌文化建设方面，2020年施特劳斯参与了公益钢琴艺术活动“Play Me，I'm Yours”，举办了“施特劳斯125周年钢琴展”，以多种形式向普罗大众展示钢琴的魅力，成为了沪上文艺界的一次盛事。同时，作为民族品牌，施特劳斯助力第四届国际青少年音创未来人才计划、第六届花样少年全国青少年语言艺术展演、第三届中国博鳌艺术节暨优秀青少年艺术展演等活动，为培养中国新一代音乐艺术人才贡献了自己的力量。

2020年，施特劳斯钢琴不断提升企业技术创新能力和研发能力，重视知识产权的保护和成果转化，坚持通过科技创新提升管理水平。施特劳斯研发生产中心获得多项荣誉：通过ISO45001、ISO9001、ISO14001三体系认证，荣获“中国乐器行业50强”称号、荣获“品字标”和IQNet国际互认证书、荣获高新技术企业证书。公司将以此为契机，继续秉承技术为先的宗旨，强化科技成果转化能力，继续引进和培养高技术人才团队，提升企业核心竞争力。

今年，施特劳斯品牌迎来成立的第126年，时间砥砺信仰，岁月见证初心，我们将在新产业、新经济、新业态、新模式等方面积极开拓渠道、深挖资源，助推沪浙两地资源优势互补，促进经济提升，实现共赢发展。

随着两地的深入交流与合作，依托长三角一体化战略推动，施特劳斯必将不负众望、为老字号持续发展注入新动力，推动老字号缔造新传奇，打造国货精品，共筑新辉煌。

# 转危为机　逆势突围　推动钢琴文化传播云模式


## 方　阳

**（德国博兰斯勒集团中国区总裁）**


2020年，是疫情突袭钢琴行业，德国博兰斯勒钢琴每位员工辛勤耕耘、共克时艰的一年。疫情当下，博兰斯勒全体员工通过共同努力，化压力为动力，企业经济效益以及品牌影响力，取得了稳健提升。

2020年，疫情导致地面教育单元关停，更是音乐培训机构疫情突围、洗牌转型之年。为此，博兰斯勒基金会第一时间设立500万元“音爱坚守，致敬无悔逆行”医护人员专项基金，支持抗疫一线医护人员。在全国疫情经济阵痛恢复之际，博兰斯勒钢琴后疫情时期“闯关突围”，不断提升服务质量，大力推动高端钢琴产品的研发与推广，优化音乐文化产业布局，推动各业务版块协同发展，依托现有音乐文化产业基础，积极开展各类品牌活动，支持乐器行业重启复苏。面对疫情“黑天鹅”事件，博兰斯勒年中举办2020德国隆尼施经销商精英会、德国博兰斯勒年度风云盛典，为经销商梳理思路，树立信心，修炼内功，为疫情后的快速恢复做好充分的准备，转危为机，逆势突围。

2020年，德国博兰斯勒钢琴与音乐爱好者在抗疫道路上温暖相伴，用音乐传递爱的力量，有序提升品牌国际影响力，更让中外友人感受到中国音乐的文化底蕴。6月中旬，博兰斯勒联合中华文化促进会、中国华侨国际文化交流促进会成功举办《五洲同心·世界一家》24小时“云端”音乐会，为大众奉献一场场高端音乐盛典！来自全球五大洲的30多个国家的600多位艺术家集聚线上，其中搭载着博兰斯勒Worldplaying系统的博兰斯勒旗下霍普菲德“全球弹”WorldPlaying自动演奏钢琴上，通过5G网络连线，实现跨地域实时钢琴演奏，用音乐传递温暖和感动，为投身全球抗疫的逆行者送上祝福！与此同时，博兰斯勒钢琴助力第28届肖邦国际少年儿童钢琴比赛、2020“李斯特纪念奖”钢琴公开赛总决赛等重大赛事，推动音乐文化的发展，为音乐艺术事业献出绵薄之力。

在内地社会文化活动上，德国博兰斯勒钢琴及旗下品牌先后亮相中央电视台2020新年音乐会、第16届Charolais-Brionnais法国音乐节、第32届中国电视剧飞天奖、第26届电视文艺“星光奖”、2020国民音乐教育大会、庆祝贝多芬诞辰250周年——贝多芬之夜“乐读·贝多芬”音乐会等。德国博兰斯勒钢琴旗下品牌在各地定制中心、专卖店的相继开业，也让博兰斯勒品牌在疫情的大环境下逆行而上，不断提升品牌在国际钢琴市场的影响力。

2021年，“云模式”的革命浪潮正在迅速推进，也为我们带来更多的希望与新的机遇和挑战，德国博兰斯勒钢琴集团原有在中国的广州欧米勒钢琴基地、河北隆尼施钢琴基地、青岛欧米勒三角琴制造基地持续扩产扩销，创新发展，引领中国高端钢琴市场。企业将稳扎稳打，秉承匠心精神坚持制作各方面最顶级的钢琴，传承博兰斯勒5代人的专业专注精神，持之以恒，延续钢琴大师们最为钟爱的黄金音色，与众多音乐艺术家开启深度合作模式，延用全新的技术与互联网浪潮，开拓创新，跨越巅峰，立足顶级品牌，继续以专业的力量铸就核心能力，提升集团在国际钢琴市场的影响力及软实力！带领这个已有168年历史的家族企业走向全新的时代！

# 抗击疫情　公益直播　助力内地钢琴文化新发展


## 李炯国

## （赛乐尔三益乐器（上海）有限公司董事长）


刚刚过去的2020年，无论是对于世界、我们国家还是赛乐尔三益乐器来说，都是极不平凡的一年。新冠肺炎病毒肆虐，给全球的各行各业都带来了前所未有的严峻挑战。赛乐尔三益乐器也面临着一系列的严峻问题：线下一切活动受阻，乐器销售渠道也造成了明显影响等等。在这样一个特殊的环境之下，赛乐尔三益乐器各级领导迎难而上，与各地经销商以及合作老师们积极搭建线上教育教学平台，开展一系列“钢琴名家公益直播课”、官方抖音直播课、官方微博视频、图片有奖征集赛以及“首届赛乐尔·三益钢琴公益大赛”等活动。同时，在其他各项工作中也创造了不少新的成绩，例如：赛乐尔132“B”KONZERT钢琴在众多参展的钢琴中脱颖而出，于“2020MusicChina全球业界新品首发活动”中获得了“入围新品”奖；SAMICK41寸民谣吉他—D-310在人民优选直播大赛上海奉贤区中被评选为入选产品；赛乐尔（荣获德国ZDH-ZERT认证钢琴的赛乐尔126IMPULS、赛乐尔钢琴170周年纪念款系列产品—GS126Z-EBHP、专为儿童定制款研发的钢琴—赛乐尔A102D-EBHP）、三益（SK122QFDRWAHP、WSU131ME-RWAHP）等系列钢琴新品限量上市；一家又一家的琴行新店开业等等。这与公司员工以及社会各界朋友的付出、支持密不可分，与我们顽强拼搏、逆势前行、勇于创新息息相关。

时光不老，华章日新。蓄势待发的2021年已经启程，赛乐尔三益乐器也将重新开始，打造乐器行业新纪元。在这新的一年里，赛乐尔三益乐器将继续采用欧美先进设计理念，将现代技术与传统工艺不断融入其中，加大环保、自主创新能力，提升产品性能与品质，树立乐器制造高品质企业形象，从而打造更多具有国际化水准的高品质产品；加大与音乐教育、文艺公益事业单位和音乐院校等相关方面的交流合作力度，积极寻求更多的支持与互动。

同时，我们也承诺赛乐尔三益乐器旗下的产品无论是在中国、还是欧洲、美国等地，所有型号、配置全部保持一致，不存在区域化对待的不平等现象，从而让更多热爱钢琴的人对赛乐尔三益乐器的品牌充满信心。

2021年，赛乐尔三益乐器不仅会迎来第四届“言子杯”赛乐尔·三益青少年钢琴大赛，还将继续邀请国内著名钢琴家在各地举办第10季赛乐尔三益之音巡回音乐会及大师班、赛乐尔 · 三益之音巡回讲座、师资培训等线下音乐系列活动；同时也将举办更多的线上活动，为爱好音乐的朋友们打造出更多的音乐学习交流平台，积极推广音乐文化，培育音乐人才，砥砺前行，去争取更多的进步与动力。

这么多年以来，赛乐尔三益乐器始终坚持务实诚信、与时俱进的态度，我们依靠积极正确的价值观和专业的服务精神，赢得了客户以及市场的认可和赞扬。2020年实“鼠”不易，相信在我们的共同努力之下，新的一年定能“牛”转乾坤！

# 着眼未来　前瞻布局　打造施坦威钢琴艺术之家

位　炜

（施坦威钢琴亚太区副总裁及中国区总裁）

2020年是施坦威继续深耕中国市场的一年。12月17日，“施坦威之家西安”在十三朝古都西安正式落地。作为继北京、上海之后，施坦威在中国开拓的第三个关键城市，标志着施坦威在持续深耕中国市场、拓展西北业务版图方面又迈出了重要一步。

“施坦威之家西安”是目前施坦威在中国西北地区布局的第一家官方旗舰店。之所以选择西安，是因为西安自古以来就是历史文化名城，有着深厚的历史文化与艺术底蕴。而且西安教育实力雄厚，高等院校众多，有音乐艺术氛围。同时，随着以西安为代表的西北地区经济的迅速发展，人们对精神文化生活的追求与需求也在日益增多。

“施坦威之家”是集展示、销售、品牌宣传、音乐体验等多种功能于一体的综合性门店，是施坦威的一面旗帜，设立初衷是提升客户体验度，让客户对施坦威的历史、文化、品牌精髓、倡导的生活方式等形成全方位的认知，令施坦威品牌在深度、独特的体验中更加深入人心。同时，也希望旗舰店能融入成为当地的一个文化地标，为当地音乐文化生活增添光彩。

诚然，最关键的是施坦威着眼于未来，注重的是前瞻性的布局。因为品牌建设并非一朝一夕之功，需要持之以恒的打造，也需要长期的品牌推广、宣传和体验。因此，“施坦威之家西安”的成立，也彰显了施坦威持续耕耘中国市场、开拓西北业务版图的决心和信心。

我们以西安作为施坦威拓展中国西北市场的“先手棋”阵地，关键是要着眼于未来，注重的是前瞻性布局，这是施坦威在中国长期的品牌建设和持续的形象推广不可或缺的一部分。

此外，施坦威在产品方面也不断创新，2015年SPIRIO新悦高解析度自动演奏钢琴和2019年SPIRIO | r钢琴演奏及录音版的推出，一经上市，便受到市场追捧，而这一表现在中国市场尤为突出。

SPIRIO新悦钢琴的推出，是施坦威历史上最重要的、最具革命性的产品创新，不仅解决了钢琴领域的痛点问题，也开创了业界先河，实现了艺术性、传统钢琴制造技艺和现代高科技的完美结合，能百分百还原艺术家现场演奏的效果。目前，这款钢琴已经可以重现郎朗、王羽佳等当今著名钢琴家，以及霍洛维茨、鲁宾斯坦等已逝去的不朽大师的现场演奏。而且，这款钢琴仍在继续探索新的可能性，它可以改变传统的音乐生活方式与学习方式，不仅让听众足不出户体验钢琴大师的现场演奏效果，还为琴童学习和教师教学提供更多便利，实现钢琴教学形式的多样化。

## 年度评选

中乐协〔2020〕24号

# 关于继续在上海乐器展期间开展2020全球业界新品首发活动的通知

各会员单位及相关单位：

为进一步地推动中国乐器行业科技创新工作，落实《乐器行业技术路线图》，促进行业科技创新与科技进步，由中国乐器协会、上海国展展览中心有限公司、法兰克福展览（香港）有限公司共同主办的2019中国（上海）国际乐器展览会，推出了全球业界新品首发平台。经展会组委会精心策划、积极发动、参展商自愿申请、专家评审、社会公示等程序，在62件入围新产品中推选出20件年度首发新品，并举行了全球业界新品首发仪式。使全球业界新品首发平台，成为上海乐器展的又一个热点和亮点，不仅强化科技创新在乐器行业发展中的地位和作用，还提升了上海乐器展在国际同行业展会中的科技水平。

2020年，突发的新冠肺炎疫情，使乐器行业经受了前所未有的挑战。随着各地疫情防控形势持续向好，加快行业复苏成为现阶段全行业的共同目标。2020年上海乐器展期间，主办方将继续开展2020全球业界新品首发系列活动。现将有关事项通知如下：

### 一、申报要求

符合下列申报要求的企业，提交此次新品首发活动申请表，并附相关材料（包括但不限于：产品图片、产品音/视频、专利证书、知识产权相关认证、产品测评报告等）。

1. 参选企业为2020年上海国际乐器展参展商。
2. 参选产品未在国内外同类展会或其他平台发布，在2020年上海乐器展为首发。
3. 参选产品研发或上市时间须在2019年1月1日之后。
4. 参选产品已获得知识产权相关认证。

### 二、时间安排

1. 申报时间：2020年9月9日前，新品征集
2. 筛选入围新品：2020年9月10—13日
3. 评选、测评：2020年9月14—24日
4. 名单公布：2020年10月15日
5. 授牌：2020年10月28日
6. 现场发布、企业专访及现场展示：2020年10月28—29日

7. 现场展示：2020年10月28—31日

## 三、奖项设置

Music China入围新品（若干）、Music China首发新品（20个）

## 四、专家评委

邀请行业专家、音乐教育家、演奏家、专业媒体等各类专业人士，组成专家评审委员会。

## 五、申报截止时间和要求

请各参展企业在2020年9月9日前，扫描下方二维码或到上海乐器展官网“下载中心”获取《2020全球业界新品首发活动申请表》，将申报材料统一报送至展会组委会。

联系方式
中国乐器协会
联系人：高　萍
电话：010—67665718

上海国展展览中心有限公司
联系人：周扬帆　戎晓娴
电话：021—62952051
邮箱：zhouyangfan@shanghai-intex.com

中国乐器协会
2020年7月13日

**附件1**

# 2020全球业界新品首发活动最佳新品名单

（以下所有产品按展位号排序）

1. 施坦威钢琴亚太有限公司
施坦威钢琴皇冠珠宝20周年系列钢琴
2. 激声博韵（上海）乐器贸易有限公司
Inspired by Gibson Masterbilt J-200
3. 海伦钢琴股份有限公司
海伦A126钢琴
4. 广州珠江恺撒堡钢琴有限公司
恺撒堡KX2T立式钢琴
5. 广州珠江艾茉森数码乐器股份有限公司
AMASON S3电钢琴
6. 北京中加海资曼钢琴有限公司
海资曼立式钢琴/H-123JJ
7. 宜昌金宝乐器制造有限公司
Louis Quinze Royale路易十五皇家风钢琴
8. 柏斯琴行（中国）有限公司
长江TCH-9X钢琴
9. 河合贸易（上海）有限公司
KAWAI CA99数码钢琴
10. 江阴金杯安琪乐器有限公司
格兰德牌坤式手风琴/JH1812HC41K120BS11/6/1
11. 江苏东方乐器有限公司
EASTTOP半音阶口琴
12. 江苏奇美乐器有限公司
奇美黑霸王复音口琴
13. 扬州民族乐器研制厂有限公司
龙凤古琴GQ-9005
14. 扬州金韵乐器御工坊有限公司
金韵电筝
15. 乐海乐器有限公司
海之尊系列钧和二胡
16. 香港筝炫有限公司
炫光古筝
17. 上海民族乐器一厂
敦煌牌玫瑰檀木“美好生活”古筝
18. 苏州民族乐器一厂有限公司
虎丘牌五福竹音箜篌
19. 天津市津宝乐器有限公司
津宝JBTD-0529型定音鼓
20. 广东红棉乐器股份有限公司
红棉CFD2 TBK吉他
21. 吟飞科技（江苏）有限公司
吟飞电子鼓EFNOTE 5
22. 卡西欧（中国）贸易有限公司
CASIO CT-S200联名款电子琴
23. 美得理电子（深圳）有限公司
美得理A2000电子琴
24. 北京中音中音科技有限公司
CME WIDI Master
25. 深圳市蔚科电子科技开发有限公司
NUX MG-300数字综合效果器
26. 布菲（北京）乐器技术服务有限公司
布菲单簧管：LIMITÉ/利米特

附件2

# 2020全球业界新品首发活动入围产品名单

（以下所有产品按展位号排序）

1. 德国博兰斯勒钢琴集团
LISZT 210（李斯特210周年纪念版）
2. 广州维洛克钢琴有限公司
HandyBoard1.0便携乐器练习板
3. 激声博韵（上海）乐器贸易有限公司
BP X6 K-CHY立式钢琴
4. 湖南卡罗德音乐集团有限公司
卡罗德钢琴SA6-S（Italy）
5. 赛乐尔三益乐器（上海）有限公司
132“B”KONZERT钢琴
6. 嘉兴温克尔曼乐器股份有限公司
温克尔曼UP125D钢琴
7. 广州珠江恺撒堡钢琴有限公司
恺撒堡KA3TX立式钢琴
8. 广州AMASON数码乐器股份有限公司
AMASON GE-70电钢琴
9. 广州珠江艾茉森数码乐器股份有限公司
AMASON F-13S电钢琴
10. 烟台金斯波格钢琴有限责任公司
金斯波格K280三角钢琴
11. 烟台金斯波格钢琴有限责任公司
金斯波格立式钢琴KF126-2
12. 杭州卡米莉娅琴业有限公司
达系列“王冠”D-1钢琴
13. 柏斯琴行（中国）有限公司
KAWAI KS-A90钢琴
14. 赞凯尔松钢琴河北有限公司
爱克尔德AKORD A130R1立式钢琴
15. 上海艺莱钢琴有限公司
APOLLO T-A6钢琴
16. 蕉乐教育科技（上海）有限公司
蕉乐投琴仪
17. 广州文石信息科技有限公司
Pagebox电子阅谱平板（MAX）
18. 北京罗兰盛世音乐教育科技有限公司
RDEC DR-50电鼓
19. 北京乐界乐科技有限公司
音卓尔智能乐伴TS系列
20. 江苏东方乐器有限公司
EASTTOP 10孔布鲁斯口琴
21. 深圳市伊诺乐器有限公司
精鸿节拍器EJ-M1
22. 深圳市伊诺乐器有限公司
精鸿音箱EJ-A1
23. 杭州点音教育科技有限公司
智乐鼓智能卡林巴
24. 北京易智生教育科技有限公司
易古筝智能陪练App
25. 天津华韵乐器有限公司
罗尼96贝司巴扬传统低音/Emily 96
26. 江苏凤灵乐器集团
凤灵立音板双音箱弦鸣乐器——贝拉琴
27. 扬州民族乐器研制厂有限公司
蛇纹木挖面特级演奏筝S21-163 8905
28. 扬州民族乐器研制厂有限公司
瘿瘤纹黄金檀双弧双箱特级演奏筝S21-163 8903
29. 乐海乐器有限公司
“紫云君”琵琶HZ917-AA
30. 扬州市思美民族乐器厂
思美古筝S163-21
31. 采乐筝琴有限公司
台湾采乐筝·问山/WSA-10
32. 河南中州民族乐器有限公司
中州G900玉玲珑古筝
33. 苏州民族乐器一厂有限公司
虎丘牌暗香疏影二胡
34. 苏州民族乐器一厂有限公司
虎丘牌金声玉振琵琶

35. 兰考焦桐乐器股份有限公司
焦桐朝颜/S-SC1581古筝
36. 兰考焦桐乐器股份有限公司
焦桐/S-SC2381古筝
37. 天津市津宝乐器有限公司
津宝降B调太阳号/JBSH-190
38. 天津市津宝乐器有限公司
津宝巴松JBBAS-710
39. 河北金音乐器集团有限公司
Rbythyn S7吉他
40. 广州市定邦实业有限公司
乘风破浪LSJC3X吉他
41. 湖南瑞声乐器制造有限公司
曙光之翼/DA37C DA37T
42. 广东红棉乐器股份有限公司
红棉CFD1吉他
43. 德国易事爱音频技术有限公司
ESI易事爱USB3.1专业音频接口/ESI UGM192
44. 卡西欧（中国）贸易有限公司
CASIO PX-S1000联名款电钢琴
45. 美得理电子（深圳）有限公司
美得理魔鲨MZ528电子鼓
46. 长沙幻音电子科技有限公司
Hotone Ampero Stomp效果器
47. 广州市笛美音响设备有限公司
Midiplus Foldable Piano 88电子钢琴
48. 沃拿吉他（珠海）设计有限公司
VOLA OZ 7 QGM J1 & Vasti 7 PDM J1
49. 深圳市蔚科电子科技开发有限公司
NUX NPK-1便携式数码钢琴
50. 扬州天韵琴筝有限公司
润韵黄花梨嵌螺彩绘工艺筝——前山石坊
51. 临沂宗沛斋工贸有限公司
沂蒙泥哨中音C三管陶笛
52. 昌乐县雅特乐器股份有限公司
雅特E-C.P10电吉他
53. 昌乐县雅特乐器股份有限公司
雅特探索者一号电吉他

中乐协〔2020〕60号

# 表彰决定

2020年，中国乐器协会在中国轻工业联合会党委领导下，积极组织和推荐会员企业申报中国轻工业联合会科学技术奖、2020年度《升级和创新消费品指南（轻工第七批）》、中国轻工业工程技术研究中心、第二届轻工大国工匠、2020年度轻工企业管理现代化创新成果等。会员企业积极申报并荣获相关奖项，协会决定予以表彰。同时，对2020年度在科技创新活动组织、新品首发以及近五年以来专利申报等方面取得优异成绩的单位，也予以表彰（名单见附件）。

希望受表彰的单位和个人，再接再厉、再创佳绩，并希望各会员企业和广大科技工作者认真学习先进经验，锐意进取、开拓创新，在实现乐器行业高质量发展进程中做出更大贡献。

附件

1. 中国轻工业联合会科学技术奖等相关表彰名单

2. 2020年中国乐器行业创新产品奖等相关表彰名单

中国乐器协会

2020年12月10日

附件1

# 中国轻工业联合会科学技术奖等相关表彰名单

## 一、2020年度中国轻工业联合会科学技术奖

**科技进步一等奖：**

吟飞科技（江苏）有限公司　智能数字乐器演教系统

**科技进步二等奖：**

广州珠江钢琴集团股份有限公司　里特米勒RS系列高档钢琴的开发

**科技进步三等奖：**

烟台博斯纳钢琴制造有限公司　一款音乐会钢琴家专业使用的技术新型217大型号三角钢琴

扬州金韵乐器御工坊有限公司　电筝

**科技发明三等奖：**

江苏天鹅乐器有限公司　16孔64音双音板半音阶口琴

## 二、2020年度《升级和创新消费品指南（轻工第七批）》入选产品

江苏凤灵乐器集团　竹制贝拉琴

江苏天鹅乐器有限公司　16孔64音双音板半音阶口琴

上海华新乐器有限公司　KS10/14/20发声音箱底鼓

烟台博斯纳钢琴制造有限公司　CMW-2拼花系列三角钢琴

江阴金杯安琪乐器有限公司　JH2000儿童初学手风琴

## 三、2020年度轻工企业管理现代化创新成果奖

**二等奖：**

上海民族乐器一厂　《以“文化”为魂，推动老字号企业发展》

柏斯琴行（中国）有限公司　《民族品牌“长江”的创建与发展》

**三等奖：**

海伦钢琴股份有限公司　《探索与转型：品牌引领战略发展》

## 四、中国轻工业工程技术研究中心

广州珠江钢琴集团股份有限公司　中国轻工业珠江钢琴工程技术研究中心

吟飞科技（江苏）有限公司　中国轻工业吟飞电鸣乐器工程技术研究中心

海伦钢琴股份有限公司　中国轻工业海伦钢琴工程技术研究中心

### 五、第二届轻工大国工匠

广州珠江钢琴集团股份有限公司　陈德然

附件2

# 2020年中国乐器行业创新产品奖等相关表彰名单

### 一、2020年创新产品奖（业界新品首发）（按拼音排序）

柏斯琴行（中国）有限公司
北京中加海资曼钢琴有限公司
北京中音中音科技有限公司
广东红棉乐器股份有限公司
广州珠江艾茉森数码乐器股份有限公司
广州珠江恺撒堡钢琴有限公司
海伦钢琴股份有限公司
河合贸易（上海）有限公司
江苏东方乐器有限公司
江苏奇美乐器有限公司
江阴金杯安琪乐器有限公司
卡西欧（中国）贸易有限公司
乐海乐器有限公司
美得理电子（深圳）有限公司
上海民族乐器一厂
深圳市蔚科电子科技开发有限公司
施坦威钢琴亚太有限公司
苏州民族乐器一厂有限公司
天津市津宝乐器有限公司
扬州金韵乐器御工坊有限公司
扬州民族乐器研制厂有限公司
宜昌金宝乐器制造有限公司
吟飞科技（江苏）有限公司

### 二、中国乐器行业“十三五”专利工作表彰名单

**一等奖**
天津市津宝乐器有限公司
杭州雅马哈乐器有限公司
上海民族乐器一厂
**二等奖**
森鹤乐器股份有限公司
广州珠江钢琴集团股份有限公司
宜昌金宝乐器制造有限公司
**三等奖**
苏州公爵琴业有限公司
惠州市天音乐器有限公司
江苏东方乐器有限公司
广州珠江艾茉森数码乐器股份有限公司
得理乐器（珠海）有限公司
河合贸易（上海）有限公司
逻兰（上海）电子有限公司
河北金音乐器集团
海伦钢琴股份有限公司

### 三、科技进步提名奖

海伦钢琴股份有限公司
深圳市蔚科电子科技开发有限公司
江苏奇美乐器有限公司
江阴金杯安琪乐器有限公司

天津华韵乐器有限公司
北京乐界乐科技有限公司

## 四、2020年度中国乐器行业科技创新活动组织奖（按拼音排序）

柏斯琴行（中国）有限公司
北京乐界乐科技有限公司
北京星海钢琴集团有限公司
广州珠江钢琴集团股份有限公司
海伦钢琴股份有限公司
河北金音乐器集团
江苏凤灵乐器集团
江苏奇美乐器有限公司
江苏天鹅乐器有限公司
江阴金杯安琪乐器有限公司
上海民族乐器一厂
深圳市蔚科电子科技开发有限公司
天津华韵乐器有限公司
天津市津宝乐器有限公司
烟台博斯纳钢琴制造有限公司
扬州金韵乐器御工坊有限公司
吟飞科技（江苏）有限公司

中乐协〔2020〕59号

# 关于表彰2020年度乐器行业“科技之星”的决定

为进一步推动中国乐器行业科技创新工作，落实乐器行业《技术路线图》，促进行业科技创新与科技进步，推动行业人才战略，中国乐器协会自2018年始，在行业内开展年度“科技之星”推荐学习活动，依据评选条件，经个人申报、单位推荐、专家组审核、征求相关分支机构意见和网上公示，决定对王建明等荣获2020年度乐器行业“科技之星”称号的29名同志（名单见附件）予以表彰。

希望获得表彰的同志，再接再厉，不断学习创新；各单位以先进为榜样，积极开展科技创新活动，为推动乐器行业高质量发展和转型升级做出更大贡献。

附件

2020年度乐器行业“科技之星”名单

中国乐器协会

2020年12月14日

附件

# 2020年度中国乐器行业“科技之星”名单

（以姓氏笔画为序）

| 序号 | 姓名 | 公司名称 |
|---|---|---|
| 1 | 王建明 | 深圳市蔚科电子科技开发有限公司 |
| 2 | 文广宇 | 北京东奇众科技术有限公司 |
| 3 | 田步高 | 扬州民族乐器研制厂有限公司 |
| 4 | 庄联森 | 宜昌金宝乐器制造有限公司 |
| 5 | 刘超 | 江阴金杯安琪乐器有限公司 |
| 6 | 刘英杰 | 烟台博斯纳钢琴制造有限公司 |
| 7 | 刘国宗 | 得理乐器（珠海）有限公司 |
| 8 | 刘珈旭 | 天津市津宝乐器有限公司 |
| 9 | 苏勇 | 得理电子（上海）有限公司 |
| 10 | 李建萍 | 广州珠江恺撒堡钢琴有限公司 |
| 11 | 杨学民 | 天津市津宝乐器有限公司 |
| 12 | 时建明 | 江阴金杯安琪乐器有限公司 |
| 13 | 吴定军 | 天津市津宝乐器有限公司 |
| 14 | 何健玮 | 广州珠江恺撒堡钢琴有限公司 |
| 15 | 张龙贵 | 江苏奇美乐器有限公司 |
| 16 | 张立国 | 河北华声乐器制造有限公司 |
| 17 | 张益一 | 得理电子（上海）有限公司 |
| 18 | 陈玉华 | 广州珠江恺撒堡钢琴有限公司 |
| 19 | 陈学孔 | 河北金音乐器集团有限公司 |
| 20 | 林伯龙 | 上海华新乐器有限公司 |
| 21 | 宗建邦 | 北京东奇众科技术有限公司 |
| 22 | 郝明生 | 成都川雅木业有限公司 |
| 23 | 宫照凤 | 烟台金斯波格钢琴有限责任公司 |
| 24 | 夏雨 | 小叶子（北京）科技有限公司 |
| 25 | 凌建聪 | 广州市威柏乐器制造有限公司 |
| 26 | 高超 | 得理电子（上海）有限公司 |
| 27 | 梁庆宝 | 广州市威柏乐器制造有限公司 |
| 28 | 廖照华 | 得理乐器（珠海）有限公司 |
| 29 | 薛蕴思 | 上海民族乐器一厂 |

## 乐器展览

# 2020中国（上海）国际乐器展览会总结报告

中国（上海）国际乐器展览会组委会

由中国乐器协会、上海国展展览中心有限公司和法兰克福展览（香港）有限公司共同主办的2020中国（上海）国际乐器展览会（Music China 2020）于10月28–31日在上海新国际博览中心圆满落幕，全面打造了一场向全球化、数字化、多元化不断升级的综合性展会，赋能双循环，逆势开新局。

### 一、展会概况

经过19年的潜心打磨和行业深耕，中国（上海）国际乐器展览会成功入选“2020年世界商展100大”，位列第88位，不仅已成为全球展览面积最大的乐器展，更是业界新品首发阵地与全球爱乐人的精神领地。作为中国乐器走向世界、世界同行了解中国的首选平台，此次“世界商展100大排行榜”的入选是国际市场对Music China行业聚拢力与平台影响力的认可，也将为Music China打开面向全球化发展的全新格局!

2020年展会规模达10，0000平方米，共有来自爱沙尼亚、奥地利、德国、俄罗斯、捷克、美国、日本、西班牙、新加坡、意大利、英国、朝鲜、中国大陆、中国香港、中国台湾等15个国家和地区的1106家国内外企业参展，四天展期共吸引了81761名观众观展，参观人次达97593人次，疫情下展会更多依托多元化宣传矩阵及线上平台的融入，四天通过展会自媒体平台及合作媒体渠道，共吸引了逾162万人次线上观展。

### 二、海内外知名品牌携新品集中亮相，打造后疫情时代全球品牌乐器展会

在今年这个特殊的环境下，Music China以她在业内的国际性、开放性、引领性，依旧吸引到了1106家海内外乐器企业前来参展，并带来了众多在技术开发、产品外观、品牌优化推陈出新的新品。由广州珠江恺撒堡钢琴有限公司带来的3D打印钢琴惊艳登场，幻彩的效果、奇酷的造型设计，使这台将科技与传统相结合的钢琴备受瞩目，国内第一架3D打印钢琴的首次亮相Music China，轰动全场；全球著名吉他品牌Gibson，长久以来都是乐手们心目中“殿堂”级别的存在，今年不仅带来了作为Gibson品牌金字塔顶端的“Gibson Custom Shop M2M”量身定制系列，同时，也将Music China作为旗下品牌Epiphone的全新系列产品首发平台，众多产品集中首发亮相，时隔一年，Gibson为粉丝们准备的这场盛宴值得大家回味无穷；为大众所熟悉的民族乐器品牌上海民族乐器一厂，也带来了全新玫瑰檀木“美好生活”古筝，从“绿水青山就是金山银山”的理念中获得设计灵感，在这个特殊时期，呼吁人们在享受音乐带来的美好的同时，对青山常在、绿水长流，空气常新的美丽中国致以最高敬意与美好愿景。

年度新品首次发布、创意精品新奇不断，今年的上海乐器展将汇聚知名乐器品牌的新品精品，为爱乐人打造后疫情时代的音乐文化盛宴与不出国门、尽览行业全貌的一站式采购平台。

### 三、商贸、教育、文化三大板块配套活动齐头并进，书写Music China新名片

Music China展会四天时间，不仅仅是企业风貌、产品展示、品牌宣传的集中体现，植根行业发展的商贸配套活动、普及音乐人口的教育系列活动，以及推动音乐文化交流的名家讲坛系列活动，都已成

为代表着Music China专业度、前瞻性、艺术性的另一张名片。

**（一）以创新提振乐器行业，激发新消费新市场**

Music China全球新品首发活动自创办以来，便受到广大参展企业、业内专家、行业媒体，以及众多乐器行业相关从业者的一致好评。今年，由行业专家、教育家、演奏家、专业媒体等组成的专家评委会从近百件报名展品中，从创新性、实用性和时代感三个方面，最终选出53个“入围新品”和26个脱颖而出的“最佳新品”。入选新品也通过Music China平台参与到了首发仪式、现场展示、媒体专访、专家点评、线上直播等配套宣传推广活动中，为推动乐器企业科技创新、促进乐器行业高质量发展上一个新台阶，同时Music China全球新品首发活动的影响力和权威性也在全球乐器行业中的地位进一步得到提升。

**（二）坚持投入音乐教育，为乐器行业注入内力**

一年一度的国民音乐教育大会今年移师展会现场举办。70多位来自音乐教育各细分领域的专家学者主持并参与了大会两整天的交流活动。专家通过主题演讲、对话交流、教学工作坊、论文宣讲等形式，高效传播教育前沿理念与教学实践菁华。针对听众需求，本次大会设立了七大分会场，分别是学校音乐教育、幼儿音乐启蒙、民族乐队、钢琴、竹笛葫芦丝、陶笛、艺术培训机构发展。来自19个省市自治区的498名音乐教育工作者到会学习，满载而归。本次大会的成功举办将在全国进一步形成“乐器进入社区、音乐融入家庭”的主题共识。

**（三）多元音乐文化活动，大力传播器乐内涵**

名家讲坛可谓是浦江之畔一座当代人文会客厅，在特殊的2020年亦迎来精彩连连。“国乐春秋：回望华乐百年高端论坛”，邀请到二胡演奏家宋飞，扬琴演奏家李玲玲，笛子演奏家詹永明，古琴演奏家戴晓莲，柳琴/中阮演奏家吴强，音乐学家郭树荟，上海音乐出版社副社长刘丽娟。除此之外，中国民族管弦乐学会会长吴玉霞，上海音乐学院民乐系教授罗晶，中央音乐学院副教授苏畅，青年二胡演奏家陆轶文，指挥家、上海爱乐乐团副团长张亮，小提琴演奏家、上海交响乐团首席李沛作客名家讲坛，倾诉中西音乐艺术之美，带领观众们触碰音乐之美，传承艺术魅力。

**（四）国际赛事引领产业发展，激发新产品、新人才**

10月30日，2020年度MIDI技术发展论坛暨国际电子音乐大赛颁奖典礼在上海国际乐器展期间成功举行。本届MIDI系列活动主题是“走进乐器、音乐新时代——MIDI 2.0技术应用展望”，着力聚焦新形势下MIDI 2.0的技术应用场景，致力于引领MIDI技术持续发展，促进中国MIDI产业和MIDI产品与国际MIDI最新潮流深度融合，不断向专业化和市场化方向发展。尽管今年国内外遭遇新冠疫情干扰，但是现场气氛热烈，大家精神饱满，疫情丝毫没有阻挡大家追求MIDI科技创新的脚步。

## 四、官方自媒体权威发布行业信息，全媒体矩阵多角度触及受众群体

展会历经十九年的发展，已经积累了近60万的观众数据，覆盖全球经销代理商、专业级综合类音乐院校、职业与非职业演出团体、艺术家及广大爱乐人士。主办方也逐渐建立起了包含官网、官方微信/微博、官方短视频账号、小程序等立体化、全方位、差异化的自媒体推广平台，并通过直邮、短信、电子展讯、电话邀约、公众号推文、社群发酵等多种方式，配以新品速递、品牌介绍、活动预览等特色板块，针对不同群体进行精准定位及个性化宣传，为不同观众提供有效信息。

与此同时，本届展会采用了多样化的新媒体推广模式，展会根据媒体属性，结合不同受众的使用习惯，通过合作专业媒体、主流公众媒体、线上新媒体、官方自媒体等多元渠道，打造了覆盖全球、触及业界人士、普通音乐爱好者、潜在乐器消费者等不同领域观众的媒体矩阵。门户网站、搜索引擎、新闻客户端（APP）、朋友圈广告投放、KOL合作、线上直播、微信小程序等全方位推广渠道，在全球范围内织就高效便捷的展会信息网络，而基于当今

短视频和直播形式的热潮，本届展会亦进行了大胆的尝试，邀请媒体记者和社交红人到现场挖掘展会的有趣亮点，以短视频和直播的形式，更直观地对展会现场活动进行宣传报道。

据展会官方统计，本届上海乐器展在专业媒体方面，甄选了海内外12家报刊杂志和7个网站、2家电台及30余个微信公众号进行深度合作，针对琴行经营管理者、音乐教师群体、社会音乐教育培训机构从业人员等行业人士，在展前、展中、展后等各阶段对展会进行了全方位的跟踪报道；公众媒体方面，针对消费终端及音乐爱好者，共有8个电视频道、3家平面媒体、2个电台频率、30余个微信大号、大陆地区近700个网站，美国、欧洲、拉美及东南亚地区逾1300个海外网站对展会进行了多轮宣传。同时，本届展会在保持本地知名媒体宣传的同时，增强了央媒和海外媒体报道，不断突显展会的国际性与专业性。

**五、线下VIP参观&线上对接会，贯穿海内外贸易市场，实现高效商贸对接**

为最大化今年展会效果，克服疫情影响的各种困难，重点在线上展览、直播；海外买家在线对接；国内买家团定向组织方面加强投入与落实，为参展商的贸易需求提供各项个性化和精准化的对接，与行业携手共进，逆势突围，助力后疫情的产业复苏与经济恢复。

**（一）“线上展厅”新增在线贸易配对功能，深入挖掘潜在商机**

针对受疫情影响，部分海外买家、观众无法亲临现场的特殊情况，主办方增加投入构建了线上平台，融入了展商直播间、线上配对、VR观展、线上直播等多个针对性板块，在线下展会发挥着行业聚拢的不可或缺的作用的同时，有效弥补疫情影响。同时，通过多元化媒体宣传矩阵，大举拓宽平台影响力与曝光度，扩大展会宣传推广的渠道与广度，四天内通过展会自媒体平台及官方合作新媒体渠道，共吸引了162万人次通过线上平台观展。

**（二）“在线对接会”聚集海内外买家，打造线上商贸洽谈平台**

对于疫情阻隔不能如期见面的国内外买卖双方，展会发挥着自身全球网络的优势与渠道，运用数字化营销手段，前期联系买卖双方，了解供需需求，定向组织不能到场的海外买家现场连线参展商，实现疫情下的线上采购，4天展期，共组织了10个国家和地区的买家，近20余场线上对接会，创新了疫情常态化下，海内外乐器采购的新模式，取得了初步的成效。

**（三）“VIP买家团”定向邀约，为参展企业提供强力后援**

依托展会十余年的积累，主办方今年更是加强了买家的定向邀请和精准化配对，来自经销商、音乐院校、乐团等高质量的专业采购团计划的有效组织、务实推进，共有VIP参观团40余个，主办方根据其需求制定的参观路线上与参展企业进行线下对接，提升专业买家的观展体验的同时，也为广大参展商更高效的获取专业买家，实现精准对接，并在出口受阻的不利因素影响下，积极推进乐器市场的内循环。

# 2020年世界乐器展览会回顾

2020年新冠疫情肆虐全球，市场经济活动几近停滞，发展面临巨大压力，疫情负面影响已渗透到发展的方方面面，世界经济遭受重创而陷入严重衰退。2020年新冠肺炎疫情在全球范围爆发以来，抗击疫情成为世界各国的首要任务。随着疫情蔓延，聚集性的大型活动首当其冲，传统乐器展览会面临多元选择。众所周知，乐器展览会是乐器行业顺畅运行的关键平台，面对突如其来的挑战，各国乐器展览会主办方沉着应对理性思考，或延期或取消或转变举办形式，根据形势发展变化做出最合适的选择，克服困难奋力前行。

## 一、2020美国阿纳海姆NAMM冬季展、上海国际乐器展如期举行

2020年1月16日至19日，美国NAMM乐器展在加州阿纳海姆如期举办。展会吸引参展展商2000余家，展示各类乐器、音响品牌7000个。据美国国际音乐制品协会发布最新数据，本届NAMM展参观观众共计115888名，其中国际参会人员同比增长近20%，此次美国冬季NAMM展成为2020年唯一一个未受疫情影响的国际乐器展会。

面对严峻复杂的国内外环境特别是新冠肺炎疫情严重冲击，中国采取一系列果断措施，出台强有力政策措施拉动内需提振消费，促进经济快速恢复。2020年，我国统筹疫情防控和经济社会发展工作，经济运行稳定恢复，就业民生保障有力，经济社会发展主要目标任务完成情况好于预期。事实证明，2020年中国市场展示出活力与韧性，亮点频现，成为推动全球乐器市场复苏的主要力量，是二十国集团（G20）中唯一在2020年实现经济增长的国家。

疫情发生以来，中国乐器协会与各国乐器行业组织保持积极沟通，通过多种形式表达慰问和支持，与国际乐器同行同舟共济，共克时艰。上海国际乐器展览会主办方密切关注疫情形势的变化，随着国内疫情逐渐得到控制，审时度势，综合考量各方面因素，利用国内疫情得到有效控制的契机，精心谋划，制定了周密计划和预案，在全行业通力合作共同努力下，展会如期成功举行。数据显示，2020年度上海乐器展览共会集来自15个国家和地区的参展企业1105家，为期四天的参展观众总数81761名，参观人次97593人次。展会活动精彩纷呈，名家大师云集，共同释放音乐激情，为观众献上一场饕餮音乐盛宴。在疫情严峻形势下，上海乐器展如期举办，对引领乐器行业的发展具有重大意义。

## 二、2020广州乐器展延期举办

原定于2020年2月举办的广州乐器展延期至8月在广州举办。2020年8月21日至24日，第十七届广州乐器展在中国进出口商品交易会展馆B区举行。2020广州乐器展展览会面积3万平方米，汇聚340家参展商，吸引21011名观众，展品有键盘类、打击乐类、弦乐类、管乐类及民乐类等中西乐器12大门类，涵盖电子电声乐器、音乐相关的电脑硬件软件设备、乐谱书籍、音乐教育培训等国内外众多品种乐器。

## 三、2020年度德国法兰克福国际乐器展、美国纳什维尔NAMM夏季展、俄罗斯莫斯科展相继取消

2020年3月，鉴于欧洲疫情严重影响，法兰克福展览公司宣布德国法兰克福乐器展览会取消；随着美国疫情持续蔓延，7月，美国国际音乐制品协会发布公告，原定于2020年7月上旬举办的美国NAMM夏季展宣布取消；9月，由德国法兰克福，美国NAMM联合在俄罗斯莫斯科举办的展会也因疫情而取消。

## 四、2020巴西乐器展改为线上举行

原定于2020年9月23日至27日在巴西圣保罗举办的巴西乐器、舞台灯光音响展主要对接并服务巴西买家和南美市场，受疫情影响，展会延至当年11月26日至12月5日，以线上形式举行，以网上展会形式与市场保持互动，智能连接观众与展商，助力企业业务发展和市场开拓。

2020年是极不平凡的一年，疫情虽然对世界乐器展会造成影响，但随着疫情防控常态化，后疫情时代的世界必将如凤凰涅槃重焕生机，乐器展览的活力正在恢复，并将迎来发展新机遇。各国乐器展会主办方立足实际创新方式，努力用乐器的力量提振社会、行业信心，为带动乐器经济复苏，促进产业健康发展做出了积极贡献。

名牌产品

# 乐器产品获中国驰名商标，国家、省（市）级名牌产品、著名商标、老字号品牌名录

## 中国驰名商标

| 品牌（商标）名称 | 商标注册人 | 认定商品或服务项目 |
|---|---|---|
| 珠江 | 广州珠江钢琴集团股份有限公司 | 钢琴 |
| 星海XINGHAI及图形 | 北京星海钢琴集团有限公司 | 钢琴 |
| 津宝及图形 | 天津津宝乐器有限公司 | 爵士鼓、军鼓、萨克斯 |
| Taishan | 山东泰山管乐器有限公司 | 管乐器 |
| 嘉德威 | 杭州嘉德威钢琴有限公司 | 钢琴 |
| 卡西欧CASIO | 日商·樫尾计算机株式会社 | 计算器、手表、电子音乐仪器等 |
| 润韵 | 扬州天韵琴筝有限公司 | 筝、弦乐器、七弦琴、弹拨乐器、木琴、电子乐器、乐器键盘、乐器弦轴、乐器盒 |
| 金杯及图形 | 江阴市金杯安琪乐器有限公司 | 手风琴、簧（管）乐器等 |
| 凤灵fitness及图形 | 泰兴凤灵乐器有限公司 | 小提琴、中提琴等 |
| Orient | 宁波森隆乐器股份有限公司 | 钢琴部件 |
| YAMAHA及图形 | 雅马哈株式会社 | 钢琴 |
| 奇美 | 江苏奇美乐器有限公司 | 竖笛、口风琴、口琴 |
| 鹦鹉YINGWU及图形 | 天津鹦鹉乐器有限公司 | 手风琴、提琴 |
| 吟飞Ringway | 吟飞科技（江苏）有限公司 | 乐器 |
| 乐海 The Ocean of Music及图形 | 河北乐海乐器有限责任公司 | 扬琴、琵琶 |
| 天鹅及图形 | 江苏天鹅乐器有限公司 | 口琴、口风琴 |
| 爱迪Aidi及图形 | 香河天音乐器有限公司 | 西乐器 |
| HAILUN及图形 | 海伦钢琴股份有限公司 | 钢琴 |
| 芳鸥及图形 | 武汉市海平乐器制造有限公司 | 铜锣等 |

## 省（市）名牌产品

| 省（市）地区 | 品牌（商标）名称 | 商标注册人 | 认定商品或服务项目 |
|---|---|---|---|
| 北京市 | 星海XINGHAI及图形 | 北京星海钢琴集团有限公司 | 钢琴 |

**续表**

| 省（市）地区 | 品牌（商标）名称 | 商标注册人 | 认定商品或服务项目 |
|---|---|---|---|
| 上海市 | 施特劳斯 | 上海钢琴有限公司 | 钢琴 |
| | 敦煌牌 | 上海民族乐器一厂 | 民族乐器（古筝、二胡、琵琶） |
| | 海曼 | 上海中雅钢琴有限公司 | 钢琴 |
| | 华星 | 上海华新电子电器总厂 | 电子琴 |
| 天津市 | 津宝 | 天津津宝乐器有限公司 | 爵士鼓、西管乐器 |
| | Singer's day | 天津圣迪乐器有限公司 | 萨克斯、小号 |
| | 雅乐、鹦鹉YINGWU（图形） | 天津华韵乐器有限公司 | 手风琴 |
| 江苏省 | 润韵、天籁 | 扬州天韵琴筝有限公司 | 古筝 |
| | 碧泉 | 扬州市正声民族乐器厂 | 古筝 |
| | 凤灵 | 泰兴凤灵乐器有限公司 | 吉他、提琴系列产品 |
| | 奇美 | 江苏奇美乐器有限公司 | 竖笛、口风琴、口琴 |
| | 摩德利 | 南京摩德利钢琴有限公司 | 钢琴 |
| | 天鹅 | 江苏天鹅乐器有限公司 | 琴笛 |
| | 雅韵、凤韵 | 扬州龙凤琴筝有限公司 | 古筝 |
| | 大风 | 江苏大风乐器有限公司 | 古筝 |
| | Easttop、蜜蜂 | 江苏东方乐器有限公司 | 口琴 |
| | 英杰 | 扬中市华联手风琴有限公司 | 手风琴 |
| | 虎丘 | 苏州民族乐器一厂有限公司 | 二胡 |
| | 吟飞 | 吟飞科技（江苏）有限公司 | 电子乐器 |
| 广东省 | 珠江 | 广州珠江钢琴集团股份有限公司 | 钢琴 |
| | AMASON艾茉森 | 广州珠江钢琴集团股份有限公司 | 数码钢琴 |
| | 恺撒堡 | 广州珠江钢琴集团股份有限公司 | 钢琴 |
| | 里特米勒 | 广州珠江钢琴集团股份有限公司 | 钢琴 |
| | 吉声 | 广州吉声琴业有限公司 | 电吉他 |
| | Blue Diamond | 广州保嘉乐器制造厂有限公司 | 鼓乐 |
| | 星臣starsun | 四会市华声乐器有限公司 | 吉他 |
| | 红棉、Kapok、红棉花（图形） | 广州红棉吉他有限公司 | 提琴 |
| | Azalea | 揭阳市长城乐器有限公司 | 吉他 |
| | 杜鹃花 | 揭阳市长城乐器有限公司 | 吉他 |
| | 美得理 | 得理电子（珠海）有限公司 | 数码钢琴、电子琴、电子管风琴、电子鼓音箱 |
| | 魔鲨（MUZA） | 得理乐器（珠海）有限公司 | 鼓乐 |
| | 图形 | 宇声乐器（惠州）有限公司 | 吉他 |
| | Alice | 广州市罗曼士乐器制造有限公司 | 琴弦 |
| | ZIKO | 惠州市德尚乐器有限公司 | 琴弦 |

续表

| 省（市）地区 | 品牌（商标）名称 | 商标注册人 | 认定商品或服务项目 |
|---|---|---|---|
| 河北省 | JY | 河北金音乐器制造集团有限公司 | 西管乐器 |
| | 乐海 | 乐海乐器有限责任公司 | 民族乐器 |
| | 月坛 | 饶阳北方民族乐器制造有限公司 | 二胡 |
| | 成乐 | 饶阳成乐民族乐器有限责任公司 | 扬琴 |
| 山东省 | 金斯波格 | 烟台金斯波格钢琴有限公司 | 钢琴 |
| | SEJUNG（世正） | 青岛世正乐器有限公司 | 钢琴 |
| | 仙乐 | 百灵乐器公司 | 电吉他 |
| | 飞灵 | 潍坊惠好乐器有限公司 | 电吉他 |
| 湖北省 | TOYAMA（托雅玛）/ Yangtze River牌钢琴 | 宜昌金宝乐器制造有限公司 | 钢琴 |
| | 艾立卡 | 武汉艾立卡电子有限公司 | 乐器音箱、电吉他配套音箱 |
| 福建省 | HARMONY（哈曼尼） | 福州和声钢琴有限公司 | 立式钢琴 |
| 河南省 | 中州 | 开封中原民族乐器有限公司 | 古筝 |

## 省（市）著名商标

| 省（市）地区 | 品牌（商标）名称 | 商标注册人 | 认定商品或服务项目 |
|---|---|---|---|
| 上海市 | 施特劳斯 | 上海钢琴有限公司 | 钢琴 |
| | 海曼 | 上海中雅钢琴有限公司 | 钢琴 |
| | 敦煌 | 上海民族乐器一厂 | 民族乐器 |
| 天津市 | 津宝 | 天津津宝乐器有限公司 | 军鼓、爵士鼓、萨克斯 |
| | 鹦鹉 | 天津鹦鹉乐器有限公司 | 手风琴、提琴 |
| | 雅乐 | 天津市雅乐尔乐器有限公司 | 风琴 |
| | 佰笛及图形 | 天津市佰笛乐器有限公司 | 手风琴 |
| | WSMAN及图形 | 天津市欧斯曼乐器有限公司 | 钢琴 |
| | singer'sday | 天津圣迪乐器有限公司 | 号（乐器）、乐器 |
| | 森雀 | 天津市静海县盛兴乐器厂 | 中乐器、笛子、笙、箫 |
| | 奥维斯 | 天津奥维斯乐器有限公司 | 乐器、笛、号（乐器） |
| 江苏省 | 摩德利 | 南京摩德利钢琴有限公司 | 钢琴等 |
| | 天鹅及图形 | 江苏天鹅乐器有限公司 | 口琴、口风琴、竖笛等 |
| | 凤灵及图形 | 江苏凤灵乐器文化产业有限公司 | 小提琴、吉他、大提琴等 |
| | 奇美 | 江苏奇美乐器有限公司 | 手风琴、钢琴、口琴等 |
| | 雅韵及图形 | 扬州龙凤琴筝有限公司 | 打击乐器、胡琴、筝等 |
| | 虎丘及图形 | 苏州民族乐器一厂有限公司 | 二胡 |
| | 碧泉BIQUAN及图形 | 扬州市正声民族乐器厂 | 筝 |

续表

| 省（市）地区 | 品牌（商标）名称 | 商标注册人 | 认定商品或服务项目 |
|---|---|---|---|
| 江苏省 | 和声及图形 | 江苏省和声琴行有限公司 | 钢琴 |
| | 金韵及图形 | 扬州开发区金韵乐器厂 | 筝 |
| | GOLDENCUP及图形 | 江阴市金杯乐器有限公司 | 手风琴 |
| | 润韵 | 扬州天韵琴筝有限公司 | 筝 |
| | 吟飞及图形 | 吟飞科技（江苏）有限公司 | 电子键盘 |
| | 玉振YUZHEN | 扬州市金声古筝有限公司 | 乐器、琵琶等 |
| 广东省 | kayserburg | 广州珠江钢琴集团股份有限公司 | 乐器（钢琴） |
| | 珠江 | 广州珠江钢琴集团股份有限公司 | 长笛、小号、萨克斯 |
| | Ritmiiller | 广州珠江钢琴集团股份有限公司 | 中西乐器（钢琴） |
| | 吉声 | 广州吉声琴业有限公司 | 吉他 |
| | Martin | 广州吉声琴业有限公司 | 吉他 |
| | 红棉 | 广州红棉吉他有限公司 | 中乐器，西乐器 |
| | ALICE | 广州市罗曼士乐器制造有限公司 | 乐器弦 |
| | 永美 | 揭西县美声电子电器厂 | 电子琴 |
| | 美得理 | 得理乐器（珠海）有限公司 | 乐器（电子琴，数码钢琴） |
| 河北省 | JY | 河北金音乐器制造集团有限公司 | 钢琴 |
| | 成乐 | 饶阳成乐民族乐器有限责任公司 | 扬琴 |
| | 月坛 | 北方民族乐器制造有限公司 | 二胡 |
| | 秦川 | 河北秦川文体乐器有限公司 | 琴行 |
| | 乐海 | 乐海乐器有限责任公司 | 民族乐器 |
| | 秦川乐器 | 河北秦川文体乐器有限公司 | 乐器经营 |
| 山东省 | KINGSBURG及图形 | 烟台金斯波格钢琴有限公司 | 钢琴 |
| | 仙乐及图形 | 昌乐百灵乐器有限公司 | 吉他 |
| | 博斯纳及图形 | 烟台博斯纳钢琴制造有限公司 | 钢琴 |
| | MERCURY | 龙口锦盛乐器有限公司 | 簧（管）乐器 |
| | 图形 | 龙口市博奥乐器制造有限公司 | 簧（管）乐器 |
| | FAREST及图形 | 龙口金鸣乐器有限公司 | 笛 |
| 浙江省 | HAILUN及图形 | 宁波海伦乐器制品有限公司 | 钢琴 |
| | 嘉德威 | 杭州嘉德威钢琴有限公司 | 钢琴 |
| | 拉奥特 | 浙江乐韵钢琴有限公司 | 钢琴 |
| | LUODELAISI | 湖州华谱钢琴有限公司 | 钢琴 |
| 湖北省 | 芳鸥 | 武汉市海平乐器制造有限公司 | 铜锣 |
| | 银可可 | 武汉银可可琴行有限责任公司 | 乐器经营 |
| | 皇玛HUANGMA | 湖北华都钢琴制造有限公司 | 钢琴、电子琴、乐器键盘 |
| | TOYAMA托雅玛 | 宜昌金宝乐器制造有限公司 | 钢琴 |
| | 长江 | 宜昌金宝乐器制造有限公司 | 钢琴 |

续表

| 省（市）地区 | 品牌（商标）名称 | 商标注册人 | 认定商品或服务项目 |
|---|---|---|---|
| 福建省 | HARMONY（哈曼尼） | 福州和声钢琴有限公司 | 钢琴 |
| 河南省 | 中州 | 开封中原民族乐器有限公司 | 古筝、琵琶 |
| | 鸣韵 | 鸣韵兰考县鸣韵乐器有限公司 | 吉他、乐器、琵琶、七弦琴 |

## 老字号品牌

| 分类 | | 注册商标 | 企业名称 |
|---|---|---|---|
| 中华老字号 | | 敦煌 | 上海民族乐器一厂 |
| | | STRAUSS | 上海钢琴有限公司 |
| | | 星海 | 北京星海钢琴集团有限公司 |
| | | 鹦鹉 | 天津鹦鹉乐器有限公司 |
| | | 老天华 | 福州台江老天华乐器行 |
| 地方老字号 | 北京市 | 星海钢琴 | 北京星海钢琴集团有限公司 |
| | 天津市 | 鹦鹉乐器 | 天津鹦鹉乐器有限公司 |
| | 广东省 | 珠江 | 广州珠江钢琴股份有限公司 |
| | | 张长合 | 汕头市龙湖区张长合乐器店 |
| | 湖北省 | 高洪太 | 武汉高洪太铜响乐器有限公司 |
| | 福建省 | 老天华 | 福州台江老天华乐器行 |

注：① 中国名牌战略推进委员会2008年第3号公告，2005、2006、2007年公布的中国名牌产品，有效期满后不再继续使用。

② 我国新商标法认定“驰名商标”并非荣誉称号，从2014年5月1日起，“驰名商标”禁止出现在商品包装上，也不能用于广告宣传、展览。

③ 以上发布的品牌信息来源于商务部，国家工商行政管理总局，各省市工商行政管理总局，国家质量监督检验检疫总局，各省市地区质量检验局网站的公告信息，如有遗漏，请相关企业与我协会取得联系，进行信息补充和更正。

# 中国乐器

# 年鉴

## —— 2021 ——

CHINA MUSICAL
INSTRUMENT YEARBOOK


行业篇 1

指标数据篇 102

协会工作篇 143

科技篇 222

职业技能篇 341

音乐教育篇 374

海外资讯篇 398

# "重启"一年　乐器行业又见彩虹
# ——2020年中国乐器行业经济运行报告

2020年，面对严峻复杂的国内外环境，特别是新冠肺炎疫情的严重冲击，在以习近平同志为核心的党中央坚强领导下，按照中国轻工联的安排部署，我国乐器行业坚持稳中求进工作总基调，扎实做好"六稳"工作、全面落实"六保"任务，在疫情防控取得积极效果的同时，主要行业经济运行稳定恢复，情况好于预期。

## 一、全年经济稳定恢复，情况好于预期

2020年，我国乐器行业规模以上企业（调整后）212家，其中西乐器116家，占乐器行业的54.72%；中乐器29家，占13.68%；电子乐器21家，占9.91%；其他乐器及零配件制造46家，占21.7%（图1）。

2020年，全行业规模以上企业累计完成营业收入221.54亿元，同比下降16.16%；营业成本181.21亿元，同比下降15.77%；实现利润14.07亿元，同比降低26.39%，利润增速较营收增速低10.23个百分点；营业收入利润率达6.35%；全年出口交货值39.67亿元，同比下降21.28%；行业累计亏损面达17.45%。

伴随国内疫情防控逐步趋于常态化，2020年的下半年，乐器行业在经历断崖式下跌之后，开始释放回暖迹象：营收、利润以及出口交货值等主要经济指标在颓势的基础上环比呈现止跌回升高位增长态势，其中，下半年完成营收130.48亿元，占全年的58.90%，环比上半年增长43.30%；实现利润9.91亿元，占全年70.44%，环比增长138.29%；利润率7.6%，不仅环比超上半年，同比也超2019年0.5个百分点；出口交货值23.85亿元，占全年60.11%，环比上半年增长50.69%（表1）。

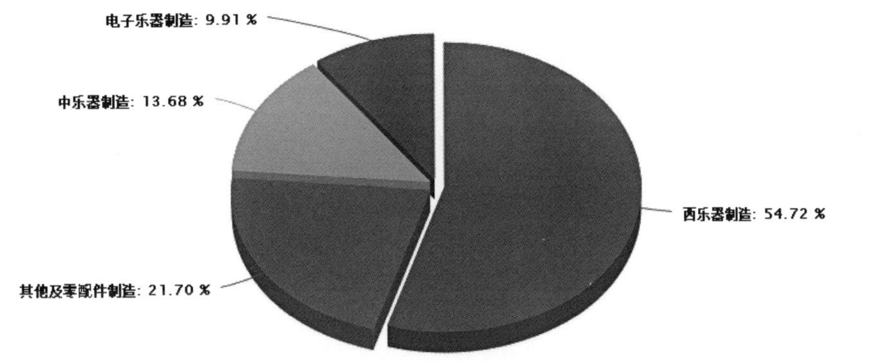


图1　2020年规上企业数量子行业分布

**表1　2020年规上企业主要经济指标概况（单位：千元）**

| 主要经济指标 | 2020年 | 2019年 | 同比（%） | 2020年下半年 | 2020年上半年 | 环比（%） |
|---|---|---|---|---|---|---|
| 企业数（个） | 212 | — | — | — | — | — |
| 营业收入 | 22153568 | 26423327 | －16.16 | 13048086 | 9105482 | 43.30 |
| 营业成本 | 18121923 | 21515759 | －15.77 | 10574006 | 7547917 | 40.09 |
| 出口交货值 | 3967127 | 5039697 | －21.28 | 2384659 | 1582468 | 50.69 |
| 利润 | 1406997 | 1911310 | －26.39 | 991080 | 415917 | 138.2 |

续表

| 主要经济指标 | 2020年 | 2019年 | 同比（%） | 2020年下半年 | 2020年上半年 | 环比（%） |
|---|---|---|---|---|---|---|
| 利润率（%） | 6.35 | 7.23 | －0.88 | 7.60 | 4.57 | 3.03 |
| 资产总计 | 23933084 | 24302010 | －1.52 | — | — | — |
| 应收账款及票据 | 2330694 | 2002717 | 16.38 | — | — | — |
| 产成品存货 | 1951555 | 1668847 | 16.94 | — | — | — |

总的来说，2020年我国乐器行业主要经济指标运行稳定恢复，情况好于预期，可谓是“重启”一年，又见彩虹。

## 二、运行质量明显提升，环比高位增长

### （一）营收情况分析

2020年，乐器行业规上企业累计完成营业收入221.54亿元，同比下降16.16%，其中，下半年完成130.48亿元，占全年58.90%，环比上半年增长43.30%。

子行业中，电子乐器率先驶入快车道。2020年，同比环比均转正，21家电子乐器企业全年累计完成营业收入55.65亿元，同比增长7.9%，下半年完成36.43亿元，同比增长21.67%，环比上半年增长89.55%，产业加速升级；西乐器企业完成营收114.75亿元，同比下降18.26%，其中，下半年完成65.06亿元，环比增长30.95%；中乐器企业完成营收20.65亿元，同比降低21.8%，其中，下半年完成11.76亿元，环比增长32.32%（表2、图2、图3）。

### （二）盈利情况分析

2020年，规上企业实现利润14.07亿元，同比下

表2　2020年规上企业营业收入一览表（单位：千元）

| 产品类别 | 中乐器 | 西乐器 | 电子乐器 | 其他及零配件 | 总计 |
|---|---|---|---|---|---|
| 2020年上半年 | 889023 | 4968774 | 1921989 | 1325696 | 9105482 |
| 2020年下半年 | 1176321 | 6506466 | 3643110 | 1722189 | 13048086 |
| 环比（%） | 32.32 | 30.95 | 89.55 | 29.91 | 43.30 |
| 2020年累计 | 2065344 | 11475240 | 5565099 | 3047885 | 22153568 |
| 2019年累计 | 2641250 | 14039289 | 5157509 | 4585279 | 26423327 |
| 同比（%） | −21.80 | −18.26 | 7.90 | −33.53 | −16.16 |

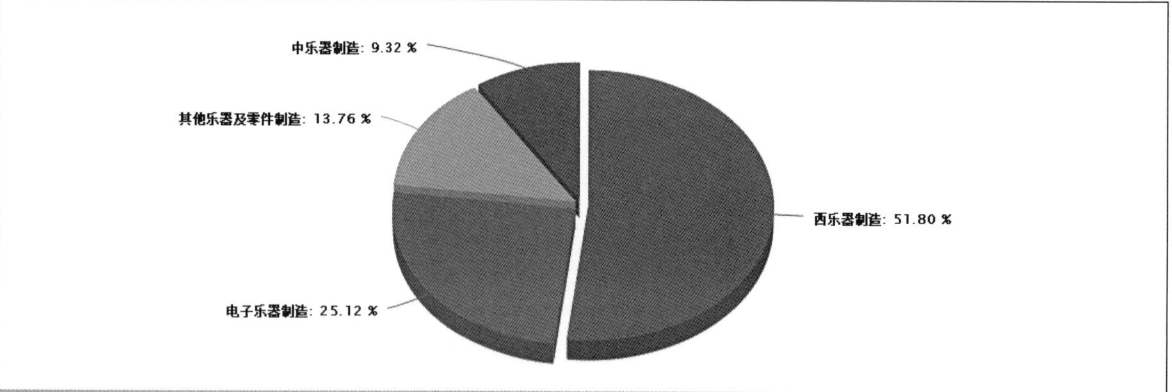


图2　2020年规上企业营业收入子行业分布

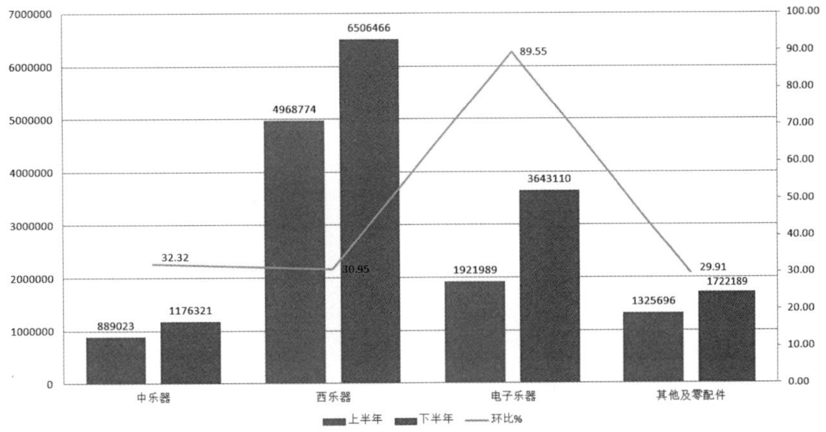


图3 2020年规上企业营业收入及环比一览（单位：千元）

降26.39%，其中，下半年实现利润9.91亿元，占全年70.44%，环比上半年增长138.29%；利润率为6.35%，同比下降近一个百分点，其中，下半年利润率为7.6%，环比同比均为正。

各子行业中，中乐器盈利能力持续领先，利润率为11.08%，高于轻工行业，全年实现利润2.29亿元，同比降低19.78%，其中，下半年实现利润1.55亿元，环比上半年增长111.14%，利润率环比增长5个百分点；西乐器实现利润总额6.15亿元，同比降低25.76%，利润率5.36%，其中，下半年西乐器实现利润4.68亿元，环比增长220.08%，利润率7.2%，环比增长4.26个百分点；电子乐器实现利润总额4.31亿元，同比降低12.47%，利润率7.74%，其中，下半年实现利润2.86亿元，环比增长98.08%，利润率7.85%，环比略有增长（表3、图4、图5）。

**表3 2020年规上企业利润一览表（单位：千元）**

| 产品类别 | 中乐器 | 西乐器 | 电子乐器 | 其他及零配件 | 总计 |
|---|---|---|---|---|---|
| 2020年上半年 | 73548 | 146451 | 144454 | 51464 | 415917 |
| 2020年下半年 | 155286 | 468764 | 286134 | 80896 | 991080 |
| 环比（%） | 111.14 | 220.08 | 98.08 | 57.19 | 138.29 |
| 2020年累计 | 228834 | 615215 | 430588 | 132360 | 1406997 |
| 2019年累计 | 285249 | 828646 | 491921 | 305494 | 1911310 |
| 同比（%） | −19.78 | −25.76 | −12.47 | −56.67 | −26.39 |

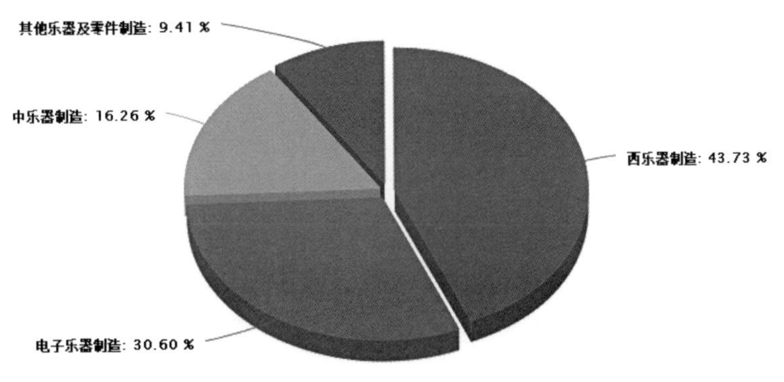


图4 2020年规上企业累计利润子行业分布

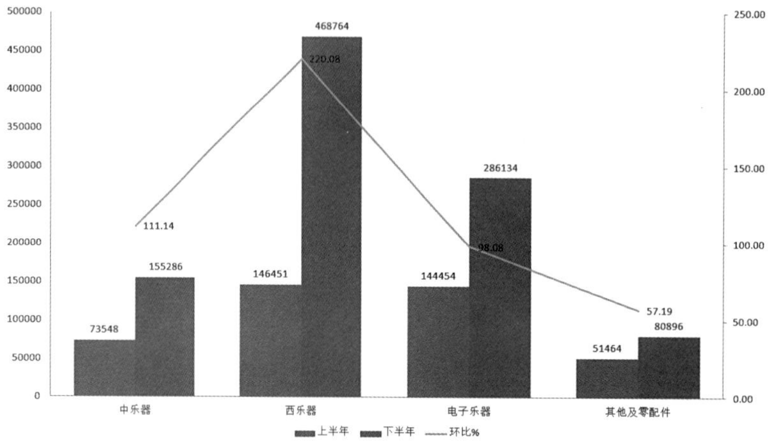


图5　2020年规上企业利润及环比一览（单位：千元）

### （三）运行质量分析

2020年从乐器各子行业运行质量对比看：电子乐器营业收入和利润增速均高于乐器行业平均水平；中乐器、西乐器虽营业收入增速较低，但利润仍实现较快增长，表现出较高的运行质量。其他乐器及零件行业营业收入和利润增速低于乐器行业平均水平，行业运行质量较弱（图6、图7）。

### （四）经营成本分析

2020年，乐器行业累计营业成本181.22亿元，同比降低15.77%，比同期轻工全行业营业成本增速低13.7个百分点；乐器行业每百元营业收入中的营业成本81.8元，比轻工全行业平均值低1.38元；营业费用、管理费用、财务费用三项费用合计降低13.5%，比轻工平均增速低10.61个百分点；乐器行业三费占营收比重10.06%，比轻工业平均值高1.50个百分点。

乐器行业子行业中，电子乐器营业成本增长较快，同比增长11.26%；其他乐器及零件行业每百元营业收入的营业成本较高，为83.45元；电子乐器行业三费增速较高，同比增长3.52%；电子乐器制造行业三费占营收比重较大，为11.03%（表4）。

### （五）账款及库存分析

2020年，乐器行业累计应收账款及票据23.31亿元，同比增长16.38%，较上年同期上升26.10个百分点，比同期轻工业平均应收账款及票据增速低4.38个百分点。其中，中乐器应收账款及票据1.87亿元，占乐器行业的8.04%，同比增长60.72%；其他乐器及

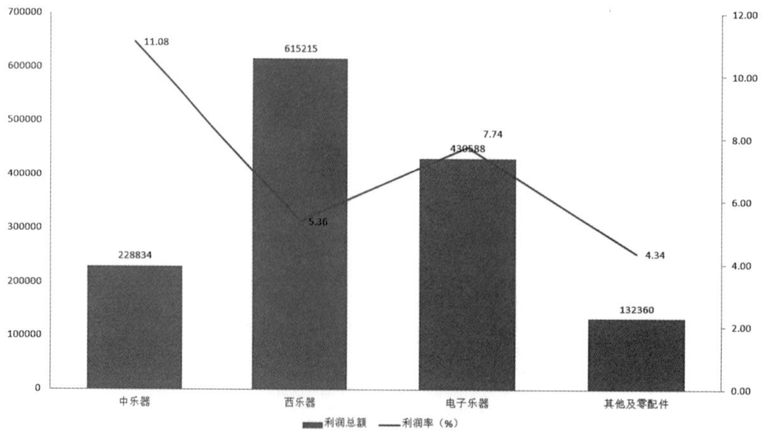


图6　2020年规上企业利润及利润率一览（单位：千元）

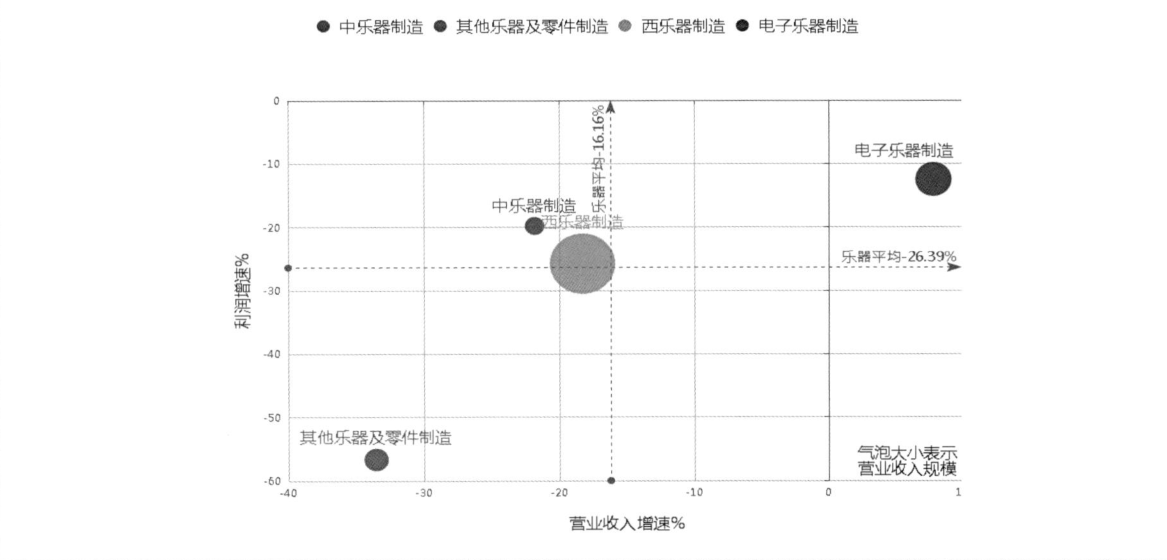

图7 2020年规上企业运行质量气泡图

**表4 2020年规上企业经营成本情况**

| 行业名称 | 经营成本增速(%) | 每百元营收成本(元) | 三费增速(%) | 三费占营收比重(%) |
|---|---|---|---|---|
| 乐器行业 | −15.77 | 81.8 | −13.5 | 10.06 |
| 中乐器 | −21.51 | 79.5 | −16.08 | 10.39 |
| 西乐器 | −17.99 | 82.6 | −20.46 | 9.66 |
| 电子乐器 | 11.26 | 80.09 | 3.52 | 11.03 |
| 其他及零配件 | −34.08 | 83.45 | −12.78 | 9.58 |

零件行业应收账款及票据3.81亿元，占16.35%，同比增长1.66%；西乐器应收账款及票据12.05亿元，占51.69%，同比增长5.61%；电子乐器应收账款及票据5.57亿元，占23.92%，同比增长50.44%。

2020年，乐器行业累计产成品存货19.52亿元，同比增长16.94%，增速高于上年同期6.30个百分点，比同期轻工业平均产成品存货增速高12.95个百分点。其中，中乐器产成品存货1.44亿元，占乐器行业的7.39%，同比降低15.76%；其他乐器及零件行业产成品存货2.16亿元，占11.04%，同比降低2.45%；西乐器产成品存货13.31亿元，占68.2%，同比增长20.7%；电子乐器产成品存货2.61亿元，占13.36%，同比增长49.93%（表5）。

**表5 2020年规上企业应收账款及票据与产成品存货情况**

| 行业名称 | 应收账款及票据（亿元） | 同比（%） | 产成品存货（亿元） | 同比（%） |
|---|---|---|---|---|
| 轻工全行业 | 23245.6 | 20.76 | 9990.02 | 3.99 |
| 乐器行业 | 23.31 | 16.38 | 19.52 | 16.94 |
| 中乐器制造 | 1.87 | 60.72 | 1.44 | −15.76 |
| 其他及零配件 | 3.81 | 1.66 | 2.16 | −2.45 |
| 西乐器制造 | 12.05 | 5.61 | 13.31 | 20.7 |
| 电子乐器制造 | 5.57 | 50.44 | 2.61 | 49.93 |

## 三、外贸主体活力回稳，环比增幅扩大

2020年，我国乐器行业规上乐器企业累计完成出口交货值39.67亿元，同比下降21.28%，其中，下半年完成23.84亿元，环比增长50.69%（表6）。

从子行业来看，电子乐器逆风翻盘，同比环比均转正，全年累计完成出口交货值14.72亿元，同比增长10.75%，下半年完成9.49亿元，环比上半年增长81.43%；其次是中乐器，尽管出口同比下降了65.85%，但下半年环比高位增长89.20%，呈现好转态势。西乐器下半年出口降幅逐月收窄，环比上半年增长23.93%（图8）。

2020年，广东、浙江以及天津列我国乐器行业规上企业出口交货值前三位。其中，广东全年累计出口交货值19.30亿元，占48.65%，率先实现同比转正，增长5.89%，下半年环比上半年增长83.95%（表7）。

由于全球疫情仍未得到有效控制，叠加海外环境的深刻变化，进出口方面的不确定性仍明显。

**表6　2020年规上企业出口交货值一览表（单位：千元）**

| 产品类别 | 中乐器 | 西乐器 | 电子乐器 | 其他及零配件 | 总计 |
|---|---|---|---|---|---|
| 2020年上半年 | 21956 | 875640 | 523157 | 161715 | 1582468 |
| 2020年下半年 | 41540 | 1085182 | 949156 | 308781 | 2384659 |
| 环比（%） | 89.20 | 23.93 | 81.43 | 90.94 | 50.69 |
| 2020年累计 | 63496 | 1960822 | 1472313 | 470496 | 3967127 |
| 2019年累计 | 185918 | 3038178 | 1329420 | 486181 | 5039697 |
| 同比（%） | −65.85 | −35.46 | 10.75 | −3.23 | −21.28 |

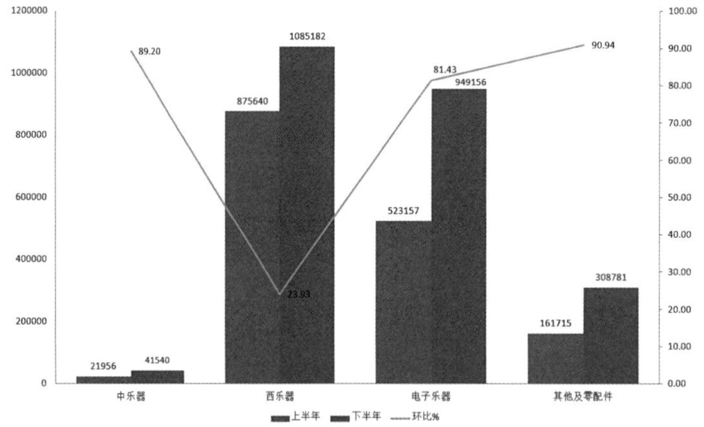


图8　2020年规上企业出口交货值及环比一览（单位：千元）

**表7　2020年规上企业出口交货值一览表（单位：千元）**

| 省市 | 2020年 | 2019年 | 同比（%） | 2020年下半年 | 2020年上半年 | 环比（%） |
|---|---|---|---|---|---|---|
| 广东省 | 1930118 | 1822754 | 5.89 | 1250396 | 679722 | 83.96 |
| 浙江省 | 763630 | 1031358 | −25.96 | 403357 | 360273 | 11.96 |
| 天津市 | 492820 | 697386 | −29.33 | 275464 | 217356 | 26.73 |
| 河北省 | 247784 | 803840 | −69.17 | 108919 | 138865 | −21.56 |

续表

| 省市 | 2020年 | 2019年 | 同比（%） | 2020年下半年 | 2020年上半年 | 环比（%） |
|---|---|---|---|---|---|---|
| 江苏省 | 165159 | 182105 | −9.31 | 106587 | 58572 | 81.98 |
| 福建省 | 101376 | 115731 | −12.40 | 63614 | 37762 | 68.46 |
| 北京市 | 100092 | 154488 | −35.21 | 48462 | 51630 | −6.14 |
| 贵州省 | 55725 | — | — | 52088 | 3637 | 1332.17 |
| 山东省 | 35670 | 52461 | −32.01 | 20419 | 15251 | 33.89 |
| 湖北省 | 35351 | 40869 | −13.50 | 29234 | 6117 | 377.91 |
| 湖南省 | 30509 | 29348 | 3.96 | 19898 | 10611 | 87.52 |
| 上海市 | 8893 | 12985 | −31.51 | 6221 | 2672 | 132.82 |

## 四、骨干企业破浪前行，效益明显改善

2020年度，面对新冠疫情和外部环境的挑战，我国乐器企业坚持聚焦主业，以技术创新为本，重视经营质量，着力进行软实力建设，创新文化营销方式，培育挖掘乐器潜在市场。尤其是骨干企业，充分发挥国内产业链优势，积极带动产业链上下游中小微企业复工达产，更好地实现共同发展，合作共赢。

据中国乐器协会行业直报数据显示，71家骨干企业2020年累计完成营业收入154.23亿元（占规上乐器企业69.62%），同比下降7.47%，其中下半年完成营业收入97.40亿，同比环比双增长，分别增长8.14%和73.16%，一半以上的骨干企业同比转正，92%实现环比高位增长，骨干企业发展韧劲与活力十足。

效益方面改善明显，71家骨干企业全年实现利润17.24亿元，同比下降16.02%，其中，下半年实现利润12.33亿元，环比增长134.83%，90%的骨干企业实现环比正增长，40家企业呈现爆发式增长，增幅均超100%。尽管还有少数骨干企业仍是负增长，但总体来说降幅逐月收窄（表8）。

表8　2020年骨干企业主要经济指标概况（单位：千元）

| 产品类别 | 营业收入 | 利润总额 |
|---|---|---|
| 2020年上半年 | 5625145 | 525056 |
| 2020年下半年 | 9740369 | 1233011 |
| 环比（%） | 73.16 | 134.83 |
| 2020年 | 15423684 | 1724763 |
| 2019年 | 16669617 | 2053766 |
| 同比（%） | −7.47 | −16.02 |

## 五、2021凝聚行业力量，书写高质量发展新篇章

2021年，因疫情扩大而停滞的乐器行业经济活动日益恢复，尤其是紧急状态解除后，乐器消费及培训市场逐步复苏，各主要经济指标同比环比都呈现出补涨或收窄的情况。

由于上年基数较低以及经济持续复苏回暖等原因，2021年经济增速显著加快。据国家统计局最近发布的数据显示，2021年1至2月份，乐器行业202家规上企业累计完成营业收入31.98亿元，同比增长54.33%；利润总额2.27亿元，同比增长310.27%；营业收入利润率7.1%，累计工业增加值增速达56.20%。整体效益明显回升，全行业经济运行取得了“开门红”的好成绩（表9）。

表9 2021年1-2月规上企业主要经济指标概况（单位：千元）

| 产品类别 | | 中乐器 | 西乐器 | 电子乐器 | 其他及零配件 | 总计 |
|---|---|---|---|---|---|---|
| 汇总企业数（个） | | 25 | 111 | 22 | 44 | 202 |
| 营业收入 | 2021年1-2月累计 | 338469 | 1792622 | 672568 | 394395 | 3198054 |
| | 2020年1-2月累计 | 219194 | 1134367 | 397033 | 321626 | 2072220 |
| | 同比（%） | 54.42 | 58.03 | 69.40 | 22.63 | 54.33 |
| 出口交货值 | 2021年1-2月累计 | 3446 | 287840 | 211988 | 64764 | 568038 |
| | 2020年1-2月累计 | 959 | 213576 | 104042 | 40230 | 358807 |
| | 同比（%） | 259.33 | 34.77 | 103.75 | 60.98 | 58.31 |
| 利润总额 | 2021年1-2月累计 | 80003 | 84552 | 43359 | 19041 | 226955 |
| | 2020年1-2月累计 | 22341 | 12556 | 14822 | 5600 | 55319 |
| | 同比（%） | 258.10 | 573.40 | 192.53 | 240.02 | 310.27 |
| 利润率（%） | 2021年1-2月 | 23.64 | 4.72 | 6.45 | 4.83 | 7.10 |
| | 2020年1-2月 | 10.19 | 1.11 | 3.73 | 1.74 | 2.67 |
| | 增长百分比 | 13.44 | 3.61 | 2.71 | 3.09 | 4.43 |

同时，世界经济缓慢复苏，主要经济体的制造业景气度回升，也带动了中国出口快速增长。数据显示，1至2月份，我国13个省市的规上乐器企业实现出口交货值5.68亿元，同比增长58.31%。虽然经济循环日益畅通、市场预期不断改善，但也要清醒地看到，当前国际形势仍然复杂严峻，国内经济恢复的基础尚不牢固，部分子行业依然存在压力，需要持续发力。

2020年11月15日正式签署《区域全面经济伙伴关系协定》（RCEP），世界上最大的自贸协议就此诞生。后疫情时代，RCEP有望成为全球经济复苏的助推器，东亚各国贸易关系的重塑也将改变世界经济格局。RCEP来了，中国乐器企业要提高竞争意识，妥善应对挑战，要对标国际先进产业水平，提高产品质量，推动产品向中高端迈进，在区域合作与竞争中，在新发展格局中，凝聚行业力量，书写高质量发展新篇章。

# 2020年乐器行业规模以上企业主要经济指标完成情况

（按产品类别划分）

（单位：千元）

| 产品类别 | | 中乐器制造 | 西乐器制造 | 电子乐器制造 | 其他乐器及零件制造 | 总计 |
|---|---|---|---|---|---|---|
| 汇总企业数（个） | | 29 | 116 | 21 | 46 | 212 |
| 营业收入 | 2020年1-6月 | 889023 | 4968774 | 1921989 | 1325696 | 9105482 |
| | 2019年1-6月 | 1375226 | 6714167 | 2163309 | 1690063 | 11942765 |
| | 同比% | -35.35 | -26.00 | -11.16 | -21.56 | -23.76 |
| | 2020年7-12月 | 1176321 | 6506466 | 3643110 | 1722189 | 13048086 |
| | 2019年7-12月 | 1266024 | 7325122 | 2994200 | 2895216 | 14480562 |
| | 同比% | -7.09 | -11.18 | 21.67 | -40.52 | -9.89 |
| | 环比% | 32.32 | 30.95 | 89.55 | 29.91 | 43.30 |
| | 2020年累计 | 2065344 | 11475240 | 5565099 | 3047885 | 22153568 |
| | 2019年累计 | 2641250 | 14039289 | 5157509 | 4585279 | 26423327 |
| | 同比% | -21.80 | -18.26 | 7.90 | -33.53 | -16.16 |
| 出口交货值 | 2020年1-6月 | 21，956 | 875，640 | 523，157 | 161，715 | 1582468 |
| | 2019年1-6月 | 126，279 | 1，438，737 | 580，851 | 191，648 | 2337515 |
| | 同比% | -82.61 | -39.14 | -9.93 | -15.62 | -32.30 |
| | 2020年7-12月 | 41540 | 1085182 | 949156 | 308781 | 2384659 |
| | 2019年7-12月 | 59639 | 1599441 | 748569 | 294533 | 2702182 |
| | 同比% | -30.35 | -32.15 | 26.80 | 4.84 | -11.75 |
| | 环比% | 89.20 | 23.93 | 81.43 | 90.94 | 50.69 |
| | 2020年累计 | 63496 | 1960822 | 1472313 | 470496 | 3967127 |
| | 2019年累计 | 185918 | 3038178 | 1329420 | 486181 | 5039697 |
| | 同比% | -65.85 | -35.46 | 10.75 | -3.23 | -21.28 |
| 利润总额 | 2020年1-6月 | 73548 | 146451 | 144454 | 51464 | 415917 |
| | 2019年1-6月 | 114492 | 406991 | 201194 | 95527 | 818204 |
| | 同比% | -35.76 | -64.02 | -28.20 | -46.13 | -49.17 |
| | 2020年7-12月 | 155286 | 468764 | 286134 | 80896 | 991080 |
| | 2019年7-12月 | 170757 | 421655 | 290727 | 209967 | 1093106 |
| | 同比% | -9.06 | 11.17 | -1.58 | -61.47 | -9.33 |
| | 环比% | 111.14 | 220.08 | 98.08 | 57.19 | 138.29 |
| | 2020年累计 | 228834 | 615215 | 430588 | 132360 | 1406997 |
| | 2019年累计 | 285249 | 828646 | 491921 | 305494 | 1911310 |
| | 同比% | -19.78 | -25.76 | -12.47 | -56.67 | -26.39 |

续表

| 产品类别 | | 中乐器制造 | 西乐器制造 | 电子乐器制造 | 其他乐器及零件制造 | 总计 |
|---|---|---|---|---|---|---|
| 利润率（%） | 2020年1−6月 | 8.27 | 2.95 | 7.52 | 3.88 | 4.57 |
| | 2019年1−6月 | 8.33 | 6.06 | 9.30 | 5.65 | 6.85 |
| | 增长百分比 | −0.05 | −3.11 | −1.78 | −1.77 | −2.28 |
| | 2020年7−12月 | 13.20 | 7.20 | 7.85 | 4.70 | 7.60 |
| | 2019年7−12月 | 13.49 | 5.76 | 9.71 | 7.25 | 7.55 |
| | 增长百分比 | −0.29 | 1.45 | −1.86 | −2.55 | 0.05 |
| | 环比增长百分比 | 4.93 | 4.26 | 0.34 | 0.82 | 3.03 |
| | 2020年 | 11.08 | 5.36 | 7.74 | 4.34 | 6.35 |
| | 2019年 | 10.80 | 5.90 | 9.54 | 6.66 | 7.23 |
| | 增长百分比 | 0.28 | −0.54 | −1.80 | −2.32 | −0.88 |
| 营业成本 | 2020年1−6月 | 704090 | 4199161 | 1491364 | 1153302 | 7547917 |
| | 2019年1−6月 | 1094740 | 5577028 | 1682174 | 1447447 | 9801389 |
| | 同比% | −35.68 | −24.71 | −11.34 | −20.32 | −22.99 |
| | 2020年7−12月 | 937794 | 5279923 | 2965991 | 1390298 | 10574006 |
| | 2019年7−12月 | 997149 | 5981846 | 2324012 | 2411363 | 11714370 |
| | 同比% | −5.95 | −11.73 | 27.62 | −42.34 | −9.73 |
| | 环比% | 33.19 | 25.74 | 98.88 | 20.55 | 40.09 |
| | 2020年累计 | 1641884 | 9479084 | 4457355 | 2543600 | 18121923 |
| | 2019年累计 | 2091889 | 11558874 | 4006186 | 3858810 | 21515759 |
| | 同比% | −21.51 | −17.99 | 11.26 | −34.08 | −15.77 |
| 资产总额 | 2020年累计 | 1937283 | 15196690 | 4101802 | 2697309 | 23933084 |
| | 2019年累计 | 1822846 | 15202662 | 4559646 | 2716856 | 24302010 |
| | 同比% | 6.28 | −0.04 | −10.04 | −0.72 | −1.52 |
| 应收账款净额 | 2020年累计 | 187405 | 1204773 | 557388 | 381128 | 2330694 |
| | 2019年累计 | 116601 | 1140730 | 370496 | 374890 | 2002717 |
| | 同比% | 60.72 | 5.61 | 50.44 | 1.66 | 16.38 |
| 产成品存货 | 2020年累计 | 144216 | 1331032 | 260759 | 215548 | 1951555 |
| | 2019年累计 | 171200 | 1102756 | 173922 | 220969 | 1668847 |
| | 同比% | −15.76 | 20.70 | 49.93 | −2.45 | 16.94 |
| 流动资产净值平均余额 | 2020年累计 | 1281562 | 9388169 | 2044664 | 1592604 | 14306999 |
| | 2019年累计 | 1160272 | 9418850 | 1932168 | 1585770 | 14097060 |
| | 同比% | 10.45 | −0.33 | 5.82 | 0.43 | 1.49 |
| 亏损企业（个） | 2020年 | 3 | 29 | 0 | 5 | 37 |
| | 2019年 | 2 | 13 | 1 | 2 | 18 |

续表

| 产品类别 | | 中乐器制造 | 西乐器制造 | 电子乐器制造 | 其他乐器及零件制造 | 总计 |
|---|---|---|---|---|---|---|
| 亏损额 | 2020年累计 | 4841 | 101078 | 0 | 2918 | 108837 |
| | 2019年累计 | 831 | 129868 | 2386 | 3371 | 136456 |
| | 同比% | 482.55 | −22.17 | −100.00 | −13.44 | −20.24 |

（数据来源：国家统计局 中国轻工业信息中心 中国乐器协会信息部）

# 2020年1~6月中国乐器海关出口量值

| 商品名称 | 单位 | 数量 | | | 金额（美元） | | |
|---|---|---|---|---|---|---|---|
| | | 2020年1~6月 | 2019年1~6月 | 同比% | 2020年1~6月 | 2019年1~6月 | 同比% |
| 竖式钢琴（包括自动钢琴） | 台 | 8135 | 5290 | 53.78 | 11937248 | 8204736 | 45.49 |
| 大钢琴（包括自动钢琴） | 台 | 6650 | 1180 | 463.56 | 10576891 | 7948361 | 33.07 |
| 拨弦古钢琴及其他键盘弦乐器 | 台 | 20084 | 23760 | −15.47 | 938932 | 1657677 | −43.36 |
| 弓弦乐器 | 只 | 681368 | 523439 | 30.17 | 37358668 | 29521023 | 26.55 |
| 其他弦乐器（如：吉他、小提琴、竖琴） | 只 | 5457119 | 4272542 | 27.73 | 154908283 | 146958458 | 5.41 |
| 铜管乐器 | 只 | 397655 | 305977 | 29.96 | 48949579 | 39492774 | 23.95 |
| 键盘管风琴；簧风琴及类似的游离金属簧片键盘乐器 | 只 | 751065 | 657463 | 14.24 | 4464337 | 4117430 | 8.43 |
| 手风琴及类似乐器 | 只 | 136449 | 54463 | 150.54 | 4619035 | 3381630 | 36.59 |
| 口琴 | 只 | 2171752 | 1629101 | 33.31 | 4647777 | 4278251 | 8.64 |
| 其他管乐器，但游艺场风琴及手摇风琴除外 | 只 | 4339664 | 3601125 | 20.51 | 35484032 | 28528455 | 24.38 |
| 打击乐器（如鼓、木琴、响板、响葫芦） | 只 | 3901660 | 2891849 | 34.92 | 60661629 | 44163715 | 37.36 |
| 通过电产生或扩大声音的键盘乐器 | 只 | 2629986 | 2263167 | 16.21 | 176938946 | 160901428 | 9.97 |
| 其他通过电产生或扩大声音的乐器（如：电吉他） | 个 | 1078650 | 1097542 | −1.72 | 72265383 | 74732232 | −3.30 |
| 百音盒 | 个 | 6204161 | 4076406 | 52.20 | 15394344 | 14667093 | 4.96 |
| 未列名的其他乐器 | 个 | 37102158 | 25032000 | 48.22 | 8676915 | 8785752 | −1.24 |

续表

| 商品名称 | 单位 | 数量 | | | 金额（美元） | | |
|---|---|---|---|---|---|---|---|
| | | 2020年1~6月 | 2019年1~6月 | 同比% | 2020年1~6月 | 2019年1~6月 | 同比% |
| 乐器用弦 | 千克 | 174823 | 154313 | 13.29 | 2732406 | 2865538 | −4.65 |
| 钢琴的零件、附件 | 千克 | 3876564 | 2239858 | 73.07 | 22835747 | 14276035 | 59.96 |
| 弓弦乐器的零件、附件 | 千克 | 2130365 | 2145922 | −0.72 | 19940712 | 20576629 | −3.09 |
| 电子乐器的零件、附件 | 千克 | 3109605 | 2795291 | 11.24 | 26227857 | 21548018 | 21.72 |
| 节拍器、音叉及定音管 | 千克 | 60572 | 56497 | 7.21 | 1468836 | 1167053 | 25.86 |
| 百音盒的机械装置 | 千克 | 154948 | 91470 | 69.40 | 1637113 | 1251864 | 30.77 |
| 未列名乐器的零件、附件 | 千克 | 5484497 | 4429442 | 23.82 | 38657630 | 31927954 | 21.08 |
| 合计 | | | | | 761322300 | 670952106 | 13.47 |

（数据来源：海关总署 中国轻工业信息中心 中国乐器协会信息部）

# 2020年1~6月中国乐器出口国家和地区

（按出口金额排序）

| 排名 | 国家和地区 | 数量（件） | | | 金额（美元） | | |
|---|---|---|---|---|---|---|---|
| | | 2020年1~6月 | 2019年1~6月 | 同比% | 2020年1~6月 | 2019年1~6月 | 同比% |
| 1 | 美国 | 12124098 | 14502049 | −16.40 | 181842175 | 226275615 | −19.64 |
| 2 | 德国 | 3323514 | 3876255 | −14.26 | 67934101 | 72309052 | −6.05 |
| 3 | 日本 | 4204458 | 5160681 | −18.53 | 56206270 | 47160933 | 19.18 |
| 4 | 英国 | 1982156 | 2016133 | −1.69 | 34545918 | 30510910 | 13.22 |
| 5 | 韩国 | 2332180 | 2177968 | 7.08 | 29199057 | 29227959 | −0.10 |
| 6 | 印度尼西亚 | 2661017 | 4572284 | −41.80 | 22063454 | 30815598 | −28.40 |
| 7 | 荷兰 | 990646 | 1199171 | −17.39 | 20930577 | 19481660 | 7.44 |
| 8 | 法国 | 820274 | 854673 | −4.02 | 17538247 | 21003956 | −16.50 |
| 9 | 泰国 | 646394 | 580225 | 11.40 | 16834734 | 8865138 | 89.90 |
| 10 | 巴西 | 911875 | 1282248 | −28.88 | 15804151 | 21529119 | −26.59 |
| 11 | 加拿大 | 1243095 | 1478766 | −15.94 | 15038102 | 17492603 | −14.03 |
| 12 | 澳大利亚 | 719964 | 774946 | −7.09 | 13484480 | 16474447 | −18.15 |
| 13 | 马来西亚 | 795010 | 925303 | −14.08 | 11582641 | 14980917 | −22.68 |
| 14 | 俄罗斯联邦 | 639452 | 656652 | −2.62 | 10251502 | 8667923 | 18.27 |
| 15 | 新加坡 | 313310 | 469374 | −33.25 | 9931381 | 15127090 | −34.35 |

续表

| 排名 | 国家和地区 | 数量（件） | | | 金额（美元） | | |
|---|---|---|---|---|---|---|---|
| | | 2020年1~6月 | 2019年1~6月 | 同比% | 2020年1~6月 | 2019年1~6月 | 同比% |
| 16 | 越南 | 791723 | 1018966 | −22.30 | 9160743 | 6509256 | 40.73 |
| 17 | 印度 | 2653169 | 7091383 | −62.59 | 8808238 | 17653782 | −50.11 |
| 18 | 墨西哥 | 970373 | 1606699 | −39.60 | 8254724 | 10775019 | −23.39 |
| 19 | 土耳其 | 2344061 | 807420 | 190.31 | 8057496 | 5747201 | 40.20 |
| 20 | 比利时 | 386867 | 527958 | −26.72 | 7671143 | 6347502 | 20.85 |
| 21 | 菲律宾 | 789798 | 1154025 | −31.56 | 7259527 | 9210647 | −21.18 |
| 22 | 中国香港 | 276856 | 1163752 | −76.21 | 7001665 | 12689081 | −44.82 |
| 23 | 意大利 | 537976 | 1538274 | −65.03 | 6955794 | 9111339 | −23.66 |
| 24 | 阿拉伯联合酋长国 | 287260 | 543749 | −47.17 | 6902497 | 8847629 | −21.98 |
| 25 | 中国台湾 | 279602 | 497612 | −43.81 | 6454291 | 6778309 | −4.78 |
| 26 | 西班牙 | 552599 | 1655687 | −66.62 | 5902730 | 5790511 | 1.94 |
| 27 | 波兰 | 775704 | 532780 | 45.60 | 4387900 | 4161804 | 5.43 |
| 28 | 智利 | 333568 | 753435 | −55.73 | 3583850 | 6245872 | −42.62 |
| 29 | 捷克共和国 | 294737 | 399028 | −26.14 | 3450644 | 3986547 | −13.44 |
| 30 | 尼日利亚 | 2705511 | 1918211 | 41.04 | 3355876 | 4719027 | −28.89 |
| 31 | 秘鲁 | 320552 | 433313 | −26.02 | 3012299 | 5004438 | −39.81 |
| 32 | 瑞典 | 167939 | 171253 | −1.94 | 2858947 | 4371083 | −34.59 |
| 33 | 以色列 | 213779 | 325901 | −34.40 | 2669723 | 2553518 | 4.55 |
| 34 | 沙特阿拉伯 | 973962 | 303536 | 220.87 | 2452928 | 1477564 | 66.01 |
| 35 | 巴拿马 | 168610 | 176925 | −4.70 | 2419062 | 2300735 | 5.14 |
| 36 | 哥伦比亚 | 534320 | 666704 | −19.86 | 2399521 | 2684984 | −10.63 |
| 37 | 阿根廷 | 143472 | 431610 | −66.76 | 2091101 | 3090671 | −32.34 |
| 38 | 新西兰 | 69581 | 101618 | −31.53 | 1910842 | 1780148 | 7.34 |
| 39 | 危地马拉 | 128796 | 255144 | −49.52 | 1567303 | 2881555 | −45.61 |
| 40 | 南非 | 240798 | 833608 | −71.11 | 1363376 | 2815331 | −51.57 |
| 41 | 哈萨克斯坦 | 236189 | 63974 | 269.20 | 1313366 | 956420 | 37.32 |
| 42 | 斯里兰卡 | 103812 | 185487 | −44.03 | 1226697 | 1461661 | −16.08 |
| 43 | 希腊 | 150891 | 371156 | −59.35 | 1221773 | 894016 | 36.66 |
| 44 | 埃及 | 228045 | 607586 | −62.47 | 1167976 | 1330745 | −12.23 |
| 45 | 伊拉克 | 163875 | 306471 | −46.53 | 1059908 | 793571 | 33.56 |
| 46 | 乌拉圭 | 59664 | 183321 | −67.45 | 1036550 | 652435 | 58.87 |
| 47 | 加纳 | 660352 | 172883 | 281.96 | 1017180 | 1473747 | −30.98 |

续表

| 排名 | 国家和地区 | 数量（件） | | | 金额（美元） | | |
|---|---|---|---|---|---|---|---|
| | | 2020年1~6月 | 2019年1~6月 | 同比% | 2020年1~6月 | 2019年1~6月 | 同比% |
| 48 | 乌克兰 | 60199 | 178153 | −66.21 | 952216 | 673903 | 41.30 |
| 49 | 白俄罗斯 | 161066 | 76295 | 111.11 | 935271 | 530058 | 76.45 |
| 50 | 瑞士 | 432887 | 172910 | 150.35 | 910949 | 768733 | 18.50 |
| 51 | 斯洛文尼亚共和国 | 59012 | 107845 | −45.28 | 903244 | 714515 | 26.41 |
| 52 | 葡萄牙 | 107435 | 125501 | −14.40 | 846231 | 608457 | 39.08 |
| 53 | 厄瓜多尔 | 88019 | 237680 | −62.97 | 736788 | 1929199 | −61.81 |
| 54 | 爱尔兰 | 23129 | 29323 | −21.12 | 648262 | 767581 | −15.54 |
| 55 | 拉脱维亚 | 57733 | 30960 | 86.48 | 610375 | 362683 | 68.29 |
| 56 | 丹麦 | 66221 | 201236 | −67.09 | 593372 | 909566 | −34.76 |
| 57 | 芬兰 | 31240 | 48680 | −35.83 | 499599 | 505377 | −1.14 |
| 58 | 斯洛伐克共和国 | 21859 | 36896 | −40.76 | 444394 | 435496 | 2.04 |
| 59 | 奥地利 | 8051 | 48710 | −83.47 | 439317 | 548300 | −19.88 |
| 60 | 匈牙利 | 274923 | 180454 | 52.35 | 420140 | 339898 | 23.61 |
| 61 | 柬埔寨 | 28431 | 43138 | −34.09 | 392182 | 88185 | 344.73 |
| 62 | 罗马尼亚 | 66602 | 129472 | −48.56 | 383070 | 356598 | 7.42 |
| 63 | 伊朗 | 80398 | 764775 | −89.49 | 367005 | 696364 | −47.30 |
| 64 | 摩洛哥 | 152316 | 103756 | 46.80 | 361924 | 429788 | −15.79 |
| 65 | 朝鲜 | 5067 | 204504 | −97.52 | 358788 | 1498595 | −76.06 |
| 66 | 孟加拉国 | 94952 | 288724 | −67.11 | 351787 | 492833 | −28.62 |
| 67 | 阿尔及利亚 | 90365 | 110199 | −18.00 | 348619 | 291796 | 19.47 |
| 68 | 巴基斯坦 | 720801 | 5294920 | −86.39 | 341029 | 268019 | 27.24 |
| 69 | 哥斯达黎加 | 146730 | 100868 | 45.47 | 321647 | 527198 | −38.99 |
| 70 | 澳门 | 9353 | 20042 | −53.33 | 300517 | 267198 | 12.47 |
| 71 | 立陶宛 | 31832 | 30225 | 5.32 | 297325 | 768757 | −61.32 |
| 72 | 玻利维亚 | 11548 | 20048 | −42.40 | 295646 | 737769 | −59.93 |
| 73 | 洪都拉斯 | 34596 | 74525 | −53.58 | 272839 | 875348 | −68.83 |
| 74 | 萨尔瓦多 | 172591 | 111451 | 54.86 | 254536 | 698038 | −63.54 |
| 75 | 克罗地亚共和国 | 52060 | 40065 | 29.94 | 252197 | 306468 | −17.71 |
| 76 | 突尼斯 | 40883 | 56897 | −28.15 | 232800 | 201393 | 15.59 |
| 77 | 尼泊尔 | 12235 | 19536 | −37.37 | 228221 | 368538 | −38.07 |
| 78 | 巴布亚新几内亚 | 18173 | 30379 | −40.18 | 222577 | 279768 | −20.44 |
| 79 | 肯尼亚 | 156221 | 234912 | −33.50 | 221738 | 567682 | −60.94 |
| 80 | 坦桑尼亚 | 799257 | 247625 | 222.77 | 219800 | 350115 | −37.22 |

续表

| 排名 | 国家和地区 | 数量（件） | | | 金额（美元） | | |
|---|---|---|---|---|---|---|---|
| | | 2020年1~6月 | 2019年1~6月 | 同比% | 2020年1~6月 | 2019年1~6月 | 同比% |
| 81 | 塞尔维亚 | 9551 | 9297 | 2.73 | 212758 | 166844 | 27.52 |
| 82 | 安哥拉 | 51644 | 95275 | −45.79 | 201156 | 152247 | 32.12 |
| 83 | 叙利亚 | 64566 | 381168 | −83.06 | 200889 | 260771 | −22.96 |
| 84 | 乌兹别克斯坦 | 44950 | 148189 | −69.67 | 200154 | 186613 | 7.26 |
| 85 | 尼加拉瓜 | 22466 | 19025 | 18.09 | 196287 | 249240 | −21.25 |
| 86 | 科威特 | 15576 | 25879 | −39.81 | 195966 | 233798 | −16.18 |
| 87 | 科特迪瓦共和国 | 97650 | 112941 | −13.54 | 184790 | 169774 | 8.84 |
| 88 | 巴拉圭 | 1211 | 59270 | −97.96 | 179573 | 491830 | −63.49 |
| 89 | 缅甸 | 7130 | 13452 | −47.00 | 165899 | 185458 | −10.55 |
| 90 | 挪威 | 56611 | 49410 | 14.57 | 162184 | 143856 | 12.74 |
| 91 | 吉布提 | 335293 | 228791 | 46.55 | 150434 | 154720 | −2.77 |
| 92 | 约旦 | 49407 | 124463 | −60.30 | 148408 | 307187 | −51.69 |
| 93 | 吉尔吉斯斯坦 | 486 | 52902 | −99.08 | 144828 | 76388 | 89.60 |
| 94 | 波多黎各 | 45216 | 26441 | 71.01 | 129170 | 295374 | −56.27 |
| 95 | 阿塞拜疆 | 892 | 7180 | −87.58 | 120890 | 172321 | −29.85 |
| 96 | 蒙古 | 13045 | 463 | 2717.49 | 117474 | 5613 | 1992.89 |
| 97 | 多米尼加共和国 | 65266 | 73398 | −11.08 | 112830 | 344338 | −67.23 |
| 98 | 赞比亚 | 865 | 3000 | −71.17 | 105407 | 7963 | 1223.71 |
| 99 | 纳米比亚 | 4352 | 3713 | 17.21 | 105264 | 9311 | 1030.53 |
| 100 | 塞浦路斯 | 2856 | 7630 | −62.57 | 100394 | 184200 | −45.50 |
| 101 | 喀麦隆 | 291328 | 195333 | 49.14 | 98373 | 39914 | 146.46 |
| 102 | 阿尔巴尼亚 | 12837 | 23067 | −44.35 | 91510 | 72528 | 26.17 |
| 103 | 也门共和国 | 61149 | 65054 | −6.00 | 84322 | 51991 | 62.19 |
| 104 | 黎巴嫩 | 6231 | 85420 | −92.71 | 84229 | 478701 | −82.40 |
| 105 | 塞内加尔 | 115079 | 181251 | −36.51 | 83309 | 75771 | 9.95 |
| 106 | 格鲁吉亚 | 15998 | 27749 | −42.35 | 82320 | 131659 | −37.47 |
| 107 | 埃塞俄比亚 | 12506 | 54024 | −76.85 | 80939 | 100221 | −19.24 |
| 108 | 莫桑比克 | 67744 | 41045 | 65.05 | 76617 | 154400 | −50.38 |
| 109 | 利比亚 | 16659 | 59205 | −71.86 | 75118 | 135753 | −44.67 |
| 110 | 保加利亚 | 13187 | 52159 | −74.72 | 64049 | 233230 | −72.54 |
| 111 | 苏丹 | 192110 | 87938 | 118.46 | 56143 | 49587 | 13.22 |
| 112 | 马耳他 | 229 | 4843 | −95.27 | 50199 | 87170 | −42.41 |
| 113 | 多哥 | 26598 | 96919 | −72.56 | 49644 | 62594 | −20.69 |

续表

| 排名 | 国家和地区 | 数量（件） | | | 金额（美元） | | |
|---|---|---|---|---|---|---|---|
| | | 2020年1~6月 | 2019年1~6月 | 同比% | 2020年1~6月 | 2019年1~6月 | 同比% |
| 114 | 古巴 | 3922 | 612 | 540.85 | 48518 | 156 | 31001.28 |
| 115 | 卡塔尔 | 12122 | 29145 | −58.41 | 39842 | 203584 | −80.43 |
| 116 | 斐济 | 6015 | 15423 | −61.00 | 36162 | 122718 | −70.53 |
| 117 | 巴林 | 3588 | 6751 | −46.85 | 34272 | 43281 | −20.82 |
| 118 | 伯利兹 | 11388 | 1250 | 811.04 | 33993 | 5717 | 494.60 |
| 119 | 文莱 | 1302 | 1326 | −1.81 | 32464 | 41963 | −22.64 |
| 120 | 毛里求斯 | 6330 | 16919 | −62.59 | 31217 | 145595 | −78.56 |
| 121 | 马达加斯加 | 13884 | 165949 | −91.63 | 29503 | 262287 | −88.75 |
| 122 | 几内亚 | 59048 | 17054 | 246.24 | 28900 | 21303 | 35.66 |
| 123 | 扎伊尔 | 21232 | 215370 | −90.14 | 27000 | 108519 | −75.12 |
| 124 | 所罗门群岛 | 612 | 567 | 7.94 | 25484 | 11832 | 115.38 |
| 125 | 牙买加 | 7075 | 13433 | −47.33 | 25029 | 85040 | −70.57 |
| 126 | 爱沙尼亚 | 338 | 7867 | −95.70 | 24466 | 33894 | −27.82 |
| 127 | 卢森堡 | 2688 | 563 | 377.44 | 22171 | 1137 | 1849.96 |
| 128 | 阿曼 | 1498 | 6662 | −77.51 | 21937 | 131342 | −83.30 |
| 129 | 东帝汶 | 1284 | 1557 | −17.53 | 21373 | 14530 | 47.10 |
| 130 | 塞拉利昂 | 43070 | 7547 | 470.69 | 21036 | 960 | 2091.25 |
| 131 | 摩尔多瓦 | 117 | 300 | −61.00 | 20793 | 26498 | −21.53 |
| 132 | 冈比亚 | 6318 | 1174 | 438.16 | 19754 | 1695 | 1065.43 |
| 133 | 巴勒斯坦 | 3485 | | | 19257 | 7 | 275000.00 |
| 134 | 加蓬 | 3682 | 1468 | 150.82 | 18031 | 4613 | 290.87 |
| 135 | 新喀里多尼亚 | 631 | 168 | 275.60 | 14460 | 3999 | 261.59 |
| 136 | 法属波利尼西亚 | 682 | 399 | 70.93 | 13107 | 13757 | −4.72 |
| 137 | 特立尼达和多巴哥 | 3781 | 14155 | −73.29 | 9112 | 40723 | −77.62 |
| 138 | 老挝 | 296 | 3782 | −92.17 | 7961 | 4301 | 85.10 |
| 139 | 博茨瓦那 | 882 | 8961 | −90.16 | 7094 | 40941 | −82.67 |
| 140 | 法罗群岛 | 5 | | | 6925 | | |
| 141 | 毛里塔尼亚 | 6560 | 7410 | −11.47 | 4740 | 1569 | 202.10 |
| 142 | 瓦努阿图 | 177 | 1499 | −88.19 | 4547 | 8702 | −47.75 |
| 143 | 刚果 | 2454 | 14890 | −83.52 | 4119 | 6236 | −33.95 |
| 144 | 苏里南 | 3162 | 3180 | −0.57 | 3626 | 5470 | −33.71 |
| 145 | 波斯尼亚-黑塞哥维那共和国 | 43 | 901 | −95.23 | 3591 | 20374 | −82.37 |

续表

| 排名 | 国家和地区 | 数量（件） | | | 金额（美元） | | |
|---|---|---|---|---|---|---|---|
| | | 2020年1~6月 | 2019年1~6月 | 同比% | 2020年1~6月 | 2019年1~6月 | 同比% |
| 146 | 汤加 | 1290 | 1004 | 28.49 | 3498 | 1494 | 134.14 |
| 147 | 留尼汪 | 2002 | 143 | 1300.00 | 3448 | 1885 | 82.92 |
| 148 | 索马里 | 21150 | 15200 | 39.14 | 3340 | 5850 | −42.91 |
| 149 | 马拉维 | 494 | 6643 | −92.56 | 3280 | 4413 | −25.67 |
| 150 | 马尔代夫 | 241 | 1399 | −82.77 | 3201 | 4437 | −27.86 |
| 151 | 马绍尔群岛共和国 | 95 | 1 | 9400.00 | 2861 | 67 | 4170.15 |
| 152 | 社会群岛 | 393 | | | 2529 | | |
| 153 | 利比里亚 | 2182 | 2774 | −21.34 | 1767 | 24399 | −92.76 |
| 154 | 塔吉克斯坦 | 10 | 3065 | −99.67 | 1400 | 20300 | −93.10 |
| 155 | 圭亚那 | 2330 | 23716 | −90.18 | 1234 | 70770 | −98.26 |
| 156 | 瓜德罗普岛 | 19 | 735 | −97.41 | 1133 | 255 | 344.31 |
| 157 | 基里巴斯 | 48 | | | 810 | | |
| 158 | 阿鲁巴岛 | 3 | 618 | −99.51 | 622 | 80 | 677.50 |
| 159 | 安提瓜和巴布达 | 245 | | | 610 | | |
| 160 | 大洋洲其他国家（地区） | 127 | 112 | 13.39 | 588 | 345 | 70.43 |
| 161 | 赤道几内亚 | 6 | 22 | −72.73 | 500 | 132 | 278.79 |
| 162 | 佛得角 | 373 | 2081 | −82.08 | 376 | 3074 | −87.77 |
| 163 | 海地 | 38 | 1722 | −97.79 | 373 | 1197 | −68.84 |
| 164 | 帕劳共和国 | 2 | 152 | −98.68 | 356 | 1847 | −80.73 |
| 165 | 黑山 | 524 | 1953 | −73.17 | 277 | 1762 | −84.28 |
| 166 | 亚美尼亚 | 4 | 937 | −99.57 | 268 | 5997 | −95.53 |
| 167 | 津巴布韦 | 25 | 290 | −91.38 | 231 | 6353 | −96.36 |
| 168 | 前南斯拉夫马其顿共和国 | 13 | 3 | 333.33 | 195 | 84 | 132.14 |
| 169 | 圣卢西亚 | 24 | 1979 | −98.79 | 161 | 946 | −82.98 |
| 170 | 圣多美和普林西比 | 6 | 242 | −97.52 | 105 | 2096 | −94.99 |
| 171 | 开曼群岛 | 5 | | | 51 | 9 | 466.67 |
| 172 | 卢旺达 | 20 | | | 16 | 18 | −11.11 |

（数据来源：海关总署 中国轻工业信息中心 中国乐器协会信息部）

# 2020年1~6月中国乐器各省市海关出口情况

| 排名 | 省(市) | 数量 | | | 金额(美元) | | |
|---|---|---|---|---|---|---|---|
| | | 2020年1~6月 | 2019年1~6月 | 同比% | 2020年1~6月 | 2019年1~6月 | 同比% |
| 1 | 广东 | 14398687 | 25112287 | −42.66 | 251148799 | 276108662 | −9.04 |
| 2 | 浙江 | 24734810 | 32781024 | −24.55 | 84223358 | 85916986 | −1.97 |
| 3 | 天津 | 2517857 | 3690686 | −31.78 | 80578483 | 120584873 | −33.18 |
| 4 | 江苏 | 5359385 | 5207586 | 2.91 | 78676763 | 85855801 | −8.36 |
| 5 | 上海 | 1484730 | 2464935 | −39.77 | 33751532 | 47630689 | −29.14 |
| 6 | 山东 | 2286924 | 2314522 | −1.19 | 30361508 | 33603165 | −9.65 |
| 7 | 河北 | 1662763 | 2171341 | −23.42 | 26506104 | 29461784 | −10.03 |
| 8 | 福建 | 3054297 | 3648140 | −16.28 | 23238115 | 20903166 | 11.17 |
| 9 | 辽宁 | 173767 | 197125 | −11.85 | 13396580 | 15005550 | −10.72 |
| 10 | 北京 | 101657 | 190729 | −46.70 | 12719569 | 20987847 | −39.40 |
| 11 | 湖南 | 950126 | 104252 | 811.37 | 8881525 | 1508597 | 488.73 |
| 12 | 贵州 | 253794 | 175903 | 44.28 | 6308904 | 4158833 | 51.70 |
| 13 | 江西 | 219225 | 242407 | −9.56 | 4055352 | 790574 | 412.96 |
| 14 | 安徽 | 111622 | 162556 | −31.33 | 3668646 | 2324092 | 57.85 |
| 15 | 湖北 | 139101 | 217618 | −36.08 | 3270966 | 5997186 | −45.46 |
| 16 | 黑龙江 | 308088 | 528188 | −41.67 | 3232061 | 4272248 | −24.35 |
| 17 | 河南 | 48797 | 74249 | −34.28 | 2184044 | 2261520 | −3.43 |
| 18 | 四川 | 171401 | 37599 | 355.87 | 1753413 | 1006964 | 74.13 |
| 19 | 广西 | 34861 | 36178 | −3.64 | 1138161 | 1123853 | 1.27 |
| 20 | 新疆 | 215491 | 90434 | 138.29 | 841214 | 824568 | 2.02 |
| 21 | 重庆 | 31272 | 9323 | 235.43 | 313839 | 98242 | 219.46 |
| 22 | 陕西 | 9433 | 9880 | −4.52 | 280932 | 316993 | −11.38 |
| 23 | 西藏 | 5008 | 5126 | −2.30 | 183659 | 313776 | −41.47 |
| 24 | 云南 | 1293 | 160053 | −99.19 | 132673 | 173225 | −23.41 |
| 25 | 内蒙古 | 12052 | 12974 | −7.11 | 82144 | 42096 | 95.13 |
| 26 | 吉林 | 1632 | 171366 | −99.05 | 20161 | 35028 | −42.44 |
| 27 | 山西 | 60024 | 61448 | −2.32 | 3601 | 15882 | −77.33 |

（数据来源：海关总署 中国轻工业信息中心 中国乐器协会信息部）

# 2020年1~6月立式钢琴出口国家和地区

（按出口金额排序）

| 排名 | 国家和地区 | 数量（台） | | | 金额（美元） | | |
|---|---|---|---|---|---|---|---|
| | | 2020年1~6月 | 2019年1~6月 | 同比% | 2020年1~6月 | 2019年1~6月 | 同比% |
| 1 | 美国 | 712 | 1261 | -43.54 | 1193993 | 2098822 | -43.11 |
| 2 | 德国 | 775 | 771 | 0.52 | 1062337 | 1085215 | -2.11 |
| 3 | 中国香港 | 264 | 261 | 1.15 | 759954 | 551814 | 37.72 |
| 4 | 韩国 | 264 | 210 | 25.71 | 558818 | 429880 | 29.99 |
| 5 | 俄罗斯联邦 | 279 | 133 | 109.77 | 426279 | 191836 | 122.21 |
| 6 | 荷兰 | 232 | 361 | -35.73 | 398475 | 609308 | -34.60 |
| 7 | 新加坡 | 255 | 327 | -22.02 | 388468 | 572031 | -32.09 |
| 8 | 比利时 | 241 | 334 | -27.84 | 270596 | 470482 | -42.49 |
| 9 | 法国 | 221 | 308 | -28.25 | 269609 | 428238 | -37.04 |
| 10 | 波兰 | 201 | 610 | -67.05 | 243516 | 657685 | -62.97 |
| 11 | 英国 | 178 | 118 | 50.85 | 231028 | 133907 | 72.53 |
| 12 | 朝鲜 | 157 | 585 | -73.16 | 211400 | 840611 | -74.85 |
| 13 | 新西兰 | 61 | 32 | 90.63 | 197215 | 112210 | 75.76 |
| 14 | 日本 | 114 | 206 | -44.66 | 180872 | 334961 | -46.00 |
| 15 | 意大利 | 128 | 242 | -47.11 | 160654 | 133717 | 20.14 |
| 16 | 澳大利亚 | 73 | 415 | -82.41 | 133556 | 771194 | -82.68 |
| 17 | 马来西亚 | 173 | 182 | -4.95 | 120779 | 251233 | -51.93 |
| 18 | 阿拉伯联合酋长国 | 82 | 92 | -10.87 | 116895 | 104290 | 12.09 |
| 19 | 奥地利 | 71 | 95 | -25.26 | 107700 | 143428 | -24.91 |
| 20 | 中国台湾 | 14 | 14 | 0.00 | 99881 | 40896 | 144.23 |
| 21 | 印度 | 50 | 91 | -45.05 | 90574 | 141201 | -35.85 |
| 22 | 澳门 | 54 | 39 | 38.46 | 83326 | 33953 | 145.42 |
| 23 | 土耳其 | 70 | 91 | -23.08 | 82711 | 99401 | -16.79 |
| 24 | 泰国 | 47 | | | 81087 | | |
| 25 | 越南 | 43 | 28 | 53.57 | 75395 | 39751 | 89.67 |
| 26 | 捷克共和国 | 41 | 18 | 127.78 | 64946 | 33911 | 91.52 |
| 27 | 爱尔兰 | 40 | 112 | -64.29 | 64766 | 173749 | -62.72 |
| 28 | 巴西 | 56 | 75 | -25.33 | 62970 | 78480 | -19.76 |

续表

| 排名 | 国家和地区 | 数量（台） | | | 金额（美元） | | |
|---|---|---|---|---|---|---|---|
| | | 2020年1~6月 | 2019年1~6月 | 同比% | 2020年1~6月 | 2019年1~6月 | 同比% |
| 29 | 加拿大 | 70 | 205 | −65.85 | 60269 | 136781 | −55.94 |
| 30 | 塞浦路斯 | 43 | 83 | −48.19 | 59095 | 122717 | −51.84 |
| 31 | 以色列 | 31 | 57 | −45.61 | 42590 | 83091 | −48.74 |
| 32 | 马耳他 | 32 | 68 | −52.94 | 39596 | 96750 | −59.07 |
| 33 | 秘鲁 | 23 | 15 | 53.33 | 34359 | 22076 | 55.64 |
| 34 | 伊拉克 | 31 | 14 | 121.43 | 31831 | 16400 | 94.09 |
| 35 | 印度尼西亚 | 50 | 8 | 525.00 | 29300 | 10320 | 183.91 |
| 36 | 希腊 | 13 | 144 | −90.97 | 25203 | 211198 | −88.07 |
| 37 | 叙利亚 | 13 | 14 | −7.14 | 22858 | 22734 | 0.55 |
| 38 | 拉脱维亚 | 15 | 5 | 200.00 | 20772 | 4000 | 419.30 |
| 39 | 阿尔巴尼亚 | 17 | | | 19279 | | |
| 40 | 阿塞拜疆 | 11 | | | 16126 | | |
| 41 | 文莱 | 6 | 3 | 100.00 | 12032 | 3639 | 230.64 |
| 42 | 阿根廷 | 8 | 10 | −20.00 | 10710 | 12280 | −12.79 |
| 43 | 埃及 | 8 | 40 | −80.00 | 10043 | 52167 | −80.75 |
| 44 | 埃塞俄比亚 | 4 | 6 | −33.33 | 8436 | 14389 | −41.37 |
| 45 | 巴基斯坦 | 5 | | | 6925 | | |
| 46 | 巴拿马 | 1 | | | 6489 | | |
| 47 | 白俄罗斯 | 4 | 16 | −75.00 | 4750 | 22911 | −79.27 |
| 48 | 保加利亚 | 2 | | | 3424 | | |
| 49 | 波多黎各 | 1 | | | 2260 | | |
| 50 | 丹麦 | 6 | | | 589 | | |

（数据来源：海关总署 中国轻工业信息中心 中国乐器协会信息部）

# 2020年1~6月三角钢琴出口国家和地区

（按出口金额排序）

| 排名 | 国家和地区 | 数量（台） | | | 金额（美元） | | |
|---|---|---|---|---|---|---|---|
| | | 2020年1~6月 | 2019年1~6月 | 同比% | 2020年1~6月 | 2019年1~6月 | 同比% |
| 1 | 美国 | 353 | 952 | −62.92 | 1293803 | 3592711 | −63.99 |
| 2 | 日本 | 43 | 120 | −64.17 | 1179009 | 149449 | 688.90 |
| 3 | 捷克共和国 | 193 | 187 | 3.21 | 961559 | 653806 | 47.07 |
| 4 | 澳大利亚 | 27 | 118 | −77.12 | 558411 | 485219 | 15.08 |
| 5 | 中国台湾 | 12 | 401 | −97.01 | 545005 | 474273 | 14.91 |
| 6 | 新加坡 | 11 | 128 | −91.41 | 543546 | 866629 | −37.28 |
| 7 | 德国 | 81 | 262 | −69.08 | 430957 | 706563 | −39.01 |
| 8 | 越南 | 19 | 4 | 375.00 | 326261 | 21829 | 1394.62 |
| 9 | 荷兰 | 38 | 111 | −65.77 | 262818 | 185399 | 41.76 |
| 10 | 韩国 | 38 | 112 | −66.07 | 231983 | 605961 | −61.72 |
| 11 | 中国香港 | 24 | 1879 | −98.72 | 198062 | 227116 | −12.79 |
| 12 | 俄罗斯联邦 | 40 | 380 | −89.47 | 173818 | 79281 | 119.24 |
| 13 | 马来西亚 | 13 | 188 | −93.09 | 137737 | 190140 | −27.56 |
| 14 | 泰国 | 39 | 42 | −7.14 | 117214 | 463570 | −74.71 |
| 15 | 英国 | 23 | 304 | −92.43 | 104998 | 193713 | −45.80 |
| 16 | 爱尔兰 | 37 | 48 | −22.92 | 96520 | 131611 | −26.66 |
| 17 | 比利时 | 15 | 43 | −65.12 | 90888 | 174993 | −48.06 |
| 18 | 新西兰 | 11 | 13 | −15.38 | 78385 | 102966 | −23.87 |
| 19 | 朝鲜 | 31 | 3 | 933.33 | 71484 | 10800 | 561.89 |
| 20 | 波兰 | 15 | 40 | −62.50 | 66267 | 126918 | −47.79 |
| 21 | 奥地利 | 14 | 30 | −53.33 | 66098 | 89862 | −26.44 |
| 22 | 意大利 | 11 | 141 | −92.20 | 42731 | 39442 | 8.34 |
| 23 | 阿根廷 | 10 | | | 34233 | | |
| 24 | 巴西 | 11 | 49 | −77.55 | 34035 | 133718 | −74.55 |
| 25 | 伊朗 | 9 | | | 33966 | | |
| 26 | 阿塞拜疆 | 9 | 5 | 80.00 | 31790 | 18760 | 69.46 |
| 27 | 阿拉伯联合酋长国 | 7 | 32 | −78.13 | 29825 | 6270 | 375.68 |
| 28 | 加拿大 | 6 | 235 | −97.45 | 24306 | 77745 | −68.74 |
| 29 | 土耳其 | 6 | 17 | −64.71 | 21140 | 50486 | −58.13 |
| 30 | 塞浦路斯 | 3 | 8 | −62.50 | 18988 | 31158 | −39.06 |

续表

| 排名 | 国家和地区 | 数量（台） | | | 金额（美元） | | |
|---|---|---|---|---|---|---|---|
| | | 2020年1~6月 | 2019年1~6月 | 同比% | 2020年1~6月 | 2019年1~6月 | 同比% |
| 31 | 南非 | 4 | 1 | 300.00 | 16510 | 4939 | 234.28 |
| 32 | 墨西哥 | 4 | 65 | −93.85 | 15540 | 1634 | 851.04 |
| 33 | 马耳他 | 4 | 3 | 33.33 | 15152 | 4056 | 273.57 |
| 34 | 印度 | 3 | 12 | −75.00 | 12530 | 72738 | −82.77 |
| 35 | 黎巴嫩 | 1 | 2 | −50.00 | 11316 | 7395 | 53.02 |
| 36 | 阿尔巴尼亚 | 2 | | | 9500 | | |
| 37 | 波多黎各 | 1 | 6 | −83.33 | 8750 | 16904 | −48.24 |
| 38 | 印度尼西亚 | 1 | 21 | −95.24 | 7665 | 58606 | −86.92 |
| 39 | 希腊 | 2 | 1 | 100.00 | 7646 | 6444 | 18.65 |
| 40 | 伊拉克 | 2 | | | 7270 | | |
| 41 | 巴勒斯坦 | 1 | | | 6448 | | |
| 42 | 特立尼达和多巴哥 | 1 | | | 5900 | | |
| 43 | 秘鲁 | 2 | 2 | 0.00 | 5610 | 6400 | −12.34 |
| 44 | 巴拿马 | 1 | | | 5580 | | |
| 45 | 文莱 | 1 | 1 | 0.00 | 3914 | 4223 | −7.32 |
| 46 | 匈牙利 | 1 | 38 | −97.37 | 3193 | 54 | 5812.96 |

（数据来源：海关总署 中国轻工业信息中心 中国乐器协会信息部）

# 2020年1~6月主要乐器出口额前10位国家和地区

（按出口金额排序）

| 商品名称 | 国家和地区数量 | 排名 | 国家和地区 | 数量（件） | | | 金额（美元） | | |
|---|---|---|---|---|---|---|---|---|---|
| | | | | 2020年1~6月 | 2019年1~6月 | 同比% | 2020年1~6月 | 2019年1~6月 | 同比% |
| 立式钢琴 | 50 | 1 | 美国 | 712 | 1261 | −43.54 | 1193993 | 2098822 | −43.11 |
| | | 2 | 德国 | 775 | 771 | 0.52 | 1062337 | 1085215 | −2.11 |
| | | 3 | 中国香港 | 264 | 261 | 1.15 | 759954 | 551814 | 37.72 |
| | | 4 | 韩国 | 264 | 210 | 25.71 | 558818 | 429880 | 29.99 |
| | | 5 | 俄罗斯联邦 | 279 | 133 | 109.77 | 426279 | 191836 | 122.21 |
| | | 6 | 荷兰 | 232 | 361 | −35.73 | 398475 | 609308 | −34.60 |

续表

| 商品名称 | 国家和地区数量 | 排名 | 国家和地区 | 数量（件） | | | 金额（美元） | | |
|---|---|---|---|---|---|---|---|---|---|
| | | | | 2020年1~6月 | 2019年1~6月 | 同比% | 2020年1~6月 | 2019年1~6月 | 同比% |
| 立式钢琴 | 50 | 7 | 新加坡 | 255 | 327 | −22.02 | 388468 | 572031 | −32.09 |
| | | 8 | 比利时 | 241 | 334 | −27.84 | 270596 | 470482 | −42.49 |
| | | 9 | 法国 | 221 | 308 | −28.25 | 269609 | 428238 | −37.04 |
| | | 10 | 波兰 | 201 | 610 | −67.05 | 243516 | 657685 | −62.97 |
| 三角钢琴 | 46 | 1 | 美国 | 353 | 952 | −62.92 | 1293803 | 3592711 | −63.99 |
| | | 2 | 日本 | 43 | 120 | −64.17 | 1179009 | 149449 | 688.90 |
| | | 3 | 捷克共和国 | 193 | 187 | 3.21 | 961559 | 653806 | 47.07 |
| | | 4 | 澳大利亚 | 27 | 118 | −77.12 | 558411 | 485219 | 15.08 |
| | | 5 | 中国台湾 | 12 | 401 | −97.01 | 545005 | 474273 | 14.91 |
| | | 6 | 新加坡 | 11 | 128 | −91.41 | 543546 | 866629 | −37.28 |
| | | 7 | 德国 | 81 | 262 | −69.08 | 430957 | 706563 | −39.01 |
| | | 8 | 越南 | 19 | 4 | 375.00 | 326261 | 21829 | 1394.62 |
| | | 9 | 荷兰 | 38 | 111 | −65.77 | 262818 | 185399 | 41.76 |
| | | 10 | 韩国 | 38 | 112 | −66.07 | 231983 | 605961 | −61.72 |
| 拨弦古钢琴及其他键盘弦乐器 | 56 | 1 | 比利时 | 2652 | 1 | 265100.00 | 547769 | 583 | 93856.95 |
| | | 2 | 日本 | 1200 | 700 | 71.43 | 314262 | 10995 | 2758.23 |
| | | 3 | 英国 | 2014 | 523 | 285.09 | 145391 | 9939 | 1362.83 |
| | | 4 | 美国 | 4059 | 14031 | −71.07 | 121165 | 246710 | −50.89 |
| | | 5 | 沙特阿拉伯 | 1153 | | | 75620 | | |
| | | 6 | 中国台湾 | 2581 | 1204 | 114.37 | 66802 | 62574 | 6.76 |
| | | 7 | 泰国 | 42 | 83 | −49.40 | 47892 | 13442 | 256.29 |
| | | 8 | 蒙古 | 41 | 37 | 10.81 | 43971 | 4659 | 843.79 |
| | | 9 | 马来西亚 | 706 | 53 | 1232.08 | 38872 | 12156 | 219.78 |
| | | 10 | 土耳其 | 6201 | 47 | 13093.62 | 32797 | 15594 | 110.32 |
| 弓弦乐器 | 95 | 1 | 美国 | 162390 | 184150 | −11.82 | 11938734 | 16357684 | −27.01 |
| | | 2 | 德国 | 24364 | 23897 | 1.95 | 1897775 | 1731503 | 9.60 |
| | | 3 | 韩国 | 41234 | 56958 | −27.61 | 1875159 | 2391401 | −21.59 |
| | | 4 | 日本 | 19509 | 21047 | −7.31 | 1685543 | 1518710 | 10.99 |
| | | 5 | 英国 | 24313 | 18126 | 34.13 | 1529112 | 1229635 | 24.35 |
| | | 6 | 加拿大 | 10506 | 17835 | −41.09 | 1068925 | 1519635 | −29.66 |
| | | 7 | 墨西哥 | 25947 | 28114 | −7.71 | 827643 | 774782 | 6.82 |
| | | 8 | 巴西 | 19948 | 31243 | −36.15 | 768366 | 1047259 | −26.63 |
| | | 9 | 澳大利亚 | 11970 | 9631 | 24.29 | 731757 | 860998 | −15.01 |
| | | 10 | 土耳其 | 21771 | 15452 | 40.89 | 557774 | 407045 | 37.03 |

续表

| 商品名称 | 国家和地区数量 | 排名 | 国家和地区 | 数量（件） | | | 金额（美元） | | |
|---|---|---|---|---|---|---|---|---|---|
| | | | | 2020年1~6月 | 2019年1~6月 | 同比% | 2020年1~6月 | 2019年1~6月 | 同比% |
| 其他弦乐器 | 138 | 1 | 美国 | 986936 | 1327972 | −25.68 | 34036294 | 41074936 | −17.14 |
| | | 2 | 德国 | 300405 | 345075 | −12.95 | 11277975 | 13075390 | −13.75 |
| | | 3 | 泰国 | 153840 | 120739 | 27.42 | 10504046 | 3823034 | 174.76 |
| | | 4 | 日本 | 200931 | 110696 | 81.52 | 10385725 | 5803381 | 78.96 |
| | | 5 | 英国 | 233232 | 237940 | −1.98 | 6119068 | 6374692 | −4.01 |
| | | 6 | 巴西 | 259588 | 298711 | −13.10 | 6029510 | 7980291 | −24.44 |
| | | 7 | 越南 | 132315 | 109995 | 20.29 | 5501881 | 3243292 | 69.64 |
| | | 8 | 荷兰 | 115140 | 152112 | −24.31 | 5159132 | 5092753 | 1.30 |
| | | 9 | 法国 | 80588 | 106639 | −24.43 | 5110902 | 5148975 | −0.74 |
| | | 10 | 俄罗斯联邦 | 201129 | 146933 | 36.88 | 4751467 | 2558101 | 85.74 |
| 铜管乐器 | 83 | 1 | 美国 | 93333 | 122085 | −23.55 | 18680563 | 23503622 | −20.52 |
| | | 2 | 德国 | 33408 | 32824 | 1.78 | 5607579 | 5575968 | 0.57 |
| | | 3 | 法国 | 7088 | 10924 | −35.12 | 1995320 | 2813474 | −29.08 |
| | | 4 | 日本 | 18271 | 32003 | −42.91 | 1863003 | 2106088 | −11.54 |
| | | 5 | 英国 | 11612 | 15071 | −22.95 | 1647078 | 2754965 | −40.21 |
| | | 6 | 中国台湾 | 4627 | 4184 | 10.59 | 989896 | 716816 | 38.10 |
| | | 7 | 加拿大 | 21741 | 34867 | −37.65 | 878585 | 1215002 | −27.69 |
| | | 8 | 巴西 | 4982 | 16215 | −69.28 | 747112 | 1787988 | −58.21 |
| | | 9 | 墨西哥 | 5574 | 4840 | 15.17 | 714174 | 545265 | 30.98 |
| | | 10 | 澳大利亚 | 8370 | 3012 | 177.89 | 618883 | 566330 | 9.28 |
| 键盘管风琴；簧风琴等游离金属簧片键盘乐器 | 50 | 1 | 日本 | 149954 | 157990 | −5.09 | 1697944 | 1747444 | −2.83 |
| | | 2 | 土耳其 | 242960 | 151134 | 60.76 | 925348 | 543691 | 70.20 |
| | | 3 | 印度尼西亚 | 84874 | 214713 | −60.47 | 338584 | 707825 | −52.17 |
| | | 4 | 秘鲁 | 27542 | 15556 | 77.05 | 163165 | 122841 | 32.83 |
| | | 5 | 泰国 | 19740 | 15399 | 28.19 | 154944 | 94753 | 63.52 |
| | | 6 | 墨西哥 | 26376 | 25140 | 4.92 | 152199 | 140731 | 8.15 |
| | | 7 | 美国 | 12183 | 10474 | 16.32 | 107006 | 40790 | 162.33 |
| | | 8 | 德国 | 11333 | 14462 | −21.64 | 73237 | 168460 | −56.53 |
| | | 9 | 斯里兰卡 | 9952 | 10139 | −1.84 | 69044 | 86891 | −20.54 |
| | | 10 | 巴西 | 11960 | 18699 | −36.04 | 56924 | 38431 | 48.12 |
| 手风琴及类似乐器 | 68 | 1 | 美国 | 18305 | 23955 | −23.59 | 1264821 | 1606836 | −21.28 |
| | | 2 | 德国 | 2099 | 1066 | 96.90 | 399000 | 155861 | 156.00 |
| | | 3 | 墨西哥 | 1824 | 5785 | −68.47 | 256413 | 328299 | −21.90 |

续表

| 商品名称 | 国家和地区数量 | 排名 | 国家和地区 | 数量（件） | | | 金额（美元） | | |
|---|---|---|---|---|---|---|---|---|---|
| | | | | 2020年1~6月 | 2019年1~6月 | 同比% | 2020年1~6月 | 2019年1~6月 | 同比% |
| 手风琴及类似乐器 | 68 | 4 | 日本 | 1030 | 3156 | −67.36 | 176162 | 300708 | −41.42 |
| | | 5 | 巴拉圭 | 972 | 9817 | −90.10 | 172220 | 128745 | 33.77 |
| | | 6 | 巴西 | 1525 | 8163 | −81.32 | 151457 | 220612 | −31.35 |
| | | 7 | 法国 | 623 | 799 | −22.03 | 149811 | 63232 | 136.92 |
| | | 8 | 爱尔兰 | 700 | 770 | −9.09 | 128685 | 156740 | −17.90 |
| | | 9 | 俄罗斯联邦 | 1933 | 4980 | −61.18 | 80181 | 157459 | −49.08 |
| | | 10 | 英国 | 2155 | 1113 | 93.62 | 74202 | 81851 | −9.35 |
| 口琴 | 77 | 1 | 美国 | 616201 | 656028 | −6.07 | 1030576 | 1293495 | −20.33 |
| | | 2 | 日本 | 148240 | 314775 | −52.91 | 749981 | 798805 | −6.11 |
| | | 3 | 韩国 | 149235 | 146262 | 2.03 | 714747 | 509593 | 40.26 |
| | | 4 | 德国 | 109698 | 117578 | −6.70 | 303865 | 339484 | −10.49 |
| | | 5 | 印度 | 81689 | 212214 | −61.51 | 174197 | 330983 | −47.37 |
| | | 6 | 新加坡 | 37084 | 861 | 4207.08 | 118893 | 4313 | 2656.62 |
| | | 7 | 泰国 | 11896 | 18060 | −34.13 | 115109 | 29842 | 285.73 |
| | | 8 | 哈萨克斯坦 | 16540 | | | 109587 | | |
| | | 9 | 荷兰 | 26748 | 26117 | 2.42 | 98029 | 76535 | 28.08 |
| | | 10 | 英国 | 62898 | 37837 | 66.23 | 94299 | 63024 | 49.62 |
| 其他管乐器，但游艺场风琴及手摇风琴除外 | 107 | 1 | 美国 | 612135 | 723825 | −15.43 | 13829356 | 17442680 | −20.72 |
| | | 2 | 德国 | 109578 | 90984 | 20.44 | 3498455 | 2785681 | 25.59 |
| | | 3 | 加拿大 | 508502 | 213452 | 138.23 | 1342413 | 1792116 | −25.09 |
| | | 4 | 英国 | 110706 | 108723 | 1.82 | 997653 | 929292 | 7.36 |
| | | 5 | 日本 | 167531 | 185034 | −9.46 | 781851 | 867575 | −9.88 |
| | | 6 | 韩国 | 10251 | 29731 | −65.52 | 770881 | 957645 | −19.50 |
| | | 7 | 中国香港 | 33451 | 5351 | 525.14 | 614360 | 962192 | −36.15 |
| | | 8 | 墨西哥 | 283777 | 273097 | 3.91 | 517719 | 672568 | −23.02 |
| | | 9 | 意大利 | 66989 | 78357 | −14.51 | 483544 | 374344 | 29.17 |
| | | 10 | 法国 | 60534 | 81382 | −25.62 | 451492 | 1293318 | −65.09 |
| 打击乐器 | 123 | 1 | 美国 | 775859 | 965659 | −19.65 | 14311211 | 20194264 | −29.13 |
| | | 2 | 德国 | 347439 | 312397 | 11.22 | 5587094 | 6144277 | −9.07 |
| | | 3 | 韩国 | 222997 | 238951 | −6.68 | 2313947 | 2124682 | 8.91 |
| | | 4 | 日本 | 173130 | 190676 | −9.20 | 2164958 | 2000647 | 8.21 |
| | | 5 | 荷兰 | 40281 | 51283 | −21.45 | 1595404 | 2477764 | −35.61 |
| | | 6 | 英国 | 113437 | 174485 | −34.99 | 1585142 | 2123353 | −25.35 |

续表

| 商品名称 | 国家和地区数量 | 排名 | 国家和地区 | 数量（件） | | | 金额（美元） | | |
|---|---|---|---|---|---|---|---|---|---|
| | | | | 2020年1~6月 | 2019年1~6月 | 同比% | 2020年1~6月 | 2019年1~6月 | 同比% |
| 打击乐器 | 123 | 7 | 尼日利亚 | 56066 | 119721 | −53.17 | 1365871 | 2501600 | −45.40 |
| | | 8 | 加拿大 | 60487 | 81225 | −25.53 | 1040582 | 1495721 | −30.43 |
| | | 9 | 泰国 | 23184 | 27387 | −15.35 | 933870 | 1005853 | −7.16 |
| | | 10 | 澳大利亚 | 59047 | 69307 | −14.80 | 867565 | 1063106 | −18.39 |
| 通过电产生或扩大声音的键盘乐器 | 135 | 1 | 美国 | 512179 | 639599 | −19.92 | 34473818 | 45634443 | −24.46 |
| | | 2 | 德国 | 238413 | 273856 | −12.94 | 18869613 | 21350463 | −11.62 |
| | | 3 | 日本 | 221726 | 161272 | 37.49 | 17865492 | 16367665 | 9.15 |
| | | 4 | 英国 | 141726 | 104171 | 36.05 | 12219003 | 9043380 | 35.12 |
| | | 5 | 韩国 | 96311 | 86443 | 11.42 | 9809192 | 10251594 | −4.32 |
| | | 6 | 法国 | 57426 | 73446 | −21.81 | 5579181 | 6108341 | −8.66 |
| | | 7 | 巴西 | 67572 | 61739 | 9.45 | 4565539 | 4253181 | 7.34 |
| | | 8 | 加拿大 | 27360 | 28763 | −4.88 | 4247153 | 3205190 | 32.51 |
| | | 9 | 荷兰 | 33840 | 22288 | 51.83 | 4028726 | 1754210 | 129.66 |
| | | 10 | 澳大利亚 | 58356 | 43141 | 35.27 | 3882963 | 3320433 | 16.94 |
| 其他通过电产生或扩大声音的乐器 | 91 | 1 | 美国 | 335210 | 347104 | −3.43 | 25576678 | 26510472 | −3.52 |
| | | 2 | 德国 | 137852 | 105467 | 30.71 | 9923591 | 8611082 | 15.24 |
| | | 3 | 日本 | 84058 | 75873 | 10.79 | 7663512 | 6351425 | 20.66 |
| | | 4 | 荷兰 | 76805 | 63165 | 21.59 | 6321348 | 5581599 | 13.25 |
| | | 5 | 英国 | 59020 | 40762 | 44.79 | 4520365 | 2761298 | 63.70 |
| | | 6 | 澳大利亚 | 24042 | 24579 | −2.18 | 1718627 | 2339911 | −26.55 |
| | | 7 | 加拿大 | 18606 | 16973 | 9.62 | 1694703 | 1377653 | 23.01 |
| | | 8 | 泰国 | 18691 | 14691 | 27.23 | 1568619 | 789937 | 98.58 |
| | | 9 | 马来西亚 | 10569 | 22421 | −52.86 | 1348932 | 1963356 | −31.29 |
| | | 10 | 韩国 | 22846 | 9127 | 150.31 | 1290593 | 845147 | 52.71 |
| 百音盒 | 90 | 1 | 美国 | 1027397 | 978765 | 4.97 | 4288223 | 4006113 | 7.04 |
| | | 2 | 英国 | 337016 | 287391 | 17.27 | 1422984 | 832144 | 71.00 |
| | | 3 | 新加坡 | 66076 | 26887 | 145.75 | 1221205 | 221383 | 451.63 |
| | | 4 | 日本 | 211478 | 332261 | −36.35 | 765685 | 657604 | 16.44 |
| | | 5 | 法国 | 200273 | 202135 | −0.92 | 600446 | 532657 | 12.73 |
| | | 6 | 德国 | 331122 | 381234 | −13.14 | 546501 | 800068 | −31.69 |
| | | 7 | 土耳其 | 145127 | 176613 | −17.83 | 536679 | 407981 | 31.55 |
| | | 8 | 韩国 | 195200 | 82822 | 135.69 | 440827 | 146922 | 200.04 |
| | | 9 | 菲律宾 | 45026 | 4798 | 838.43 | 415517 | 16161 | 2471.11 |
| | | 10 | 墨西哥 | 72325 | 255680 | −71.71 | 411126 | 404334 | 1.68 |

续表

| 商品名称 | 国家和地区数量 | 排名 | 国家和地区 | 数量（件） | | | 金额（美元） | | |
|---|---|---|---|---|---|---|---|---|---|
| | | | | 2020年1~6月 | 2019年1~6月 | 同比% | 2020年1~6月 | 2019年1~6月 | 同比% |
| 其他乐器；各种媒诱音响器、哨子、号角等 | 130 | 1 | 美国 | 4534700 | 5695128 | −20.38 | 1361712 | 1511037 | −9.88 |
| | | 2 | 日本 | 2036412 | 2725993 | −25.30 | 773131 | 593382 | 30.29 |
| | | 3 | 韩国 | 405248 | 271585 | 49.22 | 759957 | 183194 | 314.84 |
| | | 4 | 沙特阿拉伯 | 899422 | 156843 | 473.45 | 440150 | 62936 | 599.36 |
| | | 5 | 土耳其 | 1568129 | 226044 | 593.73 | 399414 | 66985 | 496.27 |
| | | 6 | 印度 | 2148199 | 5888315 | −63.52 | 364273 | 409965 | −11.15 |
| | | 7 | 德国 | 578364 | 882867 | −34.49 | 338940 | 338546 | 0.12 |
| | | 8 | 马来西亚 | 292710 | 390640 | −25.07 | 244884 | 140409 | 74.41 |
| | | 9 | 英国 | 421407 | 515905 | −18.32 | 232816 | 357695 | −34.91 |
| | | 10 | 加拿大 | 254987 | 559618 | −54.44 | 206607 | 196904 | 4.93 |
| 乐器用弦 | 87 | 1 | 德国 | 10594 | 6526 | 62.34 | 481973 | 170900 | 182.02 |
| | | 2 | 印度尼西亚 | 25201 | 31786 | −20.72 | 471659 | 485192 | −2.79 |
| | | 3 | 美国 | 12177 | 8377 | 45.36 | 258107 | 226572 | 13.92 |
| | | 4 | 日本 | 11947 | 12215 | −2.19 | 210867 | 221733 | −4.90 |
| | | 5 | 英国 | 5322 | 5403 | −1.50 | 156442 | 97979 | 59.67 |
| | | 6 | 加拿大 | 2752 | 1622 | 69.67 | 133319 | 7520 | 1672.86 |
| | | 7 | 俄罗斯联邦 | 2537 | 1673 | 51.64 | 87218 | 28531 | 205.70 |
| | | 8 | 菲律宾 | 10191 | 13587 | −24.99 | 79675 | 95952 | −16.96 |
| | | 9 | 印度 | 5721 | 13431 | −57.40 | 71982 | 182611 | −60.58 |
| | | 10 | 越南 | 3218 | 3116 | 3.27 | 67067 | 55369 | 21.13 |
| 钢琴的零件、附件 | 47 | 1 | 印度尼西亚 | 986977 | 2395140 | −58.79 | 7239125 | 14263190 | −49.25 |
| | | 2 | 捷克共和国 | 247534 | 352939 | −29.86 | 1586589 | 2462887 | −35.58 |
| | | 3 | 韩国 | 544833 | 524370 | 3.90 | 1428115 | 1432191 | −0.28 |
| | | 4 | 日本 | 110914 | 119090 | −6.87 | 1195792 | 1329578 | −10.06 |
| | | 5 | 德国 | 101552 | 174083 | −41.66 | 476052 | 781260 | −39.07 |
| | | 6 | 白俄罗斯 | 80377 | 33165 | 142.35 | 356712 | 147543 | 141.77 |
| | | 7 | 意大利 | 2812 | 2375 | 18.40 | 318951 | 242143 | 31.72 |
| | | 8 | 中国香港 | 1344 | 9671 | −86.10 | 286266 | 52070 | 449.77 |
| | | 9 | 美国 | 19860 | 32324 | −38.56 | 260657 | 564573 | −53.83 |
| | | 10 | 中国台湾 | 39978 | 55135 | −27.49 | 176086 | 230854 | −23.72 |
| 弦乐器的零件、附件 | 99 | 1 | 印度尼西亚 | 544811 | 467559 | 16.52 | 4509610 | 4844527 | −6.91 |
| | | 2 | 美国 | 352215 | 493866 | −28.68 | 3756865 | 4348316 | −13.60 |
| | | 3 | 日本 | 172614 | 169678 | 1.73 | 1869299 | 1040126 | 79.72 |

续表

| 商品名称 | 国家和地区数量 | 排名 | 国家和地区 | 数量（件） | | | 金额（美元） | | |
|---|---|---|---|---|---|---|---|---|---|
| | | | | 2020年1~6月 | 2019年1~6月 | 同比% | 2020年1~6月 | 2019年1~6月 | 同比% |
| 弦乐器的零件、附件 | 99 | 4 | 德国 | 166564 | 140752 | 18.34 | 1515341 | 1270381 | 19.28 |
| | | 5 | 韩国 | 98293 | 78139 | 25.79 | 911084 | 930508 | −2.09 |
| | | 6 | 英国 | 94708 | 96522 | −1.88 | 865131 | 666863 | 29.73 |
| | | 7 | 越南 | 65988 | 22179 | 197.52 | 601195 | 152290 | 294.77 |
| | | 8 | 澳大利亚 | 70761 | 56454 | 25.34 | 582373 | 524534 | 11.03 |
| | | 9 | 泰国 | 22852 | 16876 | 35.41 | 530728 | 180630 | 193.82 |
| | | 10 | 西班牙 | 17314 | 23866 | −27.45 | 359562 | 262458 | 37.00 |
| 键盘电子乐器的零件、附件 | 81 | 1 | 美国 | 595995 | 650046 | −8.31 | 5319726 | 5129456 | 3.71 |
| | | 2 | 印度尼西亚 | 334428 | 327943 | 1.98 | 4043584 | 3920911 | 3.13 |
| | | 3 | 韩国 | 280289 | 329869 | −15.03 | 1909037 | 2387034 | −20.02 |
| | | 4 | 德国 | 414580 | 487887 | −15.03 | 1557101 | 2198871 | −29.19 |
| | | 5 | 中国香港 | 40866 | 94851 | −56.92 | 1507807 | 3829999 | −60.63 |
| | | 6 | 英国 | 207078 | 172549 | 20.01 | 1424985 | 883435 | 61.30 |
| | | 7 | 日本 | 198397 | 211940 | −6.39 | 1409050 | 1555513 | −9.42 |
| | | 8 | 沙特阿拉伯 | 13982 | 3844 | 263.74 | 585707 | 13205 | 4335.49 |
| | | 9 | 马来西亚 | 33157 | 72410 | −54.21 | 310607 | 2218854 | −86.00 |
| | | 10 | 加拿大 | 43415 | 34383 | 26.27 | 287327 | 225392 | 27.48 |
| 节拍器、音叉及定音管 | 52 | 1 | 美国 | 15963 | 21918 | −27.17 | 363566 | 546544 | −33.48 |
| | | 2 | 中国香港 | 3119 | 10074 | −69.04 | 253458 | 448515 | −43.49 |
| | | 3 | 德国 | 3573 | 3738 | −4.41 | 89662 | 117742 | −23.85 |
| | | 4 | 哈萨克斯坦 | 3946 | | | 59172 | | |
| | | 5 | 日本 | 2812 | 2171 | 29.53 | 48781 | 30274 | 61.13 |
| | | 6 | 英国 | 3410 | 2684 | 27.05 | 40371 | 40534 | −0.40 |
| | | 7 | 吉布提 | 3585 | | | 38001 | | |
| | | 8 | 比利时 | 1603 | 889 | 80.31 | 36284 | 15662 | 131.67 |
| | | 9 | 巴西 | 1618 | 4327 | −62.61 | 28245 | 29292 | −3.57 |
| | | 10 | 俄罗斯联邦 | 908 | 1266 | −28.28 | 20501 | 18135 | 13.05 |
| 百音盒的机械装置 | 38 | 1 | 德国 | 16245 | 15597 | 4.15 | 204782 | 216815 | −5.55 |
| | | 2 | 日本 | 16039 | 23267 | −31.07 | 153138 | 197120 | −22.31 |
| | | 3 | 斯里兰卡 | 10278 | 26689 | −61.49 | 149288 | 306018 | −51.22 |
| | | 4 | 法国 | 11522 | 14118 | −18.39 | 142351 | 174938 | −18.63 |
| | | 5 | 印度尼西亚 | 9496 | 6921 | 37.21 | 127309 | 111875 | 13.80 |
| | | 6 | 美国 | 3310 | 1830 | 80.87 | 67501 | 33936 | 98.91 |

续表

| 商品名称 | 国家和地区数量 | 排名 | 国家和地区 | 数量（件） | | | 金额（美元） | | |
|---|---|---|---|---|---|---|---|---|---|
| | | | | 2020年1~6月 | 2019年1~6月 | 同比% | 2020年1~6月 | 2019年1~6月 | 同比% |
| 百音盒的机械装置 | 38 | 7 | 印度 | 1686 | 1991 | −15.32 | 57002 | 48798 | 16.81 |
| | | 8 | 乌克兰 | 3038 | 72 | 4119.44 | 52920 | 1485 | 3463.64 |
| | | 9 | 克罗地亚共和国 | 1710 | 1897 | −9.86 | 33120 | 36720 | −9.80 |
| | | 10 | 伊朗 | 1005 | 535 | 87.85 | 29720 | 11099 | 167.77 |
| 其他乐器的零件、附件 | 103 | 1 | 美国 | 1432626 | 1602700 | −10.61 | 8307800 | 10311603 | −19.43 |
| | | 2 | 德国 | 384739 | 464760 | −17.22 | 3773565 | 4684167 | −19.44 |
| | | 3 | 日本 | 258108 | 310518 | −16.88 | 3072213 | 3177750 | −3.32 |
| | | 4 | 荷兰 | 129654 | 180540 | −28.19 | 1419792 | 2023693 | −29.84 |
| | | 5 | 韩国 | 168157 | 219470 | −23.38 | 1321440 | 1621713 | −18.52 |
| | | 6 | 中国台湾 | 73082 | 86340 | −15.36 | 1090755 | 1250740 | −12.79 |
| | | 7 | 英国 | 146081 | 184679 | −20.90 | 1036890 | 1814968 | −42.87 |
| | | 8 | 印度尼西亚 | 168818 | 176644 | −4.43 | 1029959 | 838112 | 22.89 |
| | | 9 | 澳大利亚 | 102554 | 132239 | −22.45 | 892503 | 812377 | 9.86 |
| | | 10 | 尼日利亚 | 197973 | 179878 | 10.06 | 849301 | 804478 | 5.57 |

（数据来源：海关总署 中国轻工业信息中心 中国乐器协会信息部）

# 2020年1~6月中国乐器海关进口量值

| 商品名称 | 单位 | 数量 | | | 金额（美元） | | |
|---|---|---|---|---|---|---|---|
| | | 2020年1~6月 | 2019年1~6月 | 同比% | 2020年1~6月 | 2019年1~6月 | 同比% |
| 竖式钢琴（包括自动钢琴） | 台 | 56186 | 91025 | −38.27 | 56413292 | 86457151 | −34.75 |
| 大钢琴（包括自动钢琴） | 台 | 2903 | 4131 | −29.73 | 29869040 | 39935411 | −25.21 |
| 拨弦古钢琴及其他键盘弦乐器 | 台 | 109 | 172 | −36.63 | 152894 | 564478 | −72.91 |
| 弓弦乐器 | 只 | 721 | 263 | 174.14 | 220735 | 140256 | 57.38 |
| 其他弦乐器（如：吉他、小提琴、竖琴） | 只 | 93568 | 110970 | −15.68 | 8718011 | 8860390 | −1.61 |
| 铜管乐器 | 只 | 2477 | 3512 | −29.47 | 1779323 | 2879072 | −38.20 |
| 键盘管风琴；簧风琴及类似的游离金属簧片键盘乐器 | 只 | 27 | 207 | −86.96 | 1270061 | 216126 | 487.65 |
| 手风琴及类似乐器 | 只 | 359 | 1280 | −71.95 | 239801 | 444043 | −46.00 |

续表

| 商品名称 | 单位 | 数量 | | | 金额（美元） | | |
|---|---|---|---|---|---|---|---|
| | | 2020年1~6月 | 2019年1~6月 | 同比% | 2020年1~6月 | 2019年1~6月 | 同比% |
| 口琴 | 只 | 35114 | 23353 | 50.36 | 909455 | 576121 | 57.86 |
| 其他管乐器，但游艺场风琴及手摇风琴除外 | 只 | 84126 | 149168 | −43.60 | 5701421 | 5950512 | −4.19 |
| 打击乐器（如鼓、木琴、响板、响葫芦） | 只 | 561173 | 910830 | −38.39 | 4760866 | 10413584 | −54.28 |
| 通过电产生或扩大声音的键盘乐器 | 只 | 48602 | 49577 | −1.97 | 22057909 | 25277031 | −12.74 |
| 其他通过电产生或扩大声音的乐器（如：电吉他） | 个 | 28281 | 36939 | −23.44 | 9490644 | 9398228 | 0.98 |
| 百音盒 | 个 | 11117 | 3845 | 189.13 | 251105 | 376048 | −33.23 |
| 未列名的其他乐器 | 个 | 186247 | 190686 | −2.33 | 302383 | 250522 | 20.70 |
| 乐器用弦 | 千克 | 274110 | 126084 | 117.40 | 5133586 | 4505310 | 13.95 |
| 钢琴的零件、附件 | 千克 | 2114576 | 3476538 | −39.18 | 11186946 | 15146715 | −26.14 |
| 弓弦乐器的零件、附件 | 千克 | 220203 | 141760 | 55.34 | 3308357 | 3278862 | 0.90 |
| 电子乐器的零件、附件 | 千克 | 668402 | 1167471 | −42.75 | 8894624 | 11593692 | −23.28 |
| 节拍器、音叉及定音管 | 千克 | 18289 | 18106 | 1.01 | 771544 | 799045 | −3.44 |
| 百音盒的机械装置 | 千克 | 15894 | 26794 | −40.68 | 62667 | 124358 | −49.61 |
| 未列名乐器的零件、附件 | 千克 | 365039 | 608382 | −40.00 | 12749017 | 17776317 | −28.28 |
| 合计 | | | | | 184243681 | 244963272 | −24.79 |

（数据来源：海关总署 中国轻工业信息中心 中国乐器协会信息部）

# 2020年1~6月中国乐器进口国家和地区

（按进口金额排序）

| 排名 | 国家和地区 | 数量（件） | | | 金额（美元） | | |
|---|---|---|---|---|---|---|---|
| | | 2020年1~6月 | 2019年1~6月 | 同比% | 2020年1~6月 | 2019年1~6月 | 同比% |
| 1 | 日本 | 2336715 | 3587387 | −34.86 | 64952379 | 76898087 | −15.53 |
| 2 | 印度尼西亚 | 776769 | 1693634 | −54.14 | 41799350 | 65562051 | −36.24 |
| 3 | 德国 | 301253 | 288101 | 4.57 | 25472095 | 30649665 | −16.89 |
| 4 | 美国 | 317334 | 132379 | 139.72 | 9985776 | 14278231 | −30.06 |
| 5 | 韩国 | 113738 | 139165 | −18.27 | 9074101 | 17753518 | −48.89 |

续表

| 排名 | 国家和地区 | 数量(件) | | | 金额(美元) | | |
|---|---|---|---|---|---|---|---|
| | | 2020年 1~6月 | 2019年 1~6月 | 同比% | 2020年 1~6月 | 2019年 1~6月 | 同比% |
| 6 | 马来西亚 | 170770 | 231185 | −26.13 | 7076909 | 8068585 | −12.29 |
| 7 | 中国台湾 | 383470 | 717588 | −46.56 | 6798815 | 10287321 | −33.91 |
| 8 | 法国 | 11046 | 14225 | −22.35 | 4135006 | 4048655 | 2.13 |
| 9 | 墨西哥 | 9240 | 10739 | −13.96 | 2678161 | 2401288 | 11.53 |
| 10 | 奥地利 | 1657 | 1407 | 17.77 | 1953146 | 702562 | 178.00 |
| 11 | 意大利 | 98672 | 23964 | 311.75 | 1726069 | 2335262 | −26.09 |
| 12 | 中国大陆 | 49261 | 105986 | −53.52 | 1545549 | 2633202 | −41.31 |
| 13 | 捷克共和国 | 1316 | 1998 | −34.13 | 1218377 | 2759707 | −55.85 |
| 14 | 波兰 | 169 | 165 | 2.42 | 1104328 | 1133647 | −2.59 |
| 15 | 荷兰 | 1249 | 1133 | 10.24 | 917464 | 1023695 | −10.38 |
| 16 | 加拿大 | 20798 | 19467 | 6.84 | 834412 | 721928 | 15.58 |
| 17 | 泰国 | 21422 | 31719 | −32.46 | 825180 | 1162003 | −28.99 |
| 18 | 印度 | 109696 | 4761 | 2204.05 | 508638 | 70087 | 625.72 |
| 19 | 英国 | 10623 | 61364 | −82.69 | 358083 | 321433 | 11.40 |
| 20 | 越南 | 1908 | 1730 | 10.29 | 275068 | 149844 | 83.57 |
| 21 | 瑞典 | 1257 | 2032 | −38.14 | 227239 | 436844 | −47.98 |
| 22 | 丹麦 | 211 | 343 | −38.48 | 205336 | 214984 | −4.49 |
| 23 | 西班牙 | 36768 | 18589 | 97.79 | 136111 | 229980 | −40.82 |
| 24 | 土耳其 | 1005 | 3383 | −70.29 | 78094 | 235038 | −66.77 |
| 25 | 瑞士 | 749 | 2081 | −64.01 | 74346 | 117900 | −36.94 |
| 26 | 菲律宾 | 304 | 235 | 29.36 | 34868 | 30312 | 15.03 |
| 27 | 罗马尼亚 | 393 | 254 | 54.72 | 33750 | 25373 | 33.02 |
| 28 | 俄罗斯联邦 | 25 | 38 | −34.21 | 26041 | 34109 | −23.65 |
| 29 | 中国香港 | 1381 | 470 | 193.83 | 19821 | 55269 | −64.14 |
| 30 | 澳大利亚 | 30 | 205 | −85.37 | 16958 | 17779 | −4.62 |
| 31 | 巴西 | 338 | 32 | 956.25 | 15529 | 16919 | −8.22 |
| 32 | 几内亚 | 660 | 2098 | −68.54 | 14000 | 16170 | −13.42 |
| 33 | 阿根廷 | 808 | 37 | 2083.78 | 13418 | 8297 | 61.72 |
| 34 | 芬兰 | 19 | 24 | −20.83 | 12101 | 2058 | 488.00 |
| 35 | 埃及 | 189 | 139 | 35.97 | 12085 | 3255 | 271.27 |
| 36 | 匈牙利 | 68 | 135 | −49.63 | 10305 | 21753 | −52.63 |
| 37 | 斯洛文尼亚共和国 | 63 | 1 | 6200.00 | 9922 | 3737 | 165.51 |
| 38 | 尼泊尔 | 2985 | 21393 | −86.05 | 8885 | 57472 | −84.54 |
| 39 | 新加坡 | 94 | 91 | 3.30 | 8166 | 2742 | 197.81 |

续表

| 排名 | 国家和地区 | 数量（件） | | | 金额（美元） | | |
|---|---|---|---|---|---|---|---|
| | | 2020年1~6月 | 2019年1~6月 | 同比% | 2020年1~6月 | 2019年1~6月 | 同比% |
| 40 | 以色列 | 111 | 62 | 79.03 | 7751 | 4873 | 59.06 |
| 41 | 保加利亚 | 73 | 545 | −86.61 | 7025 | 20387 | −65.54 |
| 42 | 朝鲜 | 114 | 1004 | −88.65 | 5900 | 69670 | −91.53 |
| 43 | 巴基斯坦 | 146 | 235 | −37.87 | 5582 | 24050 | −76.79 |
| 44 | 突尼斯 | 100 | | | 5370 | | |
| 45 | 葡萄牙 | 9 | 18 | −50.00 | 3701 | 11435 | −67.63 |
| 46 | 比利时 | 41 | 40 | 2.50 | 2777 | 3615 | −23.18 |
| 47 | 爱尔兰 | 2301 | 6630 | −65.29 | 2161 | 7193 | −69.96 |
| 48 | 斯洛伐克共和国 | 1 | 9 | −88.89 | 2109 | 6209 | −66.03 |
| 49 | 哥伦比亚 | 27 | 1 | 2600.00 | 1982 | 1708 | 16.04 |
| 50 | 塞浦路斯 | 2 | | | 986 | | |
| 51 | 巴拉圭 | 30 | | | 919 | | |
| 52 | 缅甸 | 4 | | | 580 | | |
| 53 | 老挝 | 1 | | | 401 | | |
| 54 | 智利 | 100 | 1500 | −93.33 | 326 | 4946 | −93.41 |
| 55 | 伊朗 | 9 | | | 123 | | |
| 56 | 埃塞俄比亚 | 1 | | | 61 | | |

（数据来源：海关总署 中国轻工业信息中心 中国乐器协会信息部）

# 2020年1~6月中国乐器各省市海关进口情况

| 排名 | 省（市） | 数量 | | | 金额（美元） | | |
|---|---|---|---|---|---|---|---|
| | | 2020年1~6月 | 2019年1~6月 | 同比% | 2020年1~6月 | 2019年1~6月 | 同比% |
| 1 | 上海 | 708637 | 1403627 | −49.51 | 106227634 | 136373119 | −22.11 |
| 2 | 广东 | 856228 | 1064230 | −19.54 | 20786163 | 22663585 | −8.28 |
| 3 | 浙江 | 2460001 | 3658076 | −32.75 | 14447666 | 21237144 | −31.97 |
| 4 | 天津 | 134490 | 182853 | −26.45 | 9375509 | 11234565 | −16.55 |
| 5 | 北京 | 26398 | 108145 | −75.59 | 7964609 | 14367939 | −44.57 |
| 6 | 江苏 | 213259 | 295377 | −27.80 | 7547460 | 10986527 | −31.30 |
| 7 | 山东 | 100211 | 76879 | 30.35 | 6291590 | 7155434 | −12.07 |
| 8 | 福建 | 122433 | 170541 | −28.21 | 3375195 | 4126156 | −18.20 |

续表

| 排名 | 省（市） | 数量 | | | 金额（美元） | | |
|---|---|---|---|---|---|---|---|
| | | 2020年 1~6月 | 2019年 1~6月 | 同比% | 2020年 1~6月 | 2019年 1~6月 | 同比% |
| 9 | 湖北 | 99156 | 41566 | 138.55 | 2461464 | 10056351 | −75.52 |
| 10 | 辽宁 | 20693 | 18949 | 9.20 | 2237470 | 2258583 | −0.93 |
| 11 | 河南 | 83 | 12450 | −99.33 | 1091051 | 99465 | 996.92 |
| 12 | 河北 | 32420 | 85450 | −62.06 | 858553 | 3042452 | −71.78 |
| 13 | 陕西 | 98 | 76 | 28.95 | 626143 | 454047 | 37.90 |
| 14 | 黑龙江 | 288 | 568 | −49.30 | 414977 | 54153 | 666.30 |
| 15 | 重庆 | 417 | 343 | 21.57 | 213583 | 277840 | −23.13 |
| 16 | 安徽 | 399 | 285 | 40.00 | 102372 | 114051 | −10.24 |
| 17 | 吉林 | 1363 | 1598 | −14.71 | 73333 | 195792 | −62.55 |
| 18 | 江西 | 271 | 138 | 96.38 | 61892 | 40536 | 52.68 |
| 19 | 广西 | 82 | 35 | 134.29 | 32720 | 4980 | 557.03 |
| 20 | 湖南 | 428 | 117 | 265.81 | 31434 | 16156 | 94.57 |
| 21 | 贵州 | 7420 | | | 16628 | | |
| 22 | 四川 | 1934 | 472 | 309.75 | 4731 | 129178 | −96.34 |
| 23 | 西藏 | 752 | 9964 | −92.45 | 1078 | 17134 | −93.71 |
| 24 | 云南 | 60 | 9325 | −99.36 | 314 | 52987 | −99.41 |
| 25 | 新疆 | 2 | 4 | −50.00 | 112 | 296 | −62.16 |

（数据来源：海关总署 中国轻工业信息中心 中国乐器协会信息部）

# 2020年1~6月立式钢琴进口国家和地区

（按进口金额排序）

| 排名 | 国家和地区 | 数量（台） | | | 金额（美元） | | |
|---|---|---|---|---|---|---|---|
| | | 2020年 1~6月 | 2019年 1~6月 | 同比% | 2020年 1~6月 | 2019年 1~6月 | 同比% |
| 1 | 日本 | 28068 | 38914 | −27.87 | 33242644 | 42149733 | −21.13 |
| 2 | 印度尼西亚 | 5941 | 11788 | −49.60 | 12101924 | 23854698 | −49.27 |
| 3 | 韩国 | 21268 | 38803 | −45.19 | 6321239 | 14238093 | −55.60 |
| 4 | 德国 | 307 | 327 | −6.12 | 3112010 | 3409115 | −8.72 |
| 5 | 波兰 | 137 | 113 | 21.24 | 833080 | 656307 | 26.93 |
| 6 | 捷克共和国 | 187 | 394 | −52.54 | 613617 | 1529369 | −59.88 |
| 7 | 中国大陆 | 112 | 164 | −31.71 | 60223 | 76090 | −20.85 |
| 8 | 中国台湾 | 82 | 341 | −75.95 | 56044 | 225517 | −75.15 |

续表

| 排名 | 国家和地区 | 数量（台） | | | 金额（美元） | | |
|---|---|---|---|---|---|---|---|
| | | 2020年1~6月 | 2019年1~6月 | 同比% | 2020年1~6月 | 2019年1~6月 | 同比% |
| 9 | 荷兰 | 8 | 3 | 166.67 | 15018 | 9629 | 55.97 |
| 10 | 英国 | 19 | 22 | −13.64 | 14500 | 19058 | −23.92 |
| 11 | 法国 | 12 | 16 | −25.00 | 12145 | 10284 | 18.10 |
| 12 | 越南 | 10 | 16 | −37.50 | 10394 | 14656 | −29.08 |
| 13 | 美国 | 10 | 27 | −62.96 | 7780 | 137700 | −94.35 |
| 14 | 马来西亚 | 10 | 54 | −81.48 | 4573 | 35627 | −87.16 |
| 15 | 加拿大 | 11 | 1 | 1000.00 | 4422 | 1950 | 126.77 |
| 16 | 丹麦 | 1 | 2 | −50.00 | 1745 | 400 | 336.25 |
| 17 | 俄罗斯联邦 | 2 | 1 | 100.00 | 1282 | 619 | 107.11 |
| 18 | 意大利 | 1 | 3 | −66.67 | 652 | 2805 | −76.76 |

（数据来源：海关总署 中国轻工业信息中心 中国乐器协会信息部）

# 2020年1~6月三角钢琴进口国家和地区

（按进口金额排序）

| 排名 | 国家和地区 | 数量（台） | | | 金额（美元） | | |
|---|---|---|---|---|---|---|---|
| | | 2020年1~6月 | 2019年1~6月 | 同比% | 2020年1~6月 | 2019年1~6月 | 同比% |
| 1 | 德国 | 293 | 307 | −4.56 | 14719165 | 17704565 | −16.86 |
| 2 | 日本 | 2017 | 2484 | −18.80 | 11380910 | 12624622 | −9.85 |
| 3 | 印度尼西亚 | 440 | 1051 | −58.14 | 2383123 | 5247816 | −54.59 |
| 4 | 捷克共和国 | 44 | 33 | 33.33 | 477431 | 717765 | −33.48 |
| 5 | 波兰 | 15 | 32 | −53.13 | 268856 | 475058 | −43.41 |
| 6 | 美国 | 24 | 85 | −71.76 | 204216 | 2357386 | −91.34 |
| 7 | 意大利 | 2 | 6 | −66.67 | 148020 | 433555 | −65.86 |
| 8 | 奥地利 | 2 | 3 | −33.33 | 143609 | 133056 | 7.93 |
| 9 | 英国 | 9 | 7 | 28.57 | 64445 | 16198 | 297.86 |
| 10 | 俄罗斯联邦 | 21 | 2 | 950.00 | 24647 | 4903 | 402.69 |
| 11 | 韩国 | 27 | 100 | −73.00 | 23736 | 88976 | −73.32 |
| 12 | 法国 | 2 | 1 | 100.00 | 17518 | 1356 | 1191.89 |
| 13 | 中国大陆 | 6 | 14 | −57.14 | 12804 | 96343 | −86.71 |
| 14 | 比利时 | 1 | | | 560 | | |

（数据来源：海关总署 中国轻工业信息中心 中国乐器协会信息部）

# 2020年1~6月主要乐器进口额前10位国家和地区

（按进口金额排序）

| 商品名称 | 国家和地区数量 | 排名 | 国家和地区 | 数量（件） | | | 金额（美元） | | |
|---|---|---|---|---|---|---|---|---|---|
| | | | | 2020年1~6月 | 2019年1~6月 | 同比% | 2020年1~6月 | 2019年1~6月 | 同比% |
| 立式钢琴 | 18 | 1 | 日本 | 28068 | 38914 | −27.87 | 33242644 | 42149733 | −21.13 |
| | | 2 | 印度尼西亚 | 5941 | 11788 | −49.60 | 12101924 | 23854698 | −49.27 |
| | | 3 | 韩国 | 21268 | 38803 | −45.19 | 6321239 | 14238093 | −55.60 |
| | | 4 | 德国 | 307 | 327 | −6.12 | 3112010 | 3409115 | −8.72 |
| | | 5 | 波兰 | 137 | 113 | 21.24 | 833080 | 656307 | 26.93 |
| | | 6 | 捷克共和国 | 187 | 394 | −52.54 | 613617 | 1529369 | −59.88 |
| | | 7 | 中国大陆 | 112 | 164 | −31.71 | 60223 | 76090 | −20.85 |
| | | 8 | 中国台湾 | 82 | 341 | −75.95 | 56044 | 225517 | −75.15 |
| | | 9 | 荷兰 | 8 | 3 | 166.67 | 15018 | 9629 | 55.97 |
| | | 10 | 英国 | 19 | 22 | −13.64 | 14500 | 19058 | −23.92 |
| 三角钢琴 | 14 | 1 | 德国 | 293 | 307 | −4.56 | 14719165 | 17704565 | −16.86 |
| | | 2 | 日本 | 2017 | 2484 | −18.80 | 11380910 | 12624622 | −9.85 |
| | | 3 | 印度尼西亚 | 440 | 1051 | −58.14 | 2383123 | 5247816 | −54.59 |
| | | 4 | 捷克共和国 | 44 | 33 | 33.33 | 477431 | 717765 | −33.48 |
| | | 5 | 波兰 | 15 | 32 | −53.13 | 268856 | 475058 | −43.41 |
| | | 6 | 美国 | 24 | 85 | −71.76 | 204216 | 2357386 | −91.34 |
| | | 7 | 意大利 | 2 | 6 | −66.67 | 148020 | 433555 | −65.86 |
| | | 8 | 奥地利 | 2 | 3 | −33.33 | 143609 | 133056 | 7.93 |
| | | 9 | 英国 | 9 | 7 | 28.57 | 64445 | 16198 | 297.86 |
| | | 10 | 俄罗斯联邦 | 21 | 2 | 950.00 | 24647 | 4903 | 402.69 |
| 拨弦古钢琴及其他键盘弦乐器 | 5 | 1 | 德国 | 2 | 2 | 0.00 | 76713 | 40454 | 89.63 |
| | | 2 | 日本 | 102 | 129 | −20.93 | 65378 | 461787 | −85.84 |
| | | 3 | 印度尼西亚 | 3 | | | 5839 | | |
| | | 4 | 中国台湾 | 1 | | | 2664 | | |
| | | 5 | 美国 | 1 | 7 | −85.71 | 2300 | 47334 | −95.14 |
| 弓弦乐器 | 11 | 1 | 德国 | 228 | 91 | 150.55 | 145421 | 47855 | 203.88 |
| | | 2 | 罗马尼亚 | 393 | 14 | 2707.14 | 33750 | 8693 | 288.24 |
| | | 3 | 法国 | 7 | 6 | 16.67 | 25426 | 3202 | 694.07 |
| | | 4 | 意大利 | 5 | 3 | 66.67 | 8972 | 20116 | −55.40 |

续表

| 商品名称 | 国家和地区数量 | 排名 | 国家和地区 | 数量（件） | | | 金额（美元） | | |
|---|---|---|---|---|---|---|---|---|---|
| | | | | 2020年1~6月 | 2019年1~6月 | 同比% | 2020年1~6月 | 2019年1~6月 | 同比% |
| 弓弦乐器 | 11 | 5 | 中国大陆 | 46 | 13 | 253.85 | 2349 | 1297 | 81.11 |
| | | 6 | 捷克共和国 | 8 | 47 | −82.98 | 1462 | 14485 | −89.91 |
| | | 7 | 美国 | 3 | 13 | −76.92 | 1135 | 6196 | −81.68 |
| | | 8 | 比利时 | 6 | | | 807 | | |
| | | 9 | 波兰 | 1 | | | 616 | | |
| | | 10 | 日本 | 20 | 3 | 566.67 | 405 | 2485 | −83.70 |
| 其他弦乐器 | 24 | 1 | 印度尼西亚 | 82815 | 92059 | −10.04 | 4263166 | 4252720 | 0.25 |
| | | 2 | 美国 | 1680 | 2171 | −22.62 | 1690054 | 2308558 | −26.79 |
| | | 3 | 墨西哥 | 5436 | 3143 | 72.96 | 1436255 | 819406 | 75.28 |
| | | 4 | 日本 | 1623 | 407 | 298.77 | 604612 | 206935 | 192.17 |
| | | 5 | 法国 | 42 | 38 | 10.53 | 212738 | 128652 | 65.36 |
| | | 6 | 德国 | 75 | 136 | −44.85 | 82930 | 123486 | −32.84 |
| | | 7 | 英国 | 25 | 15 | 66.67 | 75220 | 47231 | 59.26 |
| | | 8 | 西班牙 | 160 | 388 | −58.76 | 73507 | 103782 | −29.17 |
| | | 9 | 加拿大 | 145 | 28 | 417.86 | 68833 | 16283 | 322.73 |
| | | 10 | 中国台湾 | 322 | 1625 | −80.18 | 58000 | 301525 | −80.76 |
| 铜管乐器 | 15 | 1 | 日本 | 514 | 731 | −29.69 | 691011 | 936034 | −26.18 |
| | | 2 | 德国 | 62 | 118 | −47.46 | 268226 | 440201 | −39.07 |
| | | 3 | 法国 | 103 | 43 | 139.53 | 252345 | 108488 | 132.60 |
| | | 4 | 美国 | 432 | 377 | 14.59 | 190154 | 525695 | −63.83 |
| | | 5 | 中国台湾 | 466 | 1020 | −54.31 | 166324 | 303835 | −45.26 |
| | | 6 | 越南 | 339 | 289 | 17.30 | 71605 | 52232 | 37.09 |
| | | 7 | 西班牙 | 35 | 57 | −38.60 | 42566 | 68243 | −37.63 |
| | | 8 | 捷克共和国 | 29 | 204 | −85.78 | 33355 | 338489 | −90.15 |
| | | 9 | 奥地利 | 6 | 4 | 50.00 | 23437 | 14724 | 59.18 |
| | | 10 | 中国大陆 | 429 | 37 | 1059.46 | 20831 | 6582 | 216.48 |
| 键盘管风琴；簧风琴等游离金属簧片键盘乐器 | 5 | 1 | 奥地利 | 3 | | | 1080685 | | |
| | | 2 | 意大利 | 21 | 37 | −43.24 | 176338 | 143717 | 22.70 |
| | | 3 | 法国 | 1 | | | 7612 | | |
| | | 4 | 德国 | 1 | 3 | −66.67 | 5336 | 29039 | −81.62 |
| | | 5 | 比利时 | 1 | 2 | −50.00 | 90 | 336 | −73.21 |

续表

| 商品名称 | 国家和地区数量 | 排名 | 国家和地区 | 数量（件） | | | 金额（美元） | | |
|---|---|---|---|---|---|---|---|---|---|
| | | | | 2020年1~6月 | 2019年1~6月 | 同比% | 2020年1~6月 | 2019年1~6月 | 同比% |
| 手风琴及类似乐器 | 6 | 1 | 意大利 | 167 | 239 | −30.13 | 171471 | 367987 | −53.40 |
| | | 2 | 德国 | 29 | 4 | 625.00 | 52559 | 1181 | 4350.38 |
| | | 3 | 中国大陆 | 31 | 7 | 342.86 | 8809 | 3018 | 191.88 |
| | | 4 | 朝鲜 | 114 | 1002 | −88.62 | 5900 | 69270 | −91.48 |
| | | 5 | 爱尔兰 | 1 | | | 769 | | |
| | | 6 | 日本 | 17 | 20 | −15.00 | 293 | 2388 | −87.73 |
| 口琴 | 6 | 1 | 日本 | 20212 | 17814 | 13.46 | 659335 | 474556 | 38.94 |
| | | 2 | 德国 | 14413 | 3191 | 351.68 | 242006 | 14646 | 1552.37 |
| | | 3 | 印度尼西亚 | 112 | 612 | −81.70 | 6094 | 20063 | −69.63 |
| | | | 中国大陆 | 369 | 436 | −15.37 | 1828 | 7756 | −76.43 |
| | | 4 | 意大利 | 1 | | | 150 | | |
| | | 5 | 美国 | 7 | | | 42 | | |
| 其他管乐器，但游艺场风琴及手摇风琴除外 | 16 | 1 | 日本 | 13324 | 24808 | −46.29 | 3196619 | 2193686 | 45.72 |
| | | 2 | 法国 | 1047 | 670 | 56.27 | 1380077 | 1320139 | 4.54 |
| | | 3 | 德国 | 309 | 1106 | −72.06 | 433312 | 1080914 | −59.91 |
| | | 4 | 中国台湾 | 18144 | 62336 | −70.89 | 386907 | 982809 | −60.63 |
| | | 5 | 加拿大 | 369 | 6 | 6050.00 | 113216 | 29000 | 290.40 |
| | | 6 | 印度尼西亚 | 41280 | 35480 | 16.35 | 73819 | 43108 | 71.24 |
| | | 7 | 瑞典 | 1016 | 555 | 83.06 | 33735 | 19535 | 72.69 |
| | | 8 | 捷克共和国 | 19 | 75 | −74.67 | 28030 | 95731 | −70.72 |
| | | 9 | 美国 | 650 | 891 | −27.05 | 17334 | 118732 | −85.40 |
| | | 10 | 越南 | 99 | 770 | −87.14 | 16822 | 434 | 3776.04 |
| 打击乐器 | 26 | 1 | 美国 | 240736 | 34238 | 603.13 | 873989 | 1755780 | −50.22 |
| | | 2 | 荷兰 | 302 | 389 | −22.37 | 730789 | 804237 | −9.13 |
| | | 3 | 德国 | 25392 | 64938 | −60.90 | 678312 | 1657686 | −59.08 |
| | | 4 | 印度尼西亚 | 238102 | 669117 | −64.42 | 613807 | 1982439 | −69.04 |
| | | 5 | 中国台湾 | 27751 | 75166 | −63.08 | 525977 | 1741904 | −69.80 |
| | | 6 | 日本 | 599 | 4045 | −85.19 | 366346 | 867608 | −57.78 |
| | | 7 | 加拿大 | 11634 | 9950 | 16.92 | 360870 | 360180 | 0.19 |
| | | 8 | 泰国 | 7217 | 12356 | −41.59 | 260422 | 344775 | −24.47 |
| | | 9 | 法国 | 887 | 595 | 49.08 | 116734 | 241027 | −51.57 |
| | | 10 | 土耳其 | 879 | 3054 | −71.22 | 76463 | 225222 | −66.05 |

续表

| 商品名称 | 国家和地区数量 | 排名 | 国家和地区 | 数量（件） | | | 金额（美元） | | |
|---|---|---|---|---|---|---|---|---|---|
| | | | | 2020年1~6月 | 2019年1~6月 | 同比% | 2020年1~6月 | 2019年1~6月 | 同比% |
| 通过电产生或扩大声音的键盘乐器 | 11 | 1 | 印度尼西亚 | 24288 | 34061 | −28.69 | 14029899 | 18662485 | −24.82 |
| | | 2 | 马来西亚 | 15135 | 12164 | 24.42 | 5818578 | 4604871 | 26.36 |
| | | 3 | 日本 | 997 | 1010 | −1.29 | 1535441 | 1170258 | 31.21 |
| | | 4 | 瑞典 | 123 | 266 | −53.76 | 181822 | 388947 | −53.25 |
| | | 5 | 印度 | 5760 | 8 | 71900.00 | 143967 | 1157 | 12343.13 |
| | | 6 | 荷兰 | 8 | 2 | 300.00 | 122996 | 66532 | 84.87 |
| | | 7 | 意大利 | 82 | 368 | −77.72 | 93747 | 307921 | −69.55 |
| | | 8 | 中国大陆 | 1884 | 1458 | 29.22 | 69978 | 32804 | 113.32 |
| | | 9 | 越南 | 318 | 236 | 34.75 | 58963 | 37594 | 56.84 |
| | | 10 | 新加坡 | 6 | | | 2387 | | |
| 其他通过电产生或扩大声音的乐器 | 20 | 1 | 印度尼西亚 | 14016 | 13366 | 4.86 | 2951513 | 2579921 | 14.40 |
| | | 2 | 美国 | 2946 | 2204 | 33.67 | 2782658 | 1770426 | 57.17 |
| | | 3 | 墨西哥 | 3391 | 3958 | −14.33 | 1205407 | 1381402 | −12.74 |
| | | 4 | 中国台湾 | 4281 | 1181 | 262.49 | 1189962 | 310036 | 283.81 |
| | | 5 | 日本 | 1538 | 1197 | 28.49 | 1134937 | 351011 | 223.33 |
| | | 6 | 韩国 | 424 | 5493 | −92.28 | 66935 | 589009 | −88.64 |
| | | 7 | 中国大陆 | 970 | 396 | 144.95 | 62559 | 47538 | 31.60 |
| | | 8 | 马来西亚 | 405 | 8815 | −95.41 | 23967 | 2257213 | −98.94 |
| | | 9 | 意大利 | 15 | 3 | 400.00 | 21642 | 5127 | 322.12 |
| | | 10 | 捷克共和国 | 16 | | | 18092 | | |
| 百音盒 | 14 | 1 | 意大利 | 130 | 191 | −31.94 | 184904 | 241003 | −23.28 |
| | | 2 | 英国 | 306 | 294 | 4.08 | 19310 | 21453 | −9.99 |
| | | 3 | 中国香港 | 1348 | | | 15970 | | |
| | | 4 | 日本 | 1578 | 931 | 69.50 | 12501 | 40455 | −69.10 |
| | | 5 | 中国大陆 | 5487 | 1704 | 222.01 | 6660 | 17586 | −62.13 |
| | | 6 | 法国 | 3 | 301 | −99.00 | 4351 | 42368 | −89.73 |
| | | 7 | 印度 | 1792 | | | 2419 | | |
| | | 8 | 瑞士 | 5 | 1 | 400.00 | 1866 | 375 | 397.60 |
| | | 9 | 菲律宾 | 108 | 36 | 200.00 | 1537 | 511 | 200.78 |
| | | 10 | 美国 | 81 | 10 | 710.00 | 406 | 5403 | −92.49 |
| 其他乐器；各种媒诱音响器、哨子、号角等 | 14 | 1 | 日本 | 55887 | 55098 | 1.43 | 155513 | 140010 | 11.07 |
| | | 2 | 中国台湾 | 30474 | 53453 | −42.99 | 41012 | 49940 | −17.88 |
| | | 3 | 德国 | 390 | 3 | 12900.00 | 34277 | 11486 | 198.42 |
| | | 4 | 加拿大 | 5674 | 4898 | 15.84 | 18374 | 13633 | 34.78 |

**续表**

| 商品名称 | 国家和地区数量 | 排名 | 国家和地区 | 数量（件） | | | 金额（美元） | | |
|---|---|---|---|---|---|---|---|---|---|
| | | | | 2020年1~6月 | 2019年1~6月 | 同比% | 2020年1~6月 | 2019年1~6月 | 同比% |
| 其他乐器；各种媒诱音响器、哨子、号角等 | 14 | 5 | 美国 | 1518 | 170 | 792.94 | 13968 | 710 | 1867.32 |
| | | 6 | 英国 | 3532 | 55647 | −93.65 | 8650 | 20734 | −58.28 |
| | | 7 | 以色列 | 111 | 25 | 344.00 | 7751 | 1836 | 322.17 |
| | | 8 | 西班牙 | 36100 | 17504 | 106.24 | 7657 | 3706 | 106.61 |
| | | 9 | 中国大陆 | 3003 | 2747 | 9.32 | 6908 | 2428 | 184.51 |
| | | 10 | 意大利 | 49110 | | | 5622 | | |
| 乐器用弦 | 17 | 1 | 美国 | 33716 | 37687 | −10.54 | 2065777 | 2607166 | −20.77 |
| | | 2 | 德国 | 191976 | 10196 | 1782.86 | 1543747 | 151706 | 917.59 |
| | | 3 | 奥地利 | 676 | 458 | 47.60 | 667852 | 453285 | 47.34 |
| | | 4 | 日本 | 34093 | 70035 | −51.32 | 253839 | 487970 | −47.98 |
| | | 5 | 丹麦 | 210 | 186 | 12.90 | 203591 | 210134 | −3.11 |
| | | 6 | 印度尼西亚 | 1279 | 1854 | −31.01 | 135010 | 180904 | −25.37 |
| | | 7 | 法国 | 1298 | 2195 | −40.87 | 73183 | 90683 | −19.30 |
| | | 8 | 意大利 | 2519 | 583 | 332.08 | 49480 | 63967 | −22.65 |
| | | 9 | 英国 | 349 | 276 | 26.45 | 45398 | 52807 | −14.03 |
| | | 10 | 墨西哥 | 389 | 2151 | −81.92 | 35860 | 170130 | −78.92 |
| 钢琴的零件、附件 | 11 | 1 | 日本 | 2058621 | 3265615 | −36.96 | 7590223 | 10232505 | −25.82 |
| | | 2 | 德国 | 51216 | 182236 | −71.90 | 3485571 | 4512370 | −22.76 |
| | | 3 | 韩国 | 1785 | 2125 | −16.00 | 35017 | 91349 | −61.67 |
| | | 4 | 意大利 | 1106 | 2291 | −51.72 | 29062 | 63049 | −53.91 |
| | | 5 | 印度尼西亚 | 1326 | 22106 | −94.00 | 25019 | 187647 | −86.67 |
| | | 6 | 捷克共和国 | 134 | 252 | −46.83 | 8533 | 5186 | 64.54 |
| | | 7 | 中国大陆 | 56 | 13 | 330.77 | 6152 | 351 | 1652.71 |
| | | 8 | 奥地利 | 120 | 731 | −83.58 | 5885 | 16080 | −63.40 |
| | | 9 | 美国 | 9 | 34 | −73.53 | 893 | 5848 | −84.73 |
| | | 10 | 中国台湾 | 202 | 2 | 10000.00 | 561 | 9 | 6133.33 |
| 弦乐器的零件、附件 | 20 | 1 | 中国台湾 | 89757 | 111625 | −19.59 | 901261 | 1167834 | −22.83 |
| | | 2 | 韩国 | 18009 | 17491 | 2.96 | 845758 | 764684 | 10.60 |
| | | 3 | 美国 | 3175 | 3701 | −14.21 | 407944 | 528362 | −22.79 |
| | | 4 | 日本 | 4772 | 4036 | 18.24 | 334867 | 309676 | 8.13 |
| | | 5 | 印度 | 98702 | 633 | 15492.73 | 305730 | 28922 | 957.08 |
| | | 6 | 中国大陆 | 1640 | 1680 | −2.38 | 121536 | 109029 | 11.47 |
| | | 7 | 德国 | 1228 | 1212 | 1.32 | 118840 | 110098 | 7.94 |
| | | 8 | 法国 | 278 | 425 | −34.59 | 80949 | 177345 | −54.36 |
| | | 9 | 意大利 | 500 | 15 | 3233.33 | 67267 | 1599 | 4106.82 |
| | | 10 | 加拿大 | 462 | 448 | 3.13 | 30316 | 43662 | −30.57 |

续表

| 商品名称 | 国家和地区数量 | 排名 | 国家和地区 | 数量（件） | | | 金额（美元） | | |
|---|---|---|---|---|---|---|---|---|---|
| | | | | 2020年1~6月 | 2019年1~6月 | 同比% | 2020年1~6月 | 2019年1~6月 | 同比% |
| 键盘电子乐器的零件、附件 | 22 | 1 | 印度尼西亚 | 346527 | 784623 | -55.84 | 2455754 | 4711259 | -47.87 |
| | | 2 | 韩国 | 65264 | 66323 | -1.60 | 1733977 | 1857465 | -6.65 |
| | | 3 | 马来西亚 | 155199 | 210139 | -26.14 | 1228438 | 1169371 | 5.05 |
| | | 4 | 中国大陆 | 29985 | 43534 | -31.12 | 955706 | 1307250 | -26.89 |
| | | 5 | 意大利 | 44269 | 18596 | 138.06 | 583098 | 250971 | 132.34 |
| | | 6 | 美国 | 2424 | 6018 | -59.72 | 471244 | 624925 | -24.59 |
| | | 7 | 泰国 | 8250 | 16744 | -50.73 | 458587 | 771658 | -40.57 |
| | | 8 | 日本 | 10981 | 13820 | -20.54 | 425594 | 542308 | -21.52 |
| | | 9 | 中国台湾 | 4439 | 5709 | -22.25 | 383354 | 215137 | 78.19 |
| | | 10 | 加拿大 | 242 | 161 | 50.31 | 51040 | 12714 | 301.45 |
| 节拍器、音叉及定音管 | 8 | 1 | 日本 | 11447 | 10075 | 13.62 | 428380 | 375908 | 13.96 |
| | | 2 | 德国 | 1958 | 5203 | -62.37 | 117881 | 271740 | -56.62 |
| | | 3 | 中国大陆 | 1651 | 1774 | -6.93 | 107982 | 115482 | -6.49 |
| | | 4 | 越南 | 507 | 90 | 463.33 | 58644 | 11254 | 421.09 |
| | | 5 | 泰国 | 2219 | 865 | 156.53 | 54089 | 20349 | 165.81 |
| | | 6 | 韩国 | 105 | 98 | 7.14 | 3804 | 3809 | -0.13 |
| | | 7 | 中国台湾 | 396 | | | 697 | | |
| | | 8 | 比利时 | 6 | | | 67 | | |
| 百音盒的机械装置 | 3 | 1 | 中国台湾 | 14593 | 26329 | -44.57 | 56026 | 88614 | -36.78 |
| | | 2 | 日本 | 1100 | 58 | 1796.55 | 3534 | 1682 | 110.11 |
| | | 3 | 中国大陆 | 201 | 175 | 14.86 | 3107 | 7345 | -57.70 |
| 其他乐器的零件、附件 | 29 | 1 | 中国台湾 | 192285 | 378767 | -49.23 | 3029524 | 4898602 | -38.16 |
| | | 2 | 日本 | 89205 | 76157 | 17.13 | 2869997 | 3326470 | -13.72 |
| | | 3 | 印度尼西亚 | 20628 | 27392 | -24.69 | 2752309 | 3835614 | -28.24 |
| | | 4 | 法国 | 7364 | 9932 | -25.86 | 1951450 | 1921250 | 1.57 |
| | | 5 | 美国 | 29922 | 44741 | -33.12 | 1255882 | 1475377 | -14.88 |
| | | 6 | 德国 | 13070 | 18857 | -30.69 | 322830 | 1004291 | -67.85 |
| | | 7 | 加拿大 | 2259 | 2736 | -17.43 | 186977 | 155698 | 20.09 |
| | | 8 | 意大利 | 732 | 1421 | -48.49 | 137711 | 148573 | -7.31 |
| | | 9 | 英国 | 677 | 213 | 217.84 | 54667 | 8436 | 548.02 |
| | | 10 | 泰国 | 3712 | 1691 | 119.52 | 44000 | 24303 | 81.05 |

（数据来源：海关总署 中国轻工业信息中心 中国乐器协会信息部）

# 中国乐器

# 年鉴

## 2021


行业篇 1

指标数据篇 102

协会工作篇 143

科技篇 222

职业技能篇 341

音乐教育篇 374

海外资讯篇 398


CHINA MUSICAL
INSTRUMENT YEARBOOK

## 工作要点

# 2020年中国乐器协会工作要点

2020年是国家全面建设小康社会的关键年，也是“十三五发展规划”收官之年，乐器行业面临“稀有材料、制造成本、环境治理、贸易壁垒和人才紧缺”五大挑战。2020年重点工作是“高质量发展和品牌建设”。围绕党的十九届四中全会“完善治理体系，提高治理能力”的要求，协会工作方针是：“一个目标、两个重点、三个基础、四个机制、五个能力和六个平台”，即：把握一个目标，让乐器成为家庭的标配，让音乐成为生活的刚需；突出两个重点，扩大中高端产品比重，扩大我国音乐人口；夯实三个基础，分支机构建设、标准化工作和人才培养与职业技能培训；落实四个运行机制，运行服务机制、服务收益增长机制、绩效考核机制、员工成长机制；提升五个能力，党建引领、科技创新、高质量发展、市场化、职业化五大能力；完善六大平台，科技创新、行业信息、市场商贸、音乐教育、产业集群和国际交流平台。

## 一、把握“五个着力点”（科技赋能、品牌造势、会展助力、产业链融合、人才支撑），推动乐器高质量发展

### （一）科技赋能，打造核心竞争力

一要从“基础与合作”入手。行业基础是“资源整合与服务平台”，企业基础是“技术装备和人才”。合作是永恒的话题，合作包括企业内部人财物供产销的协调配合，包括科技项目牵头单位和业内及跨界专家、机构通力合作，也包括科技成果普及推广和转化为生产力。

二要处理好几个关系，即：主导与配合、投入与产出、实验与鉴定、成果交易与知识产权保护等关系，解决好科技研发、实验与推广运行机制问题。

三要坚持问题导向，精准对接。材料创新解决声学品质与结构改革，技术装备创新解决标准化、专业化，产品创新调整市场定位，提高技术、文化附加值，人才创新解决整体运行水平和综合收益。

### （二）品牌造势，提高市场美誉度和占有率

高质量运行直接反映是自主品牌创新能力和产品品牌市场占有率。首先要确立品牌定位和丰富品牌技术、文化内涵，完善品牌设计，讲好品牌故事；其次坚持“三品战略”，品牌靠品质来支撑，靠品种来扩展。我们要高度重视“三品战略”；三是打假维权，要学习运用好知识产权保护的武器，事先防范与事后维护结合，既保护好自身合法权益，又尊重他人知识产权和合法权益。

行业有不少企业实施品牌战略积累了宝贵的经验，也确有一些企业在打假维权时准备不足，束手无策。协会将研究开辟行业快速维权服务通道，加强行业自律和法律援助。

### （三）会展助力，打造行业科技创新高地

协会重要会议和展览会，是行业科技创新和市场创新的助推器。2019年上海国际乐器展正式推广“全球业界新品首发仪式”，展会组委会组织各界专家，在62个入围产品中推选出20个首发新品，展会前两天的首发仪式是成功的，受到企业和各界认可。下一步还要加强宣传推广，完善专家评选流程，精细组织发布仪式，使其成为展会和行业科技创新的重要品牌项目。

行业科技大会2019年有了较大改进，突出主题，多视角、多元化展开总结评价、研讨交流，强调组织、项目和措施三落实。2020年要把行业三级合作项目组织实施抓细抓好，充分发挥行业专家库作用，坚持问题导向、专家引领、专项攻关、引用推广的原则，助力行业、企业科技创新有序推进。

**（四）产业链融合，提升标准化、专业化水平**

经过30多年的努力，乐器制造产业链基本形成，尤其是钢琴、吉他、管乐器等大批量、标准化加工的产品，形成了从材料、部件到金属配件，从模具到专用设备的社会化分工，既降低了加工技术复杂系数，又提高了标准化、专业化水平。但是还有不少产品产业链不完整，批量部件和技术装备亟待提高，大量定制和自制的专用设备有待研发和改造。一些企业受小生产意识影响，没有学会利用本行业和跨界科技进步成果，借助行业和科研院所的资源，开展扎扎实实的技术创新和技术合作。

延伸和拓展乐器制造产业链，分支机构和骨干企业是关键，组织产业链上下游交流，业内相互参观学习，推广新材料、新技术、新装备和新方法是协会分支机构组织行业活动的主要内容，也体现骨干企业的责任和担当。

**（五）人才支撑，保障企业高质量稳定运行**

国家积极推进产业人才战略，人社部2019年8月19日出台《关于改革完善技能人才评价制度的意见》，根据国务院推进“放管服”改革要求，坚持多元评价、坚持科学公正、坚持以用为本。新形势对行业职业培训提到新的要求，虽然钢琴调律师培训鉴定成绩显著，但是乐器行业人才培训不平衡、不充分的问题还是比较突出的。

行业人才战略，既要扩展职业技能培训与鉴定，又要为设计、管理和市场营销人才成长创造环境。所以，筹建乐器修造学院、组织琴行经营管理学院、推进社会音乐教师职业培训都很重要。

## 二、2020年重点工作

**（一）落实三级科技项目，进一步加强乐器行业科技合作**

充分发挥协会各分支机构和科技合作平台作用，请各分支机构认真研究本行业重点科技合作项目，尽快落实项目组、牵头单位和进度计划，列入分支机构和协会年度重点工作。三级科技项目坚持需求导向，滚动更新的原则，根据行业科技发展需要，各分会和协会及时补充和更新三级项目。

研究行业科技工作运行机制。组织阶段性评价、交流和行业推广活动。除了科技大会组织以外，各分支机构可以组织丰富多彩的技术交流活动。

在专家库基础上组建行业专家委员会，主要任务是支撑行业科技、音乐教育合作项目，提升合作项目行业化、专业化水平，助力产业转型升级。积极研究和实践市场化运行机制和跨界协同合作机制。

**（二）继续办好上海乐器展和音乐生活展暨国民音乐教育大会**

上海国际乐器展稳定规模、充实内涵、加强服务，继续扩展“全球业界新品首发活动”，助力新产品研发和产品更新换代；在继续做好国际商贸服务同时，继续充实科技和社会音乐教育板块内容，扩大影响力；将国际乐器演奏日展演、音乐创作比赛等优秀项目与展会有机融合。同时努力探讨实践北京国际音乐生活展暨国民音乐教育大会市场化、专业化新方法、新途径，实现社会效应和经济效益双突破。

**（三）实施三品战略，加速自主品牌建设速度**

支持企业自主品牌建设，服务民族品牌国际化合作交流，鼓励供产销和音乐教育全产业链融合发展，促进行业品种、品质和品牌全面提升。

**（四）持续办好行业科技大会**

加强行业、企业之间技术装备交流合作，充分发挥科研院所作用，吸收引进相关产业和国际同行专业加工技术装备和先进经验，分支机构和骨干企业积极组织行业技术交流，积极推广新材料、新装备、新技术、新产品，提升企业创新能力和市场调节能力。

**（五）加强中高级技术人才培训和知识产权保护**

在稳定钢琴调律师培训同时，推动电鸣乐器、提琴吉他和民族拉弦弹拨等乐器制作工的培训鉴定基础工作。完善职业技能标准、编制教材、研究培训鉴定实施规范。有计划地推进新的项目。2020年，中国乐器协会将与中国轻工业联合会、中国就业培训技术指导中心和中国财贸轻纺烟草工会全国委员会共同主办第三届全国钢琴调律职业技能竞赛。

加强校企合作及国际职业教育合作，创造条件从部分专业试点，在骨干企业校企合作基础上，利用校企合作与国际合作资源，创建多元化乐器行业人才培训平台，适时筹建乐器修造学院。

加强行业知识产权保护，支持地方政府和相关组织筹建行业快速维权服务中心，协助会员单位打假维权。

**（六）加强党的领导，加强基础建设，完成理事会换届工作**

继续加强党组织建设，完善立项、评价和决策机制，以党建带动协会建设；加强秘书处综合管理服务能力，助力品牌建设、科技创新、信用建设、职业技术培训和特色产业集群建设；加强和完善分支机构和专业工作平台建设，既大胆创新又要规范管理、合法合规，充分调动理事会、秘书处及分支机构和各界专家的积极性、创造性。

**（七）完成理事会换届工作**

认真做好协会理事会换届准备工作，按照国资委及中国轻工联合会党委和民政部有关规定和指示精神，积极稳妥地组织好换届工作。并研究编制乐器行业《十四五发展规划》和协会近期工作计划。

党的十九届四中全会提出“坚持和完善中国特色社会主义制度、推进国家治理体系和治理能力现代化”一系列重大举措，为乐器行业提供了宝贵的发展机遇。我们要开阔眼界、解放思想，突出“四新”，强调主导性和引导性，扎扎实实做好基础工作，加强学习交流与合作，聚集行业、企业力量，整合跨界资源，坚持科技创新、管理创新和市场创新，努力开辟中国乐器行业高质量发展新局面。

# 2020年中国乐器协会工作总结

2020年是国家全面建成小康社会的决战之年，是“十三五”规划的收官之年，也是全民抗击疫情，最大限度降低疫情影响、加快形成以国内大循环为主体、国内国际双循环相互促进新发展格局的攻坚之年。中国乐器协会党支部在中国轻工业联合会党委领导下，认真落实中央指示精神，引导行业坚持新发展理念，坚持供给需求双向发力，大力推进科技创新，努力提振消费市场，全力保持发展态势。

## 一、强化党建意识，突出政治引领

**（一）抗疫复工，闯关突围**

2月3日，协会党支部向全行业发出主题为“众志成城，抗击疫情”倡议书，号召全体乐器同仁全力投入疫情防控，认真做好单位和个人安全防护、努力为抗击疫情做出贡献。2月19日，协会再次发出致会员企业的一封信，提出：坚定战“疫”信心、确保安全防护、有效复工复产、强化协会服务，协会与企业共同发力，恢复补损、闯关突围。同时，利用各种宣传平台及时发布及转载最新疫情动态，科普防疫措施，政策宣传解读，先后推出了《乐器行业“十个指头弹钢琴”》《二月复工一路闯关——疫情影响下的乐器行业探访》和《在行业高质量发展的征程中砥砺前行》等鲜活务实的文章。编写《乐器行业在行动，奏响战“疫”的胜利乐章》系列主题文章15篇，发布企业抗疫信息108条。2月至4月间，协会党支部针对会员企业的不同群体，组织了四次调研，开展了“疫情影响情况问卷调查”“复工复产情况问卷调查”和“线上业务拓展问卷调查”。综合分析行业形势、研究企业应对的举措建议，认真撰写调研报告，先后提出并上报20多条诉求建议，有些已体现在出台的政策之中，帮助企业对冲疫情影响。

**（二）完善制度，夯实基础**

2019年，中国乐器协会党支部参加了中国轻工联标准化、规范化建设评估首批试点工作并取得较好成绩。一年多来，协会党支部利用评估契机，进一步制定、完善了党建工作相关制度15项，并在工作中不断完善标准化、规范化建设。8月份，完成了支部换届改选工作。协会坚持“三重一大”项目必须先由党支部充分讨论之后，再上办公会决策。一年来，无论是在引领行业抗疫复工方面，还是上海乐器展相关工作上，都是支部一班人首先统一思想，之后再落细安排，分头实施。同时，日常党建工作与协会内部管理，因制度的完善，使得具体实施层面变得更加有章可循，有据可依。

**（三）坚持学习，强化党性**

一是坚持学习制度，一年来，先后组织了8次支部学习活动，组织全体党员和入党积极分子学习中央、国资委文件精神，学习习近平总书记讲话，并组织大家讨论交流。两任支部书记王世成、曾泽民、副书记孙瑞勇带头上党课，普通党员也安排分别讲党课，提高全体党员的政治思想水平。二是组织了两次主题党日活动。包括赴天津周邓纪念馆参观学习，重温入党誓词；在上海乐器展期间，开展以学习五中全会精神内容的主题党日活动。2020年，一名党员转正，一名入党积极分子加入党组织。

**（四）提高站位，政治引领**

在2020年因疫情发生导致国外参展商、采购商来华困难的条件下，协会党支部认真领会中央关于“六稳”“六保”“双循环”精神，从坚决落实中央国务院指示精神、坚定不移扛起中国制造大旗、提振产业与市场信心的政治高度，通过各种方式，发动企业参加2020上海国际乐器展，全面打造了一场向全球化、数字化、多元化不断升级的综合性展会，赋能双循环。2020年展会规模达100000平方米，来自15个国家和地区的1106家国内外企业参展，四天展期共吸引了81761名观众观展，参观人次达97593人次，疫情下展会更多依托多元化宣传矩阵及线上平台的融入，四天通过展会自媒体平台及合作媒体渠道，共吸引了逾162万人次线上观展。业界新品首发式创意精品新奇不断，汇聚知名乐器品牌的新品精品；商贸、教育、文化三大板块配套活动齐头并进，书写上海展新名片。一年一度的国民音乐教育大会2020年移师展会现场举办。70多位来自音乐教育各细分领域的专家学者主持并参与了大会两整天的交流活动。来自19个省市自治区的498名音乐教育工作者到会学习，坚持投入音乐教育，为乐器行业注入内力。本次大会的成功举办将在全国进一步形成“乐器进入社区、音乐融入家庭”的主题共识；线下VIP参观和线上对接会，贯穿海内外贸易市场，实现高效商贸对接；40余个“VIP买家团”定向邀约，为参展企业提供强力后援在出口受阻的不利因素影响下，积极落实中央要求，推进乐器市场的内循环。

## 二、突出品牌建设，扩大乐器消费市场

协会党支部认真学习领会中央精神，在拉动国内乐器消费市场上下功夫，做文章，将2020年确定为全行业“品牌年”。明确了“开展一次品牌论坛、组织一次品牌产品宣传活动周、举办一次品牌产品音乐演出季”的“三个一”工作目标。通过一系列工作与活动，为企业搭建平台，提升乐器产品品牌价值。

**（一）积极组织行业对接相关部委，服务企业品牌建设**

按照《国务院办公厅关于开展消费品工业“三品”专项行动营造良好市场环境的若干意见》（国办发[2016]40号）中“编制升级和创新消费品指南”的工作部署和要求，协会积极推动第七批升级和创新消费品征集工作，在乐器消费品类中择取与人民生活直接相关音乐制品，组织行业骨干企业申报10项创新消费乐器产品。入选目录产品质量稳定可靠、性能优良，产品的制造装备、技术和工艺体现行业领先水平，产品在节能环保、舒适耐用、营养健康、安全益智等方面成效显著，具有良好的增长性，有效充实了轻工升级和创新消费品乐器类产品目录。5至6月间，协会主动衔接推荐19家乐器品牌企业产品，参与工信部、商务部的“双品网购节”，积极对接京东、阿里等105家电子商务企业，力求帮助企业提振市场信心，对当前和长远市场销售产生一定的积极效果。

**（二）搭建平台，提升品牌价值**

8至9月份，组织全行业开展“品牌创建征文”论坛活动，其中10篇论文在协会官网、杂志上发表，

并有6编论文选送参加中国轻工联企业管理创新成果评奖，其中2篇获二等奖、1篇获三等奖。“十一”黄金周期间，成功的组织了“品牌产品宣传周”活动。通过协会官网、官媒，以视频加文字的形式，向全社会发布了26家企业的品牌产品，扩大了企业及其产品的影响力。利用第八次会员代表大会契机，举办了专家专题讲座，就品牌建设为行业进行了一次集体培训，并以企业品牌建设为主题组织了论坛活动。岁末年初，举办“品牌产品音乐演出季”系列演出活动。动员全行业骨干企业积极行动起来，利用企业的新年主题音乐会集中展现乐器自主品牌和创新产品成果。并在河北武强周窝音乐小镇举行的管乐产业系列活动中，举办了“全国乐器行业品牌产品主场音乐会”，把全行业的“品牌年”活动推向高潮。

**（三）重视协会品牌完善与保护工作**

业务部在推进全行业品牌建设工作的同时，认真研究了协会现有品牌的注册登记和使用的情况，形成了协会商标完善与保护的方案，报经领导班子同意后快速实施。一是对协会现有的“图案+文字”商标进行了保护性申报，把第15类（乐器系列）做了全类别补报，并增加了第16类（新闻、出版、杂志等）和第41类（教育、咨询、会务等）两大类商标的申报；二是针对“6.21国际乐器演奏日”和“国民音乐教育大会”等音乐艺术类项目，又以“Make Music Day”为主创意，系统申报了第9类、14类、15类、16类、35类、41类等六大类商标（其中，第9类是计算机、软件、实验仪器类，14类是工艺品、纪念品类，35类是广告、展览、商业咨询类）。不仅有效的保护了协会的品牌与知识产权，为协会未来的战略发展打下了基础，同时也为全行业的品牌建设工作发挥了示范引领作用。

## 三、推动科技创新，促进供给侧结构调整

**（一）积极推荐科技项目评优评奖，鼓励行业企业科技创新**

2020年，为深度推动乐器行业高质量转型发展，中国乐器协会根据《中国轻工业联合会科学技术奖励办法》和《实施细则》有关规定，积极引导乐器企业参与中国轻工业联合会科学技术奖励申报工作，全行业共计申报轻工年度科技进步奖7项，技术发明奖4项。其中，吟飞科技的项目获得中国轻工业科技进步一等奖、珠江钢琴的项目获得科技进步二等奖、博斯纳钢琴与金韵乐器的项目获得科技进步三等奖、天鹅乐器的项目获得科技发明三等奖。申报科技项目覆盖钢琴制造、智能乐器、数码电鼓、电子手风琴、电子古筝、半音阶口琴等乐器科研细分领域，集中展现乐器行业科研创新阶段性成果。

**（二）推动乐器产业聚集，提升现代企管水平**

为争取国家对轻工业项目的更多支持，中国轻工业联合会决定建立轻工业“十四五”重大工程项目储备库。中国乐器协会按照国内乐器产业聚集区发展现状，共计申报五项轻工业“十四五”重大工程项目，总投资达到9.4亿元。同时，协会认真组织会员单位开展了第二批中国轻工业工程技术研究中心认定工作。其中五家企业获批。工程项目覆盖钢琴、电鸣乐器、弦乐器等工程技术研究。认定后的工程技术研究中心，将根据乐器行业发展现状，开展重大共性与关键技术的工程化研发，为产业化提供成熟、配套的技术、标准、工艺、装备和新产品，提升行业、领域的技术创新能力。

**（三）“三级科技项目”工作扎实有序，激发行业创新活力**

2020年二季度疫情得到有效控制，乐器行业全面进入复工复产阶段。协会积极引导会员企业注重科技创新，致力于中高端产品的研发。从5月份起，协会以“三级科技项目”工作为抓手，对2019年申报的19个项目集中跟踪，为企业点进行点对点的交流辅导，落实进度和效果，并同时启动了2020年“三级科技项目”的申报工作。截至11月底，2019年的19个项目有10项结题，2项完善后转申报，7项继续研发；2020年共计申报了32个项目，经过专家委员会评价，其中14项列为省（部）级项目，列为行业级的项目11项，企业级的项目7项，申报项目比上年增长68%，且基础学科研究类以及适用于行业合作类的项目，比2019年翻了一倍。协会业务部门还认真

完善了“三级科技项目”的申报体系，开发了项目申报计划书、项目编制说明、项目申报表、项目实施进度调查表、项目结题报告、项目评价报告书等操作工具，为今后工作打下坚实的基础。

**（四）标准质量工作卓有成效**

虽然2020年情况比较特殊，完成国家标准2项、行业标准共14项，国家标准外文版3项（两个语种）。据统计，十三五期间中国乐器标准化委员会与乐器行业的骨干企业共同努力，累计制修订标准39项，其中国家标准9项，行业标准29项，团体标准1项。

**（五）行业科技大会效果良好**

2020年行业科技大上，正式发布了《乐器行业的“十四五”规划》和《中国乐器行业高质量发展白皮书》。《乐器行业的“十四五”规划》在王世成理事长亲自领导下，反复征求业内专家、企业家甚至宏观经济专家意见，九易其稿，反复打磨，把乐器产业置于整个国家战略布局之中，制定了全行业下一个五年指导方针、原则、目标和行动路径。《中国乐器行业高质量发展白皮书》有别于以往只简单呈现运行数据的形式，首次对数据进行了系统整理与分析，并从科技、教育等几个方面，对五年来的行业情况进行了相对系统的总结与梳理。白皮书不仅仅呈现整个行业五年来的发展脉络与轨迹，更能借此系统思考行业高质量发展的经验与规律，为十四五发展打下一个坚实的基础。大会向专家委员颁发了聘书，成立了以协会为主的团标工作委员会，标志着协会服务平台的再一次延伸。邀请科技部科技成果评估中心专家作了报告，从理论到实践、从宏观到微观，逻辑缜密、生动实在，有很强的指导性。举办了新品与科技项目的展示于评价活动，反映了研发单位和专业人员科技创新水平在不断提高，加上演奏家的精彩表演，专家的精准点评，让大家对创新产品的设计理念、创新要素、产品性能有了全面的理解，彰显了技术与艺术融合的魅力与效果。组织了圆桌论坛，围绕乐器声学品质的提高与提升进行了讨论。专家的分享和创新思维极具指导价值。大会集中表彰了2020年度科技创新等多个奖项的先进单位和个人。

## 四、落实中央精神，推动“三进”工程

近年来，国家对于社会文化建设，提高国民素质方面的重视上升到了空前的高度，特别是2020年10月中央、国务院发布的《深化新时代教育评价改革总体方案》和《关于全面加强和改进新时代学校美育工作的意见》，更是为整个文化事业、产业发展指明了方向，协会策划组织了一系列活动，推进“乐器进家庭、进社区、进校园”，扩大音乐人口，推动国民音乐文化素养的提高和文化事业的发展。

**（一）国民音乐教育大会打造社会美育高端平台**

10月29日—30日，2020年国民音乐教育大会以“音乐进入社区，乐器融入家庭”为主题，与上海国际展同步进行。70多位演讲嘉宾登台亮相，为大会奉献了包括主题演讲、对话交流、论文宣讲、教学工作坊等70多场精彩的活动。来自全国各地的400多位代表参加了大会，包括中小学音乐老师，社会音乐培训机构管理者和教师、幼儿园园长、教师、高校音乐教育专业研究生等。

大会共设立了7个分会场，分别是学校音乐教育、幼儿音乐启蒙、民族乐队、钢琴、竹笛葫芦丝、陶笛、艺培机构发展，各个板块定位明确，针对各自领域中的问题和痛点，邀请各自领域的优秀专家，依据需求导向设计课程，更加精准和深入，更有针对性，受到广大参会代表的欢迎。

另外，2020年大会还首次与《中国音乐教育》杂志社共同主办了“万叶杯”论文征集与评选。共收到论文与教案近1800篇，是近年来国内规模最大的音乐教育论文征集活动。本次论文征集共设立了4个组别，11个主题方向，经过分组初评和专家集中复评，按照30%的比例评选出一、二、三等奖，并从中选取了10篇优秀论文在大会上进行现场分享与专家点评，是本次大会的一个亮点。

**（二）强势启动6·21国际乐器演奏日活动**

2020年因为疫情的影响，进入中国第5年的“6·21国际乐器演奏日”主要采取以线上为主、线下为辅的形式开展乐器演奏活动，“线上”“云端”成为了2020年“6·21”活动的“主战场”。全国79

家单位联合主办，170座城市的827家单位参与，演出场次为2200多场，直接参与人数约为21万人次。2020年协会与天猫联合在抖音平台组织“6·21抖音乐器演奏挑战赛”活动，共有3338家单位和个人参与，收到参赛作品5132个，观看数量为1.08亿人次。作为发起单位之一，中央音乐学院精心策划了三场音乐会，分别是：俞峰院长指挥宁波交响乐团演奏、面向中小学生的“立德树人、美育启智”讲解音乐会；于红梅副院长领衔的“中央音乐学院民乐金奖得主音乐会”以及中央音乐学院交响乐团协奏的第二届“北京肖邦钢琴国际青少年钢琴比赛获奖音乐会”。中国音协管乐学会策划组织了多场“云上音乐会”，包括组织下属57家单位102名音乐家，共同演奏气势磅礴的《胜利在召唤》；组织北京四所小学105名管乐团的孩子，共同奏响《歌唱祖国》。中国音协管乐学会副主席、著名单簧管演奏家庞伟泷，组织他在世界各地的弟子共31人通过云演奏的方式，用31支单簧管共同奏响世界名曲《雀鸟TicoTico》。著名作曲家王和声也专门创作了《你是家里一片云》，北京中福音教师乐团用“云合奏”的形式演奏，用音乐为抗击疫情加油，帮助人们提振信心。此外，于海、吴斌、谢嘉幸、周海宏、姜斯文、玖月奇迹等诸多音乐名家也都录制了视频，纷纷发声助力“6·21”，助力抗疫。

另外，包括天鹅乐器、罗兰数字音乐教育、柏斯音乐集团、上海民族乐器一厂、吉他中国魔菇音乐、江苏省阜宁县教育局、黄桥镇政府、天津华夏未来文化艺术基金会、北京乐器学会、辽宁乐器学会等各企事业单位，都依据各自情况组织了不同形式和内容的乐器演奏活动，也把组织6·21活动作为塑造品牌、扩展市场的手段之一。

**（三）社会音乐教师培训树立行业标杆**

近年来，中国乐器协会音乐教育专业委员会联合相关专家、专业院校及各合作单位联合推出“社会音乐教师专业技能培训”。2020年，疫情对音乐教育培训行业影响明显，在这种情况下，仍有878人取得了“中国乐器协会社会音乐教师专业技能培训证书”，专业涉及吉他、打击乐、竹笛、葫芦丝、古琴、钢琴、手风琴、口琴等。学员经过培训并通过考核后即可获得由中国乐器协会颁发的“社会音乐教师技能培训证书”，学员信息被录入中国乐器协会“社会音乐教师资源库”，证书官网可查。获得证书的学员可优先成为中国乐器协会社会音乐教师会员，并且参加中国乐器协会组织的相关活动，如国民音乐教育大会、上海国际乐器展、6·21国际乐器演奏日及其他培训、教研活动等可享受一定程度的优惠。

**（四）协助教育部装备中心开展音乐教学器材（乐器）调研**

为了进一步配合推进“乐器进校园”工作，应教育部教育装备研究与发展中心邀请，2020年中国乐器协会协助该中心进了面向乐器行业的音乐教学器材调查工作。该项工作经历了2轮调研：6月—8月，共选择了涉及96种乐器的相关企业近180家。经过与企业进行点对点的反复沟通，采集了企业的详细信息，经过多次调整和领导把关，最终确认了140家企业、96个品种500多个型号的乐器参与。10月—11月，该中心从完善标准的角度出发，再次提出了产品价格体系的调研要求。上海国际乐器展览会后，协会从140家入选企业中选择了近40家最有代表性的骨干企业。各家在结合了批发价、零售价、电商价等综合因素的基础上，31家企业报出了参考价格，并形成了两档建议调整价格。价格调查表经过了相关专家审核确认，于11月16日正式提交给教育装备中心，为教育部制定乐器进校园的相应政策提供了详尽、有效的参考资料。

## 五、强化人才强国战略，弘扬行业工匠精神

**（一）不断推出技能型人才，大力弘扬工匠精神**

协会始终坚持人才强业，弘扬大国工匠精神，不断加强职业技能培训语技能人才培养工作。一是持续不断地在行业内开展“科技之星”推荐学习活动。王建明等29名同志荣获2020年度乐器行业“科技之星”称号。二是协会积极参与中国轻工业联合会和中国财贸轻纺烟草工会在全国轻工行业开展的第二届轻工“大国工匠”的推荐学习活动，广州珠江钢琴集团股份有限公司陈德然荣获第二届轻工“大国工匠”称号。三是与中国轻工业联合会、中国就

业培训技术指导中心和中国财贸轻纺烟草工会全国委员会共同联合举办了第三届全国钢琴调律职业技能竞赛活动。全国27个省、市（自治区）14个赛区，402名调律选手历时三个月技术比武，共有60位复赛选手进入总决赛。其中，80后—00后年青调律师占比83.95%，选手专业学历（含职高、技校及大专以上学历）占比65.16%。为推动我国钢琴调律职业技能竞赛对接国际标准，激发广大职工“学知识、练技术、比技能、创一流”的工作热情，发挥了重要作用。

**（二）加强培训工作，提升行业职工技能**

在中国轻工业联合会指导下，协会继续开展钢琴调律师培训鉴定行业认证工作，2020年完成钢琴调律师职业技能培训与鉴定580人次，其中技师40人和高级技师8人（待审核）。乐器行业自2002年以来，共培训鉴定钢琴调律师9074人次。有力推进行业技能人才队伍建设，增强技能人才、职业荣誉感、自豪感、获得感。

## 六、加强协会自身建设，不断提高服务能力与水平

**（一）成功召开第八届第一次会员代表大会**

中国乐器协会第八届第一次会员代表大会暨八届一次理事会议经过两次推迟，于8月28日在北京成功召开。乐器企业、行业相关人士和媒体代表共180多位参加会议。大会本着“连续性、代表性、专业化、年轻化”的原则，选举产生了协会第八届领导班子；审议通过了第七届理事会工作报告、财务工作报告、会费收取标准、章程修改草案以及关于数据直报系统等六项提案；发布了2015—2019年行业20大要闻，并就疫情下快速复工复产与品牌建设，举办了论坛活动。

**（二）调整部门，完善制度，清晰责任**

2020年，依据行业发展和工作需要，协会对内设部门进行了调整，将原来的综合业务部调整为综合部和业务部两个部门。加大了与中国轻工联对接力度，充分搭载轻工联各个平台尤其是相关科技创新平台，强力推进行业企业科技创新工作，受到广大会员单位积极响应与好评。同时，协会内部制定了“三定方案”，进一步厘清各个部门各个岗位职责，对人力资源进行了有机合理的调整与充实。制修订内部管理各项制度十余项，使所有工作有规可循，有矩可依，提升了协会管理现代化水平，进一步提升了协会的服务能力。

**（三）发挥工会作用，建设协会文化**

2020年，协会成立了工会组织，并在年内与支部一起组织了主题党日与工会秋游活动，增进同事间的了解与相互理解，使协会不仅成为员工实现自身价值的职场，更能成为大家共同的家园。工会先后对四名员工开展了慰问活动，把协会的温暖送到每个人身边。

# 坚守创新　携手共进　继往开来　再创辉煌
## ——中国乐器协会第八次会员代表大会暨八届一次理事会工作报告

中国乐器协会理事长王世成

（2020年8月28日·北京）

各位理事、各位会员代表：

大家上午好！

正值举国上下全面贯彻落实习近平总书记要指示和党中央、国务院统筹抓好疫情防控和经济社会发展的总体部署和“六稳”“六保”工作要求，抗击新冠疫情取得决定性胜利之际，我们迎来了乐器协会第八次会员代表大会。

感谢中国轻工联和崇和会长高度重视、莅临指导。

借此，向成功抗疫闯关的同志们致以诚挚的问候和崇高的敬意！现在向各位代表作工作报告，请审议。

### 一、2019年工作总结

2019年是中国乐器协会成立30周年，我们举办了“三个一”活动，即一次纪念大会、一本纪念专辑、一台庆祝晚会。纪念活动隆重而简朴、热烈而充实，是行业和协会难忘的时间节点和重要的里程碑。过去的一年，在国资委、中国轻工联的领导和指导下，乐器行业依靠科技创新推动供给侧结构性改革，服务音乐教育，扩容提质乐器市场，保持了稳中有升态势，运行质量、创新能力和协同效果明显提高，有效地促进乐器行业健康有序发展。

#### （一）运行质量进一步优化

2019年乐器行业面对下行压力、贸易摩擦等诸多挑战，坚守阵地、创新进取，把握了机遇、赢得了发展。规模以上企业主营业务收入412.77亿元，同比增长4.67%；利润增长14.98%；应收账款下降4.02%；海关出口17.42亿美元，同比增长5.83%，分别高于轻工业和全国工业平均水平，特别是实现利润，全国工业为负增长3.3%，全国轻工业增长7.14%。总体呈现出：生产稳中有增，结构调整有序；利润快速增长，运行质量提升；出口增势平稳，结构趋向均衡；下行压力加大，挑战亟待破解。

#### （二）科研能力进一步增强

依据乐器行业技术路线图，初步形成了行业三级科技合作项目体系和运行机制；去年11月下旬的行业科技大会从内容到形式努力创新，效果反响强烈，五场折子戏场场精彩，体现协会搭台、大家唱戏，唱出了乐器人的精气神；专家团队的引领作用，行业“大国工匠”和“创新之星”的推荐学习，为行业企业创新发展提供了智力支撑；协会注意发挥各分支机构、行业科研基地和骨干企业作用，积极与专业院团和业界专家紧密合作，推进乐器关键技术攻关项目，不断取得阶段性成果：获得中轻联两项技术发明三等奖、一项科技进步二等奖；民族低音拉弦乐器改革，支持央音、上民一、凤灵多方会战，赏评试用反映良好；声学木材研发团队与珠江、海伦、雅马哈、红棉等骨干企业合作，三期项目有大的突破，已批量投产推广；人工养殖蟒蛇皮和人造蟒皮的持续研发应用，开辟了民族膜鸣乐器声学材料新途径；功学社（天津）公司研发的弯管长笛喜获德国红点设计奖，蔚科DM-7系列全网面电子鼓斩获中国工业设计红星奖等。我们乐器企业创新研发的生动案例让人振奋，我为此准备了一个典型清单。

（三）品牌价值进一步彰显

培育市场叫得响的品牌是我们永恒的主题，通过全行业持续发力，乐器产品质量和品牌意识不断增强，打造优秀品牌，讲好品牌故事，扩大品牌影响力成为大家共同目标和着力点。目前，全行业拥有省市级著名品牌90余个，高新技术企业20余家，涌现出一批“中华老字号”和20余个“中国驰名商标”；珠江钢琴被工信部授予“中国制造业单项冠军示范企业”；上民一厂成为“全国工业品牌培育示范企业”，去年利润总额突破一个亿；得理集团荣获广东省政府质量奖，海伦公司荣获宁波市政府市长质量奖；2019年度乐器行业50强企业共实现主营业务收入136.06亿元，占比32.96%，集中度得到进一步提升；恺撒堡音乐会用琴在祖国70周年庆典晚会亮相天安门广场；长江钢琴作为柴可夫斯基国际音乐比赛钢琴组指定用琴，这是该赛事首次遴选“中国品牌”；天津津宝鼓号成为千人军乐团定制乐器；民族乐器精品荣登各大演出场所，又见国乐再展风韵；骨干企业推出一批高水平纪念版、定制版新产品，体现了高档产品制作水平和创新能力。多家产品分别入选国庆晚会、春晚舞台、央视网络春晚、克里姆林宫大剧院、国家大剧院等大型演出，展示了民族品牌乐器的魅力和水平。

同时，行业技术标准、技术专利有新的进展，乐标委累计完成112项国标、行标制修订；2019年完成了《钢琴金属连接件、紧固件的形制与尺寸》《手风琴规格划分与型号命名方法》《手风琴零部件名称》三项行业标准的调研、起草和专家审定。团体标准启动《键盘乐器用智能系统通用技术条件》、《绿色产品的设计——电子钢琴》，经联合会主管部门组织专家审定，通过一项，完善一项。各项标准主要参与企业的付出值得赞赏和肯定，这里体现着意识、观念和能力。目前，乐器技术专利累计1600项以上，其中发明专利占30%以上。

（四）展会效应进一步释放

上海国际乐器展经过18年精心培育，已经成为全球最大的国际商贸平台，一组数据在逐年递增：14.5万平方米面积，34个国家和地区2414家企业参展，近20个国家和地区组团，17.78万人次登记入场，95%以上的展商对订单、服务和观众数量质量表示满意；组委会在持续组织提琴制作大师工作坊和开展钢琴调律师技术讲座的同时，努力扩展乐器科技板块，组织了国际MIDI技术论坛和MIDI作品创作比赛、电子音乐创作比赛及交流活动，受到业界关注和支持；全球业界新品首发高调亮相上海国际乐器展，推选出20件年度首发新品，并举行隆重的首发仪式，特邀国际行业协会、各界专家、国内外采购商、经销商和40多家公众及业内媒体参加，组织网络直播和场内外同步转播，成为展会和业界的热点、亮点。

（五）信息服务进一步整合

协会立足打造乐器行业最具权威性、前瞻性、国际化的网络+纸媒多元化综合信息服务平台，2019年又做了调整和充实，聚焦乐器行业相关经济政策信息，权威发布乐器的行业数据、市场数据、全球数据，提供美欧日等海外同业组织数据信息及天猫等网络平台的大数据，注重多元立体为会员企业宣传报道，信息渠道畅通有效。目前协会官网和官微服务对象涵盖乐器全产业链，2019年发布962条信息，其中，官微共有178171人阅读了公众号文章263120次。同时，协会与国家主流和行业专属媒体保持了良好合作关系，多次组织《人民日报》《光明日报》、中央电视台、中国教育台、新浪网、搜狐网、中国国际广播电台和《乐器》《音乐周报》《消费日报》等50余家合作媒体，对行业和企业重大活动进行集中采访，扩大了行业和协会的社会影响，促进了各方与协会的交流与合作。如国管局为省市区周年大庆购买乐器直接找到乐器协会，这方面也是重要渠道。

（六）产业集群进一步提质

截至目前，培育共建了8个乐器行业产业集群，分布在京津冀苏浙鲁。集群内现有乐器生产企业902家，从业人数超过10万人，销售收入63.5亿元，占行业主营业务收入15.8%。2019年完成了平谷提琴产业基地的复评和对肃宁集群的商研受理。经过持续的培育发展，产业集群多已成为当地的支柱产业、区域名片和脱贫主力军，并得到当地政府在财税、金融等方面政策的大力支持；有效提升了乐器制造技术和产品质量及集群品牌价值；促进了贸易文化活动和各种资源综合利用；也对延伸乐器制造、音乐教育和特色音乐文化产业链，助力普及艺术教育和扩大音乐人口起到了积极推进作用。江苏黄桥的琴韵小镇建设不断出新招，彰显了“提琴之都”风采，凤灵集团对地方经济的带动作用可圈可点。总体看，地方政府对协会的工作给予了积极评价。

同时，协会为促进行业、企业的科技攻关、技术交流与合作，搭建行业科技平台，先后命名了海南大蟒科技有限公司的“蟒蛇人工养殖及膜鸣乐器材料研发基地”、江阴金杯安琪乐器有限公司的“手风琴簧片研发基地”、成都川雅木业有限公司的“乐器声学木材研发基地”和广东红棉乐器股份有限公司的“全国吉他通用技术研究及产业化应用研发基地”等4家研发基地，为行业和企业的高质量发展持续提供技术支持。每个基地都有与科研院所专家的合作项目，总体效果不错，作为分支机构技术创新的重点课题，体现了为行业科技创新提供服务。当然，这方面尚需不断细化和加强。

**（七）产业链条进一步融合**

乐器具有制造业与文化产业兼容的特殊属性，深挖产业链内涵，拓展其外延并打好这张牌，非常重要且现实。努力融合乐器制造上下游，融合乐器产销与音乐教育和音乐文化产业的共同发展，这是我们培育乐器潜在市场、扩大乐器客户群的必然选择。2019年我们的琴行业面对挑战、积极调整、创新前行，已形成了“乐器销售—音乐教育—文化传播”三位一体运营模式，为产业链条有机融合注入了发展活力。盛音牵头创办琴行商学院、引领成都琴行一条街；知音建立起一套成熟、标准化的教学体系和覆盖全年龄段的课程体系；罗兰与敦煌联手智能交互古筝学堂问世，实现民乐一对多互动式教学功能；秦川为消费者打造“内容电商化、场景视觉化、体验极致化”的新型消费服务体系；新威开启的全新教育主题活动新颖实在。协会发挥跨界合作优势，组建的音教联盟服务平台，2019年共同联办了国民音乐教育大会暨北京音乐生活展，跨界融合、国际合作，整合供需双方资源。有10个国家和地区，200余名各界专家齐聚北京，100多场主题发言、圆桌论坛、器乐大师课和音乐教育工作坊，近千人参会。大会得到了业界和社会的认可和点赞，乐器行业和协会影响力也明显提升。

2019年“6·21国际乐器演奏日”活动，共有76家联合主办单位，在176座城市，816个单位参与，组织了3200余场大众音乐演出活动，直接参演人员24万人，受众超过300万人（不含网络观众）。国民音乐教育大会和6·21国际乐器演奏日活动得到了广大会员单位积极参与，多方支持，为行业挖掘潜在消费群体、开拓乐器新市场厚植了根基。

**（八）国际合作进一步深化**

协会扎实推进国际交流合作，发挥民间外交作用，注意彰显大国方案和大国责任，积极整合资源，汇聚全球乐器协同发展的强大力量。目前与美、欧、日、德、意、英等20多个国家和地区同业组织保持密切联系，这在轻工业40多个协会中当属联系国别最多、互动性最强、务实效果最明显的行业之一：如中美贸易摩擦，NAMM正式发布《支持乐器自由贸易的声明》，上海乐器展中13次行业发展论坛场场爆满；中欧定期会晤，在国际濒危物种保护组织共同发声，使玫瑰木用材问题得到解决；乐器展会的国家和地区组团参展持续增加，对深入与中国合作交流充满期待；跨国重组与品牌合作效果明显，成功融合的范例不少，体现出中国乐器企业的国际化视野与品牌整合能力；6·21国际乐器演奏日成功引入，三年的策划实践获得巨大成功，发起人法国文化部长朗·杰克连赞想不到；国民音教大会10个国家和地区派出高级代表参加多项活动，给予很高评价；在国际乐器联盟会上，邀请中方分享中国乐器发展故事与成就，互动交流成为关注重点；疫情初期，美国、法国、日本、捷克、韩国调律师等协会和企业先后发来慰问信和捐赠，体现了乐器同行无国界的大爱和对全球乐器协同发展的期待，祝愿中国乐器行业更好。鉴于疫情全球蔓延，我们已于3月中旬代表大家分别向有关国家同业组织发出了慰问信，捐赠了一批口罩，迅速收到回复，感谢并期待与中方保持密切联系与合作。协会提琴制作师分会倡议并向意大利提琴制作家分会捐赠防疫用品，表达了106位中国提琴制作师的爱心，克莱蒙娜市长表示感谢。

（九）人才培养进一步发力

协会始终坚持人才强业，弘扬大国工匠精神，加强职业技能培训。在中国轻工联指导下，及时恢复钢琴调律师培训鉴定项目，2019年完成钢琴调律师职业技能培训与鉴定714人次，其中技师、高级技师各42人。乐器行业自2002年以来，共培训鉴定钢琴调律师8494人次。此外还有132人取得人社部《提琴制作师》职业资格证书。根据人社部《关于改革完善技能人才评价制度的意见》，协会积极组织申报国家职业技能标准库项目。已经做了标准修订、具备较完整的标准文本，钢琴调律师和电鸣乐器制作工，经中轻联推荐列入国家职业标准库。

多种形式和渠道助力企业人才队伍建设，并积极组织各类职业技能比赛活动。协会和中央院联合主办的第四届中国国际提琴及琴弓制作比赛，吸引了美国、意大利、韩国、波兰等9个国家200余名选手，共计437件乐器作品参赛，规模比第三届增加30%，评委水平国际一流。大、中、小提琴及琴弓金银铜奖获奖中18位为我国选手，占总数77.8%，其中获奖选手中会员单位代表和个人会员为12位14个奖项。列入国家四年一届的钢琴调律职业技能大赛，极大地调动了员工练兵比武的积极性。同时，之前协会参与主办的亚洲钢琴调律师年会和亚太口琴艺术节活动，反响很好，盛况可观，为同行交流互促、培训高端人才、提高品牌影响、引导乐器消费发挥了重要推动作用。协会鼓励和支持企业签约演奏家，加大培训力度，积极对接音乐院校，实际效果明显。

（十）服务能力进一步提升

协会党支部精心组织“不忘初心、牢记使命”主题教育活动，认真落实“基层党组织标准化、规范化建设”要求，经中国轻工联党委综合审定，获得首批“规范型支部”的评价，并对协会给予“和谐活力型”的特色定位，对秘书处的工作给予了充分肯定。几年来秘书处3人加入中国共产党，1人确定为发展对象，协会驻会人员，党员比例为71.4%。年龄结构、知识结构进一步得到调整，年轻力量在成长，给压力、搭平台、多亮相，培养历练提升，进一步提高了担当能力和服务水平。

2019年6—8月，协会制定了“1+5”调研计划，组成三个调研小组，分别对“珠三角、长三角和京津冀”实地考察调研，随后分别撰写了二手钢琴、进口钢丝、进口原木等三个专题报告已上报国务院关税税则委员会办公室、财政部关税司和海关总署综合统计司。关于“乐器进校园”问题，写成两个报告分别上报工信部和教育部，前者建议税收政策减免优惠，后者建议增加音乐教育经费改革充实校园乐器装备、扩大进校园乐器范围并列入中考加试范围等，并在国家发改委、中央财经领导小组办公室、国务院研究室等部委座谈会上反映，受到重视并索要专项材料。目前，正在密切跟进结果。

协会不断加强组织和制度建设，专题会议后，各分支机构组织活动实现全覆盖，实际效果在相互促进中得到新的提高，陆续搭建了十几个专业化工作平台，调动了广大会员的积极性、创造性和参与度，钢琴、电鸣、民乐、提琴等分支机构活动有声有色；先后组建的音乐教育和器乐文化专业委员会，积极开展社会师资培训，共建音教服务示范基地，开展器乐展演和文化交流活动，效果不错；经过15个分支机构的共同努力，使协会的凝聚力、战斗力不断得到增强。五年来新入会277家，使会员总数达529家。其中2019年新增会员63家，还有128家单位入会正在办理之中，使其保持良性与活力。近年一些相关单位和领域表示期待与乐器协会加盟合作，共同创新发展。2019年在行业内开展的“优秀企业家”“功勋单位”“行业工匠”“创新之星”“社会公益先进单位”等推荐学习活动，受到企业的赞许和期待。

## 二、五年回顾与体会

过去的五年是协会团结务实的五年，是行业创新发展的五年，同期编发的“2015—2019中国乐器行业二十大要闻”，浓缩了乐器人的精彩瞬间。今年是乐器协会的换届年，我们来到了新的时间节点，感触行业企业的深刻变革与发展、感谢分支机构、地方协会、产业集群和会员单位的理解、帮助与合作支持、感谢上届和历届协会同仁留下的宝贵基础与经验。五年来，会员企业和协会同事们辛苦了、付出了、收获了、提升了，再次向大家表示衷心的感谢和诚挚的问候！

大家在总结五年工作时感到：2015年协会第七届理事会履新之时，中国乐器行业正处于在连续10年高速发展之后，金融危机导致的国际市场持续低迷，出口压力增大，行业发展面临转型升级的关键节点。新班子在充分调研，综合研判基础上，按照习近平总书记系列重要讲话精神，结合乐器行业发展实际，及时明确提出将高质量发展作为乐器行业和协会工作的重点。七届协会班子从统一行业思想，转变发展观念模式，分门别类完成具体目标入手，进而确立以科技引领，创新市场发展和加快高素质人才培养为主要路径全面推进。通过制定行业技术路线图，务实开好科技大会，业界专家分类点评，搭建产学研用合作平台，落实攻关重点项目，率先推出全球业界新品首发平台，加快技术标准尤其是团标的制定推广，加强国际区域间交流合作，多元化宣传科研成果和创新产品等方式手段，不遗余力强化科技创新在行业发展中的地位和作用。

积极打破传统藩篱，聚焦社会音乐教育，主动跨界音乐教育、文化演艺等相关行业，尝试以音教联盟合作平台方式，整合体制内外、国内外专业力量，首创并成功召开国民音乐教育大会，引进具有全球影响力的6·21国际乐器演奏日活动等，做大蛋糕，积极宣传企业，宣传品牌，扩大音乐人口，扩大行业影响力，着力挖掘乐器潜在消费群体，在国内、国际树立起中国乐器制造的新形象。

努力为支撑行业长久发展，注重高素质人才培养，完善推出行业职业技能培训鉴定体系，跨国联手打造具有国际水准的高级技能培训平台，着力夯实乐器修造专业人才基础，并致力从单纯技能培训向经营管理、技术研发、资本运作、环保智能等全方位高素质人才培养过渡。

可喜的是，五年的努力已初见成效，得到了各位同仁的充分肯定，协会的凝聚力和公信力进一步增强，每次会议和重要活动，企业主要领导的到位率足以印证；今天全行业整体制造水平、中高端产品比重、优秀民族乐器品牌影响力等都有显著提升；音乐教育与人生幸福的密切关系得到社会越来越多认可，助力全面建成小康社会有乐器人的活跃身影；音乐界、文化界、演艺界、音教界与协会的互动频繁，认同“标配”“刚需”的目标定位；乐器进校园、进家庭、进社区的“三进”步伐加快，乐器销售正在借助政策发力和社会音教产业快速发展的东风获得源源不断的增长新动能。五年来，乐器全行业在继续保持稳定发展的同时，正逐渐站到了一个更高更广阔的高质量发展台阶上。由此可以说，全行业高质量发展从确立细化目标，明确实施路径，创新项目推进到取得初步成效，为今后新的五年高质量发展打下良好基础，成为现阶段行业发展和协会工作的最大特点和亮点。在此，我提议为大家共同拼搏取得的成效送上热烈的掌声，为我们的行业，为我们自己，鼓掌祝贺，加油鼓劲！

**工作中形成了五点体会：**一是科技创新是行业发展的关键，只有从项目体系、多元协同、专家引领、人才支撑和企业发力全方位推动，才能持续有所建树；二是产品质量和品牌是企业生命之源、竞争之本，发力中高端，才能实现高质量发展；三是打通文化产业全链条，服务音乐教育，才能开拓倍增市场、挖掘潜在客户群；四是补人才短板属当务之急，校企共振、国际合作、多管齐下，才能提高专业化职业化技术水平；五是协会工作求真务实、团结和谐，才能群策群力，促进行业大团结、快发展。

作为兼职理事长，借此也对以主持协会日常工作的曾泽民同志为首的秘书处团队，五年来，在原来好的基础上，尽心竭力、坚守创新、真诚待人、真抓实干、让行业留恋、让企业难舍，我提议，向泽民同志、松美同志、晋武同志和加盟一年多的瑞勇同志及全体同事为事业、为企业、为会员的真情付出和突出贡献表示衷心感谢！

## 三、后五年工作思路

后五年，总体看，全球经济贸易增速放缓，各类矛盾交织关联，外部不稳定不确定因素增加，特别是后疫情市场恢复和贸易摩擦，值得业界同仁高度关注和动态研判；我国经济发展有巨大的潜力和独特优势，但周期性问题与结构性矛盾叠加，经济运行风险挑战不容小觑。未来五年，随着行业高质量发展主基调的持续深化和喜爱音乐、乐玩乐器人口的有效增加，乐器制造业将呈现八个发展趋势：即稳规模、增效益是行业发展的主基调；数字经济推动自主创新能力提升；高品质成就产品竞争力；家庭乐器拥有量出现重大突破；中高端品牌乐器优质优价成常态；新消费模式引领未来乐器市场；契合资本市场做大做优产业；产业链深度融合助推乐器强国。

新的历史阶段“乐器行业高质量发展”是主攻方向，提升品牌知名度和美誉度成为重中之重。协会将始终按多年实践中总结形成的一套较为完整的工作思路务实推动工作，即：把握一个目标，让乐器成为家庭的标配，让音乐成为生活的刚需；突出两个重点，扩大中高端产品比重，扩大我国音乐人口；夯实三个基础，分支机构建设、标准化工作和人才培养与职业技能培训；落实四个运行机制，运行服务机制、服务收益增长机制、绩效考核机制、员工成长机制；提升五个能力，党建引领、科技创新、高质量发展、市场化、职业化五大能力；完善六大平台，科技创新、行业信息、市场商贸、音乐教育、产业集群和国际交流平台。

## 四、2020年主要工作

2020年是国家全面建成小康社会的决战之年，是“十三五规划”的收官之年，也是最大限度降低疫情影响、加快形成国内循环为主体、内外循环互促新发展格局的攻坚之年，乐器行业需要团结协同、抱团攻坚、执着坚守、稳中求变，要坚持新发展理念、坚持供给需求双向发力，大力推进科技创新、努力提振消费市场、加快乐器行业转型升级，全力保持发展态势，共同为贯彻落实中央“六稳”“六保”决策部署做出努力和贡献!

在全面落实年度任务的基础上，突出抓好十项主要工作，力求经过不懈努力、融合推进，到2020年末，使企业自主品牌占有率由50%左右提高到60%左右，百户城镇居民家庭钢琴拥有量由5.1架增加到6.8架，其他中高档乐器拥有量由6.92件增加到7.48件，行业经济运行主营收入、实现利润和出口创汇等指标下降幅度争取逐月收窄，全力实现部分指标正增长。

### （一）克服疫情影响奋力闯关突围

突如其来的新冠疫情打断了以往生产生活节奏，对乐器行业运行发展产生了前所未有的冲击，外部环境异常复杂，风险挑战明显上升。同时对会员企业的应对能力带来严峻的挑战。如何把握形势、正视风险、恢复补损、闯关突围？对此协会会同企业在疫情期间采取多项举措抗疫复产，已整理了专题通报材料印发大家，19条做法反映出协会企业一个目标一股劲，守望相助、心心相印、联防联控、倾情投入，大家见面虽少但情感更近。特别是调研提出的20多条相关政策建议和重启提振市场、服务企业多拿订单等方面的举措，协会和企业将会共同发力持续抓好落实，努力在变局中开新局。截至1—6月，乐器规模以上企业主营收入增幅同比下降23.76%，6月份则环比增长14.9%，部分骨干企业加速启动市场，环比增长超过30%；据18家骨干企业直报数据显示，6月当月利润环比增长8.91%，其中得理、乐海、海伦、津宝、罗兰、博斯纳、金杯安琪、珠江等利润环比增长领跑行业；据海关总署统计发布，1—6月出口同比下降11.87%，6月份环比降幅收窄22.73个百分点；进口同比下降24.79%，6月份环比降幅收窄11.54个百分点。总体看：运行情况存在差异，亟待总结借鉴和分析调整；全行业出口额已连续三个月环比增长20%以上，但大宗商品钢琴出口仍显颓势；特别是主营收入环比两位数增长但运行效益不理想，特别是六月份，反映出运营成本的制约问题明显，值得高度警觉和综合施策。真诚期待我们乐器企业既要深刻认识国际环境的诸多不确定性（南美非洲及秋冬疫情如何发展；世界性经济衰退预期；西方对我打压程度等）和我国经济下行压力加大的客观形势，更要勇于直面挑战、经受疫情考验、坚定发展信心、恢复市场活力、努力练好内功、彰显治企能力；要从生产、用工、市场、政策等多方面，认真研判疫情带来的深层影响和应对举措；细算财务账、稳住现金流、分享政策羹，聚焦主业、靠创新突围、重抱团取暖、取弯道超车。要痛定思痛、顺势而变、化危为机，赢得发展，努力将疫情损失降到最低。坚信疫情之后，品牌国货将迎来未来5—10年关键窗口期。

**（二）高质量完成协会的换届工作**

我们按照协会章程，本着“连续性、代表性、专业化、年轻化”的原则，已筹备做好协会领导班子、常务理事和理事换届选举的相关工作，并进一步完善了协会秘书处工作职能，重点强化科技创新、品牌培育、规划标准、信用体系、人才培训等业务的协调服务；各分支机构要在年内同步完成换届，为更好地服务会员企业的创新发展提供组织保障和平台支撑，换届要体现协会“两性两化”的原则，专业素质和热心程度成为关键词；本次会上，将所有制造业分支机构全部更名为“分会”，其中“西管乐器专业委员会”更名为“管乐专业委员会”；根据行业发展需要，将原协会咨询委员会和专家组整合为协会“专家委员会”，借力音乐院所（13家），突出企业主体，体现产学研用一体化，明确和强化职能，提高活动质量，发挥功能作用，全面支撑和服务行业创新研发、技术合作、成果推广和音乐教育。

**（三）完成五年目标制定“十四五规划”**

我们要全力克服新冠疫情带来的生产经营困难，努力恢复和发展生产，全面完成乐器行业“十三五”规划各项目标任务，做好圆满收官和综合评估，我仔细审视了一下，目前六大目标中“研发投入强度达到2%”等五项指标能够完成，而“两个产业集群进入智慧集群行列”目标尚需加力，产业集群需要强化共建，着力提升“四力”即集群健康持续发展能力、国内外市场拓展能力、产业链协同能力和集群与企业品牌的影响力。同时，在特殊时期，更要做好调查研究，使协会制定的“乐器行业‘十四五’发展规划”更能体现问题导向。鉴于现在还很难全面分析疫情对乐器行业造成的负面影响究竟有多大，故会后将视情况组织专题调研，进一步提出针对性政策建议、择机与当地政府沟通、综合提出后五年产业、技术、产品等发展方向。按照轻工联的要求，在行业和专家委员会充分论证的基础上，9月底前拿出行业“十四五”规划。借此说明，还要完成好《中国工业史·轻工卷·乐器篇》5万字的文稿，将行业生产力的持续发展和生产关系的深刻变革展现出来，努力做精品，为乐器青史留痕，目前初稿已上报。

**（四）推动三级项目开好科技大会**

按照行业技术路线图和三级科技合作项目计划，牵头单位要研究制定好年度项目实施方案，提出阶段性工作计划，并有效执行积极推进，企业要善于展示自己的创新成果，提高技术与产品的认可度和美誉度，扩大和增强市场的影响和企业的创新能力。专家委员会根据行业重点项目，组织相应专家组对接服务。协会秘书处要组织企业，积极申报工信部技术改造项目、单项冠军和“消费与升级产品”、中轻联科技进步奖、轻工业工程技术研究中心、科技成果鉴定等推介认定项目。每年四季度中后期的科技大会，定位五大功能：一是表彰行业“科技之星”“优秀科技项目”，组织推荐学习活动；二是年度科技项目及创新产品成果评价、展示与交流；三是新年度重点科技项目立项、方案研究和资源对接；四是技术标准项目研究、专利技术及科技成果交流、交易；五是组织专题学习、参观与跨界交流，适时组织配套成果展、科技论文征集推介等专题活动。如：2020年科技成果展示：音乐会用钢琴测评、声学木材性能测试标准研讨；中高端产品：西管乐准专业产品评价，企业与演奏家、教育家对话；新材料：环保材料展示与研讨；同时组织技术标准宣贯等。努力使行业科技大会开出实效、开出特色。

**（五）提升展会质量做好新品首发**

上海国际乐器展、音乐生活展暨国民音乐教育大会和“6·21国际乐器演奏日”是行业市场化运营的重要服务平台。上海展要稳定规模、力保订单、扩充内涵、精细服务。疫情过后，全球启动市场需求，浦东新国展已成为乐器制造商产品订货的押宝之地，这是不以我们意志为转移的客观必然。希望各位企业家要抓住机遇、乘势而上，希望产区政府大力扶持、倾情投入，这是帮助企业渡难关的最好选择，主办方也采取了优惠举措。协会拟在今年上海乐器期间，发布行业高质量发展白皮书；继续做好“全球业界新品首发”，今年已早作发动，广泛宣传，完善企业申报、专家评审、社会公示等流程，细化项目新闻发布、初审入围、专家测评和创新发布形式等工作，并努力做好全过程宣传推介和重点活动策划，扩大活动参与度和品牌影响力，目前正在有序推进。国际同行对这个平台也非常关注、积极评价和加盟，真诚希望我们的企业家高度重视、务实参与，增强展示研发能力和创新产品的内生动力，应注重自家三个知名度的彰显，企业知名度、企业家知名度、产品新品知名度，得其一者可得市场。

**（六）扎实开展乐器“品牌年”活动**

协会持续推进“三品战略”，把品牌建设、品牌培育作为协会工作永恒主题，拟今年在行业“品牌年”组织“三个一系列活动”：在协会第八次会员代表大会期间，组织一次品牌学习交流活动，专家讲座、主题论坛和经验分享相结合，此前协会组织了相关品牌建设的论文征集和发布活动；在9月份左右采取业内外媒体集中宣传形式，组织一次乐器品牌产品宣传周活动；组织一次乐器品牌产品主题音乐季，利用企业新年音乐会的契机，以协会与音协管乐学会合作的2020年新品音乐会为主会场，将有意愿企业的主题音乐会统筹形成系列音乐会，一并宣传推广，集中展现乐器自主品牌和创新产品成果。同时号召会员单位积极参加《2020年度轻工企业管理创新成果》评价活动。

**（七）推动音教事业完善服务平台**

由于疫情影响，国民音教大会组委会将原定7月初在天津举办的国民音乐教育大会暨音乐生活展调整为明年举办，并提前做好总体策划。今年大会放在上海展会前夕，紧密结合疫情引发的线上音乐培训的多方位思考等，直面痛点和热点。以社会音乐教育为重点；确定大会主题是：音乐进社区、乐器进家庭；组织广大乐器生产企业和教育培训机构推出线上教育项目，推动幼教乐器启蒙专题，提前启动与中国音乐教育杂志社合作的论文征选，就音乐教育在传统文化继承发展进程中的功能与作用、线上音乐教育成功案例分析、推动乐器进家庭对策研究等选项征集真知灼见。

协会将开展乐器进校园、进社区、进家庭的“三进”活动作为开发市场，推广音乐教育市场的重点工作。号召有条件的企业积极与地方教育部门、对口院校和社会培训机构合作，积极开展相关服务活动，并及时总结经验；协会积极与工业和教育主管部门、教育装备行业加强合作，参与政策研究和行业专业服务项目供给，今年6月份，协会与教育部教育装备发展研究中心合作，组织开展了“音乐教育器材”企业调查工作，首期遴选了140家企业，涵盖84类乐器、11类配件和1类教育软件，这项工作协会将采取动态管理的方法，持续为推动乐器进校园做好落地工作；协会在已经培训了1500多名社会音乐教师基础上，还将加快《社会音乐教师职业技能标准》制定工作；在乐器产业聚集区，积极与地方政府开展音乐特色产业集群共建，推动区域校园乐器普及。根据多家联合主办单位的要求，全国“6·21国际乐器演奏日”活动如期启动，这是此项活动进入中国的第五个年头，受新冠疫情的影响，2020年活动强调了“线上、户外、家庭、分散”等关键词，指导意见一经发出，79家合作单位迅速行动，参与单位800多家，参演人数21万，此外，今年还推出了“6·21抖音乐器演奏挑战赛”，共有3338家单位和个人参与，收到参赛作品5132个，观看数量为1.08亿人次，整个活动精彩纷呈，彰显乐器助力全面建成小康、助力扩大音乐人口的强大动能。

**（八）强化标准体系推进团标制定**

乐标委要做好标准体系建设和维护，坚持乐器技术标准“可量化、可监督、可比较”的原则，采取国际通行的现代乐器分类，即“弦鸣、气鸣、体鸣、膜鸣、电鸣和材料及配件”六大技术标准化系统，做好标准化科研。北京乐器研究所、珠江钢琴集团、吟飞科技公司等单位共同组织《乐器产品中化学物质的分析与研究》《乐器生产粉尘防治及回收利用》两个科研项目有计划推进；年内完成三个以上国标、行标制修订，如：《电子钢琴》《行进鼓》《大提琴》《大提琴弓》等。加大力度推进乐器团体标准制定，发挥团标快速响应灵活自主的优势，不断丰富团标、壮大团标，将团标发展成为政府标准强有力的补充，尽快完善《绿色设计产品评价技术规范电子钢琴》，再组织两项以上团体标准制定，如：《智能键盘乐器通用技术条件》《键盘乐器智能功能等级评价》和《二手钢琴评价标准》等。

**（九）坚持行业自律协办维权中心**

根据行业企业对知识产权保护和打假维权的诉求，今年要在乐器行业持续开展信用体系建设，倡导行业自律，维护公平竞争环境，做好信用体系共建服务和宣传；完善制造业和琴行及音乐教育培训机构自律公约；积极支持会员单位的打假维权行动，呼吁知识产权质押贷款，促进知识产权商用化、产业化和金融化，努力为企业营造发展的良好环境，将随时与企业联动发声，及时向政府有关部门反映诉求。支持乐器制造产业集群和地方协会、骨干企业在政府主管部门指导下，探索建立区域“乐器行业快速维权中心”，加快在产业集聚地建立集专利申请、维权援助、调解执法、司法审判于一体的一站式服务平台，加快构建快速维权的“绿色通道”，协会已与知识产权主管部门沟通，届时提供协调服务。

**（十）加强人才培养夯实发展根基**

有计划地组织好钢琴调律师职业技能培训鉴定，年内培训鉴定达到500人次以上，技师和高级技师分别在40人以上。组织专业小组推进《电鸣乐器制作工》和《民族弹拨拉弦乐器制作工》职业培训标准修订，教材编制、资考委组建和培训鉴定基础工作，积极推进试点，要有阶段性成果。进一步收集骨干企业校企合作开展职业技术教育典型做法和经验，综合分析企业人才需求，加快筹建国际化乐器修造学院，拟专业培训和学历教育双轮驱动，目前先从与北京丰台职业技术学校合作的二胡京胡制作项目试点，逐步扩展提升。支持和协助企业与音乐院校开展定向委培，创造机会并鼓励企业多参加国内外各类乐器大赛，培养和发现人才，持续助力企业技术培训。加快推进申报“新职业”的工作，力求尽快落地，完善行业人才培养平台。

各位同事，经过五年团结奋斗，我们取得了可喜的进步，也将迎来更多的机遇与挑战。我们要“不忘初心、牢记使命”，认真贯彻新发展理念，坚持问题导向和目标导向，集聚力量、整合资源，以科技创新、管理创新和市场创新为动力，携手共进、继往开来，不断开创中国乐器行业高质量发展的新局面。

## 协会活动

# 中国乐器协会领导赴天津“华夏未来”考察会谈

4月28日，中国轻工业联合会党委副书记、中国乐器协会王世成理事长率领协会代表团赴天津考察，与天津“华夏未来文化艺术基金会”邢元敏主席及其他主要负责领导进行会谈。在2019年12月双方签订战略合作协议的基础上，双方主要领导就“6·21国际乐器演奏日”“国民音乐教育大会”“国民音乐城市中心”等项目合作事宜进行了交流和探讨。

# 中国乐器协会与中轻联综合业务部举行工作对接座谈会

为全面对接综合业务，更好借力中轻联服务平台，务实促进乐器行业高质量发展，中国乐器协会与中轻联综合业务部于4月20日下午召开了工作对接座谈会。

中轻联执行秘书长、综合业务部主任郭永新、副主任王旭华和相关处室负责人参加会议，从科技创新、品牌建设、质量标准、产业集群、行业政策、科技奖项评定、成果鉴定和绿色发展等方面，为协会全面介绍了联合会现有的服务平台以及支持行业企业发展的渠道与载体，表示要更好地支持协会业务建设，并向乐器协会提出了中肯的建议。双方围绕共同关注的行业议题广泛交换意见，一致表示要优化业务资源，增强服务意识，促进共享合作、推动行业发展。

# 中国乐器协会党支部组织学习“两会”精神

5月28日，中国乐器协会党支部组织全体党员和入党积极分子，召开专题学习交流会。结合乐器行业复工复产、疫情突围阶段性工作成果，认真学习、领会全国“两会”精神和政府工作报告。中国轻工业联合会党委副书记、中国乐器协会理事长王世成主持学习交流会，并就“两会”精神和政府工作报告进行了学习辅导。

王世成理事长最后要求全体党员切实提高政治站位，认真学习领会习近平总书记重要讲话和全国“两会”精神，紧密团结在以习近平总书记为核心的党中央周围。加强协会平台建设，切实推动“6·21国际乐器演奏日”、上海国际乐器展的招展、业界新品全球首发工作。同时，落实乐器品牌年、2020上海国际乐器展暨国民音乐教育大会组织策划工作，有效提振国民文化消费信心，促进乐器行业经济回稳向好，扎实推进“让乐器成为家庭的标配，音乐成为生活的刚需”发展战略。

# 共建肃宁乐器产业集群工作沟通会在协会召开

2020年5月22日，河北省肃宁经济开发区党工委书记兼管委会主任齐艳庄、管委会副主任王美玉、开发区招商局局长李亚波，在河北乐海乐器有限公司董事长宋从甲陪同下到访中国乐器协会，就共建肃宁乐器产业集群工作推进情况与协会领导进行了详细沟通。协会常务副理事长曾泽民、副理事长王松美、孙瑞勇、秘书长陈晋武，以及协会相关部门主管参加了沟通会。

曾泽民副理事长代表中国乐器协会对肃宁乐器产业近年来所取得的成就给予肯定，对肃宁县委、县政府多年来对乐器产业和当地乐器骨干企业给予的大力支持表示感谢。就共建产业集群的具体工作提出了几点建议：一是在产业集聚度和规模上仍然要加大推动力度，一手抓大企业、骨干企业的快速提升，一手抓中小企业规范发展。二是抓好品牌建设和高质量发展，引导产业向中高端迈进。三是积极拥抱互联网带来的新市场、新机遇，借淘宝峰会的东风，推进乐器电商全球化。四是在音乐教育和文化活动上寻求新突破，以校企合作为抓手，实现新的增长点。

# 中国乐器协会第八次会员代表大会在京隆重举行

8月28日，在全国各行各业认真落实“六稳”“六保”，加快形成以国内大循环为主体、国内国际双循环相互促进的新发展格局之际，中国乐器协会第八次会员代表大会在北京江西大酒店隆重举行。中国轻工业联合会党委书记、会长张崇和，中国轻工业联合会党委副书记、中国乐器协会理事长王世成，中国轻工业联合会纪委副书记、党建人事部主任杨曙光出席会议，中国乐器协会名誉理事长王根田以及协会副理事长、常务理事、理事和业内相关人士和媒体代表共180多位代表参加了会议。本次大会审议通过了第七届理事会工作报告、财务工作报告、章程修改草案，以及关于数据直报系统等6项提案；表彰了2019年度中国乐器行业50强和先进集体；选举产生了八届理事会领导班子。大会还分别以《消费新趋势下乐器品牌的塑造与传播》《疏通、提振市场，闯关、突围发展》《强化品牌，创新发展》为主题，举办了主题报告、经验分享、现场交流等多种形式的论坛活动。

# 中国乐器协会首个职业培训中心在津成立

9月25日，中国乐器协会职业培训中心（天津）签约揭牌仪式在天津举行。中国乐器协会职业培训中心（天津）由中国乐器协会、天津市华夏未来文化艺术基金会、华夏未来时代培训中心三方联合成立。该培训中心的成立是在中央提出“六稳”“六保”“加快形成以国内大循环为主体、国内国外双循环相互促进的新发展格局”政策大背景之下，由中国乐器协会和华夏未来文化艺术基金会结合自身的业务特点和资源优势，经过前期认真充分交流与精心细致筹备而成立。未来，该培训中心将围绕音乐教育、乐器修造等领域开展一系列的职业培训工作，在扩大音乐人口，促进国内乐器中高端和音乐产业发展等方面发挥积极作用。

# 中国乐器协会助力央音向河北两县捐赠乐器

9月23日，中央音乐学院与河北省青龙满族自治县、威县音乐教育对口帮扶合作协议签约仪式在中央音乐学院举行。应中央音乐学院商请，中国乐器协会组织4家会员企业针对青龙县和威县的具体需求捐赠古筝、琵琶、二胡、笛子，共计300余件。

中央音乐学院党委书记赵旻、院长俞峰、中国乐器协会理事长王世成、央音副院长秦文琛、副院长于红梅、教育部艺体卫司一级巡视员郝风林、青龙满族自治县副县长纪立功、副县长李龙、威县副县长王炳明以及参与捐赠的4家企业负责人，乐海乐器有限公司董事长宋从甲、饶阳北方民族乐器总经理杨俊鹏、河北乐之洋乐器副总经理郭皓、天津盛兴元乐器总经理王泽云等出席仪式。

# 王世成理事长会见武强县委领导班子

10月14日，武强县委书记侯桂宁、县长张双翼一行赴中国轻工业联合会，拜会中国轻工业联合会党委副书记、中国乐器协会理事长王世成，并就“十四五”时期武强县乐器产业高质量发展等事项进行交流。

王世成理事长对武强县的发展给予充分肯定。他指出：疫情影响下武强的各项数据充分表明，武强经济发展坚持两手抓，按下了快进键、跑出了加速度。对武强县多年来推动乐器产业高质量发展的做法给予高度评价。他建议，一是认真学习领会中共中央、国务院印发的《新时代教育评价改革总体方案》精神，加大推进乐器进校园的力度、速度与强度，认真探索并形成武强模式，向全市、全省乃至全行业推广；二是要把乐器文化产业发展的着力点，放在“扩大中高端产品比重与扩大音乐人口”上面来，要用好、用足“全国音乐教育服务联盟示范基地”的资源，发挥联盟各方的资源与功能作用，在音乐教育、师资培训等方面求得新突破，形成产业发展的增长极；三是特色小镇建设要以产业为基，文化为魂，融合为径，人才为本；在乐器产业整体战略上要打好特色牌，把凸点做凸，让亮点更亮，形成产业的核心竞争力。

# 王世成理事长一行调研留念工作室、罗兰数字音乐教育

双节来临前，中国轻工业联合会党委副书记、中国乐器协会理事长王世成一行三人，赴留念工作室和罗兰数字音乐教育进行调研和慰问。著名作曲家、演奏家、指挥家卞留念先生，罗兰数字音乐教育总经理程晋垣女士等，热情接待了王世成一行。北京中音中音科技有限公司董事长赵易天等现场陪同参观。

王世成理事长对罗兰公司在音乐教育上的执着，落地方案的细致，创新发展的重视和多元化融合发展的思路都给予了充分认可。期望罗兰数字音乐教育继续加强科技研发项目的投入和申报，加大直营店的投入和适当的资本注入，进一步发挥融合发展的思路，将在线音乐教育进一步拓展和加强，用音乐生态发展来引领文化产业发展。协会专职副理事长孙瑞勇、秘书长刘勇一起参加了调研慰问活动。

# 中国乐器协会党支部在周邓纪念馆开展主题党日活动

9月23日，值此全国人民喜迎国庆之际，为弘扬、传承老一辈革命家和开国元勋的奉献精神和崇高品德，进一步规范、创新构建和谐活力型党支部，中国乐器协会党支部组织全体党员、工会会员一行14人赴天津周邓纪念馆开展“不忘初心，牢记使命”主题党日活动。

通过此次主题教育学习，参加活动同志一致表示，周恩来、邓颖超同志一生艰苦朴素、勤政为民，在任何情况下以党和人民利益为重，其崇高精神和高尚品德令大家再次接受精神洗礼。参观党员群众表示，要继续深入学习习近平新时代中国特色社会主义思想的基本立场、观点、方法，坚持以党的创新理论指导行业实际工作，全方位整体规划，持续推动行业高质量发展。

# 中国乐器协会与海关总署税收征管局（上海）在上海签署合作备忘录

10月27日，中国乐器协会副理事长孙瑞勇代表中国乐器协会赴上海与海关总署税收征管局（上海）举行合作备忘录签署仪式。海关总署税收征管局（上海）副局长王琼同志主持了签署仪式，有关领导参加了签字仪式。

双方共同表达了“合作双赢、互促发展”的愿景，将在信息沟通、行业服务和政策研究等领域开展务实合作，这对乐器行业健康稳定发展有着重要的意义。

# 中国乐器协会八届一次常务理事（扩大）会议暨2020年行业科技大会在京成功召开

在全国上下认真学习贯彻党的十九届五中全会和中央经济工作会议精神、“十三五” 圆满收官、“十四五”即将开启的重要时间节点，12月22日，中国乐器协会八届一次常务理事（扩大）会议暨2020年行业科技大会在北京召开。中国轻工业联合会党委副书记、中国乐器协会理事长王世成，专职副理事长孙瑞勇、陈晋武，秘书长刘勇以及协会副理事长、常务理事、理事和业内相关人士近130位会员代表参会并交流。

大会审议通过中国乐器行业《十四五发展规划》和“2020年度科技工作报告”，发布《乐器行业高质量发展白皮书》，成立全国乐器行业专家委员会、团标工作委员会，并表彰中国轻工联科学技术、企管创新、升级和创新消费品评比获奖单位，以及乐器行业科研创新、专利工作先进企业和“科技之星”技术人才。大会还围绕产业新格局发展、团体标准管理规范、乐器声学品质提升等内容，组织了专题报告、新品展示与专家点评对话、产学研用专家论坛等多种形式的活动。

# 王世成理事长与肃宁县委颜世东书记一行举行座谈

12月14日下午，中国乐器协会理事长王世成在京与到访的肃宁县委颜世东书记、王志乾县长等举行座谈会，交流肃宁县在乐器产业发展和规划方面的一些工作和思考。协会副理事长孙瑞勇、陈晋武、孟宇、宋从甲，秘书长刘勇参加座谈。

肃宁开发区党工委副书记、管委会常务副主任齐艳庄汇报了肃宁县自2019年提出申请集群共建以来所开展和规划开展的各项工作。王世成理事长对肃宁县委县政府一年来开展的各项助力产业发展的工作给予充分肯定，并认同其未来文化产业园发展的规划。他强调了集群共建的一些标准要求，集群对地方产业发展的促进作用，并介绍了乐器协会在助力产业发展的教育、科技等方面开展的一些具体工作，建议肃宁县从实际工作需要出发，结合现有产业基础和发展规划，务实制定共建目标，并按照有关集群共建标准，认真开展各项工作。他表示，协会将会大力支持肃宁关于集群共建的有关决策，期待肃宁乐器文化产业的协调发展。

## 分支机构

# 2020年中国乐器协会分支机构工作总结

分支机构作为行业协会开展活动的主力军，是协会发挥行业平台作用重要组成部分，是协会承担行业管理职能的重要力量。目前乐器协会15个分支机构中，覆盖10个产品类分会、3个产业链类分会（琴行、音乐教育、器乐文化）、2个技术类个人会员分会（钢琴调律师、提琴制作师）。随着市场经济深入的推进和行业整体发展不断完善，产业链条特征清晰，市场化发展趋势较为明显，有效促进了行业高质量发展。应该说协会对各个分支机构工作的管理规范，健康发展，关注支持，寄予厚望。

协会分支机构自成立以来，认真遵守协会章程和分支机构管理办法中明确的指导任务和工作原则。紧密结合自身业务的特点，在行业总体工作目标下积极开展各类卓有成效的活动，带领会员企业为行业整体发展做贡献。各分会能够主动的结合各自专业开展相应的活动。如以产业为主的分会，以解决技术难题为切入点，开展合作公关很务实。产业链的分会从需求侧发力，努力解决供需平衡问题。技术类分会组织具有特色的职业技能培训和认真组织或积极参加行业职业技能竞赛，行业技术人才队伍显成效。

此外，相关分会积极参加国际会议和国际交流活动，在参与国际合作的交流过程中，为中国乐器行业争得了荣誉和话语权。在协会提出的标配和刚需的总目标下，各分支机构开展的工作和专项活动，让人感到鲜活并充满生命力，并有效地形成了协会和分会的活动相得益彰，促进了行业的高质量发展，助推了协会影响力和公信力的持续提升。

## 一、钢琴分会

回顾最近五年，国际政治经济形势错综复杂，中美贸易摩擦加剧，全球工业生产和贸易疲软，新冠肺炎疫情肆虐全球，国际金融市场持续波动，世界经济增速乏力，国内经济进入新常态。在制造企业成本不断攀升、国际强势品牌加剧竞争和进口二手钢琴冲击的国际国内经济新形势下，中国钢琴产业行走在创新与维稳的转型年，机遇与挑战并存。面对国际国内经济的新形势，钢琴分会在党和政府，中国乐器协会的关心支持下，坚持以创新为驱动，推动供给侧结构性改革，转变经营策略、积极拓展市场，扩容提质钢琴及音乐教育市场，调整产品结构、创新产业格局，钢琴行业总体保持了稳中向好态势，运行质量、创新能力和协同效果明显提质，有效地促进了钢琴行业的健康发展。

### （一）产销规模总体稳中向好

据轻工业经济运行及预测预警系统显示，从2010年起中国钢琴年总产量均超过35万架，2019年累计产量更高达约39.64万架，是世界最大的钢琴生产国。呈现结构调整步伐加快，运行质量提升的态势。我国内地已成为国际钢琴消费主场，国外品牌的纷纷进入，数码智能技术的日益发展乃至互联网跨界企业的冲击，对我国钢琴制造业的发展带来了一定压力。2020年，突如其来的新冠肺炎疫情给钢琴行业带来了前所未有的冲击和挑战，骨干企业产销规模波动较大。

### （二）产业结构持续优化升级

五年间，多家钢琴企业通过产业基地扩建实现快速产品结构、技术创新、品牌文化的快速升级发展，如珠江的国家级文化产业示范基地、星海的肃宁生产基地、博兰斯勒在衡水武强打造的产业园、海伦东北基地项目正式落户营口，烟台博纳斯和韩国赛乐尔三益的环保升级改造等。

通过资本运作品牌策略，如珠江对德国舒密尔的股权收购、宜昌钢琴和普雷耶中国收购或控股等欧洲名牌产品，在吸纳国际成熟品牌运营机制同时，反哺自主品牌运营和声学品质提升，构成当前钢琴制造企业品牌战略新特点。面对中国内地市场的消费潜力和全球经济一体化的进程，国内钢琴骨干企业在加速外资品牌收购步伐后，同时采取走出国门战略，在国外设立公司，创建国际化品牌。

在资本市场助推钢琴产业创新驱动方面，如珠江旗下的子公司艾茉森数码乐器、和声钢琴股份公司成功挂牌新三板、海伦艺术教育投资对川音大地部分股权收购。资本运作的内外布局，将促成内地钢琴市场竞争的国际化游戏规则逐步完善成熟，品牌并购背后的技术与文化融合，将成为我国钢琴企业纵深发展的促进剂。

**（三）钢琴企业创新能力日趋提升**

五年来，协会注重发挥科研基地、骨干企业作用，组织各分支机构研究，积极与专业院校、业界专家合作，推进钢琴关键技术攻关项目，取得突破性成果。各钢琴制造企业加大科研力度和专利申请，加强乐器声学品质测评技术，声学材料选择、加工及新材料替代，乐器表面喷涂工艺及新涂料研发及应用，大大促进了钢琴新产品开发与推广。为了适应日渐成熟的市场需求，钢琴制造企业的产品纷纷向中高档水平提升，推进精益化生产和个性化定制，产品不断丰富。数码钢琴受到越来越多的关注，逐渐成为拉动企业销售增长的重要力量。智能钢琴作为智能化新产品，成为了技术创新的亮点。中国钢琴行业产品品种持续增加，品质逐步提升，品牌形象更加优化。

**（四）互联网+制造业深度融合**

互联网时代，制造业与互联网逐步融合，传统制造业逐步向智能化转型。钢琴制造企业纷纷把握机遇，积极运用互联网思维进行制造业的创新探索，探索互联网时代的智能营销、智能制造。如发展电商平台，成立线上品牌旗舰店，挖掘网络销售市场潜力；探索互联网+生产模式，通过互联网实现终端消费者的私人定制；运用互联网思维，在声学钢琴上加载数码软件模块，研制智能钢琴产品等等，运用成熟的电子、网络、人工智能等高新技术，促进传统钢琴产业改造和升级。

**（五）投资音乐教育产业成为行业扩容热点**

中国乐器行业经过二十多年的高速发展，从代工出口到自营内销，产品品质不断提高，最近几年社会音乐教育已经成为行业关注的重点，钢琴制造企业纷纷在艺术教育行业也展开资本战略布局，在音乐的社会教育和文化普及上多下功夫，想尽办法扩大市场容量，为乐器行业新的发展高峰铺路。各企业纷纷支持下游渠道开展音乐教育培训，多样化的钢琴培训、钢琴赛事，使钢琴文化更加贴近群众，提高了社会对学习钢琴的热情。大型乐器企业继续投资音乐文化教育产业，数字化音乐艺术课程开发和互联网平台运营已成为教育培训中异军突起的新力量，推动音乐教育逐步向规模化、标准化、数字化、网络化、高效化、连锁品牌化等趋势发展。

**（六）品牌价值进一步提升**

五年来，我国钢琴企业借势国家文化产业发展政策，积极主动创意布局内地钢琴文化市场，依托杯赛、大师班、艺术节、各类钢琴文化创意活动等多元文化平台，不断提升自主品牌的辨识度和文化影响力。通过全行业持续发力，钢琴产品质量和品牌意识不断增强，珠江钢琴被工信部授予“中国制造业单项冠军示范企业”、海伦公司荣获宁波市政府市长质量奖、恺撒堡钢琴亮相庆祝新中国成立70周年晚会、成功入围中轻联消费升级十大重点产品之一，北京星海70周年人民大会堂纪念款登陆MUSIC CHINA；长江钢琴作为柴可夫斯基国际音乐比赛钢琴组指定用琴；另有多家产品分别入选春晚舞台、央视网络春晚、克里姆林宫大剧院、国家大剧院等大型演出，展示了民族钢琴品牌的魅力和水平。而品牌钢琴赛事和艺术节更是精彩纷呈，珠江钢琴的珠江·恺撒堡国际青少年钢琴大赛和全国老年钢琴大赛、星海钢琴的“星海杯”全国钢琴比赛、柏斯音乐集团长江钢琴音乐节、“长江钢琴杯”青少年音乐比赛、海伦钢琴的“海伦杯”中国钢琴公开赛等，助推品牌知名度和影响力。

**（七）行业同心抗击疫情**

2020年，面对疫情，钢琴行业始终以中国企业的责任和担当，积极投身疫情防控的大局。钢琴行业闻令而动积极参与中国乐协发起倡议书，众志成城共战“疫”活动，各会员单位及时根据本地区疫情防控状况，在确保安全的情况下，强力推动复工复产，奋力闯关突围，提振消费市场，从生产、用工、市场、政策等方面制定应对措施，努力将疫情损失降到最低，共同为贯彻落实中央“六稳”“六保”工作做出努力和贡献。并积极协助地方政府做好当地和全国抗击疫情工作，力所能及地为地方和社会做贡献，多家钢琴企业购买医用口罩、手套、防护镜、医用消毒液、红外线测温器等医疗防疫物资进行捐献，全力支持奋战在疫情一线的广大医务工作者。同时，疫情之下，琴童学业牵动钢琴行业的心，珠江钢琴、柏斯集团、海伦艺术教育等骨干企业也依据各自情况采取了相应的措施、开展了各种类型的线上教学及线上服务活动，助力琴童停课不停学。

**（八）深入开展行业调研活动**

五年来，分会每年组织会员单位进行调研，撰写专题调研报告，一方面及时向中国乐器协会、中轻联等有关部门反映行业情况，另一方面在行业内进行宣传。为深入把握行业经济趋势，各企业每年配合协会工作，进行主要经济指标和主要产品产量统计，并总结会员单位中好经验、好做法在钢琴分会年会中进行分享和推广，和大家保持了互通信息和感情联络，使钢琴行业在协会的关心和支持下共同发展。

**（九）积极支持行业开展创优评选活动**

会员单位中有12家企业多次被中国乐器行业推荐为“乐器行业50强”；每年都涌现一批科技创新领域的先进人物和优秀产品、科研项目获得表彰；骨干企业、业内精英多次就钢琴产业发展、新品研发、创新技术、科研项目、品牌文化等方面进行成功经验分享，见证钢琴行业科研技术人才队伍建设成果，值得钢琴行业骄傲。

**（十）努力提倡钢琴产业结构转型升级**

随着国民收入的增加和生活品质的不断提高，消费者对钢琴品质的需求逐渐提高，对品牌钢琴的认可度越来越高，面对这种形势变化，在每年的分会交流活动中都有对钢琴市场形势进行分析，号召各钢琴企业通过科技创新、大力培养乐器行业高技能人才、多元化产业延伸、跨界合作和业内合作等方式，培育新的经济增长点，以应对未来产业发展的挑战。

**（十一）做好有关钢琴标准制定和审定工作**

在过去的五年里，在全国乐器标委会的带领下，分会骨干企业参与《乐器有害物质限量》《钢琴质量等级划定与判定》等6项国家标制、9项行业标准、4项团体标准制定和修订，其中已发布12项，为乐器行业技术、质量标准领域等打下了基础和经验。

**（十二）反映行业诉求，共同维护行业会员合法权益**

近年，国内二手钢琴进口量以每年1万架的速度递增，海关总署数据显示，2019年仅立式钢琴进口量值约18.57万架（其中二手钢琴为14万架以上），来自日本有70%为二手钢琴，韩国95%为二手钢琴。针对二手钢琴对国内钢琴行业造成的冲击、影响市场秩序、消费者利益等问题，分会积极配合中国乐器协会，向政府有关部门反映情况，多方争取尽快调整进口钢琴有关政策，纳入有关标准范围进行规范监管。分会将配合协会，继续跟踪以求有实质效果。

## 二、钢琴调律师分会

钢琴调律师分会，是中国乐器协会15个分支机构之一。分会宗旨是促进钢琴调律师行业的发展、扩大调律师队伍，提升钢琴技师、调律师整体素质和技术水平的社会服务平台。会员来自全国各省市及地区的钢琴制造企业、院校调律专业学生以及琴行培训机构的社会调律师。

近五年来，调律师分会在中国乐器协会指导下，在全国调律师会员的大力支持下，全力遵循调律师行规行约，充分发挥分会在钢琴制造产业中的重要作用，为推动钢琴行业的发展，做出积极的贡献。

2015年以来第四届调律师分会主要开展的工作体现在以下几个方面。

（一）组织开展全国钢琴调律职业技能竞赛活动

钢琴调律师分会近五年承办了2016年、2020年两届由国家级二类竞赛。竞赛是由中国轻工业联合会、中国乐器协会、中国就业培训技术指导中心和中国财贸轻纺烟草工会全国委员会共同联合举办的。竞赛对于决赛前3名获得者，授予“全国技术能手”称号；前15名获得者，授予“全国轻工行业技术能手”称号；前25名获得者，授予“中国乐器行业技术能手”称号。

2016年第二届全国钢琴调律职业技能竞赛，历经4个月，在全国26个省市，354名调律师参加初赛，完成了12场次初赛、3场次复赛和决赛。2020年第三届全国钢琴调律职业技能竞赛活动，赛事覆盖全国27个省、市（自治区）14个赛区，402名调律选手历时3个月，完成了14场初赛、3场复赛和决赛。通过两届全国竞赛，推进了调律行业技能人才的队伍建设，增强了技能人才的职业荣誉感、自豪感与获得感，对进一步提升我国钢琴产业发展水平，起了积极的推进作用。

（二）发挥各地鉴定站培训鉴定职能，加大调律师分级培训的力度

为提高调律师的整体素质，加强钢琴调律师培训，不断培育和壮大中国调律师队伍，加强与企业、职业学校、及高等教育机构的横向合作。具有较完善的调律师职业技能等级评价标准以及培训认证系统，现有北京、广州、上海3个鉴定站所以及5个培训基地，开展常规化行业认证工作。截至2020年，现有8500多人取得相应级别的钢琴调律师资格。近几年，地方钢琴调律师组织得到快速发展，相继有河南、辽宁、安徽、吉林、江苏、陕西、云南等地成立了省级地方调律师组织，为全国的调律师行业建设与发展，做出了积极的贡献。

（三）加强国际化合作，联合培养国内高精尖的调律人才

2016年10月始，中国乐器协会与日本卡瓦依钢琴公司在行业内合作共同开展“钢琴调律联盟标准培训认证体系”工作，并作为行业标准的补充和中高端项目试点。分会积极配合协会工作，在全国范围内开展国内联盟体系下的师资选拔和推荐工作。

（四）通过参加国际会议，提高我国调律行业整体水平

2016—2019年，分会分别参加在中国台湾召开的亚洲联盟会议和在美国、日本召开的国际钢琴技师及调律师年会。通过参加国际会议，探讨国际化背景下的钢琴制造产业情况及如何提高钢琴调律技艺，提高我国调律师行业的整体技术水平，缩短与先进国家技术水平的差距，共同探索钢琴制造产业发展的强国之路。

（五）进一步加强职业技能等级评价工作

2018年，为落实行业人才培养规划目标，尽快扩大和提升行业技术人才整体规模和水平，适应快速发展的乐器制造业和市场需求，对接国际行业标准，并报中国轻工业联合备案，在国家相关政策调整期间，从在原国家职业技能资格培训认证体系开展基础上，全面恢复和大力推进行业职业技能培训认证工作。2021年3月，分会积极参与中国轻工业开展轻工行业职业技能等级评价工作，为规范开展等级评价工作，确保等级评价工作的质量，建设高水平的考评员及督导员队伍，分会、鉴定站以及全国考评员积极响应参与各项培训工作，在北京、广州两地一百余人次参加了考评员的培训，为今后调律师等级评价工作打下工作基础。

钢琴调律师分会，多年来在中国乐器协会指导下，在全国调律师会员的大力支持下，我们认真执行调律师行业的职业标准，充分发挥了调律师分会在钢琴制造产业中的重要作用，在全国范围内积极开展资质考核、技术培训、国际化合作等各项工作，对推动钢琴产业发展做出了积极的贡献。

## 三、民族乐器分会

2015—2020年，分会均安排在上海国际乐器展期间召开分会工作交流会，围绕当年的形势及热点问题展开讨论。2015年开展民族乐器《筝弦》、《板胡》标准的审定工作、2016年开展民族乐器企业如何打造强势品牌讨论。

**（一）开展的主要工作**

（1）分会发挥各骨干企业的引领示范作用。骨干企业能够紧抓科技创新，与专业院校专家合作，推进乐器关键技术攻关项目。

（2）重视品牌建设，企业通过产品创新、技术创新，推出了高水平的纪念版、限量版、定制款新产品，如2018年上海民族乐器一厂推出“珍藏版小叶紫檀木海上凤韵金筝”，乐海乐器有限公司推出“世博版虎啸印度小叶紫檀扬琴”，苏州民族乐器一厂推出“印度老山檀香二胡”等。

（3）积极参加民族乐器标准的制（修）订工作。如11项民族乐器弦鸣乐器相关标准修订工作，将起到规范市场、指导生产的作用，以推动相关产业链发展，使产品更好满足市场和使用需要，从而促进民族乐器行业的健康可持续发展。

（4）积极参加上海国际乐器展、北京音乐生活展等，乐器展已成为企业展示品牌形象、产品特色、技术能力的重要阵地。

（5）发挥骨干企业在本区域领头作用，形成特色产业群，如：江苏省扬州市“中国琴筝产业之都”和河北省饶阳县“中国民族乐器之乡”。

（6）积极参与国民音乐教育大会和“6·21”国际乐器演奏日活动，为行业挖掘潜在消费群体、开拓民乐新市场奠定了良好基础。

**（二）工作思路**

全球疫情有常态化、长期化的趋势，从而伴随着许多不确定因素，这些对我国经济将产生巨大的影响，但是危与机并存，各企业需要在变局中开新局，在危机中抓新机。

分会通过建立平台、发挥骨干企业的引领作用，从而推动民族乐器行业高质量发展。

（1）继续加强分会成员之间的交流与互动，开展专题的研讨会、参观交流会，围绕行业内的突出问题展开讨论与交流，特别是行业发展过程中出现的安全、环保、产业升级问题，群策群力，领军企业要分享经验，在行业内形成互相学习与探索的氛围，努力实践与创新，促进行业的健康发展。

（2）中高端产品将成为市场的主流，特别是一些高附加值、高质量的产品需求会不断加大，分会各骨干成员要注重乐器在标准化、智能化的推动，加速产品技术能级的提升及产品品种的迭代更新。

（3）加大团体标准、行业标准、国家标准的制定与整合。进一步拓展标准的领域与深度，通过制定高质量的标准，推动民族乐器行业的整体水平。

（4）积极推进民族乐器职业技能培训工作，提升民族乐器制作工人整体水平，培养中高端技能人才。

（5）结合标委会即将制定的绿色工厂团体标准，在民族乐器行业内推行民族乐器行业绿色工程。

## 四、电鸣乐器分会

电鸣乐器分会围绕协会各时期重点工作，开展分会活动。

（1）为推动分会成员自觉遵纪守法、平等竞争和共同进步。在行业内倡导会员企业，遵守电鸣乐器行业自律公约。

（2）分会针对上海国际乐器展，有些电子乐器和音箱未通过国家强制3C论证，建议由中国乐器协会、上海电子电器检测所和分会成员组成联合工作组，展会期间进行核查，设置展位在现场接受3C咨询和投诉。提高行业实施3C认证，举办了3C认证和ROHS法规专题讲座。

（3）为扩大会员队伍，分会每年与零件供应商举办厂商联谊会，交流行业信息，吸收优秀企业加入中国乐器协会，分会会员主要是由研究所、生产企业、零配件厂组成，形成完整产业链，对促进行业发展，起到积极的推动作用。

（4）积极配合开展乐器标准的制（修）订工作。在国家乐器标委会秘书处指导下，积极配合完成29项国家标准和行业标准的制（修）订工作。

（5）成立了MIDI技术工作委员会，举办多次MIDI技术普及培训，在上海乐器展举办国际MIDI技术讲座、座谈会和国际数字音乐比赛，为推动国内乐器行业对MIDI技术掌握和应用上发挥积极作用。2018年1月，上海得理公司技术总监张光中正式成为国际MMA组织的技术委员。现正申请参加MMA的CI、MPE和PWG等3个技术标准研究工作组，可及时了解国际音乐数字接口技术的发展动向，直接参与新的MIDI标准的制修订。是中国乐器行业首次进入国际电子乐器界的技术领地，为将来国内电鸣乐器技术与国际先进技术同步发展提供条件。

（6）分会坚持的几项特色工作：

第一，坚持每年召开分会会议，安排1—2场技术讲座或企业管理讲座。

第二，坚持开展行业单位的交流走访活动，促进友谊，推动行业技术合作与进步。

第三，坚持发展新会员工作。

第四，坚持实行分会会长和副长年度考评以及企业诉求的收集和上报工作。

## 五、管乐专业委员会

五年来，专委会在中国共产党的领导下，在中国乐器协会的指导下，遵守宪法和国家的方针政策，坚持服务至上，竭尽全力，为乐器行业办好事做实事，为推动中国乐器行业高质量发展，奏响中国乐器的时代强音不懈奋斗！

改革开放以来，经济腾飞，西管乐器制造产业由小到大，由弱变强，其生产规模、品种和质量、品牌等，在国内外乐器市场上占有重要地位，且具有较强的影响力和竞争力。尤其是近年来，在党的十九大精神鼓舞下，西乐器行业适应国家大力发展文化相关产业的政策导向，发展迅猛，行业规模持续扩大。

目前，中国主要西管乐器产能配比依次为小号、长笛、中低音号、萨克斯、单簧管。从西管乐器出口来看，根据海关数据，2015—2019年我国铜管乐器出口持续攀升，其他管乐器出现小幅收缩。2020年受疫情影响，铜管乐器出口有所回落。从出口国家和地区目的地来看，我国铜管乐器主要出口至美、德、法、英等地，其中出口至韩国、中国台湾、美国、德国、法国等地的铜管乐器单价较高，属于高值产品。

总之，2015—2020年，西乐器行业科技创新成效显著。落实乐器行业技术路线图，推动行业科技合作和关键技术攻关，不断取得阶段性成果。品牌建设成绩非凡。产业集聚效应明显。国际交流成果丰硕。行业跨国重组与品牌合作不断增多，体现出西乐器行业的国际化视野与高超的品牌整合能力。

在过去五年，中国西管乐器专业委员会为推动西乐器行业持续快速发展，专委会主要开展以下几项工作：

（1）搭建多维立体的合作平台。召开“分会年度会议”。组织分会企业会员参加“行业活动、理事会、科技大会、专题论坛和交流会。积极参与产品标准的制修订工作。组织交流学习活动”。

（2）对接行业技术发展路线图，强化科研项目体系建设。推荐学习“行业工匠”和“科技之星”，激发了行业创新发展的内生动力。产品研发、成果转换中心不断取得创新成果，受到省市表彰。

（3）带领乐器企业会员积极参加协会组织的上海、北京乐器展。仅武强县就有几十家乐器企业参加上海乐器展。

（4）组织企业带乐器产品参加管乐协会组织的专家评审会，与专家现场互动，反响强烈，成效显著。

（5）带头组建和指导各地建立西乐器产业技术研究院，以发挥科技支撑作用，促进西乐器产业发展，实施技术创新工程，引导产业技术创新工作，加快建立以企业为主体，市场为导向，产学研相结合的区域技术创新体系，共同突破产业发展的技术瓶颈，进一步提高我国西乐器产业技术的创新能力，为我国西乐器产业提供有力的技术支撑。

（6）引导企业重视品牌。全面推进品牌战略，努力打造优秀国产乐器品牌集团军，骨干企业主流品牌影响力不断扩大。我会根据调查和反映，撰写了“浅议金音名牌的扩展效应及策略”，以期利于乐器制造业及相关产业的品牌培育尤其是名牌的扩展效应。

（7）配合行业协会，积极参与“全球业界新品首发”平台，推介创新乐器技术产品，促进全球资源对接。

（8）带动乐器产业链消费。跨界组建音教服务联盟，举行“6·21”国际乐器演奏日活动，共建音教服务示范基地，合作开展社会音乐师资格培训，产业链不断完善，有力挖掘了潜在的乐器消费需求。

（9）助力全面建成小康社会有乐器人的活跃身影；音乐界、文化界、演艺界、音教界与西管乐器专业委员会的互动频繁，认同“标配”“刚需”的目标定位。

（10）推动西乐器进校园、进家庭、进社区的“三进”步伐，使西乐器销售借助政策发力和社会音教产业快速发展的东风获得源源不断的增长新动能。管乐企业积极转型升级，由制造业向乐器培训，线上线下互联，借助多媒体等音乐教育服务方面发展。金音开发的音乐素质测试app（软件）、津宝开展的行进管乐师资培训、圣迪推出的管乐进课堂“五步”教学法等先后闪亮面世，这些都将大大拉动了乐器消费市场。除此之外，金音集团组建了金音萨克斯公社和乐团，已发展到京津冀部分社区、旅游景区，学员千余人；津宝举办的管乐艺术节、打击乐艺术节等活动深入人心，成效显著，广受赞誉。

当前乐器行业发展面临着机遇和挑战，机遇主要是随着人们收入水平的提高，消费者对乐器在音质、音色等品质方面有了更高的要求，对于中高端管乐器需求旺盛，刺激了中高端乐器消费市场，利好乐器进校园、进家庭、进社区的“三进”发展和高品质管乐器进、出口。

挑战主要体现在美国市场的下降，中美贸易战下美国单方对华加征关税，导致我国西管乐器受到打压，行业出口利润缩水。国内西乐器行业内部也存有产业相对大而不强，产品档次多在中档以下；产品数量、品质和技术含量以及品牌影响力等亟待提升或提高；产业链主要环节的配套水平较低；企业技术研发中心实力偏弱，缺乏对行业产品顶尖核心技术的突破和掌握；技术人才特别是高级技术人才还比较缺乏等问题。

## 六、口琴分会

自2015年6月口琴分会换届后，五年来，每年召开会议，组织交流活动，推动了行业的发展，促进了行业之间的交流、沟通、协调，基本做到了团结互助、携手共进，第六届口琴分会近几年主要做了以下几方面的工作。

### （一）克服疫情所造成的困境，提升企业适应市场的能力

2020年一场突如其来的新冠疫情爆发后，口琴行业面临着诸多困难，内销遭受到了很大的影响。从口琴行业各单位复工后，几个重点企业对市场进行了全面分析，确立了要积极开展网络口琴音乐教育的方向。以扩大企业的品牌和知名度和影响力，坚持在企业中对员工开展生产技术和进行口琴的吹奏培训。并以产品创新为突破口，加强网络销售，提升企业适应市场的能力。江苏东方乐器有限公司在疫情期间组织举办了“同舟共济，情系武汉”大型口琴网络音乐会，并举办了六场网络公益性口琴讲座和培训。江苏奇美乐器有限公司把文化产业示范基地优势，作为疫情结束后实力提升和品牌创新的突破口。疫情期间公司新建项目的二幢大楼建设如期进行，集技术研发、仓储、网络销售、培训服务、综合展演于一体的基地扩建加速推进。江苏天鹅乐器有限公司，根据政府要求，加大文化产品的融合力度，形成文化产业和乡村旅游的融合发展。在线上进行网络直播，举办“天鹅高歌赞英雄，致敬最美劳动者”的五月红，劳动美口琴音乐会，促进口琴音乐的宣传力度。企业用各种方法克服疫情所造成的困境，从而促进产品的市场销售，提升企业适应市场的能力。

### （二）深入开展行业调研活动

口琴分会的主要领导在五年中每年会多次带着学习和调研出发走访口琴分会的会员单位，总结会员单位中好的经验和做法在行业中推广，利用乐器展会与同行业进行交流。上海口琴总厂因故暂停生产口琴，作为口琴分会的原会长单位，积极关心和支持分会工作，经常和分会的班子成员走访会员单位，与大家保持了信息互通和感情联络。使口琴行业在协会和口琴分会的关心和支持下搞好工作，共同发展。

分会走访了口琴分会大部分企业，了解行业许多创新发展和扩大规模的可喜情景。江阴孔声乐器有限公司在稳步中发展，增添多条口风琴流水线，大量的出口订单，韩国进口的口风琴基本上都是孔声乐器有限公司所生产的。目前口琴和口风琴还在日本、美国、印度、波兰、巴西、英国等世界各地建立了代理商。

口琴行业间竞争，难免会产生一些矛盾，为此，分会努力做好沟通工作，做到统一思想和认识，团

结依靠口琴行业的群体开展工作，使行业有更好的相互了解和进步，同时也希望在这一届口琴分会换届选举中能把在行业中具有代表性的、关心行业工作的、相对比较有能力的企业领导推荐到口琴分会的领导班子中来，使我们口琴分会的工作有一个连续性及新老交接的过程。

**（三）及时贯彻协会理事会精神，支持口琴行业开展创优创新活动**

过去的五年里我们向会员单位认真传达乐器协会召开的理事会议精神，学习讨论协会的工作。江苏奇美乐器有限公司、江苏天鹅乐器有限公司和江苏东方乐器有限公司作为口琴行业的强势企业多次被中国乐器行业推荐为乐器行业中的50强企业，并在每年中国乐器协会理事会（扩大）会议上得到了表彰，值得我们口琴行业骄傲。

2019年4月中国乐器协会召开七届五次理事（扩大）会议暨协会30年庆典，会上宣读了关于推荐学习为中国乐器行业发展做出突出贡献的单位和个人的决定，江苏奇美乐器有限公司董事长张龙贵和江苏天鹅乐器有限公司董事长陈红梅被评为乐器行业“优秀企业家”，江苏奇美乐器有限公司和江苏天鹅乐器有限公司还被评为乐器行业成长性“功勋单位”和“社会公益先进单位”，江苏东方乐器有限公司和上海国光口琴厂有限公司也被评为乐器行业“社会公益先进单位”。

五年来，分会继续配合各会员单位，积极在口琴行业中推广开展创名牌、树品牌活动。江苏奇美乐器有限公司荣获国家商务部等五部委联合授予“国家文化出口重点项目”和“国家文化出口重点企业”的国家双“重点”荣誉，以及“国家守合同重信用企业”“全省民营经济关心下一代工作先进集体”“第一届消费品点赞的江苏优质产品”；江苏天鹅乐器有限公司以不断丰富产品品种，增加企业竞争力，历年来申报了发明专利、实用新型专利、外观设计专利等10多项；江苏东方乐器有限公司注重生产转型，产品更新，档次提升，产品创新。自创建了“东方鼎”口琴品牌后，企业不断面向大众群体和口琴团体，不断提升企业形象和知名度。并建造了口琴行业第一个口琴博物馆——东方口琴博物馆；上海凯恩乐器有限公司专门为口琴团体制作“凯恩牌”合奏用琴，并制作种类繁多的重音口琴的各种调别，以满足口琴爱好者的需求；无锡铃木乐器有限公司长期以来为日本铃木生产定牌生产，始终保持了高品质、高质量的要求；上海兰生豪呐乐器有限公司经过改制为上海胤兰乐器有限公司，改制后的公司更注重口琴产品质量的提升。

许多企业在国际市场中打造自己的品牌，不断扩大产品出口数量及出口的国家和地区。在创名牌、树品牌中我们口琴专业委员会为这些企业进行了积极的推荐和宣传，提供了行业间的支持和帮助。

**（四）以科技创新为动力，转型升级来促进企业发展**

这几年中国乐器协会每年多会在科技大会上表彰乐器行业的“科技之星”。江苏奇美乐器有限公司董事长张龙贵、总经理张敏和江苏天鹅乐器有限公司董事长陈红梅、总经理陈涛先后被评为行业的“科技之星”。

五年来，口琴行业继续在积极研讨科技进步，不断推广口琴新技术、新设备的运用，以提高口琴各道工序制作和加工自动化生产的能力，以减少劳动力成本，提高劳动生产率。江苏东方乐器有限公司和江阴孔声乐器有限公司同样引进了注塑设备、座板冲制设备采用机械手操作。既减轻了操作工的劳动强度，又加强了安全防范。对行业中出现的新技术和新设备的使用，口琴分会组织行业共同参观学习，采取资源共享，优势互补。

**（五）开展企业生产技术合作，强化科技创新意识**

五年来，口琴行业重视开发口琴新的产品，新的品种，将企业的定位放在开发中高档口琴、高级演奏口琴上，注重使用口琴新材料，努力追求口琴的品质和音质，在开发高档口琴、高级演奏口琴的同时也在不断提高中国口琴企业的制造水平。

上海国光口琴厂有限公司是中国最早生产口琴的厂家，是以口琴之父“潘金声”先生创建，并有当时国民政府代主席“林森”题词“国产增光”的企业，八十多年来传承了“国光”牌口琴生产和制作。在历史的变迁中，几十年来始终保持了民族品牌的生产。近年来刚改制为民营企业，为了加大资金设备的投入，企业从强化创新意识着手和江苏奇美乐器有限公司进行了生产技术和产品的合作。江苏奇美乐器有限公司为生产口琴花费了大量的投入，进行生产制作中高档口琴。去年以来上海国光口琴厂有限公司利用合作共赢的方式打造“国光”品牌，并在乐器展销会上以民族品牌的文化创意搭建展台，以更多的、高档的产品展示企业的形象，取得了很好的效果，为民族品牌的未来腾飞奠定了基础，创造了有利的条件。为此原中国轻工业联合会副会长潘蓓蕾在协会王世成理事长的安排下亲切地会见了国光、奇美公司的领导及口琴行业的代表，对口琴行业的发展提出了希望和要求。

为了传承和发扬民族品牌，塑造“国光”品牌形象，讲好“国光”品牌的故事，上海国光口琴厂有限公司正积极搜集整理中华老字号资料。也将建立国光口琴博物馆，国光口琴博物馆馆名由著名书法家、书法兰亭序终生成就奖尉天池亲笔题写，博物馆目前正在筹建中。

上海国光口琴厂有限公司和上海胤兰乐器有限公司在产品加工上的合作，上海国光口琴厂有限公司委托上海胤兰乐器有限公司定牌制作国光牌单管、二管、四管及圆盘校音器。胤兰乐器有限公司在保证质量的前提下积极配合完成。多方的技术合作、生产支持、产品加工为我们口琴行业共同发展、共同技术进步、产品创新开拓了良好的氛围。

**（六）积极办好北京2018年第12届亚太口琴艺术节**

由中国乐器协会口琴专业委员会主办，北京口琴乐团、首都师范大学附属玉泉学校、北京昌平区大东流小学、江苏天鹅乐器有限公司、江苏东方乐器有限公司共同承办的2018北京第十二届亚太口琴节于8月4日在北京昌平区九华山庄隆重开幕。中国轻工业联合会党委副书记、中国乐器协会理事长王世成，中国大众音乐协会主席梁鑫华，世界口琴联盟主席穆勒，以及亚太口琴节理事国和地区代表等领导及嘉宾出席。本次艺术节活动丰富多彩，主办方安排了两场中小学生专场口琴音乐会，还有一场海峡两岸交流、一场亚太交流、一场名家演奏等共7场口琴音乐会；主办方还举办七场口琴讲座和培训；受到热烈欢迎。随着近年来亚太地区口琴普及面的不断扩大和演奏水平的不断提高，世界各国和地区参加亚太口琴节的人数逐年增加，参与本次口琴艺术节的来宾、口琴家和大中小学校的学生、幼儿园的小朋友、各阶层、各中老年的口琴爱好者达到了2800余人，创历届亚太口琴节之最。除了各发起国组织了庞大的代表团参加外，还有来自美国、英国、德国、意大利等世界著名的口琴演奏家、口琴组织、口琴爱好者莅临，使本次节会升格为名副其实世界级的口琴艺术节，成为全世界口琴人的盛会。

在亚太口琴艺术节期间，参会的口琴企业设置展位，展示品牌产品，参加艺术节比赛、讲座、音乐会演奏及颁奖仪式。

**（七）积极发展新会员，关心扶植新办企业**

口琴分会最初只有7家会员单位，主要以国有企业为主。随着经济的发展，生产的发展，口琴行业的经济结构有了一定的转化。从国有经济成分逐步扩大到个体、私营、股份制和独资、合资企业。对于涌现出来新企业，分会采取关心和扶持的态度，对要求加入乐器协会的企业，积极推荐，加入协会的大家庭。

**（八）协同会员单位做好有关口琴标准制定和审定工作**

在全国乐器标准技术委员会的领导和支持下，分会完成了《口琴》和《口风琴》标准的修订任务。标准的制（修）订工作，均由江苏天鹅乐器有限公司和江苏奇美乐器有限公司2家公司承担。

**（九）开展跨界音乐教育联合，积极宣传和传播口琴音乐文化**

分会关心口琴行业的音乐教育，支持和赞助口琴团体组织开展口琴活动，积极宣传和传播口琴音乐文化。

江苏奇美乐器有限公司在全国各地免费举办奇美中小学生音乐培训、比赛百余次，为普及我国中小学生音乐素质教育做出重大贡献。尤其在江苏盐城市阜宁县开展了乐器进课堂取得了卓越成果，为此在协会召开的科技创新大会上江苏奇美乐器有限公司董事长张龙贵和阜宁县教育局体卫艺科科长黄伟在协会组织的校园乐器的研究与发展论坛上分别作了发言。

江苏天鹅乐器有限公司、江苏奇美乐器有限公司和上海国光口琴厂有限公司分别发起组织了中央音乐学院教师专业水平第四期口琴培训班，为全国各地培养出了一批高素质的口琴教师。

江苏东方乐器有限公司发起组织全国主要口琴团体的联盟，在中国大众音乐协会同意和批准下组建成立了中国大众音乐协会口琴专业委员会。为全国口琴团体开展口琴教学活动、传播口琴音乐文化创立了有利条件。先后举办了三届华夏口琴艺术节，今年8月份又准备在安徽阜南县举办第四届华夏口琴艺术节。

上海是生产口琴、传播口琴艺术、繁荣口琴文化的发源地，也是口琴团体最多的城市。上海口琴总厂、上海国光口琴厂有限公司一直支持和赞助口琴团体开展口琴活动。多年以来上海国光口琴厂有限公司、上海凯恩乐器有限公司分别资助上海城市口琴乐团和上联口琴会举办口琴音乐会。

江苏天鹅有限公司成立了由公司员工组成的“天鹅口琴乐团”，经常组织口琴宣传活动，并多次在全国各地进行宣传推广活动，多次在靖江的企业家会议和活动中参与了表演。让更多的人了解天鹅口琴，为宣传和传播口琴音乐文化作贡献。同样为了提高企业的素质，培养口琴技术力量，江苏东方乐器有限公司和江苏奇美乐器有限公司在企业管理层和员工中开设了口琴培训班，以塑造企业形象，并进行口琴品牌的宣传。

2021年，中国乐器协会开展“品牌产品演出季”活动。为此上海国光口琴厂于年初组织人员在浙江音乐家协会口琴专业委员会的支持下在浙江丽水举办了国光口琴品牌产品音乐会。江苏东方乐器有限公司也在江苏惠文公司东方文化厅举办了新年口琴音乐会。江苏天鹅有限公司于年初召开了2020年度总结表彰大会暨2021年品牌产品音乐会。以此推动开展品牌产品活动。口琴分会各会员单位积极支持口琴团体在全国各地开展口琴教育活动，推动了口琴音乐的普及，口琴文化艺术的宣传。

分会积极参加中国乐器协会组织的各种活动，特别是6·21世界乐器演奏日，组织口琴团体积极参与演奏活动。

## 七、手风琴分会

2020年是不平凡的一年，在中国乐器协会的正确领导和指导下，在手风琴分会全体会员单位的共同努力下，2020年手风琴分会工作呈现出平稳有序发展的形势，达到了年初预期的目标。2020年手风琴分会工作完成情况如下。

### （一）奋力抗击疫情，力保复工达产

面对突如其来的新冠肺炎疫情，手风琴行业和其他行业一样，生产和销售市场两头都受到了极大的冲击。2020年春节过后，企业复工日期一延再延。由于防疫抗疫的需要，人员流动受阻，企业的外地员工无法按时到岗，造成了相当多的企业开工不足，产能下降。因新冠肺炎在全球的蔓延，国际间的交流、贸易严重受阻，人进不来，货出不去，手风琴的国际市场严重萎缩。据不完全统计，2020年我国手风琴对外贸易，因此下降了30%左右。

在党和政府的强有力的领导下，全国人民众志成城，防疫抗疫取得了决定性的成果。中国经济率先复苏，在做好国内国际大循环正确思想的指导下，手风琴行业各企业奋力开拓国内市场，通过多种方法开拓国内市场，增加产能，到2020年底手风琴总产量和2020年相比基本持平。

在防疫抗疫斗争中，江阴金杯安琪乐器有限公司、天津鹦鹉乐器有限公司等企业还积极支持所在地政府的防疫工作，积极捐款捐物，同时还援助意大利、韩国等友好企业以防疫物资，彰显了中国人民的博大情怀和我们企业与国外友好企业的深厚情谊。

### （二）开展品牌建设，开拓手风琴市场

2020年手风琴品牌建设工作，由于受疫情影响，许多大型品牌建设活动未能按计划举行，但各主要生产厂家都能转换思路，持续推进品牌建设。江阴

金杯安琪乐器有限公司、天津佰笛乐器有限公司、天津鹦鹉乐器有限公司等企业都通过建立以自己品牌命名的手风琴特色学校建设、手风琴乐团建设，以及手风琴进校园、开设网上销售平台，完善售后服务网络建设等措施来满足广大消费者的需求，推进品牌建设，开拓手风琴市场。

**（三）加强标准化建设，提升国产手风琴品质**

手风琴的制造过程，多少年来一直以手工制造为主要形式。2020年，参与并完成了全国乐器标准化技术委员会手风琴工作组《手风琴零部件名称》《手风琴型号规格划分及命名方法》2项行业标准的起草工作并已颁布实施。工作组提出了《手风琴通用技术条件》修订计划已立项。

天津佰笛乐器有限公司、天津鹦鹉乐器有限公司、江阴金杯安琪乐器有限公司都在生产中，逐步建立标准作业程序，将手风琴制造的标准作业步骤和要求，以统一的格式描述出来，用于指导和规范日常的操作，将相关步骤进行细、化量化和优化，通过标准作业的程序达到提升手风琴产品的目的。

**（四）开发新产品，满足市场需求**

企业要发展，创新是关键。去年以来，手风琴主要生产企业面对市场需求，推出了一批适合市场需求、受到消费者欢迎的新产品。江阴金杯安琪乐器有限公司的C1196自由低音手风琴、H2017HTC-4高端四排簧演奏用琴。JH1753高端演奏用琴、坤琴系列；天津鹦鹉乐器有限公司的罗尼系列高端手风琴；天津佰笛乐器有限公司的桃源型四排簧键盘手风琴系列、简雅型四排簧键盘手风琴系列，提升了国产手风琴的品质，扩大了高档手风琴的市场占有份额，为消费者提供了多种选择。

**（五）加大环保投入，确保清洁生产**

2020年，手风琴主要生产厂家先后完成了木工车间的布袋除尘设备、涉及化学品使用的车间的净化设备的安装工程，或将有可能涉及环保问题的生产工序转移到达到环保要求的专业工厂代工生产。经去年一年，各生产企业均未发生因环保问题而引发的处罚和停产事件。

**（六）加强产学研合作，增加科研经费投入**

国内手风琴主要生产厂家的体量都偏小，单纯依靠自己的力量进行研发，势单力薄，难度较大。如果走产学研合作的道路，则可以借智发力，大大推动手风琴研发能力的提升。

江阴金杯安琪乐器有限公司与南京艺术学院乐器研究中心联合成立的无锡市高档乐器研发中心，天津鹦鹉乐器有限公司与天津音乐学院合作，天津百笛乐器有限公司与中国音乐学院合作，对手风琴的簧片制造技术及所涉及的声学、材料学、工艺学等方面的联合攻关的研究，大大提升了国产手风琴的质量，部分产品已经可以媲美国际顶尖产品。

江阴金杯安琪乐器有限公司与江苏省连云港艺术学校联合办学，首批手风琴修造专业的毕业生已于2020年7月顺利毕业，进入公司就业，为公司增添了新生力量。联合办学的形式较好地解决了企业的用工困难，专业对口的培养方式使毕业生一经进入企业即能够快速适应工作岗位。

2020年各主要生产企业，科研经费投入同比增长了5%以上，约占总销售金额的3%。强有力的投入，保证了科研经费的需求科研工作对于正常开展。

**（七）存在的问题**

（1）原材料价格上涨过快，抬升了企业的经营成本，降低了企业的盈利能力，影响了企业的可持续发展。

（2）企业用工困难。手风琴生产的客观属性导致其智能化、数字化生产的难度极大，相对艰苦的工作环境缺少对年轻人的吸引力。

（3）不成规模的手风琴生产小作坊的低劣产品的低价恶性竞争，破坏了手风琴市场的正常秩序。

（4）手风琴行业内的联合科研工作未能得到充分的开展。许多共同的课题，分散力量进行攻关，造成了各自投入不小，而产生的效果不明显。

手风琴分会将团结全体会员，群策群力，团结一致，共同为发展我国的手风琴事业而努力奋斗，把我国建设成为一个手风琴制造强国。

## 八、提琴分会

自2015年12月换届以来，分会全体班子成员与会员企业精诚团结、群策群力、求真务实、开拓创新，各项工作都取得了一定的成绩，较好的完成了既定的目标。主要做了以下几方面工作。

### （一）广泛进行行业内的交流

分会积极主动参与协会组织的各项活动，关注行业跨界合作与融合发展，每年的分会年会根据产业相对集聚性，分别在江苏、北京、上海、河北等地举办年会或活动。五年间，先后赴河南确山和辽宁营口调研，了解产业现状，交流发展的思路；组织泰兴40多家提琴骨干企业去平谷、武强、广州考察学习，有效地推动了行业的共同发展。

### （二）会员团队不断优化

分会吸纳会员13名，主要是针对河南、辽宁、广州、上海等地的骨干企业，并吸收了一批有经验的专业制作师充实到分会中，在扩大了会员团队的同时，年龄结构和文化结构、技能水平都得到优化。

### （三）科技创新成果凸显

分会通过年会、行业交流和技术交流等活动，全面贯彻和推动科技创新、技术改革和新品开发的系列活动，据初步统计，会员企业五年间申请各类专利77项，其中发明专利13项，其中凤灵集团申请各类专利21项、发明专利3项；参与行业三级科技项目、科技评奖的有5项，参与制修订标准4项，在上海展会上每年推出的新材料、新技术产品层出不穷，充分展示了科技创新的成就。

### （四）产业集聚化彰显实力

继黄桥“中国提琴产业之都”和平谷的“中国提琴产业基地”命名后，由于北京城市功能调优政策，提琴产业进行产业转移，一部分转移到河南驻马店地区的确山县，形成了新的提琴产业集聚区，形成昊韵乐器等骨干企业，天力提琴转移到山东日照；辽宁营口在老一辈提琴制作师的带领下，产业发展也较快，形成了以亿朋乐器为代表的一批年轻工匠的团队。整个行业发展较稳健，分会根据产业的分布强化交流，多次组织调研，为行业的融合发展打好了基础。积极支持并参与黄桥和平谷2个产业集群复评工作。

### （五）推动行业跨界融合的步伐

五年来，按照“乐器成为家庭的标配、音乐成为生活的刚需”的产业融合发展构思，协会授予河北武强音乐小镇、黄桥琴韵小镇和广东红棉的红小宝艺术中心为“全国音乐教育服务联盟示范基地”。周窝音乐小镇已成为了武强文化、艺术教育和旅游产业的主阵地；黄桥的“琴韵小镇”已成为全国文化产业示范基地和泰州地区普及艺术教育的“试验田”，这两地的乐器与音乐教育的普及率均超过了90%。

### （六）用创新理念承办协会的各类活动

五年间，分会积极配合并完成协会相关重点工作。

2016年“6·21国际乐器演奏日”在武强“周窝音乐小镇”启动。

2017年—2020年，在黄桥“琴韵小镇”举办主会场活动，活动影响力、规模越来越大。

2018年5月，分会与黄桥乐器产业园管委会合作，举办了“全国音乐教育跨界合作高峰论坛”，有20多位音教联盟专家、江苏省教育系统的专家和全国音乐艺术类院校的教育工作者100多人参加。

2020年6月，分会协助中国乐器协会在黄桥举办“不忘初心　牢记使命”的行业运行座谈会，围绕包括“企业党组织基本建设”在内的“1+5”工作展开了讨论，王世成理事长到会并讲话，来自长三角地区的30多家乐器骨干企业代表参加座谈。

### （七）推动艺术教育公益化成绩显著

五年来，分会与贫困地区及老、少、边远地的点对点捐助，凤灵、金音、琴艺、华东、昊韵、格林蒙娜等企业都相继在各地及新疆、云南、甘肃等地捐资（琴）助教若干次，凤灵在甘肃还推动了10年百所小学的助教倡议。公益化助教活动，为乐器教育进课堂开个好头，并取得了成果，在黄桥小学艺术教育普及率100%，在苏北阜宁，全县3年级以上的学生确保每人学会一门乐器，2019年的6·21活动中，全县11万多名中小学生有8万学生参加演奏。

通过全体会员的出力，相信分会的工作会更上一层楼。

## 九、吉他分会

吉他专业委员在中国乐器协会的带领下，学习贯彻习近平新时代中国特色社会主义思想和党的十九大精神，与党中央保持高度一致，以实现中华民族伟大复兴的中国梦为奋斗目标，不忘初心，践行使命，推进吉他行业迈向新的新高峰。

### （一）加大科技创新能力，加快行业转型发展

吉他行业要实现新发展，必须以科技创新为动力，通过转型升级，推动供给侧结构改革，减少高能耗、低价值产品产能，形成可持续与绿色经济发展模式。为此，吉他分会根据《乐器行业技术路线图》的要求和精神，推进吉他行业的技术创新工作，其中：全国吉他通用技术及产业化应用研发基地以解决制约行业发展的瓶颈问题、以提升行业发展水平为目标，重点研发了以下项目：

（1）应用复合实木板粘合技术的高档吉他生产线。

（2）用于吉他制造的水溶性漆的研发。

（3）乐器产品生产制造车间生产环境控制技术的研究。

（4）新型尤克里里乐器产品的研发。

（5）用于乐器制造的人造合成材料的研发。

（6）吉他成型侧板加工技术的研发。

### （二）坚持行业交流合作，创建行业特色活动

（1）通过与大专院校联合，推进产学研合作项目，提高行业技术研发水平，包括智能生产设施，优化发展路径，大力鼓励行业加大科技创新投入，并实现新的发展。

2019年，吉他分会组织行业科技创新交流活动，尤其是新材料、新工艺方面，集思广益，推动行业形成良性发展态势。

（2）发挥吉他分会电吉他技术研究会的作用，汇聚优势资源，以“中国电声乐器产业基地”的优势，深入系统地对电吉他的开发设计、制作工艺、生产技术、演绎艺术及未来发展趋势进行科学学术研究与探索，扩大电吉他新技术的推广和应用，为电吉他行业的发展做出贡献。

### （三）推进音乐教育和音乐文化产业新发展

音乐文化产业具有庞大的发展空间，也符合国家政策导向，因此，分会将鼓励吉他企业发挥自身优势，拓展音乐文化产业链，包括组建音乐教育基地、结合当地政府的发展规划，参与或组织各种音乐文化的项目，利用国际乐器演奏日，每年定期配合中国乐器协会组织与音乐相关的活动，扩大音乐影响力，培育更多的音乐爱好者，拓展相关产业服务项目等等；筹备全国吉他制作大赛等。

此外，广东红棉乐器股份有限公司继续整合资源，以世界乐器文化展览馆积极拓展当地“产学游”结合的音乐文化活动；广东声凯为低龄初学者编排专门的音乐教育教材，开发“音乐窝”乐器推广学习APP；裕丰乐器所在的漳州致力于打造“乐器生产+音乐教育+文化交流”的产业集群，规划建设乐器文化创意园，以“文化艺术演出+音乐主题公园+乐器展览”活动为主线，开发漳州乐器产业文化的旅游价值，从“人才培养+自主创新+对外交流”入手整体提升乐器企业文化，推动乐器制造业跨越发展；福州市拉维斯公司以音乐文化传播、发展，音乐生态圈的打造创销路；广州拿火则专注于融汇科技与艺术，研发创新型的乐器产品为音乐教育服务等。各企业在这方面的努力不胜枚举。

### （四）运用行业平台，加大电商推广力度

目前，电商已成为商品流通的主要渠道与平台，吉他行业要与时俱进，把握机遇，扩大销售体量，运用大数据掌握市场动态，使吉他行业融入现代营销体系中。

### （五）实施品牌战略，提升行业国际竞争实力

通过与各级政府部门合作，加大行内企业自主品牌的培育，包括推荐企业申报名牌产品、著名商

标等，同时鼓励和协助吉他企业参与国际乐器专业展和技术交流活动，提升国内吉他品牌知名度；与专业音乐团体合作，加大宣传与推广，擦亮自主品牌；组织行业企业参与信用等级评价，通过培育企业信用品牌，提高行业的公信力。此外，分别利用美国NAMM展和上海乐器展，扩大乐器国际市场，为行业和会员提供更多的服务。

在未来的发展中，分会将以《中国制造2025》为行动纲领，以《乐器行业技术线路图》战略规划为发展指引，为行业谋高质量发展、为企业谋竞争力提升、为委员会谋公信力增强、为消费者谋美好生活。努力让乐器成为家庭的标配，让音乐成为生活刚需!

## 十、打击乐器分会

五年来，打击乐器分会在中国乐器协会的领导下，面对错综复杂的国际环境给乐器产业带来的发展困难，积极贯彻新发展理念和推动高质量发展要求，各成员企业乘风破浪、攻坚克难，结合自身发展特点，认真研究领会协会关于坚持科技创新引领，坚持产业链联动融合发展的总体要求，成员企业加快推动创新转型，促进乐器企业间合作以及跨行业领域合作的行动更加坚决，合力提升乐器产业共同抵御冲击成为行业间普遍共识。

过去五年，打击乐器分会在引领行业企业坚决贯彻党和国家“十三五”时期全面建成小康社会决胜阶段的总体部署，积极深化推进企业内部创新改革，提升企业治理水平，依法治企，坚守法律底线，弘扬企业责任，立足文化行业领域，推动文化事业与文化产业繁荣发展做了如下工作：

（1）积极参与协会组织的各项交流、研讨活动，增强自身对行业发展趋势的认知能力和分析解决问题的能力。会员企业科学应变、主动求变，以创新驱动向高质量转型的能力普遍加强。

（2）加强平台建设，促进行业交流，发挥国家级文化产业示范基地载体功能，组织实施津宝音乐节，通过开展音乐会、研讨会、大师课、乐器大赛等活动，带动文化需求，激活文化产业发展。

（3）发挥打击乐器专业委员会平台作用，支持各地器乐比赛交流，推动乐器事业普及与发展。近五年支持开展了“津宝蓝魔师资培训”“奥尔夫师资培训”“第四届深圳打击乐比赛”等活动，对更好地发现和培养艺术人才、提高素质教育及社会主义精神文明建设起到良好的推动作用。

（4）引领行业企业深入实施“三品”战略，增强企业核心竞争力。成员企业围绕“增品种、提品质、创品牌”战略开展企业创新工作，紧抓需求趋势的变化，解决需求痛点，开展产品品牌创新工作。目前各企业通过“三品”活动的开展，形成了一大批深受市场欢迎的新产品、好产品，增强了企业发展的后劲。

（5）引领乐器产业，积极参与上海国际乐器展及全球乐器新品首发等平台的推广活动，拓展品牌影响，对接国际资源，布局海外市场。

（6）推动乐器制造技术创新发展，引导相关乐器制造成员企业抓住当前机遇，加快推进企业制造技术升级，在国家大力推进两化融合的制造转型背景下，业内乐器企业对企业信息化、数字化技术升级需求迫切，数字化车间建设成为企业制造升级的投资重点，以自动化流水线、数控机床、机器人、激光设备、3D辅助设计等为代表的高端装备，在乐器制造领域得到广泛应用，乐器生产效能及品质得到有效提升。

（7）提升乐器产品设计能力，引领乐器产品参与国家行业设计评比，创建省市级工业设计中心。乐器产品从中国制造到中国设计是实现品牌全球化的关键，倒逼乐器产业提升工业设计能力，注重企业设计中心建设是中国乐器进军国际产业高端领域的重要路径。津宝乐器公司作为打击乐专业委员会引领型成员企业，2020年通过积极筹备参加了中国工业设计领域唯一政府奖“中国工业设计奖”的评比，所参评爵士鼓作品取得了晋级入围奖的理想成绩，通过本次评比带动了企业工业设计中心的成立，且入选市级工业设计中心培育企业，对构建企业持续创新能力打下良好基础。

（8）引领成员企业承担社会责任，践行企业价值，打击乐专业委员会始终倡导成员企业积极参与社会公益活动，回馈社会，津宝乐器积极为抗疫捐款100万元，同时为新疆、河北、甘肃武山县等贫困地区捐赠款物价值合计104万元，送去中国乐器行业企业的关爱。

当前，乐器产业步入十四五时期是我国全面建成小康社会，向基本实现社会主义现代化迈进的关键时期，是“两个一百年”奋斗目标的历史交会期，也是全面开启社会主义现代化强国建设新征程重要机遇期。乐器产业是国家文化产业的主要组成部分，具有很强的教育与生活属性，肩负着推动国家文化产业繁荣发展、坚定文化自信的使命与责任。市场创新必然要扩大音乐人口，推动乐器产销与音乐教育、音乐文化融合发展，乐器产业要抓住这个关键历史发展机遇，加速推动产业生态的建设与升级。

在党和国家的坚强领导下，在中国乐器协会的凝聚下，汇聚多方合力，团结协作、勇于创新，运用科学的手段和集体的智慧，描绘出乐器产业更辉煌的蓝图，携手迈向更加美好的明天！

## 十一、材料配件分会

自2015年换届以来，分会积极开展行业交流活动，广泛搜集乐器基础配件原材料价格、物流、资源渠道等信息，进一步做好分析和预测，供材料配件专委会核心成员借鉴。搭建钢琴和吉他企业信息合作平台，在公平竞争机制下，实现资源共享。分会组织材料配件分会骨干与钢琴和吉他等企业进行技术、创新领域的对接与协作，发挥材料分会骨干企业专业化和标准化的优势，做好精准地规模化配套。

分会主要做了以下几方面工作：

（1）规范行业，通过《材料配件专业委员会成员自律公约》，倡导公平竞争，履行会员义务。

（2）扩大会员队伍。

分会现有会员38家，其中15家为骨干企业，会员范围涉及金属、木材、化工、纺织及制作自动化机械等。每年召开年会时，邀请非会员材料配件企业参会，介绍协会和行业基本情况，发展新会员，扩大会员队伍。

（3）坚持行业交流合作。

每年除召开行业交流年会外，结合行业形势、突出行业特点，根据行业会员企业的需求和所面临的共性困难和难题，开展行业研讨和技术交流等活动。建立专门的资源及信息沟通渠道，推进材料配件专委会成员的信息有效共享。推进会员生产企业产品的标准化、规范化。

（4）协助协会共同创建行业服务平台：

第一，做好分会行业专家的推荐工作；

第二，积极组织会员参加协会组织行业“科技之星”的推荐工作。

（5）积极参加协会组织的“乐器行业50强”、企业信用等级评价、“主要经济指标和主要产品产量报送”等工作。

（6）积极参与全国乐器标准化技术委员会组织的各项标准的制（修）订工作。

（7）积极组织会员参加协会各项重点工作。

积极组织会员单位参加国民音教大会、6·21国际乐器演奏日、北京乐器展、上海乐器展、全球业界新品首发等行业活动。

## 十二、提琴制作师分会

2015年—2020年，分会主要做了以下工作：

2016年与中央音乐学院提琴制作研究中心，平谷乐谷管委会共同承办了《第三届中国国际提琴及琴弓制作比赛》。在这次比赛上，我会理事于慧东获两金一银，取得了很好的成绩。制作师分会120位会员和理事出席了颁奖音乐会。比赛期间还举办了学术报告10场，音乐会11场，评委与参赛选手交流会1场。赛后举办的《参赛作品展览会》观众达到5万人次。

2016年10月，郑荃会长受邀担任意大利罗马桑塔西切里亚国际提琴制作比赛评委，于慧东获金奖。

2016年12月，组织了提琴制作工考核鉴定工作，其中有97人取得技师级别资格。

2017年，与中央音乐学院提琴制作研究中心共同承办了《国际提琴与琴弓制作大师协会全体会员大会》。61位国际著名提琴制作大师欢聚北京，会议期间举办了中国优秀提琴作品展，台湾奇美博物馆带来了司徒梦岩的提琴作品参加展览。举办6场学术报告。

2017年，在北京中央音乐学院召开《意大利比赛赛前交流活动》。

2018年，组织参加了《中央音乐学院提琴制作研究中心30周年系庆》活动，举办音乐会，展示中央院建系30年取得的丰硕成果。

2018年，郑荃会长出任《意大利Triennale国际提琴制作比赛》评委，这个比赛是世界最高级别的比赛，是有史以来第一次邀请中国人担任评委。同年，郑荃会长荣获轻工《大国工匠》荣誉称号。

2018年4月，邀请法国制弓专家多里安·波达特进行琴弓马尾库现场操作演示举办《琴弓制作大师讲座》，使中国琴弓制作者有机会了解传统的法国琴弓制作方法。2018组团参加《保加利亚国际提琴制作比赛》，中国制作师参赛40件乐器，获5金2银4铜，囊括所有参赛项目金牌。

2018年，张安、王志明、赵祎和王妍力加入了国际提琴制作大师协会，是中国提琴制作得到国际提琴制作界的承认，在国际提琴制作界占有一席之地的主要标志。中国代表团现在已经有9名成员。

2019年，承办了《第三届中国国际提琴及琴弓制作比赛》。有100多人参加，举办8场讲座、11场音乐会和1场交流点评会。举办颁奖音乐会和参赛作品展览会。

2017—2020年，连续四年组团参加《马耳他国际提琴制作比赛》，马尔他比赛2017年获1金2银4铜，2018年获3金4银6铜，2019年获7金5银8铜，2020年获7金5银8铜。

通过比赛，涌现出一批金奖获得者如提琴制作方面的于慧东，陈祥伟，徐云海，王建华，詹德英，刘海涛，常仲秋，郭明奎，郭周，琴弓制作方面的马荣弟，李建锋，潘光付，陈梦清，浦春明等。在这长长的金奖获得者名单之外，还有许多银牌、铜牌、决赛奖的获得者。特别可喜的是这批脱颖而出的新秀大部分在40—50岁，他们将成为中国提琴制作事业的中坚力量，起着承上启下的关键作用。

2019年，国际大师协会主席致函，告知协会新成立的濒危植物工作小组缺少经费，希望得到中国同行的支持和帮助。分会号召会员进行捐款，很快有72位会员捐赠，筹集到7.2万元。国际提琴制作大师协会收到捐赠款，非常感动，这是收到最大的一笔捐赠，充分表明了中国提琴制作家对国际事务的担当。

2020年2月疫情，当得知意大利克雷莫纳成为重灾区而且极端缺少防护物资时，郑荃会长给意大利提琴制作家协会自购并快递出800个口罩，分发给意大利同行。在分会微信群里发信息，号召会员给意大利同行捐赠口罩，在短短几天时间内有108会员捐赠了96664元经费，购买了2万个口罩寄到意大利克雷莫纳。意大利报纸，电台都报道了这次中国同行的关切，克莱蒙娜市市长专门写信表示感谢，国际广播电台也对此事进行了报道，影响很大。

在上海国际乐器展上，举办了《中国优秀提琴制作师作品展》，展出36位中国一线优秀提琴制作家的作品。

五年来，工作虽然成绩是主要的，但还存在不少需要改进的方面，如与会员的联系不够多，对会员提出的问题没有及时解决等。希望在新当选的一届会领导、理事会的领导下能够更好地开展工作，更好地为会员服务。

要总结分会工作经验，加强团结，通过分会组织，把300多名提琴制作师团结在一起，成为一个大家庭，以琴会友，切磋交流，是中国提琴制作事业得以快速发展的一个重要因素。

要坚持办会的方向，保持初衷，以学术交流，提高专业水平作为主，逐步扩大会员队伍。

要跳出唯比赛论，不以成败论英雄。目标不局限于得金牌，追求提琴制作艺术的最高境界。

## 十三、琴行分会

分会自2015年换届五年来，积极组织参与上海国际乐器展的NAMM·CMIA行业论坛、经销商“如何操作课程”“北京国际音乐生活展”“国民音乐教育大会”和“6·21国际乐器演奏日”活动等，通过行业媒体，引导琴行和培训机构应对日益复杂的情况，始终遵循厂商合作互利共赢的发展理念，相互影响，倡导行业规范、自律、尽可能地维护公平竞争的良好商业秩序。

分会加强组织建设和扩大会员队伍。为支持和帮助更多的年轻人创业守业，发挥年轻人思维活跃、创新精神强的特点，杨志伟副会长和周明副秘书长做了大量调研工作，推荐更多的年轻人参加协会，尤其是三线、四线城市的代表性琴行也加入了协会，促使了会员年轻化。分会集中推荐128家琴行加入中国乐器协会，正在办理入会相关手续。

2019年，分会在浙江德清召开年会，针对很多琴行，尤其是三、四线城市的年轻琴行和培训机构反映，创业经营中出现的诸多问题，希望能够得到分会帮助，通过公益讲座和培训帮助琴行分会会员单位。杨志刚副秘书长、翟联合副会长主动挑重担，设计规划打造明星琴行项目，整合资源以钢琴家进课堂形式带动新生代琴行打造二、三、四线城市的社会音乐教育平台，助力社会音乐教育。2019年12月，在成都启动商学院项目，不到4个月，在全国10多个城市开展20余场活动，参会人员有教师、家长和琴童4000多人，积极有效地推动了社会音乐教育的普及，使琴童、教师、琴行和培训机构都获得实惠。

2020年10月，上海国际乐器展中，分会骨干老中青都分别出现在乐器展的AMA-CMIA论坛，经销商实操课程，琴行音乐联盟高峰论坛，琴行商学院课程中，助力疫情中全球唯一的乐器展，获得很好的反响。展会期间，因疫情国外参会者不能到会，琴行分会音乐联盟在副会长杨志伟、副秘书长周明组织下和美国PIANOBOOK合作，对重要参会展商进行了采访直播，以第一时间向海内外传达了上海国际乐器展的盛况，展示了中国力量。

分会在工作上虽然取得些成绩，但也存在缺点和不足，如年轻人在工作中有闯劲，但也有莽撞，新老观念碰撞，但须要协调，对制度规范约束的不习惯，对厂家对伙伴、对竞争对手欠尊重，对称谓的随便等，分会面对会员大发展之后的规范亟待完善。琴行分会需要与中国乐器协会其他分支机构加强横向合作，互相借力，共同打造社会音乐教育的平台，让学习音乐的人口大幅度增加。

琴行分会是中国乐器行业从制造大国向制造强国发展进军的一支重要力量，希望各会员单位积极参与，共同努力，携手迈向中国乐器的新的春天。

## 十四、音乐教育专业委员会

中国乐器协会音乐教育专业委员会2017年5月正式成立，2018年1月12日在北京召开第一次工作会，正式启动工作。成立近4年来，音教专委会开展一系列的专业活动，具体工作做详细汇报。

### （一）完善架构、规范管理

#### 1．建立和完善工作班子

2018年1月12日，音教专委会在北京召开了专委会成立后的首次工作会议，会上正式建立了专委会的工作班子，其中专委会主任由中国乐器协会秘书长陈晋武兼任，钱富民、程晋垣、毕可炜、邹海波（卓强后来接任）、姜伟、周洲分别担任副主任，专委会秘书长有中国乐器协会项目主管张蕾担任。2019年3月，音教专委会在江西九江召开第二届年会，增补了雷建军、顾箐、梁永波、陈向丽四名同志作为专委会副主任，进一步完善和充实了专委会的工作班子。

音教专委会还建立了专家顾问团队，周海宏、吴斌、于海、赵易山、郑莉、陈自明、赵寒阳、黄茂强、朱文玉、秦川等各个领域的专家等作为专家顾问，为音教专委会的发展提供了有益的帮助。

#### 2．建立专业工作平台

由于音乐教育专业委员会的工作是属于跨界合作的专业机构，服务范畴比较宽，专业性也比较强。为了便于工作的开展，经研究，从2018年专委会成立伊始，陆续开始设立若干研究会，作为工作平台开展工作，到2019年3月九江会议，明确了音教专委会的下属5个工作平台，分别是：现代音乐教育研究会、音乐启蒙教育研究会、艺培机构发展研究会、小钟琴研究会和社会音乐教师研究会，有效地推动了各个专业领域的各项活动。

经过4年多的运作，依据行业发展的情况以及在实际操作过程中出现的一些问题，近期音教专委会对上述工作平台进行了梳理和整合，最终保留了现代音乐教育、音乐启蒙教育、艺培机构发展3个研究会，以便更好地依据专业分工开展工作。

#### 3．制定和完善相关管理办法

音教专委会成立4年多来，制定了一系列的管理办法。

专委会成立伊始，专委会秘书处根据音教专委会的工作特点和工作需要，秘书处依据《中国乐器协会章程》专门制定了《音乐教育专业委员会管理条例》，全面规范分支机构的各项工作。

2018年11月，制定了《中国乐器协会“社会音乐教师培训”工作管理办法》，对社会音乐教师培训工作进一步落实规范管理。

2019年7月，协会进一步完善了“中国乐器协会分支机构组建工作平台的管理办法”，依据此办法，音教专委会对下属的各分支机构进行了梳理和整合。

**（二）围绕音乐教育开展专项活动**

成立4年多来，音教专委会开展了多项音乐教育专项活动，在行业内引起了良好反响，具体情况如下。

**1．国民音乐教育大会**

国民音乐教育大会自2018年首次举行，由中国乐器协会、中央音乐学院、上海国展展览中心有限公司、全国音乐教育服务联盟合作平台联合发起并主办。该活动目前已经成为国内规格最高、规模最大、参与人数最多、影响力最广的综合性音乐教育盛会，一年一度的“国民音乐教育大会”被视作中国音乐教育的风向标。

每逢大会召开，都会吸引全国音乐教育行业的目光，3天的会议期间，有100多场主题论坛、大师课、音乐教育工作坊集中展示，100多位国内外一流音乐教育专家在大会上进行宣讲。会议内容包括中小学音乐教育、高校音乐教育、幼儿音乐教育、校外音乐教育、钢琴、合唱、民族乐器、流行音乐、融合美育教育、艺陪机构发言等板块，众多先进音乐教育理念、教学方法、乐器、教学设备等在大会上集中展示。1000多位一线音乐教师、音乐教育学者、研究生、琴行培训机构负责人现场聆听，20多万人通过网络直播收看大会实况，是国内音乐教育行业每年当中最受关注的盛事之一。

**2．“6·21国际乐器演奏日”**

6·21国际乐器演奏日作为一个国际化、公益化、大众化的音乐文化节日，自1982年在法国创办以来，其不限年龄、场所和规模，与路人、朋友、家人一起分享快乐音乐的理念，得到普遍认可，影响力迅速 扩大。目前，每年有120多个国家和地区的800多座城市参与。这项活动自2016年引入中国内地以来，已经先后在176座城市，816家单位举办，直接参演人员超过48万人次，受众超过1000万人次。

**3．开展社会音乐教师专业技能培训**

自2018年开始，音教专委会推出了“中国乐器协会社会音乐教师培训”工作，该项活动是由音教专委会与国内专业音乐院校、专家及权威音乐培训机构合作，其目的提高我国社会音乐教育师资水平，规范和引导社会音乐教育行业的健康发展。通过培训向学员颁发“中国乐器协会社会音乐教师专业技能证书”，建立资料库和网络查询系统，将以此作为行业协会对社会音乐教育行业进行规范和引导的手段之一。截至目前，已有近2000名教师通过培训取得了“中国乐器协会社会音乐教师专业技能培训证书”。

同时伴随着培训工作的开展，为解决音乐教师和培训机构的实际需求，音教专委会建立了“社会音乐教师会员”制度，吸纳和发展个人会员，目前已经有200余位会员加入。未来随着会员数量的增多，将会逐步依据专业划分为若干专业学会，如钢琴教师学会、琵琶教师学会、古筝教师学会、幼儿音乐启蒙教师学会等，以便更好地开展专项活动。

**4．组织或助力各种音教专项活动**

音教专委成立以来，以不同形式组织和参与了多项音乐教育专项活动，包括：

2018年、2019年连续两年在“上海国际乐器展”前一天举办“社会音乐教育高峰论坛”，有近300位邀请音乐教育行业相关协会（学会）、音乐院校、乐器厂家、音乐出版社、教育品牌及音乐艺术培训机构负责人参加，内容包括主题演讲、圆桌论坛、项目交流等多种形式，分享与交流行业先进理念、实践案例，探讨交流，推动行业健康、有序高质量发展，得到业内认可与好评。

2018年5月，在江苏黄桥召开了“全国音乐教育跨界合作高峰论坛”，作为7月在北京举行的“国民音教大会”的预演，安排了2场主旨发言、8场主题发言及1场圆桌论坛，共有来自江苏省和全国各地的音乐教育相关行业人士共100多人参加了本次活动。

2020年7月，作为支持单位，支持华宜乐器举办“酷练鼓2020青少年爵士鼓线上挑战赛”；2021年将以主办单位参与“酷练鼓”青少年爵士鼓音乐季的组织工作。

2021年与银河普乐文化艺术中心联合主办“普乐奖”青少年民族器乐展演。

2021年与吉他中国联合编写“中国乐器协会全国社会艺术水平考级系列教材”（电吉他、吉他专业——内部教材），试点和推进开展社会艺术考级工作。

## 十五、器乐文化专业委员会

### （一）凝心聚力，携手社会各界共抗疫情

疫情发生以来，按照上级的工作要求，团结全体理事和会员，在疫情面前迎难而上，坚持一手抓疫情防控，一手抓业务工作。专委会领导勇于担当、主动作为，结合实际，调整工作方式和重心，以最快的速度实现了复工复产，实现了工作正常化、常态化。分支机构和业务工作平台以及各会员单位积极采取应对措施，做到疫情防控与日常工作推进两不误。以责任之心探求解决对策。面对疫情带来的各种问题，落实“公益服务”的核心任务，发挥专业学术文化社团组织的优势，寻求疫情防控的有效对策。

在疫情肆虐的情况下，为阻断疫情向校园蔓延，落实教育部及北京市教委“停课不停学”“停课不停教”的要求，专委会通过网络平台教学，实现教师们在网上教、学生们在网上学的方式；为北京外国语大学开展大规模乐器普及在线课程提供美育教学支持；这也是全球非音乐专业高等教育史上最大规模的在线器乐教学，上课学生近300人，单班人次最多约25人。此外，专委会还注重发挥教育培训平台的作用，支持了北京外国语大学艺术研究院开展线上培训，开设了战“疫”公开课公益直播等培训活动。

### （二）主动求变，探索公益创新办会新模式

#### 1．始终坚持以党的政治建设为统领，坚持把党建工作与业务工作深度融合

在广泛调研和深入研究基础上，全面加强党的领导、发挥党员模范作用，改革完善运行管理机制、深化人事制度改革、推进财务管理制度改革四个方面推动秘书处的综合改革，加强内涵建设，提升服务水平。

#### 2．聚焦京津冀协同发展、区域一体化大区域发展战略

整合优质资源，实现公益理念和爱心实践的融合；实现企业、学校、培训机构和公益慈善组织的跨界融合。“爱乐筑梦”全国民族乐器教学专业人才培养公益项目于2020年9月7日至11日、10月19日至23日、11月19日至23日分别举办了一期古筝公益班，来自全国各地的进240名学员参加了此次公益培训，大家纷纷表示在疫情困难时期举办这样的纯公益进修活动非常感动，本次活动取得了很好的社会反响和社会效益，打造“音乐+公益”复合型人才培养模式，加强“社会音乐普及教育”师资队伍建设取得了新成效。

#### 3．转变工作模式，线上线下深度融合

针对疫情防控期间人员流动受限受阻的情况，秘书处充分利用信息技术转变工作模式。努力探索线上办公新模式。5月份采取线上线下相结合方式召开了北京外国语大学艺术研究院乐器教学年度工作会议，部署工作安排，强调工作要求。各学科老师以线上教学、云端课堂等形式，搭平台、办讲座、做直播，聚焦所在领域教学热点和学生关切问题，产生了良好的社会影响，受到北京外国语大学艺术研究院领导和学生们一致好评。

#### 4．提升规范管理和宣传，分支机构、工作平台建设的水平

不断推动工作平台提升质量和水平。加强协同合作，互动交流提质量。加强与国家级、省、市级学会的交流互动，注重与系统内兄弟单位及全国性社团的密切合作，联合行业系统组织共同筹备举办“2021中国民族器乐新年音乐会”，在系统内迅速掀起了相互支持、跨界融合，强强联合团结起来干事业的大好局面。加强国际合作，交流内容再拓展。疫情全球蔓延后，通过中国与意大利建交50周年之际，联合相关单位成功举办了“音”为有你——中

意（国际）艺术节公益云音乐会，通过网络开拓了中外人文交流新方式，展现了专委会与国际合作伙伴同舟共济的深情厚谊，共同战胜危机的信念，得到了各方的高度赞誉。

**（三）创新发展，探索线上线下结合工作新模式**

（1）2020年中国乐器协会器乐文化专业委员会联合有关单位承办了“6・21国际乐器演奏日”网络线上公益活动。组织的全国分会场共60余场10万余人次参与，提高了在社会知名度和影响力。

（2）通过中国外交部集邮协会、中国集邮总公司制作发行了“2020年中国6・21国际乐器演奏日”纪念封和专用信封、及演奏纪念证书等工作。

（3）科学与艺术“五进工程”——进机关、进社区、进农村、进校园、进博物馆。葫芦丝・巴乌专业委员会已与北京市西城区老年协会，葫芦丝名家科普大讲堂系列公益活动。

（4）中国乐器协会器乐文化专业委员会古琴研究会在上海成功举办2021年元旦上海古琴新年音乐会暨古琴艺术斫琴艺术品牌展览和全国古琴普及教育发展研讨会活动。

（5）协助顾问皮远乡老师做了关于《冯光钰文集》的审校出版协调工作，同时完成了《中国古琴当代斫琴师》校对审稿工作。这两本书将在今年5月份出版发行。《中国古琴当代斫琴师》必将有效推动中国古琴制作专业人才体系化建设；更是填补中国古琴制作科普发展历程上的学术空白，在大力推进古琴制作的科学普及发展方面这将是对中国古琴文化传承最好的梳理和见证！

（6）受疫情影响，2020国民音乐教育大会无法按期在北京举办，上级单位结合上海国际乐器展览合并举行，积极开展有关组织工作，按照“一个展会，两种形式”的思路并全力支持辽宁省乐器学会隆重推出“科技周云上公益学术讲座会”，刘正辉副会长于2020年8月23日开启了线上科技环保学术大讲堂新模式。

（7）积极探索与北京四中、北京汇文中学等开展音乐进校园活动。刘正辉副会长在北京市丰台区职业学校开展了环保京胡的科普和“非遗音乐进校园”的器乐普及教育工作。

**（四）围绕中心，服务能力再提升**

积极组织参加中国乐器协会八届一次常务理事（扩大）大会议暨2020年乐器行业科技大会，并持续组织开展学习文件精神，积极推荐器乐文化行业“科技之星”“大国工匠”“全国乐器行业专家委员会”专家委员，“乐器行业三级科技项目”等有关组织工作。及时组织常务理事、理事、专家和会员代表建言献策发声，取得了良好社会效果。

2020年，在全体会员的共同努力下，各项工作圆满完成，服务能力得到进一步提升。2021年，我们将继续再接再厉，以习近平新时代中国特色社会主义思想和党的十九届五中全会精神为指引，牢牢把握时代使命，坚持党建引领、夯实组织基础，激发内需潜力，突出一流导向、增强综合实力，不断向一流发展目标迈进。

# 奇美金音联袂推动音乐启蒙教育

1月4日上午，“河北武强县音乐启蒙教育”骨干教师培训班在金音音乐教育公司礼堂隆重开班，本次活动由中国乐器协会音乐教育专业委员会主办，由江苏奇美乐器有限公司和河北金音音乐教育有限公司共同承办，发起单位江苏新基因文化发展有限公司和北京宇宸天地文化艺术发展有限公司负责组织和协办。中国乐器协会副秘书长兼音乐教育专业委员会常务副主任钱富民、全国音乐国防服务厅管理中心副主任张淼、金音旅游发展有限公司总经理张涛、金音音乐教育有限公司副总理刘勇剑、江苏奇美乐器有限公司营销总监张金全、特聘讲师杨学军等参加了上午的开课典礼。来自武强全县各幼儿园选派的180多名音乐老师参加了培训，本次培养也得到了武强县教育局的大力支持。

# 上海市乐器行业协会五届三次理事会顺利召开

2020年4月16日，上海市乐器行业协会召开了五届三次理事会。本次会议的主题是“坚定信心　共克时艰　共谋发展”，会议采取视频会议的方式进行。

会长王国振，名誉会长陈海伦、华天礽，以及副会长、协会顾问、理事、监事、秘书处等二十多人参加了会议。

本次会议是理事会进行的首次视频会议，也是自疫情发生以来，各理事单位首次进行集中交流。与会单位通过经验交流，对未来的发展方向有了新的认识，并且相信在党中央的坚强领导下，能够顺利打赢疫情防控阻击战。协会也会竭尽全力帮助会员单位渡过难关，迎接新的生机。

# 中国乐器协会钢琴分会会长工作会在京举行

8月27日，中国乐器协会钢琴分会在京举行会长、副会长工作会议。会议由广州珠江钢琴集团股份有限公司总经理肖巍主持，北京星海、柏斯琴行、烟台博斯纳、上海钢琴、福州和声、上海艾克斯尔乐器等6家钢琴生产企业负责人参加会议。中国乐器协会副理事长曾泽民到会指导并讲话。此次会议主要围绕钢琴与键盘乐器制作工技能培训鉴定和钢琴分会换届两大议题展开讨论。经中国乐器协会办公会研究决定，由钢琴分会牵头组织开展钢琴与键盘乐器制作工培训与鉴定行业认证前的基础性工作，包括组建资考委、编写培训教材、题库、鉴定方案及鉴定流程等。各位参会代表积极建言，展开深入讨论，着重就钢琴制作工培训的必要性统一认识，为分会下步工作计划指明了方向；分会工作会议还通报了钢琴分会换届工作有关情况。第四届钢琴分会任期届满，将进行分会换届筹备工作，拟定于2020年下半年召开中国乐器协会钢琴分会会员大会并选举产生新一届钢琴分会领导班子。

# 中国乐器协会吉他分会换届会在京举行

2020年8月27日，中国乐器协会吉他分会换届大会，在北京江西大酒店举行。广州红棉乐器股份有限公司、江苏凤灵乐器文化产业有限公司、昌乐县雅特乐器股份有限公司、广东声凯乐器有限公司、江苏大风乐器有限公司、广州市威柏乐器制造有限公司等十余家吉他乐器企业负责人出席会议。中国乐器协会副理事长陈晋武参加了会议并讲话。

陈晋武在讲话中，首先对中国乐器协会吉他分会换届成功表示祝贺！同时介绍了乐器行业整体情况、吉他产业现状与特点以及近期协会主要工作，充分肯定了5年以来，吉他分会作为中国乐器协会分支机构所做的工作。希望新一届吉他分会领导班子和全体会员企业共同努力，克服疫情带来的影响，响应党中央提出的“以国内大循环为主，国际国内双循环相促进的新格局”，结合行业实际情况，共克时艰，危中寻机，抓住机遇。面对后疫情形势的新格局和不断变化的市场，必须加快转变观念，做好产业提质升级，不断提高市场化发展认知水平，充分认识市场、认清市场，利用市场掌控市场，服务市场，为乐器行业的发展共同努力。

# 2020全国行业职业技能竞赛轻工大赛动员大会成功举办

8月18日，2020全国行业职业技能竞赛轻工大赛动员大会在呼和浩特举行。中国轻工业联合会会长张崇和出席会议并讲话，人力资源与社会保障部职业能力建设司副巡视员刘新昌、中国财贸轻纺烟草工会副主席郭振友出席会议并致辞，中国轻工业联合会党委副书记王世成，中国轻工业联合会副会长何烨，中国轻工业联合会党委常委刘江毅、李玉中出席会议，大会由中国轻工业联合会党委副书记徐祥楠主持。

大会对各项大赛表现突出的单位和个人颁发了“中国技能大赛——轻工大赛优秀组织奖”“中国技能大赛——轻工大赛突出贡献奖”“全国轻工技术能手荣誉称号”等奖项。大会授予乐器行业：北京星海钢琴集团有限公司、广州珠江钢琴集团股份有限公司“中国技能大赛——轻工大赛突出贡献奖名誉称号”。同时，乐器行业有41名裁判员参加了大会同期举办的国家级裁判员培训。

# 全国乐器标准化技术委员会标准审定会在京召开

9月7—10日，全国乐器标准化技术委员会三届二次工作会议暨标准审定会议在京召开。中国轻工业联合会党委副书记、中国乐器协会理事长王世成，北京一轻控股有限责任公司副总经理王劲雨，北京一轻研究院院长方珍意，中国乐器协会专职副理事长孙瑞勇、陈晋武，秘书长刘勇，全国乐标委主任委员曾泽民，副主任委员张小川、肖巍、范廷国以及50多名标委会委员出席会议。

王世成以《创新思路协同发力——进一步加强乐器行业标准化工作》为题做重要讲话。他指出，经过改革开放40余年发展，中国乐器制造业即将进入“十四五”，产业趋向结构优化、品牌集聚、跨界融合方向发展。作为行业重要基础性工程，提高乐器标准供给质量，服务支撑乐器供给侧结构性改革，成为行业工作的重要发力点。

对于乐标委的工作，王世成给予充分肯定并提出希望和要求。他强调，乐器标准化工作一定要强化支撑、明确目的，推动标准体系向政府主导和市场自主二元结构转变，推动标准水平向中高端迈进。乐器标准化工作建设需遵循科学、合理、适用原则，完善体系设计和五年规划，充实行业升级。同时，要尽快落实乐器协会团体标准（专家）工作委员会管理办法，加快与国际接轨，推动乐器国际贸易便利化。当前，中国乐器协会将标准化工作、三级科技项目、行业“三品”战略紧密结合，强化推进行业科技创新与技术合作，真诚希望第三届乐标委秘书处和53位委员不负众望，再创新的业绩！

# 中国乐器协会民族乐器分会换届会在上海召开

10月29日上午，上海乐器展期间，中国乐器协会民族乐器分会换届会在上海召开，会议主题：疫情下，企业如何在变局中开新局、在危机中抓新机。

中国乐器协会副理事长陈晋武代表协会对当选的第七届领导班子表示祝贺，对分会5年来的工作给予了充分肯定，感谢第六届分会班子为行业做出的贡献，民族乐器分会是协会分支机构活动比较好的分支机构之一。陈副理事长强调乐器产业与教育市场密不可分的重要性，并通报了最新文化艺术需求数据。希望分会在第七届领导班子的带领下，继续做好高质量发展、文化品牌和行业发展战略布局，推动并促进“乐器进社区、乐器进家庭和乐器进校园”，为民族乐器行业发展做出更大的贡献。

# 中国乐器协会提琴分会第四次会员代表大会在黄桥召开

2020年10月26日，提琴分会第四次会员代表大会暨四届一次工作会议在“中国提琴产业之都”黄桥隆重召开。来自全国各地的近80家提琴分会会员企业的代表参加了会议，孙瑞勇副理事长首先代表中国乐器协会向大会的成功召开表示热烈祝贺，对分会五年来的工作给予充分肯定，并从着力于创新与提升、重在求真务实、产业集聚区的规划要引导全产业链发展等三个方面，对第四届提琴分会提出了要求和希望。他真切的期望提琴界的朋友们在第四届工作班子的集体带领下，提振信心、共谋发展，向世界提琴更高端冲刺，开创“十四五”时期提琴产业新篇章。

# 中国乐器协会提琴制作师分会换届会在上海召开

10月28日，上海乐器展期间，中国乐器协会提琴制作师分会换届会在上海召开。有来自全国的72位提琴制作师代表参加了会议。中国乐器协会副理事长孙瑞勇代表协会对分会换届会的召开表示热烈祝贺，并转达中国轻工业联合会党委副书记、中国乐器协会理事长王世成对来自全国各地的提琴制作大师们的亲切问候。孙副理事长宣读了《关于中国乐器协会提琴制作师分会第四届领导班子人选的批复》，并对分会5年来的工作给予充分肯定。他指出，希望新一届提琴制作分会，共同努力，不断以创新的理念、工匠的精神、认真的态度、开放的视野和精湛的技艺，为国人乃至全世界，呈现出越来越多国际水准的提琴和提琴制作艺术。同时，在培养人才、普及推广和服务社会上，持续发力，引领我们国家的提琴制造行业，向着由大到强迈进！

# 中国乐器协会钢琴分会第五届会员大会在京成功召开

12月21日，在全党全国上下认真学习贯彻党的十九届五中全会精神和中央经济工作会议精神之际，中国乐器协会钢琴分会第五届会员大会在京成功召开。钢琴骨干企业领导近30名代表参加了会议。

第四届钢琴分会会长、珠江钢琴董事长李建宁，代表第四届钢琴分会做了工作报告，系统回顾总结了四届分会几年来的工作。依据《社会团体登记管理条例》《中国乐器协会分支机构管理办法》，与会代表选举产生第五届钢琴分会领导班子，李建宁继任钢琴分会会长，并与到会代表讨论研究了新一届分会工作计划。

面对第五届钢琴分会行业工作的实施拓展，王世成希望新一届分会领导班子继续保持和发扬行业团结协作的传统，发挥领导班子和骨干企业带头作用，保持求真务实积极进取良好状态，不断创新分会活动新方法、新途径，始终坚持规范运作，依章依规开展活动，共同为乐器行业高质量发展和打造世界钢琴强国再立新功。中国乐器协会专职副理事长孙瑞勇，全国乐器行业专家委员会副主任曾泽民一起到会参与活动交流。

# 王世成理事长参加电鸣乐器分会换届会并在珠海调研

2020年11月20−21日前往珠海，参加电鸣乐器分会换届会并到“得理乐器”“蔚科电子科技”调研。会议按照协会《章程》和换届选举办法，采取无记名投票形式，产生新一届分会领导班子。新一届电鸣分会会长顾冰峰，副会长范廷国、张小川、张琳、赵哲、柯应岳、刘春清，秘书长李健、副秘书长江万年。鉴于老会长盛子斐同志12年如一日，为乐器行业发展做出重大贡献，会议决定聘请盛子斐为电鸣乐器分会名誉会长。

王世成理事长做了“认真学习贯彻党的十九届五中全会精神，承前启后、创新进取，合力打造电鸣乐器高地”的主题报告，他首先充分肯定电鸣乐器分会五年工作，“可圈可点”。主要体现六个特点，“领导班子勤奋务实，科技创新引领发展，注重产业链建设，重视技术标准工作，始终坚持行业自律，立足国际化发展视野”。随后分析了电鸣乐器发展前景和六大发展趋势，即：“产业高度关联，技术加速升级，自主品牌为王，智能改造提速，行业融合发展，业内占比提升”。最后提出五点要求，希望新一届分会领导班子和全体会员，在认真调研研判基础上，制定电鸣乐器行业五年发展目标和措施，找准突破点和创新点；加强行业内外科技协同与国际交流，组织好三级科技合作项目；努力打造品牌高地；贯彻落实内循环为主体，双循环互促发展新格局要求，积极打造“乐器进校园、进社区、进家庭”优秀项目，扩大乐器内需市场；加强分会基础建设。

# 2020中国乐器协会提琴制作师（北京）分会年会成功举办

12月19日，中国乐器协会提琴制作师（北京）分会年会在北京经济技术开发区朝林松源酒店凤凰厅隆重召开，中国乐器协会专职副理事长孙瑞勇，中国制琴大师、大国工匠、提琴制作师分会原会长郑荃教授，提琴制作师分会会长张安及其领导班子成员，特邀嘉宾中央音乐学院小提琴演奏家林朝阳教授，以及提琴制作师分会会员代表近百余人出席年会活动。

本次年会系我国新冠疫情常态化以来，北京地区召开的一次重要会议。鉴于多年来郑荃教授对中国提琴制作事业的杰出贡献，中国乐器协会孙瑞勇副理事长为郑荃教授颁发荣誉会长的聘书。会议期间，提琴制作师分会副秘书长、中央音乐学院提琴制作研究中心教研室主任赵祎汇报中国乐器协会提琴制作师分会第四次会议中的多项工作内容，并向与会人员通报在2020年中国（上海）国际乐器展览会期间，中国乐器协会提琴制作师分会第四次会议选举产生的提琴制作师分会新任领导班子成员，同时转达孙瑞勇副理事长、提琴制作师分会（原）会长郑荃教授、张安会长在上海会议中的发言内容。

## 国际交流

# 2020年中国乐器协会国际交流与合作

### 1月

2020年度美国NAMM国际乐器展，约上百家中国乐器企业参展。1月16日，中国乐器协会秘书长陈晋武带队参观2020美国NAMM国际乐器展，实地考察广州珠江钢琴、上海民乐一厂、天津津宝、天津鹦鹉乐器、江苏吟飞，江苏东方乐器等，与公司主要负责人亲切交流，了解企业出口情况。

展会开幕前一天，中国乐器协会秘书长陈晋武一行应邀参加2020年国际乐器联盟会议，来自美国、欧盟、英国、法国、德国、西班牙、澳大利亚等各国行业代表30余人参会。会议日程安排紧凑，主要围绕国际濒危物种保护公约、2020年度6·21国际乐器演奏日活动筹备、当前国际乐器贸易热点和发展形势进行充分研讨。会议期间，陈晋武会见国际音乐制品协会（NAMM）首席执行官拉蒙德先生，国际音乐教育学会（ISME）新任主席艾米莉、欧洲音乐产业联盟（CAFIM）主席托纳利尔等，转达协会王世成理事长的亲切问候，并就当前中外共同关心的乐器热点交换意见。

访问NAMM展会前，协会一行赴古巴哈瓦那，重点就古巴乐器手工艺品进出口与古巴商会进行友好交流。上海国展展览中心有限公司副总经理王蕾一同参加。

### 2月

新冠疫情给各国经济运行和社会发展造成严重干扰。中国轻工业联合会党委副书记、中国乐器协会理事长王世成向美国、德国、捷克、意大利等主要乐器同业协会和国际乐器行业组织发出慰问函表示慰问并通报中国政府为抗击疫情出台的各种政策举措。在中国政府高度重视和社会各界共同应对下，中国的疫情防控工作持续向好，疑似及确诊病例不断下降，中国疫情高峰已过，总体可控，中国各地正常生产生活正在稳步恢复。

中国乐器协会高度重视疫情防控工作，获悉疫情消息后第一时间制定严密防控工作方案，并向行业发出倡议书，呼吁会员企业做好生产调度和个人防护。乐器行业按照中国政府的严密部署妥善应对，在全行业、骨干企业、全体职工的共同努力下，中国乐器行业取得阶段性的胜利。

协会愿坚定支持各国乐器行业协会抗击疫情的努力，提供力所能及的帮助，共同维护好乐器行业发展和稳定，维护好员工的身体健康与生命安全。协会由衷相信，在世界各国高度重视及国际各乐器同业协会协调努力下，一定能够早日战胜疫情夺取最终胜利。

2月初，美国国际音乐制品协会（NAMM）总裁兼首席执行官拉蒙德向中国乐器协会专门发来视频，代表美国音乐制品行业向中国乐器同仁表示慰问。

新冠疫情发生以来，多家在华外资乐器企业纷纷行动，共同筑起抗击疫情的联合战线。法国布菲乐器集团CEO佩罗德先生代表布菲集团全体员工，通过视频向武汉及中国人民献上最深切的慰问和最诚挚的祝福。他说，“新型冠状病毒肺炎的疫情，牵动的不仅仅是全武汉、全湖北，全国人民的心，布菲集团作为进入中国市场三十余年的法国公司，布菲在时刻关注着武汉和中国抗击疫情的情况，相信中国人民能在最短的时间内战胜疫情，中国加油!”雅马哈通过上海市慈善基金会捐款150万元，专项用于抗击疫情。作为一名“企业公民”，雅马哈认真履行企业社会责任，疫情面前责无旁贷。雅马哈将继续关注疫情发展，尽职履行企业社会责任，勠力同心，共抗疫情!

### 3月

为支援国际乐器行业抗击疫情，中国乐器协会向德国、法国、意大利、欧盟等乐器行业组织捐赠数千个口罩，为抗击疫情贡献力量。

### 9月

9月10日，应布菲乐器（中国）公司邀请，中国乐器协会专职副理事长孙瑞勇，专家委员会副主任委员曾泽民，秘书长刘勇参加法国布菲乐器北京展厅开幕庆典仪式。孙瑞勇首先向布菲乐器（中国）公司总经理帕帕提先生转达王世成理事长对布菲的良好祝愿和热烈祝贺，并向布菲送上花篮，鼓励布菲继续为扩大管乐人口不懈努力。开幕式前，协会与布菲进行友好座谈。双方就后疫情时期乐器市场发展交换了意见。孙瑞勇副理事长欢迎布菲参加10月底上海乐器展和全球新品首发仪式，并向布菲方面介绍了上海乐器展主办方精心组织的专业买家团，希望布菲用好行业平台，积极参与展会活动。布菲北京展厅是继巴黎、纽约、东京、慕尼黑和阿姆斯特丹之后，法国布菲集团在全球开设的第六家品牌展厅，占地200平方米，旨在成为热爱布菲产品和众多爱乐者的家，并在未来能够为布菲艺术家、经销商和用户举办各种小型音乐活动。

### 10月

10月28日，由中国乐器协会、上海国展展览中心有限公司与美国国际音乐制品协会共同组织策划的2020 NAMM CMIA行业高端论坛在上海国际乐器展期间成功举办。中美两大行业协会合力打造高端行业论坛，以“抗击疫情提振市场”为主题，会聚全球业界领袖，纵论行业发展格局，共同聚焦疫情下市场变化与发展趋势。论坛安排主题演讲、嘉宾论坛、科技展示等三大环节，与观众共享业内专家智慧。

中国轻工业联合会党委副书记、中国乐器协会理事长王世成发表主题演讲，对2020年全行业疫情应对和行业恢复生产做了精辟分析和总结，并全面回顾中国乐器行业在疫情期间提振市场方面付出的巨大努力。

美国国际音乐制品协会总裁兼首席执行官拉蒙德通过视频连线为广大企业剖析未来行业走向。他代表美国国际音乐制品协会向中国乐器同行致以诚挚问候，感谢中国乐器协会和INTEX克服挑战，成功打造上海国际乐器展这样一个世界级的活动，共同携手，为促进音乐制品行业发展做出积极贡献。

10月29日，2020年度国民音乐教育大会在上海举办。应主办方邀请，国际音乐教育学会给予大力支持。ISME主席、肯尼亚大学副校长艾米莉教授应邀通过视频做了大会专题发言。

10月30日，为大力推广MIDI普及应用与创新发展，2020年上海国际MIDI论坛成功举行。本届论坛以“走进乐器、音乐新时代—MIDI 2.0技术应用展望”为主题展开交流讨论，因疫情因素，美国MIDI制造商协会主席克莱格·安德顿先生，执行委员比利斯先生，技术委员肯特先生专门向大会发来国际MIDI前沿技术视频，得理电子（上海）有限公司技术总监张光中围绕MIDI 2.0技术规范进行示范讲解。

# 会员名录

## 中国乐器协会团体会员名录

（截止至2021年5月31日）

| 序号 | 企业名称 | 会员证号 | 地址 | 联系人 | 协会任职 |
|---|---|---|---|---|---|
| 1 | 功学社（天津）商贸有限公司 | 0219 | 北京市朝阳区朝阳门外大街26号朝外MEN写字中心B座21层 | 林志明 | 副理事长 |
| 2 | 北京乐器研究所 | 0002 | 北京市朝阳区南新园西路甲6号 | 张小川 | 副理事长 |
| 3 | 北京星海钢琴集团有限公司 | 0001 | 北京市通州区光机电一体化产业基地科创东五街8号 | 孟宇 | 副理事长 |
| 4 | 福州和声钢琴股份有限公司 | 0119 | 福建省福州市仓山区金山工业集中区浦上工业园B区红江路2号 | 李年官 | 副理事长 |
| 5 | 广州珠江钢琴集团股份有限公司 | 0030 | 广东省广州市增城永宁街香山大道38号 | 李建宁 | 副理事长 |
| 6 | 广东红棉乐器股份有限公司 | 0038 | 广东省河源市高新技术开发区高新六路28号 | 余一佳 | 副理事长 |
| 7 | 深圳市蔚科电子科技开发有限公司 | 0279 | 广东省深圳市南山区蛇口南海意库1栋507室 | 赵哲 | 副理事长 |
| 8 | 广东声凯乐器有限公司 | 0073 | 广东省肇庆市四会市城中街道三棵榕 | 黄志康 | 副理事长 |
| 9 | 得理乐器（珠海）有限公司 | 0311 | 广东省珠海金湾区联港工业区大林山片区双林东路2号得理工业园 | 顾冰峰 | 副理事长 |
| 10 | 乐海乐器有限公司 | 0152 | 河北省沧州市肃宁县德善街1号 | 宋从甲 | 副理事长 |
| 11 | 河北金音乐器集团有限公司 | 0076 | 河北省武强县周窝乡工业区金音街8号 | 陈学孔 | 副理事长 |
| 12 | 武汉艾立卡电子有限公司 | 0124 | 湖北省武汉市东西湖将军五路12号 | 张琳 | 副理事长 |
| 13 | 柏斯琴行（中国）有限公司 | 0146 | 湖北省宜昌市宜昌东山经济技术开发区珠海路1号 | 吴天延 | 副理事长 |
| 14 | 吟飞科技（江苏）有限公司 | 0240 | 江苏省常州市新北区汉江西路101号 | 范廷国 | 副理事长 |
| 15 | 江阴金杯安琪乐器有限公司 | 0251 | 江苏省江阴市申港镇亚包大道128号 | 时建明 | 副理事长 |
| 16 | 江苏凤灵乐器集团 | 0114 | 江苏省泰兴市溪桥镇华溪中路18号 | 李书 | 副理事长 |
| 17 | 烟台博斯纳钢琴制造有限公司 | 0188 | 山东省烟台市高新区博斯纳东路3号 | 孙强 | 副理事长 |
| 18 | 上海钢琴有限公司 | 0019 | 上海市宝山区宝扬路2222号 | 罗予人 | 副理事长 |
| 19 | 上海艾克斯尔乐器音响有限公司 | 0126 | 上海市嘉定区徐行镇新建一路2411号 | 刘卫国 | 副理事长 |
| 20 | 上海民族乐器一厂 | 0020 | 上海市闵行区七宝镇联明路400号 | 王国振 | 副理事长 |

续表

| 序号 | 企业名称 | 会员证号 | 地址 | 联系人 | 协会任职 |
|---|---|---|---|---|---|
| 21 | 北京罗兰盛世音乐教育科技有限公司 | 0522 | 上海市杨浦区平凉路1500号2号楼5楼 | 程建铜 | 副理事长 |
| 22 | 上海知音音乐文化股份有限公司 | 0138 | 上海市长宁路1200号贝多芬广场3楼 | 朱文玉 | 副理事长 |
| 23 | 四川盛音乐器有限公司 | 0310 | 四川省成都市新生路6号 | 黄茂强 | 副理事长 |
| 24 | 天津市津宝乐器有限公司 | 0094 | 天津市宝坻区迎熏街1-2号 | 刘运斌 | 副理事长 |
| 25 | 森鹤乐器股份有限公司 | 0050 | 浙江省慈溪市逍林镇樟新公路1928号（胜山镇沙滩路） | 罗建峰 | 副理事长 |
| 26 | 海伦钢琴股份有限公司 | 0118 | 浙江省宁波市北仑区龙潭山路36号 | 陈海伦 | 副理事长 |
| 27 | 北京华东乐器有限公司 | 0010 | 北京市平谷区东高村镇大旺务西路21号 | 刘凯 | 常务理事 |
| 28 | 北京中加海资曼钢琴有限公司 | 0003 | 北京市通州区光机电一体化产业基地科创东五街8号 | 谭宝利 | 常务理事 |
| 29 | 广州格利蒙那提琴有限公司 | 0208 | 广东省广州市番禺区大石街涌口工业区工业三路 | 关尚持 | 常务理事 |
| 30 | 广州朗育教育科技有限公司 | 0757 | 广东省广州市天河区科韵路天河软件园建工路13号703房 | 梁永波 | 常务理事 |
| 31 | 广东省乐器行业协会 | 0470 | 广东省广州市越秀区署前路33号2号楼905室 | 李爱群 | 常务理事 |
| 32 | 广州珠江艾茉森数码乐器股份有限公司 | 0426 | 广东省广州市增城区香山大道38号1号楼 | 刘春清 | 常务理事 |
| 33 | 美得理电子（深圳）有限公司 | 0128 | 广东省深圳市福田区中康路卓越城1期4-505 | 徐俊 | 常务理事 |
| 34 | 遵义神曲乐器制造有限责任公司 | 1046 | 贵州省遵义市正安县经济开发区B区 | 郑传玖 | 常务理事 |
| 35 | 大厂回族自治县华丰铸造有限责任公司 | 0252 | 河北省大厂回族自治县夏兴街808号 | 杨山 | 常务理事 |
| 36 | 河北省怀来锣厂 | 0055 | 河北省怀来县新保安镇幸福村 | 张利强 | 常务理事 |
| 37 | 饶阳北方民族乐器制造有限责任公司 | 0129 | 河北省饶阳县大官厅 | 杨俊朋 | 常务理事 |
| 38 | 饶阳成乐民族乐器有限责任公司 | 0143 | 河北省饶阳县大官厅开发区 | 李铁成 | 常务理事 |
| 39 | 河北华声乐器制造有限公司 | 0213 | 河北省深州市前么头工业区 | 张立根 | 常务理事 |
| 40 | 河北秦川文体乐器有限公司 | 0137 | 河北省石家庄市建设北大街38号 | 秦传功 | 常务理事 |
| 41 | 河南中州民族乐器有限公司 | 0186 | 河南省兰考县固阳镇中州路003号 | 代胜民 | 常务理事 |
| 42 | 长沙幻音电子科技有限公司 | 0688 | 湖南省长沙市高新开发区谷苑路186号湖大科技园孵化大楼东栋201 | 郭润博 | 常务理事 |
| 43 | 长春市新博乐乐器有限公司 | 0894 | 吉林省长春市朝阳区同志街东清华路南汇华大厦107号 | 周洲 | 常务理事 |
| 44 | 江苏东方乐器有限公司 | 0090 | 江苏省江阴市祝塘云顾路8号 | 孔文忠 | 常务理事 |
| 45 | 江苏奇美乐器有限公司 | 0178 | 江苏省靖江市经济开发区兴业路 | 张龙贵 | 常务理事 |
| 46 | 江苏天鹅乐器有限公司 | 0045 | 江苏省靖江市马桥镇北首 | 陈滔 | 常务理事 |

续表

| 序号 | 企业名称 | 会员证号 | 地址 | 联系人 | 协会任职 |
|---|---|---|---|---|---|
| 47 | 苏州公爵琴业有限公司 | 0134 | 江苏省昆山市锦溪开发区锦裕路158号 | 李嘉龙 | 常务理事 |
| 48 | 南京舒曼钢琴制造有限公司 | 0112 | 江苏省南京市雨花经济开发区龙藏大道9号 | 戴巧茹 | 常务理事 |
| 49 | 南京新辉琴行有限公司 | 0266 | 江苏省南京市中山北路42号 | 刘小辉 | 常务理事 |
| 50 | 苏州民族乐器一厂有限公司 | 0043 | 江苏省苏州市平江区学士街梵门桥弄15号 | 张礼东 | 常务理事 |
| 51 | 江苏大风乐器有限公司 | 0480 | 江苏省徐州市沛县张庄镇工业区 | 徐宝华 | 常务理事 |
| 52 | 扬州金韵乐器御工坊有限公司 | 0095 | 江苏省扬州开发区鸿扬路8号 | 熊立群 | 常务理事 |
| 53 | 扬州市天艺民族乐器厂 | 0173 | 江苏省扬州市邗江区甘泉镇姚湾村 | 汪扬 | 常务理事 |
| 54 | 扬州民族乐器研制厂有限公司 | 0071 | 江苏省扬州市隋杨路槐泗工业园 | 田泉 | 常务理事 |
| 55 | 江苏雅韵琴筝有限公司 | 0159 | 江苏省扬州市西区新盛街道蜀岗果园 | 刘成 | 常务理事 |
| 56 | 扬州天韵琴筝有限公司 | 0299 | 江苏省扬州市仪征刘集盘古工业园 | 李同志 | 常务理事 |
| 57 | 大连铜管乐器有限公司 | 0106 | 辽宁省大连市中山区鲁迅路88号308室 | 焦永达 | 常务理事 |
| 58 | 烟台金斯波格钢琴有限责任公司 | 0052 | 山东省烟台市经济技术开发区长白山路5号 | 张绪斌 | 常务理事 |
| 59 | 西安音乐学院乐器厂 | 0224 | 陕西省西安市高陵区西高路丝路融豪工业城内103，104号 | 张小东 | 常务理事 |
| 60 | 上海市乐器行业协会 | 0123 | 上海市黄浦区中山南路917号5A | 叶辉 | 常务理事 |
| 61 | 上海国光口琴厂有限公司 | 0023 | 上海市浦东金港路211号一号楼1105室 | 周伟义 | 常务理事 |
| 62 | 上海华新乐器有限公司 | 0109 | 上海市浦东新区沈梅路600号C栋 | 林伯龙 | 常务理事 |
| 63 | 门德尔松钢琴（上海）有限公司 | 0162 | 上海市松江区叶榭镇浦亭路88号 | 郑明统 | 常务理事 |
| 64 | 上海国际展览中心有限公司 | 0199 | 上海市长宁区娄山关路55号新虹桥大厦11楼 | 吴江红 | 常务理事 |
| 65 | 成都川雅木业有限公司 | 0132 | 四川省成都市龙泉驿区驿都西路4361号 | 张华君 | 常务理事 |
| 66 | 天津圣迪乐器有限公司 | 0284 | 天津市静海县蔡公庄镇四党口中村 | 王玉春 | 常务理事 |
| 67 | 天津华韵乐器有限公司 | 0087 | 天津市静海县中旺镇 | 罗金琦 | 常务理事 |
| 68 | 浙江乐韵钢琴有限公司 | 0389 | 浙江省德清洛舍工业园顺达路18号 | 金文英 | 常务理事 |
| 69 | 浙江天目琴行有限公司 | 0151 | 浙江省杭州市拱墅区润园街135号 | 刘为明 | 常务理事 |
| 70 | 杭州嘉德威钢琴有限公司 | 0184 | 浙江省杭州市江干区丁桥镇临丁路1191号 | 陈莲琴 | 常务理事 |
| 71 | 宁波四海琴业有限公司 | 0211 | 浙江省宁波鄞州区云龙镇前后陈村 | 何四海 | 常务理事 |
| 72 | 北京音乐盛世文化传播有限公司（吉他中国） | 0835 | 北京市朝阳区豆各庄乡黄厂路禁毒教育基地对面化工二厂院内咖啡色楼3层 | 姜伟 | 理事 |
| 73 | 北京育鹏乐器有限公司 | 0436 | 北京市朝阳区慧忠北里110号楼 | 张鹏 | 理事 |
| 74 | 小叶子（北京）科技有限公司 | 0687 | 北京市朝阳区叶青大厦北园1层 | 薄峰峰 | 理事 |

续表

| 序号 | 企业名称 | 会员证号 | 地址 | 联系人 | 协会任职 |
|---|---|---|---|---|---|
| 75 | 北京华韵阿波罗艺术发展中心 | 0374 | 北京市丰台区百强大道6号2座2610号 | 姚远 | 理事 |
| 76 | 北京乐界乐科技有限公司 | 0899 | 北京市海淀区上地信息路26号中关村创业大厦719 | 倪卫娟 | 理事 |
| 77 | 德鑫开元（北京）琴业有限公司 | 0525 | 北京市经济技术开发区荣华南路10号远荣华鑫泰大厦5号楼1809 | 王武 | 理事 |
| 78 | 北京过云楼文化传媒有限公司 | 0937 | 北京市西城区百花深处胡同16号 | 郭怀瑾 | 理事 |
| 79 | 晋江力达电子有限公司 | 0288 | 福建省晋江市安海镇第二工业区力达工业楼 | 吴希达 | 理事 |
| 80 | 福建省爱乐钢琴有限公司 | 0147 | 福建省南平市顺昌县双溪镇货场路142、144号 | 柯晟 | 理事 |
| 81 | 厦门斯坦伯格钢琴有限公司 | 0622 | 福建省厦门市湖里区高崎南五路220号航空商务广场8号楼2层 | 叶灯阳 | 理事 |
| 82 | 福建亚东钢琴有限公司 | 0669 | 福建省漳州市芗城区金峰经济开发区北斗工业园 | 洪亚东 | 理事 |
| 83 | 广州欧米勒钢琴有限公司 | 0655 | 广东省广州市白云区江高镇神山工业园振兴路77号厂区2号厂房 | 方扬 | 理事 |
| 84 | 广州市威柏乐器制造有限公司 | 0962 | 广东省广州市花都区花东镇丰园路1号（空港花都） | 梁庆宝 | 理事 |
| 85 | 广州市罗曼士乐器制造有限公司 | 0241 | 广东省广州市花都区狮领镇育才路13号 | 郑晓明 | 理事 |
| 86 | 国家轻工业乐器质量监督检测中心（广州） | 0172 | 广东省广州市荔湾区芳村花地大道壹号国际文化广场三楼C018 | 龙洁勤 | 理事 |
| 87 | 广州市大同琴行有限公司 | 0397 | 广东省广州市越秀区东川路37号 | 佟伟彦 | 理事 |
| 88 | 汕头市乐童乐器有限公司 | 0488 | 广东省汕头市丹阳庄东区59栋802 | 孙丽松 | 理事 |
| 89 | 南宁市鑫金冠文化传播有限责任公司 | 0781 | 广西南宁市星湖路37号 | 陈振华 | 理事 |
| 90 | 河北乐之洋乐器制造有限责任公司 | 0191 | 河北省饶阳县大官厅工业园566号 | 郭广哲 | 理事 |
| 91 | 河北学艺乐器有限公司 | 0931 | 河北省石家庄长安区体育北大街19号中山路体育大街北行300米路西 | 张建立 | 理事 |
| 92 | 武汉银可可琴行有限责任公司 | 0303 | 湖北省武汉市彭刘杨路228号金榜名苑一楼 | 蒋迟 | 理事 |
| 93 | 长沙星飞达音乐器材厂<br>长沙飞达琴行有限公司 | 0289 | 湖南省长沙市芙蓉区东牌楼新世界商贸西1号 | 劳绍立 | 理事 |
| 94 | 南通星海乐器有限公司 | 0929 | 江苏省南通市人民中路8号 | 汪祖洪 | 理事 |
| 95 | 江苏昌安乐器制造有限公司 | 0153 | 江苏省泰兴市工业园区通站路 | 马雪松 | 理事 |
| 96 | 泰兴斯坦特乐器有限公司 | 0041 | 江苏省泰兴市黄桥镇华溪西路2号 | 李荣富 | 理事 |
| 97 | 江苏新基因文化发展有限公司 | 0733 | 江苏省泰兴市黄桥镇华溪中路18号（黄桥乐器文化产业园内） | 尹波 | 理事 |

续表

| 序号 | 企业名称 | 会员证号 | 地址 | 联系人 | 协会任职 |
|---|---|---|---|---|---|
| 98 | 扬州市思美民族乐器厂 | 0282 | 江苏省扬州江都市武坚镇黄思工业区 | 胡思林 | 理事 |
| 99 | 扬州风华国乐琴筝（音美尔）有限公司 | 0312 | 江苏省扬州市江都区邵伯工业文化产业园振兴路东首向北200米 | 刘庆阳 | 理事 |
| 100 | 扬州市正声民族乐器厂 | 0145 | 江苏省扬州市江阳工业园西湖双塘东路28号 | 周平 | 理事 |
| 101 | 大连福音乐器有限公司 | 0654 | 辽宁省大连市西岗区中山路236号 | 李大川 | 理事 |
| 102 | 昌乐县雅特乐器股份有限公司 | 0876 | 山东省昌乐县唐吾工业园大沂路33203 | 赵卫国 | 理事 |
| 103 | 龙口锦盛乐器有限公司 | 0084 | 山东省龙口市东莱街道大李村 | 李传术 | 理事 |
| 104 | 青岛妙海韵好美乐文化交流有限公司 | 0242 | 山东省青岛市江西路98号乙 | 潘紫艺 | 理事 |
| 105 | 日照天力乐器有限公司 | 0092 | 山东省日照市两城工业园 | 杨凯 | 理事 |
| 106 | 滕州市北辛华彩琴行 | 0544 | 山东省滕州市善国北路人才市场对过 | 梁景永 | 理事 |
| 107 | 陕西省文化物资公司 | 0502 | 陕西省西安市龙首北路东段4号 | 张忠民 | 理事 |
| 108 | 赛乐尔三益乐器（上海）有限公司 | 0269 | 上海市奉贤区环城北路753号 | 施容 | 理事 |
| 109 | 温克尔曼（上海）乐器有限公司 | 0467 | 上海市静安区大田路129号嘉兴大厦B幢6B | 应利星 | 理事 |
| 110 | 上海威堡钢琴有限公司 | 0239 | 上海市南汇坦直工业园古翠路33号 | 蒋维国 | 理事 |
| 111 | 卡西欧（中国）贸易有限公司 | 0554 | 上海市普陀区凯旋北路1188号环球港写字楼B座11楼 | 陆舒吟 | 理事 |
| 112 | 上海和乐钢琴有限公司 | 0337 | 上海市青浦区练塘工业园区蒸夏路200-8号 | 姚建芳 | 理事 |
| 113 | 英昌乐器（中国）有限公司 | 0335 | 天津市东丽区崔家码头东侧 | 赵勇光 | 理事 |
| 114 | 天津奥维斯乐器有限公司 | 0354 | 天津市静海县蔡公庄镇四党口中村 | 张国民 | 理事 |
| 115 | 天津盛兴元乐器有限公司 | 0103 | 天津市静海县子牙镇潘庄子 | 王泽云 | 理事 |
| 116 | 昆明乐器用品有限责任公司 | 0064 | 云南省昆明市东风西路289号 | 伍俊武 | 理事 |
| 117 | 德清县中德利钢琴有限公司 | 0136 | 浙江省德清县城关西郊路158号 | 王惠林 | 理事 |
| 118 | 德清县海尔乐器制造有限公司 | 0171 | 浙江省德清县洛舍经济开发区文明东路18号 | 王惠忠 | 理事 |
| 119 | 湖州杰士德钢琴有限公司 | 0176 | 浙江省德清县洛舍镇杨树湾工业园区 | 韩智杰 | 理事 |
| 120 | 浙江珠江德华钢琴有限公司 | 0229 | 浙江省德清县武康镇丰庆街788号 | 何建超 | 理事 |
| 121 | 杭州爱尔科乐器有限公司 | 0406 | 浙江省杭州市萧山区闻堰街道长安村祥大房388号 | 蒋峰 | 理事 |
| 122 | 杭州顺和硅橡胶制品有限公司 | 0530 | 浙江省杭州市余杭区临平南街道高地工业园 | 沈国水 | 理事 |
| 123 | 湖州华谱钢琴制造股份有限公司 | 0174 | 浙江省湖州市德清县洛舍经济开发区 | 潘鸿凯 | 理事 |
| 124 | 浙江友谊电子有限公司 | 0262 | 浙江省乐清市经济开发区纬19路268号 | 陈特 | 理事 |

续表

| 序号 | 企业名称 | 会员证号 | 地址 | 联系人 | 协会任职 |
|---|---|---|---|---|---|
| 125 | 宁波市北仑乐器配件制造有限公司 | 0203 | 浙江省宁波市北仑区大碶镇俞王村 | 俞兆祥 | 理事 |
| 126 | 宁波市五角阻尼股份有限公司 | 0321 | 浙江省宁波市鄞州区明珠路428号3A五角阻尼二楼 | 蔡赋勇 | 理事 |
| 127 | 重庆斯威特钢琴有限公司 | 0089 | 重庆市北碚区童家溪镇建设村新房组天成小学旁 | 王建华 | 理事 |
| 128 | 安庆新华书店有限公司 | 0617 | 安徽省安庆市集贤南路2号 | 肖金和 | |
| 129 | 安庆新华书店有限公司 | 0617 | 安徽省安庆市集贤南路2号 | 肖金和 | |
| 130 | 亳州市冠中琴行经营部 | 0714 | 安徽省亳州市谯城区建安路与光明路交叉口南二十米路东 | 陈冠中 | |
| 131 | 合肥海知音乐器销售有限责任公司 | 0583 | 安徽省合肥市庐阳区长江路276号 | 李扬秋 | |
| 132 | 合肥市乐海琴行有限公司 | 0717 | 安徽省合肥市寿春路88号 | 邵坚 | |
| 133 | 安徽麒泽教育装备有限公司 | 0945 | 安徽省合肥市蜀山区南二环路3818号合肥天鹅湖万达广场1-8幢8-办1512 | 沈萍 | |
| 134 | 安徽省吉利琴行有限公司 | 0627 | 安徽省合肥市蜀山区潜山路与皖河支路交口商之都三楼 | 王欣 | |
| 135 | 安徽省国声琴行有限公司 | 0596 | 安徽省合肥市桐城路77号1号门面 | 杨保海 | |
| 136 | 安徽健洋体育产业股份有限公司 | 0818 | 安徽省淮北市杜集经济开发区202省道以北腾飞路以西 | 张峰 | |
| 137 | 淮北市兴华家具有限公司 | 0820 | 安徽省淮北市杜集经济开发区众诚路2号 | 郭吉文 | |
| 138 | 安徽吉祥科教设备有限公司 | 0819 | 安徽省淮北市杜集经济开发区紫藤路北侧 | 王飞 | |
| 139 | 淮北市云飞商贸有限责任公司 | 0823 | 安徽省淮北市杜集区高岳镇B2-105幢109号 | 李林军 | |
| 140 | 安徽世鹏教学设备有限公司 | 0821 | 安徽省淮北市杜集区滂汇工业区 | 郭彬 | |
| 141 | 淮北市力得科技发展有限公司 | 0822 | 安徽省淮北市相山区相山水路55-11号 | 张学勇 | |
| 142 | 淮南市海之声乐器销售有限公司 | 0912 | 安徽省淮南市田家庵区龙湖中路西段顺峰大厦三层 | 王宋梅 | |
| 143 | 惠州市天音乐器有限公司 | 0958 | 安徽省惠州市大亚湾西区开城大道南11号 | 张又文 | |
| 144 | 惠州市汤姆乐器有限公司 | 0959 | 安徽省惠州市惠阳区秋长岭湖市场汤姆乐器厂 | 谢宝舰 | |
| 145 | 安徽凯瑞教育设备有限公司 | 0923 | 安徽省六安市解放南路恒生阳光城商务中心68A1405室 | 张炜 | |
| 146 | 安徽精正家具制造有限公司 | 0995 | 安徽省六安市金安区经济开发区纵二路 | 杨永宽 | |

续表

| 序号 | 企业名称 | 会员证号 | 地址 | 联系人 | 协会任职 |
|---|---|---|---|---|---|
| 147 | 安徽邦胜德信息技术有限公司 | 1053 | 安徽省六安市棚场街京都豪园门面房138号 | 陈德胜 | |
| 148 | 舒城吉特育乐用品有限公司 | 0992 | 安徽省六安市舒城县棠树乡峰西村凌西路舒城经纬机械有限公司3幢 | 石发能 | |
| 149 | 安徽中领信息科技有限公司 | 0990 | 安徽省六安市小华山街道恒生国际商务中心68A幢1405室 | 彭化瑞 | |
| 150 | 宿州新华书店有限公司 | 0625 | 安徽省宿州市淮海中路79号 | 邓琼 | |
| 151 | 安徽拂晓教育装备有限公司 | 0947 | 安徽省宿州市灵璧县经济开发区红卫庄（西集）西边 | 朱柏 | |
| 152 | 安徽和信教学仪器设备有限公司 | 0514 | 安徽省宿州市武夷商业城B1区210-222室 | 陈静 | |
| 153 | 北京音悦荚科技有限责任公司 | 0972 | 北京市昌平区回龙观昌发展科教中心-5层 | 刘任凭 | |
| 154 | 北京智慧启明星教育咨询有限公司 | 1017 | 北京市昌平区回龙观新龙城40-5-101 | 肖阳 | |
| 155 | 北京爱芝音教教学设备有限公司 | 0425 | 北京市昌平区马池口镇乃干屯村203号 | 宁爱中 | |
| 156 | 六艺星空（北京）文化传播有限公司 | 0556 | 北京市朝阳区百子湾石门村路5号创美东朝时代创意园西区1-118室 | 周鹏 | |
| 157 | 盛美华源国际文化发展（北京）有限公司 | 1010 | 北京市朝阳区东大桥路甲8号尚都国际2910 | 孙赫 | |
| 158 | 北京声藏文化传媒有限公司 | 1002 | 北京市朝阳区垡头金蝉北里21号院21-2幢3层386号 | 陆晗 | |
| 159 | 新跨乐（北京）艺术有限公司 | 0473 | 北京市朝阳区广渠路36号首城国际B座917室 | 未展辉 | |
| 160 | 北京时代众乐琴行有限公司 | 0667 | 北京市朝阳区慧忠里304号楼1层304-2 | 刘小涌 | |
| 161 | 北京中音中音科技有限公司 | 0486 | 北京市朝阳区建国路88号SOHO现代城D座0711-0712室 | 赵易天 | |
| 162 | 北京爱新聚福电子音乐设备有限公司 | 0969 | 北京市朝阳区科学园南里中街京辰大厦B1 | 刘福新 | |
| 163 | 北京唐采文化发展有限公司 | 0943 | 北京市朝阳区六里屯北里 | 王小亚 | |
| 164 | 北京春秋博乐文化传播有限公司 | 0946 | 北京市朝阳区青年路西里国峰时代106 | 翟翀 | |
| 165 | 北京银河润泰科技有限公司 | 0843 | 北京市朝阳区曙光西里甲6 | 闫文闻 | |
| 166 | 乐斯（北京）教育投资有限公司 | 0907 | 北京市朝阳区四惠东华腾世纪总部公园 | 张峰赫 | |
| 167 | 北京快乐神州科技有限公司 | 0811 | 北京市朝阳区望京东路8号锐创国际1号楼16F | 彭锡涛 | |
| 168 | 北京诺宝文化艺术有限责任公司 | 0731 | 北京市朝阳区向军北里瀚海文化大厦809室 | 李薇 | |

续表

| 序号 | 企业名称 | 会员证号 | 地址 | 联系人 | 协会任职 |
|---|---|---|---|---|---|
| 169 | 北京葡橙朵朵文化艺术有限公司（北京琴学社） | 0900 | 北京市大兴区黄村观音寺街31号 | 贾建伟 | |
| 170 | 北京福韵国际工贸有限公司 | 0492 | 北京市大兴区青云店镇垡上电镀厂院内 | 李宝红 | |
| 171 | 伊索（北京）国际贸易有限公司 | 1009 | 北京市大兴区兴泰街五号院首邑溪谷小区1-1-307 | 郝晓玉 | |
| 172 | 北京天昱文化发展有限公司 | 0988 | 北京市大兴区宣颐路7号 学而音乐艺术中心 | 方思国 | |
| 173 | 北京瑞音天地文化艺术有限公司 | 0875 | 北京市东城区广渠门内大街88-12 | 时瑞滨 | |
| 174 | 北京盛世雅歌琴行有限公司 | 0746 | 北京市东城区交道口东大街6-6号 | 于效威 | |
| 175 | 威柏尔乐器（北京）有限公司 | 0454 | 北京市东城区王府井大街277号好友写字楼2518室 | 刘勇 | |
| 176 | 北京星海福音琴业有限公司 | 0278 | 北京市东城区夕照寺中街四号星海宏昌大厦A座609室 | 胆美珍 | |
| 177 | 北京兆森乐器有限公司 | 0484 | 北京市房山区韩村河镇西东村南 | 孙伟 | |
| 178 | 北京杜兰德科技有限公司 | 0867 | 北京市房山区绿地启航国际商务办公区三期13号楼603室 | 郭树 | |
| 179 | 北京敦善文化艺术股份有限公司 | 0259 | 北京市丰台区大红门西马厂甲14号集美文化产业园4号楼3层A08 | 于添 | |
| 180 | 北京德勇乐器有限公司 | 0729 | 北京市丰台区南三环东路6号嘉业大厦B座1104室 | 闫丕勇 | |
| 181 | 北京索达文化传播有限公司 | 0500 | 北京市丰台区南四环西路188号总部基地2区6号楼3层 | 叶彩萍 | |
| 182 | 北京卓邦乐米文化传播有限公司 | 0526 | 北京市丰台区南四环西路188号总部基地十一区27号楼6层 | 张新峰 | |
| 183 | 中国民族器乐学会 | 0857 | 北京市丰台区怡海花园恒丰园3号-202 | 毕可炜 | |
| 184 | 北京乐器学会 | 0857 | 北京市丰台区怡海花园恒丰园3号-203 | 刘正辉 | |
| 185 | 北京龙羽时代科技有限公司 | 0351 | 北京市海淀区北三环中路77号27号楼509室 | 魏剑羽 | |
| 186 | 北京诺健科技发展有限公司 | 0592 | 北京市海淀区复兴路甲36号百朗园1218号 | 李腊 | |
| 187 | 北京家训马林巴文化艺术中心 | 0850 | 北京市海淀区紫竹院路100号 | 王家训 | |
| 188 | 北京安平乐乐器有限责任公司 | 0539 | 北京市海淀区紫竹院路88号紫竹花园小区底商 | 安青 | |
| 189 | 北京市产品质量监督检验院 | 0255 | 北京市顺义区顺兴路9号 | 孙路伟 | |
| 190 | 金蓝国际乐器（北京）有限公司 | 0828 | 北京市通州区东燕郊开发区东贸国际16号楼2单元2011室 | 吕占武 | |

续表

| 序号 | 企业名称 | 会员证号 | 地址 | 联系人 | 协会任职 |
|---|---|---|---|---|---|
| 191 | 北京管乐器厂 | 0004 | 北京市通州区光机电一体化产业基地科创东五街8号 | 赵彤 | |
| 192 | 北京珠江钢琴制造有限公司 | 0836 | 北京市通州区经济开发区东区靓丽5街8号 | 冯汉辉 | |
| 193 | 贵州律动文化发展股份有限公司 | 0765 | 北京市通州区梨园镇九棵树西路90号弘祥1979文化产业创意园B座3层律动乐器8355室 | 韦永勇 | |
| 194 | 乐器空间 | 0508 | 北京市通州区李庄佳苑5号楼2单元902 | 赵文广 | |
| 195 | 玮萨乐器（北京）有限公司 | 1080 | 北京市通州区潞苑南大街甲560号B区110-B31 | 叶伟 | |
| 196 | 北京中艺乐器有限公司 | 0722 | 北京市通州区马驹桥镇联东U谷中试区75号楼 | 李建明 | |
| 197 | 环球乔治布莱耶（北京）乐器有限公司 | 0940 | 北京市通州区运河西大街乔庄路18号 | 杨宝玉 | |
| 198 | 北京卡丹萨文化艺术有限公司 | 0998 | 北京市西城区鲍家街43号 | 张庆海 | |
| 199 | 北京星海钢琴集团有限公司北京民族乐器厂 | 0104 | 北京市西城区槐柏树街乙9号楼地下室赵宏伟 13801050518 | 宋从甲 | |
| 200 | 福建合声钢琴工业制造有限公司 | 0832 | 福建省东山县西埔镇拜师街泽园路342号开发区办公室602室 | 谢福志 | |
| 201 | 福州市拉维斯文化发展有限公司 | 0915 | 福建省福州市仓山区建新镇建新北路161号2号楼1层 | 廖俊伟 | |
| 202 | 福建音桥电子科技有限公司 | 0965 | 福建省福州市台江区五一中路132号抽纱大厦二层 | 陈雪萍 | |
| 203 | 晋江市法莱斯特乐器有限公司 | 0896 | 福建省晋江市安海镇安平开发区嘉禄路2号 | 陈茂桂 | |
| 204 | 晋江市锦乐电子科技有限公司 | 0970 | 福建省晋江市安海镇安平开发区嘉盛路147号、149号 | 俞亮生 | |
| 205 | 晋江市美固展示柜有限公司 | 0928 | 福建省晋江市罗山梧安社区113号 | 李雪芳 | |
| 206 | 泉州海丝蔓电子科技有限公司 | 0924 | 福建省晋江市五里经济开发区长安路22号 | 柯俊雄 | |
| 207 | 泉州摩音乐器有限公司 | 1012 | 福建省泉州市晋江经济开发区五里园丰灵路10号 | 苏炳坤 | |
| 208 | 泉州耐特克钢琴集团有限公司 | 0974 | 福建省泉州市晋江市东石镇井林新村（60-74）号 | 高泉猛 | |
| 209 | 泉州合乐电子有限公司 | 0883 | 福建省泉州市南安市水头镇五里桥大道1268号 | 高铭胜 | |
| 210 | 厦门律动钢琴有限公司 | 0510 | 福建省泉州市迎津街建材公寓B幢501室 | 彭清燕 | |

续表

| 序号 | 企业名称 | 会员证号 | 地址 | 联系人 | 协会任职 |
|---|---|---|---|---|---|
| 211 | 厦门斯坦伯格钢琴有限公司 | 0622 | 福建省厦门市湖里区高崎南五路220号航空商务广场8号楼2层 | 叶海鹏 | |
| 212 | 厦门标旗文化传播有限公司 | 1023 | 福建省厦门市湖里区湖里大道10-12号421# | 李恒生 | |
| 213 | 美森翰林（厦门）钢琴有限公司 | 0938 | 福建省厦门市湖里区五缘西二里21号1502 | 黄大柯 | |
| 214 | 圆古洲（厦门）集团有限公司 | 1051 | 福建省厦门市思明区莲岳路1号1004室之01室 | 陈卫伟 | |
| 215 | 厦门唐基文化艺术有限公司 | 0905 | 福建省厦门市思明区龙山中路8号66总部大楼一楼钢琴公司 | 杨晓杰 | |
| 216 | 厦门市华成琴行有限公司 | 0774 | 福建省厦门市四明东路9号 | 伊道生 | |
| 217 | 漳州市龙吟乐器有限公司 | 0674 | 福建省漳州市北斗工业园金华路1号 | 段性皓 | |
| 218 | 钰丰乐器（福建）有限公司 | 0313 | 福建省漳州市南靖县丰田镇华侨经济开发区 | 陈永茂 | |
| 219 | 漳州汉旗乐器有限公司 | 0846 | 福建省漳州市芗城区金峰北斗工业园万利达园内金华路1号 | 林天福 | |
| 220 | 玉丰乐器（漳州）有限公司 | 0954 | 福建省漳州市芗城区金峰开发区玉丰乐器 | 李水发 | |
| 221 | 弗莱契尔（厦门）乐器有限公司 | 0973 | 福建自由贸易试验区厦门片区（保税港区）海景东路10号4层420号之一 | 钟文俊 | |
| 222 | 白银辰睿新理念艺术传播有限公司 | 0770 | 甘肃省白银市白银区观澜商业街5楼B座辰睿新理念钢琴艺术中心 | 赵辰睿 | |
| 223 | 广州吉声琴业有限公司 | 0067 | 广东省从化市鳌头镇岭南村古塘村106国道边 | 梁泽敏 | |
| 224 | 东莞市乐手时代乐器有限公司 | 0776 | 广东省东莞市高埗镇振兴北路米兰财富园（欧邓办公楼旁）三楼楼乐手时代乐器 | 何冬君 | |
| 225 | 东莞市华锦礼品有限公司 | 0847 | 广东省东莞市厚街镇下汴村汴康西路鑫浩源科技园一区 | 姜平 | |
| 226 | 东莞市乾方音响设备有限公司 | 0750 | 广东省东莞市南城区水濂山绿色路澎峒工业区第1栋3楼 | 董夷 | |
| 227 | 深圳市众郵科技有限公司 | 0889 | 广东省东莞市松山湖高新开发区新竹路万科松湖中心濮园903 | 许杏生 | |
| 228 | 东莞市增旺精密五金有限公司 | 0531 | 广东省东莞市塘厦镇莆心湖大道北七号 | 姜有文 | |
| 229 | 佛山市小钟琴文化传播有限公司 | 0881 | 广东省佛山市禅城区南庄镇商业广场4座808 | 李康勇 | |

续表

| 序号 | 企业名称 | 会员证号 | 地址 | 联系人 | 协会任职 |
|---|---|---|---|---|---|
| 230 | 佛山市盈展乐器有限公司 | 0986 | 广东省佛山市南海里水镇邓岗南隅村工业二路18号四楼之一 | 康伟光 | |
| 231 | 佛山市佰添乐器有限公司 | 0686 | 广东省佛山市南海区里水镇和顺官和路金星工业区东门39-7 | 陈祝军 | |
| 232 | 佛山安炜达金属制品有限公司 | 1020 | 广东省佛山市南海区里水镇河村巫庄工业区巫庄北路2号安炜达 | 冯永高 | |
| 233 | 佛山市南海区海韵乐器制造有限公司 | 0520 | 广东省佛山市南海区狮山镇莲子塘湖塘口路厂房之五 | 胡冬花 | |
| 234 | 佛山市三水龙声乐器制造有限公司 | 0362 | 广东省佛山市三水区白坭镇白沙南街一号 | 李庆炎 | |
| 235 | 佛山市万正涂料有限公司 | 0390 | 广东省佛山市三水区西南镇金本工业园B区 | 肖亚亮 | |
| 236 | 广州华丰乐器制造有限公司 | 0852 | 广东省广州市白云区人和镇汉塘村汉塘北路自编19号 | 李概文 | |
| 237 | 广州吉琴社乐器有限公司 | 0901 | 广东省广州市白云区人和镇穗禾名庭 | 洪银山 | |
| 238 | 广州市和必括乐器制造有限公司 | 0553 | 广东省广州市白云区石井红星工业路10号B座2号 | 黄斌 | |
| 239 | 广州华亦乐器有限公司 | 1005 | 广东省广州市白云区石井石沙路88号石井国际大厦13A | 杨广 | |
| 240 | 广州诗帝堡乐器有限公司 | 0891 | 广东省广州市番禺区大北路150号华兴商贸大厦16层13号 | 谢春南 | |
| 241 | 广州诺英德曼钢琴股份有限公司 | 0919 | 广东省广州市番禺区沙湾镇福冠路福正西街15号B103 | 靳伟明 | |
| 242 | 广州悠哈乐器有限公司 | 0978 | 广东省广州市番禺区市桥富华中路39号503 | 黄成贤 | |
| 243 | 英氏婴童用品有限公司 | 0859 | 广东省广州市海珠区广州大道南788号自编7栋 | 高峰 | |
| 244 | 广州市泰源乐器制造有限公司 | 0955 | 广东省广州市花都区花山镇永乐村菊花石大道自编100号之六 | 张冬美 | |
| 245 | 广州市恒胜箱包有限公司 | 0606 | 广东省广州市花都区新华街团结村塘口四队机场安置区商业街 | 彭兰 | |
| 246 | 广州市鸣雅玛丁尼乐器制造有限公司 | 0587 | 广东省广州市花都区新华镇凤凰北路三东工业区 | 汪宏齐 | |
| 247 | 广州二诺信息科技有限公司 | 0877 | 广东省广州市黄埔区黄埔大道东933号2层 | 肖志伟 | |
| 248 | 广东琴趣网络科技有限公司 | 0812 | 广东省广州市黄埔区茅岗村坑田大街32号鱼珠智谷E306 | 麦燕玉 | |

续表

| 序号 | 企业名称 | 会员证号 | 地址 | 联系人 | 协会任职 |
| --- | --- | --- | --- | --- | --- |
| 249 | 广州市益友箱包皮具有限公司 | 0980 | 广东省广州市经济技术开发区萝岗联合上围村中街5号 | 李振标 | |
| 250 | 广州市雅迪数码科技有限公司 | 0496 | 广东省广州市荔湾区桥中中路186号爱国者一楼自编45号广州市雅迪数码科技有限公司 | 胡伟 | |
| 251 | 德国博兰斯勒钢琴（中国）有限公司 | 0541 | 广东省广州市天河北路595–599号创新科技广场二楼 | 方扬 | |
| 252 | 广州弦尚文化传播有限公司 | 0501 | 广东省广州市天河区黄村路51号粤安工业园A栋6楼 | 隋细华 | |
| 253 | 广州闻乐教育科技有限公司 | 1058 | 广东省广州市天河区黄埔大道中662号604室 | 符吉聪 | |
| 254 | 广州市新艺宝乐器有限公司 | 0309 | 广东省广州市天河区黄浦大道西177号二楼 | 凌建聪 | |
| 255 | 广州千陆文化创意发展有限公司 | 0975 | 广东省广州市天河区凌塘新街16–2号新远景创业科技园5楼 | 秦千和 | |
| 256 | 广州传音乐器有限公司 | 0168 | 广东省广州市天河区天河路228号之1510 | 苏常青 | |
| 257 | 广州市拿火信息科技有限公司 | 0707 | 广东省广州市越秀区解放北路568号 | 陆子天 | |
| 258 | 广州市天樱电子有限公司 | 0763 | 广东省广州市越秀区明月一路20号明月阁806房 | 张继发 | |
| 259 | 广州市朗晴发展有限公司 | 0268 | 广东省广州市珠江新城华明路9号华普广场西楼2613室 | 周旗 | |
| 260 | 惠州全丰育乐用品有限公司 | 0234 | 广东省惠阳区秋长镇长兴路鹏岭工业城 | 蔡赖丰 | |
| 261 | 深圳市巴罗克文化艺术发展有限公司（BARROCO乐器） | 0898 | 广东省惠州市惠城区长湖苑1期9栋2单元1号琴行 | 王浩然 | |
| 262 | 惠州市惠阳区吉他行业协会 | 0831 | 广东省惠州市惠阳区大剧院1楼右侧办公室 | 闫兴为 | |
| 263 | 惠州市乐音乐器有限公司 | 0672 | 广东省惠州市惠阳区淡水镇铁湖路玉兰别墅D9–10栋 | 彭爱平 | |
| 264 | 宇声乐器（惠州）有限公司 | 0904 | 广东省惠州市惠阳区秋长街道金秋大道75号 | 蔡国宏 | |
| 265 | 惠州德尚乐器有限公司 | 0851 | 广东省惠州市惠阳区秋长益发工业区A栋 | 钟文辉 | |
| 266 | 惠州市铭仕电子制品有限公司 | 0785 | 广东省惠州市惠阳区秋长镇西湖边水村铭仕电子制品有限公司 | 赵建萍 | |
| 267 | 惠州市惠阳区新圩曼棱乐器厂 | 0540 | 广东省惠州市惠阳区新圩镇塘口工业区 | 李秋云 | |

续表

| 序号 | 企业名称 | 会员证号 | 地址 | 联系人 | 协会任职 |
|---|---|---|---|---|---|
| 268 | 惠州声柏乐器有限公司 | 0697 | 广东省惠州市惠阳区长街道秋长镇岭湖工业区亚来路39号 | 王振中 | |
| 269 | 惠州市思琪特科技有限公司 | 0918 | 广东省惠州市仲恺高新区陈江街道办五一大道日通达大楼1栋3楼 | 邱宇鹏 | |
| 270 | 鹤山市挚雅乐器有限公司 | 0602 | 广东省江门市鹤山市龙口镇北环路6号 | 杨建勋 | |
| 271 | 揭西县美科电子电器厂 | 0206 | 广东省揭西市县城环城路西段 | 张远青 | |
| 272 | 揭阳市卡巴特乐器有限公司 | 1006 | 广东省揭阳市揭东区玉湖镇玉联村工业西片区 | 刘森归 | |
| 273 | 揭西县美乐斯电子电器厂实业有限公司 | 0537 | 广东省揭阳市揭西县河婆街道北环一路中段（国税大楼后面） | 张伟雄 | |
| 274 | 开平市圣诺电子有限公司 | 0609 | 广东省开平市三埠长沙光明路82号102 | 黄美娴 | |
| 275 | 广东龙健乐器有限公司 | 0987 | 广东省廉江经济开发区龙健高新科技产业园 | 戴平 | |
| 276 | 南雄市海伦罗曼钢琴有限公司 | 0664 | 广东省南雄市珠玑镇二塘村国道G323线旁 | 李晓勇 | |
| 277 | 深圳市卓乐科技有限公司 | 0521 | 广东省深圳市宝安28区陆氏工业大厦2楼 | 李国飞 | |
| 278 | 深圳市中艺盈科电子有限公司 | 0355 | 广东省深圳市宝安35区安华工业区一巷8栋A5 | 钟永津 | |
| 279 | 深圳市魔耳乐器有限公司 | 0593 | 广东省深圳市宝安区71区留仙三路25号电明6楼 | 朱四华 | |
| 280 | 深圳市阿诺玛乐器有限公司 | 0658 | 广东省深圳市宝安区宝田三路宝田工业区56栋6楼 | 陈海华 | |
| 281 | 深圳市搜罗乐器有限公司 | 1082 | 广东省深圳市宝安区航城街道九围社区九围第三工业区5号B栋厂房5层 | 欧阳斌 | |
| 282 | 深圳市小草音乐网络科技有限公司 | 0858 | 广东省深圳市宝安区沙井街道锦程路2070号石厦港联工业园C栋2楼 | 梁海 | |
| 283 | 深圳市伏荣科技开发有限公司 | 0459 | 广东省深圳市宝安区西乡西城工业区12栋2楼 | 李胜 | |
| 284 | 深圳市宏伟顺科技发展有限公司 | 0599 | 广东省深圳市宝安区新安街道44区富源商贸中心B1403 | 段建军 | |
| 285 | 深圳市和普乐器有限公司 | 0341 | 广东省深圳市福田区八卦岭八卦五路五街543栋4楼433房 | 亓苏梅 | |
| 286 | 深圳戎马广告有限公司（琴行经营报） | 0578 | 广东省深圳市福田区车公庙泰然六路泰然物业大厦207栋301室 | 林凯 | |
| 287 | 深圳市和乐文化传播有限公司 | 0740 | 广东省深圳市福田区福中一路2016号深圳音乐厅首层施坦威钢琴专卖店 | 翁环 | |

续表

| 序号 | 企业名称 | 会员证号 | 地址 | 联系人 | 协会任职 |
|---|---|---|---|---|---|
| 288 | 尼凯乐器（深圳）有限公司 | 0932 | 广东省深圳市光明新区公明街道将石新围第一工业区1栋 | 宋燕刚 | |
| 289 | 深圳市双华鑫电子有限公司 | 0864 | 广东省深圳市龙岗区布吉中元路4号楼32栋A305 | 江中华 | |
| 290 | 创尊科技（深圳）有限公司 | 0966 | 广东省深圳市龙岗区龙岗街道南联社区圳埔领路2号F栋202 | 张又文 | |
| 291 | 深圳市杰高乐器有限公司 | 0971 | 广东省深圳市龙岗区平湖街道新木里花半里欣悦广场C栋609 | 赵进荣 | |
| 292 | 惠州壹号琴行有限责任公司 | 0747 | 广东省深圳市罗湖区太白路太阳新城6B | 王浩然 | |
| 293 | 岩手一全科技（深圳）有限公司 | 0941 | 广东省深圳市南山区大新路88号金龙工业区63栋西309 | Tomokazu Kawamura | |
| 294 | 深圳金色田园教育科技股份有限公司 | 0773 | 广东省深圳市南山区高新技术园区南区A8音乐大厦905室 | 史斌 | |
| 295 | 深圳市艾伦易登文化发展有限公司 | 0868 | 广东省深圳市南山区前海星空科技园A栋401 | 秦健 | |
| 296 | 深圳市新众玩网络科技有限公司 | 0960 | 广东省深圳市南山区软件园1期3栋 | 许乐平 | |
| 297 | 深圳市伊诺乐器有限公司 | 0300 | 广东省深圳市平山区仓坑路家德马峦工业区1区7栋 | 袁雁 | |
| 298 | 深圳市乐器行业协会 | 0933 | 广东省深圳市坪山区坪山办事处汤坑社区同富西路67号家德马峦工业园一区7栋3楼 | 袁雁 | |
| 299 | 鲍德温（中山）钢琴乐器有限公司 | 0032 | 广东省中山市东升镇观栏村工业区 | 周有恩 | |
| 300 | 中山市笛驰文体用品科技有限公司 | 0967 | 广东省中山市三乡镇麻斗工业区锚金大道19号 | 陆嘉诚 | |
| 301 | 珠海汇吉洋电子科技有限公司 | 0532 | 广东省珠海市斗门区白蕉工业园新科二路26号 | 王超 | |
| 302 | 帕多瓦乐器（珠海）有限公司 | 0964 | 广东省珠海市香洲区湾仔华声工业园G座4楼 | 黄国城 | |
| 303 | 南宁市嘉诚琴行有限公司 | 0546 | 广西南宁市教育路7-2号 | 林李斌 | |
| 304 | 贵州毕节松柏乐器制造有限公司 | 1079 | 贵州省毕节市金海湖新区小坝镇工业园区A5栋 | 彭士泳 | |
| 305 | 玉屏侗族自治县箫笛行业协会 | 0865 | 贵州省铜仁地区玉屏侗族自治县箫笛厂内 | 杨永华 | |
| 306 | 贵州融合音源乐器有限公司 | 1028 | 贵州省遵义市正安县经济开发区 | 王建 | |
| 307 | 贵州正音文化科技有限公司 | 1032 | 贵州省遵义市正安县经济开发区 | 王学 | |
| 308 | 贵州贝加尔乐器有限公司 | 1043 | 贵州省遵义市正安县经济开发区 | 赵山 | |

续表

| 序号 | 企业名称 | 会员证号 | 地址 | 联系人 | 协会任职 |
|---|---|---|---|---|---|
| 309 | 贵州馨音乐器制造有限公司 | 1025 | 贵州省遵义市正安县经济开发区A区 | 卢纶焘 | |
| 310 | 遵义麦格纳乐器制造有限公司 | 1034 | 贵州省遵义市正安县经济开发区A区 | 郑传勇 | |
| 311 | 钰丰乐器（正安）有限公司 | 1047 | 贵州省遵义市正安县经济开发区A区 | 陈水茂 | |
| 312 | 贵州斯柏卓尔乐器有限公司 | 1048 | 贵州省遵义市正安县经济开发区A区 | 黄绍勇 | |
| 313 | 正安县盛雅乐器有限公司 | 1050 | 贵州省遵义市正安县经济开发区A区 | 郑俊 | |
| 314 | 贵州木源乐器制造有限公司 | 1045 | 贵州省遵义市正安县经济开发区A区3号楼 | 尹大鹏 | |
| 315 | 贵州谦梦乐器制造有限公司 | 1049 | 贵州省遵义市正安县经济开发区A区4小区 | 丁盛 | |
| 316 | 贵州金韵乐器有限公司 | 1027 | 贵州省遵义市正安县经济开发区A区吉他园 | 刘江波 | |
| 317 | 贵州凯丰乐器有限公司 | 1029 | 贵州省遵义市正安县经济开发区B区 | 黄宏楷 | |
| 318 | 贵州正安吉他实业有限公司 | 1031 | 贵州省遵义市正安县经济开发区B区 | 陶剑峰 | |
| 319 | 贵州律谦乐器有限公司 | 1039 | 贵州省遵义市正安县经济开发区C区2号楼 | 赵和兵 | |
| 320 | 贵州正安娜塔莎乐器制造有限公司 | 1030 | 贵州省遵义市正安县经济开发区C区二组团 | 赵建峰 | |
| 321 | 正安县博丰木业有限公司 | 1042 | 贵州省遵义市正安县经济开发区C区一组团一号楼 | 李祖才 | |
| 322 | 遵义市马氏吉他制造有限公司 | 1035 | 贵州省遵义市正安县经济开发区电子商务信息产业园 | 马大树 | |
| 323 | 贵州潮艺乐器制造有限公司 | 1036 | 贵州省遵义市正安县经济开发区国际吉他产业园A区新发展厂区D栋 | 卢波 | |
| 324 | 惠州市恒生乐器有限公司 | 0800 | 贵州省遵义市正安县经济开发区凯丰乐器 | 邓忠兵 | |
| 325 | 正安显勇乐器制造有限公司 | 1044 | 贵州省遵义市正安县经济开发区塞维尼亚乐器厂B栋 | 祝显勇 | |
| 326 | 正安县旭日乐器有限公司 | 1037 | 贵州省遵义市正安县经济开发区台湾产业园8栋 | 许朝阳 | |
| 327 | 贵州华茂乐器有限公司 | 1040 | 贵州省遵义市正安县经济开发区一组团二栋5楼501 | 赵和兵 | |
| 328 | 正安县吉他协会 | 1026 | 贵州省遵义市正安县经济开发区综合服务大楼 | 魏友兵 | |
| 329 | 贵州塞维尼亚乐器制造有限公司 | 1033 | 贵州省遵义市正安县瑞濠工业园B区 | 魏友兵 | |
| 330 | 海南大蟒科技有限公司 | 0572 | 海南省海口市美兰区海甸五西路兆南绿岛家园绿轩17-18A | 胡建智 | |

续表

| 序号 | 企业名称 | 会员证号 | 地址 | 联系人 | 协会任职 |
|---|---|---|---|---|---|
| 331 | 霸州市威名乐器有限公司 | 0177 | 河北省霸州市大高各庄工业区 | 张维明 | |
| 332 | 霸州贝司克斯乐器有限公司 | 0861 | 河北省霸州市兴港工业园贝斯克斯路 | Han−Peter Messner | |
| 333 | 北京东奇众科技术有限公司 | 0788 | 河北省保定市涿州市义和庄镇长安城村东口东奇公司收 | 郭学成 | |
| 334 | 赞凯尔松钢琴河北有限公司 | 0957 | 河北省沧州市肃宁县德善街 | 张振环 | |
| 335 | 沧州市金狮乐器有限公司 | 0227 | 河北省沧州市纸房头工业区 | 吕宝合 | |
| 336 | 定州市即兴音乐培训学校 | 0778 | 河北省定州市北城区大道观小学西行50米 | 佘会凤 | |
| 337 | 河北铭泽文体用品有限公司 | 0751 | 河北省定州市大奇工业区 | 张江伟 | |
| 338 | 定州市定海体育器材有限公司 | 0715 | 河北省定州市唐河循环经济产业园区 | 李增甫 | |
| 339 | 高碑店市佰格乐器箱包厂 | 0760 | 河北省高碑店市南大街152号 | 邓印明 | |
| 340 | 衡水好望角乐器有限公司 | 1061 | 河北省衡水市饶阳县留楚乡屯里村北 | 焦虎星 | |
| 341 | 武强嘉华乐器有限公司 | 1013 | 河北省衡水市武强县经济开发区滏东四路3号 | 颜彬 | |
| 342 | 廊坊市圣爱工艺品有限公司 | 0699 | 河北省廊坊市安次区仇庄乡景村工业区 | 邓岳梅 | |
| 343 | 廊坊市永信实业有限公司 | 0261 | 河北省廊坊市安次区杨税务 | 刘家庆 | |
| 344 | 廊坊市斯尔曼乐器有限公司 | 0659 | 河北省廊坊市安次区祖各庄西口光辉巷 | 王颂 | |
| 345 | 香河天音乐器有限公司 | 0060 | 河北省廊坊市香河县香河经济技术开发区运泰路 | 曹振民 | |
| 346 | 北京晨语筝业教育科技有限公司 | 0884 | 河北省秦皇岛市海港区秦皇东大街236号沃金商厦B座301 | 姜瑞华 | |
| 347 | 饶阳县振鹏民族乐器厂 | 1060 | 河北省饶阳县大尹村镇大迁民村村东68号 | 常鹏龙 | |
| 348 | 饶阳县海之韵乐器有限公司 | 0597 | 河北省饶阳县东草芦村七区46号 | 李广敖 | |
| 349 | 三河市龙洋乐器有限公司 | 0393 | 河北省三河市新集镇 | 艾永青 | |
| 350 | 阿玛提（北京）乐器有限公司 | 0917 | 河北省石家庄桥西区裕华西路192号世纪公馆23楼 | 张立营 | |
| 351 | 河北康喜乐器制造有限公司 | 0756 | 河北省石家庄市新华区杜兆乡西营村和乐巷4号 | 张喜 | |
| 352 | 河北锦瑟乐器有限公司 | 1016 | 河北省石家庄市长安区嘉和广场2−1905 | 郭万军 | |
| 353 | 唐山市明艺教育科技有限公司 | 1059 | 河北省唐山市路北区君瑞花园0007楼1单元0539号（新华一号2号大堂538艺智道） | 田蕾 | |

续表

| 序号 | 企业名称 | 会员证号 | 地址 | 联系人 | 协会任职 |
|---|---|---|---|---|---|
| 354 | 廊坊韵迪乐器有限公司（原文安鑫森） | 0170 | 河北省文安县新镇镇工业区 | 王景川 | |
| 355 | 河北鑫欧泰教学设备制造有限公司 | 0784 | 河北省盐山县南环路 | 徐淑英 | |
| 356 | 吉克乐器河北有限公司 | 0999 | 河北省张家口市蔚县经济开发区工业街5号 | 郭玉成 | |
| 357 | 河南高山流水乐器有限公司 | 1071 | 河南省开封市兰考县堌阳镇范场村 | 陈佰善 | |
| 358 | 兰考墨武古琴文化传播有限公司 | 1065 | 河南省开封市兰考县堌阳镇范场村3组 | 王二鱼 | |
| 359 | 河南中弘乐器有限公司 | 0985 | 河南省开封市兰考县堌阳镇工业园区 | 范慧敏 | |
| 360 | 兰考恋音乐器有限公司 | 1063 | 河南省开封市兰考县堌阳镇乐器工业园区 | 王海波 | |
| 361 | 河南省九韶乐器有限公司 | 1064 | 河南省开封市兰考县堌阳镇乐器工业园区内1号 | 刘春玉 | |
| 362 | 兰考县成源乐器音板有限公司 | 0848 | 河南省兰考县固阳镇工业区3号 | 王凤枝 | |
| 363 | 河南三好乐器有限责任公司 | 1066 | 河南省兰考县固阳镇堌牛路东侧 | 吴大平 | |
| 364 | 兰考县华韵乐器有限公司 | 1068 | 河南省兰考县堌阳镇工业园区 | 徐顺海 | |
| 365 | 兰考大河乐器有限公司 | 1072 | 河南省兰考县堌阳镇工业园区 | 何素英 | |
| 366 | 兰考县君谊民族乐器有限公司 | 1076 | 河南省兰考县堌阳镇工业园区 | 赵尚功 | |
| 367 | 兰考祥音民族乐器有限公司 | 1077 | 河南省兰考县堌阳镇工业园区 | 范慧敏 | |
| 368 | 兰考县华音民族乐器有限公司 | 1078 | 河南省兰考县堌阳镇工业园区 | 汪胜丽 | |
| 369 | 河南鸿鹄民族乐器有限公司 | 1074 | 河南省兰考县堌阳镇工业园区展厅北侧 | 徐登辉 | |
| 370 | 兰考县鸣韵乐器有限公司 | 0642 | 河南省兰考县堌阳镇乐器工业园区 | 徐会争 | |
| 371 | 兰考县韵音乐器有限公司 | 0643 | 河南省兰考县堌阳镇乐器工业园区 | 张巧芳 | |
| 372 | 兰考县古韵乐器配件厂 | 0641 | 河南省兰考县堌阳镇梁场村 | 马鹏 | |
| 373 | 河南省洲洋乐器有限公司 | 1070 | 河南省兰考县堌阳镇西关二村堌牛路西侧 | 冯会宾 | |
| 374 | 兰考焦桐乐器股份有限公司 | 0910 | 河南省兰考县堌阳镇月起工业园（民族乐器展厅） | 王刚 | |
| 375 | 兰考县忠音民族乐器厂 | 1073 | 河南省兰考县关乡陈寨村东路南 | 许超 | |
| 376 | 兰考桐韵民族乐器有限公司 | 0680 | 河南省兰考县文明路16号 | 袁玉刚 | |
| 377 | 开封悦音乐器有限公司 | 0640 | 河南省兰考县闫楼乡郭庄村 | 吴扎根 | |
| 378 | 河南弦情乐器有限公司 | 1067 | 河南省兰考县闫楼乡梧桐工业园区桐音路1号 | 肖世腾 | |
| 379 | 兰考中正皇韵乐器有限公司 | 1075 | 河南省兰考县闫楼乡梧桐家居配套产业园 | 黄万顺 | |

续表

| 序号 | 企业名称 | 会员证号 | 地址 | 联系人 | 协会任职 |
|---|---|---|---|---|---|
| 380 | 兰考县怡轩乐器厂 | 1069 | 河南省兰考县怡轩乐器厂 | 陈国胜 | |
| 381 | 襄城县宏声乐器有限公司 | 0993 | 河南省许昌市襄城县麦岭镇欧营村 | 欧阳长伟 | |
| 382 | 郑州星艺新琴行有限公司 | 0775 | 河南省郑州市北二七路96号（金水路和东明路交叉口东30米路南） | 翟莲花 | |
| 383 | 宁波海伦睿卡教育科技有限公司 | 0887 | 河南省郑州市管城区商城路东明路交叉口茂祥大厦17楼 | 樊国领 | |
| 384 | 巴彦县善林木业有限公司 | 1008 | 黑龙江省巴彦镇兴隆镇兴林林农路 | 卢花善 | |
| 385 | 哈尔滨七星乐器有限公司 | 0845 | 黑龙江省哈尔滨市道里区森林朝阳胡同6号2单元1层4号 | 王世秋 | |
| 386 | 牡丹江和音乐器有限公司 | 0650 | 黑龙江省牡丹江市西安区海浪路199号 | 贾酝 | |
| 387 | 湖北华都钢琴制造股份有限公司 | 0427 | 湖北省广水市广办西河路二路2号 | 汪其见 | |
| 388 | 随州市曾侯乙编钟编磬文化有限公司 | 0830 | 湖北省随州市舜井大街305-2号 | 项绍清 | |
| 389 | 武汉市乐王乐器有限公司 | 0293 | 湖北省武汉市东湖高新技术开发区武大科技园路7号武大航域办公楼A8栋6楼 | 邢福志 | |
| 390 | 武汉工控艺术制造有限公司 | 0698 | 湖北省武汉市东西湖将军路万家墩东村59号 | 高力强 | |
| 391 | 武汉市海平乐器制造有限公司 | 0125 | 湖北省武汉市江岸区云林街65号观湖铂金公寓321房 | 王志军 | |
| 392 | 武汉致嘉乐器销售有限公司 | 0100 | 湖北省武汉市经济开发区民营科技工业园12号M栋 | 周致嘉 | |
| 393 | 武汉大音唐韵乐器有限责任公司 | 0873 | 湖北省武汉市武昌彭刘杨路229号 | 唐志雄 | |
| 394 | 武汉余晓维金手指文化艺术咨询有限公司 | 0726 | 湖北省武汉市武昌区和平大道绿地国际金融城B2栋2611室 | 余小维 | |
| 395 | 安斯特早教投资管理湖北有限公司 | 0737 | 湖北省武汉市武昌区积玉桥万达公馆五栋1单元502室 | 蔡德武 | |
| 396 | 常德市武陵区多尔乐器厂 | 1018 | 湖南省常德市武陵区滨湖路西城水恋小区北门 | 王晓冬 | |
| 397 | 武汉钢的琴音乐文化发展有限公司 | 0748 | 湖南省武汉市武昌区彭刘杨路228号 | 伍海波 | |
| 398 | 湖南三创演艺有限公司 | 1024 | 湖南省长沙市开福区德雅路542号湖南电视节目中心3号楼 | 吴选作 | |
| 399 | 湖南纽比特文化艺术有限公司 | 1081 | 湖南省长沙市开福区芙蓉北路街道金泰路119号富湾国际1栋3601 | 刘甜 | |
| 400 | 延吉市民族乐器研究所 | 0154 | 吉林省延吉市北山街爱丹路125-2号 | 赵基德 | |
| 401 | 长春新威琴行有限公司 | 0369 | 吉林省长春市朝阳区工农大路1796号 | 周宝强 | |
| 402 | 长春市恒兴华科技有限公司 | 0663 | 吉林省长春市南关区大马路吉塔公寓998号 | 崔京宜 | |

续表

| 序号 | 企业名称 | 会员证号 | 地址 | 联系人 | 协会任职 |
|---|---|---|---|---|---|
| 403 | 彤杺钢琴培训工作室 | 0833 | 江苏省常州市新北区三井街道绿都万和城三区商业广场彤松钢琴培训工作室 | 叶立宇 | |
| 404 | 淮安市经纬教学设备有限公司 | 0552 | 江苏省淮安市楚州区施河镇德福北路186号 | 成鹏 | |
| 405 | 淮安市翔声民族乐器厂 | 0897 | 江苏省淮安市楚州区翔宇大道1003号易郡龙腾3号商住楼101室（售楼处旁） | 贾洪海 | |
| 406 | 淮安市众兴教学设备有限公司 | 0856 | 江苏省淮安市淮安区泾口镇光明居委会 | 钱国军 | |
| 407 | 江苏润晨科教设备有限公司 | 0816 | 江苏省淮安市淮安区施河镇 政和路 | 王顺国 | |
| 408 | 淮安市成达教学用品有限公司 | 0813 | 江苏省淮安市淮安区施河镇德福北路16号 | 马俊成 | |
| 409 | 江苏宇辉教学用品有限公司 | 0618 | 江苏省淮安市淮安区施河镇德福南路 | 刘红兵 | |
| 410 | 江苏华丰教学装备有限公司 | 0704 | 江苏省淮安市淮安区施河镇工业园区 | 刘长军 | |
| 411 | 江苏乾坤教学设备有限公司 | 0534 | 江苏省淮安市淮安区施河镇工业园区 | 董玉乾 | |
| 412 | 江苏远恒教学设备有限公司 | 0916 | 江苏省淮安市淮安区施河镇工业园区 | 刘金云 | |
| 413 | 江苏强众科教设备有限公司 | 0736 | 江苏省淮安市淮安区施河镇工业园区29号 | 查永安 | |
| 414 | 江苏万里科教设备有限公司 | 0814 | 江苏省淮安市淮安区施河镇工业园区淮河路18号 | 施守英 | |
| 415 | 江苏祥信科教设备有限公司 | 0976 | 江苏省淮安市淮安区施河镇工业园区黄山路南首 | 刘娟 | |
| 416 | 江苏大鹏科教设备有限公司 | 0621 | 江苏省淮安市淮安区施河镇淮河路 | 刘宝珍 | |
| 417 | 江苏百宇兴事业有限公司 | 0753 | 江苏省淮安市淮安区施河镇淮河路1号 | 钱国强 | |
| 418 | 江苏星杨月科教设备有限公司 | 0645 | 江苏省淮安市淮安区施河镇世纪大道 | 杨如忠 | |
| 419 | 江苏兴特教学设备有限公司 | 0701 | 江苏省淮安市淮安区施河镇世纪大道 | 施信忠 | |
| 420 | 淮安市长三角科教设备有限公司 | 0815 | 江苏省淮安市淮安区施河镇世纪大道13号 | 施守江 | |
| 421 | 淮安市迅腾教学设备有限公司 | 0844 | 江苏省淮安市淮安区施河镇世纪大道16# | 宋平安 | |
| 422 | 江苏月星科教设备有限公司 | 0646 | 江苏省淮安市淮安区施河镇世纪大道2号 | 葛彩珍 | |
| 423 | 江苏华光科教设备有限公司 | 0571 | 江苏省淮安市淮安区施河镇世纪大道8号 | 吴斌 | |
| 424 | 江苏安琪尔科教设备有限公司 | 0735 | 江苏省淮安市淮安区施河镇太平西路26号 | 李晓燕 | |

续表

| 序号 | 企业名称 | 会员证号 | 地址 | 联系人 | 协会任职 |
|---|---|---|---|---|---|
| 425 | 江苏东大科教设备有限公司 | 0702 | 江苏省淮安市淮安区施河镇条龙村 | 胡国政 | |
| 426 | 江苏盛达教学设备有限公司 | 0795 | 江苏省淮安市淮安区施河镇长江路1号 | 王国顺 | |
| 427 | 江苏双丰教学用品有限公司 | 0798 | 江苏省淮安市晃哪去施河镇德福路102号 | 沈卫国 | |
| 428 | 江苏雪峰科教设备有限公司 | 0817 | 江苏省淮安市清河区万达广场一期3号楼2单元1楼 | 单平平 | |
| 429 | 江苏华辰教学设备有限公司 | 0560 | 江苏省淮安市施河镇工业园区人民路南首 | 管益武 | |
| 430 | 淮安市福乐教学设备有限公司 | 0804 | 江苏省淮安市施河镇世纪大道 | 高云军 | |
| 431 | 江苏华睿科教设备有限公司 | 0805 | 江苏省淮安市施河镇世纪大道 | 周艾军 | |
| 432 | 江阴奇灵乐器有限公司 | 0705 | 江苏省江阴市申港镇澄路1597号 | 缪庆益 | |
| 433 | 江阴市孔声乐器有限公司 | 0523 | 江苏省江阴市祝塘镇工业集中区B区 | 孔真清 | |
| 434 | 无锡铃木乐器有限公司 | 0039 | 江苏省江阴市祝塘镇人民路1号 | 缪志兴 | |
| 435 | 中国大众音乐协会口琴专业委员会 | 0872 | 江苏省江阴市祝塘镇云顾路8号 | 孔文忠 | |
| 436 | 昆山德邦木业有限公司 | 0358 | 江苏省昆山市巴城镇正仪高科技术产业园富丽路 | 唐亮 | |
| 437 | 南京梦飞乐器贸易有限公司 | 0934 | 江苏省南京市江宁区东山街道宏远大道2298号 秦淮绿洲东苑75幢103室 | 刘飞 | |
| 438 | 南京音杰琴行有限公司 | 0948 | 江苏省南京市江宁区天元东路523号 | 安吉 | |
| 439 | 南京南淮文化传播有限公司 | 0953 | 江苏省南京市秦淮区中山南路315、313号1805、1806室 | 王艺耘 | |
| 440 | 南京爱韵乐器有限公司 | 0433 | 江苏省南京市玄武区同仁西街7号北楼2层 | 童磊 | |
| 441 | 南通市乐王琴业有限公司 | 0046 | 江苏省南通市环城东路93号 | 王夕林 | |
| 442 | 江苏三毛教仪成套设备有限公司 | 0696 | 江苏省沭阳县工业园区萧山路36号 | 徐兴俊 | |
| 443 | 江苏冠仪教学设备有限公司 | 0944 | 江苏省沭阳县公园东路155号 | 周立梅 | |
| 444 | 江苏金太阳科教设备有限公司 | 0789 | 江苏省沭阳县公园路20号金太阳科教 | 汤亚 | |
| 445 | 江苏省华茂科教设备有限公司 | 0565 | 江苏省沭阳县经济开发区永嘉路40号 | 祁霞 | |
| 446 | 江苏柠檬科教设备有限公司 | 0563 | 江苏省沭阳县章集工业园区柠檬3号 | 徐善才 | |
| 447 | 苏州市福合天韵乐器科技有限责任公司 | 0755 | 江苏省苏州市吴中区苏州工业园区星湖街328号创意产业园1-B601室 | 包伟康 | |
| 448 | 江苏威特诺乐器有限公司 | 0950 | 江苏省泰兴市黄桥镇金溪路东、通站路北 | 郭美霞 | |
| 449 | 泰兴市通灵乐器有限公司 | 0977 | 江苏省泰兴市黄桥镇溪桥华溪中路 | 殷建设 | |
| 450 | 泰兴琴艺乐器有限公司 | 0218 | 江苏省泰兴市溪桥镇华溪东路8号 | 吴建新 | |

续表

| 序号 | 企业名称 | 会员证号 | 地址 | 联系人 | 协会任职 |
|---|---|---|---|---|---|
| 451 | 江苏省苏创教学设备有限公司 | 0796 | 江苏省泰州市高港科技创业园 | 戴春喜 | |
| 452 | 江苏鸿星教学设备有限公司 | 0799 | 江苏省泰州市高港区力铺街道西工业区 | 吉荣进 | |
| 453 | 泰州市苏北实验仪器有限公司 | 0797 | 江苏省泰州市寿巷街道长太新村 | 芮锦成 | |
| 454 | 无锡市龙韵琴行 | 0984 | 江苏省无锡市梁溪区中山路金太湖国际城二楼 | 李子龙 | |
| 455 | 无锡市锡艺乐器厂 | 0194 | 江苏省无锡市新区梅村镇锡贤路149号 | 万建平 | |
| 456 | 无锡市新区古月琴坊 | 0101 | 江苏省无锡市新区梅村镇新南路10号 | 万其兴 | |
| 457 | 徐州市铜山区顺成乐器配件厂 | 0630 | 江苏省徐州市铜山区房村镇新庄 | 刘方盘 | |
| 458 | 盐城桐鹄堂琴行有限公司 | 0935 | 江苏省盐城市城南新区新都街道盐城金融城6幢1707室 | 张蓉蓉 | |
| 459 | 江苏玉河教玩具有限公司 | 0807 | 江苏省扬州市宝应县曹甸工业园区中央西路15号 | 唐素芳 | |
| 460 | 扬州云飞教学设备有限公司 | 0806 | 江苏省扬州市宝应县曹甸镇工业集中区 | 罗云谋 | |
| 461 | 江苏康乐玩具有限公司 | 0808 | 江苏省扬州市宝应县曹甸镇工业集中区 | 施乃凤 | |
| 462 | 江苏思礼实业有限公司 | 0809 | 江苏省扬州市宝应县曹甸镇工业集中区 | 李如星 | |
| 463 | 江苏金阳光游乐设备有限公司 | 0810 | 江苏省扬州市宝应县曹甸镇工业集中区 | 郝自强 | |
| 464 | 江苏宝乐实业有限公司 | 0801 | 江苏省扬州市宝应县草甸工业区 | 杨军勇 | |
| 465 | 扬州正和民族乐器厂 | 0615 | 江苏省扬州市广陵区头桥镇迎新村 | 杨越 | |
| 466 | 扬州泉声民族乐器有限公司 | 0870 | 江苏省扬州市邗江区杨庙镇杨庙村荷花组 | 颜正友 | |
| 467 | 江苏六鑫科教仪器设备有限公司 | 0648 | 江苏省扬州市江都区浦头镇工业园区 | 朱美馀 | |
| 468 | 江苏永创教学仪器有限公司 | 0838 | 江苏省扬州市江都区浦头镇工业园区 | 吴亚芹 | |
| 469 | 泰州永创教学仪器有限公司 | 0839 | 江苏省扬州市江都区浦头镇工业园区 | 吴亚芹 | |
| 470 | 江苏大鑫教育装备有限公司 | 0878 | 江苏省扬州市江都区浦头镇工业园区 | 薛建萍 | |
| 471 | 扬州市恒厚科技发展有限公司 | 0879 | 江苏省扬州市江都区浦头镇工业园区 | 董安 | |
| 472 | 江苏润宏科教设备有限公司 | 0880 | 江苏省扬州市江都区浦头镇工业园区 | 陆静 | |
| 473 | 扬州玲珑苑琴筝坊 | 0710 | 江苏省扬州市江都区武坚镇周西社区兴周路2号 | 陈后勇 | |
| 474 | 扬州清和文化发展有限公司 | 0611 | 江苏省扬州市江阳中路433号金天城519号（公司注册地址） | 金峰 | |

续表

| 序号 | 企业名称 | 会员证号 | 地址 | 联系人 | 协会任职 |
|---|---|---|---|---|---|
| 475 | 江苏出入境检验检疫局轻工业产品与儿童用品检测中心 | 0862 | 江苏省扬州市开发西路10号 | 陈明 | |
| 476 | 扬州市开发区竹西琴坊 | 0913 | 江苏省扬州市泰州路保安巷14号 | 李全 | |
| 477 | 扬州市维扬区御声乐器厂 | 0322 | 江苏省扬州市西湖镇司徒庙路西首·胡场 | 杨国富 | |
| 478 | 扬州翔韵琴筝有限公司 | 0721 | 江苏省扬州市西区杨庙镇 | 刘永勤 | |
| 479 | 扬州太古琴坊有限公司 | 0586 | 江苏省扬州市仪征刘集镇盘古工业园1号 | 刘霄 | |
| 480 | 镇江汉韵民族乐器厂 | 0968 | 江苏省镇江市京口区桃花坞支路八角亭42号 | 朱剑 | |
| 481 | 深圳黑森林文化艺术有限公司 | 1015 | 江西省赣州市章贡区稼轩路黑森林文化艺术 | 王兰娟 | |
| 482 | 江西美丽达乐器有限公司 | 1041 | 江西省九江市武宁县工业园区 | 余武生 | |
| 483 | 九江赛璐珞实业有限公司 | 0855 | 江西省九江市武宁县万福经济技术开发区万福大道6号 | 单成鹿 | |
| 484 | 江西省宏声文化艺术发展有限公司 | 0579 | 江西省南昌市国安路112号 | 刘宏 | |
| 485 | 余干县民族乐器有限公司 | 0319 | 江西省余干县玉亭镇沙窝大街 | 张仕先 | |
| 486 | 大连龙音乐器有限公司 | 0671 | 辽宁省大连市开发区辽河东路88号 | 王明瑜 | |
| 487 | 聆动乐器（锦州）有限公司 | 0996 | 辽宁省锦州市古塔区重观路2号 | 孟翔航 | |
| 488 | 辽阳德盛重工机械有限公司 | 1011 | 辽宁省辽阳市辽阳县首山镇黑牛庄村 | 李弘宇 | |
| 489 | 营口西尔伯曼钢琴有限公司 | 0270 | 辽宁省营口市西市区民兴河北街 | 丁弘戬 | |
| 490 | 营口乐器协会 | 0503 | 辽宁省营口市沿海产业基地新联大街东1号，格林希尔乐器公司 | 郝峰 | |
| 491 | 内蒙古艺龙琴行商贸有限公司 | 0761 | 内蒙古自治区呼和浩特市赛罕区新华东街长安金座D座商业二楼204 | 靳英士 | |
| 492 | 呼和浩特市艺达乐器商贸有限公司 | 0742 | 内蒙古自治区呼和浩特市新城区兴安北路2号 | 林清端 | |
| 493 | 青海三益琴行有限公司 | 0794 | 青海省西宁市海湖新区新华联国际中心2号楼三益琴行 | 李永文 | |
| 494 | 潍坊大唐乐器发展有限公司 | 0869 | 山东省昌乐县唐吾镇乐器产业园 | 李华波 | |
| 495 | 昌乐县东方乐器厂 | 0417 | 山东省昌乐县鄌郚镇政府驻地 | 李凤英 | |
| 496 | 山东庆云国健教学设备制造有限公司 | 0783 | 山东省德州市庆云县经济开发区民营创业园 | 张建涛 | |
| 497 | 山东瑞世达体育器材有限公司 | 0854 | 山东省德州市庆云县崖口工业园 | 刘金财 | |
| 498 | 山东八音乐器有限公司 | 0469 | 山东省菏泽市牡丹区刘寨（原乡政府） | 马宏川 | |

续表

| 序号 | 企业名称 | 会员证号 | 地址 | 联系人 | 协会任职 |
|---|---|---|---|---|---|
| 499 | 山东中艺音美器材有限公司 | 0767 | 山东省菏泽市鄄城县富春乡开发区999号 | 李洪强 | |
| 500 | 山东沁诚之窗教育咨询有限公司 | 0871 | 山东省菏泽市牡丹区大学路菏泽学院锦苑3楼 | 吕良雷 | |
| 501 | 济南旭秋乐器有限公司 | 0441 | 山东省济南市高新区世纪大道理想嘉园2号楼19层1909室（小鸭集团） | 董念春 | |
| 502 | 济南新泺港琴行有限公司 | 0824 | 山东省济南市历下区文化东路94号 | 宁春玉 | |
| 503 | 济南市金生源乐器厂 | 0849 | 山东省济南市章丘区水寨镇范家开发区 | 范育荣 | |
| 504 | 山东省济宁市颜氏调律工具有限公司 | 0453 | 山东省济宁市任城区南张工业园 | 颜婷婷 | |
| 505 | 山东省鄄城训福教学仪器有限公司 | 0768 | 山东省鄄城县什集镇工业园 | 刘建芳 | |
| 506 | 山东鄄城致远科教仪器有限公司 | 0769 | 山东省鄄城县什集镇工业园777号 | 陈海红 | |
| 507 | 山东山石麦尔乐器有限公司 | 0243 | 山东省聊城市兴华东路香格里文景小区 | 刘冰 | |
| 508 | 山东省华泰教学设备有限公司 | 0837 | 山东省临沂市高新区宝山路113号 | 李永彬 | |
| 509 | 临沂宗沛斋工贸有限公司 | 0518 | 山东省临沂市河东区华龙路 | 张宗沛 | |
| 510 | 临沂市楸旭木业有限公司 | 1007 | 山东省临沂市兰山区方城镇墩头村 | 曹素强 | |
| 511 | 山东奥尚体育产业有限公司 | 0716 | 山东省临沂市兰山区后十社区2号楼（聚财商务中心）704号 | 潘书杰 | |
| 512 | 山东省雷鸣教学设备有限公司 | 0841 | 山东省临沂市兰山区临西七路小商品城二期大卖场中国教育用品采购基地三楼3023号 | 胡晓艳 | |
| 513 | 山东吉诺尔体育器材有限公司 | 0651 | 山东省临沂市兰山区小商品城22号楼0767−0768号 | 李娟 | |
| 514 | 临沂市音之源乐器有限公司 | 0922 | 山东省临沂市兰山区中国临沂小商品城北区卖场三楼3012号 | 胡鲁南 | |
| 515 | 龙口市管乐器协会 | 0963 | 山东省龙口市东莱街道大李家村 | 钦永庆 | |
| 516 | 山东泰山管乐器制造有限公司 | 0131 | 山东省龙口市东莱街道大李家村 | 赵人兴 | |
| 517 | 龙口金鸣乐器有限公司 | 0738 | 山东省龙口市兰高工业园 | 李廷东 | |
| 518 | 秦皇岛和恩乐器有限公司 | 1019 | 山东省秦皇岛市经济技术开发区黄山路12号1984文化创意产业园A22 | 张迪 | |
| 519 | 山东劳立斯世正乐器有限公司 | 0108 | 山东省青岛市城阳区春阳路101号 | 邓莹 | |
| 520 | 青岛西海岸新区水木云欣艺术培训学校 | 1021 | 山东省青岛市黄岛区香江路3−1号一层 | 孙婷 | |
| 521 | 青岛美嘉乐器有限公司 | 1056 | 山东省青岛市黄岛区张家楼镇工业园松云路303号美嘉乐器 | 丁桂斌 | |

续表

| 序号 | 企业名称 | 会员证号 | 地址 | 联系人 | 协会任职 |
|---|---|---|---|---|---|
| 522 | 青岛莫勒乐器有限公司 | 0952 | 山东省青岛市莱西夏格庄夏四村 | 李言明 | |
| 523 | 青岛帕蒂兰德乐器进出口有限公司 | 0766 | 山东省青岛市崂山区海尔路61号天宝国际银座2010 | 展丽 | |
| 524 | 青岛青大琴行有限公司 | 0400 | 山东省青岛市市南区宁夏路127-6号 | 周克岭 | |
| 525 | 青岛美德威教育科技有限公司 | 0771 | 山东省青岛市市南区银川西路67号 国际动漫游戏产业园A座107B | 吴丹舟 | |
| 526 | 无棣县馨雅教学仪器设备有限公司 | 0842 | 山东省无棣县车王镇政府驻地 | 李风军 | |
| 527 | 济宁市兖州区声远乐器有限公司 | 0245 | 山东省兖州市谷村镇杨村 | 颜廷学 | |
| 528 | 山东黑木环保材料科技有限公司 | 0689 | 山东省淄博市桓台经济开发区泰山路30号 | 张玲玲 | |
| 529 | 定襄县金声科技有限公司 | 0951 | 山西省定襄县光明巷襄丰区 | 殷宝山 | |
| 530 | 临汾明星琴行有限公司 | 0758 | 山西省临汾市尧都区解放路辛寺街6号 | 卢青 | |
| 531 | 山西普晋琴行有限公司 | 0334 | 山西省太原市青年路12号 | 董武斌 | |
| 532 | 忻州市东韵琴行有限公司 | 0885 | 山西省忻州市七一北路精华写字楼底商 | 智建 | |
| 533 | 山西哆咕教育科技有限公司 | 1054 | 山西太原市万柏林区南内环西街润景园著16号商铺 | 孙菊伟 | |
| 534 | 西安德馨汇教育科技有限公司 | 1022 | 陕西省西安市雁塔区长安路108号西安音乐学院东门北侧100米佩卓夫钢琴展馆 | 罗丽花 | |
| 535 | 西安音乐学院朱雀琴行 | 0744 | 陕西省西安市长安中路110号 | 徐胜利 | |
| 536 | 延安鲁艺文化艺术有限公司 | 0792 | 陕西省延安市师范路自来水公司一楼 | 文星月 | |
| 537 | 菲奥娜乐器（上海）有限公司 | 0629 | 上海市宝山区呼兰西路60号卓越时代广场709-710菲奥娜乐器 | 王幼妹 | |
| 538 | 上海口琴总厂 | 0025 | 上海市宝山区蕰川路510号 | 蒋林森 | |
| 539 | 上海凯恩乐器有限公司 | 0413 | 上海市崇明县合兴镇东首 | 张吉根 | |
| 540 | 上海布戈乐器有限公司 | 0961 | 上海市奉贤区联合北路215号第5幢 | 唐雨晴 | |
| 541 | 上海萨瑟钢琴有限公司 | 0656 | 上海市奉贤区南桥镇张翁庙路525号晨日科创园G幢302 | 王立功 | |
| 542 | 上海敦煌乐器有限公司 | 0185 | 上海市奉贤区运河北路1025号 | 王国振 | |
| 543 | 上海艺埠教育科技有限公司 | 1014 | 上海市虹口区曲阳路910号1708室 | 李轶 | |
| 544 | 精工电子商业（上海）有限公司 | 0681 | 上海市淮海中路138号上海广场2701室 | 濡木伸二 | |
| 545 | 上海海音乐器有限公司 | 0745 | 上海市黄浦区中山南路917号 | 叶晖 | |
| 546 | 上海东韵钢琴有限公司 | 0181 | 上海市嘉定区嘉罗公路2210号 | 马惠忠 | |
| 547 | 法兰山德乐器（上海）有限公司 | 0297 | 上海市金山区枫泾工业园区钱明东路1338弄35号 | 陈德鹏 | |

续表

| 序号 | 企业名称 | 会员证号 | 地址 | 联系人 | 协会任职 |
|---|---|---|---|---|---|
| 548 | 上海邦加琴业有限公司 | 0287 | 上海市金山区亭林镇亭东村4062号 | 张琳媚 | |
| 549 | 上海艺音乐器有限公司 | 0734 | 上海市金山区朱泾工业区东日路186号 | 曾香梅 | |
| 550 | 上海顶胜钢琴有限公司 | 0409 | 上海市闵行区都会路100号 | 顾名迈 | |
| 551 | 巨吉贸易（上海）有限公司 | 0435 | 上海市闵行区都会路1885号丽琴大厦1楼 | 司马健 | |
| 552 | 罗切尔钢琴（上海）有限公司 | 0906 | 上海市闵行区都会路2501号2栋2楼 | 张宇婷 | |
| 553 | 上海乐圣乐器有限公司 | 0412 | 上海市闵行区都市路451号 | 胡祖庭 | |
| 554 | 上海先韵乐器有限公司 | 0725 | 上海市闵行区联航路1188号1号楼东二层 | 岳倍先 | |
| 555 | 瑞宝乐器（上海）有限公司 | 0779 | 上海市闵行区七莘路182号B座301 | 韩军 | |
| 556 | 瑞宝乐器（上海）有限公司 | 0997 | 上海市闵行区七莘路182号B座301室 | 韩军 | |
| 557 | 上海华黎民族乐器厂（普通合伙） | 0161 | 上海市南汇区大团镇永春北路88弄68号 | 唐华军 | |
| 558 | 上海鼎韵乐器有限公司 | 0693 | 上海市浦东新区大团镇宣大路688号 | 唐正君 | |
| 559 | 于斯教育科技（上海）有限公司 | 0759 | 上海市浦东新区御北路385号5号楼 | 王维 | |
| 560 | 河合贸易（上海）有限公司 | 0349 | 上海市浦东新区张杨路500号28楼C座 | 小仓克夫 | |
| 561 | 上海市普陀区爱乐琴行 | 0317 | 上海市普陀区兰溪路119号 | 许俊 | |
| 562 | 上海晨川琴业材料有限公司 | 0320 | 上海市青浦区华新镇民兴工业园区徐华公路3029弄民兴一路59号 | 郑纪海 | |
| 563 | 清浦区简悦琴行 | 0882 | 上海市青浦区淮海南路23号府山时代广场 | 林宁 | |
| 564 | 上海胤兰乐器有限公司 | 0111 | 上海市青浦区莲溪公路3102号 | 徐建华 | |
| 565 | 上海中雅钢琴有限公司 | 0127 | 上海市青浦区清赵路6158号 | 叶振强 | |
| 566 | 欧贸乐器（上海）有限公司 | 0949 | 上海市青浦区崧泽大道6555号奥帛置业大厦1307室 | 倪丙占 | |
| 567 | 易弹乐器（上海）有限公司 | 0890 | 上海市青浦区新团路248号13撞 | 王昭阳 | |
| 568 | 中沃舜克管乐器（上海）有限公司 | 0762 | 上海市青浦区徐泾镇沪青平公路2152弄8号 | 谷攀峰 | |
| 569 | 上海慎远国际贸易有限公司 | 1001 | 上海市青浦区徐泾镇华徐公路289号B座602 | 金川 | |
| 570 | 上海灵江乐器有限公司 | 0598 | 上海市松江区沪亭北路218号F115-117德国哈罗德钢琴 | 黄正达 | |
| 571 | 上海凯笙钢琴有限公司 | 0780 | 上海市松江区嘉松南路408号9号商业广场北区3F（凯笙琴艺） | EDDIE NI | |
| 572 | 上海翰森钢琴有限公司 | 0994 | 上海市松江区金都西路518号8幢2楼 | 周约翰 | |
| 573 | 上海伍韵钢琴有限公司 | 0942 | 上海市松江区申港路258号 | 姚启武 | |

续表

| 序号 | 企业名称 | 会员证号 | 地址 | 联系人 | 协会任职 |
|---|---|---|---|---|---|
| 574 | 上海柏德钢琴有限公司 | 0991 | 上海市松江区中山街道时亦大厦 | 张起龙 | |
| 575 | 上海云乐文化发展有限公司 | 1004 | 上海市徐汇区天钥桥路380弄20号18层F座 | 李德俭 | |
| 576 | 上海戴氏琴弦制作社 | 1057 | 上海市徐汇区永康路185号、187号 | 戴卫 | |
| 577 | 上海施特劳斯钢琴有限公司 | 1052 | 上海市杨浦区惠民路927号 | 金文英 | |
| 578 | 贝希斯坦贸易（上海）有限公司 | 0902 | 上海市长宁区兴义路8号万都中心2609室 | 周翔昊 | |
| 579 | 达达里奥贸易（上海）有限公司 | 0708 | 上海市长宁区中山西路999号华闻国际大厦1305室 | john daddario | |
| 580 | 逻兰（上海）电子有限公司 | 0893 | 上海市长宁区紫云路421号SOHO天山广场T1 703-705 | 西泽晃 | |
| 581 | 施坦威钢琴亚太有限公司 | 0499 | 上海市自贸区朝鹏路147号 | Werner Husmann | |
| 582 | 成都云创新科技有限公司 | 0886 | 四川省成都市成华区一环路东一段电子信息产业大厦1106 | 刘德文 | |
| 583 | 成都伟航科技有限公司 | 0677 | 四川省成都市高新区天府大道1480号高新孵化园德商国际B座505 | 彭德伟 | |
| 584 | 四川华之艺教育科技有限公司 | 0925 | 四川省成都市青羊区光华东一路75号2幢3层301号 | 蒲丁 | |
| 585 | 成都朝阳浪琴乐器制品有限公司 | 0210 | 四川省成都市双流区东升镇永安路二段 | 黎明强 | |
| 586 | 天府新区成都片区新兴星韵乐器厂 | 0709 | 四川省成都市天府新区新兴镇凉水村4组306号 | 陈东兵 | |
| 587 | 成都豪兴泰科技有限公司 | 0791 | 四川省成都市武侯区簇锦街办聚龙路68号摩尔汽配城11幢10层41号 | 戢兴培 | |
| 588 | 成都好琴无忧钢琴有限公司 | 0888 | 四川省成都市武侯区普利大厦 | 张恩 | |
| 589 | 四川英才教学设备有限公司 | 0749 | 四川省绵阳市机场西路98号 | 张萃超 | |
| 590 | 北京扬世正雅文化艺术传播有限公司 | 0892 | 重庆市渝中区大坪龙湖时代天街B馆3号楼2406 | 胡璒 | |
| 591 | 自贡市贝尔吉教学仪器设备有限公司 | 0559 | 四川省自贡市国家高新技术产业区川南中小企业创业园金川路15号附10号 | 兰金 | |
| 592 | 天津三卫乐器有限责任公司 | 0637 | 天津市北辰区北辰西路联东U谷产业园区29-2号 | 李国华 | |
| 593 | 天津华一乐器有限公司 | 0787 | 天津市滨海新区大港小王庄镇小王庄村 | 陈宝展 | |
| 594 | 天津市东丽区乐林乐器厂 | 0491 | 天津市东丽区大毕庄工业区国信路10号 | 卢启恒 | |

续表

| 序号 | 企业名称 | 会员证号 | 地址 | 联系人 | 协会任职 |
|---|---|---|---|---|---|
| 595 | 天津乐威乐器有限公司 | 0724 | 天津市东丽区南何庄地铁站B出口南50米 | 苗永伟 | |
| 596 | 天津创丰乐器进出口贸易有限公司 | 0483 | 天津市河北区红星路万科城市花园F-409 | 贺天宝 | |
| 597 | 天津通宝乐器有限公司 | 0015 | 天津市河北区南口支路6号 | 真野太治 | |
| 598 | 天津市民族乐器厂 | 0018 | 天津市河北区南吱路1号 | 郭建文 | |
| 599 | 天津市佰笛乐器有限公司（5月补交2000元） | 0189 | 天津市河东区程林庄路华冠丝绸有限公司院内 | 赵景萱 | |
| 600 | 天津天同音工贸有限公司 | 0274 | 天津市河东区六纬路神州花园26-3-101 | 王琳 | |
| 601 | 天津市艳音乐器销售有限公司 | 0979 | 天津市河东区天津音乐艺术街30号 | 赵艳 | |
| 602 | 天津市万德弗劳乐器有限责任公司 | 0444 | 天津市河东区新开路春华里11-2-401 | 高志伟 | |
| 603 | 天津市溱音文化传媒有限公司 | 1062 | 天津市河西区解放南路富裕大厦2-1401A-39 | 周彤 | |
| 604 | 通宝国际贸易（天津）有限公司 | 0264 | 天津市河西区苏州道2号图书大厦1515室 | 真野泰冶 | |
| 605 | 天津渤轻进出口有限公司 | 0107 | 天津市河西区新围堤道5号 | 张洵廷 | |
| 606 | 天津康耐克斯商贸有限公司 | 0920 | 天津市河西区友谊南路海逸长洲恋海园2-802 | 张婧 | |
| 607 | 天津市静海县鸣鹏永兴乐器厂（普通合伙） | 0786 | 天津市静海县子牙镇潘庄子 | 元景梅 | |
| 608 | 天津市静海县恒艺燕京乐器厂 | 0703 | 天津市静海县子牙镇潘庄子村 | 田树恒 | |
| 609 | 天津市恒诚工业用呢有限公司 | 0732 | 天津市空港经济区东九道八号 | 齐朝利 | |
| 610 | 天津扬昇国际贸易有限公司 | 0408 | 天津市南开区鞍山西道信诚大厦704室 | 许心缇 | |
| 611 | 天津乐海城乐器配件有限公司 | 0364 | 天津市塘沽区春风路紫云国际5栋1门201室 | 王锡华 | |
| 612 | 天津滨海琴行有限公司 | 0290 | 天津市塘沽区上海道1329号 | 刘祥清 | |
| 613 | 天津达姆特乐器有限公司 | 0752 | 天津市武清区大良镇蔡各庄 | 杜承柱 | |
| 614 | 天津劳伦斯乐器有限公司 | 0476 | 天津市武清区京津时尚广场7楼大厦1002室 | 刘瑞 | |
| 615 | 天津吉华国际贸易有限公司 | 0860 | 天津市西青区中北工业园阜盛道22号 | Han-Peter Messner | |
| 616 | 桐林独幽古琴艺术馆 | 0936 | 云南省玉溪市红塔区东风北路玉锦园A-3号二单元201室 | 施宏伟 | |
| 617 | 慈溪市叮当五金配件有限公司 | 0927 | 浙江省慈溪市新浦镇新胜东路358号 | 冯升科 | |
| 618 | 德清鲍尔钢琴有限公司 | 0895 | 浙江省德清洛舍镇工业区 | 沈国璋 | |

续表

| 序号 | 企业名称 | 会员证号 | 地址 | 联系人 | 协会任职 |
|---|---|---|---|---|---|
| 619 | 上海豪腾钢琴有限公司 | 1003 | 浙江省德清县洛舍镇东衡众创园B5幢 | 徐华锋 | |
| 620 | 德清县洛舍森玛钢琴配件厂 | 0728 | 浙江省德清县洛舍镇张陆湾工业区 | 姚小雄 | |
| 621 | 杭州卡米莉娅琴业有限公司 | 0921 | 浙江省杭州市拱墅区丽水路166号F3 | 魏增荣 | |
| 622 | 杭州出蓝乐器有限公司 | 0989 | 浙江省杭州市钱塘新区下沙学正街189-2号 出蓝琴行 | 马书诣 | |
| 623 | 杭州雅马哈乐器有限公司 | 0212 | 浙江省杭州市萧山区瓜沥镇沙田头村 | 小林孝一 | |
| 624 | 杭州戴纳钢琴有限公司 | 0939 | 浙江省杭州市萧山区义桥镇御景蓝湾2幢3单元1202 | 蔡蓉蓉 | |
| 625 | 杭州知乐数码科技有限公司 | 0956 | 浙江省杭州市余杭区仓前街道海创科技中心4幢1111室 | 陈闻捷 | |
| 626 | 杭州声贝音响有限公司 | 0291 | 浙江省杭州市余杭区黄湖镇黄湖工业园区兴湖路19号 | 蔡忠伟 | |
| 627 | 杭州威勒乐器有限公司 | 0908 | 浙江省杭州市余杭区塘栖镇运溪路186号 | 陈永权 | |
| 628 | 杭州沃尔特数码钢琴有限公司 | 0267 | 浙江省杭州市余杭区闲林工业园闲兴路18号6号楼 | 赵为民 | |
| 629 | 杭州余杭区中泰街道竹霖生乐器厂 | 0930 | 浙江省杭州市余杭区中泰街道紫荆村17组竹弄里58号 | 李尔王 | |
| 630 | 杭州余杭鸣声乐器有限公司 | 0834 | 浙江省杭州市余杭区中泰街道紫荆村寺前头16-1号 | 丁小明 | |
| 631 | 上海音秋钢琴有限公司 | 1038 | 浙江省湖州市德清县洛舍镇东直街1号 | 姚积琦 | |
| 632 | 吴兴东林星火钢琴配件厂 | 0727 | 浙江省湖州市吴兴区东林镇锦山工业区 | 施丽萍 | |
| 633 | 海湾乐器（嘉善）有限公司 | 0148 | 浙江省嘉善县惠民街道钱塘路8号 | 胡华丰 | |
| 634 | 金华市金东区辰音琴行 | 0903 | 浙江省金华市金东区清照路828号保集外滩山谷而广场A4-201-212室 | 季春琴 | |
| 635 | 浙江韵乐电器有限公司 | 0166 | 浙江省乐清市淡溪镇石龙头工业区 | 柯应岳 | |
| 636 | 丽水括苍琴行 | 0344 | 浙江省丽水市括苍路222号 | 叶菊香 | |
| 637 | 丽水市琴府琴行 | 0983 | 浙江省丽水市莲都区花园路832-834号 | 应朝阳 | |
| 638 | 临海市均华乐器有限公司 | 0380 | 浙江省临海市古城街道聚景路9号 | 金云声 | |
| 639 | 宁波海宇科技有限公司 | 0926 | 浙江省宁波北仑区大碶徐洋峙山工业区道口南路6号 | 俞军 | |
| 640 | 宁波典雅提琴有限公司 | 0911 | 浙江省宁波市北仑区新大路1069号 | 胡蕴子 | |
| 641 | 宁波立腾音频科技有限公司 | 0982 | 浙江省宁波市海曙区洞桥镇鱼山头村 | 童华春 | |
| 642 | 浙江布咚音乐互联网科技有限公司 | 1055 | 浙江省宁波市海曙区环城西路南段481号二楼布咚音乐 | 沈永生 | |

续表

| 序号 | 企业名称 | 会员证号 | 地址 | 联系人 | 协会任职 |
|---|---|---|---|---|---|
| 643 | 宁波蓝奥电子科技有限公司 | 0914 | 浙江省宁波市鄞州区朝晖路188号民安路306号1115室 | 张文河 | |
| 644 | 宁波市鄞州正美电子元件厂 | 0853 | 浙江省宁波市鄞州区东兴工业区1号楼 | 赵屈正 | |
| 645 | 宁波市镇海磊磊音响器材厂 | 0605 | 浙江省宁波市镇海庄市兆龙路368号 | 徐佩红 | |
| 646 | 佛山市高明区子昊钢琴有限公司 更名浙江子昊钢琴有限公司 | 0504 | 浙江省衢州市常山县金川街道创新东路5号 | 崔馨瑛 | |
| 647 | 瑞安市中联电声乐器有限公司 | 0803 | 浙江省瑞安市塘下罗凤北工业区万景路588号 | 林遵义 | |
| 648 | 绍兴飞达电声厂 | 0866 | 浙江省绍兴市皋埠镇银春路15号-1 | 赵志刚 | |
| 649 | 台州狂飙琴行 | 0874 | 浙江省温岭市前溪路158号 | 刘佳 | |
| 650 | 浙江格莱姆乐器有限公司 | 0485 | 浙江省温州市瓯海区郭溪下屿工业区富泉路66号格莱姆乐器 | 陈小秋 | |
| 651 | 温州市汉克游乐设备有限公司 | 0981 | 浙江省温州市永嘉县桥下镇垟湾工业区（章曼游乐设备有限公司内） | 林锐 | |
| 652 | 新昌县七星街道双明民族乐器厂 | 0829 | 浙江省新昌县七星街道下石演60号 | 俞开明 | |
| 653 | 永康市新宝乐器有限公司 | 0863 | 浙江省永康市前仓镇工业区双丰路10号 | 池中贤 | |
| 654 | 永康市前仓永固乐器厂 | 0204 | 浙江省永康市前仓镇前仓村金鸡路156号 | 蒋学良 | |
| 655 | 浙江一恒教学仪器有限公司 | 0692 | 浙江省永康市前仓镇世纪路6号 | 章青华 | |
| 656 | 浙江学全科教仪器有限公司 | 0475 | 浙江省永康市石柱镇下里溪工业区百福临大道9号 | 蒋学全 | |
| 657 | 浙江康贝尔教学设备有限公司 | 0790 | 浙江省永康市总部中心金同大厦26楼 | 李泽林 | |
| 658 | 上海各尧企业管理股份有限公司 | 0909 | 重庆市渝北区东湖南路力帆时代3栋12-5 | 肖龙成 | |

# 中国乐器

# 年鉴

## —— 2021 ——

CHINA MUSICAL
INSTRUMENT YEARBOOK

行业篇 1
指标数据篇 102
协会工作篇 143
科技篇 222
职业技能篇 341
音乐教育篇 374
海外资讯篇 398

## 科技工作报告

# 产学研用跨界融合　推动行业高质量发展——中国乐器协会八届一次常务理事（扩大）会议暨2020年行业科技大会在京成功召开

在全国上下认真学习贯彻党的十九届五中全会和中央经济工作会议精神、“十三五”圆满收官、“十四五”即将开启的重要时间节点，12月22日，中国乐器协会八届一次常务理事（扩大）会议暨2020年行业科技大会在北京召开。中国轻工业联合会党委副书记、中国乐器协会理事长王世成，专职副理事长孙瑞勇、陈晋武，秘书长刘勇以及协会副理事长、常务理事、理事和业内相关人士近130位会员代表参会并交流。

大会审议通过中国乐器行业《十四五发展规划》和“2020年度科技工作报告”，发布《乐器行业高质量发展白皮书》，成立全国乐器行业专家委员会、团标工作委员会，并表彰中国轻工联科学技术、企管创新、升级和创新消费品评比获奖单位，以及乐器行业科研创新、专利工作先进企业和“科技之星”技术人才。大会还围绕产业新格局发展、团体标准管理规范、乐器声学品质提升等内容，组织了专题报告、新品展示与专家点评对话、产学研用专家论坛等多种形式的活动。

## 一、统筹推进——“两翼发力、六轮驱动”

大会上，中国轻工业联合会党委副书记、中国乐器协会理事长王世成做重要讲话，他指出，本届大会以科技创新为抓手，围绕产业链部署创新链、围绕创新链布局产业链，努力增强产业链、供应链自主可控能力，探研乐器行业可持续发展新路径，开启行业高质量发展新征程。

2020年，新冠疫情突袭制造业，国际环境日趋复杂，行业同仁攻坚克难，出口企业疏通外销渠道，内销企业深挖市场潜力。后疫情时期，协会工作与中央战略决策高度契合，明确“刚需、标配”目标，推动乐器“三进工程”，扩大中高端产品比重，开启行业高质量发展引擎。

对乐器行业明年科技创新工作，王世成提出三点建议：

（1）把握形势，坚定发展信心。当今世界正经历百年未有之大变局，我国发展仍然处于重要战略机遇期。行业发展需保持战略定力，落实扩大内需战略，开拓多元化国际市场；督查落实减税降费政策，推进产业集群建设、产业链现代化；激励企业核心技术攻关，推动生产力发展，积极构建内外双循环互促发展新格局。

（2）精准发力，推进科技创新。结合行业“十四五”规划，统筹推进“四个一”工程，完善科研工作体系，共建工程技术中心，推动优秀科技项目，组织“科技创新成果”展示；从“两翼发力、六轮驱动”上寻求突破。行业发展要立足产业环境和5G、AI技术应用，推动产学研用跨界融合，激励民族、西洋、电鸣等六大品类乐器声学品质核心技术攻关，跨界融合科研院所资源，有序提升重点科研项目服务水平。

（3）强化协同，注重组织效果。全面创新人才培养机制，牢固树立问题导向抓科技创新、结果导向抓高质量发展。在五中全会精神指引下，推动乐器行业高质量发展，加大质量标准制修订，加快团标平台建设，构建科研创新服务体系，以科技成果推进行业高质量发展。

## 二、战略布局——启动“十四五”发展引擎

为强化创新驱动，突出产学研用联动，经中国乐器协会八届一次理事会审议通过，成立全国乐器行业专家委员会、团标工作委员会，会议同期举行成立仪式，并颁发专家证书。根据行业工作特点及要求，行业专家委员会分为“科学技术、音乐教育”两大类别；“团标委”将遵循需求导向，以高于现有国标、行标技术参数制定标准，全面推动产业结构优化。王世成理事长表示，专家委员会、团标工作委员会正式成立，标志着中国乐器协会服务平台再一次的延伸拓展。

“十四五”时期，是我国由全面建设小康社会向基本实现社会主义现代化迈进的关键期。新冠疫情或将持续影响乐器产业，经济运行双向压力加大，行业亟须补足高端技术与高端人才匮乏两个短板。进入“十四五”高质量发展快车道，乐器行业将以满足人民对美好生活需要为根本目的，深化供给侧结构性改革，强化科技创新为支撑，推动乐器行业高质量发展。以“三品”战略、智能智造、产业集群、人才培训、开放合作、跨界融合为手段，实现5年上台阶、10年大跨越，推动乐器制造大国向强国转化，将中高端产品比重提高50%。加快形成“双循环”新发展格局，努力实现乐器制造强国目标。

## 三、论坛对话——产学研用跨界融合

为探研乐器声学品质，大会策划科研对话论坛。论坛特邀科技部科技成果评估中心战略研究部部长施筱勇，以“加强科技创新，塑造产业发展新优势”为题，做了专题报告。特邀中国轻工联综合业务部副主任王旭华，就团体标准项目发布及团标知识进行了培训。内容逻辑缜密、生动务实，论坛由四川盛音乐器有限公司董事长黄茂强主持。

新品展示环节，与会专家精彩演绎，精准点评。珠江3D打印钢琴外形奇酷，“太空漫步”主题致敬经典；MEDELIA2000音序器采样民族器乐音色，演绎时尚流行民乐国风；金韵电筝采用环保轻质复合料，演奏曲风中西合璧，凸显颠覆性创新理念。创新产品设计理念彰显技术与艺术融合魅力。

圆桌论坛聚焦声学品质提升路径，特邀中央音乐学院教授郑荃、中国科学院声学研究所副所长杨军、著名音乐家卞留念、北京乐器研究所所长张小川、北京中音中音科技有限公司董事长赵易天、乐海乐器有限公司副总经理宋营彬，围绕乐器声学品质客观鉴定标准、主观音色评价，提琴、民族乐器材料声学，以及电子乐器音源技术创新发展，在产学研用层面展开头脑风暴。以时代和文化特征为指引，满足不同人群个性化需求，成为行业同仁的发展共识。

## 四、荣誉表彰——激发科研创新活力

过去一年来，协会在中国轻工业联合会党委领导下，积极推荐会员企业参加工信部、中国轻工联组织的各类科技创新项目评审活动，全国轻工行业“科学技术奖”，乐器行业5项获奖，全国轻工行业“升级与创新消费品”评选，凤灵、吟飞、博斯纳、金杯、天鹅以及上海华新6家企业申报的项目入选；品牌活动推进有声有色，延展科创效益，“品牌论坛”活动、“品牌产品宣传周”活动、“品牌产品音乐演出季”活动相继开展，通过文化活动融合创新产品，强化品牌宣传，突出品牌效应；标准专利工作卓有成效，保障科创发展，全年共完成标准制修订19项，其中国家标准2项、行业标准14项，国家标准外文版3项；人才技能培养如火如荼，支撑作用明显。目前乐器行业已拥有郑荃、陈德然两名轻工“大国工匠”，27名行业工匠，92名行业科技之星，加上一大批省、市级的工匠，形成了一支文化层次高、专业技术强的能工巧匠，成为技术队伍的主力军。

王世成理事长代表中国乐器协会向获奖单位和个人表示热烈祝贺，对为行业科技发展付出辛劳、做出突出贡献的各位同事和业界朋友表示衷心感谢。

适逢岁末年初，乐器行业即将开启“十四五”规划新纪元。面对复杂变化发展环境，王世成理事长号召行业同仁团结一心、锐意进取，以科技成果推进高质量发展。在加快形成国内大循环为主体，国内国际双循环相互促进的新发展格局的大趋势下，全面落实新发展理念，向着“音乐成为生活的刚需、乐器成为家庭的标配”的美好愿景和实现“世界乐器强国”目标而不懈奋斗！

【科技创新贴士】

新年伊始，2021中国互联网产业年会在京召开。2020年，面临复杂多变的环境，我国互联网行业在党中央、国务院的正确领导下，在行业主管部门的指导下，展现出巨大的发展活力和韧性，互联网在支撑国家数字经济高质量发展中发挥更加显著的作用。会议指出，面对数字新经济的发展，未来互联网产业会协同其他产业做出如下调整布局：一是加大基础建设，夯实发展基础。扎实稳步推进5G网络建设，努力形成“以建促用”的5G良性发展模式；加快人工智能、物联网、数据中心等新型基础设施建设，持续提升IPv6网络服务能力；稳步推进数字基础设施建设的“数字+”“智能+”升级；二是推动技术创新，掌握核心科技。针对产业链的薄弱环节，产学研用各界形成发展合力，共谋突破性创新，实施好关键核心技术攻关工程，在产业优势领域精耕细作，努力提升技术创新能力和核心科技的实力，加强芯片、终端模组、边缘计算、网络切片等关键技术研发攻关，尽快解决一批关键核心问题；三是深化融合应用，构建产业生态。加强产业链上下游的合作，探索垂直行业发展规律，推动互联网与工业、农业、医疗、教育、交通等领域的协同创新，充分发挥行业龙头企业的辐射带动作用，打造多方联动的产业生态系统，培育新的经济增长点；四是推广网络惠民，消除数字鸿沟。坚持以人民为中心的发展理念，推广网络惠民，做好网络招聘、网络扶贫、信息无障碍行动等，使人民群众有更多获得感、幸福感、安全感，使互联网发展既有速度，又有温度。

# 2020年度行业科技工作报告

2020年是一个不平凡的年份，内部的改革、发展、稳定任务艰巨，外部的环境、经济、局势复杂多变，世界正面临百年未有之大变局。此时此刻，我们比过去任何时候都更加需要科学技术，都更加需要强大技术的加持，都更加需要科技创新的力量。

中国乐器协会理事长王世成强调，当前行业发展，要以“跳出乐器看乐器，跳出矛盾解矛盾”的战略思维，客观、务实地研判行业发展宏观趋向，践行乐器行业高质量发展理念，以创新驱动提升产业链水平，以改革激发企业主体活力，是乐器行业健康有序发展有效保障，也是新形势，新格局下的乐器行业高质量发展的有效保证。

2020年，协会与全体会员企业相守以望，在抗击疫情中同舟共济、在闯关突围中谋篇布局、在市场复苏中搭台助力、在融合发展中统筹协调。以坚定的信心和高度负责的态度，克服重重困难，充分展示了中国乐器行业的精神与面貌。6·21国际乐器演奏日、国民音乐教育大会、上海国际乐器展览会等一系列大型活动，在做好防疫措施的前提下如期举办，为行业减压、为会员服务。与此同时，协会在推动全行业练内功、稳发展方面加大力度，科技创新，品牌创优、人才培育等工作务实推进。

## 一、科技创新重点工作及成果

### （一）“三级科技项目”稳步推进，激发创新活力

今年第二季度，疫情得到有效控制以后，乐器行业全面进入复工复产阶段，协会在助力行业复产、统筹市场推进的同时，积极引导会员企业注重科技创新，致力于中高端产品的研发，从五月份起，协会以“三级科技项目”为抓手，对2019年申报的19个项目集中跟踪，与各会员企业点对点的交流，落实进度和效果，并同时启动了2020年“三级科技项目”的申报工作。

截至11月底，2019年申报的19个项目中有10项结题，2项完善后转申报，7项继续研发；2020年共有32个项目申报，比上年增长68%，其中，基础学科研究类以及适用于行业合作类的项目数量比去年翻了一倍。

（二）科技项目评优成效显著，提升创新动力

2020年，协会积极推荐会员企业参加工信部、中国轻工联组织的各类科技创新项目评审活动，参与度和获奖数较往年都有较大增长。全国轻工行业“科学技术奖”，乐器行业申报了11项，经评审5项获奖，其中：吟飞科技申报的“智能数字乐器演教系统”项目获得科技进步一等奖，珠江钢琴集团申报的“里特米勒R S系列高档钢琴”项目获的科技进步二等奖，烟台博斯纳钢琴公司、扬州金韵乐器公司申报的项目获得科技进步三等奖，江苏天鹅乐器公司申报的项目获得科技发明三等奖。

全国轻工行业“升级与创新消费品”评选，乐器行业申报了10项，凤灵、吟飞、博斯纳、金杯、天鹅以及上海华新6家企业申报的项目入选；中国轻工行业“工程技术研究中心”，乐器行业申报5家，经评审珠江、海伦、吟飞3家企业入选；中国轻工联上报工信部的“十四五重大工程项目”中，珠江钢琴、海伦钢琴、柏斯音乐集团以及黄桥乐器产业园等4家单位的5个项目入选，项目总投资规模为9.4亿元。

（三）品牌活动推进有声有色，延展科创效益

按照今年初部署的“品牌年”活动总体要求和“三个一”方案，协会业务部、信息部认真组织实施。其中，一场“品牌论坛”活动，从7月份开始向全行业广泛征集品牌创新论文，选择了10篇优秀论文在协会官微和杂志进行宣传，并推荐其中的6篇参加中国轻工联企业管理协会组织的“轻工行业管理成果奖”评选活动，其中上海民族乐器一厂和柏斯音乐集团获得二等奖、海伦钢琴公司获得三等奖。另外，在今年8月召开乐器协会八届一次理事会期间，专题开展了两场品牌论坛活动，收到良好效果。

一次“品牌产品宣传周”活动，有26家企业品牌参加，协会选择在十一黄金周期间，在网站和微信平台将企业提供的视频、图片和文字介绍资料进行汇编，连续进行宣传推广。

一场“品牌产品音乐演出季”活动，计划从12月26日启动，到明年2月26日，会集骨干企业音乐演出活动，通过文化活动融合创新产品，强化品牌宣传，突出品牌效应。

受疫情影响，今年与上海国际乐器展同期举办的“全球业界新品首发”，国外参评新品有所减少，但国内参评新品明显增多，专家组从中评选出了79项入围新品，其中26项成为年度最佳新品，分别比去年增长27.4%和30%。现场路演活动观众场场爆满，50多场个性专访成了新技术通向市场的直通车。企业反馈信息表明，该项活动有助于企业品牌宣传和科技能力的彰显，也有助于市场销售提升。

（四）标准专利工作卓有成效，保障科创发展

虽然今年情况比较特殊，但标准的制修订工作仍然成绩显著，全年共完成标准制修订19项，其中国家标准2项、行业标准14项，国家标准外文版3项（两个语种）。另据统计，十三五期间全国乐器标准化技术委员会与乐器行业的骨干企业共同努力，累计完成标准制修订39项，其中国家标准9项，行业标准29项，团体标准1项。为了加快团标的建设工作，中国乐器协会研究决定成立全国乐器行业团体标准工作委员会，全面启动团体标准制修订工作。

在专利申报方面，根据国家专利局发布信息统计，2015至2019年全行业累计申报专利7504项，其中发明专利2350项，占总量的31.3%，年均增幅12%，比国内发明专利授权年均增幅高出2.6%（今年国家知识产权局最终统计数字还没有出台，后续将在杂志刊发）；从发明专利逐年稳步递增来看，乐器行业创新力度不断加大，且对知识产权的保护工作更加重视。

（五）人才技能培养如火如荼，支撑作用明显

行业科技之星的培育、推荐评选和跟踪培养工作形成体系，今年获评的29人中结构明显优化，年轻化、知识化、专业化和一线技术人员成为主体。在最近的2020年轻工大国工匠评审中，珠江钢琴集团高级技师陈德然榜上有名。目前，乐器行业已拥有郑荃、陈德然两名轻工“大国工匠”，27名行业工匠，92名行业科技之星；另外，在广东、江苏、北京、上海等乐器产业相对聚集的地区，还评选出了一大批省、市级的工匠，形成了一支文化层次高、专业技术强的能工巧匠，成为技术队伍的主力军。

第三届全国钢琴调律职业技能大赛经过紧张有

序的初赛、复赛和决赛，最后在柏斯音乐集团公司圆满落下帷幕。来自全国29个省市的402名选手参加了比赛，是历年人数最多的一次，参赛选手结构向年轻化、高学历方面转变，80后出生的选手近84%，大赛得到珠江、星海、柏斯、和声等公司的大力支持。

十三五以来，协会全面规范和开展国家职业技能培训和鉴定工作，五年来已累计完成钢琴调律考评鉴定2740人，涵盖初级、中级、高级、技师和高级技师五个级别，为大赛输送了许多优秀选手。

## 二、扎实推进“科技创新年”各项工作

协会认真学习贯彻十九届五中全会提出的科技强国精神，结合行业“十四五”发展规划的总目标，将2021年定为中国乐器行业“科技创新年”。

（1）牢固树立科技强国理念，务实推进“科技创新年”活动。一是完善一套工作体系。由行业专家委指导、企业技术部门参与，形成科技创新的一条龙服务和推进机制，建立科技创新联络员和考核评选机制；二是鼓励有条件的企业，建立省级、市级技术研发平台，形成全行业联动的技术研发与服务体系，并努力争创国家级、部委级的研发平台；三是集中推动和评价一批优秀科技项目，把2018年以来申报的各级优秀科技创新项目，以及近五年来发明专利成果转化的项目，进行优先评价、优先培育，进入乐器行业的优秀科技项目库；四是组织一场“科技创新产品”专题展示活动，强调产学研用结合，体现行业科技水平，突出高品质和实用性，将产品演示和专家点评等环节相结合。

（2）加强科创平台建设，促进科技创新体系化。对中国轻工联已经认定的3个工程技术研究中心、乐器行业认定的4个科研基地以及行业骨干企业在当地省、市认定的技术中心（工程中心），要加强协调与服务，并着重跟踪年度技术创新的成果，推动科技创新平台见实效。协会将根据行业发展规划和核心攻关项目的需要，建立科技创新平台的专业服务体系，促进行业科技创新多出成果，多创效益。

（3）继续做好科技项目评奖、创新产品评优、专精特新中小企业认定、制造业单项冠军等相关评审活动的推荐与服务工作；积极做好大国工匠推荐和奖励工作，对于行业工匠和科技之星的推荐与评选工作，结合行业科技创新实际，完善此项工作评审规则，加大奖励力度，使此项工作确实起到促进科技创新的作用；继续做好品牌与新品的推广与展示活动，利用协会信息平台不定期开展品牌宣传；完善全球业界新品首发的遴选程序与评审规则，让新、优、精的“首发产品”在上海乐器展这一国际展示平台上成为关注的焦点。

（4）继续认真组织好钢琴调律师、提琴制作师等相关职业技能的培训与鉴定工作，为行业科技创新工作提供全方位服务。结合行业实际情况，推动乐器修造学院项目的实施。

## 三、开展产学研用创新推进行业高质量发展

十九届五中全会明确提出了科技强国的科学论断，从过去五年，全国乐器行业落实“行业科技路线图”取得的成效来看，未来五年要紧紧围绕行业“十四五”发展规划，结合“行业科技路线图”实施的内容，落实规划中提出的“五个方面、十大工程”的具体任务，采用“协会统筹、标准先行、合作攻关、成果共享”的工作思路，让科技创新的核心任务能够有计划、有措施、有落实。

（1）把“提高乐器中高端产品比重”作为重点工作，各产业类别结合自身特点，瞄准中高端产品五年提升8%~10%的目标，扎实推动。

（2）发挥骨干企业和各分支机构的资源优势，围绕中高端产品研发、新技术应用、专业人才培养等方面，有效整合相关专业院校和科研院所资源，大力推动校企合作项目，跨界融合音乐产业的科技开发，力求产、学、研、用融合创新工作向纵深开展，把音乐教学、教材优化、课程体系的创新与行业三级科技项目融合起来，形成科技创新新路径。

（3）全面实施科技人才战略，十四五时期全行业要着力抓好人才培养“三个一批”目标，即聘请和培养一批行业领军人才；有计划、有步骤的推选一批中青年人才；结合产业发展需要储备一批实用型人才。同时，加大行业技能培训和鉴定的力度。

（4）积极发挥行业资源优势，加强国际合作与交流，在吸收和深化研究的同时，去粗取精，取长

补短，努力在更多技术领域实现突破，从而提升全行业自主创新的能力。

（5）充分利用互联网技术和人工智能技术，科技载体的运用、装备技术的开发以及声学材料的研究成果，不断把传统工艺数字化、传统生产智能化，努力提升全行业科学技术水平和产学研用融合发展能力。

欲流之远者，必浚其源泉。

科技创新是全行业高质量发展的动力之源，而从国家层面最近多次强调的“基础理论研究和应用技术研究”又是创新驱动的关键，直接关系到发展的深度和广度。实现乐器行业高质量发展，必须实现依靠创新驱动的内涵型增长，大力提升自主创新能力，尽快突破关键核心技术。从这一点引申开来，就是近年来的高频用词“卡脖子”技术（乐器行业也有完全依靠进口的卡脖子技术——“琴钢丝、合成鼓皮、高端音源芯片、压电薄膜”等）。

“卡脖子技术”其主要原因是科学问题，尤其是基础理论研究，不容回避。乐器行业如何实现重点布局，梯次冲击？我们的共识应是，认真研究，调整目标，集中力量在两三个领域集中发力，做到极致，争取实现关键技术的突破，从而全面实现行业高质量发展的目标。

# 以科技创新引领乐器行业高质量发展——王世成理事长在2020年乐器行业科技大会上的讲话

（2020年12月22日）

各位专家、同事、同志们：大家下午好！

在全国上下认真学习贯彻党的十九届五中全会和中央经济工作会议精神、“十三五”圆满收官、“十四五”即将开启的重要时间节点，我们在这里召开中国乐器协会2020年科技大会暨八届一次常务理事（扩大）会，认真回顾总结一年来的工作，特别是乐器行业的科技工作，谋篇布局新起点、新格局、新作为的目标与项目重点，以科技创新为抓手，围绕产业链部署创新链、围绕创新链布局产业链，努力增强产业链供应链自主可控能力，深入探索乐器行业可持续发展的新路径，为高质量发展开启新的征程。

昨天晚上的常务理事会重点讨论并原则通过了乐器行业的“十四五”规划和专家委员会成立等相关事宜。今天一天的大会内容丰富、务实有效，专家委员会和团标工作委员会的正式成立，标志着协会服务平台的再一次延伸；专家讲座从理论到实践、从宏观到微观、逻辑缜密、生动实在，有很强的指导性；几场新品与科技项目的展示，反映了研发单位和专业人员科技创新水平在不断提高，加上演奏家的精彩表演，专家的精准点评，让大家对创新产品的设计理念、创新要素、产品性能有了全面的理解，彰显了技术与艺术融合的魅力与效果；圆桌论坛的选题非常好。乐器声学品质是提高中高端产品比重、推动乐器产业高质量发展的核心因素之一。专家的分享和创新思维极具指导价值。按同事们的话说，一天的活动内容务实、精彩有序、亮点不少。我谨代表中国乐器协会向各位专家和行业的科技精英们表示由衷感谢！只是特殊情况下比惯例少了跨界参观考察的安排，留点遗憾，下次GO ON。

会上泽民同志代表协会对乐器行业“十四五”规划做了简要说明、刘勇同志发布了《乐器行业高质量发展白皮书》，这两份文件是在充分调研分析基础上形成的，具有一定的科学性和战略性，有目标、有方向、有路径、有措施，应该说是集体的智慧、共同的心血，是乐器行业发展指导性文件。希望全行业在贯彻落实的基础上，认真组织研究本专业、本企业、本单位下一步高质量发展规划，使乐器行业发展合力得到进一步彰显；晋武同志代表协会所做的“科技工作报告”，总结成绩客观，分析问题透彻，今后方向明确，我完全赞同。

大会集中表彰了2020年度科技创新等多个奖项的先进单位和个人，在此向获奖单位和个人表示热烈祝贺，对为行业科技发展付出辛劳、做出突出贡献的各位同事和业界朋友表示衷心感谢。

2020年面对突如其来的新冠疫情和日趋复杂的国际环境，乐器行业的同仁们以较高的政治站位，高举中国制造大旗，克服重重困难，顶住了下行压力。以出口为主的企业，坚持疏通海外渠道与开发国内市场相结合，以国内销售为主的企业，进一步拓展完善线上与线下相结合的方式，最大限度挖掘市场潜力。今年的上海国际乐器展，尽管规模有所缩减、现场国外参展商与采购商有所减少，但现场氛围和效果比预期要好，从我们展会后的电话回访看，大部分企业在展会上拿到了订单，包括线上对接的海外订单。对参展企业的后续服务，组委会也依然在进行之中，展会效果在持续发酵和显现。更值得一提的是，上海展打出的中国制造旗帜，提振了业内信心，同时也为疫情后的市场，注入了一针强心剂。央视的新闻频道，罕见地对上海展进行了报道，尤其我们的全球业界新品首发，更引起国内外的广泛关注与好评。在此对各位副理事长、常务理事和理事、会员企业的鼎力支持和倾情投入表示衷心的感谢！由此更坚定了我们乐器人加快发展的自信、制造强国的自信，团结共振就是先进生产力！

从近期直报数据显示，三季度行业20家骨干企业主营业务收入同比环比齐升，降幅收窄和转正速度加快，累计完成主营业务收入21.50亿元，环比二季度增长105.90%，20家骨干企业环比均转正，其中，得理、艾立卡、艾克斯尔、上民一、森鹤、吟飞、金杯安琪等为代表呈现快速反弹；前三季度累计完成主营业务收入52.55亿元，同比增长17.57%，利润方面改善明显，三季度实现利润2.19亿元，环比二季度增长近三倍，前三季度累计实现利润3.83亿元，虽然同比还下降8.08%，但总体来说降幅明显收窄，预计四季度和全年数据统计出来后（数据的滞后性是个老问题），今年乐器行业的整体利润由负转正、实现同比增长可期。

各位同事，近年来，协会工作思路非常明确，那就是坚持科技创新引领发展，坚持产业链联动融合发展。尤其在科技创新方面，协会与企业共同发力，着力拓展市场载体与渠道，搭建与创新服务平台，并紧密对接中国轻工联和国家相关部委科技工作平台，致力于产业的高质量发展。过去的一年，应该说，不论是三级项目的实施、项目评选的成效、品牌活动的推进，还是标准专利的增量、技能人才的培育等方面均取得了一定成效。上午晋武同志的科技工作总结报告，充分说明了这一点。

非常欣慰的是，协会的主要工作与中央的战略决策和政策取向是高度契合和具体吻合的，更增强了我们务实推进的信心和决心，如我们持续推动的乐器进殿堂入大赛和扩大中高端比重与中央制造强国质量强国的总要求成践行关系；明确的“刚需、标配”目标措施与中央扩大内需战略契合；全球乐器新品首发平台与第三届进博会的活动项目吻合；提出的助力学校美育教育加快乐器进校园与十月中旬中办国办印发《关于全面加强和改进新时代学校美育工作的意见》的精神接轨等。

总之，一年来全行业的科技创新系列工作可圈可点，我代表协会向各位专家、各位企业家、各位奋战在一线的科技工作者，向为全行业科技创新付出辛勤汗水的各界朋友表示衷心的感谢。

下面我就明年科技创新工作，讲点意见，回答为什么坚定干、干什么和怎么干。

## 一、把握形势，坚定发展信心

各位同仁，我国发展已经走过21世纪第一个20年，而当今世界正经历百年未有之大变局，新冠肺炎疫情全球大流行使这个大变局加速深刻演变，不稳定性不确定性明显增加，我国周边环境越来越复杂敏感。加之我国发展不平衡不充分问题仍然突出，重点领域关键环节改革任务仍然艰巨。党的十九届五中全会深入分析了我国发展环境面临的深刻复杂变化，明确强调“当前和今后一个时期，我国发展仍然处于重要战略机遇期”。这是我国在驾驭复杂矛盾过程中，直面各种问题，审慎应对各种内外挑战甚至危机的过程中积极作为、努力争取得来的。只要我们辩证认识国内外大势，保持战略定力，办好自己的事，把握发展规律，树立底线思维，准确识变、科学应变、主动求变，就一定能够抓住机遇，趋利避害，战胜前进道路上出现的各种艰难险阻，迈向中华民族伟大复兴的胜利彼岸。

刚刚闭幕的中央经济工作会议六个关键词值得乐器行业高度重视、深刻践行：高质量、强创新、扩内需、保民生、重安全、稳政策。把握“稳保进”，坚持需求侧管理和供给侧改革同步推进。当前从各类信息角度分析，我理解和感到十个政策取向值得高度注意和借力借势：即一是保持战略定力，强化政策引导，坚定高质量发展方向不动摇；二是落实扩大内需战略，聚焦消费升级，深挖内需潜力，培育自主品牌，更好地满足人民日益增长的美好生活需要；三是将帮助企业开拓多元化国际市场，拓展东盟、欧盟及“一带一路”国家合作空间，以应对美国等部分国家贸易壁垒；四是将大力度督查落实已出台的减税降费政策，解决好“最后一公里”的问题；五是将加大“六稳”“六保”中有关稳定就业的政策落实力度；六是会对产业转型升级和补关键短板给予投资政策扶持；七是会强化国内大循环主体作用，对替代进口、促进消费回流给予重点支持；八是加大推进区域协调发展和新型城镇化，建立优势互补的区域合作体系，对国内产业有序转移有效承接提供扶持；九是为激励企业创新，提升企业技术研发能力，激发人才创新活力，完善自立自强科技创新体制机制，特别是关键核心技术攻关提供政策惠及，如加大研发费用加计扣除政策力度等；十是推进产业基础高级化、产业链现代化，提高经济质量效益和核心竞争力，将加大利用现代信息技术对传统制造业重点领域进行提升改造。

我们乐器行业几经打磨、上下几次修改完善的行业十四五规划，从市场变化导致危机并存、科技创新推动产业升级、全面小康促进文化繁荣、经济运行双向压力加大、高端技术与人才缺乏五个维度，对乐器行业面临的形势与主要问题，做出了研判。我这里不再赘述。当下如何抓住机遇、迎接挑战，从何处入手，加速形成双循环新格局，应该说，科技对生产力的推动，品牌产品与市场的互动，创新对高质量发展的影响，是需要我们关注的重中之重。

## 二、精准发力，推进科技创新

### （一）拓展平台，完善体系

经研究，2021年将定为中国乐器行业的“科技创新年”。协会按照五中全会精神，结合行业“十四五”规划的总目标，统筹协调推进“科技创新年”“四个一”工程。即完善一套工作体系；共建一批技术研发平台（工程技术中心）；集中推动和评价一批优秀科技项目；组织一场“科技创新成果（产品）”展示（展览）活动。具体操作路径，晋武同志在科技报告中已有表述。我在此只想强调平台建设与体系机制建设的重要性和必要性。希望广大企业，也能在本单位的年度科技创新工作中，注重体系机制建设，关注行业平台发布，使我们的平台与体系机制建设真正在科技创新工作中发挥应有作用。

### （二）聚焦重点、精准发力

全行业要有重点、有针对性的集聚力量精准发力。我认为可以从“两翼发力、六轮驱动”上寻求突破。

“两翼发力”是乐器行业所面临的亟待破解的两个前沿课题，必须引起全行业高度重视。一是产业环境，包括因乐器制造所需材料的硬环境和相关国内外法规政策软环境。全行业要以可持续发展的战略眼光，为技术和产品研发设置红线，要认真研究产品制造过程中对环境的保护，以及相关法规政策，着力加大功能新材料和替代材料的研发、坚定、推广力度，使我们的科技创新走上一条可持续发展之路。二是5G与A I技术应用。5G是所有事物互联的基石，它提供了大量数据和信息传输的可能性，同时也带来了更高效的传输率；人工智能是所有事物互联网的助推器。它们将带来生产方式的改变和生产力的提高。AI技术与5G技术的结合将产生更多的商业价值、更多技术平台，将大大促进科技发展。这是一个具有巨大发展潜力的新领域。乐器行业中的电鸣行业，已经开始在5G与A I技术应用领域快速推进。随着技术发展，在乐器制造全产业链上的作用势必凸显。全行业要给予高度重视，并在科技创新过程中，科学精准地契入5G与AI技术，为企业行业发展注入新的动力。

“六轮驱动”是针对行业普遍存在的技术难点对症下药、按穴施针。全行业特别是各分支机构，要充分利用行业资源和骨干企业的条件，联合相关院校和科研院（所），注重核心技术和重点项目的研究。一是中乐器应在传承经典、提升工艺水平的同时，既要从推动民乐进校园的角度、研发创新的工艺和适宜的产品，更要瞄准研发的赛道定位，推动民乐的高端化、电声化和系统化的高标准之路，让中国民乐形成“中国风”、融入世界交响曲；二是键盘、弦乐等西乐器重点研究声学品质的提升，从振动源材料和振动结构方面入手，做深入研究，特别要对新型复合材的基材研究加大力度，把节约木材资源、保护生态环境放在首位；三是电鸣（电声）乐器要从“芯片”研究和音源采集的源头入手，向国际水准迈进。要在产品设计、技术更新、品种类型、应用范围等方面有所突破。要在其他乐器改革中发挥积极作用；四是对吹管类（含口琴）等采用簧片做音源振动体的研究，首先应从材料的“无毒、无害”方面入手，做好簧片材料微量元素“通用技术标准”，更要重点研究其弹性和振动指数；五是采用复合膜为振动载体的打击乐器（鼓等）产品，要从复合纤维基材研究着手，加速推进复合膜国产化的研究；六是加大对“乐器声学品质”基础研究，引入演奏艺术家群体，尝试建立乐器声音标准体系。以上六轮校正、平衡驱动，推动乐器行业加速创新前行。

**（三）资源共享，融合创新**

习近平总书记在9月份召开的科学家座谈会上特别强调，我国发展面临的国内外环境发生深刻复杂变化，“十四五”时期以及更长时期的发展对加快科技创新提出了更为迫切的要求。加快科技创新是推动高质量发展的需要，是实现人民高品质生活的需要，是构建新发展格局的需要，是顺利开启全面建设社会主义现代化国家新征程的需要。总书记的讲话深入人心，也为科技创新、高质量发展指明了方向。乐器行业要更好推动“十四五”科技创新工作，就需要全行业的共同努力、集聚资源、融合创新。

一是要融入到各地政府科技创新大环境之中，找准定位，精准投入抓科技创新项目落地。通过产业政策、政府扶持等途径消化部分科技投入压力。乐器行业产业集群所在地的企业，更要主动参与本集群内的园区建设，以科技和市场带动产业的兴旺，这方面黄桥等地区的成功经验值得研究与分享。二是要充分整合行业资源，包括分支机构与骨干企业的优势资源，支持领军企业组建创新联合体。要互通研发资源、项目资源、人才资源，形成本行业科研合作制、合伙制、股份制模式。形成合作研发、共同提升的良好氛围。特别是声学品质、音源材料等应用研究。这些基础学科的研究具有较强共性要素。行业之间易于形成一加一大于二的效应。要充分发挥协会专家委的作用，必要时可以采用项目制合作，实行一对一服务。三是充分链接艺术、音乐、材料、机电、计算机等重点学科的高校和科研院所的资源。这是推动乐器产业科技创新、开发中高端产品的坚强后盾。四是协会引领行业融合创新的同时，要进一步提升为企业、行业、重点科研项目的服务水平，突出重点，有序推动跨国兼并重组，合作提升研发水平，借势拓展市场渠道，让双循环互促发展。

放眼长远，加大投入。科技创新作为高质量发展的原动力，必须加大在人、财、物方面的投入。规上企业科技研发投入应达到主营收入的2%以上，其中轻工科技百强和乐器行业50强企业研发投入3%以上；每年组织参加省（部）级以上科技成果鉴定（评比）5项以上；行业科技成果鉴定5项以上，三级科技项目5年滚动申报入库量100项以上。

## 三、强化协同，注重组织效果

党的十九届五中全会明确指出，坚持创新在我国现代化建设全局中的核心地位，把科技自立自强作为国家发展的战略支撑。全行业要认真学习并结合乐器行业的具体情况，一是要产、学、研、用融合推进；二是要牢固树立问题导向抓科技创新、结果导向抓高质量发展，在五中全会精神指引下砥砺前行。

在具体工作上要坚持“三个到位”。首先思想认识上要到位，与党中央的科技强国战略保持高度一致；其次是产业战略方向要到位，围绕科技创新、持续推动高质量发展；再次是实现路径和行动措施要到位。要围绕“两翼发力”与“六轮驱动”确立目标并制定措施。切实形成科技创新有目标，成果转化出效应，知识产权成体系。

围绕全面创新人才培养机制上要坚持做到“三个突破”。高端人才在“跨界合作”上求突破，向高校、科研院校立项目、借人才、借脑袋，形成一大批专家的储备；行业人才在“统筹协调”上求突破，由协会和分支机构共同协调，建立以项目为载体的人才合作机制；专项人才在“企业人才机制”上求突破，通过激励机制、培养人才、用好人才、留住人才。协会等继续在行业大国工匠培育、科技之星评选、职工技能培训、职业技能鉴定、高层次人才研修等方面加大推进力度，为科技创新提供有力保障。

推动乐器行业高质量发展，是一项长期而艰巨的任务，需要积累、需要时间、也需要各方资源的汇聚，协会将全面做好行业科技创新工作的引导、支持、协调、服务，继续推动各类活动促进科技创新。开通首发新品常态化展示直通车；加大质量标准的制（修）订、贯标和推广的力度，快速建立健全团体标准的专业平台，为全行业形成标准兴业的绿色通道；制定以“三进”项目促产业提升的具体措施，引导企业用活、用足国家美育教育政策的杠杆红利，开发适宜“乐器教育进校园”的定制乐器。协会将进一步加大“三级科技项目”工作的力度，规范和完善全行业科技项目的服务机制，形成从计划、研发、申报、评价、认定、结题、评比以及专项推介等一条龙服务体系。建立企业科技创新联络员机制，同时明确项目服务时效性要求，不断推动企业快出成果、早出成效。企业作为科技创新实施的主体，要建立重大项目一把手跟踪制度与项目研发团队化机制，分管技术（生产）的负责人亲自抓，从战略、资金、资源、人才和激励机制的每个环节推动企业科技创新上台阶、成体系、出效益。

同志们，再过一周时间，我们即将迎来新的一年，同时也将开启“十四五”规划的新纪元，面对复杂变化的发展环境和国际市场的不确定、不稳定性，我们要团结一心、锐意进取，咬定青山不放松，坚持创新不停步，以科技创新促进产业发展，以科技成果推进高质量发展。以习近平新时代中国特色社会主义思想为指导，全面贯彻党的十九届五中全会精神，扎实推进“六稳”、“六保”工作新措施，在加快形成国内大循环为主体，国内国际双循环相互促进的新发展格局的大趋势下，全面落实新发展理念，向着“音乐成为生活的刚需、乐器成为家庭的标配”的美好愿景和实现“世界乐器强国”目标而不懈奋斗。

## 品牌年

# 关于在全行业开展“品牌年”活动的通知

各会员单位：

为全面推动乐器行业高品质发展，总结回顾“十三五”以来全行业品牌与战略、品牌与文化、品牌与市场、品牌与升级、品牌与管理等方面取得的成效，认真研究和探讨“十四五”时期乐器行业品牌建设新思路、新举措，中国乐器协会将2020年作为中国乐器行业的“品牌年”，在全行业开展了以品牌为主题的系列活动。活动以“三品”战略为基础，通过“品牌论坛、品牌产品宣传周、品牌产品音乐演出季”等形式举行。希望各会员单位发挥各自的优势参与到活动中来，具体活动要求参照实施方案落实（见附件）。特此通知。

联系人：常杰　钱富民

联系电话：010-67669098

邮箱：changjiecmia@163.com

地址：北京市丰台区顺三条嘉业大厦2期1号楼706室

附件：2020年乐器行业“品牌年”活动实施方案

中国乐器协会

2020年7月10日

# “品牌年”活动助推行业高质量发展

为全面推动乐器行业高质量发展，总结回顾“十三五”以来全行业品牌与战略、品牌与文化、品牌与市场、品牌与升级、品牌与管理等方面取得的成效，认真研究和探讨“十四五”时期乐器行业品牌建设新思路、新举措，中国乐器协会将2020年作为行业的“品牌年”，在全行业开展以品牌为主题的系列活动。活动以“三品”战略为基础，通过“开展一次品牌论坛、组织一次品牌宣传周、举办一次品牌产品主题音乐季”等形式全面展示品牌建设与创新成果。按照年初的总体部署，协会业务部和信息部认真筹划，有序推进，全行业积极参与，取得了预期的效果。

**一次品牌论坛活动：**从7月份开始，协会向全行业广泛征集品牌创新论文，选择了10篇优秀论文在协会官微和杂志上进行宣传，并推荐其中的6篇论文参加中国轻工联管理协会组织的“轻工业管理成果奖”评选活动，其中上海民族乐器一厂和柏斯音乐集团获二等奖、海伦钢琴获得三等奖；另外在八届一次理事会期间还开展了两场品牌论坛主题活动，邀请中国传媒大学副教授郑苏晖做《消费新趋势下乐器品牌的塑造与传播》专题演讲，邀请肖巍、宋从甲、赵哲、程建铜、熊立群等企业负责人就《强化品牌，创新发展》进行了专项论坛。品牌论坛系列活动为“品牌年”的创建工作拉开了序幕，也为全行业的品牌创新工作起到了示范引领作用。

**一次品牌产品推广活动周：**该活动从8月份开始

启动，动员会员企业针对新产品、新工艺、新技术、新品牌，特别注重与名优品牌相匹配的创新产品、中高端产品、具有较好市场前瞻性的产品进行宣传。并优先选择获得著名商标、驰名商标、中华老字号等知名品牌以及专利产品、获奖产品进行宣传。参与的企业自行录制视频，经协会进行统筹后，选择了26个名优品牌参加“十一黄金周”品牌产品推广活动，协会利用官微、官网、杂志、相关自媒体等平台集中进行了发布与展示，为后疫情时期市场回暖推波助澜。

**一场品牌产品音乐演出季：** 活动从2020年12月26日到2021年2月底，历时两个多月。活动主题是“品牌创新、产品创优、文化与科技融合”，活动形式是由各会员单位自行组织一场或多场次“品牌产品音乐会”，把此项活动与元旦、春节、元宵节等新年音乐会活动融合起来举办，也可以举办专场音乐会。各参与单位认真选择“品牌产品音乐会”的精华部分，制作成高清视频发送协会信息部审核，在活动期间和活动后期进行循环宣传。由于受疫情的影响，很多地区无法集聚举办音乐会，但是仍然采用线上音乐会的方式参与了活动，全面展示了行业的品牌产品和文化实力。经过协会统筹审核，共计选择了12家企业的“品牌产品音乐会”在春节期间举行了专题宣传。

截止到2021年2月底，“品牌年”活动已圆满落下帷幕，活动得到了广大会员企业的大力支持。为了全面总结“品牌年”活动，鼓励企业参与协会为促进行业发展组织的各项活动，经研究决定，对在“品牌年”活动中表现突出的企业予以表彰。按照活动参与度、作品（素材）质量、产品创新水平、品牌知名度等几个方面条件，评选出了14家“品牌年”活动先进企业，并在2021年4月份召开的中国乐器协会八届二次理事（扩大）会议上进行了表彰。

# 关于表彰中国乐器行业“品牌年”活动先进企业的决定

2020年是中国乐器行业的“品牌年”，按照年初部署的“开展一次品牌论坛、组织一次品牌宣传周、举办一次品牌产品主题音乐季”总体要求，全行业积极参与，取得了较好成果。截止到2021年2月底，“品牌年”活动已圆满落下帷幕，活动得到了行业许多骨干企业的大力支持。为了全面总结“品牌年”活动，鼓励企业参与协会为促进行业发展组织的各项活动，经研究决定，对在“品牌年”活动中表现突出的企业予以表彰（名单见附件）。

希望受表彰的企业再接再厉、再创佳绩，也希望各会员企业认真学习先进，开拓创新，共同推进品牌建设，为乐器行业“十四五”高质量发展做出更大贡献。

附件：中国乐器行业“品牌年”活动先进企业名单

中国乐器协会

2021年4月16日

附件

# 中国乐器行业“品牌年”活动先进企业名单

上海民族乐器一厂
海伦钢琴股份有限公司
柏斯琴行（中国）有限公司
广州珠江钢琴集团股份有限公司
北京星海钢琴集团有限公司
吟飞科技（江苏）有限公司
江苏天鹅乐器有限公司
天津市津宝乐器有限公司
河北金音乐器集团有限公司
江苏奇美乐器有限公司
乐海乐器有限公司
扬州金韵乐器御工坊有限公司
江阴金杯安琪乐器有限公司
河南中州民族乐器有限公司

## 三级科技项目

# 关于开展“三级科技项目”第二批申报工作的通知

**各分支机构及会员单位：**

中国乐器协会在“一手抓市场、一手抓科技创新”双轮驱动工作总基调下，2019年在全行业实施了“三级科技项目”申报、合作与实施的工作。通过各分支机构和相关企业的共同努力，共计申报了19个项目。2020年5月，协会对所有申报项目进行了跟踪调研，总体进度和效果都比较好，充分体现了各分支机构的高度重视，也反映出项目实施企业科学、严谨、务实的工作作风。为将“三级科技项目”长期、有序的开展好，经研究决定，2020年继续推进“三级科技项目”第二批申报工作，并与2019年申报的第一批项目汇总评审分级，形成两年滚动的良性循环，现通知如下：

**一、企业科技项目。**是对行业科技创新有共性的科技项目，指企业在某些领域有优势的行业科技项目。报至本分支机构或乐器协会业务部备案，经过汇总列入分类、深化、推广、合作的行业科技项目之列，以企业牵头组织实施，协会和分支机构予以支持推广，成果在年度“科技大会”上推广交流。

**二、分支机构科技项目。**以乐器行业各个分支机构为主，按年度在所属企业中，筛选适合在全行业推广实施、合作的科技项目，首先在分支机构范围内，寻求合作方式、意向与实施方案；经筛选，如有在全行业推广的科技项目，及时申报协会备案。此项工作，作为分支机构年度考核的重要指标，并作为“年度科技大会”重要内容。

**三、行业科技项目。**是根据乐器行业技术路线图确定的重点科技项目，组织行业和科研院所资源重点攻关的项目。经过企业、分支机构两级筛选的科技项目，协会将定期汇总，复审、回复和做好合作实施的各项工作。经过协会立项的科技项目，协会按工作流程，组织专业合作小组，确定项目阶段主攻目标与任务，由协会牵头组织调研、攻关等。科技项目的实施结果与成效，将向全行业公布。

**四、申报办法。**三级科技项目申报，原则上采取层级申报方式；企业报分支机构、分支机构报送协会业务部。报送时间每年的一季度和二季度。

**五、申报要求：**

（一）根据“集行业之力、办行业之事、为行业服务”工作原则，以合作方自筹和申报地方及行业科技项目结合，三级项目均要发挥校企合作和各界专家的作用，并积极向国际同行交流学习。

（二）所申报项目，应是在全行业有引导性价值、有先进性；有推广、深化与促进作用的科技项目。

（三）申报项目报告书的编制见附件3。

**六、报送要求：**

（一）会员单位可申报多个项目，申报项目汇总需加盖申报单位公章（附件1），报所属分会（专委会）；

（二）分支机构推荐的项目汇总表，需加盖分支机构章（附件2），报协会业务部；

（三）将“申报要求”中所列的相关内容作为附件，报送电子版（word版和PDF版）

**七、时间要求：**

2020年6月30日前，请各会员单位将本单位的科技项目报所属分会（专委会）；

2020年7月10日前，请各分支机构将本分会（专委会）会员报的科技项目汇总后，报协会业务部。

**八、联系方式：**

**（一）会员单位报分会（专委会）：联系方式：**

| **分支机构名称** | **电话** | **邮箱** |
|---|---|---|
| 钢琴分会 | 020-81502729 | office@pearlriverpiano.com |
| 民族乐器分会 | 13585624801 | tiantian2050@126.com |
| 电鸣乐器分会 | 13928073399 | jwn888@126.com |
| 西管乐器专委会 | 13932820508 | jinyin0508@126.com |
| 口琴专委会 | 021-68302630 | gg@harmonica-hero.com |
| 手风琴专委会 | 13961660297 | 214317690@qq.com |
| 提琴分会 | 18352620863 | cindy.van@foxmail.com |
| 吉他专委会 | 020-34090026 | 872259513@qq.com |
| 打击乐器专委会 | 18222758309 | jinbaomusic@163.com |
| 材料配件专委会 | 13586790181 | 1304555318@qq.com |
| 琴行分会 | 028-85430229 | 290615979@qq.com |
| 音教专委会 | 010-67669098 | cmiamed@163.com |
| 器乐文化专委会 | 15810194388 | bjyqxh@126.com |

**（二）分支机构推荐报送协会**

联系方式：

业务部联系人：常杰　钱富民

电话：010-67660650

邮箱：changjiecmia@163.com

附件

1. 会员单位申报项目汇总表（会员单位填写）
2. 分支机构推荐申报项目汇总表（分支机构填写）
3. 申报项目计划书编制说明（会员单位编制）

中国乐器协会

2020年5月27日

# 关于乐器行业“三级科技项目”进展情况的通报

各分支机构、会员单位：

从2019年起，协会在全行业内开展“三级科技项目”的申报工作。2019年申报19项，2020年申报32项。现将项目进展情况予以通报（见附件一、二）。

51个项目涉及基础研究（材料、音色音质、检验检测等）类6项，产品研发类34项，工艺改革类5项，质量标准类3项，智能教学系统类3项。从涉及到研发、工艺改革的39个产品类项目细分，其中钢琴7项、民乐8项、手风琴5项、电鸣3项、管乐3项、口琴3项、打击乐2项、吉他2项和竖笛1项。

协会组织专家委员会部分委员，对所报项目进行了评议。专委会认为：项目具有广泛性、前瞻性、融合性和实用性，有效助推了行业的技术进步与发展，值得推广。专家们对相关企业、分支机构申报的“三级科技项目”，从立项、申报到实施、结题等方面的工作给予充分肯定。同时也指出了当前乐器行业科技创新的底子薄弱、基础理论、核心技术研发意识、实力有所欠缺等问题。

为持续推动科技创新引领高质量发展，协会确定2021年为“科技创新年”。协会对“三级科技项目”将按照“分期申报、滚动开发、定期评价、开放合作”的工作思路，优化工作机制，跟踪项目实施情况，并适时组织交流研讨。

希望全行业高度重视科技创新工作，各单位要切实做好项目的研究、开发、论证、结题和转化应用。推荐为省（部）级已获奖的项目，由组织评审的单位奖励，未获奖的项目由协会进行表彰；新项目符合条件的将推荐为省（部）级项目。行业级的项目，要加强行业、企业间的交流、合作与资源相互对接，根据项目实施单位的需求，支持有条件、有资源、有意愿的单位参与共同开发和推广应用。评价为企业级的项目，各企业要充分调动一线科技人员的积极性，精准研发、科学应用，形成滚动研发的良性循环，在全行业内形成科技创新引领高质量发展的良好氛围。

中国乐器协会

2020年12月17日

附件1

# 2019年度“三级科技项目”分类汇总表

| 级别 | 序号 | 项目名称 | 推荐单位 |
|---|---|---|---|
| 行业级 | 1 | 钢琴音质及其声学木材研究 | 成都川雅木业有限公司 |
| | 2 | 钢琴音源声学测试与研究 | 广州珠江钢琴集团股份有限公司 |
| | 3 | 基于互联网教育的音乐教育平台研究 | 得理电子（上海）有限公司 |
| 分支机构级 | 4 | 乐器音高检测技术研究 | 得理电子（上海）有限公司 |
| | 5 | 古筝声学系统研究 | 上海民族乐器一厂 |
| | 6 | 钢琴弦码自动装配成套专用设备产业化 | 北京东奇众科技术有限公司 |
| | 7 | 民族乐器的传承与创新研究 | 上海民族乐器一厂 |
| | 8 | 社会音乐教师标准的研制与推广 | 中国乐器协会音乐教育专业委员会 |
| | 9 | 口琴簧片试制和研发 | 上海国光口琴厂有限公司<br>江苏奇美乐器有限公司 |
| | 10 | 提琴制造工艺的标准化制定 | 泰兴市凤灵提琴制造有限公司 |
| 企业级 | 11 | 西管乐器中高端产品提升 | 河北金音乐器集团有限公司 |
| | 12 | 手风琴整体式贝斯机 | 江阴金杯安琪乐器有限公司 |
| | 13 | 西管乐器产品标准化 | 河北金音乐器集团有限公司 |
| | 14 | 高档合成鼓皮的研制（与天津科技大学联合） | 天津市津宝乐器有限公司 |
| | 15 | 电子鼓机iKit技术研究 | 得理电子（上海）有限公司 |
| | 16 | 基于CDCM和F.I.R.E技术建模的触摸式综合效果器Ampero | 长沙幻音电子科技有限公司 |
| | 17 | 控制铜管乐器返绣问题 | 河北金音乐器集团有限公司 |
| | 18 | 缩品工艺研究开发 | 广州红棉乐器有限公司 |
| | 19 | 自动锣边机研究开发 | 广州红棉乐器有限公司 |

附件2

# 2020年度“三级科技项目”分类汇总表

| 级别 | 序号 | 项目名称 | 实施单位 |
| --- | --- | --- | --- |
| 省部级 | 1 | 智能数字乐器演教系统 | 吟飞科技（江苏）有限公司 |
| | 2 | 里特米勒RS系列高档钢琴的开发 | 广州珠江钢琴集团有限公司 |
| | 3 | 一款音乐会钢琴家专业使用的技术新型217大型号三角钢琴 | 烟台博斯纳钢琴制造有限公司 |
| | 4 | 16孔64音双音板半音阶口琴 | 江苏天鹅乐器有限公司 |
| | 5 | 电筝 | 扬州金韵乐器御工坊有限公司 |
| | 6 | 关于钢琴音板制作方法的发明项目 | 海伦钢琴股份有限公司 |
| | 7 | 音卓尔乐器健康产业链智能化服务平台 | 北京乐界乐科技有限公司 |
| | 8 | 木质竖笛乐器浸蜡的加工工艺项目 | 江苏奇美乐器有限公司 |
| | 9 | 基于多层波表音源技术的数码电鼓 | 深圳蔚科电子科技技术开发有限公司 |
| | 10 | 电子手风琴软件及产品研发 | 天津华韵乐器有限公司 |
| | 11 | 坤式手风琴 | 江阴金杯乐器有限公司 |
| | 12 | 碳纤维击弦机（338/387）的开发 | 北京星海钢琴集团有限公司 |
| | 13 | 乐器能耗设计通用技术 | 吟飞科技（江苏）有限公司 |
| | 14 | 钢琴音板的应力分析与优化 | 广州珠江钢琴集团有限公司 |
| 行业级（含分支机构） | 15 | 开发设计自润滑轴架 | 北京星海钢琴集团有限公司 |
| | 16 | 开发设计大师系列钢琴 | 北京星海钢琴集团有限公司 |
| | 17 | 旋律低音贝司口琴进乐队 | 江苏天鹅乐器有限公司 |
| | 18 | 《绿色产品评价乐器》团标制定 | 江苏奇美乐器有限公司 |
| | 19 | 手风琴音簧铆合技术研发 | 天津华韵乐器有限公司 |
| | 20 | 电子手风琴技术研发 | 天津华韵乐器有限公司 |
| | 21 | 多媒体教学电筝进校园 | 扬州金韵乐器御工坊有限公司 |
| | 22 | 基于工业设计的TENET匠新智造爵士鼓研发项目 | 天津津宝乐器有限公司 |
| | 23 | 虎啸中音扬琴 | 河北乐海乐器有限公司 |
| | 24 | 琴弦材料的处理 | 河北乐海乐器有限公司 |
| | 25 | 民族乐器的传承与创新研究 | 上海民族乐器一厂 |

续表

| 级别 | 序号 | 项目名称 | 实施单位 |
|---|---|---|---|
| 企业级 | 26 | 新系列立式琴的研发 | 北京星海钢琴集团有限公司 |
| | 27 | 智能钢琴I系列新型立式钢琴的研发 | 北京星海钢琴集团有限公司 |
| | 28 | 静音钢琴的开发 | 北京星海钢琴集团有限公司 |
| | 29 | WSM-290P机械外观电子节拍器 | 深圳市蔚科电子科技开发有限公司 |
| | 30 | 手风琴一体式贝斯机 | 江阴金杯乐器有限公司 |
| | 31 | 钧和二胡 | 河北乐海乐器有限公司 |
| | 32 | 一种便携演奏的古筝 | 河北乐海乐器有限公司 |

乐器检测

# 2020年国家轻工业乐器质量监督检测中心工作总结

2020年初由于新冠疫情的影响，给中心的检测方式及检测任务总量带来了很大的变化和影响。中心全体人员在上级主管部门的领导下，坚持疫情防控与复工复产统筹前进，紧紧围绕“创新、包容、协同、发展”的理念，强化管理，向内挖潜，向外拓展，开拓进取，务实创新。中心通过合理制订工作计划及细化工作流程等方式弥补由疫情所延误的各项工作进度，较好的完成了年度工作计划，达到了既定的各项工作目标。回顾全年，中心主要完成了以下几方面的工作：

## 一、完善中心建设，提高综合实力

（一）进一步建立、健全各项规章制度，并在工作中严格执行，确保各项规章制度真正落到实处。我们把检验工作和日常工作制度化、规范化，真正做到分工明确、相互协作、各司其职、各负其责。今年中心接受了实验室外审和国家市场监督管理局的抽查，使大家对实验室管理的认识又有了进一步的提升，并将中心的质量体系提升到了新的高度。目前初步完成了《质量手册》《程序文件》等系列质量管理文件的修缮工作，并且在实际工作中按照新的质量保证体系和安全保证体系进行试运行，以实践出真知的方法不断进行程序文件的修订和完善工作。

（二）坚持以人为本，通过内部“小课堂”、外部邀请老师“实操讲解”等方式全面提高检验检测人员的综合业务能力；并且组织检验检测人员参加各类业务培训班和检验员资格培训班。通过全方面的学习了解，使检验工作质量有了较大程度的提高。

（三）提升安全意识，严抓实验室安全管理，完善各项安全制度和台账，对危险化学品进行有效管理，保证各种检测设备安全运行，确保检验数据的准确可靠性。

## 二、立足行业需求、服务行业发展

**（一）进一步做好产品的检测工作，切实提高工作效率和工作水平。**

截至2020年底，中心共完成乐器检测780台次，检测产品主要囊括了弦鸣乐器、铜管乐器、木管乐器、民族乐器、电声乐器等。同时受浙江省德清县市场监督管理局的委托，中心完成了对德清地区的八十余家钢琴生产企业的产品监督抽查任务。

**（二）扎实拓展乐器环保认证工作，规范行业健康发展。**

先后完成了广州珠江钢琴集团股份有限公司、海伦钢琴股份有限公司、宜昌金宝乐器制造有限公司、北京星海钢琴集团有限公司、北京京珠钢琴有限公司、上海民族乐器一厂等乐器产品的环保认证检测工作。2020年，中心共完成乐器产品环保认证及相关乐器挥发性有害物质限量检测180批次。

## 三、服务社会、面向大众

我中心网站（WWW.GJYQJCZX.COM）自开通以来，一直面向社会播报检测报告信息，为行业、为消费者及采购招标方提供了及时有效的报告查询服务。为了更好地服务于社会，中心对网站进行了两期的升级改造。第一期工程的内容为客户的外部委托、查询功能及中心内部业务进程的分配与统计功能；第二期工程主要针对远程检测数据的传输、报告的自动出具以及实验室体系文件的辅助管理功能。目前第一期任务已经完成。今后客户在中心网站上即可对产品进行委托检测的申请，也可对委托检测产品的检测进度、检测价格、检测报告的真伪等项目进行实时查询。

## 四、今后的发展方向

展望新的一年，我们将继续提高自身业务能力，坚持贯彻“以人为本”的原则，继续开展人员质量培训、意识培训的工作；通过实际运行情况不断的更新、完善质量体系管理文件，按照十四五规划制订的目标，脚踏实地的完成各项任务；积极开拓新形势下的检测技术服务。在新的一年中，将多方位、多元化的为企业和消费者服务，满足新形势下不断变化的市场需求。

## 行业工匠

# 陈德然：传承工匠精神，助力中国“匠”造

（广州珠江钢琴集团钢琴调修高级技师）

为深入贯彻习近平新时代中国特色社会主义思想，大力弘扬劳模精神、工匠精神，营造精益求精的敬业风气，建设适应行业创新发展的知识型、技能型、创新型高素质劳动大军，中国轻工业联合会与中国财贸轻纺烟草工会在全国轻工行业开展第二届轻工“大国工匠”推荐学习活动。经过本人申请、行业协会推荐、地方产业工会审核、专家评选、领导小组审定、网上公示等程序，中国轻工业联合会和中国财贸轻纺烟草工会决定命名60名同志为轻工“大国工匠”，乐器行业中，广州珠江钢琴集团股份有限公司陈德然同志获此称号。

陈德然，广州珠江钢琴集团股份有限公司总经理助理，北京珠江钢琴文化艺术有限公司总经理，资深钢琴调修高级技师、乐器设计（钢琴）高级工艺美术师、国家职业技能鉴定高级考评员。从事钢琴制作27年，凭借丰富的钢琴制作和钢琴调律经验，成为钢琴制造行业中的“金耳朵”，被誉为黑白键上的“行者”，曾荣获“南粤工匠”“中国乐器行业工匠”和“广东省五一劳动奖章”等多项荣誉，享受“国务院政府特殊津贴”，曾助力G20峰会、财富论坛、新中国成立70周年华诞庆典等国际、国内重大演出交流活动，凭借自己的专注和专长助力每一位演奏者，让世界倾听民族品牌珠江钢琴的和谐之声。

### 一、因为热爱，所以要做一辈子

在给钢琴调律的时候，陈德然的世界仿佛只剩下了琴声。他不断地敲击着一个琴键，凝神倾听，再用调律扳手放在对应的弦轴钉上，轻轻拧动，再继续敲击，凝听，如此重复几次后，才算是把钢琴的一个音调好了。

作为钢琴制造行业中的“金耳朵”，陈德然钢琴调律的技术可以说已经“炉火纯青”，他的耳朵能实现精准辨音，误差不超过1音分，几乎与电子音准仪无异，而这扎实技术的背后是陈德然27年来在钢琴调律行业的坚持和沉淀。

陈德然的父亲是一位钢琴制造师，陈德然小时候耳濡目染也喜欢上了钢琴。正是因为这份喜欢，枯燥的学徒生涯也并没有让他放弃，他说：“当时我就想，我要一辈子做钢琴调律，要把钢琴最美的声音呈现出来，要证明中国的钢琴也不差。”

在钢琴调律行业，学徒入门需要先花2年的时间熟悉钢琴制造的整个生产流程，之后才能正式学习调律。钢琴调律没有捷径可以走，它必须是靠不断地磨和炼，需要更多的耐心和静心，刚入门的陈德然没有被枯燥和苦累吓跑，经常利用下班后的时间静静地磨炼、研究调律技术，并默默地跟随加班的工人学习，记下了钢琴内部整理的全套工序。成长的路是艰辛的，陈德然每天不停地敲击着钢琴上的黑白键，用耳朵辨析着钢琴的微妙变化，在日复一日、年复一年的沉淀下，才升华成为“金耳朵”。

### 二、薪火相传，手工调律不会断承

2015年，陈德然组建了自己的劳模创新工作室。在这个工作室里，他琢磨着改进手工钢琴的制音系统，这项创新已经获得了专利。同时，他还带领着团队针对目前厂内钢琴生产过程中出现的问题提出改善或解决方案。

尽管陈德然个人在钢琴调律上取得了一定的成绩，但对于钢琴调律整个行业，他却仍有深深的担忧。陈德然说：“现在全国登记在册的调律师只有

一千多人，但每年卖出的钢琴却有30多万台，市场上的调律人才存在很大的缺口。”

而究其原因，陈德然认为是现在的学生吃不了苦，熬不过三年左右的辛苦枯燥的学徒生活。陈德然说：“厂里学习调律的学徒，十个中大概只有三到四个能够坚持到最后。”说这话时，他的语气明显流露出了遗憾。

于是，手工调律要有人传承成为了陈德然的信念和目标。目前，陈德然主要负责珠江钢琴厂内调律培训工作，包括钢琴厂内部员工的培训，以及对外的调律师考级培训。陈德然说，人才培训会是他目前以及接下来很长一段时间的工作重点。其中，陈德然的徒弟陈兆殷在2015年获得广东省职业技能大赛钢琴调修工种总决赛第一名，这个荣誉陈德然在2013年的时候也拿过。钢琴调律行业一直都保持着师傅带徒弟的传统，正是这个传统让手工调律能够一代代传承至今，也让陈德然相信手工调律不会断承。

**三、大国工匠，担起时代赋予的重任**

技术突出的陈德然参与了珠江钢琴EGP、GH、UH系列高档卧式琴和立式琴的研制，为民族钢琴引领世界钢琴制造工艺做出了突出贡献。他坚持员工素质决定产品质量的原则，为了充分地把先进的调律和音色整理技术应用到高档琴上，积极开展技术“传帮带”活动，编写成套的调律培训方案和教材，教导工人相关的专业知识，使珠江钢琴工匠的制造工艺技术领行业之先。而他创建的劳模创新工作室，被广东省总工会评为“广东省劳模创新工作室”，为珠江钢琴完备的培训激励机制体系更添亮点，为珠江钢琴乃至中国钢琴制造行业源源不绝地培育专业人才。

陈德然自身过硬的专业技术，使他能够担任起时代赋予他的重任，而这些重任，更是让他在钢琴调律的康庄大道上发光发亮。正如陈德然说：“在我的音乐世界里，‘工匠精神’始终生生不息，那就是凭借专注和专业调好每一架钢琴，成就每一位音乐人。调律这门手艺需要传承，我愿意一辈子做下去，把钢琴最美的声音呈现出来，要证明中国的钢琴也不差！”

中共中央总书记、中央军委主席习近平说过：“要激励更多劳动者特别是青年一代走技能成才、技能报国之路，培养更多高技能人才和大国工匠，为建设社会主义现代化国家提供有力人才保障”。27年来，陈德然一直秉承着沉着踏实、勤奋刻苦的工作态度和敬业爱岗精神，认真学习钻研专业知识，不懈追求，不断提升操作技能，凭着出坚定的理想和信念，从一名普通学徒成长为珠江钢琴集团总经理助理、大国工匠，以一份珠江钢琴式的“工匠精神”，在黑白键之间谱写壮丽的人生篇章。这股“工匠精神”，是对一件事情的倾尽心血和耐心等待，对一件事情十年如一日的执着；是将技术与工艺塑造成一门艺术，适应时代的变革；是对创造完美的坚持和不妥协。可以说“工匠精神”蕴含在珠江钢琴的DNA中，吃苦耐劳，兢兢业业的工匠精神和信念，支持着陈德然在钢琴调律的路上不断前行，凭借自己的专注和专长调好每架钢琴，成就每一位音乐人，让世界倾听匠心造的珠江琴音。

# 李素芳：妙手调得金声来

## （上海民族乐器一厂古筝制作技师、调律师和质量总监）

李素芳，1957年生，现为上海民族乐器一厂古筝制作技师、调律师和质量总监。

**一、责任**

1972年4月，15岁的李素芳初中毕业。在学校时她担任文体委员，打球、跳舞、打腰鼓、唱歌样样都行，再加上她具有一定的音乐天分，被招入上海民族乐器一厂工业中学就读，由此，便开始了她与民族乐器的不解之缘。

工业中学属于半工半读的性质，除了学习文化课还要学习乐器演奏和乐器制作等基础知识，在此期间，她在锯料组、雕刻组、京胡组都进行过实习，并且学习了琵琶的演奏技巧。1975年2月，经过三年的学习，李素芳与同宿舍的小姐妹们一同被分配到上海民族乐器一厂工作，而数年后，只有李素芳坚持从事古筝相关事业。李素芳坦言："我觉得自己过得非常充实！有一种对民乐事业难以推卸的责任在推动我前进！"

## 二、严师

李素芳进厂后被分到古筝组，师从徐振高。徐振高为古筝制作大师，敦煌牌古筝的奠基人之一，被业内誉为"筝父"。当时能成为徐振高的徒弟，是一件很荣幸的事情，李素芳非常珍惜这个机会，她勤学好问、吃苦耐劳，很快就成为了徐振高弟子中的佼佼者。徐振高对徒弟要求特别严厉，经常把当时还是小姑娘的李素芳骂得哭鼻子。有一次，徐师傅觉得李素芳木工做得不够好，就当众将古筝劈掉了。"现在想想他劈得对，严厉的方法才让人长脑子。"把次品当众劈掉，体现的是工匠的品格与智慧，容不得次品存世的态度正是工匠精神的另一个理念。李素芳说："现在我看到不合格的，不会劈掉，但也会收掉！"师傅传承的不仅仅是精湛的制作技艺，更是一生受用的工匠精神！回忆起当时的情景，李素芳说："我一点也不怪他，严师出高徒嘛！"

## 三、天赋与经验

1980年起因工作需要，李素芳先后从事了古筝以外的其他民乐制作工作：二胡零配件制作一年；木琴音板制作二年；琵琶弦音准测试三年；扬琴装配及校音五年。这些岗位上的磨砺，为她之后从事古筝调律方面的工作打下了坚实的基础。尤其是扬琴的校音，程序繁复而且对耳音有一定的要求。在进行耳音测试时，相关专家惊奇得发现，李素芳有很强的听音能力，能分辨出音名及度数，甚至能听出某个音是高了还是低了几个音分。对于乐器厂来说，李素芳是不可多得的人才，1987年她尝试着走上了民族乐器调律之路，开始做扬琴装配及校音工作，因工作成绩突出，1992年被评为上海市"三八"红旗手。

## 四、古筝调律

20世纪90年代中期，古筝开始在全国逐渐盛行，产销量开始增多，李素芳则全身心投入到古筝696K（现在的694DQ）的调试鉴定工作中。如果说"听音"这种能力是李素芳与生俱来的一种天赋，那么加之后天的努力，则是她能够迈向成功之路的基石。为了提高业务能力，她向专业老师学习琵琶演奏，取得了五级琵琶演奏证书；向潘妙兴、郭雪君等名师学习古筝演奏技法，达到了古筝八级的演奏水平。从制作古筝、二胡配件、木琴音板，到琵琶弦听音测试、扬琴调试、直到古筝调律，她一路走来，饱含着酸甜苦辣，也为她积累了丰富的人生阅历。

## 五、小试牛"耳"

1998年中国民族乐器（古筝、琵琶）制作大赛在北京举行，来自全国的14家单位的36件作品参赛。演奏家在舞台幕布后弹奏参赛琴，评委及观众只能听见琴声而看不见琴。此时，坐在观众席的李素芳显示出了听音的"特异功能"：仅凭声音，她就能依次说出10台上海参赛琴的制作者，甚至能听出某琴的产地是苏州还是北京。比赛结果上海古筝包揽了前六名，获得第一名的参赛琴，在上海初赛时甚至还没能进入前15名，但李素芳感觉这台琴有潜力，于是她力排众议极力推荐此琴进京参赛，并为其更换上了刚刚试制成功的古筝B型弦，再加以精心调试，最终取得了第一名的好成绩。

大赛之后，李素芳开始全面负责古筝音质的调试鉴定工作，2004年被任命为上海民族乐器一厂古筝质量总监。

### 六、古筝改良

全国古筝大赛后，很多古筝名家都参与到了敦煌古筝的制作交流及鉴定活动等。李素芳在与专家们的交流中不断学习、提升自己的业务水平，对于自己调试过的琴，李素芳会经常回访，询问琴的状态，以便改进。中央音乐学院的李萌教授在教学过程中，发现中国的五声音阶古筝无法演奏一些外国曲目。于是，李素芳和李萌等人开始进行新型古筝的试制工作。不久，一台琴上既有五声音阶、又有七声音阶的多声弦制筝问世，并得到了专家认可。后来，根据古筝老师的要求，李素芳又试制出潮州钢丝筝，这种筝音量大、音色明亮。此外，李素芳还与师傅徐振高合作，对穿弦孔改进、筝码高低的标准化及筝码制作材料等进行了改革。近几年，她又与团队一起研制成功了倍低音筝、便携微调式短筝、新型伽倻琴、敦煌·罗兰智能交互古筝、1米便携式短筝等以及专业型琴弦的改良，为古筝音乐文化的发展与传承做出了贡献。

### 七、青春永驻

敦煌古筝年产销量一路飙升，2019年已经突破11万台，敦煌古筝早已成为国内各大专业院校和专业团体的主要用琴。李素芳也成了大忙人，奔波于总厂与各子公司之间，每天都要接到许多咨询古筝方面问题的电话。退休后被企业返聘十余年的李素芳，看上去仍精神饱满，充满干劲与活力。近年来，李素芳通过各种方式向公众传播古筝调试相关知识，如拍摄线上《敦煌古筝公开课》系列课程、开展直播讲座，同时在线下的各种比赛及文化活动中举办“敦煌牌”古筝调律及保养知识的讲座，受到了广大古筝爱好者的欢迎。

“算起来，我已经在上海民族乐器一厂工作了将近46年了，我虽然已经不再年轻，但我的心是年轻的，就像敦煌古筝一样——老牌乐器春常在!”希望就像李素芳自己祝愿的那样，与敦煌古筝永葆青春活力!

# 张建平：“将门虎子”再续“琴”缘

## （上海民族乐器一厂拉弦、弹拨乐器制作高级技师）

在民族乐器制作行业中，可以跟“师徒授业”这种传统的传承形式相媲美的当属“子承父业”，上海民族乐器一厂最不乏这样的经典案例。张建平，上海民族乐器一厂拉弦、弹拨乐器制作高级技师，1979年7月进入上海民族乐器一厂，跟随其父张龙祥学习民族乐器制作，父子二人在拉弦、弹拨类乐器的试制改良工作中也做出了突出贡献。从弱冠之年到耳顺之年，张建平已经从事这项事业40余年。

### 一、“干一行，爱一行”的工匠精神

对于张建平来讲，工匠精神的涵义是“干一行，爱一行，专一行，精一行”。他的父亲——乐器制作“工艺师”张龙祥，是一个多面手，主做拉弦乐器，三胡、琶琴、新型阮等诸多改良产品的研制也出自他手，但张建平小时候并不喜欢这个职业，他的理想是当一名职业篮球运动员。然而1979年，国家劳动总局考虑到传统技艺的传承，出台相关政策，允许工艺师子女跟随学艺。于是，张建平成为了上海民族乐器一厂的一名工人，开始向父亲学艺。当被问及他是如何做到现在这样的成绩时，他笑了笑，回答也颇富哲理：“那是百分之九十五的努力加上百分之五的天赋。”从球场突然转向工厂做工，这对他来说是一个痛苦的过程，刚开始使用工具时，不是敲到手就是锯着手。但他在球场上造就的要强性格，促使他暗下决心，既然干上了这一行，就要去喜爱这一行，绝不能退缩，不能给父辈丢脸，要努力拼搏!

经过不懈的努力，两年后，张建平便开始独立完成一些中档和普及产品的制作，并逐渐吸收父亲张龙祥及伯父张文龙（原上海民族乐器一厂拉弦、弹拨类乐器制作“工艺师”）的制作技艺及理念，边感悟边实践，逐渐摸索出特有的调琴方法，可通过对琴码的材料、规格及配置等进行优化调整，使二胡音质明显上升一个台阶。

20世纪80年代中期，上海民族乐器一厂成立了乐器改革小组，爱动脑子的张建平自然成了小组成员，中央民族乐团的阮演奏家宁勇来上海厂提出对阮进行改良，张建平与其合作攻克了阮的一系列难题，扩大音域：阮系列全部由16品扩展为24品；自由调节有效弦长：在琴码上装置微调，解决弦或品不准的问题；增大音量，美化音色：受电子扬声器的启发，对琴梗与共鸣体交界处的左侧挖一条长达16厘米的凹弧形槽，使共鸣体更易振动。这种新型阮的改良得到了专家的认可，张建平写了篇论文《随阮而谈》，1986年被收入共青团上海市文教系统主编的《发明者的思路》一书。

## 二、助推民族低音拉弦乐器项目开新局

民族低音乐器始终是民乐界面临的一大难题，乐器制作厂家、音乐学府、乐器科研机构等曾多次合作研发制作低音乐器，在不同领域获得了相应的成绩。六七十年代，张建平的父亲张龙祥等人研发了民族低音拉弦乐器“大琶琴”，在民乐界产生了较大的影响力。张建平后期跟随父亲学艺，也参与了此项工作。直到今时今日，张建平依旧对这个项目无法割舍。

2014年，应文化部《民族低音拉弦乐器的研制与开发》课题的研发要求，在上海艺术研究所的牵头组织下，上海民族乐器一厂和上海民族乐团共同加入了课题组，从而形成乐器研制、理论研究、演奏推广的三管齐下的完整体系。张建平勇挑重担，再次负责低音拉弦乐器的研发工作，根据对大琶琴特性的了解，在其基础上重新做了设计与改良，目的就是为了解决中国民族拉弦乐器的低音问题。

在2018年6月27日上海民族乐器一厂召开的“中国民族低音拉弦乐器研发成果发布会”上，由张建平团队研发的六角形民族低音拉弦乐器、瓷瓶形民族低音拉弦乐器、瓷瓶形民族倍低音拉弦乐器正式面世。它们在外形、发声原理上，均与西方交响乐中所使用的大提琴不同，更适应中国民族管弦乐队的音场设置，在音质与音色上又能达到低音乐器所具有的浑厚色彩。且在演奏法上，更便于现有的拉弦乐器演奏者掌握，具有典型的中国民族乐器特点。发布会上，著名作曲家、指挥家朱晓谷表示：“此次推出的民族低音拉弦乐器，呈现出来的是不同于大提琴的、具有民族弦乐特色的舒展柔和的低音，这是一个重要的突破”。

经专家鉴定，张建平团队研发的新型民族低音拉弦乐器，有效扩充了民族乐器的低音声部，得到了“形式是符合民族特色的，声学品质也是和民族音乐相吻合”的积极评价，已经多次搬上舞台使用。其中，六角形民族低音拉弦乐器被使用于敦煌·上海馨忆民族室内乐团的民族室内乐音画剧场《廿四节气》演出中，瓷瓶形民族低音拉弦乐器被使用在上海民族乐团《中流砥柱Ⅱ》首席系列音乐会的演出中，反响良好。2018年，张建平团队研发的民族低音拉弦乐器获得了中国乐器协会的表彰。民族低音拉弦乐器的研制开发是一项长期、渐进、艰苦的事业，而张建平也将继续为此不懈努力，打造出让演奏家和民乐爱好者喜欢、让国际乐界认可，更符合中国民族管弦乐团特色的民族低音乐器。

## 三、从业四十余年载誉满满

从20世纪80年代初至今，张建平参与的乐器制作比赛有二十多次，获得第一名达十一次，并在1999年全国二胡制作比赛中获得第二名的好成绩。

1987年张建平和东方歌舞团器乐演员田昌合作，研制如何在二胡音区内控制不协和发音点，获得成功，次年被文化部评为科技成果三等奖。1991年，经考核，张建平被上海市劳动局评为拉弦专业技师。同年5月，上海市第二轻工业局共青团授予张建平“新长征突击手标兵”称号。

2013年，张建平获评为上海市185名首席技师之一。2014年5月，企业挂牌成立了“张建平技师工作室”，2015年，工作室被上海市人社局命名为“张建

平技能大师工作室”，2017年，工作室被国家人社部命名为“技能大师工作室”。2016年1月，张建平获得国家人社部颁发的高级技师资格证，成为继徐振高、王根兴、高占春等少数几位老一辈高级技师后的新一代民族乐器制作的高级技师。

除了对制作技艺的专研，张建平也在充分发挥着高级技师的作用，他自己的目标和动力是努力培养出一批制作拉弦类民族乐器的能工巧匠，将民族乐器制作技艺很好地传承下去。他坚信，有悠久的文化，有广阔的平台，有坚定的信念，定能将民族乐器制作技艺永续传承，发扬光大。

# 蓝文兵：这方水土这方人

## （广州珠江钢琴集团钢琴调律技师、第三届全国钢琴调律职业技能竞赛冠军）

在第三届全国钢琴调律职业技能竞赛决赛中，珠江钢琴集团选派的调律师囊括了大赛冠亚季军，并创造前十名包揽50%、前二十名包揽45%的优异成绩。而蓝文兵则是珠江钢琴打造“大国工匠”群体人才战略规划中的典型代表之一。

### 一、尊重“这劳动的双手”

珠江钢琴品牌能够走过历史沧桑、屹立六十多年不倒，人是至关重要的因素。正是“这劳动的双手”蛰伏在骨髓里、血液中的珠江钢琴人，经过几代的努力，特别是有一支“特别能战斗”的工匠群体，培育了干一行、爱一行、专一行、精一行的珠江钢琴人共识，臻于完美、止于至善的品质追求，打造了“大国工匠”为目标的工匠群体，成就了“造世界最好的钢琴，做世界最强的乐器企业”的企业愿景。

90后的蓝文兵作为“工匠摇篮”的典型人才，毕业于南京师范大学音乐学院，主修钢琴制作与调律专业。在2016年全国钢琴调律职业技能竞赛总决赛荣获第六名，被授予“全国轻工业行业技术能手”。在2018年11月的广东省职工职业技能大赛钢琴调修工种总决赛中获得第二名，2020年第三届全国钢琴调律职业技能竞赛决赛中获得第一名。先后荣获“广东省技术能手”“广东省优秀调律师”荣誉称号，获得高级技师水平证。曾任德国Schimmel钢琴有限公司中国分公司技术服务专员。现任珠江钢琴集团KA厂副厂长。

2010年蓝文兵进入大学后便开始接触钢琴调律，短短10年间，从一个钢琴调律技能的白丁成长为全国钢琴调律职业技能决赛中获得第一名的优秀工匠。他踏石留印的励志故事在业内应该是模范。百倍的学习激情，百倍的钻研干劲，百倍的勤奋努力，换来了丰硕成果之回报。应验了他笃信的：命运眷顾——天道酬勤。

### 二、三人行必有我师

蓝文兵说：“我始终秉持着三人行必有我师的态度，继续朝着自己选择的方向不断前行。”

在大学求学的四年，熟习钢琴演奏对调律技能提升是不二法门。为此，他每天坚持钢琴练习，时间少则3个小时，长达9个小时，从几十人的大班到最后获得单独授课机会。实际上，钢琴演奏对于钢琴技师来说是不可或缺的一部分技能，因为在调试钢琴的过程中，想更精准地感受和理解钢琴演奏者们所追求的触键感觉和声音层次的话，需要自己去弹奏和体验。

钢琴是舶来品。倘若作为一名懂得外语的钢琴技师，语言交流无障碍，职业生涯则会有更大的优势。因此无论是在校期间还是工作到现在为止，他都要求自己学好英语，哪怕是只有十分钟，累积成多就会有质的变化。十多年如一日的自学音乐，使他能够用英语与国外专家对答如流。

在钢琴调修方面，说来有趣。在学校时，他每天到琴房，总会和管理琴房的阿姨申请存在故障的钢琴，而且越多故障越好。进入琴房后便开始不停地捣鼓着，对已解决的问题感到颇有成就感，而对自己不能解决的问题记录下来，再去请教老师。

在老师们的细心指导下，使他从零基础到理论和实践兼备——前往客户家上门实践服务——直至音乐会用琴的观摩、实践学习，他都表现出了卓越追求的理念，踏实地掌握了技能。在校期间，珠江钢琴集团的两位外国专家以及质量总监史蒂芬先生也到南京师范大学亲自授课。专家前辈们的教导往往都是弥足珍贵的，因为有时候他们的一句话就会让你茅塞顿开。他清楚地记得，史蒂芬先生来校教授的调试方法是十二平均律，他作为学生代表现场实操，史蒂芬先生对他的实操予以肯定，这让他倍受鼓舞，更增添学艺的钻研性。

## 三、学艺先学做人

蓝文兵求学期间多次获得恺撒堡一等奖学金、国家励志奖学金、南师大滚动奖学金等荣誉。四年后，他作为优秀毕业生荣誉毕业。大学毕业后，蓝文兵进入珠江钢琴集团工作，他干过几个车间的不同工种和不同岗位，走上了学习“十八般武艺”的征途。从这个互知、互学、互动、融合的平台开始一天一天的忙碌。每到一个岗位，都有不同的“师傅”带着他，教他学技术，学管理，学做人。

师傅们在岗位上不敢有丝毫的倦怠，因为生产的每一个环节都深深刻着“责任”二字，都关系到钢琴的质量。师傅这么多年在平凡岗位上，把每件平凡的事都用心做到了极致，把智慧作为做事的方法，把精微作为工作的标准。这一切，都给了蓝文兵言传身教的榜样。

在车间实习的经历，让他感受到了珠江钢琴人对传统手工艺的坚守，对每一架珠江钢琴的尽心竭力，对每一个珠江钢琴制作环节的苛刻追求，前辈们的言行，是对珠江钢琴所倡导的“工匠精神”的最好诠释。

师傅们用“传、帮、带”等方式，向蓝文兵传递的不只是工业文明的薪火，更是珠江钢琴人“爱岗敬业、追求卓越、甘于奉献”的工匠精神。蓝文兵能够走上今天的管理岗位，与诲人不倦的师傅们是分不开的。

## 四、与国际先进技术接轨

蓝文兵回忆道：“由于我专业外语已能应对日常工作，以技术翻译的身份跟随集团聘请的外国专家、前荷兰钢琴调律协会主席、《The voice of the piano》一书的作者Andre Martin Oorebeek（安德烈·马丁·奥莱贝卡）学习。那是我的幸事。由于安德烈先生有感于我好学勤奋的性格，有意培养我成为一名专业音乐会技师。只有成为一名专业音乐会技师，才能在钢琴调修职业平台上再上一层楼，因为专业钢琴音乐会技师是钢琴调修职业最高水平技能的象征。”

“自始，我除了继续到立式钢琴和卧式钢琴车间实践学习外，安德烈·马丁·奥莱贝卡先生便在工余时间对我进行单独培训，从调律、机械调整、音色调整、钢琴结构设计原理逐一传授给我。由于求学之心强烈，加上有几年学校理论基础以及在生产车间实操练习，我对先生所讲的知识吸收消化甚快，短时间内，我便已掌握了如何把音律调试得更加精准，比常规学师习艺时间缩短了一大截，独立应对钢琴奇难杂症能力日臻完善。”

“国外专家每次验收钢琴时也时常让我一起做验收工作，像这种验收工作会使人更能关注到更多的技术点，也更能深刻地体会到，只有经过如此多而复杂的工序，所呈现的高质量钢琴才称得上是艺术品。”

蓝文兵还跟随安德烈先生到全国各地进行技术专题讲座、生产车间的弦槌试制以及钢琴质量验收、各大院校钢琴服务等工作，给先生做些翻译及服务性的工作。在这些工作中，其实有很多一般调律师无法接触的学习机会。比如先生每一次培训讲座，都会使他对同一个知识、技术点有新的理解，通过别人提的问题和回答寻找自己的不足之处以及参考别人的理解思路，进而择优而从之，使他的技术向精湛提升。从前期音乐会观摩、辅助工作到独立操作，后来开始独立跟踪音乐会演出钢琴服务工作。他参加的技术服务有：2016年杭州G20峰会晚会恺撒堡钢琴的准备工作、央视中秋晚会的钢琴调试工作、马克西姆丝路之音巡演，恺撒堡钢琴大赛、金钟奖大赛以及上海国际川沙艺术节等音乐活动。这些经历让他更好地学习到如何与钢琴家或者演奏者直接沟通，尽最大可能去满足演奏者所需要的手感和音色，而这也正是作为一名钢琴调修技师所需要做到的。更为重要的是，学到了先生硬是凭借一丝不苟的态度，在细枝末节之中找到了问题所在。安德烈先生的“耐心、专心、爱心、好奇心”，一直激励、鞭策着他，成为了他的座右铭。

**五、坚守工匠精神**

“爱是教育的灵魂，兴趣是最好的老师。”有了工匠的精神，还需要专业的技能。

蓝文兵从2016年全国钢琴调律职业技能竞赛总决赛荣获第六名，到2018年广东省职工职业技能大赛钢琴调修工种总决赛第二名，直至2020年第三届全国钢琴调律职业技能竞赛决赛中摘取第一名的桂冠。短短四年间，他终于在全国钢琴调律职业技能竞赛中脱颖而出、闯关折桂。但何曾想过，这将近1460天里，蓝文兵是怎样走过来的？可以肯定这是一步一个脚印，踏石留痕的结果，绝不是撞大运抑或侥幸碰巧。全国钢琴调律职业技能竞赛讲的不是尊老爱幼，信奉的是尊能爱强。即使你从业资格时间长，技能经验足够，天赋敏捷再丰富，是骡子是马，拉进赛场遛一遛，胜负优劣高低立现。蓝文兵凭藉年轻人的视野广度和思维深度，对钢琴调律技能工作孜孜不倦的追求，以初生牛犊般的冲劲与韧性，践行了“选择并不是最重要的，努力才是最重要”的入行诺言。

蓝文兵2016年在全国钢琴调律职业技能竞赛中，跻身总决赛行列，但结果未尽如人意。技不及人，学习的敌人就是自己的满足。在失利过后，蓝文兵独自思考：为什么我的师傅能力拔头筹？他有什么绝活可鉴？为什么我天天都“零距离”接触师傅，却没有达到师傅的技术高度？师傅言传身教也不是一二天的事，多问几个为什么，有则改之，无则加勉，知耻而后勇。师傅能力拔头筹给蓝文兵有足够的启示：驱除浮躁，脚踏实地，几十年坚持做一件事。博观而约取，厚积而薄发。要付出常人难以想象的努力和坚持，任何灵光一现的创新，都是成年累月的血汗凝结而成。

蓝文兵学技艺实施岗位对标自我纠偏。与师傅点对点学习，全面展开标杆对标活动，涉及质量的调律岗位环节都要找到参照物和对标指标。按照标准，自我评估调律出来的钢琴的标准符合程度，对达不到标准要求的钢琴要自我纠偏，敢于自我否定、敢于自视不足。能自己解决的问题自我解决，自己不能解决的请师傅或外国技术专家讲解ABC。将问题细化，逐一分解。

经过四年的历练，特别是像2016年杭州G20峰会晚会恺撒堡钢琴的准备工作、央视中秋晚会钢琴调试工作、恺撒堡钢琴大赛、金钟奖大赛以及上海国际川沙艺术节等音乐季活动等实战演练，钢琴调律、机械调整、音色调整各项技能有了长足的提高，自信心陡增，终于让蓝文兵在2020全国钢琴调律职业技能竞赛总决赛中问鼎桂冠。

# 黄靖：闪着泪光的职业

## （广州珠江钢琴集团钢琴调律技师、第三届全国钢琴调律职业技能竞赛亚军）

“2020年全国行业职业技能竞赛——第三届全国钢琴调律职业技能竞赛”第二名黄靖师傅说：“钢琴调律职业技能之于自己是一份闪着泪光的职业，因为我对这份工作爱得深沉，情之所钟，它是以品德为根基，以敬业为习惯，以技能为资本，以谦卑为情怀的工匠活。”钢琴调律职业在黄靖师傅的眼里不仅仅是一个技巧性的概念，它接近自己本质的匠品匠艺，更是一种境界与精神的存储。

2013年，“珠江 · 恺撒堡杯”广东省职业技能大赛钢琴调修工种总决赛选手黄靖在此次竞赛中双科合格，取得国家职业技能资格二级技师，广东省人社厅给予颁发二级技师国家职业技能资格证书。2015年“珠江 · 恺撒堡杯”广东省职业技能大赛钢琴调修工种总决赛选手，在此次竞赛中双科合格，已取得国家职业技能资格二级技师，晋升为高级技师，广东省人社厅给予颁发高级技师国家职业技能资格证书。2020年第三届全国钢琴调律职业技能竞赛第二名，由人力资源和社会保障部授予“全国技术能手”称号。

黄靖自2005年从星海音乐学院声乐表演专业毕业后进入珠江钢琴工作。学声乐表演专业的他，在人们的认知方式和角度而言，应该是活泼外向，声线优美，表演欲颇强的人士，可是黄靖在大家眼里偏偏是一位性格很内敛、文静的男生，平常话不多，鲜有主动与他人交流表达的一面，在生活中喜欢自己一个人跑步和听音乐，工友们给他取了个外号叫“静哥”。专业与性格的强烈反差，注定了黄靖在声乐表演这个舞台发展强度有限，但职业又注定黄靖与演艺舞台结缘，只是台前与幕后之分。黄靖的声乐表演舞台可能掌声未必鼎沸，但在钢琴调律职业技能的舞台上，台前与幕后却是掌声不息。

## 一、上错花轿嫁对郎

“上错花轿嫁对郎”，这脍炙人口的喜剧让人常看常新都有话题。类似这话题的喜剧也在黄靖身上阴差阳错地演了一幕，而黄靖将喜剧演成正剧，将“闪着泪光的职业”这一角色加戏演活，登上了职业生涯的大舞台，并且将正剧演绎为个人职业的经典之作。

剧情发生在非常偶然的场合：黄靖作为技术部待分配的技术员，某日，技术部领导请年轻的黄靖帮助搬移十架由外国专家进行过音色鉴定的钢琴，并让黄靖尝试在这十架钢琴里找出哪一架是外国专家最喜欢的。黄靖凭着多年来对音乐的热爱和积累，很快找出了外国专家所选钢琴。对音色优劣判断准且快，技术部领导认为黄靖确实有听辨音色方面的天赋，或许有机会成为一名出色的调律师，当场确定让他去生产车间实习，专门从事钢琴调律培训。无意用手触摸键盘仅一刻钟，竟然阴差阳错改变了黄靖职业生涯发展方向。声乐表演专业在公司暂时无发挥舞台，或许在钢琴调律职业技能的舞台可以一展身手。黄靖在无法权衡利弊的情形下混入钢琴调律这个行当，不知不觉，一晃就十四载光阴。

## 二、面壁苦练的“苦行僧”

黄靖没有后悔过转行，开始了劳其筋骨的“苦难的历程”。学习是艰苦的，但黄靖总是主动要求到车间第一线学习调律技能。车间的每一个岗位，对于黄靖而言都是陌生的，陌生才有探索的兴趣。此时的黄靖真是如饥似渴地学艺，车间那些年轻的小伙子已有五至六年的实际工作经验，但是他们依然在拼命地学习，互相竞技。压力的天平，让黄靖陡增危机感，他比其他同龄的人等于是多浪费了五到六年的光阴，要把这个时间段赶上来，一定要比常人花更多精力，耗费更多的时间。

调律工作并非黄靖本专业，面对全新的调律工作完全是白纸一张，可以说是一窍不通，而调律工作恰恰又是一项不可能一蹴而就的，在短时间内就能学会的精细工作。它的工作性质要求很高，必须要静得下心来，还要在工作中学习，在学习中积累，来不得一点浮躁，来不得一点马虎。为了胜任这项要求如此高的工作，就必须好好地学习。黄靖为了调出那种纤毫毕现的音乐神韵，他将自己变成一心学艺，面壁苦练的“苦行僧”。

每一架高质量的钢琴产品，无论是在车间还是工段，都需要时间和空间的保障，精致、卓越需要人潜下心来，这是师傅们的谆谆告诫，也成为了黄靖学艺的座右铭。调律工作是一项实操性很强的工作，要求有过硬的实操能力。黄靖从零开始，脚踏实地地苦练调律基本功，向懂行的师傅学习，向车间第一线的老工人学习，也向较自己年轻的，但工龄比自己长的年轻人学习，每天都在师徒之间的一俯一仰中，一问一答里度过。从部件名称到其基本结构，各零件之间的关系和相互作用，各种工具的使用方法，黄靖遇到不懂就问，并作细致的工作学习记录，翻阅调律所需的技术工艺说明，了解零部件材料的技术要求及对音律的影响。为了把时间赶上来，黄靖几乎放弃了每个休息日，充分利用每天下班后的业余时间，进行强化训练。

一段时间后，公司为了使钢琴工艺质量更上一台阶，聘请多位外国专家到厂指导工作。黄靖捕捉到了这千载难逢的机会，为了更好地沟通学习，他迎难而上，花大力气克服语言上的困难，宁可少休息、少娱乐，也在有限的工余时间恶补外语。终于达到能够较顺利沟通的水平，可以跟外国专家一同工作，零距离与外国专家交流，这对黄靖来说是提高自身技艺水平的极好机会。他积极耐心地向外国专家学习，将调律的方法、钢琴击弦机械的调整、钢琴整音技术、对特殊情况的处理等，逐一补课，“丝毫”间求精度，确保调律效果。中国手工艺传统，重道，也重器，道器并重，情之所钟，这是黄靖在车间一线精研专业技能后的心得。

### 三、功夫不负有心人

黄靖经过长达数年在车间一线的历练，调整、调律、整音技术得到了极大的提高，积累了不少经验心得，已经从单调的“技”的模仿出发，进一步升华为对“道”的追求。现在可以对客户递上“每一个匠人调律的神韵都不一样，这是机器永远替代不了的'技能'名片”了，能独当一面地应对诸多钢琴的奇难杂症了。黄靖的钢琴调律职业技能受到上级领导的认可和音乐家的赞许。

随着技能水平的不断提升，黄靖也从技术部调至市场部，主要工作是负责市场推广，常年为“珠江・恺撒堡”艺术家独奏音乐会，各种钢琴大赛等进行调律服务工作。岗位变了，但黄靖师傅依然没有满足现状，仍然带着各类调律过程中出现新问题继续潜心钻研，虚心请教各位前辈。用他的话来说，那就是“每天多学一点点，下次解决问题就会容易一点点。”这是一项工作压力大、时间紧、具体操作又要求精准稳定，不能出一丁点故障的工作，否则将造成中断演出，影响比赛进程，导致影响品牌声誉等严重后果。为了达到良好的工作效果，黄靖本着对工作认真负责的态度，每次出任务前都仔细了解备用钢琴的状态，有问题尽早解决，通常尽量提前多一点时间，为调律工作做好准备。

黄靖师傅每一次都坚持在演出现场观察，他认为，“现场听的感觉绝对不一样，用自己在音乐学院所学的专业知识和在车间学到的调律手艺，用自己的双手实现每架钢琴的音色，那种心情不仅仅是孰优孰劣对现场的效果检验，也是对自己调律技术的大考查。此时此刻，你会完全投入其中，你还会被不仅仅是听觉的美所震撼，把自己沉醉在美妙的音乐之中。当无形的音符在冥冥之中翩然起舞，汇成激动人心的旋律把你包围、把你笼罩、把你淹没时，你会忘记人世间所有的烦恼。”这种专业性自我评估，仿佛能够与霍洛维兹交流，与鲁宾斯坦对话，与罗斯特罗波维奇一道沉潜于凝重而深沉的旋律中。

黄靖坦言：“我从不厌倦，并乐在其中，调律就是我的兴趣，我喜欢这工作。”黄靖师傅在自己特定的位置上发出了这悦耳的心声。俗话说“匠人”易得，“匠心”难练，以“匠”修心，以“心”炼技。守好一颗纯粹初心，“匠心”必须宁静，这宁静来源于“嘈杂世界背后的热爱和专注”，这是黄靖师傅最为真实的写照。

# 苏家裕：在背着光的舞台，守好一颗纯粹初心

## （广州珠江钢琴集团钢琴调律技师、第三届全国钢琴调律职业技能竞赛季军）

“全国第三”！公布成绩那一刻，大概是苏家裕心中最为放松的时刻在中国轻工业联合会、中国乐器协会等单位联合主办的“2020年全国行业职业技能竞赛——第三届全国钢琴调律职业技能竞赛活动”中，来自广州珠江钢琴集团的苏家裕斩获第三名的好成绩，获得国家人力资源和社会保障部核准授予

的“全国技术能手”称号。

作为2018年“珠江·恺撒堡杯”广东省职业技能大赛钢琴调修工种总决赛选手，苏家裕获“广东省优秀钢琴调律师”荣誉称号；在此竞赛中双科合格，经广东省人社厅批准，由广东省乐器协会颁发二级技师职业技能水平证书。2020年第三届全国钢琴调律职业技能竞赛第三名，由人力资源和社会保障部授予“全国技术能手”称号。

## 一、年少知所往，为梦深耕种

钢琴调律师是个非常小众的行业，小众到苏家裕的家庭一开始并不能放心地支持他成为其中一员。2014年，刚刚结束高中时代的苏家裕面对家人的反对和不解，坚持选择到广东文艺职业学院音乐与舞蹈学院就读钢琴调律专业。当时的广文艺是广东省内唯一开设调律专业的高职院校，也正是这个“唯一”，成为了苏家裕追寻梦想的起点。

三年求学路，别人的大学生活被社团与社交填满，而调律专业的学生只有一台又一台调不完的钢琴，一根根等待拧动的弦都详细地记录下每一个人为专业所做出的努力。苏家裕在这里快速吸收着养分，在梁锐祥、梁宇薇、叶亮、卢慧聪等名师的引导浸润下，从一无所知的小白成为掌握钢琴调修技能的高素质技能型人才种子选手。

这时的他内心还有些许不安：这不仅是他的理想、更是一条他必须通过努力让家人认同的路。于是，在课堂学习外，他开始着眼于实操之外的东西：从了解前辈钢琴调律师的发展路径中，他深知要在这个专业中获取更高的成绩还需靠一步一脚印实践深耕、勤思善问，于是他在学习中愈发主动与刻苦；从调律名师的分享中，他逐渐顿悟出钢琴并非没有生命的冰冷乐器，每一次作业并不仅仅是建立于数据和算式之上，对于钢琴的调律和修整更需要带着艺术的眼光去审视全局，这样才能使调律工作更富意义，于是他在钢琴演奏上暗下苦功，只为使每一次调律与音乐更契合。

## 二、栋梁材得遇良机，笃学志上下求索

命运永远眷顾努力的人，或者说，机会总是给有准备的人。在苏家裕即将结束校园生活、走上工作岗位的关键时期，与广东文艺职业学院素来友好的广州珠江钢琴集团股份有限公司委派时任三角琴分厂厂长的陈德然到校开展专业技能讲座。陈德然是中华人民共和国国务院“政府特殊津贴”的钢琴制作高级技师、乐器高级考评员和国家级裁判员，身为高级技师的陈德然厂长结合自身的教学理念与培养学生参赛的实践经验，并通过详实的个人体悟，分享了对艺术的理解以及从事调律职业的艰辛与甘甜之处，陈德然厂长还谈及了珠江钢琴与广文艺钢琴调律专业的校企合作事项，希望能促进该专业的学子们有效提高自己的专业水平，更加明确就业方向，这次讲座使苏家裕醍醐灌顶，对于“毕业”与“就业”的迷茫减少大半。

而令他更惊喜的是陈德然厂长表示想招收3名学生，这仿佛是命运的一场完美安排和馈赠，苏家裕没有丝毫犹豫，勇敢地表达了想跟随陈厂长进修的想法，并通过在校期间的辛勤累积技能打动陈厂，成为3名学生之一。

跟随陈德然厂长进入珠江钢琴之后，苏家裕依旧没有觉得放松。这里有着数不清的钢琴，更有着如云的高手，初到珠江钢琴的他犹如三年前刚踏入广文艺校门时的那张白纸，等待他的是更为枯燥的车间生活。日复一日，被打磨的不只是数不清的榔头，还有不知余额是否充足的热情和干劲，同期进入的两位同学最终没有坚持下来、选择离开，而苏家裕选择坚持。

机会垂青笃志力行之人。当时的厂长陈德然眼看着这个年轻的小伙能以“向下扎根”的方式不断强化自己的基础和综合技能，不禁深感欣慰，于是将他带入珠江钢琴高技能人才班进行深度培养，而苏家裕也再次以刻苦的学习给予回馈。经过一段时间的学习后，出于珠江钢琴品牌战略需求，陈德然经过考察，决定让苏家裕开始服务演奏会。

在钢琴调律师成长进程中、最能代表对其水平和能力肯定的就是服务于专业演奏会，这时的调律师要面对的不是生产线内的师傅和同事，也不是会

对产品质量进行把关的质检员，而是对音乐艺术有着极高要求的钢琴家和对期盼聆听优美音乐的观众，这对调律师现场水平有着更高的要求。首次跟场，苏家裕充满紧张和忐忑：“演出环境不同于生产车间，我能否把钢琴调整到最佳状态?”“钢琴家会不会不太好说话”“万一出了什么状况怎么办，离公司那么远”……

演出钢琴安装完毕后，所有工作人员都自觉离开，给调律师留下一个安静的工作环境，偌大的音乐厅只剩他自己的呼吸声。“管不了了，没多少时间，先调吧”。演出将在不到5个小时后开始，他只能试着抚平紧张的内心、开始工作。触碰到熟悉的琴键时，他的焦虑得到缓解，闭上眼睛，先用耳朵细听每一个键的音色情况，慢慢地，他开始忘记了刚才的紧张和不安，开始投入到调律工作中，直到钢琴家走到他身边提出试琴才打破了他的专注。

厚积方能薄发——平时打地基式的积累使他首次服务的演奏会顺利进行，钢琴家对他的工作表达的赞赏使他对“调律师”这条道路更加坚定，也让他在成为“艺术守护者”的路上找到了一种张弛有致的舒服状态。

**三、在背着光的舞台守好一颗纯粹初心**

问及他对这份职业是否有“灵魂上”的思考时，他答道“我要做钢琴背后的艺术家、钢琴家的守护者、广大人民群众的‘精神小伙’，把美好和欢乐带给大家!”纯粹中带着一丝幽默，此时的苏家裕相较6年前初触钢琴调律时不仅多了一份坚定，更多了游刃有余和得心应手的自信，在全国钢琴调律职业技能竞赛中获得的优异成绩是他最大的一颗定心丸——“没选错、能做好”就是他为理想深耕多年的能量来源。

“怀匠心、践匠行、做匠人”是他在新起点为自己定下的准则和目标。择一事、忠一生，不去想未来是平坦还是泥泞，既然选择了远方，便只顾风雨兼程。

# 宋恩辉：三十年铸一剑，钟情于民族乐器研发的匠人

## （乐海乐器有限公司研发总监兼研发技术一部经理）

宋恩辉，乐海乐器有限公司研发总监兼研发技术一部经理。1993年进入乐海公司学习琵琶的制作；1996年进入北京民族厂师从史增全师傅学习古筝制作；2001年至今负责产品技术研发、技术改进、产品结构优化等工作；2015年荣获乐海公司“杰出贡献奖”。在乐器杂志先后发表了“筝的制作材料处理与制作技术应用”“小型化大阮的设计与研发”等多篇论文、并先后申请了国家发明专利3项，实用新型专利12项，2017年荣获中国民乐“十大改革家”荣誉称号、2020年受聘于“全国乐器行业专家委员会”专家。

**一、认真学习，匠心钻研**

宋恩辉在工作中一丝不苟、精益求精，发扬新时代的工匠精神。为了解决困扰古筝使用者和生产厂家多年的古筝琴头开裂问题，深入车间带领研发团队反复做测试，找办法，失败了重新再来，做市场调研，分析古筝产品适宜的存放环境，其温度、湿度对乐器的影响。古筝琴头开裂最主要的原因就是内部应力不平衡，为了解决这个问题，宋恩辉亲自到车间和员工们一起对材料进行了清水浸泡，蒸汽烘干及特殊工艺处理。为了降低材料的内应力，多次尝试和探索环境温、湿度对木材的影响，模拟

梅雨季节的气候特征对产品进行测试，最终根据产品的特性、利用实木复合技术解决了古筝琴头开裂问题、保障了产品质量。

扬琴属于木质结构的一件乐器，在使用或销售过程中经常会遇到扬琴音板开裂的现象，严重影响了扬琴乐器的质量和使用寿命，为了减少扬琴音板的开裂问题，他和扬琴研发团队的成员们，反复研究测试并做了大量的改进工作，在实验中发现扬琴的几根音梁弧度不在一个弧面上，这样音梁与两侧琴头交接就出现了过渡不均的现象，导致音板弧面受力不均、音板厚度出现误差。正所谓："差之毫厘谬以千里"，丝毫的偏差就会导致音板与音梁胶粘合不严，使扬琴音板出现应力不平衡问题，这样就会导致后期音板开裂、变形。要想解决这个问题必须对扬琴音梁弧度进行改进，最大可能地使几条音梁的弧面在一条弧线上，使之内应力自然释放。同时在研发的过程中发现扬琴音板收缩缝过窄，当扬琴拴上琴弦后，扬琴受到琴弦巨大拉力的时候，预留的收缩缝被迫挤压合并，使扬琴受力后不能释放应力，导致音板变形鼓包，从音梁粘合处开裂。为了规范扬琴的音梁弧度控制音板开裂问题，宋恩辉带领研发团队做了大量的研发测试、从失败中找经验。他分析考虑到北方空气干燥，尤其是冬季，室内外温差较大，扬琴音板容易受气候环境温湿度影响、应力不平衡而导致变形开裂。通过对扬琴产品结构、材料、框架承受力、制作工艺优化等不断的尝试，和多次反复的论证，他大胆提出：利用模具实现扬琴音梁弧度与梁峰宽度模具成型，并对扬琴上音板工序的操作进行优化减少框架应力，这样就避免和控制了扬琴音梁不规范的问题，同时采用粘合力强的化学胶、控制了扬琴音板开裂。

为了满足市场需求，宋恩辉带领扬琴研发团队，在专家的指导下，研发了乐海-海之尊系列—虎啸中音扬琴。为了使虎啸扬琴中、低音区音色浑厚，在402扬琴的基础上增大琴体框架35mm，音域扩展为五个八度多三个音，比402型中音扬琴扩展出近一个八度的音域，保证了专业演奏用琴的功能。有效地扩展高音音区的音域，同时对扬琴演奏八度和音式音型提供方便。有效地缩短了演奏动作运动的距离，改善了击弦的精度，演奏更加顺手。

虎啸402扬琴音域对应五线谱的音高位置如下图：

## 二、开拓创新、匠心务实

宋恩辉在琵琶研发工作中发现中低档琵琶产品的音板薄厚度很难掌握，是琵琶音质提升的短板，受环境因素和刨面制作人员技术含量的影响，很难对琵琶音板厚度进行把控，于是他率先提出将琵琶的音板进行数据化生产。他亲自带领琵琶研发团队成员通过采集大量的琵琶优选琴音板数据，对琵琶的材料密度、结构进行综合分析，探索每一块音板存在的共性因素奥秘，根据音板的木射线多少和年轮宽度进行分析配置音板厚度，并做出数据化的样品琴，让专家鉴定音色，找出不足后再次优化完善琵琶的音板数据。在经过反复推敲、验证后，综合实验数据形成一套标准参数。最终根据音板木材密度利用智能数控加工，率先实现了中低档琵琶的音板数据化生产。与此同时实现中低档阮、扬琴的音板数据化生产。降低了操作难度、提高了生产效率。

## 三、从不服输，勇于挑战瓶颈问题

随着民族乐器的不断发展，乐器产品的研发的力度逐渐增大，产品的音质研发已经成为乐器研发制作的关键，琴弦是乐器的关键组成部件，琴弦的音准，音色直接影响乐器的发展，可见琴弦的品质在乐器生产使用过程中的重要性。琴弦音质的好坏，音质纯净度是由琴弦钢芯材料所决定的，那么琴弦钢芯的时效处理势在必行。这么多年来，人们对琴弦材料的研发较少，可借鉴的方案、可查询的资料几乎都是空白。琴弦的好坏直接影响乐器的音质，影响演奏者演奏技巧的发挥，而琴弦的核心就是钢芯的质量，在钢芯的拔丝和琴弦的加工过程中都会产生应力，这些应力在使用过程中就会产生杂音，表现为琴弦不够松弛，音头不够圆润。为了解决琴弦应力问题，宋恩辉购买了许多相关方面的书籍，查阅资料，然而却找不到有关琴弦应力平衡的相关资料。于是，他多次走访中科院，向相关方面的专家请教并购买了真空光亮处理设备。

初用此设备不知从何下手，处理出的琴弦钢芯锈迹斑斑。琴弦的研发道路坎坷，需经过无数次尝试，不断地改进优化，实验、检测、验证、试用、反馈，最终验证了：在高温状态下利用惰性气体进行高温保护处理，从而降低琴弦钢芯的内在应力，减少琴弦的杂音。琴弦材料处理工艺是琴弦研发的关键技术，合适的环境温度可以改变琴弦钢芯的应力平衡，在高温下使其晶体重新排列从而起到调质降噪的目的，提升琴弦的纯净度，以满足乐器使用的需求。

**四、总结经验、提升自我**

宋恩辉在工作中虚心向音乐学院专家、教授请教，刻苦钻研，不断地提升自我，把乐器的乐理知识与实践经验相结合，根据木材密度、传导振动，对音色好的乐器进行声音采集、频谱成像，分析产品的特性，总结经验，形成标准，用于指导生产。为提高一线生产员工的劳动技能，加强培训意识，及时组织车间工序进行技术项目培训，有针对性地讲解关键工序、关键点的技术把控，讲解关键工序操作要点，让工人熟练掌握本工序操作技能，有效地提升了产品质量，得到了市场的认可。

宋恩辉积极参与编制了《乐器使用保养扬琴100问》，主编了《琵琶100问》。将乐器产品在使用过程中容易出现的问题和需要注意的事项，及乐器存放需要的环境温度、湿度逐一做了解答。乐器不同于其他产品，它不仅是一件乐器，而且还是一件工艺品，受环境温度、湿度的影响，直接会影响到其音色质量。《扬琴100问》和《琵琶100问》的面世，给使用者带来了很多益处，受到了广大音乐爱好者的一致好评。

宋恩辉从事工作三十年来，在长期不断的摸索和生产实践中，他深刻体会到：乐器科技与研发创新，是乐器生产征途上的永远命题，是乐器生产企业发展活力延伸的动力源，更是乐器行业体现中国制造的风标，尤其对乐海乐器强化企业发展与社会责任感的企业文化建设更具有深远的积极意义。为汲取先进生产工艺，宋恩辉认为虽路漫漫而志在求索，为智能化中国制造的实现，“博观而约取，厚积而薄发”，为了中国乐器工业的辉煌，努力腾飞。

# 宋少康：“择一事终一生，不为繁华易匠心”

## （乐海乐器有限公司技术研发二部、生产部经理）

宋少康，乐海乐器有限公司技术研发二部、生产部经理。2003年，加入乐海乐器有限公司，从事漆艺制作及质量检验工作；2008年至今，从事生产管理及产品技术研发、民族乐器仿制及复原等工作，并先后申请了国家专利11项；自2015年，进入国家行业标准委员会，起草、修订行业标准十余项；并受聘为全国乐器标准化技术委员。曾荣获市级“质量标兵”、县级“十大工匠”、2019年荣获中国民族乐器“十大改革家”荣誉称号。

## 一、"传、帮、带"精神

宋少康说，直到现在他依然清晰地记得第一次进入车间的场景，虽然对各种产品充满好奇，但更多的是被老师傅们娴熟的手法、严肃的工作态度征服。也就是从他进入车间开始学习的时候，才真正领会到了"传、帮、带"的含义。正是因为有老师傅们无私地将其工作上所掌握的知识、方法和经验传授给新员工，帮助和带领新员工开展工作，才使得他们尽快地成长，也使得他们在今后的工作中一直将"传、帮、带"精神传承下去。

## 二、"工匠精神"不仅是荣誉，更是责任和担当

为了提高产品的生产效率，使民乐批量化、标准化、精准化，宋少康亲自到车间与工人师傅一起干活、一起探讨、试验，根据各种产品的特点对其工艺进行改良。经过长时间的实践，他将公司内部主营的扬琴、古筝、琵琶、阮、胡琴等十几种产品重新组合，分化了产品流水线。在日常的生产管理当中，他坚信只有利用现代科学的管理结合民族乐器的生产特性，才能使民乐做到批量化生产。首先，对乐海公司所生产的每一种产品制定出了标准的使用量、构成乐器的物料信息，然后制定出了具有民乐"特色"的库存状态信息，保障批量化生产；同时引进及自主研发机械设备对产品进行标准化的生产，使关键部位的尺寸控制在0.02μm的误差，使民族乐器的生产达到了一个新的高度。他时刻都在保持着这种不断追求完美，追求创新的精神，也在感染着身边的每一个人。他说，工匠精神是一种心态，是一种干一行、爱一行、精一行的态度，这是工匠精神的灵魂！

## 三、持续创新

自2014年起，为了激发全员正能量、群策群力、体现员工价值；在公司内部推行全员创新。在推行全员创新初级阶段，公司召开了全员创新动员大会，大家一听到说要人人创新，员工自己就打退堂鼓，就觉得很难，认为那是高科技人才才能做的事。

宋少康认真地和大家讲了创新的含义，他说到创新有三层含义：更新、改变、创造新的东西。更新一个操作、改变一条线路、变换一种方法、想出一条新思路……这都是创新。怎样才能走上"创新路"？怎样才能找到"创新点"？如何能多出创新成果？我们应该善于思考，做到人人想创新、人人敢创新、人人能创新、人人会创新……只有这样，更多的创新成果才能在乐海的这片沃土上生根发芽。

2014年至今，在推行全员创新的七年时间里，在乐海公司内部推行并使用的创新案例达500余项，其中有100余项申请了专利，填补了多项专业领域的空白。例如专业儿童二胡的研发及市场推广、便携演奏筝的研发及应用等。大家都知道，创新是企业赖以生存和发展的基础，员工是企业创新创效的主力军。无论创新实践的推进还是创新成果的转化，员工参与面越广，参与程度越高，创新成果就越丰硕、越显著，效益提高就越明显；创新，只有起点，没有终点。我们要致力于把全员创新做为一个优良传统，在乐海发扬光大。

## 四、"以匠人之心，斫时光之影"

木材干燥是一个很严谨的过程，木材干燥处理的目的，主要有五个方面。（1）预防木材腐朽变质。（2）防止木材变形和开裂。（3）提高木材的力学强度，改善木材的物理性能。（4）改善木材的环境学特性。（5）减轻木材的质量。简而言之，木材干燥是为了保证产品的音质，及材料的稳定性，使木材本身的应力得到平衡。宋少康在2014年根据材料学、热工学、力学等原理，完善并制定了公司内部《木材处理流程方案》。例如，材料在自然风干时，对环境的要求、材料的码放方式，以及自然干燥过程中倒垛的频次；在蒸汽干燥过程中，为了保持空气的流通，对材料的码放高度及空间的排列要求等，都制定了标准的操作规程。

以色木为例：我公司常用色木干燥基准如下：

干燥基准（50mm厚色木终含水率7%）

| 含水率（%） | 干球温度（℃） | 湿球温度（℃） |
|---|---|---|
| 初含水率＞40%时需要预热处理：干球48℃，湿球48℃，预热10～15小时 | | |
| ＞40 | 48.0 | 46.0 |
| 40–35 | 50.0 | 47.0 |
| 35–30 | 53.0 | 48.0 |
| 30–25 | 58.0 | 50.0 |
| 初含水率＞40%时，在此阶段可进行一次中间处理：干球58℃，湿球56℃，处理10～15小时 | | |
| 25–20 | 65.0 | 53.0 |
| 20–15 | 70.0 | 52.0 |
| ＜15 | 75.0 | 53.0 |

### 五、“初心在方寸，咫尺在匠心”

正是因为对民乐事业的热爱，宋少康才更愿意感同身受地去考虑使用者最真切的想法，并为之解决后顾之忧。

由于南北方气候差异较大，受温湿度的影响，胡琴很久以来就受地域的限制，有“南琴、北琴”之说。例如，南方的琴到北方，会由于气候干燥、湿度较低，出现不同程度的琴筒开裂；北方的琴到南方，由于南方气候比较湿润，湿度较大，胡琴会出现皮膜压力变小，调不到标准音等一系列的问题。这些问题既阻碍了胡琴的推广，也给众多的演奏家到各地去演出带来了很大的困扰，更甚者有的演奏家为了一次演出，需要带好几把琴，并且还不能保障演奏用琴的音色。

为了解决琴筒开裂的现象，宋少康带领研发团队，借鉴传统榫卯工艺，在琴筒拼接的六个面上利用嵌入式工艺对琴筒进行加固，这样既能对琴筒起到加固的作用，又不影响外观。这样一来，即使我们的琴到了南方也不会因为湿度太大的原因导致琴筒发生开裂的现象。

随着交通的便利、音乐文化交范围的日益增加，胡琴必须打破区域使用限制，才能得到更广泛的推广和应用。专业演奏家需要经常带琴到各地区演出或授课，由于温湿度的变化对皮膜的影响甚大，经常会出现从北方带琴到南方出演出，由于南方空气比较湿润，北方的琴到南方以后经常会出现皮膜变松，调不到标准音。同样南方的琴到北方以后，由于北方比较干燥，皮膜会变紧的现象。针对以上由温湿度变化引起的皮膜收缩，应急的处理方法就是通过调整弦码的高度、千斤的宽度来调节，但是这类调整方法的调节范围有限，仍然难以达到理想的音准效果，所以给演奏家带来很大困扰。

针对现有技术的不足，宋少康发明了一种改变琴弦张力的方法，进而达到增加或降低皮膜的压力，来解决皮膜因温湿度变化而变松或者变紧，音准不标准的问题。此法能够提高实用性的可调式二胡结构，并申请了发明专利。该可调式二胡结构，操作方便，对音程范围的调节可达三个大二度，调节范围大。有效地解决了因温湿度变化，对皮膜造成的影响，增加了胡琴的实用范围，在很大程度上解决了演奏家的困扰。

在音质、音色的研发方面，宋少康听取了众多演奏家的意见及建议，在研发的过程当中结合每种乐器自身的发音特性，利用材料学、振动学、传导学、结构学、力学等科学的方法进行验证，通过多次的测试使乐海生产的每一样产品都得到了阶段性的提升。乐海公司每年都会组织多场公司内部及外部的制作比赛。内部的比赛评委是从事民族乐器制作十五年以上的技师，对制作水平的评比；外部的比赛评委是众多专业院校教授对音色进行评比。通过自我提升及专家引领使乐海公司的产品能够在众多专业院校使用，使宋少康感到骄傲与自豪，同时对民族乐器事业的责任又多了一份重量的担当。

在宋少康看来，工匠精神是对于完美的不懈追求；是对于创新的不断努力；在许多人眼中，工匠精神，更像是一种学者的“怪癖”。其实，工匠精神是一种对职业本身的要求，是一种追求完美、追求创新的责任感。一直以来，民族乐器的传承、发扬是我们乐海公司的宗旨，我们也会继续为民族乐器的事业而不懈努力着，用新时代的工匠精神照亮未来。

## 新产品

# 2020年乐器行业新品纵览

编者按：回首2020，在挑战重重的后疫情时代，“构建国内国际双循环相互促进的新发展格局”，是党中央积极应对国内外形势新变化做出的重大战略部署。着眼于构建双循环、积极开辟内需大市场、以科技创新赋能“双循环”，成为我国乐器行业发展的新战略。聚焦音乐产品创新，赋能业界，焕发新机。在“后疫情时代”，本刊特别策划2020年乐器行业新品回顾专题，旨在进一步推动企业向产业链和价值链高端跃升，从而加快在乐器产业落实“国内大循环为主，国内外双循环相互促进的新发展格局”。

### 一、广州珠江钢琴集团股份有限公司

#### 恺撒堡KX2T立式钢琴

恺撒堡KX2T立式钢琴在欧洲高档钢琴设计理论基础上，采用倾斜式背架和最新自主研发PR2.0弦槌等新设计新技术，确保弹奏性能和音色方面达到最佳效果。外型设计现代美观，大方典雅，表面精选高贵华丽的进口木皮饰面，整琴从里到外有效提升民族自主研发钢琴的品质，以“国创”之傲给钢琴演奏者带来更好的声乐体验和视觉感受。

#### 恺撒堡KA3TX立式钢琴

恺撒堡KA3TX立式钢琴是珠江钢琴2020年新品。在恺撒堡KA艺术家系列基础上：KA3TX内载“PR2.0弦槌”突破性技术，打造音色丰富的层次、饱和的色彩和更具动态的表现力；外以直纹黑檀木皮为衣、从视觉上呈现睿智大气观感。内外相成、实现该系列的多方位升级。

#### 艾茉森AMASON S3智能家具数码钢琴

作为一款时尚家具书桌概念式数码钢琴，该产品还具有人工智能陪练技术，智能数字接口引导灯带让初学者快速掌握弹琴技巧，提升学习进度。其时尚简约、别具一格的外观，是新时代家居首选。

钢琴音色采样德国原产舒密尔九尺大三角钢琴，超大波表，10层采样，配备意大利原装进口FATAR键盘无级动态触键的快速响应，可媲美传统钢琴的键感。采用无损音频蓝牙4.0传输技术，配置HIFI级二分频独立音响，时尚流行的钢化玻璃人体感应触摸面板，时控全息屏光感按键，既节能环保，又彰显高科技带来的酷炫感。钢琴+智能+音响，就是S3。

**艾茉森AMASON GE-70电钢琴**

作为一款静音钢琴，AMASON GE-70电钢琴采用传统钢琴烤漆外观，键盘机械结构采用传统钢琴击弦机结构，音板结构保持真正传统钢琴手感。同时发音部分采用电钢琴，通过在机械键盘安装键盘运动采集电路，实现电信号采集到声音的转换过程，实现适时控制音量。同时加入触摸多功能面板，按键教学指示灯，麦克风介入，无线蓝牙音箱功能，让钢琴功能得到升华，功能更加丰富多彩，满足更多使用场合和用户群体。

## 二、上海民族乐器一厂

**敦煌牌玫瑰檀木“美好生活”古筝**

2005年8月15日，习主席首次提出“绿水青山就是金山银山”的理念，今天，这理念已经成为全党全社会的共识和行动。良好的生态环境是民之所愿，是人民共同财富，是全面建成小康社会的重要体现。此次上海民族乐器一厂推出的“美好生活”古筝，展现的正是青山常在、绿水长流、空气常新的美丽中国。

## 三、海伦钢琴股份有限公司

**海伦A126钢琴**

A126钢琴既是一台优秀的传统声学钢琴，也是一台拥有智能硬件系统的现代化钢琴，同时它能与海伦智能钢琴APP交互，便于用户提升演奏水平。A126钢琴外形采用现代简约设计风格，简洁大方，琴的顶盖、上门、侧臂、琴腿、琴脚多采用平面，自然顺畅且现代感强。

## 四、柏斯琴行（中国）有限公司

**长江TCH-9X钢琴**

典藏荣耀铸就“柴赛”辉煌！长江钢琴“柴赛”系列-TCH-9X，以媲美九尺三角钢琴的音质，让更多钢琴弹奏者的音乐道路，都能够从这一台高品质的立式琴开始，让演奏者无论音色、触感及使用强度，都能享受到专业水准。

Louis Quinze Royale路易十五皇家风钢琴

GROTRIAN（高天）钢琴旗下185周年纪念款路易十五皇家风钢琴（Louis Quinze Royale），由工艺大师纯手工打磨，精湛技艺造就杰出性能，每一寸工艺都倾注了无尽心血，精致品质创造出惊艳绝伦的感官体验，浑然天成的自信与温婉高雅的气质萦绕身侧。

KAWAI KS-A90钢琴

KAWAI旗下迈向百年系列旗舰型号——KS-A90是凝聚了河合家族近百年来对钢琴制作的热爱与对音乐品质极致追求的大成之作。

## 五、江苏凤灵乐器集团

凤灵立音板双音箱弦鸣乐器——贝拉琴

贝拉乐器系拉弦乐器，意大利语Bello，意为漂亮地、美妙地。琴体结构在箱体之中设置直立音板，音板两侧分别构成两个音箱。音板位置再夹置琴马，琴马上摆排弦列，从而形成直立音板双音箱弦鸣乐器箱体结构。由于琴体可以置排四条琴弦，且箱体设计可以涵盖小、中、大各种型号，因而其具有弦乐器演奏使用相同的艺术价值。

## 六、河北金音乐器集团有限公司

Rbythyn S7吉他

Rbythyn吉他拥有15年高端吉他制作经验的一流团队，以海量的木材储备、同行业领先的机械设备以及先进的加工工艺确保我们每把吉他的超高质量水准。每把吉他生产的各环节都有严格质量控制体系，每把吉他都通过专业调音师精准调校，确保每把吉他给消费者呈现出完美的状态，让每一个消费者舒心愉快地使用我们的产品。

## 七、天津市津宝乐器有限公司

津宝JBTD-0529型定音鼓

津宝0529定音鼓，每一颗鼓都能够在六度音程范围内，自由变换音高。五颗鼓搭配使用，音域更加宽广。音色柔和、丰满，音量可自由控制，不同的力度可表现不同的音乐内容。

**津宝降B调太阳号/JBSH-190**

降B调太阳号，型号为JBSH-190，主要选用H68黄铜、白铜材质。本产品调音管内管管径φ16.8mm，号口直径φ508mm，整体高度1185mm，表面处理可漆金、镀银。其在演奏中音色低沉、浑厚、饱满又有柔和，震动更加充分，能达到优美的音响效果。

**津宝巴松JBBAS-710**

此款乐器为学生款巴松，调性为C调，加长按键设计，管体选用枫木材质，表面喷漆亮面处理，白铜镀银按键，德式体系高音E键，左小指bE和bD活动轮，右小指F和#G活动轮，带低音自锁装置，双背带，双S管。

**八、乐海乐器有限公司**

**海之尊系列钧和二胡**

海之尊系列二胡在外观装饰、型制、线条流畅度等都进行了创意改变，同时制作师调整装配工艺，有效提高演奏手感的舒适度、保障音质的清晰度及上下把位音色的均衡通透。

**“紫云君”琵琶HZ917-AA**

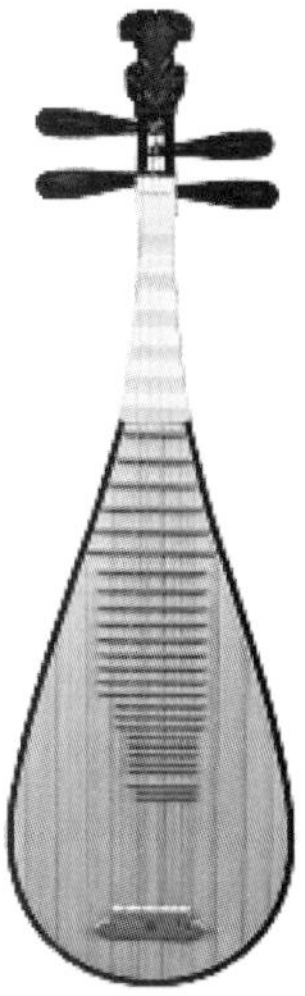

“紫云君”琵琶以珍材为料，精雕细琢而成。选用墨西哥特级微凹黄檀木老料为琵琶背板，使用自然存放10年的优质兰考桐木，经过特殊工艺处理、精选作为琵琶音板，以万年前的猛犸象牙为辅料制作相条、山口、缚手条等重要部位，配二十世纪五六十年代民间土炕沿用竹质材料做成琵琶的品条、缚手。琴轴使用乐海自主研发的调弦力度仅为传统弦轴的1/20的“微调轴”，具备出色的稳定性。配弦使用乐海“一弦一品”演奏级琵琶琴弦，外观以张云福凤尾如意琵琶琴首为模。象牙白与红褐色的琵琶背板相互衬托，浑然一体，命名为“紫云君”。“紫”为富贵之色，“云”以示传承与纪念，君代表尊贵与君子，彰显了该琵琶的典雅与高贵。

**九、江阴金杯安琪乐器有限公司**

**格兰德牌坤式手风琴/JH1812HC41K120BS11/6/1**

JH1812HC41K120BS11/6/1坤琴系列手风琴系针对琴体体积大、分量重的难题而专项研发的新品。该琴白键宽度由19mm缩减到17.5mm，整体尺寸缩小13%，手风琴重量减轻16%，给体型娇小者带来福音。琴体采用意大利玛瑙材料制作，采用国际先进一体式贝司机，贝司机零件间隙更小，灵敏度更好，零件表面光洁度更高，摩擦系数减少，金属撞击声明显减弱，从而提升演奏质量。上盖键杆固定方式由传统马鞍悬挂式改为串键固定式，有效控制键杆传动机构因间隙过大而产生位移而发出的撞击噪声，使得手风琴音色更加纯净。

## 十、美得理电子（深圳）有限公司

### 美得理A2000电子琴

MEDELI A2000为专业编曲而生。出彩的科技感外观搭配时尚简洁的自定义灯光，无论在任何演出场景，都将是目光聚焦之处。超出预期的完美音效，大师采样重新制作的音色和音乐、越级超规的震撼音响、随心所欲的舞台控制，以及精心设计的便捷操作，A2000在设计上不断革新、功能上不断探索、细节上不断优化，为市场带来匠心之作。

### 美得理魔鲨MZ528电子鼓

MZ528是一款全新研发的高性价比电子鼓，它拥有逼真音质，双触发鼓盘，精心设计的10寸网面军鼓和6寸低音鼓，采用了最新的材料和结构设计，达到了与真鼓一致的手感和脚感；新的蓝牙功能，延迟指标达到世界先进水平，提升了配合使用课课练、电鼓玩家等App的用户体验；另外增加的2个独立小鼓盘，配上小打或效果音色，既丰富了音色表现力，也增加了打鼓的趣味性，深受用户欢迎。

## 十一、吟飞科技（江苏）有限公司

### 吟飞电子鼓EFNOTE 5

EFNOT5提供一种真实的演奏体验，仿若原声乐器，具有优雅的外观，愉悦的触感和美妙的音色。

全尺寸鼓音，重量模拟高质量镲片，踩镲脚踏精准反应，操作简单直观，练习、录音功能一并齐具。5套预设鼓组+45套用户鼓组，3触发军鼓，双触发嗵嗵鼓，单触发脚鼓，Line输出、Phones输出、音频输入，USB音频+MIDI输入输出。

## 十二、深圳市蔚科电子科技开发有限公司

### NUX MG-300数字综合效果器

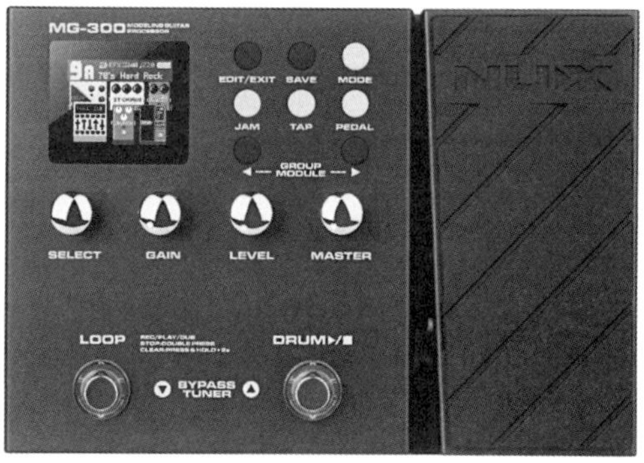


NUX MG-300是一款全新数字综合效果器，依托于NUX团队强大的研发能力，历时五年漫长的研发过程，我们终于完成这款基于白盒算法的新一代数字综合效果器。凭借其超前的设计理念、超高的性价比、逼真的音色、以及超真实手感，自上市以来获得了消费者的一致好评。

### NUX NPK-1便携式数码钢琴

NUX FLY PIANO NPK-1是蔚科科技于2020年面向全球首发的便携式数码钢琴，其键盘构成全部应用三传感器技术，采用最新的音色采样与算法，主芯片、键盘、功放系统等配套设备完全自主研发，

完美的品质与强大的工艺水平是其万众瞩目的秘密。产品以高精度、高品质、高寿命的设计要求，结合出众的擒纵结构与声学设计，受到音乐艺术家与广大音乐爱好者的支持与肯定。

## 十三、赛乐尔三益乐器（上海）有限公司

132“B”KONZERT钢琴

132“B”KONZERT音乐会系列具备高品质的音乐灵魂，对音乐色彩的旋律有着深刻的理解与演绎，能满足各个层次钢琴演奏家的需求。完美地延续了精湛的德国百年制造工艺，并结合了传统乐器制造的精华，无论是设计还是音色，都有其独到的震撼之处。

## 十四、天津华韵乐器有限公司

**罗尼96贝司巴扬传统低音/Emily 96**

罗尼（ronnie）手风琴，代表意大利和中国手风琴先进的制造水平。开发罗尼系列手风琴，最早由意大利bugari公司针对全球手风琴市场需求进行设计研发。以bugari手风琴为基础，保证最佳手感同时，进行结构优化和升级，以及音色微调。华韵乐器以一师带一徒原则，成功将意大利最难克服的手工成本问题解决。2020年7月，第一台罗尼手风琴正式下线，2020年10月产品发布。

## 十五、扬州金韵乐器御工坊有限公司

**金韵电筝**

金韵电筝历经三年自主研发和制作，属行业首创，具有颠覆性创新理念。产品采用环保轻质复合料制作（无一块木料）。音频输出口采用国际通用6.5mm音频接口，可以根据用户需求转接各种效果器，创造各种音色的乐音。将中国民乐元素和现代电子乐队有机融合，真正做到传统文化与现代文明交相辉映，为中国民族乐器融入世界乐器之林创造了更为深邃的空间。

## 十六、北京罗兰盛世音乐教育科技有限公司

RDEC DR-50电鼓

RDEC DR-50是北京罗兰盛世音乐教育科技有限公司于2020年推向市场的新一代高端电鼓。它为热爱打击乐演奏和电鼓达人量身打造，拥有真实鼓组音色和超凡的演奏打击感，音源内置的多元化功能满足从新手到职业鼓手的多种需求，同时它还拥有多种颜色外观，让演奏者在舞台上更受瞩目。

## 十七、德国博兰斯勒钢琴集团

LISZT 210（李斯特210周年纪念版）

2021年，德国国宝博兰斯勒为纪念李斯特诞辰210周年并向李斯特致敬，根据李斯特当年使用博兰斯勒钢琴时对音色与手感的要求，博兰斯勒特别设计一款李斯特210年纪念版钢琴-LISZT 210，钢琴全部采用德国国宝博兰斯勒钢琴技术标准，音源及钢板按照德国博兰斯勒原厂技术参数来生产组装及品质检验。

## 十八、广东红棉乐器股份有限公司

**红棉CFD2TBK吉他**

CFD2TBK为新研发碳纤全单产品，面板与背侧板均使用同一种高碳纤含量合成的高分子新材料，与传统吉他不同的是背板与侧板圆弧过渡，面板为1.2mm厚纯碳纤板，琴头、琴柄与背侧板是连体一体成型注塑而成，指板和琴马使用HPL高密度合成树脂纸板，避免指板收缩。

## 十九、江苏奇美乐器有限公司

**奇美黑霸王复音口琴**

奇美公司三十多年专注口琴制造，隆重推出24孔黑霸王演奏级12调单支、7小调套装、12调套装和重音C调口琴。

## 二十、江苏东方乐器有限公司

**EASTTOP半音阶口琴**

EASTTOP半音阶口琴采用钛合金琴格，开启全球半音阶口琴材料应用先河。经过反复测试，产品音质超出设计预期。此款半音阶口琴增加了可调节按键松紧按钮，成为产品的改进亮点。

### EASTTOP 10孔布鲁斯口琴

这款具有代表性的10孔布鲁斯口琴，聘请国外设计团队设计，采用特制音簧，精加工工艺，开放式外壳，使得产品气密性和可操控性有效提升。

## 二十一、嘉兴温克尔曼乐器股份有限公司

### 温克尔曼UP125D钢琴

产品系哆啦A梦系列钢琴之一，是由本公司与日本卡通巨头“哆啦A梦”品牌方联合设计推出，巧妙融合了哆啦A梦卡通形象与温克尔曼钢琴的经典造型。采用专利技术配置及加工工艺保证了钢琴的手感与音色，以哆啦A梦的经典形象组合提升了钢琴的外观形象，为所有保持童心的钢琴爱好者而创作的一件精美的产品。

## 二十二、烟台金斯波格钢琴有限责任公司

### 金斯波格K280三角钢琴

K280三角钢琴系自主研发演奏会专业三角钢琴，研发过程吸收世界著名钢琴设计大师克劳斯·芬纳先生设计精髓，采用超长低音弦、超大张力，使低音延音更长，声音更为浑厚，更具穿透力；特别

是采用钢琴弦列优化专用设计软件进行优化设计，最大限度使整个音域内音质音色均匀过渡，消除不协和共振音；并结合现代世界名琴设计思想，超宽钢琴尾部设计，使音板振动更加有效，过渡更加自然；高音区、次高音区前倍音采用不等距可调的阶梯式弦枕，更加精确地对谐振频率进行细分，声音层次更丰富，更有表现力，音质更加出色。高音区、次高音区后倍音采用单个弦组对应梭状弦枕，中音区、低音区采用弦枕钮结构，保证琴弦分布均匀，使同弦组内每根琴弦精确分布、振动响应完全一致，整台钢琴声音纯净，富有活力，音幅宽广，和声丰富。

### 金斯波格立式钢琴KF126-2

金斯波格KF126-2立式钢琴是我公司独立自主研发，是为满足市场需求而研发的高档立式钢琴，KF126钢琴核心部分：弦列设计专利号是201120496496.8，音源专利号是201420091716.2。外壳有酒红色亮光、黑色亮光及胡桃木亚光，优雅精致。

## 二十三、北京中加海资曼钢琴有限公司

### 海资曼立式钢琴/H-123JJ

海资曼钢琴传承具有150年历史加拿大产品的特质传统，触感灵敏、轻而不飘，音质表现高音清澈明亮、中音柔美细腻富于变化、低音浑厚而富于立体感、整体均匀连贯，尤其外观造型独具古典特色，合资后的北京海资曼钢琴，融合了符合中华民族审美观点的元素，不断丰富产品的型号、款式，造型雍容典雅、线条复杂流畅。不仅具有古典风格的细腻，也有现代生活的豪华，使海资曼钢琴重新焕发青春。

## 二十四、深圳市伊诺乐器有限公司

### 精鸿节拍器EJ-M1

2019年，伊诺乐器在东方国韵审美基础上融入西方现代工艺，标志着“国潮”范的“精鸿”品牌应运而生，精鸿节拍器EJ-M1是一款音箱加节拍器产品，代表新时代乐器制造水平。音箱功能可连接蓝牙放音，具有大音量、好声音品质。节拍器功能具有雅克力面的触摸按键，变速练习，多速度存储等功能，外观兼具民族与现代设计风格。

### 精鸿音箱EJ-A1

精鸿音箱EJ-A1系原声乐器音箱。具有2X20W的功率，配以电子分频独立为高低音喇叭提供优质听觉体验。该产品具有多种输入方式：一路为乐器设计通道，具备均衡旋钮；一路为麦克设计通道，配有效果；同时它支持U盘与蓝牙输入。

## 二十五、苏州民族乐器一厂有限公司

### 虎丘牌金声玉振琵琶

金声玉振琵琶，主体采用白酸枝料，大漆金箔镶嵌，琴头采用印度老山檀，发音稳定。采用国内本土大漆，髹漆完毕进行撒金花工艺，潇洒自然，再用透明漆封闭，手工打磨推光，保护琴体不受变型，手感舒适，图案美观，具有安全性、唯一性、实用性。

**虎丘牌五福竹音箜篌**

五福竹音箜篌，通身采用大叶紫檀料，琴体雕以竹叶及五蝠（福），是一整块原料镂空雕花而成，并非拼接，雕刻雕工耗时近一年的时间，寓意满满。面板为泡桐材料，音色比常规用的榆木面板更为通透。

**虎丘牌暗香疏影二胡**

暗香疏影二胡，通体采用印度小叶紫檀木料，琴头结合中国传统寓意辅以精工雕琢，浑然天成，造型优美，图案清晰、美观，手工匠心打磨，高水准工艺，兼具实用性、演奏性、收藏性。

## 二十六、河南中州民族乐器有限公司

**中州G900玉玲珑古筝**

G900玉玲珑古筝是中州乐器新推出的一款方便携带的整木挖制古筝。其琴面、琴身选用兰考优质泡桐，采用整木挖制工艺，经过特殊加工处理，饰面配以阔叶黄檀，表面经过精细打磨、烫蜡、抛光等传统制作工艺，使木材纹理清晰，颜色自然美观，配以高端定制琴弦，采用岳山断开的设计理念，使共振共鸣更协调，低音浑厚，高音清脆。

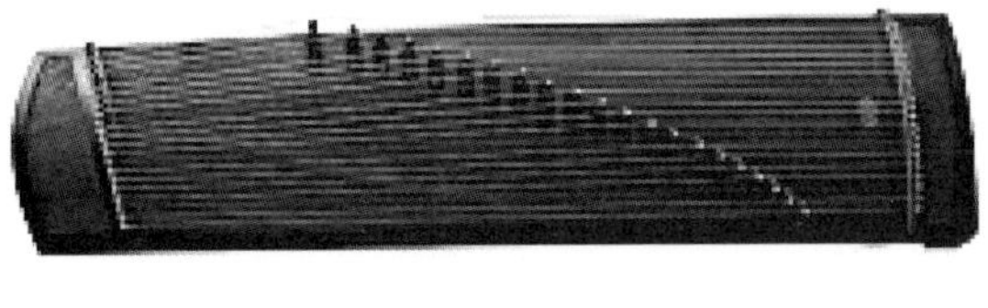

## 二十七、扬州民族乐器研制厂有限公司

**龙凤古琴GQ-9005**

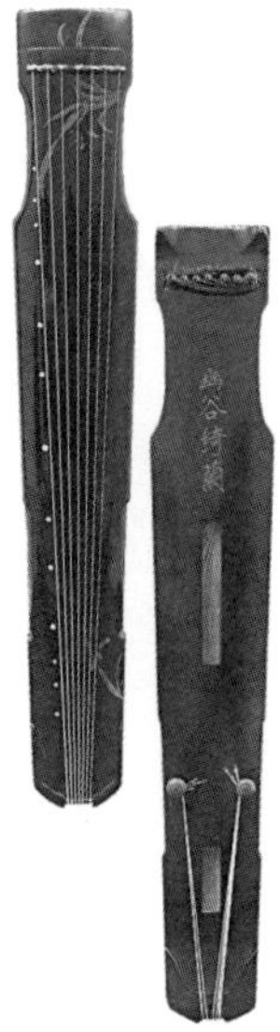

双箱古琴在琴箱内置一层共振音板，使古琴共鸣箱分为上下两个，第一共鸣箱振动通过天地柱和龙池凤沼的作用引起第二共鸣箱共振，发出苍松圆润之音。扬州田氏斫琴坊经十余年的研制试验后，终于获得成功。2008年，在中国民族器乐学会主办的全国古琴制作大赛上，田氏双箱古琴获得音色、工艺四个金奖。双箱古琴发音松、透、圆、润，可作为专业演奏用琴，亦可供古琴爱好者收藏，亦可作为高档礼品。

## 二十八、布菲（北京）乐器技术服务有限公司

布菲单簧管：Limité /利米特

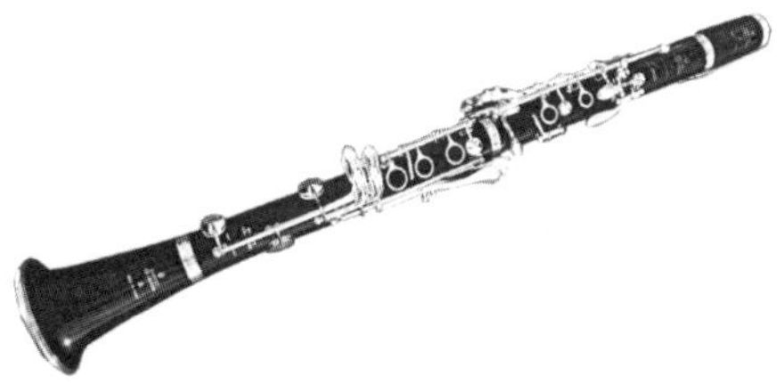

Limité 是布菲集团在2020年针对学院级市场推出的一款具有特殊意义的产品。继承了布菲专业级产品的管身设计以及按键设计，并在此基础上对管体进行了声学以及音准的特别优化，使其成为一款具有全新风格的单簧管作品。

Limité 的亮点不止于此，真正惊艳的还有它平易近人的价格，使得正在迈向专业领域的演奏者以及对音质有更高要求的爱乐者有了一个更加具有性价比的选择。

## 二十九、施坦威钢琴亚太有限公司

### 施坦威钢琴皇冠珠宝20周年系列钢琴

2020年，标志着施坦威皇冠珠宝系列钢琴推出20周年。每一架施坦威皇冠珠宝系列钢琴都是全球独一无二手工制作的艺术品。皇冠珠宝系列钢琴使用全球珍稀木材进行装饰，搭配精美的色彩和木纹。施坦威制琴师精心调制钢琴一端至另一端的木纹，甚至包括琴盖上的边缘。尊贵独享的定制铭牌更加彰显独特身份，感受真正的施坦威魅力。

## 三十、河合贸易（上海）有限公司

### KAWAI CA99数码钢琴

该型号是KAWAI数码钢琴CA系列中最高端型号，采用经过进化的木质键盘装置，实现更接近原声钢琴的弹奏手感；同时，音源和扬声器也经过改良，最大化地保留原声钢琴的声场；另外，触摸式操作面板让操作更加便捷，而外观设计则再现钢琴之美，可以满足更多专业用户的要求。

## 三十一、卡西欧（中国）贸易有限公司

### CASIO CT-S200联名款电子琴

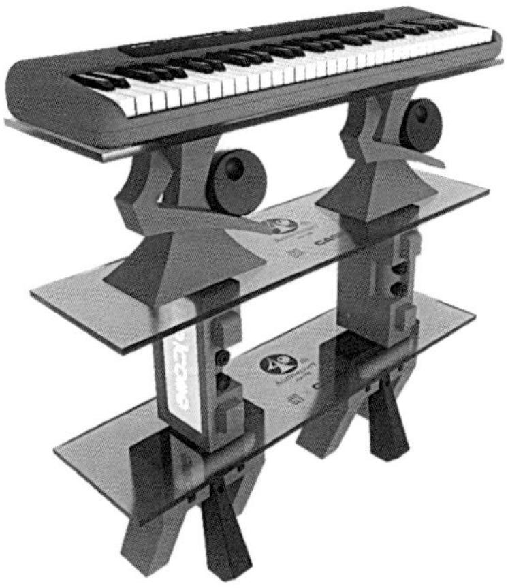

CT-S200艺术家限量联名款，为卡西欧品牌跨界艺术圈做出的一次全新尝试。CT-S手提键盘具有红白黑三种配色，内置400种音色、77种节奏，且具有动感舞曲模式。成为卡西欧最受欢迎的热销型号，在CT-S系列电子琴“便携提手、潮玩音乐”的产品基础上与艺术家联名打造了概念型支架，先锋的设计和明快的色调让此款支架成为艺术品，为传统乐器圈内的首次破圈营销。

乐器标准

# 2020年全国乐器标准化技术委员会工作报告

## 一、领域或行业情况

乐器工业是我国国民经济的传统产业和具有较强国际竞争力的产业，在经济和社会发展中发挥着举足轻重的作用。乐器标准化工作除秉承着提高全民素质教育、发展文化事业和文化产业、丰富城镇、乡村精神文化生活、配合国家教育改革与发展纲要等重要任务外，还承担着轻工业发展规划（2016—2020）中对乐器工业所提出新的要求与部署。乐器是完成音乐教学和实现美好音乐生活的基本条件，是教育现代化的重要组成部分，受到各级政府的高度重视。

《标准化法》《深化标准化工作改革方案》《消费品标准和质量提升规划》“开展消费品工业‘三品’专项行动营造良好市场环境”，以及《全国专业标准化技术委员管理办法》、“培育和发展团体标准的指导意见”等一系列政策与措施的颁布与出台，为深化消费品供给侧结构性改革，标准有效供给，提升消费品标准和质量水平，开展个性化定制产品标准，进一步加大中小学生学习用品标准化力度，倒逼装备制造业转型升级，促进乐器制品品质提升提出了乐器标准化工作新的课题，也进入了乐器标准化工作主动适应新常态的关键时期。

## 二、标准现状

### （一）国内标准现状

（1）乐器标委会目前所归口管理的乐器类现行标准共计117项（国标20项，行标97项）。其中基础通用标准33项，占比28%；方法标准6项，占比5%；产品标准78项，占比67%。截至目前，已发布的117项现行标准涉及安全、回收利用、节能、绿色、评价、质量等领域，为乐器标准体系建设做出了有力的支撑。在出厂检验、第三方检验、认证检验、采购检验中被广泛应用，部分标准也被其他行业引用。这些标准的实施，对产业发展起到了积极的促进作用，保证了质量监督部门有据可依，消费者有据可查，承担了采购、招投标等质量验收的工作与责任，起到了标准应有的作用。

（2）经过多年的发展，我国乐器标准已取得了长足发展，形成了门类齐全、科学完善、协调配套的标准体系，有力支撑了我国乐器工业的发展。部分乐器类标准达到或超过了国际先进水平。随着产业升级加速，特别是智能化、网络化、跨领域、新产品、新模式的发展，乐器标准的适应性和时效性也亟待提升。根据国务院关于印发《深化标准化工作改革方案的通知》的要求，在突出政府标准的法规性、基础性和公益性的框架内，进一步加强乐器标准化总体规划和顶层设计，以先进标准引领消费品质量提升和市场自主制定标准协同发展、协调配套的新型标准体系，强化消费品标准和质量提升与装备制造升级紧密结合，引导带动消费市场向中高端发展，倒逼装备制造业转型升级，加快产品安全等重点标准的制定与实施，是加快建设乐器质量强国、制造强国的重要任务。

### （二）国际标准现状

乐器标准化工作在国际标准化组织（ISO、IEC）中没有对口机构，国际标准化组织亦未颁布相应的乐器类国际标准，因此我国乐器标准的制定大多是剖析采用先进国家同种类产品的技术参数。在已正式颁布的我国各级、各类乐器标准中，采取的是既符合我国乐器生产实际和以市场化为原则、又切实可行能为我所用的采标方法并标进行了覆盖，使其在标准层面不低于先进国家同类标准质量的水平，并收到了显著的效果。

（三）重点标准实施情况

乐器种类繁多，所使用的材料不尽相同，涉及合成木材，工程塑料，有色金属，化工、纺织原料等。这些材料中含有苯、甲醛、重金属、电子废渣等有害物质，会对人身健康和安全产生危害。基于此，乐器标委会秘书处提出对GB/T28489—2012《有害物质限量》标准进行修订，修订后该标准将由推荐性国家标准转化成强制性国家标准。这是我国乐器领域第一个强制性国家标准，具有技术法规的作用。该标准修订符合产业发展，本着先进性、科学性、合理性和可操作性的原则，以及标准的目标性、统一性、协调性、适用性、一致性和规范性原则进行修订。该标准的修订符合《工业和通信业强制性国家标准制定程序和要求（试行）》中将“强制性国家标准严格限定在保障人身健康和生命财产安全、国家安全、生态环境安全和满足社会经济管理基本要求的范围之内”所界定的原则和方向。

目前，该标准已经完成征求意见稿，正在国内征求其意见与对外通报。该标准实施后，将从源头控制住污染源，确保行业的健康发展以及消费者的使用安全，推行和促进健康、安全、清洁和可持续发展的乐器行业。另外，该标准与国际接轨，具有前瞻性和先进性，将极大推动乐器领域进出口贸易的发展。

（四）“十三五”工作完成情况

“十三五”期间，乐器标委会共申报标准计划64项，获批准61项（占比为95.31%），其中：国家标准9项，行业标准39项，团体标准6项，标准外文版7项（3项两个语种，1项一个语种）。截至2020年12月31日，实际已完成12项基础通用（国标6，行标5，团标1）、4项方法（国标1，行标3）和10项产品（行标）共计26项标准的制修订工作（均已发布）。另外还有14个行业标准已经进入待发布阶段，其余处于在研状态。

## 三、年度工作完成情况

（一）标准制修订工作情况

（1）按照“关系人民群众切身利益、量大面广、出口贸易大宗产品”的立项原则和方向，以及为贯彻“标准联通‘一带一路’行动计划”，2020年，乐器标委会提出了13项乐器类标准的项目计划（其中国家标准《钢琴》和团体标准《绿色设计产品评价技术规范琴和筝》2项处于申报阶段）。并在申报过程中按照“国家、行业、轻工团体标准管理办法”的有关要求，遵循公平、公开、透明的原则，对拟申报的计划项目征求了全体委员的意见，对计划项目立项的必要性进行了表决。

（2）乐器标委会目前的工作有41项乐器类标准，内容涉及“预研、计划申报、立项答辩、组建工作组、文本起草、实验及验证、意见反馈及汇总、初审、会议审查、报批”等。级别涉及“国家标准、行业标准、团体标准、国家标准外文版”。范围涉及“基础公益、安全、方法、绿色、评价、质量分级、产品”等。数量为国家标准3项，行业标准25项，团体标准6项，国家标准外文版7项。41项标准目前的状态为：3项国家标准有2项处于征求意见阶段，1项在立项申报阶段；25项行业标准有17项已报批，8项处于在研阶段；6项团体标准处于在研阶段；7项国家标准外文版有6项已报批，1项《乐器有害物质限量》处于中文版修订与翻译外文版同步进行阶段。41项标准的提出与制修订对乐器标准体系的建设起到了弥补缺失、动态管理适时调整的作用。

（3）乐器标委会秘书处根据2020年标准制修订计划和工作安排，在7月组织国内部分相关企业、院校、质检机构以网络方式召开《乐器有害物质限量》国家标准的视频研讨会议，对该标准涉及使用安全的强制条款、试验方法等内容进行了研讨。在9月以会议审定的形式在北京组织全国乐器标委会三届二次会议，会议审定了1项气鸣、2项电鸣、11项民族弦鸣乐器的行业标准。在10月组织有中国标准化研究院、北京一轻研究院、国家标准中文版起草单位参加的以会议审查的形式审定了6项国家标准外文版。在2020年期间，乐器标委会还以线上、线下的形式分别组织召开和参加了包括国家标准《乐器产品中多环芳烃的测试方法》、行业标准《民族弦鸣乐器通用技术条件》《口琴》、团体标准《乐器行业绿色工厂评价导则》等标准的研讨会议或工作组会议。

（4）本年度共发布4项标准，其中包括：

行标3项：

QB/T 5532—2020 钢琴金属连接件、紧固件的形制与尺寸

QB/T 5531—2020 手风琴规格划分与型号命名方法

QB/T 5530—2020 手风琴零部件名称

团标1项：

T/CNLIC0003—2020智能键盘乐器通用技术条件

**（二）标准体系建设和维护情况**

（1）按照《工业和通信业技术标准体系建设方案》和《轻工业技术标准体系编制要求》的要求，《乐器标准体系》的构建与相关标准化组织保持协调、统一、补充、依托的密切关系。其构建采用了国际通行的现代乐器分类法，即以“弦鸣乐器、气鸣乐器、体鸣乐器、膜鸣乐器、电鸣乐器”五大类作为基础，并按照分类法对乐器门类和门类属下各族系的产品进行划分。依据乐器属性、特性以及具有的共性和基本要素，《乐器标准体系》的顶层包括“基础通用、方法、管理”及配套的相关标准。乐器门类通用标准居体系第二层，它是以国际通行的乐器现代分类法而形成，主要是以乐器的音源体及激励方式为划分原则。产品标准是乐器各门类下族系的划分，列为第三层。根据乐器起源所属地，又将其分为国内、国外乐器两个系列。

乐器标准体系根据行业的发展及需求，实行动态管理。

目前现行的乐器标准体系表见下图。

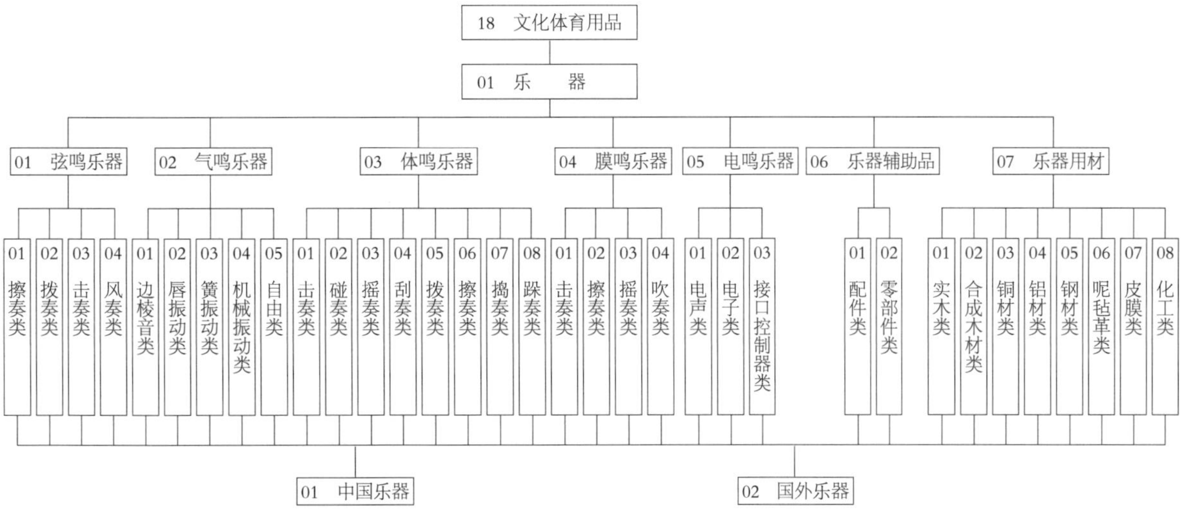


（2）2020年，共发布标准4项，已立项标准10项，计划申报1项，在标准体系中的位置见表1。

表1

| 序号 | 类型 | 名称 | 在标准体系中的位置 | 标准类型 | 状态 |
|---|---|---|---|---|---|
| 1 | 行标 | 钢琴金属连接件、紧固件的形制与尺寸 | 中类“乐器辅助品”，小类“零部件类” | 产品标准 | 发布 |
| 2 | | 手风琴规格划分与型号命名方法 | 中类“气鸣乐器” | 方法标准 | |
| 3 | | 手风琴零部件名称 | 中类“气鸣乐器” | 基础通用标准 | |
| 4 | | 大提琴 | 中类“弦鸣乐器”，小类“擦奏类” | 产品标准 | 在研 |
| 5 | | 大提琴弓 | 中类“乐器辅助品”，小类“配件类” | 产品标准 | |
| 6 | | 钢琴质量等级划分与判定 | 中类“弦鸣乐器” | 方法标准 | |
| 7 | | 手风琴通用技术条件 | 中类“气鸣乐器” | 基础通用标准 | |
| 8 | | 电鸣乐器合成器通用技术条件 | 中类“电鸣乐器” | 基础通用标准 | |
| 9 | | 电子鼓通用技术条件 | 中类“电鸣乐器” | 基础通用标准 | |
| 10 | 团标 | 智能键盘乐器通用技术条件 | 中类“键盘乐器” | 基础通用标准 | 发布 |
| 11 | | 乐器行业绿色工厂评价导则 | 大类“乐器” | 基础通用标准 | 在研 |
| 12 | | 绿色设计产品评价技术规范口风琴 | 中类“气鸣乐器”，小类“机械振动类” | 产品标准 | |
| 13 | | 绿色设计产品评价技术规范竖笛 | 中类“气鸣乐器”，小类“边棱音类” | 产品标准 | |
| 14 | 外文版 | 乐器有害物质限量（英） | 大类“乐器” | 基础通用标准 | 在研 |
| 15 | 国标 | 钢琴 | 中类“弦鸣乐器”，小类“击奏类” | 产品标准 | 计划申报 |

**（三）经费收入和使用情况**

乐器标委会秘书处设置在北京乐器研究所，其人员经费、业务经费纳入北京乐器研究所财务部管理，实行单独核算及考核。经费列支严格执行了国家有关财务制度的规定。委员会费、经费补助的使用范围符合《国家标准制修订经费管理办法》的规定，主要用于：标准编写、试验验证、技术审查、举办会议、调研、办公、咨询以及秘书处日常工作中与秘书处职责相关的活动。在年度工作会议上向委员进行说明与通报。

秘书处主要经费来源分为三部分：

（1）秘书处承担单位每年拨付的经费；

（2）委员交纳的会费（2020年因疫情原因，未收取会费）；

（3）各级标准化主管部门拨付用于标准制修订工作的补助。

**（四）TC日常管理及自身建设情况**

（1）新一届乐器标委会为第三届，委员除由生产者、经营者、使用者、消费者和公共利益方（包括：教育、科研机构、有关行政主管部门、检测及认证机构、社会团体）组成外，生产者、经营者委员的产生按乐器标准体系类属划分并延续第二届乐器标委会由“弦鸣乐器、气鸣乐器、体鸣乐器、膜鸣乐器、电鸣乐器、乐器辅助、乐器用材”等领域中具有代表性并熟知掌握乐器专业知识和标准化专业知识及热爱标准化事业等单位的工程技术人员组成。新一届乐器标委会由53名委员组成，设顾问1名，主任委员1名，副主任委员3名，秘书长1名，副秘书长1名，其中：生产者25人，占比47.0%；使用者6人，占比11.3%；经营者8人，占比15.1%；公共利益方14人，占比26.4%。秘书处继续设置在北京乐器研究所。

（2）乐器标委为更好开展乐器标准化工作，本着专业的事由专业人做原则，按照领域划分，乐器标委会分别组建了电鸣、钢琴、民乐、手风琴、提琴五个标准制修订工作组。工作组自建立，承担了各自领域标准项目的制定与修订，有效地开展了工作，为行业标准化事业、标准体系建设承担了应有的责任与贡献。

（3）根据乐器标委会运行情况和工作实际需要，并依据《全国专业标准化技术委员会管理办法》《全国乐器标准化技术委员会章程》的有关规定，以及为有利于乐器标委会的各项工作的开展，经乐器标委会正、副主任委员、秘书长办公会议研究的结果，决定对第三届乐器标委会部分委员进行调整。

2021年5月26日，乐器标委会秘书处在国标委网站业务管理平台对调整、增补、解聘的委员以电子投票方式进行了表决，到投票截止期，参加表决的委员为49名，赞成为49名（比例占全体53名委员的92%），未参与表决4名按弃权处理，以上表决符合程序、有效。

**（五）标准复审工作情况**

（1）2016年，国标委、工信部下达《推荐性标准集中复审工作方案》《工业和通讯业推荐性标准集中复审工作的通知》以来，全国乐器标委会按照其要求与复审结论和计划，逐年开展了乐器类标准的复审工作。乐器标委会也继续对5年以上标龄的标准提出复审计划。

（2）根据《工业和信息化部科技司关于印发2021年行业标准复审项目计划的通知》（工科函〔2021〕329号），标委会秘书处拟将归口的发布时间超过5年且未经复审确认的QB/T 4324—2012电鸣乐器用效果器通用技术条件等行业标准，将严格按照标准工作程序和要求开展复审工作，确保复审程序合规、复审结论科学合理。

**（六）标准宣贯及服务情况**

（1）为了更好地掌握标准制修订工作的各项流程和各项规范，更好地开展乐器行业优秀标准“走出去”的工作，乐器标委会秘书处8月派员参加了由标准化协会组织的“中国标准英文版翻译和审查要点、技巧及常用语解析”的培训。

（2）为贯彻落实《标准化法》，加大乐器类国家标准的宣贯力度，全国乐器标委会秘书处积极响应国标委关于“标准云课”平台全面开展国家标准的宣贯工作的号召，对优质的、社会影响力大和对产业有重要的作用的乐器类国家标准进行宣贯。列入计划的有：GB/T37878—2019《电鸣乐器能耗设计通用技术规范》、GB/T31731—2015《废弃乐器回收利用通用技术规范》、GB/T31109—2014《乐器声学品质评价方法》、GB/T12105—2017《电子琴通用技术条件》、GB/T12106—2017《电子琴的环境试验要求和试验方法》。目前，乐器标委会秘书处已经根据上述计划录制并上交宣贯视频。

（3）在2020年的标准制修订工作中，全国乐器标委会秘书处协助各有关方分别组建了标准制修订工作组，在标准项目的材料准备、上报、计划下达后的工作组组建、文本起草、征求意见汇总与统计、召开审查会、审查报批文本并上报等各个阶段的工作中均发挥了重要作用。

（4）乐器标委会网站附属于秘书处所在单位北京乐器研究所的网站之下。目前乐器标委会尚未建立微信公众号，但建有TC371微信工作群。

**（七）参与国际标准化工作情况**

（1）乐器标委会未主导或参与制修订国际标准情况。无国际标准提案，未参与国际、发达国家或地区（如CEN）对口标准化工作。未主持或参加国际标准化会议情况。

（2）2020年，乐器标委会完成了如下3项国家标准的英文和俄文翻译（共计6项），目前1项翻译项目已经按照计划进入报批阶段，等待发布。另外，2020年，乐器标委会提出GB/T 28489—2012《乐器有害物质限量》的英文翻译项目（计划号：W20201484），目前，该项目已经下达计划并进入翻译（与修订同期进行）阶段。计划完成时间为2021年。

**（八）标准化科研情况**

近年来，全国乐器标委会秘书处与秘书处所在单位共同承担了《乐器产品中化学物质的分析与研究》标准化科研课题。根据课题研究成果和在掌握了大量实验实证数据后，全国乐器标委会会同北京乐器研究所等单位向国标委提出《乐器产品中多环芳烃的测试方法》国家标准的立项申请并得到批准（计划号：20191295-T-607），目前正在做课题转化标准的工作。

## 四、存在问题

从整体看在以下几个方面还有不足：

（1）主要是产品标准居多，基础通用标准和方法标准较少，综合利用、节能、安全、安全生产等领域的标准虽然有，但数量少未形成有效的标准体系。

（2）标准化科研力度相对薄弱，参与标准化活动不够积极。

（3）乐器类国际标准实质性的转化率达不到国家规定百分比的要求。

（4）按行业内外发展需求，个性化标准还达不到有效供给。

（5）标准质量还有待提高，标准实施力度有待加强。

## 五、“十四五”工作计划

随着产业升级加速，特别是智能化、网络化、跨领域等新产品、新技术的发展，乐器标准的适应性和时效性亟待提升。根据国务院《深化标准化工作改革方案的通知》的要求，在突出政府标准法规性、基础性和公益性的架构内，坚持把握标准引领、提高消费品标准市场供给能力和水平、增加标准有效供给的方向，坚持关系人民群众切身利益、量大面广的立项原则，贯彻“标准联通‘一带一路’”行动计划，指导生产、净化市场，为质量监督部门、供需双方、政府采购招投标、国际贸易等提供可操作的质量评价。

（1）延续完成“十三五”期间国标委、工信部下达的乐器类标准制修订项目。

（2）优化现有标准体系，按照科学、合理、配套、前瞻的原则，以及依据产品属性、特性和具有的共性与基本要素，对乐器标准体系重新进行调整、修订，增加补充行业急需、关系人民群众切身利益、量大面广而缺失的乐器类标准。

（3）编制乐器类标准复审周期计划，解决标准老化与滞后，形成标准体系动态管理机制。

（4）拟定“十四五”期间乐器类标准制修订项目规划与各年度计划，按轻重缓急适时提出每个项目计划的申报。

（5）推进开展乐器绿色产品、产品质量分级标准的制定。

（6）加快影响乐器产品本质安全标准与对应检测方法标准的制定。

（7）加快乐器产品等级评价、节能、绿色设计产品评价、安全生产标准体系的建立。

（8）贯彻“一带一路”行动计划，支撑互联互通建设，推动中国标准走出去，继续对经市场检验并成熟的标准开展外文版的翻译工作。

（9）积极开展国外乐器类先进标准的转化。

（10）做好强制性、重要标准的宣贯与实施。

（11）按照国标委标准化工作要点的要求，转变思路，加强、加快团体标准的制定。

（12）主动接受培训。

# 创新思路　协同发力　进一步加强乐器行业标准化工作
## ——王会长在乐标委行标审定会上的讲话

（2020年9月7日）

各位同事、各位委员：大家好！

中国乐器行业同轻工其他行业一样，经过改革开放40余年的艰苦努力，实现了由小到大的跨越，进入规模化发展向高质量发展的升级阶段，这是一个由量变向质变的转化过程，其突出特点就是科技创新与技术标准化。标准化工作已成为行业发展的重要基础性工程，提高标准供给质量，增加标准的有效供给，支撑和服务乐器供给侧结构性改革，推动行业高质量发展将继续作为协会和行业的重要发力点。这是本次我带领协会新一届领导班子全体成员来参加此次乐标委会议的目的，换届后的第一次集体行动选在标准化工作上。借此想讲四点看法和意见。

### 一、夯实基础，乐标委工作成绩值得充分肯定

乐标委2008年成立，按照国标委和中国轻工业联合会统一部署，特别是贯彻落实2018年5月全国轻工业质量标准工作大会、今年标准座谈会和崇和会长讲话精神，在乐器标准体系建设、专业培训技术积累、乐器国行标制修订、组织标准宣贯推广等方面做了大量艰苦细致的工作，成果丰厚、成效显著。截止到2019年底已经完成乐器类现行技术标准112项（国标19项、行标93项），其中：基础通用标准31项，方法标准5项，产品标准76项。已发布的112项现行标准涉及安全、回收利用、节能、绿色、技术评价、产品质量等领域，大家为乐器标准体系建设和行业技术进步付出了智慧和辛劳，做出了积极贡献。

我们非常清楚，行业技术标准工作，是一项艰苦细致的创新性基础工作，是系统总结行业科技创新成果，结合相关领域先进技术，按国家和国际标准技术制定规范立法立规的过程。仅2015年至2019年，国标委、工信部共发布乐器类国标、行标27项，其中制定国标6项，修订3项；制定行标12项，修订6项；制定团体标准2项（一项发布、一项调整完善）；总计41个单位，247人次参加了这些标准制修订工作。本次会议将集中审定《民族弦鸣乐器通用技术条件》及多项民族弦鸣乐器产品和《口琴》《乐句循环录音类音效器通用技术条件》《组合式效果器通用技术条件》等14项行业标准，在此，我代表乐器行业和乐器协会向乐标委领导班子、秘书处和全体委员表示祝贺和衷心感谢！

### 二、强化支撑，充分认识标准化工作的重要性

标准化工作是推动行业发展的基础支撑，是协会服务会员企业的重要抓手。

在2016年9月“第39届国际标准化组织大会”在京召开，习近平总书记在贺信中给予标准化工作高度评价“伴随着经济全球化深入发展，标准化在便利经贸往来、支撑产业发展、促进科技进步、规范社会治理中的作用日益凸显。标准助推创新发展，标准引领时代进步”。2015年国务院印发的《深化标准化工作改革方案》和2017年修订的《中华人民共和国标准法》都明确了标准化工作的目的作用，并强调推动标准体系向政府主导和市场自主二元结构转变、强调推动标准水平向中高端迈进、强调要推动标准化工作布局向国际拓展。我们需要深刻理解、全面把握、认真落实。

乐器行业是轻工制造业中兼有音乐、教育与文化属性的特色行业。与轻工其他行业相比，虽然乐器行业总体规模不大，但属于技术密集型和劳动密集型行业，在国际上占有重要地位。我给出的定位

是：行业虽小、市场巨大、魅力无穷。是小而专、小而美且小中见大的行业。作为专业音乐教育和音乐表演的舞台艺术品，涉及技术领域很宽又很复杂。同时又是直接服务于国民音乐教育和音乐文化生活，是提高全民文化素养、助力美好生活、实现全面小康不可或缺的产业。乐器标准化工作水平的高低，决定着乐器产品水平和服务能力，影响着青少年教育和国民素质。责任重大，任重道远。

## 三、创新思路，抓好行业标准化工作顶层设计

即将进入的“十四五”期间，中国乐器制造业将呈现八个发展趋势：即稳规模增效益是行业发展的主基调；数字经济推动自主创新能力提升；高品质成就产品竞争力；家庭乐器拥有量出现重大突破；中高端品牌乐器优质优价成常态；新消费模式引领未来乐器市场；契合资本市场做大做优产业；产业链深度融合助推乐器强国。这些产业和消费发展趋势，将倒逼乐器产业坚持“双循环”战略，发挥“内循环”为主体的创新动力，坚持产品结构调整和渠道与服务创新，为乐器产业转型升级提供新机遇。当然也要清醒地看到，国际贸易保护主义抬头和中美贸易摩擦等一些地域问题的不稳定性和不确定性，也给中国乐器出口带来新的挑战。

我们乐器行业“十四五”发展方向：推动产业向结构优化、品牌集聚、跨界融合方向发展。持续增强乐器科技创新能力，协同攻关，进一步加大音质、音色、材料声学和产品美学的研发力度；大力提升标准化、系列化、数字化、智能化水平，加速技术装备和产品更新换代，提高精益化生产、绿色环保和个性化定制能力；增加品牌技术和文化附加值，实现企业核心竞争力和中高端产品市场占有率新突破；积极推动乐器制造与音乐教育、音乐生活市场融合发展，推动“乐器进校园、进社区、进家庭”进程，持续扩大音乐人口，努力实现“让乐器成为家庭标配”的发展目标。

乐器行业后五年规划讨论稿提出七项主要目标，其中质量标准：每年完成国标、行标和团标制修订5项以上，五年完成25项以上，鼓励企业积极参与团体标准制修订。企业年申请技术专利1650项以上。乐器标准化工作就是要紧密结合行业发展形势和任务积极有力地开展工作。十几年来，乐器标准已经形成了“弦鸣、气鸣、体鸣、膜鸣、电鸣和乐器材料及配件”等领域标准体系，但标准体系顶层设计还有待加强，现行标准还存在：基础通用标准和方法标准较少，综合利用、节能、安全等领域标准数量少，未形成完善有效的标准体系；标准化科研力量还比较薄弱；按行业发展需求个性化、定制类标准达不到有效供给；标准质量水平和实施力度有待提高。

对此就顶层设计提出几点建议和意见与大家商榷：一是以科学、合理、适用为原则，完善体系设计和乐标五年规划，有效支撑行业高质量发展，进一步加强乐器标准工作计划性；二是优化国标、充实行标、突破团标，抓关键、补短板，急行业发展之所急，为产业升级助力。国家鼓励社会团体制定严于国标和行标的团体标准，引领产业和企业的创新发展，提升产品和服务的市场竞争力。团标制定周期短，能及时响应新技术新产品需求，特别是在绿色生态、消费升级、分级评价、个性定制、产品检测等方面有很强的针对性；三是成立乐器协会团体标准（专家）工作委员会，迅速制定管理办法，在市场监管总局团标平台注册，与乐标委一套机构两块牌子，协会和乐研所均要加强力量，注意根据行业技术进步和中高端产品等需要，组织专家与企业联动，筹集经费快速启动，抢占市场先机，协会组织动态发布；四是加快国际接轨，推动乐器国际贸易便利化，适时再次推动国际乐标委（TC）的申请，可从主要贸易国的双边或多边互认突破，进而联合申请，并力主承担秘书处工作。目前轻工领域承担国际标准组织的秘书处6个，担任主席和副主席各两人，秘书长5人，主导制定国际标准85项，为我国产品顺利进入国际市场提供有效支撑。

## 四、落细落实，发挥行企专家作用着力水平提升

乐器行业高质量发展需求，期盼标准工作持续提升。国标委对技术委员会构成规定，委员要有制造企业、消费者、科研院所、经营管理、跨领域专家等多方代表组成，这就要求，要充分发挥行业、企业积极性，提高企业参与度；要充分发挥各领域专家作用；

要做好标准化科研，发挥专业工作组作用，做好项目调研立项、研究实验；要做好标准宣贯、复审修订；要加强国际行业交流与合作；要加强团体标准研究立项与组织。当前经济发展变化很快，行业企业面临新的挑战，有很多新情况、新技术和新产品科技成果要求快速转化为标准，团标制定应该是很好的平台。我们要“三标”联动，助力行业，希望更多的企业主动参与标准制修订工作，真正彰显一类企业做标准的意识和能力。由于顶层设计不够到位，故乐器团标制定较慢，在此特别强调要加大力度推进乐器团体标准制定，发挥团标灵活自主的优势，不断丰富团标、壮大团标，将团标发展成为政府标准强有力的补充，近段尽快完善《绿色设计产品评价技术规范　电子钢琴》，再组织2项以上团标制定，如：《智能键盘乐器通用技术条件》《键盘乐器智能功能等级评价》和《二手钢琴评价标准》等。

为了将标准化工作与行业整体工作紧密结合，并不断夯实标准基础，协会换届后，在原来基础上将进一步强化标准化工作，明确领导侧重，瑞勇和泽民同志前后加力，我和晋武、刘勇同志高度关注，业务部综合协调，将定期听取和研究行业标准化工作推进情况，加强沟通与指导。并将标准化工作与三级科技项目、与行业“三品”战略、与各分支机构技术交流活动等紧密结合，促进行业科技创新与技术合作。2020年乐器行业科技大会，将组织标准宣贯和项目研讨活动，标准科研成果也列入行业科技创新成果范畴。期待标准化工作在共建中共享、在共管中增效。在此也感谢和希望北京一轻控股公司继续给予乐研所、乐标委高度重视和大力支持。

要加强规范管理，致力培养多元复合型委员队伍。希望乐标委继续加强基础建设和班子队伍建设，加强政治业务学习，有计划地培养一批懂产品、熟悉技术、精通标准的专业委员团队，同时组织一批科研院所、制作专家、教育和演奏专家队伍，提高制修订项目的参与度、广泛征求行业、企业和专家意见。要研究和加强规范化管理，建立健全制度规章和运行机制，加强项目立项调研，全面提高制定过程科学管理和标准水平。协会继续全力支持乐标委工作，将行业标准化建设抓紧抓好，为乐器行业高质量发展服好务。

# 《国家标准、行业标准（轻工）目录》（乐器部分）

## 国家标准

| 序号 | 标准编号及年代号 | 标准名称 |
|---|---|---|
| 1 | GB/T 10159—2015 | 钢琴 |
| 2 | GB/T 12105—2017 | 电子琴通用技术条件 |
| 3 | GB/T 12106—2017 | 电子琴的环境试验要求和试验方法 |
| 4 | GB/T 23146—2008 | 十二平均律的频率与音分的计算 |
| 5 | GB/T 23151—2008 | 乐器产品使用说明的编制原则 |
| 6 | GB/T 23173—2008 | 乐器分类 |
| 7 | GB/T 25454—2010 | 电鸣乐器均衡类音效装置通用技术条件 |
| 8 | GB/T 25455—2010 | 电鸣乐器放音设备设备音乐性能评价规范 |
| 9 | GB/T 25456—2010 | 钢琴用毡 |
| 10 | GB/T 25457—2010 | 钢琴弦轴板 |
| 11 | GB/T 28484—2012 | 电鸣乐器压缩与扩展类音效装置通用技术条件 |
| 12 | GB/T 28489—2012 | 乐器有害物质限量 |
| 13 | GB/T 30414—2013 | 乐器音乐信号采集规范 |
| 14 | GB/T 31109—2014 | 乐器声学品质评价方法 |
| 15 | GB/T 31731—2015 | 废弃乐器回收利用通用技术规范 |
| 16 | GB/T 33726—2017 | 乐器中文通用名称 |

续表

| 序号 | 标准编号及年代号 | 标准名称 |
| --- | --- | --- |
| 17 | GB/T 33722—2017 | 电鸣乐器音色与音乐风格中文通用名称 |
| 18 | GB/T 33723—2017 | 乐器声学品质主观评价人员等级规范 |
| 19 | GB/T 34838—2017 | 电鸣乐器教学系统配备与安装通用技术规范 |
| 20 | GB/T 37878—2019 | 电鸣乐器能耗设计通用技术规范 |

## 行业标准

| 序号 | 标准编号及年代号 | 标准名称 |
| --- | --- | --- |
| 1 | QB/T 1153—2014 | 吉他 |
| 2 | QB/T 1207.1—2011 | 民族弦鸣乐器通用技术条件 |
| 3 | QB/T 1207.2—2011 | 琵琶 |
| 4 | QB/T 1207.3—2011 | 筝 |
| 5 | QB/T 1207.4—2011 | 阮 |
| 6 | QB/T 1207.5—2011 | 三弦 |
| 7 | QB/T 1207.6—2011 | 月琴 |
| 8 | QB/T 1207.7—2011 | 京胡 |
| 9 | QB/T 1207.8—2011 | 二胡 |
| 10 | QB/T 1298—2014 | 手风琴通用技术条件 |
| 11 | QB/T 1299—2011 | 口琴 |
| 12 | QB/T 1477—2012 | 电子钢琴 |
| 13 | QB/T 1657.1—2012 | 唇振动气鸣乐器通用技术条件 |
| 14 | QB/T 1657.2—2012 | 小号 |
| 15 | QB/T 1657.3—2012 | 圆号 |
| 16 | QB/T 1657.4—2012 | 长号 |
| 17 | QB/T 1657.5—2012 | 中音号 |
| 18 | QB/T 1657.6—2012 | 低音号 |
| 19 | QB/T 1658.1—2012 | 簧振动和边棱音气鸣乐器通用技术条件 |
| 20 | QB/T1658.2—2012 | 长笛 短笛 |
| 21 | QB/T 1658.3—2012 | 单簧管 |
| 22 | QB/T 1658.4—2012 | 高音双簧管 |
| 23 | QB/T 1658.5—2012 | 低音双簧管 |
| 24 | QB/T 1658.6—2012 | 萨克斯管 |
| 25 | QB/T 1817—2010 | 琴弦通用技术条件 |
| 26 | QB/T 1818—2010 | 提琴弦 |
| 27 | QB/T 1947.1—2012 | 民族气鸣乐器通用技术条件 |
| 28 | QB/T 1947.2—2012 | 笛子 |
| 29 | QB/T 1947.3—2012 | 笙 |
| 30 | QB/T 1947.4—2012 | 箫 |
| 31 | QB/T 1947.5—2012 | 唢呐 |
| 32 | QB/T 1948—2011 | 柳琴 |
| 33 | QB/T 1949—2011 | 扬琴 |
| 34 | QB/T 1984—2000 | 风琴 |
| 35 | QB/T 1985—2000 | 风琴音簧 |
| 36 | QB 2100—2007 | 十二平均律音名标注方法（已转化为推荐性） |
| 37 | QB/T 2167—2019 | 小提琴 |
| 38 | QB/T 2168—2019 | 小提琴弓 |
| 39 | QB/T 2169—2014 | 电吉他 |
| 40 | QB/T 2175.1—1995(2009) | 响铜体鸣乐器通用技术条件 |
| 41 | QB/T2175.2—1995(2009) | 虎音锣 |
| 42 | QB/T 2175.3—1995(2009) | 武锣 |
| 43 | QB/T 2175.4—1995(2009) | 苏锣 |
| 44 | QB/T 2175.5—1995(2009) | 手锣 |
| 45 | QB/T 2175.6—1995(2009) | 抄锣 |
| 46 | QB/T 2175.7—1995(2009) | 水镲 |
| 47 | QB/T 2175.8—1995(2009) | 吊镲 |
| 48 | QB/T 2175.9—1995(2009) | 军镲 |
| 49 | QB/T 2279—2013 | 钢琴击弦机 |
| 50 | QB/T 2417—2011 | 校音器 |
| 51 | QB/T 2444—2010 | 钢琴零部件名称 |

续表

| 序号 | 标准编号及年代号 | 标准名称 |
|---|---|---|
| 52 | QB/T 2587—2013 | 4/4大提琴 |
| 53 | QB/T 2607—2019 | 提琴弓通用技术条件 |
| 54 | QB/T 2663—2013 | 4/4大提琴弓 |
| 55 | QB/T 2740—2014 | 口风琴 |
| 56 | QB/T 4131—2010 | 键盘乐器键宽尺寸系列 |
| 57 | QB/T 2838—2014 | 爵士鼓 |
| 58 | QB/T 2841—2017 | 乐器调音装置及准确度等级判定 |
| 59 | QB/T 2916—2017 | 自由低音手风琴 |
| 60 | QB/T 2978—2008 | 钢琴音板 |
| 61 | QB/T 2979—2008 | 乐器用材　钢琴锯材 |
| 62 | QB/T 4014—2010 | 电子鼓通用技术条件 |
| 63 | QB/T 4015—2019 | MIDI键盘通用技术条件 |
| 64 | QB/T 4016—2010 | 中提琴弓 |
| 65 | QB/T 4017—2010 | 倍大提琴弓 |
| 66 | QB/T 4018—2010 | 倍大提琴 |
| 67 | QB/T 4019—2010 | 中提琴 |
| 68 | QB/T 4129—2010 | 吉他弦 |
| 69 | QB/T 4130—2010 | 竖笛 |
| 70 | QB/T 4181—2011 | 古琴 |
| 71 | QB/T 4220—2011 | 乐器用材　提琴锯材 |
| 72 | QB/T 4323—2012 | 钢琴弦 |
| 73 | QB/T 4324—2012 | 电鸣乐器用效果器通用技术条件 |
| 74 | QB/T 4325—2012 | 电鸣乐器放音设备多功能音箱 |
| 75 | QB/T 4326—2012 | 电鸣乐器放音设备电吉他用音箱 |
| 76 | QB/T 4327—2012 | 键盘乐器用音箱通用技术条件 |
| 77 | QB/T 4328—2012 | 电子鼓用音箱通用技术条件 |
| 78 | QB/T 4489—2013 | 半音阶口琴 |
| 79 | QB/T 4487—2013 | 电鸣乐器电声性能测量方法 |
| 80 | QB/T 4491—2013 | 电鸣乐器电源适配器通用技术条件 |
| 81 | QB/T 4490—2013 | 电鸣乐器放音设备踏板控制器通用技术条件 |
| 82 | QB/T 4488—2013 | 电子管风琴 |
| 83 | QB/T 4771—2014 | 管钟 |
| 84 | QB/T 4772—2014 | 定音鼓 |
| 85 | QB/T 4773—2014 | 木琴 |
| 86 | QB/T 4842—2015 | 陶笛 |
| 87 | QB/T 4843—2015 | 巴乌 |
| 88 | QB/T 4841—2015 | 葫芦丝 |
| 89 | QB/T 5169—2017 | 板胡 |
| 90 | QB/T 5170—2017 | 节拍器 |
| 91 | QB/T 5171—2017 | 筝弦 |
| 92 | QB/T 5172—2017 | 编钟 |
| 93 | QB/T 5173—2017 | 钢琴用琴凳 |
| 94 | QB/T 5380—2019 | 尤克里里 |
| 95 | QB/T 5530—2020 | 手风琴零部件名称 |
| 96 | QB/T 5531—2020 | 手风琴规格划分与型号命名方法 |
| 97 | QB/T 5532—2020 | 钢琴金属连接件、紧固件的形制与尺寸 |

## 团体标准

| 序号 | 标准编号及年代号 | 标准名称 |
|---|---|---|
| 1 | T/CNLIC 0003—2020 | 智能键盘乐器通用技术条件 |

（全国乐器标准化技术委员会秘书处　提供）

# 乐器专利

## 2020年乐器专利发布分析

据国家知识产权局发布专利信息，2020年1至12月，中国乐器行业共发布专利1305项，其中发明专利211项，实用新型841项，外观设计253项。尽管2020年专利发布数量与上年同比减少6.8%。

按乐器门类划分，2020年度32种乐器列入专利统计发布目录，涵盖键盘乐器（钢琴、电钢琴）、弦乐器（吉他、提琴）、民族乐器（古筝、二胡、琵琶、月琴、箜篌、唢呐）、管乐器（圆号、笛、箫）、打击乐器（鼓、爵士鼓）、手风琴和口琴等。按具体品种分析，专利发布数量位居前十位的乐器是：钢琴（319项）、吉他（300项）、提琴（144项）、古筝（101项），电钢琴（71项），二胡（62项），电子琴（49项），口琴（49项），管乐器（28项），手风琴（27项）。

按申报企业发布专利数量分析，2020年度发布专利数量在10项以上的有20家乐器企业，其中上海民族乐器一厂以53项专利发布数量跃居第一。专利为传统民族乐器插上科技翅膀，使古老的民族乐器科技含量不断提升，焕发出熠熠生辉的时代风采。获得10项以上乐器专利的骨干乐器企业还有广州珠江恺撒堡钢琴有限公司、江苏东方乐器有限公司、北京星海钢琴集团有限公司、泰兴市凤灵提琴制造有限公司、宁波四海琴业有限公司、雅歌乐器（漳州）有限公司、江苏天鹅乐器有限公司、苏州礼乐乐器股份有限公司、兰考鑫音民族乐器有限公司等。

2020年突如其来的新冠肺炎疫情对乐器行业造成较大冲击，申报数量有所减缓。在此背景下，主要乐器专利数量指标符合预期，乐器专利工作受到中国乐器行业各申报单位、企业高度重视和共同努力下，知识产权事业发展保持平稳，取得这一成绩殊为不易。乐器专利在一定程度上体现着乐器行业科技创新活力。在中国乐器整体向高质量发展跨越的进程中，中国乐器专利水平不断提升，质量明显优化，为乐器行业高质量发展营造良好的外部环境。

# 2020年度乐器专利发布目录

| 类别 | 名称 | 专利类型 | 申请（专利）号 | 公开（公告）日 | 申请（专利权）人 | 发明（设计）人 |
|---|---|---|---|---|---|---|
| 钢琴 | 一种钢琴演奏用谱架 | 实用新型 | CN201920190307.0 | 2020.01.07 | 贵州师范大学 | 张鹭 |
| | 一种新型钢琴榔头 | 发明专利 | CN201911015792.9 | 2020.01.07 | 陈国林 | 陈国林 |
| | 一种钢琴谱架 | 实用新型 | CN201920508829.0 | 2020.01.07 | 湖南科技学院 | 李威 |
| | 一种可调节钢琴键盘 | 实用新型 | CN201920508711.8 | 2020.01.07 | 湖南科技学院 | 李威 |
| | 一种可调节钢琴脚轮 | 实用新型 | CN201920626550.2 | 2020.01.07 | 宁波四海琴业有限公司 | 何四海 |
| | 立式宽背柱结构钢琴 | 实用新型 | CN201920526727.1 | 2020.01.10 | 无锡斯坦梅尔钢琴有限公司 | 曹顺军 |
| | 钢琴背架组装定位与稳定装置 | 实用新型 | CN201920542924.2 | 2020.01.10 | 福建亚东钢琴有限公司 | 洪亚东；吴烈华；李瑾娟 |
| | 钢琴（KF123） | 外观设计 | CN201930100998.6 | 2020.01.10 | 烟台金斯波格钢琴有限责任公司 | 王风海；胡晓红；戴美宝；郭洪涛；邓凯路 |
| | 立式钢琴琴脚钻孔、铣槽工装夹具 | 实用新型 | CN201822184916.3 | 2020.01.10 | 广州珠江恺撒堡钢琴有限公司 | 丁永康；严泽胜；陈海通；胡创 |
| | 一种钢琴琴弦三孔定弦钮装置 | 实用新型 | CN201920542951.X | 2020.01.10 | 福建亚东钢琴有限公司 | 洪亚东；吴烈华；李瑾娟 |
| | 钢琴自动化背架打隼设备 | 实用新型 | CN201920543000.4 | 2020.01.10 | 福建亚东钢琴有限公司 | 洪亚东；吴烈华；李瑾娟 |
| | 音板粘肋木工装和设备 | 实用新型 | CN201822150471.7 | 2020.01.10 | 广州珠江恺撒堡钢琴有限 | 李伟成；朱沛枝 |
| | 具有新型连接结构的钢琴背架 | 实用新型 | CN201920516201.5 | 2020.01.10 | 福建亚东钢琴有限公司 | 洪亚东；吴烈华；李瑾娟 |
| | 一种新型音色整理支撑装置 | 实用新型 | CN201920542971.7 | 2020.01.10 | 福建亚东钢琴有限公司 | 洪亚东；吴烈华；李瑾娟 |
| | 一种钢琴辅助踏板用固定装置 | 实用新型 | CN201920711398.8 | 2020.01.10 | 咸阳师范学院 | 黄承承 |
| | 琴键铣尾机 | 实用新型 | CN201822199956.5 | 2020.01.10 | 广州珠江恺撒堡钢琴有限公司 | 王建文；邓崇军；何玉坚；卢洁；李浩柱；骆金明；邱龙辉 |
| | 一种钢琴消音装置 | 实用新型 | CN201822062322.5 | 2020.01.10 | 苏州公爵琴业有限公司 | 朱庆；孙学发 |
| | 一种钢琴定弦钮调整工具 | 实用新型 | CN201920542910.0 | 2020.01.10 | 福建亚东钢琴有限公司 | 洪亚东；吴烈华；李瑾娟 |
| | 一种抗变形的钢琴中盘 | 发明专利 | CN201910969812.X | 2020.01.10 | 福建艾维尔科技有限公司 | 黄寒堂 |
| | 一种钢琴琴谱自动翻页装置 | 实用新型 | CN201920536127.3 | 2020.01.10 | 华东交通大学 | 郁苗 |
| | 一种用于钢琴装配的组件和钢琴的组装方法 | 发明专利 | CN201910968920.5 | 2020.01.10 | 福建艾维尔科技有限公司 | 黄寒堂 |

续表

| 类别 | 名称 | 专利类型 | 申请（专利）号 | 公开（公告）日 | 申请（专利权）人 | 发明（设计）人 |
|---|---|---|---|---|---|---|
| 钢琴 | 一种多功能组合式钢琴谱架 | 实用新型 | CN201920518656.0 | 2020.01.14 | 长沙师范学院 | 旷星 |
| | 钢琴（KG125T） | 外观设计 | CN201930101017.X | 2020.01.14 | 烟台金斯波格钢琴有限责任公司 | 王风海；胡晓红；戴美宝；郭洪涛；邓凯路 |
| | 一种新型钢琴铁排弦列 | 实用新型 | CN201920345138.3 | 2020.01.14 | 烟台金斯波格钢琴有限责任公司 | 胡晓红；王风海；戴美宝；郭洪涛；邓凯路 |
| | 一种钢琴铁排弦列 | 实用新型 | CN201920569641.7 | 2020.01.14 | 烟台金斯波格钢琴有限责任公司 | 王风海；胡晓红；戴美宝；郭洪涛；邓凯路 |
| | 一种三角钢琴实木框架结构 | 实用新型 | CN201920613534.X | 2020.01.14 | 北京华彩龙韵钢琴有限公司 | 孙炳照 |
| | 一种钢琴琴键盖板连接器 | 发明专利 | CN201910987368.4 | 2020.01.14 | 浙江珠江德华钢琴有限公司 | 何建超；周江英 |
| | 一种钢琴包装箱捆带用捆带机器人 | 实用新型 | CN201920254758.6 | 2020.01.14 | 广州珠江艾茉森数码乐器股份有限公司 | 卢毅明；刘春清 |
| | 一种便于翻页的钢琴乐谱架 | 实用新型 | CN201920759960.4 | 2020.01.17 | 咸阳师范学院 | 黄承承 |
| | 用于键盘回位的消音装置 | 实用新型 | CN201920579256.0 | 2020.01.17 | 北京华彩龙韵钢琴有限公司 | 孙炳照 |
| | 一种方便翻阅琴谱书的钢琴谱架 | 实用新型 | CN201920585108.X | 2020.01.17 | 西北师范大学 | 孙晓杨 |
| | 弦锤回位消音装置 | 实用新型 | CN201920579257.5 | 2020.01.17 | 北京华彩龙韵钢琴有限公司 | 孙炳照 |
| | 一种教学用立式钢琴 | 实用新型 | CN201920579293.1 | 2020.01.17 | 北京华彩龙韵钢琴有限公司 | 孙炳照 |
| | 一种带有隐藏式谱架的立式钢琴 | 实用新型 | CN201920579316.9 | 2020.01.17 | 北京华彩龙韵钢琴有限公司 | 孙炳照 |
| | 诊断阿尔茨海默症的应用及诊断阿尔茨海默症的装置 | 发明专利 | CN201911051263.4 | 2020.01.17 | 北京乐器研究所 | 张小川；陈显扬；赵春婷；高彤 |
| | 一种立式钢琴 | 实用新型 | CN201920579260.7 | 2020.01.17 | 北京华彩龙韵钢琴有限公司 | 孙炳照 |
| | 一种立式钢琴顶盖撑杆结构 | 实用新型 | CN201920579294.6 | 2020.01.17 | 北京华彩龙韵钢琴有限公司 | 孙炳照 |
| | 一种钢琴踏板 | 实用新型 | CN201920086039.8 | 2020.01.21 | 九江学院 | 郭泗茂 |
| | 一种具有可调节高度的防滑钢琴琴凳 | 实用新型 | CN201920754945.0 | 2020.01.21 | 湖北理工学院 | 何冰 |
| | 一种新型钢琴座椅 | 实用新型 | CN201920281748.1 | 2020.01.21 | 杨忠国 | 杨忠国 |
| | 一种三角钢琴的琴弦除锈装置 | 发明专利 | CN201910989031.7 | 2020.01.21 | 张胜男 | 张胜男 |

续表

| 类别 | 名称 | 专利类型 | 申请（专利）号 | 公开（公告）日 | 申请（专利权）人 | 发明（设计）人 |
|---|---|---|---|---|---|---|
| 钢琴 | 一种钢琴练习用琴凳 | 实用新型 | CN201920759957.2 | 2020.01.21 | 咸阳师范学院 | 黄承承 |
| | 一种钢琴踏瓣辅助脚踏装置 | 实用新型 | CN201920437482.5 | 2020.01.21 | 杨忠国 | 杨忠国 |
| | 一种可调整角度的钢琴顶盖板支撑工具 | 实用新型 | CN201920812878.3 | 2020.01.21 | 湖北理工学院 | 成惠玲；雷晓伟 |
| | 一种适用不同人群的钢琴演奏用座椅 | 实用新型 | CN201920505411.4 | 2020.01.21 | 淮阴师范学院 | 郑重 |
| | 一种液压缓冲式钢琴琴盖支撑装置 | 实用新型 | CN201920692932.5 | 2020.01.21 | 陕西艺术职业学院 | 张囡 |
| | 浇筑一体式马克钢板框架钢琴 | 实用新型 | CN201920526850.3 | 2020.01.31 | 无锡斯坦梅尔钢琴有限公司 | 曹顺军 |
| | 钢琴扩展的柔音踏板 | 发明专利 | CN201480058948.0 | 2020.02.07 | 施坦威乐器公司 | M.S.琼斯；S.G.利姆；S.Y.凯纳吉 |
| | 人性化智能盲人教学钢琴 | 发明专利 | CN201710898354.6 | 2020.02.07 | 凯珀瑞润滑科技（东台）有限公司 | 李聪 |
| | 便携式钢琴支架 | 实用新型 | CN201920485337.4 | 2020.02.07 | 张牧翔 | 张牧翔 |
| | 一种钢琴击弦器 | 发明专利 | CN201910252424.X | 2020.02.07 | 西安石油大学 | 白洁；黄康伦 |
| | 一种结合扩音孔的钢琴音板 | 实用新型 | CN201920744776.2 | 2020.02.14 | 格尔斯卡尔曼（厦门）钢琴有限公司 | 杨晓杰 |
| | 一种可调节的钢琴背柱 | 实用新型 | CN201920648958.X | 2020.02.14 | 格尔斯卡尔曼（厦门）钢琴有限公司 | 杨晓杰 |
| | 一种钢琴键盘压感检测装置 | 实用新型 | CN201920852938.4 | 2020.02.14 | 安阳职业技术学院 | 李楠 |
| | 一种新型配重琴键结构 | 实用新型 | CN201920059395.0 | 2020.02.14 | 南京师范大学泰州学院 | 王继业 |
| | 一种钢琴盖板夹持装置 | 实用新型 | CN201920392730.9 | 2020.02.14 | 西安石油大学 | 白洁；黄康伦 |
| | 一种钢琴压弦条 | 实用新型 | CN201920919986.0 | 2020.02.18 | 宁波四海琴业有限公司 | 何四海 |
| | 一种用于防止钢琴中盘变形的固定结构 | 实用新型 | CN201920649264.8 | 2020.02.18 | 格尔斯卡尔曼（厦门）钢琴有限公司 | 杨晓杰 |
| | 一种钢琴琴键检测方法及系统 | 发明专利 | CN201610027156.8 | 2020.02.21 | 森兰信息科技（上海）有限公司 | 李晖；孙龙腾 |
| | 一种立式钢琴击弦机磁力复位系统 | 实用新型 | CN201920641572.6 | 2020.02.21 | 郝一男 | 郝一男 |
| | 一种钢琴调音器 | 实用新型 | CN201920270888.9 | 2020.02.28 | 宝鸡职业技术学院 | 左张弛；谢元熠；周鲁珺 |
| | 一种多用途的三角钢琴固定铰座 | 实用新型 | CN201920708192.X | 2020.03.24 | 西安美术学院 | 杨咪咪 |

续表

| 类别 | 名称 | 专利类型 | 申请（专利）号 | 公开（公告）日 | 申请（专利权）人 | 发明（设计）人 |
|---|---|---|---|---|---|---|
| 钢琴 | 一种音乐用钢琴自动调音器 | 发明专利 | CN201911302241.0 | 2020.03.24 | 邓磊 | 邓磊；李一岚 |
| | 一种方便儿童使用的钢琴踏板 | 实用新型 | CN201920296393.3 | 2020.03.27 | 滨州学院 | 郭媛媛 |
| | 一种钢琴的滚轮机构 | 实用新型 | CN201920419821.7 | 2020.03.27 | 怀化学院 | 王丹 |
| | 一种便于演奏三角钢琴的乐谱架 | 实用新型 | CN201920296435.3 | 2020.03.27 | 滨州学院 | 郭媛媛 |
| | 一种立式钢琴的导音装置 | 实用新型 | CN201920462409.3 | 2020.03.27 | 郑州铁路职业技术学院 | 李继漯 |
| | 包括连杆机构的键盘装置 | 发明专利 | CN201910881060.1 | 2020.03.27 | 株式会社河合乐器制作所 | 寺井康志；M.V.普莱特内夫；A.A.尼基丁；石田秀行 |
| | 一种钢琴用多功能调音锤 | 发明专利 | CN201911205824.1 | 2020.03.27 | 刘佳 | 刘佳 |
| | 一种钢琴音色矫正装置 | 实用新型 | CN201921055562.0 | 2020.03.31 | 曲靖师范学院 | 郑华玲；袁尔骏 |
| | 一种钢琴用乐谱翻页装置 | 实用新型 | CN201920867542.7 | 2020.04.07 | 陈亮 | 陈亮 |
| | 一种钢琴铁排弦列 | 实用新型 | CN201920844750.5 | 2020.04.07 | 烟台金斯波格钢琴有限责任公司 | 王风海；胡晓红；戴美宝；郭洪涛；邓凯路 |
| | 钢琴（GH212F） | 外观设计 | CN201930502150.6 | 2020.04.10 | 广州珠江钢琴集团股份有限公司 | 李建萍 |
| | 一种钢琴音板肋木的安装装置 | 实用新型 | CN201921304878.9 | 2020.04.10 | 上海博尊钢琴有限公司 | 林洁 |
| | 钢琴及其防变形中盘 | 实用新型 | CN201920727715.5 | 2020.04.10 | 沈国良 | 沈国良 |
| | 一种便于改变钢琴琴键弹奏力度的装置 | 实用新型 | CN201921147228.8 | 2020.04.10 | 山西大学 | 薛晓妹 |
| | 一种琴锁机构 | 发明专利 | CN201911227149.2 | 2020.04.10 | 宁波四海琴业有限公司 | 何四海 |
| | 一种立式钢琴击弦机总档 | 实用新型 | CN201920528414.X | 2020.04.14 | 海伦钢琴股份有限公司 | 陈海伦；李继苗；郑之杰；翟清川 |
| | 钢琴（KF168） | 外观设计 | CN201930502137.0 | 2020.04.14 | 广州珠江恺撒堡钢琴有限公司 | 潘启槟 |
| | 钢琴（F121QA） | 外观设计 | CN201930502153.X | 2020.04.14 | 广州珠江恺撒堡钢琴有限公司 | 潘启槟 |
| | 一种可拆卸三角钢琴实木框架结构 | 实用新型 | CN201920613711.4 | 2020.04.14 | 北京华彩龙韵钢琴有限公司 | 孙炳照 |
| | 一种钢琴翻谱系统 | 发明专利 | CN201810526132.6 | 2020.04.17 | 湖南城市学院 | 曹泓 |
| | 钢琴背架 | 外观设计 | CN201930636575.6 | 2020.04.17 | 浙江非洛斯钢琴有限公司 | 施国伟 |
| | 一种钢琴用乐谱架 | 实用新型 | CN201920891763.8 | 2020.04.17 | 吉首大学张家界学院 | 李娉婷 |
| | 一种钢琴踏板调节器 | 实用新型 | CN201921136369.X | 2020.04.17 | 北京城市学院 | 郝宏图 |
| | 一种钢琴翻谱系统 | 发明专利 | CN201810726047.4 | 2020.04.17 | 湖南城市学院 | 曹泓 |

续表

| 类别 | 名称 | 专利类型 | 申请（专利）号 | 公开（公告）日 | 申请（专利权）人 | 发明（设计）人 |
|---|---|---|---|---|---|---|
| 钢琴 | 一种钢琴琴弦架双头喷漆打磨装置 | 实用新型 | CN201921388243.1 | 2020.04.21 | 浙江珠江德华钢琴有限公司 | 何建超；周江英 |
| | 一种组合型钢琴调律扳手 | 实用新型 | CN201921168949.7 | 2020.04.21 | 张阳 | 张阳；刘小兵；陈歌盈 |
| | 一种新型的钢琴踏板 | 实用新型 | CN201920915040.7 | 2020.04.24 | 北京姜杰钢琴琴城有限公司 | 金勇 |
| | 一种钢琴压键结构 | 实用新型 | CN201920915044.5 | 2020.04.24 | 北京姜杰钢琴琴城有限公司 | 金勇 |
| | 一种钢琴谱架 | 实用新型 | CN201920915528.X | 2020.04.24 | 北京姜杰钢琴琴城有限公司 | 金勇 |
| | 一种新型钢琴键盘 | 实用新型 | CN201920915513.3 | 2020.04.24 | 北京姜杰钢琴琴城有限公司 | 金勇 |
| | 一种钢琴顶盖的铰链结构 | 实用新型 | CN201920915039.4 | 2020.04.24 | 北京姜杰钢琴琴城有限公司 | 金勇 |
| | 一种钢琴顶盖支撑结构 | 实用新型 | CN201920915056.8 | 2020.04.24 | 北京姜杰钢琴琴城有限公司 | 金勇 |
| | 一种钢琴盖缓冲装置 | 实用新型 | CN201920915514.8 | 2020.04.24 | 北京姜杰钢琴琴城有限公司 | 金勇 |
| | 钢琴攀带的制作设备和制作方法 | 发明专利 | CN201911404423.9 | 2020.04.24 | 广州珠江恺撒堡钢琴有限公司 | 何玉坚；冯锦豪；江沛姬；林鸣亚；卢洁；梁俊昉；邓崇军 |
| | 一种可调节的钢琴脚轮 | 实用新型 | CN201920915057.2 | 2020.04.24 | 北京姜杰钢琴琴城有限公司 | 金勇 |
| | 一种可调阻力的钢琴柔音踏板 | 实用新型 | CN201920715034.7 | 2020.04.24 | 海南师范大学 | 李娅；李修来 |
| | 一种可调节高度的钢琴琴凳 | 实用新型 | CN201921056118.0 | 2020.04.28 | 宜昌金宝乐器制造有限公司 | 熊南方；刘涛；乔宪伟；庄联森 |
| | 一种用于矫正钢琴琴音的弦码装置 | 发明专利 | CN201911361713.X | 2020.04.28 | 陈涛 | 陈涛 |
| | 一种三角钢琴中盘 | 实用新型 | CN201921333177.8 | 2020.04.28 | 宜昌金宝乐器制造有限公司 | 柳毅；杨超 |
| | 一种三角钢琴制音器杠杆 | 实用新型 | CN201921131505.6 | 2020.04.28 | 宜昌金宝乐器制造有限公司 | 吴天延；熊南方 |
| | 具有中盘独立支撑支架的立式钢琴 | 实用新型 | CN201921418911.0 | 2020.05.05 | 沈敏杰 | 沈敏杰 |
| | 一种钢琴用调律装置 | 实用新型 | CN201921333360.8 | 2020.05.05 | 开封文化艺术职业学院 | 李昂 |
| | 一种钢琴内部加强结构 | 实用新型 | CN201921433463.1 | 2020.05.05 | 曹杨 | 曹杨 |
| | 一种跨界混合钢琴的静音消声装置 | 实用新型 | CN201920136006.X | 2020.05.05 | 上海艺友教育科技有限公司 | 汪怀正 |
| | 一种钢琴辅助踏板 | 发明专利 | CN202010036533.0 | 2020.05.05 | 深圳美妙音乐器材有限公司 | 陈丽娜 |
| | 一种新型背架稳定装置 | 实用新型 | CN201921409415.9 | 2020.05.08 | 福建亚东钢琴有限公司 | 洪亚东；吴烈华；李瑾娟 |
| | 具有两孔开槽结构的新型弦码 | 实用新型 | CN201921409496.2 | 2020.05.08 | 福建亚东钢琴有限公司 | 洪亚东；吴烈华；李瑾娟 |
| | 一种钢琴移动架 | 实用新型 | CN201921327388.0 | 2020.05.12 | 齐齐哈尔市宝宏科技有限公司 | 王丽萍；蔡爽；李松；康静 |

续表

| 类别 | 名称 | 专利类型 | 申请（专利）号 | 公开（公告）日 | 申请（专利权）人 | 发明（设计）人 |
|---|---|---|---|---|---|---|
| 钢琴 | 一种音量可调式钢琴 | 实用新型 | CN201921245536.4 | 2020.05.12 | 周国强 | 周国强 |
| | 一种钢琴琴键更换装置 | 实用新型 | CN201921243401.4 | 2020.05.12 | 牛丽君 | 牛丽君 |
| | 便于钢琴教学的儿童辅助踏板装置 | 实用新型 | CN201921375641.X | 2020.05.12 | 中北大学信息商务学院 | 高溪苑 |
| | 一种钢琴盖板铰链 | 实用新型 | CN201920950242.5 | 2020.05.15 | 宁波四海琴业有限公司 | 何四海 |
| | 一种钢琴榔头耐磨防潮处理装置 | 实用新型 | CN201921388241.2 | 2020.05.19 | 浙江珠江德华钢琴有限公司 | 何建超；周江英 |
| | 钢琴铁板高度调整装置 | 实用新型 | CN201920949351.5 | 2020.05.19 | 阿托拉斯乐器制造（大连）有限公司 | 王杨 |
| | 一种抗变形钢琴中盘 | 实用新型 | CN201921388245.0 | 2020.05.19 | 浙江珠江德华钢琴有限公司 | 何建超；周江英 |
| | 一种三角钢琴的真实力度信号传感结构 | 实用新型 | CN201921234265.2 | 2020.05.19 | 鲁业斌 | 鲁业斌 |
| | 一种四轴钢琴音板框弧面加工机 | 发明专利 | CN202010016853.X | 2020.05.19 | 涿州东奇天华乐器科技有限公司 | 郭学成；曲亚斌；赵开序；王箭；宗建邦 |
| | 一种钢琴琴键间隙均匀调整装置 | 实用新型 | CN201921388220.0 | 2020.05.19 | 浙江珠江德华钢琴有限公司 | 何建超；周江英 |
| | 一种钢琴琴键清理装置 | 实用新型 | CN201921279122.3 | 2020.05.19 | 长沙师范学院 | 余琳娜；胡昊 |
| | 一种钢琴高震奏性能机动调整装置 | 实用新型 | CN201921388219.8 | 2020.05.19 | 浙江珠江德华钢琴有限公司 | 何建超；周江英 |
| | 一种钢琴缓冲器卡柄 | 实用新型 | CN201920716548.4 | 2020.05.19 | 吴金全；孟炜 | 吴金全；孟炜 |
| | 一种立式钢琴音毡粘制装置 | 实用新型 | CN201921388257.3 | 2020.05.19 | 浙江珠江德华钢琴有限公司 | 何建超；周江英 |
| | 便于更换的钢琴琴槌 | 实用新型 | CN201920949164.7 | 2020.05.22 | 阿托拉斯乐器制造（大连）有限公司 | 王杨 |
| | 便于转移的钢琴 | 实用新型 | CN201920949106.4 | 2020.05.22 | 阿托拉斯乐器制造（大连）有限公司 | 王杨 |
| | 具有调整功能的钢琴制音器结构 | 实用新型 | CN201920949083.7 | 2020.05.22 | 阿托拉斯乐器制造（大连）有限公司 | 王杨 |
| | 键盘乐器的缓降键盘盖 | 实用新型 | CN201920981031.8 | 2020.05.22 | 阿托拉斯乐器制造（大连）有限公司 | 王杨 |
| | 一种立式钢琴的谱架 | 实用新型 | CN201920982181.0 | 2020.05.22 | 阿托拉斯乐器制造（大连）有限公司 | 王杨 |
| | 一种用于钢琴琴键的圆销钉 | 实用新型 | CN201921036227.6 | 2020.05.22 | 海宁超艺精密五金有限公司 | 吴辉炫 |
| | 一种钢琴油漆件边位抛光轮 | 实用新型 | CN201921738187.X | 2020.05.26 | 许昌学院 | 梁翰 |

续表

| 类别 | 名称 | 专利类型 | 申请（专利）号 | 公开（公告）日 | 申请（专利权）人 | 发明（设计）人 |
|---|---|---|---|---|---|---|
| 钢琴 | 一种钢琴用谱架 | 发明专利 | CN202010097740.7 | 2020.06.02 | 商洛学院 | 丁洁 |
| | 一种钢琴教学琴谱架 | 发明专利 | CN202010116508.3 | 2020.06.05 | 许昌学院 | 徐赛飞 |
| | 一种钢琴音板肋木的压合装置 | 实用新型 | CN201921304880.6 | 2020.06.05 | 上海博尊钢琴有限公司 | 林洁 |
| | 一种多功能的家用钢琴凳 | 实用新型 | CN201921449057.4 | 2020.06.05 | 周国强 | 周国强 |
| | 钢琴 | 外观设计 | CN201930744482.5 | 2020.06.05 | 湖州华谱钢琴制造股份有限公司 | 姚小林 |
| | 一种钢琴脚轮的安装结构 | 实用新型 | CN201921465191.3 | 2020.06.05 | 哈尔滨师范大学 | 石丹 |
| | 击弦机的联动器 | 实用新型 | CN201921312416.1 | 2020.06.09 | 广州诺英德曼钢琴股份有限公司 | 靳伟明 |
| | 一种钢琴前板的安装装置 | 实用新型 | CN201920982266.9 | 2020.06.09 | 阿托拉斯乐器制造（大连）有限公司 | 王杨 |
| | 一种钢琴键盘的底盘 | 实用新型 | CN201921312256.0 | 2020.06.09 | 广州诺英德曼钢琴股份有限公司 | 靳伟明 |
| | 卧式钢琴键盘盖缝隙防落物装置 | 发明专利 | CN202010232512.6 | 2020.06.12 | 星海音乐学院 | 罗林昊 |
| | 乐器以及立式钢琴 | 国际专利 | CN201880069891.2 | 2020.06.16 | 雅马哈株式会社 | 吉田安住；深津圭一；驹田洋史；泉谷仁；篠原大志 |
| | 一种微调装置 | 发明专利 | CN202010275272.8 | 2020.06.16 | 马树松 | 马树松 |
| | 一种防松动的钢琴弦轴组件 | 实用新型 | CN201921389178.4 | 2020.06.19 | 青海柏马教育科技有限公司 | 柏才行 |
| | 一种钢琴教学支撑装置 | 发明专利 | CN202010116509.8 | 2020.06.19 | 许昌学院 | 徐赛飞 |
| | 一种钢琴的组合式多功能键盘盖 | 实用新型 | CN201921123705.7 | 2020.06.23 | 曲靖师范学院 | 赵肖 |
| | 一种钢琴击弦机的联动器 | 实用新型 | CN201920938592.X | 2020.06.23 | 广州诺英德曼钢琴股份有限公司 | 靳伟明 |
| | 一种钢琴中盘 | 实用新型 | CN201920938395.8 | 2020.06.23 | 广州诺英德曼钢琴股份有限公司 | 靳伟明 |
| | 可调式钢琴中盘 | 实用新型 | CN201921312249.0 | 2020.06.23 | 广州诺英德曼钢琴股份有限公司 | 靳伟明 |
| | 一种新型钢琴调音装置 | 实用新型 | CN201921122819.X | 2020.06.23 | 曲靖师范学院 | 周弦影 |
| | 钢琴缓降器 | 外观设计 | CN201930706569.3 | 2020.06.23 | 宜昌金宝乐器制造有限公司 | 熊南方；刘涛 |
| | 手持电动扎钢琴榔头机 | 实用新型 | CN201921564465.4 | 2020.06.23 | 北京中加海资曼钢琴有限公司 | 谭汉立 |
| | 一种高音色立式钢琴弦槌粘制装置 | 实用新型 | CN201921388246.5 | 2020.06.23 | 浙江珠江德华钢琴有限公司 | 何建超；周江英 |

续表

| 类别 | 名称 | 专利类型 | 申请（专利）号 | 公开（公告）日 | 申请（专利权）人 | 发明（设计）人 |
|---|---|---|---|---|---|---|
| 钢琴 | 新型钢琴脚轮 | 实用新型 | CN201921998159.1 | 2020.06.26 | 森鹤乐器股份有限公司 | 罗迪 |
| | 钢琴背架（键盘型） | 外观设计 | CN202030067377.5 | 2020.06.30 | 奥地利格里格钢琴集团 | 徐华锋 |
| | 彩色钢琴 | 外观设计 | CN201930746565.8 | 2020.07.03 | 湖州华谱钢琴制造股份有限公司 | 姚小林 |
| | 一种三角琴铁板垫块厚度测量尺 | 实用新型 | CN201921547680.3 | 2020.07.03 | 广州珠江恺撒堡钢琴有限公司 | 曾德良；陈玉华；张金奎 |
| | 钢琴演奏机械联动装置及专用中盘 | 实用新型 | CN201921557507.1 | 2020.07.03 | 徐鹏 | 徐鹏 |
| | 一种钢琴盖板夹持装置 | 实用新型 | CN201921556601.5 | 2020.07.07 | 苏彤 | 苏彤；赵妍；刘雪 |
| | 一种钢琴音板框压合装置 | 实用新型 | CN201921296932.X | 2020.07.07 | 上海博尊钢琴有限公司 | 林洁 |
| | 一种钢琴演奏用的智能翻页乐谱架 | 发明专利 | CN202010259891.8 | 2020.07.14 | 长沙师范学院 | 曹静 |
| | 一种钢琴静音装置 | 发明专利 | CN202010367887.3 | 2020.07.14 | 广州欧米勒钢琴有限 | 方扬 |
| | 一种能够增加稳固性的钢琴中盘 | 实用新型 | CN201921873087.8 | 2020.07.14 | 长沙煜祺科技有限公司 | 郭晴；王建军；沈醉平；向丹；田天 |
| | 一种带配重的钢琴键盘 | 实用新型 | CN201921997558.6 | 2020.07.17 | 森鹤乐器股份有限公司 | 胡建迪 |
| | 一种高强度大型钢琴键杆 | 实用新型 | CN201921997557.1 | 2020.07.17 | 森鹤乐器股份有限公司 | 胡建迪 |
| | 一种可变下沉深度的钢琴键盘 | 实用新型 | CN201921997206.0 | 2020.07.17 | 森鹤乐器股份有限公司 | 胡建迪 |
| | 一种电磁推动音板发声的原声钢琴 | 发明专利 | CN201811633441.X | 2020.07.24 | 张文革 | 张文革；张羽飞；高博 |
| | 一种便于调节高度的钢琴踏板 | 实用新型 | CN201921528461.0 | 2020.07.28 | 南通大学 | 郭蕴 |
| | 钢琴（FY6） | 外观设计 | CN201930725875.1 | 2020.07.31 | 广州珠江钢琴集团股份有限公司 | 潘启槟 |
| | 一种钢琴联动杆自动加工设备 | 发明专利 | CN201910734772.0 | 2020.07.31 | 长沙师范学院 | 余琳娜；胡昊 |
| | 一种钢琴键盘盖缓降机构及钢琴 | 实用新型 | CN201921547992.4 | 2020.07.31 | 广州珠江恺撒堡钢琴有限公司 | 潘启槟；许露然；冯汉辉 |
| | 一种弦槌根部毛毡处理装置 | 实用新型 | CN201921581992.6 | 2020.07.31 | 广州珠江恺撒堡钢琴有限公司 | 何建文 |
| | 一种钢琴琴凳 | 实用新型 | CN201922151405.6 | 2020.07.31 | 宁波四海琴业有限公司 | 何四海 |
| | 一种可适用于双人弹奏的钢琴凳 | 实用新型 | CN202020048907.6 | 2020.08.04 | 通化师范学院 | 于明洋 |

**续表**

| 类别 | 名称 | 专利类型 | 申请（专利）号 | 公开（公告）日 | 申请（专利权）人 | 发明（设计）人 |
|---|---|---|---|---|---|---|
| 钢琴 | 可安装在键侧木的钢琴缓冲器 | 实用新型 | CN201921525995.8 | 2020.08.04 | 宁波市五角阻尼股份有限公司 | 张飞飞；赖明亮 |
| | 一种钢琴演奏用乐谱自动翻页装置 | 实用新型 | CN201921711305.8 | 2020.08.04 | 辽东学院 | 于晓燕；郑勇；徐晓华；唐嘉凌；高红；姜兴东；蒋书会 |
| | 一种钢琴用翻谱子装置 | 实用新型 | CN201921967647.6 | 2020.08.07 | 衡水学院 | 赵文昊 |
| | 一种自动化智能调节高度的钢琴踏板总成 | 发明专利 | CN202010282453.3 | 2020.08.07 | 嘉兴金旅燕科技有限公司 | 吕燕；汪铃 |
| | 一种新型钢琴用滑道式乐谱翻页器 | 实用新型 | CN201921017564.0 | 2020.08.11 | 长沙师范学院 | 邓璞 |
| | 一种新型木音板拼接技术 | 实用新型 | CN201921570411.9 | 2020.08.18 | 黄认识 | 黄认识 |
| | 一种防夹手钢琴装置 | 实用新型 | CN201922273578.5 | 2020.08.18 | 刘彬 | 刘彬 |
| | 一种钢琴弦马加工装置 | 实用新型 | CN201922427212.9 | 2020.08.21 | 通化师范学院 | 王放歌 |
| | 一种钢琴漆面及琴键清理装置 | 实用新型 | CN201921954983.7 | 2020.08.21 | 洛阳李玲教育科技有限公司 | 李玲玲 |
| | 一种钢琴踏脚 | 实用新型 | CN201922151182.3 | 2020.08.21 | 宁波四海琴业有限公司 | 何四海 |
| | 一种钢琴长铰链 | 实用新型 | CN201922215578.X | 2020.08.21 | 宁波四海琴业有限公司 | 何四海 |
| | 三角钢琴（漆画工艺钢琴） | 外观设计 | CN202030071395.0 | 2020.08.21 | 北京星海钢琴集团有限公司 | 孟宇 |
| | 钢琴琴锤及制作钢琴琴锤的方法 | 发明专利 | CN201910126119.6 | 2020.08.25 | 森兰信息科技（上海）有限公司 | 刘晓露；李凯文；滕杨裔；李政春 |
| | 一种钢琴音色矫正装置 | 发明专利 | CN202010590941.0 | 2020.08.25 | 河南大学 | 王莺；王婷 |
| | 钢琴弦码刨削检测装置 | 实用新型 | CN202020068834.7 | 2020.08.28 | 北京星海钢琴集团有限公司 | 杨杰 |
| | 一种弹钢琴快速翻页用钢琴谱支架 | 实用新型 | CN201921454832.5 | 2020.08.28 | 宿迁米喆机械设计有限公司 | 桑明喆 |
| | 一种便于调整角度的钢琴用乐谱夹持装置 | 实用新型 | CN202020023827.5 | 2020.08.28 | 通化师范学院 | 王放歌 |
| | 可调节的钢琴击弦点定位工装及其定位方法 | 发明专利 | CN202010461772.0 | 2020.08.28 | 广州珠江恺撒堡钢琴有限公司 | 许露然；韩祎晴；陈会婷 |
| | 一种钢琴脚垫 | 实用新型 | CN201922208846.5 | 2020.09.01 | 宁波四海琴业有限公司 | 何四海 |
| | 一种音乐教学用可旋转钢琴支撑装置 | 实用新型 | CN201920264535.8 | 2020.09.01 | 邵阳学院 | 赵蕴洁 |
| | 一种具有清灰功能的钢琴架 | 实用新型 | CN202020023805.9 | 2020.09.01 | 通化师范学院 | 王放歌 |
| | 一种便于夹持曲谱的钢琴用支撑架 | 实用新型 | CN202020015826.6 | 2020.09.01 | 通化师范学院 | 王放歌 |

续表

| 类别 | 名称 | 专利类型 | 申请（专利）号 | 公开（公告）日 | 申请（专利权）人 | 发明（设计）人 |
|---|---|---|---|---|---|---|
| 钢琴 | 一种有助于避免松动的钢琴制音器 | 实用新型 | CN202020015941.3 | 2020.09.01 | 通化师范学院 | 王放歌 |
| | 一种稳定性更高的钢琴键盘盖 | 实用新型 | CN202020015877.9 | 2020.09.01 | 通化师范学院 | 王放歌 |
| | 一种便于调节角度的钢琴琴谱用固定装置 | 实用新型 | CN202020015743.7 | 2020.09.01 | 通化师范学院 | 王放歌 |
| | 一种便于调节乐谱倾斜角度的钢琴练习用乐谱放置架 | 实用新型 | CN202020024076.9 | 2020.09.01 | 通化师范学院 | 王放歌 |
| | 一种便于拼装的钢琴用音板 | 实用新型 | CN202020015742.2 | 2020.09.04 | 通化师范学院 | 王放歌 |
| | 一种钢琴自动调音器 | 发明专利 | CN202010585677.1 | 2020.09.04 | 广州欧米勒钢琴有限公司 | 方扬 |
| | 一种钢琴教学用钢琴椅 | 实用新型 | CN202020189610.1 | 2020.09.04 | 湖南人文科技学院 | 田苗 |
| | 钢琴背架（拱形） | 外观设计 | CN202030187932.8 | 2020.09.08 | 广东有琴以后信息技术有限公司 | 区景生 |
| | 钢琴（GH275P） | 外观设计 | CN201930745529.X | 2020.09.08 | 广州珠江钢琴集团股份有限公司 | 潘启槟；冯汉辉；叶婉莹；郑际童 |
| | 一种防震动的钢琴用琴键复位装置 | 实用新型 | CN202020048669.9 | 2020.09.08 | 通化师范学院 | 于明洋 |
| | 一种用于中音制音毡的切角装置 | 实用新型 | CN201922392916.7 | 2020.09.08 | 广州珠江恺撒堡钢琴有限公司 | 何建文；李浩柱 |
| | 一种钢琴扩展柔音踏板 | 实用新型 | CN201920366727.X | 2020.09.11 | 滨州学院 | 吴敬 |
| | 一种便于操作的钢琴调音工具 | 实用新型 | CN202020025951.5 | 2020.09.15 | 陇南师范高等专科学校 | 秦亚洁 |
| | 一种方便调节的钢琴脚轮 | 实用新型 | CN202020084272.5 | 2020.09.15 | 邵阳学院 | 李静 |
| | 一种钢琴键盘盖缓降装置 | 实用新型 | CN202020048693.2 | 2020.09.15 | 湖南人文科技学院 | 谢东 |
| | 一种三角钢琴的琴盖缓冲装置 | 发明专利 | CN202010687556.8 | 2020.09.15 | 张晓轩；曹鹏 | 张晓轩；曹鹏 |
| | 一种高度可调节的钢琴凳 | 实用新型 | CN201922292749.9 | 2020.09.15 | 德清县华韵钢琴有限公司 | 沈丹娜 |
| | 一种改进型钢琴琴键驱动结构 | 实用新型 | CN201922010597.9 | 2020.09.15 | 陈可欣 | 陈可欣 |
| | 一种便于调整角度的钢琴教学用琴谱固定夹 | 实用新型 | CN202020087778.1 | 2020.09.18 | 通化师范学院 | 于明洋 |
| | 一种能够进行高度调节钢琴脚踏板 | 实用新型 | CN202020096245.X | 2020.09.18 | 湖南人文科技学院 | 李歆 |
| | 一种蜂窝式钢琴铁板 | 实用新型 | CN201920861656.0 | 2020.09.22 | 黄日八 | 黄日八 |
| | 一种新型钢琴机芯彩格 | 实用新型 | CN201921568601.7 | 2020.09.25 | 黄认识 | 黄认识 |

续表

| 类别 | 名称 | 专利类型 | 申请（专利）号 | 公开（公告）日 | 申请（专利权）人 | 发明（设计）人 |
|---|---|---|---|---|---|---|
| 钢琴 | 一种静音钢琴 | 实用新型 | CN201921942757.7 | 2020.09.25 | 福建艾维尔科技有限公司 | 朱海潇 |
| | 一种钢琴缓降器的自动装配机构 | 发明专利 | CN201910612271.5 | 2020.09.25 | 郑州工程技术学院 | 尚明利；孙辉；李桂青 |
| | 一种无声隐藏式钢琴键盘盖 | 实用新型 | CN201921450800.8 | 2020.09.25 | 主若萱 | 主若萱；谢梦；马千里；何德学 |
| | 一种钢琴盖板及合页结构 | 实用新型 | CN201922221052.2 | 2020.09.25 | 廉莲 | 廉莲 |
| | 立式钢琴的弦槌组件及立式钢琴 | 发明专利 | CN202010710545.7 | 2020.09.25 | 广州珠江恺撒堡钢琴有限公司 | 何建文；黄耿志；卢洁；黄树全；杜宗云；李伟奇；何建玮；卢奇剑；贺相宜；林汉聪 |
| | 一种便于调节高度的钢琴凳 | 实用新型 | CN202020190410.8 | 2020.09.29 | 华东交通大学 | 孙克霞 |
| | 一种钢琴音架 | 实用新型 | CN202020089040.9 | 2020.09.22 | 长沙师范学院 | 俞婕 |
| | 一种新型钢琴内部加强结构 | 实用新型 | CN202020089071.4 | 2020.09.29 | 长沙师范学院 | 俞婕 |
| | 一种钢琴滑盖连接装置 | 实用新型 | CN202020091924.8 | 2020.09.29 | 吴仔丽 | 吴仔丽 |
| | 一种钢琴弦码加工用打孔装置 | 实用新型 | CN201921769524.1 | 2020.09.29 | 浙江工商职业技术学院 | 江幸哲；吕品；张宇 |
| | 一种便于翻阅的钢琴用乐谱支架 | 实用新型 | CN201922292729.1 | 2020.09.29 | 德清县华韵钢琴有限公司 | 沈丹娜 |
| | 一种组合式钢琴强化铸铁骨架 | 实用新型 | CN202020130696.0 | 2020.10.02 | 南昌大学 | 徐飞；程美芳；蒋一宁 |
| | 折叠钢琴谱架 | 实用新型 | CN202020101555.6 | 2020.10.02 | 烟台职业学院 | 柏晓静 |
| | 一种钢琴键盘盖缓冲装置 | 实用新型 | CN202020189608.4 | 2020.10.09 | 湖南人文科技学院 | 田苗 |
| | 钢琴肋木夹持用加工装置 | 实用新型 | CN202020068816.9 | 2020.10.09 | 北京星海钢琴集团有限公司 | 白德刚；杨杰；李增泉 |
| | 一种可控速的钢琴弹奏机械装置 | 实用新型 | CN202020146520.4 | 2020.10.09 | 广西大学 | 赵前；莫仁杰；江欣；曹晓中；张铁异；张毅；刘寒；李漫天；李湘怡；许伟；陈培；杨思远 |
| | 一种钢琴琴弦清理装置及其使用方法 | 发明专利 | CN201910277256.X | 2020.10.09 | 怀化学院 | 刘纯 |
| | 一种可调钢琴 | 发明专利 | CN202010624470.0 | 2020.10.09 | 湖州华谱钢琴制造股份有限公司 | 姚小林 |

续表

| 类别 | 名称 | 专利类型 | 申请（专利）号 | 公开（公告）日 | 申请（专利权）人 | 发明（设计）人 |
|---|---|---|---|---|---|---|
| 钢琴 | 一种多功能钢琴 | 发明专利 | CN202010624468.3 | 2020.10.09 | 湖州华谱钢琴制造股份有限公司 | 姚小林 |
| | 一种钢琴调律装置及其调律方法 | 发明专利 | CN202010673890.8 | 2020.10.09 | 西南科技大学 | 吴元会；康薇嘉 |
| | 一种便捷式三角钢琴琴弦除锈系统 | 发明专利 | CN202010529288.7 | 2020.10.13 | 杨友树 | 杨友树 |
| | 一种多功能的钢琴用节拍器 | 实用新型 | CN202020141594.9 | 2020.10.13 | 赵妍 | 赵妍；闫雨；蒋文萱 |
| | 一种精准调节的钢琴弦轴 | 发明专利 | CN202010549157.5 | 2020.10.16 | 成都霍尔信息技术有限公司 | 袁蔺生 |
| | 一种用于吊装钢琴铁板的吊装工具 | 实用新型 | CN202020068791.2 | 2020.10.16 | 北京星海钢琴集团有限公司 | 陈高恩；白德刚；杨杰 |
| | 一种便于对按键进行缓冲保护的钢琴 | 实用新型 | CN202020017914.X | 2020.10.16 | 通化师范学院 | 王放歌 |
| | 一种钢琴用调律装置 | 实用新型 | CN202020117951.8 | 2020.10.16 | 许昌学院 | 王开瑞 |
| | 一种钢琴谱架 | 实用新型 | CN202020192869.1 | 2020.10.16 | 邵阳学院 | 常薰匀 |
| | 一种钢琴音板结构 | 实用新型 | CN202020244470.3 | 2020.10.16 | 烟台博斯纳钢琴制造有限公司 | 王锡玉；邴艳丽；刘英杰；黄奎勇 |
| | 一种钢琴谱架 | 实用新型 | CN202020256135.5 | 2020.10.16 | 济宁职业技术学院 | 王鑫鑫 |
| | 立式钢琴击弦机 | 外观设计 | CN202030253922.X | 2020.10.23 | 广州珠江钢琴集团股份有限公司 | 何建文；黄耿志；黄树全；王冠忠 |
| | 一种钢琴 | 实用新型 | CN201922429683.3 | 2020.10.23 | 广州珠江恺撒堡钢琴有限公司 | 潘启槟；招梓华 |
| | 一种钢琴盖板夹持装置 | 实用新型 | CN202020131721.7 | 2020.10.20 | 滨州学院 | 姚颖 |
| | 一种可调节高度的钢琴架 | 实用新型 | CN202020208024.7 | 2020.10.23 | 河南广播电视大学 | 杨柳青 |
| | 一种击弦机支座 | 实用新型 | CN202020273735.2 | 2020.10.23 | 北京星海钢琴集团有限公司 | 杨杰 |
| | 一种新型钢琴码克铁板 | 实用新型 | CN201921998746.0 | 2020.10.23 | 森鹤乐器股份有限公司 | 罗迪 |
| | 一种用于粘制制音器的定位装置 | 实用新型 | CN201922392892.5 | 2020.10.23 | 广州珠江恺撒堡钢琴有限公司 | 黄树全；何建文；张荣津；周长春；王冠忠；黄伙莲 |
| | 一种镶补木粒加工设备 | 实用新型 | CN201922393089.3 | 2020.10.23 | 广州珠江恺撒堡钢琴有限公司 | 黄耿志；区迎；董胜 |
| | 一种钢琴缓降器的自动组装线 | 发明专利 | CN201910611955.3 | 2020.10.27 | 孙健春 | 李桂青 |
| | 一种双工位钢琴铁板自动钻孔机 | 实用新型 | CN201922213493.8 | 2020.10.27 | 涿州东奇天华乐器科技有限公司 | 郭学成；曲亚斌；王箭；冯岩 |
| | 一种用于钢琴音板和肋木组装的装置 | 实用新型 | CN202020068792.7 | 2020.10.27 | 北京星海钢琴集团有限公司 | 陈高恩；杨杰 |

续表

| 类别 | 名称 | 专利类型 | 申请（专利）号 | 公开（公告）日 | 申请（专利权）人 | 发明（设计）人 |
|---|---|---|---|---|---|---|
| 钢琴 | 一种圆销座 | 实用新型 | CN202020273733.3 | 2020.10.27 | 北京星海钢琴集团有限公司 | 杨杰 |
| | 一种用于钢琴腿部的可拆卸移动装置 | 实用新型 | CN202020295162.3 | 2020.10.27 | 辽东学院 | 姜兴东 |
| | 一种新型钢琴击弦机顶杆 | 实用新型 | CN202020146963.3 | 2020.10.27 | 上海云飞钢琴有限公司 | 来君轶 |
| | 一种榫槽榫头加工机 | 实用新型 | CN201922216891.5 | 2020.10.27 | 涿州东奇天华乐器科技有限公司 | 郭学成；豆平祖；安亚丽 |
| | 一种三角琴音头木加工机 | 实用新型 | CN201922227083.9 | 2020.10.27 | 涿州东奇天华乐器科技有限公司 | 郭学成；文广宇；曲亚斌 |
| | 一种榫槽凿机 | 实用新型 | CN201922215528.1 | 2020.10.27 | 涿州东奇天华乐器科技有限公司 | 郭学成；赵开序；荣紫俊；宗建邦 |
| | 一种压钉钻孔开槽机 | 实用新型 | CN201922215399.6 | 2020.10.27 | 涿州东奇天华乐器科技有限公司 | 郭学成；文广宇；李雪为；李磊 |
| | 一种调节档装配机 | 实用新型 | CN201922215481.9 | 2020.10.27 | 涿州东奇天华乐器科技有限公司 | 郭学成；杨思贵；韩军军 |
| | 钢琴 | 外观设计 | CN202030021062.7 | 2020.10.30 | 雅马哈株式会社 | 昆仁毅；冈村淳 |
| | 一种钢琴击键力度的检测装置、方法及钢琴 | 发明专利 | CN202010663190.0 | 2020.10.30 | 湖南苏可尼教育科技有限公司 | 宋齐 |
| | 一种新式钢琴学习、乐器演奏自动翻谱装置 | 实用新型 | CN202020130455.6 | 2020.10.30 | 贠婷 | 贠婷 |
| | 一种钢琴演奏用卷动式翻谱器 | 实用新型 | CN202020128276.9 | 2020.10.30 | 贠婷 | 贠婷 |
| | 一种钢琴用乐谱架 | 实用新型 | CN202020109902.X | 2020.11.03 | 辽东学院 | 姜兴东 |
| | 一种用于钢琴背架框打孔的固定装置 | 实用新型 | CN202020068804.6 | 2020.11.03 | 北京星海钢琴集团有限公司 | 汤洁；时金超 |
| | 一种钢琴键盘自定位黑键 | 实用新型 | CN201922368747.3 | 2020.11.03 | 海伦钢琴股份有限公司 | 陈海伦；李继苗；郑之杰；翟清川 |
| | 一种抗变形压键档 | 实用新型 | CN201922368795.2 | 2020.11.03 | 海伦钢琴股份有限公司 | 陈海伦；贾国杰；郑张刘；翟清川 |
| | 钢琴攀带的制作设备 | 实用新型 | CN201922493790.2 | 2020.11.06 | 广州珠江恺撒堡钢琴有限公司 | 何玉坚；冯锦豪；江沛姬；林鸣亚；卢洁；梁俊昉；邓崇军 |
| | 用于钢琴键盘键子键片分锯的加工设备 | 实用新型 | CN201922493714.1 | 2020.11.06 | 广州珠江恺撒堡钢琴有限公司 | 李浩柱；黄耿志 |
| | 一种便于使用的钢琴用乐谱放置架 | 实用新型 | CN202020221989.X | 2020.11.06 | 湛江幼儿师范专科学校 | 丁宁 |
| | 一种钢琴琴键盖板连接器 | 实用新型 | CN202020281095.X | 2020.11.10 | 浙江珠江德华钢琴有限公司 | 何建超；周江英 |

续表

| 类别 | 名称 | 专利类型 | 申请（专利）号 | 公开（公告）日 | 申请（专利权）人 | 发明（设计）人 |
|---|---|---|---|---|---|---|
| 钢琴 | 一种可调节钢琴脚轮 | 实用新型 | CN202020494699.2 | 2020.11.13 | 浙江乐韵钢琴有限公司 | 金亦成 |
| | 一种钢琴键盖翻转结构 | 实用新型 | CN202020494800.4 | 2020.11.13 | 浙江乐韵钢琴有限公司 | 金亦成 |
| | 一种钢琴琴弦装配装置 | 实用新型 | CN202020494848.5 | 2020.11.13 | 浙江乐韵钢琴有限公司 | 金亦成 |
| | 一种立式钢琴中带音梁及音隧的音板 | 发明专利 | CN202010839527.9 | 2020.11.17 | 苏州礼乐乐器股份有限公司 | 金海鸥；吴念博；何新喜；朱信智；李碧英；杨萍 |
| | 钢琴缓降自锁装置 | 实用新型 | CN201922269234.7 | 2020.11.17 | 宜昌金宝乐器制造有限公司 | 熊南方；刘涛 |
| | 一种三角钢琴中带音梁及音隧的音板 | 发明专利 | CN202010838859.5 | 2020.11.17 | 苏州礼乐乐器股份有限公司 | 金海鸥；吴念博；何新喜；朱信智；李碧英；杨萍 |
| | 一种钢琴琴弦绕扣器 | 发明专利 | CN202010850473.6 | 2020.11.17 | 刘春辉 | 刘春辉 |
| | 一种卧式钢琴键盘平整的稳定振奏装置 | 实用新型 | CN202020448905.6 | 2020.11.20 | 福州和声钢琴股份有限公司 | 林建忠；于孙传 |
| | 一种立式钢琴音板 | 实用新型 | CN202020504681.6 | 2020.11.24 | 浙江卡罗德钢琴制造有限公司 | 何宝祥 |
| | 一种卧式钢琴键盘平整度检测装置 | 实用新型 | CN202020578421.3 | 2020.11.24 | 福州和声钢琴股份有限公司 | 林建忠；于孙传 |
| | 一种具有缓冲保护结构的钢琴盖支架 | 发明专利 | CN202010724968.4 | 2020.11.24 | 江苏凤灵钢琴有限公司 | 李瑞林 |
| | 一种钢琴止音杆折弯变形装置 | 实用新型 | CN202020407278.1 | 2020.11.24 | 福州和声钢琴股份有限公司 | 林建忠；于孙传 |
| | 一种钢琴夹琴装置 | 实用新型 | CN202020504163.4 | 2020.11.24 | 浙江卡罗德钢琴制造有限公司 | 何宝祥 |
| | 一种便于换弦以及调音的钢琴琴弦固定结构 | 发明专利 | CN202010724977.3 | 2020.11.24 | 江苏凤灵钢琴有限公司 | 李瑞林 |
| | 一种钢琴弹奏用琴谱放置架 | 实用新型 | CN202020193762.9 | 2020.11.24 | 吕琰 | 吕琰；全国涛 |
| | 一种钢琴调音装置 | 实用新型 | CN202020327879.1 | 2020.11.24 | 南阳理工学院 | 王从军；刘小婷；张森 |
| | 一种钢琴配码和铁盘黏贴装置 | 实用新型 | CN202020730170.6 | 2020.11.27 | 浙江卡罗德钢琴制造有限公司 | 何宝祥 |
| | 一种新型三角钢琴 | 实用新型 | CN202020646197.7 | 2020.11.27 | 浙江卡罗德钢琴制造有限公司 | 何宝祥 |
| | 一种钢琴脚轮安装结构 | 实用新型 | CN202020494675.7 | 2020.11.27 | 浙江乐韵钢琴有限公司 | 金亦成 |
| | 一种钢琴音源集成系统 | 实用新型 | CN202020646120.X | 2020.11.27 | 浙江卡罗德钢琴制造有限公司 | 何宝祥 |
| | 一种钢琴支脚的打磨装置 | 实用新型 | CN202020760171.5 | 2020.11.27 | 德清县华伦乐器有限公司 | 华树林 |

续表

| 类别 | 名称 | 专利类型 | 申请（专利）号 | 公开（公告）日 | 申请（专利权）人 | 发明（设计）人 |
|---|---|---|---|---|---|---|
| 钢琴 | 一种钢琴板抛光装置 | 实用新型 | CN202020494762.2 | 2020.11.27 | 浙江乐韵钢琴有限公司 | 金亦成 |
| | 一种钢琴配马装置 | 实用新型 | CN202020698301.7 | 2020.12.01 | 浙江卡罗德钢琴制造有限公司 | 何宝祥 |
| | 一种立式钢琴音板 | 实用新型 | CN202020791156.7 | 2020.12.01 | 吉首大学张家界学院 | 高雄 |
| | 一种钢琴弦轴销安装装置 | 实用新型 | CN202020697819.9 | 2020.12.01 | 浙江卡罗德钢琴制造有限公司 | 何宝祥 |
| | 可调节的钢琴击弦点定位工装 | 实用新型 | CN202020920336.0 | 2020.12.04 | 广州珠江恺撒堡钢琴有限公司 | 许露然；韩祎晴；陈会婷 |
| | 立式钢琴的弦槌组件 | 外观设计 | CN202030400799.X | 2020.12.04 | 广州珠江恺撒堡钢琴有限公司 | 何建文；黄耿志；卢洁；黄树全；杜宗云；李伟奇；何建玮；卢奇剑；贺相宜；林汉聪 |
| | 一种弹钢琴用自动翻谱装置 | 实用新型 | CN201921463937.7 | 2020.12.08 | 宿迁米喆机械设计有限公司 | 桑明喆 |
| | 一种钢琴琴键按压检测识别装置 | 实用新型 | CN202020371927.7 | 2020.12.08 | 莆田学院 | 戴子贤 |
| | 一种钢琴教学用钢琴椅 | 实用新型 | CN202020779060.9 | 2020.12.08 | 刘雷 | 刘雷 |
| | 一种钢琴乐谱自动翻页装置 | 实用新型 | CN202020385720.5 | 2020.12.08 | 长沙师范学院 | 伍钰佳 |
| | 钢琴 | 外观设计 | CN202030028279.0 | 2020.12.08 | 广东九聚智能科技有限公司 | 庄锴 |
| | 一种钢琴生产用板材自动切割机 | 发明专利 | CN202010940394.4 | 2020.12.18 | 重庆斯威特钢琴有限公司 | 王海；王建华；孙家希 |
| | 一种便于移动的钢琴谱支架 | 实用新型 | CN202020214254.4 | 2020.12.22 | 河南广播电视大学 | 杨柳青 |
| | 一种钢琴用乐谱翻页装置 | 实用新型 | CN202020256214.6 | 2020.12.22 | 王晨瑾 | 王晨瑾 |
| | 一种用于钢琴生产的板材自动打孔机 | 发明专利 | CN202010940374.7 | 2020.12.25 | 重庆斯威特钢琴有限公司 | 王海；王建华；孙家希 |
| | 一种立式钢琴 | 实用新型 | CN202020485220.9 | 2020.12.25 | 浙江卡罗德钢琴制造有限公司 | 何宝祥 |
| | 一种钢琴击弦机内置驱潮装置总档 | 实用新型 | CN202020813622.7 | 2020.12.29 | 广州晟襄悦钢琴有限公司 | 戴华东 |
| | 钢琴课教学便于调节角度的乐谱架 | 实用新型 | CN202020151340.5 | 2020.12.29 | 河源职业技术学院 | 叶碧青 |
| | 钢琴琴弦绕扣装置 | 发明专利 | CN202011116211.3 | 2020.12.29 | 宁波四海琴业有限公司 | 何四海 |
| | 一种钢琴挂弦钉装置 | 实用新型 | CN202020669248.8 | 2020.12.29 | 浙江卡罗德钢琴制造有限公司 | 何宝祥 |

续表

| 类别 | 名称 | 专利类型 | 申请（专利）号 | 公开（公告）日 | 申请（专利权）人 | 发明（设计）人 |
|---|---|---|---|---|---|---|
| 电钢琴 | 一种电钢琴单脚踏板装置 | 实用新型 | CN201920638294.9 | 2020.01.17 | 温州皖美电子科技有限公司 | 陈宏宇 |
| | 电钢琴（88键六） | 外观设计 | CN201930474988.9 | 2020.01.21 | 吴仔丽 | 吴仔丽 |
| | 电钢琴（MH-50） | 外观设计 | CN201930450284.8 | 2020.01.21 | 青岛美嘉乐器有限公司 | 丁桂斌 |
| | 电钢琴（88键二） | 外观设计 | CN201930469402.X | 2020.01.21 | 吴仔丽 | 吴仔丽 |
| | 电钢琴（88键三） | 外观设计 | CN201930469408.7 | 2020.01.21 | 吴仔丽 | 吴仔丽 |
| | 电钢琴（88键一） | 外观设计 | CN201930469403.4 | 2020.01.21 | 吴仔丽 | 吴仔丽 |
| | 电钢琴（88键四） | 外观设计 | CN201930469414.2 | 2020.01.21 | 吴仔丽 | 吴仔丽 |
| | 电钢琴（88键五） | 外观设计 | CN201930474997.8 | 2020.01.21 | 吴仔丽 | 吴仔丽 |
| | 电钢琴（MH50） | 外观设计 | CN201930450676.4 | 2020.01.21 | 青岛美嘉乐器有限公司 | 丁桂斌 |
| | 电钢琴（MP-12） | 外观设计 | CN201930450657.1 | 2020.01.21 | 青岛美嘉乐器有限公司 | 丁桂斌 |
| | 一种电钢琴脚踏开关 | 实用新型 | CN201920637635.0 | 2020.01.24 | 温州皖美电子科技有限公司 | 陈宏宇 |
| | 电钢琴（88键七） | 外观设计 | CN201930474994.4 | 2020.01.24 | 吴仔丽 | 吴仔丽 |
| | 电钢琴（移动） | 外观设计 | CN201930330532.5 | 2020.02.07 | 深圳市华芯康微科技有限公司 | 马明 |
| | 电钢琴 | 外观设计 | CN201930485828.4 | 2020.02.11 | 深圳市华芯康微科技有限公司 | 马明 |
| | 一种电钢琴盖板 | 实用新型 | CN201920378959.7 | 2020.02.14 | 杭州爱尔科乐器有限公司 | 胡余升；肖华 |
| | 灯光教学的电钢琴 | 实用新型 | CN201920415896.8 | 2020.02.14 | 晋江力达电子有限公司 | 吴希达 |
| | 一种电钢琴 | 实用新型 | CN201920378981.1 | 2020.02.14 | 杭州爱尔科乐器有限公司 | 肖华；胡余升 |
| | 便携式智能电钢琴 | 外观设计 | CN201930477349.8 | 2020.02.21 | 逐梦同创科技（深圳）有限公司 | 吴若鹏 |
| | 电钢琴（001） | 外观设计 | CN201930547362.6 | 2020.03.17 | 邱爱白 | 邱爱白 |
| | 重锤便携电钢琴 | 外观设计 | CN201930522800.3 | 2020.03.17 | 郭伟和 | 郭伟和 |
| | 电钢琴（88键便携式） | 外观设计 | CN201930557725.4 | 2020.03.20 | 张建阳 | 张建阳 |
| | 电钢琴及其琴键的安装结构 | 实用新型 | CN201920709854.5 | 2020.03.31 | 杭州爱尔科乐器有限公司 | 蒋峰；肖华；彭广根 |
| | 电钢琴（白） | 外观设计 | CN201930605461.5 | 2020.04.10 | 吴仔丽 | 吴仔丽 |
| | 使用方便的电钢琴 | 实用新型 | CN201920415348.5 | 2020.04.10 | 晋江力达电子有限公司 | 吴希达 |
| | 一种带折叠收纳座椅的新型电钢琴 | 实用新型 | CN201920497020.2 | 2020.04.21 | 广州华立科技职业学院 | 梁瑞云 |
| | 一种电钢琴键盘 | 实用新型 | CN201920704569.4 | 2020.05.05 | 杭州爱尔科乐器有限公司 | 蒋峰；肖华；彭广根 |
| | 折叠式电钢琴 | 实用新型 | CN201920795298.8 | 2020.05.05 | 杭州爱尔科乐器有限公司 | 蒋峰；肖华；彭广根 |
| | 用于电钢琴的多功能踏板 | 实用新型 | CN201920949051.7 | 2020.05.22 | 阿托拉斯乐器制造（大连）有限公司 | 王杨 |

续表

| 类别 | 名称 | 专利类型 | 申请（专利）号 | 公开（公告）日 | 申请（专利权）人 | 发明（设计）人 |
|---|---|---|---|---|---|---|
| 电钢琴 | 一种电钢琴的多脚踏板开关 | 实用新型 | CN201921536233.8 | 2020.05.26 | 温州皖美电子科技有限公司 | 陈宏宇；张念念 |
| | 一种可拆卸的电钢琴 | 实用新型 | CN201921270913.X | 2020.06.02 | 杭州爱尔科乐器有限公司 | 蒋峰；肖华 |
| | 一种电钢琴五金键锤冲压模具 | 实用新型 | CN201822102333.1 | 2020.06.02 | 惠州市珩兴实业有限公司 | 姜鑫 |
| | 电钢琴（二） | 外观设计 | CN201930577408.9 | 2020.06.05 | 杨耿辉 | 杨耿辉 |
| | 电钢琴（三） | 外观设计 | CN201930577518.5 | 2020.06.05 | 杨耿辉 | 杨耿辉 |
| | 电钢琴（一） | 外观设计 | CN201930577520.2 | 2020.06.05 | 杨耿辉 | 杨耿辉 |
| | 便携式电钢琴 | 外观设计 | CN201930662388.5 | 2020.06.09 | 广州蓝深科技有限公司 | 黄鹏 |
| | 一种便携式电钢琴 | 实用新型 | CN201920724986.5 | 2020.06.23 | 张建强 | 张建强 |
| | 一种平盖电钢琴壳体结构 | 实用新型 | CN201921361722.4 | 2020.06.26 | 上海九歌乐器音响有限公司 | 马季平 |
| | 电钢琴（三角式） | 外观设计 | CN201930728341.4 | 2020.07.07 | 唐爵智能科技（天津）有限公司 | 薛国辉 |
| | 一种电子琴拉簧键盘手感分级调节装置 | 实用新型 | CN201921741785.2 | 2020.07.14 | 得理乐器（珠海）有限公司 | 区骏熙；刘国宗；周鹏 |
| | 一种电子琴拉簧键盘手感调节装置 | 实用新型 | CN201921741690.0 | 2020.07.14 | 得理乐器（珠海）有限公司 | 区骏熙；刘国宗；周鹏 |
| | 电钢琴踏板 | 外观设计 | CN202030060805.1 | 2020.07.28 | 姜英实 | 姜英实 |
| | 电钢琴（003） | 外观设计 | CN201930668628.2 | 2020.07.28 | 邱爱白 | 邱爱白 |
| | 电钢琴（002） | 外观设计 | CN201930668609.X | 2020.07.28 | 邱爱白 | 邱爱白 |
| | 一种少儿钢琴学习用电钢琴踏板支撑装置 | 实用新型 | CN201921461816.9 | 2020.07.31 | 长沙师范学院 | 余琳娜；胡昊 |
| | 一种防尘可升降的电钢琴架 | 发明专利 | CN202010464468.1 | 2020.07.31 | 海南师范大学 | 李娅；张艺；孙晶；丁玲 |
| | 一种电钢琴彩色键盘及其注塑模具 | 实用新型 | CN201920956758.0 | 2020.08.04 | 晋江力达电子有限公司 | 杨永生 |
| | 一种少儿电钢琴学习用琴凳 | 实用新型 | CN201922017701.7 | 2020.08.04 | 晋江和祥盛电子科技有限公司 | 范家余 |
| | 一种推拉开关式钢琴 | 实用新型 | CN201921670647.X | 2020.08.18 | 泉州市雅捷电子科技有限公司 | 蒋长春 |
| | 一种智能开关的电子钢琴 | 实用新型 | CN201921670646.5 | 2020.08.18 | 泉州市雅捷电子科技有限公司 | 蒋长春 |
| | 一种带有防尘结构的电钢琴 | 实用新型 | CN201922009439.1 | 2020.08.25 | 晋江和祥盛电子科技有限公司 | 范家余 |
| | 立式电钢琴（JL-888K） | 外观设计 | CN202030243902.4 | 2020.09.11 | 晋江吉利尔斯电子科技有限公司 | 柯振华 |

续表

| 类别 | 名称 | 专利类型 | 申请（专利）号 | 公开（公告）日 | 申请（专利权）人 | 发明（设计）人 |
|---|---|---|---|---|---|---|
| 电钢琴 | 一种可插入人声轨道的电钢琴 | 实用新型 | CN201921630243.8 | 2020.09.15 | 许蕴彰 | 许蕴彰 |
| | 电钢琴（纯钢JL-688T） | 外观设计 | CN202030243906.2 | 2020.09.15 | 晋江吉利尔斯电子科技有限公司 | 柯振华 |
| | 高箱电钢琴（JL-588K） | 外观设计 | CN202030243904.3 | 2020.09.15 | 晋江吉利尔斯电子科技有限公司 | 柯振华 |
| | 电钢琴（纯钢JL-288K） | 外观设计 | CN202030243907.7 | 2020.09.15 | 晋江吉利尔斯电子科技有限公司 | 柯振华 |
| | 电钢琴（翻盖R-200K） | 外观设计 | CN202030243897.7 | 2020.09.15 | 晋江吉利尔斯电子科技有限公司 | 柯振华 |
| | 电钢琴（JL-388T） | 外观设计 | CN202030243905.8 | 2020.09.15 | 晋江吉利尔斯电子科技有限公司 | 柯振华 |
| | 一种推盖式电钢琴 | 实用新型 | CN201922047131.6 | 2020.09.22 | 晋江和祥盛电子科技有限公司 | 范家余 |
| | 一种电钢琴键盘及电钢琴 | 实用新型 | CN201921673815.0 | 2020.09.25 | 青岛职业技术学院 | 李文斌；王刚；王晓倩；季海翔；田鑫；张治中 |
| | 电钢琴（S脚JL-188K） | 外观设计 | CN202030243908.1 | 2020.09.29 | 晋江吉利尔斯电子科技有限公司 | 柯振华 |
| | 一种带自动伴奏的电钢琴 | 实用新型 | CN202020099202.7 | 2020.10.16 | 张波涛 | 张波涛 |
| | 电钢琴（MH-20） | 外观设计 | CN202030262572.3 | 2020.10.20 | 青岛美嘉乐器有限公司 | 丁桂斌 |
| | 电钢琴（六） | 外观设计 | CN202030292163.8 | 2020.10.23 | 福建省泉州市雅美哈电子科技有限公司 | 杨德报 |
| | 一种电钢琴自动演奏驱动装置 | 实用新型 | CN202020327880.4 | 2020.10.30 | 南阳理工学院 | 王从军；刘小婷；张森 |
| | 一种电钢琴扬声器快捷连接机构 | 实用新型 | CN202020405533.9 | 2020.11.10 | 长沙职业技术学院 | 唐荣兴 |
| | 一种电钢琴按键检测装置 | 实用新型 | CN202020497049.3 | 2020.11.10 | 中北大学 | 王芮莹；郝意；王小侠 |
| | 一种显示光投影式练习电钢琴 | 发明专利 | CN202010785591.3 | 2020.11.13 | 河南广播电视大学 | 杨柳青；王菲菲；李艳慧；李莎；包春吟 |
| | 一种防尘可升降的电钢琴架 | 发明专利 | CN202010906173.5 | 2020.11.17 | 贾晓星 | 贾晓星；程静；张志华；徐国雷 |
| | 电钢琴（MP-10） | 外观设计 | CN202030383642.0 | 2020.12.01 | 青岛美嘉乐器有限公司 | 丁桂斌 |
| | 一种条桌式平盖电钢琴结构装置 | 发明专利 | CN202010564529.1 | 2020.12.08 | 上海九歌乐器音响有限公司 | 马季平 |
| | 一种电钢琴装置 | 实用新型 | CN202020752302.5 | 2020.12.29 | 刘华琼 | 刘华琼；林克龙 |

续表

| 类别 | 名称 | 专利类型 | 申请（专利）号 | 公开（公告）日 | 申请（专利权）人 | 发明（设计）人 |
|---|---|---|---|---|---|---|
| 吉他 | 吉他 | 外观设计 | CN201930335485.3 | 2020.01.03 | 张立强 | 张立强 |
| | 吉他 | 外观设计 | CN201930340915.0 | 2020.01.03 | 林科 | 林科 |
| | 吉他下驱 | 外观设计 | CN201930419868.9 | 2020.01.07 | 宁波海宇科技有限公司 | 俞军 |
| | 一种品丝防锈板 | 实用新型 | CN201920377945.3 | 2020.01.07 | 嘉兴市南湖区东栅街道魔方琴行 | 夏英杰；李全乐 |
| | 吉他 | 外观设计 | CN201930401996.0 | 2020.01.10 | 赵豪杰 | 赵豪杰 |
| | 吉他琴颈 | 外观设计 | CN201930322318.5 | 2020.01.10 | 周运启 | 周运启 |
| | 吉他（Alpha5） | 外观设计 | CN201930345058.3 | 2020.01.14 | 广州市鸣雅玛丁尼乐器制造有限公司 | 汪宏齐 |
| | 吉他连接结构 | 实用新型 | CN201920259109.5 | 2020.01.14 | 汪宏齐 | 汪宏齐 |
| | 吉他 | 外观设计 | CN201930328722.3 | 2020.01.14 | 陈建帮 | 陈建帮 |
| | 圆头吉他音阶品线 | 外观设计 | CN201930270161.6 | 2020.01.14 | 佛山市盈展乐器有限公司 | 何庆彬 |
| | 吉他（MC-18） | 外观设计 | CN201930345068.7 | 2020.01.14 | 广州市鸣雅玛丁尼乐器制造有限公司 | 汪宏齐 |
| | 吉他（Alpha3） | 外观设计 | CN201930345434.9 | 2020.01.14 | 广州市鸣雅玛丁尼乐器制造有限公司 | 汪宏齐 |
| | 吉他（悬空指板） | 外观设计 | CN201830229311.4 | 2020.01.17 | 耶林豪斯沃尔夫冈·比特 | 耶林豪斯沃尔夫冈·比特 |
| | 一种吉他的琴体内回线结构及吉他 | 实用新型 | CN201920297145.0 | 2020.01.17 | 惠州全丰育乐用品有限公司 | 蔡赖丰；邓勇明 |
| | 吉他 | 外观设计 | CN201930363087.2 | 2020.01.17 | 贵州馨音乐器制造有限公司 | 卢伦焘 |
| | 一种吉他用琴颈 | 实用新型 | CN201822071659.2 | 2020.01.21 | 赵卫国 | 赵卫国 |
| | 吉他弦钮扭矩测试安装座 | 实用新型 | CN201920919453.2 | 2020.01.21 | 漳浦金盛智能科技有限公司 | 陈金在；陈健恺；陈若妍；吴福森；张凯；姜聪龙；潘千枝 |
| | 吉他 | 外观设计 | CN201930413321.8 | 2020.01.21 | 黄潮燕 | 黄潮燕 |
| | 吉他弦钮扭矩测试仪 | 实用新型 | CN201920919975.2 | 2020.01.21 | 漳浦金盛智能科技有限公司 | 陈金在；陈健恺；陈若妍；吴福森；张凯；姜聪龙；潘千枝 |
| | 吉他拨片剪卡器 | 外观设计 | CN201930396845.0 | 2020.01.21 | 龙相儒 | 龙相儒 |
| | 吉他 | 外观设计 | CN201930376883.X | 2020.01.21 | 张家萍 | 张家萍 |
| | 吉他（飞鸟） | 外观设计 | CN201930445599.3 | 2020.01.24 | 钟坚 | 钟坚 |
| | 一种方便使用的弹力式吉他变调夹 | 实用新型 | CN201920345395.7 | 2020.01.31 | 泰兴市怡然乐器制造有限公司 | 何竞惊；何一姝 |

续表

| 类别 | 名称 | 专利类型 | 申请（专利）号 | 公开（公告）日 | 申请（专利权）人 | 发明（设计）人 |
|---|---|---|---|---|---|---|
| 吉他 | 电吉他 | 外观设计 | CN201930481641.7 | 2020.01.31 | 壹零（北京）乐器有限公司 | 李立权 |
| | 一种具有扩音功能的木吉他 | 实用新型 | CN201920355939.8 | 2020.01.31 | 泰兴市怡然乐器制造有限公司 | 何竞惊；何一姝 |
| | 一种古典吉他制作用多板材打磨机 | 发明专利 | CN201911041676.4 | 2020.01.31 | 广州市鸣雅玛丁尼乐器制造有限公司 | 汪宏齐 |
| | 吉他 | 外观设计 | CN201930458432.0 | 2020.02.04 | 厦门巨声文化传播有限公司 | 张健 |
| | 一种斜头吉他音阶品线 | 实用新型 | CN201920696588.7 | 2020.02.07 | 佛山市盈展乐器有限公司 | 何庆彬 |
| | 一种吉他的琴体结构及吉他 | 实用新型 | CN201920297140.8 | 2020.02.07 | 惠州全丰育乐用品有限公司 | 蔡赖丰；邓勇明 |
| | 一种圆头吉他音阶品线 | 实用新型 | CN201920697512.6 | 2020.02.07 | 佛山市盈展乐器有限公司 | 何庆彬 |
| | 吉他下马 | 外观设计 | CN201930427540.1 | 2020.02.07 | 彭进辉 | 彭进辉 |
| | 一种古典吉他下码下料切割弧度工艺 | 发明专利 | CN201911041664.1 | 2020.02.11 | 广州市鸣雅玛丁尼乐器制造有限公司 | 汪宏齐 |
| | 吉他（时光沙漏） | 外观设计 | CN201930252446.7 | 2020.02.14 | 江苏魂品乐器制造有限公司 | 罗继闯 |
| | 吉他琴头 | 外观设计 | CN201930454662.X | 2020.02.14 | 华侃 | 华侃 |
| | 吉他桥 | 外观设计 | CN201930061648.3 | 2020.02.18 | 泰勒–利斯图有限公司.D/B/A泰勒吉他 | 安德鲁・泰勒・鲍尔斯 |
| | 吉他（空谷幽兰） | 外观设计 | CN201930466237.2 | 2020.02.18 | 余克锋 | 余克锋 |
| | 吉他 | 外观设计 | CN201930260846.2 | 2020.02.18 | 泉州市德旺机械科技有限公司 | 何洁慧 |
| | 吉他（沙漠骆驼） | 外观设计 | CN201930466236.8 | 2020.02.18 | 余克锋 | 余克锋 |
| | 吉他（激光拉丝） | 外观设计 | CN201930466239.1 | 2020.02.18 | 余克锋 | 余克锋 |
| | 吉他（飞鸟） | 外观设计 | CN201930445604.0 | 2020.02.18 | 钟坚 | 钟坚 |
| | 一种自带音乐箱的民谣吉他 | 实用新型 | CN201920817748.9 | 2020.02.21 | 泰兴市琴海乐器有限公司 | 何琴；翁剑 |
| | 吉他 | 外观设计 | CN201930271457.X | 2020.02.21 | 廖友圣 | 廖友圣 |
| | 一种便于轻松调节背带长度的圆背吉他 | 实用新型 | CN201920826141.7 | 2020.02.21 | 泰兴市琴海乐器有限公司 | 何琴；翁剑 |
| | 一种民谣吉他的琴颈 | 实用新型 | CN201920817749.3 | 2020.02.21 | 泰兴市琴海乐器有限公司 | 何琴；翁剑 |
| | 一种吉他拉弦板及拉弦组件 | 实用新型 | CN201920722663.2 | 2020.02.21 | 广州市威柏乐器制造有限公司 | 凌建聪 |
| | 一种方便调整坐姿的古典吉他 | 实用新型 | CN201920826157.8 | 2020.02.21 | 泰兴市琴海乐器有限公司 | 何琴；翁剑 |
| | 一种新型的吉他变调夹 | 实用新型 | CN201920817735.1 | 2020.02.21 | 泰兴市琴海乐器有限公司 | 何琴；翁剑 |
| | 改善弦乐器上的弦功能的元件 | 实用新型 | CN201690001500.X | 2020.02.28 | 安德烈亚斯・赫林格 | 安德烈亚斯・赫林格 |

续表

| 类别 | 名称 | 专利类型 | 申请（专利）号 | 公开（公告）日 | 申请（专利权）人 | 发明（设计）人 |
|---|---|---|---|---|---|---|
| 吉他 | 一种可调节琴桥高度的吉他 | 发明专利 | CN201911193538.8 | 2020.03.06 | 广州市鸣雅玛丁尼乐器制造有限公司 | 汪宏齐 |
| | 一种箜极琴 | 发明专利 | CN201911311302.X | 2020.03.10 | 曾檐 | 曾檐 |
| | 口红管（吉他） | 外观设计 | CN201930558667.7 | 2020.03.10 | 广州市玛可安迪化妆品有限公司 | 李淑华 |
| | 一种吉他用调弦器 | 实用新型 | CN201821900791.3 | 2020.03.13 | 咸阳师范学院 | 李桂梅 |
| | 一种吉他 | 实用新型 | CN201920721406.7 | 2020.03.24 | 厦门巨声文化传播有限公司 | 张健 |
| | 吉他音阶线的切割冲压模具 | 实用新型 | CN201920892346.5 | 2020.03.27 | 漳州宾玮五金配件有限公司 | 张琮闵 |
| | 吉他 | 外观设计 | CN201930315581.1 | 2020.03.27 | 广州市朋克乐器有限公司 | 王世凯 |
| | 一种多功能吉他 | 发明专利 | CN201911285338.5 | 2020.03.27 | 惠州市奇尔瑞乐器有限公司 | 帅应开 |
| | 吉他贴花 | 外观设计 | CN201930367609.6 | 2020.03.27 | 何志伟 | 何志伟 |
| | 一种一体成型的吉他 | 实用新型 | CN201920732852.8 | 2020.03.31 | 广州优酷乐器有限公司 | 孙建忠 |
| | 一种防滑拨片 | 实用新型 | CN201920846531.0 | 2020.03.31 | 孟猛猛 | 孟猛猛 |
| | 吉他音阶线的冲压切割机 | 实用新型 | CN201920874143.3 | 2020.03.31 | 漳州宾玮五金配件有限公司 | 张琮闵 |
| | 一种具有零品品丝的吉他琴颈及吉他 | 实用新型 | CN201920577469.X | 2020.03.31 | 李智明 | 李智明 |
| | 吉他护板 | 外观设计 | CN201930467533.4 | 2020.04.03 | 广州玛雅国际乐器有限公司 | 蔡荷 |
| | 一种吉他背带 | 发明专利 | CN201911390827.7 | 2020.04.03 | 乐工坊文化产业（江苏）有限公司 | 罗有航 |
| | 一种便携式吉他 | 实用新型 | CN201921016150.6 | 2020.04.03 | 江苏新世纪乐器有限公司 | 钱庄胜 |
| | 带乐谱架的吉他包 | 实用新型 | CN201920742786.2 | 2020.04.03 | 泰兴市丰泽乐器有限公司 | 牛建国 |
| | 吉他琴头 | 外观设计 | CN201930419854.7 | 2020.04.07 | 宁波海宇科技有限公司 | 俞军 |
| | 一种吉他面板 | 实用新型 | CN201921016788.X | 2020.04.07 | 江苏新世纪乐器有限公司 | 钱庄胜 |
| | 吉他头 | 外观设计 | CN201930335484.9 | 2020.04.07 | 张立强 | 张立强 |
| | 一种防汗防滑吉他 | 实用新型 | CN201921016663.7 | 2020.04.07 | 江苏新世纪乐器有限公司 | 钱庄胜 |
| | 一种带支撑架的吉他 | 实用新型 | CN201921016399.7 | 2020.04.07 | 江苏新世纪乐器有限公司 | 钱庄胜 |
| | 一种吉他夹式调音器自动组装工艺 | 发明专利 | CN202010006791.4 | 2020.04.07 | 付婷 | 付婷 |
| | 一种全自动吉他抛光机 | 实用新型 | CN201921308666.8 | 2020.04.14 | 胡红 | 胡红 |
| | 吉他（星球） | 外观设计 | CN201930543264.5 | 2020.04.14 | 广州市帕洛玛文化传播有限公司 | 季永仿 |
| | 吉他音阶线的送料盘 | 实用新型 | CN201920894134.0 | 2020.04.14 | 漳州宾玮五金配件有限公司 | 张琮闵 |
| | 吉他音阶线的铜线输出调整装置 | 实用新型 | CN201920914247.2 | 2020.04.14 | 漳州宾玮五金配件有限公司 | 张琮闵 |

续表

| 类别 | 名称 | 专利类型 | 申请（专利）号 | 公开（公告）日 | 申请（专利权）人 | 发明（设计）人 |
|---|---|---|---|---|---|---|
| 吉他 | 吉他（小鹿） | 外观设计 | CN201930542645.1 | 2020.04.14 | 广州市帕洛玛文化传播有限公司 | 季永仿 |
| | 吉他音阶线的切齿滚齿机 | 实用新型 | CN201920876584.7 | 2020.04.14 | 漳州宾玮五金配件有限公司 | 张琮闵 |
| | 吉他和弦器 | 外观设计 | CN201930508090.9 | 2020.04.14 | 徐正奇 | 徐正奇 |
| | 吉他音阶线的铜线旋转输送盘 | 实用新型 | CN201920914311.7 | 2020.04.14 | 漳州宾玮五金配件有限公司 | 张琮闵 |
| | 一种吉他琴码雕刻机 | 实用新型 | CN201920951657.4 | 2020.04.17 | 南京超翰数控设备有限公司 | 王建辉 |
| | 一种吉他指板雕刻机 | 实用新型 | CN201920951628.8 | 2020.04.17 | 南京超翰数控设备有限公司 | 王建辉 |
| | 一种吉他生产用喷漆装置 | 实用新型 | CN201921192227.5 | 2020.04.21 | 漳州市昱恒乐器有限公司 | 吴顺南 |
| | 一种可伸缩的吉他 | 实用新型 | CN201921191358.1 | 2020.04.21 | 漳州市昱恒乐器有限公司 | 吴顺南 |
| | 一种碳纤维吉他指板 | 实用新型 | CN201921208005.8 | 2020.04.21 | 郑礼文 | 郑礼文 |
| | 一种双层面板式吉他 | 实用新型 | CN201921192249.1 | 2020.04.21 | 漳州市昱恒乐器有限公司 | 吴顺南 |
| | 一种吉他面板硬度检测装置 | 实用新型 | CN201921191314.9 | 2020.04.21 | 漳州市昱恒乐器有限公司 | 吴顺南 |
| | 斜头吉他音阶品线 | 外观设计 | CN201930264738.2 | 2020.04.21 | 佛山市盈展乐器有限公司 | 不公告设计人 |
| | 一种吉他面板压合装置 | 实用新型 | CN201921192230.7 | 2020.04.21 | 漳州市昱恒乐器有限公司 | 吴顺南 |
| | 一种自动调节吉他面板厚度加工装置 | 实用新型 | CN201921191347.3 | 2020.04.21 | 漳州市昱恒乐器有限公司 | 吴顺南 |
| | 一种琴弦便于拨动的吉他 | 实用新型 | CN201921191336.5 | 2020.04.21 | 漳州市昱恒乐器有限公司 | 吴顺南 |
| | 一种吉他生产胶水供给装置 | 实用新型 | CN201921191331.2 | 2020.04.21 | 漳州市昱恒乐器有限公司 | 吴顺南 |
| | 一种新型便于调节吉他 | 实用新型 | CN201921192246.8 | 2020.04.21 | 漳州市昱恒乐器有限公司 | 吴顺南 |
| | 多宝吉他大身 | 实用新型 | CN201920370210.8 | 2020.04.24 | 上海艾克斯尔乐器音响有限公司 | 刘祥德 |
| | 一种光纤吉他 | 实用新型 | CN201921188007.5 | 2020.04.24 | 广东复安科技发展有限公司 | 王超；贾波 |
| | 一种带有内置扩音器的便携折叠式吉他 | 实用新型 | CN201920910865.X | 2020.04.24 | 周黎 | 周黎 |
| | 吉他（TOM） | 外观设计 | CN201930593626.1 | 2020.04.28 | 惠州市汤姆乐器有限公司 | 谢宝舰 |
| | 一种夜用的发光吉他 | 实用新型 | CN201920056344.2 | 2020.04.28 | 邵阳学院 | 赵莉 |
| | 一种可自动调音吉他 | 实用新型 | CN201920975585.7 | 2020.04.28 | 南京晓庄学院 | 焦婕妤；杨文成；仇飞 |
| | 多宝吉他大身 | 实用新型 | CN201920370589.2 | 2020.04.28 | 上海艾克斯尔乐器音响有限公司 | 刘祥德 |
| | 一种吉他 | 发明专利 | CN201710698673.2 | 2020.05.05 | 贵州贝加尔乐器有限公司 | 高益波 |
| | 一种木吉他 | 发明专利 | CN201710697475.4 | 2020.05.05 | 贵州贝加尔乐器有限公司 | 高益波 |

续表

| 类别 | 名称 | 专利类型 | 申请（专利）号 | 公开（公告）日 | 申请（专利权）人 | 发明（设计）人 |
|---|---|---|---|---|---|---|
| 吉他 | 一种上弦枕具有弦锁和调音功能的木吉他 | 实用新型 | CN201921169861.7 | 2020.05.05 | 河海大学 | 赵天翼；郭苏 |
| | 吉他变调夹 | 外观设计 | CN201930681927.X | 2020.05.08 | 江明松 | 江明松 |
| | 一种可自动调音的吉他自动调弦器 | 发明专利 | CN202010091574.X | 2020.05.12 | 台州椒江中含乐器科技有限公司 | 不公告发明人 |
| | 琴颈一体结构及包含该琴颈一体结构的吉他 | 实用新型 | CN201921137672.1 | 2020.05.12 | 惠州市恩雅乐器有限公司 | 胡海明 |
| | 琴颈加强结构及包含该琴颈加强结构的吉他 | 实用新型 | CN201921124393.1 | 2020.05.12 | 惠州市恩雅乐器有限公司 | 胡海明 |
| | 一种具有悬浮接柄结构的吉他 | 实用新型 | CN201921124464.8 | 2020.05.12 | 惠州市恩雅乐器有限公司 | 胡海明 |
| | 一种回线结构及包含该回线结构的吉他 | 实用新型 | CN201921137161.X | 2020.05.12 | 惠州市恩雅乐器有限公司 | 胡海明 |
| | 一种指板一体成型结构及其吉他 | 实用新型 | CN201921137118.3 | 2020.05.12 | 惠州市恩雅乐器有限公司 | 胡海明 |
| | 压铸下马结构及包含该压铸下马结构的吉他 | 实用新型 | CN201921137630.8 | 2020.05.12 | 惠州市恩雅乐器有限公司 | 胡海明 |
| | 尤克里里（小四弦吉他） | 外观设计 | CN201930606633.0 | 2020.05.12 | 廖友圣 | 廖友圣 |
| | 一种原声吉他 | 发明专利 | CN201710165948.6 | 2020.05.12 | 晏雨扬 | 晏雨扬 |
| | 吉他（人脸缺角） | 外观设计 | CN201930542664.4 | 2020.05.15 | 广州市帕洛玛文化传播有限公司 | 季永仿 |
| | 吉他（迷彩） | 外观设计 | CN201930308884.0 | 2020.05.19 | 吴永喜 | 吴永喜 |
| | 吉他 | 外观设计 | CN201930698616.4 | 2020.05.19 | 惠州市奇尔瑞乐器有限公司 | 帅应开 |
| | 一种吉他剪弦器自动组装工艺 | 发明专利 | CN202010007180.1 | 2020.05.19 | 范秀红 | 范秀红 |
| | 吉他下码（兰可） | 外观设计 | CN201930685835.9 | 2020.05.19 | 李岐志 | 李岐志 |
| | 爵士吉他面板 | 实用新型 | CN201920370227.3 | 2020.05.19 | 上海艾克斯尔乐器音响有限公司 | 刘祥德 |
| | 智能吉他和弦辅助装置 | 发明专利 | CN201711092431.5 | 2020.05.22 | 崔繁 | 崔繁 |
| | 吉他琴桶推槽设备 | 发明专利 | CN202010226443.8 | 2020.05.22 | 可尔特乐器（大连）有限公司 | 金东植；王鹏 |
| | 一种吉他侧板一次性打磨设备 | 发明专利 | CN202010226444.2 | 2020.05.29 | 可尔特乐器（大连）有限公司 | 金东植；王鹏 |
| | 一种吉他面板及吉他 | 实用新型 | CN201921557706.2 | 2020.05.29 | 宁波海宇科技有限公司 | 俞军 |
| | 一种快速切换的吉他拨片 | 发明专利 | CN202010016967.4 | 2020.06.05 | 商丘师范学院 | 孔俊；张蓓蕾 |
| | 尤克里里（尤克里里小吉他） | 外观设计 | CN202030023342.1 | 2020.06.09 | 杭州琴江乐器有限公司 | 杨文彬 |

续表

| 类别 | 名称 | 专利类型 | 申请（专利）号 | 公开（公告）日 | 申请（专利权）人 | 发明（设计）人 |
|---|---|---|---|---|---|---|
| 吉他 | 一种吉他辅助按弦装置 | 实用新型 | CN201921400425.6 | 2020.06.09 | 徐正奇 | 徐正奇 |
| | 多功能吉他变调夹 | 实用新型 | CN201921400221.2 | 2020.06.09 | 徐正奇 | 徐正奇 |
| | 吉他指板（F1雕花） | 外观设计 | CN201930427357.1 | 2020.06.09 | 彭进辉 | 彭进辉 |
| | 一种新型高精度吉他乐器制作治具 | 实用新型 | CN201921723212.7 | 2020.06.09 | 梁敏劲 | 梁敏劲 |
| | 一种新型吉他 | 实用新型 | CN201921156836.5 | 2020.06.12 | 曹建云 | 潘庆长 |
| | 吉他共鸣箱边缘切削装置 | 实用新型 | CN201921278641.8 | 2020.06.16 | 四会市华风乐器有限公司 | 潘伟明 |
| | 吉他琴品自动安装装置 | 实用新型 | CN201921279143.5 | 2020.06.16 | 四会市华风乐器有限公司 | 潘伟明 |
| | 民谣吉他上弦枕 | 外观设计 | CN202030000356.1 | 2020.06.16 | 黄泳锦 | 黄泳锦 |
| | 吉他弦柱 | 外观设计 | CN202030050735.1 | 2020.06.16 | 济源职业技术学院 | 曹丽红；杨来定 |
| | 吉他头 | 外观设计 | CN201930746304.6 | 2020.06.16 | 邓一燃 | 邓一燃 |
| | 吉他侧边自动喷漆装置 | 实用新型 | CN201921280097.0 | 2020.06.16 | 四会市华风乐器有限公司 | 潘伟明 |
| | 民谣吉他下码 | 外观设计 | CN202030001177.X | 2020.06.16 | 黄泳锦 | 黄泳锦 |
| | 吉他 | 外观设计 | CN201930593529.2 | 2020.06.23 | 武强嘉华乐器有限公司 | 颜彬 |
| | 一种用于尤克里里和吉他的重力自锁托叉 | 实用新型 | CN201921579396.4 | 2020.06.23 | 达利斯（天津）商贸有限公司 | 董玉海；李立志 |
| | 一种便于夹持及快速更换品位的吉他助弹装置 | 实用新型 | CN201921654978.4 | 2020.06.23 | 徐波 | 徐波 |
| | 多宝吉他大身 | 实用新型 | CN201920370588.8 | 2020.06.23 | 上海艾克斯尔乐器音响有限公司 | 刘祥德 |
| | 一种吉他音高调节结构 | 实用新型 | CN201921070550.5 | 2020.06.26 | 广州市桐馨乐器制造有限公司 | 赵渐华 |
| | 一种吉他、面板音梁及其制备方法 | 发明专利 | CN201711315234.5 | 2020.06.26 | 广州市拿火信息科技有限公司；金发科技股份有限公司 | 关安南；李名敏；陆子天；黄明瑜；王海兰；谭松；夏超；叶南彪；郑明嘉；宁方林 |
| | 一种吉他柄雕刻机 | 实用新型 | CN201920951171.0 | 2020.06.30 | 南京超翰数控设备有限公司 | 王建辉 |
| | 一种镂空吉他面板 | 实用新型 | CN201921006859.8 | 2020.06.30 | 广州市桐馨乐器制造有限公司 | 汪锋华 |
| | 吉他 | 外观设计 | CN202030067602.5 | 2020.06.30 | 广州市图南乐器贸易有限公司 | 吴泰森 |
| | 一种自动吉他桶侧板成型设备 | 实用新型 | CN201921086070.8 | 2020.06.30 | 广州市威柏乐器制造有限公司 | 凌建聪 |
| | 吉他 | 外观设计 | CN201930453833.7 | 2020.06.30 | 广州市拿火信息科技有限公司 | 陆子天；周汀沙；冼卓恒 |

**续表**

| 类别 | 名称 | 专利类型 | 申请（专利）号 | 公开（公告）日 | 申请（专利权）人 | 发明（设计）人 |
|---|---|---|---|---|---|---|
| 吉他 | 一种全自动加工吉他桶镶边槽设备 | 实用新型 | CN201921224931.4 | 2020.06.30 | 广州市威柏乐器制造有限公司 | 凌建聪 |
| | 一种带弦保护装置的吉他 | 实用新型 | CN201921191354.3 | 2020.06.30 | 漳州市昱恒乐器有限公司 | 吴顺南 |
| | 一种双向可调吉他铁芯 | 实用新型 | CN201921849140.0 | 2020.06.30 | 青岛美乐克乐器有限公司 | 刘金龙；徐春吉 |
| | 一种吉他面板 | 实用新型 | CN201921191337.X | 2020.06.30 | 漳州市昱恒乐器有限公司 | 吴顺南 |
| | 一种方便变音变调用吉他 | 实用新型 | CN201921815239.9 | 2020.07.07 | 鲁文波 | 鲁子畏；鲁文波；刘谦 |
| | 一种吉他用音色增强面板 | 实用新型 | CN201921662268.6 | 2020.07.14 | 广州阿塔米得拉乐器有限公司 | 姚欣 |
| | 一种新型高精度吉他乐器制作治具 | 实用新型 | CN201921723750.6 | 2020.07.14 | 梁敏劲 | 梁敏劲 |
| | 一种吉他合桶固定装置以及合桶弧度刨削机 | 实用新型 | CN201921783695.X | 2020.07.14 | 广州阿塔米得拉乐器有限公司 | 姚欣 |
| | 一种吉他装配用手工合桶模具 | 实用新型 | CN201921816235.2 | 2020.07.14 | 广州阿塔米得拉乐器有限公司 | 姚欣 |
| | 一种爵士吉他用弦轴 | 实用新型 | CN201921827025.3 | 2020.07.14 | 广州阿塔米得拉乐器有限公司 | 姚欣 |
| | 一种吉他合桶铣边机以及吉他合桶固定架 | 实用新型 | CN201921813669.7 | 2020.07.14 | 广州阿塔米得拉乐器有限公司 | 姚欣 |
| | 一种多工位连续型吉他抛光设备 | 实用新型 | CN201921797656.5 | 2020.07.14 | 惠州市铃丰乐器有限公司 | 郭树荣 |
| | 一种吉他马仔加工用真空夹具 | 实用新型 | CN201921850373.2 | 2020.07.14 | 广州阿塔米得拉乐器有限公司 | 姚欣 |
| | 一种吉他装配用指板粘贴设备 | 实用新型 | CN201921806586.5 | 2020.07.14 | 广州阿塔米得拉乐器有限公司 | 姚欣 |
| | 一种吉他合桶成型用缓压组件 | 实用新型 | CN201921783619.9 | 2020.07.14 | 广州阿塔米得拉乐器有限公司 | 姚欣 |
| | 一种吉他装配用燕尾式接柄 | 实用新型 | CN201921668012.6 | 2020.07.14 | 广州阿塔米得拉乐器有限公司 | 姚欣 |
| | 吉他指板（B1雕花） | 外观设计 | CN202030054829.6 | 2020.07.17 | 彭进辉 | 彭进辉 |
| | 一种震动扩音用吉他面板 | 实用新型 | CN201921982852.X | 2020.07.17 | 广州阿塔米得拉乐器有限公司 | 姚欣 |
| | 吉他辅助按弦装置 | 实用新型 | CN201921445102.9 | 2020.07.17 | 徐正奇 | 徐正奇 |
| | 吉他琴弦清理装置 | 发明专利 | CN202010345123.4 | 2020.07.24 | 郑州工程技术学院 | 邵莹；雷钢；刘冬敏；许春香；王继东；张耀祖 |

续表

| 类别 | 名称 | 专利类型 | 申请（专利）号 | 公开（公告）日 | 申请（专利权）人 | 发明（设计）人 |
|---|---|---|---|---|---|---|
| 吉他 | 连接结构及带有该连接结构的吉他 | 发明专利 | CN202010406621.5 | 2020.07.24 | 广州市恒胜箱包有限公司 | 彭兰 |
| | 小型吉他 | 国际专利 | CN201780001591.6 | 2020.07.28 | 佐羽津平 | 佐羽津平 |
| | 吉他音孔饰圈 | 外观设计 | CN201930350957.2 | 2020.07.28 | 亚伯拉罕・约书亚・韦克特 | 亚伯拉罕・约书亚・韦克特 |
| | 吉他琴弦保养器 | 发明专利 | CN202010345102.2 | 2020.07.28 | 郑州工程技术学院 | 邵莹；雷钢；刘冬敏；许春香；王继东；张耀祖 |
| | 一种包边结构及包含该包边结构的吉他指板 | 实用新型 | CN201922016155.5 | 2020.07.31 | 惠州市恩雅乐器有限公司 | 胡海明 |
| | 吉他 | 外观设计 | CN201930635911.5 | 2020.07.31 | 大连圣约乐器有限公司 | 薛非 |
| | 一种吉他下马结构 | 实用新型 | CN201922019620.0 | 2020.07.31 | 惠州市恩雅乐器有限公司 | 胡海明 |
| | 一种环保型吉他组件 | 发明专利 | CN202010445174.4 | 2020.07.31 | 上海超拨乐器配件有限公司 | 倪蕾 |
| | 一种木制吉他的生产工艺 | 发明专利 | CN202010380950.7 | 2020.08.04 | 雅歌乐器（漳州）有限公司 | 吕孟哲 |
| | 一种吉他的生产工艺 | 发明专利 | CN202010381222.8 | 2020.08.04 | 雅歌乐器（漳州）有限公司 | 吕孟哲 |
| | 吉他弦钮齿轮 | 外观设计 | CN202030141578.5 | 2020.08.04 | 陈锡元；孙玉辉 | 孙玉辉；陈锡元 |
| | 一种木吉他的固弦装置 | 实用新型 | CN201922225630.X | 2020.08.04 | 青岛黄海学院 | 薛曜松；曹卉卉 |
| | 一种吉他指板压合机 | 实用新型 | CN201921023678.6 | 2020.08.04 | 广州市鸣雅玛丁尼乐器制造有限公司 | 汪宏齐 |
| | 吉他（MH-1） | 外观设计 | CN202030043725.5 | 2020.08.04 | 广州市鸣雅玛丁尼乐器制造有限公司 | 汪宏齐 |
| | 一种吉他表面静电喷涂工艺 | 发明专利 | CN202010381210.5 | 2020.08.04 | 雅歌乐器（漳州）有限公司 | 吕孟哲 |
| | 一种应用于吉他漆面加工的UV烘干装置 | 实用新型 | CN201921241966.9 | 2020.08.04 | 广州市鸣雅玛丁尼乐器制造有限公司 | 汪宏齐 |
| | 一种琴弦便于拨动的吉他 | 实用新型 | CN201921700193.6 | 2020.08.07 | 张琼 | 张琼；杜建 |
| | 吉他下驱 | 外观设计 | CN202030168965.8 | 2020.08.07 | 武强嘉华乐器有限公司 | 颜彬 |
| | 一种吉他平面自动抛光装置 | 发明专利 | CN202010383616.7 | 2020.08.07 | 淮南市乐森黑马乐器有限公司 | 李勇；王培亮 |
| | 一种吉他侧板成型装置 | 发明专利 | CN202010495563.8 | 2020.08.07 | 苏州市职业大学 | 郭南初；汤广熔 |
| | 智能吉他指板 | 外观设计 | CN201930708843.0 | 2020.08.11 | 北京趣乐科技有限公司 | 吴晓军 |
| | 一种音质稳定吉他面板及吉他 | 实用新型 | CN201921805451.7 | 2020.08.11 | 惠州市铃丰乐器有限公司 | 郭树荣 |
| | 一种新型高强度吉他 | 实用新型 | CN201921805456.X | 2020.08.11 | 惠州市铃丰乐器有限公司 | 郭树荣 |
| | 一种便于更换琴弦的木吉他 | 实用新型 | CN201921798508.5 | 2020.08.11 | 惠州市铃丰乐器有限公司 | 郭树荣 |

续表

| 类别 | 名称 | 专利类型 | 申请（专利）号 | 公开（公告）日 | 申请（专利权）人 | 发明（设计）人 |
|---|---|---|---|---|---|---|
| 吉他 | 一种可增加低音效果的吉他立木结构 | 实用新型 | CN201921798455.7 | 2020.08.11 | 惠州市铃丰乐器有限公司 | 郭树荣 |
| | 一种内置扩音结构的木吉他 | 实用新型 | CN201921806126.2 | 2020.08.11 | 惠州市铃丰乐器有限公司 | 郭树荣 |
| | 一种新型树脂材料的吉他 | 实用新型 | CN201921805424.X | 2020.08.11 | 惠州市铃丰乐器有限公司 | 郭树荣 |
| | 一种低成本便于调节的新型吉他 | 实用新型 | CN201921798481.X | 2020.08.11 | 惠州市铃丰乐器有限公司 | 郭树荣 |
| | 一种全自动高效吉他接柄机 | 实用新型 | CN201921806120.5 | 2020.08.14 | 惠州市铃丰乐器有限公司 | 郭树荣 |
| | 吉他面板及吉他 | 实用新型 | CN201921306991.0 | 2020.08.14 | 广州华丰乐器制造有限公司 | 黄振熙；蒋国强；钟士弟 |
| | 吉他 | 国际专利 | CN201880073248.7 | 2020.08.14 | 泰勒–利斯图有限公司.DBA泰勒吉他 | 安德鲁·泰勒·鲍尔斯 |
| | 一种便调式吉他及其使用方法 | 发明专利 | CN201710043538.4 | 2020.08.21 | 徐州音象乐器有限公司 | 张新 |
| | 一种便于对背带进行定位的碳纤维吉他 | 实用新型 | CN201922085322.1 | 2020.08.25 | 嘉兴锐角复合材料科技有限公司 | 邱晨；尤洞；张伟；郭云中；陈刚；余学明 |
| | 一种吉他柄加工真空夹具 | 实用新型 | CN201921710323.4 | 2020.08.25 | 广州阿塔米得拉乐器有限公司 | 姚欣 |
| | 一种琴箱分离式结构 | 实用新型 | CN201921874644.8 | 2020.08.25 | 张亮 | 张亮 |
| | 一种用于吉他虫胶漆漆面的涂覆设备 | 发明专利 | CN202010597737.1 | 2020.08.25 | 台州池泽科技有限公司 | 李光亮 |
| | 一种吉他琴柄尾部加工刀具 | 实用新型 | CN201921710364.3 | 2020.08.25 | 广州阿塔米得拉乐器有限公司 | 姚欣 |
| | 一种耐用的吉他拉弦板 | 实用新型 | CN201921849181.X | 2020.08.28 | 青岛美乐克乐器有限公司 | 刘金龙；徐春吉 |
| | 一种吉他和弦的辅助按弦器 | 实用新型 | CN201921569223.4 | 2020.08.28 | 佛山市传美乐器有限公司 | 梁国柱 |
| | 一种有助于提供多种功能的吉他结构 | 实用新型 | CN201921975181.4 | 2020.08.28 | 曹尚文 | 曹尚文 |
| | 一种吉他面板用的打磨装置 | 实用新型 | CN201922467033.8 | 2020.09.01 | 江苏浩派乙乐器有限公司 | 赵林波 |
| | 可折叠式弦乐器 | 国际专利 | CN201880068365.4 | 2020.09.01 | 西尔瑞吉塔斯股份有限公司 | J·D·斯潘格勒；J·C·李；M·波斯特；E·萨瑟；C·米特尔斯丹迪特 |

续表

| 类别 | 名称 | 专利类型 | 申请（专利）号 | 公开（公告）日 | 申请（专利权）人 | 发明（设计）人 |
|---|---|---|---|---|---|---|
| 吉他 | 一种吉他面板声音振动结构 | 实用新型 | CN201921984268.8 | 2020.09.01 | 曾恺琰 | 曾恺琰 |
| | 一种分体式吉他及其制造方法 | 发明专利 | CN202010425922.2 | 2020.09.01 | 广州华丰乐器制造有限公司 | 黄振熙；曾凡正；钟士弟 |
| | 一种吉他弦线生产用的张紧力调节装置 | 实用新型 | CN201922468210.4 | 2020.09.15 | 江苏浩派乙乐器有限公司 | 赵林波 |
| | 吉他（擎天柱） | 外观设计 | CN202030244577.3 | 2020.09.15 | 广州市华语乐器有限公司 | 谭洁峰 |
| | 一种吉他生产用雕刻装置 | 实用新型 | CN201921191353.9 | 2020.09.18 | 漳州市昱恒乐器有限公司 | 吴顺南 |
| | 木吉他 | 发明专利 | CN201710698758.0 | 2020.09.22 | 贵州融合音源乐器有限公司 | 李仕勇 |
| | 一种吉他侧板用的打磨装置 | 实用新型 | CN201922479618.1 | 2020.09.25 | 江苏浩派乙乐器有限公司 | 赵林波 |
| | 一种组合式吉他 | 实用新型 | CN202020089538.5 | 2020.09.25 | 江苏浩派乙乐器有限公司 | 赵林波 |
| | 一种便于更换琴弦的吉他 | 实用新型 | CN202020071505.8 | 2020.09.25 | 江苏浩派乙乐器有限公司 | 赵林波 |
| | 一种用于吉他的内部支撑件 | 实用新型 | CN202020089887.7 | 2020.09.25 | 江苏浩派乙乐器有限公司 | 赵林波 |
| | 一种具有GPS定位功能的智能吉他 | 实用新型 | CN201922237991.6 | 2020.09.25 | 惠州市奇尔瑞乐器有限公司 | 帅应开 |
| | 一种吉他的紧固装置 | 实用新型 | CN202020072144.9 | 2020.09.25 | 江苏浩派乙乐器有限公司 | 赵林波 |
| | 一种吉他辅助按弦装置 | 实用新型 | CN202020071511.3 | 2020.09.25 | 江苏浩派乙乐器有限公司 | 赵林波 |
| | 一种吉他琴颈打磨机 | 实用新型 | CN202020003763.2 | 2020.09.29 | 枣庄奥森乐器有限公司 | 高焕雨；董泽滨 |
| | 一种吉他音孔打磨机 | 实用新型 | CN201922495335.6 | 2020.09.29 | 枣庄奥森乐器有限公司 | 高焕雨；董泽滨 |
| | 一种便于固定和取出弦头的吉他固弦锥 | 实用新型 | CN202020002623.3 | 2020.10.02 | 枣庄奥森乐器有限公司 | 高焕雨；董泽滨 |
| | 吉他共鸣箱与吉他 | 发明专利 | CN201710107609.2 | 2020.10.02 | 马利斌 | 马利斌 |
| | 一种教学用吉他手鼓两用乐器 | 发明专利 | CN202010632665.X | 2020.10.09 | 泉州台商投资区源平信息技术有限公司 | 赖剑峰；张金新 |
| | 吉他智能调音器 | 外观设计 | CN202030237219.X | 2020.10.20 | 八和弦科技（深圳）有限公司 | 占群伟 |
| | 一种吉他变调装置 | 实用新型 | CN202020234892.2 | 2020.10.27 | 八和弦科技（深圳）有限公司 | 占群伟 |
| | 一种吉他表面自动抛光设备 | 实用新型 | CN202020072180.5 | 2020.10.27 | 江苏浩派乙乐器有限公司 | 赵林波 |
| | 一种高效吉他抛光机 | 实用新型 | CN201921346968.4 | 2020.10.27 | 江苏新世纪乐器有限公司 | 钱庄胜 |
| | 一种吉他生产用喷漆装置 | 实用新型 | CN201922479545.6 | 2020.10.27 | 江苏浩派乙乐器有限公司 | 赵林波 |
| | 一种吉他头尾板安装机 | 实用新型 | CN202020003762.8 | 2020.10.27 | 枣庄奥森乐器有限公司 | 高焕雨；董泽滨 |

续表

| 类别 | 名称 | 专利类型 | 申请（专利）号 | 公开（公告）日 | 申请（专利权）人 | 发明（设计）人 |
|---|---|---|---|---|---|---|
| 吉他 | 一种多弦吉他变调装置 | 实用新型 | CN202020234986.X | 2020.10.27 | 八和弦科技（深圳）有限公司 | 占群伟 |
| | 一种吉他用梁架 | 实用新型 | CN202020096321.7 | 2020.10.30 | 吴大稳 | 吴大稳 |
| | 一种吉他变调夹 | 实用新型 | CN201922391536.1 | 2020.10.30 | 侯骁 | 侯骁 |
| | 一种智能吉他 | 实用新型 | CN201922238005.9 | 2020.10.30 | 惠州市奇尔瑞乐器有限公司 | 帅应开 |
| | 一种音质稳定的吉他 | 实用新型 | CN202020096322.1 | 2020.10.30 | 吴大稳 | 吴大稳 |
| | 吉他生产用底漆喷涂装置 | 实用新型 | CN202020275721.4 | 2020.10.30 | 湖南省永州市永晟乐器制造有限公司 | 姜和平 |
| | 一种吉他琴枕打磨器 | 实用新型 | CN202020427293.2 | 2020.10.30 | 王建超 | 王建超 |
| | 便携式吉他支架吉他琴枕二合一装置 | 实用新型 | CN202020008779.2 | 2020.10.30 | 深圳市乐迪卡科技有限公司 | 黄汉铤 |
| | 一种吉他侧板成型机 | 实用新型 | CN202020263171.4 | 2020.11.03 | 江苏凤灵乐器文化产业有限公司 | 李晓凌 |
| | 一种吉他接头贴框机 | 实用新型 | CN202020263189.4 | 2020.11.03 | 江苏凤灵乐器文化产业有限公司 | 李晓凌 |
| | 可分离式吉他 | 实用新型 | CN202020040482.4 | 2020.11.03 | 赛斯曼有限公司 | 金亨赞；金源植 |
| | 一种自动磨框机 | 实用新型 | CN202020263192.6 | 2020.11.03 | 江苏凤灵乐器文化产业有限公司 | 李晓凌 |
| | 一种吉他面板拼板机 | 实用新型 | CN202020263120.1 | 2020.11.03 | 江苏凤灵乐器文化产业有限公司 | 李晓凌 |
| | 一种多工位直板打磨机 | 实用新型 | CN202020263188.X | 2020.11.03 | 江苏凤灵乐器文化产业有限公司 | 李晓凌 |
| | 一种吉他外框铣边机 | 实用新型 | CN202020263187.5 | 2020.11.03 | 江苏凤灵乐器文化产业有限公司 | 李晓凌 |
| | 一种吉他外框定型装置 | 实用新型 | CN202020263193.0 | 2020.11.03 | 江苏凤灵乐器文化产业有限公司 | 李晓凌 |
| | 一种吉他抛光装置 | 实用新型 | CN202020470983.6 | 2020.11.06 | 雅歌乐器（漳州）有限公司 | 吕孟哲 |
| | 一种吉他表面水转印设备 | 发明专利 | CN202010703794.3 | 2020.11.06 | 饶沙沙 | 饶沙沙 |
| | 一种下码对中定位模具 | 实用新型 | CN202020276026.X | 2020.11.06 | 湖南省永州市永晟乐器制造有限公司 | 姜和平 |
| | 一种吉他修边机架 | 实用新型 | CN202020407138.4 | 2020.11.10 | 王建超 | 王建超 |
| | 一种新型吉他用变调夹 | 实用新型 | CN201922021421.3 | 2020.11.13 | 宋智华 | 宋智华 |
| | 一种吉他表面水转印设备 | 发明专利 | CN202010647696.2 | 2020.11.13 | 饶沙沙 | 饶沙沙 |
| | 用于吉他音箱制造木板的烘干设备 | 实用新型 | CN202020453533.6 | 2020.11.17 | 遵义麦格纳乐器制造有限公司 | 郑伟铭 |
| | 一种自锁式吉他琴码夹 | 实用新型 | CN202020434986.4 | 2020.11.17 | 王建超 | 王建超 |

续表

| 类别 | 名称 | 专利类型 | 申请（专利）号 | 公开（公告）日 | 申请（专利权）人 | 发明（设计）人 |
|---|---|---|---|---|---|---|
| 吉他 | 吉他音箱加工压合设备 | 实用新型 | CN202020454352.5 | 2020.11.17 | 遵义麦格纳乐器制造有限公司 | 郑伟铭 |
| | 一种便于检修的吉他 | 实用新型 | CN202020470652.2 | 2020.11.17 | 雅歌乐器（漳州）有限公司 | 吕孟哲 |
| | 一种吉他指板贴合机的定位装置 | 实用新型 | CN202020471134.2 | 2020.11.17 | 雅歌乐器（漳州）有限公司 | 吕孟哲 |
| | 一种吉他指板加工用木屑清理装置 | 实用新型 | CN202020158375.1 | 2020.11.20 | 江苏浩派乙乐器有限公司 | 赵林波 |
| | 一种吉他、吉他型体及其制备方法 | 发明专利 | CN202010895598.0 | 2020.11.20 | 惠州市赛雅乐器有限公司 | 梁杰 |
| | 用于吉他音箱音孔的抛光器 | 实用新型 | CN202020453603.8 | 2020.11.20 | 遵义麦格纳乐器制造有限公司 | 郑伟铭 |
| | 用于吉他音箱侧壁的抛光装置 | 实用新型 | CN202020453585.3 | 2020.11.20 | 遵义麦格纳乐器制造有限公司 | 郑伟铭 |
| | 一种吉他箱体式清洁装置 | 实用新型 | CN201922472147.1 | 2020.11.20 | 江苏浩派乙乐器有限公司 | 赵林波 |
| | 用于吉他音箱侧壁的突出部分自动打磨设备 | 实用新型 | CN202020453579.8 | 2020.11.20 | 遵义麦格纳乐器制造有限公司 | 郑伟铭 |
| | 一种可更换共鸣箱的吉他 | 发明专利 | CN202010895580.0 | 2020.11.20 | 惠州市赛雅乐器有限公司 | 梁杰 |
| | 用于吉他弦枕槽口的打磨设备 | 实用新型 | CN202020453605.7 | 2020.11.20 | 遵义麦格纳乐器制造有限公司 | 郑伟铭 |
| | 一种吉他 | 实用新型 | CN202020559813.5 | 2020.11.20 | 雅歌乐器（漳州）有限公司 | 吕孟哲 |
| | 一种吉他面板 | 实用新型 | CN202020559798.4 | 2020.11.24 | 雅歌乐器（漳州）有限公司 | 吕孟哲 |
| | 一种吉他侧板一次性打磨设备 | 实用新型 | CN202020411153.6 | 2020.11.24 | 可尔特乐器（大连）有限公司 | 金东植；王鹏 |
| | 一种吉他面板 | 实用新型 | CN202020393526.1 | 2020.11.24 | 可尔特乐器（大连）有限公司 | 金东植；王鹏 |
| | 吉他琴颈刨面弧度加工设备 | 实用新型 | CN202020393491.1 | 2020.11.24 | 可尔特乐器（大连）有限公司 | 金东植；王鹏 |
| | 一种便于更换琴弦的吉他 | 实用新型 | CN202020559890.0 | 2020.11.24 | 雅歌乐器（漳州）有限公司 | 吕孟哲 |
| | 一种吉他调音器 | 实用新型 | CN202020559679.9 | 2020.11.24 | 雅歌乐器（漳州）有限公司 | 吕孟哲 |
| | 吉他琴桶推槽设备 | 实用新型 | CN202020411050.X | 2020.11.24 | 可尔特乐器（大连）有限公司 | 金东植；王鹏 |
| | 吉他指板打磨设备 | 实用新型 | CN202020394012.8 | 2020.11.24 | 可尔特乐器（大连）有限公司 | 金东植；王鹏 |
| | 吉他音梁修整设备 | 实用新型 | CN202020393990.0 | 2020.11.24 | 可尔特乐器（大连）有限公司 | 金东植；王鹏 |
| | 音调控制部件及功能性原声吉他 | 发明专利 | CN201480069112.0 | 2020.11.24 | 株式会社歌斐木 | 李奎宪 |

续表

| 类别 | 名称 | 专利类型 | 申请（专利）号 | 公开（公告）日 | 申请（专利权）人 | 发明（设计）人 |
|---|---|---|---|---|---|---|
| 吉他 | 一种便于调节琴弦的吉他 | 实用新型 | CN202020559891.5 | 2020.11.27 | 雅歌乐器（漳州）有限公司 | 吕孟哲 |
| | 用于吉他音箱侧板的成型装置 | 实用新型 | CN202020454270.0 | 2020.12.01 | 遵义麦格纳乐器制造有限公司 | 郑伟铭 |
| | 便于调音的吉他弦桥 | 实用新型 | CN202020359597.X | 2020.12.01 | 遵义中立精工制造有限公司 | 林遵义 |
| | 用于吉他喷漆工艺的夹持工装 | 实用新型 | CN202020453627.3 | 2020.12.01 | 遵义麦格纳乐器制造有限公司 | 郑伟铭 |
| | 一种新型吉他变调夹 | 实用新型 | CN202020452373.3 | 2020.12.01 | 韶凤毛 | 韶凤毛 |
| | 一种吉他面板生产用喷漆装置 | 发明专利 | CN202010864252.4 | 2020.12.04 | 王聪聪 | 王聪聪 |
| | 一种吉他表面抛光机 | 实用新型 | CN202020193774.1 | 2020.12.04 | 曲小娟 | 曲小娟 |
| | 一种吉他专用的压紧装置 | 实用新型 | CN202020454406.8 | 2020.12.08 | 贵州音格乐器制造有限公司 | 蒋跃 |
| | 一种木吉他板材开孔工艺 | 发明专利 | CN202010929707.6 | 2020.12.08 | 四会市华风乐器有限公司 | 潘伟明 |
| | 一种吉他快速喷漆装置 | 实用新型 | CN202020454354.4 | 2020.12.08 | 贵州音格乐器制造有限公司 | 蒋跃 |
| | 一种吉他加工用钻孔装置 | 发明专利 | CN202010961714.4 | 2020.12.08 | 王聪聪 | 王聪聪 |
| | 一种吉他加工用喷涂装置 | 实用新型 | CN202020454441.X | 2020.12.08 | 贵州音格乐器制造有限公司 | 蒋跃 |
| | 一种吉他制作用钻弦钮孔装置 | 实用新型 | CN202020194078.2 | 2020.12.11 | 全国涛 | 全国涛 |
| | 一种吉他平面自动抛光机 | 实用新型 | CN202020946916.7 | 2020.12.11 | 惠州市汤姆乐器有限公司 | 谢宝舰 |
| | 一种可折叠式吉他 | 实用新型 | CN202020713075.5 | 2020.12.15 | 涟水承艺堂乐器有限公司 | 采亚州 |
| | 吉他调音改进装置 | 外观设计 | CN202030333120.X | 2020.12.15 | 佛山市传美乐器有限公司 | 梁国柱 |
| | 一种吉他琴准用线轮及其加工模具 | 实用新型 | CN201922377342.6 | 2020.12.18 | 宋杰 | 宋杰 |
| | 一种组合式多功能用吉他拨片 | 实用新型 | CN202020672262.3 | 2020.12.22 | 涟水承艺堂乐器有限公司 | 采亚州 |
| | 一种吉他边缘切削装置 | 实用新型 | CN202020945500.3 | 2020.12.25 | 惠州市汤姆乐器有限公司 | 谢宝舰 |
| | 一种便于调节吉他琴颈钢筋弯曲度的L型内六角扳手 | 实用新型 | CN201821635158.6 | 2020.12.25 | 福建金砖知识产权服务有限公司 | 罗福仲 |
| | 一种吉他音箱自动组装设备 | 实用新型 | CN202020158370.9 | 2020.12.29 | 江苏浩派乙乐器有限公司 | 赵林波 |
| 提琴 | 一种五弦小提琴 | 实用新型 | CN201920567077.5 | 2020.01.10 | 丽水学院 | 林梓；吕珍光 |
| | 一种底部具有防撑脚杆滑脱结构的大提琴 | 实用新型 | CN201920146420.9 | 2020.01.17 | 惠安县盛源五金店 | 王硕；关腾飞 |
| | 一种小提琴用高精度校音器 | 实用新型 | CN201920355938.3 | 2020.01.31 | 泰兴市怡然乐器制造有限公司 | 何竟惊；何一姝 |
| | 一种小提琴生产用打磨机 | 实用新型 | CN201920746434.4 | 2020.02.07 | 泰兴市凯悦乐器有限公司 | 段永贵 |

续表

| 类别 | 名称 | 专利类型 | 申请（专利）号 | 公开（公告）日 | 申请（专利权）人 | 发明（设计）人 |
|---|---|---|---|---|---|---|
| 提琴 | 用于小提琴或中提琴的可调节且可折叠的肩托 | 发明专利 | CN201510097475.1 | 2020.02.07 | 库恩·舒尔德·雷斯特公司 | 阿尔多·巴拉蒂；玛利亚·库恩 |
| | 一种防滑落的旋转式小提琴肩托 | 实用新型 | CN201920796916.0 | 2020.02.14 | 泰兴市恒杰乐器有限公司 | 闫斌 |
| | 一种小提琴生产用旋纽切割设备 | 实用新型 | CN201920747905.3 | 2020.02.21 | 泰兴市凯悦乐器有限公司 | 段永贵 |
| | 一种小提琴弦轴 | 实用新型 | CN201920817747.4 | 2020.02.21 | 泰兴市琴海乐器有限公司 | 何琴；翁剑 |
| | 一种小提琴制作用板材打磨设备 | 实用新型 | CN201921044338.1 | 2020.03.24 | 泰兴市金鹰乐器有限公司 | 姚伟 |
| | 一种用于小提琴的可调节以及可折叠的肩部固定结构 | 发明专利 | CN201911352226.7 | 2020.04.03 | 梁婧 | 梁婧 |
| | 一种改进型小提琴握弓器 | 实用新型 | CN201920345428.8 | 2020.04.07 | 泰兴市怡然乐器制造有限公司 | 何竟惊；何一姝 |
| | 一种便于调节的小提琴肩托 | 实用新型 | CN201921043713.0 | 2020.04.10 | 泰兴市金鹰乐器有限公司 | 姚伟 |
| | 一种便于调节的小提琴弦轴 | 实用新型 | CN201921043707.5 | 2020.04.10 | 泰兴市金鹰乐器有限公司 | 姚伟 |
| | 一种便于更换的大提琴用防滑盘 | 实用新型 | CN201921147444.2 | 2020.04.10 | 陈辉 | 陈辉 |
| | 一种防晃动的大提琴训练用定位支架 | 实用新型 | CN201921147230.5 | 2020.04.10 | 陈辉 | 陈辉 |
| | 提琴 | 外观设计 | CN201930415613.5 | 2020.04.10 | C·M·乌尔班斯基 | C·M·乌尔班斯基 |
| | 一种小提琴弓杆收纳装置 | 实用新型 | CN201921044355.5 | 2020.04.10 | 泰兴市金鹰乐器有限公司 | 姚伟 |
| | 一种新型小提琴微调器 | 实用新型 | CN201921132463.8 | 2020.04.17 | 泰兴市凤灵提琴制造有限公司 | 李晓晨 |
| | 一种小提琴指位练习器 | 实用新型 | CN201920686546.5 | 2020.04.17 | 江西师范大学 | 黄茜雨；翁语；兰颐 |
| | 一种通用小提琴肩托 | 实用新型 | CN201921136189.1 | 2020.04.17 | 泰兴市鸿艺乐器有限公司 | 翁新年；翁美华 |
| | 一种小提琴音准练习器 | 实用新型 | CN201921142499.4 | 2020.04.17 | 泰兴市凤灵提琴制造有限公司 | 李晓晨 |
| | 一种教学用小提琴 | 实用新型 | CN201921144141.5 | 2020.04.17 | 泰兴市凤灵提琴制造有限公司 | 李晓晨 |
| | 一种新型小提琴指力训练器 | 实用新型 | CN201921144139.8 | 2020.04.17 | 泰兴市凤灵提琴制造有限公司 | 李晓晨 |
| | 一种小提琴训练辅助装置 | 实用新型 | CN201921117155.8 | 2020.04.17 | 泰兴市鸿艺乐器有限公司 | 翁新年；翁美华 |

续表

| 类别 | 名称 | 专利类型 | 申请（专利）号 | 公开（公告）日 | 申请（专利权）人 | 发明（设计）人 |
|---|---|---|---|---|---|---|
| 提琴 | 一种防脱的大提琴用的撑脚杆 | 实用新型 | CN201921136036.7 | 2020.04.17 | 泰兴市鸿艺乐器有限公司 | 翁新年；翁美华 |
| | 一种可折叠式提琴架 | 实用新型 | CN201921136186.8 | 2020.04.17 | 泰兴市鸿艺乐器有限公司 | 翁新年；翁美华 |
| | 一种可以升降的大提琴尾针支架 | 实用新型 | CN201921136185.3 | 2020.04.17 | 泰兴市鸿艺乐器有限公司 | 翁新年；翁美华 |
| | 一种新型小提琴弓毛护理装置 | 实用新型 | CN201921132450.0 | 2020.04.17 | 泰兴市凤灵提琴制造有限公司 | 李晓晨 |
| | 一种新型夹板小提琴 | 实用新型 | CN201921144146.8 | 2020.04.17 | 泰兴市凤灵提琴制造有限公司 | 李晓晨 |
| | 一种新型的小提琴用松香 | 实用新型 | CN201921132468.0 | 2020.04.17 | 泰兴市凤灵提琴制造有限公司 | 李晓晨 |
| | 一种新型小提琴支撑装置 | 实用新型 | CN201921117479.1 | 2020.04.17 | 泰兴市鸿艺乐器有限公司 | 翁新年；翁美华 |
| | 一种大提琴用的省力支撑装置 | 实用新型 | CN201921132330.0 | 2020.04.17 | 泰兴市鸿艺乐器有限公司 | 翁新年；翁美华 |
| | 一种加弦大提琴 | 发明专利 | CN201911424707.4 | 2020.04.17 | 赵钰宁 | 赵钰宁；赵果庆 |
| | 一种新型小提琴琴马 | 实用新型 | CN201921154070.7 | 2020.04.17 | 泰兴市凤灵提琴制造有限公司 | 李晓晨 |
| | 一种小提琴用多功能琴盒 | 实用新型 | CN201921117158.1 | 2020.04.17 | 泰兴市鸿艺乐器有限公司 | 翁新年；翁美华 |
| | 一种可调节间距的小提琴肩托 | 实用新型 | CN201921136038.6 | 2020.04.17 | 泰兴市鸿艺乐器有限公司 | 翁新年；翁美华 |
| | 一种小提琴面板喷涂设备 | 实用新型 | CN201921043674.4 | 2020.05.01 | 泰兴市金鹰乐器有限公司 | 姚伟 |
| | 一种小提琴练习用便携式谱架 | 实用新型 | CN201921043692.2 | 2020.05.01 | 泰兴市金鹰乐器有限公司 | 姚伟 |
| | 一种提琴微调器 | 实用新型 | CN201921053818.4 | 2020.05.05 | 李腊 | 李腊 |
| | 一种自动调弦的小提琴 | 实用新型 | CN201921428671.2 | 2020.05.15 | 闫泰然 | 闫泰然 |
| | 一种小提琴板材弧度切割装置 | 实用新型 | CN201920987292.0 | 2020.05.15 | 天津汉腾乐器有限公司 | 王得钊 |
| | 一种提琴 | 实用新型 | CN201920909160.6 | 2020.05.19 | 张瑞 | 张瑞 |
| | 小提琴面板加工设备 | 实用新型 | CN201920746282.8 | 2020.05.22 | 泰兴市凯悦乐器有限公司 | 段永贵 |
| | 一种小提琴生产用板材加工设备 | 实用新型 | CN201920746433.X | 2020.05.22 | 泰兴市凯悦乐器有限公司 | 段永贵 |
| | 一种防止磨损的大提琴着地支撑装置 | 发明专利 | CN202010216205.9 | 2020.06.05 | 胡郅钰 | 胡郅钰 |
| | 一种方便调节的小提琴微调器 | 实用新型 | CN201921543660.9 | 2020.06.05 | 泰州裕泰乐器有限公司 | 王庆华 |
| | 一种便于演奏的小提琴琴弓 | 实用新型 | CN201921543667.0 | 2020.06.05 | 泰州裕泰乐器有限公司 | 王庆华 |

续表

| 类别 | 名称 | 专利类型 | 申请（专利）号 | 公开（公告）日 | 申请（专利权）人 | 发明（设计）人 |
|---|---|---|---|---|---|---|
| 提琴 | 一种小提琴琴弦紧固装置 | 实用新型 | CN201921141946.4 | 2020.06.09 | 泰兴市凤灵提琴制造有限公司 | 李晓晨 |
| | 一种新型小提琴尾柱 | 实用新型 | CN201921144140.0 | 2020.06.09 | 泰兴市凤灵提琴制造有限公司 | 李晓晨 |
| | 一种新型小提琴琴马 | 实用新型 | CN201921551219.5 | 2020.06.16 | 泰州裕泰乐器有限公司 | 王庆华 |
| | 一种防止琴弦崩断的小提琴琴盒 | 实用新型 | CN201921545010.8 | 2020.06.16 | 泰州裕泰乐器有限公司 | 王庆华 |
| | 一种高强度结构的小提琴琴盒 | 实用新型 | CN201921545019.9 | 2020.06.16 | 泰州裕泰乐器有限公司 | 王庆华 |
| | 一种小提琴面板 | 实用新型 | CN201921455261.7 | 2020.06.19 | 泰兴市佳缘乐器有限公司 | 闫建兵 |
| | 一种小提琴加工用夹紧固定装置 | 实用新型 | CN201921113817.4 | 2020.06.19 | 泰兴市鸿艺乐器有限公司 | 翁新年；翁美华 |
| | 一种小提琴琴弦固定件的安装工具 | 实用新型 | CN201921117272.4 | 2020.06.19 | 泰兴市鸿艺乐器有限公司 | 翁新年；翁美华 |
| | 一种低音提琴支撑器 | 实用新型 | CN201921126482.X | 2020.06.19 | 泰兴市鸿艺乐器有限公司 | 翁新年；翁美华 |
| | 一种小提琴拉弦板 | 实用新型 | CN201921455647.8 | 2020.06.19 | 泰兴市佳缘乐器有限公司 | 闫建兵 |
| | 一种方便演奏的小提琴腮托 | 实用新型 | CN201921448778.3 | 2020.06.19 | 泰兴市佳缘乐器有限公司 | 闫建兵 |
| | 一种新型小提琴握弓器 | 实用新型 | CN201920817073.8 | 2020.06.19 | 泰兴市琴海乐器有限公司 | 何琴；翁剑 |
| | 一种固定效果好的小提琴用肩托装置 | 实用新型 | CN201921197759.8 | 2020.06.30 | 天津市玮苓乐器有限公司 | 戴清华 |
| | 一种防止磨损的大提琴着地支撑装置 | 实用新型 | CN201921466126.2 | 2020.06.30 | 天津市玮苓乐器有限公司 | 戴清华 |
| | 一种用于小提琴的一点固定式弹簧肩垫 | 实用新型 | CN201921186902.3 | 2020.06.30 | 天津市玮苓乐器有限公司 | 戴清华 |
| | 一种大提琴摆放收纳装置 | 实用新型 | CN201921474930.5 | 2020.06.30 | 天津市玮苓乐器有限公司 | 戴清华 |
| | 一种防晃动的小提琴存放装置 | 实用新型 | CN201921473757.7 | 2020.06.30 | 天津市玮苓乐器有限公司 | 戴清华 |
| | 一种新型小提琴腮托 | 实用新型 | CN201921186864.1 | 2020.06.30 | 天津市玮苓乐器有限公司 | 戴清华 |
| | 一种带有扩音装置的小提琴 | 实用新型 | CN201921215421.0 | 2020.06.30 | 天津市玮苓乐器有限公司 | 戴清华 |
| | 一种方便调节角度的小提琴支架 | 实用新型 | CN201921475965.0 | 2020.06.30 | 天津市玮苓乐器有限公司 | 戴清华 |
| | 一种小提琴腮托可调节固定宽度的小提琴肩托 | 实用新型 | CN201921470598.5 | 2020.06.30 | 天津市玮苓乐器有限公司 | 戴清华 |
| | 一种大提琴定位支架 | 实用新型 | CN201921465937.0 | 2020.06.30 | 天津市玮苓乐器有限公司 | 戴清华 |

续表

| 类别 | 名称 | 专利类型 | 申请（专利）号 | 公开（公告）日 | 申请（专利权）人 | 发明（设计）人 |
|---|---|---|---|---|---|---|
| 提琴 | 一种基于小提琴存放的收纳装置 | 实用新型 | CN201921197713.6 | 2020.06.30 | 天津市玮苓乐器有限公司 | 戴清华 |
| | 一种小提琴用多功能琴盒 | 实用新型 | CN201921474711.7 | 2020.06.30 | 天津市玮苓乐器有限公司 | 戴清华 |
| | 一种便于运输的大提琴拖箱 | 实用新型 | CN201921473701.1 | 2020.06.30 | 天津市玮苓乐器有限公司 | 戴清华 |
| | 一种基于人体仿生学的舒适型小提琴肩托 | 实用新型 | CN201921208381.7 | 2020.06.30 | 天津市玮苓乐器有限公司 | 戴清华 |
| | 一种便于携带的小提琴 | 实用新型 | CN201921197737.1 | 2020.06.30 | 天津市玮苓乐器有限公司 | 戴清华 |
| | 一种提琴音高调节装置 | 发明专利 | CN202010279811.5 | 2020.07.03 | 李小平 | 李小平 |
| | 一种大提琴用撑脚杆 | 实用新型 | CN201921838767.6 | 2020.07.03 | 马甦 | 马甦 |
| | 一种小提琴支撑装置 | 实用新型 | CN201921132464.2 | 2020.07.03 | 泰兴市凤灵提琴制造有限公司 | 李晓晨 |
| | 一种能记录弓毛松紧适度位置的提琴弓 | 实用新型 | CN201921536127.X | 2020.07.07 | 陈泽蜀 | 陈泽蜀 |
| | 一种新型复合材料小提琴及制作方法 | 发明专利 | CN201810056976.9 | 2020.07.14 | 中航复材（北京）科技有限公司 | 益小苏；仝建峰；陈旭；刘京林；马兴运；李轶 |
| | 一种用于小提琴制作的夹持放置装置 | 实用新型 | CN201921460360.4 | 2020.07.17 | 天津市玮苓乐器有限公司 | 戴清华 |
| | 一种小提琴加工用夹紧固定装置 | 实用新型 | CN201921460663.6 | 2020.07.17 | 天津市玮苓乐器有限公司 | 戴清华 |
| | 一种小提琴加工操作台 | 实用新型 | CN201921470962.8 | 2020.07.17 | 天津市玮苓乐器有限公司 | 戴清华 |
| | 小提琴生产用板材切割机 | 实用新型 | CN201920746255.0 | 2020.07.21 | 泰兴市凯悦乐器有限公司 | 段永贵 |
| | 四耳大胡琴 | 实用新型 | CN201922003961.9 | 2020.07.24 | 李鸿钧；汤应寿 | 李鸿钧；汤应寿 |
| | 一种能够使琴弦稳定固定的小提琴琴弦紧固构件 | 实用新型 | CN201922291308.7 | 2020.08.11 | 西北师范大学 | 奚临临 |
| | 一种用于小提琴音质调节的双向调弦微调装置 | 实用新型 | CN201921813069.0 | 2020.08.11 | 梁寒琰 | 梁寒琰 |
| | 一种小提琴的琴弦调整装置 | 实用新型 | CN201921114382.5 | 2020.08.14 | 泰兴市鸿艺乐器有限公司 | 翁新年；翁美华 |
| | 一种小提琴D弦轴旋钮 | 实用新型 | CN201921448975.5 | 2020.08.14 | 泰兴市佳缘乐器有限公司 | 闫建兵 |
| | 一种用于小提琴的腮托 | 实用新型 | CN201921126708.6 | 2020.08.14 | 泰兴市鸿艺乐器有限公司 | 翁新年；翁美华 |
| | 一种可调节的小提琴肩托 | 实用新型 | CN201921136184.9 | 2020.08.18 | 泰兴市鸿艺乐器有限公司 | 翁新年；翁美华 |
| | 一种小提琴琴颈修复粘合压紧卡具 | 实用新型 | CN201921702285.8 | 2020.09.11 | 泰兴市乐泰乐器有限公司 | 邵小佳 |
| | 一种可调式人体工学小提琴腮托 | 实用新型 | CN201921691811.5 | 2020.09.11 | 泰兴市乐泰乐器有限公司 | 邵小佳 |

续表

| 类别 | 名称 | 专利类型 | 申请（专利）号 | 公开（公告）日 | 申请（专利权）人 | 发明（设计）人 |
|---|---|---|---|---|---|---|
| 提琴 | 一种可以升降的大提琴尾针支架 | 实用新型 | CN201921693248.5 | 2020.09.11 | 泰兴市乐泰乐器有限公司 | 邵小佳 |
| | 一种可调位置的小提琴肩托 | 实用新型 | CN201921690941.7 | 2020.09.11 | 泰兴市乐泰乐器有限公司 | 邵小佳 |
| | 一种全尺寸可调式小提琴肩托 | 实用新型 | CN201921702725.X | 2020.09.11 | 泰兴市乐泰乐器有限公司 | 邵小佳 |
| | 一种通用小提琴肩托 | 实用新型 | CN201921702283.9 | 2020.09.11 | 泰兴市乐泰乐器有限公司 | 邵小佳 |
| | 一种小提琴演奏者的保护肩垫 | 实用新型 | CN201921933433.7 | 2020.09.04 | 张听 | 张听 |
| | 一种防脱的大提琴用的撑脚杆 | 实用新型 | CN201921702511.2 | 2020.09.11 | 泰兴市乐泰乐器有限公司 | 邵小佳 |
| | 一种具有调音功能的提琴弓 | 实用新型 | CN201922492228.8 | 2020.09.11 | 金子云 | 金子云 |
| | 一种方便更换弓毛的提琴弓 | 实用新型 | CN201922496702.4 | 2020.09.11 | 金子云 | 金子云 |
| | 一种用于小提琴的腮托 | 实用新型 | CN201921700090.X | 2020.09.11 | 泰兴市乐泰乐器有限公司 | 邵小佳 |
| | 小提琴运弓校正及弱声装置 | 实用新型 | CN201921796849.9 | 2020.09.29 | 陈清中 | 陈清中 |
| | 一种多功能小提琴盒 | 实用新型 | CN201921538045.9 | 2020.09.29 | 艺飞创客科技（北京）有限公司 | 熊周艺 |
| | 一种可调的提琴拉弦板 | 实用新型 | CN201921136039.0 | 2020.10.02 | 泰兴市鸿艺乐器有限公司 | 翁新年；翁美华 |
| | 一种小提琴生产用板材干燥装置 | 实用新型 | CN201922295817.7 | 2020.10.09 | 泰兴市金鹰乐器有限公司 | 姚伟 |
| | 一种小提琴生产用木材打磨装置 | 实用新型 | CN201922297074.7 | 2020.10.09 | 泰兴市金鹰乐器有限公司 | 姚伟 |
| | 一种用于小提琴弓弦乐器上的按键装置 | 实用新型 | CN202020028057.3 | 2020.10.09 | 邓颖 | 邓颖 |
| | 一种小提琴生产加工用板材喷漆装置 | 实用新型 | CN201922297109.7 | 2020.10.16 | 泰兴市金鹰乐器有限公司 | 姚伟 |
| | 一种可调式的小提琴演奏者的保护肩垫 | 实用新型 | CN201922359299.0 | 2020.10.16 | 贾晓星 | 贾晓星；张志华 |
| | 一种小提琴生产用移动式喷漆烘干装置 | 实用新型 | CN201922297072.8 | 2020.10.16 | 泰兴市金鹰乐器有限公司 | 姚伟 |
| | 一种自带修音结构的小提琴 | 发明专利 | CN202010482252.8 | 2020.10.16 | 河南职业技术学院 | 王希；董岳磊；冯浩耘；沈莉莉；胡兆麟；杨本环；苏雪；李相勤；杜馨 |

续表

| 类别 | 名称 | 专利类型 | 申请（专利）号 | 公开（公告）日 | 申请（专利权）人 | 发明（设计）人 |
|---|---|---|---|---|---|---|
| 提琴 | 一种固定在大提琴尾针上两面用防滑件 | 实用新型 | CN201922455605.0 | 2020.10.23 | 燕山大学 | 刘霞 |
| | 一种非仿人型小提琴机器人 | 发明专利 | CN202010535952.9 | 2020.10.30 | 江苏大学 | 陈世纪；孙建荣；吴昊；谢昌昊；周童 |
| | 一种防止磨损的大提琴着地支撑装置 | 实用新型 | CN202020391341.7 | 2020.11.03 | 胡郅钰 | 胡郅钰 |
| | 一种带节拍器的大提琴防滑支撑座 | 实用新型 | CN201922455513.2 | 2020.11.06 | 燕山大学 | 王文龙 |
| | 一种可调的提琴拉弦板 | 实用新型 | CN201921690769.5 | 2020.11.06 | 泰兴市乐泰乐器有限公司 | 邵小佳 |
| | 一种便携式隐形大提琴支撑座 | 实用新型 | CN201922455548.6 | 2020.11.06 | 燕山大学 | 魏玉亭 |
| | 一种橡胶式的弹性小提琴肩托结构 | 实用新型 | CN202020058664.4 | 2020.11.10 | 李霞 | 李霞；冯展秀 |
| | 一种大提琴用的省力支撑装置 | 实用新型 | CN201921690723.3 | 2020.11.10 | 泰兴市乐泰乐器有限公司 | 邵小佳 |
| | 一种大提琴用固定卡件 | 实用新型 | CN201921691911.8 | 2020.11.10 | 泰兴市乐泰乐器有限公司 | 邵小佳 |
| | 一种大提琴胸托 | 实用新型 | CN201921691678.3 | 2020.11.10 | 泰兴市乐泰乐器有限公司 | 邵小佳 |
| | 一种小提琴生产用板材切割装置 | 实用新型 | CN201922295824.7 | 2020.11.10 | 泰兴市金鹰乐器有限公司 | 姚伟 |
| | 一种可调节的小提琴肩托 | 实用新型 | CN201921691701.9 | 2020.11.10 | 泰兴市乐泰乐器有限公司 | 邵小佳 |
| | 一种可调节间距的小提琴肩托 | 实用新型 | CN201921690826.X | 2020.11.10 | 泰兴市乐泰乐器有限公司 | 邵小佳 |
| | 一种使用舒适的小提琴肩托装置 | 实用新型 | CN201921691913.7 | 2020.11.10 | 泰兴市乐泰乐器有限公司 | 邵小佳 |
| | 四琴弦式中提琴 | 发明专利 | CN201811569088.3 | 2020.11.17 | 苏州依唯森电器有限公司 | 袁美丽；傅斌 |
| | 一种无音柱双音梁提琴 | 发明专利 | CN202010810231.4 | 2020.11.17 | 苏州礼乐乐器股份有限公司 | 金海鸥；吴念博；何新喜；朱信智；李碧英；杨萍 |
| | 一种舒适小提琴 | 发明专利 | CN201810224010.1 | 2020.11.20 | 福州春生夏长环保科技有限公司 | 余雯 |
| | 一种便携式具有防摔保护功能的大提琴托运装置 | 实用新型 | CN202020308119.6 | 2020.11.24 | 韩小鹰 | 韩小鹰 |
| | 一种小提琴 | 发明专利 | CN201810223952.8 | 2020.11.24 | 福州春生夏长环保科技有限公司 | 余雯 |
| | 一种提琴自动调弦装置及其运行方法 | 发明专利 | CN202011058229.2 | 2020.12.01 | 许君君 | 许君君 |

续表

| 类别 | 名称 | 专利类型 | 申请（专利）号 | 公开（公告）日 | 申请（专利权）人 | 发明（设计）人 |
|---|---|---|---|---|---|---|
| 提琴 | 一种便于调节的小提琴D弦轴 | 实用新型 | CN201921543621.9 | 2020.12.01 | 泰州裕泰乐器有限公司 | 王庆华 |
| | 用于弓弦乐器的弓 | 发明专利 | CN201980027265.1 | 2020.12.04 | 康斯坦丁诺·马丁内斯·奥瑞特斯 | 康斯坦丁诺·马丁内斯·奥瑞特斯 |
| | 一种小提琴腮托 | 发明专利 | CN201810224027.7 | 2020.12.04 | 湖南城市学院 | 余雯 |
| | 一种防护效果好的小提琴背包 | 实用新型 | CN202020560597.6 | 2020.12.11 | 泰兴市鸿缘乐器有限公司 | 周伟；王丹 |
| | 可折叠乐器架和多头乐器架 | 发明专利 | CN202010973530.X | 2020.12.11 | 李沐良 | 李沐良 |
| | 改进的教学用小提琴 | 发明专利 | CN202011070398.8 | 2020.12.11 | 郑州师范学院 | 张蒙；冯欢；张博阳；陶晓翔 |
| | 一种可折叠的大提琴支架 | 实用新型 | CN202020564922.6 | 2020.12.11 | 泰兴市鸿缘乐器有限公司 | 周伟；王丹 |
| | 一种小提琴生产用木材切割装置 | 实用新型 | CN201922295823.2 | 2020.12.15 | 泰兴市金鹰乐器有限公司 | 姚伟 |
| | 一种便携式大提琴 | 实用新型 | CN202020558205.2 | 2020.12.15 | 泰兴市鸿缘乐器有限公司 | 周伟；王丹 |
| | 一种保护性强的大提琴背包 | 实用新型 | CN202020556003.4 | 2020.12.15 | 泰兴市鸿缘乐器有限公司 | 周伟；王丹 |
| | 一种高响度手工小提琴 | 实用新型 | CN202020560575.X | 2020.12.15 | 泰兴市鸿缘乐器有限公司 | 周伟；王丹 |
| | 教学小提琴 | 实用新型 | CN202021258882.9 | 2020.12.29 | 江西昕光年智能科技有限公司 | 王轶昕；向阳；张吉林 |
| | 一种提琴音高调节装置 | 实用新型 | CN202020520727.3 | 2020.12.29 | 李小平 | 李小平 |
| 古筝 | 古筝（天工苏韵） | 外观设计 | CN201930424980.1 | 2020.01.10 | 苏州民族乐器一厂有限公司 | 张礼东 |
| | 一种双箱古筝 | 发明专利 | CN201911083443.0 | 2020.01.10 | 刘莎莎 | 刘莎莎 |
| | 一种古筝自动调音装置 | 实用新型 | CN201920486171.8 | 2020.01.17 | 深圳市魔耳乐器有限公司 | 刘雪琴 |
| | 新筝 | 实用新型 | CN201920552936.3 | 2020.01.17 | 严新昌 | 严新昌 |
| | 一种古筝面板上胶刷筋处理设备 | 发明专利 | CN201911108399.4 | 2020.02.11 | 台州椒江中含乐器科技有限公司 | 屠雨桑 |
| | 古筝（水墨） | 外观设计 | CN201930260277.1 | 2020.02.14 | 兰考豫音民族乐器有限公司 | 徐燕坤 |
| | 一种古筝 | 实用新型 | CN201920806447.6 | 2020.02.18 | 兰考县君谊民族乐器有限公司 | 赵尚功；赵邦宣 |
| | 一种低音古筝 | 实用新型 | CN201920723255.9 | 2020.03.27 | 兰考县红日乐器厂 | 汪洪日 |
| | 一种古筝调转琴码 | 发明专利 | CN202010019397.4 | 2020.03.31 | 云南民族大学 | 潘瑾 |
| | 古筝（掘朴天成） | 外观设计 | CN201930546356.9 | 2020.04.10 | 兰考鑫音民族乐器有限公司 | 王海波 |
| | 古筝（掘朴桐道） | 外观设计 | CN201930546355.4 | 2020.04.10 | 兰考鑫音民族乐器有限公司 | 王海波 |
| | 古筝（掘朴桐颜） | 外观设计 | CN201930546257.0 | 2020.04.10 | 兰考鑫音民族乐器有限公司 | 王海波 |

续表

| 类别 | 名称 | 专利类型 | 申请（专利）号 | 公开（公告）日 | 申请（专利权）人 | 发明（设计）人 |
|---|---|---|---|---|---|---|
| 古筝 | 古筝（素桐神韵） | 外观设计 | CN201930545923.9 | 2020.04.10 | 兰考鑫音民族乐器有限公司 | 王海波 |
| | 古筝（秦风墨简） | 外观设计 | CN201930546256.6 | 2020.04.10 | 兰考鑫音民族乐器有限公司 | 王海波 |
| | 古筝（锦绣玲珑） | 外观设计 | CN201930546357.3 | 2020.04.10 | 兰考鑫音民族乐器有限公司 | 王海波 |
| | 古筝（掘朴桐欣） | 外观设计 | CN201930546277.8 | 2020.04.10 | 兰考鑫音民族乐器有限公司 | 王海波 |
| | 古筝（风雅汉唐） | 外观设计 | CN201930546326.8 | 2020.04.10 | 兰考鑫音民族乐器有限公司 | 王海波 |
| | 古筝（云之帆） | 外观设计 | CN201930545921.X | 2020.04.10 | 兰考鑫音民族乐器有限公司 | 王海波 |
| | 古筝（桃艳芳菲） | 外观设计 | CN201930545922.4 | 2020.04.10 | 兰考鑫音民族乐器有限公司 | 王海波 |
| | 一种古筝的自动调音和转调装置 | 发明专利 | CN201911163885.6 | 2020.04.21 | 阜阳师范大学 | 张静嘉；宋延雷 |
| | 古筝（汉唐） | 外观设计 | CN201930610038.4 | 2020.04.24 | 兰考弘弦民族乐器有限公司 | 徐四海；徐旭恒；徐恒赞 |
| | 古筝（古道） | 外观设计 | CN201930610035.0 | 2020.04.24 | 兰考弘弦民族乐器有限公司 | 徐四海；徐旭恒；徐恒赞 |
| | 古筝（荷塘月色） | 外观设计 | CN201930610067.0 | 2020.04.24 | 兰考弘弦民族乐器有限公司 | 徐四海；徐旭恒；徐恒赞 |
| | 古筝（返璞归真） | 外观设计 | CN201930623312.1 | 2020.04.24 | 兰考弘弦民族乐器有限公司 | 徐四海；徐旭恒；徐恒赞 |
| | 古筝（爱莲说） | 外观设计 | CN201930610039.9 | 2020.04.24 | 兰考弘弦民族乐器有限公司 | 徐四海；徐旭恒；徐恒赞 |
| | 一种十二平均律转调筝 | 实用新型 | CN201920670567.8 | 2020.04.28 | 熊映美 | 张华克 |
| | 一种21弦S型古筝的快速认弦尺 | 实用新型 | CN201920809076.7 | 2020.04.28 | 李梦燕；刘锦明 | 李梦燕；刘锦明 |
| | 古筝（鱼跃） | 外观设计 | CN201930243195.6 | 2020.05.05 | 兰考县君谊民族乐器有限公司 | 赵尚功；赵邦宣 |
| | 古筝 | 外观设计 | CN201930437997.0 | 2020.05.05 | 苏州灵韵民族乐器有限公司 | 朱建林 |
| | 古筝（698L春风十里） | 外观设计 | CN201930630624.5 | 2020.05.15 | 上海民族乐器一厂 | 钱冰菁 |
| | 古筝（9694DQ乌鸣花间） | 外观设计 | CN201930639419.5 | 2020.05.15 | 上海民族乐器一厂 | 吴姝蓉 |
| | 古筝（9694LC-C蝶恋花河） | 外观设计 | CN201930640187.5 | 2020.05.15 | 上海民族乐器一厂 | 薛蕴思 |
| | 古筝（9DH6950J仁者乐山） | 外观设计 | CN201930631120.5 | 2020.05.15 | 上海民族乐器一厂 | 钱冰菁 |
| | 古筝（9DH695OE夏木森森） | 外观设计 | CN201930639481.4 | 2020.05.15 | 上海民族乐器一厂 | 钱冰菁 |
| | 古筝（9DH698JT福运满满） | 外观设计 | CN201930639505.6 | 2020.05.15 | 上海民族乐器一厂 | 吴姝蓉 |
| | 古筝（9DH698J海灵望月） | 外观设计 | CN201930624564.6 | 2020.05.15 | 上海民族乐器一厂 | 聂草根 |
| | 古筝（9DH698TG凤凰于飞） | 外观设计 | CN201930639424.6 | 2020.05.15 | 上海民族乐器一厂 | 王琳琳 |

续表

| 类别 | 名称 | 专利类型 | 申请（专利）号 | 公开（公告）日 | 申请（专利权）人 | 发明（设计）人 |
|---|---|---|---|---|---|---|
| 古筝 | 古筝（DHYY-B1春鸟恋枝） | 外观设计 | CN201930614995.4 | 2020.05.15 | 上海民族乐器一厂 | 聂草根 |
| | 一种古筝用调音装置 | 实用新型 | CN201921365195.4 | 2020.05.15 | 欧阳飞 | 欧阳飞 |
| | 古筝（9694DQ数岁丰登） | 外观设计 | CN201930639411.9 | 2020.05.19 | 上海民族乐器一厂 | 王琳琳 |
| | 古筝（9694RR丛林青翠） | 外观设计 | CN201930639415.7 | 2020.05.19 | 上海民族乐器一厂 | 钱冰菁 |
| | 古筝（9694TT锦鸡鸣春） | 外观设计 | CN201930624548.7 | 2020.05.19 | 上海民族乐器一厂 | 聂草根 |
| | 古筝（9694T雪野灵踪） | 外观设计 | CN201930640574.9 | 2020.05.19 | 上海民族乐器一厂 | 薛蕴思 |
| | 古筝（9DH6950E风荷玉露） | 外观设计 | CN201930639427.X | 2020.05.19 | 上海民族乐器一厂 | 王琳琳 |
| | 古筝（9DH6950OE福锦风华） | 外观设计 | CN201930631118.8 | 2020.05.19 | 上海民族乐器一厂 | 钱冰菁 |
| | 古筝（9DH698JLC妙丝五音） | 外观设计 | CN201930624121.7 | 2020.05.19 | 上海民族乐器一厂 | 钱冰菁 |
| | 古筝（9DH698JLC五音清乐） | 外观设计 | CN201930630612.2 | 2020.05.19 | 上海民族乐器一厂 | 钱冰菁 |
| | 古筝（9DH698J镜花水月） | 外观设计 | CN201930639418.0 | 2020.05.19 | 上海民族乐器一厂 | 王琳琳 |
| | 古筝（9DH698J琼楼玉宇） | 外观设计 | CN201930639422.7 | 2020.05.19 | 上海民族乐器一厂 | 吴姝蓉 |
| | 古筝（9DH698LCC绮罗珠履） | 外观设计 | CN201930639528.7 | 2020.05.19 | 上海民族乐器一厂 | 吴姝蓉 |
| | 古筝（9DH698LC霓裳羽衣） | 外观设计 | CN201930640233.1 | 2020.05.19 | 上海民族乐器一厂 | 吴姝蓉 |
| | 古筝（9DH9698JJ金缕翠钿） | 外观设计 | CN201930639502.2 | 2020.05.19 | 上海民族乐器一厂 | 钱冰菁 |
| | 古筝（9DH9698LL玉兔衔桂） | 外观设计 | CN201930640600.8 | 2020.05.19 | 上海民族乐器一厂 | 薛蕴思 |
| | 古筝（9DH9698PP女娲补天） | 外观设计 | CN201930630604.8 | 2020.05.19 | 上海民族乐器一厂 | 钱冰菁；翁纪军 |
| | 古筝（DHYY-C1半夏盈枝） | 外观设计 | CN201930639414.2 | 2020.05.19 | 上海民族乐器一厂 | 王琳琳 |
| | 古筝（DHYY-C2锦鲤泛波） | 外观设计 | CN201930624110.9 | 2020.05.19 | 上海民族乐器一厂 | 聂草根 |
| | 古筝（S91B-HF荷风六月） | 外观设计 | CN201930631102.7 | 2020.05.19 | 上海民族乐器一厂 | 乔杨柳；张霁 |
| | 古筝（S94DQ荷塘夏趣） | 外观设计 | CN201930614989.9 | 2020.05.19 | 上海民族乐器一厂 | 聂草根 |
| | 古筝（S96L晨曦光影） | 外观设计 | CN201930630585.9 | 2020.05.19 | 上海民族乐器一厂 | 钱冰菁 |
| | 古筝（陆游与唐婉） | 外观设计 | CN201930631090.8 | 2020.05.19 | 上海民族乐器一厂 | 乔杨柳；张霁 |
| | 一种古筝调弦校音装置 | 实用新型 | CN201920908348.9 | 2020.05.19 | 曹晓亮 | 曹晓亮；张宝武 |

续表

| 类别 | 名称 | 专利类型 | 申请（专利）号 | 公开（公告）日 | 申请（专利权）人 | 发明（设计）人 |
|---|---|---|---|---|---|---|
| 古筝 | 古筝无噪音一体弦眼 | 实用新型 | CN201921303552.4 | 2020.06.16 | 扬州金韵乐器御工坊有限公司 | 熊立群；薛磊 |
| | 古筝（峰阳孤桐） | 外观设计 | CN201930528300.0 | 2020.06.19 | 扬州泉声民族乐器有限公司 | 颜正友 |
| | 古筝（佳期如梦） | 外观设计 | CN201930745585.3 | 2020.06.19 | 扬州市琼花民族乐器有限公司 | 徐艳；王智；苗红；林幸东 |
| | 古筝（三尺枯桐） | 外观设计 | CN201930528304.9 | 2020.06.19 | 扬州泉声民族乐器有限公司 | 颜正友 |
| | 古筝（素雅芭蕉） | 外观设计 | CN201930528302.X | 2020.06.19 | 扬州泉声民族乐器有限公司 | 颜正友 |
| | 古筝（桐木清花） | 外观设计 | CN201930745598.0 | 2020.06.19 | 扬州市琼花民族乐器有限公司 | 徐艳；徐正谱；苗红；林幸东 |
| | 古筝调音扳手 | 外观设计 | CN202030000748.8 | 2020.06.19 | 榆林学院 | 高芙蓉 |
| | 一种古筝烘烤面板装置 | 实用新型 | CN201921316252.X | 2020.06.19 | 兰考县君谊民族乐器 | 赵尚功；赵邦宣 |
| | 一种古筝用便于调松紧的琴弦调试装置 | 实用新型 | CN201921506546.9 | 2020.06.23 | 湖南工业大学 | 吴丹 |
| | 古筝（桐卷珠帘） | 外观设计 | CN201930745592.3 | 2020.06.26 | 扬州市琼花民族乐器有限公司 | 徐艳；王智；苗红；林幸东 |
| | 古筝（荷莲） | 外观设计 | CN201930610034.6 | 2020.07.03 | 兰考弘弦民族乐器有限公司 | 徐四海；徐旭恒；徐恒赞 |
| | 古筝（妙笔阑珊） | 外观设计 | CN201930745594.2 | 2020.07.03 | 扬州市琼花民族乐器有限公司 | 徐艳；王智；苗红；林幸东 |
| | 古筝（694ML春熙梦晓） | 外观设计 | CN201930639416.1 | 2020.07.07 | 上海民族乐器一厂 | 王琳琳 |
| | 古筝（696D跃鹿森林） | 外观设计 | CN201930640199.8 | 2020.07.07 | 上海民族乐器一厂 | 薛蕴思 |
| | 古筝（9DH695OOE似水流年） | 外观设计 | CN201930630614.1 | 2020.07.07 | 上海民族乐器一厂 | 钱冰菁 |
| | 古筝（9DH698FF华夏荣光） | 外观设计 | CN201930640626.2 | 2020.07.07 | 上海民族乐器一厂 | 吴姝蓉 |
| | 古筝（9DH698F丝竹之音） | 外观设计 | CN201930653863.2 | 2020.07.07 | 上海民族乐器一厂 | 周力 |
| | 古筝（9DH698P爱我中华） | 外观设计 | CN201930639501.8 | 2020.07.07 | 上海民族乐器一厂 | 王琳琳 |
| | 古筝（9DH698TG花开金枝） | 外观设计 | CN201930640213.4 | 2020.07.07 | 上海民族乐器一厂 | 吴姝蓉 |
| | 古筝（9DH9698PP百鸟朝凤） | 外观设计 | CN201930654140.4 | 2020.07.07 | 上海民族乐器一厂 | 周力；翁纪军 |
| | 古筝（9DH9698PP涟漪图案） | 外观设计 | CN201930654138.7 | 2020.07.07 | 上海民族乐器一厂 | 周力；翁纪军 |
| | 一种古筝改良弦钉板 | 实用新型 | CN201921736457.3 | 2020.07.07 | 扬州州际乐器有限公司 | 邹飞 |
| | 古筝（9DH698J女娲创世） | 外观设计 | CN201930624115.1 | 2020.07.14 | 上海民族乐器一厂 | 聂草根 |
| | 一种古筝抽湿烘干装置 | 实用新型 | CN201922105986.X | 2020.07.14 | 兰考鑫音民族乐器有限公司 | 王海波 |
| | 一种古筝音板一次成型装置 | 实用新型 | CN201921798147.4 | 2020.07.14 | 兰考县成源乐器音板有限公司 | 齐永超；汤飞；汤二法 |

续表

| 类别 | 名称 | 专利类型 | 申请（专利）号 | 公开（公告）日 | 申请（专利权）人 | 发明（设计）人 |
|---|---|---|---|---|---|---|
| 古筝 | 一种改良型岳山的古筝 | 实用新型 | CN201921610052.5 | 2020.07.17 | 河南中州民族乐器有限公司 | 代胜民；代阳光 |
| | 一种便于调整音调的古筝 | 实用新型 | CN201921953570.7 | 2020.07.17 | 扬州宫羽乐器有限公司 | 富启明 |
| | 古筝码夹具 | 实用新型 | CN201922147070.0 | 2020.08.14 | 兰考鑫音民族乐器有限公司 | 王海波 |
| | 一种音孔改进型古筝 | 实用新型 | CN201922174015.0 | 2020.08.14 | 兰考弘弦民族乐器有限公司 | 徐四海；徐旭恒；徐恒赞 |
| | 一种改进型古筝模板切割装置 | 实用新型 | CN202020026702.8 | 2020.09.11 | 兰考鑫音民族乐器有限公司 | 王海波 |
| | 一种古筝展示架 | 实用新型 | CN201922188787.X | 2020.09.11 | 兰考鑫音民族乐器有限公司 | 王海波 |
| | 一种古筝固定上漆装置 | 实用新型 | CN202020035149.4 | 2020.09.18 | 兰考鑫音民族乐器有限公司 | 王海波 |
| | 古筝侧板制作模板 | 实用新型 | CN201922159728.X | 2020.09.18 | 兰考鑫音民族乐器有限公司 | 王海波 |
| | 一种舞台演出用古筝支撑架 | 实用新型 | CN202020026445.8 | 2020.09.25 | 兰考鑫音民族乐器有限公司 | 王海波 |
| | 一种古筝制作试音器及试音方法 | 发明专利 | CN202010666921.7 | 2020.09.25 | 扬州民族乐器研制厂有限公司 | 田步高；田泉 |
| | 一种平面面板式古筝 | 实用新型 | CN202020007317.9 | 2020.11.03 | 扬州宫羽乐器有限公司 | 富启明 |
| | 一种快速拆卸音梁的古筝 | 实用新型 | CN202020007624.7 | 2020.11.03 | 扬州宫羽乐器有限公司 | 富启明 |
| | 一种便于调节音色的古筝 | 实用新型 | CN202020007362.4 | 2020.11.03 | 扬州宫羽乐器有限公司 | 富启明 |
| | 一种双音梁古筝 | 发明专利 | CN202010810345.9 | 2020.11.17 | 苏州礼乐乐器股份有限公司 | 金海鸥；吴念博；何新喜；朱信智；李碧英；杨萍 |
| | 一种新型古筝抬弦转调装置 | 发明专利 | CN202010726863.2 | 2020.11.17 | 榆林学院 | 高芙蓉 |
| 琵琶 | 琵琶（9539PP涟漪） | 外观设计 | CN201930654053.9 | 2020.05.19 | 上海民族乐器一厂 | 周力；翁纪军 |
| | 琵琶（9541FF凤凰于飞） | 外观设计 | CN201930654052.4 | 2020.07.07 | 上海民族乐器一厂 | 聂草根 |
| | 琵琶（9541FF华夏荣光） | 外观设计 | CN201930653740.9 | 2020.05.19 | 上海民族乐器一厂 | 吴姝蓉 |
| | 琵琶（9541FF龙腾祥瑞） | 外观设计 | CN201930653831.2 | 2020.07.07 | 上海民族乐器一厂 | 钱冰菁 |
| | 琵琶（9541L花影依旧） | 外观设计 | CN201930653730.5 | 2020.05.15 | 上海民族乐器一厂 | 薛蕴思 |
| | 琵琶（9541YY金缕翠钿） | 外观设计 | CN201930653739.6 | 2020.07.07 | 上海民族乐器一厂 | 钱冰菁 |
| | 琵琶（9541YY锦绣团圆） | 外观设计 | CN201930654036.5 | 2020.05.15 | 上海民族乐器一厂 | 钱冰菁；马荆棘 |
| 高胡 | 一种新型高胡琴筒 | 实用新型 | CN201921244510.8 | 2020.04.28 | 苏州民族乐器一厂有限公司 | 张礼东 |
| 箜篌 | 箜篌（36弦莲语梵音七转调） | 外观设计 | CN201930426850.1 | 2020.01.10 | 苏州民族乐器一厂有限公司 | 张礼东 |
| | 古箜篌（金秋祥瑞） | 外观设计 | CN201930424990.5 | 2020.01.10 | 苏州民族乐器一厂有限公司 | 张礼东 |
| | 箜篌（大叶紫檀雕竹36弦七转调翠语福音） | 外观设计 | CN201930425471.0 | 2020.04.28 | 苏州民族乐器一厂有限公司 | 张礼东 |

续表

| 类别 | 名称 | 专利类型 | 申请（专利）号 | 公开（公告）日 | 申请（专利权）人 | 发明（设计）人 |
|---|---|---|---|---|---|---|
| 弦轴版 | 弦轴板模板 | 实用新型 | CN201922025451.1 | 2020.08.14 | 兰考鑫音民族乐器有限公司 | 王海波 |
| | 一种弦轴板打孔辅助设备 | 实用新型 | CN201922174709.4 | 2020.09.18 | 兰考鑫音民族乐器有限公司 | 王海波 |
| 古琴 | 一种古琴斫琴试音器 | 发明专利 | CN202010697236.0 | 2020.09.22 | 扬州民族乐器研制厂有限公司 | 田泉；田步高 |
| | 一种古琴斫琴试音器 | 实用新型 | CN202021437413.3 | 2020.12.29 | 扬州民族乐器研制厂有限公司 | 田泉；田步高 |
| 月琴 | 月琴（FSX80KKK） | 外观设计 | CN201930653811.5 | 2020.05.15 | 上海民族乐器一厂 | 钱冰菁；翁纪军 |
| 二胡 | 二胡（返璞归真） | 外观设计 | CN201930425470.6 | 2020.01.10 | 苏州民族乐器一厂有限公司 | 张礼东 |
| | 二胡（凤引九雏） | 外观设计 | CN201930424996.2 | 2020.01.10 | 苏州民族乐器一厂有限公司 | 张礼东 |
| | 二胡（凤鸣东方） | 外观设计 | CN201930496061.5 | 2020.02.14 | 苏州民族乐器一厂有限公司 | 张礼东 |
| | 二胡（910AAAJY锦绣团圆） | 外观设计 | CN201930654116.0 | 2020.07.07 | 上海民族乐器一厂 | 钱冰菁；马荆棘 |
| | 二胡（910AAALC华夏荣光） | 外观设计 | CN201930653801.1 | 2020.07.07 | 上海民族乐器一厂 | 吴姝蓉 |
| | 二胡（910AAAPP涟漪） | 外观设计 | CN201930653779.0 | 2020.07.07 | 上海民族乐器一厂 | 周力；翁纪军 |
| | 二胡（910AAF凤凰于飞） | 外观设计 | CN201930653781.8 | 2020.07.07 | 上海民族乐器一厂 | 王琳琳 |
| | 二胡（910AAF龙舞云腾） | 实用新型 | CN201930653767.8 | 2020.07.07 | 上海民族乐器一厂 | 周力；楼卫东 |
| | 二胡微调器 | 外观设计 | CN201930417157.8 | 2020.01.21 | 叶建庆 | 叶建庆 |
| | 一种二胡美声扩音器 | 实用新型 | CN201920556455.X | 2020.01.24 | 舒希 | 舒希 |
| | 一种二胡琴筒用胶水涂抹装置 | 发明专利 | CN201911016287.6 | 2020.01.31 | 肖旭 | 肖旭 |
| | 一种二胡琴弦松香垢去除装置 | 实用新型 | CN201920815956.5 | 2020.02.11 | 咸阳师范学院 | 梁培培 |
| | 便携式二胡 | 实用新型 | CN201920532333.7 | 2020.02.14 | 山西大学 | 田萩峰 |
| | 一种二胡千斤辅助绕线装置 | 实用新型 | CN201921136363.2 | 2020.02.21 | 烟台工程职业技术学 | 王国修；张瑞虹；张志梅；李红；隋向东 |
| | 一种二胡双千斤微调结构 | 实用新型 | CN201920652385.8 | 2020.03.17 | 榆中天基建材销售有限公司 | 李跃东；王宁州 |
| | 一种二胡千金微调装置 | 实用新型 | CN201920815945.7 | 2020.03.17 | 咸阳师范学院 | 梁培培 |
| | 一种二胡用音位定位装置 | 实用新型 | CN201920652392.8 | 2020.03.17 | 榆中天基建材销售有限公司 | 李跃东；王宁州 |
| | 一种可调式二胡琴码 | 实用新型 | CN201920653117.8 | 2020.03.17 | 榆中天基建材销售有限公司 | 李跃东；王宁州 |
| | 一种多功能折叠式二胡腰托 | 实用新型 | CN201920493456.4 | 2020.03.17 | 榆中天基建材销售有限公司 | 李跃东；王宁州 |
| | 一种新型二胡腰托结构 | 实用新型 | CN201920794826.8 | 2020.03.17 | 咸阳师范学院 | 梁培培 |
| | 一种便于更换的二胡 | 实用新型 | CN201920935160.3 | 2020.03.27 | 赵怡宁 | 赵怡宁 |
| | 一种外顶式二胡千斤 | 实用新型 | CN201921154461.9 | 2020.04.17 | 张令杰 | 张令杰；张曦羽 |

续表

| 类别 | 名称 | 专利类型 | 申请（专利）号 | 公开（公告）日 | 申请（专利权）人 | 发明（设计）人 |
|---|---|---|---|---|---|---|
| 二胡 | 一种二胡皮的油脂铲除装置 | 发明专利 | CN201911367722.X | 2020.04.24 | 肖旭 | 肖旭 |
| | 一种方便校音的二胡 | 实用新型 | CN201920480824.1 | 2020.04.28 | 涂艳 | 涂艳 |
| | 一种高音量二胡琴筒 | 实用新型 | CN201921243812.3 | 2020.04.28 | 苏州民族乐器一厂有限公司 | 张礼东 |
| | 一种二胡琴筒加工上胶装置 | 发明专利 | CN202010016348.5 | 2020.05.12 | 吴修贵 | 吴修贵 |
| | 二胡调音器 | 实用新型 | CN201920982287.0 | 2020.05.12 | 曹梦尧 | 曹梦尧；陶春英 |
| | 一种二胡皮自动铲油脂装置 | 发明专利 | CN202010090901.X | 2020.05.26 | 吴修贵 | 吴修贵 |
| | 一种用于二胡生产的琴筒刷胶拼接装置 | 发明专利 | CN202010050669.7 | 2020.06.02 | 赖家鑫 | 赖家鑫 |
| | 一种基于二胡琴筒的便捷上胶装置 | 发明专利 | CN202010110836.2 | 2020.06.05 | 赖家鑫 | 赖家鑫 |
| | 一种乐器生产用二胡批量烫皮机 | 发明专利 | CN202010096250.5 | 2020.06.09 | 余可盈 | 余可盈 |
| | 一种回音二胡琴桶 | 实用新型 | CN201921676526.6 | 2020.06.26 | 周田园 | 周田园 |
| | 二胡多功能千斤 | 发明专利 | CN201510620539.1 | 2020.07.03 | 宁波龙巍环境科 | 李万红；李正 |
| | 一种二胡制作用的蟒蛇皮修剪装置 | 发明专利 | CN202010051201.X | 2020.07.03 | 黄志芳 | 黄志芳 |
| | 一种二胡微调器 | 实用新型 | CN201921858617.1 | 2020.07.10 | 余婷 | 余婷；余禹灏；王青青；张琳娜；蔡不了；李恩奇；李恩伟；余济森 |
| | 一种二胡演奏辅助扩音装置 | 实用新型 | CN201922405020.8 | 2020.07.10 | 耿玉英 | 耿玉英 |
| | 一种琴皮可调节的二胡 | 实用新型 | CN201921858863.7 | 2020.07.14 | 陈耀 | 陈耀 |
| | 一种新型多功能智能二胡 | 发明专利 | CN201910109475.7 | 2020.07.21 | 李文炳 | 李文炳；李股 |
| | 一种二胡双音弓 | 实用新型 | CN201921700101.4 | 2020.07.21 | 陶冶之 | 陶冶之 |
| | 一种用于二胡琴筒的自动修皮装置 | 发明专利 | CN202010110845.1 | 2020.07.24 | 黄志芳 | 黄志芳 |
| | 一种具有安全防护功能的二胡烫皮装置 | 发明专利 | CN202010167974.4 | 2020.07.28 | 刘如月 | 刘如月 |
| | 一种二胡音位精准装置 | 实用新型 | CN202020088019.7 | 2020.07.31 | 丁荣江 | 丁荣江 |
| | 增扁杆去千斤稳音马头二胡 | 实用新型 | CN201922073053.7 | 2020.08.11 | 于国才 | 于国才 |
| | 一种二胡皮自动去油脂装置 | 发明专利 | CN202010445832.X | 2020.08.14 | 黄小丽 | 黄小丽 |

续表

| 类别 | 名称 | 专利类型 | 申请（专利）号 | 公开（公告）日 | 申请（专利权）人 | 发明（设计）人 |
|---|---|---|---|---|---|---|
| 二胡 | 一种二胡琴筒旋转式压条装置 | 发明专利 | CN202010291210.6 | 2020.08.14 | 陈忠 | 陈忠 |
| | 一种二胡制作时皮革批量打磨机 | 发明专利 | CN202010391256.5 | 2020.08.14 | 黄志芳 | 黄志芳 |
| | 一种新型二胡 | 实用新型 | CN201922189765.5 | 2020.08.28 | 邵军峰 | 邵军峰 |
| | 一种二胡琴筒拼接用刷胶设备 | 发明专利 | CN202010471300.3 | 2020.09.01 | 黄小丽 | 黄小丽 |
| | 一种新型适用范围广的二胡 | 实用新型 | CN201922326353.1 | 2020.09.04 | 福建省大音文化发展有限公司 | 颜建程 |
| | 一种二胡六棱琴筒开槽器 | 发明专利 | CN202010529852.5 | 2020.09.15 | 刘如月 | 刘如月 |
| | 圆音二胡 | 发明专利 | CN201710722255.2 | 2020.09.15 | 芜湖乐佳自动化机械有限公司 | 范永浩 |
| | 一种出音口方向可调节的二胡 | 实用新型 | CN201921515193.9 | 2020.09.18 | 高韶青 | 高韶青 |
| | 一种二胡制作用便于上蜡的皮革磨平器 | 发明专利 | CN202010391636.9 | 2020.09.22 | 黄志芳 | 黄志芳 |
| | 二胡琴弦张紧度与崩坏度检测装置 | 发明专利 | CN202010806068.4 | 2020.10.09 | 林飞飞 | 林飞飞 |
| | 一种传声效果好的二胡琴马 | 实用新型 | CN202020228098.7 | 2020.10.16 | 东营科技职业学院 | 王英峰 |
| | 海龙琴 | 实用新型 | CN201922300614.2 | 2020.10.16 | 白景亮 | 白景亮 |
| | 一种适合初学者使用的带有可拆卸音位筒的二胡 | 实用新型 | CN201921889274.5 | 2020.10.27 | 卢世弟 | 卢世弟 |
| | 二胡调扩音装置及包含其的二胡 | 实用新型 | CN202020182779.4 | 2020.10.27 | 张顶禄 | 张顶禄 |
| | 一种扩音域二胡千斤装置 | 实用新型 | CN202020224943.3 | 2020.10.30 | 潘金彪 | 潘金彪；余胜雄 |
| | 一种二胡演奏教学的扩音装置 | 实用新型 | CN202021040563.0 | 2020.11.03 | 朱泽军 | 朱泽军 |
| | 一种皮膜设有音梁及音隧的二胡 | 发明专利 | CN202010839790.8 | 2020.11.17 | 苏州礼乐乐器股份有限公司 | 金海鸥；吴念博；何新喜；朱信智；李碧英；杨萍 |
| | 皮膜设有环形整体式音梁的二胡 | 发明专利 | CN202010839078.8 | 2020.11.17 | 苏州礼乐乐器股份有限公司 | 金海鸥；吴念博；何新喜；朱信智；李碧英；杨萍 |
| 扬琴 | 一种能够调节面板高度的扬琴 | 实用新型 | CN201920584256.X | 2020.01.07 | 唐山师范学院 | 湛洋 |
| | 一种滚轴丝柱归纳式扬琴 | 实用新型 | CN201920376015.6 | 2020.01.24 | 乐海乐器有限公司 | 宋从甲；宋营彬；宋恩辉 |

续表

| 类别 | 名称 | 专利类型 | 申请（专利）号 | 公开（公告）日 | 申请（专利权）人 | 发明（设计）人 |
|---|---|---|---|---|---|---|
| 扬琴 | 一种分离式音板扬琴 | 实用新型 | CN201920376546.5 | 2020.01.24 | 乐海乐器有限公司 | 宋从甲；宋营彬；宋恩辉 |
| | 一种便于演奏且音域宽广的扬琴 | 实用新型 | CN201920638029.0 | 2020.04.24 | 乐海乐器有限公司 | 宋从甲；宋营彬；宋恩辉 |
| | 一种扬琴的琴体 | 实用新型 | CN201921755796.6 | 2020.08.04 | 汕头市粤升乐器实业有限公司 | 刘月宁；吴汉军 |
| | 凤鸣高音扬琴 | 实用新型 | CN201921645774.4 | 2020.08.25 | 乐海乐器有限公司 | 靳亚利；宋营彬；刘寒力；宋恩辉 |
| | 一种不易变形的扬琴琴体结构 | 实用新型 | CN202020025991.X | 2020.09.01 | 邵阳学院 | 陈晓 |
| | 一种扬琴便携式制音器 | 发明专利 | CN202010538558.0 | 2020.09.18 | 薛澍 | 薛澍 |
| | 扬琴琴槌 | 实用新型 | CN202020058058.2 | 2020.09.22 | 王晴 | 王晴 |
| | 扬琴 | 外观设计 | CN202030042558.2 | 2020.10.02 | 乐海乐器有限公司 | 宋营彬；宋恩辉 |
| | 一种扬琴 | 实用新型 | CN201922371313.9 | 2020.10.16 | 北京德西玛扬琴文化传播有限责任公司 | 刘月宁；黄仲裕 |
| | 一种扬琴弦枕 | 实用新型 | CN202020068802.7 | 2020.10.27 | 北京星海钢琴集团有限公司 | 高占平 |
| | 一种扬琴弦枕拨件 | 实用新型 | CN202020068793.1 | 2020.10.27 | 北京星海钢琴集团有限公司 | 高占平 |
| | 扬琴压弦挡套件 | 实用新型 | CN202020068832.8 | 2020.10.30 | 北京星海钢琴集团有限公司 | 高占平 |
| | 一种带吸盘琴竹 | 实用新型 | CN201922464681.8 | 2020.11.06 | 燕山大学 | 王文龙 |
| | 一种扬琴琴弦拉力测量装置 | 发明专利 | CN201811213002.3 | 2020.11.10 | 湖南城市学院 | 刘科 |
| | 带环形整体式音梁的扬琴 | 发明专利 | CN202010839062.7 | 2020.11.17 | 苏州礼乐乐器股份有限公司 | 金海鸥；吴念博；何新喜；朱信智；李碧英；杨萍 |
| | 一种带音梁及音隧的全频段高音质扬琴 | 发明专利 | CN202010839077.3 | 2020.11.17 | 苏州礼乐乐器股份有限公司 | 金海鸥；吴念博；何新喜；朱信智；李碧英；杨萍 |
| 琵琶 | 一种自动定弦琵琶 | 发明专利 | CN201911034478.5 | 2020.01.24 | 山西师范大学 | 王伟 |
| | 弹拨乐器及音梁 | 实用新型 | CN201920828025.9 | 2020.04.07 | 满益乾 | 满益乾 |
| | 一种能够拓宽音色调节的琵琶 | 实用新型 | CN201921350746.X | 2020.05.05 | 王超慧 | 王超慧 |
| | 一种可拆卸的琵琶 | 实用新型 | CN201921351283.9 | 2020.07.17 | 王超慧 | 王超慧 |
| | 一种用于琵琶的智能化调音及固定装置 | 实用新型 | CN201921790802.1 | 2020.07.21 | 长沙师范学院 | 赵娴 |
| | 一种琵琶 | 发明专利 | CN202010447723.1 | 2020.07.31 | 太仓市璜泾镇崇山乐器厂 | 朱崇山；朱磊磊 |
| | 一种改良式南音琵琶 | 实用新型 | CN201922183701.4 | 2020.08.07 | 张国宗；张舒燕 | 张国宗；张舒燕 |

续表

| 类别 | 名称 | 专利类型 | 申请（专利）号 | 公开（公告）日 | 申请（专利权）人 | 发明（设计）人 |
|---|---|---|---|---|---|---|
| 琵琶 | 一种琵琶琴弦用调节装置 | 实用新型 | CN201921461516.0 | 2020.08.18 | 田军 | 田军 |
| | 一种琵琶内置差动式调弦机构 | 实用新型 | CN201921647556.4 | 2020.10.02 | 湖北师范大学 | 徐滢珺 |
| | 低音琵琶 | 发明专利 | CN202010659905.5 | 2020.10.27 | 曹卫东 | 杨靖；曹卫东 |
| | 一种双音梁琵琶 | 发明专利 | CN202010810397.6 | 2020.11.17 | 苏州礼乐乐器股份有限公司 | 金海鸥；吴念博；何新喜；朱信智；李碧英；杨萍 |
| | 一种便携式琵琶 | 发明专利 | CN202010910076.3 | 2020.11.27 | 郑州科技学院 | 可静；杜悦维 |
| | 一种琵琶琴弦的韧性测试装置 | 实用新型 | CN202020418919.3 | 2020.11.27 | 西安石油大学 | 张帆 |
| 唢呐 | 一种便于拆卸携带的唢呐 | 实用新型 | CN201920581673.9 | 2020.01.21 | 东莞市乐翼乐器有限公司 | 林启强 |
| | 唢呐消音器 | 实用新型 | CN201921391810.9 | 2020.05.19 | 四川音乐学院 | 张帅 |
| | 一种拆卸组合式唢呐及其制作方法 | 发明专利 | CN201710016040.9 | 2020.06.16 | 佳木斯大学 | 王伟；刘国峰 |
| | 唢呐调节气盘 | 实用新型 | CN201921747955.8 | 2020.07.10 | 赵明 | 赵明 |
| | 一种加键唢呐 | 实用新型 | CN201922136196.8 | 2020.08.11 | 赵明 | 赵明 |
| | 一种唢呐变音器 | 实用新型 | CN201922255060.9 | 2020.08.21 | 贾鹏 | 贾鹏 |
| | 一种唢呐 | 实用新型 | CN202020145776.3 | 2020.09.29 | 贾鹏 | 贾鹏 |
| | 一种十孔唢呐 | 实用新型 | CN202020145452.X | 2020.09.29 | 贾鹏 | 贾鹏 |
| | 一种十二音孔唢呐 | 实用新型 | CN202020267282.2 | 2020.10.27 | 贾鹏 | 贾鹏 |
| 笛 | 变音笛 | 发明专利 | CN201911248838.1 | 2020.02.28 | 胡玉林 | 胡玉林；董雪华 |
| | 一种笛子烤直装置 | 发明专利 | CN201911352550.9 | 2020.03.17 | 聂润英 | 聂润英 |
| | 一种笛膜的粘接装置 | 发明专利 | CN201911251754.3 | 2020.03.27 | 程卫 | 程卫 |
| | 一种笛子制作烤直器 | 发明专利 | CN202010035594.5 | 2020.05.05 | 余可盈 | 余可盈 |
| | 一种竹笛 | 发明专利 | CN202010034146.3 | 2020.05.08 | 三台县新鲁镇山水乐器厂 | 刘德力 |
| | 一种笛子音域增宽方法 | 发明专利 | CN201911163911.5 | 2020.05.22 | 阜阳师范大学 | 宋延雷；张静嘉 |
| | 一种新型笛子批量联动划线装置 | 发明专利 | CN202010031279.5 | 2020.06.05 | 聂润英 | 聂润英 |
| | 一种便于内部尘埃清理的笛子 | 实用新型 | CN201921567249.5 | 2020.06.19 | 玉屏县姚茂顺箫笛厂；玉屏侗族自治县箫笛行业协会 | 姚茂顺 |
| | 一种便于携带的笛子 | 实用新型 | CN201921567571.8 | 2020.06.23 | 玉屏县姚茂顺箫笛厂；玉屏侗族自治县箫笛行业协会 | 姚茂顺 |
| | 一种可二次修复的笛子结构 | 实用新型 | CN201921563679.X | 2020.06.23 | 玉屏县姚茂顺箫笛厂；玉屏侗族自治县箫笛行业协会 | 姚茂顺 |
| | 一种拆装式笛子 | 实用新型 | CN201921563680.2 | 2020.06.23 | 玉屏县姚茂顺箫笛厂；玉屏侗族自治县箫笛行业协会 | 姚茂顺 |

续表

| 类别 | 名称 | 专利类型 | 申请（专利）号 | 公开（公告）日 | 申请（专利权）人 | 发明（设计）人 |
|---|---|---|---|---|---|---|
| 笛 | 一种变音长笛 | 发明专利 | CN201810246307.8 | 2020.06.26 | 牡丹江师范学院 | 刘海婴；窦智；吕岩；闫焱；赵颖 |
| | 长笛吹口管齐口装置 | 发明专利 | CN202010294339.2 | 2020.07.10 | 天津市津宝乐器有限公司 | 徐树军；刘珈旭；潘跃强 |
| | 一种带有倒圆角的平行吹孔竹笛 | 实用新型 | CN201922015907.6 | 2020.08.04 | 石磊 | 石磊 |
| | 一种组合式笛子 | 实用新型 | CN201921838649.5 | 2020.08.14 | 马甦 | 马甦 |
| | 变音笛 | 实用新型 | CN201922183357.9 | 2020.08.21 | 胡玉林 | 胡玉林；董雪华 |
| | 一种自动笛子钻孔装置 | 发明专利 | CN202010813941.2 | 2020.11.06 | 淄博秀贤工艺品有限公司 | 吴奇泉 |
| | 一种组合式的直杆长笛 | 实用新型 | CN202020404448.0 | 2020.11.10 | 斯日古楞 | 斯日古楞 |
| | 一种可调节指孔的箫以及一种可调节指孔的笛子 | 实用新型 | CN202020065561.0 | 2020.11.20 | 三台县新鲁镇山水乐器厂 | 刘德力 |
| | 一种笛子打磨装置 | 实用新型 | CN202020194059.X | 2020.12.04 | 曲小娟 | 曲小娟 |
| | 一种可转变音色的笛组 | 实用新型 | CN202020516455.X | 2020.12.08 | 邓中友 | 邓中友 |
| | 长笛定点焊接工装 | 发明专利 | CN202011335647.1 | 2020.12.29 | 龙口金鸣乐器有限公司 | 李廷东；李春晓 |
| 箫 | 一种箫的吹嘴套及带有该吹嘴套的箫 | 实用新型 | CN201920045567.9 | 2020.01.21 | 吕海伟 | 吕海伟 |
| | 一种双节洞箫的内壁清理装置 | 发明专利 | CN201911109256.5 | 2020.02.14 | 台州椒江中含乐器科技有限公司 | 屠雨桑 |
| | 多功能组合排箫 | 实用新型 | CN201920943900.8 | 2020.04.10 | 贺力民 | 贺力民 |
| | 多功能吹嘴排箫 | 实用新型 | CN201921485152.X | 2020.06.09 | 吴绍虎 | 吴绍虎 |
| | 一种宽音域转调排箫 | 实用新型 | CN201921519213.X | 2020.06.19 | 吉林建筑科技学院 | 付晏铭；徐晓霞；许祥 |
| | 一种宽音域转调排箫用调音塞 | 实用新型 | CN201921520386.3 | 2020.06.30 | 吉林建筑科技学院 | 徐晓霞；付晏铭 |
| | 一种三原调加嘴可变音排箫 | 实用新型 | CN201921823074.X | 2020.07.10 | 朱维笳 | 朱则平；黄延禄 |
| | 一种洞箫画线定位卡槽尺 | 实用新型 | CN202020118894.5 | 2020.07.21 | 施福池 | 施福池 |
| | 一种排箫 | 实用新型 | CN201922170071.7 | 2020.08.11 | 冯敏德 | 冯敏德 |
| | 一种宽音域加键洞箫 | 实用新型 | CN202020290758.4 | 2020.10.23 | 吉林建筑科技学院 | 徐晓霞；付晏铭 |
| | 一种新型十二平均律十三孔洞箫 | 实用新型 | CN202020290801.7 | 2020.10.27 | 吉林建筑科技学院 | 徐晓霞；付晏铭 |
| | 一种洞箫内径塑形通节长钻 | 实用新型 | CN202020121965.7 | 2020.10.27 | 施福池 | 施福池 |
| | 用于洞箫加工的竹料调直装置 | 实用新型 | CN202020100990.7 | 2020.10.27 | 施福池 | 施福池 |

续表

| 类别 | 名称 | 专利类型 | 申请（专利）号 | 公开（公告）日 | 申请（专利权）人 | 发明（设计）人 |
|---|---|---|---|---|---|---|
| 箫 | 一种吹嘴设置在音管内的排箫 | 发明专利 | CN202010782609.4 | 2020.11.06 | 冯敏德 | 冯敏德 |
| 古琴 | 一种双箱古琴 | 发明专利 | CN201911077697.1 | 2020.02.11 | 刘莎莎 | 刘莎莎 |
|  | 一种双箱古琴 | 实用新型 | CN201920849054.3 | 2020.03.13 | 田泉；田步高 | 田泉；田步高 |
|  | 古琴调琴绷子张弦器 | 实用新型 | CN201921079300.8 | 2020.04.14 | 江志明 | 江志明 |
|  | 一种古琴音色调试模具 | 实用新型 | CN201921093977.7 | 2020.05.12 | 陈明亮 | 陈明亮 |
|  | 一种古琴冰弦及其制作方法 | 发明专利 | CN201410130645.7 | 2020.06.09 | 龙人古琴文化投资（长泰）有限公司 | 王铭辉；戴卫；戴闯；谢建东；张锦冰 |
|  | 一种新型古琴及其制备方法 | 发明专利 | CN202010684552.4 | 2020.10.23 | 陕西大长安控股集团有限公司 | 程刚 |
|  | 一种双音梁古琴 | 发明专利 | CN202010810378.3 | 2020.11.17 | 苏州礼乐乐器股份有限公司 | 金海鸥；吴念博；何新喜；朱信智；李碧英；杨萍 |
|  | 一种古琴的面板和底板的制作工艺 | 发明专利 | CN202010839399.8 | 2020.11.20 | 陈乃峰 | 陈乃峰 |
|  | 一种古琴底板 | 实用新型 | CN202020710083.4 | 2020.12.08 | 山东谢氏琴业有限公司 | 谢爱军；谢天雨；王新娟 |
|  | 一种古琴面板 | 实用新型 | CN202020709600.6 | 2020.12.08 | 山东谢氏琴业有限公司 | 谢爱军；谢天雨；王新娟 |
|  | 一种改良的古琴槽腹 | 实用新型 | CN202020668599.7 | 2020.12.11 | 江志明 | 江志明；江璇 |
|  | 一种分舱式古琴 | 发明专利 | CN202011083932.9 | 2020.12.11 | 宋子军 | 宋子军 |
|  | 一种古琴琴弦张紧固定装置 | 实用新型 | CN202020881046.X | 2020.12.22 | 山东谢氏琴业有限公司 | 谢爱军；谢天雨；王新娟 |
| 葫芦丝 | 葫芦丝主音管接头组件 | 实用新型 | CN201920834285.7 | 2020.02.21 | 李凯 | 李凯 |
|  | 一种侧吹式超低音葫芦丝 | 实用新型 | CN201920862606.4 | 2020.03.31 | 云南丝乐吟艺术文化传播有限公司 | 陈兴彪；杨环宇 |
|  | 一种带和音推板的葫芦丝副管 | 实用新型 | CN201921063735.3 | 2020.04.14 | 靖江市金灵乐器制造有限公司 | 曹志明 |
|  | 密封性好的锥形接口的葫芦丝 | 实用新型 | CN201921029332.7 | 2020.05.05 | 张敏 | 张敏 |
|  | 一种便于对吹嘴进行更换的葫芦丝 | 实用新型 | CN201921209563.6 | 2020.05.12 | 宋广亮 | 宋广亮 |
|  | 具有开闭附管音孔的弹性封堵件的葫芦丝 | 实用新型 | CN201921623641.7 | 2020.06.12 | 张敏 | 张敏 |
|  | 音阶可调的葫芦丝 | 实用新型 | CN201922145536.3 | 2020.08.07 | 单南 | 单南 |

续表

| 类别 | 名称 | 专利类型 | 申请（专利）号 | 公开（公告）日 | 申请（专利权）人 | 发明（设计）人 |
|---|---|---|---|---|---|---|
| 葫芦丝 | 一种葫芦丝 | 发明专利 | CN202010545888.2 | 2020.09.08 | 江西财经大学 | 李二永；万梦丹；葛萌 |
| | 一种可打开葫芦音室方便清洁的葫芦丝 | 实用新型 | CN201922106575.2 | 2020.10.23 | 昆明西马格乐器有限公司 | 丁守利 |
| | 一种葫芦丝的音槽口开口装置 | 发明专利 | CN202010685456.1 | 2020.11.13 | 陈芬 | 陈芬 |
| | 一种葫芦丝的附音管扣件 | 实用新型 | CN202020606325.5 | 2020.11.24 | 深圳上弦乐艺术有限公司 | 陈英金 |
| | 一种内外设防水层的葫芦丝 | 实用新型 | CN201921456227.1 | 2020.12.18 | 昆明西马格乐器有限公司 | 丁守利 |
| | 一种方便清洁的葫芦丝 | 实用新型 | CN201922106596.4 | 2020.12.25 | 昆明西马格乐器有限公司 | 丁守利 |
| 管乐器 | 管乐器用改型转阀活塞 | 实用新型 | CN201920624520.8 | 2020.01.07 | 天津奥维斯乐器有限公司 | 张国民 |
| | 一种配合管乐器使用的话筒支架 | 实用新型 | CN201921251316.2 | 2020.01.07 | 天津市耐普特斯乐器有限公司 | 邵西久 |
| | 铜管乐器练习号嘴 | 外观设计 | CN201930164558.7 | 2020.01.14 | 闫丕勇 | 闫丕勇 |
| | 一种管乐器音准校准装置 | 发明专利 | CN201911104461.2 | 2020.02.18 | 河南科技学院 | 樊一帆；何甲麒；崔尧；刘广莉 |
| | 一种用于铜管乐器的弱音器 | 实用新型 | CN201920550508.7 | 2020.02.18 | 唐熙来 | 唐熙来 |
| | 带有阀的管乐器和与带有阀的管乐器一起使用的阀 | 实用新型 | CN201822119866.0 | 2020.04.10 | 纽沃仪器（亚洲）有限责任公司 | 马克西米利安·斯潘塞·克利索尔德 |
| | 一种号管清洗工具 | 实用新型 | CN201921030736.8 | 2020.04.10 | 黑河学院 | 王飞；徐宁；苏超 |
| | 一种萨克斯弱音背包 | 实用新型 | CN201921172054.0 | 2020.04.24 | 唐熙来 | 唐熙来 |
| | 一种铜管乐器号嘴减压装置 | 发明专利 | CN202010055401.2 | 2020.04.28 | 许昌学院 | 王亚雷；焦奕博；刘丹 |
| | 一种金属管乐器专用存放箱 | 实用新型 | CN201921233546.6 | 2020.05.01 | 天津市耐普特斯乐器有限公司 | 杨加萍 |
| | 一种可置放管乐器的谱架 | 实用新型 | CN201921018185.3 | 2020.05.05 | 张娜 | 张娜 |
| | 一种铜管乐器腔室清洗装置 | 发明专利 | CN202010058865.9 | 2020.05.08 | 许昌学院 | 王亚雷；焦奕博；刘丹 |
| | 簧片 | 发明专利 | CN201880066357.6 | 2020.05.26 | 尼克·库克迈尔 | 尼克·库克迈尔 |
| | 单簧管 | 实用新型 | CN201920697626.0 | 2020.06.05 | 深州市腾飞乐器有限公司 | 杜立志 |
| | 一种便于初学者学习的管乐器小号 | 实用新型 | CN201921799341.4 | 2020.06.26 | 吉林艺术学院 | 邢一林 |

续表

| 类别 | 名称 | 专利类型 | 申请（专利）号 | 公开（公告）日 | 申请（专利权）人 | 发明（设计）人 |
|---|---|---|---|---|---|---|
| 管乐器 | 一种键式管乐器和供乐器使用的键构件 | 实用新型 | CN201590001008.8 | 2020.07.10 | 纽沃仪器（亚洲）有限责任公司 | 马克西米利安·斯潘塞·克利索尔德 |
| | 管乐器及其制造方法 | 发明专利 | CN201710038791.0 | 2020.07.17 | 雅马哈株式会社 | 田口敬亮；足立启 |
| | 铜管乐器练习用弱音器 | 实用新型 | CN201920910009.4 | 2020.08.11 | 宁夏大学 | 沈洋；付晓东 |
| | 管乐器的公母连接插头 | 发明专利 | CN202010399798.7 | 2020.09.04 | 黄晓云 | 黄晓云 |
| | 号用立键气缸组件 | 发明专利 | CN202010717108.8 | 2020.09.25 | 天津市津宝乐器有限公司 | 张铁梁；潘跃强 |
| | 扩音竖吹型巴乌 | 实用新型 | CN201922420438.6 | 2020.10.02 | 张振军 | 张振军 |
| | 铜管类乐器练习器 | 实用新型 | CN202020046898.7 | 2020.10.02 | 河南潘姆帕特科技有限公司 | 毛宇 |
| | 一种铜管乐器号嘴减压装置 | 实用新型 | CN202020106384.6 | 2020.10.16 | 许昌学院 | 王亚雷；焦奕博；刘丹 |
| | 萨克斯金属内应力释放装置 | 实用新型 | CN201922083394.2 | 2020.10.27 | 杭苏 | 杭苏 |
| | 管乐器竖笛气流道疏水结构 | 实用新型 | CN201922427442.5 | 2020.10.30 | 李承翰；李承轩 | 李承翰；李承轩 |
| | 直管高音萨克斯弱音器 | 发明专利 | CN202010769296.9 | 2020.11.10 | 付锐 | 付锐 |
| | 一种新型单簧管吹头 | 实用新型 | CN202020711359.0 | 2020.12.11 | 黑河学院 | 徐宁；李浩；高子茹 |
| 圆号 | 一种新型可调节不同把位的圆号 | 实用新型 | CN201921661705.2 | 2020.07.31 | 河北华声乐器制造有限公司 | 张立国；张立根；张冀虎；郝永强；张红梅 |
| | 一种新型双排圆号用转换器 | 实用新型 | CN201921645277.4 | 2020.08.11 | 河北华声乐器制造有限公司 | 张立国；张立根；张冀虎；郝永强；张红梅 |
| | 一种带有双层导管号咀结构的圆号 | 实用新型 | CN202020030721.8 | 2020.09.18 | 天津华一乐器有限公司 | 李玉卯；王义起；郭俊明 |
| 鼓 | 一种军鼓用防尘存放装置 | 实用新型 | CN201920417781.2 | 2020.02.07 | 天津东方腾飞乐器有限责任公司 | 啟宇宸；啟立兵 |
| | 一种便于更换鼓面的军鼓 | 实用新型 | CN201920418612.0 | 2020.02.07 | 天津东方腾飞乐器有限责任公司 | 啟宇宸；啟立兵 |
| | 一种后背式打击乐器 | 实用新型 | CN201920710344.X | 2020.03.24 | 贵州萨伽乐器有限公司 | 田家树 |
| | 一种军鼓防护装置 | 实用新型 | CN201920417765.3 | 2020.04.03 | 天津东方腾飞乐器有限责任公司 | 啟宇宸；啟立兵 |
| | 一种不同鼓面材质的架子鼓 | 实用新型 | CN201921230829.5 | 2020.04.10 | 居广睿 | 居广睿 |
| | 一种无腔体架子鼓 | 实用新型 | CN201921228672.2 | 2020.04.28 | 居广睿 | 居广睿 |

续表

| 类别 | 名称 | 专利类型 | 申请（专利）号 | 公开（公告）日 | 申请（专利权）人 | 发明（设计）人 |
|---|---|---|---|---|---|---|
| 鼓 | 一种整体实木架子鼓及其制作工艺 | 发明专利 | CN202010225696.3 | 2020.07.10 | 郭福利 | 郭福利 |
| | 一种用于军鼓的可转动式响弦调节器 | 实用新型 | CN201921835846.1 | 2020.07.24 | 武强嘉华乐器有限公司 | 颜彬 |
| | 一种便于调节鼓皮松紧的架子鼓军鼓 | 实用新型 | CN201921175316.9 | 2020.08.07 | 天津优尼柯乐器有限公司 | 吴臣 |
| | 一种可更换鼓面的军鼓 | 实用新型 | CN201921191981.7 | 2020.08.07 | 天津市双翼乐器有限公司 | 郑海滨；孟宪宇 |
| | 一种自带支撑架的军鼓 | 实用新型 | CN201921203628.6 | 2020.10.30 | 天津市双翼乐器有限公司 | 郑海滨；孟宪宇 |
| | 一种军鼓沙带响弦调节器 | 实用新型 | CN202020184661.5 | 2020.11.10 | 郭福利 | 郭福利 |
| 爵士鼓 | 爵士鼓踩锤踏板 | 外观设计 | CN201930511309.0 | 2020.04.14 | 天津市顶酷乐器有限公司 | 王立民；胡金刚 |
| | 爵士鼓大鼓顶座 | 外观设计 | CN201930511317.5 | 2020.04.14 | 天津市顶酷乐器有限公司 | 王立民；胡金刚 |
| | 爵士鼓的鼓皮固定结构及固定方法 | 发明专利 | CN202010058370.6 | 2020.06.05 | 温州天洲西洋乐文化产业股份有限公司 | 李萍；王凯铭；闫明明；李明善；朱清正 |
| | 一种爵士鼓踩镲架子用连接装置 | 实用新型 | CN201921547120.8 | 2020.06.12 | 天津市顶酷乐器有限公司 | 王立民；胡金刚 |
| | 一种爵士鼓架子镲片调节托 | 实用新型 | CN201921546990.3 | 2020.06.12 | 天津市顶酷乐器有限公司 | 王立民；胡金刚 |
| | 一种爵士鼓鼓凳托盘 | 实用新型 | CN201921555159.4 | 2020.06.12 | 天津市顶酷乐器有限公司 | 王立民；胡金刚 |
| | 一种爵士鼓踩锤踏板用链接装置 | 实用新型 | CN201921546892.X | 2020.06.12 | 天津市顶酷乐器有限公司 | 王立民；胡金刚 |
| | 一种爵士鼓大鼓顶座 | 实用新型 | CN201921547065.2 | 2020.06.12 | 天津市顶酷乐器有限公司 | 王立民；胡金刚 |
| | 一种用于爵士鼓的双紧固旋转式悬挂器 | 实用新型 | CN201921834356.X | 2020.07.24 | 武强嘉华乐器有限公司 | 颜彬 |
| | 一种新型爵士鼓底鼓卧式踏板 | 发明专利 | CN202010638181.6 | 2020.10.09 | 北京骎英教育科技有限公司 | 张炯 |
| | 一种爵士鼓链条连接固定装置 | 发明专利 | CN202010798880.7 | 2020.11.17 | 天津市顶酷乐器有限公司 | 王立民 |
| | 一种爵士鼓支架异径管连接固定装置 | 发明专利 | CN202010798891.5 | 2020.11.24 | 天津市顶酷乐器有限公司 | 王立民 |
| 电子琴 | 电子琴 | 外观设计 | CN201930423242.5 | 2020.01.03 | 冯春娇 | 冯春娇 |
| | 电子琴 | 外观设计 | CN201930434139.0 | 2020.01.03 | 房永兴 | 房永兴 |
| | 电子琴（蛋糕型） | 外观设计 | CN201930410969.X | 2020.01.07 | 王练 | 王练 |
| | 电子琴控制面板 | 外观设计 | CN201930421717.7 | 2020.01.07 | 何琴 | 何琴 |
| | 五指运动式电子琴 | 发明专利 | CN201911073225.9 | 2020.01.10 | 申世远 | 申世远 |
| | 一种具有减振功能的双排键电子琴 | 发明专利 | CN201910918802.3 | 2020.01.17 | 冷思思 | 冷思思；冷思远 |

续表

| 类别 | 名称 | 专利类型 | 申请（专利）号 | 公开（公告）日 | 申请（专利权）人 | 发明（设计）人 |
|---|---|---|---|---|---|---|
| 电子琴 | 一种无弦电子琴 | 实用新型 | CN201920338398.8 | 2020.01.21 | 聊城大学 | 潘轩昂；张让；张峻炜；李培澳 |
| | 一种电子琴琴键开关固定架 | 实用新型 | CN201920672162.8 | 2020.02.07 | 广东立义科技股份有限公司 | 杨立义；徐红周；叶赛琼；郭传武 |
| | 一种电子琴装配用全自动装胶设备 | 实用新型 | CN201920206659.0 | 2020.02.07 | 东莞市龙健电子有限公司 | 欧阳以柏；陈逸 |
| | 一种带有辅助除尘装置的手卷电子琴 | 实用新型 | CN201920804297.5 | 2020.02.11 | 深圳市掌罗科技有限公司 | 姚丹 |
| | 一种手卷电子琴的按键防水包边 | 实用新型 | CN201920788933.X | 2020.02.14 | 深圳市掌罗科技有限公司 | 姚丹 |
| | 一种电子琴 | 实用新型 | CN201920379038.2 | 2020.02.14 | 杭州爱尔科乐器有限公司 | 肖华；胡余升 |
| | 一种电子琴键盘及琴键间隙调节装置 | 实用新型 | CN201920378976.0 | 2020.02.14 | 杭州爱尔科乐器有限公司 | 蒋峰；肖华；彭广根 |
| | 一种电子琴 | 实用新型 | CN201920319205.4 | 2020.02.18 | 程斌斌 | 程斌斌 |
| | 一种新型电子琴 | 实用新型 | CN201920440763.6 | 2020.03.06 | 潍坊图歌电子科技有限公司 | 杨亚；张丽丽 |
| | 带排线复位机构的可折叠电子琴 | 发明专利 | CN201911262882.8 | 2020.03.10 | 东莞市美派电子科技有限公司 | 叶玉照 |
| | 触摸键电子琴 | 实用新型 | CN201920899845.7 | 2020.03.10 | 浙江奇创玩具有限公司 | 黄金建 |
| | 一种用于柔性薄膜电子琴的琴键功能的检测装置及方法 | 发明专利 | CN201710114141.X | 2020.03.13 | 孝感量子机电科技有限公司 | 肖永军；周骁 |
| | 电子琴 | 外观设计 | CN201930542707.9 | 2020.03.17 | 东莞市美派电子科技有限公司 | 贾逸可 |
| | 一种带有触屏的手卷电子琴主机 | 实用新型 | CN201920785996.X | 2020.03.24 | 深圳市掌罗科技有限公司 | 姚丹 |
| | 电子琴（立式） | 外观设计 | CN201930522559.4 | 2020.03.27 | 李海涛 | 李海涛 |
| | 音乐教学用电子琴 | 实用新型 | CN201920858755.3 | 2020.03.31 | 殷媛 | 殷媛 |
| | 一种电子琴按钮透光结构 | 实用新型 | CN201921805751.5 | 2020.04.24 | 得理乐器（珠海）有限公司 | 傅杰明；唐林 |
| | 电子琴（7601） | 外观设计 | CN202030026271.0 | 2020.06.05 | 程刚 | 程刚 |
| | 电子琴（7602） | 外观设计 | CN202030026492.8 | 2020.06.05 | 程刚 | 程刚 |
| | 电子琴（多彩） | 外观设计 | CN201930426518.5 | 2020.06.09 | 祝伊冉 | 祝伊冉 |
| | 一种便携式单排键乐队琴 | 发明专利 | CN202010184340.X | 2020.06.12 | 深圳市科汇兴科技有限公司 | 康新红；郑昌焕 |
| | 一种音乐创作用便携式电子琴 | 实用新型 | CN201921852790.0 | 2020.07.17 | 德讯电子（深圳）有限公司 | 杨学文 |
| | 硅胶电子琴（RP37P2-RP49P2） | 外观设计 | CN201930670811.6 | 2020.07.17 | 深圳市海莱特电子有限公司 | 杨嘉辉 |

续表

| 类别 | 名称 | 专利类型 | 申请（专利）号 | 公开（公告）日 | 申请（专利权）人 | 发明（设计）人 |
|---|---|---|---|---|---|---|
| 电子琴 | 可折叠电子琴 | 外观设计 | CN201930715230.X | 2020.07.17 | 东莞市美派电子科技有限公司 | 叶玉照 |
| | 电子琴音控弹簧自动上料装配机构及其装配工艺 | 发明专利 | CN201810119883.6 | 2020.07.31 | 宿州学院 | 钦媛；刘艳敏；金玥；曾国强 |
| | 一种多功能可拆式电子琴 | 发明专利 | CN201910196049.1 | 2020.08.11 | 温州大学瓯江学院 | 林志源 |
| | 一种方便清理的可拆卸式电子琴键盘安装结构 | 实用新型 | CN201922148704.4 | 2020.08.14 | 宜春学院 | 龚莉 |
| | 一种电子钢琴用琴键 | 实用新型 | CN201921545506.5 | 2020.08.14 | 晋江市锦乐电子科技有限公司 | 俞亮生 |
| | 一种电子琴主板加工检测用夹具 | 发明专利 | CN202010459371.1 | 2020.08.25 | 湖南歌诺雅乐器制造有限公司 | 罗琴英 |
| | 带排线复位机构的可折叠电子琴 | 实用新型 | CN201922219399.3 | 2020.08.28 | 东莞市美派电子科技有限公司 | 叶玉照 |
| | 便捷式电子琴（S196） | 外观设计 | CN202030230052.4 | 2020.09.08 | 吴仔丽 | 吴仔丽 |
| | 一种带有支撑结构的电子琴 | 发明专利 | CN202010429147.8 | 2020.09.22 | 福建省大音文化发展有限公司 | 颜建程 |
| | 音乐学习电子琴 | 发明专利 | CN201710427620.7 | 2020.09.22 | 新乡学院 | 罗雪娇；朱青；梁记安；赵岩；刘夏宁 |
| | 一种新型电子打击乐器 | 实用新型 | CN201922313117.6 | 2020.09.25 | 刘志文 | 刘志文 |
| | 五指运动式电子琴 | 实用新型 | CN201921894048.6 | 2020.10.02 | 申世远 | 申世远 |
| | 电子琴（BD-373） | 外观设计 | CN202030188778.6 | 2020.10.09 | 泉州市八度电子科技有限公司 | 林玉坚 |
| | 电子琴（BD-668） | 外观设计 | CN202030188776.7 | 2020.10.27 | 泉州市八度电子科技有限公司 | 林玉坚 |
| | 背挎式电子琴 | 外观设计 | CN202030299327.X | 2020.10.30 | 马家林 | 马家林 |
| | 电子琴 | 外观设计 | CN202030246745.2 | 2020.11.17 | 深圳市诺爱创新科技有限公司 | 陈海刚 |
| | 一种多功能电子琴 | 实用新型 | CN202020556659.6 | 2020.12.11 | 泰兴市鸿缘乐器有限公司 | 周伟；王丹 |
| | 手卷电子琴 | 外观设计 | CN202030345365.4 | 2020.12.25 | 黄冬峰 | 黄冬峰 |
| | 一种触摸式流水灯电子琴 | 实用新型 | CN202020579107.7 | 2020.12.25 | 东华理工大学 | 刘树博；於温创；周会 |
| | 一种精准高效的琴键测试设备 | 发明专利 | CN202011122496.1 | 2020.12.25 | 中山市科立达电子有限公司 | 郭进强 |
| 手风琴 | 一种手风琴肩带舒适度调节装置 | 实用新型 | CN201920533639.4 | 2020.02.11 | 香河天音乐器有限公司 | 曹振民 |
| | 后背式手风琴变音器 | 实用新型 | CN201920960436.3 | 2020.04.21 | 江阴金杯安琪乐器有限公司 | 时建明；缪庆平 |

续表

| 类别 | 名称 | 专利类型 | 申请（专利）号 | 公开（公告）日 | 申请（专利权）人 | 发明（设计）人 |
|---|---|---|---|---|---|---|
| 手风琴 | 坤式手风琴 | 实用新型 | CN201920959406.0 | 2020.04.21 | 江阴金杯安琪乐器有限公司 | 时建明；缪庆平 |
| | 手风琴半自动烫籽装置 | 实用新型 | CN201920929355.7 | 2020.04.21 | 江阴金杯安琪乐器有限公司 | 时建明；缪庆平 |
| | 贯穿式手风琴键杆座 | 实用新型 | CN201920943750.0 | 2020.04.21 | 江阴金杯安琪乐器有限公司 | 时建明；缪庆平 |
| | 儿童初学手风琴 | 实用新型 | CN201920934544.3 | 2020.04.21 | 江阴金杯安琪乐器有限公司 | 时建明；缪庆平 |
| | 手风琴 | 外观设计 | CN201930552741.4 | 2020.04.28 | 天津市佰笛乐器有限公司 | 赵景萱 |
| | 手风琴装饰琴盖 | 外观设计 | CN201930552742.9 | 2020.04.28 | 天津市佰笛乐器有限公司 | 赵景萱 |
| | 手风琴 | 外观设计 | CN201930552513.7 | 2020.04.28 | 天津市佰笛乐器有限公司 | 赵景萱 |
| | 手风琴装饰琴盖 | 外观设计 | CN201930552508.6 | 2020.04.28 | 天津市佰笛乐器有限公司 | 赵景萱 |
| | 一种便于收纳的手风琴 | 实用新型 | CN201920135564.4 | 2020.06.09 | 长沙师范学院 | 李朋朋 |
| | 一种巴扬手风琴变音器传动片 | 实用新型 | CN201921711747.2 | 2020.07.28 | 天津市佰笛乐器有限公司 | 赵景萱 |
| | 一种手风琴传动铝盒 | 实用新型 | CN201921696461.1 | 2020.07.28 | 天津市佰笛乐器有限公司 | 赵景萱 |
| | 一种手风琴低音键传动片 | 实用新型 | CN201921750179.7 | 2020.07.28 | 天津市佰笛乐器有限公司 | 赵景萱 |
| | 一种手风琴低音键合页 | 实用新型 | CN201921750090.0 | 2020.07.28 | 天津市佰笛乐器有限公司 | 赵景萱 |
| | 一种巴扬手风琴铝音孔板 | 实用新型 | CN201921711754.2 | 2020.07.28 | 天津市佰笛乐器有限公司 | 赵景萱 |
| | 一种手风琴右手变音器琴键 | 实用新型 | CN201921750177.8 | 2020.07.28 | 天津市佰笛乐器有限公司 | 赵景萱 |
| | 手风琴 | 发明专利 | CN202010004321.4 | 2020.07.28 | 和莱乐器有限责任公司 | K.霍耶；T.特拉普 |
| | 一种低音巴松手风琴木制音孔板 | 实用新型 | CN201921697349.X | 2020.07.28 | 天津市佰笛乐器有限公司 | 赵景萱 |
| | 手风琴 | 发明专利 | CN202010008722.7 | 2020.07.28 | 和莱乐器有限责任公司 | U.瓦尔特；T.特拉普 |
| | 一种低音巴松手风琴音槽 | 实用新型 | CN201921750224.9 | 2020.07.28 | 天津市佰笛乐器有限公司 | 赵景萱 |
| | 一种手风琴贝司部分底盘启动架排列 | 实用新型 | CN201921697360.6 | 2020.07.28 | 天津市佰笛乐器有限公司 | 赵景萱 |
| | 一种手风琴低音键 | 实用新型 | CN201921696462.6 | 2020.07.28 | 天津市佰笛乐器有限公司 | 赵景萱 |
| | 一种巴扬手风琴键槽 | 实用新型 | CN201921697370.X | 2020.07.28 | 天津市佰笛乐器有限公司 | 赵景萱 |
| | 一种手风琴滚丝轴的打孔装置 | 实用新型 | CN201921970455.0 | 2020.09.08 | 济源职业技术学院 | 康少华 |
| | 一种演奏用手风琴背带 | 实用新型 | CN202020223873.X | 2020.11.06 | 新乡学院 | 叶子 |
| | 一种键盘手风琴琴键定位装置 | 实用新型 | CN202020438971.5 | 2020.11.06 | 黄淮学院 | 李臻 |
| 口琴 | 具有磁体附接件的口琴 | 实用新型 | CN201920704144.3 | 2020.01.14 | 江苏东方乐器有限公司 | 孔文忠；布兰登·鲍尔 |

续表

| 类别 | 名称 | 专利类型 | 申请（专利）号 | 公开（公告）日 | 申请（专利权）人 | 发明（设计）人 |
|---|---|---|---|---|---|---|
| 口琴 | 一种简易型的半音阶口琴 | 实用新型 | CN201920380207.4 | 2020.01.14 | 泉州山外山科技有限公司 | 吴东杨 |
| | 半音阶口琴吹嘴 | 外观设计 | CN201930460983.0 | 2020.01.21 | 孙伟成 | 孙伟成；齐建春 |
| | 口琴琴格 | 外观设计 | CN201930435433.3 | 2020.02.07 | 原美音感有限公司 | 刘天麟 |
| | 一种方便清洗的口琴 | 发明专利 | CN201911391980.1 | 2020.03.17 | 乐工坊文化产业（江苏）有限公司 | 罗有航 |
| | 一种防灰尘口琴 | 发明专利 | CN201911392012.2 | 2020.03.27 | 乐工坊文化产业（江苏）有限公司 | 罗有航 |
| | 口琴（二） | 外观设计 | CN201930565266.4 | 2020.03.31 | 南京乐言电子商务有限公司 | 白原 |
| | 口琴 | 外观设计 | CN201930558101.4 | 2020.03.31 | 长江大学 | 刘坚 |
| | 一种高性能口琴 | 发明专利 | CN201911390946.2 | 2020.04.14 | 乐工坊文化产业（江苏）有限公司 | 罗有航 |
| | 自由簧片乐器及用于自由簧片乐器的垫片-阀部件 | 实用新型 | CN201920704142.4 | 2020.04.14 | 江苏东方乐器有限公司 | 孔文忠；布兰登·鲍尔 |
| | 一种可调整音色的半音阶口琴琴格组件 | 实用新型 | CN201921077471.7 | 2020.04.17 | 梁敏海 | 梁敏海 |
| | 一种可折叠式口琴 | 发明专利 | CN201911390915.7 | 2020.04.24 | 乐工坊文化产业（江苏）有限公司 | 罗有航 |
| | 半音阶口琴座板用精冲模具 | 发明专利 | CN202010031930.9 | 2020.05.08 | 江苏天鹅乐器有限公司 | 陈滔 |
| | 一种口琴生产用多方位自动旋转点焊机 | 实用新型 | CN201921253784.3 | 2020.05.15 | 江苏东方乐器有限公司 | 孔文忠 |
| | 一种口琴音簧的钉簧装置 | 实用新型 | CN201921253408.4 | 2020.05.15 | 江苏东方乐器有限公司 | 孔文忠 |
| | 一种口琴生产用电焊机快速冷却装置 | 实用新型 | CN201921268878.8 | 2020.05.15 | 江苏东方乐器有限公司 | 孔文忠 |
| | 口琴（一） | 外观设计 | CN201930565314.X | 2020.06.09 | 南京乐言电子商务有限公司 | 白原 |
| | 口琴 | 外观设计 | CN201930595556.3 | 2020.06.19 | 长江大学 | 刘坚 |
| | 口琴（28孔） | 外观设计 | CN202030022380.5 | 2020.06.23 | 张敏 | 张敏 |
| | 口琴 | 外观设计 | CN202030066663.X | 2020.06.26 | 李小兰 | 李小兰 |
| | 一种微笛口琴及其制作方法 | 发明专利 | CN201811554535.8 | 2020.06.26 | 安世亚太科技股份有限公司 | 杨武保 |
| | 口琴琴格 | 外观设计 | CN202030065934.X | 2020.06.26 | 泉州山外山科技有限公司 | 吴东杨 |
| | 半音阶口琴吹嘴（2代） | 外观设计 | CN202030099534.0 | 2020.06.30 | 孙伟成 | 孙伟成 |
| | 口琴 | 外观设计 | CN202030112573.X | 2020.07.03 | 黄海燕 | 黄海燕 |
| | 口琴 | 外观设计 | CN202030092490.9 | 2020.07.07 | 杨敏 | 杨敏 |
| | 口琴 | 外观设计 | CN202030092625.1 | 2020.07.07 | 杨容 | 杨容 |
| | 口琴（十孔布鲁斯） | 外观设计 | CN201930648832.8 | 2020.07.14 | 杨帆 | 杨帆 |

续表

| 类别 | 名称 | 专利类型 | 申请（专利）号 | 公开（公告）日 | 申请（专利权）人 | 发明（设计）人 |
|---|---|---|---|---|---|---|
| 口琴 | 口琴（十孔布鲁斯） | 外观设计 | CN201930648813.5 | 2020.07.14 | 易晓蓉 | 易晓蓉 |
| | 一种带有标识的口琴 | 实用新型 | CN201921524511.8 | 2020.07.14 | 曹益轩 | 曹益轩 |
| | 口琴 | 外观设计 | CN202030067756.4 | 2020.07.17 | 郑州航空工业管理学院 | 刘星雨；宋春丽 |
| | 口琴（十孔布鲁斯） | 外观设计 | CN202030020434.4 | 2020.07.17 | 秦娇 | 秦娇 |
| | 口琴（10孔-外壳有便于手指握持的凹槽） | 外观设计 | CN202030022425.9 | 2020.07.31 | 张敏 | 张敏 |
| | 口琴 | 外观设计 | CN202030138739.5 | 2020.07.31 | 赖威 | 赖威 |
| | 一种口琴调音装置 | 实用新型 | CN201921253796.6 | 2020.07.31 | 江苏东方乐器有限公司 | 孔文忠 |
| | 口琴（12孔半音阶口琴） | 外观设计 | CN202030160447.1 | 2020.07.31 | 无锡米派文化传播有限公司 | 徐鼎华 |
| | 口琴 | 外观设计 | CN202030174109.3 | 2020.08.07 | 杨琳 | 杨琳 |
| | 一种高性能口琴 | 实用新型 | CN201922428331.6 | 2020.08.28 | 乐工坊文化产业（江苏）有限公司 | 罗有航 |
| | 一种防灰尘口琴 | 实用新型 | CN201922430861.4 | 2020.08.28 | 乐工坊文化产业（江苏）有限公司 | 罗有航 |
| | 一种方便清洗的口琴 | 实用新型 | CN201922428372.5 | 2020.09.04 | 乐工坊文化产业（江苏）有限公司 | 罗有航 |
| | 半音阶口琴座板用精冲模具 | 实用新型 | CN202020070703.2 | 2020.09.18 | 江苏天鹅乐器有限公司 | 陈滔 |
| | 口袋贝斯口琴 | 实用新型 | CN202020068638.X | 2020.09.18 | 江苏天鹅乐器有限公司 | 陈滔 |
| | 一种半音阶口琴 | 实用新型 | CN202020069417.4 | 2020.09.18 | 江苏天鹅乐器有限公司 | 陈滔 |
| | 24孔口琴用音簧模具 | 实用新型 | CN202020069369.9 | 2020.09.25 | 江苏天鹅乐器有限公司 | 陈滔 |
| | 口琴（2） | 外观设计 | CN202030289175.5 | 2020.10.02 | 泉州山外山科技有限公司 | 黄霖；吴东杨 |
| | 口琴 | 外观设计 | CN202030289454.1 | 2020.10.09 | 杨晨新 | 杨晨新 |
| | 一种便于拆开清洁的口琴 | 实用新型 | CN202020333046.6 | 2020.11.03 | 乐工坊文化产业（江苏）有限公司 | 罗有航；周晓莺 |
| | 一种双效口琴 | 实用新型 | CN202020338808.1 | 2020.11.06 | 李旭 | 李旭 |
| | 一种可以快速装配更换吹嘴的半音阶口琴 | 实用新型 | CN202020577316.8 | 2020.11.17 | 孙伟成 | 孙伟成；齐建春 |
| | 一种防尘便携式口琴 | 实用新型 | CN202020485976.3 | 2020.11.17 | 邱亚琴 | 邱亚琴 |
| | 手风琴 | 外观设计 | CN201930552741.4 | 2020.04.28 | 天津市佰笛乐器有限公司 | 赵景萱 |
| | 手风琴装饰琴盖 | 外观设计 | CN201930552742.9 | 2020.04.28 | 天津市佰笛乐器有限公司 | 赵景萱 |
| | 手风琴 | 外观设计 | CN201930552513.7 | 2020.04.28 | 天津市佰笛乐器有限公司 | 赵景萱 |
| | 手风琴装饰琴盖 | 外观设计 | CN201930552508.6 | 2020.04.28 | 天津市佰笛乐器有限公司 | 赵景萱 |
| | 一种便于收纳的手风琴 | 实用新型 | CN201920135564.4 | 2020.06.09 | 长沙师范学院 | 李朋朋 |

续表

| 类别 | 名称 | 专利类型 | 申请（专利）号 | 公开（公告）日 | 申请（专利权）人 | 发明（设计）人 |
|---|---|---|---|---|---|---|
| 口琴 | 一种巴扬手风琴变音器传动片 | 实用新型 | CN201921711747.2 | 2020.07.28 | 天津市佰笛乐器有限公司 | 赵景萱 |
| | 一种手风琴传动铝盒 | 实用新型 | CN201921696461.1 | 2020.07.28 | 天津市佰笛乐器有限公司 | 赵景萱 |
| | 一种手风琴低音键传动片 | 实用新型 | CN201921750179.7 | 2020.07.28 | 天津市佰笛乐器有限公司 | 赵景萱 |
| | 一种手风琴低音键合页 | 实用新型 | CN201921750090.0 | 2020.07.28 | 天津市佰笛乐器有限公司 | 赵景萱 |
| | 一种巴扬手风琴铝音孔板 | 实用新型 | CN201921711754.2 | 2020.07.28 | 天津市佰笛乐器有限公司 | 赵景萱 |
| | 一种手风琴右手变音器琴键 | 实用新型 | CN201921750177.8 | 2020.07.28 | 天津市佰笛乐器有限公司 | 赵景萱 |
| | 手风琴 | 发明专利 | CN202010004321.4 | 2020.07.28 | 和莱乐器有限责任公司 | K.霍耶；T.特拉普 |
| | 一种低音巴松手风琴木制音孔板 | 实用新型 | CN201921697349.X | 2020.07.28 | 天津市佰笛乐器有限公司 | 赵景萱 |
| | 手风琴 | 发明专利 | CN202010008722.7 | 2020.07.28 | 和莱乐器有限责任公司 | U.瓦尔特；T.特拉普 |
| | 一种低音巴松手风琴音槽 | 实用新型 | CN201921750224.9 | 2020.07.28 | 天津市佰笛乐器有限公司 | 赵景萱 |
| | 一种手风琴贝司部分底盘启动架排列 | 实用新型 | CN201921697360.6 | 2020.07.28 | 天津市佰笛乐器有限公司 | 赵景萱 |
| | 一种手风琴低音键 | 实用新型 | CN201921696462.6 | 2020.07.28 | 天津市佰笛乐器有限公司 | 赵景萱 |
| | 一种巴扬手风琴键槽 | 实用新型 | CN201921697370.X | 2020.07.28 | 天津市佰笛乐器有限公司 | 赵景萱 |
| | 一种手风琴滚丝轴的打孔装置 | 实用新型 | CN201921970455.0 | 2020.09.08 | 济源职业技术学院 | 康少华 |
| | 一种演奏用手风琴背带 | 实用新型 | CN202020223873.X | 2020.11.06 | 新乡学院 | 叶子 |
| | 一种键盘手风琴琴键定位装置 | 实用新型 | CN202020438971.5 | 2020.11.06 | 黄淮学院 | 李臻 |

# 中国乐器

# 年鉴

# —2021—

CHINA MUSICAL
INSTRUMENT YEARBOOK


行业篇 1

指标数据篇 102

协会工作篇 143

科技篇 222

职业技能篇 341

音乐教育篇 374

海外资讯篇 398

# 职业技能竞赛

# 中国轻工业联合会
# 中国乐器协会
# 中国就业培训技术指导中心
# 中国财贸轻纺烟草工会全国委员会

中轻联工艺〔2020〕245号

## 关于举办2020年全国行业职业技能竞赛——第三届全国钢琴调律职业技能竞赛的通知

各有关省市乐器协会、钢琴调律师协（学）会、轻工产业工会、乐器行业职业技能鉴定站（培训基地）：

为深入学习习近平新时代中国特色社会主义思想，贯彻落实党的十九大精神和党中央国务院“新时期产业工人队伍建设改革方案”要求，推动乐器行业高质量发展，引导和激励全国广大钢琴调律从业人员钻研业务，学习知识，创新技术，进一步提高技能水平，促进行业技能人才队伍发展，经人力资源和社会保障部批准，中国轻工业联合会、中国乐器协会、中国就业培训技术指导中心和中国财贸轻纺烟草工会全国委员会，将共同主办2020年全国行业职业技能竞赛——第三届全国钢琴调律职业技能竞赛活动。本届竞赛为二类职业技能竞赛。

现将有关事项通知如下：

### 一、组织机构

为做好竞赛相关组织协调工作，成立“第三届全国钢琴调律职业技能竞赛组织委员会”（以下简称“竞赛组委会”），负责竞赛的组织领导工作。竞赛组委会下设办公室、评判委员会、监审委员会和宣传委员会等工作机构。办公室设在中国乐器协会，负责竞赛的计划、申报筹备、实施和协调工作；评判委员会负责制定技术标准、竞赛规程、考试命题、评分标准和技术争议裁决以及技术指导、理论考试和实际操作竞赛成绩的评审裁判等工作；监审委员会负责竞赛全过程的监督，并受理选手申诉等工作；宣传委员会负责竞赛全过程的组织和新闻报道等工作。评审委员会、监审委员会由竞赛组委会邀请有关专家组成。

### 二、竞赛组织要求

（一）因新冠肺炎疫情原因，为保障各赛区（点）参赛选手和工作人员的身体健康，请各赛区（点）和相关产业工会按属地防疫工作要求，做好以下相关保障工作：一是高度重视，制定疫情防控方案及应急处置机制；二是成立安全与防疫督导工作组，明确疫情防控领导小组成员，落实竞赛承办单位“一把手”责任制。抓防控，细分任务、明确责任人，确保竞赛活动期间防控工作落到实处；三是根据属地疫情防控要求，视情况采取检查健康宝、咽拭子测试等防控措施，做好竞赛场地消毒工作，要求全程佩戴口罩，尽量避免集中召开会议；四是实操和理论考试均采取加大间隔，保证安全距离等措施；五是赛前技术会和赛事筹备会，尽量采取线上会议的方式，减少聚集；六是竞赛期间提高快速反应和应急处理能力，保护参赛选手、裁判员和工作人员身体健康与生命安全，落实消防、人身、交通、餐饮、公共卫生等安全责任，确保竞赛顺利举办。

（二）初赛由有关省市乐器协会、钢琴调律师协（学）会、相关音乐院校与相关产业工会积极配合，广泛发动各钢琴生产企业、艺术院校、音乐演出团体和琴行等从事钢琴调律工作的从业人员积极参加竞赛活动。各初赛点遵照竞赛要求，做好初赛的组织与实施。通过开展岗位培训、技术练兵、技能竞赛、职业技能鉴定等，引导和带动行业广大职工钻研技术业务，立志岗位成才，推动乐器行业建立和完善促进技术工人成长成才的长效机制。

（三）复赛由北京、广州、上海三个行业职业技能鉴定站负责组织实施，具体细则另行通知。

（四）决赛由竞赛组委会组织实施，具体细则另行通知。

## 三、竞赛工种

钢琴调律师。

## 四、竞赛内容

竞赛按照国家职业标准《钢琴调律师》高级工（三级）及以上资格等级的有关内容命题，分理论考试和实际操作考核两个部分。理论考试成绩占20%，实际操作考核成绩占80%。

## 五、竞赛流程

竞赛分初赛、复赛、决赛三个阶段。

### （一）初赛

初赛由有关省市乐器协会、钢琴调律师协（学）会和相关音乐院校等专业机构负责组织实施。

1. 参赛人员范围及要求

（1）钢琴生产企业、艺术院校、音乐演出团体、琴行等从事钢琴调律工作的从业人员（不含在校生），且年龄在18岁以上均可参加。

（2）已获得“中华技能大奖”“全国技术能手”荣誉称号的人员，不能以选手的身份参加竞赛。

2. 报名

参赛选手需填写《2020年全国行业职业技能竞赛——第三届全国钢琴调律职业技能竞赛报名表》一式四份。初赛在各赛点报名。

3. 报名时间：2020年7月20日至9月10日。

4. 初赛时间：2020年9月15日前完成。

### （二）复赛

复赛由北京、广州和上海3个行业职业技能鉴定站组织实施。具体时间和有关事项另行通知。复赛名额由各初赛赛点按参赛人数比例且理论和实际操作成绩均在60分（百分制）以上等条件综合确定。

复赛时间：2020年10月15日前完成。

### （三）决赛

决赛由第三届全国钢琴调律职业技能竞赛组委会组织实施，定于2020年11月份在湖北宜昌举行，具体时间和有关事项另行通知。决赛名额由竞赛组委会按北京、广州和上海3个复赛赛区的参加人数比例且在复赛中理论、实际操作成绩均在60分（百分制）以上等综合确定。决赛选手拟定60名左右。

## 六、奖励办法

（一）在全国决赛获得前三名且为职工身份的选手，报请人力资源和社会保障部核准，授予“全国技术能手”。

（二）在初赛、复赛、决赛过程中，组织工作成绩突出的单位，由竞赛组委会颁发“第三届全国钢琴调律职业技能竞赛优秀组织单位”奖牌和荣誉证书（优秀组织单位评选条件见附件6）。

（三）在决赛过程中作出突出贡献的单位，由竞赛组委会颁发“第三届全国钢琴调律职业技能竞赛特殊贡献单位”奖牌和荣誉证书。

## 七、联系方式

**（一）中国乐器协会**

地址：北京市丰台区顺三条21号嘉业大厦1号楼706室

邮编：100079

联系人：刘佳雨　李　博

电话：010—67661596　67662056

传真：010—67666220

邮箱：zgyqxh@yeah.net

**（二）中国财贸轻纺烟草工会全国委员会**

地址：北京市复兴门外大街10号

邮编：100865

联系人：杨栋国

电话：010—68591325

传真：010—68011601

邮箱：yangdongguo@acftu.org

中乐协〔2020〕30号

# 关于转发“关于举办2020年全国行业职业技能竞赛——第三届全国钢琴调律职业技能竞赛的通知”的通知

各有关省市乐器协会、钢琴调律师协（学）会、乐器行业职业技能鉴定站（培训基地）：

中国轻工业联合会、中国乐器协会、中国就业培训技术指导中心和中国财贸轻纺烟草工会全国委员会，将共同举办2020年全国行业职业技能竞赛——第三届全国钢琴调律职业技能竞赛活动。本届竞赛为二类职业技能竞赛（竞赛要求详见附件）。

## 一、竞赛安排

竞赛分初赛、复赛、决赛三个阶段，时间安排如下：

（一）报名

1. 报名时间：2020年7月20日至9月10日。

2. 报名费：300元/人

报名费和报名表（一式4份），报到时交初赛赛点。

（二）初赛时间：2020年9月15日前完成。

（三）复赛时间：2020年10月15日前完成。

（四）决赛时间：2020年11月30日前完成。

## 二、奖励办法

（一）在全国决赛获得前三名且为职工身份的选手，报请人力资源和社会保障部核准，授予“全国技术能手”称号。 经核准竞赛成绩，且通过乐器行业职业技能鉴定站、培训基地取得高级工职业资格证书的选手，可晋升技师职业资格，已具有技师资格的，可提前申请参加高级技师职业资格的考核鉴定。

（二）获得全国决赛第4至15名的选手，由中国轻工业联合会授予“全国轻工技术能手”称号，颁发荣誉证书。经核准竞赛成绩，且通过乐器行业职业技能鉴定站、培训基地取得职业资格证书的选手，可晋升高级工职业资格，已有高级工职业资格，可提前申请参加技师职业资格考核鉴定。

（三）参加全国决赛第16至25名的选手，授予“乐器行业技术能手”称号；参加决赛的其它选手，由竞赛组委会授予“竞赛优秀奖”，颁发荣誉证书。

（四）对获得全国决赛1至25名的选手，中国乐器协会将通过各媒体平台在行业内开展学习宣传活动。

（五）参加竞赛的选手，均可获由竞赛组委会颁发的纪念证书。

（六）对在初赛、复赛、决赛过程中，组织工作成绩突出的省（市）乐器协会、钢琴调律师协（学）会和相关音乐院校等，由竞赛组委会授予“竞赛优秀组织奖”，颁发奖牌和荣誉证书。

（七）在决赛过程中做出突出贡献的单位，由竞赛组委会授予“竞赛特殊贡献奖”，颁发奖牌和荣誉证书。

希望有关省市相关单位接通知后，广泛发动钢琴生产企业、有关艺术院校、琴行和音乐演出团体等钢琴调律从业人员积极报名，踊跃参加竞赛活动。请各赛点和赛区按竞赛组委会整体要求，及时将初赛和复赛工作情况报竞赛组委会办公室，确保全国总决赛如期顺利进行。

联系人：刘佳雨　李　博  
电话：010—67661596　67668106  
传真：010—67666220  
电子信箱：zgyqjdzz@163.com  
网址：www.cmia.com.cn

附件：关于举办2020年全国行业职业技能竞赛——第三届全国钢琴调律职业技能竞赛的通知

中国乐器协会  
2020年8月14日

# 关于2020年全国行业职业技能竞赛——第三届全国钢琴调律职业技能竞赛参赛选手奖励的通知

根据中乐协〔2020〕30号《关于转发“关于举办2020年全国行业职业技能竞赛——第三届全国钢琴调律职业技能竞赛的通知”的通知》和参照“2016年全国钢琴调律职业技能竞赛”给予获奖选手奖励办法，经第三届全国钢琴调律职业技能竞赛组委会研究，决定给予参赛选手如下奖励：

一、对获得全国总决赛第一名至第三名的选手，报请人力资源和社会保障部授予“全国技术能手”荣誉称号，经核准竞赛成绩，可晋升技师（二级）职业资格。已通过乐器行业职业技能鉴定站、培训基地取得技师（二级）职业资格，可晋升高级技师（一级）职业资格。

二、对获得全国总决赛四至十名的选手，报请中国轻工业联合会授予“全国轻工行业技术能手”称号，经核准竞赛成绩，可晋升高级技能（三级）职业资格。已通过乐器行业职业技能鉴定站、培训基地取得高级技能（三级）职业资格，可晋升技师（二级）职业资格。

三、对获得全国总决赛第十一至二十五名的选手，授予“乐器行业技术能手”称号，颁发荣誉证书。

四、对获得全国总决赛第一至二十五名的选手，中国乐器协会将通过各媒体平台在行业内展开学习宣传活动。

五、对参加复赛且理论成绩和实际操作成绩均达60分及以上，可晋升高级技能（三级）职业资格。

六、对所有参加2020年全国行业职业技能竞赛——第三届全国钢琴调律职业技能竞赛的选手，拟颁发相应级别纪念证书。

符合一、二、五奖项中任意一项的选手，请与北京、广州和上海复赛赛区（行业职业技能鉴定站）联系，申请办理晋升职业资格证书手续，并将填妥的《竞赛选手晋升职业资格等级审批表》、照片和相关证明材料快递至所属赛区（行业鉴定站）。

（一）请于2021年1月31日前，办理相关晋级手续。

（二）填写《竞赛选手晋升职业资格等级审批表》一份。

（三）提供身份证、学历证书和赛前所持由乐器行业职业技能鉴定站、培训基地鉴定取得的职业资格证书复印件各一份。

（四）提供电子版照片和4张纸质照片。纸质照片要求：1寸白底免冠照片1张；小2寸（32×40mm）无边彩色白底免冠照片3张；背面用圆珠笔书写姓名（其中1张小2寸照片贴在表格上）。

（五）证书办理及管理等费用：800元。请将费用转至所属复赛赛区（鉴定站）指定账户，并注明选手姓名和用途（竞赛晋级资格证书费）。

（六）晋升技师（二级）、高级技师（一级）的选手，需提供论文、专业技术工作总结1份。

**复赛赛区（行业职业技能鉴定站）联系方式：**

## 一、北京鉴定站

联系人：林争艳
电话：010—81504828　81503688转231
邮箱：bjyqjdz@163.com
邮寄地址：北京市通州区光机电一体化产业基地
科创东五街8号 星海钢琴北门
汇款信息：
户名：北京市通州区星海钢琴职业技能培训学校
开户行：北京银行股份有限公司光机电园区支行
账号：0109 1669 2001 2011 1000 250

## 二、广州鉴定站

联系人：杨子瑋
电话：18926131800
邮箱：jd81804483@126.com
邮寄地址：广州市荔湾区鱼尾西路8号五栋7008室
汇款信息：
户名：广州恒声检测有限公司
开户行：广州市工商银行芳村支行
账号：3602 0017 0920 0599 605

## 三、上海鉴定站

联系人：陈光华
电话：021−63391936；18964383827
邮箱：shyqxh@163.com
邮寄地址：上海市黄浦区中山南路917号5楼A室
汇款信息：
户名：上海市乐器行业协会
开户行：工行上海市金陵东路支行
账号：1001 2689 0901 4491 097

附件
竞赛选手晋升职业资格等级审批表

中国乐器协会
2020年12月15日

# 2020年全国行业职业技能竞赛——第三届全国钢琴调律职业技能竞赛总结

为深入学习习近平新时代中国特色社会主义思想，贯彻落实党的十九大精神和党中央国务院“新时期产业工人队伍建设改革方案”要求，推动乐器行业高质量发展，引导和激励全国广大钢琴调律从业人员钻研业务，学习知识，创新技术，进一步提高技能水平，促进行业技能人才队伍发展，中国轻工业联合会、中国乐器协会、中国就业培训技术指导中心和中国财贸轻纺烟草工会全国委员会共同联合举办了第三届全国钢琴调律职业技能竞赛。中国乐器协会以此次竞赛为契机，努力推动我国钢琴调律职业技能竞赛对接国际标准，激发广大职工“学知识、练技术、比技能、创一流”的工作热情。

竞赛分初赛、复赛和决赛三个阶段。因新冠肺炎疫情原因，此次竞赛启动较晚，8月份开始报名，9月15日前，北京、广东、上海、辽宁、山东、浙江、福建、河南、湖北、湖南、安徽、云南、广西和陕西等14个初赛赛区先后完成初赛。10月20日前，在北京、广州、上海3个赛区先后完成复赛。11月22日，在湖北宜昌完成竞赛决赛。

本届竞赛有力地推进了行业技能人才队伍建设，增强了技能人才的职业荣誉感、自豪感与获得感，对进一步提升我国钢琴产业发展水平，推动形成以国内大循环为主体，国内国际双循环相互促进的新发展格局，更好满足人民日益增长的美好生活需要具有重要意义。

竞赛历经4个月，是钢琴调律行业规格最高、最具权威、最具影响力的全国二类职业技能竞赛，有来自安徽、北京、福建、甘肃、广东、广西、贵州、河北、河南、黑龙江、湖北、湖南、吉林、江苏、江西、辽宁、内蒙古、宁夏、山东、山西、陕西、上海、四川、天津、新疆、云南和浙江等27省市、自治区的402位选手参加初赛。通过竞赛，不仅使一批调律高技能人才脱颖而出，而且进一步激发了广大调律师学习技术的热情，促进各方面重视技能人才的培养。

此次竞赛呈现以下几个特点：

## 一、前期发动到位，参赛范围扩大

尽管受到新冠肺炎疫情影响，从发通知到启动，在不到一个月的时间，各赛区充分利用网络、微信公众号、调律师微信群等方式快速推送，推广和宣传竞赛。14个初赛赛区，来自全国27个省、市（自治区）402人报名参赛。205位初赛选手获得复赛资格，有60位复赛选手获得决赛资格。

此次竞赛参赛选手趋向年轻化。80后—00后年轻调律师占比83.95%，选手专业学历（含职高、技校及大专以上学历）占比65.16%，研究生学历8名。参加初赛和决赛的选手，分别有42.8%和75% 均来自钢琴生产企业，企业重技能、重人才培养见成效。

## 二、准备工作充分，多方共同发力

钢琴调律竞赛，是调律行业的最高级别的竞赛。中国轻工业联合会、中国财贸轻纺烟草工会全国委员会和中国就业培训技术指导中心均对竞赛给予大力支持。

乐器行业钢琴骨干企业多方位支持。北京星海钢琴集团有限公司、广州珠江钢琴集团股份有限公司对北京、广州地区的初赛和复赛以及福州和声钢琴有限公司对本地区初赛均给予不同程度的支持和帮助，积极组织本企业员工积极参赛，有针对性地进行理论和技能培训，进一步提升参赛选手的理论和技能水平。如参观企业、免费提供竞赛用琴、车辆、场地、会议室及选手午餐等。柏斯音乐集团承办和宜昌市三峡中等专业学校协办的决赛，领导高度重视，成立专业团队对接竞赛组委会，组织有序，措施到位，提供人力、物力和资金全方位支持特别是，中国财贸轻纺烟草工会全国委员会除给予本次竞赛资金支持外，领导出席竞赛决赛启动仪式，并现场指导。

## 三、赛区承办方专业性强，范围广

各赛区承办方涵盖钢琴生产企业（广州珠江、北京星海、宜昌金宝、福州和声），3个轻工行业特有工种职业技能鉴定站（所）（北京、广州、上海），专业音乐艺术院校（沈阳音乐学院、湖南艺术职业学院和广西演艺职业学院等）和辽宁、浙江、河南、山东、云南、陕西等地的钢琴调律协（学）会和专委会等专业组织以及国内各地琴行、艺术培训机构等，赛事承办已经从传统办赛模式拓展至社会钢琴调律服务大市场，参赛选手来自钢琴企业生产一线、高校调律专业毕业生和社会调律的从业人员。

## 四、多项措施并举，保证比赛顺利

因新冠肺炎疫情原因，为保障各赛区（点）参赛选手和工作人员的身体健康，各赛区均能按属地防疫要求，做好相关保障工作。制定疫情防控方案，现场提供消毒用品，做好竞赛场地消毒，全程佩戴口罩，理论考试采取加大间隔，保证安全距离，视情况采取检查健康宝、提供核酸检测书面证明等，以确保竞赛期间安全。

8月，协会组织行业内41位具有钢琴调律师国家职业资格技师（二级）及以上的资格的裁判员，参加中国轻工业联合会组织的国家级裁判员培训与考核。

为保证竞赛顺利进行，竞赛组委会针对赛事不同阶段分别制定竞赛方案，并多次进行协调。14个初赛赛区和3个复赛赛区均认真贯彻落实竞赛组委会要求，制订详细方案，充分利用本赛区资源，保证竞赛顺序完成。特别是决赛，竞赛组委会派专家组实地进行考察指导，要求决赛承办方和协办方，赛前按专家组意见整改到位，协调各鉴定站确认参与决赛的裁判员、工作人员和启动仪式流程等相关事宜。

## 五、与时俱进的评判组，高水平的裁判队伍

竞赛裁判员全部具有国家级裁判员执裁资格。竞赛评判组严格按竞赛标准，负责竞赛命题（理论和实操两部分）、制定评判标准、安排和协调裁判员的执裁及竞赛评判工作。

严格按《钢琴调律师》国家职业标准和本次竞赛要求，竞赛试题在原有基础上进行结构调整，增大论述题和计算题的题量和难度，减少制造工艺中主观不确定的试题。实操命题更加突出职业特点，突出调律师实践操作的行为规范。注重理论考核的基础上，增加了钢琴触感调整的实践操作环节，提高调律师的艺术修养。

## 六、程序严谨严格，公平公正公开

为保证竞赛公平、公正、公开，竞赛监审组对竞赛进行全程进行监督。特别是对决赛的组织，比赛用琴（包括琴凳）全部由宜昌金宝乐器制造有限公司提供全新同批次、同型号、同标准的“长江IPC-1”立式钢琴。决赛理论考试，选手进考场前全部通过安检（包括检查带有编程功能的计算器，不允许带通信设备），理论分A、B两套试卷，由竞赛办公室负责印刷、封卷，现场抽签方式抽取；阅卷采用封卷头、裁判员按分工打分后，工作人员统计分数。决赛实操考核，考场全部贴好封条，选手进行考场前和裁判员打分前，手机均是集中管理，选手抽签决定实操琴房，裁判员按琴房号执裁打分。

## 七、组织多场赛前培训及钢琴调律技术讲座

初赛和复赛期间，各赛区在赛前均举办形式多样的培训讲座和多场次的调律技术专家讲座，值得一提的是，决赛赛前打破一位专家进行赛前培训的模式，而是所有裁判员在台前共同答疑，使每位选手在参加比赛的同时，均有收获，调律技术和水平进一步得到提升。

此次竞赛的成功举办，离不开各级领导重视和各方面的支持。中国轻工业联合会、中国就业培训技术指导中心和中国财贸轻纺烟草工会领导的高度重视，对竞赛顺利完成，给予工作指导、帮助和资金支持。各赛区在竞赛各项工作中发挥了积极作用。

北京、广州和上海3家行业职业技能鉴定站（所）出色组织并完成本赛区初赛和复赛以及决赛的共同参与。特别是决赛承办单位柏斯音乐集团从人力、物力和财力给予支持，宜昌市三峡中等专业学校提供决赛场地，所有这些努力，都是此次竞赛顺利完成和取得圆满成功的保障。

竞赛活动组委会对给予此次竞赛大力支持的所有单位和为此次竞赛活动付出辛勤劳动的全体工作人员表示衷心感谢！计划拟于2021年在中国乐器协会理事或常务理事（扩大）会上对竞赛组织过程中表现突出的赛区、单位以及先进个人进行表彰。

2020年全国行业职业技能竞赛——第三届全国钢琴调律职业技能竞赛已圆满结束，竞赛组委会将对竞赛进行认真总结。此次竞赛，各赛区均组织多场调律专业技术讲座和交流活动，不仅提高了调律师队伍的技能水平，还增强了分会的凝聚力。通过竞赛活动，在行业内营造重技能、重人才的环境，鼓励追求“工匠精神”。希望各参赛单位抓住竞赛机遇，注重做好赛后的经验交流和成果转化，把竞赛成才与企业日常岗位练兵、规范培训、人才选拔、激励落实等项工作相结合，切实促进行业人才培养长效机制的建立和完善。

# 2020年全国行业职业技能竞赛——第三届全国钢琴调律职业技能竞赛决赛（第1~25名）名单

| 名次 | 姓名 | 工作单位 |
|---|---|---|
| 1 | 蓝文兵 | 广州珠江钢琴集团股份有限公司 |
| 2 | 黄靖 | 广州珠江钢琴集团股份有限公司 |
| 3 | 苏家裕 | 广州珠江钢琴集团股份有限公司 |
| 4 | 李衍铿 | 北京市柏斯琴行有限公司 |
| 5 | 陈民阳 | 东莞市念琴琴行 |
| 6 | 蒋富久 | 广州珠江钢琴集团股份有限公司 |
| 7 | 冯柱其 | 广州珠江钢琴集团股份有限公司 |
| 8 | 冯海歌 | 宜阳县艺术学校 |
| 9 | 赵冰 | 新乡市精工乐器有限公司 |
| 10 | 黄义军 | 深圳市和乐文化传播有限公司 |
| 11 | 曾伟明 | 广州珠江钢琴集团股份有限公司 |
| 12 | 罗作谋 | 广州珠江钢琴集团股份有限公司 |
| 13 | 张健强 | 柏斯琴行（中国）有限公司 |

| 名次 | 姓名 | 工作单位 |
|---|---|---|
| 14 | 李新 | 武汉市武昌区有琴有艺琴行 |
| 15 | 韩广 | 青岛心海琴行 |
| 16 | 黄书鑫 | 广州柏斯乐器有限公司 |
| 17 | 罗景瑞 | 广州珠江钢琴集团股份有限公司 |
| 18 | 李清山 | 柏斯琴行（中国）有限公司 |
| 19 | 黄萧磊 | 北京中加海资曼钢琴有限公司 |
| 20 | 冯启东 | 广州珠江钢琴集团股份有限公司 |
| 21 | 江国柱 | 广州汇森乐器有限公司 |
| 22 | 王晓春 | 上海柏斯琴行有限公司 |
| 23 | 雷荣发 | 北京柏斯琴行有限公司 |
| 24 | 林晓丹 | 广州珠江钢琴集团股份有限公司 |
| 25 | 徐一平 | 广州珠江钢琴集团股份有限公司 |

# 职业技能考核

## 2020年中国钢琴调律师行业概况

2020年是抗击疫情的一年，钢琴调律师分会在中国乐器协会指导下，在调律师会员的支持下，充分发挥分会在钢琴制造产业中的作用，在全国范围内通过线上与线下相结合的方式，开展钢琴调律师行业认证、考评员培训和组织全国职业技能竞赛等工作，为推动钢琴产业发展做贡献。

### 一、2020年钢琴调律师行业认证工作

2020年，北京、广州、上海3个鉴定站（所）和5个行业培训基地开展了13个批次的钢琴调律师行业认证工作，其中包括广州鉴定站、北京鉴定站相继在云南省和河南省开展异地鉴定工作。全国共有580人次取得相应等级的职业技能证书。截至2020年12月31日，全国累计共有8272人次取得了相应级别的钢琴调律师职业资格证书。

2020年8月，参加由中国轻工业联合会组织的裁判员培训，有41人获得裁判员资格。9月和11月，参加由中国轻工业联合会组织考评员培训会议，有66人获得考评员和高级考评员资格。

### 二、举办第三届全国钢琴调律职业技能竞赛

2020年全国行业职业技能竞赛——第三届全国钢琴调律职业技能竞赛，是由中国轻工业联合会、中国乐器协会、中国就业培训技术指导中心和中国财贸轻纺烟草工会全国委员会联合举办。竞赛分初赛、复赛和决赛三个阶段。因新冠肺炎疫情原因，此次竞赛启动较晚，8月份开始报名，9月15日前，北京、广东、上海、辽宁、山东、浙江、福建、河南、湖北、湖南、安徽、云南、广西和陕西等14个初赛赛区先后完成初赛。10月20日前，在北京、广州、上海3个赛区先后完成复赛。11月22日，在湖北宜昌完成竞赛决赛。

竞赛历经4个月，是钢琴调律行业规格最高、最具权威、最具影响力的全国二类职业技能竞赛，有来自安徽、北京、福建、甘肃、广东、广西、贵州、河北、河南、黑龙江、湖北、湖南、吉林、江苏、江西、辽宁、内蒙古、宁夏、山东、山西、陕西、上海、四川、天津、新疆、云南和浙江等27省市、自治区的402位选手参加初赛。通过竞赛，不仅使一批调律高技能人才脱颖而出，而且进一步激发了广大调律师学习技术的热情，促进各方面重视技能人才的培养。

获得全国竞赛决赛前三名的选手，由人力资源和社会保障部授予“全国技术能手”称号，获得全国竞赛决赛第4至15名的选手，由中国轻工业联合会授予“全国轻工技术能手”称号，获得全国决赛第16至25名的选手，授予“乐器行业技术能手”称号。

**2020 年全国钢琴调律师考核鉴定情况统计表**

| 鉴定站（基地） | 鉴定日期 | 五级/初级技能 | 四级/中级技能 | 三级/高级技能 | 二级/技师 | 一级/高级技师 | 合计 |
|---|---|---|---|---|---|---|---|
| 北京鉴定站 | 2020-1 | 16 | | | | | 16 |
| | 2020-11 | 3 | 20 | 5 | | | 28 |
| | 小计 | 19 | 20 | 5 | | | 44 |

续表

| 鉴定站（基地） | 鉴定日期 | 五级/初级技能 | 四级/中级技能 | 三级/高级技能 | 二级/技师 | 一级/高级技师 | 合计 |
|---|---|---|---|---|---|---|---|
| 广州鉴定站 | 2020-5 | 18 | 11 | 6 | | | 35 |
| | 2020-8（昆明） | 8 | 12 | 13 | | | 33 |
| | 2020-12 | 24 | 35 | 14 | | | 73 |
| | 小计 | 50 | 58 | 33 | | | 141 |
| 上海鉴定站 | 2020-9 | 16 | 25 | 36 | | | 77 |
| | 2020-11 | 5 | 34 | 60 | | | 99 |
| | 小计 | 21 | 59 | 96 | | | 176 |
| 辽宁省钢琴调律师协会基地 | 2020-11 | 19 | 54 | 59 | | | 132 |
| | 小计 | 19 | 54 | 59 | | | 132 |
| 吉林省钢琴调律师协会基地 | 2020-10 | 1 | 19 | 19 | | | 39 |
| | 小计 | 1 | 19 | 19 | | | 39 |
| 技师及以上 | 2020-12 | | | | 40 | 8 | 48 |
| 评审通过 | 小计 | | | | 40 | 8 | 48 |
| 2020年合计 | | 110 | 210 | 212 | 40 | 8 | 580 |

## 取得钢琴调律标准联盟认证高级技师名单

| 序号 | 姓名 | 城市 | 证书号 |
|---|---|---|---|
| 1 | 王国波 | 浙江温州 | PTSC-2017-S-0001 |
| 2 | 罗倩 | 福建厦门 | PTSC-2017-S-0002 |
| 3 | 董翔 | 山东菏泽 | PTSC-2018-S-0003 |
| 4 | 马祥军 | 海南海口 | PTSC-2018-S-0004 |
| 5 | 闫海 | 山西太原 | PTSC-2018-S-0005 |
| 6 | 王凯 | 山东曲阜 | PTSC-2018-S-0006 |
| 7 | 王光余 | 浙江乐清 | PTSC-2018-S-0007 |
| 8 | 叶亮 | 广东广州 | PTSC-2018-S-0008 |
| 9 | 郑倩男 | 辽宁大连 | PTSC-2018-S-0009 |
| 10 | 肖远华 | 广东深圳 | PTSC-2018-S-0010 |
| 11 | 黄创维 | 广东揭阳 | PTSC-2018-S-0011 |

续表

| 序号 | 姓名 | 城市 | 证书号 |
| --- | --- | --- | --- |
| 12 | 李韶康 | 河北石家庄 | PTSC-2018-S-0012 |
| 13 | 张颂 | 广东肇庆 | PTSC-2018-S-0013 |
| 14 | 赵建东 | 浙江杭州 | PTSC-2018-S-0014 |
| 15 | 刘佳 | 北京 | PTSC-2018-S-0015 |
| 16 | 曹新宇 | 山东威海 | PTSC-2019-S-0016 |
| 17 | 江伟业 | 中国香港 | PTSC-2019-S-0017 |
| 18 | 苑柏 | 山西太原 | PTSC-2019-S-0018 |
| 19 | 刁云霞 | 江苏苏州 | PTSC-2019-S-0019 |
| 20 | 刘红飞 | 内蒙古包头 | PTSC-2019-S-0020 |
| 21 | 王亚朋 | 河北张家口 | PTSC-2019-S-0021 |
| 22 | 孙晓勇 | 甘肃兰州 | PTSC-2019-S-0022 |
| 23 | 王欣源 | 山东青岛 | PTSC-2019-S-0023 |
| 24 | 闫萍 | 浙江湖州 | PTSC-2019-S-0024 |
| 25 | 张韵铮 | 辽宁沈阳 | PTSC-2019-S-0025 |
| 26 | 黄逸雯 | 广东汕头 | PTSC-2019-S-0026 |

## 取得钢琴调律标准联盟认证技师名单

| 序号 | 姓名 | 城市 | 证书号 |
| --- | --- | --- | --- |
| 18 | 苑聪贺 | 河北保定 | PTSC-2019-T-0001 |
| 19 | 豆泽赟 | 北京 | PTSC-2019-T-0002 |

# 2020年通过钢琴调律师国际职业资格考核鉴定名单

## 2020 年通过钢琴调律师国家职业资格考核鉴定名单

| | 姓名 | 性别 | 证书号码 | 级别 |
|---|---|---|---|---|
| 北京鉴定站 | 黄永更 | 男 | 5000059081901023 | 一级/高级技师 |
| | 康新鹏 | 男 | 5000059081901024 | 一级/高级技师 |
| | 汪浩 | 男 | 5000059081901025 | 一级/高级技师 |
| | 王原峰 | 男 | 5000059081901026 | 一级/高级技师 |
| | 封竣译 | 男 | 5000059081901027 | 一级/高级技师 |
| | 叶焚坤 | 男 | 5000059082001003 | 一级/高级技师 |
| | 陈玉代 | 男 | 5000059082001004 | 一级/高级技师 |
| | 赫江江 | 男 | 5000059082002023 | 二级/技师 |
| | 李兴保 | 男 | 5000059082002024 | 二级/技师 |
| | 孙宪珏 | 男 | 5000059081902047 | 二级/技师 |
| | 王青岭 | 男 | 5000059081902048 | 二级/技师 |
| | 姚郑州 | 男 | 5000059081902049 | 二级/技师 |
| | 布日格德 | 男 | 5000059082003162 | 三级/高级技能 |
| | 韩钊 | 男 | 5000059082003163 | 三级/高级技能 |
| | 牛占涛 | 男 | 5000059082003164 | 三级/高级技能 |
| | 臧浩 | 男 | 5000059082003165 | 三级/高级技能 |
| | 杨朝钧 | 男 | 5000059082003166 | 三级/高级技能 |
| | 王英 | 男 | 5000059082004090 | 四级/中级技能 |
| | 吴帅宗 | 男 | 5000059082004091 | 四级/中级技能 |
| | 王敏 | 男 | 5000059082004092 | 四级/中级技能 |
| | 张岩峰 | 男 | 5000059082004093 | 四级/中级技能 |
| | 夏天 | 男 | 5000059082004094 | 四级/中级技能 |
| | 赵斌 | 男 | 5000059082004095 | 四级/中级技能 |
| | 何海冰 | 男 | 5000059082004096 | 四级/中级技能 |
| | 赵良昆 | 男 | 5000059082004097 | 四级/中级技能 |
| | 刘国峰 | 男 | 5000059082004098 | 四级/中级技能 |
| | 牟俊杰 | 男 | 5000059082004099 | 四级/中级技能 |
| | 唐凯 | 男 | 5000059082004100 | 四级/中级技能 |

续表

| | 姓名 | 性别 | 证书号码 | 级别 |
|---|---|---|---|---|
| 北京鉴定站 | 季易 | 男 | 5000059082004101 | 四级/中级技能 |
| | 孙健 | 男 | 5000059082004102 | 四级/中级技能 |
| | 徐鹏鹏 | 男 | 5000059082004103 | 四级/中级技能 |
| | 张松 | 男 | 5000059082004104 | 四级/中级技能 |
| | 常志刚 | 男 | 5000059082004105 | 四级/中级技能 |
| | 张章 | 女 | 5000059082004106 | 四级/中级技能 |
| | 范金旭 | 男 | 5000059082004107 | 四级/中级技能 |
| | 庄作霖 | 男 | 5000059082004108 | 四级/中级技能 |
| | 王菁 | 女 | 5000059082004109 | 四级/中级技能 |
| | 王星驰 | 男 | 5000059081905372 | 五级/初级技能 |
| | 崔毅 | 男 | 5000059081905373 | 五级/初级技能 |
| | 刘利阳 | 男 | 5000059081905374 | 五级/初级技能 |
| | 代彬彬 | 男 | 5000059081905375 | 五级/初级技能 |
| | 张飚 | 男 | 5000059081905376 | 五级/初级技能 |
| | 沈永发 | 男 | 5000059081905377 | 五级/初级技能 |
| | 刘金伟 | 男 | 5000059081905378 | 五级/初级技能 |
| | 张一鸣 | 男 | 5000059081905379 | 五级/初级技能 |
| | 李程 | 男 | 5000059081905380 | 五级/初级技能 |
| | 邵一飞 | 男 | 5000059081905381 | 五级/初级技能 |
| | 吕永恒 | 男 | 5000059081905382 | 五级/初级技能 |
| | 倪锐 | 男 | 5000059081905383 | 五级/初级技能 |
| | 张又山 | 男 | 5000059081905384 | 五级/初级技能 |
| | 黄庆浩 | 男 | 5000059081905385 | 五级/初级技能 |
| | 罗斌 | 男 | 5000059081905386 | 五级/初级技能 |
| | 余耿 | 男 | 5000059081905387 | 五级/初级技能 |
| | 郗清元 | 男 | 5000059082005034 | 五级/初级技能 |
| | 张相格 | 男 | 5000059082005035 | 五级/初级技能 |
| | 董筱堃 | 男 | 5000059082005036 | 五级/初级技能 |
| 广州鉴定站 | 郭涛 | 男 | 5000059081901004 | 一级/高级技师 |
| | 虞文贤 | 男 | 5000059081901005 | 一级/高级技师 |
| | 陈超 | 男 | 5000059081901006 | 一级/高级技师 |
| | 杜金泽 | 男 | 5000059081901007 | 一级/高级技师 |
| | 胡倩如 | 女 | 5000059081901008 | 一级/高级技师 |
| | 夏小洲 | 男 | 5000059081901009 | 一级/高级技师 |

续表

| | 姓名 | 性别 | 证书号码 | 级别 |
|---|---|---|---|---|
| 广州鉴定站 | 徐胜利 | 男 | 5000059081901010 | 一级/高级技师 |
| | 朱蓓佳 | 女 | 5000059081901011 | 一级/高级技师 |
| | 尹佳盛 | 男 | 5000059081901028 | 一级/高级技师 |
| | 罗正铭 | 男 | 5000059082001007 | 一级/高级技师 |
| | 李强 | 男 | 5000059082001008 | 一级/高级技师 |
| | 钟琳 | 男 | 5000059082002040 | 二级/技师 |
| | 邓焕新 | 男 | 5000059082002041 | 二级/技师 |
| | 金鑫 | 女 | 5000059082002042 | 二级/技师 |
| | 金春铎 | 男 | 5000059082002043 | 二级/技师 |
| | 林金池 | 男 | 5000059082002044 | 二级/技师 |
| | 岳浪舟 | 男 | 5000059082002045 | 二级/技师 |
| | 朱进强 | 男 | 5000059082002046 | 二级/技师 |
| | 梁齐元 | 男 | 5000059081902041 | 二级/技师 |
| | 杨剑 | 男 | 5000059081902042 | 二级/技师 |
| | 张立 | 男 | 5000059081902043 | 二级/技师 |
| | 张世龙 | 男 | 5000059081902044 | 二级/技师 |
| | 赵伟 | 男 | 5000059081902045 | 二级/技师 |
| | 韩瑞涛 | 男 | 5000059081902022 | 二级/技师 |
| | 林敬榜 | 男 | 5000059081902021 | 二级/技师 |
| | 胡林花 | 女 | 5000059082003001 | 三级/高级技能 |
| | 胡品正 | 男 | 5000059082003002 | 三级/高级技能 |
| | 邱俊霖 | 男 | 5000059082003003 | 三级/高级技能 |
| | 全吉祥 | 男 | 5000059082003004 | 三级/高级技能 |
| | 邹鸿乐 | 男 | 5000059082003005 | 三级/高级技能 |
| | 赵臣乔 | 男 | 5000059082003006 | 三级/高级技能 |
| | 陈劲宇 | 男 | 5000059082003226 | 三级/高级技能 |
| | 蔡冉 | 男 | 5000059082003227 | 三级/高级技能 |
| | 徐文豪 | 男 | 5000059082003228 | 三级/高级技能 |
| | 苏少彬 | 男 | 5000059082003229 | 三级/高级技能 |
| | 任秋林 | 男 | 5000059082003230 | 三级/高级技能 |
| | 罗雅男 | 男 | 5000059082003231 | 三级/高级技能 |
| | 李政 | 男 | 5000059082003232 | 三级/高级技能 |
| | 王学祥 | 男 | 5000059082003233 | 三级/高级技能 |
| | 钟琪 | 男 | 5000059082003234 | 三级/高级技能 |

续表

| | 姓名 | 性别 | 证书号码 | 级别 |
|---|---|---|---|---|
| 广州鉴定站 | 张华 | 男 | 5000059082003235 | 三级/高级技能 |
| | 刘晓龙 | 男 | 5000059082003236 | 三级/高级技能 |
| | 孟献丁 | 男 | 5000059082003237 | 三级/高级技能 |
| | 朱启涛 | 女 | 5000059082003238 | 三级/高级技能 |
| | 范成礁 | 男 | 5000059082003239 | 三级/高级技能 |
| | 高天 | 男 | 5000059082003240 | 三级/高级技能 |
| | 黄怡 | 女 | 5000059082003241 | 三级/高级技能 |
| | 孟鑫鑫 | 男 | 5000059082003242 | 三级/高级技能 |
| | 王少航 | 男 | 5000059082003243 | 三级/高级技能 |
| | 吴厚君 | 男 | 5000059082003244 | 三级/高级技能 |
| | 伍洲 | 男 | 5000059082003245 | 三级/高级技能 |
| | 胥明富 | 男 | 5000059082003246 | 三级/高级技能 |
| | 杨函格 | 女 | 5000059082003247 | 三级/高级技能 |
| | 杨子铖 | 男 | 5000059082003248 | 三级/高级技能 |
| | 张静 | 女 | 5000059082003249 | 三级/高级技能 |
| | 周祖欧 | 男 | 5000059082003250 | 三级/高级技能 |
| | 朱波 | 男 | 5000059082003251 | 三级/高级技能 |
| | 丁飞丽 | 女 | 5000059082003252 | 三级/高级技能 |
| | 曾培 | 男 | 5000059082004011 | 四级/中级技能 |
| | 赵文浩 | 男 | 5000059082004001 | 四级/中级技能 |
| | 周鸿志 | 男 | 5000059082004002 | 四级/中级技能 |
| | 郭政麟 | 男 | 5000059082004003 | 四级/中级技能 |
| | 钱新伟 | 男 | 5000059082004004 | 四级/中级技能 |
| | 张云洲 | 男 | 5000059082004005 | 四级/中级技能 |
| | 吉伟 | 男 | 5000059082004006 | 四级/中级技能 |
| | 田栋梁 | 男 | 5000059082004007 | 四级/中级技能 |
| | 张秤飞 | 男 | 5000059082004008 | 四级/中级技能 |
| | 谭荣 | 男 | 5000059082004009 | 四级/中级技能 |
| | 景港旭 | 男 | 5000059082004010 | 四级/中级技能 |
| | 施宇 | 男 | 5000059082004164 | 四级/中级技能 |
| | 杨小建 | 男 | 5000059082004165 | 四级/中级技能 |
| | 田晓嘉 | 女 | 5000059082004166 | 四级/中级技能 |
| | 李景超 | 男 | 5000059082004167 | 四级/中级技能 |
| | 闫星杉 | 男 | 5000059082004168 | 四级/中级技能 |

续表

| | 姓名 | 性别 | 证书号码 | 级别 |
|---|---|---|---|---|
| 广州鉴定站 | 张展瑜 | 男 | 5000059082004169 | 四级/中级技能 |
| | 陈力晶 | 男 | 5000059082004170 | 四级/中级技能 |
| | 李学文 | 男 | 5000059082004171 | 四级/中级技能 |
| | 李西成 | 男 | 5000059082004172 | 四级/中级技能 |
| | 杨洪清 | 男 | 5000059082004173 | 四级/中级技能 |
| | 潘学志 | 男 | 5000059082004174 | 四级/中级技能 |
| | 伍东杰 | 男 | 5000059082004175 | 四级/中级技能 |
| | 陈志阳 | 男 | 5000059082004176 | 四级/中级技能 |
| | 贾宁 | 男 | 5000059082004177 | 四级/中级技能 |
| | 路晓伟 | 男 | 5000059082004178 | 四级/中级技能 |
| | 王思达 | 男 | 5000059082004179 | 四级/中级技能 |
| | 杨京毅 | 男 | 5000059082004180 | 四级/中级技能 |
| | 喻杰 | 男 | 5000059082004181 | 四级/中级技能 |
| | 张靖文 | 男 | 5000059082004182 | 四级/中级技能 |
| | 陈金全 | 男 | 5000059082004183 | 四级/中级技能 |
| | 陈启怡 | 男 | 5000059082004184 | 四级/中级技能 |
| | 陈秋月 | 女 | 5000059082004185 | 四级/中级技能 |
| | 陈彤 | 女 | 5000059082004186 | 四级/中级技能 |
| | 陈晓雪 | 女 | 5000059082004187 | 四级/中级技能 |
| | 陈莹珈 | 女 | 5000059082004188 | 四级/中级技能 |
| | 韩小惠 | 女 | 5000059082004189 | 四级/中级技能 |
| | 何家杰 | 男 | 5000059082004190 | 四级/中级技能 |
| | 黄威乐 | 男 | 5000059082004191 | 四级/中级技能 |
| | 江剑明 | 男 | 5000059082004192 | 四级/中级技能 |
| | 赖冰冰 | 女 | 5000059082004193 | 四级/中级技能 |
| | 梁炳锋 | 男 | 5000059082004194 | 四级/中级技能 |
| | 梁敏婷 | 女 | 5000059082004195 | 四级/中级技能 |
| | 陆燕妮 | 女 | 5000059082004196 | 四级/中级技能 |
| | 罗小燕 | 女 | 5000059082004197 | 四级/中级技能 |
| | 麦俊钊 | 男 | 5000059082004198 | 四级/中级技能 |
| | 麦秋颖 | 女 | 5000059082004199 | 四级/中级技能 |
| | 蒙灵怡 | 女 | 5000059082004200 | 四级/中级技能 |
| | 欧阳慧 | 女 | 5000059082004201 | 四级/中级技能 |
| | 王银霞 | 女 | 5000059082004202 | 四级/中级技能 |

续表

| | 姓名 | 性别 | 证书号码 | 级别 |
|---|---|---|---|---|
| 广州鉴定站 | 王转辉 | 女 | 5000059082004203 | 四级/中级技能 |
| | 吴美妹 | 女 | 5000059082004204 | 四级/中级技能 |
| | 肖著言 | 男 | 5000059082004205 | 四级/中级技能 |
| | 许君 | 男 | 5000059082004206 | 四级/中级技能 |
| | 叶嘉瑜 | 女 | 5000059082004207 | 四级/中级技能 |
| | 朱淋军 | 男 | 5000059082004208 | 四级/中级技能 |
| | 朱梦诗 | 女 | 5000059082004209 | 四级/中级技能 |
| | 邹家敏 | 女 | 5000059082004210 | 四级/中级技能 |
| | 胡耀旭 | 男 | 5000059082005001 | 五级/初级技能 |
| | 黄朝和 | 男 | 5000059082005002 | 五级/初级技能 |
| | 焦翔 | 男 | 5000059082005003 | 五级/初级技能 |
| | 黎学权 | 男 | 5000059082005004 | 五级/初级技能 |
| | 林凤加 | 男 | 5000059082005005 | 五级/初级技能 |
| | 林志聪 | 男 | 5000059082005006 | 五级/初级技能 |
| | 刘俊辉 | 男 | 5000059082005007 | 五级/初级技能 |
| | 温健 | 男 | 5000059082005008 | 五级/初级技能 |
| | 伍昊俊 | 男 | 5000059082005009 | 五级/初级技能 |
| | 谢斯朗 | 男 | 5000059082005010 | 五级/初级技能 |
| | 帅泽炜 | 男 | 5000059082005011 | 五级/初级技能 |
| | 金汉华 | 男 | 5000059082005012 | 五级/初级技能 |
| | 王永 | 男 | 5000059082005013 | 五级/初级技能 |
| | 温伟杰 | 男 | 5000059082005014 | 五级/初级技能 |
| | 王旭 | 男 | 5000059082005015 | 五级/初级技能 |
| | 许世杰 | 男 | 5000059082005016 | 五级/初级技能 |
| | 徐鹏 | 男 | 5000059082005017 | 五级/初级技能 |
| | 张正 | 男 | 5000059082005018 | 五级/初级技能 |
| | 袁家威 | 男 | 5000059082005056 | 五级/初级技能 |
| | 潘墨博 | 男 | 5000059082005057 | 五级/初级技能 |
| | 刘明辉 | 男 | 5000059082005058 | 五级/初级技能 |
| | 欧详买 | 女 | 5000059082005059 | 五级/初级技能 |
| | 余红敏 | 男 | 5000059082005060 | 五级/初级技能 |
| | 冯衡 | 男 | 5000059082005061 | 五级/初级技能 |
| | 雷兵 | 男 | 5000059082005062 | 五级/初级技能 |
| | 陶岩 | 男 | 5000059082005063 | 五级/初级技能 |

续表

| | 姓名 | 性别 | 证书号码 | 级别 |
|---|---|---|---|---|
| 广州鉴定站 | 陈钰天 | 男 | 5000059082005064 | 五级/初级技能 |
| | 邓聪 | 男 | 5000059082005065 | 五级/初级技能 |
| | 冯艳 | 女 | 5000059082005066 | 五级/初级技能 |
| | 李在福 | 男 | 5000059082005067 | 五级/初级技能 |
| | 彭志潺 | 男 | 5000059082005068 | 五级/初级技能 |
| | 丘永聪 | 男 | 5000059082005069 | 五级/初级技能 |
| | 冉建华 | 男 | 5000059082005070 | 五级/初级技能 |
| | 任肖侃 | 男 | 5000059082005071 | 五级/初级技能 |
| | 王欢 | 女 | 5000059082005072 | 五级/初级技能 |
| | 王琪 | 女 | 5000059082005073 | 五级/初级技能 |
| | 吴宁禧 | 男 | 5000059082005074 | 五级/初级技能 |
| | 吴宗昊 | 男 | 5000059082005075 | 五级/初级技能 |
| | 向行之 | 男 | 5000059082005076 | 五级/初级技能 |
| | 肖亚芳 | 女 | 5000059082005077 | 五级/初级技能 |
| | 杨广申 | 男 | 5000059082005078 | 五级/初级技能 |
| | 杨泽立 | 男 | 5000059082005079 | 五级/初级技能 |
| | 叶荡彬 | 男 | 5000059082005080 | 五级/初级技能 |
| | 叶瑞 | 男 | 5000059082005081 | 五级/初级技能 |
| | 易全辉 | 男 | 5000059082005082 | 五级/初级技能 |
| | 张芯铷 | 女 | 5000059082005083 | 五级/初级技能 |
| | 洪丽明 | 女 | 5000059082005084 | 五级/初级技能 |
| | 张雄 | 男 | 5000059082005085 | 五级/初级技能 |
| | 韦一哲 | 男 | 5000059082005086 | 五级/初级技能 |
| | 钟泽强 | 男 | 5000059082005087 | 五级/初级技能 |
| 上海鉴定站 | 揭珂珂 | 男 | 5000059081901031 | 一级/高级技师 |
| | 程健健 | 男 | 5000059081901032 | 一级/高级技师 |
| | 周志奋 | 男 | 5000059081901033 | 一级/高级技师 |
| | 张永连 | 男 | 5000059081901034 | 一级/高级技师 |
| | 谢吉多 | 男 | 5000059081901035 | 一级/高级技师 |
| | 周树华 | 男 | 5000059081901036 | 一级/高级技师 |
| | 潘高波 | 男 | 5000059081901037 | 一级/高级技师 |
| | 王光余 | 男 | 5000059081901038 | 一级/高级技师 |
| | 李双勇 | 男 | 5000059081901039 | 一级/高级技师 |
| | 高宝财 | 男 | 5000059081901040 | 一级/高级技师 |

续表

| | 姓名 | 性别 | 证书号码 | 级别 |
|---|---|---|---|---|
| 上海鉴定站 | 王莉萍 | 女 | 5000059081901041 | 一级/高级技师 |
| | 范忠云 | 男 | 5000059082001002 | 一级/高级技师 |
| | 李一丁 | 男 | 5000059082002015 | 二级/技师 |
| | 孟超阳 | 男 | 5000059082002016 | 二级/技师 |
| | 王祥威 | 男 | 5000059082002017 | 二级/技师 |
| | 赵一通 | 男 | 5000059082002018 | 二级/技师 |
| | 李小军 | 男 | 5000059082002019 | 二级/技师 |
| | 冯红运 | 男 | 5000059082002020 | 二级/技师 |
| | 刘军超 | 男 | 5000059082002021 | 二级/技师 |
| | 邓兵 | 男 | 5000059082002022 | 二级/技师 |
| | 俞曦 | 男 | 5000059081902050 | 二级/技师 |
| | 薛景 | 男 | 5000059081902051 | 二级/技师 |
| | 王国波 | 男 | 5000059081902052 | 二级/技师 |
| | 徐杨 | 男 | 5000059081902053 | 二级/技师 |
| | 于超 | 男 | 5000059081902054 | 二级/技师 |
| | 陈培千 | 男 | 5000059081902055 | 二级/技师 |
| | 刁云霞 | 女 | 5000059081902056 | 二级/技师 |
| | 杨晓辉 | 女 | 5000059081902057 | 二级/技师 |
| | 潘铮 | 女 | 5000059081902058 | 二级/技师 |
| | 娄雨顺 | 男 | 5000059082003030 | 三级/高级技能 |
| | 臧志军 | 男 | 5000059082003031 | 三级/高级技能 |
| | 钱健康 | 男 | 5000059082003032 | 三级/高级技能 |
| | 夏林宝 | 男 | 5000059082003033 | 三级/高级技能 |
| | 姚高 | 男 | 5000059082003034 | 三级/高级技能 |
| | 颜明强 | 男 | 5000059082003035 | 三级/高级技能 |
| | 蔡飞 | 男 | 5000059082003036 | 三级/高级技能 |
| | 林明飞 | 女 | 5000059082003037 | 三级/高级技能 |
| | 牛奔 | 男 | 5000059082003038 | 三级/高级技能 |
| | 王康 | 男 | 5000059082003039 | 三级/高级技能 |
| | 徐锋思 | 男 | 5000059082003040 | 三级/高级技能 |
| | 芮雪 | 女 | 5000059082003041 | 三级/高级技能 |
| | 吴亚男 | 女 | 5000059082003042 | 三级/高级技能 |
| | 施辰悦 | 女 | 5000059082003043 | 三级/高级技能 |
| | 张祎凡 | 男 | 5000059082003044 | 三级/高级技能 |

续表

| | 姓名 | 性别 | 证书号码 | 级别 |
|---|---|---|---|---|
| 上海鉴定站 | 赵国强 | 男 | 5000059082003045 | 三级/高级技能 |
| | 王功杰 | 男 | 5000059082003046 | 三级/高级技能 |
| | 陈刚 | 男 | 5000059082003047 | 三级/高级技能 |
| | 陈良 | 男 | 5000059082003048 | 三级/高级技能 |
| | 黄诗腾 | 男 | 5000059082003049 | 三级/高级技能 |
| | 沈思胜 | 男 | 5000059082003050 | 三级/高级技能 |
| | 周少宇 | 男 | 5000059082003051 | 三级/高级技能 |
| | 王杰 | 男 | 5000059082003052 | 三级/高级技能 |
| | 徐杰 | 男 | 5000059082003053 | 三级/高级技能 |
| | 刘家俊 | 男 | 5000059082003054 | 三级/高级技能 |
| | 吉瓦王力 | 男 | 5000059082003055 | 三级/高级技能 |
| | 赵晓龙 | 男 | 5000059082003056 | 三级/高级技能 |
| | 王瑞龙 | 男 | 5000059082003057 | 三级/高级技能 |
| | 崔建军 | 男 | 5000059082003058 | 三级/高级技能 |
| | 杨铖东 | 男 | 5000059082003059 | 三级/高级技能 |
| | 姚遥 | 男 | 5000059082003060 | 三级/高级技能 |
| | 张尉锋 | 男 | 5000059082003061 | 三级/高级技能 |
| | 王鲁 | 男 | 5000059082003062 | 三级/高级技能 |
| | 汪飞翔 | 男 | 5000059082003063 | 三级/高级技能 |
| | 殷凯 | 男 | 5000059082003064 | 三级/高级技能 |
| | 孙大校 | 男 | 5000059082003065 | 三级/高级技能 |
| | 童雨行 | 男 | 5000059082003102 | 三级/高级技能 |
| | 谭亚楠 | 男 | 5000059082003103 | 三级/高级技能 |
| | 冀海东 | 男 | 5000059082003104 | 三级/高级技能 |
| | 曹义雄 | 男 | 5000059082003105 | 三级/高级技能 |
| | 刘玉贞 | 男 | 5000059082003106 | 三级/高级技能 |
| | 于婷婷 | 女 | 5000059082003107 | 三级/高级技能 |
| | 崔玉强 | 男 | 5000059082003108 | 三级/高级技能 |
| | 杨林 | 男 | 5000059082003109 | 三级/高级技能 |
| | 杨震 | 男 | 5000059082003110 | 三级/高级技能 |
| | 王子豪 | 男 | 5000059082003111 | 三级/高级技能 |
| | 鲁涛 | 男 | 5000059082003112 | 三级/高级技能 |
| | 刘奎东 | 男 | 5000059082003113 | 三级/高级技能 |
| | 张少华 | 男 | 5000059082003114 | 三级/高级技能 |

续表

| | 姓名 | 性别 | 证书号码 | 级别 |
|---|---|---|---|---|
| 上海鉴定站 | 康文凯 | 男 | 5000059082003115 | 三级/高级技能 |
| | 马帅 | 男 | 5000059082003116 | 三级/高级技能 |
| | 王刚刚 | 男 | 5000059082003117 | 三级/高级技能 |
| | 梁传蓝 | 男 | 5000059082003118 | 三级/高级技能 |
| | 邓尚 | 男 | 5000059082003119 | 三级/高级技能 |
| | 朱万俊 | 男 | 5000059082003120 | 三级/高级技能 |
| | 李振坤 | 男 | 5000059082003121 | 三级/高级技能 |
| | 王栋 | 男 | 5000059082003122 | 三级/高级技能 |
| | 薛峰 | 男 | 5000059082003123 | 三级/高级技能 |
| | 王永鑫 | 男 | 5000059082003124 | 三级/高级技能 |
| | 王乐 | 男 | 5000059082003125 | 三级/高级技能 |
| | 梁晓洲 | 男 | 5000059082003126 | 三级/高级技能 |
| | 黄庆垚 | 男 | 5000059082003127 | 三级/高级技能 |
| | 芦昊宇 | 男 | 5000059082003128 | 三级/高级技能 |
| | 李春昊 | 男 | 5000059082003129 | 三级/高级技能 |
| | 神洲 | 男 | 5000059082003130 | 三级/高级技能 |
| | 张云甜 | 女 | 5000059082003131 | 三级/高级技能 |
| | 王勇斌 | 男 | 5000059082003132 | 三级/高级技能 |
| | 刘馨 | 女 | 5000059082003133 | 三级/高级技能 |
| | 熊欧 | 男 | 5000059082003134 | 三级/高级技能 |
| | 辛雨寒 | 男 | 5000059082003135 | 三级/高级技能 |
| | 唐祖明 | 男 | 5000059082003136 | 三级/高级技能 |
| | 韩京科 | 男 | 5000059082003137 | 三级/高级技能 |
| | 李闯 | 男 | 5000059082003138 | 三级/高级技能 |
| | 王少宇 | 男 | 5000059082003139 | 三级/高级技能 |
| | 马军民 | 男 | 5000059082003140 | 三级/高级技能 |
| | 李启言 | 男 | 5000059082003141 | 三级/高级技能 |
| | 张晓东 | 男 | 5000059082003142 | 三级/高级技能 |
| | 李新 | 男 | 5000059082003143 | 三级/高级技能 |
| | 涂明 | 男 | 5000059082003144 | 三级/高级技能 |
| | 姚海燕 | 女 | 5000059082003145 | 三级/高级技能 |
| | 李斌 | 男 | 5000059082003146 | 三级/高级技能 |
| | 沈茜 | 男 | 5000059082003147 | 三级/高级技能 |
| | 倪晓健 | 男 | 5000059082003148 | 三级/高级技能 |

续表

| | 姓名 | 性别 | 证书号码 | 级别 |
|---|---|---|---|---|
| 上海鉴定站 | 王宏捷 | 男 | 5000059082003149 | 三级/高级技能 |
| | 张艺星 | 男 | 5000059082003150 | 三级/高级技能 |
| | 程佳波 | 男 | 5000059082003151 | 三级/高级技能 |
| | 杨慧娟 | 女 | 5000059082003152 | 三级/高级技能 |
| | 邓帅 | 男 | 5000059082003153 | 三级/高级技能 |
| | 陈强 | 男 | 5000059082003154 | 三级/高级技能 |
| | 钟决余 | 男 | 5000059082003155 | 三级/高级技能 |
| | 林士格 | 男 | 5000059082003156 | 三级/高级技能 |
| | 马瑞和 | 男 | 5000059082003157 | 三级/高级技能 |
| | 张艳 | 女 | 5000059082003158 | 三级/高级技能 |
| | 孙尉耀 | 男 | 5000059082003159 | 三级/高级技能 |
| | 刘善豹 | 男 | 5000059082003160 | 三级/高级技能 |
| | 刘磊 | 男 | 5000059082003161 | 三级/高级技能 |
| | 商少翔 | 男 | 5000059082004012 | 四级/中级技能 |
| | 钟洋 | 男 | 5000059082004013 | 四级/中级技能 |
| | 胡凌超 | 男 | 5000059082004014 | 四级/中级技能 |
| | 黄家晨 | 男 | 5000059082004015 | 四级/中级技能 |
| | 姜淑辉 | 男 | 5000059082004016 | 四级/中级技能 |
| | 夏晨亮 | 男 | 5000059082004017 | 四级/中级技能 |
| | 叶晶 | 男 | 5000059082004018 | 四级/中级技能 |
| | 黄超仁 | 男 | 5000059082004019 | 四级/中级技能 |
| | 吴延飞 | 男 | 5000059082004020 | 四级/中级技能 |
| | 朱昊睿 | 男 | 5000059082004021 | 四级/中级技能 |
| | 刘绵飞 | 男 | 5000059082004022 | 四级/中级技能 |
| | 孙洁 | 女 | 5000059082004023 | 四级/中级技能 |
| | 高士明 | 男 | 5000059082004024 | 四级/中级技能 |
| | 李晨光 | 男 | 5000059082004025 | 四级/中级技能 |
| | 黄盛民 | 男 | 5000059082004026 | 四级/中级技能 |
| | 何康 | 男 | 5000059082004027 | 四级/中级技能 |
| | 屈雷 | 男 | 5000059082004028 | 四级/中级技能 |
| | 冯亮 | 男 | 5000059082004029 | 四级/中级技能 |
| | 范秀伟 | 男 | 5000059082004030 | 四级/中级技能 |
| | 王清 | 男 | 5000059082004031 | 四级/中级技能 |
| | 高凌云 | 男 | 5000059082004032 | 四级/中级技能 |

续表

| | 姓名 | 性别 | 证书号码 | 级别 |
|---|---|---|---|---|
| 上海鉴定站 | 詹靖波 | 男 | 5000059082004033 | 四级/中级技能 |
| | 赵国平 | 男 | 5000059082004034 | 四级/中级技能 |
| | 曹青松 | 男 | 5000059082004035 | 四级/中级技能 |
| | 唐磊 | 男 | 5000059082004036 | 四级/中级技能 |
| | 郝玉坤 | 男 | 5000059082004056 | 四级/中级技能 |
| | 吴沐谦 | 男 | 5000059082004057 | 四级/中级技能 |
| | 关程泽 | 男 | 5000059082004058 | 四级/中级技能 |
| | 王永红 | 男 | 5000059082004059 | 四级/中级技能 |
| | 周新元 | 男 | 5000059082004060 | 四级/中级技能 |
| | 张谦 | 男 | 5000059082004061 | 四级/中级技能 |
| | 付豪 | 男 | 5000059082004062 | 四级/中级技能 |
| | 张洋洋 | 男 | 5000059082004063 | 四级/中级技能 |
| | 耿慧喆 | 男 | 5000059082004064 | 四级/中级技能 |
| | 吴桐 | 男 | 5000059082004065 | 四级/中级技能 |
| | 吴凡 | 男 | 5000059082004066 | 四级/中级技能 |
| | 李科 | 男 | 5000059082004067 | 四级/中级技能 |
| | 李兴达 | 男 | 5000059082004068 | 四级/中级技能 |
| | 葛涵煦 | 男 | 5000059082004069 | 四级/中级技能 |
| | 李召亮 | 男 | 5000059082004070 | 四级/中级技能 |
| | 孔为鹏 | 男 | 5000059082004071 | 四级/中级技能 |
| | 杨盛涵 | 男 | 5000059082004072 | 四级/中级技能 |
| | 李龙洋 | 男 | 5000059082004073 | 四级/中级技能 |
| | 郭少军 | 男 | 5000059082004074 | 四级/中级技能 |
| | 赵振东 | 男 | 5000059082004075 | 四级/中级技能 |
| | 徐月红 | 女 | 5000059082004076 | 四级/中级技能 |
| | 陈一杰 | 男 | 5000059082004077 | 四级/中级技能 |
| | 张海宾 | 男 | 5000059082004078 | 四级/中级技能 |
| | 张帅 | 男 | 5000059082004079 | 四级/中级技能 |
| | 张忠凯 | 男 | 5000059082004080 | 四级/中级技能 |
| | 王威 | 男 | 5000059082004081 | 四级/中级技能 |
| | 黄慧茹 | 女 | 5000059082004082 | 四级/中级技能 |
| | 刘锦泷 | 男 | 5000059082004083 | 四级/中级技能 |
| | 唐龙 | 男 | 5000059082004084 | 四级/中级技能 |
| | 李鹏 | 男 | 5000059082004085 | 四级/中级技能 |

续表

| | 姓名 | 性别 | 证书号码 | 级别 |
|---|---|---|---|---|
| 上海鉴定站 | 袁中海 | 男 | 5000059082004086 | 四级/中级技能 |
| | 韩贺贺 | 男 | 5000059082004087 | 四级/中级技能 |
| | 呼唤 | 男 | 5000059082004088 | 四级/中级技能 |
| | 彭祝银 | 男 | 5000059082004089 | 四级/中级技能 |
| | 张金龙 | 男 | 5000059082005019 | 五级/初级技能 |
| | 庄美华 | 女 | 5000059082005088 | 五级/初级技能 |
| | 张鸣宵 | 男 | 5000059082005089 | 五级/初级技能 |
| | 李秋云 | 男 | 5000059082005090 | 五级/初级技能 |
| | 葛燕燕 | 女 | 5000059082005091 | 五级/初级技能 |
| | 邱宇石 | 男 | 5000059082005092 | 五级/初级技能 |
| | 张亚鹏 | 男 | 5000059082005093 | 五级/初级技能 |
| | 王鑫 | 男 | 5000059082005094 | 五级/初级技能 |
| | 咸奥杰 | 男 | 5000059082005020 | 五级/初级技能 |
| | 刘静 | 女 | 5000059082005021 | 五级/初级技能 |
| | 田卓 | 男 | 5000059082005022 | 五级/初级技能 |
| | 戴宏声 | 男 | 5000059082005023 | 五级/初级技能 |
| | 朱辰 | 男 | 5000059082005024 | 五级/初级技能 |
| | 王磊 | 男 | 5000059082005025 | 五级/初级技能 |
| | 王永刚 | 男 | 5000059082005026 | 五级/初级技能 |
| | 蒋忠林 | 男 | 5000059082005027 | 五级/初级技能 |
| | 王飞飞 | 男 | 5000059082005029 | 五级/初级技能 |
| | 汪盼 | 女 | 5000059082005030 | 五级/初级技能 |
| | 徐锋 | 男 | 5000059082005031 | 五级/初级技能 |
| | 许鋆益 | 男 | 5000059082005032 | 五级/初级技能 |
| | 罗根培 | 男 | 5000059082005033 | 五级/初级技能 |
| 吉林省钢琴调律师协会 | 李宏全 | 男 | 5000059081901042 | 一级/高级技师 |
| | 倪铁峰 | 男 | 5000059081901043 | 一级/高级技师 |
| | 杨拯 | 男 | 5000059081901044 | 一级/高级技师 |
| | 姜文革 | 男 | 5000059081901045 | 一级/高级技师 |
| | 李云鹏 | 男 | 5000059082001001 | 一级/高级技师 |
| | 张磊 | 男 | 5000059082002007 | 二级/技师 |
| | 周波 | 男 | 5000059082002008 | 二级/技师 |
| | 冯展浩 | 男 | 5000059082002009 | 二级/技师 |
| | 平建鑫 | 男 | 5000059082002010 | 二级/技师 |

**续表**

| | 姓名 | 性别 | 证书号码 | 级别 |
|---|---|---|---|---|
| 吉林省钢琴调律师协会 | 吕兰洋 | 男 | 5000059082002011 | 二级/技师 |
| | 窦爱力 | 女 | 5000059082002012 | 二级/技师 |
| | 杨舶 | 男 | 5000059082002013 | 二级/技师 |
| | 龙钰锋 | 男 | 5000059082002014 | 二级/技师 |
| | 褚晓鑫 | 男 | 5000059081902059 | 二级/技师 |
| | 苑栢 | 男 | 5000059081902060 | 二级/技师 |
| | 张歌 | 女 | 5000059081902061 | 二级/技师 |
| | 高宇 | 男 | 5000059081902062 | 二级/技师 |
| | 何振鸽 | 男 | 5000059081902063 | 二级/技师 |
| | 王小冬 | 男 | 5000059082003080 | 三级/高级技能 |
| | 海红涛 | 男 | 5000059082003081 | 三级/高级技能 |
| | 吴金彪 | 男 | 5000059082003082 | 三级/高级技能 |
| | 刘金亮 | 男 | 5000059082003083 | 三级/高级技能 |
| | 李善良 | 男 | 5000059082003084 | 三级/高级技能 |
| | 剧朝鹏 | 男 | 5000059082003085 | 三级/高级技能 |
| | 张东 | 男 | 5000059082003086 | 三级/高级技能 |
| | 贾祎涵 | 男 | 5000059082003087 | 三级/高级技能 |
| | 王红霞 | 女 | 5000059082003088 | 三级/高级技能 |
| | 陈勃源 | 男 | 5000059082003089 | 三级/高级技能 |
| | 张家银 | 男 | 5000059082003090 | 三级/高级技能 |
| | 冉显飞 | 男 | 5000059082003091 | 三级/高级技能 |
| | 冉显跃 | 男 | 5000059082003092 | 三级/高级技能 |
| | 张昊 | 男 | 5000059082003093 | 三级/高级技能 |
| | 赵冰 | 男 | 5000059082003094 | 三级/高级技能 |
| | 赵艳斌 | 男 | 5000059082003095 | 三级/高级技能 |
| | 庄威武 | 男 | 5000059082003096 | 三级/高级技能 |
| | 聂亮亮 | 男 | 5000059082003097 | 三级/高级技能 |
| | 王铁雷 | 男 | 5000059082003098 | 三级/高级技能 |
| | 尹鹏祥 | 男 | 5000059082004037 | 四级/中级技能 |
| | 雷涛 | 男 | 5000059082004038 | 四级/中级技能 |
| | 李佳宁 | 女 | 5000059082004039 | 四级/中级技能 |
| | 孙志龙 | 男 | 5000059082004040 | 四级/中级技能 |
| | 杨荣原 | 男 | 5000059082004041 | 四级/中级技能 |
| | 张锦涛 | 男 | 5000059082004042 | 四级/中级技能 |

续表

| | 姓名 | 性别 | 证书号码 | 级别 |
|---|---|---|---|---|
| 吉林省钢琴调律师协会 | 顾紫龙 | 男 | 5000059082004043 | 四级/中级技能 |
| | 张巍麒 | 男 | 5000059082004044 | 四级/中级技能 |
| | 杨博宇 | 男 | 5000059082004045 | 四级/中级技能 |
| | 于剑南 | 男 | 5000059082004046 | 四级/中级技能 |
| | 李明良 | 男 | 5000059082004047 | 四级/中级技能 |
| | 曲畅 | 女 | 5000059082004048 | 四级/中级技能 |
| | 王雪 | 女 | 5000059082004049 | 四级/中级技能 |
| | 司晓杰 | 男 | 5000059082004050 | 四级/中级技能 |
| | 陈子轶 | 男 | 5000059082004051 | 四级/中级技能 |
| | 姚泽宇 | 男 | 5000059082004052 | 四级/中级技能 |
| | 苏继峰 | 男 | 5000059082004053 | 四级/中级技能 |
| | 潘洋 | 男 | 5000059082004054 | 四级/中级技能 |
| | 潘皓 | 男 | 5000059082004055 | 四级/中级技能 |
| | 何祺康 | 男 | 5000059082005028 | 五级/初级技能 |
| 辽宁省钢琴调律师协会 | 张韵铮 | 男 | 5000059081901012 | 一级/高级技师 |
| | 董翔 | 男 | 5000059081901013 | 一级/高级技师 |
| | 郑海龙 | 男 | 5000059081901014 | 一级/高级技师 |
| | 张和 | 男 | 5000059081901015 | 一级/高级技师 |
| | 顾元刚 | 男 | 5000059081901016 | 一级/高级技师 |
| | 赵羚君 | 女 | 5000059081901017 | 一级/高级技师 |
| | 潘建 | 男 | 5000059081901018 | 一级/高级技师 |
| | 陈晓苏 | 女 | 5000059081901019 | 一级/高级技师 |
| | 李茜 | 女 | 5000059081901020 | 一级/高级技师 |
| | 王键 | 男 | 5000059081901021 | 一级/高级技师 |
| | 秦叔运 | 男 | 5000059081901022 | 一级/高级技师 |
| | 胡莉莉 | 女 | 5000059082001005 | 一级/高级技师 |
| | 孙锐 | 男 | 5000059082001006 | 一级/高级技师 |
| | 马祥军 | 男 | 5000059082002025 | 二级/技师 |
| | 马华伟 | 男 | 5000059082002026 | 二级/技师 |
| | 卞霖 | 男 | 5000059082002027 | 二级/技师 |
| | 丁勇 | 男 | 5000059082002028 | 二级/技师 |
| | 胡晓舒 | 男 | 5000059082002029 | 二级/技师 |
| | 郑博予 | 男 | 5000059082002030 | 二级/技师 |
| | 卫巍 | 男 | 5000059082002031 | 二级/技师 |

续表

| | 姓名 | 性别 | 证书号码 | 级别 |
|---|---|---|---|---|
| 辽宁省钢琴调律师协会 | 赵明 | 男 | 5000059082002032 | 二级/技师 |
| | 王良彬 | 男 | 5000059082002033 | 二级/技师 |
| | 孙晓勇 | 男 | 5000059082002034 | 二级/技师 |
| | 李敬东 | 男 | 5000059082002035 | 二级/技师 |
| | 郭延岭 | 男 | 5000059082002036 | 二级/技师 |
| | 李婵媛 | 女 | 5000059082002037 | 二级/技师 |
| | 肖康 | 男 | 5000059082002038 | 二级/技师 |
| | 洪佳翩翩 | 女 | 5000059082002039 | 二级/技师 |
| | 何昕 | 女 | 5000059081902024 | 二级/技师 |
| | 王兆 | 女 | 5000059081902025 | 二级/技师 |
| | 李广涛 | 男 | 5000059081902026 | 二级/技师 |
| | 翟宁 | 男 | 5000059081902027 | 二级/技师 |
| | 孙然 | 男 | 5000059081902028 | 二级/技师 |
| | 周铭哲 | 男 | 5000059081902029 | 二级/技师 |
| | 张雪岩 | 女 | 5000059081902030 | 二级/技师 |
| | 谢磊 | 男 | 5000059081902031 | 二级/技师 |
| | 任殿璞 | 男 | 5000059081902032 | 二级/技师 |
| | 苗恩波 | 男 | 5000059081902033 | 二级/技师 |
| | 翁中云 | 男 | 5000059081902034 | 二级/技师 |
| | 宋杨 | 男 | 5000059081902036 | 二级/技师 |
| | 于喜明 | 男 | 5000059081902037 | 二级/技师 |
| | 徐龙全 | 男 | 5000059081902038 | 二级/技师 |
| | 李建 | 男 | 5000059081902039 | 二级/技师 |
| | 毛加财 | 男 | 5000059082003167 | 三级/高级技能 |
| | 高崇 | 男 | 5000059082003168 | 三级/高级技能 |
| | 刘广彦 | 男 | 5000059082003169 | 三级/高级技能 |
| | 崔银凤 | 女 | 5000059082003170 | 三级/高级技能 |
| | 陆敏 | 男 | 5000059082003171 | 三级/高级技能 |
| | 张继磊 | 男 | 5000059082003172 | 三级/高级技能 |
| | 王明 | 男 | 5000059082003173 | 三级/高级技能 |
| | 李海涛 | 男 | 5000059082003174 | 三级/高级技能 |
| | 李恒达 | 男 | 5000059082003175 | 三级/高级技能 |
| | 宋群 | 男 | 5000059082003176 | 三级/高级技能 |
| | 蒋铁 | 男 | 5000059082003177 | 三级/高级技能 |

续表

| | 姓名 | 性别 | 证书号码 | 级别 |
|---|---|---|---|---|
| 辽宁省钢琴调律师协会 | 孙鹏 | 男 | 5000059082003178 | 三级/高级技能 |
| | 王峰 | 男 | 5000059082003179 | 三级/高级技能 |
| | 万春艳 | 女 | 5000059082003180 | 三级/高级技能 |
| | 周一飞 | 男 | 5000059082003181 | 三级/高级技能 |
| | 于海洋 | 男 | 5000059082003182 | 三级/高级技能 |
| | 杨均 | 男 | 5000059082003183 | 三级/高级技能 |
| | 张忠辉 | 男 | 5000059082003184 | 三级/高级技能 |
| | 林伟 | 男 | 5000059082003185 | 三级/高级技能 |
| | 吕天佑 | 男 | 5000059082003186 | 三级/高级技能 |
| | 李东晓 | 男 | 5000059082003187 | 三级/高级技能 |
| | 陈鹏 | 男 | 5000059082003188 | 三级/高级技能 |
| | 朱俊霖 | 男 | 5000059082003189 | 三级/高级技能 |
| | 刘鸿伟 | 男 | 5000059082003190 | 三级/高级技能 |
| | 李超 | 男 | 5000059082003191 | 三级/高级技能 |
| | 陶金凤 | 女 | 5000059082003192 | 三级/高级技能 |
| | 刘杰勇 | 男 | 5000059082003193 | 三级/高级技能 |
| | 吕梁 | 男 | 5000059082003194 | 三级/高级技能 |
| | 瞿坤峰 | 男 | 5000059082003195 | 三级/高级技能 |
| | 牛月芳 | 女 | 5000059082003196 | 三级/高级技能 |
| | 付群 | 男 | 5000059082003197 | 三级/高级技能 |
| | 李宏伟 | 男 | 5000059082003198 | 三级/高级技能 |
| | 陈炯宏 | 男 | 5000059082003199 | 三级/高级技能 |
| | 姜波 | 男 | 5000059082003200 | 三级/高级技能 |
| | 纪明堃 | 男 | 5000059082003201 | 三级/高级技能 |
| | 吴淑智 | 女 | 5000059082003202 | 三级/高级技能 |
| | 刘建锋 | 男 | 5000059082003203 | 三级/高级技能 |
| | 史晨宁 | 男 | 5000059082003204 | 三级/高级技能 |
| | 石超 | 女 | 5000059082003205 | 三级/高级技能 |
| | 张翔 | 男 | 5000059082003206 | 三级/高级技能 |
| | 陈洪伟 | 男 | 5000059082003207 | 三级/高级技能 |
| | 于滨 | 男 | 5000059082003208 | 三级/高级技能 |
| | 郭东旭 | 男 | 5000059082003209 | 三级/高级技能 |
| | 杨伟银 | 男 | 5000059082003210 | 三级/高级技能 |
| | 孙传美 | 女 | 5000059082003211 | 三级/高级技能 |

续表

| | 姓名 | 性别 | 证书号码 | 级别 |
|---|---|---|---|---|
| 辽宁省钢琴调律师协会 | 赵鹏 | 男 | 5000059082003212 | 三级/高级技能 |
| | 吕洪杰 | 男 | 5000059082003213 | 三级/高级技能 |
| | 于富瑜 | 女 | 5000059082003214 | 三级/高级技能 |
| | 谷香 | 女 | 5000059082003215 | 三级/高级技能 |
| | 曹华君 | 男 | 5000059082003216 | 三级/高级技能 |
| | 郭瑞 | 男 | 5000059082003217 | 三级/高级技能 |
| | 牛小丽 | 女 | 5000059082003218 | 三级/高级技能 |
| | 郭永占 | 男 | 5000059082003219 | 三级/高级技能 |
| | 魏超新 | 男 | 5000059082003220 | 三级/高级技能 |
| | 田奇林 | 男 | 5000059082003221 | 三级/高级技能 |
| | 王亮 | 男 | 5000059082003222 | 三级/高级技能 |
| | 姬太生 | 男 | 5000059082003223 | 三级/高级技能 |
| | 董帅 | 男 | 5000059082003224 | 三级/高级技能 |
| | 王铁明 | 男 | 5000059082003225 | 三级/高级技能 |
| | 王颖浩 | 男 | 5000059082004110 | 四级/中级技能 |
| | 陈启元 | 男 | 5000059082004111 | 四级/中级技能 |
| | 林少华 | 男 | 5000059082004112 | 四级/中级技能 |
| | 任晟锋 | 男 | 5000059082004113 | 四级/中级技能 |
| | 李青飞 | 男 | 5000059082004114 | 四级/中级技能 |
| | 陈亮 | 男 | 5000059082004115 | 四级/中级技能 |
| | 许行贵 | 男 | 5000059082004116 | 四级/中级技能 |
| | 孟岩 | 男 | 5000059082004117 | 四级/中级技能 |
| | 孙摇 | 女 | 5000059082004118 | 四级/中级技能 |
| | 戴明 | 男 | 5000059082004119 | 四级/中级技能 |
| | 何志超 | 男 | 5000059082004120 | 四级/中级技能 |
| | 王吉 | 男 | 5000059082004121 | 四级/中级技能 |
| | 杨丹 | 女 | 5000059082004122 | 四级/中级技能 |
| | 李秀玉 | 男 | 5000059082004123 | 四级/中级技能 |
| | 张晋 | 男 | 5000059082004124 | 四级/中级技能 |
| | 田金梁 | 女 | 5000059082004125 | 四级/中级技能 |
| | 韩立梅 | 女 | 5000059082004126 | 四级/中级技能 |
| | 季艺 | 男 | 5000059082004127 | 四级/中级技能 |
| | 贾成杰 | 男 | 5000059082004128 | 四级/中级技能 |
| | 边关 | 男 | 5000059082004129 | 四级/中级技能 |

续表

| | 姓名 | 性别 | 证书号码 | 级别 |
|---|---|---|---|---|
| 辽宁省钢琴调律师协会 | 赵健 | 男 | 5000059082004130 | 四级/中级技能 |
| | 李植 | 男 | 5000059082004131 | 四级/中级技能 |
| | 王金奎 | 男 | 5000059082004132 | 四级/中级技能 |
| | 冯宝亮 | 男 | 5000059082004133 | 四级/中级技能 |
| | 宋军 | 男 | 5000059082004134 | 四级/中级技能 |
| | 郭旭 | 男 | 5000059082004135 | 四级/中级技能 |
| | 田鹏 | 男 | 5000059082004136 | 四级/中级技能 |
| | 张亮 | 男 | 5000059082004137 | 四级/中级技能 |
| | 沈东 | 男 | 5000059082004138 | 四级/中级技能 |
| | 余洋 | 男 | 5000059082004139 | 四级/中级技能 |
| | 张佳童 | 男 | 5000059082004140 | 四级/中级技能 |
| | 郭家飞 | 男 | 5000059082004141 | 四级/中级技能 |
| | 李建志 | 男 | 5000059082004142 | 四级/中级技能 |
| | 曹舒童 | 男 | 5000059082004143 | 四级/中级技能 |
| | 王军霞 | 女 | 5000059082004144 | 四级/中级技能 |
| | 冯洪林 | 男 | 5000059082004145 | 四级/中级技能 |
| | 文琰 | 男 | 5000059082004146 | 四级/中级技能 |
| | 郑红亮 | 男 | 5000059082004147 | 四级/中级技能 |
| | 石广涛 | 男 | 5000059082004148 | 四级/中级技能 |
| | 黄继 | 男 | 5000059082004149 | 四级/中级技能 |
| | 王磊 | 男 | 5000059082004150 | 四级/中级技能 |
| | 许鹏 | 男 | 5000059082004151 | 四级/中级技能 |
| | 金海林 | 男 | 5000059082004152 | 四级/中级技能 |
| | 李晨 | 男 | 5000059082004153 | 四级/中级技能 |
| | 高兴友 | 男 | 5000059082004154 | 四级/中级技能 |
| | 张建成 | 男 | 5000059082004155 | 四级/中级技能 |
| | 赵晓春 | 女 | 5000059082004156 | 四级/中级技能 |
| | 张仁飞 | 男 | 5000059082004157 | 四级/中级技能 |
| | 丁娜 | 女 | 5000059082004158 | 四级/中级技能 |
| | 董国栋 | 男 | 5000059082004159 | 四级/中级技能 |
| | 全海涛 | 男 | 5000059082004160 | 四级/中级技能 |
| | 吴国吉 | 男 | 5000059082004161 | 四级/中级技能 |
| | 窦霖 | 男 | 5000059082004162 | 四级/中级技能 |
| | 杜经涛 | 男 | 5000059082004163 | 四级/中级技能 |

续表

| | 姓名 | 性别 | 证书号码 | 级别 |
|---|---|---|---|---|
| 辽宁省钢琴调律师协会 | 裴东煜 | 男 | 5000059082005037 | 五级/初级技能 |
| | 刘扬 | 男 | 5000059082005038 | 五级/初级技能 |
| | 田野 | 男 | 5000059082005039 | 五级/初级技能 |
| | 单庆鑫 | 男 | 5000059082005040 | 五级/初级技能 |
| | 翟雨铭 | 女 | 5000059082005041 | 五级/初级技能 |
| | 张广 | 男 | 5000059082005042 | 五级/初级技能 |
| | 解玮展 | 男 | 5000059082005043 | 五级/初级技能 |
| | 张春飞 | 男 | 5000059082005044 | 五级/初级技能 |
| | 张君 | 女 | 5000059082005045 | 五级/初级技能 |
| | 许兴东 | 男 | 5000059082005046 | 五级/初级技能 |
| | 袁华东 | 男 | 5000059082005047 | 五级/初级技能 |
| | 高朋 | 男 | 5000059082005048 | 五级/初级技能 |
| | 朱雅靖 | 女 | 5000059082005049 | 五级/初级技能 |
| | 王可 | 男 | 5000059082005050 | 五级/初级技能 |
| | 王建伟 | 女 | 5000059082005051 | 五级/初级技能 |
| | 肖峰 | 男 | 5000059082005052 | 五级/初级技能 |
| | 王皓 | 男 | 5000059082005053 | 五级/初级技能 |
| | 何毅 | 男 | 5000059082005054 | 五级/初级技能 |
| | 柳聪 | 男 | 5000059082005055 | 五级/初级技能 |

# 中国乐器

# 年鉴

## 2021

CHINA MUSICAL
INSTRUMENT YEARBOOK


行业篇 1

指标数据篇 102

协会工作篇 143

科技篇 222

职业技能篇 341

音乐教育篇 374

海外资讯篇 398

## 音教大会

# 2020年国民音乐教育大会总结报告

10月28日至29日，2020年国民音乐教育大会在上海新国际博览中心举行。一年一度的国民音乐教育大会由中央音乐学院、中国乐器协会、上海国展展览中心有限公司、全国音乐教育服务联盟合作平台联合主办，是目前国内规格最高、规模最大的综合性音乐教育类活动。2020年教育大会共两天，10月28日上午为全体大会，10月28日下午及29日为分会场。

### 一、减体量不减质量

2020年是特殊的一年，因为疫情的影响，国民音乐教育大会打破了每年在上半年举办的常规，首次推迟至10月举办，这也是大会举办3年来，首次离开北京。

按照国家相关部门对于疫情防控的政策和精神，今年大会采取“控规模、缩范围，减时间”的措施，时间从往年的3天缩短为2天，参与演讲嘉宾由100多人缩减为70人左右，内容场次由100场左右缩减为60场左右，规模从1000人左右缩减为400人左右。

尽管大会的体量有所缩水，但质量却并未打折。

本次大会所邀请的演讲嘉宾，依然秉承国内一流的原则，均为各个领域的知名专家和领军人物。在内容设计上，更加注重质量，减少场次数量，增加单场时间，内容更加深入和实用。其中，民族乐队、竹笛葫芦丝、陶笛分会场为首次设立，从报名情况来看，很受各个领域内专业老师的欢迎。加上之前的学校音乐教育、幼儿音乐教育、钢琴、艺培机构，3部“首演作品”加上4首“保留曲目”，共同构成了一场由7个章节组成的精彩乐章。

### 二、大会主题突出“乐器三进”

10月29日上午，2020年国民音乐教育大会在上海新国际博览中心隆重开幕。中国轻工业联合会党委副书记、中国乐器协会理事长王世成，天津市原市委常委、统战部部长刘长喜，天津市原副市长、华夏未来文化艺术基金会顾问张俊芳等参加了开幕式。

大会组委会主席、中国乐器协会理事长王世成开幕致辞中表示：本次大会的主题是“音乐进入社区，乐器融入家庭”，这源于乐器协会提出的长期目标：“让音乐成为生活的刚需、让乐器成为家庭的标配”和努力推动“乐器进校园、进社区、进家庭”行动计划，让每个人一生学会一件乐器、每个家庭一年看一场音乐会积极倡议的持续助力。“举办国民音乐教育大会，就是要联合各方力量、整合社会资源，共同推动音教事业发展，扩大音乐人口，引导乐器消费，助力全面小康、提高全民艺术素质，共同唱响‘音乐让生活更美好’的时代主题曲。”王世成理事长称，中央、国务院刚刚发布的《深化新时代教育评价改革总体方案》和《关于全面加强和改进新时代学校美育工作的意见》为音教大会和系列活动指明了方向，送来了强大的推动力，让业界状态空前、信心倍增。

随后，中央音乐学院党委书记赵旻在致辞中表示，“国民音乐教育是提高国人文化素养的重要途径，能够促进智育的发展。资料显示2019年全国音乐教育培训市场规模达920亿。”赵旻说，“音乐教育意义如此重大，需要国民音乐教育大会这样一种形式，联合各方力量、搭建交流平台，助推音乐教育事业发展、助推音乐人口扩大、助力全民艺术素质提高。”随后，国际音乐教育学会（ISME）主席、肯尼亚大学音乐教授艾米莉 · 阿库诺通过视频向大会发来了祝贺致辞。

在主题发言环节中，天津华夏未来艺术基金会顾问、原天津师范大学校长靳润成的发言题为：《器乐为国民艺术教育插上翅膀》在发言中，靳润成表示，天津华夏未来文化艺术基金会用了25年完成了华夏未来的“环球之旅”，先后访演了129个国家和地区的600多个城市。在“环球之旅”访演过程中发现，在所有表演形式中，最受欢迎的是器乐演奏，孩子们累计演奏了百余首器乐作品，几乎都曾得到过当地媒体的赞誉。“这就引起了我们的思考，器乐演奏为何能产生那么大的共鸣？经过我们对多国的所见所闻和老师们平时的教学体会，深深感到器乐是提高国民艺术素养的一条重要路径。”靳润成在发言中称。

中国音乐教育学院谢嘉幸教授的题为《信息化背景下音乐教育的发展趋势》，谢教授在讲座中介绍到：信息化背景下，音乐教育有五大趋势：线上线下的课程综合、新文科的提出、核心素养的目标、弘扬优秀传统文化和改进美育教学，而同时又对教师提出了三大要求：“双专”多能、“多角色”在场和把握美育的三个层次。

## 三、加强互动，音教大会不再“坐而论道”

在随后的活动与体验环节中，音乐教学法培训专家刘颖超通过活动、体验等方式，向大家介绍了展现了一场原本性音乐教育的活动体验课程，在场所有嘉宾和观众都参与其中。

随后对话与交流环节的主题为“乐器走进社区、学校、音乐融入家庭、生活”，由著名音乐教育家吴斌主持，参与交流的嘉宾包括上海师范大学音乐学院器乐系副主任、上海音协手风琴专业委员会会长王从余、首都师范大学音乐学院教授郑莉、天津华夏未来艺术教育集团董事长赵骞、音乐教育家、四元综合乐教体系创始人朱则平、华中师范大学教师、自由音乐教学法倡导者赵洪啸。不同于以往的那种正襟危坐的论坛，本次的对话与交流环节更加开放、随机，与观众的互动性和交流性更强，会场气氛十分热烈。

本次大会在内容设计上，更加注重需求导向和精准对接，减少了场次数量，增加了单场时间，每个板块分别针对各自领域受众进行了精心设计，内容更加深入、实用。本次大会共设立了7个分会场，分别是学校音乐教育、幼儿音乐启蒙、民族乐队、钢琴、竹笛葫芦丝、陶笛、艺培机构发展，各个板块定位明确，针对各自领域中的问题和痛点，邀请各自领域的优秀专家，设计课程和组织观众。29日下午—30日，7个分会场同时举行，观众可依据自己的喜好自由选择。

## 四、“万叶杯”论文征集首次开设

“‘万叶杯’音乐教育论文（教案）征集评选”活动由“国民音乐教育大会”组委会与《中国音乐教育》杂志社联合主办。活动通知一经发出，立刻引起了音乐教育界的广泛关注和积极参与，共收到论文与教案近1800篇，是近年来国内规模最大的音乐教育论文征集活动。

本次论文征集共设立了4个组别，11个主题方向。经过分组初评和专家组集中复评，共评选出按照30%的比例评选出一、二、三等奖。最终获奖名单在“中国乐器协会官微”和《中国音乐教育》杂志微信公众号上刊登。

本次大会进行现场分享与交流的10篇论文，是经专家组推荐选出，分别从不同角度，反映了当今国内音乐教育发展中存在的问题和发展趋势。其中有些文章可能并不完美，但依然被推选在大会上进行分享和交流，是希望能够引起更多关注，引发更多思考和讨论，汇集更多的智慧，最终达到促进音乐教育理论研究水平和教学质量的发展的目的。

作为2020年国民音乐教育大会当中的一个重要组成部分，本次论文（教案）征集活动以“万叶”命名，是因其背后所蕴含深厚的历史文化内涵：1938年，爱国文人钱君匋在上海创办了我国第一家音乐出版机构——“万叶书店”；1954年钱君匋北上，在北京与中国音乐家协会出版部合作组建了新中国历史上第一个专业音乐出版机构——音乐出版社，赵沨任社长、钱君匋任副总编辑；1974年8月改称为人民音乐出版社，直至今日。钱君匋也被称作“我国现代音乐出版事业的先驱和奠基人”。本次活动重提“万叶”，以此向以钱君匋先生为代表的中国音乐出版人及其奋斗的音乐出版事业致敬！

## 五、2021音教大会落户天津

本次大会还举行了2021年国民音乐教育大会的授旗仪式，中国乐器协会理事长王世成代表大会组委会向天津市原市委常委、统战部部长、华夏未来文化艺术基金会顾问刘长喜进行了会期交接，标志着2021年国民音乐教育大会的主办权证书移交给天津。

天津市委、市政府对2021国民音乐教育大会高度重视，为办好本次活动，有关领导多次开会部署研究，与中国乐器协会、中央音乐学院、上海国展展览中心有限公司等进行了多次沟通，并责成有关部门做了大量的前期准备工作。据悉，天津市委宣传部、天津市教委以及天津华夏未来文化艺术基金会等单位都将不同程度地参与到大会的组织工作当中。并且，国民音乐教育大会被天津市列入2021年天津市“20项民心工程”，在其中的第18项为丰富群众文化生活，其中提到：举办名家经典惠民演出季，全年演出300场。举办第六届市民文化艺术节，推出40余项群众文化品牌活动，办好国民音乐教育大会。实施平津战役纪念馆提升改造工程，丰富展览展示内容，提升市民参观体验。

## 社会音教培训

# 2020年中国乐器协会社会音乐教师技能培训取得证书名单

### 2019年12月雅特电吉他培训班

| 序号 | 姓名 | 专业 | 证书编号 |
|---|---|---|---|
| 1 | 韩亮 | 电吉他 | SMT2019-EG-0006 |
| 2 | 张康 | 电吉他 | SMT2019-EG-0007 |
| 3 | 赵正元 | 电吉他 | SMT2019-EG-0008 |
| 4 | 张恒 | 电吉他 | SMT2019-EG-0009 |
| 5 | 田帅 | 电吉他 | SMT2019-EG-0010 |
| 6 | 李勇波 | 电吉他 | SMT2019-EG-0011 |
| 7 | 张浩然 | 电吉他 | SMT2019-EG-0012 |
| 8 | 胡泉 | 电吉他 | SMT2019-EG-0013 |
| 9 | 侯祥栋 | 电吉他 | SMT2019-EG-0014 |
| 10 | 吴鹏 | 电吉他 | SMT2019-EG-0015 |
| 11 | 李红磊 | 电吉他 | SMT2019-EG-0016 |
| 12 | 张金民 | 电吉他 | SMT2019-EG-0017 |
| 13 | 李聪 | 电吉他 | SMT2019-EG-0018 |
| 14 | 刘栋 | 电吉他 | SMT2019-EG-0019 |
| 15 | 杨皓兰 | 电吉他 | SMT2019-EG-0020 |
| 16 | 李耀宗 | 电吉他 | SMT2019-EG-0021 |
| 17 | 岳佳程 | 电吉他 | SMT2019-EG-0022 |
| 18 | 李默然 | 电吉他 | SMT2019-EG-0023 |
| 19 | 孙奇 | 电吉他 | SMT2019-EG-0024 |
| 20 | 马超 | 电吉他 | SMT2019-EG-0025 |
| 21 | 时燕 | 电吉他 | SMT2019-EG-0026 |
| 22 | 张传磊 | 电吉他 | SMT2019-EG-0027 |
| 23 | 王军 | 电吉他 | SMT2019-EG-0028 |
| 24 | 李鹏 | 电吉他 | SMT2019-EG-0029 |
| 25 | 李焕成 | 电吉他 | SMT2019-EG-0030 |
| 26 | 刘林士 | 电吉他 | SMT2019-EG-0031 |
| 27 | 方伟 | 电吉他 | SMT2019-EG-0032 |

| 序号 | 姓名 | 专业 | 证书编号 |
|---|---|---|---|
| 28 | 佘金城 | 电吉他 | SMT2019-EG-0033 |
| 29 | 李真 | 电吉他 | SMT2019-EG-0034 |
| 30 | 吴圣乐 | 电吉他 | SMT2019-EG-0035 |
| 31 | 刘腾菲 | 电吉他 | SMT2019-EG-0036 |
| 32 | 胥飞跃 | 电吉他 | SMT2019-EG-0037 |
| 33 | 马利 | 电吉他 | SMT2019-EG-0038 |
| 34 | 张玉 | 电吉他 | SMT2019-EG-0039 |
| 35 | 黄康 | 电吉他 | SMT2019-EG-0040 |
| 36 | 江鹏 | 电吉他 | SMT2019-EG-0041 |
| 37 | 钟林 | 电吉他 | SMT2019-EG-0042 |
| 38 | 滕文浩 | 电吉他 | SMT2019-EG-0043 |
| 39 | 杜兴凯 | 电吉他 | SMT2019-EG-0044 |
| 40 | 朱旭 | 电吉他 | SMT2019-EG-0045 |
| 41 | 田亮 | 电吉他 | SMT2019-EG-0046 |
| 42 | 黄晓东 | 电吉他 | SMT2019-EG-0047 |
| 43 | 吴日恒 | 电吉他 | SMT2019-EG-0048 |
| 44 | 史磊 | 电吉他 | SMT2019-EG-0049 |
| 45 | 刘世新 | 电吉他 | SMT2019-EG-0050 |
| 46 | 刘培昆 | 电吉他 | SMT2019-EG-0051 |
| 47 | 李延强 | 电吉他 | SMT2019-EG-0052 |
| 48 | 张铭森 | 架子鼓 | SMT2020-JD-0010 |
| 49 | 李鹏亮 | 电吉他 | SMT2019-EG-0053 |
| 50 | 孙宏桥 | 民谣吉他 | SMT2020-G-0020 |
| 51 | 吴鹏 | 电吉他 | SMT2019-EG-0053 |
| 52 | 韩雪松 | 民谣吉他 | SMT2020-G-0021 |
| 53 | 熊云军 | 电吉他 | SMT2019-EG-0054 |
| 54 | 黄崇庆 | 电吉他 | SMT2019-EG-0055 |

续表

| 序号 | 姓名 | 专业 | 证书编号 |
|---|---|---|---|
| 55 | 苏光辉 | 架子鼓 | SMT2020-JD-0011 |
| 56 | 苗兴 | 民谣吉他 | SMT2020-G-0022 |
| 57 | 叶星 | 电吉他 | SMT2019-EG-0056 |
| 58 | 张畅 | 电吉他 | SMT2019-EG-0057 |
| 59 | 张恩龙 | 电吉他 | SMT2019-EG-0058 |
| 60 | 白玉子 | 电吉他 | SMT2019-EG-0059 |
| 61 | 李权 | 电吉他 | SMT2019-EG-0060 |
| 62 | 肖强 | 架子鼓 | SMT2020-JD-0012 |
| 63 | 谷宇 | 电吉他 | SMT2019-EG-0061 |
| 64 | 胡峻铭 | 民谣吉他 | SMT2020-G-0023 |
| 65 | 韩鑫 | 电吉他 | SMT2019-EG-0062 |
| 66 | 张华锋 | 架子鼓 | SMT2020-JD-0013 |
| 67 | 沈正芃 | 电吉他 | SMT2019-EG-0063 |
| 68 | 董和兴 | 民谣吉他 | SMT2020-G-0024 |

| 序号 | 姓名 | 专业 | 证书编号 |
|---|---|---|---|
| 69 | 董仁强 | 架子鼓 | SMT2020-JD-0014 |
| 70 | 张硕 | 钢琴 | SMT2020-P-0066 |
| 71 | 赖春辉 | 电吉他 | SMT2019-EG-0064 |
| 72 | 王冰 | 民谣吉他 | SMT2020-G-0025 |
| 73 | 张鸿飞 | 民谣吉他 | SMT2020-G-0026 |
| 74 | 匡威 | 电吉他 | SMT2019-EG-0065 |
| 75 | 林明峰 | 电吉他 | SMT2019-EG-0066 |
| 76 | 张永刚 | 电吉他 | SMT2019-EG-0067 |
| 77 | 朱焱烈 | 电吉他 | SMT2019-EG-0068 |
| 78 | 孙富贵 | 电吉他 | SMT2019-EG-0069 |
| 79 | 姜华 | 民谣吉他 | SMT2020-G-0027 |
| 80 | 韩晓晖 | 电吉他 | SMT2019-EG-0070 |
| 81 | 张权 | 电吉他 | SMT2019-EG-0071 |

## 2019 年 12 月睿卡培训班

| 序号 | 姓名 | 专业 | 证书编号 |
|---|---|---|---|
| 01 | 张程程 | 钢琴 | SMT2020-P-0001 |
| 02 | 齐延延 | 钢琴 | SMT2020-P-0002 |
| 03 | 刘意林 | 钢琴 | SMT2020-P-0003 |
| 04 | 徐秋丽 | 钢琴 | SMT2020-P-0004 |
| 05 | 杨军丽 | 钢琴 | SMT2020-P-0005 |
| 06 | 匡东华 | 钢琴 | SMT2020-P-0006 |
| 07 | 吴素灵 | 钢琴 | SMT2020-P-0007 |
| 08 | 邹亚娟 | 钢琴 | SMT2020-P-0008 |
| 09 | 李国晓 | 钢琴 | SMT2020-P-0009 |
| 10 | 李满好 | 钢琴 | SMT2020-P-0010 |
| 11 | 周白格 | 钢琴 | SMT2020-P-0011 |
| 12 | 张俊利 | 钢琴 | SMT2020-P-0012 |
| 13 | 郭伟苹 | 钢琴 | SMT2020-P-0013 |
| 14 | 杨海霞 | 钢琴 | SMT2020-P-0014 |
| 15 | 范朵朵 | 钢琴 | SMT2020-P-0015 |
| 16 | 薛彩娜 | 钢琴 | SMT2020-P-0016 |
| 17 | 关英格 | 钢琴 | SMT2020-P-0017 |
| 18 | 黄慧珍 | 钢琴 | SMT2020-P-0018 |

| 序号 | 姓名 | 专业 | 证书编号 |
|---|---|---|---|
| 19 | 李璞 | 钢琴 | SMT2020-P-0019 |
| 20 | 梁田 | 钢琴 | SMT2020-P-0020 |
| 21 | 郑丹 | 钢琴 | SMT2020-P-0021 |
| 22 | 孙学秀 | 钢琴 | SMT2020-P-0022 |
| 23 | 陈鲁璐 | 钢琴 | SMT2020-P-0023 |
| 24 | 胡晓锋 | 钢琴 | SMT2020-P-0024 |
| 25 | 郭丹丹 | 钢琴 | SMT2020-P-0025 |
| 26 | 胡淑雅 | 钢琴 | SMT2020-P-0026 |
| 27 | 杜山红 | 钢琴 | SMT2020-P-0027 |
| 28 | 刘培源 | 钢琴 | SMT2020-P-0028 |
| 29 | 孙梦迪 | 钢琴 | SMT2020-P-0029 |
| 30 | 侯晓兰 | 钢琴 | SMT2020-P-0030 |
| 31 | 靳红伟 | 钢琴 | SMT2020-P-0031 |
| 32 | 韩培茹 | 钢琴 | SMT2020-P-0032 |
| 33 | 王婷 | 钢琴 | SMT2020-P-0033 |
| 34 | 张素敏 | 钢琴 | SMT2020-P-0034 |
| 35 | 闫笑阳 | 钢琴 | SMT2020-P-0035 |
| 36 | 王诤 | 钢琴 | SMT2020-P-0036 |

续表

| 序号 | 姓名 | 专业 | 证书编号 |
|---|---|---|---|
| 37 | 范晴晴 | 钢琴 | SMT2020-P-0037 |
| 38 | 杨继洲 | 钢琴 | SMT2020-P-0038 |
| 39 | 刘梦圆 | 钢琴 | SMT2020-P-0039 |
| 40 | 顾芷羽 | 钢琴 | SMT2020-P-0040 |
| 41 | 王梦洋 | 钢琴 | SMT2020-P-0041 |
| 42 | 张璐遥 | 钢琴 | SMT2020-P-0042 |
| 43 | 谢磊 | 钢琴 | SMT2020-P-0043 |
| 44 | 张朋 | 钢琴 | SMT2020-P-0044 |
| 45 | 沈曙光 | 钢琴 | SMT2020-P-0045 |
| 46 | 詹金柱 | 钢琴 | SMT2020-P-0046 |
| 47 | 高烨子 | 钢琴 | SMT2020-P-0047 |
| 48 | 杨彩彩 | 钢琴 | SMT2020-P-0048 |
| 49 | 陈静玉 | 钢琴 | SMT2020-P-0049 |
| 50 | 付林娟 | 钢琴 | SMT2020-P-0050 |
| 51 | 张千慧 | 钢琴 | SMT2020-P-0051 |
| 52 | 陆米亚 | 钢琴 | SMT2020-P-0052 |
| 53 | 南飞力 | 钢琴 | SMT2020-P-0053 |
| 54 | 吴文娟 | 钢琴 | SMT2020-P-0054 |
| 55 | 孟军红 | 钢琴 | SMT2020-P-0055 |
| 56 | 孙梦娜 | 钢琴 | SMT2020-P-0056 |
| 57 | 郭凯丽 | 钢琴 | SMT2020-P-0057 |
| 58 | 冯宗亮 | 钢琴 | SMT2020-P-0058 |
| 59 | 李晨星 | 钢琴 | SMT2020-P-0059 |
| 60 | 申文青 | 钢琴 | SMT2020-P-0060 |
| 61 | 乔天娇 | 钢琴 | SMT2020-P-0061 |
| 62 | 陈艺玮 | 钢琴 | SMT2020-P-0062 |
| 63 | 马月英 | 钢琴 | SMT2020-P-0063 |
| 64 | 马水英 | 钢琴 | SMT2020-P-0064 |
| 65 | 史玮 | 钢琴 | SMT2020-P-0065 |
| 66 | 张辉 | 音乐启蒙 | SMT2020-ME-0001 |
| 67 | 田君慧 | 古筝 | SMT2020-GZ-0001 |
| 68 | 肖荣光 | 古筝 | SMT2020-GZ-0002 |
| 69 | 黄琳 | 古筝 | SMT2020-GZ-0003 |
| 70 | 蒋嘉宁 | 古筝 | SMT2020-GZ-0004 |
| 71 | 陈参参 | 手风琴 | SMT2020-AC-0001 |
| 72 | 尚佳美 | 手风琴 | SMT2020-AC-0002 |
| 73 | 王亚萍 | 竹笛 | SMT2020-BF-0001 |

## 2019 年 12 月蘑菇音乐师资培训

| 序号 | 姓名 | 专业 | 证书编号 |
|---|---|---|---|
| 1 | 汪沐熙 | 爵士鼓 | SMT2020-JD-0001 |
| 2 | 张凯 | 爵士鼓 | SMT2020-JD-0002 |
| 3 | 陈美敏 | 爵士鼓 | SMT2020-JD-0003 |
| 4 | 邵博巍 | 爵士鼓 | SMT2020-JD-0004 |
| 5 | 赵旭 | 爵士鼓 | SMT2020-JD-0005 |
| 6 | 董青 | 爵士鼓 | SMT2020-JD-0006 |
| 7 | 李俊青 | 爵士鼓 | SMT2020-JD-0007 |
| 8 | 王星程 | 爵士鼓 | SMT2020-JD-0008 |
| 9 | 刘浩琳 | 爵士鼓 | SMT2020-JD-0009 |
| 10 | 侯正龙 | 民谣吉他 | SMT2020-G-0001 |
| 11 | 张凯 | 民谣吉他 | SMT2020-G-0002 |
| 12 | 董克成 | 民谣吉他 | SMT2020-G-0003 |
| 13 | 郁葱葱 | 民谣吉他 | SMT2020-G-0004 |
| 14 | 张玉龙 | 民谣吉他 | SMT2020-G-0005 |
| 15 | 沈彦亮 | 民谣吉他 | SMT2020-G-0006 |
| 16 | 陈洋 | 民谣吉他 | SMT2020-G-0007 |
| 17 | 刘伟 | 民谣吉他 | SMT2020-G-0008 |
| 18 | 赵来鹤 | 民谣吉他 | SMT2020-G-0009 |
| 19 | 雷明明 | 民谣吉他 | SMT2020-G-0010 |
| 20 | 刘守亮 | 民谣吉他 | SMT2020-G-0011 |
| 21 | 张浩 | 民谣吉他 | SMT2020-G-0012 |
| 22 | 张育齐 | 民谣吉他 | SMT2020-G-0013 |
| 23 | 陈艺淏 | 民谣吉他 | SMT2020-G-0014 |
| 24 | 徐颖慧 | 民谣吉他 | SMT2020-G-0015 |

续表

| 序号 | 姓名 | 专业 | 证书编号 |
|---|---|---|---|
| 25 | 陈国玮 | 民谣吉他 | SMT2020-G-0016 |
| 26 | 金佳妮 | 民谣吉他 | SMT2020-G-0017 |
| 27 | 谢飞 | 民谣吉他 | SMT2020-G-0018 |
| 28 | 林道龙 | 指弹 | SMT2020-G-0019 |
| 29 | 张英驰 | 电吉他 | SMT2020-EG-0001 |
| 30 | 廖雷雷 | 电吉他 | SMT2020-EG-0002 |
| 31 | 王少冬 | 电吉他 | SMT2020-EG-0003 |
| 32 | 李俊青 | 电吉他 | SMT2020-EG-0004 |

| 序号 | 姓名 | 专业 | 证书编号 |
|---|---|---|---|
| 33 | 周世春 | 电吉他 | SMT2020-EG-0005 |
| 34 | 赵昕 | 贝斯 | SMT2020-B-0001 |
| 35 | 阮栋 | 贝斯 | SMT2020-B-0002 |
| 36 | 卢梦龙 | 贝斯 | SMT2020-B-0003 |
| 37 | 马玉秀 | 贝斯 | SMT2020-B-0004 |
| 38 | 乔满娴 | 尤克里里 | SMT2020-U-0001 |
| 39 | 潘永标 | 尤克里里 | SMT2020-U-0002 |

## 2019 年 12 月雅特音乐师资培训信息

| 序号 | 姓名 | 专业 | 证书编号 |
|---|---|---|---|
| 1 | 邓素菁 | 民谣吉他 | SMT2020-G-0027 |
| 2 | 袁豪熙 | 民谣吉他 | SMT2020-G-0028 |
| 3 | 闫雪赛 | 民谣吉他 | SMT2020-G-0029 |
| 4 | 刘忠席 | 民谣吉他 | SMT2020-G-0030 |
| 5 | 唐芙蓉 | 民谣吉他 | SMT2020-G-0031 |
| 6 | 肖羽宸 | 民谣吉他 | SMT2020-G-0032 |
| 7 | 马滔 | 民谣吉他 | SMT2020-G-0033 |
| 8 | 肖鸣 | 吉他 | SMT2020-G-0034 |
| 9 | 李争 | 电吉他 | SMT2019-EG-0070 |
| 10 | 张志松 | 民谣吉他 | SMT2020-G-0035 |
| 11 | 李浩 | 指弹吉他 | SMT2020-G-0036 |
| 12 | 温涛 | 民谣吉他 | SMT2020-G-0037 |
| 13 | 侯大勇 | 民谣吉他 | SMT2020-G-0038 |

| 序号 | 姓名 | 专业 | 证书编号 |
|---|---|---|---|
| 14 | 李熠 | 吉他 | SMT2020-G-0039 |
| 15 | 刘志民 | 民谣吉他 | SMT2020-G-0040 |
| 16 | 沈凡杰 | 吉他 | SMT2020-G-0041 |
| 17 | 姚海龙 | 电吉他 | SMT2019-EG-0071 |
| 18 | 石阳 | 民谣吉他 | SMT2020-G-0042 |
| 19 | 姚磊 | 电吉他 | SMT2019-EG-0072 |
| 20 | 刘勇 | 民谣吉他 | SMT2020-G-0043 |
| 21 | 周子栋 | 民谣吉他 | SMT2020-G-0044 |
| 22 | 张冬森 | 吉他 | SMT2020-G-0045 |
| 23 | 唐美芳 | 民谣吉他 | SMT2020-G-0046 |
| 24 | 关志民 | 电吉他 | SMT2019-EG-0073 |
| 25 | 岑兴仪 | 民谣吉他 | SMT2020-G-0047 |
| 26 | 陈天明 | 吉他 | SMT2020-G-0048 |

## 2019 年 12 月过云楼古琴师资培训信息

| 序号 | 姓名 | 专业 | 证书编号 |
|---|---|---|---|
| 1 | 王鹏 | 古琴 | SMT2020-CZ 0001 |
| 2 | 于鸿嵋 | 古琴 | SMT2020-CZ 0002 |
| 3 | 廉秀玲 | 古琴 | SMT2020-CZ 0003 |
| 4 | 要艳菊 | 古琴 | SMT2020-CZ 0004 |
| 5 | 黄小燕 | 古琴 | SMT2020-CZ 0005 |

| 序号 | 姓名 | 专业 | 证书编号 |
|---|---|---|---|
| 6 | 宋华芹 | 古琴 | SMT2020-CZ 0006 |
| 7 | 刘金娟 | 古琴 | SMT2020-CZ 0007 |
| 8 | 屈齐 | 古琴 | SMT2020-CZ 0008 |
| 9 | 李思睿 | 古琴 | SMT2020-CZ 0009 |

## 2020 年 3 月“笛友之家”师资培训

| 序号 | 姓名 | 专业 | 证书编号 |
|---|---|---|---|
| 1 | 韩永胜 | 竹笛 | SMT2020–BF–0002 |
| 2 | 吴东针 | 葫芦丝 | SMT2020–CF–0001 |
| 3 | 陈斌斌 | 葫芦丝 | SMT2020–CF–0002 |
| 4 | 金芳 | 葫芦丝 | SMT2020–CF–0003 |
| 5 | 王俊杰 | 葫芦丝 | SMT2020–CF–0004 |
| 6 | 杨农高 | 葫芦丝 | SMT2020–CF–0005 |
| 7 | 张伯佳 | 竹笛 | SMT2020–BF–0002 |
| 8 | 吴辉 | 箫 | SMT2020–VBF–0001 |

| 序号 | 姓名 | 专业 | 证书编号 |
|---|---|---|---|
| 9 | 廖万波 | 箫 | SMT2020–VBF–0002 |
| 10 | 陈乃伟 | 箫 | SMT2020–VBF–0003 |
| 11 | 叶园生 | 箫 | SMT2020–VBF–0004 |
| 12 | 蔡旦庆 | 箫 | SMT2020–VBF–0005 |
| 13 | 余康 | 箫 | SMT2020–VBF–0006 |
| 14 | 田少丰 | 竹笛 | SMT2020–BF–0003 |
| 15 | 惠燕妮 | 非洲鼓（手鼓） | SMT2020–DJ–0055 |

## 2020 年 4 月河北蓝致音乐师资培训

| 序号 | 姓名 | 专业 | 证书编号 |
|---|---|---|---|
| 1 | 白宝柱 | 打击乐 | SMT2020–DJ–0001 |
| 2 | 曹乾越 | 打击乐 | SMT2020–DJ–0002 |
| 3 | 陈鹏 | 打击乐 | SMT2020–DJ–0003 |
| 4 | 冯宇星 | 打击乐 | SMT2020–DJ–0004 |
| 5 | 高维 | 打击乐 | SMT2020–DJ–0005 |
| 6 | 关仕廉 | 打击乐 | SMT2020–DJ–0006 |
| 7 | 郭赛 | 打击乐 | SMT2020–DJ–0007 |
| 8 | 郭晓燕 | 打击乐 | SMT2020–DJ–0008 |
| 9 | 何友鹏 | 打击乐 | SMT2020–DJ–0009 |
| 10 | 洪志钟 | 打击乐 | SMT2020–DJ–0010 |
| 11 | 金正强 | 打击乐 | SMT2020–DJ–0011 |
| 12 | 柯钧 | 打击乐 | SMT2020–DJ–0012 |
| 13 | 雷宇 | 打击乐 | SMT2020–DJ–0013 |
| 14 | 李方亮 | 打击乐 | SMT2020–DJ–0014 |
| 15 | 李辉 | 打击乐 | SMT2020–DJ–0015 |
| 16 | 李磊 | 打击乐 | SMT2020–DJ–0016 |
| 17 | 李伟 | 打击乐 | SMT2020–DJ–0017 |
| 18 | 林泓宇 | 打击乐 | SMT2020–DJ–0018 |
| 19 | 刘爽爽 | 打击乐 | SMT2020–DJ–0019 |
| 20 | 逯志东 | 打击乐 | SMT2020–DJ–0020 |
| 21 | 牛小林 | 打击乐 | SMT2020–DJ–0021 |
| 22 | 彭子为 | 打击乐 | SMT2020–DJ–0022 |

| 序号 | 姓名 | 专业 | 证书编号 |
|---|---|---|---|
| 23 | 任亮 | 打击乐 | SMT2020–DJ–0023 |
| 24 | 孙亮 | 打击乐 | SMT2020–DJ–0024 |
| 25 | 孙思亮 | 打击乐 | SMT2020–DJ–0025 |
| 26 | 唐冠勇 | 打击乐 | SMT2020–DJ–0026 |
| 27 | 腾龙 | 打击乐 | SMT2020–DJ–0027 |
| 28 | 王吉利 | 打击乐 | SMT2020–DJ–0028 |
| 29 | 王庆 | 打击乐 | SMT2020–DJ–0029 |
| 30 | 王阳 | 打击乐 | SMT2020–DJ–0030 |
| 31 | 武家宇 | 打击乐 | SMT2020–DJ–0031 |
| 32 | 何万瑞 | 打击乐 | SMT2020–DJ–0032 |
| 33 | 朱祉旭 | 打击乐 | SMT2020–DJ–0033 |
| 34 | 张保 | 打击乐 | SMT2020–DJ–0034 |
| 35 | 薛智 | 打击乐 | SMT2020–DJ–0035 |
| 36 | 杨大群 | 打击乐 | SMT2020–DJ–0036 |
| 37 | 杨德帅 | 打击乐 | SMT2020–DJ–0037 |
| 38 | 张旭 | 打击乐 | SMT2020–DJ–0038 |
| 39 | 赵伟 | 打击乐 | SMT2020–DJ–0039 |
| 40 | 赵伟然 | 打击乐 | SMT2020–DJ–0040 |
| 41 | 赵栩玮 | 打击乐 | SMT2020–DJ–0041 |
| 42 | 周志丹 | 打击乐 | SMT2020–DJ–0042 |
| 43 | 朱江 | 打击乐 | SMT2020–DJ–0043 |
| 44 | 左支龙 | 打击乐 | SMT2020–DJ–0044 |

续表

| 序号 | 姓名 | 专业 | 证书编号 |
|---|---|---|---|
| 45 | 张航 | 打击乐 | SMT2020-DJ-0045 |
| 46 | 刘玉玲 | 钢琴 | SMT2020-P-0066 |
| 47 | 张航 | 钢琴 | SMT2020-P-0067 |
| 48 | 刘超悦 | 古筝 | SMT2020-GZ-0005 |
| 49 | 刘美妍 | 古筝 | SMT2020-GZ-0006 |
| 50 | 叶叶 | 古筝 | SMT2020-GZ-0007 |
| 51 | 金正强 | 吉他 | SMT2020-G-0049 |
| 52 | 李函语 | 吉他 | SMT2020-G-0050 |
| 53 | 刘亚飞 | 吉他 | SMT2020-G-0051 |
| 54 | 牛国伟 | 吉他 | SMT2020-G-0052 |
| 55 | 史迎春 | 吉他 | SMT2020-G-0053 |
| 56 | 万方杰 | 吉他 | SMT2020-G-0054 |
| 57 | 王庆 | 吉他 | SMT2020-G-0055 |

| 序号 | 姓名 | 专业 | 证书编号 |
|---|---|---|---|
| 58 | 王亚辉 | 吉他 | SMT2020-G-0056 |
| 59 | 张益铭 | 吉他 | SMT2020-G-0057 |
| 60 | 张宇 | 吉他 | SMT2020-G-0058 |
| 61 | 白赞 | 打击乐 | SMT2020-DJ-0046 |
| 62 | 赵轩 | 钢琴 | SMT2020-P-0068 |
| 63 | 刘唯杰 | 打击乐 | SMT2020-DJ-0047 |
| 64 | 田洋 | 吉他 | SMT2020-G-0059 |
| 65 | 万子霖 | 打击乐 | SMT2020-DJ-0048 |
| 66 | 赵丽锋 | 打击乐 | SMT2020-DJ-0049 |
| 67 | 陆振玺 | 打击乐 | SMT2020-DJ-0050 |
| 68 | 沈悦晟 | 吉他 | SMT2020-G-0060 |
| 69 | 牛大伟 | 吉他 | SMT2020-G-0061 |

## 2020年5月河北蓝致音乐师资培训

| 序号 | 姓名 | 专业 | 证书编号 |
|---|---|---|---|
| 1 | 薛伯阳 | 贝司 | SMT2020-B-0005 |
| 2 | 陈柏名 | 打击乐 | SMT2020-DJ-0050 |
| 3 | 高艺 | 打击乐 | SMT2020-DJ-0051 |
| 4 | 何子豪 | 打击乐 | SMT2020-DJ-0052 |
| 5 | 蒋好 | 打击乐 | SMT2020-DJ-0053 |
| 6 | 黎艺明 | 打击乐 | SMT2020-DJ-0054 |
| 7 | 李秀 | 打击乐 | SMT2020-DJ-0055 |
| 8 | 梁民 | 打击乐 | SMT2020-DJ-0056 |
| 9 | 刘宏贵 | 打击乐 | SMT2020-DJ-0057 |
| 10 | 史永康 | 打击乐 | SMT2020-DJ-0058 |
| 11 | 王婵 | 打击乐 | SMT2020-DJ-0059 |
| 12 | 王立华 | 打击乐 | SMT2020-DJ-0060 |
| 13 | 王志敏 | 打击乐 | SMT2020-DJ-0061 |
| 14 | 吴志伟 | 打击乐 | SMT2020-DJ-0062 |
| 15 | 徐硕 | 打击乐 | SMT2020-DJ-0063 |
| 16 | 杨林森 | 打击乐 | SMT2020-DJ-0064 |
| 17 | 杨毓琨 | 打击乐 | SMT2020-DJ-0065 |

| 序号 | 姓名 | 专业 | 证书编号 |
|---|---|---|---|
| 18 | 张义晨 | 打击乐 | SMT2020-DJ-0066 |
| 19 | 张颖慧 | 打击乐 | SMT2020-DJ-0067 |
| 20 | 钟立敏 | 打击乐 | SMT2020-DJ-0068 |
| 21 | 李娜 | 钢琴 | SMT2020-P-0068 |
| 22 | 张永清 | 钢琴 | SMT2020-P-0069 |
| 23 | 郑文信 | 钢琴 | SMT2020-P-0070 |
| 24 | 曹阳 | 电吉他 | SMT2019-EG-0074 |
| 25 | 陈春满 | 电吉他 | SMT2019-EG-0075 |
| 26 | 崔剑 | 吉他 | SMT2020-G-0062 |
| 27 | 冯炜 | 电吉他 | SMT2019-EG-0076 |
| 28 | 付文鑫 | 吉他 | SMT2020-G-0063 |
| 29 | 黄聪 | 民谣吉他 | SMT2020-G-0064 |
| 30 | 黄楷 | 电吉他 | SMT2019-EG-0077 |
| 31 | 黄宇科 | 古典吉他 | SMT2020-G-0065 |
| 32 | 孔祥杰 | 吉他 | SMT2020-G-0066 |
| 33 | 邱磊 | 吉他 | SMT2020-G-0067 |
| 34 | 苏宏斌 | 电吉他 | SMT2019-EG-0078 |

续表

| 序号 | 姓名 | 专业 | 证书编号 |
|---|---|---|---|
| 35 | 肖华海 | 吉他 | SMT2020-G-0068 |
| 36 | 谢松松 | 民谣吉他 | SMT2020-G-0069 |
| 37 | 徐永聪 | 吉他 | SMT2020-G-0070 |
| 38 | 杨狱琨 | 电吉他 | SMT2019-EG-0079 |
| 39 | 叶培茂 | 吉他 | SMT2020-G-0071 |
| 40 | 钟旭东 | 电吉他 | SMT2019-EG-0080 |

| 序号 | 姓名 | 专业 | 证书编号 |
|---|---|---|---|
| 41 | 钟旭东 | 古典吉他 | SMT2020-G-0072 |
| 42 | 钟旭东 | 民谣吉他 | SMT2020-G-0073 |
| 43 | 宗芳 | 古典吉他 | SMT2020-G-0074 |
| 44 | 李克难 | 声乐 | SMT2020-VM-0001 |
| 45 | 包艺丽 | 长笛 | SMT2020-F-0001 |
| 46 | 黄磊 | 打击乐 | SMT2020-DJ-0054 |

## 2020 年 5 月东方口琴培训信息

| 序号 | 姓名 | 专业 | 证书编号 |
|---|---|---|---|
| 1 | 陆凯煜 | 口琴 | SMT2020-H-0001 |
| 2 | 高一鸣 | 口琴 | SMT2020-H-0002 |
| 3 | 郁培培 | 口琴 | SMT2020-H-0003 |

| 序号 | 姓名 | 专业 | 证书编号 |
|---|---|---|---|
| 4 | 李佳 | 口琴 | SMT2020-H-0004 |
| 5 | 戴伟浩 | 口琴 | SMT2020-H-0005 |

## 2020 年 5 月江苏小提琴（中级）培训

| 序号 | 姓 名 | 专业 | 证书编号 |
|---|---|---|---|
| 1 | 吕镛 | 小提琴 | SMT2020-V-0001 |
| 2 | 王桦 | 小提琴 | SMT2020-V-0002 |
| 3 | 郭静 | 小提琴 | SMT2020-V-0003 |
| 4 | 芮柯 | 小提琴 | SMT2020-V-0004 |
| 5 | 王晴晴 | 小提琴 | SMT2020-V-0005 |
| 6 | 张枢航 | 小提琴 | SMT2020-V-0006 |

| 序号 | 姓 名 | 专业 | 证书编号 |
|---|---|---|---|
| 7 | 石珺滢 | 小提琴 | SMT2020-V-0007 |
| 8 | 李茵 | 小提琴 | SMT2020-V-0008 |
| 9 | 申芷菱 | 小提琴 | SMT2020-V-0009 |
| 10 | 刘俊 | 小提琴 | SMT2020-V-0010 |
| 11 | 张乐 | 小提琴 | SMT2020-V-0011 |
| 12 | 刘晶晶 | 小提琴 | SMT2020-V-0012 |

## 2020 年 6 月河北蓝致音乐师资培训

| 序号 | 姓名 | 专业 | 证书编号 |
|---|---|---|---|
| 1 | 李晋泉 | 打击乐 | SMT2020-DJ-0055 |
| 2 | 马俊明 | 打击乐 | SMT2020-DJ-0056 |
| 3 | 王卓敏 | 打击乐 | SMT2020-DJ-0057 |
| 4 | 王亮 | 打击乐 | SMT2020-DJ-0058 |
| 5 | 代海涛 | 打击乐 | SMT2020-DJ-0059 |
| 6 | 杜磊 | 打击乐 | SMT2020-DJ-0060 |
| 7 | 杜凌 | 打击乐 | SMT2020-DJ-0061 |

| 序号 | 姓名 | 专业 | 证书编号 |
|---|---|---|---|
| 8 | 郭建呈 | 打击乐 | SMT2020-DJ-0062 |
| 9 | 姬利萍 | 打击乐 | SMT2020-DJ-0063 |
| 10 | 姜晓 | 打击乐 | SMT2020-DJ-0064 |
| 11 | 李婧 | 打击乐 | SMT2020-DJ-0065 |
| 12 | 李全胜 | 打击乐 | SMT2020-DJ-0066 |
| 13 | 李运韬 | 打击乐 | SMT2020-DJ-0067 |
| 14 | 林特立 | 打击乐 | SMT2020-DJ-0068 |

续表

| 序号 | 姓名 | 专业 | 证书编号 |
|---|---|---|---|
| 15 | 林骁 | 打击乐 | SMT2020-DJ-0069 |
| 16 | 刘慧杰 | 打击乐 | SMT2020-DJ-0070 |
| 17 | 刘明辉 | 打击乐 | SMT2020-DJ-0071 |
| 18 | 刘晓庆 | 打击乐 | SMT2020-DJ-0072 |
| 19 | 马月新 | 打击乐 | SMT2020-DJ-0073 |
| 20 | 莫世荣 | 打击乐 | SMT2020-DJ-0074 |
| 21 | 潘明锐 | 打击乐 | SMT2020-DJ-0075 |
| 22 | 宋晨 | 打击乐 | SMT2020-DJ-0076 |
| 23 | 吴挺辉 | 打击乐 | SMT2020-DJ-0077 |
| 24 | 杨国才 | 打击乐 | SMT2020-DJ-0078 |
| 25 | 杨灏翰 | 打击乐 | SMT2020-DJ-0079 |
| 26 | 杨静超 | 打击乐 | SMT2020-DJ-0080 |
| 27 | 杨凯新 | 打击乐 | SMT2020-DJ-0081 |
| 28 | 杨雪萍 | 打击乐 | SMT2020-DJ-0082 |
| 29 | 张新建 | 打击乐 | SMT2020-DJ-0083 |
| 30 | 张政 | 打击乐 | SMT2020-DJ-0084 |
| 31 | 吴一凡 | 钢琴 | SMT2020-P-0069 |
| 32 | 杨雪萍 | 钢琴 | SMT2020-P-0070 |
| 33 | 张信鸽 | 钢琴 | SMT2020-P-0071 |
| 34 | 郑传备 | 钢琴 | SMT2020-P-0072 |
| 35 | 曾雪雪 | 吉他 | SMT2020-G-0059 |
| 36 | 陈云升 | 电吉他 | SMT2020-G-0060 |
| 37 | 冯龙 | 吉他 | SMT2020-G-0061 |

| 序号 | 姓名 | 专业 | 证书编号 |
|---|---|---|---|
| 38 | 姬利萍 | 民谣吉他 | SMT2020-G-0062 |
| 39 | 姜龙居 | 吉他 | SMT2020-G-0063 |
| 40 | 居华鑫 | 吉他 | SMT2020-G-0064 |
| 41 | 亢琪 | 民谣吉他 | SMT2020-G-0065 |
| 42 | 李郅强 | 吉他 | SMT2020-G-0066 |
| 43 | 李宗键 | 电吉他 | SMT2020-G-0067 |
| 44 | 刘淑娟 | 吉他 | SMT2020-G-0068 |
| 45 | 罗三一 | 民谣吉他 | SMT2020-G-0069 |
| 46 | 王小墙 | 电吉他 | SMT2020-G-0070 |
| 47 | 夏文翰 | 古典吉他 | SMT2020-G-0071 |
| 48 | 许文前 | 吉他 | SMT2020-G-0072 |
| 49 | 杨静超 | 电吉他 | SMT2020-G-0073 |
| 50 | 杨昭武 | 木吉他 | SMT2020-G-0074 |
| 51 | 张敦贤 | 指弹吉他 | SMT2020-G-0075 |
| 52 | 张鹤 | 吉他 | SMT2020-G-0076 |
| 53 | 张文献 | 吉他 | SMT2020-G-0077 |
| 54 | 张泽辉 | 民谣吉他 | SMT2020-G-0078 |
| 55 | 朱家成 | 吉他 | SMT2020-G-0079 |
| 56 | 张雨 | 琵琶 | SMT2020-PP-0001 |
| 57 | 秦祥飞 | 萨克斯 | SMT2020-SP-0001 |
| 58 | 王文奇 | 声乐 | SMT2020-VM-0001 |
| 59 | 辛煜坤 | 竹笛 | SMT2020-BF-0003 |

## 2020 年 6 月雅特师资培

| 序号 | 姓名 | 专业 | 证书编号 |
|---|---|---|---|
| 1 | 孙宏桥 | 民谣吉他 | SMT2020-G-0080 |
| 2 | 张雷 | 民谣吉他 | SMT2020-G-0081 |
| 3 | 郭微 | 民谣吉他 | SMT2020-G-0082 |
| 4 | 伍声东 | 民谣吉他 | SMT2020-G-0083 |
| 5 | 熊云军 | 民谣吉他 | SMT2020-G-0084 |
| 6 | 刘瑞贤 | 吉他 | SMT2020-G-0085 |
| 7 | 史磊 | 电吉他 | SMT2020-EG-0001 |

| 序号 | 姓名 | 专业 | 证书编号 |
|---|---|---|---|
| 8 | 肖朔愿 | 电吉他 | SMT2020-EG-0002 |
| 9 | 何杰 | 电吉他 | SMT2020-EG-0003 |
| 10 | 耿亮 | 电吉他 | SMT2020-EG-0004 |
| 11 | 马铁 | 电吉他 | SMT2020-EG-0005 |
| 12 | 陈金华 | 电吉他 | SMT2020-EG-0006 |
| 13 | 李炫 | 电吉他 | SMT2020-EG-0007 |
| 14 | 胡琦丰 | 电吉他 | SMT2020-EG-0008 |

续表

| 序号 | 姓名 | 专业 | 证书编号 |
|---|---|---|---|
| 15 | 张光良 | 电吉他 | SMT2020-EG-0009 |
| 16 | 陈航 | 电吉他 | SMT2020-EG-0011 |
| 17 | 刘宏基 | 电吉他 | SMT2020-EG-0012 |
| 18 | 刘宏伟 | 电吉他 | SMT2020-EG-0013 |
| 19 | 杨飞 | 电吉他 | SMT2020-EG-0014 |
| 20 | 朱坤伦 | 电吉他 | SMT2020-EG-0015 |
| 21 | 邱志刚 | 架子鼓 | SMT2020-DJ-0084 |
| 22 | 邓静 | 架子鼓 | SMT2020-DJ-0085 |
| 23 | 张华锋 | 架子鼓 | SMT2020-DJ-0086 |
| 24 | 多昱桥 | 架子鼓 | SMT2020-DJ-0072 |
| 25 | 王雷 | 爵士鼓 | SMT2020-DJ-0087 |
| 26 | 王现伟 | 爵士鼓 | SMT2020-DJ-0088 |
| 27 | 葛俊力 | 爵士鼓 | SMT2020-DJ-0089 |
| 28 | 陆科旭 | 爵士鼓 | SMT2020-DJ-0090 |
| 29 | 员菁 | 钢琴 | SMT2020-P-0073 |
| 30 | 刘莎 | 钢琴 | SMT2020-P-0074 |
| 31 | 贾檬 | 钢琴 | SMT2020-P-0075 |
| 32 | 侯丽洁 | 钢琴 | SMT2020-P-0076 |
| 33 | 王婵 | 钢琴 | SMT2020-P-0077 |
| 34 | 李鹏亮 | 电吉他 | SMT2019-EG-0053 |
| 35 | 廖同标 | 吉他 | SMT2020-G-0086 |
| 36 | 郑旭 | 吉他 | SMT2020-G-0087 |
| 37 | 黄志超 | 吉他 | SMT2020-G-0088 |
| 38 | 杨浩彬 | 吉他 | SMT2020-G-0089 |
| 39 | 宋汝明 | 吉他 | SMT2020-G-0090 |
| 40 | 丁昊祺 | 吉他 | SMT2020-G-0091 |
| 41 | 孙焱萍 | 钢琴 | SMT2020-P-0078 |
| 42 | 吴鹏 | 民谣吉他 | SMT2020-G-0092 |
| 43 | 黄崇庆 | 民谣吉他 | SMT2020-G-0093 |
| 44 | 赵正业 | 电吉他 | SMT2019-EG-0054 |
| 45 | 范宝利 | 电吉他 | SMT2019-EG-0055 |
| 46 | 范俊艺 | 电吉他 | SMT2019-EG-0056 |
| 47 | 屈洋 | 架子鼓 | SMT2020-DJ-0091 |
| 48 | 张丰淇 | 架子鼓 | SMT2020-DJ-0092 |
| 49 | 王秋玉 | 电吉他 | SMT2019-EG-0057 |
| 50 | 王钢 | 电吉他 | SMT2019-EG-0058 |
| 51 | 张庆功 | 电吉他 | SMT2019-EG-0059 |

## 2020 年 6 月笛友之家师资培训

| 序号 | 姓名 | 专业 | 证书编号 |
|---|---|---|---|
| 1 | 向象 | 竹笛 | SMT2020-BF-0005 |
| 2 | 熊波 | 竹笛 | SMT2020-BF-0006 |
| 3 | 李卫其 | 竹笛 | SMT2020-BF-0007 |

## 2020 年 6 月河北蓝致师资培训

| 序号 | 姓名 | 专业 | 证书编号 |
|---|---|---|---|
| 1 | 张丽娜 | 打击乐 | SMT2020-DJ-0091 |
| 2 | 沈阳 | 打击乐 | SMT2020-DJ-0092 |
| 3 | 高超 | 打击乐 | SMT2020-DJ-0093 |
| 4 | 刘百惠 | 打击乐 | SMT2020-DJ-0094 |
| 5 | 郝卫东 | 打击乐 | SMT2020-DJ-0095 |
| 6 | 梁旭 | 打击乐 | SMT2020-DJ-0096 |
| 7 | 黄滨 | 打击乐 | SMT2020-DJ-0097 |
| 8 | 尚梦雅 | 打击乐 | SMT2020-DJ-0098 |
| 9 | 叶熙 | 打击乐 | SMT2020-DJ-0099 |
| 10 | 陈格 | 打击乐 | SMT2020-DJ-0100 |

续表

| 序号 | 姓名 | 专业 | 证书编号 |
|---|---|---|---|
| 11 | 陈俊 | 打击乐 | SMT2020-DJ-0101 |
| 12 | 陈秀敏 | 打击乐 | SMT2020-DJ-0102 |
| 13 | 陈选龙 | 打击乐 | SMT2020-DJ-0103 |
| 14 | 何东林 | 打击乐 | SMT2020-DJ-0104 |
| 15 | 胡庆辉 | 打击乐 | SMT2020-DJ-0105 |
| 16 | 黄辉 | 打击乐 | SMT2020-DJ-0106 |
| 17 | 来刚军 | 打击乐 | SMT2020-DJ-0107 |
| 18 | 李培浩 | 打击乐 | SMT2020-DJ-0108 |
| 19 | 李阳 | 打击乐 | SMT2020-DJ-0109 |
| 20 | 李印 | 打击乐 | SMT2020-DJ-0110 |
| 21 | 梁谊佳 | 打击乐 | SMT2020-DJ-0111 |
| 22 | 潘攀 | 打击乐 | SMT2020-DJ-0112 |
| 23 | 庞大俊 | 打击乐 | SMT2020-DJ-0113 |
| 24 | 双小三 | 打击乐 | SMT2020-DJ-0114 |
| 25 | 孙婧雯 | 打击乐 | SMT2020-DJ-0115 |
| 26 | 王滔 | 打击乐 | SMT2020-DJ-0116 |
| 27 | 王卫珍 | 爵士鼓 | SMT2020-DJ-0117 |
| 28 | 王雪 | 打击乐 | SMT2020-DJ-0118 |
| 29 | 王志 | 打击乐 | SMT2020-DJ-0119 |
| 30 | 王志勇 | 爵士鼓 | SMT2020-DJ-0120 |
| 31 | 杨会峰 | 打击乐 | SMT2020-DJ-0121 |
| 32 | 尤洪振 | 打击乐 | SMT2020-DJ-0122 |
| 33 | 赵鑫隆 | 爵士鼓 | SMT2020-DJ-0123 |
| 34 | 岳二旺 | 电子琴 | SMT2020-P-0079 |
| 35 | 戈林 | 钢琴 | SMT2020-P-0080 |
| 36 | 马燕珍 | 钢琴 | SMT2020-P-0081 |
| 37 | 王菲 | 钢琴 | SMT2020-P-0082 |
| 38 | 吴云云 | 钢琴 | SMT2020-P-0083 |
| 39 | 许潇尹 | 钢琴 | SMT2020-P-0084 |
| 40 | 曹成政 | 民谣吉他 | SMT2020-G-0092 |

| 序号 | 姓名 | 专业 | 证书编号 |
|---|---|---|---|
| 41 | 高兴兴 | 电吉他 | SMT2020-G-0093 |
| 42 | 龚光辉 | 吉他 | SMT2020-G-0094 |
| 43 | 胡伟 | 吉他 | SMT2020-G-0095 |
| 44 | 黄俊银 | 电吉他 | SMT2020-G-0096 |
| 45 | 李昂 | 吉他 | SMT2020-G-0097 |
| 46 | 李东 | 吉他 | SMT2020-G-0098 |
| 47 | 李浩冉 | 吉他 | SMT2020-G-0099 |
| 48 | 李莉 | 尤克里里 | SMT2020-G-0100 |
| 49 | 李娴 | 民谣吉他 | SMT2020-G-0101 |
| 50 | 刘建伟 | 吉他 | SMT2020-G-0102 |
| 51 | 马文杰 | 吉他 | SMT2020-G-0103 |
| 52 | 潘攀 | 民谣吉他 | SMT2020-G-0104 |
| 53 | 钱志晟 | 吉他 | SMT2020-G-0105 |
| 54 | 史艳雯 | 吉他 | SMT2020-G-0106 |
| 55 | 双岩坐 | 吉他 | SMT2020-G-0107 |
| 56 | 苏重远 | 民谣吉他 | SMT2020-G-0108 |
| 57 | 田帅帅 | 吉他 | SMT2020-G-0109 |
| 58 | 王晓军 | 吉他 | SMT2020-G-0110 |
| 59 | 王旭 | 木吉他 | SMT2020-G-0111 |
| 60 | 杨春凤 | 吉他 | SMT2020-G-0112 |
| 61 | 张贵英 | 民谣吉他 | SMT2020-G-0113 |
| 62 | 张建疆 | 民谣吉他 | SMT2020-G-0114 |
| 63 | 张艺恒 | 吉他 | SMT2020-G-0115 |
| 64 | 周雅静 | 民谣吉他 | SMT2020-G-0116 |
| 65 | 景岩保旺 | 声乐 | SMT2020-VM-0001 |
| 66 | 石美华 | 声乐 | SMT2020-VM-0002 |
| 67 | 唐华涛 | 声乐 | SMT2020-VM-0003 |
| 68 | 冯沅 | 小提琴 | SMT2020-V-0013 |
| 69 | 黄山 | 小提琴 | SMT2020-V-0014 |

## 2020 年 6 月银河民乐师资培训

| 序号 | 姓名 | 专业 | 证书编号 |
|---|---|---|---|
| 1 | 王炳秀 | 二胡 | SMT2020-EH-0014 |

| 序号 | 姓名 | 专业 | 证书编号 |
|---|---|---|---|
| 2 | 梁亦川 | 二胡 | SMT2020-EH-0015 |

## 2020 年 6 月世音百纳培训

| 序号 | 姓名 | 专业 | 证书编号 |
|---|---|---|---|
| 1 | 李文新 | 钢琴 | SMT2020-P-0085 |
| 2 | 麻圣明 | 钢琴表演 | SMT2020-P-0086 |
| 3 | 魏子涓 | 钢琴 | SMT2020-P-0087 |
| 4 | 张菊华 | 钢琴 | SMT2020-P-0088 |
| 5 | 吴苏涛 | 钢琴 | SMT2020-P-0089 |
| 6 | 徐奇恩 | 钢琴 | SMT2020-P-0090 |
| 7 | 曹露露 | 钢琴 | SMT2020-P-0091 |
| 8 | 苏玮玥 | 钢琴 | SMT2020-P-0092 |
| 9 | 徐丹妮 | 钢琴 | SMT2020-P-0093 |
| 10 | 王立硕 | 钢琴 | SMT2020-P-0094 |
| 11 | 翁琼华 | 钢琴 | SMT2020-P-0095 |
| 12 | 杨鹤怡 | 钢琴 | SMT2020-P-0096 |
| 13 | 王雨 | 钢琴 | SMT2020-P-0097 |
| 14 | 王瑾 | 钢琴 | SMT2020-P-0098 |
| 15 | 代雅琴 | 钢琴 | SMT2020-P-0099 |
| 16 | 徐雨亭 | 钢琴 | SMT2020-P-0100 |
| 17 | 陶雅玲 | 钢琴 | SMT2020-P-0101 |
| 18 | 万洪艳 | 钢琴 | SMT2020-P-0102 |
| 19 | 刘丰 | 钢琴 | SMT2020-P-0103 |
| 20 | 仲逸群 | 钢琴 | SMT2020-P-0104 |
| 21 | 闫政 | 钢琴 | SMT2020-P-0105 |
| 22 | 乔娜 | 钢琴 | SMT2020-P-0106 |

| 序号 | 姓名 | 专业 | 证书编号 |
|---|---|---|---|
| 23 | 李晋溢 | 钢琴 | SMT2020-P-0107 |
| 24 | 庞海霞 | 钢琴 | SMT2020-P-0108 |
| 25 | 周子荣 | 钢琴 | SMT2020-P-0109 |
| 26 | 郭泽琳 | 钢琴 | SMT2020-P-0110 |
| 27 | 王晓乐 | 钢琴 | SMT2020-P-0111 |
| 28 | 刘敏 | 钢琴 | SMT2020-P-0112 |
| 29 | 张咪咪 | 钢琴 | SMT2020-P-0113 |
| 30 | 曹佳玮 | 钢琴 | SMT2020-P-0114 |
| 31 | 王晓彤 | 古筝 | SMT2020-GZ-0005 |
| 32 | 陈梓尧 | 古筝 | SMT2020-GZ-0006 |
| 33 | 王天瑞 | 古筝 | SMT2020-GZ-0007 |
| 34 | 张姝 | 古筝 | SMT2020-GZ-0008 |
| 35 | 张少丹 | 古筝 | SMT2020-GZ-0009 |
| 36 | 刘艳妮 | 音乐学 | SMT2020-ME-0002 |
| 37 | 韩晓东 | 爵士鼓 | SMT2020-DJ-0124 |
| 38 | 苏媛 | 音乐教育 | SMT2020-ME-0003 |
| 39 | 王潞 | 琵琶 | SMT2020-PP-0001 |
| 40 | 龚锋博 | 竹笛 | SMT2020-BF-0008 |
| 41 | 钟影 | 葫芦丝 | SMT2020-CF-0006 |
| 42 | 吴秋林 | 萨克斯 | SMT2020-SX-0001 |
| 43 | 孙泽华 | 作曲 | SMT2020-ZQ-0001 |
| 44 | 黄生洋 | 吉他 | SMT2020-G-0117 |

## 2020 年 8 月天津手风琴师资培训信息

| 序号 | 姓名 | 专业 | 证书编号 |
|---|---|---|---|
| 1 | 白芸 | 手风琴 | SMT2020-AC-0001 |
| 2 | 陈涛 | 手风琴 | SMT2020-AC-0002 |
| 3 | 陈曦 | 手风琴 | SMT2020-AC-0003 |
| 4 | 戴梅 | 手风琴 | SMT2020-AC-0004 |
| 5 | 高洁 | 手风琴 | SMT2020-AC-0005 |
| 6 | 高洋 | 手风琴 | SMT2020-AC-0006 |
| 7 | 关香雨 | 手风琴 | SMT2020-AC-0007 |

| 序号 | 姓名 | 专业 | 证书编号 |
|---|---|---|---|
| 8 | 官玉辉 | 手风琴 | SMT2020-AC-0008 |
| 9 | 霍英明 | 手风琴 | SMT2020-AC-0009 |
| 10 | 李阳 | 手风琴 | SMT2020-AC-0010 |
| 11 | 林琳 | 手风琴 | SMT2020-AC-0011 |
| 12 | 刘浩东 | 手风琴 | SMT2020-AC-0012 |
| 13 | 刘佳青 | 手风琴 | SMT2020-AC-0013 |
| 14 | 刘润莲 | 手风琴 | SMT2020-AC-0014 |

续表

| 序号 | 姓名 | 专业 | 证书编号 |
|---|---|---|---|
| 15 | 刘毅 | 手风琴 | SMT2020–AC–0015 |
| 16 | 刘子榛 | 手风琴 | SMT2020–AC–0016 |
| 17 | 罗佼丽 | 手风琴 | SMT2020–AC–0017 |
| 18 | 马国栋 | 手风琴 | SMT2020–AC–0018 |
| 19 | 马晔涛 | 手风琴 | SMT2020–AC–0019 |
| 20 | 曲艳 | 手风琴 | SMT2020–AC–0020 |
| 21 | 苏振 | 手风琴 | SMT2020–AC–0021 |
| 22 | 孙鹏飞 | 手风琴 | SMT2020–AC–0022 |
| 23 | 孙然 | 手风琴 | SMT2020–AC–0023 |
| 24 | 孙伟 | 手风琴 | SMT2020–AC–0024 |
| 25 | 孙章伦 | 手风琴 | SMT2020–AC–0025 |
| 26 | 王铭刚 | 手风琴 | SMT2020–AC–0026 |
| 27 | 王诗语 | 手风琴 | SMT2020–AC–0027 |
| 28 | 王逸佳 | 手风琴 | SMT2020–AC–0028 |
| 29 | 王元 | 手风琴 | SMT2020–AC–0029 |
| 30 | 魏剑波 | 手风琴 | SMT2020–AC–0030 |
| 31 | 魏君贤 | 手风琴 | SMT2020–AC–0031 |
| 32 | 伍震 | 手风琴 | SMT2020–AC–0032 |
| 33 | 杨东方 | 手风琴 | SMT2020–AC–0033 |
| 34 | 杨俊杰 | 手风琴 | SMT2020–AC–0034 |

| 序号 | 姓名 | 专业 | 证书编号 |
|---|---|---|---|
| 35 | 杨宁 | 手风琴 | SMT2020–AC–0035 |
| 36 | 余远雄 | 手风琴 | SMT2020–AC–0036 |
| 37 | 张键 | 手风琴 | SMT2020–AC–0037 |
| 38 | 张鑫 | 手风琴 | SMT2020–AC–0038 |
| 39 | 张羽婵 | 手风琴 | SMT2020–AC–0039 |
| 40 | 赵红宇 | 手风琴 | SMT2020–AC–0040 |
| 41 | 郑欣妍 | 手风琴 | SMT2020–AC–0041 |
| 42 | 郑颖 | 手风琴 | SMT2020–AC–0042 |
| 43 | 周立娟 | 手风琴 | SMT2020–AC–0043 |
| 44 | 李志卿 | 手风琴 | SMT2020–AC–0044 |
| 45 | 张静如 | 手风琴 | SMT2020–AC–0045 |
| 46 | 周朗 | 手风琴 | SMT2020–AC–0046 |
| 47 | 梁伟 | 手风琴 | SMT2020–AC–0047 |
| 48 | 张晨思 | 手风琴 | SMT2020–AC–0048 |
| 49 | 李滋 | 手风琴 | SMT2020–AC–0049 |
| 50 | 谌厚明 | 手风琴 | SMT2020–AC–0050 |
| 51 | 杨耀华 | 手风琴 | SMT2020–AC–0051 |
| 52 | 董静 | 手风琴 | SMT2020–AC–0052 |
| 53 | 叶巍 | 手风琴 | SMT2020–AC–0053 |

## 2020 年 9 月世音百纳教师培训信息

| 序号 | 姓名 | 专业 | 证书编号 |
|---|---|---|---|
| 1 | 陈伶伶 | 钢琴 | SMT2020–P–0121 |
| 2 | 付晶 | 钢琴 | SMT2020–P–0122 |
| 3 | 李雁红 | 钢琴 | SMT2020–P–0123 |
| 4 | 王雪琳 | 钢琴 | SMT2020–P–0124 |
| 5 | 张嘉欣 | 钢琴 | SMT2020–P–0125 |
| 6 | 刘晓晓 | 钢琴 | SMT2020–P–0126 |
| 7 | 曹露露 | 钢琴 | SMT2020–P–0127 |
| 8 | 杨鹤怡 | 钢琴 | SMT2020–P–0128 |
| 9 | 徐雨亭 | 钢琴 | SMT2020–P–0129 |
| 10 | 刘禹凝 | 钢琴 | SMT2020–P–0130 |

| 序号 | 姓名 | 专业 | 证书编号 |
|---|---|---|---|
| 11 | 罗杨 | 钢琴 | SMT2020–P–0131 |
| 12 | 王慧仁 | 钢琴 | SMT2020–P–0132 |
| 13 | 安静 | 钢琴 | SMT2020–P–0133 |
| 14 | 韩恩恩 | 钢琴 | SMT2020–P–0134 |
| 15 | 洪维伶 | 钢琴 | SMT2020–P–0135 |
| 16 | 曹小龙 | 钢琴 | SMT2020–P–0136 |
| 17 | 陈晓彤 | 钢琴 | SMT2020–P–0137 |
| 18 | 曹建东 | 钢琴 | SMT2020–P–0138 |
| 19 | 靖然 | 钢琴 | SMT2020–P–0139 |
| 20 | 刘梦遥 | 钢琴 | SMT2020–P–0140 |

续表

| 序号 | 姓名 | 专业 | 证书编号 |
|---|---|---|---|
| 21 | 黄婷 | 钢琴 | SMT2020–P–0141 |
| 22 | 石美恩 | 钢琴 | SMT2020–P–0142 |
| 23 | 沈锋 | 钢琴 | SMT2020–P–0143 |
| 24 | 童瑞 | 钢琴 | SMT2020–P–0144 |
| 25 | 黄生洋 | 钢琴 | SMT2020–P–0145 |
| 26 | 张嘉玲 | 钢琴 | SMT2020–P–0146 |
| 27 | 仲惠珠 | 钢琴 | SMT2020–P–0147 |
| 28 | 刘佳妮 | 钢琴 | SMT2020–P–0148 |
| 29 | 于英娜 | 钢琴 | SMT2020–P–0149 |
| 30 | 陈佳 | 钢琴 | SMT2020–P–0150 |
| 31 | 陈艳 | 钢琴 | SMT2020–P–0151 |
| 32 | 李金羲 | 钢琴 | SMT2020–P–0152 |
| 33 | 李良华 | 钢琴 | SMT2020–P–0153 |
| 34 | 刘淑辰 | 钢琴 | SMT2020–P–0154 |
| 35 | 吴素君 | 钢琴 | SMT2020–P–0155 |
| 36 | 高倩 | 钢琴 | SMT2020–P–0156 |
| 37 | 陈翔宇 | 钢琴 | SMT2020–P–0157 |
| 38 | 杨家宝 | 钢琴 | SMT2020–P–0158 |
| 39 | 陆思橦 | 钢琴 | SMT2020–P–0159 |
| 40 | 周斌 | 钢琴 | SMT2020–P–0160 |
| 41 | 刘磊 | 钢琴 | SMT2020–P–0161 |
| 42 | 陈诚 | 钢琴 | SMT2020–P–0162 |

| 序号 | 姓名 | 专业 | 证书编号 |
|---|---|---|---|
| 43 | 叶志磊 | 钢琴 | SMT2020–P–0163 |
| 44 | 姜鹏 | 钢琴 | SMT2020–P–0164 |
| 45 | 孙黎光 | 钢琴 | SMT2020–P–0165 |
| 46 | 刘琳 | 钢琴 | SMT2020–P–0166 |
| 47 | 李胜利 | 钢琴 | SMT2020–P–0167 |
| 48 | 胡玲玲 | 钢琴 | SMT2020–P–0168 |
| 49 | 张警化 | 钢琴 | SMT2020–P–0169 |
| 50 | 刘健 | 钢琴 | SMT2020–P–0170 |
| 51 | 马丽 | 音乐教育 | SMT2020–ME–0005 |
| 52 | 蔡龙飞 | 音乐教育 | SMT2020–ME–0006 |
| 53 | 赵瑜 | 音乐教育 | SMT2020–ME–0007 |
| 54 | 张馨月 | 音乐教育 | SMT2020–ME–0008 |
| 55 | 石礼醒 | 音乐教育 | SMT2020–ME–0009 |
| 56 | 桂福洋 | 音乐学 | SMT2020–ME–0004 |
| 57 | 张瑞利 | 音乐学 | SMT2020–ME–0010 |
| 58 | 李嘉铭 | 小提琴 | SMT2020–V–0015 |
| 59 | 刘洁 | 小提琴 | SMT2020–V–0016 |
| 60 | 王龙 | 打击乐 | SMT2020–DJ–0147 |
| 61 | 朱歌旋 | 手风琴 | SMT2020–AC–0054 |
| 62 | 王者 | 古筝 | SMT2020–G–0150 |
| 63 | 张雪梅 | 古筝 | SMT2020–G–0151 |

## 2020 年 8 月蓝致乐器师资培训

| 序号 | 姓名 | 专业 | 证书编号 |
|---|---|---|---|
| 1 | 关淑丽 | 打击乐 | SMT2020–DJ–0124 |
| 2 | 黄俊强 | 打击乐 | SMT2020–DJ–0125 |
| 3 | 李永平 | 打击乐 | SMT2020–DJ–0126 |
| 4 | 刘辰军 | 爵士鼓 | SMT2020–DJ–0127 |
| 5 | 刘恩慧 | 爵士鼓 | SMT2020–DJ–0128 |
| 6 | 权勇 | 打击乐 | SMT2020–DJ–0129 |
| 7 | 孙宗廷 | 打击乐 | SMT2020–DJ–0130 |
| 8 | 王鼎 | 打击乐 | SMT2020–DJ–0131 |

| 序号 | 姓名 | 专业 | 证书编号 |
|---|---|---|---|
| 9 | 王毅丹 | 打击乐 | SMT2020–DJ–0132 |
| 10 | 王营超 | 打击乐 | SMT2020–DJ–0133 |
| 11 | 薛景 | 打击乐 | SMT2020–DJ–0134 |
| 12 | 姚鼎 | 爵士鼓 | SMT2020–DJ–0135 |
| 13 | 张锦 | 打击乐 | SMT2020–DJ–0136 |
| 14 | 张天 | 打击乐 | SMT2020–DJ–0137 |
| 15 | 郑振荣 | 打击乐 | SMT2020–DJ–0138 |
| 16 | 周晶晶 | 打击乐 | SMT2020–DJ–0139 |

续表

| 序号 | 姓名 | 专业 | 证书编号 |
|---|---|---|---|
| 17 | 常瑜捷 | 钢琴 | SMT2020–P–0115 |
| 18 | 彭志霞 | 钢琴 | SMT2020–P–0116 |
| 19 | 韩美芳 | 古筝 | SMT2020–GZ–0010 |
| 20 | 高咏梅 | 葫芦丝 | SMT2020–CF–0007 |
| 21 | 常瑜捷 | 民谣吉他 | SMT2020–G–0118 |
| 22 | 杜鑫 | 电吉他 | SMT2020–G–0119 |
| 23 | 侯文超 | 吉他 | SMT2020–G–0120 |
| 24 | 黄飞鸿 | 吉他 | SMT2020–G–0121 |
| 25 | 黄子珈 | 吉他 | SMT2020–G–0122 |
| 26 | 李万强 | 吉他 | SMT2020–G–0123 |
| 27 | 刘春林 | 吉他 | SMT2020–G–0124 |
| 28 | 刘文豪 | 吉他 | SMT2020–G–0125 |
| 29 | 刘重君 | 吉他 | SMT2020–G–0126 |
| 30 | 拓进东 | 民谣吉他 | SMT2020–G–0127 |
| 31 | 王河立 | 吉他 | SMT2020–G–0128 |
| 32 | 赵友 | 吉他 | SMT2020–G–0129 |
| 33 | 阮顺其 | 二胡 | SMT2020–ER–0001 |
| 34 | 常瑜捷 | 声乐 | SMT2020–VM–0004 |
| 35 | 吴凌宇 | 声乐 | SMT2020–VM–0005 |

## 2020 年 9 月河北蓝至培训班学员

| 序号 | 姓名 | 专业 | 证书编号 |
|---|---|---|---|
| 1 | 陈博 | 打击乐 | SMT2020–DJ–0140 |
| 2 | 陈思扬 | 爵士鼓 | SMT2020–DJ–0141 |
| 3 | 李莹 | 打击乐 | SMT2020–DJ–0142 |
| 4 | 李宇龙 | 打击乐 | SMT2020–DJ–0143 |
| 5 | 孙玉莹 | 爵士鼓 | SMT2020–DJ–0144 |
| 6 | 余伟 | 爵士鼓 | SMT2020–DJ–0145 |
| 7 | 袁怡鹏 | 打击乐 | SMT2020–DJ–0146 |
| 8 | 赵巧霖 | 爵士鼓 | SMT2020–DJ–0147 |
| 9 | 胡盛桃 | 钢琴 | SMT2020–P–0117 |
| 10 | 李芳弟 | 钢琴 | SMT2020–P–0118 |
| 11 | 王伟东 | 钢琴 | SMT2020–P–0119 |
| 12 | 张婉秋 | 钢琴 | SMT2020–P–0120 |
| 13 | 李伟灿 | 民谣吉他 | SMT2020–G–0130 |
| 14 | 魏学玺 | 民谣吉他 | SMT2020–G–0131 |
| 15 | 魏兆天 | 吉他 | SMT2020–G–0132 |
| 16 | 吴瑶 | 吉他 | SMT2020–G–0133 |
| 17 | 余伟 | 吉他 | SMT2020–G–0134 |
| 18 | 宋炜 | 吉他 | SMT2020–G–0135 |
| 19 | 陈晶晶 | 小提琴 | SMT2020–V–0013 |

## 2020 年 9 月济南钢琴培训

| 序号 | 姓名 | 专业 | 证书编号 |
|---|---|---|---|
| 1 | 赵强 | 钢琴 | SMT2020–P–0171 |
| 2 | 代林玉 | 钢琴 | SMT2020–P–0172 |
| 3 | 代换军 | 钢琴 | SMT2020–P–0173 |
| 4 | 王梦 | 钢琴 | SMT2020–P–0174 |
| 5 | 董晓静 | 钢琴 | SMT2020–P–0175 |
| 6 | 于泽君 | 钢琴 | SMT2020–P–0176 |
| 7 | 郭子超 | 钢琴 | SMT2020–P–0177 |
| 8 | 陈媛华 | 钢琴 | SMT2020–P–0178 |
| 9 | 蒋成圆 | 钢琴 | SMT2020–P–0179 |
| 10 | 段姝姿 | 钢琴 | SMT2020–P–0180 |
| 11 | 于菲菲 | 钢琴 | SMT2020–P–0181 |
| 12 | 徐珊珊 | 钢琴 | SMT2020–P–0182 |

续表

| 序号 | 姓名 | 专业 | 证书编号 |
|---|---|---|---|
| 13 | 吴杰 | 钢琴 | SMT2020-P-0183 |
| 14 | 章君威 | 钢琴 | SMT2020-P-0184 |
| 15 | 梁彦 | 钢琴 | SMT2020-P-0185 |
| 16 | 朱静娴 | 钢琴 | SMT2020-P-0186 |
| 17 | 赵筛霞 | 钢琴 | SMT2020-P-0187 |
| 18 | 徐驰 | 钢琴 | SMT2020-P-0188 |
| 19 | 王茜 | 钢琴 | SMT2020-P-0189 |
| 20 | 张福金 | 钢琴 | SMT2020-P-0190 |
| 21 | 孔瑞芳 | 钢琴 | SMT2020-P-0191 |
| 22 | 吴桂杰 | 钢琴 | SMT2020-P-0192 |
| 23 | 赵然 | 钢琴 | SMT2020-P-0193 |
| 24 | 张敏 | 钢琴 | SMT2020-P-0194 |
| 25 | 陈瑶 | 钢琴 | SMT2020-P-0195 |
| 26 | 曹珏慧 | 钢琴 | SMT2020-P-0196 |
| 27 | 王菁华 | 钢琴 | SMT2020-P-0197 |
| 28 | 单荣荣 | 钢琴 | SMT2020-P-0198 |
| 29 | 冯晓峰 | 钢琴 | SMT2020-P-0199 |
| 30 | 李晓华 | 钢琴 | SMT2020-P-0200 |
| 31 | 冯源 | 钢琴 | SMT2020-P-0201 |
| 32 | 翟保旭 | 钢琴 | SMT2020-P-0202 |
| 33 | 方平 | 钢琴 | SMT2020-P-0203 |
| 34 | 赵靖雯 | 钢琴 | SMT2020-P-0204 |
| 35 | 朱红阳 | 钢琴 | SMT2020-P-0205 |
| 36 | 景璟 | 钢琴 | SMT2020-P-0206 |
| 37 | 郑紫维 | 钢琴 | SMT2020-P-0207 |
| 38 | 王黎 | 钢琴 | SMT2020-P-0208 |
| 39 | 吴书香 | 钢琴 | SMT2020-P-0209 |
| 40 | 李超 | 钢琴 | SMT2020-P-0210 |
| 41 | 李桂超 | 钢琴 | SMT2020-P-0211 |
| 42 | 王哲 | 钢琴 | SMT2020-P-0212 |
| 43 | 赵维一 | 钢琴 | SMT2020-P-0213 |
| 44 | 毛苗苗 | 钢琴 | SMT2020-P-0214 |
| 45 | 韩娜 | 钢琴 | SMT2020-P-0215 |
| 46 | 王婷 | 钢琴 | SMT2020-P-0216 |
| 47 | 张丽杰 | 钢琴 | SMT2020-P-0217 |
| 48 | 陈珊瑚 | 钢琴 | SMT2020-P-0218 |

| 序号 | 姓名 | 专业 | 证书编号 |
|---|---|---|---|
| 49 | 张庆云 | 钢琴 | SMT2020-P-0219 |
| 50 | 郑兴文 | 钢琴 | SMT2020-P-0220 |
| 51 | 宋希法 | 钢琴 | SMT2020-P-0221 |
| 52 | 马兴娜 | 钢琴 | SMT2020-P-0222 |
| 53 | 刘娟 | 钢琴 | SMT2020-P-0223 |
| 54 | 冯影 | 钢琴 | SMT2020-P-0224 |
| 55 | 张宇 | 钢琴 | SMT2020-P-0225 |
| 56 | 林嘉鹏 | 钢琴 | SMT2020-P-0226 |
| 57 | 赵婷婷 | 钢琴 | SMT2020-P-0227 |
| 58 | 石楠 | 钢琴 | SMT2020-P-0339 |
| 59 | 赵倩倩 | 钢琴 | SMT2020-P-0340 |
| 60 | 李悦 | 钢琴 | SMT2020-P-0341 |
| 61 | 付丽 | 钢琴 | SMT2020-P-0342 |
| 62 | 董泽亮 | 钢琴 | SMT2020-P-0343 |
| 63 | 谢璐璐 | 钢琴 | SMT2020-P-0344 |
| 64 | 袁成江 | 钢琴 | SMT2020-P-0345 |
| 65 | 朱兰 | 钢琴 | SMT2020-P-0346 |
| 66 | 张鑫 | 钢琴 | SMT2020-P-0347 |
| 67 | 张雯 | 钢琴 | SMT2020-P-0348 |
| 68 | 王怡 | 钢琴 | SMT2020-P-0349 |
| 69 | 薛静 | 钢琴 | SMT2020-P-0350 |
| 70 | 吴荣华 | 钢琴 | SMT2020-P-0351 |
| 71 | 李新源 | 钢琴 | SMT2020-P-0352 |
| 72 | 吴海媚 | 钢琴 | SMT2020-P-0353 |
| 73 | 刘忠倩 | 钢琴 | SMT2020-P-0354 |
| 74 | 吴晓梅 | 钢琴 | SMT2020-P-0355 |
| 75 | 张亚丽 | 钢琴 | SMT2020-P-0356 |
| 76 | 马波 | 钢琴 | SMT2020-P-0357 |
| 77 | 张晶平 | 钢琴 | SMT2020-P-0358 |
| 78 | 胡琪鑫 | 钢琴 | SMT2020-P-0359 |
| 79 | 张亚楠 | 钢琴 | SMT2020-P-0360 |
| 80 | 曾黎 | 钢琴 | SMT2020-P-0361 |
| 81 | 张玺 | 钢琴 | SMT2020-P-0362 |
| 82 | 李佳珂 | 钢琴 | SMT2020-P-0363 |
| 83 | 张巧菱 | 钢琴 | SMT2020-P-0364 |

## 2020 年 8 月民乐培训信息

| 序号 | 姓名 | 专业 | 证书编号 |
|---|---|---|---|
| 1 | 杨明 | 琵琶 | SMT2020–PP–0022 |
| 2 | 黄慧 | 琵琶 | SMT2020–PP–0023 |
| 3 | 李欢 | 琵琶 | SMT2020–PP–0024 |
| 4 | 刘斯忠 | 二胡 | SMT2019–EH–0012 |
| 5 | 陈王玫 | 二胡 | SMT2019–EH–0013 |

## 2020 年 9 月世音百纳古筝培训信息

| 序号 | 姓名 | 专业 | 证书编号 |
|---|---|---|---|
| 1 | 任蔷 | 古筝 | SMT2020–GZ–0018 |
| 2 | 巩洪阳 | 古筝 | SMT2020–GZ–0019 |
| 3 | 蒋欣雨 | 古筝 | SMT2020–GZ–0020 |
| 4 | 姚钰雨 | 古筝 | SMT2020–GZ–0021 |
| 5 | 孙雨萌 | 古筝 | SMT2020–GZ–0022 |
| 6 | 孙兆雯 | 古筝 | SMT2020–GZ–0023 |
| 7 | 马琳琳 | 古筝 | SMT2020–GZ–0024 |
| 8 | 李林丽 | 古筝 | SMT2020–GZ–0025 |
| 9 | 覃梁宵 | 古筝 | SMT2020–GZ–0026 |
| 10 | 汤愉程 | 古筝 | SMT2020–GZ–0027 |
| 11 | 闫伟威 | 古筝 | SMT2020–GZ–0028 |
| 12 | 席梦晗 | 古筝 | SMT2020–GZ–0029 |
| 13 | 胡海燕 | 古筝 | SMT2020–GZ–0030 |
| 14 | 牛明颖 | 古筝 | SMT2020–GZ–0031 |
| 15 | 杨晓芳 | 古筝 | SMT2020–GZ–0032 |
| 16 | 刘杨月 | 古筝 | SMT2020–GZ–0033 |
| 17 | 李晨曦 | 古筝 | SMT2020–GZ–0034 |
| 18 | 王茹琦 | 古筝 | SMT2020–GZ–0035 |
| 19 | 刘青州 | 古筝 | SMT2020–GZ–0036 |
| 20 | 李美惠 | 古筝 | SMT2020–GZ–0037 |
| 21 | 郭慧芳 | 古筝 | SMT2020–GZ–0038 |
| 22 | 曹银芝 | 古筝 | SMT2020–GZ–0039 |
| 23 | 李雨铮 | 古筝 | SMT2020–GZ–0040 |
| 24 | 刘小琴 | 古筝 | SMT2020–GZ–0041 |
| 25 | 贾露露 | 古筝 | SMT2020–GZ–0042 |
| 26 | 李丽芳 | 古筝 | SMT2020–GZ–0043 |
| 27 | 张楚萱 | 古筝 | SMT2020–GZ–0044 |
| 28 | 郝志帆 | 古筝 | SMT2020–GZ–0045 |
| 29 | 刘婷 | 古筝 | SMT2020–GZ–0046 |
| 30 | 张梓艺 | 古筝 | SMT2020–GZ–0047 |
| 31 | 陈敏敏 | 古筝 | SMT2020–GZ–0048 |
| 32 | 董书菲 | 古筝 | SMT2020–GZ–0049 |
| 33 | 高杨 | 古筝 | SMT2020–GZ–0050 |
| 34 | 黄倩 | 古筝 | SMT2020–GZ–0051 |
| 35 | 李春燏 | 古筝 | SMT2020–GZ–0052 |
| 36 | 李双 | 古筝 | SMT2020–GZ–0053 |
| 37 | 李雪 | 古筝 | SMT2020–GZ–0054 |
| 38 | 孟瑜琪 | 古筝 | SMT2020–GZ–0055 |
| 39 | 牛珈艺 | 古筝 | SMT2020–GZ–0056 |
| 40 | 王慧 | 古筝 | SMT2020–GZ–0057 |
| 41 | 王雄颖 | 古筝 | SMT2020–GZ–0058 |
| 42 | 王一婷 | 古筝 | SMT2020–GZ–0059 |
| 43 | 辛苑 | 古筝 | SMT2020–GZ–0060 |
| 44 | 杨金金 | 古筝 | SMT2020–GZ–0061 |
| 45 | 张博敏 | 古筝 | SMT2020–GZ–0062 |
| 46 | 苏桐 | 古筝 | SMT2020–GZ–0063 |
| 47 | 姜淑媛 | 古筝 | SMT2020–GZ–0064 |
| 48 | 陈志芳 | 古筝 | SMT2020–GZ–0065 |
| 49 | 陈丽榕 | 古筝 | SMT2020–GZ–0066 |
| 50 | 姜红 | 古筝 | SMT2020–GZ–0067 |
| 51 | 杨卓颖 | 古筝 | SMT2020–GZ–0068 |
| 52 | 张羽欣 | 古筝 | SMT2020–GZ–0069 |
| 53 | 刘鑫蓉 | 古筝 | SMT2020–GZ–0070 |
| 54 | 张冰冰 | 古筝 | SMT2020–GZ–0071 |

续表

| 序号 | 姓名 | 专业 | 证书编号 |
|---|---|---|---|
| 55 | 张晓旭 | 古筝 | SMT2020-GZ-0072 |
| 56 | 曹雨倩 | 古筝 | SMT2020-GZ-0073 |
| 57 | 王咏琪 | 古筝 | SMT2020-GZ-0074 |
| 58 | 何堂婕 | 古筝 | SMT2020-GZ-0075 |
| 59 | 杨芸溥 | 古筝 | SMT2020-GZ-0076 |
| 60 | 张梓悦 | 古筝 | SMT2020-GZ-0077 |
| 61 | 王瑞玉 | 古筝 | SMT2020-GZ-0078 |
| 62 | 王曼雪 | 古筝 | SMT2020-GZ-0079 |
| 63 | 石晨璐 | 古筝 | SMT2020-GZ-0080 |
| 64 | 黄玉娜 | 古筝 | SMT2020-GZ-0081 |
| 65 | 陈姚杏 | 古筝 | SMT2020-GZ-0082 |

| 序号 | 姓名 | 专业 | 证书编号 |
|---|---|---|---|
| 66 | 侯婉婷 | 古筝 | SMT2020-GZ-0083 |
| 67 | 梁梦婷 | 古筝 | SMT2020-GZ-0084 |
| 68 | 王婧芳 | 古筝 | SMT2020-GZ-0085 |
| 69 | 张艳 | 古筝 | SMT2020-GZ-0086 |
| 70 | 胡昕 | 古筝 | SMT2020-GZ-0087 |
| 71 | 侯灵芝 | 古筝 | SMT2020-GZ-0088 |
| 72 | 李欣茹 | 古筝 | SMT2020-GZ-0089 |
| 73 | 王林瑜 | 古筝 | SMT2020-GZ-0090 |
| 74 | 李陈宇 | 古筝 | SMT2020-GZ-0091 |
| 75 | 杨慧玲 | 古筝 | SMT2020-GZ-0092 |

## 2020 年 8 月睿卡公益培训班信息

| 序号 | 姓名 | 专业 | 证书编号 |
|---|---|---|---|
| 01 | 何继征 | 钢琴 | SMT2020-ME-0016 |
| 02 | 申一星 | 钢琴 | SMT2020-ME-0017 |
| 03 | 孙欣怡 | 钢琴 | SMT2020-ME-0018 |
| 04 | 杨松洁 | 钢琴 | SMT2020-ME-0019 |
| 05 | 李亚群 | 钢琴 | SMT2020-ME-0020 |
| 06 | 刘长梅 | 钢琴 | SMT2020-ME-0021 |

| 序号 | 姓名 | 专业 | 证书编号 |
|---|---|---|---|
| 07 | 黄幼梅 | 钢琴 | SMT2020-ME-0022 |
| 08 | 赵淑霞 | 古筝 | SMT2020-ME-0023 |
| 09 | 李琳洁 | 吉他 | SMT2020-ME-0024 |
| 10 | 孙丹丹 | 音乐启蒙 | SMT2020-ME-0025 |
| 11 | 李媛媛 | 音乐启蒙 | SMT2020-ME-0026 |
| 12 | 岳雪林 | 钢琴 | SMT2020-ME-0027 |

## 2020 年 6 月雅特培训信息

| 序号 | 姓名 | 专业 | 证书编号 |
|---|---|---|---|
| 1 | 苏光辉 | 民谣吉他 | SMT2020-ME-0028 |
| 2 | 王铎 | 电吉他 | SMT2020-ME-0029 |
| 3 | 潘航 | 电吉他 | SMT2020-ME-0030 |
| 4 | 李权 | 电吉他 | SMT2020-ME-0031 |
| 5 | 胡泉 | 民谣吉他 | SMT2020-ME-0032 |
| 6 | 王一凡 | 电吉他 | SMT2020-ME-0033 |
| 7 | 吴泽宁 | 电吉他 | SMT2020-ME-0034 |
| 8 | 汤培庆 | 电吉他 | SMT2020-ME-0035 |
| 9 | 刘德 | 电吉他 | SMT2020-ME-0036 |

| 序号 | 姓名 | 专业 | 证书编号 |
|---|---|---|---|
| 10 | 纪富城 | 电吉他 | SMT2020-ME-0037 |
| 11 | 乔术坤 | 电吉他 | SMT2020-ME-0038 |
| 12 | 魏巍 | 民谣吉他 | SMT2020-ME-0039 |
| 13 | 孙云云 | 民谣吉他 | SMT2020-ME-0040 |
| 14 | 宋阜庆 | 电吉他 | SMT2020-ME-0041 |
| 15 | 沈震 | 电吉他 | SMT2020-ME-0042 |
| 16 | 刘泓葳 | 民谣吉他 | SMT2020-ME-0043 |
| 17 | 张鸿飞 | 打击乐 | SMT2020-ME-0044 |
| 18 | 丁帅 | 吉他 | SMT2020-ME-0045 |

续表

| 序号 | 姓名 | 专业 | 证书编号 |
|---|---|---|---|
| 19 | 张力坤 | 打击乐 | SMT2020-ME-0046 |
| 20 | 尹学成 | 吉他 | SMT2020-ME-0047 |
| 21 | 董雨 | 吉他 | SMT2020-ME-0048 |
| 22 | 赵桐 | 打击乐 | SMT2020-ME-0049 |
| 23 | 王震 | 电吉他 | SMT2020-ME-0109 |
| 24 | 张军 | 电吉他 | SMT2020-ME-0110 |
| 25 | 吴鹏 | 民谣吉他 | SMT2020-G-0092 |
| 26 | 黄崇庆 | 民谣吉他 | SMT2020-G-0093 |
| 27 | 赵正业 | 电吉他 | SMT2019-EG-0054 |
| 28 | 范宝利 | 电吉他 | SMT2019-EG-0055 |
| 29 | 范俊艺 | 电吉他 | SMT2019-EG-0056 |
| 30 | 屈洋 | 架子鼓 | SMT2020-DJ-0091 |
| 31 | 张丰淇 | 架子鼓 | SMT2020-DJ-0092 |
| 32 | 王秋玉 | 电吉他 | SMT2019-EG-0057 |
| 33 | 王钢 | 电吉他 | SMT2019-EG-0058 |
| 34 | 张庆功 | 电吉他 | SMT2019-EG-0059 |

## 2020年11月世音百纳培训

| 序号 | 姓名 | 专业 | 证书编号 |
|---|---|---|---|
| 1 | 马晓芳 | 钢琴 | SMT2020-ME-0050 |
| 2 | 孟雨情 | 钢琴 | SMT2020-ME-0051 |
| 3 | 卓倩文 | 钢琴 | SMT2020-ME-0052 |
| 4 | 蔡艳瑛 | 钢琴 | SMT2020-ME-0053 |
| 5 | 胡泊 | 钢琴 | SMT2020-ME-0054 |
| 6 | 曹美莹 | 钢琴 | SMT2020-ME-0055 |
| 7 | 刘瑞 | 钢琴 | SMT2020-ME-0056 |
| 8 | 张咪咪 | 钢琴 | sMT2020-P-0113 |
| 9 | 张嘉琳 | 钢琴 | SMT2020-P-0146 |
| 10 | 张颜捷 | 钢琴 | SMT2020-ME-0057 |
| 11 | 曲建 | 钢琴 | SMT2020-ME-0058 |
| 12 | 毛瑜婷 | 钢琴 | SMT2020-ME-0059 |
| 13 | 凌琳 | 钢琴 | SMT2020-ME-0060 |
| 14 | 薛小花 | 钢琴 | SMT2020-ME-0061 |
| 15 | 薛淑英 | 钢琴 | SMT2020-ME-0062 |
| 16 | 傅媛媛 | 钢琴 | SMT2020-ME-0063 |
| 17 | 谢伟 | 钢琴 | SMT2020-ME-0064 |
| 18 | 巨丹丹 | 钢琴 | SMT2020-ME-0065 |
| 19 | 邓刚 | 钢琴 | SMT2020-ME-0066 |
| 20 | 何文江 | 钢琴 | SMT2020-ME-0067 |
| 21 | 袁婷婧 | 钢琴 | SMT2020-ME-0068 |
| 22 | 尚富康 | 钢琴 | SMT2020-ME-0069 |
| 23 | 薛兴昆 | 钢琴 | SMT2020-ME-0070 |
| 24 | 王清 | 钢琴 | SMT2020-ME-0071 |
| 25 | 仝建超 | 钢琴 | SMT2020-ME-0072 |
| 26 | 陈文静 | 古筝 | SMT2020-ME-0073 |
| 27 | 毕蓉蓉 | 古筝 | SMT2020-ME-0074 |
| 28 | 黄春霞 | 古筝 | SMT2020-ME-0075 |
| 29 | 米珊珊 | 古筝 | SMT2020-ME-0076 |
| 30 | 李丹 | 古筝 | SMT2020-ME-0077 |
| 31 | 李香凝 | 古筝 | SMT2020-ME-0078 |
| 32 | 刘文佳 | 古筝 | SMT2020-ME-0079 |
| 33 | 王瑞露 | 古筝 | SMT2020-ME-0080 |
| 34 | 何姣霞 | 古筝 | SMT2020-ME-0081 |
| 35 | 宋雪辰 | 古筝 | SMT2020-ME-0082 |
| 36 | 庄瑶维 | 古筝 | SMT2020-ME-0083 |
| 37 | 戎盛婕 | 古筝 | SMT2020-ME-0084 |
| 38 | 任明珠 | 古筝 | SMT2020-ME-0085 |
| 39 | 孟雪玉 | 古筝 | SMT2020-ME-0086 |
| 40 | 乔雅琪 | 古筝 | SMT2020-ME-0087 |
| 41 | 王嘉欣 | 古筝 | SMT2020-ME-0088 |
| 42 | 王紫萁 | 古筝 | SMT2020-ME-0089 |
| 43 | 赵佳杰 | 古筝 | SMT2020-ME-0090 |
| 44 | 李雪 | 古筝 | SMT2020-ME-0091 |

续表

| 序号 | 姓名 | 专业 | 证书编号 |
|---|---|---|---|
| 45 | 时培榕 | 古筝 | SMT2020-ME-0092 |
| 46 | 刘宏琴 | 二胡 | SMT2020-ME-0093 |
| 47 | 王蕾 | 二胡 | SMT2020-ME-0094 |
| 48 | 庞彦芳 | 竹笛 | SMT2020-ME-0095 |
| 49 | 闫健龙 | 竹笛 | SMT2020-ME-0096 |
| 50 | 张楠曦 | 琵琶 | SMT2020-ME-0097 |
| 51 | 田彩云 | 琵琶 | SMT2020-ME-0098 |
| 52 | 张伟 | 长号 | SMT2020-ME-0099 |
| 53 | 马爽 | 古筝 | SMT2020-ME-0100 |
| 54 | 杨慧玲 | 古琴 | SMT2020-ME-0101 |
| 55 | 王蕾 | 二胡 | SMT2020-ME-0094 |
| 56 | 赵洪图 | 钢琴 | SMT2020-ME-0102 |
| 57 | 成莉 | 钢琴 | SMT2020-ME-0103 |
| 58 | 宁洁行 | 钢琴 | SMT2020-ME-0104 |
| 59 | 李嘉铭 | 小提琴 | SMT2020-ME-0105 |
| 60 | 臧晓艳 | 古琴 | SMT2020-ME-0106 |
| 61 | 董朝燕 | 古琴 | SMT2020-ME-0107 |
| 62 | 杨曙光 | 古琴 | SMT2020-ME-0108 |

## 2020 年 11 月过云楼古琴培训班学员证书

| 序号 | 姓名 | 专业 | 证书编号 |
|---|---|---|---|
| 1 | 臧晓艳 | 古琴 | SMT2020-ME-0106 |
| 2 | 董朝燕 | 古琴 | SMT2020-ME-0107 |
| 3 | 杨曙光 | 古琴 | SMT2020-ME-0108 |
| 4 | 黄琨 | 古琴 | SMT2020-ME-0109 |
| 5 | 李春晓 | 古琴 | SMT2020-ME-0110 |
| 6 | 陆雨杰 | 古琴 | SMT2020-ME-0111 |

## 2020 年 11 月世音百纳培训

| 序号 | 姓名 | 专业 | 证书编号 |
|---|---|---|---|
| 1 | 王振 | 钢琴 | SMT2020-ME-0112 |
| 2 | 李佳茹 | 钢琴 | SMT2020-ME-0113 |
| 3 | 包静雅 | 钢琴 | SMT2020-ME-0114 |
| 4 | 菊玲玲 | 钢琴 | SMT2020-ME-0115 |
| 5 | 龚涵丽 | 钢琴 | SMT2020-ME-0116 |
| 6 | 陈瑾瑶 | 钢琴 | SMT2020-ME-0117 |
| 7 | 王玲 | 钢琴 | SMT2020-ME-0118 |
| 8 | 尹纪国 | 钢琴 | SMT2020-ME-0119 |
| 9 | 唐宇 | 钢琴 | SMT2020-ME-0120 |
| 10 | 林苗苗 | 钢琴 | SMT2020-ME-0121 |
| 11 | 郭梦露 | 钢琴 | SMT2020-ME-0122 |
| 12 | 赵树彩 | 钢琴 | SMT2020-ME-0123 |
| 13 | 阮永利 | 钢琴 | SMT2020-ME-0124 |
| 14 | 唐蕊 | 钢琴 | SMT2020-ME-0125 |
| 15 | 张茜语 | 小提琴 | SMT2020-ME-0126 |
| 16 | 蒋梦瑶 | 小提琴 | SMT2020-ME-0127 |
| 17 | 赵小萱 | 打击乐 | SMT2020-ME-0128 |
| 18 | 王振 | 声乐 | SMT2020-ME-0129 |
| 19 | 王亚林 | 双排键 | SMT2020-ME-0130 |
| 20 | 王玉萍 | 尤克里里 | SMT2020-ME-0131 |
| 21 | 高思艺 | 古筝 | SMT2020-ME-0132 |
| 22 | 钱桂芝 | 古筝 | SMT2020-ME-0133 |
| 23 | 董丽云 | 古筝 | SMT2020-ME-0134 |
| 24 | 郭宇萌 | 古筝 | SMT2020-ME-0135 |

## 2020 年 11 月蓝致师资培训

| 序号 | 姓名 | 专业 | 证书编号 |
|---|---|---|---|
| 1 | 车健 | 打击乐 | SMT2020-ME-0141 |
| 2 | 黄兴 | 打击乐 | SMT2020-ME-0142 |
| 3 | 李东升 | 打击乐 | SMT2020-ME-0143 |
| 4 | 王盛 | 打击乐 | SMT2020-ME-0147 |
| 5 | 王旭光 | 打击乐 | SMT2020-ME-0150 |
| 6 | 张晋东 | 打击乐 | SMT2020-ME-0153 |

| 序号 | 姓名 | 专业 | 证书编号 |
|---|---|---|---|
| 7 | 张新元 | 打击乐 | SMT2020-ME-0154 |
| 8 | 李忠 | 吉他 | SMT2020-ME-0144 |
| 9 | 芦嘉辉 | 吉他 | SMT2020-ME-0145 |
| 10 | 王锡强 | 吉他 | SMT2020-ME-0148 |
| 11 | 魏兆天 | 吉他 | SMT2020-ME-0151 |
| 12 | 王敬成 | 吉他 | SMT2020-ME-0189 |

## 2020 年 12 月"笛友之家"师资培训

| 序号 | 姓名 | 专业 | 证书编号 |
|---|---|---|---|
| 1 | 陈和平 | 竹笛 | SMT2020-ME-0152 |
| 2 | 池金雨 | 竹笛 | SMT2020-ME-0153 |
| 3 | 梁兰升 | 竹笛 | SMT2020-ME-0154 |
| 4 | 廖林华 | 竹笛 | SMT2020-ME-0155 |
| 5 | 许珈鸣 | 竹笛 | SMT2020-ME-0156 |
| 6 | 杨翊婷 | 竹笛 | SMT2020-ME-0157 |
| 7 | 余箐 | 竹笛 | SMT2020-ME-0158 |
| 8 | 赵文杰 | 竹笛 | SMT2020-ME-0159 |
| 9 | 钟陈昊 | 竹笛 | SMT2020-ME-0160 |
| 10 | 李春芝 | 箫 | SMT2020-ME-0161 |
| 11 | 毛元祥 | 葫芦丝巴乌 | SMT2020-ME-0162 |

| 序号 | 姓名 | 专业 | 证书编号 |
|---|---|---|---|
| 12 | 张彦 | 葫芦丝巴乌 | SMT2020-ME-0163 |
| 13 | 胡恩琴 | 葫芦丝巴乌 | SMT2020-ME-0164 |
| 14 | 韩金苹 | 葫芦丝巴乌 | SMT2020-ME-0165 |
| 15 | 毛元洁 | 葫芦丝巴乌 | SMT2020-ME-0166 |
| 16 | 吴慧敏 | 葫芦丝巴乌 | SMT2020-ME-0167 |
| 17 | 曹兰华 | 葫芦丝巴乌 | SMT2020-ME-0168 |
| 18 | 沈雅萍 | 葫芦丝巴乌 | SMT2020-ME-0169 |
| 19 | 万勉勉 | 葫芦丝巴乌 | SMT2020-ME-0170 |
| 20 | 沈燕杰 | 葫芦丝巴乌 | SMT2020-ME-0171 |
| 21 | 刘旭琴 | 葫芦丝巴乌 | SMT2020-ME-0172 |

## 2020 年 12 月过云楼师资培训

| 序号 | 姓名 | 专业 | 证书编号 |
|---|---|---|---|
| 1 | 曹鹭 | 古琴 | SMT2020-ME-0173 |
| 2 | 柴雪娇 | 古琴 | SMT2020-ME-0174 |
| 3 | 丁燕 | 古琴 | SMT2020-ME-0175 |

| 序号 | 姓名 | 专业 | 证书编号 |
|---|---|---|---|
| 4 | 兰英 | 古琴 | SMT2020-ME-0176 |
| 5 | 王珊珊 | 古琴 | SMT2020-ME-0177 |
| 6 | 张丽华 | 古琴 | SMT2020-ME-0178 |

## 2020 年 12 月魔菇音乐培训

| 序号 | 姓名 | 专业 | 证书编号 |
|---|---|---|---|
| 1 | 史江生 | 民谣吉他 | SMT2020-ME-0179 |
| 2 | 张龙生 | 民谣吉他 | SMT2020-ME-0180 |
| 3 | 张龙生 | 爵士鼓 | SMT2020-ME-0181 |
| 4 | 李正中 | 民谣吉他 | SMT2020-ME-0182 |
| 5 | 李正中 | 爵士鼓 | SMT2020-ME-0183 |
| 6 | 李浩 | 电吉他 | SMT2020-ME-0184 |

| 序号 | 姓名 | 专业 | 证书编号 |
|---|---|---|---|
| 7 | 杨兴 | 民谣吉他 | SMT2020-ME-0185 |
| 8 | 尹越 | 中阮/柳琴 | SMT2020-ME-0186 |
| 9 | 王小龙 | 吉他 | SMT2020-ME-0187 |
| 10 | 谢迪 | 吉他 | SMT2020-ME-0188 |
| 11 | 王敬成 | 吉他 | SMT2020-ME-0189 |

# 中国乐器

# 年鉴

## —2021—


行业篇 1
指标数据篇 102
协会工作篇 143
科技篇 222
职业技能篇 341
音乐教育篇 374
海外资讯篇 398


CHINA MUSICAL
INSTRUMENT YEARBOOK

# 2019年度全球乐器与音响制品行业225强综述

**编者按：2020年第12期美国《音乐贸易》杂志已公布2019年度全球乐器和音响225强。据最新统计，2019年度225强公司来源国家和地区前十位分别是美国（70家），中国（35家），日本（26家），德国（18家），意大利（17家），加拿大（8家），英国（7家），巴西、法国和韩国（并列均为5家）。入围的中国企业（含港台）数量列世界第二，共计35家企业榜上有名。**

全球乐器音响225强公司是涵盖各类分销商、制造商的多元化组合，既包含新兴的尖端软件科技公司，也有像布菲这样拥有近两个世纪历史的老牌单簧管制造商。将各种类型公司联结在一起的是它们所扮演的共同角色：即为音乐的创作和传播提供表达工具。2019年225强营收总额223亿美元，同比略增0.8%，员工总数11.9万名，就业人数同比基本持平。过去十年，音乐制品市场销售温和增长，市场份额变化幅度较小，也未出现真正颠覆性的市场破坏因素，可以说2019年是过去十年来市场最稳定的一年。新冠疫情来势汹汹，打破了市场平衡，预计2020年的225强排名会出现变化。

2019年，全球乐器音像制品225强的223亿美元总收入听起来是个很大数字，但与全球142万亿美元的经济总规模相比，几乎是个舍入误差的小数点，全球约有600家大型跨国企业年营业额超过音乐制品225强营收总额。但是，行业不能仅以金额论英雄，音乐产品往往出现在音乐会舞台上，为公众的美好生活提供强力支持，音乐制品行业的重要性远远超出其经济意义。

2019年，国际音乐制品行业225强年度营业收入总额223亿美元。2019年中美贸易关系持续紧张，让列入榜单的全球前225家乐器音响公司管理层备感压力：正常原材料贸易受形势干扰，玫瑰木进出口通关政策时有收紧，原先有序的销售渠道被打乱，分销渠道面临跨境电商竞争。而不久之后出现的新冠疫情又带来各种严峻挑战，让上述所谓的威胁显得“微不足道”。尽管目前新冠疫情造成的各种影响尚未被量化，但未来排名中，225强的位次变化必将受其影响。

不像汽车可用每英里耗油量衡量其性能优劣，也不像计算机以处理器速度判断其好坏，音乐制品效用难以简单地用客观指标来衡量。音乐制品特质更多反映在音色、音质和音调等主观体验上。225强榜单上的每家企业面临各种挑战，各家企业都在不断为市场创造价值，努力让买家感到物超所值。客户对于产品品质的追求倒逼厂商内部升级改良，无法适应竞争的厂家则被淘汰出局。正是上榜的各大品牌公司持之不懈付出努力，才生产出有品质保证的乐器，才能让消费者感知到品牌乐器产品背后的细微之处。

从公司类型分析，2019年度225强榜单中有150家品牌乐器制造商，营业收入175亿美元；分销商53家，营业收入19亿美元；OEM制造商12家，收入18亿美元；另有不少兼具制造、分销、零售于一体、不便分类的混合型公司。排名第一的雅马哈生产钢琴、管乐、音响、吉他等，而排名最后的QRS公司仅专营钢琴自动演奏系统。

225强榜单反映出音乐制品行业各类不同产品的分布：2019年榜单中，音响制造商数量最多，共计46家，营收总额69亿美元。紧随其后的是弦乐器制造商41家，营收金额24亿美元；电声乐器及软件制造商23家，营收金额22亿美元；钢琴和管风琴制造商16家，营收金额20亿美元；22家乐器配件公司，金额9.1亿美元；打击乐器公司8家，金额3.4亿美元。此外，225强榜单包括11家多元形式制造商，如雅马哈生产音响和几乎各门类乐器；施坦威乐器集团除制造钢琴外，还通过旗下的康塞尔玛公司生产管乐品牌乐器；伊斯曼乐器生产管乐器、弦乐器及琴弦。

2019年，全球音乐产品市场总金额为173亿美元，而前225家公司总营收高达225亿美元，为何超过全球音乐制品市场整体规模？这在榜单上音响音频制造商中体现尤为明显。首先是除音响外，此类公司还生产非移动通信产品，电影院的音响系统、消费市场的耳机、酒店寻呼系统等多元产品；另一原因是重复计算。例如金峰公司和吟飞公司均为专业制造商，但产品被入围225强榜单的一些大公司以某些乐器品牌销售之后，又被下游公司计入销售收入，导致金额被重复计算。

近180亿美元的市场总金额中，还有47家国际乐器分销公司，其转销收入也被计入重复销售。例如Ibanez公司吉他的销售收入，通过不少国家和地区的国际分销商转售，其营收同时被其他国际品牌公司计入转销总额。在无法保证重复计算的情况下，我们只能计算总销售收入，重复计算的金额大致估算为10亿美元。此外，撒哈拉以南非洲地区，中亚地区的乐器交易缺乏有效数据获取渠道，也未计入销售。以上因素造成统计数据偏高。

225强榜单位次的变化为业内人士研究各家公司经营状况和绩效管理提供了有价值的数据参考。注重分数排名是业内考量一家公司的重要依据。排名背后体现的是各大乐器和音响公司辛勤耕耘，对行业执着的热爱。大家坚信乐器产品和音乐服务会让世界变得更美好，音乐是一种无形而伟大的艺术形式。尽管音乐制品行业金额与大行业相比无法相提并论，但不能由此忽视它为社会创造的巨大音乐艺术价值。

为编制2019年榜单，最后再说明下相关数据的获取方式。上榜的各大公司均为2019年度营业收入。统计数据源自多种渠道：榜单上有18家公司为上市公司，财务报表必须公开发布，例如英国、德国、荷兰、瑞典、意大利等欧洲国家的入围上市乐器公司，上市财报会精确显示这些公司的销售业绩；对于非上市乐器公司，统计采用了各家公司自报数据、世界贸易组织进出口统计及相关行业协会提供的数据，运用各种方式估算其营业收入。为便于比较，本文所涉销售金额均根据2019年12月31日的汇率换算为美元。（编译自美国《音乐贸易》）

# 2019年度全球乐器与音响制品225强榜单

| 排名 | | 公司名称 | 2019年销售收入（美元） | 2019年员工总数 | 负责人 | 国家和地区 |
|---|---|---|---|---|---|---|
| 2019年 | 2018年 | | | | | |
| 1 | 1 | YAMAHA CORPORATION | 3866399000 | 20500 | Takuya Nakata | Japan |
| 2 | 2 | HARMAN PROFESSIONAL SOLUTIONS (div.Samsung) | 1000000000 | 3000 | Brian Devine | USA |
| 3 | 4 | SENNHEISER ELECTRONIC | 876000000 | 2750 | Daniel & Dr. Andreas Sennheiser | Germany |
| 4 | 3 | 金山工业（集团）有限公司 | 872000000 | 4775 | 罗仲荣 | 中国香港 |
| 5 | 5 | SHURE INC. | 740000000 | 1360 | Christine Schyvinck | USA |
| 6 | 7 | FENDER MUSICAL INSTRUMENTS | 718000000 | 1800 | Andy Mooney | USA |
| 7 | 6 | KAWAI MUSICAL INSTRUMENTS MFG. CO., LTD. | 608665000 | 2750 | Hirotaka Kawai | Japan |
| 8 | 9 | STEINWAY MUSICAL INSTRUMENTS | 475960000 | 1900 | Ron Losby | USA |
| 9 | 10 | ROLAND CORPORATION | 465000000 | 1400 | Jun-ichi Miki | Japan |
| 10 | 11 | MUSIC TRIBE | 425000000 | 4000 | Uli Behringer | Philippines |

续表

| 排名 | | 公司名称 | 2019年销售收入（美元） | 2019年员工总数 | 负责人 | 国家和地区 |
|---|---|---|---|---|---|---|
| 2019 年 | 2018 年 | | | | | |
| 11 | 12 | 柏斯音乐集团 | 395000000 | 5000 | 吴天延/吴雅玲 | 中国大陆 |
| 12 | 13 | INMUSIC (Akai, Alesis, Numark,M−Audio,Ion) | 350000000 | 500 | Jack O’Donnell | USA |
| 13 | 14 | JAM INDUSTRIES (AM&S, KMC Music) | 345000000 | 580 | Martin Szpiro | Canada |
| 14 | 16 | GIBSON GUITARS (KRK) | 310000000 | 890 | James Curleigh | USA |
| 15 | 18 | 广州珠江钢琴集团股份有限公司 | 295800000 | 2255 | 李建宁 | 中国大陆 |
| 16 | 17 | AUDIO TECHNICA CORPORATION | 295000000 | 530 | Kazuo Matsushita | Japan |
| 17 | 15 | 功学社乐器股份有限公司 | 295000000 | 2900 | 王安迪 | 中国台湾 |
| 18 | 22 | CASIO COMPUTER CO., LTD. | 263000000 | n/a | Kasuhiro Kashio | Japan |
| 19 | 21 | QSC AUDIO PRODUCTS, LLC | 255000000 | 499 | Joe Pham | USA |
| 20 | 20 | HAL LEONARD CORPORATION | 252344000 | 768 | Larry Morton | USA |
| 21 | 24 | 宁波音王电声股份有限公司 | 238000000 | 1820 | 王祥贵 | 中国大陆 |
| 22 | 23 | SAMICK MUSICAL INSTRUMENTS CO. LTD. | 237708000 | 3850 | Jong Sup Kim | South Korea |
| 23 | 8 | ALPHA THETA (formerly Pioneer DJ) | 236200000 | 438 | Yoshinori Kataoka | Japan |
| 24 | 19 | 上海朗骏智能科技股份有限公司 | 231000000 | 2500 | 黄诚允 | 中国大陆 |
| 25 | 26 | RØDE MICROPHONE | 221000000 | 375 | Damien Wilson | Australia |
| 26 | 25 | D’ADDARIO & COMPANY | 200500000 | 1150 | John D’Addario, III | USA |
| 27 | 27 | KORG, INC. | 145000000 | 290 | Seiki Kato | Japan |
| 28 | N | TEAC (TASCAM) | 136053500 | 325 | Yuji Hanabusa | Japan |
| 29 | 37 | CORT MUSICAL INSTRUMENT CO., LTD | 130000000 | 3000 | Young H. Park | South Korea |
| 30 | 33 | 得理电子有限公司 | 125000000 | 1200 | 郑荃文 | 中国香港 |
| 31 | 32 | TAYLOR GUITAR | 122450000 | 1116 | Kurt Listug | USA |
| 32 | 34 | HOSHINO GAKKI CO., LTD. | 120000000 | 136 | Kimihide Hoshino | Japan |
| 33 | 30 | BUFFET CRAMPON GROUP | 120000000 | 960 | Jérôme Perrod | France |
| 34 | 31 | C.F. MARTIN & CO | 118404000 | 946 | Christian F. Martin IV | USA |
| 35 | 36 | RCF S.P.A. | 116856011 | 284 | Arturo Vicari | Italy |
| 36 | 40 | ADAM HALL GROUP | 115000000 | 270 | Alexander Pietschmann | Germany |
| 37 | 39 | LOUD AUDIO (Mackie Designs) | 115000000 | 166 | Alex Nelson | USA |
| 39 | 29 | ALGAM | 109000000 | 255 | Gerard Garnier | France |
| 39 | 28 | 通利琴行有限公司 | 110000000 | 430 | 李敬章 | 中国香港 |
| 40 | 41 | FOCUSRITE AUDIO ENGINEERING LTD | 107671000 | 410 | Tim Carroll | U.K. |
| 41 | 38 | 北京星海钢琴集团有限公司 | 107000000 | 3850 | 孟宇 | 中国大陆 |
| 42 | 45 | ACT/ THE RAPCO HORIZON COMPANY | 104000000 | 628 | Ben Saltzman | USA |

续表

| 排名 | | 公司名称 | 2019年销售收入（美元） | 2019年员工总数 | 负责人 | 国家和地区 |
|---|---|---|---|---|---|---|
| 2019年 | 2018年 | | | | | |
| 43 | 50 | GEWA MUSIC GMBH | 99300000 | 281 | Hans-Peter Messner | Germany |
| 44 | 44 | YORKVILLE SOUND | 93000000 | 249 | Steve Long | Canada |
| 45 | 47 | CHAUVET & SONS INC. | 92000000 | 161 | Albert Chauvet | USA |
| 46 | 52 | NATIVE INSTRUMENTS GMBH | 91000000 | 400 | Constantin Koehncke | Germany |
| 47 | 46 | SAMSON TECHNOLOGIES CORP | 88000000 | 60 | Jack Knight | USA |
| 48 | 35 | AVID AUDIO (div. Avid Technology) | 85000000 | 260 | Jeff Rosica | USA |
| 49 | 49 | AMERICAN D.J. | 85000000 | 99 | Charles Davies | USA |
| 50 | 48 | AVEDIS ZILDJIAN/VIC FIRTH COMPANY | 84500000 | 250 | John Stephans | USA |
| 51 | 53 | ZOOM CORPORATION | 80380000 | 91 | Masahiro Iijima | Japan |
| 52 | 43 | PEAVEY ELECTRONICS CORP. | 75000000 | 140 | Hartley Peavey | USA |
| 53 | 59 | ERNIE BALL / MUSIC MAN | 75000000 | 480 | Brian Ball | USA |
| 54 | 58 | MUSIK MEYER GROUP | 72000000 | 185 | Matthias Meyer | Germany |
| 55 | 64 | 吟飞电子（上海）有限公司 | 70500000 | 1000 | 范廷国 | 中国大陆 |
| 56 | 51 | DRUM WORKSHOP, INC. | 69000000 | 211 | Chris Lombardi | USA |
| 57 | 54 | 海伦钢琴股份有限公司 | 68300000 | 1300 | 陈海伦 | 中国大陆 |
| 58 | 70 | PRESONUS AUDIO ELECTRONICS | 65000000 | 138 | Stephen Fraser | USA |
| 59 | 67 | SKB CORPORATION | 65000000 | 260 | Dave Sanderson | USA |
| 60 | 63 | THE MUSIC PEOPLE | 64500000 | 84 | Sharon & John Hennessey | USA |
| 61 | 59 | GODIN GUITAR COMPANY | 63500000 | 380 | Simon Godin | Canada |
| 62 | 73 | BEYERDYNAMIC | 63500000 | 400 | Edgar van Velzen | Germany |
| 63 | 72 | EASTMAN MUSIC COMPANY | 62000000 | 950 | Qian Ni | USA |
| 64 | 61 | SFM | 62000000 | 120 | Randal Tucker | Canada |
| 65 | 69 | PAUL REED SMITH GUITARS | 62000000 | 300 | Paul Reed Smith | USA |
| 66 | 65 | MUZTORG / A&T TRADE | 60000000 | 480 | Aleksey Kurochkin | Russia |
| 67 | 62 | ABLETON | 59000000 | 300 | Gerhard Behles | Germany |
| 68 | 74 | PEARL MUSICAL INSTRUMENTS CO., LTD. | 56000000 | 135 | Masakatsu Yanagisawa | Japan |
| 69 | 82 | C. BECHSTEIN PIANOFORTEFABRIK AG | 56000000 | 500 | Stefan Freymuth | Germany |
| 70 | 75 | KYORITSU CORP | 55000000 | 143 | Shinichi Suzuki | Japan |
| 71 | 71 | 森鹤乐器股份有限公司 | 54000000 | 820 | 罗森鹤 | 中国大陆 |
| 72 | 80 | DPA MICROPHONES, INC. | 53000000 | 200 | Kalle Hvidt Nielsen | Denmark |
| 73 | 78 | NONAKA BOEKI CO., LTD. | 53000000 | 80 | John Nonaka | Japan |

续表

| 排名 | | 公司名称 | 2019年销售收入（美元） | 2019年员工总数 | 负责人 | 国家和地区 |
|---|---|---|---|---|---|---|
| 2019年 | 2018年 | | | | | |
| 74 | 83 | DB TECHNOLOGIES | 50000000 | 50 | Giovani Barbieri | Italy |
| 75 | N | GATOR CASES, INC. | 50000000 | 115 | Crystal Morris | USA |
| 76 | 77 | COSMOS CORP | 50000000 | 86 | Kwanki Min | South Korea |
| 77 | N | VANDOREN S.A. | 50000000 | 225 | Bernard Vandoren | France |
| 78 | 85 | KONIG & MEYER | 49000000 | 290 | Gabriela Konig | Germany |
| 79 | 87 | 河北金音乐器制造有限公司 | 48000000 | 2200 | 陈学孔 | 中国大陆 |
| 80 | 86 | 天津津宝乐器有限公司 | 48000000 | 2150 | 刘运斌 | 中国大陆 |
| 81 | 84 | RELIANCE INTERNATIONAL CORP. | 48000000 | 63 | Joseph Chen | 中国台湾 |
| 82 | 88 | B&C SPEAKERS | 47865897 | 115 | Lorenzo Coppini | Italy |
| 83 | 89 | TAKEMOTO PIANO CO., LTD | 47000000 | 69 | Koichi Takemoto | Japan |
| 84 | 66 | SINGING MACHINE COMPANY | 46500000 | 25 | Yi Ping Chang | USA |
| 85 | 93 | DUNLOP MANUFACTURING | 46500000 | 245 | James Dunlop | USA |
| 86 | 91 | FUJIGEN INC. | 46000000 | 253 | Hiromi Kamijo | Japan |
| 87 | 79 | MARSHALL AMPLIFICATION PLC | 45827000 | 195 | Jonathan Ellery | U.K. |
| 88 | N | 瑞士电子有限公司 | 45000000 | 2500 | 吴昌伦 | 中国大陆 |
| 89 | 60 | HDC YOUNGCHANG | 45000000 | 450 | Hongjin Kim | South Korea |
| 90 | 68 | ALFRED MUSIC | 45000000 | 85 | Andy Stephens | USA |
| 91 | 76 | ESP CO., LTD | 44000000 | 250 | Hisatake Shibuya | Japan |
| 92 | 99 | ST. LOUIS MUSIC COMPANY | 43450000 | 80 | Mark Ragin | USA |
| 93 | 95 | PIRASTRO GMBH | 43000000 | 185 | Annette Muller–Zierach | Germany |
| 94 | 96 | ZEN–ON MUSIC CO., LTD. | 43000000 | 130 | Tsuneaki Kasai | Japan |
| 95 | 105 | HENRI SELMER ET CIE | 43000000 | 510 | Jerome Selmer | France |
| 96 | N | 东莞市企石卡马吉他厂 | 40000000 | 500 | 彭进辉 | 中国大陆 |
| 97 | N | ADAGIO GROUP | 40000000 | 150 | Daniel Alorda Derksen | Spain |
| 98 | 107 | PROEL SPA | 39500000 | 80 | Fabrizio Sorbi | Italy |
| 99 | 106 | 杭州沃尔特数码钢琴有限公司 | 39000000 | 500 | N/A | 中国大陆 |
| 100 | 104 | SUZUKI MUSICAL INSTRUMENT MFG. CO., LTD. | 39000000 | 185 | Manji Suzuki | Japan |
| 101 | 92 | PRIMA GAKKI CO., LTD. | 39000000 | 80 | Hitoshi Ohashi | Japan |
| 102 | 100 | REMO INC. | 39000000 | 156 | Robert Shen | USA |
| 103 | 111 | 广州蓝深科技有限公司 | 38000000 | 485 | 何海峰/袁奕宏 | 中国大陆 |
| 104 | 57 | PHONIC CORPORATION | 37942000 | 188 | Stephan M.L. Wang | 中国台湾 |

续表

| 排名 | | 公司名称 | 2019年销售收入(美元) | 2019年员工总数 | 负责人 | 国家和地区 |
|---|---|---|---|---|---|---|
| 2019年 | 2018年 | | | | | |
| 105 | 101 | INTELLIMIX CORP. / AVL MEDIA GROUP | 35000000 | 38 | Stephen Kosters | Canada |
| 106 | 113 | G.A. YUPANGCO & CO | 35000000 | 300 | Philip Yupangco | Philippines |
| 107 | 103 | CASA VEERKAMP S.A. DE C.V. | 35000000 | 130 | Thomas Veerkamp | Mexico |
| 108 | 108 | 江苏凤灵乐器集团 | 34500000 | 1250 | 李书 | 中国大陆 |
| 109 | 114 | ELECTRO–HARMONIX | 33900000 | 125 | Mike Matthews | USA |
| 110 | 117 | CLAVIA DIGITAL MUSIC INSTRUMENTS | 33500000 | 55 | Hans Nordelius | Sweden |
| 111 | 112 | MUSIC & LIGHTS S.R.L. | 33000000 | 45 | Franco Sorabella | Italy |
| 112 | 115 | 深圳市蔚科电子科技开发有限公司 | 33000000 | 398 | 赵哲 | 中国大陆 |
| 113 | 110 | MAXTONE MUSICAL INSTRUMENT MFG. CO. | 33000000 | 39 | Oscar Wu | 中国台湾 |
| 114 | 81 | PRO SHOWS (BRASIL) | 32000000 | 55 | Vladimir de Souza | Brazil |
| 115 | 90 | TEVELAM S.R.L. | 32000000 | 50 | Hugo Leonardo Martellotta | Argentina |
| 116 | 132 | STEINBERG MEDIA TECHNOLOGIES AG | 31500000 | 190 | Andreas Stelling | Germany |
| 117 | 119 | PRASE ENGINEERING | 31384552 | 50 | Ennio Prase | Italy |
| 118 | 116 | WARWICK GMBH & CO.–MUSIC EQUIPMENT | 31000000 | 85 | Hans–Peter Wilfer | Germany |
| 119 | 122 | CORDOBA MUSIC GROUP | 29500000 | 105 | Tim Miklaucic | USA |
| 120 | 127 | DANSR INC. | 29500000 | 30 | Michael Skinner | USA |
| 121 | 124 | ROLAND MEINL MUSIKINSTRUMENTE GMBH | 29500000 | 120 | Reinhold Meinl | Germany |
| 122 | 121 | FISHMAN TRANSDUCERS | 29212000 | 75 | Larry Fishman | USA |
| 123 | 126 | 广东红棉乐器股份有限公司 | 29000000 | 400 | 陈向旻 | 中国大陆 |
| 124 | 123 | EXHIBO S.P.A. | 28000000 | 55 | Anotonio Becherucci | Italy |
| 125 | 129 | UNIVERSAL AUDIO | 28000000 | 129 | Bill Putnam Jr. | USA |
| 126 | 125 | ARAI & CO., INC. | 28000000 | 50 | Kazuyuki Matsuda | Japan |
| 127 | 128 | HARRISTELLER INC. | 27825000 | 49 | Mike Harris | USA |
| 128 | 118 | HHB COMMUNICATIONS LTD. | 27669000 | 65 | Ian Jones | U.K. |
| 129 | 131 | CMI MUSIC & AUDIO | 27500000 | 60 | Peter Trojkovic | Australia |
| 130 | 94 | MATTH. HOHNER GMBH | 27500000 | 208 | Stefan Althoff | Germany |
| 131 | 147 | ARTURIA | 27290000 | 70 | Fr é d é ric Brun | France |
| 132 | 137 | AUSTRALIS MUSIC GROUP PTY. LTD. | 26800000 | 57 | Trevor Morrow | Australia |
| 133 | 120 | 广州市长秦城乐器有限公司 | 26500000 | 380 | 叶劲斌 | 中国大陆 |
| 134 | 134 | TKL PRODUCTS CORPORATION | 26500000 | 80 | Thomas Dougherty | USA |

续表

| 排名 | | 公司名称 | 2019年销售收入（美元） | 2019年员工总数 | 负责人 | 国家和地区 |
|---|---|---|---|---|---|---|
| 2019年 | 2018年 | | | | | |
| 135 | 97 | ALGAM EKO SRL | 26000000 | 44 | Stelvio Lorenzetti | Italy |
| 136 | 148 | MOOG MUSIC | 25580000 | 122 | Mike Adams | USA |
| 137 | N | ACE PRODUCTS | 25000000 | 22 | Alan Poster | USA |
| 138 | 136 | RBX INTERNATIONAL CO. LTD. | 25000000 | 130 | Yoel Brand | Israel |
| 139 | 130 | TROPICAL MUSIC GROUP | 25000000 | 38 | Oscar Mederos | USA |
| 140 | 102 | EMD MUSIC GROUP | 25000000 | 100 | Leonardo Baldocci | Belgium |
| 141 | 98 | STAMER GROUP | 24000000 | 170 | Hans/Lothar/Nils Stamer | Germany |
| 142 | 133 | KALA BRAND MUSIC CO. | 23500000 | 75 | Mike Upton | USA |
| 143 | 139 | RADIAL ENGINEERING | 23500000 | 95 | Michael Belitz | Canada |
| 144 | 153 | 深圳市帕思高电子有限公司 | 23000000 | 130 | 林俊杰 | 中国大陆 |
| 145 | 143 | GLOBAL & CO., INC. | 23000000 | 42 | Shinichi Fukuda | Japan |
| 146 | 135 | ARMADILLO ENTERPRISES | 23000000 | 40 | Evan Rubinson | USA |
| 147 | 144 | F.B.T. ELECTRONICA SPA | 22000000 | 70 | Bruno Tanoni | Italy |
| 148 | 157 | MORIDAIRA MUSICAL INSTRUMENTS CO., LTD. | 22000000 | 46 | Toshimasa Oka | Japan |
| 149 | 138 | SABIAN LTD. | 22000000 | 96 | Andy Zildjian | Canada |
| 150 | 145 | MAPES PIANO STRING COMPANY | 21777700 | 128 | William L. Schaff | USA |
| 151 | 152 | CONNOLLY MUSIC COMPANY | 21500000 | 26 | John M. Connolly III | USA |
| 152 | 155 | WHIRLWIND | 21500000 | 105 | Michael Laiacona | USA |
| 153 | 160 | FATAR S.R.L. | 21000000 | 75 | Ragni Marco | Italy |
| 154 | 140 | TODOMUSICA S.A. | 20800000 | 66 | Rafael Pedace | Argentina |
| 155 | 149 | 深圳伏荣科技有限公司 | 20000000 | 775 | 李卫 | 中国大陆 |
| 156 | 156 | BREEDLOVE GUITARS | 20000000 | 99 | Tom Bedell | USA |
| 157 | 159 | MARSHALL ELECTRONICS/MXL MICROPHONES | 20000000 | 89 | Leonard Marshall | USA |
| 158 | 146 | EMINENCE SPEAKER LLC. | 20000000 | 80 | Chris Rose | USA |
| 159 | 163 | TAKAMINE GUITARS, LTD. | 20000000 | 74 | Hayami Tate | Japan |
| 160 | 151 | KANDA SHOKAI CORPORATION | 20000000 | 62 | Masatoshi Kojima | Japan |
| 161 | 158 | THOMASTIK–INFELD GMBH | 20000000 | 210 | Peter Infeld | Austria |
| 162 | 154 | WILHELM SCHIMMEL PIANOFORTEFABRIK | 19800000 | 125 | Zhaoyin Chen | Germany |
| 163 | 162 | SARA–TRANS GROUP | 19500000 | 550 | Jasbeer Singh | India |
| 164 | 141 | SHIMRO | 19500000 | 50 | Won Jung, Kim | South Korea |

续表

| 排名 | | 公司名称 | 2019年销售收入(美元) | 2019年员工总数 | 负责人 | 国家和地区 |
|---|---|---|---|---|---|---|
| 2019年 | 2018年 | | | | | |
| 165 | 150 | ELIXIR STRINGS (div. W. L. Gore and Assoc.) | 19400000 | n/a | Terri L. Kelly | USA |
| 166 | 161 | 浙江友谊电子科技有限公司 | 18500000 | 280 | N/A | 中国大陆 |
| 167 | 172 | ALGAM BENELUX (AB) | 18000000 | 17 | Alain Bokken | Belgium |
| 168 | 166 | 广东龙声乐器制造有限公司 | 17800000 | 360 | 李庆炎 | 中国大陆 |
| 169 | 109 | EM NORDIC AB | 17800000 | 60 | Benny Englund | Sweden |
| 170 | 215 | VISCOUNT INTERNATIONAL | 17600000 | 110 | Loriana Galanti | Italy |
| 171 | 169 | THE MUSIC LINK | 17450000 | 45 | Steve Patrino | USA |
| 172 | 184 | IK MULTIMEDIA PRODUCTION SRL | 17000000 | 45 | Enrico Iori | Italy |
| 173 | 200 | MOOER AUDIO | 17000000 | 187 | Jason Zhang | 中国大陆 |
| 174 | 173 | GIANNINI S/A | 17000000 | 175 | Roberto Giannini | Brazil |
| 175 | 168 | D.B. MUSICAL INSTRUMENT CO., LTD | 17000000 | 310 | Tony Huang | 中国台湾 |
| 176 | 165 | MOGAR MUSIC S.P.A. | 17000000 | 28 | Antonio Monzino | Italy |
| 177 | N | SAGA MUSICAL INSTRUMENTS | 17000000 | 28 | Richard Keldsen | USA |
| 178 | 174 | WAVES, INC. | 16800000 | 22 | Gilad Keren | USA |
| 179 | 170 | AUSTRALASIAN MUSIC SUPPLIES PTY, LTD. | 16700000 | 43 | Kevin Hague | Australia |
| 180 | 177 | SCHECTER GUITAR RESEARCH | 16500000 | 32 | Michael Ciravolo | USA |
| 181 | 183 | JOHANNUS ORGELBOUW BV | 16500000 | 55 | Marco Vandeweerd | Netherlands |
| 182 | 175 | ALLEN ORGAN COMPANY, LLC | 16400000 | 147 | Steve Markowitz | USA |
| 183 | 189 | SEYMOUR DUNCAN | 16360000 | 107 | Diana Wilson | USA |
| 184 | 176 | LEADING TECHNOLOGY | 16000000 | 15 | Marco Porro | Italy |
| 185 | 180 | SALVI/ LYON & HEALY HARPS | 16000000 | 63 | Marco Salvi | Italy |
| 186 | 178 | MURAMATSU INC. | 16000000 | 83 | Akio Muramatsu | Japan |
| 187 | 182 | ROYAL INSTRUMENTOS | 15200000 | 80 | Rene Moura | Brazil |
| 188 | 185 | JOYO TECHNOLOGY | 15000000 | 233 | Jack Li | 中国大陆 |
| 189 | 167 | 上海华新乐器有限公司 | 15000000 | 600 | N/A | 中国大陆 |
| 190 | 188 | TYCOON MUSIC CO., LTD. | 15000000 | 145 | Stephen Yu | Thailand |
| 191 | 181 | SEQUENTIAL CIRCUITS | 14500000 | 14 | Dave Smith | USA |
| 192 | 186 | TATSUNOYA CO., LTD. | 14500000 | 24 | Munehiro Okada | Japan |
| 193 | 164 | GHS / ROCKTRON | 14000000 | 65 | Russell S. McFee | USA |
| 194 | 199 | MUSIC MARKETING INC. | 13500000 | 23 | Ray Williams | Canada |
| 195 | 187 | APOGEE ELECTRONICS CORPORATION | 13500000 | 32 | Betty Bennett | USA |

续表

| 排名 | | 公司名称 | 2019年销售收入(美元) | 2019年员工总数 | 负责人 | 国家和地区 |
|---|---|---|---|---|---|---|
| 2019年 | 2018年 | | | | | |
| 196 | 190 | LUTNER SPB LTD | 13400000 | 33 | Sergey Antonov | Russia |
| 197 | 194 | SHADOW ELEKTROAKUSTIK | 13000000 | 110 | Joe Marinic | Germany |
| 198 | 196 | ROLI | 12970000 | 60 | Roland Lamb | U.K. |
| 199 | 193 | HALILIT | 12800000 | 40 | Hagai Greenspoon | Israel |
| 200 | 197 | NEIL A KJOS MUSIC COMPANY | 12750000 | 75 | Neil A. Kjos, Jr. | USA |
| 201 | 218 | RENKUS-HEINZ, INC. | 12500000 | 64 | Roscoe Anthony | USA |
| 202 | 189 | JULIUS BLUTHNER PIANO GMBH | 12500000 | 65 | Dr. Christian Bl ü thner-Haessler | Germany |
| 203 | 198 | BLACKSTAR AMPLIFICATION LTD | 12283000 | 60 | Ian Robinson | U.K. |
| 204 | 208 | KIKUTANI MUSIC CO., LTD | 12200000 | 28 | Akira Kikutani | Japan |
| 205 | 203 | MEGA MUSIC SP. Z.O.O. | 12000000 | 22 | Dariusz Adamowicz | Poland |
| 206 | 204 | MANUFACTURAS ALHAMBRA, S.L. | 12000000 | 105 | Valeri á Torregrosa | Spain |
| 207 | 192 | 南京爱韵乐器有限公司 | 11920000 | 45 | 童磊 | 中国大陆 |
| 208 | 195 | FRENEXPORT S.P.A. | 11800000 | 18 | Romano Frenquelli | Italy |
| 209 | 207 | ORANGE MUSIC ELECTRONIC COMPANY | 11604000 | 75 | Clifford Cooper | U.K. |
| 210 | 205 | JOHN HORNBY SKEWES & COMPANY LTD. | 11434000 | 52 | Dennis Drumm | U.K. |
| 211 | 210 | ENRIQUE KELLER S.A | 11400000 | 35 | Cristina Keller | Spain |
| 212 | 209 | MARK OF THE UNICORN | 11100000 | 35 | Robert Nathaniel | USA |
| 213 | 206 | PERSEK SRL | 10962891 | 33 | Marco De Virgiliis | Italy |
| 214 | 211 | COLLINGS GUITARS | 10700000 | 80 | Steve McCreary | USA |
| 215 | 221 | PRIDE MUSIC | 10500000 | 40 | Lucio Grossman | Brazil |
| 216 | 217 | GRUPO CLASSIC | 10300000 | 175 | Rogerio Bousas | Brazil |
| 217 | N | TICO MUSICA S.A. | 10000000 | 23 | Albert Tico Lopoz | Spain |
| 218 | 222 | EMG, INC. | 10000000 | 49 | Robert A. Turner | USA |
| 219 | 212 | CHESBRO MUSIC | 10000000 | 47 | Tana Jane Stahn | USA |
| 220 | N | CHATEAU | 9800000 | 225 | Jerry Chang | 中国台湾 |
| 221 | 223 | CAE, INC | 9800000 | 35 | Jim Fackert | USA |
| 222 | 224 | EVENTIDE INC. | 9700000 | 60 | CJ Scioscia | USA |
| 223 | N | ROKKOMANN, INC | 9500000 | 25 | Shotaro Kido | Japan |
| 224 | 214 | Mesa Boogie | 9500000 | 77 | Randall Smith | USA |
| 225 | N | QRS MUSIC TECHNOLOGIES | 9450000 | 23 | Thomas Dolan | USA |

# 2019年度全球乐器市场评估报告

2019年，全球42个最大市场的音乐制品总零售额为173亿美元，同比增长3.6%。本报告中，我们对世界五大洲42个国家音乐制品零售额进行量化。产品包括各类乐器、音响及各类相关配件。

市场销售总额相对不变，给人留下一种市场稳定的错误印象。然而，现实总受政治和经济影响，各个国家和地区表现均存在显著差异。音乐制品收入在北美洲强劲增长，而在南美洲出现下滑态势。从表面看，欧洲地区音乐制品收入有所上升。按人均计算，零售音乐制品收入也表现出明显差异，美国高达24.30美元，印度低至0.12美元，仅12美分。在跟踪统计的42个国家和地区中，有27个国家和地区销售收益增长，另有12个国家和地区收入萎缩。

作为全球最大的音乐制品市场，美国音乐制品市场零售总额80亿美元，占全球比重为46.3%。另一方面，在财政拮据的希腊，音乐制品的零售额仅1300万美元，不到全球市场的1%。过去十年，技术不断更新，二手商品市场蓬勃发展，行业增速受到这两个因素制约。电子产品处理功能增强，内存价格下降，均对电子乐器、音响和录音产品产生类似影响。现在的消费者只需花费十年前所支付费用的一小部分就能买到具有相同性能的产品。是什么因素造成增长率和当前销售水平的巨大差异?

基于本报告追踪统计的42个国家各自不同特征，有诸多因素促成了这种差异。文化传统、人口族群、法律制度、地理和宗教都是影响特定国家“音乐性”的几个相关变量。然而，当我们希望了解特定人群会在乐器和相关音响设备方面花费多少时，仍然可以采用一些可量化的因素。国内生产总值（GDP）是衡量经济活动总量的指标，而人均GDP则是衡量繁荣水平的良好指标，它们为确定市场潜力提供了基准。12~30岁年龄段是音乐制品销售主力军，所以我们将中位数年龄包括在内。撒哈拉以南非洲地区及中亚地区人口占世界人口约30%，行业规模相对较小，且难以获取相关数据，因此该地区被排除在统计之外。根据少量可用信息，估计这些地区总零售额约为3亿美元。

## 一、主要影响因素：经济繁荣与人口特征

人均国内生产总值（GDP）是衡量一国的繁荣的最明显因素。附件图表显示出，一国GDP总量与在音乐制品等非必需品上花费的金额之间存在紧密联系。举例而言，在人均GDP为3077美元的菲律宾，人均音乐支出仅为0.78美元。相比之下，在富庶的瑞士，人均GDP高达82,000美元，其人均音乐支出也达到12.18美元。

除经济繁荣程度外，人口特征在确定市场规模方面也至关重要。日本市场受益于发达教育基础设施和高度经济繁荣，但这些积极因素被不利的人口数据抵消。日本出生率远低于更替水平，总体人口正在不断老龄化，乐器行业的关键人群，即12至30岁的人群正在下降。因此，音乐制品市场近十年来一直呈下降趋势。日本年龄中位数为47.7岁，是世界上人口“最老化”的国家。日本人口老龄化，加上青少年群体萎缩，削弱了音乐制品销售的增长。同理，西欧人口老龄化（中位数年龄为41.6岁）也是该地区销售增长始终落后于北美和澳大利亚的主要原因。

行业同比增长趋势与地方经济的发展轨迹密切相关。大众普遍认为音乐制品不会受“经济衰退”的影响，其实不然。以最近遭遇经济困境的阿根廷为例，商品价格低迷和货币贬值大大减少了音乐制品销售量。中国则与其形成鲜明对比。中国的 GDP 增长达到6.0%，国民收入不断上升也使音乐制品的销售额增长了6.1%。

经济增长缓慢和人口老龄化阻碍了欧盟和英国大部分地区的行业销售增长。爱尔兰的市场收入增长超过5%，德国增长2.4%，英国小幅上升2.2%，其余市场的业绩基本持平。意大利的收入有所下降，

很大程度上是因为“生育不足” 和由此导致的人口老龄化。意大利是欧洲生育率最低的国家之一，预计在接下来二十年内人口还将不断减少。尽管人们担心英国脱欧会对经济带来影响，但迄今为止，英国退出欧盟的举措对行业收入几乎未造成不利影响。

## 二、实体与网络：不断变化的销售渠道

欧洲的稳定收入显示该地区并未受到经销网络快速变化的影响。大部分波动情况是由于企业和消费者对无边界欧盟的看法存在分歧。为促进欧洲各国跨境贸易，欧盟于1992年成立，这对当时的批发经销几乎没有任何影响。这种批发经销仍然是本地化的，各经销商几乎只为本国的零售商提供服务。德国零售商从德国经销商那里购买，法国零售商从法国经销商那里购买，意大利零售商也只从意大利经销商那里进行采买。

消费者很容易适应一个无国界的欧洲大陆，并纷纷从在线零售商那里购买产品。随着网络技术不断发展，英国和德国的少数大型在线零售商以牺牲地方实体店为代价获得更多客户，在此过程中削弱了地方经销商的市场所得额。正如一位法国经销商所说：“我们线下销售价格包括了经销商利润，而大型在线零售商直接直线购买。所以我们的定价缩小了零售客户选择范围。”实体零售商数量已从十年前的12,000家锐减至约7,000家。

英国和欧盟的价格竞争尤其激烈，因为不像美国那样广泛接受了MAP（最低建议价格）政策，英国和欧盟严格禁止类似的任何“价格维持” 政策。2019年，几家著名的制造商和零售商就因试图制定某种最低指导价而被处以罚款。价格竞争与零售整合的双重打击，让很多经销商和零售商对未来前景感到悲观。

## 三、中美洲和南美洲

政治和经济动荡使中美洲和南美洲音乐制品市场成为世界最不稳定的市场之一，经常出现两位数的波动。高额进口关税和效率低下的经销网络形成了复杂的经济困境，乐器和音响设备的零售价比欧洲或北美地区的现行价格高出约20%。使乐器和音响产品价格远远超出了购买群体的承受范围。

智利和秘鲁是南半球为数不多的几个亮点。过去二十年里，两国采取的经济政策不仅大大减少了贫困状况，而且使当地音乐制品销售出现显著增长。2019年，秘鲁经济受到商品价格下跌的不利影响，但音乐制品销售额仍增长了1.7%；而在智利，颇具争议的经济政策引发了广泛的动荡，但全年音乐制品收入仍处于持平状态。

2019年，犯罪率上升、贩毒情况泛滥和商品市场低迷对墨西哥经济造成沉重打击，导致该国的音乐制品零售额下降2.3%。当地乐器零售商和经销商预计情况不会立即改善。从积极方面来看，美欧与中国之间的贸易紧张局势将促使更多美国和欧洲制造商重新考虑将墨西哥作为潜在生产基地。

阿根廷比索贬值30%，利率亦相应上升，对当地音乐制品市场造成了沉重打击。该国的音乐制品收入预计将减少26%至5010万美元。阿根廷比索贬值几乎造成所有消费品价格上升，从而严重限制了人们的可支配收入。阿根廷大多数业内人士都预测经济复苏将十分缓慢，且恢复过程时断时续。

## 四、亚洲

伴随中国经济增长步伐，中国国内音乐制品市场持续扩大，2019年增长6.1%。该国市场仍以钢琴为中心，2019年售出约30万架原声钢琴。对于日益壮大的中国中产阶级而言，钢琴是一种身份象征。家长非常重视孩子的音乐教育。作为回应，零售经销渠道加大了对教育基础设施的投入。一些乐器零售场所每周为多达5000名学生提供服务。此外，吉他、键盘和其他乐器门类呈现增长态势。2019年，这些产品门类增长率均在10%~15%。人们对音乐的浓厚兴趣，以及政府对各种形式的西方流行音乐保持更加宽容态度，都是推动市场继续走强的因素。

中国国内音乐制品市场延续了过去十年的增长趋势。然而，生产全球近40%乐器和音响产品的制造业却受到与西方贸易紧张局势的冲击。虽然中国已形成发达的制造基础设施，但不少西方供应商已开始将部分生产转移到马来西亚、越南和印度尼西亚

的工厂，以避免被征收惩罚性关税。

日本市场受益于发达的教育基础设施和高度的繁荣，但是，这些积极因素已经被不利的人口统计数据所抵消。该国的出生率远低于人口更替水平，致使总体人口日趋老龄化。此外，音乐行业的关键人群（即12至30岁群体）也正在不断萎缩。因此，该国的音乐制品市场近十年来一直呈下降趋势。中国台湾地区和韩国也同样面临类似的人口挑战，出生率的下降以及青少年人口的减少，都给键盘、吉他和管乐器的销售带来了下行压力。

## 五、社会政经局势发挥重要作用

政治局势及经济影响都会对音乐制品市场销售产生作用。由于中国香港局势波动、日韩贸易争端以及中国与西方之间的紧张局势加剧，依赖贸易的新加坡在2019年经历了经济放缓，导致该国音乐制品的销售额仅增长了1.5%。不过，新加坡强大的教育基础设施和对音乐文化的重视，仍然使其成为世界上最盈利的市场之一。

2019年中国香港局势波动对当地经济造成了沉重打击，音乐制品销量下降了20%。当地零售商和经销商将中国香港市场的情况描述为“几乎完全处于关停状态”。

尽管印度是仅次于中国的世界第二人口大国，而且其中产阶级队伍也在不断壮大，但印度乐器和音响产品市场的规模仍然相对较小。原因在于，印度进口商品的高关税导致价格上涨、印国内监管制度盘根错节，经销网络效率低下等，关卡林立，关税和各种费用使产品在印度29个州之间的流通运输速度缓慢，且成本高昂。此外，企业家们也纷纷抱怨阻碍创业的法规丛生。与中国、日本和韩国不同，印度并没有热情地接受西方音乐传统。此外，印度缺乏强大的音乐教育基础设施。较低的人均音乐消费也反映出以上这些局限性。

在横跨亚洲与欧洲的俄罗斯，音乐制品销售继续受到油价疲软、卢布疲软货币贬值和严厉经济制裁的不利影响。尽管俄罗斯市场在2019年小幅上涨，但仍远低于五年前的水平。

## 六、北美洲

得益于充满活力的经济、有利的人口结构以及在家庭、学校和教堂音乐创作的悠久传统，加拿大和美国仍然是世界音乐制品最丰富的市场。2019年，两国的稳定社会经济环境促成了乐器市场强劲增长。

## 七、报告方法

本报告所涉及42个国家和地区的人口总数占世界人口比重约70%，经济活动比重占全球90%以上。为更全面地反映音乐制品的收入，本报告经济与人口数据由美国和全球多个不同机构提供。二手产品的销售在全球范围内均呈现增长态势。以美国为例，二手吉他的销量现在已经可以与新乐器的销量相媲美。就钢琴而言，在中国以外的地方，二手钢琴的销量比新琴销量高出一个数量级。本报告中的收入数字仅包括销售零售价值的估计，不含二手市场份额。

本报告中的市场数据估算来自多个信息来源，包括世界贸易组织汇编的数据、世界银行的经济数据以及业内70家重要公司公开的财务文件。在过去的五十年里，世贸组织的技术专家们为每一种可以想到的产品（从飞机到X光机）制定了标准化数字代码。各大公司均被要求在其所有出口文件中包含这些代码，从而便于我们了解掌握有关世界贸易的详细全貌。全球约有20个国家和地区专业生产大量音乐制品，如中国、日本、韩国、越南、美国和大部分欧盟国家。此外，我们还参考世界贸易组织（WTO）数据，追踪主要乐器生产国家及地区（中国大陆、日本、韩国、中国台湾、印度尼西亚、美国和欧盟各国）产品在全球98个国家和地区的流向。运用WTO数据追踪各个国家的出口量与目的地，便可量化从阿尔巴尼亚到赞比亚等世界各国音乐制品市场的规模。我们将出口数据与公司财务进行比较，从而在一定程度上提高数据精细度。

以下附表数据取自多种信息来源。包括世界各地乐器行业协会、美国中央情报局（CIA）出版的全球数据年度汇编《世界年鉴（FACTBOOK）》、联合国“全球数据库” 和世界银行所提供的2019年人口数据、GNP（国民生产总值）数据、增长率以及人口结构数据。相关销售额估计值截至2019年12月31日，并以当日汇率换算成美元。

### 八、乐器：一个小而精的行业

音乐制品行业的总零售额为173亿美元，在全球经济格局中几乎微不足道，仅仅相当于约一天的石油产量，六天的啤酒消费量，以及全球一次性尿布市场的一半。尽管音乐制品行业规模很小，但它已经完全实现了全球化：日本的电子键盘可在苏里南找到，美国制造的吉他能在黎巴嫩销售，业内众多顶级品牌遍布全球195个国家和地区，这种情况既体现了乐器制造商寻求拓展业务的足智多谋和坚定决心，也反映出世界各地对音乐源源不断的需求。（编译自美国《音乐贸易》）

# 2019年全球主要国家和地区乐器市场份额排名

| 排名 | 国家和地区 | 2019年乐器销售额（美元） | 人均乐器销售额（美元） | 占全球市场份额 | 2019年人口 | 国民生产总值（十亿美元） | 人均国民生产总值 | 十年平均增长率 | 国民平均年龄 |
|---|---|---|---|---|---|---|---|---|---|
| 1 | 美国 | 800000000 | 24.30 | 46.30% | 329239523 | 19938.00 | 60559 | 2.10% | 38.3 |
| 2 | 中国大陆 | 1910000000 | 1.36 | 11.00% | 1407147786 | 12732.00 | 9048 | 7.70% | 37.9 |
| 3 | 日本 | 1010000000 | 8.01 | 5.80% | 126100220 | 5481.00 | 43466 | 0.00% | 47.9 |
| 4 | 德国 | 1004000000 | 12.43 | 5.80% | 80783942 | 3723.00 | 46088 | 1.20% | 47.8 |
| 5 | 加拿大 | 770000000 | 21.15 | 4.40% | 36411047 | 1679.00 | 46125 | 2.00% | 42.6 |
| 6 | 法国 | 585000000 | 8.66 | 3.40% | 67573511 | 2622.00 | 38797 | 0.40% | 41.7 |
| 7 | 英国 | 562000000 | 8.48 | 3.20% | 66286011 | 2665.00 | 40201 | 1.90% | 40.6 |
| 8 | 韩国 | 313000000 | 6.09 | 1.80% | 51369185 | 1571.00 | 30579 | 2.00% | 42.4 |
| 9 | 意大利 | 300000000 | 4.96 | 1.70% | 60461826 | 1945.00 | 32166 | 0.50% | 46 |
| 10 | 澳大利亚 | 252000000 | 10.41 | 1.50% | 24199884 | 1405.00 | 58052 | 2.20% | 38.8 |
| 11 | 墨西哥 | 215000000 | 1.67 | 1.20% | 128932753 | 1160.00 | 8999 | 1.20% | 28.7 |
| 12 | 荷兰 | 170000000 | 9.92 | 1.00% | 17134872 | 847.00 | 49430 | 1.00% | 43 |
| 13 | 印度 | 158000000 | 0.12 | 0.90% | 1300004385 | 9948.00 | 7652 | 4.40% | 28.1 |
| 14 | 俄罗斯 | 145000000 | 1.01 | 0.80% | 143210000 | 1595.00 | 11141 | −0.20% | 40 |
| 15 | 比利时 | 143000000 | 12.39 | 0.80% | 11539328 | 501.70 | 43409 | 1.50% | 41.6 |
| 16 | 巴西 | 122500000 | 0.58 | 0.70% | 209962330 | 2071.00 | 9866 | 1.00% | 32.5 |
| 17 | 中国香港 | 109000000 | 14.54 | 0.60% | 7496981 | 345.00 | 46019 | 2.90% | 44.9 |
| 18 | 瑞士 | 103000000 | 12.18 | 0.60% | 8454622 | 685.00 | 81034 | 1.60% | 42.5 |
| 19 | 瑞典 | 102000000 | 10.16 | 0.60% | 10036379 | 538.00 | 53559 | 1.50% | 41.3 |
| 20 | 西班牙 | 101500000 | 2.03 | 0.60% | 49754778 | 1339.00 | 26911 | 0.00% | 43.4 |
| 21 | 中国台湾 | 99500000 | 4.20 | 0.60% | 23674546 | 588.00 | 24857 | 2.80% | 41.3 |
| 22 | 挪威 | 90000000 | 16.73 | 0.50% | 5378497 | 404.50 | 75075 | 2.00% | 43 |

续表

| 排名 | 国家和地区 | 2019年乐器销售额（美元） | 人均乐器销售额（美元） | 占全球市场份额 | 2019年人口 | 国民生产总值（十亿美元） | 人均国民生产总值 | 十年平均增长率 | 国民平均年龄 |
|---|---|---|---|---|---|---|---|---|---|
| 23 | 菲律宾 | 84000000 | 0.78 | 0.50% | 108331000 | 333.00 | 3072 | 2.90% | 23.6 |
| 24 | 泰国 | 73000000 | 1.12 | 0.50% | 69779978 | 466.00 | 6675 | 2.50% | 38.2 |
| 25 | 丹麦 | 73000000 | 12.54 | 0.40% | 5822763 | 333.20 | 57275 | 1.80% | 42.6 |
| 26 | 奥地利 | 70500000 | 8.05 | 0.40% | 8754009 | 424.00 | 48397 | 1.40% | 44.5 |
| 27 | 芬兰 | 70000000 | 12.63 | 0.40% | 5540720 | 256.00 | 46119 | 1.80% | 42.4 |
| 28 | 土耳其 | 69000000 | 0.82 | 0.40% | 84339067 | 860.00 | 10193 | 2.00% | 31.5 |
| 29 | 新加坡 | 67000000 | 11.18 | 0.40% | 5995342 | 326.50 | 54420 | 3.00% | 35 |
| 30 | 智利 | 63100000 | 3.36 | 0.40% | 18729160 | 282.00 | 15056 | 2.00% | 34.9 |
| 31 | 以色列 | 59600000 | 6.89 | 0.30% | 8655535 | 363.00 | 41971 | 2.20% | 31 |
| 32 | 波兰 | 58000000 | 1.53 | 0.30% | 37846611 | 547.00 | 14441 | 2.20% | 41.2 |
| 33 | 印度尼西亚 | 51000000 | 0.19 | 0.30% | 267750000 | 1066.00 | 3980 | 4.10% | 30.4 |
| 34 | 阿联酋 | 47000000 | 4.76 | 0.30% | 9871439 | 392.00 | 39730 | 1.90% | 31.4 |
| 35 | 马来西亚 | 43000000 | 1.33 | 0.20% | 32371000 | 325.00 | 10053 | 3.10% | 28.7 |
| 36 | 爱尔兰 | 42000000 | 8.17 | 0.20% | 5137786 | 340.00 | 66170 | 3.40% | 37.1 |
| 37 | 捷克 | 41000000 | 3.84 | 0.20% | 10690444 | 221.50 | 20649 | 1.30% | 42.4 |
| 38 | 哥伦比亚 | 39000000 | 0.78 | 0.20% | 49882891 | 325.20 | 6523 | 2.90% | 29.8 |
| 39 | 秘鲁 | 30500000 | 0.95 | 0.20% | 31989260 | 219.20 | 6837 | 2.30% | 28.4 |
| 40 | 葡萄牙 | 14600000 | 1.43 | 0.10% | 10210000 | 233.50 | 21800 | 0.00% | 43.9 |
| 41 | 希腊 | 13000000 | 1.25 | 0.10% | 10423054 | 305.00 | 29231 | −2.10% | 45 |
| 42 | 阿根廷 | 50100000 | 1.11 | 0.30% | 45195774 | 651.70 | 14419 | −0.90% | 32.4 |

# 2020美国乐器市场零售概况
## ——新冠疫情对市场造成不均衡影响

过去十年，美国音乐制品行业整体呈现温和增长态势。行业历经2008年金融危机突然低迷后，新品销量每年保持恢复性的稳定增长。这使业界开始有种自满感，并普遍认为在可预见的未来，行业稳步发展上升的趋势仍将持续。这些乐观想法突然被2020年新冠疫情摧毁，疫情颠覆了社会方方面面，也以无法预料的方式影响到音乐制品行业。2020年3月下旬起，病毒破坏程度愈加明显，政府开始关闭各大企业并禁止公众集会。零售商和供应商为之做好了最坏的准备：预计业务将会全面崩溃。不过到2020年年底，市场销售总额意外地只下降了10.0%，达72亿美元。与之前经济衰退不加选择地对所有产品类别造成损失不同，新冠肺炎疫情的影响可以说是有选择性的：即弦乐器、键盘、一些 DJ 设备和录音产品等专为家庭使用而设计的产品增长显著，而管乐器、功放设备等供公众使用的产品则受到重创。这场遍及全球的疫情对社会经济造成广泛破坏，但新冠肺炎隔离的影响却出人意料地引发人们创作音乐的兴趣，进而反向提振了行业收入。

从安全方面考虑，政府要求减少工厂人员以保持接触距离，出于卫生考虑，也需要定期停工，因此从停工到复产变得更具挑战性。如此一来，大多数工厂需要运作多个班次才能接近新冠肺炎之前单班次的产出。被困在家的消费者受疫情影响，暂停外出旅行，减少公共活动，只能重新选择拿起乐器。4月下旬，当美国政府开始发放经济刺激补助后，乐器零售商获得大量蜂拥而至的订单，要求购买键盘、弦乐器、简单口琴及其他音乐制品。对乐器需求的激增让行业供应链完全措手不及。之前因政府法令而关闭的美国、欧洲和亚洲的许多工厂，为应对订单的涌入，突然开始争先恐后地提高产量。

疫情并不是2020年音乐制品行业唯一的不幸，火灾也令困难局面雪上加霜。2020年10月下旬，之前很少有人听说过的AKM微电子株式会社一夜之间发生变化。一场大火摧毁了其位于日本延冈市的工厂，切断了数模转换器和模数转换器的供应。这两种转换器是许多电子乐器和录音产品的重要组件。火灾影响深远而直接，严重阻碍了全球第四季度生产。键盘、混音器、效果器和音频接口的供应均受到影响，直到2021年初，供应中断的情况仍继续制约着生产。

除生产延误和芯片短缺外，许多零售商都表示谈到自己从业记忆中首次出现的供需失衡情况。在《音乐贸易》一项调查中，几位在线零售商报告说，新冠疫情之前，产品库存比例为95%，而到2020年下半年，“库存”水平降至65%~70%，产品短缺为许多制造商提供了难得机会，让厂家能以之前难以想象的价格出清滞销和过时库存。

弦乐器销量上升，而音响和校园乐器销量有所下降，2020年销量减少10%。尽管2020年处境艰难，但远好于最初预期。当吉他和键盘制造商努力抗争欠交订单带来的挑战时，校园乐器和专业乐器供应商面临更为紧迫的问题。全美大部分学校在2020年3月份关闭，无法进行面对面教学，并且至今仍未完全重新开放，全美校园每年入学人数约400万到500万之间，随着乐队和管弦乐队项目被搁置，美国乐器租赁市场也急剧下降。

本报告中的数据仅适用于美国，反映美国零售商的市场批发零售金额。乐器制造商产品门类众多，其企业结构、专业领域和地理位置各不相同。对于一个大部分业务由私营公司完成并且数据报告来源很少的行业来说，如何才能获取市场销售数据？答案是，需要花费大量时间积极寻找。本报告中数据来自各种信息源，包括世界贸易组织编制的进出口数据、从杂志调查收集的数据、行业上市企业文件、行业协会数据以及基于现状的估计等。我们掌握了大约5,000家专业乐器经销商经手的音乐制品数量“概貌”。此外，软件产品销售（特别是录音领域）可完全绕过传统零售渠道，直接获取面向消费者的下载量数据。

2020年，因疫情影响，需要配套灯光、音响的音乐会、礼拜服务和其他类型公共聚会被迫取消，音乐制品行业的音响领域受到重创，功放和混音器销量降幅超过40%。我们有充分理由相信，一旦多数人群接种疫苗，这两大重要产品细分市场将出现反弹。

经济低迷可能对零售经销渠道产生长期影响。2020年音响产品和校园乐器销售严重受限，可能会加速实体店十年来一直所处的衰退局面。对许多传统实体琴行而言，校园乐器租赁和音响装置都是重要利润来源。售后服务在该产品类别销售中占据重要比例，不仅避免了与在线供应商竞争，还能保证毛利。

之前报告也提到过，十多年来，价格通缩一直是限制行业销售增长的因素。各项新技术层出不穷，使电脑、智能手机和平板电视价格一路走低，技术革新对键盘、音频设备、录音系统以及其他包含微处理器和内存的音乐制品也产生了类似影响。例如，今天售价400美元的便携式键盘性能更优，比1990年代零售价4,000美元的合成器具备更多功能。新冠疫情似乎意味着价格通缩趋势行将结束。

所有制造商因疫情因素导致各项成本大幅增加。工厂频繁轮班，卫生规定严苛，甚至在工厂入口处测量体温，这些增设的流程抬高了人力成本，也降低了生产力。其次，整个供应链的物流成本也在上升。2020年，将一个集装箱产品从亚洲运送到美国西海岸的价格几乎翻了三倍。而在美国本土，UPS和联邦快递费用价格增幅达到两位数。另一个推动成本飞涨的因素是，不少供应商的库存策略从“及时出货”转变为“以防万一”。供应链各环节的公司都在增加库存“捂货惜售”，以避免错失机遇。这些新增成本和不断增长的市场需求使产品供不应求，价格不断提高，音乐制品价格上涨已无悬念。

从2020年初开始，行业内外无人能预料到疫情会在全球爆发并造成灾难性影响。展望未来，似乎也没有人对来年发展有太大信心。一旦疫苗接种允许更多社会流动，人们对音乐创作的兴趣是否成为短暂现象？行业是否能永久增加用户群？由于存在诸多不确定性，供应商对市场的反应是制定最佳情况和最坏情况的依据，再假设实际结果介于两者之间，并按照这种假设进行运营。正如有经销商提醒：“这种做法可能没有任何意义，但这是我们知道如何计划的唯一方法。”接下来，我们将按照细分市场，对产品门类逐个分析。

## 一、弦乐器（包括：原声吉他、电吉他、贝斯、尤克里里、功放、琴弦及吉他效果器）

过去，一种认为“吉他已死、垂死或将进入长期衰退期”的论调不绝于耳，疫情的到来客观上打消了这种担忧。2020年4月下旬美国政府开始发放经济救济金后，零售商立即注意到市场出现了大量此前从未遇到过的初次购买者：既有希望感受音乐体验的青少年，也有隔离期间寻求创意、打发时间的中年职场人士。市场销售实绩已证明，吉他等弦乐器依然具有广泛吸引力。

3月份新冠疫情造成的停工情况让大部分从业者都在为灾难严阵以待。“我们已经做好了勒紧裤腰带的准备。”一位制造商说道。到2020年年底，整个弦乐器销量增长6%，达23亿美元。原声吉他作为一种完美的家用乐器受到消费者青睐，原声吉他盈利速度有所加快。能取得这样的成绩并不奇怪，2020年该类乐器销量增长4%，零售金额增长11%。

相比之下，电吉他销量下降9%，主要原因是产品短缺。不过电吉他平均售价较高，销售额基本没有变化。踏板效果器和多重效果器的销量均有所增加，乐器功放情况类似。尤克里里销量下降7%，表明市场可能已经饱和。

2020年，产品短缺是零售商和制造商面临的最大挑战。全球乐器生产设施产能降低，2020年第二、三季度，美国从亚洲和墨西哥的乐器进口大幅下降。墨西哥和中国的工厂在第四季度表现出非凡韧性，销量同比增长50%，并在一定程度上缓解了供应短缺。产品短缺限制了销售收入，这点已成为全行业共识。正如一位美国零售商所说：“我们的吉他墙看起来像沃尔玛超市的卫生纸货架一样，空空如也，供不应求。”

2020年初次购买者显然愿意选购质量更好的乐器。从200美元的入门乐器到400至500美元的中等价位乐器，都在他们选择范围内。看到音乐爱好者在一开始就使用更好品质的乐器，一些零售商和制造商表示，希望此举能降低他们半途而废的学琴概率。

随着2020年接近尾声，世界上几乎每家吉他厂家都处于严重缺货状态，未来六个月的产能已全部预订完毕。然而有多少订单是为了补充耗尽的库存？有多少是额外新增的订购量？潜在需求是什么？当前需求上升是否会随着疫情影响消退而消减？市场有真实需求的客户群是否会增加？对于行业供应商来说，这些都是悬而未决的问题。乐器制造商对于是否投入更多产能也在争论不休。

在众多精品制造商颇具创意产品开发的推动下，消费者对吉他效果器踏板的需求有增无减，使该类乐器收入增长3.4%（本报告中数据仅反映通过零售经销渠道销售的踏板，不含制造商直接销售给消费者的踏板）。包括上述踏板、效果器在内，市场份额还会扩大10%至15%。2020年，一系列新款产品的面世，使人们对数字综合效果器重燃兴趣。该类别销售收入增长15.8%。

## 二、音响

音响市场销量下滑所造成的市场影响，已不仅局限于音响制造商和经销商。某品牌音乐会运作机构已筹集约1,000万美元，补贴在疫情中大批失业的音响专业人士。该细分市场制造商和零售商的未来前景既取决于疫苗接种率，也取决于公众何时能够轻松参加音乐会和其他公共聚会。最乐观的情况是，一旦相当比例的人群接种疫苗后，被压制的市场需求释放，就会再次促进音响产品销售。

## 三、普通配件（含乐器盒、支架、调音器、节拍器、背带、簧片、吹嘴、护理套件、口琴、替换零部件和各种其他小商品）

配件市场是疫情的另一个受害者。该门类产品涵盖乐器盒、支架、背带、口琴、调音器、节拍器、簧片、乐器护理套件以及各种其他小商品。该类别历来是音乐制品行业中最具弹性的类别之一，很大程度上并不会受经济变化影响。然而2020年，由于产品短缺、实体店运营能力下降及学校音乐课程缩减，配件供应量零售金额下降9.6%，约为6.15亿美元。

2020年第二、三季度，中国和越南的许多工厂由于新冠疫情纷纷关闭。这对占配件类别很大份额的乐器盒、背带和支架的供应造成不利影响。虽然第四季度产能恢复正常，但长期跨太平洋运输延误以及其他物流瓶颈阻碍了零售商补充库存的能力。许多零售商有史以来首次报告，供应不足限制了销售。

2020年，许多学校音乐课程和管弦乐队表演被迫暂停，依赖于音乐教学和活动的簧片、松香、乐器用油、吹嘴及其他管乐器和弓弦乐器配件的销量也受到负面影响。市场证据表明，市面上配件销售的很大一部分属于散客在零售店进行的冲动型购买。此外，在线乐器商不会积极推销低于50美元的配件产品，由于相关物流处理和运输成本抬升让他们无利可图。

## 四、原声钢琴和家用数码钢琴（包括原声钢琴、数码钢琴、配备数字设备的自动钢琴以及便携式键盘）

新冠疫情期间，钢琴销售喜忧参半。原声钢琴销量降至历史最低点，总量仅20,870架。其中三角钢琴销量6,120架，下降33.4%，立式钢琴销量12,780架，下降26.5%，内置数字设备的自动钢琴销量1,970架，下降45.4%。

这些损失一定程度上被数码钢琴销售增加所抵消。数码钢琴设备销量188,500架，增长8.3%。但由于其平均售价较低，销售金额仅上涨2.1%。钢琴销量受到全球工厂停工、进入线下琴行受限等不利影响。与政府下令停产后能够更快重启的吉他工厂及电子乐器工厂不同，钢琴生产耗时耗工，复产重启更加困难。因此，全年钢琴供应十分有限。鉴于几乎所有钢琴销售通过实体店进行，琴行门店关闭对销售造成沉重打击。三十年来，美国原声钢琴业务一直呈下降态势，似乎并未因人们“隔离在家”而受益。与钢琴相反，吉他和录音产品的销量则因居家隔离而有所提升。新冠疫情造成的衰退极有可能减少钢琴零售商的数量，并对未来几年复苏前景构成严峻挑战。

## 五、校园乐器（铜管乐器、木管乐器和管弦乐器）

六十年来，用于学校音乐课程的木管乐器、铜管乐器和弓弦乐器市场一直堪称销售稳定门类的典范，通过如同时钟般的可预测性与各学校入学水平相挂钩。1960年至2019年间，新乐器销量始终保持在入学学生总数的1.5%至1.7%之间。

与往年一样，2020年一开始毫无悬念。美国人口普查报告称，入学学生人数为5650万，学习乐器的学生比例占入学学生比例为1.65%，预计弦乐器和管乐器的销量为947000件。但到了2020年3月，随着疫情扩散，政府为控制病毒传播采取了严格措施。许多学校应声关闭，音乐课程被迫搁置，春季和秋季乐器租赁急剧减少。结果，新乐器的单位销量仅640200件，暴跌32.4%，为近五年来的最低点。

为最大限度克服疫情不利影响，乐器零售商通过在线课程和其他各种举措来保持学生的参与度。此外，为营造更安全排练和表演环境，一些制造商甚至开发出乐器喇叭罩和可容纳吹嘴的开槽面罩。合奏排练和表演人数大幅缩减对市场造成沉重打击。零售商和校长们担心，如果未能在2020年培养一批学生，可能会对未来五六年校园音乐课程的规模产生不利影响。

每学年伊始，都有数百万学生获得专为他们准备的乐器。美国公立学校的器乐课程一直让全球音乐业界羡慕不已。一些零售商和制造商担心，新冠疫情会削弱学校预算和家长支持，并打破“一切如常”的状态，进而对音乐学习带来持久损害。

但乐观主义者反驳说，被隔离的学生和家长们渴望获得音乐团体合奏所营造的独特音乐社交体验。一旦接种疫苗使学生们举行大型聚会，校园乐器一定是他们的第一选择。

## 六、打击乐器（包括：架子鼓、单独的鼓和相关硬件、鼓棒和鼓槌、钹、鼓皮、手鼓以及教学打击乐器）

新冠疫情进一步加剧了打击乐器的长期销售颓势。2020年，打击乐器零售金额3.04亿美元，同比下降18.7%。2020年，该门类产品表现不尽相同。架子鼓销量106000架，下降14.9%，但由于平均售价上涨，其零售金额仅下降5.4%。

电子替代品不仅能做到无声练习，而且更容易录音，入门级架子鼓销量受到向电子替代品转变的影响。流行乐界采用电子生成打击乐音轨的趋势对高端套鼓产生了不利影响。架子鼓销量下降与单个鼓及相关硬件销量下降息息相关。由于传统打击乐销售下滑以及向电子打击乐器转变，鼓棒、鼓槌和鼓皮销量出现两位数下降。此外，钹销量也以两位数减少。由于疫情相关的学校停课，大部分学校音乐课程暂时停授。包括行进打击乐器和管弦乐器在内的教学打击乐器受到重创。该类别下降46%，销售金额3300万美元。

## 七、电子乐器（包括：键盘合成器、控制器键盘、电子鼓和电子打击乐器）

由于前文提及的芯片短缺限制了合成器销量，电子乐器产品销量的零售金额意外下降7.8%，为2.6亿美元。受短缺影响的数字合成器销量下降在一定程度上被模拟设备销量的增加抵消。虽然人们最近对模拟合成器的兴趣有所增加，但它仍是整个市场中较为小众的部分。

可编程鼓和节奏机的强劲增长弥补了合成器销量下降。由于平均售价更高，各种电子音乐流派持续盛行使该类设备销售额增长11%。电子打击乐器销售额也有所增长，零售金额7400万美元，增长7.4%。价格低于400美元的架子鼓有效取代了入门级原声架子鼓。除更容易录音外，电子架子鼓也更适合家庭使用。

## 八、便携式键盘

便携式键盘类别包括带有内置音响系统的乐器，既有100美元入门级设备，又有拥有绝佳音质和复调音乐的500美元及以上的设备。这些设备曾是高端音响合成器的专属装置，其销量增长11.3%，估计零售金额8340万美元，反映出人们对“居家”创作音乐兴趣有所增加。然而，前文提到的芯片短缺在一定程度上限制了该类别的销量。价格较低的设备销售较为畅销，零售金额为6030万美元，同比增长14%。

## 九、教堂管风琴

教堂管风琴销量多年来持续下降。由于新冠肺炎和教堂活动人数的限制，教堂用管风琴在2020年销量不到300件，让人怀疑该类产品可能永无复苏之日。

# 2020年美国乐器市场零售概览

（金额单位：美元）

| 年份 | 销量 | 同比% | 批发额 | 零售额 | 同比% | 平均单价 |
|---|---|---|---|---|---|---|
| **吉　他** | | | | | | |
| **声学吉他** | | | | | | |
| 2020年 | 1601000 | 4.00% | 641456000 | 957398000 | 11.00% | 598 |
| 2019年 | 1540000 | 3.40% | 577808000 | 862400000 | 5.20% | 560 |
| 2018年 | 1490000 | −1.30% | 549065000 | 819500000 | 10.80% | 550 |
| 2017年 | 1510000 | 8.60% | 495733000 | 739900000 | 8.60% | 490 |
| 2016年 | 1390000 | −4.10% | 456337000 | 681100000 | −2.10% | 490 |
| 2015年 | 1450000 | −2.20% | 466320000 | 696000000 | 2.60% | 480 |
| 2014年 | 1498700 | 10.00% | 454506000 | 678368000 | 12.40% | 453 |
| 2013年 | 1362900 | 2.70% | 404141000 | 603195000 | 13.30% | 443 |
| 2012年 | 1326500 | 1.10% | 356606194 | 532248050 | 10.10% | 401 |
| 2011年 | 1311585 | 9.20% | 323856694 | 483368200 | 15.50% | 369 |
| **电吉他** | | | | | | |
| 2020年 | 1140230 | −9.00% | 477471000 | 712643000 | 0.70% | 625 |
| 2019年 | 1253000 | 15% | 474323000 | 707945000 | 19.20% | 565 |
| 2018年 | 1090000 | −2.90% | 398013000 | 594050000 | 0.80% | 545 |
| 2017年 | 1123000 | 5.00% | 395015000 | 589575000 | 9.10% | 525 |
| 2016年 | 1070000 | 6.50% | 362035000 | 540350000 | 8.60% | 505 |
| 2015年 | 1005000 | −11.20% | 333308000 | 497475000 | −1.70% | 495 |
| 2014年 | 1132250 | 2.00% | 338972000 | 505929000 | 8.30% | 447 |
| 2013年 | 1109800 | −4.60% | 312930000 | 467059000 | −0.30% | 421 |
| 2012年 | 1162890 | −3.20% | 313846814 | 468428080 | 3.70% | 403 |
| 2011年 | 1200831 | 2.10% | 302574178 | 451603250 | 7.40% | 381 |
| **吉他总计** | | | | | | |
| 2020年 | 2741230 | −1.90% | 1118927000 | 1670041000 | 6.30% | 609 |
| 2019年 | 2793000 | 8.30% | 1052131000 | 1570345000 | 11.10% | 562 |
| 2018年 | 2580000 | −2.00% | 947078000 | 1413550000 | 6.30% | 548 |
| 2017年 | 2633000 | 7.00% | 890748000 | 1329000000 | 8.80% | 505 |
| 2016年 | 2460000 | 0.20% | 818372000 | 1221450000 | 2.30% | 497 |
| 2015年 | 2455000 | −6.70% | 799628000 | 1193475000 | 0.80% | 486 |
| 2014年 | 2630950 | 6.40% | 793479000 | 1184298000 | 10.60% | 450 |

续表

| 年份 | 销量 | 同比% | 批发额 | 零售额 | 同比% | 平均单价 |
| --- | --- | --- | --- | --- | --- | --- |
| 2013年 | 2472000 | −0.70% | 717071000 | 1070254000 | 7.00% | 433 |
| 2012年 | 2489390 | −0.90% | 670453007 | 1000676130 | 7.00% | 402 |
| 2011年 | 2512416 | 5.70% | 626430872 | 934971450 | 11.40% | 372 |
| 注1：声学吉他类含班卓琴、曼陀林、冬不拉及其他声学弦乐器，不含夏威夷四弦琴 | | | | | | |
| 2：电吉他类含电贝斯 | | | | | | |
| **功放** | | | | | | |
| 2020年 | 596000 | −9.00% | 104985000 | 161516000 | 4.90% | 271 |
| 2019年 | 655000 | 1.60% | 100051250 | 153925000 | 1.60% | 235 |
| 2018年 | 645000 | −4.40% | 98523000 | 151575000 | 2.10% | 235 |
| 2017年 | 675000 | −0.70% | 96525000 | 148500000 | −2.90% | 220 |
| 2016年 | 680000 | −5.60% | 99450000 | 153000000 | −5.60% | 225 |
| 2015年 | 720000 | −7.10% | 105300000 | 162000000 | −12.90% | 225 |
| 2014年 | 775000 | −1.60% | 120900000 | 186000000 | −1.60% | 240 |
| 2013年 | 788000 | −6.60% | 122920000 | 189120000 | −1.70% | 240 |
| 2012年 | 8444000 | −5.20% | 125080800 | 192432000 | −11.70% | 228 |
| 2011年 | 890000 | −1.30% | 141732500 | 218050000 | −5.10% | 245 |
| **钢　琴** | | | | | | |
| **三角钢琴** | | | | | | |
| 2020年 | 6120 | −36.60% | 78825000 | 140760000 | −33.40% | 23000 |
| 2019年 | 9655 | 9.90% | 118408920 | 211444500 | 15.70% | 21900 |
| 2018年 | 8784 | −1.20% | 102316032 | 182707200 | 2.70% | 20800 |
| 2017年 | 8893 | 3% | 99601000 | 177860000 | 7.30% | 20000 |
| 2016年 | 8630 | −15.80% | 92790000 | 165696000 | −10.30% | 19200 |
| 2015年 | 10253 | −9.00% | 103407000 | 184656000 | −5.00% | 18010 |
| 2014年 | 11268 | −5.10% | 108817000 | 194316000 | −0.30% | 17245 |
| 2013年 | 11870 | 4.60% | 109180000 | 194964000 | 8.90% | 16425 |
| 2012年 | 11350 | −1.80% | 100297680 | 179103000 | 2.10% | 15780 |
| 2011年 | 11554 | −8.20% | 98035000 | 175375000 | 0.20% | 15179 |
| **立式钢琴** | | | | | | |
| 2020年 | 12780 | −27.20% | 39362000 | 70290000 | −26.50% | 5500 |
| 2019年 | 17543 | −1.80% | 53541236 | 95609350 | 0.10% | 5450 |
| 2018年 | 17857 | −5.60% | 53499572 | 95534950 | −4.70% | 5350 |
| 2017年 | 18921 | 1.40% | 56157000 | 100281000 | 3.70% | 5300 |
| 2016年 | 18655 | −5.70% | 54166000 | 96726000 | −2.50% | 5185 |

续表

| 年份 | 销量 | 同比% | 批发额 | 零售额 | 同比% | 平均单价 |
|---|---|---|---|---|---|---|
| 2015年 | 19780 | −10.40% | 55550000 | 99196000 | −9.90% | 5015 |
| 2014年 | 22083 | 9.10% | 61646000 | 110083000 | 12.50% | 4985 |
| 2013年 | 20242 | −8.30% | 54796000 | 97849000 | −4.70% | 4834 |
| 2012年 | 22070 | −13.30% | 57470280 | 102625500 | −11.00% | 4650 |
| 2011年 | 25450 | −7.00% | 65408000 | 115358000 | 2.80% | 4533 |
| 自动演奏钢琴 | | | | | | |
| 2020年 | 1970 | −49.20% | 30779000 | 54963000 | −45.40% | 27900 |
| 2019年 | 3875 | 0% | 56420000 | 100750000 | 18.70% | 26000 |
| 2018年 | 3875 | 4.30% | 47523000 | 84862500 | 7.20% | 21900 |
| 2017年 | 3716 | 5.90% | 44324448 | 79150800 | 7.40% | 21300 |
| 2016年 | 3,510 | −7.10% | 41277000 | 73710000 | 2.40% | 21000 |
| 2015年 | 3780 | −3.10% | 40325000 | 72009000 | 7.60% | 19050 |
| 2014年 | 3902 | −3.20% | 37461000 | 66895000 | −0.90% | 17144 |
| 2013年 | 4032 | 6.70% | 37820000 | 67536000 | 12.40% | 16750 |
| 2012年 | 3780 | −6.70% | 33657120 | 60102000 | −6.90% | 15900 |
| 2011年 | 4050 | 6.20% | 36089000 | 64559000 | 16.00% | 15940 |
| 钢琴销售总计 | | | | | | |
| 2020年 | 20870 | −32.80% | 148967000 | 266013000 | −34.80% | 12746 |
| 2019年 | 31073 | 1.80% | 228370000 | 407803850 | 12.30% | 13124 |
| 2018年 | 30516 | −3.20% | 203338604 | 363104650 | 1.60% | 11900 |
| 2017年 | 31530 | 2.40% | 200083000 | 357292000 | 6.30% | 11332 |
| 2016年 | 30,795 | −8.90% | 188234000 | 336132000 | −5.50% | 10915 |
| 2015年 | 33813 | −9.20% | 199282000 | 355861000 | −4.20% | 10524 |
| 2014年 | 37253 | 3.10% | 207924000 | 371294000 | 3.00% | 9967 |
| 2013年 | 36144 | −2.80% | 201796000 | 360350578 | 5.40% | 9970 |
| 2012年 | 37200 | −9.40% | 191425080 | 341830500 | −3.80% | 9189 |
| 2011年 | 41054 | −6.20% | 199532000 | 355292000 | 3.60% | 8654 |
| 数码钢琴 | | | | | | |
| 2020年 | 188500 | 8.30% | 104504000 | 186615000 | 2.10% | 990 |
| 2019年 | 174000 | 4.80% | 102312000 | 182700000 | −4.30% | 1050 |
| 2018年 | 166000 | 3.10% | 106904000 | 190900000 | −1.20% | 1150 |
| 2017年 | 161000 | 7.30% | 108192000 | 193200000 | 7.80% | 1200 |
| 2016年 | 150,000 | 6.10% | 100380000 | 179250000 | 0.30% | 1195 |
| 2015年 | 141343 | 4.50% | 100127000 | 178798000 | 8.40% | 1265 |

续表

| 年份 | 销量 | 同比% | 批发额 | 零售额 | 同比% | 平均单价 |
|---|---|---|---|---|---|---|
| 2014年 | 135257 | 3.70% | 99008000 | 165013000 | 1.20% | 1220 |
| 2013年 | 130432 | 1.90% | 97824000 | 163040000 | 2.70% | 1250 |
| 2012年 | 128000 | 6.50% | 95232000 | 158720000 | 6.20% | 1240 |
| 2011年 | 120200 | 1.90% | 87986400 | 146644000 | 13.00% | 1220 |
| **校园乐器** | | | | | | |
| **铜管乐器** | | | | | | |
| 2020年 | 168000 | −34.90% | 110880000 | 201600000 | −34.30% | 1200 |
| 2019年 | 258000 | −3% | 168861000 | 307020000 | 3.10% | 1190 |
| 2018年 | 266000 | −3.30% | 163856000 | 297920000 | 0.30% | 1120 |
| 2017年 | 275000 | 1% | 163350000 | 297000000 | 6.50% | 1080 |
| 2016年 | 272,200 | 3.50% | 153450000 | 279000000 | 4.60% | 1025 |
| 2015年 | 263000 | 9.10% | 146712000 | 266750000 | 10.50% | 1014 |
| 2014年 | 241000 | 2.80% | 132815000 | 241482000 | 3.20% | 1002 |
| 2013年 | 234000 | −5.70% | 128645000 | 233900000 | 3.50% | 1000 |
| 2012年 | 248055 | 9.90% | 124294500 | 225990000 | 15.10% | 911 |
| 2011年 | 225741 | 4.40% | 108027000 | 196394000 | 5.10% | 870 |
| **木管乐器** | | | | | | |
| 2020年 | 239000 | −30.70% | 143937000 | 261705000 | −26.20% | 1095 |
| 2019年 | 345000 | 2.40% | 195063000 | 354660000 | 6.30% | 1028 |
| 2018年 | 337000 | −2.90% | 183496500 | 333630000 | 8% | 990 |
| 2017年 | 347000 | 2.40% | 169856000 | 308830000 | 3.60% | 890 |
| 2016年 | 339,000 | −0.60% | 163900000 | 298000000 | −0.80% | 879 |
| 2015年 | 341066 | −0.90% | 165263000 | 300479000 | −0.20% | 881 |
| 2014年 | 344000 | 3.00% | 165550000 | 301000000 | 4.60% | 875 |
| 2013年 | 334000 | −2.50% | 158345000 | 287900000 | 2.40% | 862 |
| 2012年 | 342500 | −2.80% | 154695750 | 281265000 | 5.00% | 821 |
| 2011年 | 352462 | 1.30% | 147343000 | 267871000 | 2.80% | 760 |
| **弦乐器** | | | | | | |
| 2020年 | 233200 | −32.20% | 47456000 | 86284000 | −31.30% | 370 |
| 2019年 | 344000 | −9% | 69058000 | 125560000 | −5.10% | 365 |
| 2018年 | 378000 | −2.60% | 72765000 | 132300000 | 0.30% | 350 |
| 2017年 | 388000 | 2.10% | 72556000 | 131920000 | 5.50% | 340 |
| 2016年 | 380,000 | 0.50% | 68750000 | 125000000 | 0.80% | 329 |
| 2015年 | 378000 | 13.90% | 68191000 | 123985000 | 14.90% | 328 |

续表

| 年份 | 销量 | 同比% | 批发额 | 零售额 | 同比% | 平均单价 |
|---|---|---|---|---|---|---|
| 2014年 | 332000 | −3.20% | 59345000 | 107900000 | −1.00% | 325 |
| 2013年 | 343000 | −9.20% | 59950000 | 109000000 | −3.50% | 318 |
| 2012年 | 377960 | 2.10% | 62120300 | 112946000 | 5.20% | 299 |
| 2011年 | 370200 | 24.80% | 59046000 | 107358000 | 27.40% | 290 |
| **校园乐器总计** | | | | | | |
| 2020年 | 640200 | −32.40% | 302273000 | 549589000 | −30.20% | 858 |
| 2019年 | 947000 | −3.50% | 432982000 | 787240000 | 3.10% | 831 |
| 2018年 | 981000 | −2.90% | 420117000 | 763850000 | 3.50% | 779 |
| 2017年 | 1010000 | 1.90% | 405762000 | 737750000 | 5.10% | 730 |
| 2016年 | 991,200 | 0.90% | 386100000 | 702000000 | 1.60% | 708 |
| 2015年 | 982066 | 7.10% | 380166000 | 691214000 | 6.30% | 704 |
| 2014年 | 917000 | 0.60% | 357710000 | 650382000 | 3.10% | 709 |
| 2013年 | 911400 | −5.90% | 346940000 | 630800000 | 1.70% | 692 |
| 2012年 | 968515 | 2.10% | 341110550 | 620201000 | 8.50% | 640 |
| 2011年 | 948403 | 10.20% | 314416000 | 571623000 | 7.50% | 603 |
| **电声乐器** | | | | | | |
| **键盘合成器** | | | | | | |
| 2020年 | 109000 | −19.30% | 88462000 | 129710000 | −18.60% | 1190 |
| 2019年 | 135000 | 15.40% | 108642600 | 159300000 | 5.50% | 1180 |
| 2018年 | 117000 | 6.40% | 102934000 | 150930000 | 5.50% | 1290 |
| 2017年 | 110000 | 13.70% | 97526000 | 143000000 | 5.70% | 1300 |
| 2016年 | 96,750 | 2.90% | 92267000 | 135290000 | 9.00% | 1398 |
| 2015年 | 94000 | 15.80% | 84622000 | 124080000 | 18.90% | 1320 |
| 2014年 | 81200 | −6.10% | 71161000 | 104342000 | −7.60% | 1285 |
| 2013年 | 86500 | 6.10% | 76986000 | 112882500 | 13.50% | 1305 |
| 2012年 | 81500 | −3.60% | 67811260 | 99430000 | −3.90% | 1220 |
| 2011年 | 84500 | −4.20% | 70595525 | 103512500 | −2.20% | 1225 |
| **电钢琴、专业管风琴** | | | | | | |
| 2020年 | 9800 | 5.40% | 13200000 | 19355000 | 15.60% | 1975 |
| 2019年 | 9300 | 3.30% | 11416680 | 16740000 | −4.60% | 1800 |
| 2018年 | 9000 | 1.10% | 11969100 | 17550000 | −1.40% | 1950 |
| 2017年 | 8900 | −2.20% | 12139000 | 17800000 | −6.90% | 2000 |
| 2016年 | 9100 | −5.20% | 13033000 | 19110000 | 3.40% | 2100 |
| 2015年 | 9600 | −1.00% | 12603000 | 18480000 | 0.30% | 1925 |

续表

| 年份 | 销量 | 同比% | 批发额 | 零售额 | 同比% | 平均单价 |
|---|---|---|---|---|---|---|
| 2014年 | 9700 | −15.70% | 12569000 | 18430000 | −12.20% | 1900 |
| 2013年 | 11500 | −5.70% | 14313000 | 20987000 | −4.40% | 1825 |
| 2012年 | 12200 | −23.30% | 14976720 | 21960000 | −22.80% | 1800 |
| 2011年 | 15900 | 3.20% | 19410402 | 28461000 | 7.10% | 1790 |
| 电子鼓 | | | | | | |
| 2020年 | n/a | n/a | 50468000 | 74000000 | 7.40% | n/a |
| 2019年 | n/a | n/a | 46989800 | 68900000 | 4.40% | n/a |
| 2018年 | n/a | n/a | 45012000 | 66000000 | 11.90% | n/a |
| 2017年 | n/a | n/a | 40238000 | 59000000 | 5.40% | n/a |
| 2016年 | n/a | n/a | 38192000 | 56000000 | 0.50% | n/a |
| 2015年 | n/a | n/a | 37987000 | 55700000 | 6.10% | n/a |
| 2014年 | n/a | n/a | 35805000 | 52500000 | 2.50% | n/a |
| 2013年 | n/a | n/a | 34918000 | 51200000 | 5.60% | n/a |
| 2012年 | n/a | n/a | 33077000 | 48500000 | 4.10% | n/a |
| 2011年 | n/a | n/a | 31781200 | 46600000 | −3.90% | n/a |
| 电声乐器销售总计 | | | | | | |
| 2020年 | n/a | n/a | 178270000 | 261507000 | −7.60% | n/a |
| 2019年 | n/a | n/a | 192940080 | 283015000 | 2.80% | n/a |
| 2018年 | n/a | n/a | 187666000 | 275290000 | 5.50% | n/a |
| 2017年 | n/a | n/a | 298425000 | 609031000 | 5.20% | n/a |
| 2016年 | n/a | n/a | 170444000 | 250035000 | 4.90% | n/a |
| 2015年 | n/a | n/a | 163437000 | 238290000 | 9.90% | n/a |
| 2014年 | n/a | n/a | 147819000 | 216771000 | −1.00% | n/a |
| 2013年 | n/a | n/a | 155249484 | 227806000 | 5.60% | n/a |
| 2012年 | n/a | n/a | 147112740 | 215730000 | −2.70% | n/a |
| 2011年 | n/a | n/a | 151244763 | 221791500 | −1.90% | n/a |
| 打击乐器 | | | | | | |
| 套鼓 | | | | | | |
| 2020年 | 106000 | −14.90% | 62964000 | 95400000 | −5.40% | 900 |
| 2019年 | 124500 | 0.90% | 66557700 | 100845000 | 2.20% | 810 |
| 2018年 | 123400 | −5.80% | 65155000 | 98720000 | 6.10% | 800 |
| 2017年 | 131000 | −3% | 61386000 | 93010000 | −1.60% | 710 |
| 2016年 | 135,000 | −1.50% | 62370000 | 94500000 | 0.00% | 700 |

续表

| 年份 | 销量 | 同比% | 批发额 | 零售额 | 同比% | 平均单价 |
|---|---|---|---|---|---|---|
| 2015年 | 137000 | −1.40% | 62389000 | 94530000 | 5.40% | 690 |
| 2014年 | 139000 | −1.10% | 59172000 | 89655000 | 0.40% | 645 |
| 2013年 | 140600 | −11.20% | 58925000 | 89281000 | −6.00% | 635 |
| 2012年 | 158300 | −9.00% | 62686800 | 94980000 | −7.50% | 600 |
| 2011年 | 174000 | −3.20% | 67755600 | 102660000 | −2.40% | 590 |
| 鼓（含支架、踏板、相关零件等） | | | | | | |
| 2020年 | n/a | n/a | 29040000 | 44000000 | −17.70% | n/a |
| 2019年 | n/a | n/a | 34188000 | 51800000 | 1.50% | n/a |
| 2018年 | n/a | n/a | 33660000 | 51000000 | −3.90% | n/a |
| 2017年 | n/a | n/a | 34980000 | 53000000 | −1.90% | n/a |
| 2016年 | n/a | n/a | 35640000 | 54000000 | −3.30% | n/a |
| 2015年 | n/a | n/a | 36828000 | 55800000 | 2.00% | n/a |
| 2014年 | n/a | n/a | 36089000 | 54680000 | −1.10% | n/a |
| 2013年 | n/a | n/a | 36490500 | 55288000 | −5.50% | n/a |
| 2012年 | n/a | n/a | 38614286 | 58506494 | −7.80% | n/a |
| 2011年 | n/a | n/a | 41881004 | 63456067 | 2.50% | n/a |
| 教学用打击乐器（含行进打击乐器、槌棒、工具等） | | | | | | |
| 2020年 | n/a | n/a | 21780000 | 33000000 | −46.80% | n/a |
| 2019年 | n/a | n/a | 40920000 | 62000000 | 3.30% | n/a |
| 2018年 | n/a | n/a | 39600000 | 60000000 | 0% | n/a |
| 2017年 | n/a | n/a | 39600000 | 60000000 | 2% | n/a |
| 2016年 | n/a | n/a | 38808000 | 58800000 | 3.30% | n/a |
| 2015年 | n/a | n/a | 37554000 | 56900000 | 5.50% | n/a |
| 2014年 | n/a | n/a | 35581000 | 53911000 | 3.50% | n/a |
| 2013年 | n/a | n/a | 36141000 | 54759000 | 2.50% | n/a |
| 2012年 | n/a | n/a | 35260013 | 53424262 | 1.50% | n/a |
| 2011年 | n/a | n/a | 35796968 | 54237830 | 1.50% | n/a |
| 镲片 | | | | | | |
| 2020年 | n/a | n/a | 27753000 | 42050000 | −19.90% | n/a |
| 2019年 | n/a | n/a | 34650000 | 52500000 | −1.90% | n/a |
| 2018年 | n/a | n/a | 35310000 | 53500000 | −2.80% | n/a |
| 2017年 | n/a | n/a | 36333000 | 55050000 | 2.90% | n/a |
| 2016年 | n/a | n/a | 35310000 | 53500000 | −2.40% | n/a |
| 2015年 | n/a | n/a | 36168000 | 54800000 | −5.60% | n/a |

续表

| 年份 | 销量 | 同比% | 批发额 | 零售额 | 同比% | 平均单价 |
|---|---|---|---|---|---|---|
| 2014年 | n/a | n/a | 38314000 | 58052000 | −2.00% | n/a |
| 2013年 | n/a | n/a | 39097000 | 59237000 | −8.50% | n/a |
| 2012年 | n/a | n/a | 42728850 | 64740682 | −9.50% | n/a |
| 2011年 | n/a | n/a | 47214199 | 71536665 | 2.00% | n/a |
| 鼓槌和槌棒 | | | | | | |
| 2020年 | n/a | n/a | 22556000 | 33172000 | −13.80% | n/a |
| 2019年 | n/a | n/a | 25410000 | 38500000 | −4.90% | n/a |
| 2018年 | n/a | n/a | 26730000 | 40500000 | −3.60% | n/a |
| 2017年 | n/a | n/a | 27720000 | 42000000 | −4.50% | n/a |
| 2016年 | n/a | n/a | 29040000 | 44000000 | −3.70% | n/a |
| 2015年 | n/a | n/a | 30162000 | 45700000 | −2.30% | n/a |
| 2014年 | n/a | n/a | 30879000 | 46787000 | −1.50% | n/a |
| 2013年 | n/a | n/a | 31350000 | 47500000 | −4.50% | n/a |
| 2012年 | n/a | n/a | 58680715 | 88910174 | −4.00% | n/a |
| 2011年 | n/a | n/a | 61125744 | 92614764 | 3.00% | n/a |
| 手鼓 | | | | | | |
| 2020年 | n/a | n/a | 20020000 | 30800000 | −14.00% | n/a |
| 2019年 | n/a | n/a | 22554000 | 35800000 | −0.60% | n/a |
| 2018年 | n/a | n/a | 22680000 | 36000000 | 0.00% | n/a |
| 2017年 | n/a | n/a | 22680000 | 36000000 | −2.70% | n/a |
| 2016年 | n/a | n/a | 23310000 | 37000000 | −2.90% | n/a |
| 2015年 | n/a | n/a | 24003000 | 36100000 | 1.90% | n/a |
| 2014年 | n/a | n/a | 23562000 | 37400000 | −2.00% | n/a |
| 2013年 | n/a | n/a | 24043000 | 38163000 | 1.10% | n/a |
| 2012年 | n/a | n/a | 23781289 | 37748078 | 2.50% | n/a |
| 2011年 | n/a | n/a | 23201258 | 36827393 | 4.00% | n/a |
| 鼓皮 | | | | | | |
| 2020年 | n/a | n/a | 17440000 | 27250000 | −18.70% | n/a |
| 2019年 | n/a | n/a | 21105000 | 33500000 | 1.50% | n/a |
| 2018年 | n/a | n/a | 20790000 | 33000000 | −2.90% | n/a |
| 2017年 | n/a | n/a | 21420000 | 34000000 | −2.90% | n/a |
| 2016年 | n/a | n/a | 22050000 | 35000000 | −1.40% | n/a |
| 2015年 | n/a | n/a | 22365000 | 35500000 | −2.00% | n/a |
| 2014年 | n/a | n/a | 22818000 | 36220000 | −3.00% | n/a |
| 2013年 | n/a | n/a | 23500000 | 37340000 | −4.50% | n/a |

续表

| 年份 | 销量 | 同比% | 批发额 | 零售额 | 同比% | 平均单价 |
|---|---|---|---|---|---|---|
| 2012年 | n/a | n/a | 24200000 | 39100000 | −7.00% | n/a |
| 2011年 | n/a | n/a | 26000000 | 42000000 | 4.00% | n/a |
| **打击乐器总计** | | | | | | |
| 2020年 | n/a | n/a | 201553000 | 305672000 | −18.50% | n/a |
| 2019年 | n/a | n/a | 245384700 | 374945000 | 0.60% | n/a |
| 2018年 | n/a | n/a | 243925000 | 372720000 | −0.10% | n/a |
| 2017年 | n/a | n/a | 244119000 | 373060000 | −1% | n/a |
| 2016年 | n/a | n/a | 246528000 | 376800000 | −1.20% | n/a |
| 2015年 | n/a | n/a | 249469000 | 381330000 | 1.20% | n/a |
| 2014年 | n/a | n/a | 246418000 | 376708000 | −0.60% | n/a |
| 2013年 | n/a | n/a | 249571000 | 381568000 | −4.80% | n/a |
| 2012年 | n/a | n/a | 258171000 | 397289000 | −5.70% | n/a |
| 2011年 | n/a | n/a | 274049000 | 422617000 | 1.30% | n/a |
| 注："n/a" 表示数据不适用、无统计 | | | | | | |

# 2020年各国乐器市场概述

## 日本

### 进口概况：

据日本海关和日本财务省数据，2020年许多乐器门类进口贸易有所减缓，从2019年5.228亿美元下降至2020年4.392亿美元，降幅16%。然而，吉他和其他弦乐器进口额分别增长7%（4130万美元）和18%（1010万美元）；带键盘电子乐器进口额虽略有下降，但进口量增长17%，达77万件。总体看，前十位乐器进口品类占进口总额比重为82%。

### 出口概况：

2020年，日本乐器和配件出口总额为5.529亿美元，同比减少15%。与2019年相比，2020年几乎所有乐器类别出口均出现下降。其中，立式钢琴和三角钢琴出口量最大，出口金额下降10%。铜管乐器和其他管乐器降幅更大，出口金额分别下降约30%和20%。

出口前五位的乐器品类是立式钢琴、三角钢琴、其他管乐器、钢琴零配件及铜管乐器。2020年，尽管以上五大类产品占出口总额的比重为78%，但其市场表现不尽如人意。立式钢琴出口额1.867亿美元，较2019年下降12.4%；三角钢琴出口额1.1亿美元，同比下降12.7%。其他管乐器下降25.6%。

2020年全球疫情造成隔离封闭，电子乐器的市场需求飙升，数码钢琴出口量跃升234%，出口额激增142%；电吉他出口保持上升趋势，出口量达到4.6万台，同比增长16%，出口额2840万美元，同比增长了6%（该类别包括二手吉他，大幅增长可能反映出跨境电商交易量增加）。

### 键盘乐器出口活跃

2019年，包括三角钢琴、立式钢琴和自动钢琴在内的原声钢琴内销和出口额达5.061亿美元，占总额的19%。

数码钢琴的内销和出口额为6.262亿美元，占总额的24%。该类产品占国内销售和出口总额的43%。

原声钢琴出口量与上年度持平，但销售额4.355亿美元，同比下降2%。三角钢琴的出口量和销售额均略有下降，但国内销量3678架，同比增长9%，销售额3640万美元，同比增长8%。

立式钢琴出口数量同比持平，但国内销量下降8936架，同比减少4%，销售额3280万美元，同比下降3%。自动演奏钢琴情况与立式钢琴如出一辙，出口没有变化，但国内销量143架，同比下降8%，销售额130万美元，同比下降16%。

数码钢琴出口量138.9万台，同比增长6%，销售额5.091亿美元，同比增长3%。国内销量下降了14%，销售额下降12%。

带有标准尺寸键的电子键盘国内销量猛增39%，销售额大幅增长57%，但出口额与上年持平。微型按键键盘国内销量和出口量持续增长10%，国内销售额和出口额分别增长22%和31%。

### 国内管乐器市场小幅下滑

2019年，日本管乐器的国内销售和出口额为2.842亿美元，占总销售额的11%。出口方面，销量和销售额均取得了相同的结果，但国内销量和销售额分别下降了10%和8%。整体而言，该类别每个细分市场的销售额均略有下降。

萨克斯管和单簧管的出口量分别增长9%和3%，销售额分别增长了8%和2%。其他木管乐器和小号/短号的出口量分别增加2%和1%。这些产品销量增幅高于销售额，表明去年此类入门级乐器销量有所增加。

铜管乐器的出口和国内市场方面均表现不佳，

分别下降6%和10%，特别是长号的出口量和国内销量分别减少16%和12%。

各种弦乐器（包括小提琴、中提琴、大提琴、低音提琴和电子弦乐器）的销量小幅增长2%，销售额下降了6%，自然拉低了平均单价。

曼陀林、班卓琴、竖琴等其他弦乐器产量与销量均下降90%。然而，该类别的出口量和国内销量仅分别下降了6%和2%。考虑到该类别的市场规模，产销量的急剧下降很可能未对市场造成太大影响。

### 数码鼓和教育型打击乐器销售火爆

2019年打击乐器的国内销售及出口额为1.921亿美元，占乐器行业销售总额的7%，其中数码架子鼓销售额6280万美元，占比最大。

作为该类别的第二大项，架子鼓和单鼓的国内销售及出口额降至2850万美元，同比分别下降3%和16%。

学校用小型打击乐器的国内销量大幅增长58%，销售额增加12%。其他数字鼓销量增长18%，销售额增长27%。配件销量增长11%，销售额增长17%。箱鼓的销量增长了11%，但销售额下降了10%。

除上述产品外，台式木琴销量增加28%，销售额增加23%；台式钟琴销量增加15%，销售额增加11%。其他打击乐器销量增加25%，销售额增加3%，对出口增长做出了贡献。

### 吉他及相关产品小幅增长

2019年，吉他及相关产品（包括原声吉他和电吉他、电声吉他、电贝司、放大器、效果处理器、调音器和吉他用弦）的国内销售及出口额为3320万美元，占乐器行业销售总额的12%。这标志着2020年国内销量微增4%，销售额增长2%。

电吉他国内销量增长21%，销售额增长12%。原声吉他销量增长6%，销售额增长1%。吉他和贝斯放大器在国内市场销售畅旺，销量和销售额分别增长44%和35%。自现行数据收集系统于2016年启动以来，这些细分产品在该年度实现了最大增长。

出口方面，吉他产品也表现出色：电吉他和贝斯的出口量增长15%，出口额增长 30%。电子原声吉他出口量增长7%，出口额增长8%。吉他用弦和贝斯用弦出口量增长4%，出口额增长16%。

### 口琴和手风琴出口稳健

口琴、键盘口琴、手风琴、直笛、陶笛、大正琴等其他乐器的国内销量下降10%至15%，但它们在出口方面表现优异。口琴出口量显著增加48%，出口额增长78%。此外，手风琴出口量增长39%，出口额增长36%。

陶笛的国内销量及出口量下降15%，但销售额与2019年持平，表明许多成年演奏者在购买时选择了高品质产品。上一年度销售有所回升的大正琴，其国内市场销量和销售额分别下降54%和46%。

### 日本制造的数字乐器提振市场

数码乐器的国内销售及出口额1.372亿美元，占总销售额的5%。虽然带键盘的合成器及其他数码乐器的海外产量急剧下降，但国内产量与2019年同比增加8到50倍（取决于具体型号）。这种上升趋势在其他数码乐器表现十分明显。此类产品的国内市场产量均超海外产量。

其他数字乐器出口量增长33%，出口额增长57%，表明管乐合成器和独立音乐制作工具已成功开拓海外市场。

### 2019年日本乐器协会音乐产品行业制造商调研

2020年11月，日本乐器协会公布2019年日本乐器行业制造商调研结果。该协会聘请东京经济大学研究小组对业内81家公司进行问卷调研，共收到56份回复。新冠疫情大爆发波及到行业各个领域，制造商、经销商和零售商深受影响。在混乱纷繁大环境下，调研人员花费数月时间向各制造商收集准确数据。由于此次调研的年月范围是2019年4月至2020年3月间，新冠疫情的影响并未反映在本年度调研结果中，其实际影响将在明年调研报告中体现。

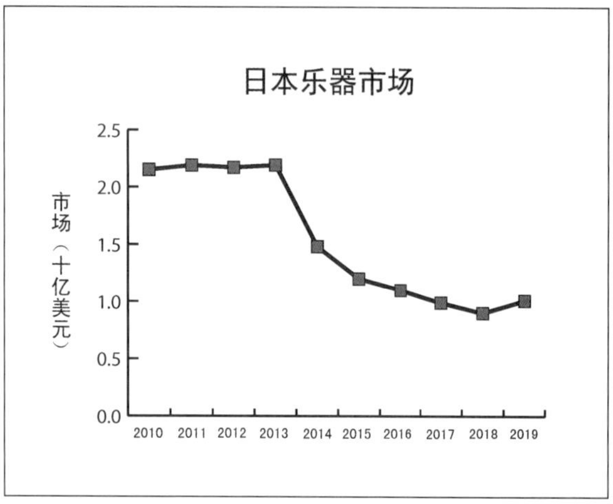
日本乐器市场
市场（十亿美元）
2.5
2.0
1.5
1.0
0.5
0.0
2010 2011 2012 2013 2014 2015 2016 2017 2018 2019

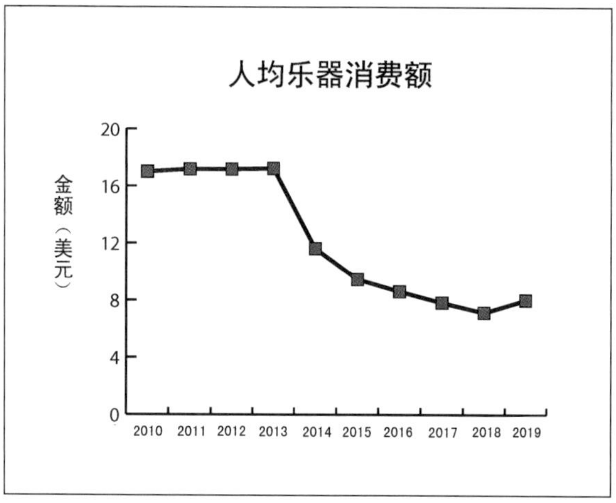
人均乐器消费额
金额（美元）
20
16
12
8
4
0
2010 2011 2012 2013 2014 2015 2016 2017 2018 2019

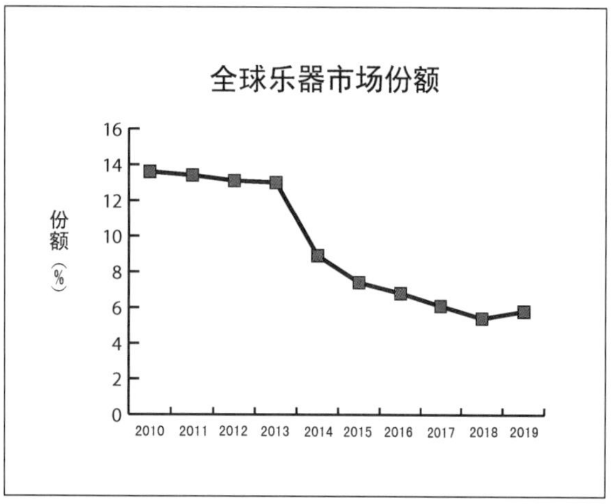
全球乐器市场份额
份额（%）
16
14
12
10
8
6
4
2
0
2010 2011 2012 2013 2014 2015 2016 2017 2018 2019

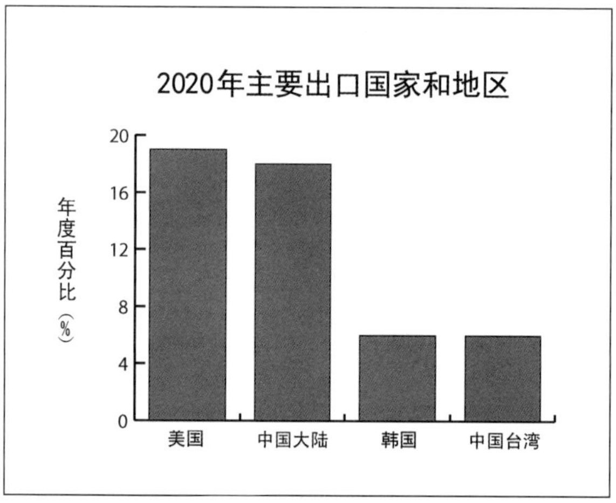
2020年主要出口国家和地区
年度百分比（%）
20
16
12
8
4
0
美国
中国大陆
韩国
中国台湾

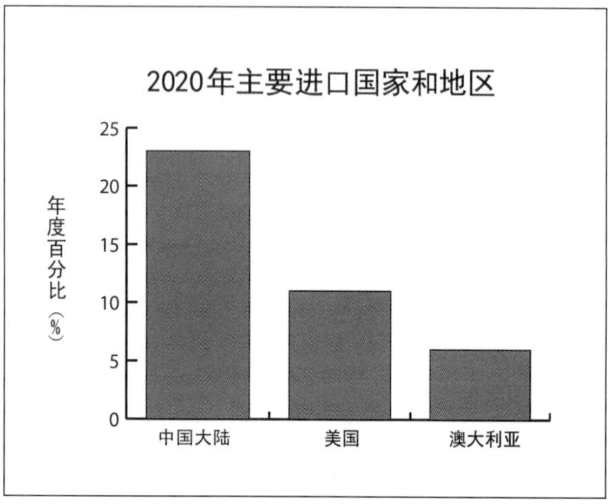
2020年主要进口国家和地区
年度百分比（%）
25
20
15
10
5
0
中国大陆
美国
澳大利亚

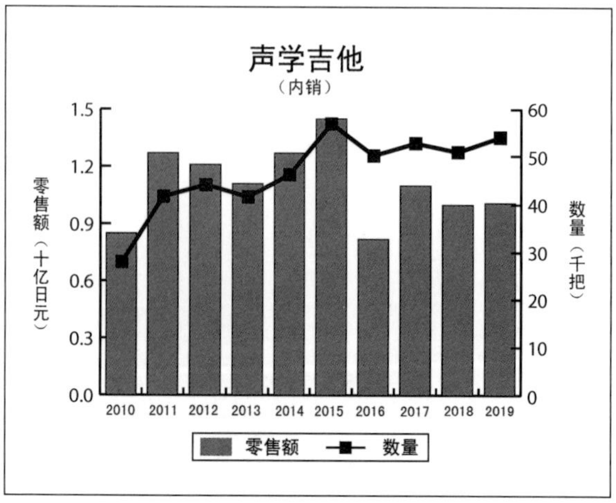
声学吉他
（内销）
零售额（十亿日元）
1.5
1.2
0.9
0.6
0.3
0.0
数量（千把）
60
50
40
30
20
10
0
2010 2011 2012 2013 2014 2015 2016 2017 2018 2019
零售额
数量

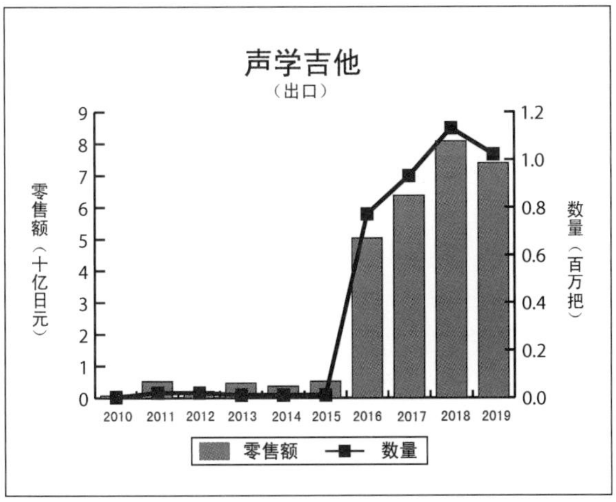
声学吉他
（出口）
零售额（十亿日元）
数量（百万把）
零售额
数量

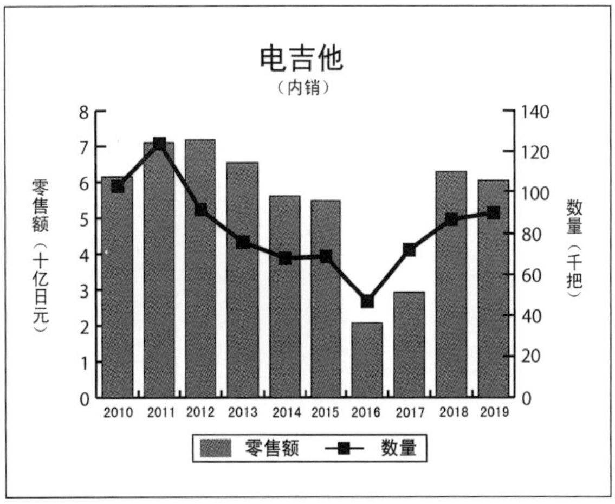
电吉他
（内销）
零售额（十亿日元）
数量（千把）
零售额
数量

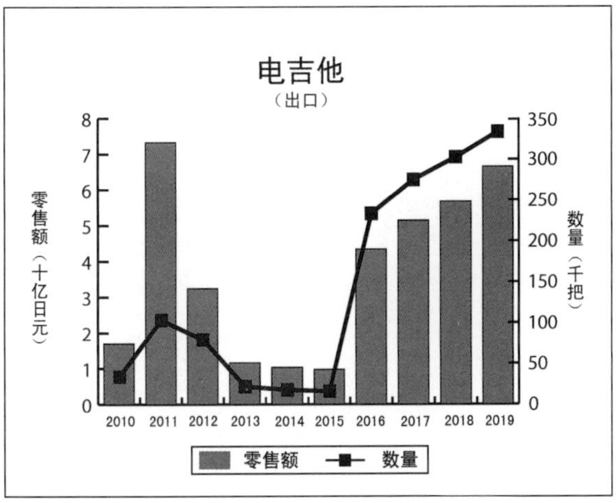
电吉他
（出口）
零售额（十亿日元）
数量（千把）
零售额
数量

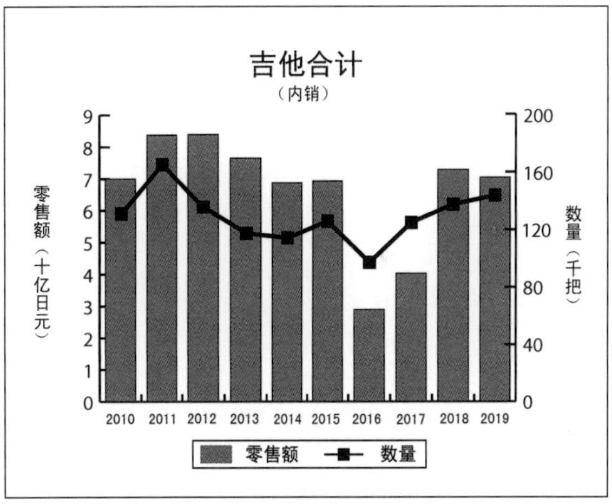
吉他合计
（内销）
零售额（十亿日元）
数量（千把）
零售额
数量

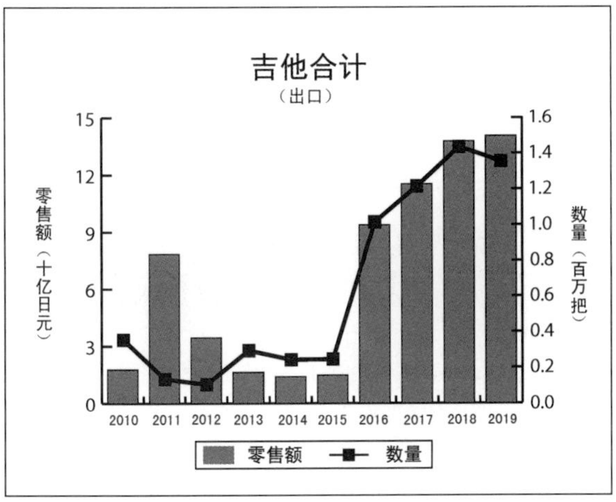
吉他合计
（出口）
零售额（十亿日元）
数量（百万把）
零售额
数量

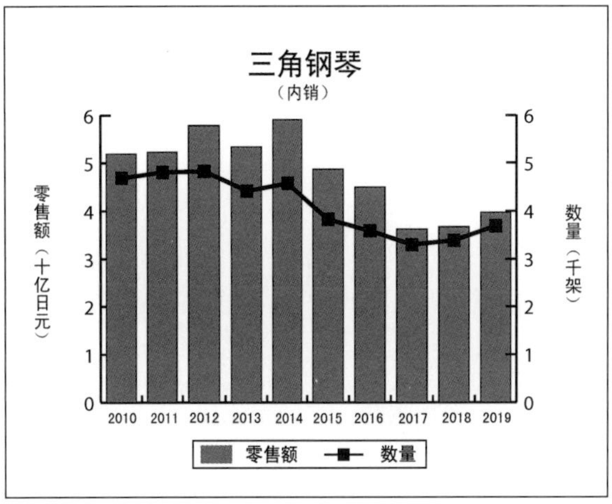
三角钢琴
（内销）
零售额（十亿日元）
数量（千架）
零售额
数量

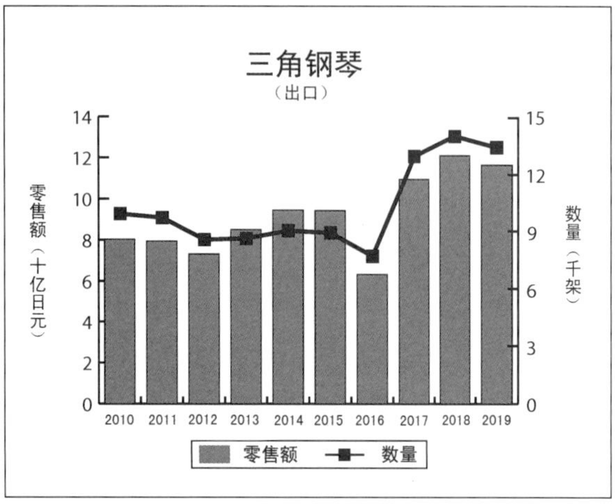
三角钢琴
（出口）
零售额（十亿日元）
数量（千架）
2010 2011 2012 2013 2014 2015 2016 2017 2018 2019
零售额
数量

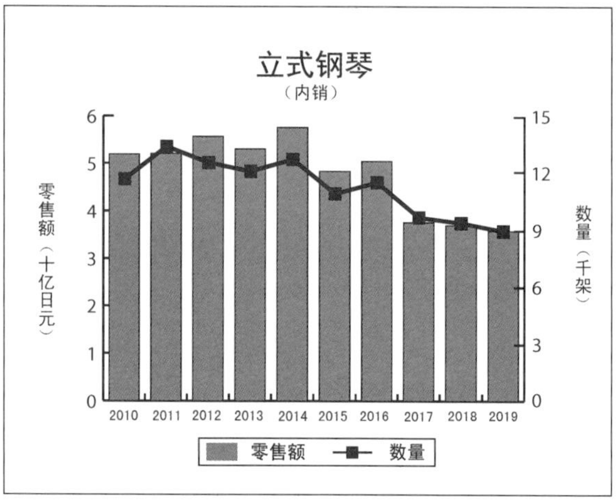
立式钢琴
（内销）
零售额（十亿日元）
数量（千架）
2010 2011 2012 2013 2014 2015 2016 2017 2018 2019
零售额
数量

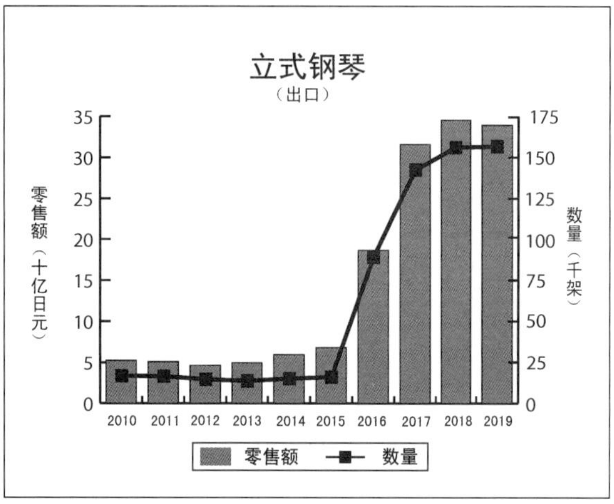
立式钢琴
（出口）
零售额（十亿日元）
数量（千架）
2010 2011 2012 2013 2014 2015 2016 2017 2018 2019
零售额
数量

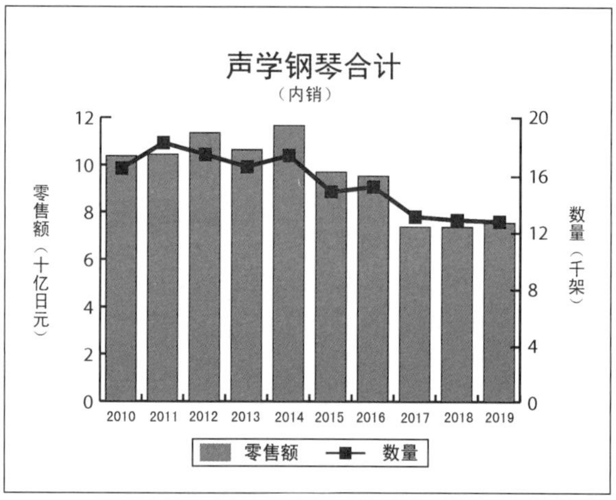
声学钢琴合计
（内销）
零售额（十亿日元）
数量（千架）
2010 2011 2012 2013 2014 2015 2016 2017 2018 2019
零售额
数量

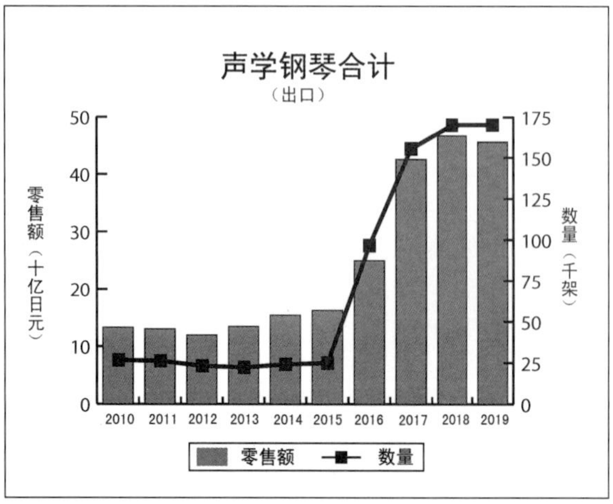
声学钢琴合计
（出口）
零售额（十亿日元）
数量（千架）
2010 2011 2012 2013 2014 2015 2016 2017 2018 2019
零售额
数量

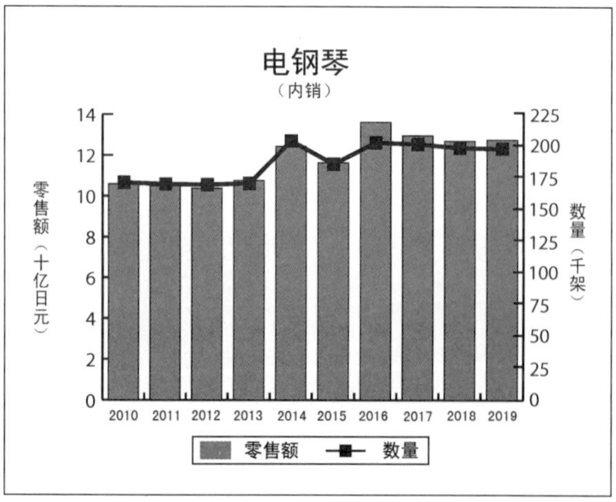
电钢琴
（内销）
零售额（十亿日元）
数量（千架）
2010 2011 2012 2013 2014 2015 2016 2017 2018 2019
零售额
数量

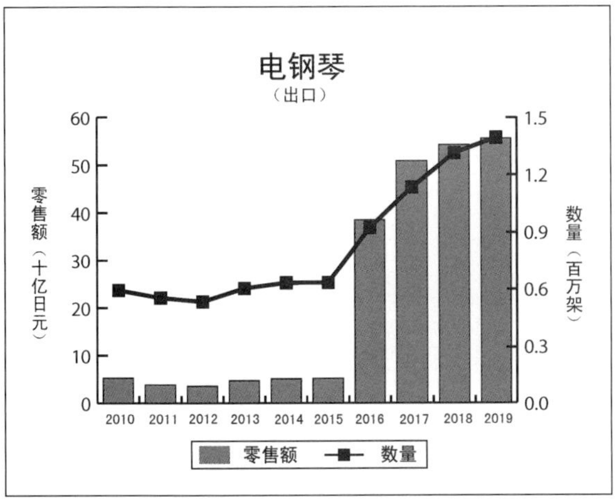
电钢琴
（出口）
零售额（十亿日元）
数量（百万架）
2010 2011 2012 2013 2014 2015 2016 2017 2018 2019
零售额 数量

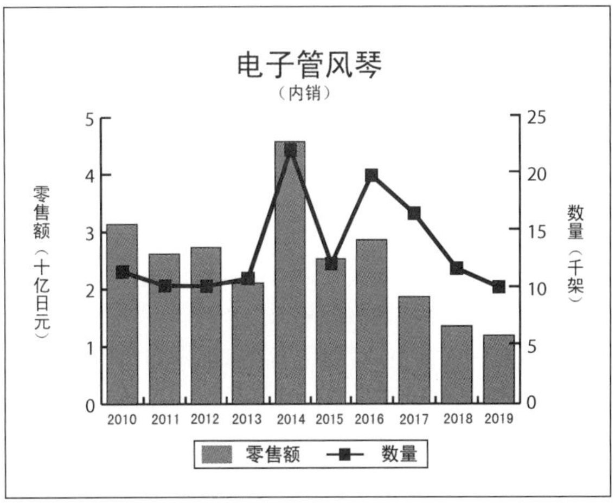
电子管风琴
（内销）
零售额（十亿日元）
数量（千架）
2010 2011 2012 2013 2014 2015 2016 2017 2018 2019
零售额 数量

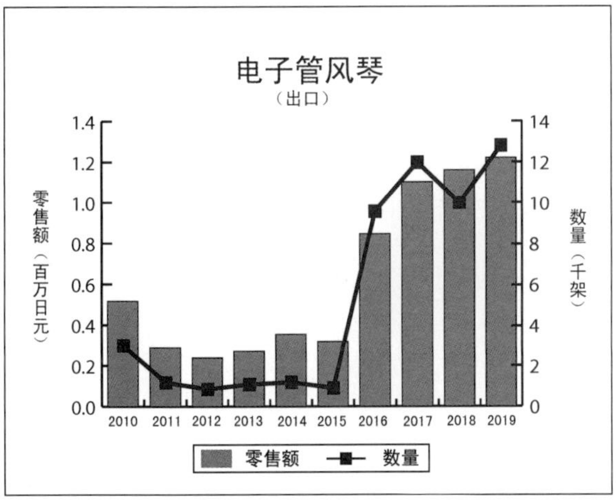
电子管风琴
（出口）
零售额（百万日元）
数量（千架）
2010 2011 2012 2013 2014 2015 2016 2017 2018 2019
零售额 数量

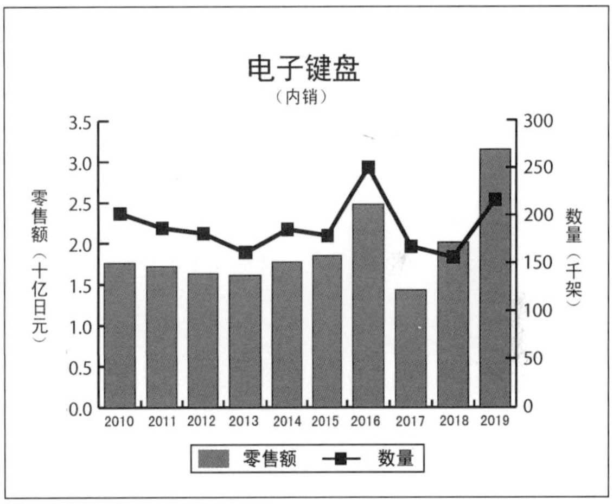
电子键盘
（内销）
零售额（十亿日元）
数量（千架）
2010 2011 2012 2013 2014 2015 2016 2017 2018 2019
零售额 数量

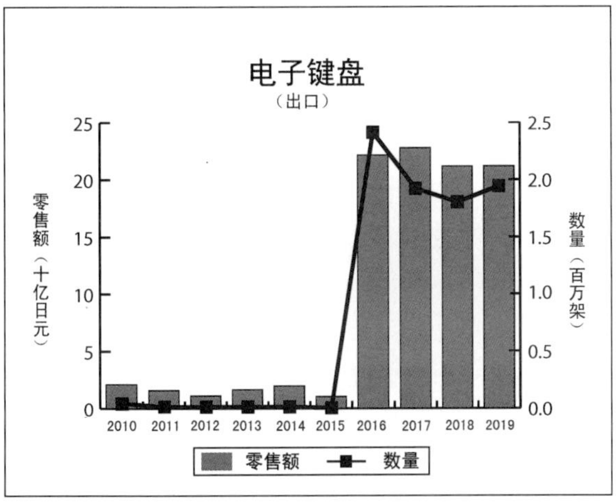
电子键盘
（出口）
零售额（十亿日元）
数量（百万架）
2010 2011 2012 2013 2014 2015 2016 2017 2018 2019
零售额 数量

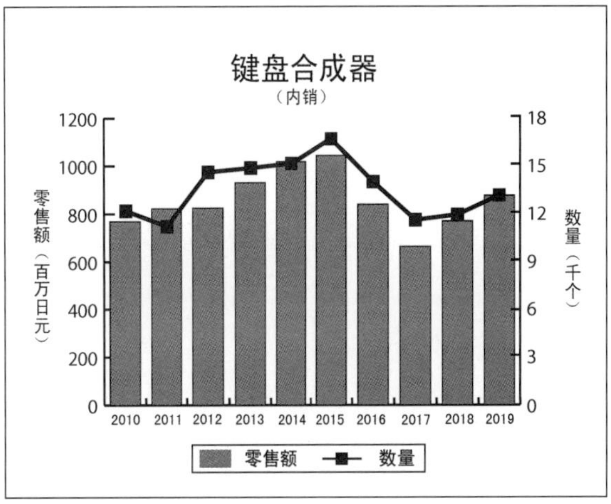
键盘合成器
（内销）
零售额（百万日元）
数量（千个）
2010 2011 2012 2013 2014 2015 2016 2017 2018 2019
零售额 数量

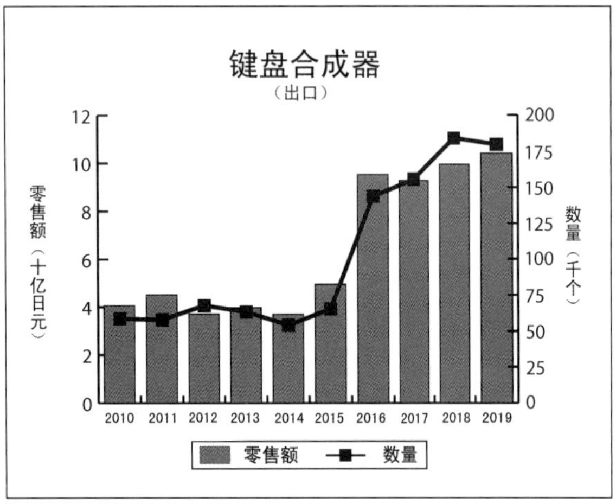
键盘合成器
（出口）
零售额（十亿日元）
数量（千个）
0 2 4 6 8 10 12
0 25 50 75 100 125 150 175 200
2010 2011 2012 2013 2014 2015 2016 2017 2018 2019
零售额 数量

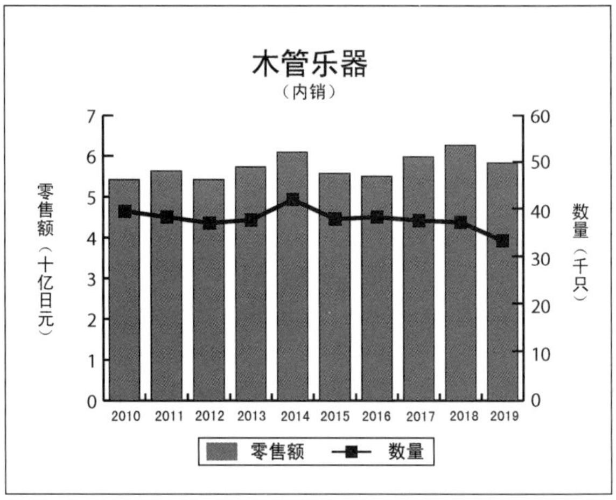
木管乐器
（内销）
零售额（十亿日元）
数量（千只）
0 1 2 3 4 5 6 7
0 10 20 30 40 50 60
2010 2011 2012 2013 2014 2015 2016 2017 2018 2019
零售额 数量

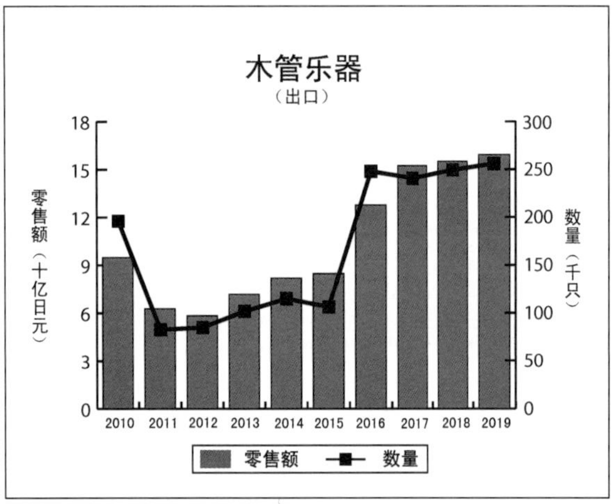
木管乐器
（出口）
零售额（十亿日元）
数量（千只）
0 3 6 9 12 15 18
0 50 100 150 200 250 300
2010 2011 2012 2013 2014 2015 2016 2017 2018 2019
零售额 数量

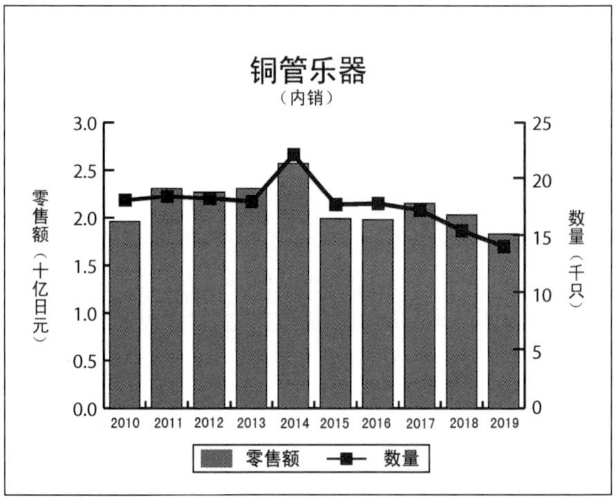
铜管乐器
（内销）
零售额（十亿日元）
数量（千只）
0.0 0.5 1.0 1.5 2.0 2.5 3.0
0 5 10 15 20 25
2010 2011 2012 2013 2014 2015 2016 2017 2018 2019
零售额 数量

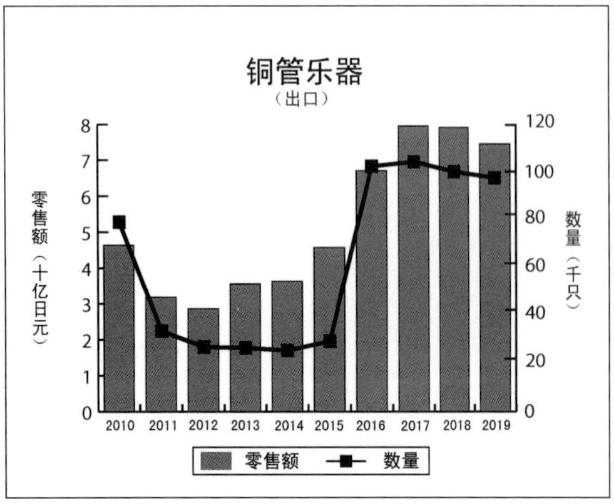
铜管乐器
（出口）
零售额（十亿日元）
数量（千只）
0 1 2 3 4 5 6 7 8
0 20 40 60 80 100 120
2010 2011 2012 2013 2014 2015 2016 2017 2018 2019
零售额 数量

# 德国

## 新冠肺炎使德国国内生产濒临崩溃

据2019年增值税最新统计数据，德国1291家制造商实现应税营业额为7.177亿欧元（合8.035亿美元），而1583家乐器及相关产品零售商的行业营业额为14.6亿欧元（合16.3亿美元）。过去十年中，制造商和经销商的营业额分别增长35%和32%。从那时起，制造商数量增长11%，经销商数量却下降29%，可能是由于许多较小规模的经销商选择了放弃经营。

2020年，员工达50人以上的德国主要生产企业共23家，员工总数2978名，同比微增0.2%。2020年实现营业额为3.365亿欧元（合3.844亿美元），同比下降7%。德国国内销售额增长2.1%，为1.286亿欧元（合1.469亿美元），海外销售额下降11.9%，为2.079亿欧元（合2.375亿美元）。

## 与疫情相关的出口下滑，进口稳定

德国出口目的地非常广泛，主要贸易伙伴有法国、美国、中国、英国、瑞士、奥地利、荷兰、波兰和日本，以上国家占德国所有出口的61%。2020年新冠疫情对德国出口造成很大影响，2020年德国出口6.309 亿欧元（合7.234亿美元），同比下降至9.2%；另一方面，进口保持不变，为6.873亿欧元（合7.873亿美元），外贸逆差5640万欧元（合6390万美元）。

德国对瑞士出口继续以21.5%的速度快速增长。对英国出口增长7.7%，对荷兰出口增长2.9%，对中国出口增长1.7%。除此之外，德国对其他国家出口则全部处于衰退之中。其中，对日本出口下降三分之一，其次是法国下降17.5%，奥地利下降12.2%，美国下降9.9%，波兰下降5.1%。

尽管海外市场低迷，德国对中国的出口仍增长了1.7%，达到5530万欧元（合6340万美元）。然而，这种出口增长的来源门类非常单一。出口总额的一半以上（60%）来自羽管键琴，2020年同比增长14.7%，达到3370万欧元（合3850万美元）。

羽管键琴连同钢琴以及钢琴和三角钢琴的零配件占到德国出口总额的83%。其他门类乐器组别销售额很小，这意味着同比变化率往往差别很大。2020年受新冠疫情影响，各门类乐器变化幅度呈两位数下降。

## 进口概况

德国近75%的进口来自中国、印度尼西亚、荷兰、美国和日本。注意，从荷兰进口的均非荷兰本国制造产品。荷兰作为亚洲产品（尤其是电子乐器）进口的一大平台，很多电子乐器都是经荷兰转口到德国。

2020年，德国从中国进口增长6%，并间接促成通过荷兰的转口进口增长11%。另一方面，其他主要进口国则普遍遭受损失。其中，印度尼西亚下降12.7%，日本下降10.1%，美国下降6.1%。

虽然过去德国对美国保持巨大贸易顺差，随后又出现了巨额逆差，但近年来德美两国之间贸易更趋平衡。2020年，美国出口总额下降6.1%，即6200万欧元（合7100万美元），而德国则下降了9.9%，为5820万欧元（合6660万美元）。

2020年，德国从中国进口增长了6%，达到2.128亿欧元（合2.448亿美元）。对中国进口首次突破2亿欧元进口大关，成为“疫情获利者”。

## 德国国内零售市场

据国际音乐制品行业统计调查及德国乐器学会自报行业统计数据，22家参与公司的数据加上德国音乐出版商协会（DMV）的2020年行业统计数据，2020年受新冠肺炎疫情大爆发影响，德国乐器、音乐设备、专业音频设备和乐谱市场国内销售总额8.54亿欧元，同比下降9.3%。（评注：德国乐器制造商协会（BDMH）会长 温弗莱德）

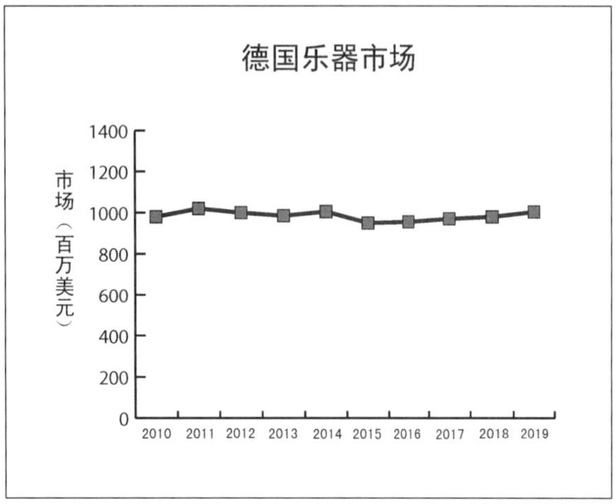
德国乐器市场
市场（百万美元）
1400
1200
1000
800
600
400
200
0
2010
2011
2012
2013
2014
2015
2016
2017
2018
2019

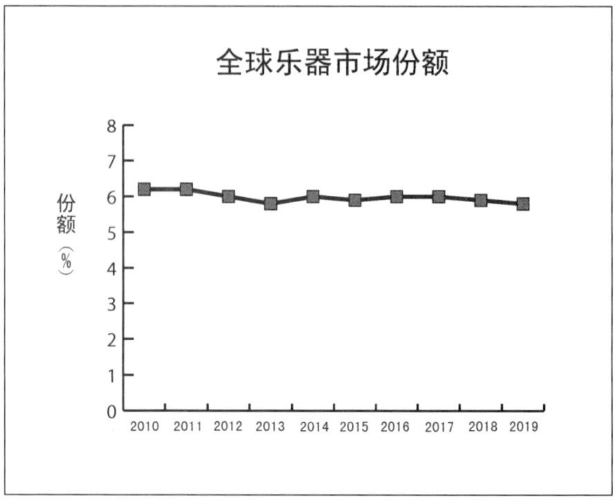
全球乐器市场份额
份额（%）
8
7
6
5
4
3
2
1
0
2010
2011
2012
2013
2014
2015
2016
2017
2018
2019

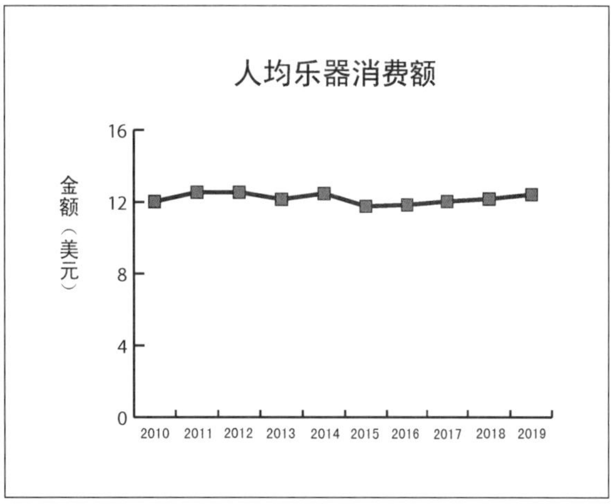
人均乐器消费额
金额（美元）
16
12
8
4
0
2010
2011
2012
2013
2014
2015
2016
2017
2018
2019

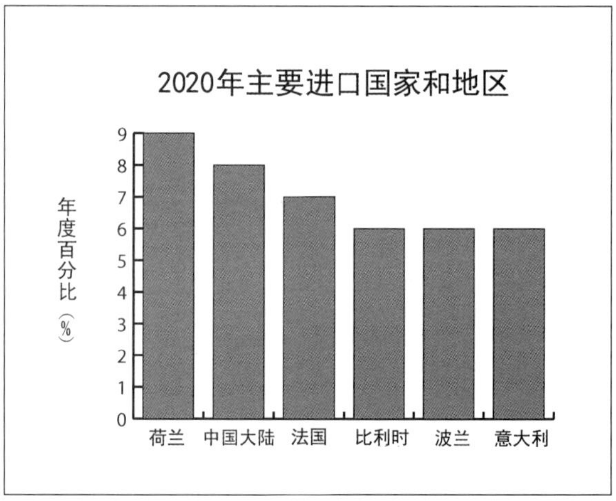
2020年主要进口国家和地区
年度百分比（%）
9
8
7
6
5
4
3
2
1
0
荷兰
中国大陆
法国
比利时
波兰
意大利

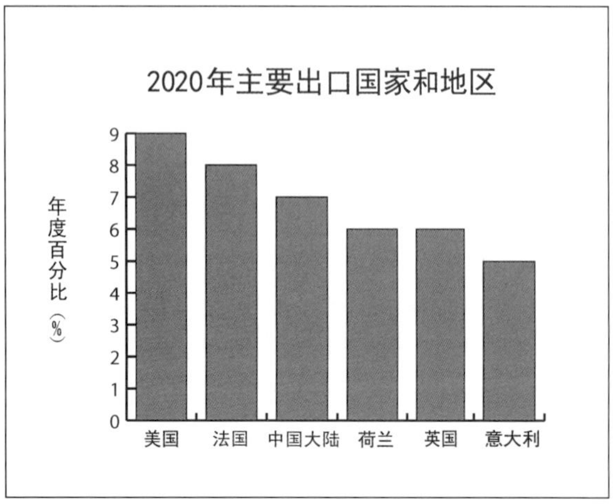
2020年主要出口国家和地区
年度百分比（%）
9
8
7
6
5
4
3
2
1
0
美国
法国
中国大陆
荷兰
英国
意大利

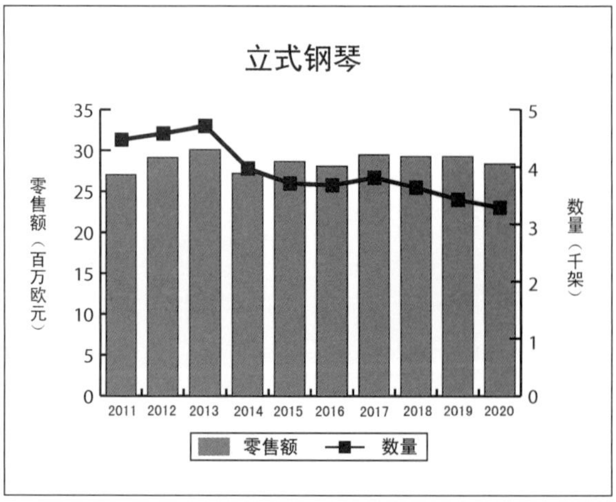
立式钢琴
零售额（百万欧元）
35
30
25
20
15
10
5
0
数量（千架）
5
4
3
2
1
0
2011
2012
2013
2014
2015
2016
2017
2018
2019
2020
零售额
数量

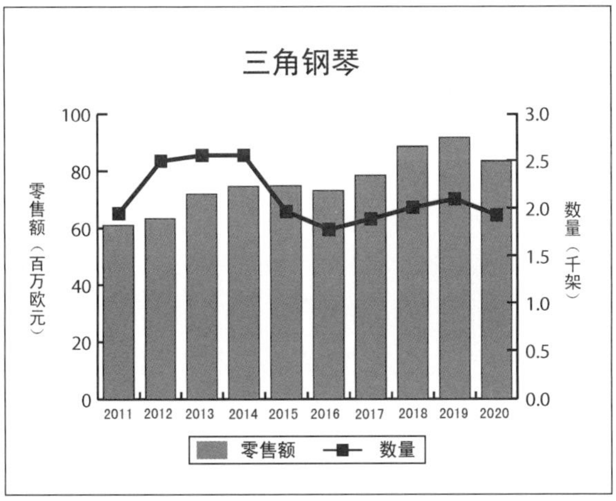
三角钢琴
零售额（百万欧元）
数量（千架）
100
80
60
40
20
0
3.0
2.5
2.0
1.5
1.0
0.5
0.0
2011 2012 2013 2014 2015 2016 2017 2018 2019 2020
零售额
数量

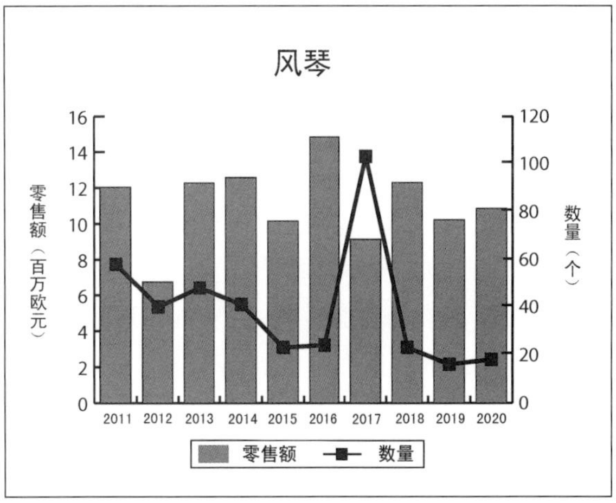
风琴
零售额（百万欧元）
数量（个）
16
14
12
10
8
6
4
2
0
120
100
80
60
40
20
0
2011 2012 2013 2014 2015 2016 2017 2018 2019 2020
零售额
数量

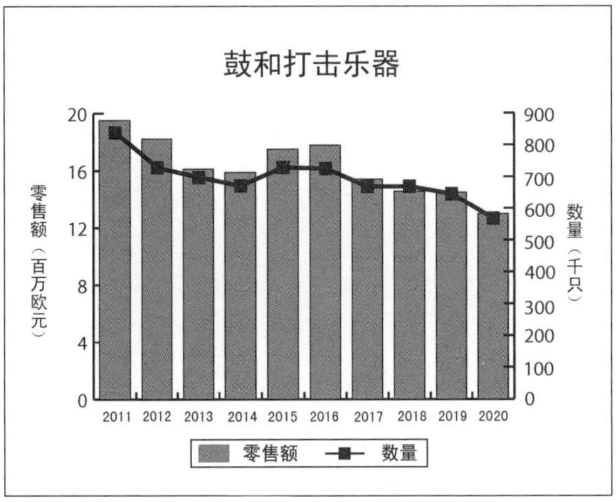
鼓和打击乐器
零售额（百万欧元）
数量（千只）
20
16
12
8
4
0
900
800
700
600
500
400
300
200
100
0
2011 2012 2013 2014 2015 2016 2017 2018 2019 2020
零售额
数量

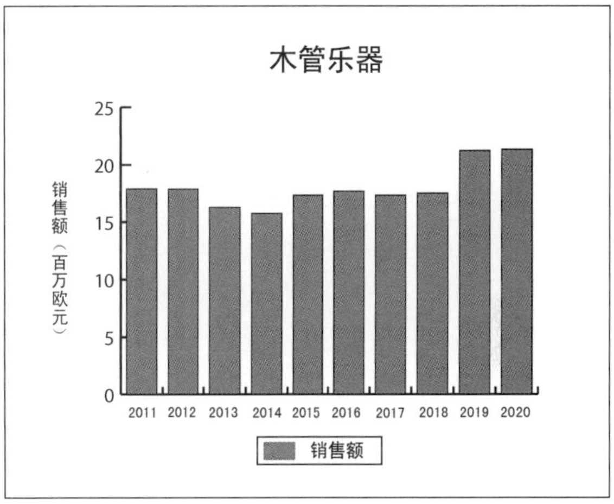
木管乐器
销售额（百万欧元）
25
20
15
10
5
0
2011 2012 2013 2014 2015 2016 2017 2018 2019 2020
销售额

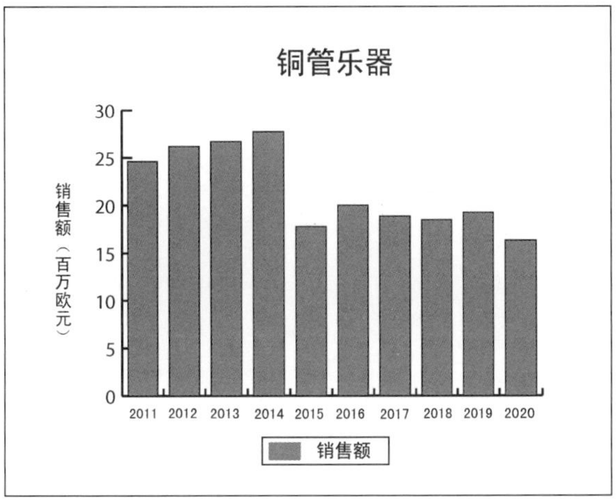
铜管乐器
销售额（百万欧元）
30
25
20
15
10
5
0
2011 2012 2013 2014 2015 2016 2017 2018 2019 2020
销售额

# 加拿大

加拿大消费者可通过乐器琴行、音乐学院、百货公司、电子产品零售商、电脑商店、礼品店和电子商务网站购买到各种乐器。电商网站主要位于加拿大和美国，多为独立运营或由实体音乐零售商运营。在加拿大销售的大部分乐器都是从美国、中国和欧洲进口，但注重创新的加拿大本土制造基地也在不断扩大。

乐器行业供应链各个层级的利益相关者（制造商、经销商和批发商、出版商、零售商及教育者）均已表达并强调了对加拿大特定乐器业务和网络机会的需求。加拿大乐器协会（MIAC）曾举办一年一度的全国性乐器贸易展会。而自2014年该协会解散之后，一直没有面向乐器行业的类似活动来填补这一空白。

自MIAC解散以来，加拿大参加美国NAMM乐器展和夏季NAMM的人数稳步增加。从五年趋势来看，2016年NAMM展共有2521名加拿大人参加，而最近的2020年展会则有3100人参加。参展方面也出现类似情况：2016年有54家加拿大参展商参加，2020年则增至68家。由于美国/加拿大边境的持续限制以及任何进入（或重新进入）该国的两周隔离要求仍然生效，加拿大参加2021年夏季NAMM展会的人数非常少，预计2022年NAMM展会基本能够恢复此前的水平，前提是北美的疫情继续好转。

冬季NAMM乐器展会上的NWC NAMM加拿大招待会已成为专门面向加拿大乐器和生产技术行业专业人士最盛大的年度聚会。然而，对加拿大本国乐器展览和学习机会的需求依然存在。受新冠疫情影响，2021年没有举行上述招待会，但2022年NWC NAMM加拿大招待会已定于2022年1月在2022美国NAMM展会期间举行。

近年来，加拿大乐器供应链呈现出同质化趋势。虽然不少乐器制造商和经销商在市场上取得成功，但同时大量中型大型经销公司和制造商已停止运营或被更大的实体兼并收购，导致更多知名品牌被掌控在少数几家大公司手中。

总体而言，随着越来越多的年轻人进入劳动力市场，加拿大乐器行业正日趋多样化，它在很大程度上是由男性主导的行业。此外，在加拿大为乐器供应商提供服务的大部分销售代表都已超过50岁，30岁以下人士进入并留在该行业的情况甚至已经是十年前的事了。拥有三家或更多门店的乐器零售连锁店继续保持激增态势，加拿大最大的乐器零售连锁店Long & McQuade乐器行目前在加拿大拥有80多家门店。

加拿大音乐产品行业受到新冠肺炎大爆发的严重影响。然而，《加拿大音乐贸易》杂志2021年5月下旬进行的一项调查表明，超过一半的加拿大乐器零售商能够在2020年维持29.5%或增加25.5%收入。调查中，46%的受访乐器零售商表示，他们预计2021年的收入将与上一年度持平，32%的受访者则预计收入将从2020年开始会有所增加。

最近几个月与加拿大乐器零售商的定期采访和对话所获得的坊间证据与整个美国乐器行业反馈的信息相吻合。也就是说，受疫情影响，校园乐器项目中断，PA和其他现场音乐产品的销售直线下降，乐队乐器的销售和租赁大幅减少。在乐器零售商看来，用于家庭录音和表演的任何产品的需求都出现了大规模增长，例如USB麦克风和接口、初级和中级吉他以及键盘和电子鼓等等。一些零售商甚至向《加拿大音乐贸易》杂志透露，他们看到班卓琴和手风琴等乐器的销量显著增加。

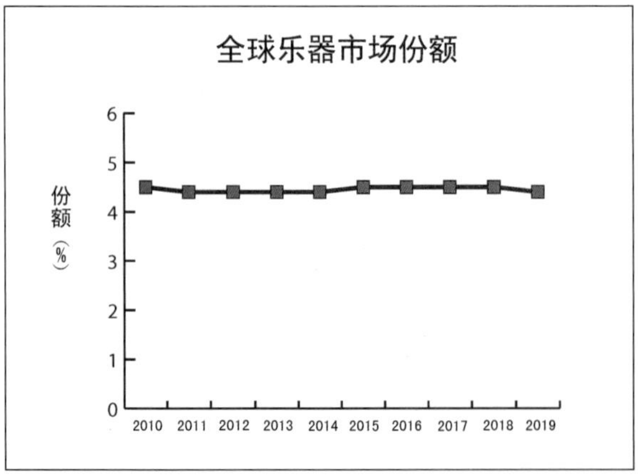

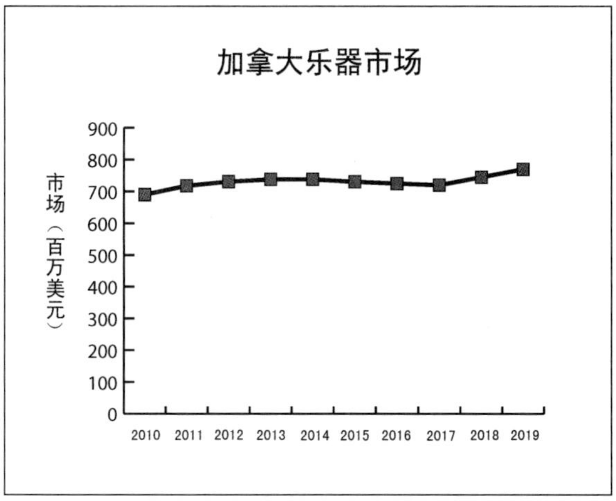
加拿大乐器市场
市场（百万美元）
900
800
700
600
500
400
300
200
100
0
2010 2011 2012 2013 2014 2015 2016 2017 2018 2019

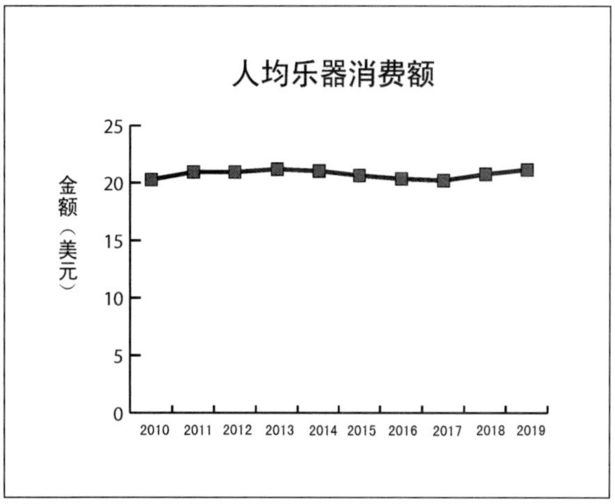
人均乐器消费额
金额（美元）
25
20
15
10
5
0
2010 2011 2012 2013 2014 2015 2016 2017 2018 2019

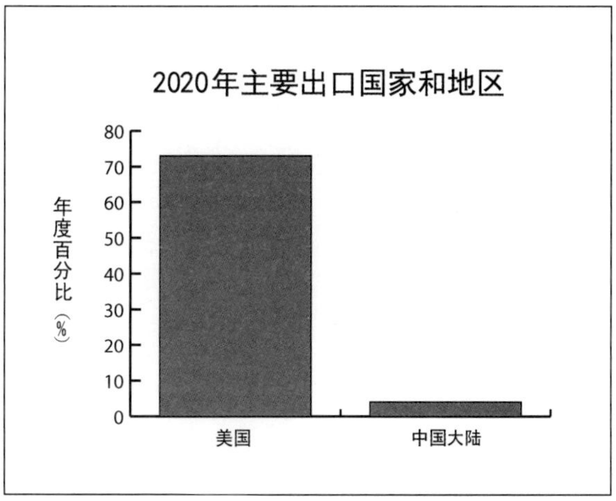
2020年主要出口国家和地区
年度百分比（%）
80
70
60
50
40
30
20
10
0
美国
中国大陆

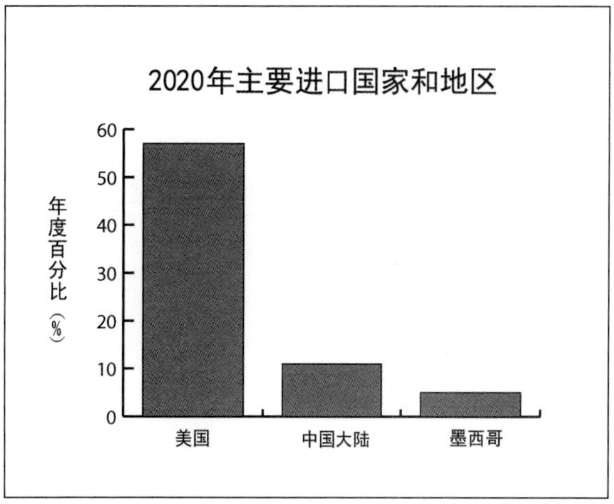
2020年主要进口国家和地区
年度百分比（%）
60
50
40
30
20
10
0
美国
中国大陆
墨西哥

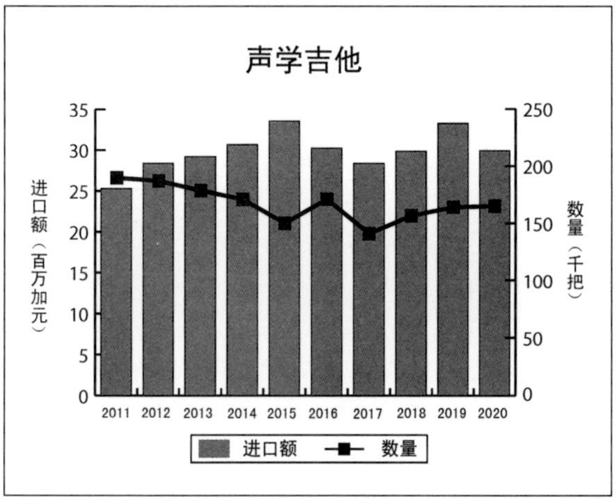
声学吉他
进口额（百万加元）
35
30
25
20
15
10
5
0
数量（千把）
250
200
150
100
50
0
2011 2012 2013 2014 2015 2016 2017 2018 2019 2020
进口额
数量

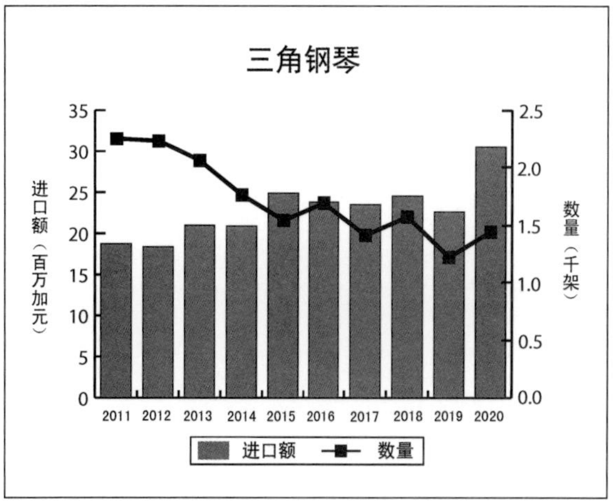
三角钢琴
进口额（百万加元）
35
30
25
20
15
10
5
0
数量（千架）
2.5
2.0
1.5
1.0
0.5
0.0
2011 2012 2013 2014 2015 2016 2017 2018 2019 2020
进口额
数量

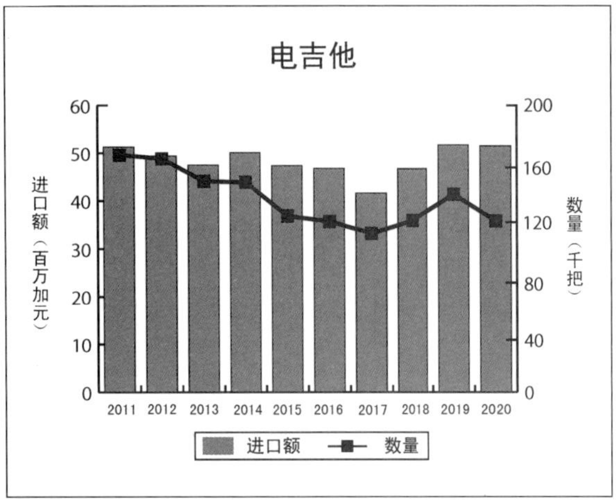
电吉他
进口额（百万加元）
数量（千把）
0
10
20
30
40
50
60
0
40
80
120
160
200
2011 2012 2013 2014 2015 2016 2017 2018 2019 2020
进口额
数量

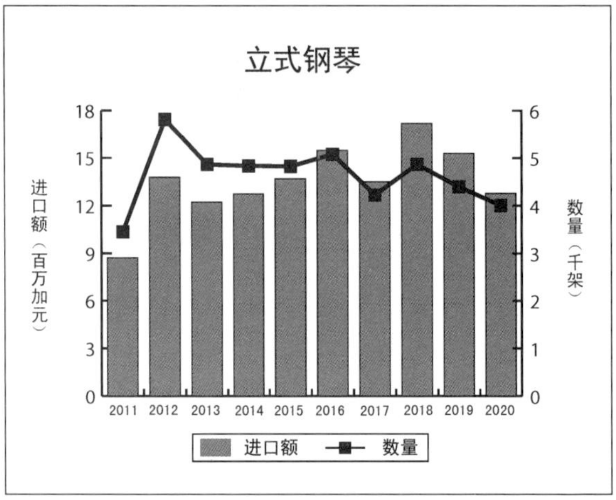
立式钢琴
进口额（百万加元）
数量（千架）
0
3
6
9
12
15
18
0
1
2
3
4
5
6
2011 2012 2013 2014 2015 2016 2017 2018 2019 2020
进口额
数量

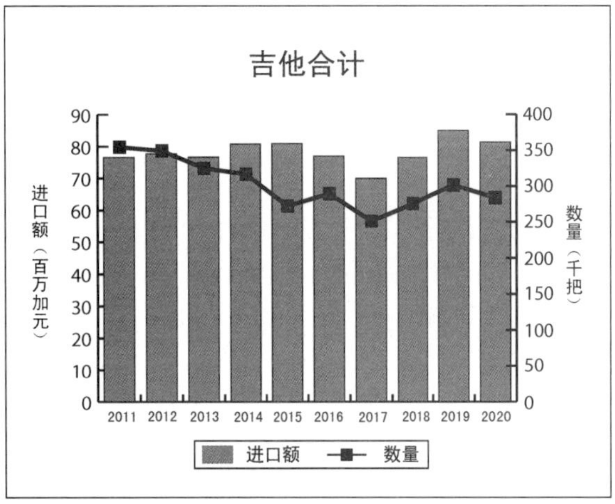
吉他合计
进口额（百万加元）
数量（千把）
0
10
20
30
40
50
60
70
80
90
0
50
100
150
200
250
300
350
400
2011 2012 2013 2014 2015 2016 2017 2018 2019 2020
进口额
数量

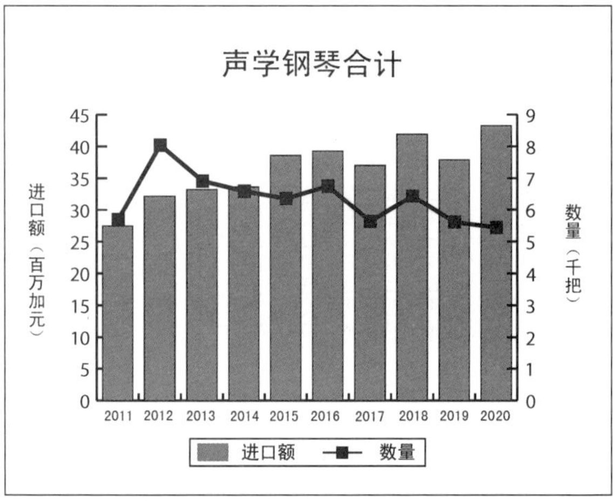
声学钢琴合计
进口额（百万加元）
数量（千把）
0
5
10
15
20
25
30
35
40
45
0
1
2
3
4
5
6
7
8
9
2011 2012 2013 2014 2015 2016 2017 2018 2019 2020
进口额
数量

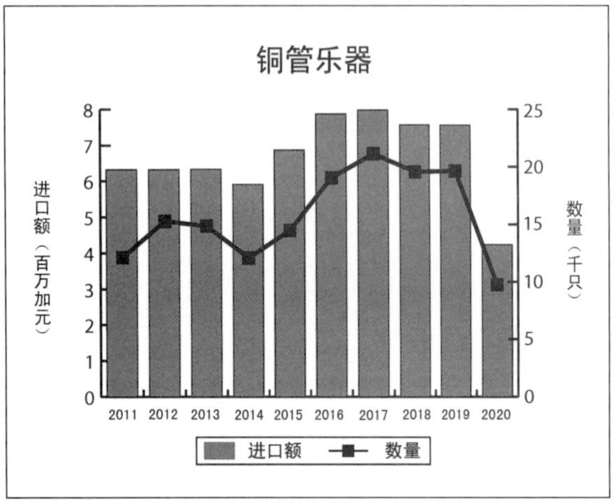
铜管乐器
进口额（百万加元）
数量（千只）
0
1
2
3
4
5
6
7
8
0
5
10
15
20
25
2011 2012 2013 2014 2015 2016 2017 2018 2019 2020
进口额
数量

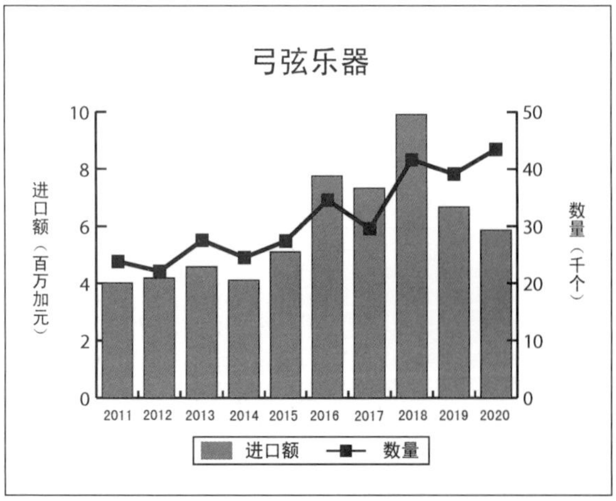
弓弦乐器
进口额（百万加元）
数量（千个）
0
2
4
6
8
10
0
10
20
30
40
50
2011 2012 2013 2014 2015 2016 2017 2018 2019 2020
进口额
数量

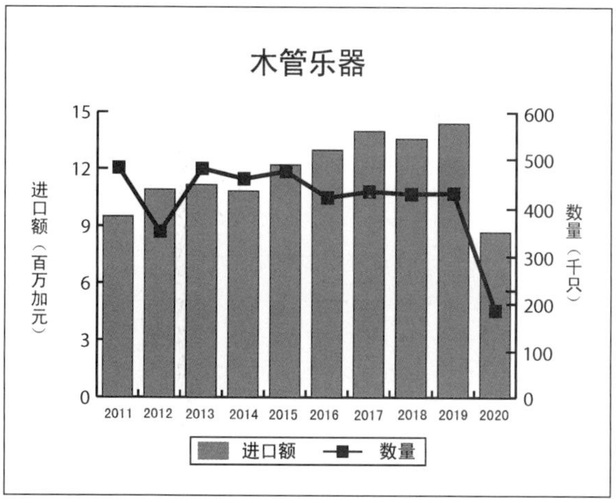
木管乐器
进口额（百万加元）
数量（千只）
15
12
9
6
3
0
600
500
400
300
200
100
0
2011 2012 2013 2014 2015 2016 2017 2018 2019 2020
进口额
数量

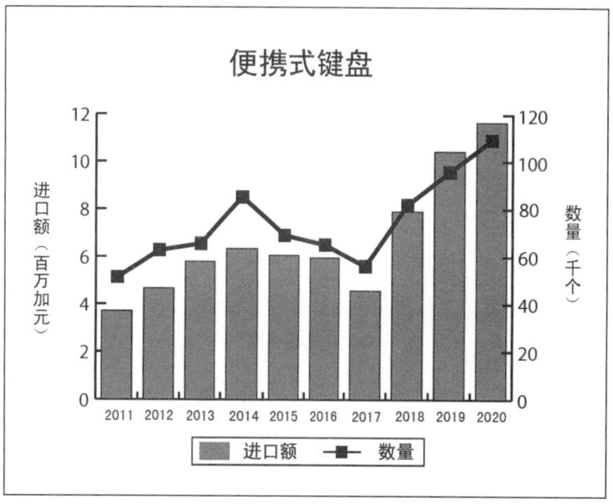
便携式键盘
进口额（百万加元）
数量（千个）
12
10
8
6
4
2
0
120
100
80
60
40
20
0
2011 2012 2013 2014 2015 2016 2017 2018 2019 2020
进口额
数量

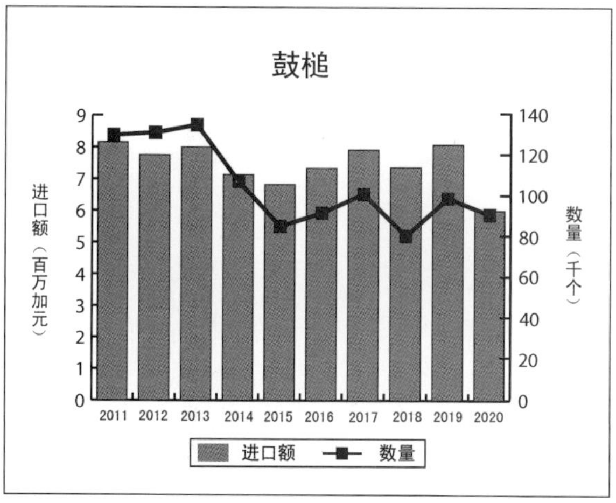
鼓槌
进口额（百万加元）
数量（千个）
9
8
7
6
5
4
3
2
1
0
140
120
100
80
60
40
20
0
2011 2012 2013 2014 2015 2016 2017 2018 2019 2020
进口额
数量

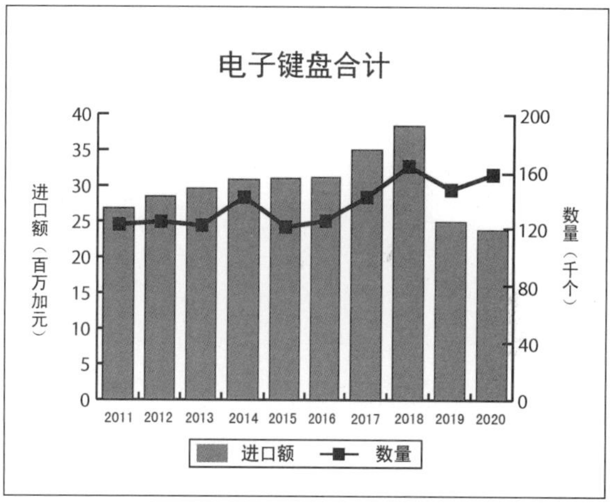
电子键盘合计
进口额（百万加元）
数量（千个）
40
35
30
25
20
15
10
5
0
200
160
120
80
40
0
2011 2012 2013 2014 2015 2016 2017 2018 2019 2020
进口额
数量

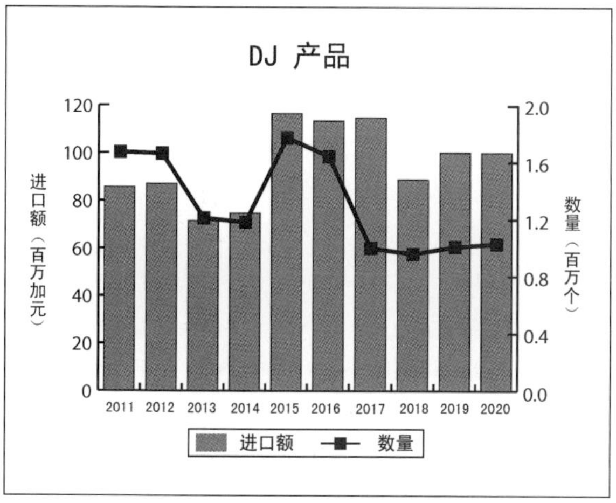
DJ 产品
进口额（百万加元）
数量（百万个）
120
100
80
60
40
20
0
2.0
1.6
1.2
0.8
0.4
0.0
2011 2012 2013 2014 2015 2016 2017 2018 2019 2020
进口额
数量

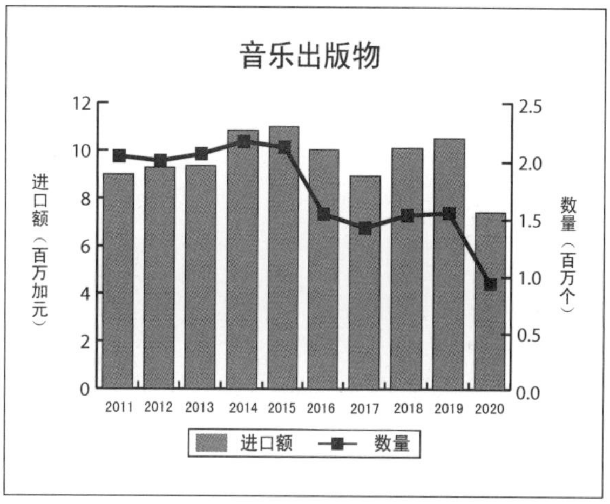
音乐出版物
进口额（百万加元）
数量（百万个）
12
10
8
6
4
2
0
2.5
2.0
1.5
1.0
0.5
0.0
2011 2012 2013 2014 2015 2016 2017 2018 2019 2020
进口额
数量

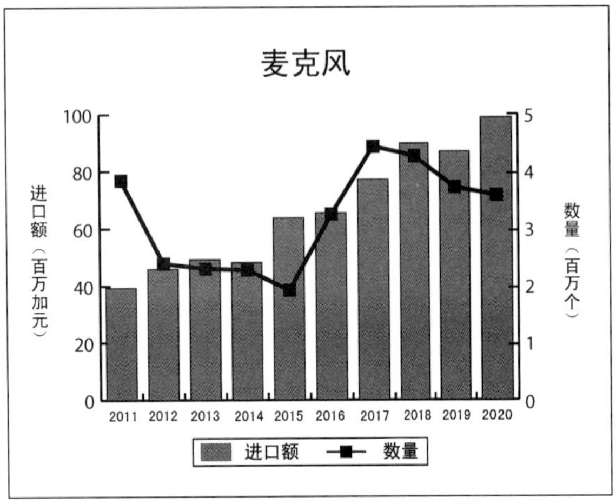
麦克风
进口额（百万加元）
数量（百万个）
100
80
60
40
20
0
5
4
3
2
1
0
2011 2012 2013 2014 2015 2016 2017 2018 2019 2020
进口额
数量

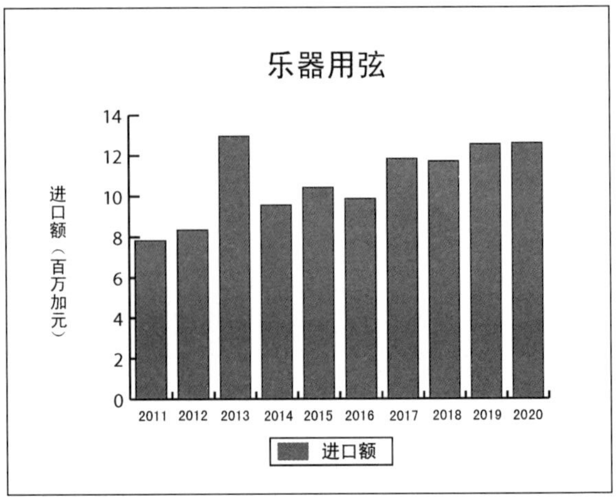
乐器用弦
进口额（百万加元）
14
12
10
8
6
4
2
0
2011 2012 2013 2014 2015 2016 2017 2018 2019 2020
进口额

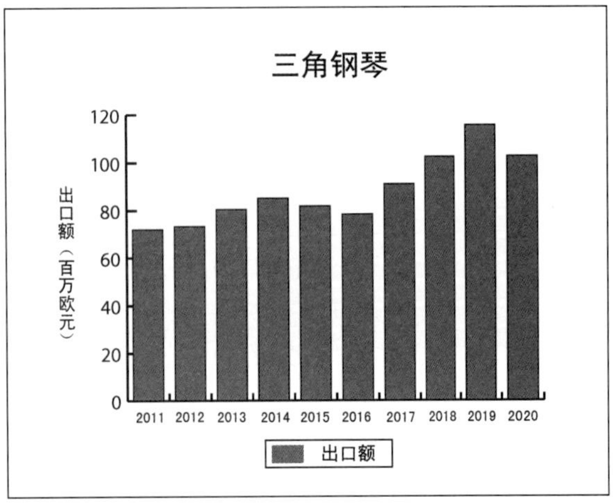
三角钢琴
出口额（百万欧元）
120
100
80
60
40
20
0
2011 2012 2013 2014 2015 2016 2017 2018 2019 2020
出口额

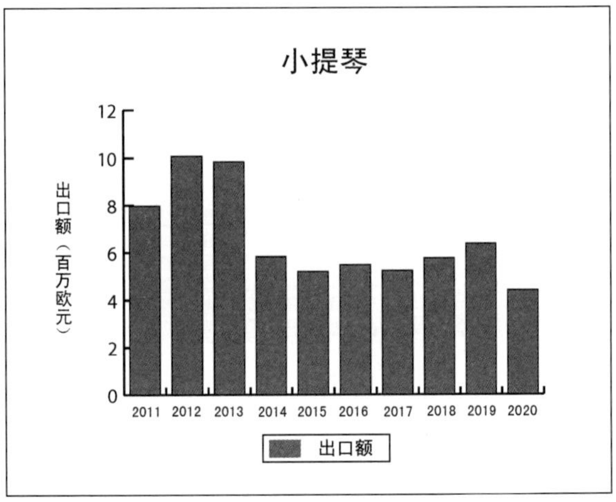
小提琴
出口额（百万欧元）
12
10
8
6
4
2
0
2011 2012 2013 2014 2015 2016 2017 2018 2019 2020
出口额

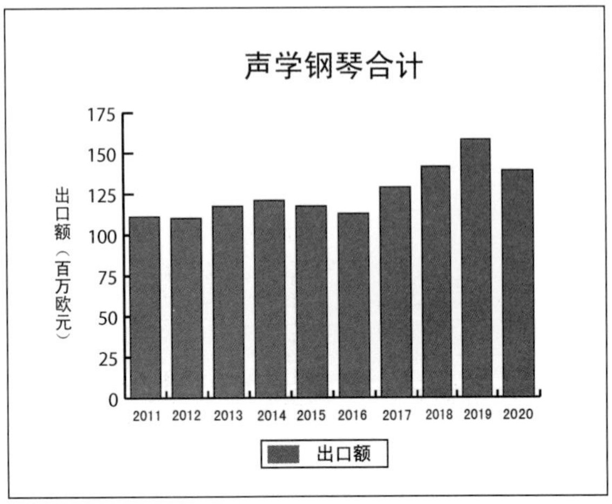
声学钢琴合计
出口额（百万欧元）
175
150
125
100
75
50
25
0
2011 2012 2013 2014 2015 2016 2017 2018 2019 2020
出口额

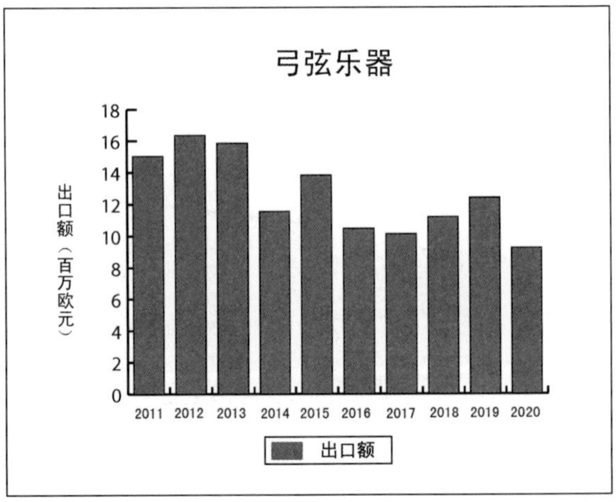
弓弦乐器
出口额（百万欧元）
18
16
14
12
10
8
6
4
2
0
2011 2012 2013 2014 2015 2016 2017 2018 2019 2020
出口额

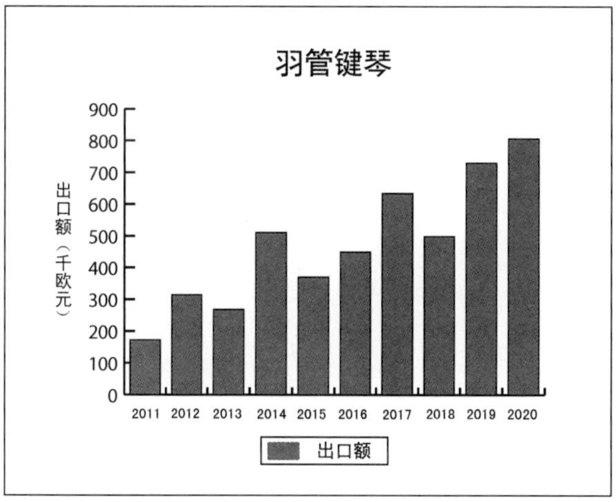
羽管键琴
出口额（千欧元）
900
800
700
600
500
400
300
200
100
0
2011 2012 2013 2014 2015 2016 2017 2018 2019 2020
出口额

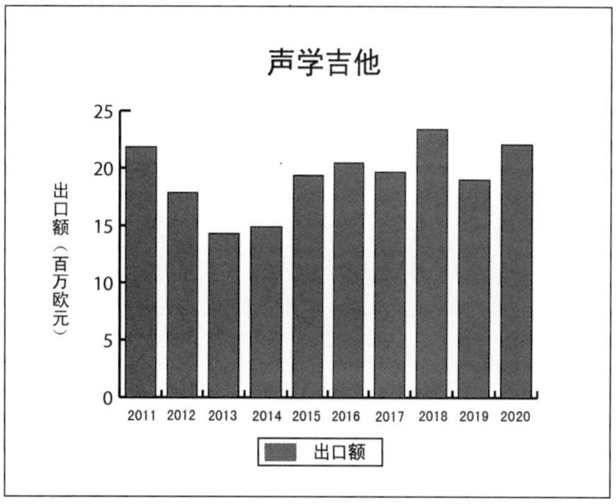
声学吉他
出口额（百万欧元）
25
20
15
10
5
0
2011 2012 2013 2014 2015 2016 2017 2018 2019 2020
出口额

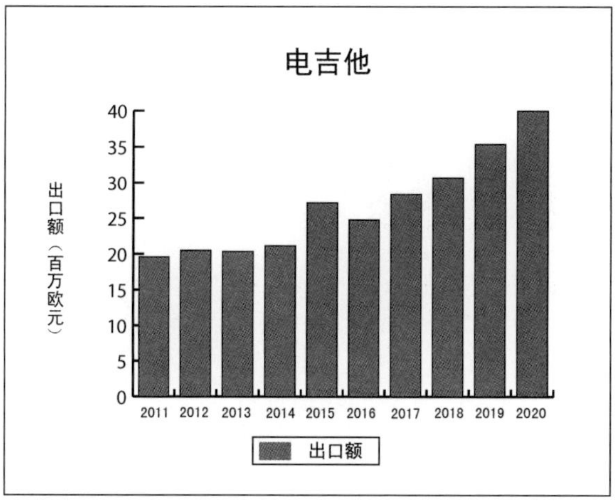
电吉他
出口额（百万欧元）
40
35
30
25
20
15
10
5
0
2011 2012 2013 2014 2015 2016 2017 2018 2019 2020
出口额

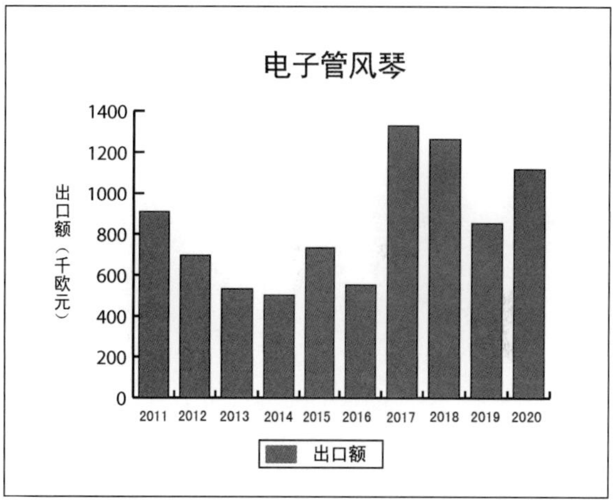
电子管风琴
出口额（千欧元）
1400
1200
1000
800
600
400
200
0
2011 2012 2013 2014 2015 2016 2017 2018 2019 2020
出口额

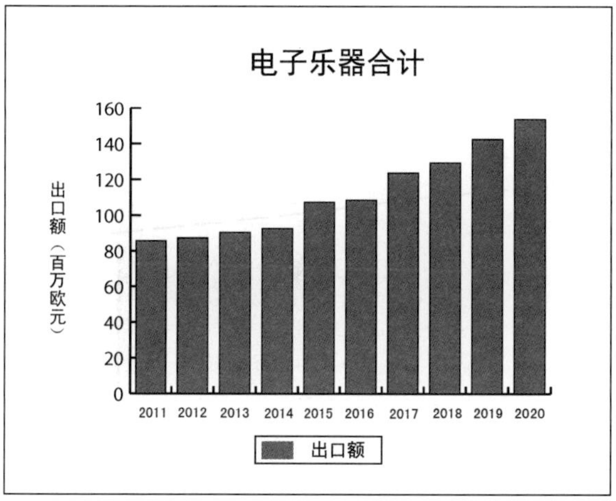
电子乐器合计
出口额（百万欧元）
160
140
120
100
80
60
40
20
0
2011 2012 2013 2014 2015 2016 2017 2018 2019 2020
出口额

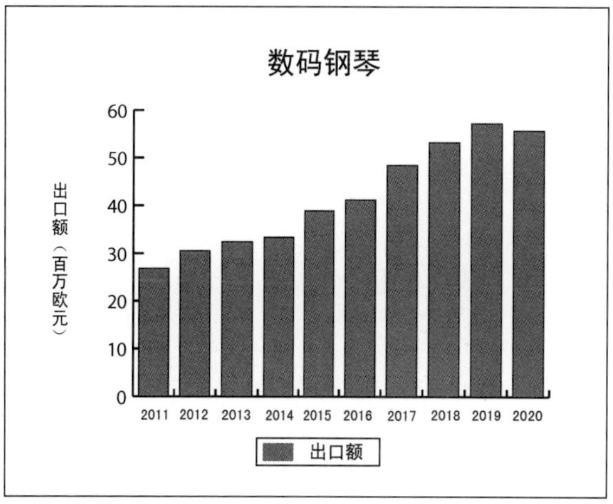
数码钢琴
出口额（百万欧元）
60
50
40
30
20
10
0
2011 2012 2013 2014 2015 2016 2017 2018 2019 2020
出口额

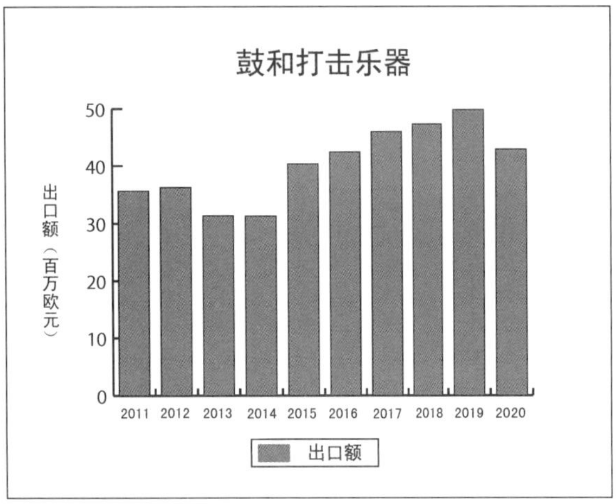
鼓和打击乐器
出口额（百万欧元）
0
10
20
30
40
50
2011 2012 2013 2014 2015 2016 2017 2018 2019 2020
出口额

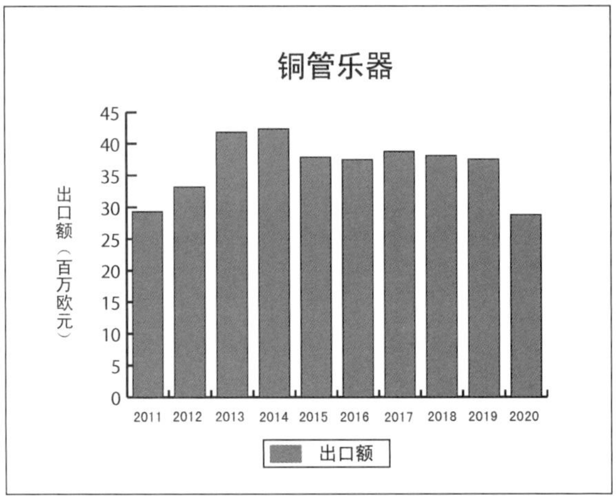
铜管乐器
出口额（百万欧元）
0
5
10
15
20
25
30
35
40
45
2011 2012 2013 2014 2015 2016 2017 2018 2019 2020
出口额

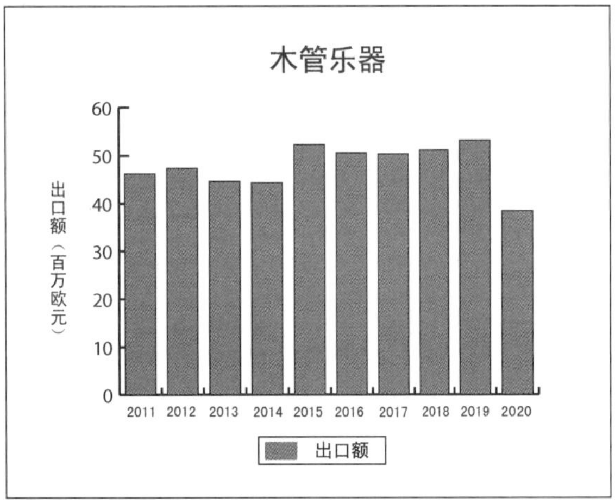
木管乐器
出口额（百万欧元）
0
10
20
30
40
50
60
2011 2012 2013 2014 2015 2016 2017 2018 2019 2020
出口额

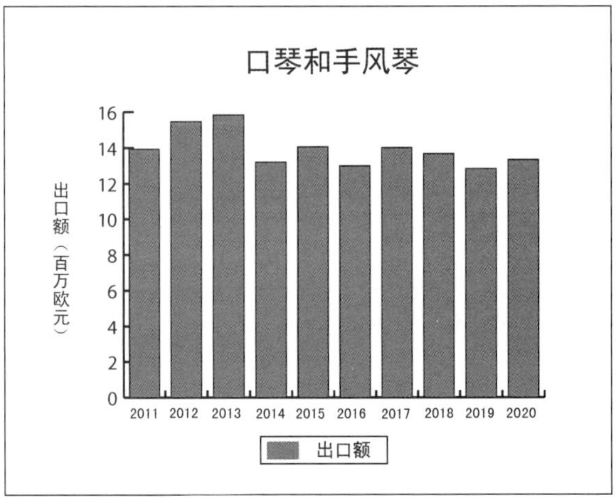
口琴和手风琴
出口额（百万欧元）
0
2
4
6
8
10
12
14
16
2011 2012 2013 2014 2015 2016 2017 2018 2019 2020
出口额

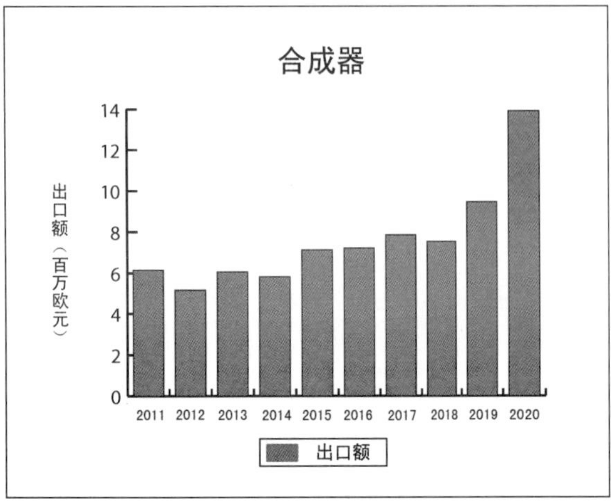
合成器
出口额（百万欧元）
0
2
4
6
8
10
12
14
2011 2012 2013 2014 2015 2016 2017 2018 2019 2020
出口额

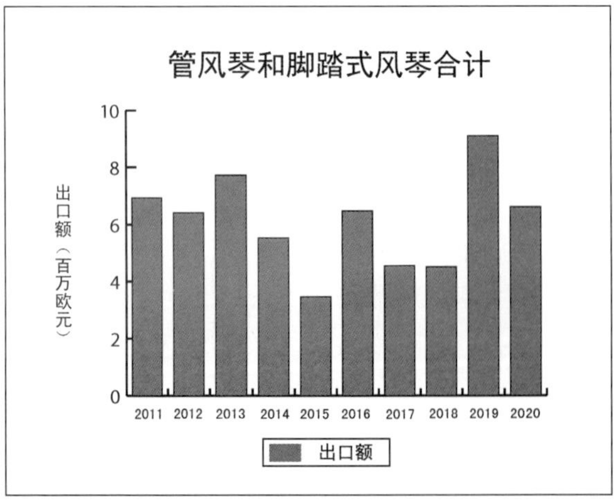
管风琴和脚踏式风琴合计
出口额（百万欧元）
0
2
4
6
8
10
2011 2012 2013 2014 2015 2016 2017 2018 2019 2020
出口额

# 澳大利亚

2020年，澳大利亚国内生产总值26年来首次下降，经济增长率（GDP）降幅为1.1%，就业增长率-0.7%，失业率6.3%，薪酬增长率1.4%。澳大利亚人口数量同比持平，仍为2570万人。截至12月，澳大利亚消费者信心指数已从低点75.6回升至112。

## 行业概况

毋庸置疑，2020年对全世界和整个乐器行业都是极不寻常的一年。2020年3月，经济停滞使一个正在发展崛起的行业戛然而止，特别是在维多利亚州，行业面临挑战尤为严峻。随着澳政府介入并推出“留职补贴”和“寻工津贴”等援助计划，行业需求大幅回升。2020年进口统计数据显示，音乐制品市场整体有所增长，销量下降4%，但销售金额同比2019年增长近2%。

2020年，澳大利亚消费者的零售支出有所增长。虽然2021年正成为经济复苏的一年，但对于那些领先同行的零售商来说，消费行为恢复正常可能意味着2020年的意外收获只是昙花一现。

根据德勤经济研究所发布最新季度零售预测报告（2021年第1季度），零售总额在2020年底表现强劲，截至2020年第4季度，全年销量同比增长6.4%。2021年下半年预计销售总额放缓，季度增幅同比减少0.4%，未来，零售商可能面临重重挑战。

新冠疫情封锁期间，居家用品零售和超市日用品消费等领域受益最大，但由于疫情限制措施放宽、边境逐渐开放，旅游消费逐步增加，这些领域消费将在2021年可能面临更大的上行压力。

2020年现钞汇率进一步从0.75%下调至0.01%——新南威尔士州和维多利亚州首当其冲。区域房价在2020年下半年和2021年期间出现惊人的复苏迹象。虽然就业增长率、薪酬增长率、平均收入和通胀率等关键指标有所下降，但受益于政府刺激措施的支持，乐器需求较大，乐器销售整体收入增长表现强劲；另一方面，学校基本关停，面对面教学减少，导致传统乐器、学校乐器及音响经销商经历大幅销售下滑。现场音乐表演场所、教堂和公共场所纷纷关闭，许多人开始在家练习和录制音乐，消费者对吉他、键盘、音乐技术、DJ设备的需求出现激增态势。

2020年对于全球商业来说都是“可怕的一年”，但数据显示，乐器行业这一年具有极强韧性。虽面临巨大现实挑战，但行业适应了新的商业模式，不仅严格遵守相关限制，而且充分刺激了原本意想不到的强劲需求。乐器行业进口额有所回升，2014年仅为2.37亿澳元（合1.827 亿美元），2020年达到3.386亿澳元（约合2.61亿美元），创下历史新高。在强劲需求的推动下，产品平均单价全年上涨近7%。

2020年业绩显示，原声类键盘销售供应短缺，预计2021年初需完成大量交付。该类别销售额6450万澳元（合4970万美元），同比下降超过3%。

受立式钢琴和三角钢琴下滑影响，数码钢琴和键盘销量略有下降，但进口量持平。数码键盘继续增长，销售额上涨4%。2020年下半年，由于海外供应减少，数码产品和键盘时有出现短缺情况。

立式钢琴进口量下降近18%，销售额下降15%。三角钢琴销量情况基本类似，但是进口单价较高，销售额保持在稳定状态。

铜管乐器行业保持2019年的高水平，进口乐器超过1.1万件。随着进口数量增加，铜管乐器平均价格下降8%。与2018年相比，木管乐器整体较为疲软，但销量及销售额仍分别提升11%和14%。然而，与2019年相比，竖笛销量出现下降，管弦乐器也在逐年下降，校园乐器市场面临充满挑战的一年。

打击乐器进口量下降近9%，唯一亮点是自2019年以来，钹的进口量增加近27%。校园乐器市场疲软，导致教育类打击乐器下降11%。不过总体而言，该类别进口额仍保持在1350万澳元（合1040万美元）。

据报告显示，2020年吉他销量大增，但其进口总量与去年同期持平，所有细分市场的情况都是如此。吉他销售额上涨近5%，平均单价上涨6%。上半年进口下降反映出海外生产中断，但很大程度上已于年底得到弥补。去年，电吉他均价继续上涨，原声吉他价格也在持续攀升，2019年和2018年分别增长10%和21%。除进口16.6万把之外，该类别还包括1.1万件本国制造的产品，保持了2017年创下的纪录。

吉他和贝斯放大器进口额增长11%，平均单价增幅基本相似。总体而言，由于2020年需求非常强劲，随着供应的改善，我们预计2021年会出现一些可观的数据。吉他用弦和贝司用弦跃升了16%，数字略有反常，可能是由于跨年度大量出货造成。

电子乐器方面，2019年合成器数量保持大幅增长（20%），2020年报告中再次实现增长，约为9500台。在电子鼓推动下，“其他”细分市场销量有所增长（+10%），销售额显著增长（+26%）。

所有指标均显示，音频和录音类别停滞不前。正如去年报告的那样，该细分市场进口额的顶峰仍是2008年的6700万澳元（合5200万美元）。扬声器处于领跑状态，保持2019年进口额增长。

现场音乐领域受到新冠疫情严重影响，各娱乐场所2020年基本关停。不过，家庭录音和DAW方面的高需求弥补了该领域的损失。信号处理器、混音器和麦克风均保持2019年水平，增减幅度均在一两个百分点之间。

传统产品略有回落，降至2019年水平。作为行业风向标之一，乐器配件进口额创历史新高，超过2600万澳元（合2000万美元），同比增长近10%。

2020年，美国乐器市场零售额同比回落近10%，终止了自2008年金融危机以来连续第11次市场上涨的势头。澳大利亚乐器协会非常有兴趣大力宣传乐器零售商对行业的价值。我们相信，行业正在不断开发在线销售空间，网购颇具前景。（评注：澳大利亚音乐协会（AMA）首席执行官罗伯·沃克）

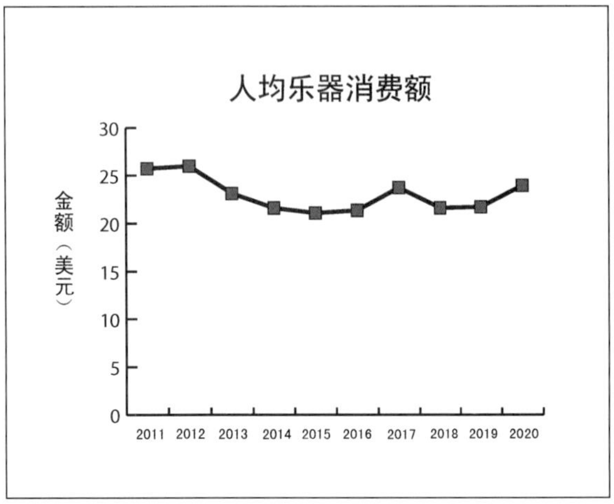


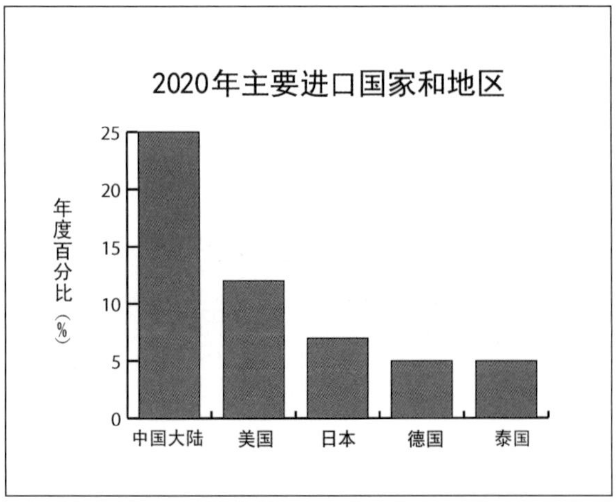

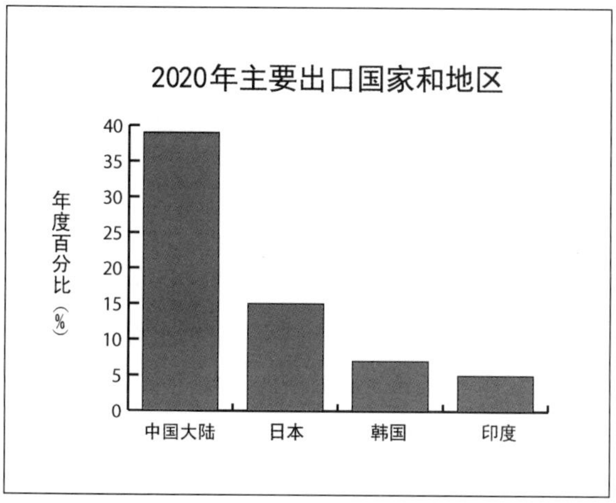
2020年主要出口国家和地区
年度百分比（%）
中国大陆
日本
韩国
印度

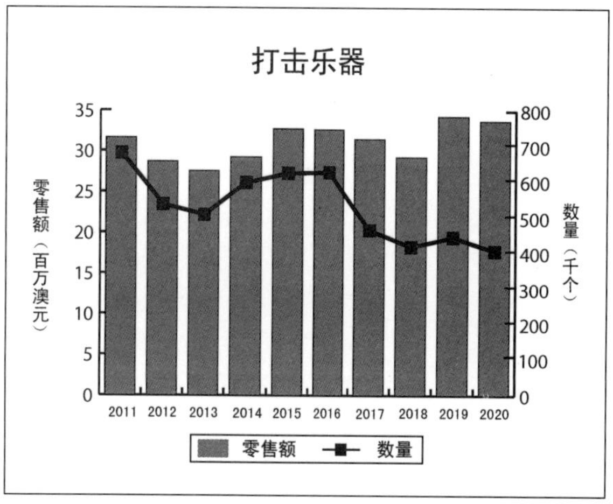
打击乐器
零售额（百万澳元）
数量（千个）
2011 2012 2013 2014 2015 2016 2017 2018 2019 2020
零售额 数量

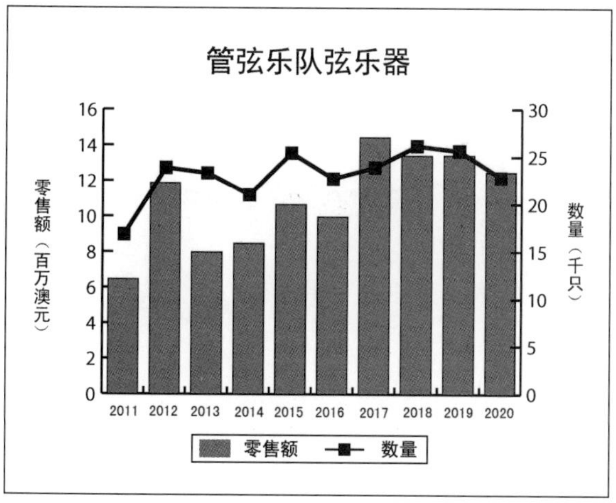
管弦乐队弦乐器
零售额（百万澳元）
数量（千只）
2011 2012 2013 2014 2015 2016 2017 2018 2019 2020
零售额 数量

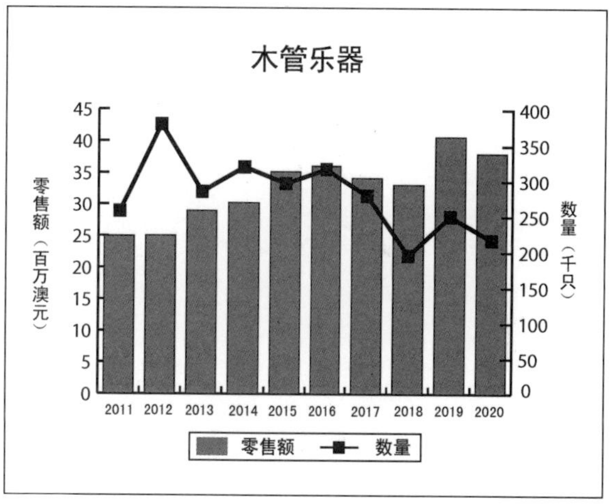
木管乐器
零售额（百万澳元）
数量（千只）
2011 2012 2013 2014 2015 2016 2017 2018 2019 2020
零售额 数量

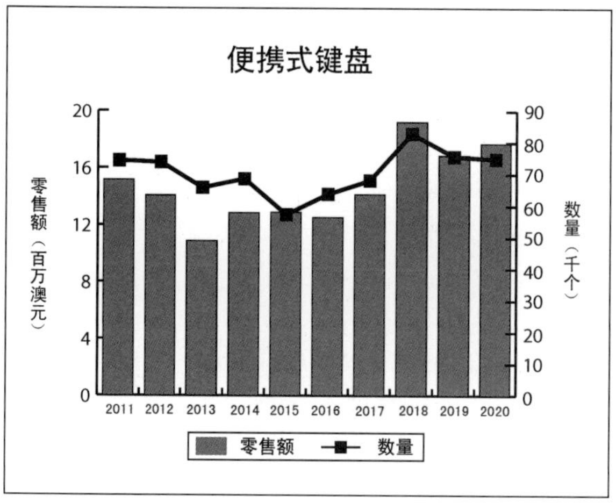
便携式键盘
零售额（百万澳元）
数量（千个）
2011 2012 2013 2014 2015 2016 2017 2018 2019 2020
零售额 数量

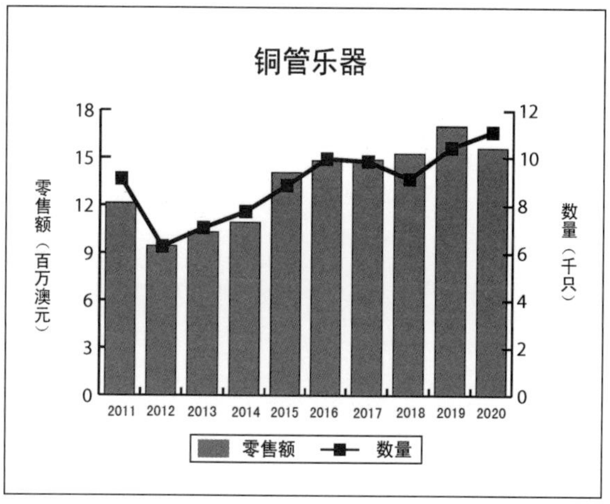
铜管乐器
零售额（百万澳元）
数量（千只）
2011 2012 2013 2014 2015 2016 2017 2018 2019 2020
零售额 数量

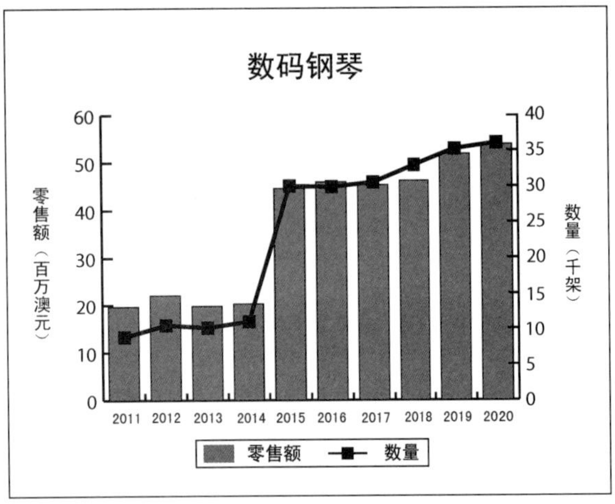
数码钢琴
零售额（百万澳元）
数量（千架）
2011 2012 2013 2014 2015 2016 2017 2018 2019 2020
零售额 数量

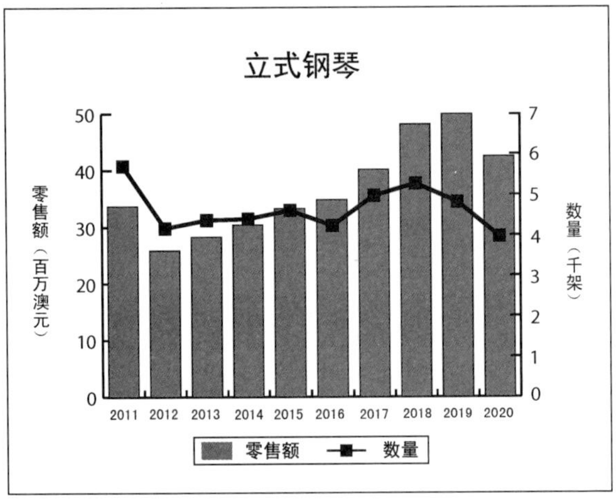
立式钢琴
零售额（百万澳元）
数量（千架）
2011 2012 2013 2014 2015 2016 2017 2018 2019 2020
零售额 数量

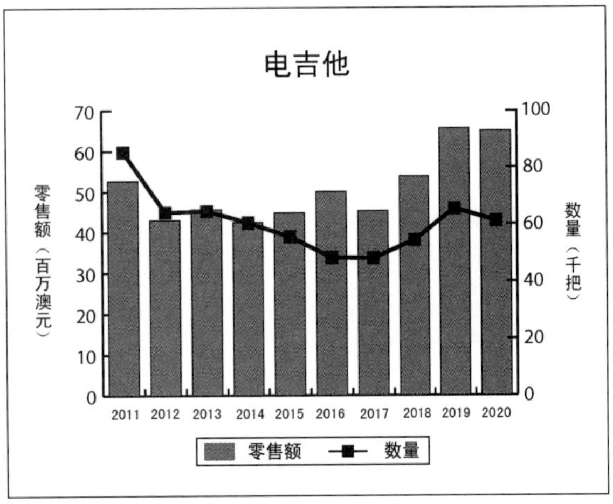
电吉他
零售额（百万澳元）
数量（千把）
2011 2012 2013 2014 2015 2016 2017 2018 2019 2020
零售额 数量

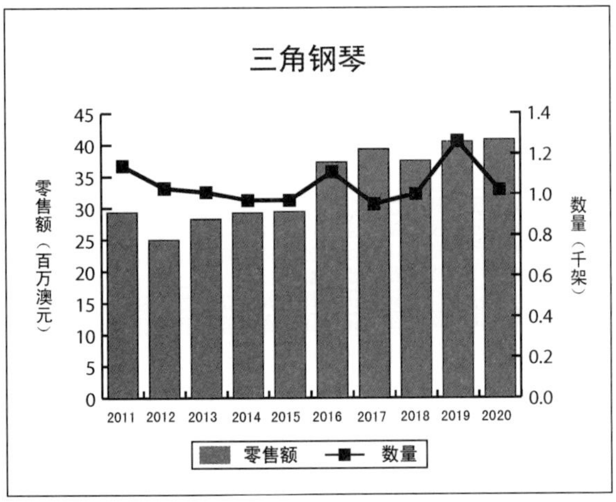
三角钢琴
零售额（百万澳元）
数量（千架）
2011 2012 2013 2014 2015 2016 2017 2018 2019 2020
零售额 数量

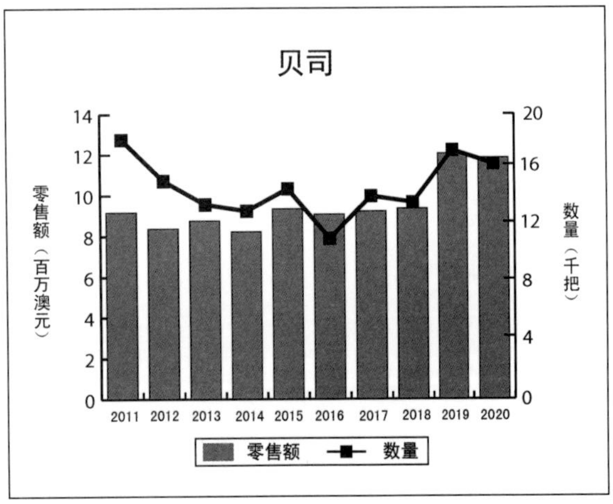
贝司
零售额（百万澳元）
数量（千把）
2011 2012 2013 2014 2015 2016 2017 2018 2019 2020
零售额 数量

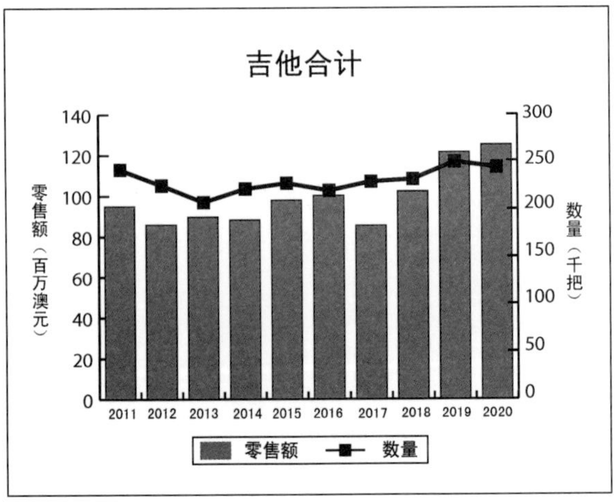
吉他合计
零售额（百万澳元）
数量（千把）
2011 2012 2013 2014 2015 2016 2017 2018 2019 2020
零售额 数量

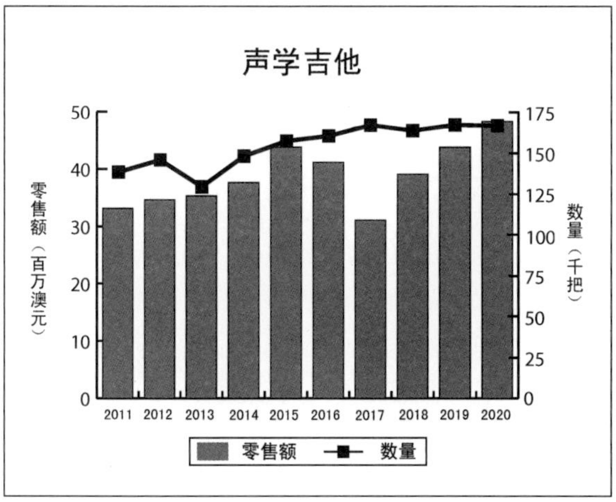


# 法国

以下信息来自法国海关进出口统计数据，以及法国乐器制造协会（CSFI）2021年初开展的行业调查结果。

2018年，法国乐器市场估值为5.9亿美元，2019年7.17亿美元（合6.4亿欧元），同比增长21.49%。2020年达到市场峰值7.4亿美元（合6.03亿欧元），同比小幅增长3.23%，

2020年，新冠肺炎危机以各种方式影响了法国乐器市场。某些乐器品种销售额呈现显著增长，例如：口琴，键盘合成器，数码钢琴，原声吉他和电吉他以及电声乐器的零配件。与此同时，管乐和弦乐器销售额出现大幅下降，如管乐器（铜管乐器和木管乐器）、管乐器零部件及配件、小提琴等弓乐器、鼓及音乐盒。

我们观察到，2020年，既能提供维护和维修服务、又拥有网站和活跃社交媒体的乐器琴行在“线上购物，线下提货”方面发挥的作用更为出色。

新冠疫情期间，特别是在2020年春季封锁期间，公众对音乐的兴趣重新燃起，事实说明，音乐是一种非常有效的抗击疫情的社会工具。许多人重新拿起了他们曾经弃置的乐器，并请制琴师或琴行进行修理或调整。还有一些人开始尝试演奏音乐，并首次购买乐器。（评注：法国乐器制造协会（CSFI）会员、法国吉他和弹拨乐器制琴师专业协会（APLG）副总裁雅克·卡尔博诺）

**2009年—2020年法国乐器市场的演变：（金额单位：百万美元）**

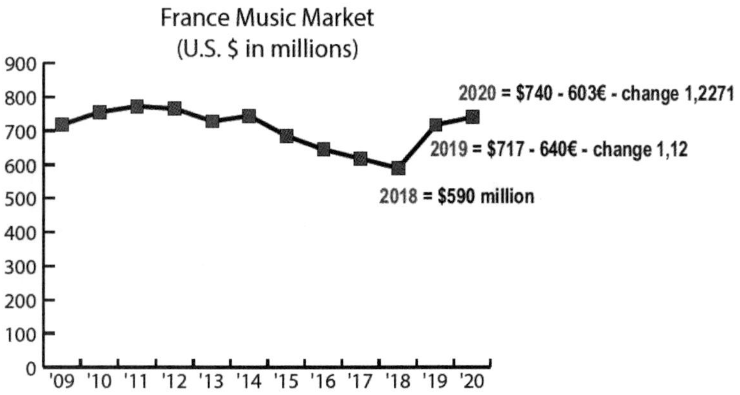

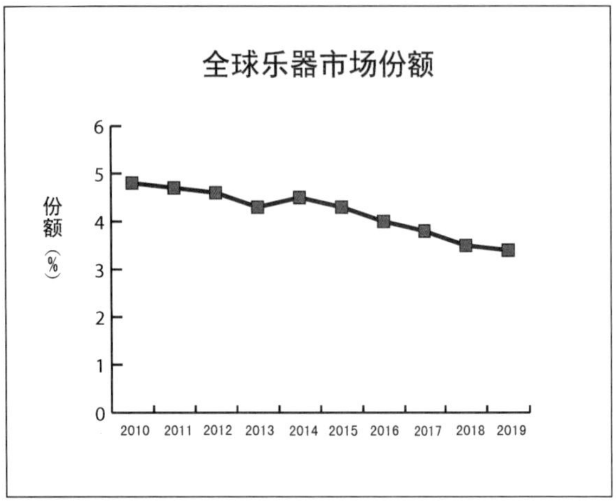
全球乐器市场份额
份额（%）
0
1
2
3
4
5
6
2010 2011 2012 2013 2014 2015 2016 2017 2018 2019

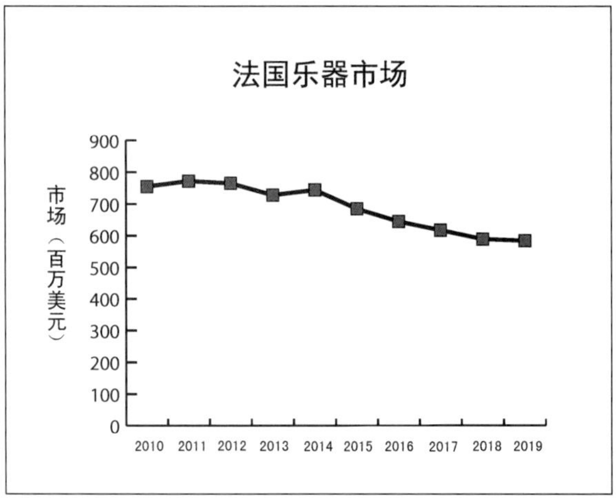
法国乐器市场
市场（百万美元）
0
100
200
300
400
500
600
700
800
900
2010 2011 2012 2013 2014 2015 2016 2017 2018 2019

人均乐器消费额
金额（美元）
0
2
4
6
8
10
12
14
2010 2011 2012 2013 2014 2015 2016 2017 2018 2019

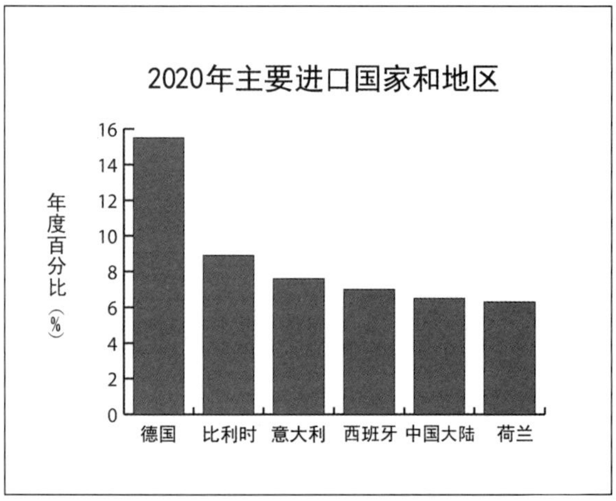
2020年主要进口国家和地区
年度百分比（%）
0
2
4
6
8
10
12
14
16
德国 比利时 意大利 西班牙 中国大陆 荷兰

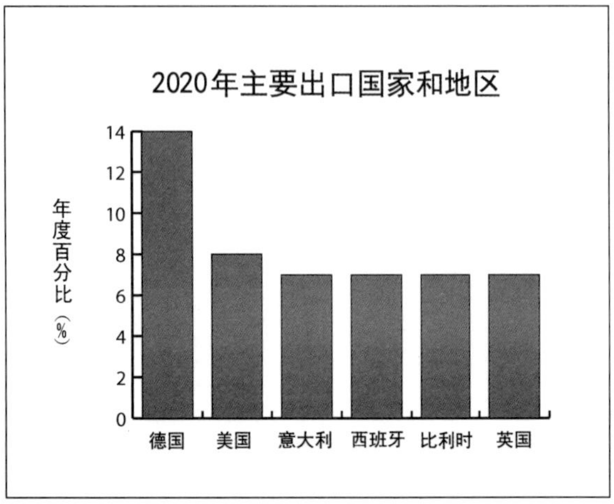
2020年主要出口国家和地区
年度百分比（%）
0
2
4
6
8
10
12
14
德国 美国 意大利 西班牙 比利时 英国

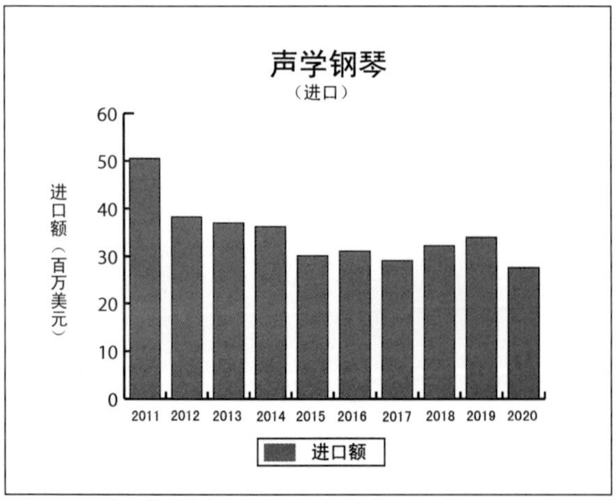
声学钢琴
（进口）
进口额（百万美元）
0
10
20
30
40
50
60
2011 2012 2013 2014 2015 2016 2017 2018 2019 2020
进口额

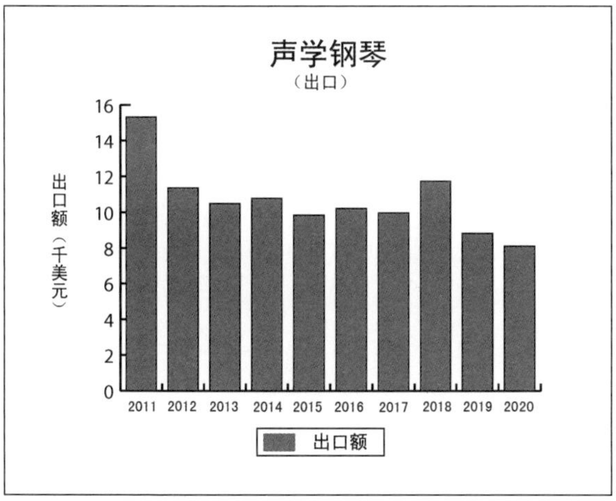
声学钢琴
（出口）
出口额（千美元）
16
14
12
10
8
6
4
2
0
2011 2012 2013 2014 2015 2016 2017 2018 2019 2020
出口额

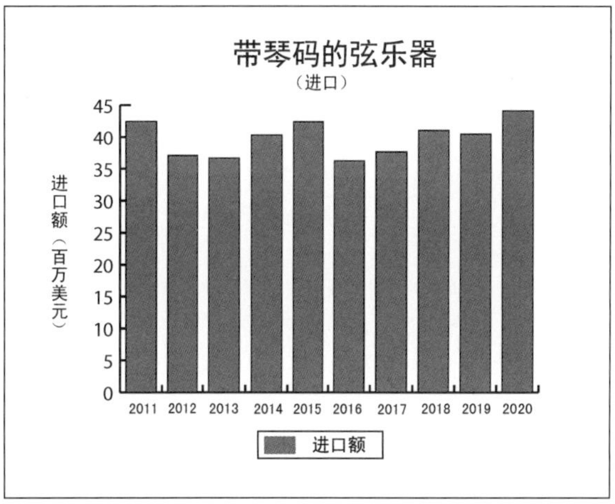
带琴码的弦乐器
（进口）
进口额（百万美元）
45
40
35
30
25
20
15
10
5
0
2011 2012 2013 2014 2015 2016 2017 2018 2019 2020
进口额

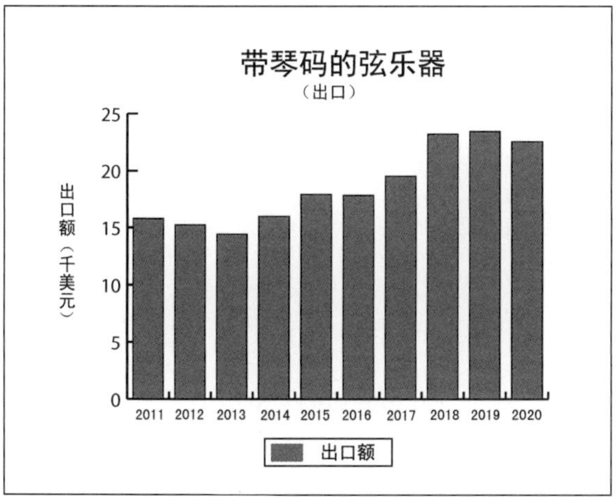
带琴码的弦乐器
（出口）
出口额（千美元）
25
20
15
10
5
0
2011 2012 2013 2014 2015 2016 2017 2018 2019 2020
出口额

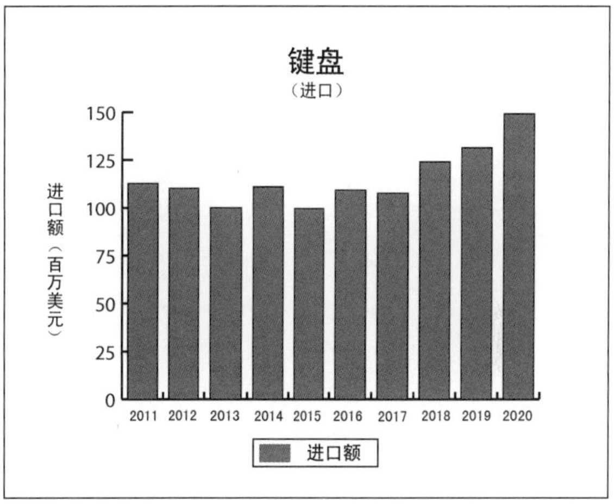
键盘
（进口）
进口额（百万美元）
150
125
100
75
50
25
0
2011 2012 2013 2014 2015 2016 2017 2018 2019 2020
进口额

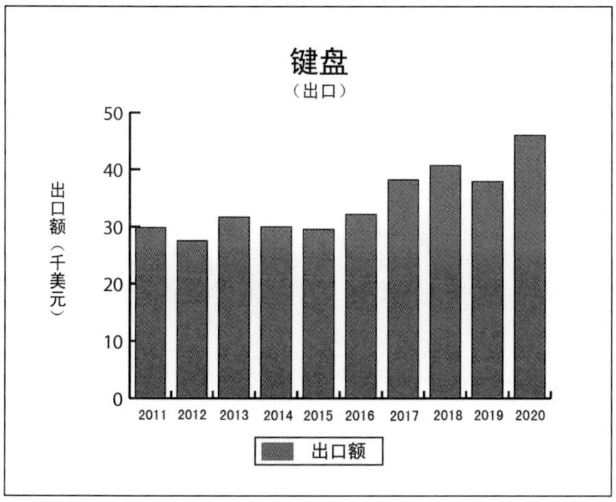
键盘
（出口）
出口额（千美元）
50
40
30
20
10
0
2011 2012 2013 2014 2015 2016 2017 2018 2019 2020
出口额

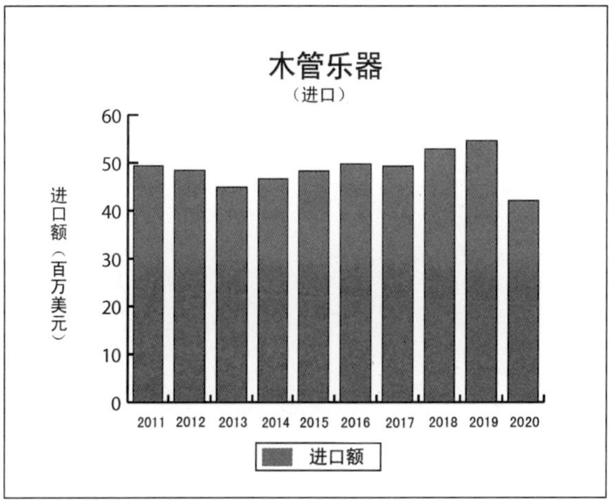
木管乐器
（进口）
进口额（百万美元）
60
50
40
30
20
10
0
2011 2012 2013 2014 2015 2016 2017 2018 2019 2020
进口额

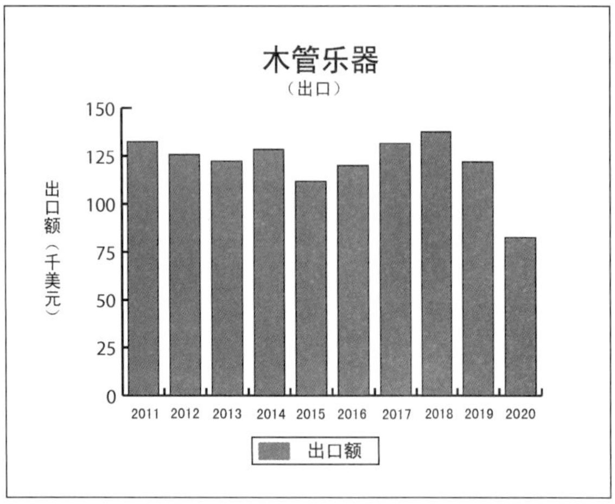
木管乐器
（出口）
出口额（千美元）
150
125
100
75
50
25
0
2011 2012 2013 2014 2015 2016 2017 2018 2019 2020
出口额

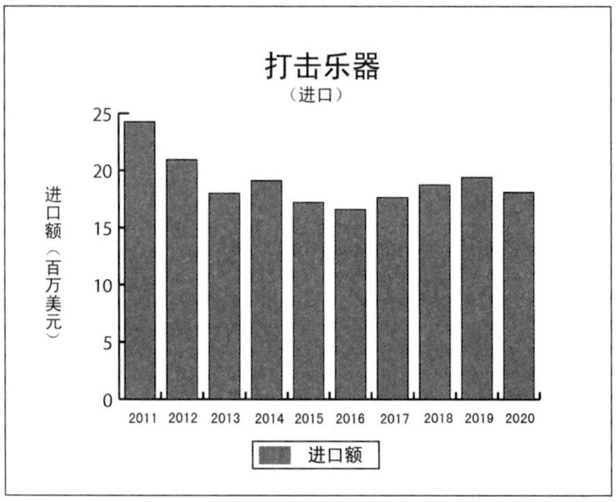
打击乐器
（进口）
进口额（百万美元）
25
20
15
10
5
0
2011 2012 2013 2014 2015 2016 2017 2018 2019 2020
进口额

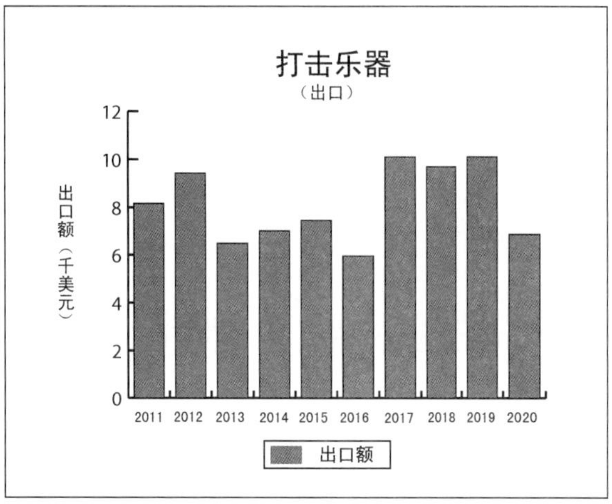
打击乐器
（出口）
出口额（千美元）
12
10
8
6
4
2
0
2011 2012 2013 2014 2015 2016 2017 2018 2019 2020
出口额

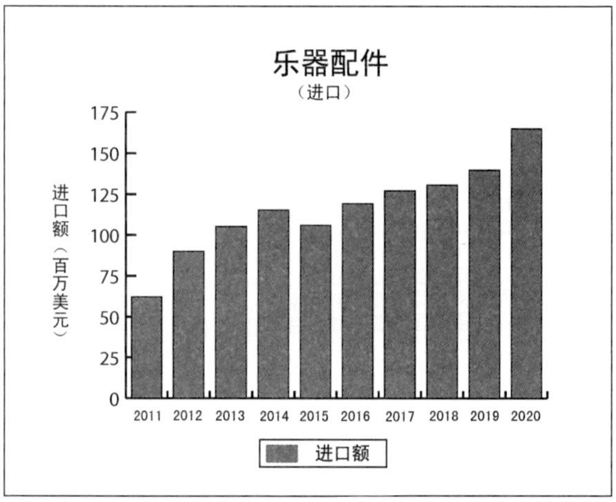
乐器配件
（进口）
进口额（百万美元）
175
150
125
100
75
50
25
0
2011 2012 2013 2014 2015 2016 2017 2018 2019 2020
进口额

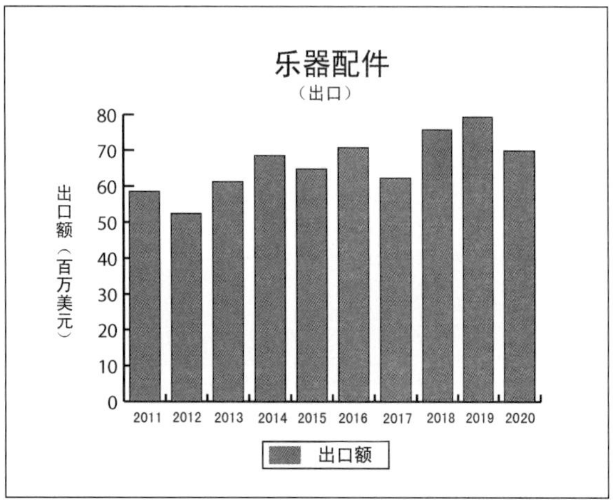
乐器配件
（出口）
出口额（百万美元）
80
70
60
50
40
30
20
10
0
2011 2012 2013 2014 2015 2016 2017 2018 2019 2020
出口额

# 英国

回顾最近几年历史，人们很难想象，2020年英国经历这么多事。去年我们最关注且备受困扰的潜在问题仍未解决。事实证明，英国疫苗接种计划非常有效。随着2020年夏天到来，英国正准备允许部分非必需品零售店自实施封锁限制以来首次重新开业。业内普遍存在乐观情绪，被压抑的消费者需求蓄势待发，许多店主要努力确保顾客和员工的安全。

虽然全国性零售网络遭受重大损失，但事实证明，以独立零售为主的小型商业中心十分有弹性。英国零售协会公布数据显示商户对2021年下半年持谨慎乐观态度。虽然4月份的客流量下降43.9%。但英国独立零售业的平均支出呈现上升趋势，季节性总营业额接近新冠疫情大爆发之前的水平。

据英国乐器协会最近调查显示，疫情期间80%的乐器琴行仍能继续全额支付租金——这实属难得，堪称乐器零售复苏的积极信号，实体零售业发展正在稳步复苏。疫情模式下，乐器琴行在经营过程中努力发挥创造力和灵活性，并能快速感知客户需求变化，尽快采用新的营销方式，例如在线Zoom咨询方式以及音乐客户预约服务。上述方法在传统乐器琴行中已越来越普遍，有助于建立消费者信心，实现更有回报的消费者体验。

总体而言，由于疫情造成的封锁以及由此导致的强制闭店措施，英国零售市场严重紧缩。与英国整体市场一样，许多个体经销商实现了增长，却未能弥补2020年闭店造成的总缺口。初看英国最大的电子零售商Gear4 Music公布的数字会发现乐器行业表现良好，英国市场总销售额同比增长27%，令人印象深刻，而且与其他电子商务专家的预测保持一致。

各琴行之间业绩差异较大。人们对入门乐器需求持续加大，居家音乐内容创作工作量激增，原声乐器、数码钢琴、耳机、USB麦克风等配件在英国销售强劲；另一方面，与现场音乐和表演有关的任何产品都受到极为不利的影响，电动扬声器和混音器等类别与上年度相比出现大幅萎缩。目前无法预测疫情的控制水平，能否恢复到新冠疫情大爆发之前水平也为时尚早。但很显然，新客户涌入乐器领域为乐器市场创造了新的机遇。

产品运输是新冠疫情带来的另一个负面影响。疫情大爆发已严重扰乱了全球航运格局。对许多英国制造商和经销商而言，集装箱短缺意味着更严峻的供应链挑战。目前为止，这种挑战仍仅仅表现为库存中断和发货延迟，但随着时间推移，运费的增加将转化为产品的成本，也会导致未来乐器定价趋高。

英国于今年1月1日起正式结束了与欧盟之间的过渡期，英国脱欧进一步加剧了延迟局面，各大企业都在尝试采用新的通关法规，边境检查繁复手续增多直接导致英国港口拥堵加剧。英国在与最亲密贸易伙伴之间开展活动时也将有所损失，脱欧后，英国扩大全球影响力能否弥补此类损失，目前尚不太明朗。现阶段，英国与欧盟断绝关系的长期影响还很难完全厘清。脱欧初期，英国企业仍需应对不少问题，但随着时间推移，这些问题都将逐步适应并加以解决。

我认为去年报告中许多类似问题仍普遍存在，不少潜在问题仍未有效解决。消费者压抑已久的需求会一触即发——但这些目前都尚未实现。英国零售市场虽然疲软，但并未崩溃，人们对触底反弹仍持相当乐观态度。

传统零售结构面临的各种挑战依然存在，但独立经销商的机遇同样存在。实体琴行正在快速演变，只是这种变化的程度或范围尚不清楚，我们仍然无法评估新冠疫情爆发以及英国脱欧对英国市场，尤其是对乐器行业的长期影响。如果希望市场繁荣发展，就必须持续适应并考虑消费者行为的变化。适应环境，拥抱变化，这也许是我们从疫情中学到的经验。（评注：英国乐器协会执行董事安东尼·肖特）

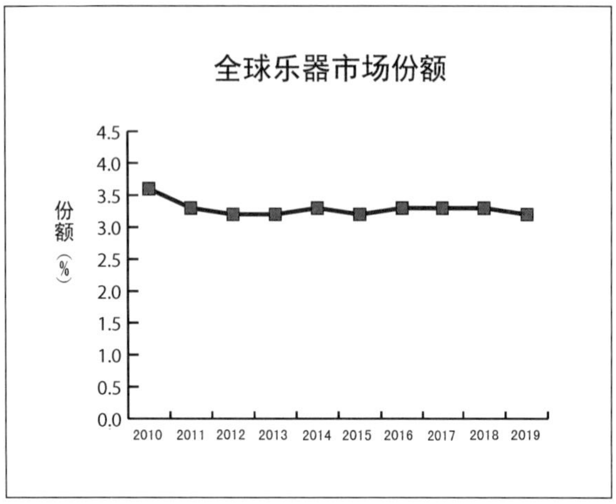
全球乐器市场份额
份额（%）
4.5
4.0
3.5
3.0
2.5
2.0
1.5
1.0
0.5
0.0
2010 2011 2012 2013 2014 2015 2016 2017 2018 2019

英国乐器市场
市场（百万美元）
800
700
600
500
400
300
200
100
0
2010 2011 2012 2013 2014 2015 2016 2017 2018 2019

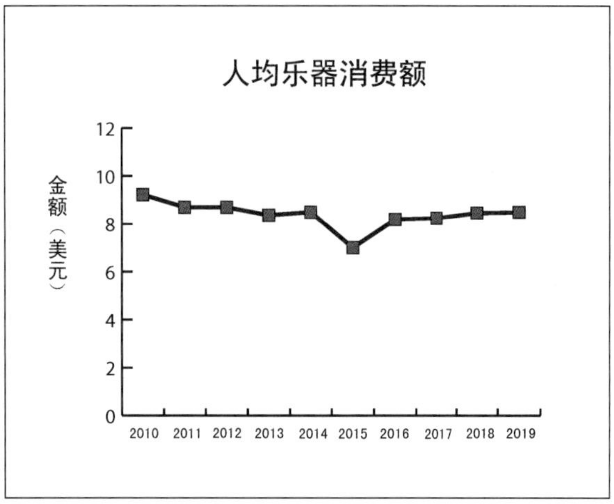
人均乐器消费额
金额（美元）
12
10
8
6
4
2
0
2010 2011 2012 2013 2014 2015 2016 2017 2018 2019

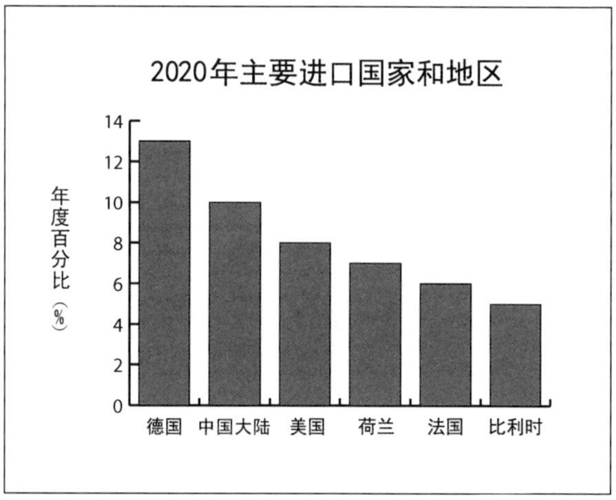
2020年主要进口国家和地区
年度百分比（%）
14
12
10
8
6
4
2
0
德国 中国大陆 美国 荷兰 法国 比利时

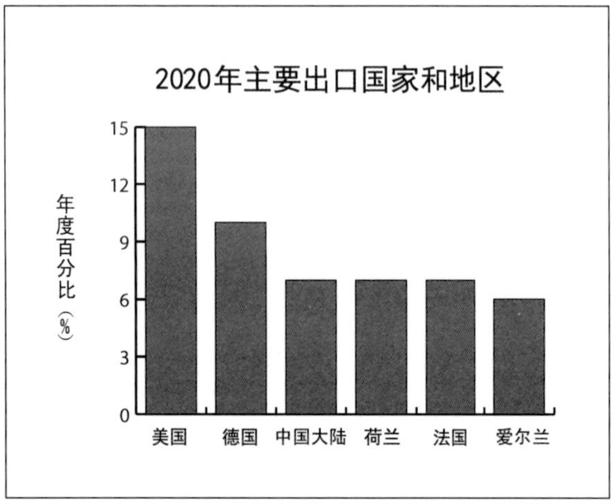
2020年主要出口国家和地区
年度百分比（%）
15
12
9
6
3
0
美国 德国 中国大陆 荷兰 法国 爱尔兰

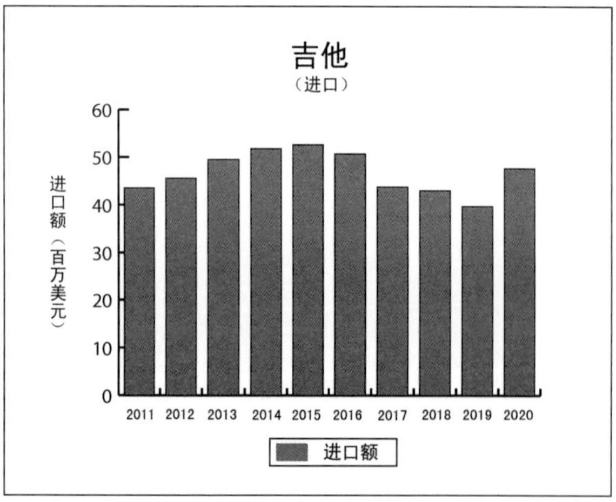
吉他
（进口）
进口额（百万美元）
60
50
40
30
20
10
0
2011 2012 2013 2014 2015 2016 2017 2018 2019 2020
进口额

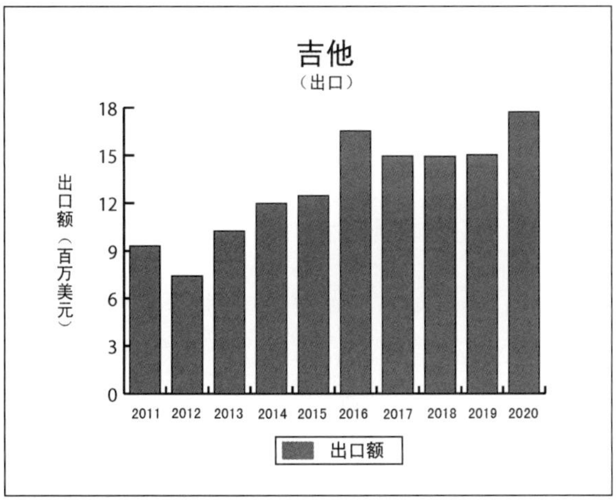
吉他
（出口）
出口额（百万美元）
18
15
12
9
6
3
0
2011 2012 2013 2014 2015 2016 2017 2018 2019 2020
出口额

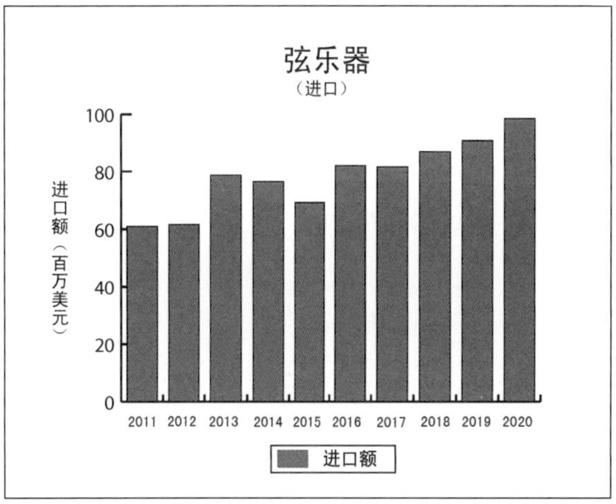
弦乐器
（进口）
进口额（百万美元）
100
80
60
40
20
0
2011 2012 2013 2014 2015 2016 2017 2018 2019 2020
进口额

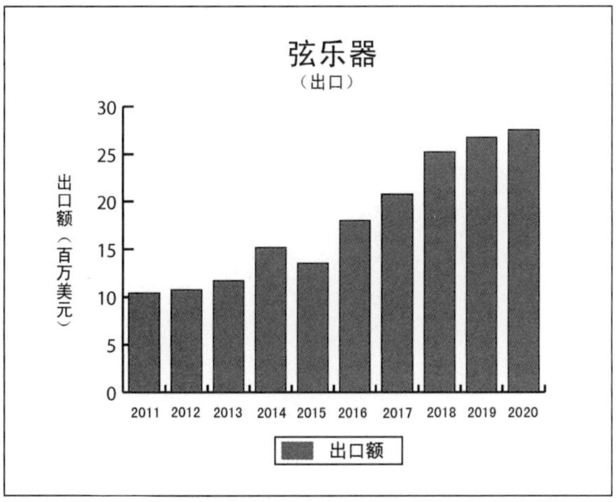
弦乐器
（出口）
出口额（百万美元）
30
25
20
15
10
5
0
2011 2012 2013 2014 2015 2016 2017 2018 2019 2020
出口额

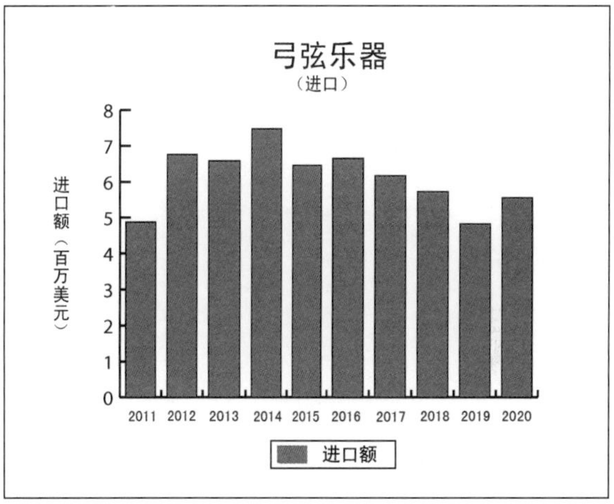
弓弦乐器
（进口）
进口额（百万美元）
8
7
6
5
4
3
2
1
0
2011 2012 2013 2014 2015 2016 2017 2018 2019 2020
进口额

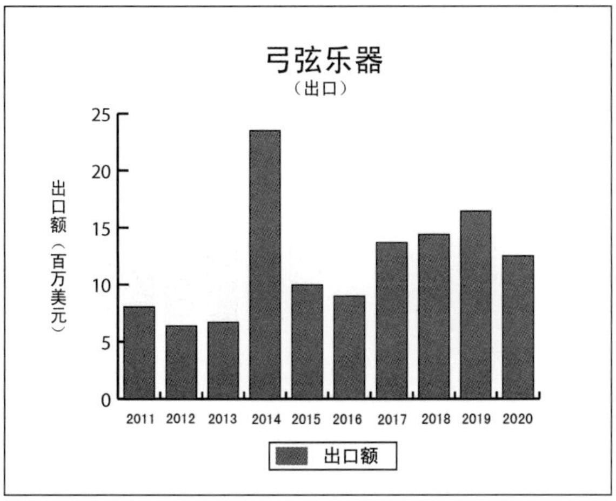
弓弦乐器
（出口）
出口额（百万美元）
25
20
15
10
5
0
2011 2012 2013 2014 2015 2016 2017 2018 2019 2020
出口额

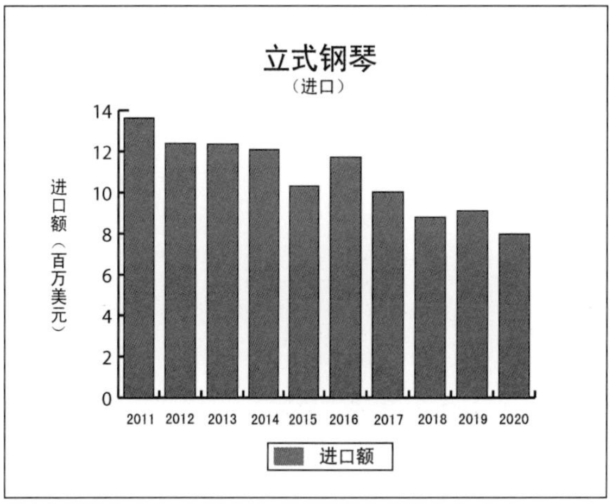
立式钢琴
（进口）
进口额（百万美元）
14
12
10
8
6
4
2
0
2011 2012 2013 2014 2015 2016 2017 2018 2019 2020
进口额

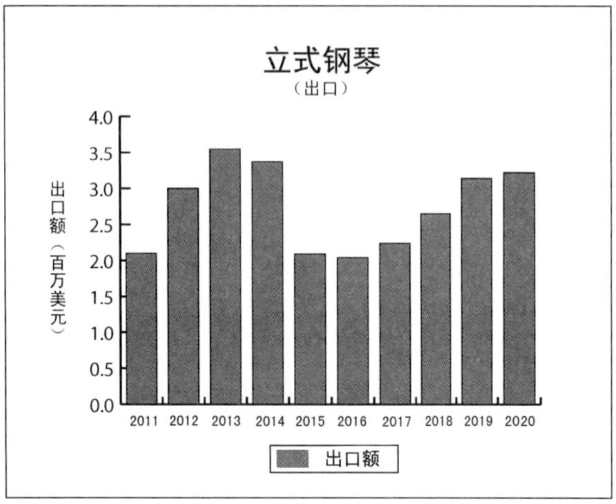
立式钢琴
（出口）
出口额（百万美元）
4.0
3.5
3.0
2.5
2.0
1.5
1.0
0.5
0.0
2011 2012 2013 2014 2015 2016 2017 2018 2019 2020
出口额

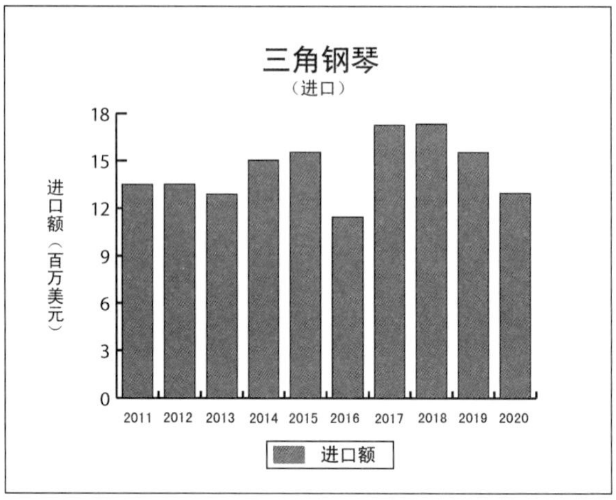
三角钢琴
（进口）
进口额（百万美元）
18
15
12
9
6
3
0
2011 2012 2013 2014 2015 2016 2017 2018 2019 2020
进口额

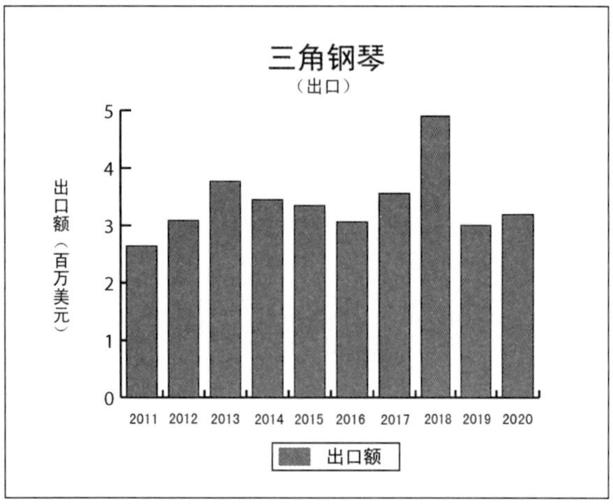
三角钢琴
（出口）
出口额（百万美元）
5
4
3
2
1
0
2011 2012 2013 2014 2015 2016 2017 2018 2019 2020
出口额

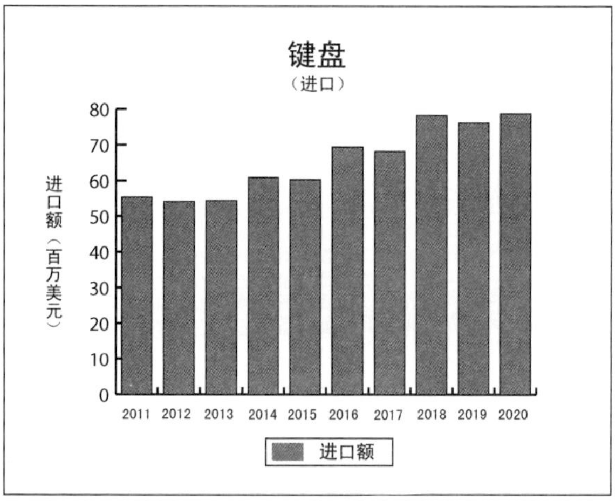
键盘
（进口）
进口额（百万美元）
80
70
60
50
40
30
20
10
0
2011 2012 2013 2014 2015 2016 2017 2018 2019 2020
进口额

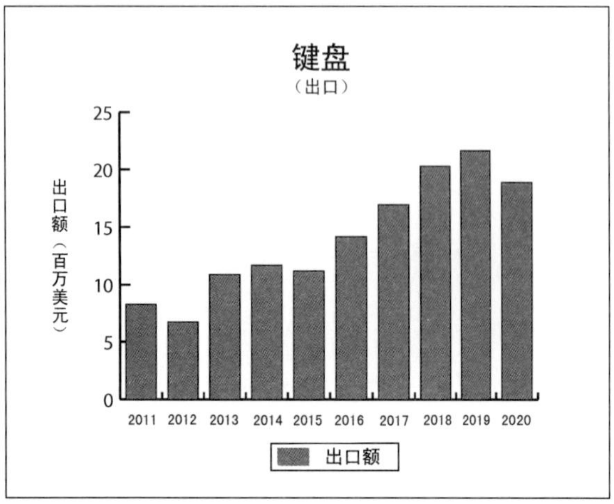
键盘
（出口）
出口额（百万美元）
25
20
15
10
5
0
2011 2012 2013 2014 2015 2016 2017 2018 2019 2020
出口额

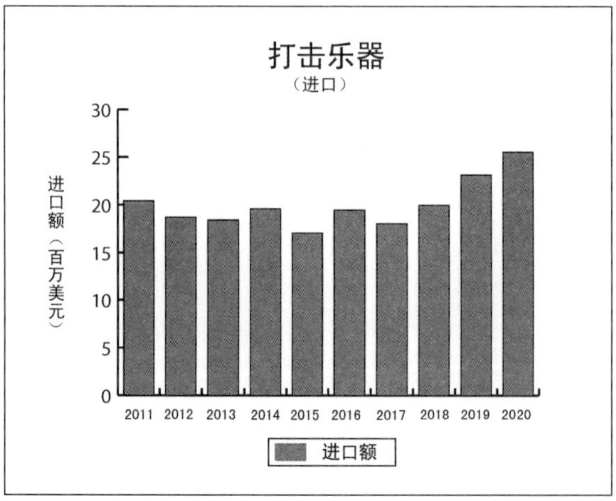
打击乐器
（进口）
进口额（百万美元）
30
25
20
15
10
5
0
2011 2012 2013 2014 2015 2016 2017 2018 2019 2020
进口额

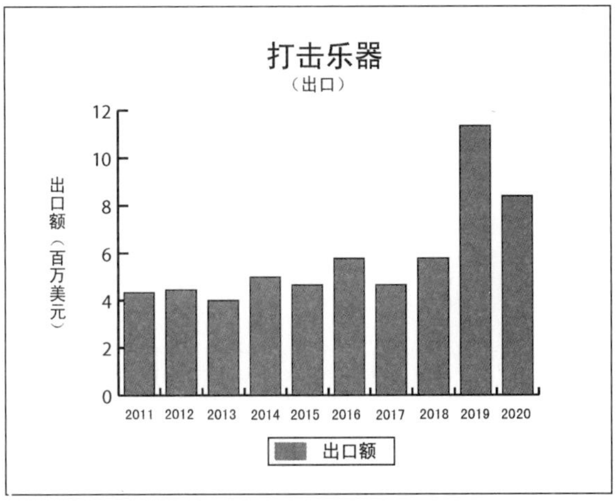
打击乐器
（出口）
出口额（百万美元）
0
2
4
6
8
10
12
2011 2012 2013 2014 2015 2016 2017 2018 2019 2020
出口额

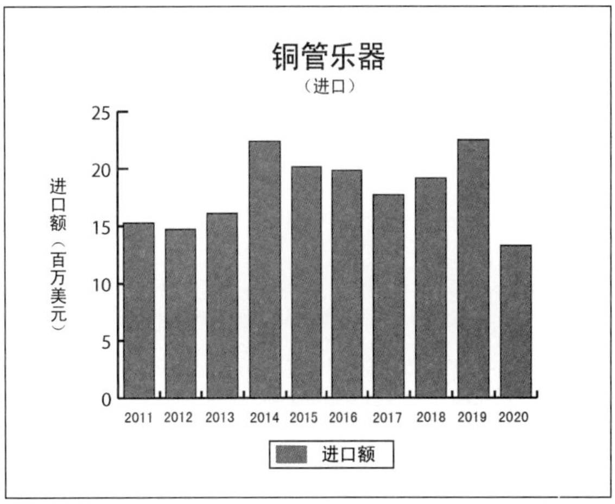
铜管乐器
（进口）
进口额（百万美元）
0
5
10
15
20
25
2011 2012 2013 2014 2015 2016 2017 2018 2019 2020
进口额

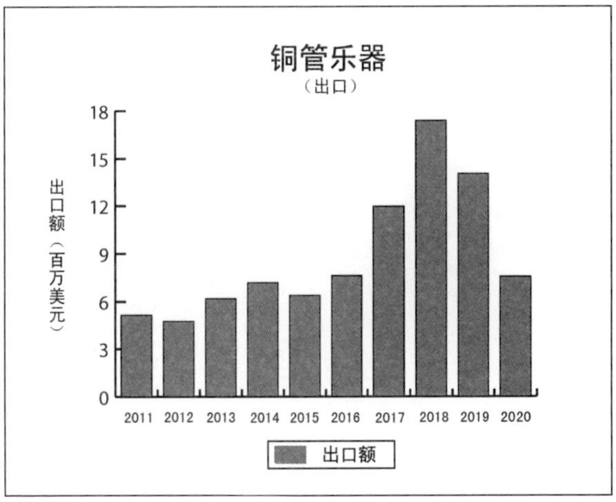
铜管乐器
（出口）
出口额（百万美元）
0
3
6
9
12
15
18
2011 2012 2013 2014 2015 2016 2017 2018 2019 2020
出口额

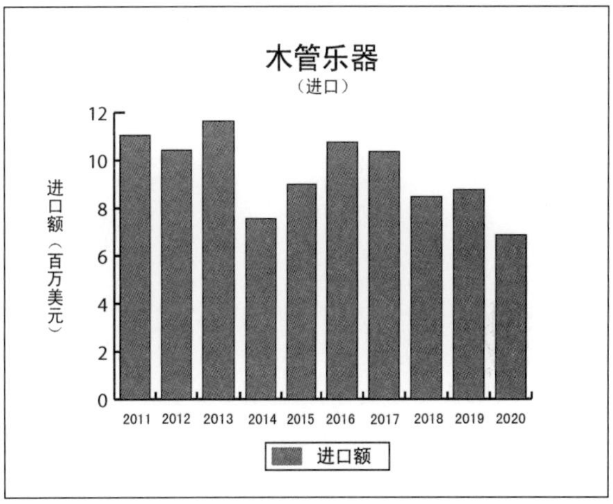
木管乐器
（进口）
进口额（百万美元）
0
2
4
6
8
10
12
2011 2012 2013 2014 2015 2016 2017 2018 2019 2020
进口额

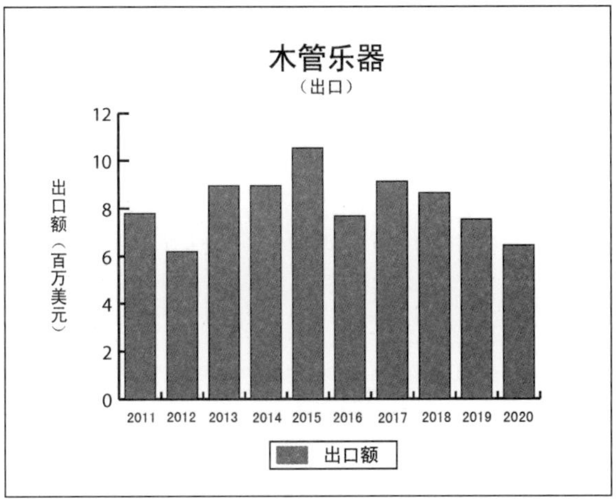
木管乐器
（出口）
出口额（百万美元）
0
2
4
6
8
10
12
2011 2012 2013 2014 2015 2016 2017 2018 2019 2020
出口额

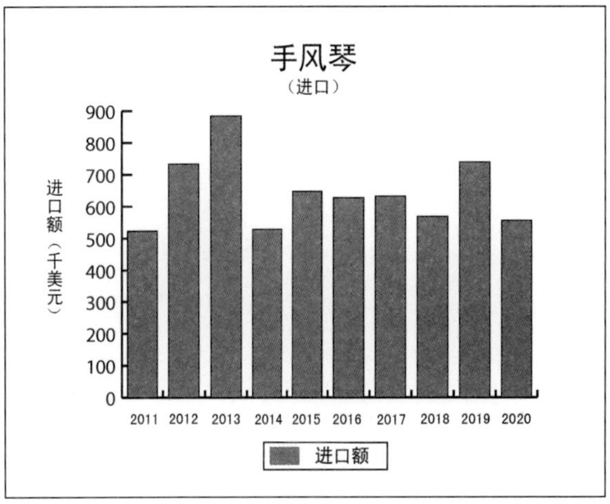
手风琴
（进口）
进口额（千美元）
0
100
200
300
400
500
600
700
800
900
2011 2012 2013 2014 2015 2016 2017 2018 2019 2020
进口额

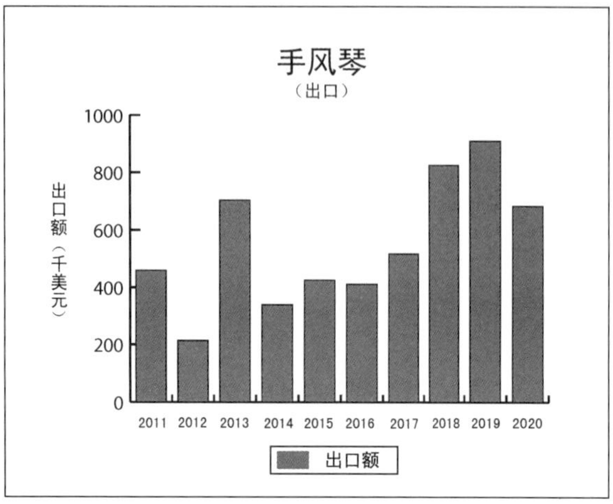
手风琴
（出口）
出口额（千美元）
1000
800
600
400
200
0
2011 2012 2013 2014 2015 2016 2017 2018 2019 2020
出口额

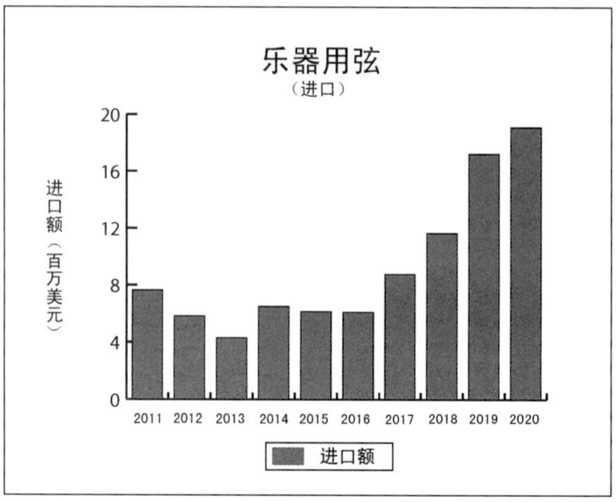
乐器用弦
（进口）
进口额（百万美元）
20
16
12
8
4
0
2011 2012 2013 2014 2015 2016 2017 2018 2019 2020
进口额

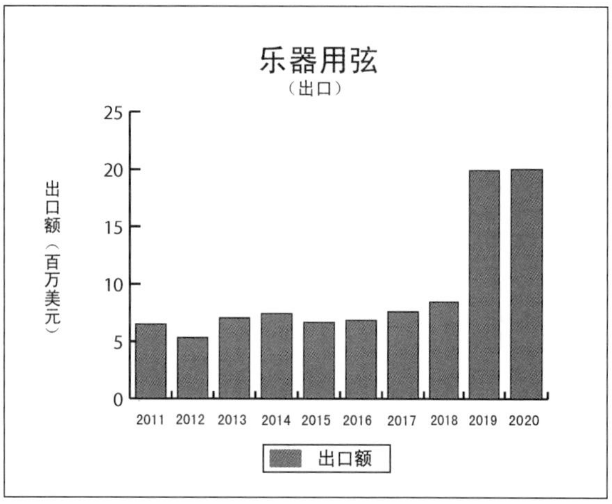
乐器用弦
（出口）
出口额（百万美元）
25
20
15
10
5
0
2011 2012 2013 2014 2015 2016 2017 2018 2019 2020
出口额

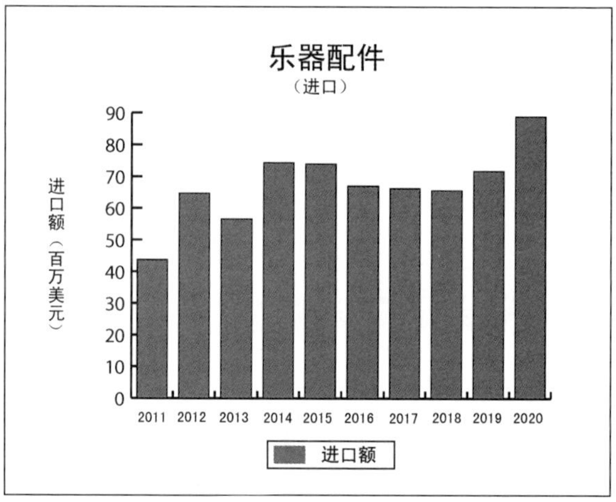
乐器配件
（进口）
进口额（百万美元）
90
80
70
60
50
40
30
20
10
0
2011 2012 2013 2014 2015 2016 2017 2018 2019 2020
进口额

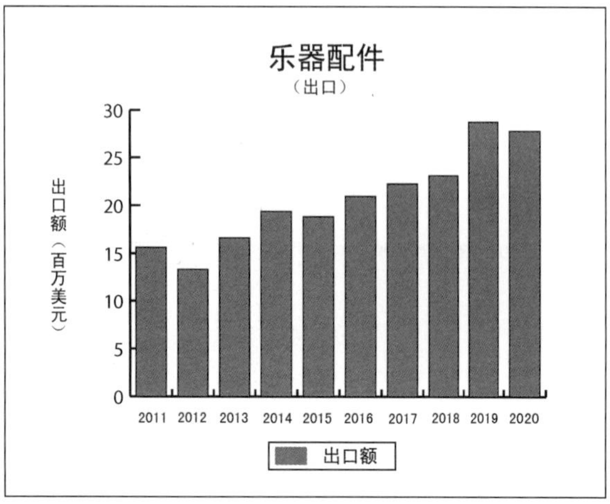
乐器配件
（出口）
出口额（百万美元）
30
25
20
15
10
5
0
2011 2012 2013 2014 2015 2016 2017 2018 2019 2020
出口额

# 韩国

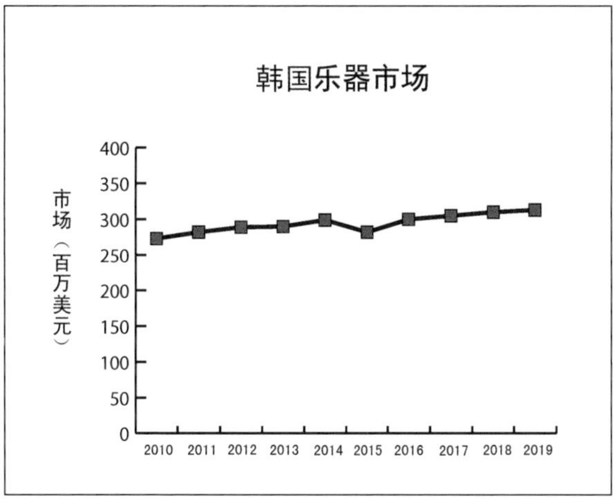
韩国乐器市场
市场（百万美元）
400
350
300
250
200
150
100
50
0
2010 2011 2012 2013 2014 2015 2016 2017 2018 2019

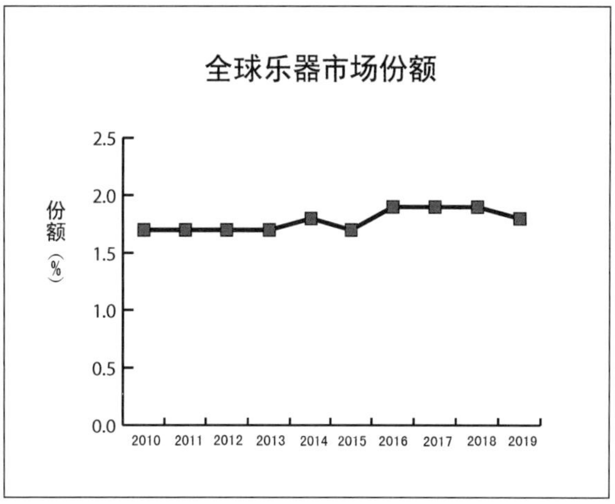
全球乐器市场份额
份额（%）
2.5
2.0
1.5
1.0
0.5
0.0
2010 2011 2012 2013 2014 2015 2016 2017 2018 2019

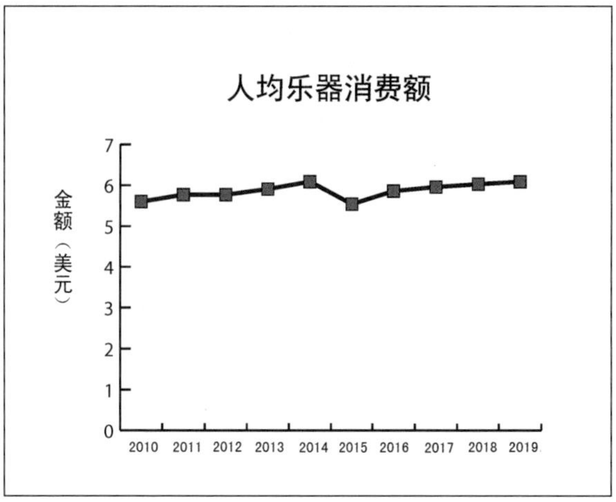
人均乐器消费额
金额（美元）
7
6
5
4
3
2
1
0
2010 2011 2012 2013 2014 2015 2016 2017 2018 2019

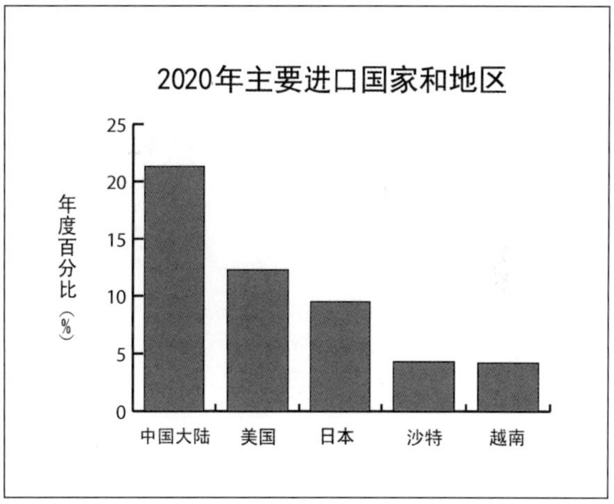
2020年主要进口国家和地区
年度百分比（%）
25
20
15
10
5
0
中国大陆 美国 日本 沙特 越南

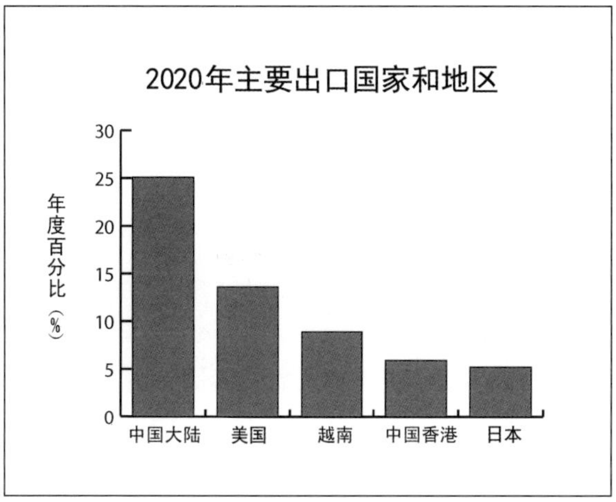
2020年主要出口国家和地区
年度百分比（%）
30
25
20
15
10
5
0
中国大陆 美国 越南 中国香港 日本

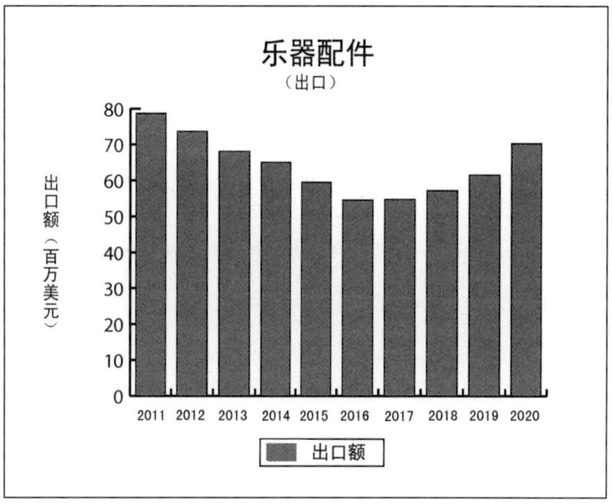
乐器配件
（出口）
出口额（百万美元）
80
70
60
50
40
30
20
10
0
2011 2012 2013 2014 2015 2016 2017 2018 2019 2020
出口额

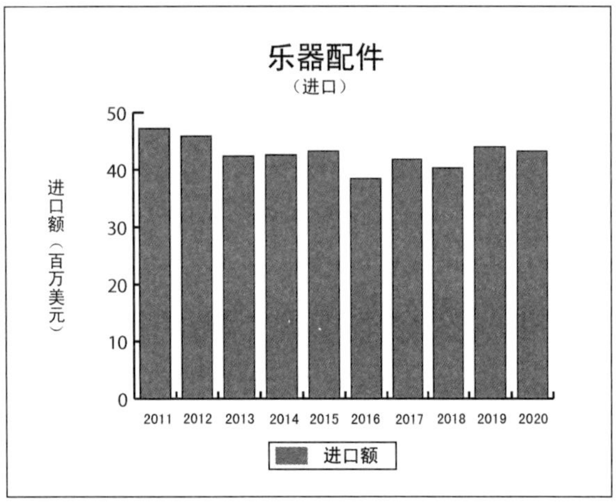

乐器配件
（进口）
进口额（百万美元）
50
40
30
20
10
0
2011 2012 2013 2014 2015 2016 2017 2018 2019 2020
进口额


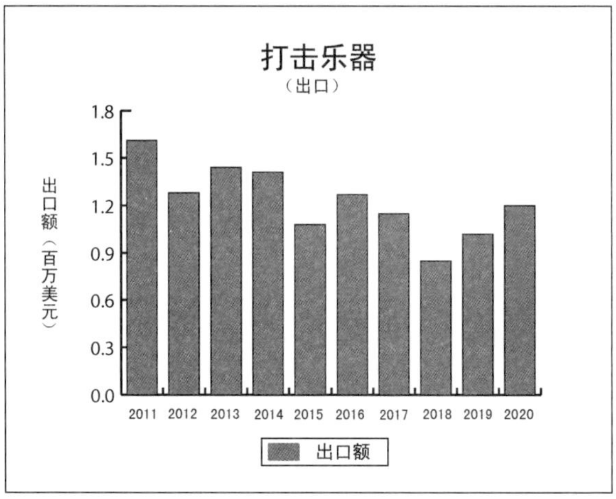

打击乐器
（出口）
出口额（百万美元）
1.8
1.5
1.2
0.9
0.6
0.3
0.0
2011 2012 2013 2014 2015 2016 2017 2018 2019 2020
出口额


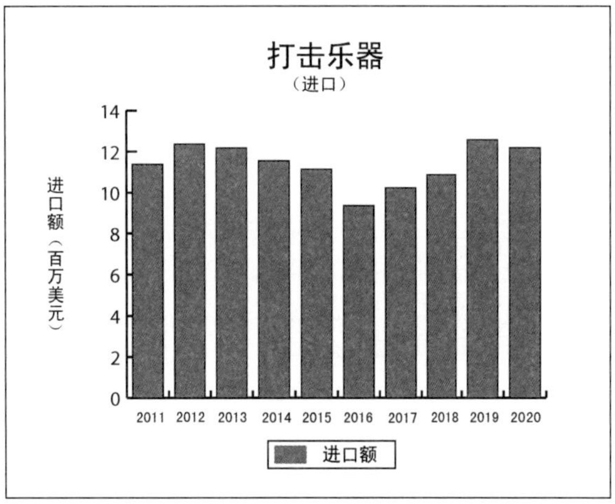

打击乐器
（进口）
进口额（百万美元）
14
12
10
8
6
4
2
0
2011 2012 2013 2014 2015 2016 2017 2018 2019 2020
进口额


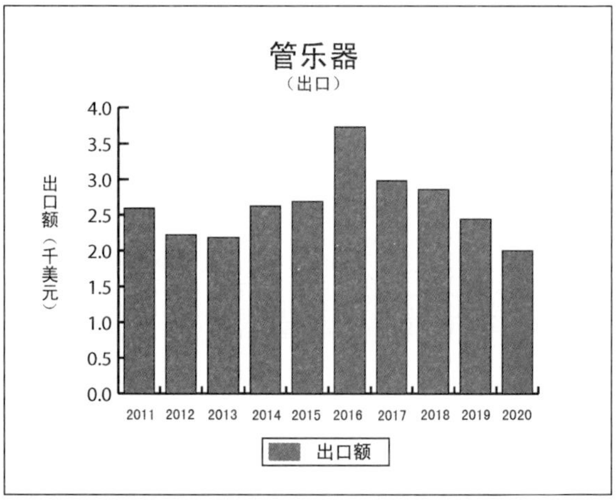

管乐器
（出口）
出口额（千美元）
4.0
3.5
3.0
2.5
2.0
1.5
1.0
0.5
0.0
2011 2012 2013 2014 2015 2016 2017 2018 2019 2020
出口额


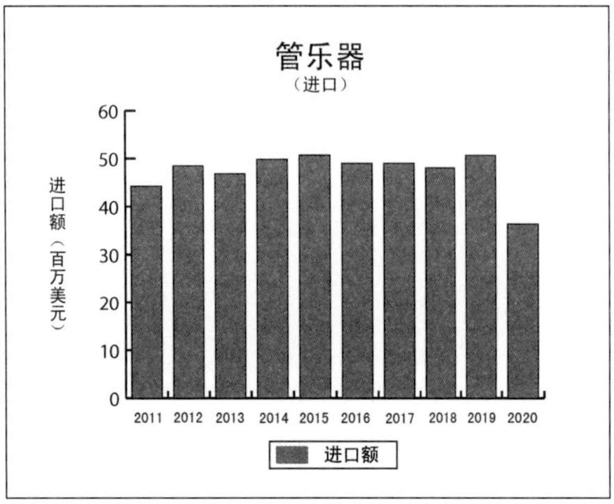

管乐器
（进口）
进口额（百万美元）
60
50
40
30
20
10
0
2011 2012 2013 2014 2015 2016 2017 2018 2019 2020
进口额


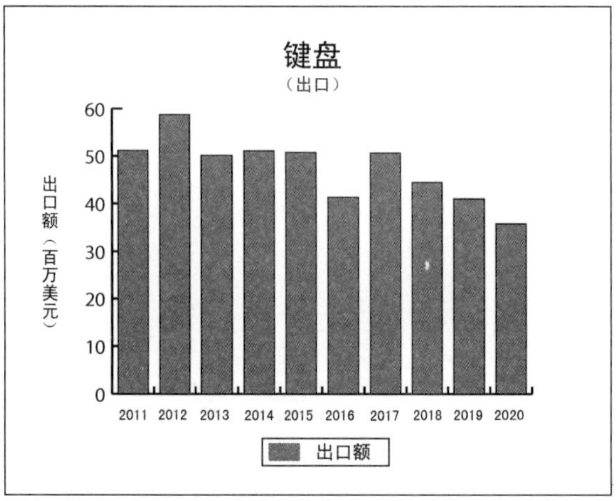

键盘
（出口）
出口额（百万美元）
60
50
40
30
20
10
0
2011 2012 2013 2014 2015 2016 2017 2018 2019 2020
出口额

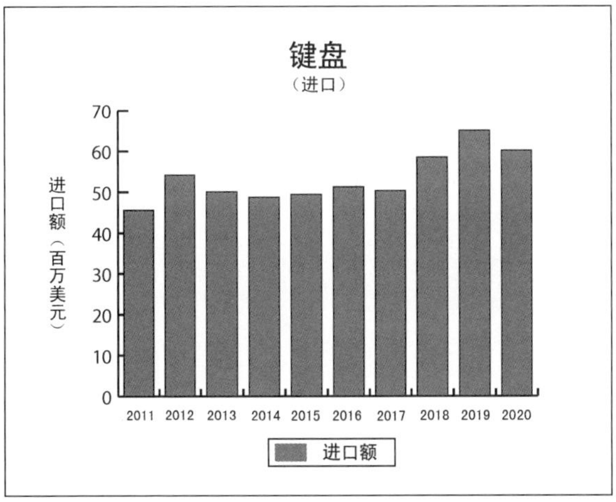

键盘
（进口）
进口额（百万美元）
70
60
50
40
30
20
10
0
2011 2012 2013 2014 2015 2016 2017 2018 2019 2020
进口额


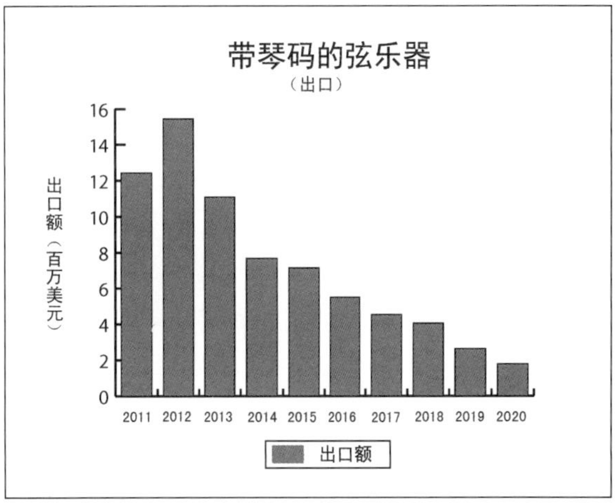

带琴码的弦乐器
（出口）
出口额（百万美元）
16
14
12
10
8
6
4
2
0
2011 2012 2013 2014 2015 2016 2017 2018 2019 2020
出口额


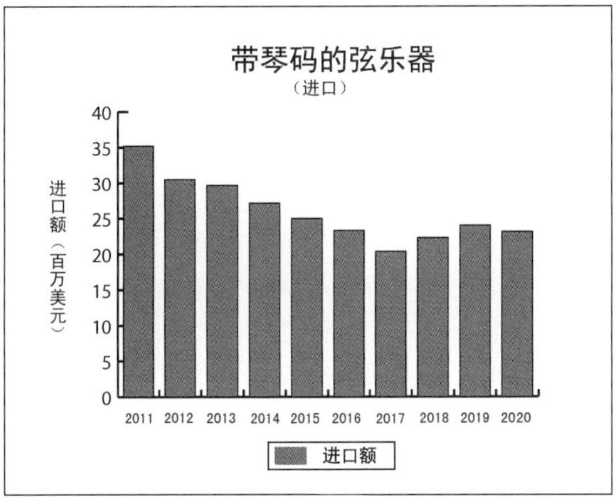

带琴码的弦乐器
（进口）
进口额（百万美元）
40
35
30
25
20
15
10
5
0
2011 2012 2013 2014 2015 2016 2017 2018 2019 2020
进口额


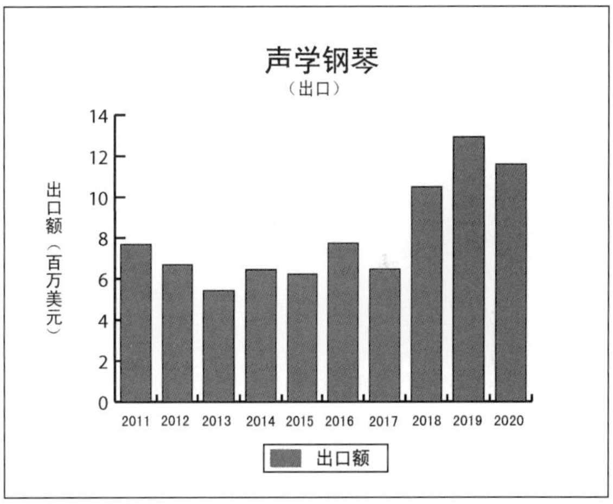

声学钢琴
（出口）
出口额（百万美元）
14
12
10
8
6
4
2
0
2011 2012 2013 2014 2015 2016 2017 2018 2019 2020
出口额


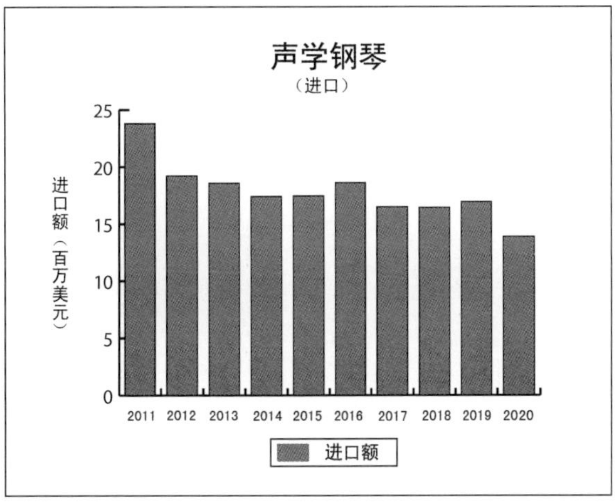

声学钢琴
（进口）
进口额（百万美元）
25
20
15
10
5
0
2011 2012 2013 2014 2015 2016 2017 2018 2019 2020
进口额

# 意大利

## 2020年数据概要

据意大利乐器零售商协会（Dismamusica）和CERSI进行的一项调查显示，尽管意大利乐器市场此前几年有所增长，但2019年仍延续2018年的下降趋势。2018年意大利乐器销售额下降3.86%，2019年又下降2.25%。营业额下降反映在诸多方面：一些琴行关停，门店数量从965家减至932家，意大利全国范围内的从业人数减少4%。

一些样本公司报送的2018年财务报表及少量2019年报表财务数据显示，利润率正逐渐下降，尤其是对于整个行业链条中的中间商和零售商而言。2018年，许多经销商和进口商确认销售营业毛利率（税息折旧及摊销前利润/销售额）为4.16%，制造商的总营业利润率税息折旧及摊销前利润/销售额为7.73%，比重仍然偏低。

经过对44家样本零售商收入报表中的资产负债表分析，结果显示2019年意大利乐器市场销售额下降。2019年整体销售收入下降1.15%，但需要注意的是，这一降幅主要影响了小琴行（下降12.82%）和中型琴行（下降6.02%），而大琴行的销售额却增长5.33%。最后，过去三年零售收入也有所下降。根据这44家零售商财务报表和113家样本公司数据显示，2017年营业额下降2.75%，2018年下降1.75%2019年下降了1.15%。

总而言之，2019年意大利乐器市场业绩证实了制造商、进口商和零售商面临严峻形势。从市场上来看，供应链收入整体下降，许多公司毛利润水平令人担忧。此外，电子商务引发营销渐渐脱离传统销售渠道，这对专业化和综合性的网络在线零售商十分有利。

## 2020年电商发展势头明显

为更好地了解新冠疫情对市场的影响，Dismamusica进行了一项问卷调查，以获取最新市场信息。本次调查的样本组由10家制造商和进口商及106家乐器零售商组成，每个受访对象均需填写两份问卷。

2020年3月开始，意大利经历了约三个月的全面封锁。2020年零售商销售额同比下降19%。只有20%的零售商通过电子商务或其他在线第三方平台成功实现预期销售业绩。为保持市场竞争力，约15%的零售商首次提供在线销售服务，他们在电子商务和数字通信方面的投资超过以往任何时候。很明显，新冠疫情使电子商务异军突起，不仅网上销售增长迅速，而且带来了新客户。拥有成熟电商业务的数码钢琴、键盘和吉他等零售商利润损失较少。2021年1季度，意大利制造商和进口商的销量估计增长了12.5%。

意大利乐器零售商协会将继续跟踪乐器市场进出口情况，并对意大利乐器制造商、进口商和零售商给予支持，以便他们更好应对当前危机和未来挑战。（评注：意大利乐器零售商协会（Dismamusica）会长拉斐尔·沃尔佩，及意大利米兰圣心天主教大学研究部门CERSI的法比奥·安托尔蒂教授研究团队）

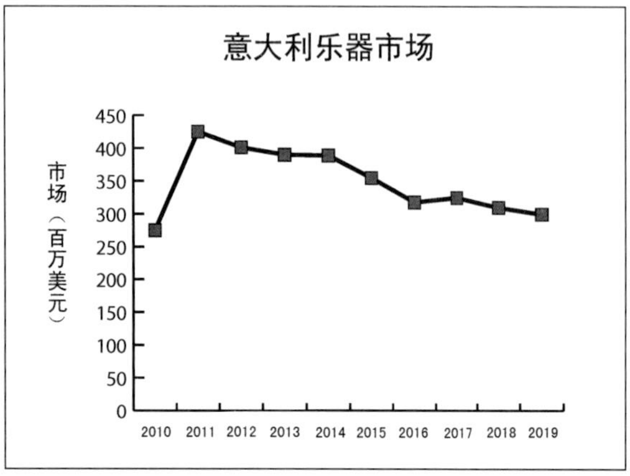

人均乐器消费额
金额（美元）
0
1
2
3
4
5
6
7
2010
2011
2012
2013
2014
2015
2016
2017
2018
2019


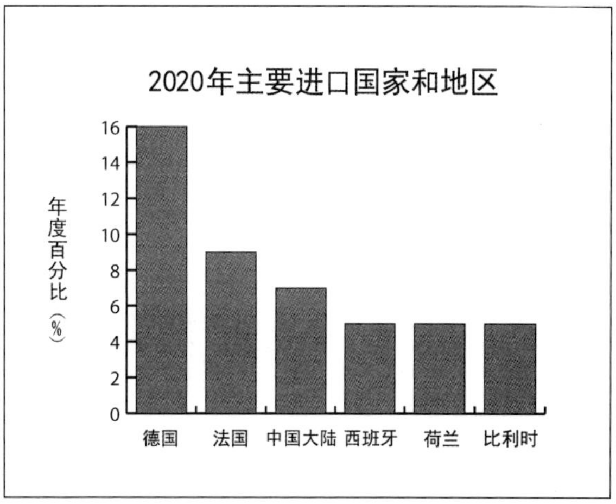

2020年主要进口国家和地区
年度百分比（%）
0
2
4
6
8
10
12
14
16
德国
法国
中国大陆
西班牙
荷兰
比利时


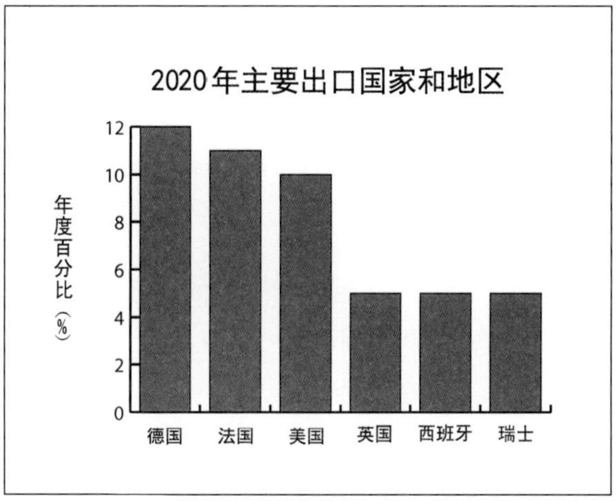

2020年主要出口国家和地区
年度百分比（%）
0
2
4
6
8
10
12
德国
法国
美国
英国
西班牙
瑞士


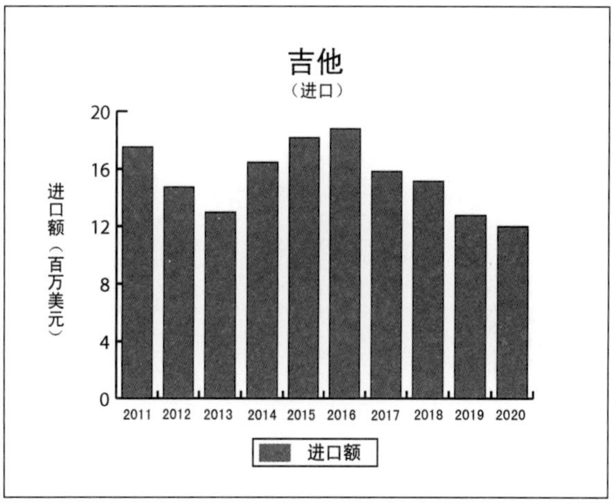

吉他
（进口）
进口额（百万美元）
0
4
8
12
16
20
2011
2012
2013
2014
2015
2016
2017
2018
2019
2020
进口额


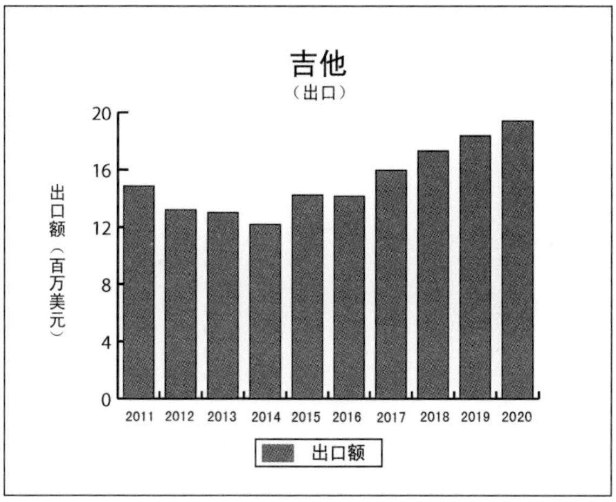

吉他
（出口）
出口额（百万美元）
0
4
8
12
16
20
2011
2012
2013
2014
2015
2016
2017
2018
2019
2020
出口额


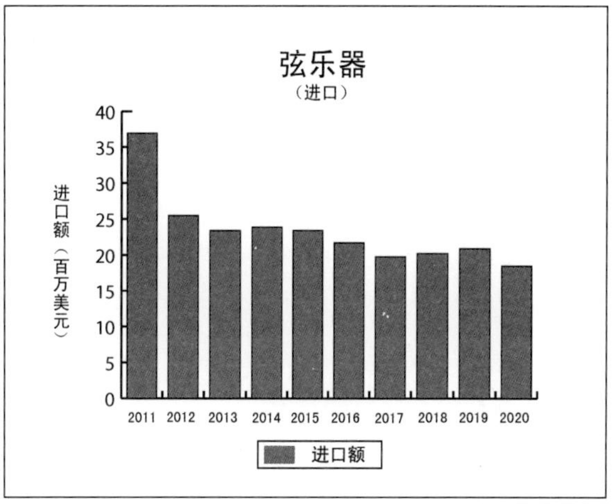

弦乐器
（进口）
进口额（百万美元）
0
5
10
15
20
25
30
35
40
2011
2012
2013
2014
2015
2016
2017
2018
2019
2020
进口额

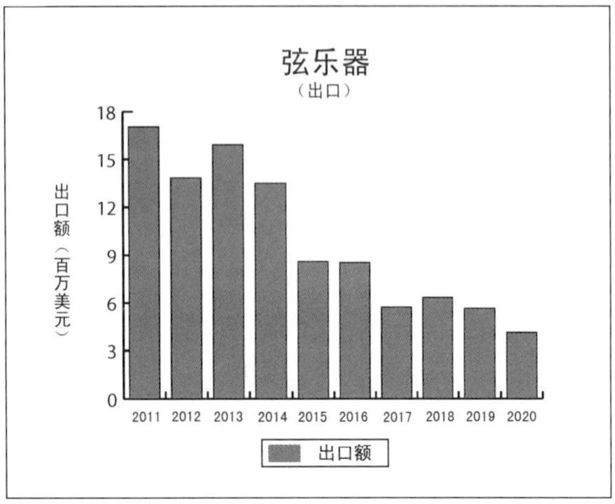
弦乐器
（出口）
出口额（百万美元）
18
15
12
9
6
3
0
2011 2012 2013 2014 2015 2016 2017 2018 2019 2020
出口额

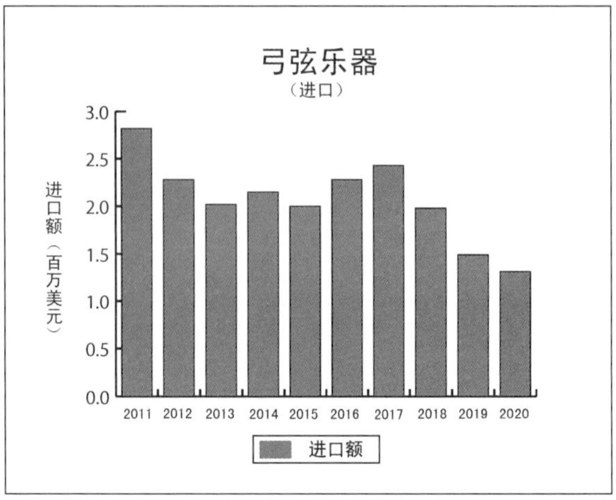
弓弦乐器
（进口）
进口额（百万美元）
3.0
2.5
2.0
1.5
1.0
0.5
0.0
2011 2012 2013 2014 2015 2016 2017 2018 2019 2020
进口额

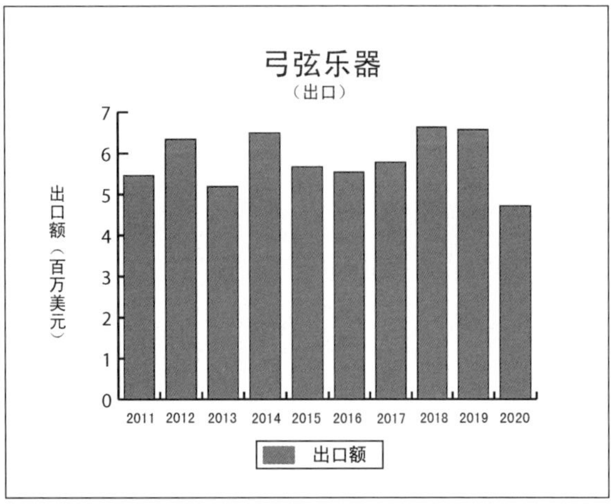
弓弦乐器
（出口）
出口额（百万美元）
7
6
5
4
3
2
1
0
2011 2012 2013 2014 2015 2016 2017 2018 2019 2020
出口额

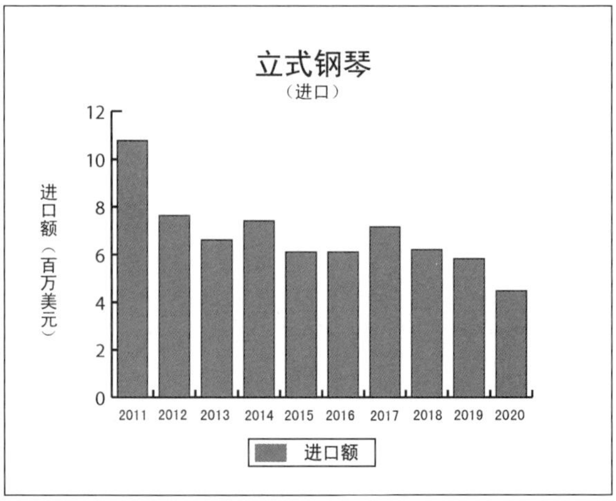
立式钢琴
（进口）
进口额（百万美元）
12
10
8
6
4
2
0
2011 2012 2013 2014 2015 2016 2017 2018 2019 2020
进口额

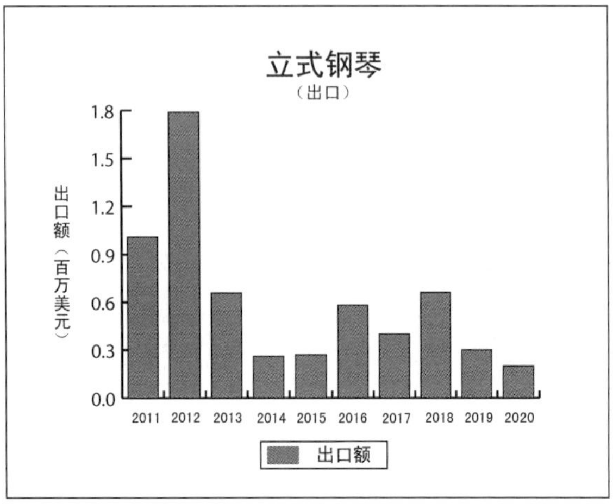
立式钢琴
（出口）
出口额（百万美元）
1.8
1.5
1.2
0.9
0.6
0.3
0.0
2011 2012 2013 2014 2015 2016 2017 2018 2019 2020
出口额

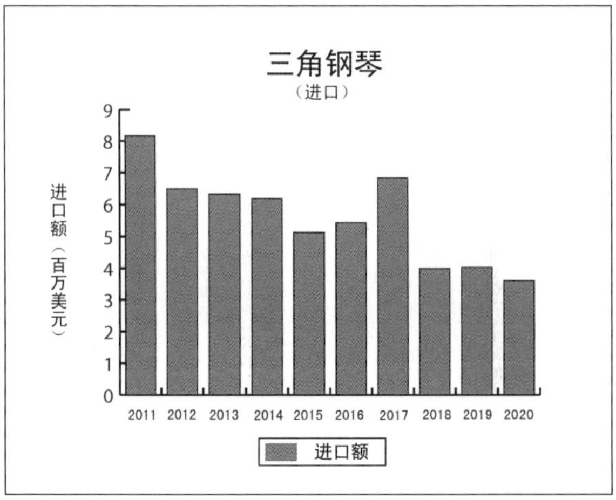
三角钢琴
（进口）
进口额（百万美元）
9
8
7
6
5
4
3
2
1
0
2011 2012 2013 2014 2015 2016 2017 2018 2019 2020
进口额

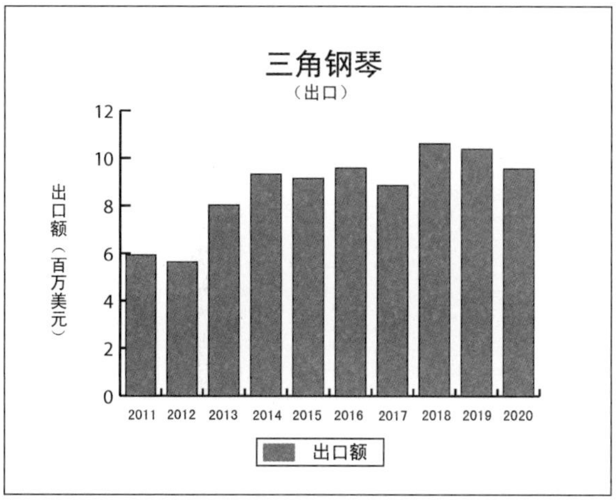
三角钢琴
（出口）
出口额（百万美元）
0
2
4
6
8
10
12
2011 2012 2013 2014 2015 2016 2017 2018 2019 2020
出口额

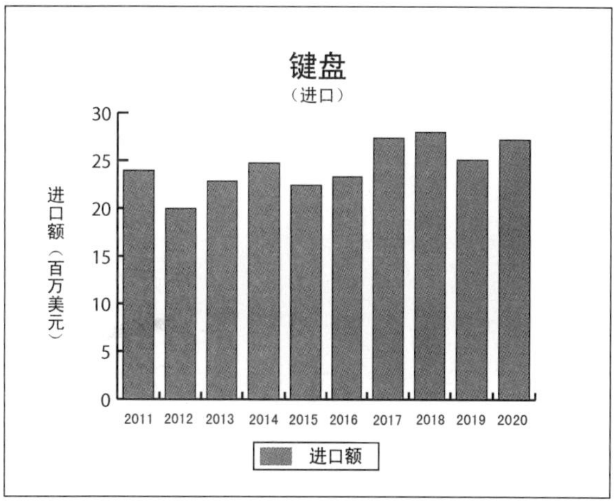
键盘
（进口）
进口额（百万美元）
0
5
10
15
20
25
30
2011 2012 2013 2014 2015 2016 2017 2018 2019 2020
进口额

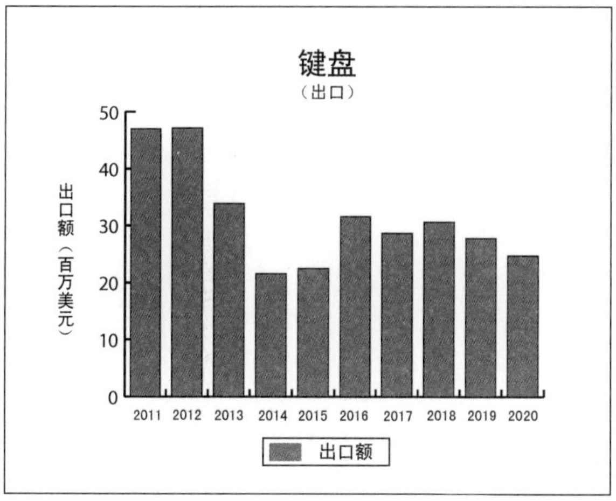
键盘
（出口）
出口额（百万美元）
0
10
20
30
40
50
2011 2012 2013 2014 2015 2016 2017 2018 2019 2020
出口额

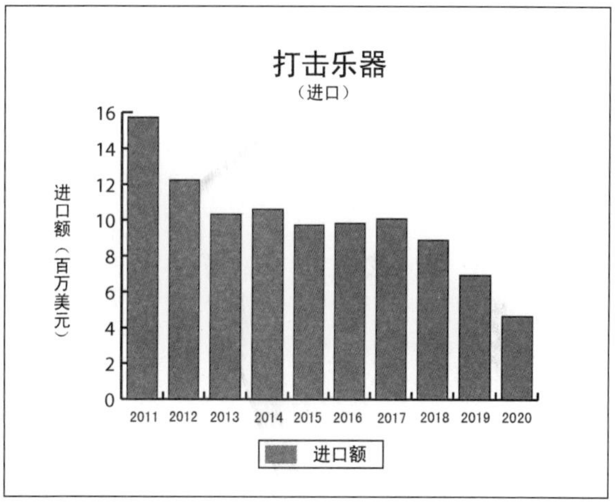
打击乐器
（进口）
进口额（百万美元）
0
2
4
6
8
10
12
14
16
2011 2012 2013 2014 2015 2016 2017 2018 2019 2020
进口额

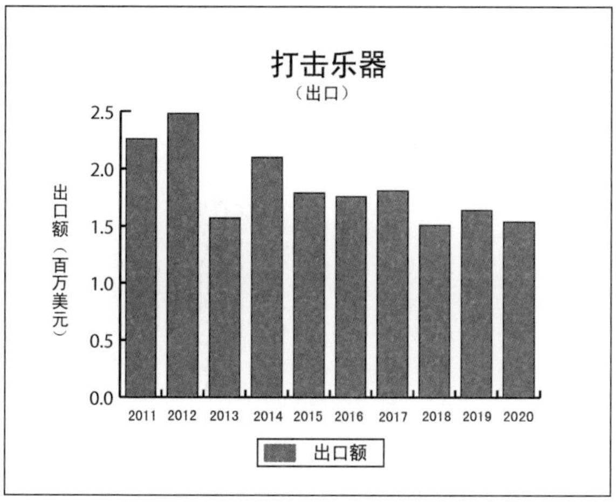
打击乐器
（出口）
出口额（百万美元）
0.0
0.5
1.0
1.5
2.0
2.5
2011 2012 2013 2014 2015 2016 2017 2018 2019 2020
出口额

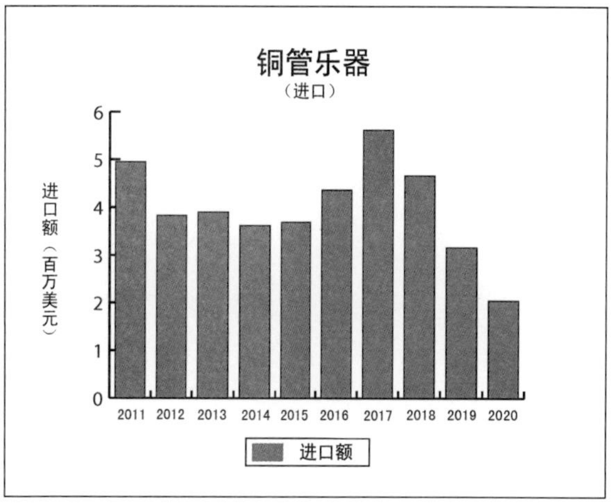
铜管乐器
（进口）
进口额（百万美元）
0
1
2
3
4
5
6
2011 2012 2013 2014 2015 2016 2017 2018 2019 2020
进口额

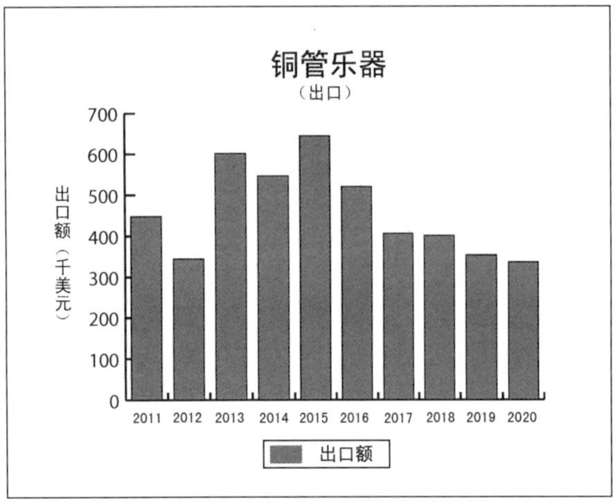
铜管乐器
（出口）
出口额（千美元）
700
600
500
400
300
200
100
0
2011 2012 2013 2014 2015 2016 2017 2018 2019 2020
出口额

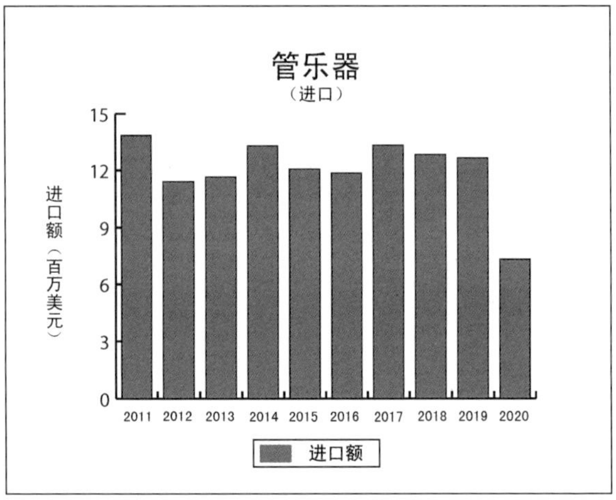
管乐器
（进口）
进口额（百万美元）
15
12
9
6
3
0
2011 2012 2013 2014 2015 2016 2017 2018 2019 2020
进口额

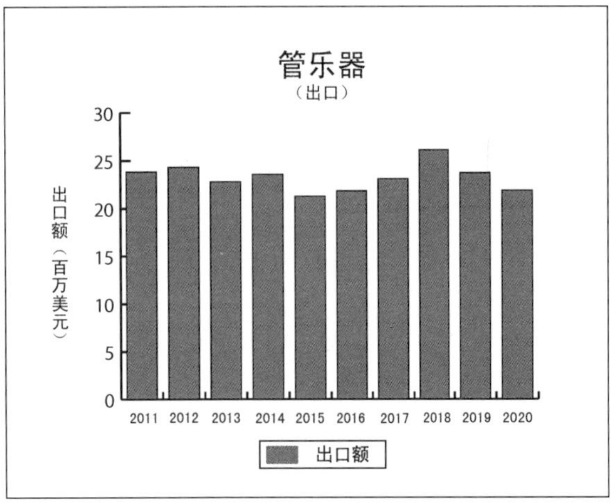
管乐器
（出口）
出口额（百万美元）
30
25
20
15
10
5
0
2011 2012 2013 2014 2015 2016 2017 2018 2019 2020
出口额

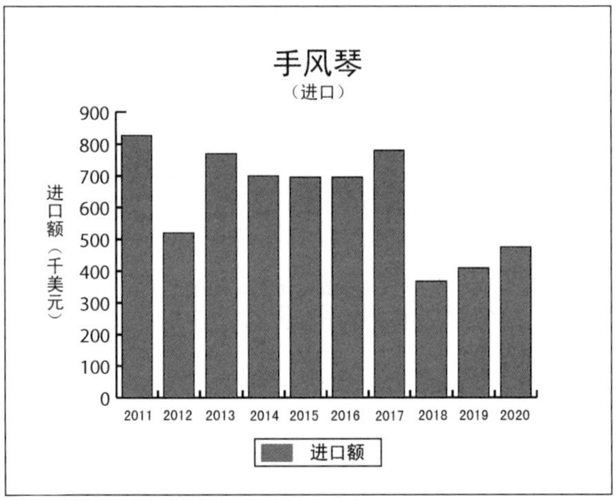
手风琴
（进口）
进口额（千美元）
900
800
700
600
500
400
300
200
100
0
2011 2012 2013 2014 2015 2016 2017 2018 2019 2020
进口额

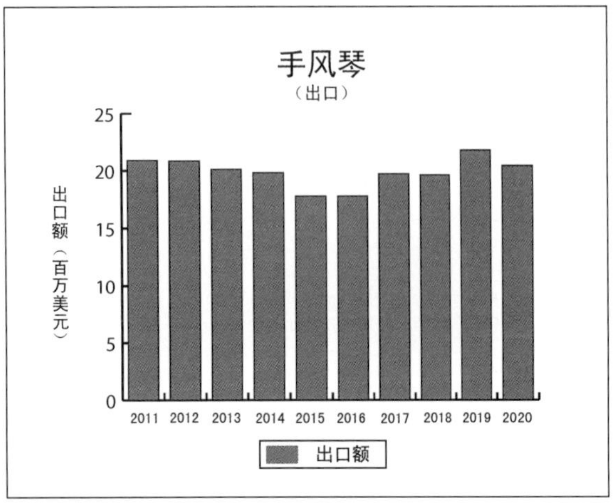
手风琴
（出口）
出口额（百万美元）
25
20
15
10
5
0
2011 2012 2013 2014 2015 2016 2017 2018 2019 2020
出口额

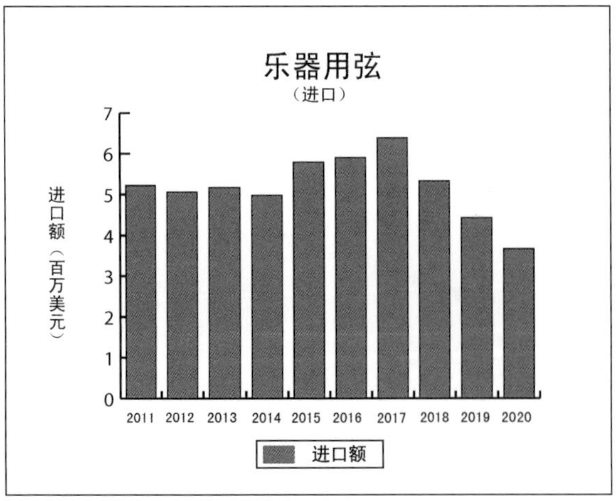
乐器用弦
（进口）
进口额（百万美元）
7
6
5
4
3
2
1
0
2011 2012 2013 2014 2015 2016 2017 2018 2019 2020
进口额

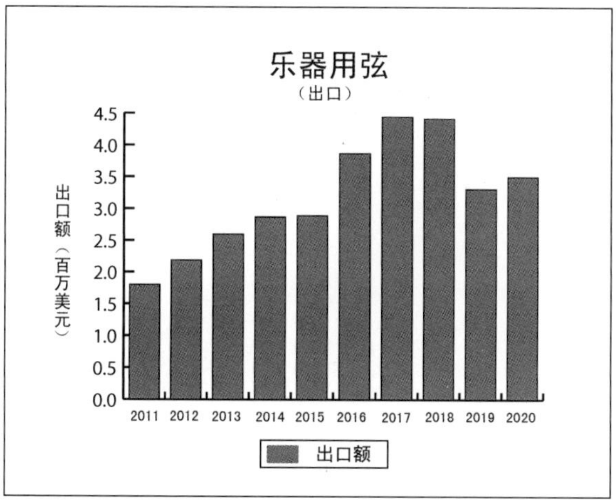
乐器用弦
（出口）
出口额（百万美元）
4.5
4.0
3.5
3.0
2.5
2.0
1.5
1.0
0.5
0.0
2011 2012 2013 2014 2015 2016 2017 2018 2019 2020
出口额

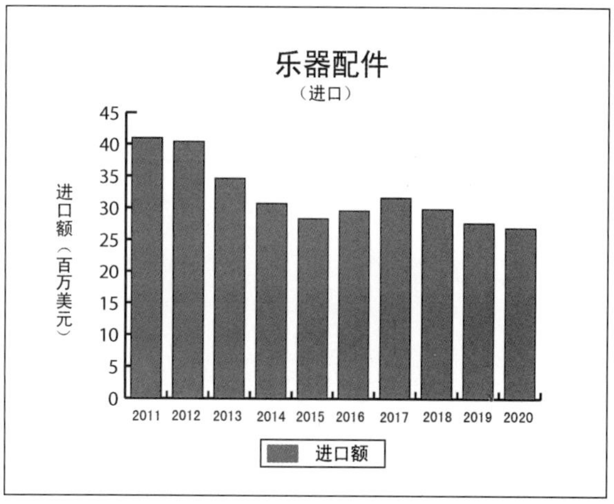
乐器配件
（进口）
进口额（百万美元）
45
40
35
30
25
20
15
10
5
0
2011 2012 2013 2014 2015 2016 2017 2018 2019 2020
进口额

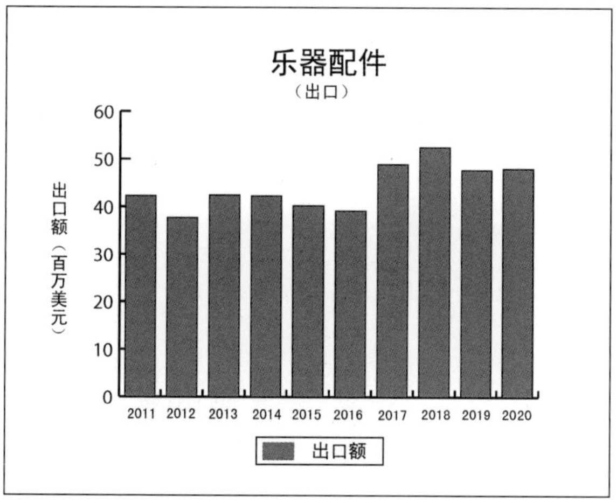
乐器配件
（出口）
出口额（百万美元）
60
50
40
30
20
10
0
2011 2012 2013 2014 2015 2016 2017 2018 2019 2020
出口额

# 印度

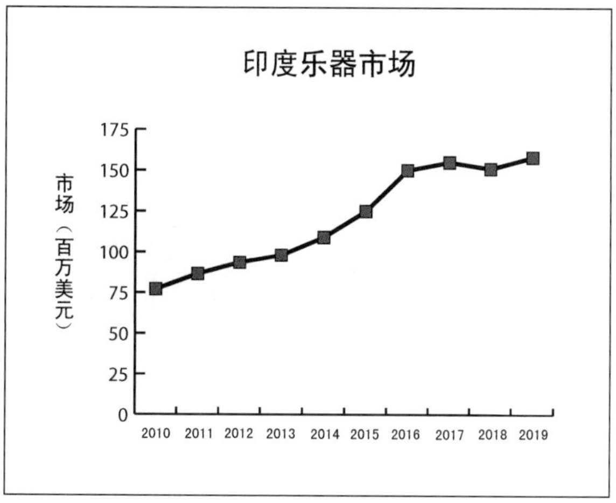
印度乐器市场
市场（百万美元）
175
150
125
100
75
50
25
0
2010 2011 2012 2013 2014 2015 2016 2017 2018 2019

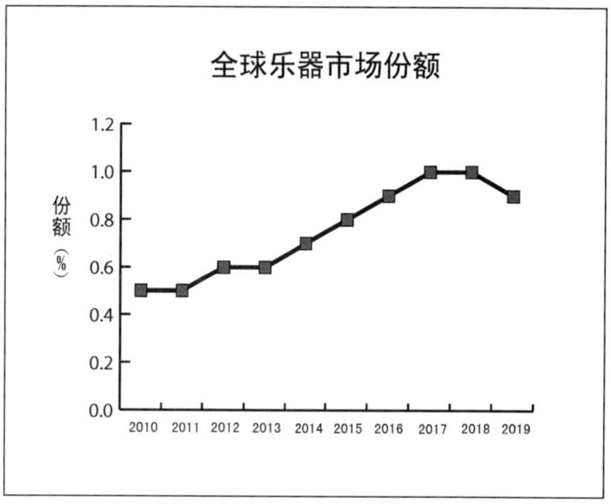
全球乐器市场份额
份额（%）
1.2
1.0
0.8
0.6
0.4
0.2
0.0
2010 2011 2012 2013 2014 2015 2016 2017 2018 2019

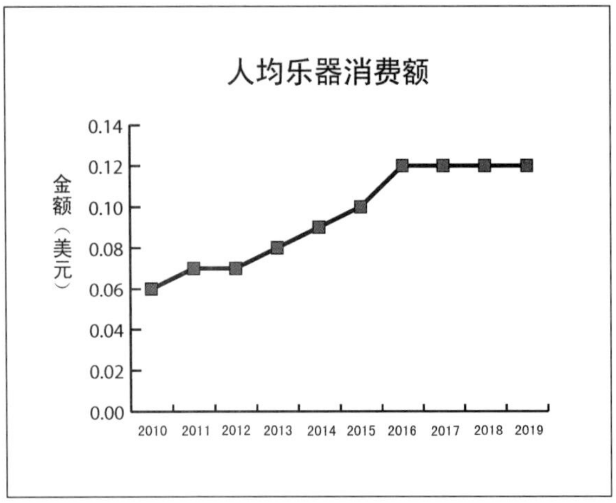
人均乐器消费额
金额（美元）
0.14
0.12
0.10
0.08
0.06
0.04
0.02
0.00
2010 2011 2012 2013 2014 2015 2016 2017 2018 2019

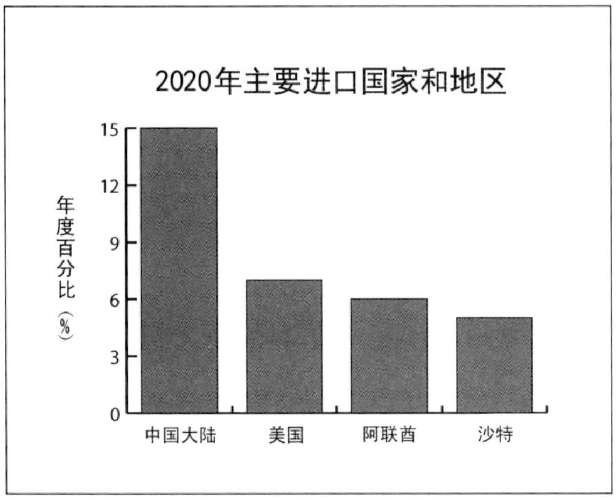
2020年主要进口国家和地区
年度百分比（%）
15
12
9
6
3
0
中国大陆
美国
阿联酋
沙特

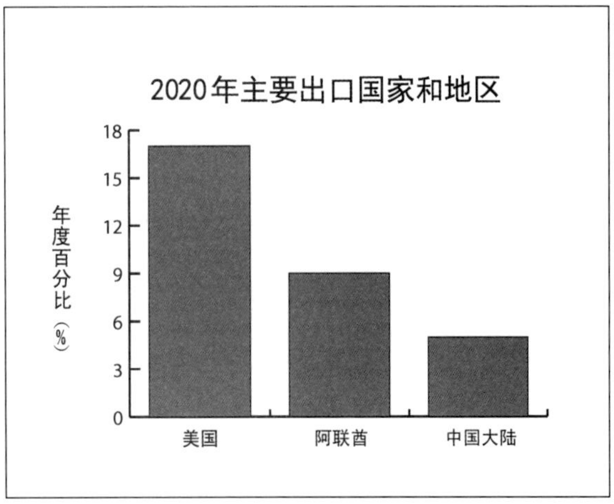
2020年主要出口国家和地区
年度百分比（%）
18
15
12
9
6
3
0
美国
阿联酋
中国大陆

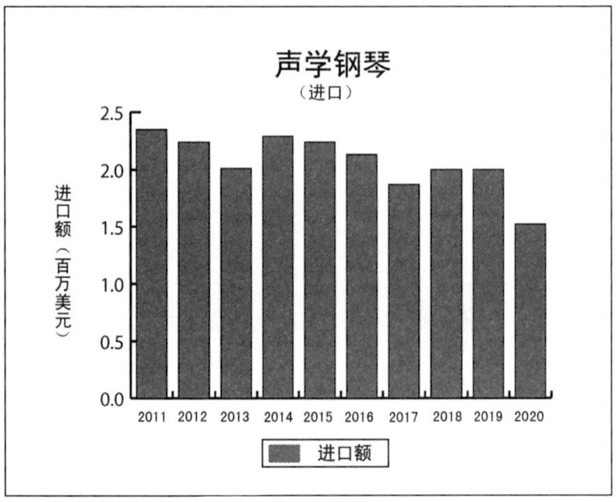
声学钢琴
（进口）
进口额（百万美元）
2.5
2.0
1.5
1.0
0.5
0.0
2011 2012 2013 2014 2015 2016 2017 2018 2019 2020
进口额

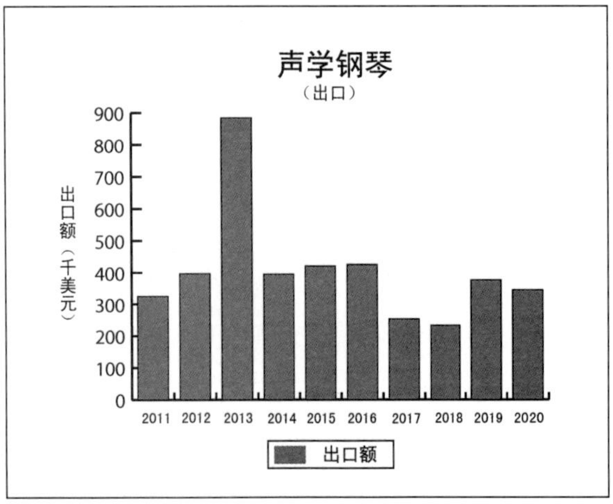
声学钢琴
（出口）
出口额（千美元）
900
800
700
600
500
400
300
200
100
0
2011 2012 2013 2014 2015 2016 2017 2018 2019 2020
出口额

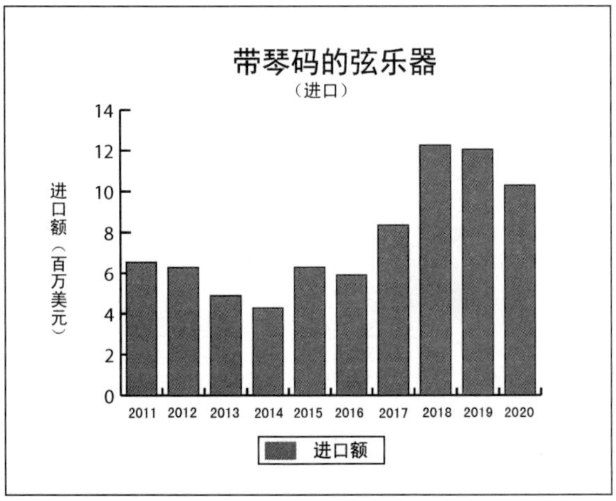
带琴码的弦乐器
（进口）
进口额（百万美元）
14
12
10
8
6
4
2
0
2011 2012 2013 2014 2015 2016 2017 2018 2019 2020
进口额

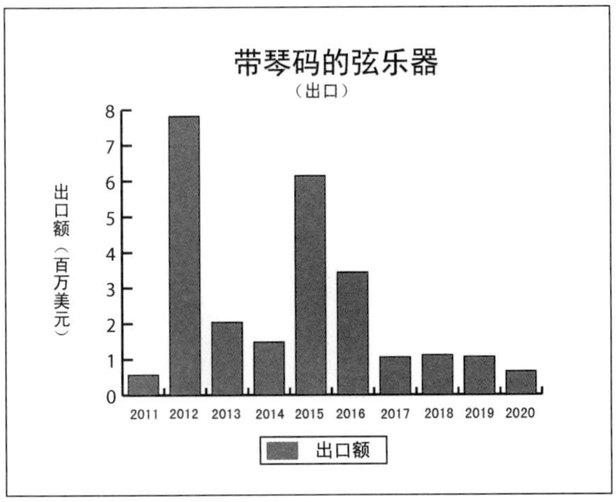
带琴码的弦乐器
（出口）
出口额（百万美元）
0
1
2
3
4
5
6
7
8
2011 2012 2013 2014 2015 2016 2017 2018 2019 2020
出口额

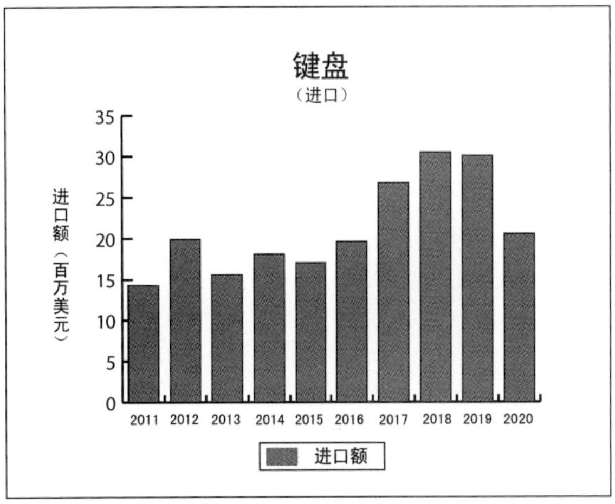
键盘
（进口）
进口额（百万美元）
0
5
10
15
20
25
30
35
2011 2012 2013 2014 2015 2016 2017 2018 2019 2020
进口额

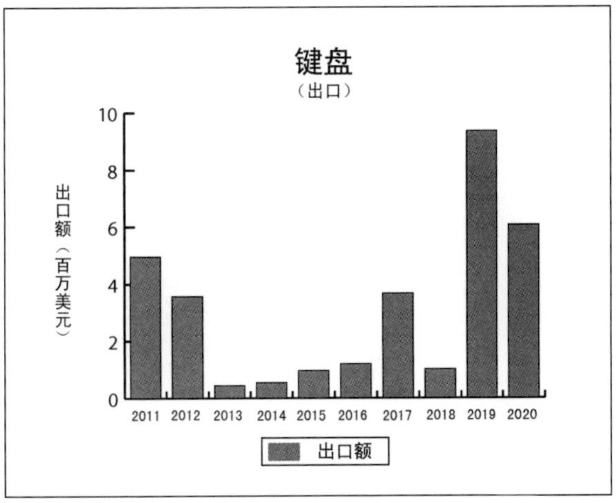
键盘
（出口）
出口额（百万美元）
0
2
4
6
8
10
2011 2012 2013 2014 2015 2016 2017 2018 2019 2020
出口额

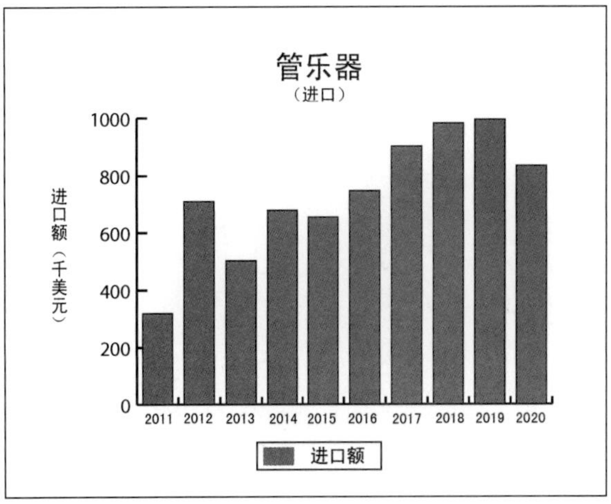
管乐器
（进口）
进口额（千美元）
0
200
400
600
800
1000
2011 2012 2013 2014 2015 2016 2017 2018 2019 2020
进口额

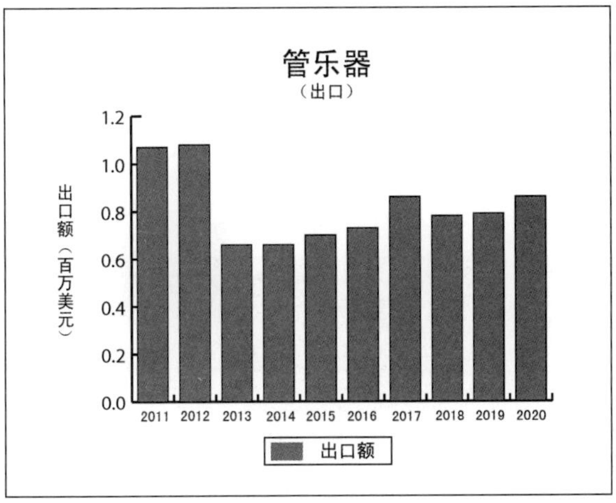
管乐器
（出口）
出口额（百万美元）
0.0
0.2
0.4
0.6
0.8
1.0
1.2
2011 2012 2013 2014 2015 2016 2017 2018 2019 2020
出口额

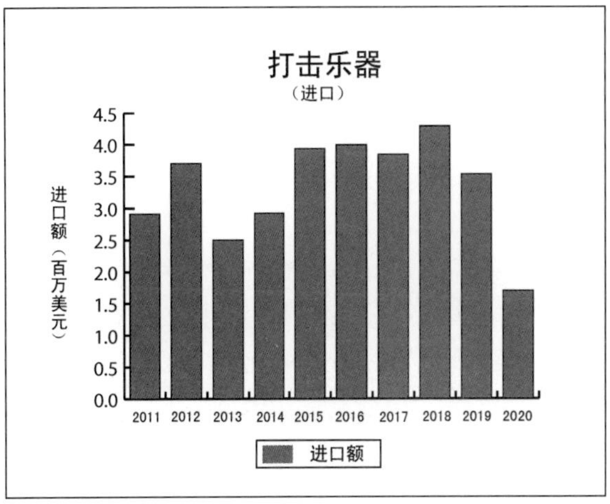
打击乐器
（进口）
进口额（百万美元）
0.0
0.5
1.0
1.5
2.0
2.5
3.0
3.5
4.0
4.5
2011 2012 2013 2014 2015 2016 2017 2018 2019 2020
进口额

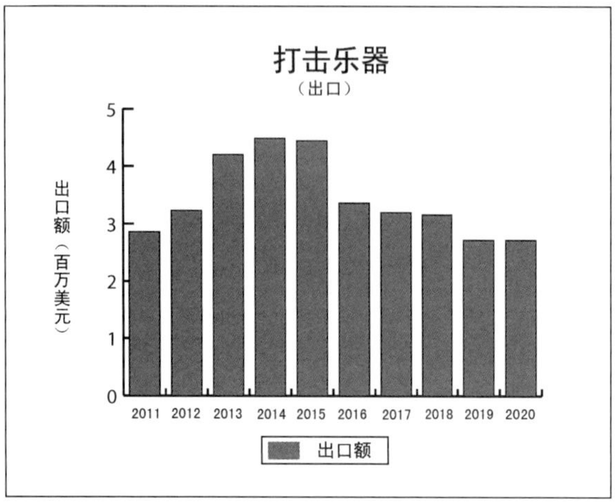


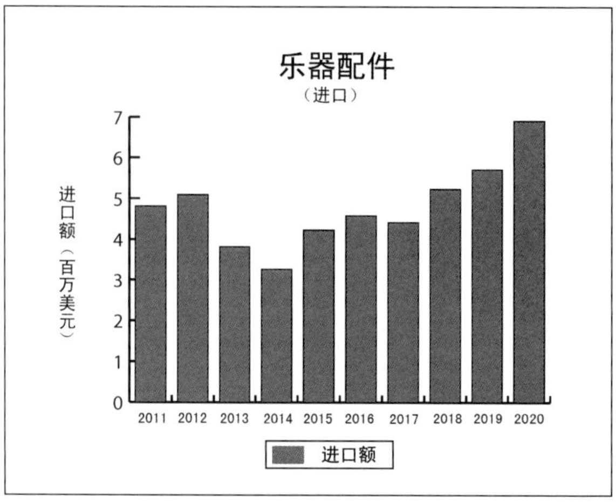


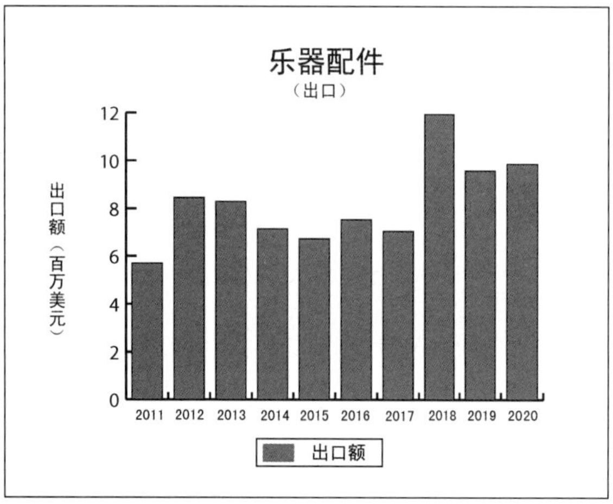


# 俄罗斯

毫无疑问，新冠疫情对各个商业领域都造成沉重的打击，音乐行业也不例外。2020年，几乎所有国家都处于封锁状态。在此期间，俄罗斯出现一个明显趋势—疫情大爆发使人们对乐器的需求浮出水面。

受限期间，许多音乐教师纷纷转向在线课程，各种在线课程带动了家庭艺术产业的蓬勃发展。在线服务用户的主题请求数量也反映出人们对音乐的兴趣显著增加。举例来说，短短三个月内，YouDo服务平台上音乐课程需求比2019年增长近30%。

因此，方便在家练习音乐的小型乐器销量有所增加，包括MIDI键盘和DJ设备等电子乐器，以及原声吉他、打击乐器和口琴等等，与2019年相比分别增长468%、40%、36%和15%。

尽管俄罗斯经济受到衰退影响，但作为国家教育和文化项目的一部分，政府部门仍为音乐学院和管弦乐队提供装备保障，钢琴和三角钢琴的招标采购从12%增至28%。

尽管俄罗斯国内乐器产量逐步增加，但在俄罗斯销售的大多数乐器都从外国进口的。两大因素促进俄罗斯国内乐器销售增长。首先是2014年卢布汇率出现两次下跌。从那时起，这一货币因素促进了俄国内乐器生产，国家管弦乐队和各个音乐学校在采购乐器时会优先考虑俄罗斯制造；其次，新冠疫情期间的封锁措施导致俄边境关闭，集装箱运输成本进一步上升，截至目前，我们尚未获得2021年俄罗斯全国乐器生产的确切数字，疫情期间闭关反而使俄罗斯国产乐器受到青睐。

由于我司（Dynatone Music）同时经销进口和俄罗斯国产乐器，我们注意到一些俄罗斯制造的乐器增速超过了总销售额。所以，我们认为俄罗斯本土的乐器生产增速非常迅猛，每年大约增长11%-14%。

值得注意的是，俄罗斯全面封锁仅持续了3个月的时间，这使得各大公司能够坚持渡过难关，而未遭受重大损失。隔离措施的出台在更大程度上影响的是那些一直专门从事零售业，但没有影响线上发展的乐器琴行。

因此，平抑总体下滑局面的机会依然存在。2020年，俄罗斯进口总量比2019年仅下降9%，但比2018年增长了近20%。（评注：莫斯科Dynatone Music公司品牌经理阿斯米克·彼得罗相）

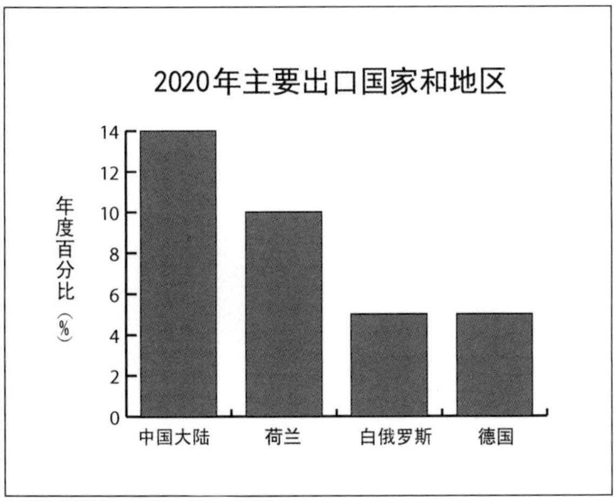


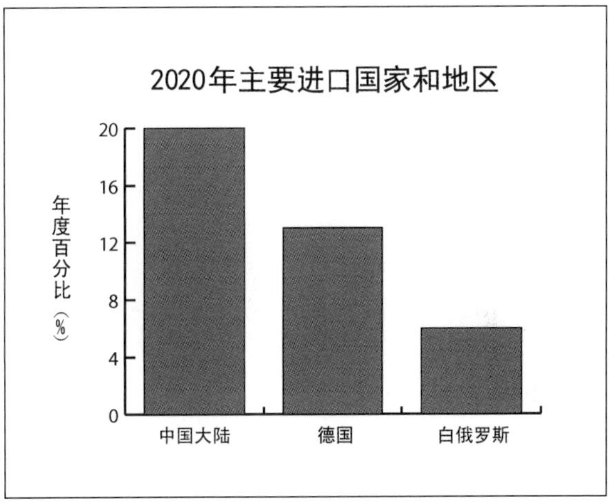


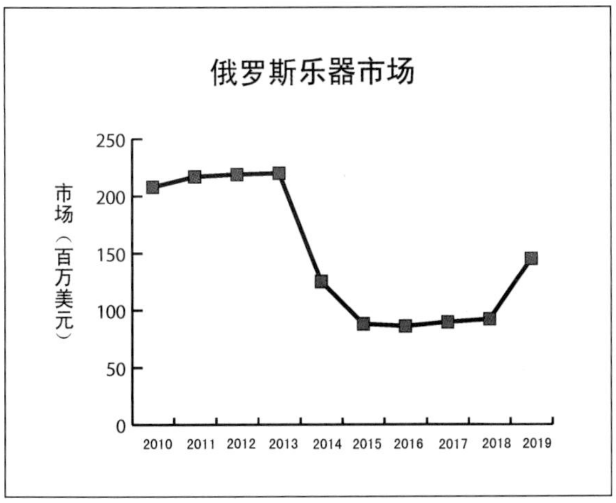


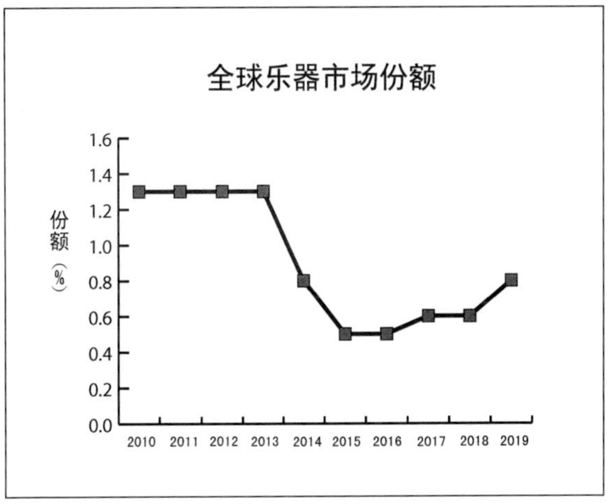

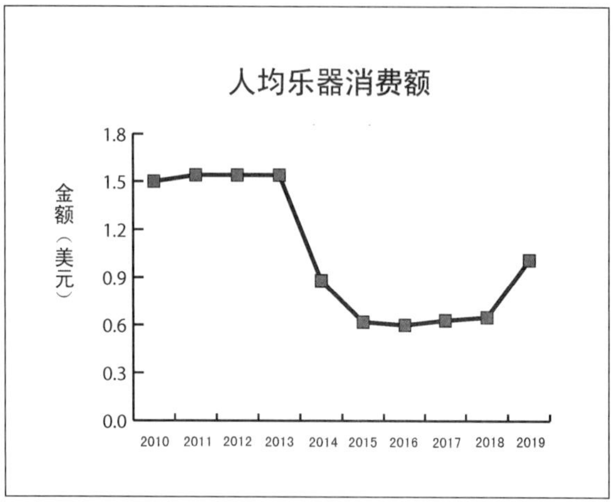
人均乐器消费额
金额（美元）
1.8
1.5
1.2
0.9
0.6
0.3
0.0
2010 2011 2012 2013 2014 2015 2016 2017 2018 2019

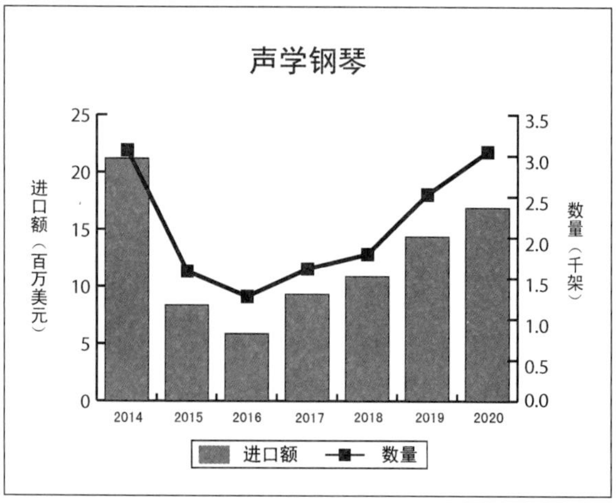
声学钢琴
进口额（百万美元）
数量（千架）
25
20
15
10
5
0
3.5
3.0
2.5
2.0
1.5
1.0
0.5
0.0
2014 2015 2016 2017 2018 2019 2020
进口额
数量

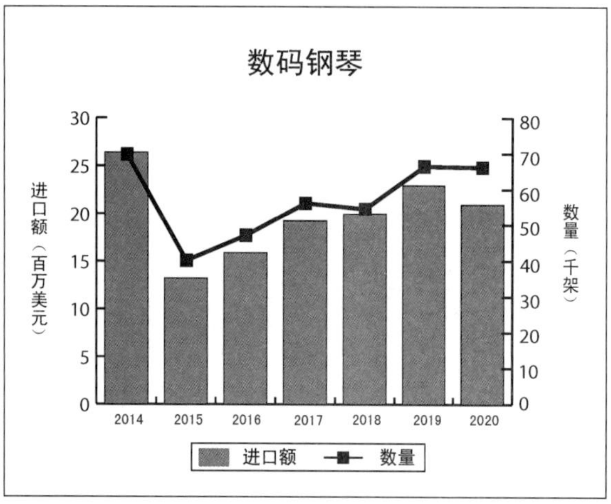
数码钢琴
进口额（百万美元）
数量（千架）
30
25
20
15
10
5
0
80
70
60
50
40
30
20
10
0
2014 2015 2016 2017 2018 2019 2020
进口额
数量

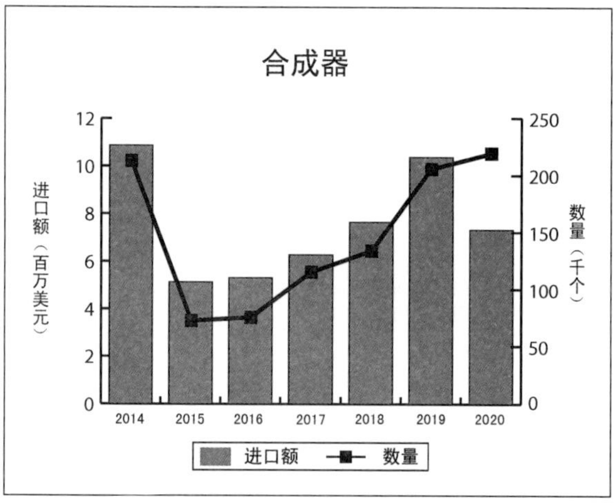
合成器
进口额（百万美元）
数量（千个）
12
10
8
6
4
2
0
250
200
150
100
50
0
2014 2015 2016 2017 2018 2019 2020
进口额
数量

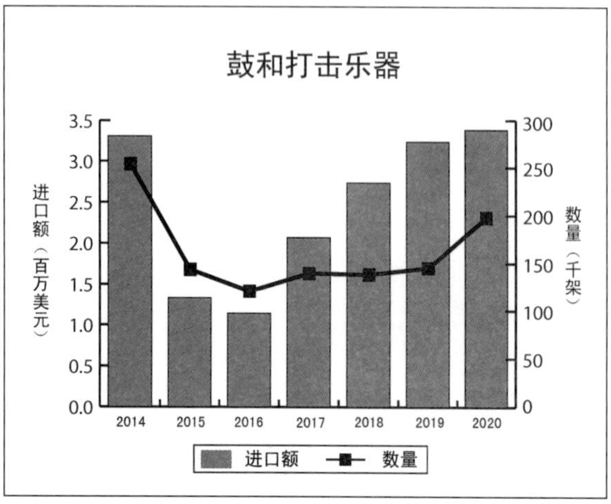
鼓和打击乐器
进口额（百万美元）
数量（千架）
3.5
3.0
2.5
2.0
1.5
1.0
0.5
0.0
300
250
200
150
100
50
0
2014 2015 2016 2017 2018 2019 2020
进口额
数量

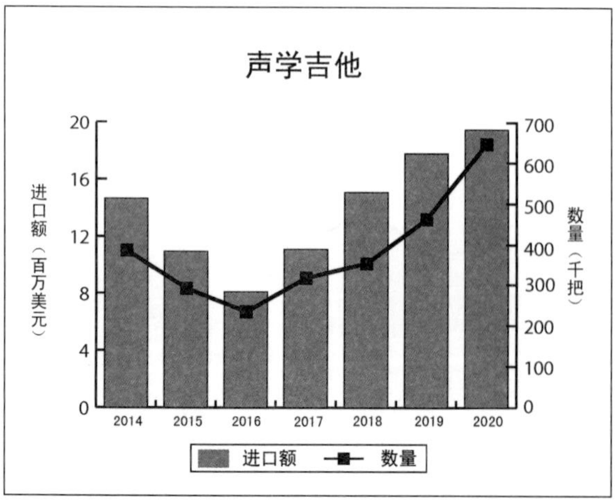
声学吉他
进口额（百万美元）
数量（千把）
20
16
12
8
4
0
700
600
500
400
300
200
100
0
2014 2015 2016 2017 2018 2019 2020
进口额
数量

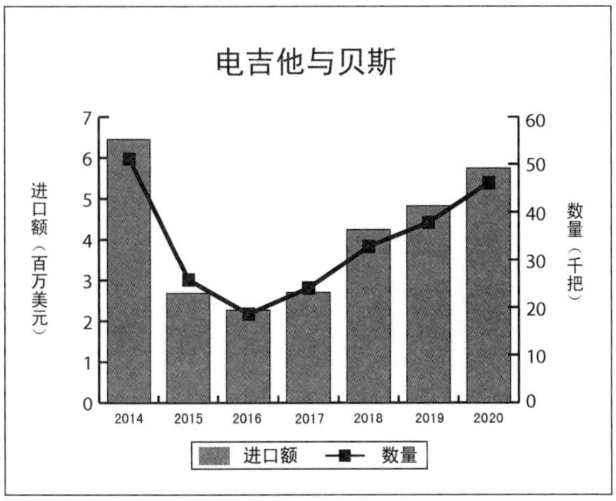
电吉他与贝斯
进口额（百万美元）
数量（千把）
7
6
5
4
3
2
1
0
60
50
40
30
20
10
0
2014
2015
2016
2017
2018
2019
2020
进口额
数量

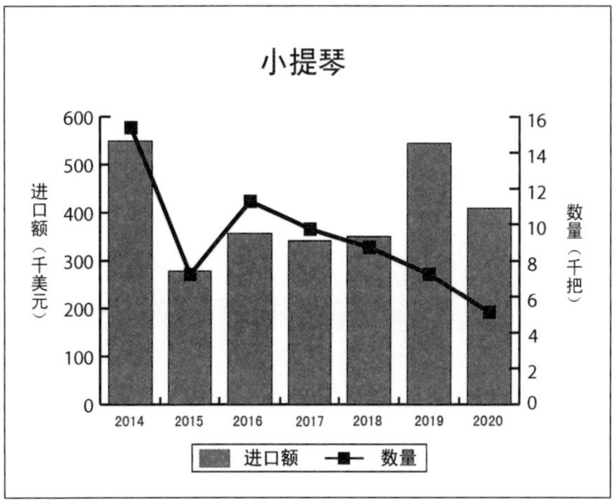
小提琴
进口额（千美元）
数量（千把）
600
500
400
300
200
100
0
16
14
12
10
8
6
4
2
0
2014
2015
2016
2017
2018
2019
2020
进口额
数量

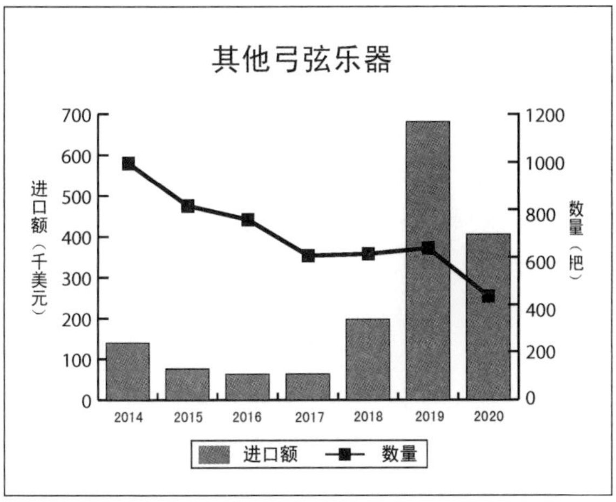
其他弓弦乐器
进口额（千美元）
数量（把）
700
600
500
400
300
200
100
0
1200
1000
800
600
400
200
0
2014
2015
2016
2017
2018
2019
2020
进口额
数量

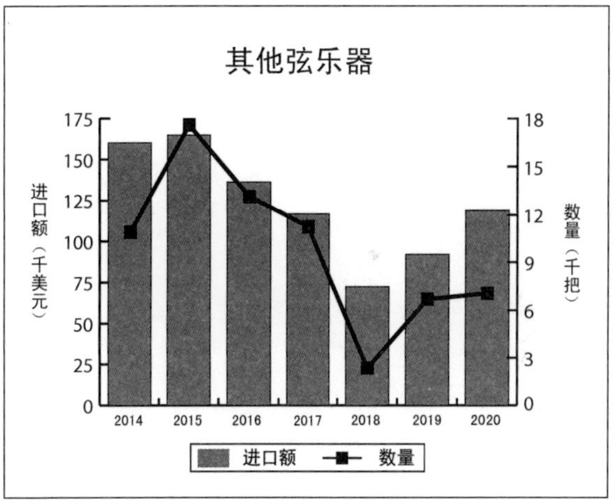
其他弦乐器
进口额（千美元）
数量（千把）
175
150
125
100
75
50
25
0
18
15
12
9
6
3
0
2014
2015
2016
2017
2018
2019
2020
进口额
数量

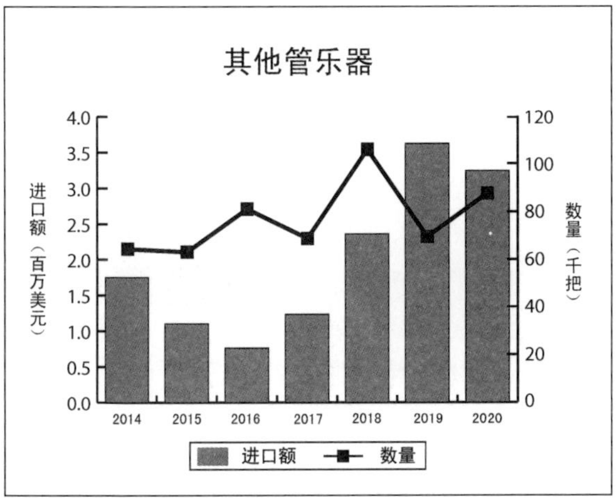
其他管乐器
进口额（百万美元）
数量（千把）
4.0
3.5
3.0
2.5
2.0
1.5
1.0
0.5
0.0
120
100
80
60
40
20
0
2014
2015
2016
2017
2018
2019
2020
进口额
数量

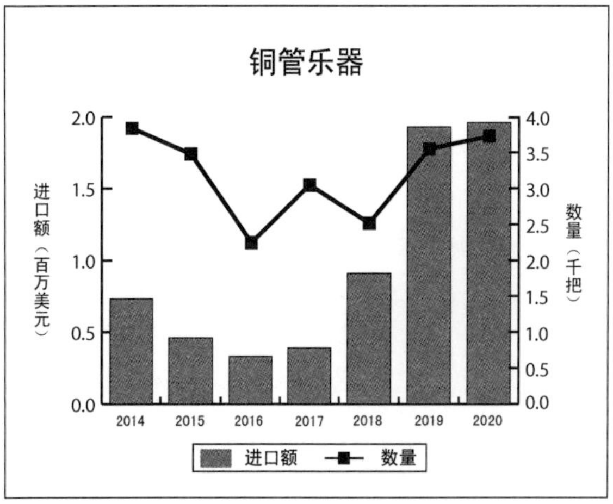
铜管乐器
进口额（百万美元）
数量（千把）
2.0
1.5
1.0
0.5
0.0
4.0
3.5
3.0
2.5
2.0
1.5
1.0
0.5
0.0
2014
2015
2016
2017
2018
2019
2020
进口额
数量

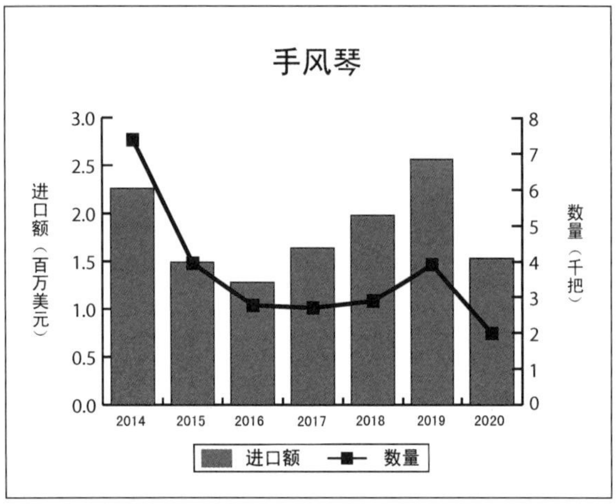


# 巴西

人们很容易将巴西视为一个商业不太稳定的国家，这种看法虽说不是完全错误的，但也十分片面。让我们对市场做一探讨，以便您以积极方式制定相关市场计划。

## 面向原声吉他及配件的减税举措

巴西总统雅伊尔·梅西亚斯·博索纳罗（Jair Messias Bolsonaro）在其竞选期间曾发起过一项活动，承诺对包括乐器在内的多类进口商品实施减税。巴西乐器工业协会（ANAFIMA）和政府也达成了一项协议，降低原声吉他及其配件的课税额。这些减税举措将有助于缩小国际产品价格之间的巨大差距，从而使消费者能以更合理价格购买、销售相关产品。协会正努力与政府协商，将同样的税收减免措施应用于其他产品，例如麦克风、键盘以及合成器等等。

## 巴西制造逐步提升

过去10年，巴西乐器产业不断变化。许多传统乐器公司调整商业模式，这些公司已将库存重点转向了中间产品和优质产品。如今，巴西拥有150多家成熟的国内生产企业。当然，与其他国家相比，这个数字看似不值一提。据巴西《乐器市场》杂志最新估计，过去十年，业内有1500多家小公司（2至15名员工）开始经营相关业务。2021年税改将继续进行，这有助于改善巴西工业和服务业竞争力，更重要的是还能提高公民的购买力（前提是通胀等宏观经济因素保持稳定）。

## 巴西与各经济区块之间的关系趋于利好

巴西能够独立地与世界各个经济区块达成协议。巴西积极专注于许多基础设施的改革，不仅远离意识形态政治斗争，而且没有强烈的保护主义和官僚主义。尽管欧盟与巴西之间存在农业战，但欧盟仍第一个与巴西签署了相关进出口协议，这有助于为乐器商业经济架起沟通桥梁。巴西与墨西哥等其他国家的外贸协议事项也正在审议中。

## 2022：巴西新总统选举

如果巴西能够在2021年摆脱新冠疫情的困境，那么现场音乐会及旅游市场将在2022年复苏。从政治上来看，考虑到美国的基础设施改革将影响不发达国家的汇率，我们预计巴西的汇率会有所下降。

因新冠肺炎大爆发，巴西遇到许多困难，但巴西一定会找到解决问题的良方。撰写本文时（2021年5月10日），巴西每天约有2000例与新冠肺炎相关的死亡病例，巴西疫苗接种计划将持续贯穿整个2021年。巴西将渡过难关，商业也会重振旗鼓。作为一名巴西人，我绝不放弃希望。（评注：巴西《乐器市场》杂志主编丹尼尔·纳维斯）

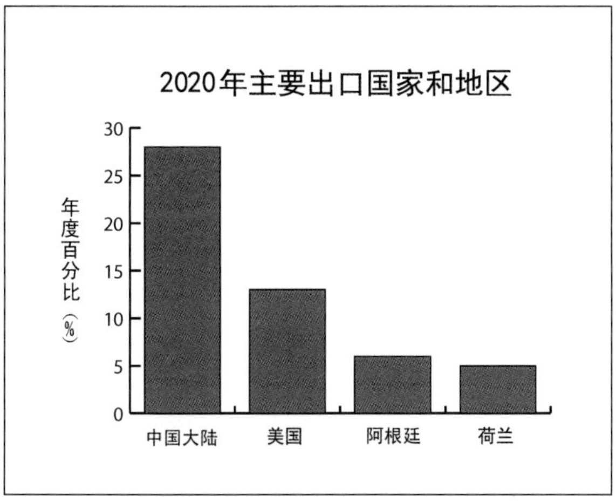


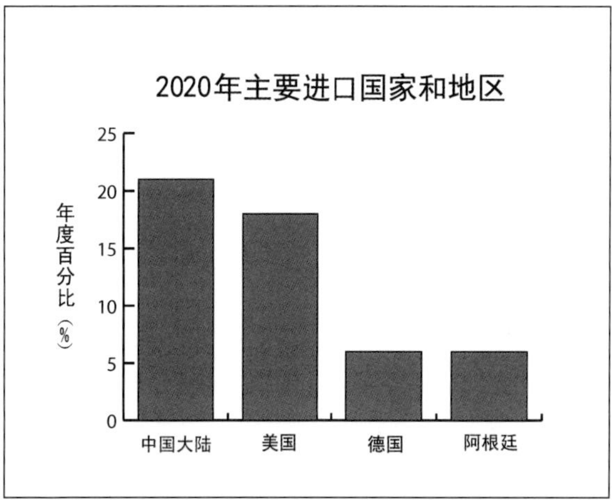


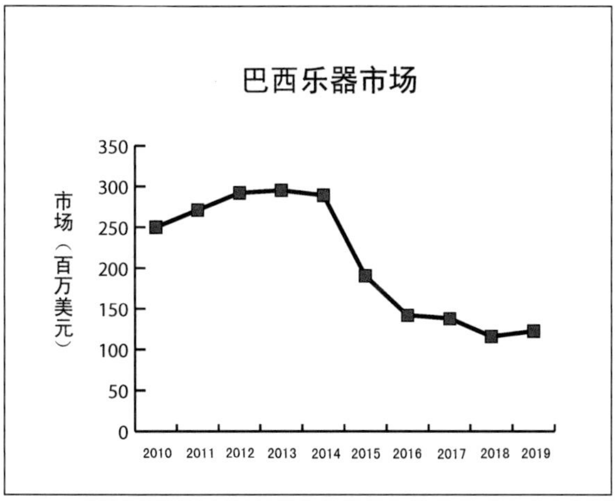

人均乐器消费额
金额（美元）
1.6
1.4
1.2
1.0
0.8
0.6
0.4
0.2
0.0
2010 2011 2012 2013 2014 2015 2016 2017 2018 2019

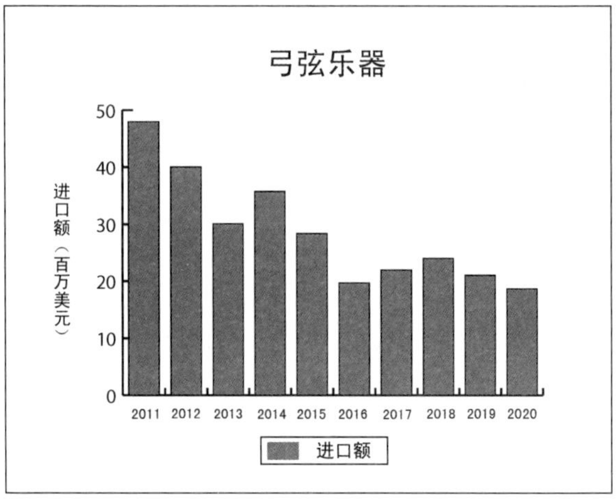
弓弦乐器
进口额（百万美元）
50
40
30
20
10
0
2011 2012 2013 2014 2015 2016 2017 2018 2019 2020
进口额

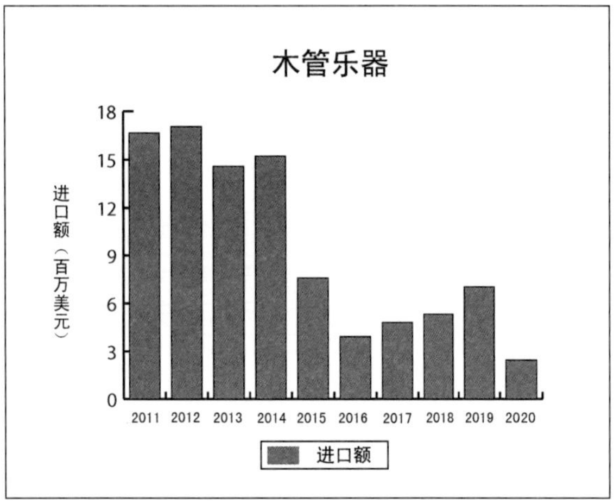
木管乐器
进口额（百万美元）
18
15
12
9
6
3
0
2011 2012 2013 2014 2015 2016 2017 2018 2019 2020
进口额

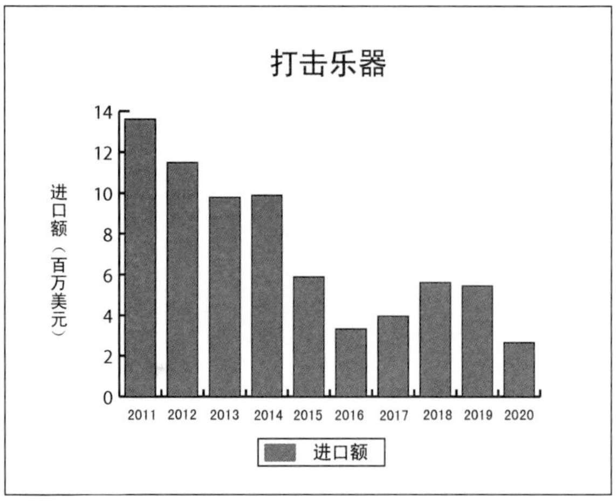
打击乐器
进口额（百万美元）
14
12
10
8
6
4
2
0
2011 2012 2013 2014 2015 2016 2017 2018 2019 2020
进口额

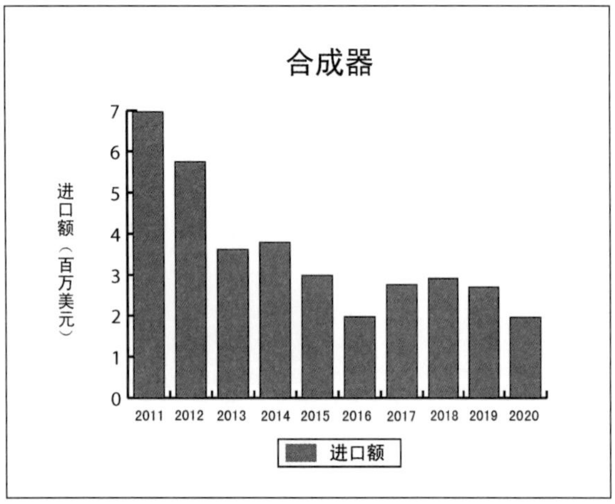
合成器
进口额（百万美元）
7
6
5
4
3
2
1
0
2011 2012 2013 2014 2015 2016 2017 2018 2019 2020
进口额

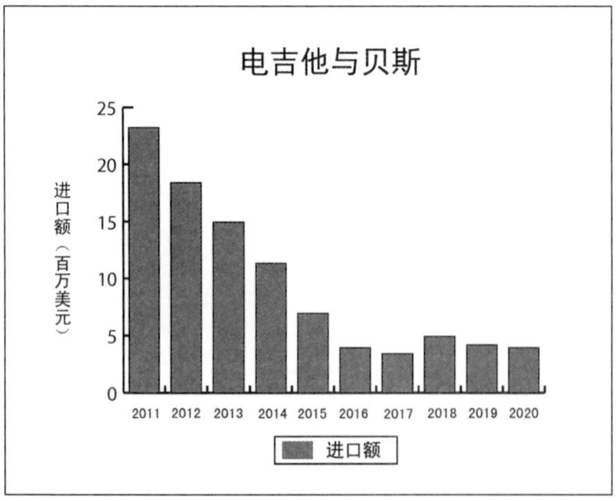
电吉他与贝斯
进口额（百万美元）
25
20
15
10
5
0
2011 2012 2013 2014 2015 2016 2017 2018 2019 2020
进口额

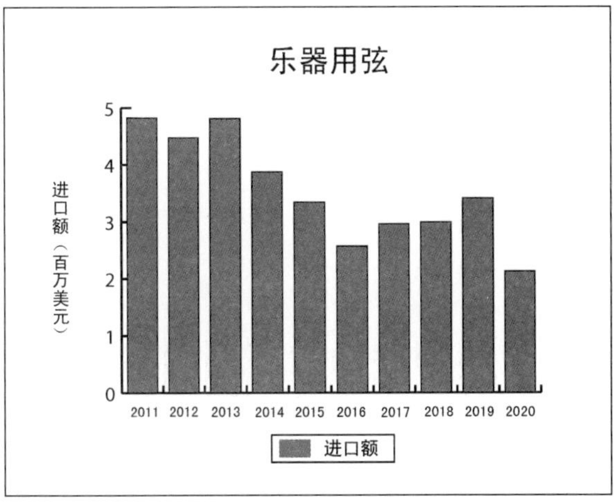


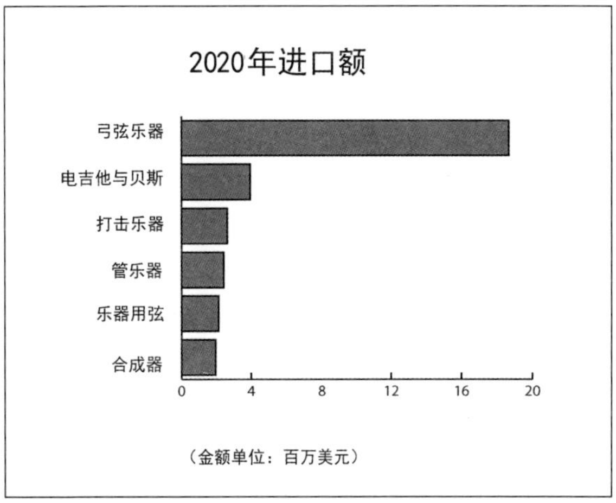


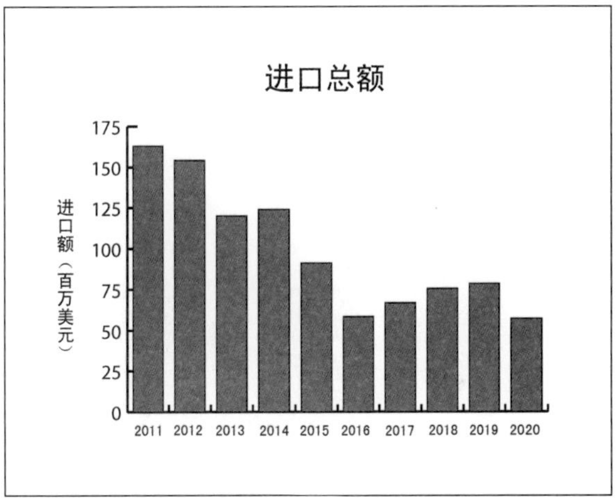


（全文编译自《全球乐器报告》）

**图书在版编目（CIP）数据**

中国乐器年鉴. 2021 / 中国乐器协会编. —北京：中国轻工业出版社，2021.10
ISBN 978-7-5184-3591-3

Ⅰ. ①中… Ⅱ. ①中… Ⅲ. ①乐器—制造工业—中国—2021—年鉴 Ⅳ. ①TS953-54

中国版本图书馆CIP数据核字（2021）第141128号

责任编辑：杜宇芳　　责任终审：劳国强　　整体设计：锋尚设计
策划编辑：刘云辉　杜宇芳　　责任校对：吴大朋　　责任监印：张　可

出版发行：中国轻工业出版社（北京东长安街6号，邮编：100740）
印　　刷：艺堂印刷（天津）有限公司
经　　销：各地新华书店
版　　次：2021年10月第1版第1次印刷
开　　本：889 × 1194　1/16　印张：30.75
字　　数：950千字　　插页：21
书　　号：ISBN 978-7-5184-3591-3　定价：380.00元
邮购电话：010-65241695
发行电话：010-85119835　传真：85113293
网　　址：http: //www.chlip.com.cn
Email：club@chlip.com.cn
如发现图书残缺请与我社邮购联系调换
210457Z1X101HBW